Sensors, Actuators, and Their Interfaces

센서와 작동기

센서와 작동기

A Multidisciplinary introduction

Nathan Ida 지음
장인배 옮김

IET The Institution of Engineering and Technology
에이퍼브

머리말

이 책에서는 측정과 작동이라는 주제에 대해서 다루고 있다. 처음에는 이미 센서와 작동기에 대해서 잘 알고 있기 때문에 어느 것이 더 쉬운지 모르겠다고 생각할 수도 있다. 하지만 정말로 이들에 대해서 잘 알고 있을까? 수천 가지의 센서와 작동기들이 우리 주변에서 사용되고 있다. 1장에서는 차량에 사용되는 센서와 작동기들의 종류를 나열하여 보여주고 있다. 이들은 대략 200여 가지에 달하지만, 이는 단지 일부분에 불과하다. 이 책에서는 센서, 작동기 및 프로세서(인터페이스)와 같이 세 가지 부류에 속하는 다양한 디바이스들을 살펴보고 있다. 센서는 시스템에 입력을 제공하는 요소이며 작동기는 출력을 담당하는 요소이다. 이들 사이를 접속, 연결, 처리 및 구동하는 요소가 프로세서이다. 따라서 이 책에서는 일반적인 측정과 작동에 대해서 살펴보려 한다. 이 개념에 따르면 벽에 설치된 스위치는 센서(힘센서)이며, 이로 인해서 켜지는 전구는 (무언가를 하는) 작동기이다. 이들 사이를 연결하는 배선이나 조광기와 같은 전기회로는 입력된 데이터를 해석하여 무언가를 실행하는 프로세서의 역할을 한다. 전등의 경우에는 배선만으로도 충분하지만, 다른 경우에는 마이크로프로세서나 컴퓨터가 사용되어야 한다.

도전

측정과 작동과정은 과학과 공학의 모든 분야를 아우르고 있다. 측정과 작동에 사용되는 원리들은 모두가 알고 있는 기초이론에서부터, 최고의 전문가를 제외한 일반인들을 전혀 알 수 없는 이론에 이르기까지 다양하다. 심지어는 이 원리들을 섞어서 사용한다. 자주, 센서에 두 가지 이상의 원리를 사용한다. 사례로 적외선 센서를 살펴보기로 하자. 다양한 방법으로 적외선 센서를 만들 수 있으며, 이들 중 하나는 적외선 복사에 의한 온도상승을 측정하는 것이다. 다수의 반도체 열전대들을 집적한 후에 기준온도에 대한 이들의 상대온도를 측정한다. 이 센서가 특별히 복잡하지는 않지만, 작동원리를 이해하기 위해서는 최소한 열전달, 광학 그리고 반도체이론 등의 고찰이 필요하다. 또한, 이 센서의 작동과, 마이크로프로세서와 같은 제어기와의 접속을 위해서는 최소한 전기공학에 대한 학습이 필요하다. 여기에 적용된 모든 원리와 이론들을 자세히 설명하는 것은 어렵거나 심지어는 불가능하다. 그러므로 현실적으로 가능한 한 원리와 이론들에 대해서 자세히 설명하려고 노력하겠지만, 때로는 제한적인 설명으로 마무리하는 경우도 있을 것이다. 독자들이 과학의 모든 분야에 대해서 전문적인 식견을 가지고 있다고 가정하는 것은 옳지 않겠지만, 다행히도, 이 책에서 제공하는 자세한 설명만으로도 센서와 작동기를 성공적으로 사용하기에는 충분하다. 우리는 자주, 어떤 요소를 입력과 출력이 있는 블랙박스로 간주하며, 이 블랙박스의 세밀한 작동방식이나 물리학적 원리에 대해서는 살펴보지 않은 채로 단지 사용하게 된다. 하지만 이 박스의 내부를 완전히 무시하는 것은 좋지 않다. 사용자들은 센서와 작동기들에 적용된 원리, 사용된 소재, 그리고 구조에 대해서 충분히 자세하게 알고 있어야 한다. 이 책은 이들의 작동원리를 필요한 수준까지 이해할 수 있도록 충분히 자세히 설명하고 있다.

센서와 작동기 사이를 서로 연결하고, 측정기와 작동기를 설계하며, 이를 활용하는 식견을 얻기 위해서, 우리는 대부분의 센서들은 전기적인 출력을 송출하며, 대부분의 작동기들은 전기입력에 의해서 작동한다는 점을 강조한다. 결국, 모든 센서와 작동기의 접속에는 전기를 사용하게 된다. 따라서 이런 요소들을 이해하고 이들을 접속시켜서 하나의 시스템으로 통합하기 위해서는 전기공학적 요소들이 필요하다. 다시 말해서, 물리량의 측정에는 공학의 모든 측면들이 포함되어 있으므로, 전기공학자들은 전기공학적 문제들뿐만 아니라 기계공학, 생명공학 그리고 화학공학적 문제들을 고려해야만 한다. 이 다학제적 교재는 센서와 작동기에 관심을 가지고 있는 모든 공학자들을 위해서 저술되었다. 각 분야별 전공자들은 해당 분야의 소자들에 대해서 친숙하겠지만, 다른 분야의 소자들에 대해서는 공부를 해야만 한다. 사실, 많은 공학자들이 다양한 전공 분야를 이해해야만 하거나, 또는 다양한 분야의 전공자들과 함께 팀으로 일해야만 하는 실정이다. 그런데 모든 센서나 작동기들이 전기적으로 작동하는 것은 아니다. 일부는 전기와 아무런 상관이 없다. 고기온도계[1)]는 온도를 측정(센서)하여 전기적인 신호를 사용하지 않고 온도를 표시(작동)한다. 바이메탈은 열팽창을 통해서 스프링 예하중을 이기고 다이얼을 구동하며, 모든 과정은 기계적으로만 이루어진다. 자동차에 탑재된 진공모터는 전적으로 기계적인 수단을 사용하여 공기순환 밸브를 여닫는다.

다학제적 방법

각 장들에서는 논의되는 주제에 대한 설명을 위해서 제시되는 다양한 분야의 예제들을 접할 수 있다. 대부분의 예제들은 실제의 실험에 기초하고 있지만, 일부는 시뮬레이션, 그리고 일부는

1) meat thermometer: 온도에 따라서 색이 변하는 온도계. 역자 주.

이론적인 주제들에 기초하고 있다. 각 장의 마지막에는 연습문제들이 제시되어, 해당 장에 대한 심화학습, 개별 주제들에 관련된 세밀한 탐구와 활용방안에 대한 고찰을 도와준다. 가능한 한, 예제와 연습문제들이 주제에 맞고 독립된 하나의 문제를 이루면서도, 적절하고, 현실성을 가지며, 실제 활용이 가능하도록 만들기 위해서 노력하였다. 다학제적인 측면에서 주제들을 다루고 있기 때문에, 학생들은 익숙하지 않은 단위계를 다루게 된다. 이런 문제를 완화하기 위해서, 1장에서는 단위계에 대해서 설명하고 있다. 하지만 익숙하지 않은 단위를 다루는 일부의 장들에서는 해당 단위에 대한 정의와 더불어서 SI 단위계와의 변환에 대해서 설명하고 있다. 이 책에서는 기본적으로 SI 단위계를 사용하고 있지만, 널리 사용되고 있는 ($[psi]$나 $[e\,V]$와 같은) 관습단위도 함께 정의되어 있다.

구성

이 책은 세 개의 단원들로 구분되어 있다. 1장과 2장은 서언에 해당하며 측정 및 작동과 관련된 일반적인 성질들에 대해서 다루고 있다. 두 번째 단원은 3~9장으로, 다양한 센서들을 다루고 있다. 이들은 검출대상을 기준으로 분류되어 있다. 예를 들어, 오디오용 마이크로폰에서 표면탄성파(SAW)와 초음파를 아우르는 음향파동에 기반을 둔 센서와 작동기들은 하나의 그룹으로 묶여 있다. 마찬가지로, 온도와 열에 기초한 센서와 작동기들도 하나의 그룹으로 묶여 있다. 이렇게 묶는 방법이 반드시 절대적인 것은 아니다. 광학센서에서도 측정을 위해서 열전대를 사용할 수 있다. 하지만 이 주제는 광학센서로 분류하였으며, 광학센서들과 함께 논의하였다. 이와 마찬가지로 방사선 센서의 측정소자로 반도체 접합을 사용할 수도 있다. 하지만 그 기능이 방사선 검출이므로 방사선 측정으로 분류하였다. 세 번째 단원은 11장과 12장으로, 인터페이싱에 필요한 회로와 접속방법들에 대해서 다루고 있다. 마이크로프로세서는 범용 제어기로 강조되어 있다. 여기에 마이크로폰으로 전자-기계 디바이스(MEMS)와 스마트센서에 대한 장이 2단원과 3단원 사이에 추가되어 있다.

이 책은 12개의 장들로 이루어져 있다. 1장은 서언으로서, 짧은 역사적 고찰과 더불어 센서, 변환기 및 작동기에 대하 용어를 정의하였다. 뒤이어, 센서를 분류하고 측정과 작동의 원리와 이들의 접속을 위한 일반적인 요구조건들에 대해서도 간략하게 논의하였다.

2장에서는 센서와 작동기의 성능 특성에 대해서 논의하였다. 전달함수, 측정범위, 민감도와 민감도 분석, 오차, 비선형성뿐만 아니라 주파수응답, 정확도 그리고 신뢰성, 응답, 동적 작동범위와 히스테리시스를 포함한 다양한 성질들에 대해서 논의되어 있다. 여기서는 실제의 센서와 작동기를 사례로 사용하지만, 일반적인 관점에서 논의가 수행되었다.

3~9장에서는 온도센서와 열작동기를 필두로 하여 유형별 디바이스들에 대한 고찰이 수행되었다. 3장은 금속 저항형 온도 검출기, 실리콘 저항형 센서 그리고 서미스터와 같은 열저항형 센서들에 대해서 살펴보는 것으로 시작한다. 뒤이어 열전형 센서와 작동기에 대해서 논의한다. 금속접점방식과 반도체식 열전대와 펠티에 소자로 만들어진 센서와 작동기에 대해서 논의한다. $p-n$ 접합형 온도센서와 열작동기로 사용되는 열기계 소자들도 소개되어 있다. 온도센서가 가지고 있는 흥미로운 점은 많은 적용사례에서 하나의 소자를 센서와 작동기로 사용한다는 것이다. 하지만 이런 이중성은 열 디바이스에만 국한되지 않는다. 서모스탯과 서모미터로 사용되는 일련의 바이메탈 센서들은 10장에서 논의할 MEMS에서도 활용된다.

4장에서는 광학측정이라는 중요한 주제를 다루고 있다. 열과 양자 기반의 센서들에 대해서 논의되어 있다. 우선, 광도전효과에 대해서 살펴본 다음에 광다이오드, 트랜지스터 그리고 광전지 센서들을 포함하는 실리콘 기반의 센서들에 대해서 논의한다. 광전셀, 광전자증배관 그리고 전하결합소자를 사용하는 센서들은 두 번째로 중요한 유형에 속한다. 열 기반의 광학센서들에는 서모파일, 적외선센서, 초전기센서 그리고 볼로미터 등이 포함된다. 비록 광학식 작동기는 거의 사용되지 않지만, 실제로 존재하며, 이들에 대해서도 논의되어 있다.

5장에서는 전기 및 자기식 센서와 작동기들에 대해서 소개한다. 수많은 요소들이 이 부류에 속하기 때문에 이 장은 매우 길다. 우선, 전기 및 정전용량형 소자들에 대해서 살펴본 다음에 자기소자들에 대해서 논의한다. 여기서 살펴볼 다양한 센서와 작동기들에는 위치센서, 근접센서, 변위센서뿐만 아니라 자력센서, 속도센서 및 유량센서 등이 포함된다. 일반적인 원리들과 더불어서 홀효과와 자기변형 원리에 대해서도 함께 살펴본다. 모터와 솔레노이드에 대한 다소 장황한 논의를 통해서 자기구동에 대한 이론을 살펴보며, 정전용량형 작동기에 대해서도 살펴볼 예정이다.

6장은 기계식 센서와 작동기에 할애되어 있다. 고전적인 스트레인게이지는 일반적으로, 힘의 측정과 이에 연관된 응력과 변형률을 측정하기 위하여 사용된다. 하지만 이 소자는 가속도계, 로드셀 그리고 압력센서로도 활용된다. 이 장은 대부분이 가속도계, 힘센서, 압력센서 그리고 관성센서에 할애되어 있다. 기계식 작동기의 사례로는 부르동관, 벨로우즈 그리고 진공모터가 소개되어 있다.

7장에서는 음향센서와 작동기에 대해서 살펴본다. 음향식 센서와 작동기들은 음향과 같은 탄성파에 기초한다. 여기에는 자기식, 정전용량식 그리고 압전방식의 마이크로폰과 하이드로, 고전적인 라우드스피커, 초음파센서 및 작동기, 압전식 작동기 그리고 표면탄성파(SAW) 소자들이 포함된다. 비록 음향이 음파를 의미하지만, 여기서 취급하는 주파수 대역은 0에 근접한 주파수에서부터 수[GHz]까지의 대역을 포함하고 있다.

화학식 센서와 작동기들은 아마도 가장 일반적으로 사용되고 있는 유비쿼터스적 소자임에도 불구하고 대부분의 엔지니어들이 가장 모르는 분야일 것이다. 이런 이유 때문에, 8장에서는 바이오센서를 중심으로 하여 이 부류에 대해서 살펴본다. 이 장의 많은 부분은 전기화학식 센서와 전위차 센서, 열기계식, 광학식 및 물질량 센서들을 포함한 기존의 화학식 센서들에 할애되어 있다. 일반적으로 생각하는 것보다 훨씬 더 널리 사용되고 있는 화학식 작동기에 대해서도 논의되어 있다. 화학식 작동기에는 촉매 변환기, 전기도금, 음극화 보호 등이 포함되어 있다.

9장에서는 방사선 센서에 대해서 소개한다. 고전적인 이온화센서 이외에도 비이온화센서와 마이크로파 방사 등이 포함되어 있다. 여기서는 반사식, 투과식 및 공진식 센서들에 대해서 살펴본다. 모든 안테나들은 동력을 송출하므로, 수술 중 지혈, 암이나 저체온증에 대한 저준위 치료 그리고 마이크로파 조리나 가열 등과 같이 특정한 작용을 하는 작동기로 사용할 수 있다.

10장의 주제는 마이크로폰으로 전기-기계식(MEMS) 센서 및 작동기와 스마트센서이다. 이전의 장들과는 달리 센서의 유형과 더불어서 센서의 제조방법에 대해서도 논의되어 있다. 이런 유형의 센서와 작동기들은 제조방법이 매우 중요하기 때문에 다른 장들과는 설명방법을 달리했다. 우선 이들의 제조방법에 대해서 살펴보며, 다음으로 관성 및 정전방식의 센서와 작동기, 광학식 스위치, 밸브 등을 포함하여 일반적인 유형의 센서 및 작동기들에 대해서도 논의한다. 스마트센서의 경우, 무선통신, 변조, 인코딩 그리고 센서 네트워크뿐만 아니라 무선주파수인식(RFID) 방법과 관련된 주제들에 대해서 중점적으로 살펴본다. 이 장에서는 또한 나노센서의 기초와 더불어서 이런 유형을 가지는 센서의 미래와 예상되는 확장성에 대해서도 소개한다.

11장과 12장은 인터페이스와 관련된 주제를 다루고 있다. 인터페이스에 사용되는 일반회로들에 대해서는 11장에서 논의되어 있다. 이 장에서는 연산증폭기의 소개와 응용방법에 대해서 살펴본 다음에 작동기에 사용되는 전력용 증폭기와 펄스폭변조회로에 대해서 다룬다. 뒤이어 디지털회로와 기초 이론들, 그리고 일부 유용한 회로들에 대해서 소개한다. 브리지 회로와 데이터 전송방법에 대해서 논의하기 전에 A/D 및 D/A 변환과 전압-주파수 및 주파수-전압변환에 대해서 살펴본다. 여자회로에 대해서 다루는 절에서는 선형 및 스위칭 방식의 전원, 기준전류 및 기준전압 그리고 발진기 등에 대해서 살펴보며, 측정 및 작동기의 적용사례로 전력 수확의 개념과 필요성에 대해서도 논의한다. 이 장은 노이즈와 간섭에 대한 논의를 끝으로 마무리한다. 12장에서는 센서 및 작동기와 접속되는 마이크로프로세서에 대해서 소개한다. 비록 8-비트 마이크로프로세서를 중심으로 논의가 진행되지만, 모든 유형의 마이크로프로세서들에 동일하게 적용된다. 이 마지막 장에서는 마이크로프로세서의 구조, 메모리 및 주변장치, 인터페이싱을 위한 일반적인 요구조건들 그리고 신호, 분해능 및 오차와 같은 성질들에 대해서 논의되어 있다.

한계

이 책에서는 센서와 작동기들을 독립적인 소자로 다루고 있다. 엔지니어가 센서와 작동기들을 가장 낮은 수준의 요소로 사용할 수 있도록 이들의 작동원리와 물리적인 원리의 수준에서 소개하고 있으며, 시스템에 대해서는 거의 논의하지 않는다. 예를 들어, 자기공명 시스템은 의료진단과 화학분석에 매우 유용한 시스템으로서, 인체나 용액 속에 존재하는 분자(일반적으로 수소)들의 세차운동 측정에 기초한다. 하지만 이 시스템은 매우 복잡하며 작동원리는 이 복잡성과 본질적으로 관련되어 있기 때문에, 분자의 세차운동과 관련된 작동원리를 낮은 수준에서 사용할 수는 없다. 이런 유형의 시스템에 대해서 살펴보기 위해서는 초전도, 균일한 고준위 자기장의 생성, DC 및 펄스형 고주파 자기장들 사이의 상호작용, 그리고 원자수준의 여기와 세차운동에 관련된 문제들을 포함하는 다양한 주제들에 대한 논의가 필요하다. 이런 주제들도 흥미롭고 중요하지만, 이 책의 범주를 넘어선다. 또 다른 사례는 레이더이다. 이 또한 유비쿼터스적인 시스템으로서, 비록 기본적으로는 플래시(작동기)에서 송출된 광선을 눈(센서)이 감지하는 방식과 다를 바가 없지만, 이를 활용하기 위해서는 다양한 요소들이 추가적으로 필요하다. 레이더와 유사하게 전자기파의 반사원리를 사용하는 센서에 대해서 살펴볼 예정이지만, 이 경우에는 레이더의 작동원리를 설명하기 위해서 필요한 부가적인 주제에 대한 논의는 필요가 없다.

보조자료들

이 책을 교재로 사용하는 경우에는 출판사 웹사이트를 통해서 문제의 해답, 파워포인트 슬라이드, 학생과제 등과 같은 강의보조자료들을 내려받을 수 있다. 이 책을 강의에 활용할 수 있도록 다양한 자료들이 제시되어 있으며, 계속 개발 중이다. 이 자료들을 제공받기 원하는 강의자는 marketing@scitechpub.com 로 메일을 보내기 바란다.

결론

이 책은 전기공학, 기계공학, 도시공학, 화학 및 의공학과에 재학중인 학부 및 대학원생들의 다년간에 걸친 수많은 피드백을 통해 만들어졌다. 이 강좌는 매년 여름 대면 및 비대면 강의로 제공되었다. 이 책의 1판 내용 중 대부분은 2009년 가을학기와 2010년 및 2011년 여름학기 동안 230[km] 거리를 떨어져 있는 프랑스의 파리와 릴 사이를 300[km/h]의 속도로 달리는 Grande Vite 기차로 이틀에 한 번씩 오가면서 저술하였다. 2판에서는 시뮬레이션의 역할, RFID의 원리와 센서와의 상관관계, 바이오센서, 측정 및 작동에 적합한 동력 수확, 나노센서에 대한 논의와 이들의 미래 등과 같이 1판에서는 다루지 않았던 다양한 주제들이 추가되었다. 예제들과 각 장의 마지막에 연습문제들이 추가되었으며, 1판이 출간된 이후의 기술발전과 변화를 반영하고 각 장의 주제를 더 잘 설명할 수 있도록 내용이 수정되었다.

다양한 소스들을 활용하여 이 책을 저술하였지만, 모든 예제, 연습문제, 회로, 사진 등의 출처는 대부분이 내 자신이 소유한 것이거나 내 강의를 수강하는 학생들이 만든 센서와 작동기들이다. 실험 데이터라고 표기된 경우에는 실제로 실험이 수행되었으며, 주어진 예제나 이 예제와 매우 유사한 경우에 대해서 수집된 데이터를 기반으로 하고 있다. 모든 공학적 측면에서 시뮬레이션도 중요한 주제이며, 이 책에서 다루는 주제들에 대해서도 예외 없이 적용된다. 이런 이유 때문에, 일부의 예제와 연습문제들, 특히 11장의 경우에는 시뮬레이션된 구조나 가정에 의존하고 있다. 예제나 연습문제의 경우, 주제를 복잡하게 하지 않는 한도 내에서 가능한 현실성을 갖도록 만들기 위해서 노력했다. 일부의 경우에는 문제를 단순화시켜야만 했다. 그럼에도 불구하고, 많은 예제와 문제들을 실험과제나 확장된 프로젝트와 같은 더 복잡한 개발과제의 시작점으로 활용할 수 있을 것이다.

2019년 8월

네이슨 아이다(Nathan Ida)

감사의 글

이 책을 완성하기 위해서 저자는 오랜 기간 동안 매우 고된 작업을 수행하였다. 그리고 이 책의 개정판을 통해서 최고의 교재가 나왔다. 이 개정판의 작업에는 명확하고 개선된 교재가 만들어지기를 원하는 저자의 가장 친한 동료들과 그들의 지도학생들이 참여하여 동료검토를 수행해 주었다. 저자는 다음에 열거된 이타적인 검토자들이 이 책의 내용에 대해서 제시한 소중한 조언들에 대해서 큰 감사를 드린다.

Prof. Fred Lacy — Southern University, Los Angeles

Dr. Randy J. Jost — Ball Aerospace and Technology Systems and Adjunct Faculty, Colorado School of Mines

Prof. Todd J. Kaiser — Montana State University

Prof. Yinchao Chen — University of South Carolina

Prof. Ronald A. Coutu, Jr. — Air Force Institute of Technology, Ohio

Prof. Shawn Addington — Virginia Military Institute

Mr. Craig G. Rieger — ICIS Distinctive Signature Lead

Prof. Kostas S. Tsakalis — Arizona State University

Prof. Jianjian Song — Rose-Hulman Institute of Technology, Indiana

역자 서언

기존의 기계공학에서는 베어링이나 벨트와 같은 각종 기계요소들을 활용하여 동력을 전달하여 필요로 하는 작업을 수행하는 기계를 설계하는 데에 집중하였다. 그런데 현대적인 기계들에서는 기계의 작동상태를 모니터링하기 위해서 다양한 센서들을 사용하며, 이들로부터 검출된 데이터를 활용하여 모터나 솔레노이드와 같은 다양한 작동기를 구동하는 피드백 루프를 구성하여 기계 시스템의 작동성능을 비약적으로 향상시키는 메카트로닉스화가 진행되고 있다.

특히, 20세기 후반이 마이크로에서 나노로 넘어가는 세기였다고 하면, 21세기 초반은 나노에서 피코로 넘어가는 세기라고 이야기할 수 있을 정도로 기계 시스템의 정밀도가 비약적으로 향상되고 있으며, 그 기초에는 보다 정밀한 센서와 고출력 작동기, 그리고 이들을 서로 연결해주는 (디지털) 인터페이스가 자리 잡고 있다.

역자는 2020년에 『정밀기계설계』를 저술하면서 센서와 작동기 챕터를 넣을지 뺄지를 심각하게 고민하였다. 이들은 정밀기계를 구성하는 핵심 구성요소라는 측면에서는 책에 포함시켜야 하겠지만, 센서와 작동기는 결코 한두 챕터로 다룰 수 없을 정도로 내용이 방대하며, 매우 전문적인 분야이기 때문에, 결국 『정밀기계설계』에 포함시키지 않으며, 대신에 이 책을 번역하여 출간하기로 결심하였었다. 그래서 『정밀기계설계』의 저술이 끝나자마자 이 책을 번역하기 시작하였고, 2021년 말에 번역을 완료하였다. 하지만 안타깝게도 판권 확보에 오랜 시간이 걸려서 무려 2년 가까운 시간이 지체된 이후에나 세상에 나오게 되었다.

이 책에서는 다양한 센서와 작동기들의 작동원리를 매우 쉽고 자세하게 설명하고 있으며, 다양한 예제들을 통하여 해당 요소들의 실제 활용방안을 탐구할 수 있도록 도와주고 있다. 또한 풍부한 연습문제들을 통해서 학습자들이 센서와 작동기 요소들의 실제 활용방안을 고민할 수 있는 기회를 제공하고 있다.

메카트로닉스 기반의 현대적인 기계를 설계, 제작 및 활용하기 위해서는 기계요소적 지식과 더불어서 센서와 작동기에 대한 지식, 이들을 서로 연결해주는 인터페이스에 대한 지식, 그리고 시스템을 구동하기 위한 제어알고리즘과 같은 다학제적 지식이 필요하다. 짧은 대학생활 동안 이들 모두를 능숙하게 익히는 것은 결코 쉬운 일이 아니다. 결국 사회에 진출하여 현업에 종사하면서 하나씩 차근차근 익혀나가야 할 것이기에 메카트로닉스 분야에 종사하는 엔지니어들은 평생

공부해야만 하는 숙명을 가지고 있다.

이 책을 통해서 메카트로닉스 분야로 진출하려는 학생들과 이미 현업에 종사하는 엔지니어들이 센서와 작동기들에 대한 식견을 넓힐 수 있는 소중한 시간을 갖기를 바라는 바이다.

2023년 여름

강원대학교 메카트로닉스공학전공

장인배 교수

CHAPTER 08 화학 및 생물학적 센서와 작동기 559

CHAPTER

1

서언

CHAPTER

1 서언

☑ 감지

시각, 청각, 후각, 미각 그리고 촉각의 오감은 인간과 대부분의 동물들이 자신을 둘러싸고 있는 우주를 인식하는 수단으로 널리 인식되고 있다. 이들은 광학감지(시각), 음향감지(청각), 화학감지(후각과 미각) 그리고 기계(또는 접촉)감지(촉각)를 통해서 이를 인식한다. 하지만 인간, 동물 그리고 심지어는 더 하등인 유기체들조차도 오감 이외의 다른 감지수단과 작동기들을 활용한다. 대부분의 유기체들은 열을 감지하여 온도를 추정하며 고통을 느낀다. 그리고 몸체 내부와 표피에서 이런 느낌이 가해진 위치를 알아낼 수 있다. 몸체의 표피에 가해지는 모든 자극의 위치를 정밀하게 인식할 수 있다. 동물의 피부에 털 하나만 접촉하여도 운동감각을 통해서 즉시 자극이 가해진 위치를 알아낸다. 만일 장기에 문제가 생기면 뇌는 어디서 문제가 생겼는지를 정확히 알아낸다. 박쥐와 같은 동물은 초음파를 사용하여 반향위치를 찾아낼 수 있으며, 인간을 포함한 다른 동물들은 음향이 들리는 위치를 찾아내기 위해서 쌍이효과를 사용한다. 상어나 물고기(그리고 가오리와 오리너구리)는 전기장의 변화를 감지하여 위치탐색과 사냥에 사용한다. 조류와 일부 동물들은 자기장을 감지하여 방향 탐색과 길 안내에 활용한다. 유기체들은 압력을 감지하며 (인간의 속귀와 같이) 압력평형을 맞추는 메커니즘을 갖추고 있다. 압력은 물속에서 물고기들이 운동을 감지하며 사냥하는 데에 사용하는 주요 메커니즘이며 진동의 감지는 거미의 사냥능력에 절대적인 영향을 끼친다. 일부의 물고기들처럼 벌들은 자신의 방향을 감지하기 위해서 편광을 사용한다. 이상의 사례들은 유기체들이 감지에 사용하는 메커니즘의 일부분에 불과하다. 고등 유기체들만이 감각을 가지고 있는 것은 아니다. 모든 유기체의 세포단위까지도 감각을 가지고 있다. 빛, 열 그리고 수분에 민감성을 가지고 있는 식물들을 통해서 이를 직접적으로 관찰할 수 있다. 식물들은 해충이나 차가운 날씨를 감지하여 자신을 보호하는 예민한 화학감지 메커니즘을 가지고 있다. 더 크기가 작은 일부 미생물들은 전기장과 자기장을 감지하여 이를 활용할 수 있다. 감지 메커니즘의 감지 범위와 민감도 범위는 매우 광범위하다. 매의 눈, 여우의 귀, 하이에나의 후각, 또는 물속에서 상어가 피를 감지하는 능력 등은 우리를 놀라게 한다. 하지만 먼 거리에서 다른 나방의 페로몬을 감지하는 나방의 능력이나 직접 보지 않고도 벌레 한 마리의 위치를 감지하는 박쥐의 능력은 어떠한가?

유기체들은 자신을 둘러싼 환경과의 상호작용을 위해서 다양한 작동기들을 갖추고 있다. 인간의 손은 놀라운 운동능력을 갖추고 있는 세련된 기계식 작동기이며, 동시에 촉각센서이기도 하다. 발은 여타의 근육들과 마찬가지로 환경과 상호작용을 담당한다. 이외에도 작동에 영향을 끼칠 수 있는 메커니즘들이 있다. 인간은 먼지를 불어내거나 화상을 진정시키기 위해서 입을 사용할 수 있으며, 눈을 깜빡일 수도 있다. 고양이는 발톱을 내밀 수 있다. 카멜레온은 각각의 눈을 따로 움직일 수 있으며, 파리를 잡기 위해서 혀를 발사할 수도 있다. 또 다른 유형으로는 (인간의 성대를 사용한) 음성대화나 (돌고래의 초음파나 뱀장어의 전기충격을 사용한) 먹잇감 사냥, 특정한 종류의 새우들이 사용하는 기계적 충격, 그리고 다른 많은 특별한 기능들이 있다. 해바라기가 태양을 따라가는 운동이나 귀리 씨앗이 스스로 자세를 비틀고 선회하면서 땅 속으로 파고 들어가는 운동은 더 미묘하지만, 똑같이 중요하다.

유기체가 가지고 있는 감지와 작동기능의 다양성에 비추어볼 때에, 자연의 센서와 작동기를 모사하려는 우리의 노력은 여전히 매우 뒤떨어진 유아기에 불과하다. 실제로 작동하는 인공심장을 개발하기 위해서 40년 이상의 시간을 들였지만, 식도와 같은 단순한 장기조차도 아직 인공적으로 만들어내지 못하고 있다. 하물며 개의 코와 비교해 보면 우리는 어디쯤 와 있을까?

1.1 서언

센서가 중요하다거나 널리 사용되고 있다는 말은 이제 식상하다. 이는 자주 언급되어서가 아니라 과소평가되어서이다. 사실, 컴퓨터나 자동차를 당연하게 생각하는 것처럼 센서들을 광범위하게 사용하는 것을 당연하게 여기고 있다.

비록 대부분의 사람들이 센서와 작동기의 존재를 인식하고는 있지만, 이들은 여타의 장치들처럼 드러나 보이지 않는다. 그 이유는 센서와 작동기들이 일반적으로 더 큰 시스템에 통합되어 있으며, 일반적으로 이들의 작동을 직접 관찰하기 어렵고, 일반적으로 스스로 작동하지 않는다. 즉, 센서나 작동기들은 외부의 도움 없이 저절로 작동하지 않는다. 이들 대부분은 다수의 센서, 작동기 그리고 연산장치뿐만 아니라 전원이나 구동 메커니즘과 같은 보조요소들을 구비한 더 큰 시스템의 일부로 사용된다. 이런 이유 때문에, 대부분의 사람들은 센서와 작동기를 간접적으로만 접하게 된다. 지금부터 몇 가지 사례들을 살펴보기로 하자.

자동차에는 다양한 유형의 센서와 작동기들이 다수 사용되고 있지만, 결코 이들과 직접 마주치지 않는다. 얼마나 많은 운전자들이 엔진 온도센서가 어디에 위치하며, 어떻게 연결되고, 정확히 무엇을 측정하는지를 알고 있겠는가? 사실, 이 센서는 엔진의 온도를 직접 측정하지는 않으며, 엔진 내에서 냉각수의 온도를 측정한다. 차량용 에어백은 운전자의 머리가 자동차 핸들에 부딪히기 전에 부풀어서 생명을 구하고 부상을 저감시킨다. 이를 위해서 하나 또는 다수의 가속도 센서들이 차량 충돌 시 발생하는 감속을 검출하여 화약을 점화시키며, 이를 통해서 에어백에 가스를 충진시킨다. 센서와 작동기들 사이에 설치된 연산장치는 미리 설정된 값들에 기초하여 충돌사고의 발생 여부를 판단한다. 운전자들에게 물어보면 가속도 센서가 사용된다는 것조차도 모를 것이며, 대부분은 이 센서가 실제로 어디에 위치하는지 모를 것이다. 화약 전문가들은 친숙하겠지만, 대부분의 사람들은 화약을 폭발시켜서 에어백을 작동시킨다는 것을 알면 놀랄 것이다. 또 다른 사례는 자동차의 촉매변환기이다. 이 장치는 다수의 센서들을 사용하며, 독성 매연을 저감시켜주는 독특한 화학식 작동기이다. 대부분의 사람들은 이 장치가 어디에 위치하며, 무엇을 하는지

모를 것이다.

이와 마찬가지로, 집의 실내 온도를 조절하면 작동기가 보일러나 에어컨디셔너가 작동하며, 실내 어딘가에 설치된 (다수의) 센서들에 의해서 보일러와 에어컨디셔너가 켜지고 꺼진다. 비록 어디에 이 센서/작동기가 설치되어 있는지 알고 있다 하여도, 일반적으로 정확한지는 확신하지 못한다. 또한 어떤 유형의 센서/작동기가 사용되는지는 거의 알지 못하며, 심지어는 이들이 어떤 방식으로 작동하는지, 어떻게 연결되어 있는지, 이들이 사용하는 신호의 유형은 어떤지 등은 더더욱 알지 못한다. 미국 내 대부분의 가정에는 최소한 하나 이상의 서모스탯이 설치되어 실내의 냉난방을 조절한다. 이런 집에 거주하는 사람들이 어디에 온도 센서들이 설치되어 있는지 또는 전통적인 서모스탯이 사용되고 있는지를 알기는 어렵다. 아마도 대부분의 서모스탯에 비교적 원시적인 수은 스위치와 바이메탈 방식의 센서/작동기가 사용되고 있다는 것을 알면 놀랄 것이다.

병뚜껑이나 캔을 열 때에 압력이 파열되는 소리를 들으면서 얼마나 많은 사람들이 그 의미를 생각할까? 하지만 이 소리는 병이나 캔의 밀봉상태를 알려주며, 이를 통해서 내용물의 변질 여부를 알 수 있다. 사실, 이는 우리가 가장 자주 접하고 있는 일종의 압력센서이다.

대체로, 사람들은 가정, 차량, 일터 그리고 오락을 통해서 수백 종류의 센서와 작동기들을 일상적으로 접하고 있지만, 대부분의 사람들은 이를 거의 인식하지 못하고 살아간다.

1.2 역사 요약

우리는 센서와 작동기들은 정보시대의 산물이며, 전자공학과 더불어서 빠르게 발전하였다고 생각한다. 사용되는 센서의 숫자와 다양성, 그리고 이들의 발전을 기준으로 한다면 이런 인식이 틀리지 않다. 하지만 센서는 전자시대나 트랜지스터, 그리고 진공관이 개발되기 이전, 심지어는 전기가 발견되기 이전에도 존재하였다. 3장에서 살펴볼 예정이지만, 현재 가장 일반적으로 사용되는 온도센서인 열전대는 1826년에 앙투안 세자르 베크렐[1]이 최초로 온도측정에 사용하였다. 1960년대 초기에 공간을 가열하거나 냉각하기 위해서 사용되기 시작하여 휴대용 냉장고와 가열기용 소자로 자리 잡은 펠티에 효과는 1834년에 찰스 아타나세 펠티에[2]에 의해서 발견되었다. 이 소자는 최소한 1890년대 이후로 열전 작동기로 사용되어 왔으며, 이후에 냉각 및 가열소자로

1) Antoine Cesar Becquerel
2) Charles Athanase Peltier

개발되었다. 금속의 도전성 변화를 사용하는 저항형 온도계는 윌리엄 지멘스[3]가 백금선을 사용할 것을 제안한 1871년 이후로 사용되어 왔다. 이는 현대의 열저항 센서(또는 저항형 온도센서)에 해당하며, 이들 대부분은 백금선을 사용하고 있다. 1930년대 이후로는 광전자방출 센서를 포함하여 광전형 센서들이 널리 사용되고 있다. 열팽창에 기초한 작동기들은 1880년대 이후로 사용되어 왔으며, 1824년에 마이클 패러데이[4]가 전기모터를 발명한 이래로 전기모터에 기초한 작동기들이 사용되고 있다. 현대적인 항공기와 풍동 터널의 풍속 측정에 사용되는 피토관은 1732년에 앙리 피토[5]가 강물의 유속을 측정하기 위해서 발명하였다. 현대세계의 발견에 결정적인 영향을 끼친 나침반은 중국의 경우 기원전 2,400년경부터 사용되었으며, 유럽에서는 서기 1,100년 이후로 사용되었다.

진공관이 발명된 이후로 전자의 시대가 열리게 되었다. 1904년에 플레밍[6]이 다이오드를 발명하였지만 단순한 형태로 남아 있다가, 1906년에 리드포레스트[7]가 최초의 전자식 증폭기인 오디언[8]을 발명한 이후로 전자의 시대가 시작되었다. 이후로는 전자의 성질을 이용하거나 작동에 전자기술이 필요한 새로운 센서들이 개발되기 시작하였다.

현대에 사용되는 센서들이 나오기 전에도 소위 원시감각과 자연감각, 그리고 작동기들이 존재하였다. 인간의 오감과 동물의 감지능력은 민감도와 세련도의 측면에서 여전히 현대적인 센서들의 도전대상이다. 실종자, 공항 내 폭발물, 또는 일부의 경우 사람 신체 내부의 암을 냄새로 찾아내는 개의 후각과 프랑스나 이탈리아의 시골지역에서 송로버섯을 찾아내는 돼지의 후각은 여전히 근접하기 어려운 대상이다. 어떠한 접촉 센서도 머리카락 하나의 접촉도 느낄 수 있는 피부를 따라가지 못한다. 인간 손의 기능은 로봇과 메카트로닉스의 모사대상이지만 촉각 센서는 인간의 능력에 접근조차 하지 못하고 있다. 동물이 가지고 있는 위치감지 능력도 엄청나다. 여우는 청각만으로도 두꺼운 눈 속을 돌아다니는 쥐의 위치를 찾아내어 정확히 덮친다. 더 놀라운 감지능력도 있다. 코끼리는 원거리 대화를 위해서 초저주파 음향을 발성한다. 그리고 이 진동을 발바닥으로 감지하여 골격을 통해서 내이로 전달한다. 박쥐는 비행 중에 초음파를 사용하여 벌레들의 위치를

3) William Siemens
4) Michael Faraday
5) Henri Pitot
6) John A. Fleming
7) Lee De Forest
8) Audion

찾아내며 장애물을 회피한다. 이를 위해서 세련된 초음파 발성 시스템(작동기)을 갖추고 있으며, 엄청난 분해능으로 이를 감지한다. 돌고래들의 능력도 이에 뒤지지 않는다. 돌고래는 초음파를 검출(센서)에만 사용하지 않고 대화와 먹이를 기절(작동기)시키는 데에도 활용한다. 동물들이 지진이나 폭풍을 미리 감지한다는 증거들도 있다. 아마도 이는 우리가 가지고 있는 계측장비들이 검출할 수 없는 전기장이나 자기장의 진동과 미세한 지각진동의 감지를 통해서 이들의 전조를 알아차리는 매우 예민한 능력 때문일 것이다. 이런 예외적인 능력들 중 일부는 동물들의 두뇌가 가지고 있는 고도로 발달된 사고체계 때문일 것이다.

원시감각은 단지 오감에만 국한되지 않는다. 동유럽 지역을 여행하다보면, 수질을 평가하기 위해서 물고기를 활용하는 사례를 만날 수 있다. 많은 우물 속에 작은 송어를 한두 마리 기르고 있다. 이는 두 가지 목적을 가지고 있다. 우선, 이 물고기가 우물 속으로 떨어진 벌레들을 잡아먹기 때문에 우물을 깨끗하게 유지할 수 있다. 더 중요한 것은 수질을 감시하는 것이다. 물고기가 죽거나, 최소한 건강하지 못하다면, 이 물은 마시기에 안전하지 않다. 우물 속의 물고기가 죽었다는 것은 물을 마실 수 없다는 명확한 징표이다. 이와 마찬가지로, 미국의 일부 지자체들의 수처리 설비에서는 원시적인 것처럼 보이는 방법을 사용하고 있다. 처리된 물에 대한 모든 화학시험이 끝나고 나면, 최종 시험으로 처리된 물속에 하루 밤 동안 피라미를 풀어 놓는다. 다음날 아침까지 피라미가 살아 있다면 이 물은 안전한 것이다. 일반인들도 상용 수질시험 시스템을 구입할 수 있다. 이 시스템에서는 흐르는 물속에 작은 물고기들을 풀어놓고 이들의 호흡패턴과 스트레스로 인한 전기신호(주로 호흡률에 따라서 변한다)를 측정한다. 이를 기준으로 수질을 평가한다. 과거로 돌아가서 10세기 프랑스에서는 동일한 목적과 이유 때문에 수원지에다 수질변화에 민감하게 반응하는 도롱뇽을 풀어놓았다(가장 중요한 이유는 수원지에 독을 풀었는지를 감시하는 것으로서, 이 당시에는 흔한 일이었다). 또 다른 사례로 광산에서는 카나리아를 활용하였다. 카나리아는 메탄과 여타의 유해가스에 매우 민감하였다. 메탄이나 일산화탄소가 누적되면 새가 울지 않는다. 그리고 농도가 더 높아지면 죽어버린다. 이는 폭발이 일어나기 전에 대피해야 된다는 명확한 징표이다. 흥미로운 사실은 1986년까지 이런 목적으로 카나리아가 사용되었다는 것이다. 이외에도 고양이와 같은 동물들이 이런 목적으로 사용되었다. 광부들은 또한, 메탄과 일산화탄소가 가스랜턴 빛의 색상과 강도를 변화시킨다는 것을 알고 있었으며, 이를 메탄과 일산화탄소의 존재 여부를 감지하는 센서로 활용하였다. 이런 목적으로 사용되는 현대적인 센서들도 이와 유사하지만 더 절제된 방법을 사용한다.

인간은 우리의 환경을 변화시키기 위해서 식물을 사용해 왔다. 오래 전부터 와인 생산업자들은 포도나무를 공격하여 폐사시켜 버리는 곰팡이를 찾아내기 위해서 장미덤불을 활용하였다. 장미는 곰팡이에 대해서 훨씬 더 민감하기 때문에 포도나무보다 훨씬 더 빨리 곰팡이의 존재를 알려준다. 현재에도 포도밭 둘레에는 곰팡이를 감지하여 이를 경고해주는 아름다운 장미들이 자라고 있는 것을 볼 수 있다. 물론, 이와 더불어서 장미들은 아름다움을 선사해준다.

1.3 정의

센서와 작동기는 특별한 요소이다. 이들은 매우 다양한 형태를 가지고 있으며, 때로는 이들을 분류하기조차도 어렵다. 또한, 센서와 작동기의 작동원리는 물리법칙의 전체 영역을 아우르고 있다. 또한 모든 공학 분야와 생각할 수 있는 거의 모든 용도에 사용되고 있다. 그러므로 센서와 작동기들이 다양한 방식으로 정의되는 것은 결코 이상한 일이 아니다. 오히려 이런 모든 정의들이 어느 정도 맞으며, 어느 정도 유용하다. 예를 들어 센서, 변환기, 프로브, 게이지, 검출기, 픽업, 수용기, 퍼셉트론,[9] 전송기 그리고 송수신기 등의 용어가 무질서하게 혼용되고 있다. 특히 변환기[10]와 센서라는 용어는 매우 다른 의미를 가지고 있음에도 불구하고 혼용되고 있는 실정이다. 이와 마찬가지로, 작동기, 구동기 그리고 작용요소와 같은 용어들이 혼용되고 있다. 그리고 특히 작동기는 기능이나 용도에 따라서 구체적으로 모터, 밸브, 솔레노이드 등의 용어를 사용하는 경향이 있다. 이들은 가능한 모든 단위들의 조합을 포함할 정도로 다양한 원리들에 기초하기 때문에 단위가 혼용되고 있으며, 표준화가 더딘 실정이다.

센서와 작동기들이 가지고 있는 불확실성에 대해서 살펴보기 위해서는, 때로는 이들 둘 사이의 경계가 모호하다는 것을 명심해야 한다. 작동기의 기능을 갖추고 있어서 두 가지 기능들을 모두 수행하는 센서가 존재한다. 예를 들어, (조리용 온도계나 서모스탯과 같은) 바이메탈 스위치는 스위치를 구동하거나 직접접촉을 생성하는 온도센서이다. 이 소자는 센서와 작동기의 기능을 모두 갖추고 있기 때문에 이를 센서 또는 작동기로 분류할 수 없으며, 센서-작동기로 부르는 것이 적당하다. 일반적으로 사용되는 퓨즈와 같이, 일부의 경우에는 측정하는 양이 불분명하다. 퓨즈는 전류를 측정하여 회로를 차단한다고 말할 수 있다. 하지만 퓨즈를 작동시키는 직접적인 원인은

---

9) perceptron: 학습능력을 갖춘 패턴 분류장치. 역자 주
10) transducer

전류가 아니라 전류에 의해서 생성되는 열이다. 그러므로 퓨즈는 온도를 검출한다고 말할 수 있다. 하지만 두 경우 모두, 이 센서-작동기 소자의 명시된 기능이 전류검출이라고 말할 수 있다.

용어의 혼동을 피하기 위해서 여기서 이 책 전체에서 사용되는 용어들의 의미를 정의하기로 한다. 이 책에서 논의되는 일련의 요소들을 모두 아우르는 적절하고 유용한 정의 방법을 찾기는 어렵다. 따라서 용어를 정의하는 사전적 의미와 그 정의가 가지고 있는 문제들에 대해서 살펴보기로 한다.

센서

1. 물리적 자극에 응답하여 이 자극신호를 전송하는 장치[11)]
   문제점: 자극신호란 무엇인가? 모든 센서들이 자극신호를 전송하는가?
2. 광전셀처럼 신호나 자극을 받으면 이에 응답하는 장치[12)]
   문제점: 정의에서 예시한 광전셀이 모든 센서를 대표할 수 없다. 받는다는 것은 무슨 의미인가?
3. 물리적인 자극(열, 빛, 음향, 압력, 자기장, 또는 특정한 운동)을 받으면, (측정이나 제어를 위해서) 이 자극신호를 전송하는 장치[13)]
   문제점: 자극신호란 무엇인가? 그리고 왜 측정이나 제어를 위해서라는 단서가 붙는가?

변환기[14)]

1. 하나의 시스템에서 동력을 받아서 다른 시스템에 다른 형태의 동력을 공급하는 장치[15)]
   문제점: 왜 동력인가? 그리고 변환기가 물리적인 장치여야 하는가?
2. 압전체와 같이, 입력된 한 가지 형태의 에너지를 다른 형태의 에너지로 변환시켜서 출력하는 물질이나 장치[16)]
   문제점: 물질과 입력된 에너지는 각각 무엇을 의미하는가? 예시된 압전체가 과연 적절한 대표성을 가지고 있는가?

---

11) Webster's New Collegiate Dictionary, 1998
12) American Heritage Dictionary, 3rd ed., 1996
13) Webster's New World Dictionary, 3rd ed., 1999
14) transducer
15) Webster's New Collegiate Dictionary, 1998
16) American Heritage Dictionary, 3rd ed., 1996

3. 하나의 시스템에서 동력을 받아서 다른 시스템에 다른 형태의 동력을 공급하는 장치(스피커는 전기신호를 음향 에너지로 변환시키는 장치이다)[17]

문제점: 스피커가 과연 변환기인가? 스피커의 기능에 의해서 이런 변환이 일어났는가?

주의: 일부의 경우에 센서와 작동기 모두에 대해서 변환기라는 용어를 혼용하고 있다.

작동기

1. 손을 사용하지 않고 간접적으로 무언가를 움직이거나 조절하는 메커니즘[18]

   문제점: 과연 운동이 필수적인가? 서모스탯과 같이 직접조절이 이루어지는 장치는 작동기로 분류할 수 없는가?

2. 센서링크에 의해서 컴퓨터에 연결되어 기계적 장치를 구동하는 장치[19]

   문제점: 기계장치만이 작동기라 할 수 있는가? 예시된 사례가 정의에 적합한가?

3. 무엇인가를 움직이거나 조절하기 위해서 사용되는 기계장치[20]

   문제점: 기계적 장치여야만 하는가? 무엇을 움직이거나 조절해야만 하는가?

이런 정의들을 통해서 용어의 정의에 어떤 문제가 있는지를 알 수 있다. 변환기라는 용어를 센서와 작동기 모두에 사용할 수 있겠지만, 이 단어의 정의가 현존하는 센서와 작동기들 모두를 대표할 수 있을 만큼 넓지 못하다. 예를 들어 스피커는 명백히 전기동력을 음향동력으로 변환시키는 작동기이다. 하지만 동일한 스피커를 음향을 감지하는 입력장치인 마이크로폰으로 사용할 수 있다. 이런 경우 동일한 장치가 압력(자극)을 감지하는 센서와 (음향동력을 전기동력으로 변환시키는) 변환기로 작동한다. 이런 이중성은 스피커에만 국한되지 않는다. 많은 작동기들이 센서나 작동기의 역할을 수행할 수 있다. 하지만 이런 경우에는 출력레벨이 문제가 된다. 작동기가 동작하기 위해서는 일반적으로 센서에서 생성되는 것보다 더 많은 동력을 공급해야 하므로, 스피커는 마이크로폰보다 물리적으로 훨씬 더 크다. 따라서 원래의 질문으로 되돌아가야만 한다. 센서, 작동기 그리고 변환기는 각각 무엇을 말하는 것인가? 여기에 덧붙여서 여러 자료들을 살펴보면 변환기는 센서보다 더 넓은 의미를 가지고 있다. 변환기에는 측정요소와 에너지 변환요소뿐만

---

17) Webster's New World Dictionary, 3rd ed., 1990
18) Webster's New Collegiate Dictionary, 1998
19) American Heritage Dictionary, 3rd ed., 1996
20) Webster's New World Dictionary, 3rd ed., 1990

아니라 필터, 신호처리 그리고 전원 등의 보조요소들이 포함되어 있다. 하지만 일부에서는 변환기는 센서의 일부분일 뿐이라는 명확히 반대의 입장을 취하고 있다. 다른 사람들은 이들 둘이 동일하며, 변환기는 단지 센서의 또 다른 이름이라고 생각한다. 하지만 이런 의견은 소수일 뿐이다. 과연 무엇이 옳은가? 물론, 센서, 작동기 및 변환기에 사용된 물리적 원리와 장치가 가지고 있는 구조의 복잡성과 다양성에 비추어볼 때에, 특정한 조건에 대해서는 이런 모든 의견들이 타당하다.

이런 문제들에 대한 이해를 높이기 위해서, 스피커와 마이크로폰의 사례에 대해서 다시 살펴보기로 하자. 하지만 이번에는 우리가 무엇에 대해서 이야기하는지에 대해서 명확하게 구분해 보기로 한다. 우선, 자석식 스피커에 대해서 살펴보자. 만일 이 스피커를 마이크로폰으로 사용한다면, 스피커 콘의 운동이 자기장 속에 위치하고 있는 코일을 움직여서 코일 양단에 전위차를 생성한다. 이를 회로에 연결하면 측정 가능한 수준의 전류가 송출된다. 이는 전류를 생성하기 위해서 별도의 전원이 필요하지 않는 수동형 센서이다. 따라서 에너지가 변환된다는(변환기) 정의가 맞다. 이론적으로는 **그림 1.1** (a)에서와 같이, 두 개의 스피커를 서로 연결해 놓을 수 있다. (센서와 작동기가 직접 연결되어 있으므로) 1번 스피커에 말을 하면 2번 스피커에서 음향이 송출된다. 1번 스피커에서는 음압이 전압신호로 변환되며, 2번 스피커에서는 전류 신호가 음압으로 변환된다. 그리고 이 과정은 가역적이다. 이는 **그림 1.1** (b)에 도시된 것처럼, 양철 깡통에 실을 연결하여 가지고 노는 아이들 장난감과 동일한 개념이다. 이 경우에는 음파가 현의 진동으로 변환되며, 이 또한 가역적이다.

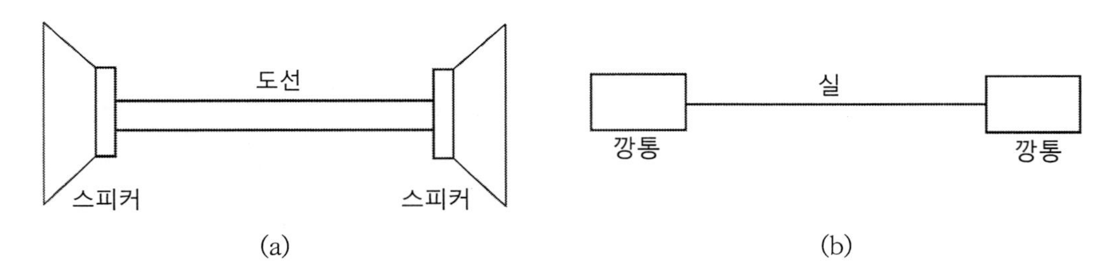

그림 1.1 (a) 측정, 작동 및 변환의 개념을 설명하기 위한 스피커 회로의 사례. (b) 양단에 센서와 작동기가 연결되어 있는 또 다른 사례

일반적으로는 센서와 작동기를 직접 연결하는 것이 불가능하며, **그림 1.2**에 도시되어 있는 것처럼, 증폭기와 같은 처리요소를 사용해야만 한다. 전형적으로 이런 방식으로 센서와 작동기가 상호작용을 하게 된다.

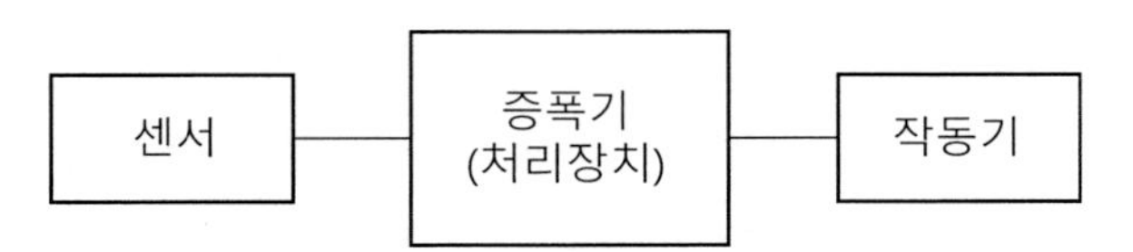

그림 1.2 센서-작동기 시스템을 구성하는 세 가지 요소들. 증폭기는 시스템 내에서 처리장치 또는 제어기로 작용한다.

전원과 변환

지금부터는 탄소 마이크로폰과 스피커로 이루어진 (단순화된) 전화링크에 대해서 살펴보기로 하자. (7장에서 논의할) 탄소 마이크로폰은 음파가 맴브레인을 진동시키면 이로 인하여 탄소입자들이 압착되면서 저항값이 변한다. **그림 1.3** (a)에서와 같이 이 마이크로폰을 직접 스피커에 연결한 경우를 살펴보자. 이 마이크로폰은 동력을 변환시키지 않기 때문에 통화가 이루어지지 않는다. 이 경우에는 음향동력이 저항값을 변화시키기 때문에 가용할 동력이 없으므로, 통화를 위해서는 별도의 동력이 필요하다. 역할이 뒤바뀐 경우에는 스피커가 전력을 만들어 내지만, 마이크로폰이 이 전력을 음향동력으로 변환시킬 수 없기 때문에, 스피커와 마이크로폰 사이의 역할 전환도 불가능하다. 이 사례에서 마이크로폰은 변환기가 아니며, (능동형) 센서이다. **그림 1.3** (a)의 시스템을 작동하도록 만들기 위해서는 **그림 1.3** (b)에서와 같이 전원을 추가해야 한다. 이를 통해서 저항값의 변화가 회로 내의 전류 변화를 일으키며, 스피커 콘의 위치를 변화시켜서 공기압력의 변화(음파)를 초래한다. (센서가 변환기의 일부분이라고 생각하는 경우에는) 이 시스템에서 마이크로폰과 전지는 변환기이며, 또는 (변환기가 센서의 일부분이라고 생각하는 경우에는) 센서라고 간주할 수도 있다. 우리는 이들을 구분하여 마이크로폰은 센서로, 마이크로폰과 전지는 변환기로, 그리고 스피커는 작동기로 간주하여야 한다. 이를 통해서 혼동을 피할 수 있다. 특히, 이 사례에서는 마이크로폰이 센서 및 작동기의 역할을 모두 수행하지 못하므로, 이들을 별도의 기능요소로 간주할 수 있다. 이를 통해서 자동적으로 이들이 기능적 이중성을 가지고 있다고 가정하지 않으면서도 이중성에 대한 가능성을 배제하지 않을 수 있다. 또한, 가끔씩은 변환기를 센서와 명확히 구별된 별도의 요소로 구분할 수 있으며, 때로는 변환기가 센서를 포함하기 때문에 변환기에 대해서 유연한 입장을 가져야 한다.

지금까지의 비교적 장황한 설명을 통해서 우리는 다음과 같은 정의에 도달하게 된다.

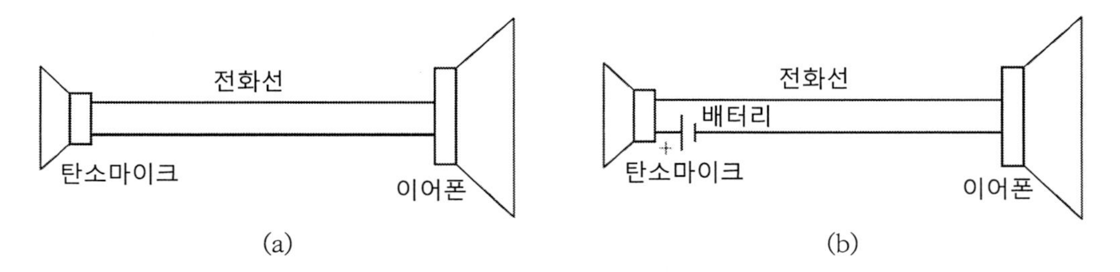

그림 1.3 (a) 작동할 수 없는 전화선. 마이크로폰은 능동형 센서이며 신호변환을 위해서는 전력이 필요하다. (b) 능동형 (탄소) 마이크로폰을 사용한 올바른 전화선 연결

센서: 물리적 자극에 반응하는 디바이스

변환기: 한 가지 형태의 동력을 다른 형태의 동력으로 변환시켜주는 장치나 메커니즘

작동기: 물리적인 작용이나 영향을 끼치는 장치나 메커니즘

이들은 매우 일반적인 정의이며, 활용 가능한 (거의) 모든 장치에 적용된다. 이 경우에 **장치**라는 용어를 매우 넓게 해석해야 한다. 예를 들어, 혈당 민감성 소재로 함침된 종이가 혈당 측정용 장치로 사용된다. 때로는 이 정의를 좁게 해석해야 한다. 예를 들어, 일반적으로 대부분의 센서들은 전기출력을 송출하며, (대부분의) 작동기들은 어떤 형태의 운동을 하거나 힘을 가한다고 가정한다. 이 장에서는 이런 가정을 사용하지 않지만, 이후의 장들에서는 자주 이런 가정을 사용할 예정이다. 일부의 경우에는 센서가 전기출력을 송출하지만, 다른 경우에는 기계적 출력을 송출하기도 한다. 이와 마찬가지로, 시스템의 출력으로 전구를 사용하거나 모니터링 장치로 디스플레이를 사용하는 경우에는 작동기의 물리적 작용이 전혀 힘을 발생시키지 않는다. 일산화탄소(CO)를 이산화탄소(CO_2)로 변환시키는 자동차의 촉매변환기에서는 작동기가 화학작용을 일으킨다.

더 일반적인 정의에 따르면, 센서는 시스템의 입력요소이며, 작동기는 시스템의 출력요소이다. 이 책의 전반에 걸쳐서 사용하고 있는 이 관점에 따르면, 다양한 유형과 복잡성을 가지고 있는 센서는 시스템에 입력을 주며, 작동기는 출력을 담당한다. **그림 1.4**에 도시되어 있는 것처럼, 이들 사이에는 입력을 받아서 데이터를 처리하는 처리장치가 연결되며, 시스템의 출력단에는 작동기가 연결된다. 일반적으로, 처리장치가 센서와 작동기 사이를 연결시켜 준다. 매우 일반적인 작동을 센서와 작동기로 간주할 수도 있다. 세탁기 앞면에 위치한 스위치는 센서이며, 세탁기의 작동상태를 알려주는 발광다이오드는 작동기이다. 작동기가 반드시 물리적인 운동이나 힘을 송출할 필요는 없다. 오히려 시스템이 내보내는 임의 형태의 출력일 뿐이다. 하지만 실제로 많은 작동기들이 모터를 사용하여 기계적인 출력을 송출한다. 그런데, 모터 역시 전기식 모터(직류전동기, 교류전동기, 연속작동방식 모터, 스테핑모터, 리니어모터 등), 공압식 또는 마이크로폰으로 가공된 전기모터와 같이 매우 많은 종류가 있다. 그리고 일부 모터는 센서로 사용할 수 있다. 실제로, 소형 DC 모터를 발전기로 사용하여 풍속을 측정하는 경우에는 센서로 간주할 수 있으며, 이를 선풍기로 사용하는 경우에는 작동기로 간주하게 된다.

처리기나 제어기 자체는 용도에 따라서 매우 단순하거나 엄청나게 복잡하다. 센서와 작동기를 직접 연결하는 배선에서부터, 증폭기, 저항, 필터, 마이크로프로세서, 또는 컴퓨터의 분산 시스템이 사용될 수 있다. 극단적인 경우, 전혀 처리기가 필요 없다. 이런 경우에는 센서가 작동기로도 사용된다. 바이메탈 온도계와 서모스탯이 이에 해당하는 대표적인 사례이다. 온도에 비례하여 금속이 팽창하며, 이 팽창을 사용하여 온도눈금을 표시하거나 스위치로 작동한다.

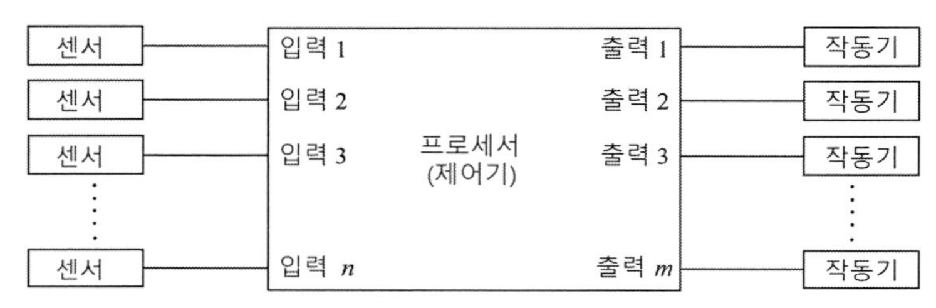

그림 1.4 입력단에 센서와 출력단에 작동기가 연결되어 있는 일반적인 시스템. 프로세서나 제어기가 센서와 작동기 사이를 연결시켜준다.

예제 1.1 차량에 사용되는 센서와 작동기

현대적인 자동차에는 다수의 센서와 작동기들이 사용되고 있다. 이들 모두는 **그림 1.4**에 도시되어 있는 입력과 출력요소들로서 (전기제어유닛(ECU)이라고 부르는)처리기에 연결되어 있다(기능별로 분리되어 각각 전용 제어기에 연결되기도 한다). 센서들 중 일부는 상태(에어컨디셔너의 작동 여부, 기어 물림 상태, 문 닫힘 등)를 검출하기 위해서 사용되는 스위치나 릴레이들이며, 나머지들은 진정한 의미의 센서들이다. 대부분의 작동기들은 솔레노이드, 밸브, 모터 등이며, 일부는 오일 압력 저하 표시용 램프나 도어 열림 버저 등과 같은 표시장치들이다. 제조업체나 모델에 따라서 자동차들마다 서로 다른 센서와 작동기들이 사용된다. 자동차에 사용되는 센서와 작동기들은 차량 내 진단장치(OBD)에 의해서 감시되며, 차량에 탑재된 시스템의 상태정보를 운전자, 정비공, 차량관리자 등에게 전달한다. 다음에는 차량 내 진단장치에 연결되어 감시되는 센서와 작동기들 중 일부를 보여주고 있다. 이외에도 여타의 부품들 속에 다수의 센서들이 숨겨져 있다. 예를 들어, 크루즈 제어 시스템은 속도 유지를 위해서 압력센서를 사용하며, 전압조절기는 전압을 일정하게 유지하기 위해서 전류 센서와 전압 센서를 사용하지만, 처리기가 이들을 직접 감시하지는 않는다. 이와 마찬가지로, 예를 들어, 창문, 도어, 선루프 등을 여닫는 데에 사용되는 모터나 밸브를 포함하여 차량 내 진단장치가 직접 통제하지 않는 작동기들이 여러 가지가 있다. 자체적으로 마이크로프로세서를 갖추고 있는 소위 스마트 센서라고 부르는 센서들이 다수 사용되고 있다. 자율주행 자동차의 경우에는 훨씬 더 많은 센서와 작동기들이 사용된다.

센서[21)]

크랭크축위치(CKP)센서
캠축위치(CMP)센서(2개)
가열산소센서(H_2OS)(2~4개)
공기질량유량(MAF)센서
매니폴드 절대압력(MAP)센서
흡입공기온도(IAT)센서
엔진냉각수온도(ECT)센서
엔진오일압력센서
스로틀위치(TP)센서(1~4개)
연료연소센서(대체연료의 경우)
연료온도센서(1~2개)
연료레일압력센서
엔진오일온도센서
터보차저부스트센서(1~2개)
비포장도로 센서
노킹센서(KS)(1~2개)
연소가스재순환센서(1~2개)
연료탱크압력센서
증발배출물제어압력센서
연료계(1~2개)
퍼지유량계
배기압력센서
속도계(VSS)
냉각팬속도계
변속기오일온도(TFT)센서
에어컨냉매압력센서
후방수직센서
전방수평센서
전방수직센서
창문위치센서
증발배출물(EVAP)누설검출기
좌측전방 위치센서
우측전방 위치센서
좌측후방 위치센서
우측후방 위치센서
평형조절 위치센서
에어컨 저온측 온도센서
에어컨 증발온도센서
에어컨 고온측 온도센서
에어컨 냉매압력센서
증발기 입구측 온도센서
좌측 에어컨 온도센서
우측 에어컨 온도센서
파워스티어링압력(PSP)스위치
변속센서
입력측 터빈 속도센서
출력속도센서
2차 진공센서
대체연료 기체질량 센서
가속페달 위치센서(2개)
대기압력센서
대기온도센서
외부공기온도센서
실내온도센서(1~2개)
크루즈서보위치센서
브레이크부스터진공(BBV)센서
브레이크오일압력센서
휠속도센서(각 휠마다 1개씩)

등받이 전/후 센서
등받이 상/하 센서
운전석등받이 경사센서
운전석등받이 수평센서
운전석등받이 수직센서
운전석벨트타워 수직센서
좌측반사경 수직 및 수평위치센서
우측반사경 수직 및 수평위치센서
실내반사경 수직 및 수평위치센서
후방반사경 수직 및 수평위치센서
야간감지 광전셀
태양광 감지센서(1~2개)
등받이히터센서
텔레스코프 위치센서
경사위치센서
보안시스템센서
헤드램프 자동평형장치(AHLD)
헤드램프 자동평형장치 후방축센서
타이어압력모니터(TPM)센서(4개)
조향핸들 속도센서
좌측히터 온도센서
우측히터 온도센서
뒷좌석 송풍온도센서
우측패널 송풍온도센서
경사센서
차량안정성향상시스템(VSES)센서
요레이트센서
측면방향 가속도센서
조향센서
좌전방/운전자측 충격센서(SIS)
전원공급센서(1~2개)
GPS안테나
위성안테나
라디오 안테나
초음파센서
절도방지용 가속도계

작동기

터보차저 배기게이트 솔레노이드(2개)
배기가스 재순환(EGR) 솔레노이드
2차공기주입(AIR) 솔레노이드
2차공기주입 스위칭밸브(2개)
증발배출물 퍼지솔레노이드밸브
증발배출물 벤트솔레노이드밸브
흡입 매니폴드 튜닝(IMT)밸브 솔레노이드
토크컨버터클러치 활성화 솔레노이드
토크컨버터클러치
시프트솔레노이드 A
1-2 시프트 솔레노이드밸브
시프트 솔레노이드 B
2-3 시프트 솔레노이드밸브
시프트 솔레노이드 C
시프트 솔레노이드 D
역전방지 솔레노이드
압력제어(PC) 솔레노이드
A/T 솔레노이드
토크컨버터클러치(TCC) 시프트솔레노이드
브레이크밴드작용 솔레노이드
흡기 매니폴드 러너제어(IMRC) 솔레노이드
좌측전방 잠김방지브레이크(ABS) 솔레노이드(2개)
우측전방 잠김방지브레이크(ABS) 솔레노이드(2개)
좌측후방 잠김방지브레이크(ABS) 솔레노이드(2개)
우측후방 잠김방지브레이크(ABS) 솔레노이드(2개)
좌측 제동제어 솔레노이드(2개)
우측 제동제어 솔레노이드(2개)
조향보조제어 솔레노이드
좌측전방 솔레노이드
우측전방 솔레노이드

시프트 솔레노이드 E
3-2 시프트솔레노이드
시프트/타이밍 솔레노이드
1-4 상향시프트(건너뜀) 솔레노이드
라인압력제어(PC) 솔레노이드
시프트압력제어(PC) 솔레노이드
시프트솔레노이드(SS)3
시프트솔레노이드(SS)4
시프트솔레노이드(SS)5
흡입공진전환 솔레노이드
연료 솔레노이드
크루즈벤트솔레노이드
크루즈진공솔레노이드
우측전방 흡입밸브 솔레노이드
우측전방 배출밸브 솔레노이드
좌측전방 흡입밸브 솔레노이드
좌측전방 배출밸브 솔레노이드
좌측후방 흡입밸브 솔레노이드
좌측후방 배출밸브 솔레노이드
우측후방 흡입밸브 솔레노이드
우측후방 배출밸브 솔레노이드
좌측전방 제동제어 마스터실린더 차폐밸브
좌측전방 제동제어 프라임밸브
우측전방 제동제어 마스터실린더 차폐밸브
우측전방 제동제어 프라임밸브
접지된 배기솔레노이드밸브
스로틀 작동기 제어(TAC)용 모터
펌프모터
좌측후방 솔레노이드
우측후방 솔레노이드
배기 솔레노이드밸브
2차 공기주입 스위칭밸브(2개)
증발배출물시스템 퍼지제어밸브
배기압력제어밸브
흡기플래넘 스위치오버밸브
배기가스 재순환시스템 1번 밸브
배기가스 재순환시스템 3번 밸브
스로틀밸브
전자브레이크 제어모듈 제어밸브
레벨제어 배기밸브
전방워셔모터
후방워셔모터
전방와이퍼릴레이
후방와이퍼릴레이
HVAC 작동기
냉각수 서모스탯
인젝터(공기, 연료)(실린더당 각 1개)
윈도우모터
전기도어모터
엔진 냉각팬
실내 냉난방 팬
스타터모터
얼터네이터
촉매변환기
반사경 모터(양쪽 각 1개)
틸트/텔레스코프 모터

21) 중복되는 센서들은 역자가 임의로 삭제하였음

1.4 센서와 작동기의 정의

물리적인 작동원리, 용도, 또는 편의상 구분과 같이, 다양한 방법을 사용하여 센서와 작동기들을 분류할 수 있다. 어떤 한 가지 분류방법을 사용하여 모든 종류들을 포함할 수 있을 정도로 일반화시키기는 어려우므로 목적에 따라서 다양한 분류방법이 사용되고 있다. 그런데 특정한 방식을 사용하여 센서와 작동기들을 분류하는 것이 유용하다. 센서의 경우, **능동형 센서**와 **수동형 센서**로 구분할 수 있다. 외부동력을 필요로 하는 센서들이 능동형 센서이다. 능동형 센서는 센서 성질(파리미터)의 변화에 따라서 출력값이 변하기 때문에 **파라메트릭 센서**라고도 부른다. 이런 센서의 사례로는 스트레인게이지(변형률 변화에 따라서 저항값이 변화), 서미스터(온도 변화에 따라서 저항값이 변화), 정전용량형 또는 유도형 센서(거리변화에 따라서 정전용량이나 유도용량 값이 변화) 등이 있다. 이런 모든 경우, 센서는 디바이스의 성질변화를 검출하지만, 전원에 연결되어 해당 성질변화가 전기신호로 변환된 이후에만 이들을 사용할 수 있다. 반면에 수동형 센서는 외부전원이 필요 없는 센서로서, 전기신호를 만들어내기 위해서 하나 또는 여러 가지의 성질을 변화시켜야 한다. 따라서 이들을 **자기발전형 센서**라고도 부른다. 이런 사례로는 열전센서, 태양전지, 자기식 마이크로폰, 압전센서 등이 있다.[22]

또 다른 경우에는 **접촉식 센서**와 **비접촉식 센서**로 구분하며, 이런 분류방식은 특정한 목적에서 매우 중요한 기준이다. 예를 들어 스트레인 게이지는 접촉식 센서인 반면에 근접 센서는 비접촉 방식이다. 그런데 동일한 센서를 두 가지 방식으로 사용할 수도 있다(즉, 엔진 온도를 측정하는 경우에는 서미스터를 접촉식으로 사용하지만, 실내 온도를 측정하는 경우에는 비접촉식으로 사용한다). 때로는 센서 설치방법을 선택할 수도 있다. 다른 센서들은 한 가지 방식으로만 사용할 수 있다. 예를 들어, 외부로부터 방사선이 가이거관을 투과해야만 하기 때문에 이를 접촉식으로 사용할 수는 없다.

센서를 **절대식 센서**와 **상대식 센서**로 구분할 수도 있다. 절대식 센서는 절대스케일을 기준으로 외부 자극에 반응한다. 이런 사례로는 절댓값을 출력하는 서미스터가 있다. 즉, 서미스터의 저항값은 절대온도에 비례한다. 이와 마찬가지로, 정전용량형 근접센서는 절대식 센서로서, 측정전극의 물리적 거리에 따라서 정전용량값이 변한다. 상대식 센서의 출력은 상대 스케일에 의존한다. 예를 들어, 열전대의 출력은 두 접점 사이의 온도 차이에 비례한다. 이 센서의 측정량은 절대온도

22) 일부 서적에서는 능동형과 수동형 센서를 이 책에서와 완전히 반대로 정의하고 있다.

가 아니라 온도편차이다. 압력센서는 상대식 센서의 또 다른 사례이다. 모든 압력센서들은 상대식 센서이다. 비록 진공이 상대적인 개념이기는 하지만 기준압력이 진공인 압력센서의 경우에는 절대식으로 간주한다. 예를 들어 상대식 압력센서는 내연엔진의 흡기측 매니폴드와 대기압력 사이의 편차와 같이 두 압력의 차이를 측정한다.

표 1.1 센서의 분류

검출영역	측정출력	물리법칙	사양	적용분야	기타
전기	저항	전기변형	정확도	소비제품	동력
자기	정전용량	전기저항	민감도	군용	인터페이스
전자기	유도용량	전기화학	안정성	인프라용	구조
음향	전류	전기광학	응답시간	에너지	
화학	전압	자기전기	히스테리시스	열	
광학	공진	자기열량	주파수응답	제조업	
열	광학	자기변형	입력범위	운송	
온도	기계	자기저항	분해능	자동차	
기계		광전기	선형성	항공	
방사선		광탄성	경도	해양	
생물학		광자기	가격	우주	
		광도전	크기	과학	
		열자기	질량		
		열탄성	소재		
		열광학	작동온도범위		
		열전기			

대부분의 분류방법들은 측정과 관련되어 하나 또는 다수의 기준을 사용한다. 용도, 사용된 물리적 현상, 검출방법, 센서사양 등과 같은 다양한 방법들을 사용하여 센서를 구분할 수 있다. 표 1.1에서는 몇 가지 분류방법들을 보여주고 있지만, 상황에 따라서 분류가 이루어진다는 것을 명심해야 한다. 예를 들어, 센서를 용도에 따라서 저온용과 고온용, 저주파용과 고주파용, 저정밀과 고정밀용 등으로 구분할 수 있다. 센서를 사용된 소재에 따라서 구분하는 것도 매우 일반적이다. 즉, 반도체(실리콘) 센서, 생물학적 센서 등으로 구분할 수도 있다. 때로는 물리적 크기로 분류하기도 한다(미니어처 센서, 마이크로 센서, 나노 센서 등). 이런 분류들 대부분은 정성적이고 상대적이며, 사용목적에 의존한다. 차량용 미니어처 센서는 노트북이나 핸드폰용 미니어처 센서와는 크기가 다를 것이다. 예를 들어 에어백 팽창 시스템에서 사용하는 가속도계를 핸드폰의 경우에는 뒤집힌 상태를 감지하기 위해서 사용한다. 이런 경우 두 센서의 크기는 매우 다를 것이다.

하지만 작동기는 (대부분의 경우) 운동의 생성, 힘의 작용, 또는 영향발생 등의 작용을 하기 때문에, 작동기의 분류는 센서의 경우와 약간 다르다. 따라서 어떤 분류방법에서는 운동방식을 기준으로 사용하며, 다른 경우에는 작동에 사용된 물리적인 원리를 기준으로 사용한다. 그러므로 표 1.1에 제시된 분류법은 센서뿐만 아니라 작동기에도 적용되며, 작동기의 경우에는 표 1.2의 분류법이 추가된다.

표 1.2 작동기를 위하여 추가된 분류기준

운동방법	출력
직선운동	저출력 작동기
회전운동	고출력 작동기
1축	마이크로출력 작동기
2축	미니어처 작동기
3축	마이크로작동기
	MEMS 작동기
	나노작동기

센서에 대해서 살펴볼 때에 겪는 가장 큰 어려움들은 센서의 종류가 너무 많으며, 다양한 원리와 물리법칙들을 사용하여 매우 다양한 양들을 측정하기 때문에 체계적인 방식으로 이를 설명하기가 어렵다는 것이다. 이런 다양한 이유들이 서로 얽혀 있기 때문에, 일부의 센서들에 대해서는 분류를 시도하지 않는다.

이 책에서는 다양한 검출방식과 작동방식을 사용하는 센서와 작동기들에 대해서 전반적으로 살펴볼 예정이다. 특정한 유형의 센서들만 살펴보는 경우에는, 이들이 제한된 물리적 원리만을 사용하기 때문에 측정과 작동을 위해서 사용되는 배후이론에 대한 이해가 부족할 우려가 있다. 따라서 우리는 온도센서, 광학센서, 자기센서, 화학센서 등과 같은 다양한 유형의 센서들을 다룰 예정이다. 이런 유형의 센서들은 제한된 작동원리를 사용하며, 때로는 단 하나의 작동원리에 기초하는 경우도 있다. 하지만 이런 경우에는 하나의 작동원리를 사용하여 다양한 물리적인 양들에 대한 측정과 작동이 이루어진다. 예를 들어, 광학식 센서가 광강도를 측정하기 위해서 사용되지만, 온도측정에도 이를 사용할 수 있다. 이와는 반대로, 광강도, 압력, 온도 또는 공기속도를 측정하기 위해서 온도센서를 사용할 수 있다. 마찬가지로, 자기센서의 경우에는 위치, 거리, 온도 또는 압력을 측정하기 위해서 동일한 원리를 사용할 수 있다.

예제 1.2 음식 용기에 사용되는 압력밀봉의 분류

음식 용기의 압력밀봉은 용기 내의 압력손실을 검출한다. 파열음과 함께 뚜껑이 열리면, 용기 내부의 밀봉상태를 감각적으로 확인할 수 있다. 따라서 이는 센서-작동기이다.

센서의 분류

검출영역: 기계식 센서

자극(측정량): 압력

적용분야: 소비제품

사양: 저가형

유형: 수동식(작동에 별도의 동력이 필요 없음)

작동기의 분류

검출영역: 기계식 작동기

적용분야: 소비제품

사양: 저가형

유형: 선형

출력: 저출력

이와는 다른 분류방법을 사용할 수도 있다. 예를 들어, 이를 시각 또는 촉각식 센서, 매립형(즉, 분리되거나 부착된다는 개념과 반대로, 뚜껑형 센서가 제품 내에 매립되거나 통합된) 센서-작동기 등으로 분류할 수도 있다. 이를 압력식 센서가 아니라고 말할 수도 있다. 부패 상태를 표시하기 위해서 압력이 사용되므로, 이는 부패검출 또는 생물학적 센서로 구분할 수도 있다.

예제 1.3 산소센서의 분류

차량에서는 산소센서가 일반적으로 사용된다. 촉매변환기를 사용하는 모든 차량에는 이 센서가 사용된다.

넓은 검출범위: 화학(또는 전기화학)

측정값 출력방식: 전압

물리법칙: 전기화학

사양: 고온용

적용분야: 자동차

동력: 없음(이 센서는 작동을 위해서 외부동력을 사용하지 않는 수동형 센서이다)

따라서 산소센서는 자동차에 사용되는 고온용, 수동방식, 전기화학식 센서로서, 전압을 출력하며 차량 배기가스에 포함되어 있는 산소의 농도를 측정한다.

1.5 인터페이스의 일반요건

센서와 작동기는 결코 스스로 작동하지 않는다. 이들은 더 복잡한 시스템의 일부로 통합되어 주어진 기능을 수행한다. 하지만 센서와 작동기의 사양이 시스템이 요구하는 사양과 일치하는 경우는 거의 없다. 그러므로 원활한 작동을 위해서 대부분의 센서와 작동기들은 **인터페이스**를 통해서 시스템과 연결된다. **그림 1.5**에서는 단순하지만 매우 일반적인 시스템의 구조를 보여주고 있다. 여기서, 센서는 처리기에 연결되어 온도라는 물리적 성질을 측정한다. 처리기에는 작동기도 연결되어 측정된 온도에 따라서 온도표시, 밸브 닫음, 미리 설정된 온도에 따른 선풍기 작동, 또는 여타의 다양한 기능들을 수행할 수 있다. 그림에 표시된 처리기는 마이크로프로세서나 시스템이 필요로 하는 기능을 구현하는 단순회로로 이루어진 일종의 제어기이다.

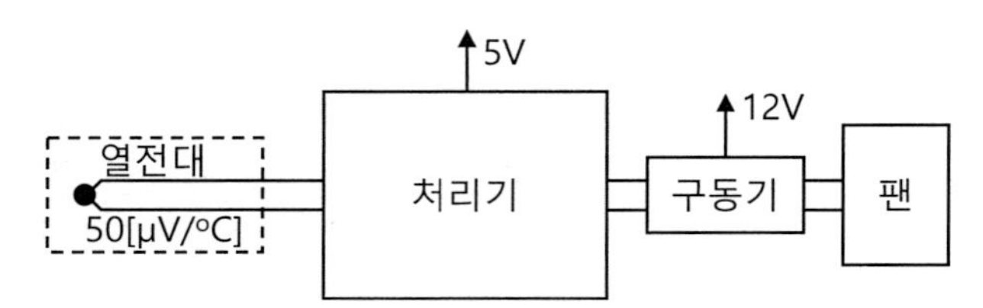

그림 1.5 센서, 처리기 및 작동기로 이루어진 시스템의 개략도

이 사례를 더 구체화시키기 위해서 센서로는 열전대를 사용하며, 작동기는 온도에 비례하여 속도가 변하는 모터(컴퓨터 프로세서용 냉각팬)라고 가정하기로 한다. 나중에 설명하겠지만, 열전대는 수동형 센서로서, 작동에 별도의 동력이 필요 없다. 하지만 출력전압은 10~50[μV/°C]에 불과할 정도로 매우 낮은 수준이다. 모터는 직류 12[V]로 작동하는 반면에, 소형 마이크로프로세서로 이루어진 처리기는 직류 5[V]로 작동한다. 처리기와 제어기를 구동하기 위해서 전원을 공급하여야 하며, 처리기를 작동시키기 위해서 프로그래밍이 필요할 뿐만 아니라, 센서와 처리기, 처리기와 작동기 사이의 인터페이스도 함께 구비해야만 한다. **그림 1.6**에서는 이들을 추가한 시스템의 구조를 보여주고 있다. 여기서 열전대는 컴퓨터 프로세서나 방열판에 설치되어 온도를 측정한다. 열전대는 온도차이를 측정하기 때문에, 기준온도(즉, 대기온도) T_0가 필요하다. 열전대에서 송출된 신호는 0~5[V]의 출력범위(5[V]는 처리기에 입력할 수 있는 가장 높은 전압이다. 따라서 이 전압은 시스템이 측정해야 할 가장 높은 온도에 해당한다)를 가지고 있어서 취급이 더 용이한 신호로 증폭된다. 이 신호는 아날로그 값이다. 따라서 마이크로프로세서가 이를 인식할 수 있도록

디지털 값으로 변환해야만 한다. 이를 아날로그/디지털 변환기(A/D 또는 ADC)라고 부르며, 마이크로프로세서에 내장되어 있거나 외부에 설치된다. 입력 변환기는 증폭기와 아날로그/디지털 변환기로 이루어진다. 마이크로프로세서는 온도에 비례하는 출력신호를 송출함으로써, 이 입력신호에 응답한다. 하지만 마이크로프로세서는 디지털 장치이기 때문에 디지털 신호를 송출하므로, 이를 다시 아날로그 신호로 변환시켜야 한다. 이를 디지털/아날로그 변환기(D/A 또는 DAC)라고 부른다. 저전력 출력신호를 사용하여 고출력 모터를 작동시키기 위해서 출력 구동기가 사용된다. 실제의 경우에는 다른 형태의 수단을 사용하여 이 기능을 수행하며, 이 구조도에서는 이론을 설명할 뿐이다. 출력 변환기는 디지털/아날로그 변환기와 출력 구동기로 이루어진다.

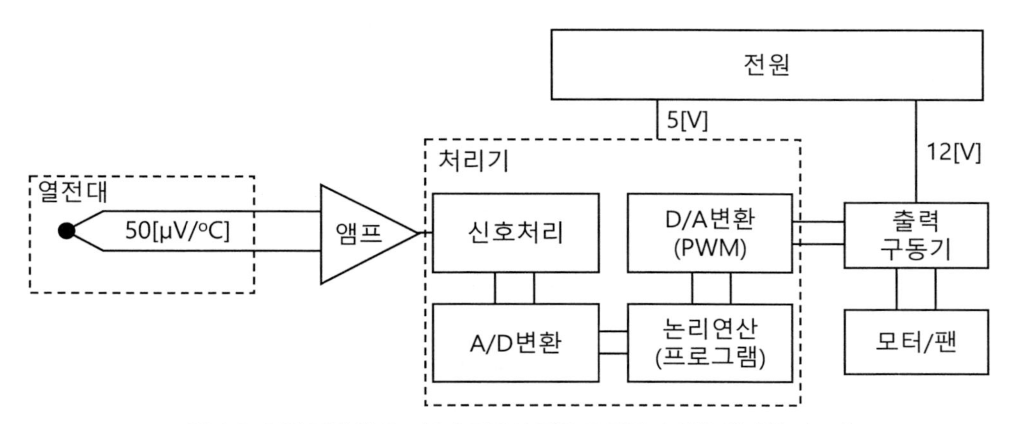

그림 1.6 어떤 장치의 온도를 측정하여 팬을 구동하기 위한 완전한 시스템

또 다른 요구조건들이 설계에 영향을 끼친다. 예를 들어, 안전이나 기능적 이유 때문에 마이크로프로세서와 작동기를 서로 분리할 필요가 있다. 특히 그리드전압(일반적으로 교류 120~480[V])을 사용하여 작동기를 구동하는 경우에 분리가 요구된다.

센서와 작동기를 접속하는 인터페이싱 방법이 센서, 작동기 및 처리기의 작동에 영향을 끼치기 때문에 설계단계에서 미리 고려해야만 한다. 예를 들어, 열전대 대신에 디지털 출력을 송출하는 온도센서를 사용할 수 있다면 시스템이 매우 단순해진다. 하지만 디지털 센서 자체가 모든 경우에 최선의 방안은 아니다. 이와 마찬가지로, 전원관리를 단순화시키기 위해서 가능하다면 12[V] 모터 대신에 5[V] 모터를 사용할 수도 있다. 센서와 작동기에 따라서 처리기가 선정된다. 일부의 마이크로프로세서에는 아날로그/디지털 변환기가 내장되어 있으며, 일부의 경우에는 (펄스폭변조식)전력구동기에 적합한 비례출력 송출기능도 갖추고 있어서 디지털/아날로그 변환기와 출력

구동기를 하나의 트랜지스터로 대체할 수 있다. **그림 1.7**에서는 이런 출력기능과 반도체 온도센서를 사용하는 시스템의 구조를 보여주고 있다. 이 경우에는 센서와 마이크로프로세서에 대부분의 필요한 인터페이스 기능들이 통합되어 있기 때문에 시스템의 구조가 훨씬 더 단순하다. 물론, 이 때문에 희생되는 것이 있다. **그림 1.7**의 구조는 최고 125[°C]까지 사용할 수 있는 반면에(반도체식 온도센서는 150[°C]까지 사용할 수 있다) 열전대는 2,000[°C] 이상의 온도까지도 사용할 수 있다.

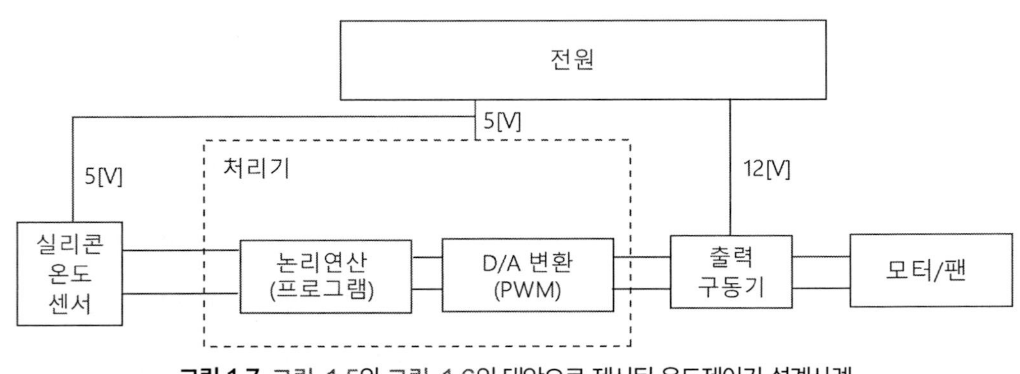

그림 1.7 그림 1.5와 그림 1.6의 대안으로 제시된 온도제어기 설계사례

모든 장치들의 접속은 해당 장치의 사양과 이 디바이스를 접속할 시스템의 요구조건에 의존하며, 대부분의 경우 무언가를 변환시킬 필요가 있다. 전압, 전류 그리고 임피던스의 변환이 가장 일반적이지만, 때로는 접속과정에서 주파수와 같은 인자의 변환이 사용되기도 한다. 이런 변환은 시스템 내의 변환기 영역에서 일어나며, 여러 단계를 거치기도 한다. 이론상으로는 단순해 보일수도 있지만, 실제로 만들어진 인터페이스 회로는 매우 복잡하다. 예를 들어, 압전형 센서는 수백[V]를 생성하여 마이크로프로세서를 파손시킬 수 있다. 이 센서의 임피던스는 거의 무한대인 반면에 마이크로프로세서의 입력 임피던스는 매우 작기 때문에 센서에 심각한 부하를 가하여 출력특성(민감도, 출력, 선형성 등)에 영향을 끼치며, 심한 경우에는 쓸모없게 만들어 버린다. 따라서 센서의 출력 전압을 수백[V]에서 5[V]로 낮춰야만 하며, 센서와 마이크로프로세서의 임피던스를 서로 맞춰야만 한다. 센서가 달라지면 성질과 요구조건도 완전히 달라진다. 자기센서에서 사용되는 코일은 임피던스가 매우 작기 때문에, 앞서와는 완전히 반대의 문제가 발생한다.

이런 모든 이유들 때문에, 매번 다른 접속회로가 사용되며, 거의 모든 유형의 전자회로들이 활용된다. 이 주제에 대해서는 **11장**과 **12장**에서 자세히 논의할 예정이다.

1.6 단위

이 책에서는 **국제단위계**(SI)를 사용하고 있다. 그런데 센서관련 자료나 실제설계에서는 단위를 섞어서 사용하는 형편이다. 이는 센서의 다학제적 특성과 오랜 기간 동안 다양한 공학 분야들에서 단위계를 섞어서 사용해왔기 때문이다. 이런 이유 때문에, 비표준 단위계가 사용될 때마다 SI 단위를 함께 병기해 놓을 예정이다. 특히, 압력 센서의 경우에 미국에서는 제곱인치당 파운드 $[psi]$를 사용하는 반면에 SI 단위에서는 파스칼$[Pa]$을 사용하고 있다. 또한, $[bar]$, $[rem]$, $[curie]$, $[eV]$ 등의 비표준 단위들이 언급될 예정이지만 가능한 한 최소화하도록 노력하였다. 이런 단위가 사용되는 경우에는 해당 장의 앞부분에서 관련 단위들과 변환방법을 제시할 예정이다.

1.6.1 SI 기본단위

SI 단위계는 국제도량형위원회에서 제정되었으며, 표 1.3에 제시된 것처럼 7가지 기본 단위들을 포함하고 있다. 기본단위들은 다음과 같이 정의된다.

표 1.3 SI 기본단위

물리량	단위	심벌
길이	미터	m
질량	킬로그램	kg
시간	초	s
전류	암페어	A
온도	켈빈	K
광도	칸델라	cd
물질량	몰	mol

길이: 1미터$[m]$는 진공 중에서 빛이 1/299,792,458$[s]$ 동안 비행한 거리이다.

질량: 1킬로그램$[kg]$은 백금-이리듐 합금으로 제작하여 프랑스 세브르에서 보관하고 있는 표준 킬로그램 분동의 질량이다.[23)]

시간: 1초$[s]$는 세슘-133 원자의 두 초미세 기저상태 사이를 오가며 방사되는 빛의 9,192,631,770주기이다.

---

23) 이는 2019년 5월 20일부터 보다 정확한 전자식 표준기인 키블저울로 대체되었다. 역자 주.

전류: 1암페어$[A]$는 1$[m]$의 거리를 두고 평행하게 배치된 단면적은 무한히 작고 길이는 무한히 긴 직선형 도체들 사이에서 $2\times10^{-7}[N/m]$의 힘이 생성되는 전류량이다.

온도: 열역학적 온도단위인 1켈빈$[K]$은 물의 삼중점(얼음, 물 그리고 수증기가 열역학적 평형을 이루는 온도와 압력)과 절대영도 사이의 온도의 1/273.16이다.[24] 따라서 물의 삼중점 온도는 611.657$[Pa]$하에서 273.16$[K]$이다.

광도: 1칸델라$[cd]$는 주파수가 $540\times10^{12}[Hz]$인 단색광을 조사하였을 때에 방사광의 강도가 1/683$[W/sr]$인 밝기이다.

물질량: 1몰$[mol]$은 C-12 원자 0.012$[kg]$에 해당하는 숫자의 원소로 이루어진 물질(물질은 원자, 분자, 이온, 전자, 또는 다른 어떤 입자들을 지칭한다)의 양이다. 이에 해당하는 물질(분자)의 수는 아보가드로의 수로 알려져 있으며, 대략적으로 6.02214×10^{23}개다.

1.6.2 유도단위

일반적으로 사용되는 여타의 모든 미터법 단위들은 기본단위에서 유도된 것이다. **유도단위**들은 물리적 법칙에 기초하고 있으며, 기본단위들을 조합하여 나타낼 수도 있지만, 편의를 위해서 정의된다. 이후의 장들에서도 유도단위들에 대해서 추가적으로 설명할 예정이다. 예를 들어, 힘 단위로 **뉴턴**$[N]$을 사용한다. 이 단위는 뉴턴의 법칙인 $F=ma$에서 유도된다. 질량의 단위는 $[kg]$이며 가속도의 단위는 $[m/s^2]$이다. 따라서 뉴턴$[N]$단위는 $[kg\cdot m/s^2]$에 해당한다.

$$[N] = (\text{질량}\cdot\text{가속도}) = [kg\cdot m/s^2]$$

이와 마찬가지로, 전압의 단위로 **볼트**$[V]$를 사용하고 있다. 단위의 유도는 힘 F와 전하 q를 사용하여 전기장강도 E를 정의하는 데에서 출발한다(쿨롬의 법칙): $E=F/q$. 따라서 전기장 강도는 $[N/C]$의 단위를 갖는다. 전하의 단위인 쿨롬$[C]$은 $[A\cdot s]$의 단위를 가지고 있다. 패러데이의 법칙에 따르면 $1[N/C]=1[V/m]$이다. 그러므로

24) 이는 2018년부터 유전율상수 가스온도측정법(DCGT)과 음향온도측정법을 사용하여 T=E/KB (KB는 볼츠만상수)로 다시 정의되었다. 역자 주.

$$[V]=\left[\frac{N\cdot m}{C}\right]=\left[\frac{N\cdot m}{A\cdot s}\right]=\left[\frac{kg\cdot m^2}{A\cdot s^3}\right]$$

이를 통해서 유도단위의 가치를 알 수 있다. $[V]$를 $[kg]$, $[m]$, $[A]$, 및 $[s]$ 단위로 환산하는 것은 매우 어려운 일이며, 이를 사용하는 것은 매우 성가신 일이다.

그러므로 유도단위는 일반적으로 사용되며, 매우 유용하다. 하지만 이들은 모두 기본단위에 기초하고 있으며, 필요하다면 기본단위로 나타낼 수도 있다.

예제 1.4 매칭정전용량의 단위인 패럿[F]

패럿$[F]$ 단위는 전하와 전압 사이의 상관관계인 $C=q/V$로부터 유도된다. 전하 q에 사용되는 단위인 쿨롬$[C]$은 $[A\cdot s]$로도 나타낼 수 있다. 전압$[V]$은 $[kg\cdot m^2/A\cdot s^3]$의 단위를 가지고 있다. 따라서

$$F=\frac{C}{V}=\left[\frac{A\cdot s}{kg\cdot m^2/A\cdot s^3}\right]=\left[\frac{A^2\cdot s^4}{kg\cdot m^2}\right]$$

예제 1.5 에너지의 단위인 줄[J]

에너지는 거리에 대해서 힘을 적분한 값이다. 그러므로 $[N\cdot m]$의 단위를 가지고 있다. $[N]$은 $F=m\cdot a$로부터 구할 수 있다. $[N]=[kg\cdot m/s^2]$이다. 그러므로 [J]은 다음과 같이 유도된다.

$$[J]=[N\cdot m]=\left[\frac{kg\cdot m^2}{s^2}\right]$$

1.6.3 보조단위

단위계에는 **보조단위**라고 부르는 무차원 단위들이 포함되어 있다. 이들은 평면각인 **라디안** $[rad]$과 입체각인 **스테라디안**$[sr]$이다. 라디안$[rad]$은 반경이 R인 원의 원호길이가 R이 되는 평면각으로 정의된다. 스테라디안$[sr]$은 반경이 R인 구체의 중심에서 시작된 원뿔이 구체의 표면에서 면적이 R^2인 원을 만드는 원뿔각도로 정의된다.

1.6.4 관습단위

SI 단위와 더불어서 다른 많은 단위들이 만들어졌다. 이들 중 일부는 현재도 사용되고 있으며, 나머지는 사라졌다. 이들을 일반적으로 **관습단위**라고 부른다. 이런 부류에 포함되는 단위들로는

칼로리[cal], 시간당 킬로와트[$kW \cdot h$] 등이 있으며, (미국을 제외하면) 덜 일반적인 피트[ft], 마일[mi], 갤런[gal], 제곱인치당 파운드[psi] 등도 있다. 일부 단위들은 특정 분야에서만 국한되어 사용된다. 이런 단위들은 SI, 미터법(현행, 또는 구형), 또는 관습단위에 기초하고 있다. 다른 단위들과 마찬가지로, 이들은 편의에 의해서 정의되었으며 해당 분야에서 의미를 가지고 있는 기본량을 나타내고 있다. 예를 들어, 천문학 분야에서는 소위 천문단위[AU]를 사용하고 있는데, 이는 지구와 태양 사이의 거리에 해당한다($1\,[AU] = 149{,}597{,}870.7\,[km]$). 물리적으로 옹스트롬[Å]은 원자의 크기를 나타낸다($1\,[\text{Å}] = 0.1\,[nm]$). 이와 유사한 실용단위로는, 에너지 단위인 전자전압($1\,[eV] = 1.602 \times 10^{-19}\,[J]$), 대기압력($1\,[atm] = 101{,}325\,[N/m^2]$), 화학량을 나타내는 백만분의 일[$ppm$], 그리고 방사광 노출 조사량을 나타내는 시버트($1\,[sv] = 1\,[J/kg]$) 등이 있다. 우리는 거의 SI 단위를 사용할 예정이지만, 필요에 따라서 관습단위를 SI 단위로 변환시키기 위해서 변환계수를 사용할 필요가 있다는 점을 명심해야 한다. 추가적으로 필요한 유도단위와 보조단위들에 대해서는 해당 단위가 사용되는 장에서 소개하기로 한다.

단위와 변환표, 그리고 정의들에 대해서는 와일디[1]의 문헌을 참조하기 바란다.

예제 1.6 관습단위의 변환

미국에서는 압력을 나타내기 위해서 제곱인치당 파운드[psi]를 일반적으로 사용하고 있다.

(a) [psi]를 미터법 단위로 변환하시오.

(b) [psi]를 기본단위로 변환하시오.

풀이

파운드[lb]와 인치[in]는 다음과 같이 변환된다.

$$1\,[lb] = 0.45359237\,[kg]\text{(질량)}$$

[psi]는 압력 또는 힘/면적이므로, 중력가속도 $g = 9.80665\,[m/s^2]$를 곱하여 파운드[lb]를 뉴턴[N]으로 변환시켜야 한다.

$$1\,[lbf] = 0.45359237 \times 9.80665 = 4.4822161526\,[N]$$

인치[in]는 다음과 같이 변환시킨다.

$$1\,[in] = 0.0254\,[m]$$

(a) 따라서 [psi]는 다음과 같이 변환된다.

$$[psi]=\left[\frac{lbf}{in^2}\right]=\left[\frac{4.4822161526[N]}{(0.0254[in])^2}\right]=6894.76[N/m^2]$$

$[N/m^2]$는 파스칼$[Pa]$이라는 유도단위로 나타낸다. 그러므로 $1[psi]=6{,}894.76[Pa]$라고 나타낼 수 있다.

(b) $[N]=[kg \cdot m/s^2]$이므로, 다음과 같이 나타낼 수 있다.

$$[psi]=6{,}894.76\left[\frac{kg}{m \cdot s^2}\right]$$

예제 1.7 분자량과 분자의 질량

앞에서 $[mol]$ 단위에 대한 정의가 소개되었지만, 이를 다음과 같이 설명할 수도 있다. 어떤 요소의 $[mol]$ 질량은 그 요소의 원자 질량을 그램$[g]$으로 나타낸 값과 같다. 그리고 이를 더 확장하여 분자의 $[mol]$ 질량은 해당 분자의 원자질량을 그램$[g]$으로 나타낸 값과 같다. 이는 원자(또는 분자)의 질량과는 다르다. 이 차이를 살펴보기 위해서 철산화물(Fe_2O_3)의 몰$[mol]$ 질량과 철산화물의 분자질량을 계산해보기로 하자.

풀이

$1[mol]$에는 6.02214×10^{23}개의 어떤 물질이 포함되어 있으며, 이 예제에서는 철산화물 분자가 해당된다. 주기율표를 사용해서 $1[mol]$의 질량을 다음과 같이 계산할 수 있다.
Fe_2O_3 $1[mol]$은 철(Fe) $2[mol]$과 산소(O) $3[mol]$로 이루어진다. 분자질량으로부터 다음을 구할 수 있다.

- 철의 원자량은 $55.847[g/mol]$이다. 즉, $1[mol]$의 질량은 $55.847[g]$이다.
- 산소의 원자량은 $15.999[g/mol]$이다. 즉, $1[mol]$의 질량은 $15.999[g]$이다.

그러므로 철산화물의 분자량은 다음과 같이 계산된다.

$$M_{mass}=2\times55.847+3\times15.999=159.691[g/mol]$$

그러므로 철산화물 분자 하나의 질량은 다음과 같다.

$$M_{molecule}=\frac{159.691}{6.02214\times10^{23}}=2.6517\times10^{-22}[g]$$

1.6.5 접두어

단위계와 더불어서, SI 시스템에서는 매우 작은 값이나 매우 큰 값을 나타내기 위한 표준 표기 방법으로 **접두어**들을 정의하고 있다. 표 1.4에 제시되어 있는 접두어들을 사용하면 매우 큰 숫자나 매우 작은 숫자들을 간단하며 보편적인 형태로 나타낼 수 있다. 이 방법은 매우 편리하며, 일반적으로 사용되고 있지만, 잘못 사용하면 실수와 혼동을 유발할 우려가 있다는 점을 명심해야 한다. 일부 접두어들은 일반적으로 사용되고 있지만, 나머지들은 여전히 특별한 분야에서만 사용되고 있다. 아토(a), 펨토(f), 페타(P), 엑사(E) 등은 드물게 사용되고 있는 반면에 데카(da), 데시(d) 그리고 헥토(h)는 액체에서 자주 사용되고 있다. 접두어들을 모든 양들과 함께 사용할 수 있겠지만, 실제로는 제한이 있다. $100[hHz](=10,000[Hz])$라고 쓸 수 있겠으나, 이는 거의 사용되지 않는다. 반면에 $100[hl](=10,000[l])$는 와인이나 낙농업과 같은 분야에서 일반적으로 사용되는 단위이다.

표 1.4 SI 단위계와 함께 사용되는 접두어들

접두어	심벌	승수	사례	적용분야
약토(yocto)	y	10^{-24}		
젭토(zepto)	z	10^{-21}		
아토(atto)	a	10^{-18}		
펨토(femto)	f	10^{-15}	펨토초$[fs]$	광학, 화학
피코(pico)	p	10^{-12}	피코패럿$[pF]$	전자, 광학
나노(nano)	n	10^{-9}	나노헨리$[nH]$	전자, 소재
마이크로(micro)	μ	10^{-6}	마이크로미터$[\mu m]$	전자, 거리, 무게
밀리(milli)	m	10^{-3}	밀리미터$[mm]$	거리, 화학, 무게
센티(centi)	c	10^{-2}	센티리터$[cl]$	유체, 거리
데시(deci)	d	10^{-1}	데시그램$[dg]$	유체, 거리, 무게
데카(deca)	da	10^{1}	데카그램$[dag]$	유체, 거리, 무게
헥토(hecto)	h	10^{2}	헥토리터$[hl]$	유체, 표면
킬로(kilo)	k	10^{3}	킬로그램$[kg]$	유체, 거리, 무게
메가(mega)	M	10^{6}	메가헤르츠$[MHz]$	전자
기가(giga)	G	10^{9}	기가와트$[GW]$	전자, 전력
테라(tera)	T	10^{12}	테라비트$[Tb]$	광학, 전자
페타(peta)	P	10^{15}	페타헤르츠$[PHz]$	광학
엑사(exa)	E	10^{18}		
제타(zetta)	Z	10^{21}		
요타(yotta)	Y	10^{24}		

1.6.6 여타의 단위와 척도

1.6.6.1 정보의 단위

특정한 수량을 나타내기 위해서 일반적으로 사용되는 방법들이 몇 가지 있는데, 일부는 오래된 것들이며, 일부는 매우 새로운 방식이다. 과거에는 다스(12)나 그로스(1그로스= 12다스= 144)와 같은 수량정의방식이 사용되었으며, 디지털 세상이 도래하면서 새로운 **수량정의방식**이 사용되고 있다. 디지털 시스템은 2진수, 8진수 또는 16진수를 사용한 계수와 연산을 사용하며, 10진수는 결코 편리한 수단이 되지 못한다. 그러므로 디지털 시스템에서는 특수한 접두어가 고안되었다. 정보의 기본단위는 비트이다(0 또는 1). 다수의 비트들로 바이트가 만들어지며 1바이트는 8비트로 이루어지며, 때로는 이를 워드라고도 부른다. 1킬로바이트$[kB]$는 2^{10}바이트(1,024바이트), 또는 8,192비트이다. 이와 마찬가지로, 1메가바이트$[MB]$는 2^{20}(또는 $1,024^2$)바이트로서 1,048,576바이트(또는 8,388,608비트)로 이루어진다. 비록 이 접두어들이 매우 복잡하지만, 이들이 일반적으로 사용되는 방식은 이진수와 십진수 접두어들을 혼합하여 사용하기 때문에 더욱 더 복잡하다. 예를 들어 저장장치나 메모리 보드의 용량을 나타낼 때에 $100[GB]$와 같이 표기한다. 이 디지털 접두어는 디바이스의 용량이 $2^{30}(1,024^3)$바이트 또는 대략적으로 107.4×10^9바이트를 의미해야만 한다. 하지만 실제 디바이스의 용량은 100×10^9바이트이다. 이를 디지털 표기방법으로 나타내면 이 장치의 용량은 단지 $91.13[GB]$에 불과하다.

1.6.6.2 데시벨$[dB]$의 활용

공통 접두어를 사용하는 것이 불편한 경우도 존재한다. 특히 물리량이 매우 큰 숫자범위에 걸쳐 있으면, 이 물리량의 크기를 제대로 파악하기가 어렵다. 많은 경우, 기준값에 대한 상댓값만이 의미를 갖는다. 사례로 인간의 눈을 살펴보기로 하자. 눈은 $10^{-6}\sim10^6[cd/m^2]$의 휘도를 감지할 수 있다. 이는 매우 넓은 휘도범위이며, 기준값은 인간의 눈이 감지할 수 있는 가장 약한 휘도이다. 또 다른 사례는 지진의 강도(변위 또는 에너지)를 구분하기 위해서 사용되는 리히터 등급척도[25]이다. 지진의 규모는 0~10까지의 등급을 사용하여 구분하지만, 실질적으로는 한계가 없으며, 0에서 (이론상)무한대에 이르는 넓은 범위를 사용한다.

일반적인 과학적 표기방법을 사용하여 이 방대한 척도범위를 나타내는 것은 불편하다. 빛을

25) Richter magnitude scale

감지하는 인간의 눈에 대한 사례를 다시 살펴보면, 선형적이기보다는 오히려 로그함수적인 특성을 가지고 있다. 즉, 물체가 두 배 더 밝게 보이기 위해서는 10배 더 밝은 조명이 필요하다. 음향이나 여타의 많은 양들에 대해서 동일한 원리가 적용된다. 또 다른 사례는 신호의 증폭이다. 일부의 경우에는 저배율 증폭이 필요하거나 증폭이 전혀 필요 없다. 하지만 많은 경우, 마이크로폰에서 송출된 신호의 증폭과 같이 고배율의 증폭이 필요하다. 또 다른 경우에는 신호를 증폭하는 대신에 신호를 낮춰야만 한다. 이런 경우에 **데시벨**$[dB]$ 단위를 사용하여 대상 신호의 비율을 로그 스케일로 나타낼 수 있다. 데시벨 단위의 기본적인 개념은 다음과 같다.

1. 주어진 양을 해당 양의 기준값으로 나눈다. 기준값은 시각이나 청각의 문턱값, 또는 1이나 10^{-6}과 같은 상수값을 사용한다.
2. 이 비율값에 대해 10을 밑으로 하는 로그값을 취한다.
3. 만일 이 양이 동력(동력, 동력밀도, 에너지 등)과 관련되어 있다면 여기에 10을 곱한다.

$$p = 10\log_{10}\frac{p}{p_0} \quad [dB]$$

4. 만일 이 양이 필드량(전압, 전류, 힘, 압력 등)이면 여기에 20을 곱한다.

$$v = 20\log_{10}\frac{V}{V_o} \quad [dB]$$

예를 들어, 시각의 경우에는 기준값으로 $10^{-6}[cd/m^2]$을 사용한다. 그러므로 휘도 $10^{-6}[cd/m^2]$는 $0[dB]$이다. 휘도 $10^3[cd/m^2]$은 $10\log_{10}(10^3/10^{-6}) = 90[dB]$이다. 그러므로 인간의 눈은 $120[dB](10^{-6}\sim10^6[cd/m^2])$의 감지범위를 가지고 있다.

특정한 범위를 가지고 있는 양을 다루는 경우에는 이 범위를 수용할 수 있는 값을 기준값으로 선정한다. 예를 들어, 밀리와트$[mW]$ 수준의 양을 나타내려고 한다면, $1[mW]$를 기준값으로 사용하며, 전력값들을 데시벨밀리와트$[dBm]$로 표기한다. 이와 마찬가지로, 마이크로볼트$[\mu V]$ 범위의 전압을 다루는 경우에는 기준값으로 $1[\mu V]$를 사용하여 결괏값들을 데시벨마이크로볼트 $[dB\mu V]$로 표기한다. 예를 들어, 전력용 센서가 $-30\sim30[dBm]$ 범위에서 작동한다면, 이 센서는 $0.001\sim100[mW]$의 전력을 검출할 수 있다(**예제 1.8** 참조). 특정 기준값을 사용하면 이 값을 $0[dB]$ 점으로 놓을 수 있다. 예를 들어, $[dBm]$ 스케일의 경우 $0[dBm]$은 $1[mW]$를 의미한다. 일반스케일의 경우 $0[dB]$는 $1[W]$를 의미한다. 표시된 스케일을 이해하지 못한다면 혼동이 발생할 수 있으므로, 이는 매우 중요한 사안이다. 매우 다양한 스케일들이 사용되고 있으므로 기준값을 명확하게 알 수 있도록, 매번 이를 명확하게 표기하여야만 한다.

앞서 살펴본 것처럼, $[dB]$ 스케일은 실용적인 이점들이 있기 때문에 널리 사용되고 있다.

- 매우 큰 범위의 값들을 좁고 이해하기 쉬운 스케일로 변환시켜 준다. 동력비율이 10배 변하는 것은 $10[dB]$에 해당하며, 필드비율이 10배 변하는 것은 $20[dB]$에 해당한다.
- 로그 스케일을 사용하기 때문에 출력비율의 곱은 데시벨 스케일에서 합으로 환산된다.
- 음향을 포함하여 많은 경우, $[dB]$ 스케일은 (스피커와 같은)장치들이 출력을 송출하는 방식이나, (눈이나 귀와 같은) 인체의 장기들이 빛, 동력 또는 압력과 같은 물리적인 양을 감지하는 방법과 유사하다.

예제 1.8 데시벨의 활용

휴대폰 신호를 검출하기 위한 파워센서의 입력전력범위는 $-32\sim20[dBm]$을 가지고 있다. 이 센서의 측정범위와 스팬을 계산하시오.

풀이

측정범위가 $[dBm]$ 단위로 표기되어 있으므로 기준값은 $1[mW]$이다. 하한값부터 계산해 보면 다음과 같다.

$$p=10\log_{10}\frac{P}{1[mW]}=-32[dBm]$$

양변을 10으로 나누면,

$$\log_{10}\frac{P}{1[mW]}=-3.2$$

이는 다음과 같이 나타낼 수 있다.

$$\frac{P}{1[mW]}=10^{-3.2} \rightarrow P=1\times10^{-3.2}[mW]=0.00063[mW]$$

상한값의 경우에는,

$$p=10\log_{10}\frac{P}{1[mW]}=20 \rightarrow \log_{10}\frac{P}{1[mW]}=2 \rightarrow P=1\times10^{2}[mW]=100[mW]$$

따라서 측정범위는 $0.00063\sim100[mW]$이며, 스팬은 $100-0.00063=99.99937[mW]$이다. 이 스팬을 데

시벨로 나타내면 $52[dBm]$이다(측정범위와 스팬에 대해서는 2장에서 자세히 살펴볼 예정이다. 여기서는 이 용어들을 단지 일반적인 의미로만 사용하고 있다).

예제 1.9 전압증폭과 데시벨

마이크로폰에서 전송된 신호를 증폭하기 위해서 음향용 증폭기가 사용된다. 마이크로폰에서 송출되는 최대전압은 $10[\mu V]$이며 전력용 증폭기의 입력신호로 사용되는 최대 출력전압은 $1[V]$가 필요하다. 이 음향용 증폭기의 증폭률을 계산하여 $[dB]$로 나타내시오

풀이

증폭기의 증폭률은 출력전압과 입력전압의 비율이다.

$$A = \frac{V_{out}}{V_{in}} = \frac{1[V]}{10[\mu V]} = \frac{1}{10 \times 10^{-6}} = 10^5$$

이 값은 전압의 비율이므로

$$a = 20\log_{10}A = 20\log_{10}10^5 = 100[dB]$$

증폭률이 100,000배라고 표기하는 대신에 $100[dB]$라고 표기하는 것이 더 단순하고 편리하다.

1.6.7 단위계 표기법

단위를 나타내는 경우에는 일반적으로 소문자를 사용한다(m, s, kg, mol 등). 만약 특정 인물의 이름을 따서 단위가 만들어졌다면 대문자로 표기한다(A, K, Pa, Hz 등). 만일 단위명칭을 명기하는 경우에는 항상 소문자를 사용한다.[26] 이 규칙은 기본단위, 유도단위 및 관습단위 등에 모두 적용된다. 접두어는 표 1.4의 규약을 따라야만 한다. 접두어 심벌들의 경우 킬로(k)보다 큰 값들은 대문자를 사용하지만(M, G, T 등), 킬로 이하의 접두어들은 소문자를 사용한다(k, m, p 등). 이런 규약을 준수하여야 밀리(m)와 메가(M) 사이의 혼동을 피할 수 있다. 단위계의 경우와 마찬가지로, 단위명칭을 명기하는 경우에는 항상 소문자를 사용한다.[27] 일부의 경우, 혼동을 피하기 위해서 단위는 괄호로 묶어서 나타낸다(일반적으로 대괄호를 사용한다). 이 책에서는 대괄호를 사용하여 단위를 표기하고 있다($F = ma[N]$). 하지만 수치값 뒤에 단위를 표기할 때에는 괄호를 사용하지 않았다.[28]

---

26) 이는 번역서의 경우에는 해당하지 않음. 역자 주.
27) 이는 번역서의 경우에는 해당하지 않음. 역자 주.

1.7 문제

센서와 작동기-개괄

1.1 **가정에서 사용되는 센서와 작동기들.** 일반적인 가정에서 사용되는 센서와 작동기들을 조사하시오.

1.2 **가전기기에서 사용되는 센서와 작동기들.** 세탁기에 사용되는 센서와 작동기들을 조사하시오. 여기에는 기능의 올바른 작동에 필요한 기능적 요소들과 사용자, 기계 및 집을 보호하기 위한 안전장치들이 포함된다.

1.3 **변환기의 구분.** 수은 온도계는 온도를 감지하며, 온도변화에 따른 열팽창으로 스케일에 온도를 표시해주는 센서-작동기이다. 여기서 측정, 변환 및 작동기능을 구분해 보시오

1.4 **센서와 작동기의 구분.** 초음파 센서는 초음파 변환기라고도 부른다. 이 장치를 센서로 사용하는 경우와 작동기로 사용하는 경우에 대해서 각각 변환과정을 구분하시오. 이 센서는 수동형이 되어야 하는가 아니면 능동형이 되어야 하는가에 대해서도 의견과, 그 이유를 제시하시오.

1.5 **수동형 센서와 능동형 센서.** 수동형 센서는 외부전원을 필요로 하지 않는 센서인 반면에 능동형 센서는 외부전원이 필요하다. 다음 중 어떤 센서가 능동형이며, 어떤 센서가 수동형인지 구분하시오.

(a) 알코올 온도계
(b) 차량용 서모스탯
(c) 수족관의 pH미터
(d) 압력센서로 작용하는 병뚜껑
(e) 핸드폰의 마이크로폰
(f) 식기세척기의 수위센서

---

28) 원서에는 괄호를 사용하지 않았지만, 번역서에서는 괄호를 사용하였다. 역자 주.

(g) 냉장고의 온도센서

(h) 자동차의 가속도센서

1.6 **측정기능의 구분.** 나비와 같은 비행곤충에 대해서 살펴보자. 이들이 살아남기 위해서는 어떤 센서들이 필요하겠는가? 이 센서들의 감지 메커니즘과 생존에 끼치는 영향에 대해서 살펴보시오.

1.7 **환경감시.** 환경감시는 지구와 자원, 그리고 다양한 생명체들을 보호하기 위해서 필수적인 활동이다. 강의 수질감시에 대해서 살펴보자. 강의 건강을 지키기 위해서는 어떤 성질들을 감시해야 하겠는가?

1.8 **센서의 분류.** 야외용 온도계는 온도를 측정 및 표시하기 위해서 바이메탈 스트립을 사용한다. 이 소자는 온도에 따라서 서로 다른 금속이 서로 다른 비율로 팽창한다는 성질을 사용한다. 따라서 이 스트립은 온도에 따라서 서로 다른 비율로 굽어진다. 이런 성질을 활용하여 온도를 표시하는 다이얼을 회전시킨다.

(a) 이 장치는 센서인가, 작동기인가, 아니면 둘 다인가? 그렇게 판단한 이유를 설명하시오.

(b) 이 장치는 능동형인가 수동형인가?

(c) 이 장치가 작동하기 위해서 어떤 변환메커니즘이 사용되었는가? 이상의 내용에 기초하여 이를 설명하시오.

1.9 **측정과 변환의 구분.** 과거에는 지하의 수맥을 감지하기 위해서 점술막대가 사용되었다(양손에 나뭇가지나 막대를 들고 다니다가 수맥이 감지되면 이 나뭇가지나 막대가 움직이거나, 행위자가 뚜렷한 감각을 느끼는 방식으로 수맥을 찾는다). 이런 감지 메커니즘이 유효하다고 가정해 보자. 그렇다면, 무엇이 센서이며, 무엇이 변환기인가?

센서와 작동기의 분류

1.10 **센서의 분류.** 자동차 엔진의 공기질량유량계는 공기유동 속에 놓인 열선을 사용하며, 대기 온도보다 높게 설정된 온도를 일정하게 유지하기 위해서 필요한 전력이나 전류를 측정한다.

질량유량이 증가할수록 열선이 냉각되며, 전기저항이 감소한다. 이를 원래의 온도로 되돌려놓기 위해서 필요한 전력을 측정하며, 이 전력은 공기의 질량유량과 상관관계를 가지고 있다. 이상의 내용으로부터 센서의 유형을 분류해 보시오.

1.11 **작동기의 분류.** 컴퓨터 프로세서를 냉각시키기 위한 가변속도 팬을 구동하기 위해서 소형 DC 모터가 사용된다. 이상의 내용으로부터 모터를 분류하시오.

1.12 **센서의 분류.** 차량용 산소센서는 배기가스의 산소농도를 측정한다. 이 센서는 고체 전해질을 사이에 두고 배치된 두 개의 전극으로 이루어지며, 외부동력 없이도 전압출력을 송출한다. 이 센서를 가능한 모든 방식으로 분류해 보시오.

1.13 **센서/작동기의 분류.** 전기기기용 퓨즈에 대해서 살펴보기로 하자. 이 퓨즈는 $2[A]$ 이상의 전류가 흐르면 $100[ms]$ 이내에 전기가 차단된다. 퓨즈는 얇은 전선의 가열에 의해서 작동된다. 전선의 온도가 용융온도 이상으로 상승하면 전선이 끊어진다. 이 소자를 가능한 모든 방식으로 분류해 보시오.

1.14 **온도계의 분류.** 문제 1.8에서 예시되어 있는 야외용 온도계를 센서의 측면과 작동기의 측면에서 각각 분류해 보시오.

1.15 **온도센서의 분류.** 열전대는 두 가지 금속이 서로 접합된 접점에서 온도에 비례하여 전위차가 생성된다는 원리에 기초한 소자이다(제벡효과). 이상의 내용으로부터 열전대를 분류하시오.

단위

1.16 **유도단위.** 전기저항의 단위인 옴$[\Omega]$을 기본단위의 조합으로 나타내면 $[kg \cdot m^2/A^2 \cdot s^3]$임을 증명하시오.

1.17 **유도단위.** 자속밀도의 단위인 테슬라$[T]$를 기본단위의 조합으로 나타내면 $[kg/A \cdot s^2]$임을 증명하시오. 움직이는 전하에 가해지는 자기력은 전하, 속도 그리고 자속밀도의 곱과 같다:

$\boldsymbol{F}_m = q\boldsymbol{v} \times \boldsymbol{B}$, 여기서 q는 전하, $\boldsymbol{v}$는 속도(벡터), 그리고 $\boldsymbol{B}$는 자속밀도(벡터)이다.

1.18 **단위의 유도와 변환.** 토크$[N\cdot m]$를 기본단위로 변환시키시오.

1.19 **단위의 유도와 변환.** 전력의 단위인 와트$[W]$를 기본단위로 변환시키시오.

1.20 **단위변환.** 미터법을 사용하지 않는 일부 관습단위들을 미터법 단위로 변환시키거나 그 반대로 변환시킬 필요가 있다. 뉴턴・미터$[N\cdot m]$로 표현된 유도단위인 토크를 관습단위인 파운드력・피트$[lbf\cdot ft]$로 변환시키시오. 질량의 단위인 파운드$[lb]$는 $0.45359237[kg]$에 해당하며, 힘의 단위인 파운드력$[lbf]$은 $F = m\cdot g$의 관계식을 따른다. 여기서 $m[kg]$은 질량이다. $1[ft]$는 $12[in]$ 또는 $12 \times 0.0254 = 0.3048[m]$이다.

1.21 **몰과 질량.** 정확한 저울로 측정한 물의 중량이 $35[gf]$인 경우에, 이 물은 몇 몰$[mol]$인가?

1.22 **질량과 분자량.** 요소는 유기화합물로서 $(NH_2)_2CO$의 화학식을 가지고 있다. 이 화합물 분자 하나의 질량과 분자량을 계산하시오.

1.23 **디지털 데이터단위.** 컴퓨터 저장장치의 용량이 $1.5[TB]$라고 하자.

(a) 상용 표기방법에 따르면, 이 장치에는 얼마나 많은 바이트와 비트의 데이터들이 저장되는가?

(b) 디지털 표현방식에 따르면 이 장치에는 얼마나 많은 바이트와 비트의 데이터들이 저장되는가?

1.24 **디지털 데이터단위.** 기본적인 8비트 구조를 사용하여 실리콘 웨이퍼 위에 $256[MB]$ 메모리칩이 생성되었다. 이 칩에는 몇 개의 비트들이 존재하는가?

1.25 **광섬유 내에서의 전력손실과 $[dB]$ 단위의 활용.** 광섬유는 $4[dB/km]$의 전력손실이 발생하는 것으로 평가되고 있다. 입력되는 빛의 전력밀도가 $10[mW/mm^2]$인 경우에, $6[km]$를 지난 후에 출력되는 빛의 전력밀도는 얼마이겠는가?

1.26 **음압과 $[dB]$ 단위.** 인간의 귀는 $2 \times 10^{-5}[Pa]$(청력 임계값)에서부터 $20[Pa]$(고통 임계값) 사이의 압력을 감지한다($1[Pa] = 1[N/m^2]$). $20[Pa]$ 이상의 음압에 노출되면, 청각은 영구적인 손상을 입는다.

(a) 인간 청력의 감지범위를 $[dB]$로 나타내시오.

(b) 근거리에서 제트엔진이 만들어내는 음압은 $5,000[Pa]$에 달하므로, 작업자들은 청력보호장치를 착용해야만 한다. 이 청력보호장치가 필요로 하는 최소 감소율을 $[dB]$로 나타내시오.

1.27 **리히터 등급척도.** 지진의 특성과 상대적인 강도를 나타내기 위해서 특정한 형태의 로그스케일을 사용하는 리히터 등급척도가 일반적으로 사용되고 있다. 리히터 등급은 다음과 같이 정의된다.

$$R_m = \log_{10} \frac{A}{A_0}$$

여기서 A는 지진계에서 측정된 최대진폭이며 A_0는 지진의 진원지에서부터의 거리를 감안하여 계산한 기준진폭이다. 진도 8.0인 지진과 진도 9.0인 지진을 비교해 보기로 하자.

(a) 두 지진의 실제 (진동)진폭 사이의 비율은 얼마인가?

(b) 지진에 의해서 방출되는 에너지는 진폭 A와 $A^{3/2}$의 상관관계를 가지고 있다. 두 지진에 의해서 방출된 에너지 사이의 비율은 얼마인가?

참고문헌

[1] T. Wildi, "Units and Conversion Charts," IEEE Press, New York, NY, 1991.

CHAPTER

2

센서와 작동기의 성능특성

CHAPTER

2 센서와 작동기의 성능특성

☑ 인간, 감지와 반응

생명체가 가지고 있는 자연적인 감각과 반응을 넘어서, 인간만이 가지고 있는 감지능력과 작업능력의 궁극적인 목적은 우리의 삶을 향상시키고 우주와 교감하는 것이다. 센서와 작동기는 우리가 인식하지 못하는 사이에도 우리의 삶 속에서 항상 사용되고 있다. 우리가 일상적으로 사용하는 물건들을 만들고, 탈것들을 움직이게 만들며, 우리의 안전을 감시하는 산업용 센서 이외에, 우리가 관심가져야 할 두 가지 유형의 센서와 작동기들이 있다. 첫 번째 유형의 장치들에는 우리의 건강을 유지하고 증진시켜주는 장치들이 포함된다. 이식이 가능한 인공수족이나 인공장기들에서부터, 로봇보조수술, 의료검사, 피부와 세포 시술 등에서 이런 유형의 센서와 작동기들은 인간의 건강과 삶에 중요한 일부분으로 사용되고 있다. 여기에는 X-선 영상, 자기공명영상, 컴퓨터 단층촬영, 초음파 스캔, 그리고 로봇 수술시스템 등이 포함된다. 이외에도 복잡하고 다양한 방법들이 분석 가능한 모든 물질과 인체의 상태를 검사하는 데에 사용되고 있다.

두 번째 유형의 장치들은 우리를 둘러싼 우주에 대한 인식을 넓혀주며, 우리가 살고 있는 세상과 더 조화롭게 살아갈 수 있도록 세상에 대한 이해를 향상시켜준다. 환경감시는 인간에게만 도움이 되는 것이 아니라 환경 자체와 그 속에 살아가는 모든 유기물들에게도 도움이 된다. 지구를 벗어났을 때에 방사선과 태양풍으로부터 우리를 보호해주며, 아마도 파멸적인 운석충돌도 막아줄 수 있을 것이다. 하지만 가장 중요한 것은 우리의 호기심을 충족시켜 준다는 것이다.

2.1 서언

센서와 작동기의 기능적인 측면 이외에도 장치나 시스템의 성능특성이 엔지니어에게는 가장 중요한 문제이다. 만일 온도측정이 필요하다면, 당연히 온도센서가 필요하다. 하지만 어떤 유형의 센서를 사용하여 어떤 범위의 온도를 측정해야 하는가? 얼마나 정확해야 하는가? 측정의 선형성과 센서의 반복성은 얼마나 중요한가? 빠른 응답이 필요한가 아니면 느린 응답특성을 가지고 있는 센서를 사용해도 되는가? 프린터의 인쇄헤드 위치나 금속가공기의 위치를 제어하기 위해서 모터를 사용해야 한다면, 모터의 선정을 위해서 어떤 성능특성을 고려해야 하는가? 이 장에서는 이런 질문들에 대해서 살펴볼 예정이다. 인터페이스와 제어기의 관점에서 센서와 작동기들의 기본 성능, 즉, 이들의 성능특성들에 대해서 정의할 예정이다.

장치의 특성을 살펴보기 위해서는 입력과 출력 사이의 상관관계를 나타내는 전달함수로부터 시작해야 한다. 장치의 특성에는 스팬(작동범위), 주파수응답, 정확도, 반복도, 민감도, 선형성, 신뢰도, 분해능 등과 같은 다양한 성질들이 포함된다. 물론, 모든 센서와 작동기들에서 이 모든 항목들이 동일하게 중요한 것은 아니며, 용도에 따라서 필요한 성질들이 결정되며, 이들 사이의 절충이 이루어진다. 최고의 성능을 가지고 있는 센서와 작동기가 모든 용도에 대해서 항상 최선의 선택이 될 수는 없기 때문에 용도에 맞춰서 장치를 선정하는 것이 중요하다.

센서와 작동기의 성능은 일반적으로 제조업체에서 제시하며 엔지니어들은 일반적으로 이 데이터를 그대로 사용한다. 그런데 명시된 작동범위 밖에서 이 장치를 사용하거나, (선형성과 같은) 장치의 성능을 향상시키려 하거나, 또는 (마이크로폰을 동적 압력센서나 진동센서와 같이) 의도되지 않은 새로운 방식으로 사용하려 할 때가 있다. 이런 경우에는 엔지니어가 직접 특성을 평가하거나, 최소한 제조업체에서 제공하는 교정곡선 대신에 직접 교정곡선을 추출해야 한다. 때로는 특정한 사안에 대해서 사용할 수 있는 데이터가 불충분하여 이를 직접 평가해야 할 수도 있다. 이런 경우에 엔지니어는 어떤 인자들이 해당 성능에 영향을 끼치며, 이를 조절하기 위해서 무엇을 해야 하는지를 이해할 필요가 있다.

2.2 입력 및 출력특성

입력과 출력특성에 대하여 정의를 내리기 전에 우선, 센서와 작동기들의 입력과 출력에 대해서 정의를 내려야 한다. 센서의 경우, 입력은 자극이나 측정량이다. 출력은 양을 나타내는 숫자, 전압, 전류, 전하, 주파수, 위상각, 또는 변위와 같은 기계적인 양 등이 포함된다. 작동기의 경우, 입력은 일반적으로 전기(전압 또는 전류)이며, 출력은 (변위, 힘, 다이얼게이지, 광학표시장치, 디스플레이 등이 포함된) 전기나 기계적인 수단이다. 하지만 입력과 출력은 기계적인 수단뿐만 아니라 화학적인 수단도 포함되며, 이보다 더 일반화시킬 수 있다는 점을 명심해야 한다. 이들이 어떤 양을 사용하는가와는 관계없이, 센서와 작동기들의 특성을 입력과 출력 사이의 상관관계인 전달함수로 나타낼 수 있다. 그리고 장치의 올바른 작동조건을 만들어주기 위해서는 입력과 출력의 임피던스, 온도 그리고 환경상태를 고려해야만 한다.

2.2.1 전달함수

전달함수, 입력/출력특성함수, 또는 장치응답은 장치의 출력과 입력 사이의 상관관계를 지칭하는 용어로서, 주어진 입력과 출력범위에 대해서 특정한 수학방정식, 곡선, 또는 도식적 표현으로 주어진다. 함수는 선형이거나 비선형이며, 단일 값이나 다중 값을 가지고, 때로는 매우 복잡한 형태를 갖는다. 이를 1차원(단일입력 단일출력) 관계로 나타낼 수 있거나, 또는 다차원(다중입력 다중출력) 관계로 나타내야 한다. 전달함수는 주어진 하나의 입력값 또는 다수의 입력 값들에 대한 응답으로 정의되며 설계에 사용되는 중요한 도구이다. 전달함수가 선형인 경우를 제외하면, 전달함수를 수학적으로 나타내는 것은 일반적으로 어려운 일이기 때문에 다음과 같이 약식으로 표기하여 사용한다.

$$S = f(x) \tag{2.1}$$

여기서 x는 입력(센서에 입력된 자극 또는 작동기에 입력된 전류)이며 S는 출력이다. 입력 x에 의한 출력 S의 변화는 비선형적인 특성을 가질 수 있다.

때로는 전달함수가 입력과 출력 범위가 제한되어 있는 그래프의 형태로 주어진다. 그림 2.1에서는 가상의 온도센서에 대한 입력-출력 관계를 보여주고 있다. 온도 T_1과 T_2 사이의 범위에서는 대략적으로 저항값이 선형적으로 변하므로, 전달함수를 다음과 같이 나타낼 수 있다.

$$aT + b = R \tag{2.2}$$

여기서 R은 센서의 (출력)저항값이며, T는 측정된 (입력)온도이다($T_1 < T < T_2$).

그런데 T_1과 T_2 이외의 범위에서는 출력이 비선형적 특성을 가지고 있으므로 훨씬 더 복잡한 전달함수를 갖고 있으므로, 이를 실험적으로 검증하거나, 곡선근사를 통해서 구한 복잡한 전달함수를 사용해야 한다. 많은 경우 센서의 사용범위는 선형영역으로 국한되며, 이런 경우에는 제시된 도식적 표현만으로도 충분하다. 그림 2.1의 그래프에는 측정범위, 민감도, 포화와 같은 추가적인 정보들이 포함되어 있으며, 이에 대해서는 각각 2.2.3절, 2.2.5절 및 2.2.6절에서 살펴볼 예정이다. 전달함수는 일반적으로 곡선 형태의 그래프로 제시하거나, (선형이나 2차함수와 같이) 형태에 대한 설명으로 나타낸다. 때로는, 교정과정을 통해서 실험적으로 전달함수를 구할 필요가 있다. 예외적인 사례로, 열전대의 경우에는 예제 2.1에 제시되어 있는 것처럼 매우 정확한 다항식이 제공되고 있다.

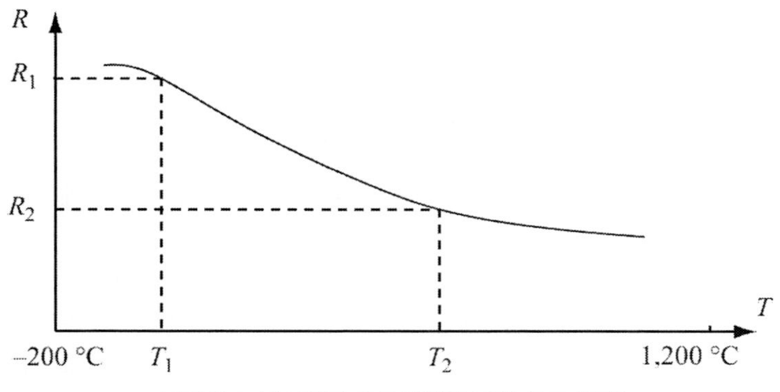

그림 2.1 가상적인 온도센서의 저항-온도 관계

예제 2.1 열전대의 전달함수

임의의 온도에 대한 열전대(온도센서)의 출력(전압)은 열전대의 유형에 따라서 3~12차 다항식으로 주어진다. 특정한 유형 열전대의 출력은 0~1,820[°C]의 온도범위에 대해서 다음과 같이 주어진다.

$$V = (-2.4674601620\times10^{-1}T + 5.9102111169\times10^{-3}T^2 - 1.4307123430\times10^{-6}T^3 + 2.1509149750\times10^{-9}T^4 - 3.1757800720\times10^{-12}T^5 + 2.4010367459\times10^{-15}T^6 - 9.0928148159\times10^{-19}T^7 + 1.3299505137\times10^{-22}T^8)\times10^{-3}[mV]$$

이는 매우 전형적인 전달함수이며(대부분의 센서들이 매우 유사한 응답특성을 가지고 있다), 비선형적 특징을 가지고 있다. 이토록 세밀한 함수를 사용하는 목적은 센서의 전체 측정범위(이 사례에서는 0~1,820[°C])에 대해서 매우 정확하게 응답특성을 나타내기 위해서이다. 전달함수를 그래프로 나타내 보면 그림 2.2와 같다.

예제 2.2 센서의 전달함수에 대한 측정결과

힘센서에 연결된 회로는 펄스형태의 디지털 출력을 송출한다. 이 펄스의 주파수는 센서의 출력에 비례한다(이 시스템에는 센서와 함께 출력을 주파수로 변환시켜주는 회로가 포함되어 있다. 이에 대해서는 스마트센서에서 다시 논의할 예정이다). 이 센서의 측정특성은 그림 2.3에 도시되어 있다. 입력값인 힘의 측정범위는 0~7.5[N]이며, 출력주파수는 25.98~39.35[kHz]의 범위를 갖는다. 1~6[N]의 범위에서의 출력특성은 선형적 특성을 가지고 있으며, 오차는 허용수준 이하로 유지된다. 하지만 1[N] 미만과 6[N] 초과의 힘 범위에서는 응답성능이 저하(포화)되어버린다.

주의: 유용하다고 판단되면 적절한 회로를 사용하여 센서(또는 작동기)의 응답을 선형화시킬 수 있다. 또한, 곡선의 비선형성과 포화현상은 센서, 전자회로, 또는 둘 다에 의한 것이다.

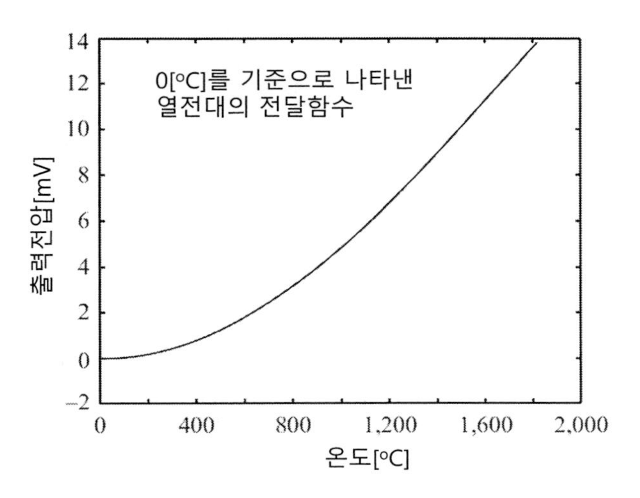

그림 2.2 0~1,820[°C] 범위에 대한 열전대의 전달함수

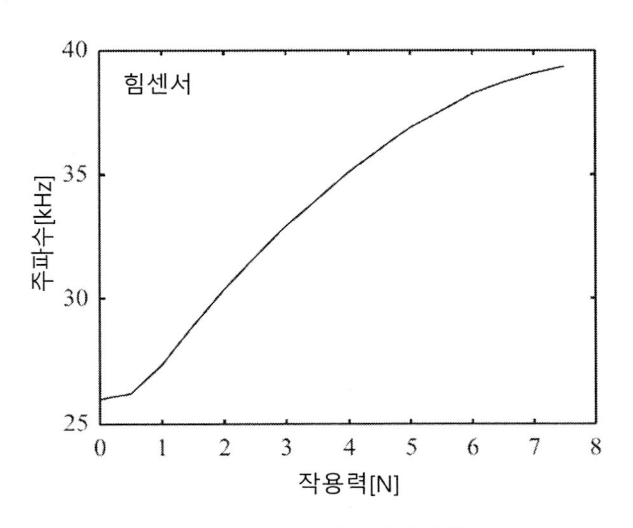

그림 2.3 힘센서의 전달함수에 대한 측정결과

또 다른 형태의 입력-출력 특성함수는 장치의 주파수응답이다. 이는 주파수범위에 대해서 입력에 대한 응답출력을 나타내기 때문에 이 또한 전달함수라고 부른다. 이를 단순히 주파수응답이라고 부르며, 이에 대해서는 2.2.7절에서 따로 논의할 예정이다.

센서나 작동기가 송출하거나 필요로 하는 신호의 유형에 따라서도 입력과 출력을 분류할 수 있다. 센서의 출력신호는 대부분의 경우 전압이나 전류의 형태를 가지고 있지만, 주파수, 위상, 또는 여타의 측정 가능한 값을 사용할 수도 있다. 작동기의 출력은 일반적으로 기계적 작용, 운동이나 힘 등이지만, 빛이나 전자기 파동(안테나가 전자기파동을 송출하는 경우에는 작동기이며,

수신하는 경우에는 센서이다), 또는 화학적 작용 등과 같은 형태를 가질 수도 있다. 일부 장치들은 낮은 수준에서 작동하는 반면에 다른 장치들은 매우 높은 수준에서 작동한다. 예를 들어 열전대의 출력은 전형적으로 10~50[$\mu V/°C$] 수준인 반면에 압전센서는 운동에 의하여 300[V] 또는 그 이상의 전압을 생성한다. 또한, 자기식 작동기는 12[V], 20[A]의 전력을 필요로 하는 반면에 정전식 작동기는 500[V]의 전압과 매우 낮은 전류를 필요로 한다.

2.2.2 임피던스와 임피던스 매칭

모든 디바이스들은 실수나 복소수 형태의 내부 **임피던스**를 가지고 있다. 비록 센서와 작동기 모두 포트가 2개(입력과 출력)인 장치로 간주할 수 있지만, 여기서는 접속에 필요한 특성이며, 즉시 측정할 수 있는 센서의 출력 임피던스와 작동기의 입력 임피던스에 대해서만 살펴보기로 한다. 장치의 임피던스는 넓은 범위를 가지고 있으며, **임피던스 매칭**은 매우 중요하다. 장치 간의 임피던스가 제대로 매칭되지 않으면 측정이 올바르게 수행되지 않으며, 작동기의 경우에는 작동기나 구동기에 물리적인 손상이 발생하거나, 이보다 더 심한 일이 일어날 수도 있다.

장치의 **입력 임피던스**는 정격전압과 출력포트가 개방된(무부하 상태) 장치의 입력포트로 흘러 들어가는 전류 사이의 비율이라고 정의된다. **출력 임피던스**는 정격출력전압과 출력포트가 단락되었을 때에 흐르는 전류 사이의 비율이다.

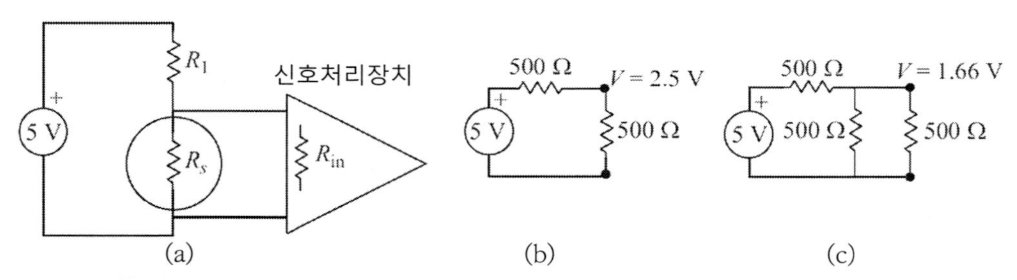

그림 2.4 신호처리장치에 연결되어있는 변형률 센서의 사례. (a) 신호처리장치에 연결되어 있는 센서. (b) 센서만의 등가회로. (c) 센서와 신호처리장치 모두의 등가회로

이런 값들이 중요한 이유는 장치의 작동에 영향을 끼치기 때문이다. 이를 이해하기 위해서, 무변형 시의 출력저항이 500[Ω]이며, 고변형 시의 출력저항은 750[Ω]인 가상 스트레인게이지의 출력 임피던스에 대해서 살펴보기로 하자. 스트레인게이지는 능동형 센서이므로 그림 2.4 (a)에서와 같이 전원을 연결해야 한다. 변형률이 증가함에 따라서 센서의 저항값이 증가하게 된다. 센서

의 출력전압 변화를 통해서 이 저항값의 변화를 검출하여 변형률을 측정한다. 변형이 없는 경우의 출력전압은 2.5[V](500[Ω]에 해당)이며, 변형 시에 측정된 전압은 3[V](750[Ω]에 해당)라 하자. 이제 이 센서를 입력 임피던스가 500[Ω]인 신호처리장치에 연결한다. 이 연결이 이루어지자마자, 출력전압은 무변형 시 1.666[V], 변형 시 1.875[V]로 떨어져 버린다(그림 2.4의 (b)와 (c)를 참조). 여기서 두 가지 사항에 주의하여야 한다. 우선, 무부하 시 센서의 출력전압이 2.5[V]에서 1.666[V]로 감소한 것이다. 이는 신호처리장치의 입력임피던스가 센서에 부하로 작용했기 때문이다. 두 번째이며 더 중요한 점은 무부하 시의 출력전압 상승이 0.5[V]였던 반면에 신호처리장치에 연결된 이후의 출력전압은 단지 0.209[V]만 상승했다는 것이다. 이로 인하여 민감도가 저하(2.2.5절 참조)되어버리며, 특별한 수단이 마련되지 않는다면 변형률 측정이 잘못 될 수 있다. 이런 경우에 명확한 해결책은 입력 임피던스가 가능한 한 큰(이상적으로는 무한대) 신호처리장치를 사용하거나, 센서와 신호처리장치 사이에 임피던스 매칭 회로를 설치해야 한다. 이 임피던스 매칭 회로는 입력 임피던스가 매우 높으며, 출력 임피던스는 매우 낮다. 임피던스 매칭회로는 매우 일반적으로 사용되며, 이에 대해서 나중에 살펴볼 예정이다.

반면에, 만일 센서의 출력이 전류라면, 센서전류의 변화를 막기 위해서 가능한 한 외부 임피던스가 작은 회로를 사용하거나, 또는 입력임피던스는 작고 출력임피던스는 큰 임피던스 매칭회로를 사용해야만 한다. 작동기의 경우에도 이와 동일한 논리가 적용된다.

예제 2.3 힘센서

1~1,000[gf] 범위의 중량을 측정하는 전자저울에 힘센서가 사용된다. 센서의 출력저항은 작용력이 1[gf]에서 1,000[gf]까지(9.80665[mN]에서 9.80665[N]까지) 변할 때에 1[$M\Omega$]에서 1[$k\Omega$]까지 변한다. 저항값의 변화를 측정하기 위해서, 센서를 출력전류값이 10[μA]인 정전류원에 연결하였으며, 센서 양단의 전압차이를 사용하여 힘을 측정하였다. 이 전압차이는 내부 임피던스가 10[$M\Omega$]인 전압계를 사용하여 측정하였다. 그림 2.5 (a)에는 측정에 사용된 시스템의 구조가 도시되어 있다. 전압계를 연결하여 발생된 오차를 계산하시오. 그리고 작용한 힘에 의해서 실제로 측정된 전압은 얼마인가?

풀이

전압계를 연결하기 전에 센서는 1[gf]에 대해서 10[V], 그리고 1,000[gf]에 대해서 0.01[V]의 전압을 송출한다. 하지만 전압계가 연결되고 나면, 저항값이 감소하며, 이로 인하여 센서의 출력전압도 감소하게 된다. 그림 2.5 (b)에서와 같이 전압계에 의해서 임피던스가 추가된다. 이때의 총저항값은 다음과 같이 계산된다.

1[gf]의 경우,

$$R_{1[gf]} = \frac{R_s R_v}{R_s + R_v} = \frac{10^6 \times 10^7}{10^6 + 10^7} = \frac{10}{11} \times 10^6 = 0.909090 \times 10^6 [\Omega]$$

그리고 1,000[gf]의 경우에는

$$R_{1,000[gf]} = \frac{R_s R_v}{R_s + R_v} = \frac{10^3 \times 10^7}{10^3 + 10^7} = \frac{1}{1.001} \times 10^3 = 0.99900 \times 10^3 [\Omega]$$

이로 인하여 측정된 전압은,

$$V_{1[gf]} = I_s R_{1[gf]} = 10 \times 10^{-6} \times 0.909090 \times 10^6 = 9.09 [V]$$

그리고

$$V_{1,000[gf]} = I_s R_{1,000[gf]} = 10 \times 10^{-6} \times 0.99900 \times 10^3 = 0.00999 [V]$$

따라서 1[gf] 측정 시의 오차는 9.1[%]인 반면에 1,000[gf] 측정 시의 오차는 0.1[%]이며, 실제로 측정된 값은 0.909[gf]과 999[gf]이다. 따라서 1,000[gf]의 중량을 측정하는 경우의 오차는 매우 작아서 허용할 수 있지만, 1[gf]의 중량을 측정하는 경우의 오차는 너무 크다. 만일 더 높은 정확도가 필요하다면 훨씬 더 임피던스가 큰 전압계를 사용해야 한다. 전자회로를 사용하여 이를 구현할 수 있으며, 이에 대해서는 11장에서 논의할 예정이다.

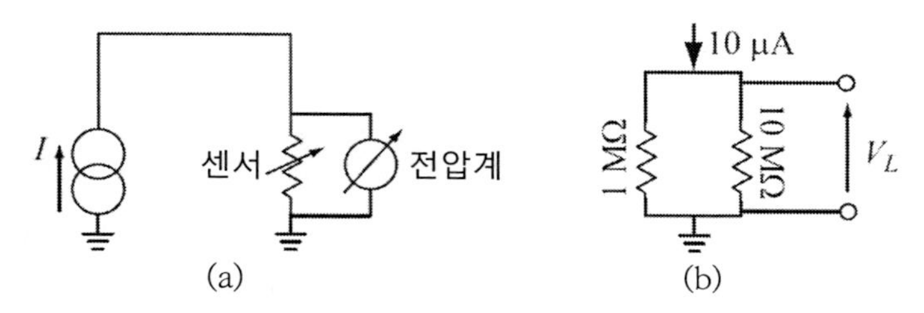

그림 2.5 센서에 가해지는 측정기의 부하. (a) 측정회로. (b) 등가회로

특히, 작동기에서는 일부의 경우, 전압이나 전류가 아닌 동력이 송출된다. 이런 경우에는 일반적으로 처리기에서 구동매체로(예를 들어 증폭기에서 스피커를 통해서 공기 중으로) 최대동력을 송출하는 것에 관심을 갖게 된다. 최대동력송출은 **켤레매칭**을 통해서 이루어진다. 즉, 주어진 처리장치의 출력임피던스인 $R+jX$에 대해서 작동기의 입력 임피던스는 $R-jX$가 되어야만 한다. (임피던스가 실수성분인) 저항의 경우, 켤레매칭을 위해서는 처리장치의 출력저항과 작동기의 입력저항값이 같아야만 한다. 오디오 증폭기는 이에 해당하는 매우 단순한 사례이다. 증폭기의 출력임피던스가 8[Ω]이라면, 이 증폭기는 8[Ω] 스피커에 최대전력을 송출할 수 있다(하지만 예

제 2.4를 살펴봐야 한다). 비록 일반적이지는 않지만, 이런 모드로 작동하는 센서의 경우에도 켤레 매칭이 동일하게 적용된다.

높은 주파수로 작동하는 센서와 작동기들이 있다. 이런 장치들의 임피던스 매칭은 훨씬 더 복잡하며, 이에 대해서는 9장에서 논의할 예정이다. 여기서 일반적으로 요구되는 사항은 센서나 작동기의 연결로 인하여 전압이나 전류의 반사가 생겨서는 안 된다는 것이다. 이를 위해서는, 센서나 작동기의 임피던스가 처리장치의 임피던스와 동일해야만 한다. 이 요구조건은 반사가 없을 뿐, 최대전력송출을 보장하지 않는다.

예제 2.4 작동기의 임피던스 매칭

보이스코일 작동기(스피커의 작동원리를 사용하는 작동기. 이에 대해서는 5장에서 논의할 예정이다)는 펄스식 증폭기로 구동한다. 증폭기는 진폭 $V_s = 12[V]$인 전압을 송출하며, 내부 임피던스 $R_s = 4[\Omega]$이다.

(a) 임피던스가 매칭된 작동기로 송출되는 전력을 계산하시오.

(b) 작동기의 임피던스와 매칭된 임피던스보다 더 크거나 작은 경우에 작동기로 송출되는 전력이 더 작다는 것을 증명하시오.

(c) 증폭기의 내부 임피던스가 $0.5[\Omega]$이며 $12[V]$를 공급하는 경우에 $4[\Omega]$ 작동기에 공급되는 전력은 얼마인가?

풀이

작동기는 펄스로 구동되기 때문에, 전력이 순간적으로 공급된다. 하지만 펄스가 지속되는 동안 부가되는 전압은 일정하기 때문에, (펄스가 ON된 기간 동안의 전력은) 직류전원을 사용하는 경우로 가정하여 전력을 계산한다.

(a) 그림 2.6에서는 매칭상태의 등가회로를 보여주고 있다. 작동기의 저항 $R_L = 4[\Omega]$이며, 작동기에 공급되는 전력은 다음과 같이 계산된다.

$$P_L = \frac{V_L^2}{R_L} = \left(\frac{V_S}{R_S + R_L} R_L\right)^2 \frac{1}{R_L} = \left(\frac{12}{4+4} 4\right)^2 \frac{1}{4} = 9[W]$$

여기서 주의할 점은 이 값은 전원이 송출한 전력의 딱 절반이라는 것이다. 나머지 절반의 전력은 전원의 내부저항에 의해서 열로 소모되어버린다.

(b) 작동기의 임피던스 $R_L = 2[\Omega]$으로 증폭기의 내부 임피던스보다 작은 경우에는,

$$P_L = \frac{V_L^2}{R_L} = \left(\frac{V_S}{R_S + R_L} R_L\right)^2 \frac{1}{R_L} = \left(\frac{12}{4+2} 2\right)^2 \frac{1}{2} = 8[W]$$

이와 마찬가지로, 작동기의 임피던스 $R_L = 6[\Omega]$으로 증폭기의 내부 임피던스보다 더 큰 경우에는,

$$P_L = \frac{V_L^2}{R_L} = \left(\frac{V_S}{R_S + R_L} R_L\right)^2 \frac{1}{R_L} = \left(\frac{12}{4+6} 6\right)^2 \frac{1}{6} = 8.64[W]$$

따라서 임피던스가 매칭된 경우에 최대전력이 송출된다는 것을 알 수 있다.

주의: 정확한 매칭조건은 $Z_L = Z_s^*$이다. 즉, Z_s가 복소수인 경우, $Z_s = R_s + jX_s$이며, 이에 매칭되는 부하의 임피던스 $Z_L = R_L - jX_s$이다. 그리고 이 예제에서는 $X_s = 0$이다. 따라서 임피던스 매칭조건은 $R_L = R_s$가 된다.

(c) $$P_L = \frac{V_L^2}{R_L} = \left(\frac{V_S}{R_S + R_L} R_L\right)^2 \frac{1}{R_L} = \left(\frac{12}{0.5+4} 4\right)^2 \frac{1}{4} = 28.44[W]$$

증폭기의 내부 임피던스가 0에 수렴하게 되면, 부하측으로 공급되는 전력은 36[W]에 수렴하게 되며, 증폭기의 내부 임피던스에 의해서 소모되는 전력은 0에 수렴한다. 이는 최대전력송출 조건과 배치되는 것처럼 보일 것이다. 그런데, 이 경우조차도, 부하가 내부 임피던스와 매칭되면(이 경우 0.5[Ω]), 부하측으로 송출되는 전력은 288[W]로 증가한다.

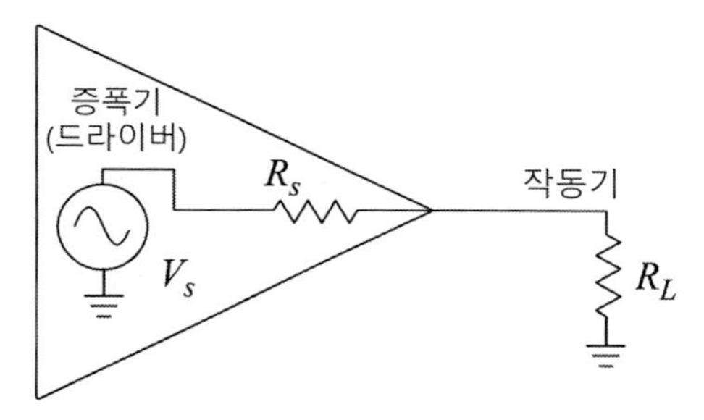

그림 2.6 부하임피던스를 증폭기의 내부 임피던스와 매칭시키는 개념

2.2.3 측정범위, 측정스팬, 입력스팬, 출력스팬, 분해능 그리고 동적범위

센서의 **측정범위**[1]는 자극에 반응할 수 있는 상한값과 하한값이다. 즉, 출력이 생성되는 최대입력값과 최소입력값이다. 센서의 측정범위는 전형적으로 이 최댓값과 최솟값을 사용하여 나타낸

1) range

다. 예를 들어, 어떤 온도센서가 -45[°C]에서 +110[°C]까지 측정할 수 있다고 표기한다면, 바로 이 값들이 측정범위이다.

센서의 **측정스팬**[2]은 허용 가능한 오차범위 이내에서 측정할 수 있는 자극의 최댓값과 최솟값 사이의 차이값이다(즉, 측정범위의 차이값). 이를 센서의 **입력스팬**[3]이라고도 부른다. 출력스팬[4]은 센서의 측정스팬에 대하여 송출하는 출력의 최댓값과 최솟값 사이의 차이값이다. 예를 들어, 어떤 온도센서가 -30~+80[°C] 사이의 온도를 측정하여 2.5~1.2[V] 사이의 전압을 출력한다면, 입력스팬은 80−(−30)[°C]=110[°C]이며, 출력스팬은 2.5−1.2[V]=1.3[V]이다. 그리고 이 센서의 측정범위는 -30~+80[°C]이다. 입력스팬과 출력스팬은 작동기의 경우에도 동일하게 적용된다.

센서나 작동기의 측정범위와 측정스팬은 서로 동일한 정보를 약간 다른 방식으로 나타내는 것이므로 이들을 자주 혼용하여 사용한다.

센서의 **분해능**[5]은 센서가 응답할 수 있는 자극의 최소증분값이다. 즉, 구분 가능한 출력을 만들어내는 입력의 최소변화량이다. 예를 들어 어떤 센서의 분해능이 0.01[°C]라는 것은 온도가 0.01[°C]만큼 변하면 측정 가능한 출력값의 변화가 일어난다는 것을 의미한다. 일반에서는 가끔씩 이를 민감도로 잘못 나타내기도 한다. 분해능과 민감도는 서로 매우 다른 성질이다(**민감도**[6]는 입력값의 변화에 따른 출력값의 변화율로서, 이에 대해서는 뒤에서 따로 논의할 예정이다). 아날로그 장치의 분해능은 무한대이다. 즉, 이 장치의 응답은 연속적이며, 따라서 분해능은 입력의 변화를 분별하는 관찰자의 능력에 의존할 뿐이다. 신호가 노이즈레벨보다 크게 변해야만 분별이 가능하기 때문에, 많은 경우 분해능은 노이즈레벨에 의해서 결정된다. 센서나 작동기의 분해능은 출력을 측정하는 데에 사용되는 계측장치나 처리장치에 의해서 결정된다. 예를 들어, 0~100[°C]의 온도에 대해서 0~10[V]의 전압을 송출하는 센서의 경우에는, 전압측정용 계측기에 연결되어야 한다. 만일 이 계측기가 아날로그 장치(예를 들어 아날로그 전압계)라면, 분해능은 0.01[V]인(눈금이 1,000개인 아날로그 표시기) 또는 0.001[V](눈금이 10,000개인 아날로그 표시기)와 같이 결정될 것이다. 심지어는 전압계의 눈금 사이를 보간하여 더 높은 분해능으로 출력값을 읽을

---

2) span
3) input full scale(IFS)을 입력스팬으로 번역하였다. 역자 주.
4) output full scale(OFS)을 출력스팬으로 번역하였다. 역자 주.
5) resolution
6) sensitivity

수도 있을 것이다. 하지만 만일 전압계가 디지털 방식이며, 증분값이 0.01[V]라면, 이 값이 곧장 계측기의 분해능이 되어버리며, 또한 센서와 계측기로 이루어진 측정 시스템의 분해능이 된다.

분해능을 (예를 들어 온도센서의 경우 0.5[°C], 자기센서의 경우 1[mT], 근접센서의 경우 0.1[mm]와 같이) 입력되는 자극의 단위로 나타내거나, 또는 (0.1[%]와 같이) 입력스팬의 백분율로 나타낼 수 있다.

작동기의 분해능은 작동기가 송출할 수 있는 출력의 최소 증분량을 의미한다. 예를 들어, 직류전동기는 무한 분해능을 가지고 있는 반면에, 200[$steps/rev$]인 스테핑모터의 분해능은 1.8°이다.

디지털 시스템의 경우, (예를 들어 N-비트 분해능과 같이)비트 단위나 여타의 수단을 사용하여 분해능을 나타낸다. 아날로그-디지털(A/D) 변환기의 경우, 분해능은 변환기가 변환시킬 수 있는 구분된 스텝의 숫자를 의미한다. 예를 들어, 분해능이 12-비트라는 것은 이 장치가 $2^{12}=4,096$ 스텝을 구분할 수 있다는 것이다. 만일 이 변환기가 5[V] 입력을 이산화 시킨다면, 각 스텝의 크기는 $5/4,096=1.22\times10^{-3}$[$V$]이다. 아날로그 값의 관점에서 분해능을 나타내면 1.22[mV]인 반면에 디지털 관점에서의 분해능은 12-비트인 것이다. 디지털 카메라나 디스플레이 모니터의 경우, 분해능은 전형적으로 화소수를 사용하여 나타낸다. 따라서 디지털 카메라의 분해능은 몇 메가픽셀과 같이 나타낸다.

예제 2.5 시스템의 분해능

만일 (적절한 증폭을 통해) 최고전압이 1[V]인 신호를 소수점 둘째자리까지 이산화 하여 디지털 전압계로 측정한다 하자. 이를 통해서 0[V]에서 0.99[V]까지의 전압을 0.01[V]또는 1[%]의 분해능으로 측정할 수 있다. 이 경우, 분해능은 전압계(이 시스템의 경우에는 작동기에 해당)에 의해서 제한되는 반면에 신호는 연속적이므로, 더 좋은 전압계를 사용한다면 분해능을 이보다 더 높일 수 있다. 11장에서는 이보다 훨씬 더 높은 분해능을 갖는 A/D 변환기들에 대해서 살펴볼 예정이다.

예제 2.6 아날로그와 디지털 센서의 분해능

디지털 압력센서의 측정범위는 100[kPa](약 1[atm])과 10[MPa](약 100[atm])이다. 센서의 형태는 아날로그 방식이며, 출력전압은 최저 1[V], 최고 1.8[V]이다. 디지털 출력은 패널형 미터계를 사용하여 $3\frac{1}{2}$-자리까지 직접 표시해준다($3\frac{1}{2}$-자리란 3자리는 0~9까지의 숫자로 표시되며, 마지막 자리는 0과 1로만 표시된다). 센서 자체의 분해능은 얼마인가? 그리고 표시기의 표시범위가 자동으로 변환된다면, 즉, 표시되는 자릿수가 자동으로 변환된다면, 이 디지털 센서의 분해능은 얼마인가?

풀이

아날로그 센서의 분해능은 무한하며 출력전압은 1[V]에서 1.8[V] 사이를 연속적으로 변한다. 즉, 압력이 9.9×10^6[Pa]만큼 변하면, 전압은 0.8[V]만큼 변한다. 즉, 민감도는 80.8[nV/Pa]이다. 그런데, 파스칼[Pa]은 매우 작은 단위이므로, 출력값의 변화를 80.8[$\mu V/kPa$]로 표시하기도 한다. 만일 100[nV] 크기의 출력전압 변화를 신뢰성 있게 읽을 수 있다면, 센서의 분해능은 $100/80.8=1.238$[Pa]가 될 것이다. 반면에, 만일 단지 10[μV] 크기의 출력전압 변화만을 읽을 수 있다면, 분해능은 $10{,}000/80.8=123.8$[Pa]가 된다. 실제의 분해능은 전압측정 능력과 신호에 섞여 있는 노이즈에 의해서 제한된다. 디지털 패널 표시기는 0.100[MPa]에서 10.00[MPa]까지의 압력을 표시해 준다. 측정범위인 0.100[MPa]에서 9.999[MPa]에 대해서, 분해능은 0.001[MPa] 또는 1[kPa]가 된다. 10.00[MPa]의 압력에 대해서는 분해능이 0.01[MPa] 또는 10[kPa]로 감소해 버린다. 그런데, 이런 한계는 디스플레이 자체에 의해서 발생하는 것이다.

(센서나 작동기)장치의 **동적범위**는 해당 장치가 가지고 있는 스팬과 해당 장치가 구분할 수 있는 최소량(분해능) 사이의 비율이다. 전형적으로, 구분할 수 있는 최솟값으로는 기저노이즈, 즉, 신호가 노이즈 속으로 매몰되어버리는 수준을 사용한다. 스팬이 매우 큰 장치에서는 일반적으로 데시벨[dB] 단위를 사용하기 때문에, 동적범위가 매우 유용하다. 이 동적범위가 (전력이나 전력밀도와 같은) 동력값인 경우와 (전압, 전류, 힘, 장 등과 같은) 전압값인 경우에 대해서 각각 다음과 같이 나타낸다.

$$\text{전압형 물리량인 경우: 동적범위} = 20\log_{10}\left|\frac{\text{스팬}}{\text{측정 가능한 최소량}}\right| \tag{2.3}$$

$$\text{동력형 물리량인 경우: 동적범위} = 10\log_{10}\left|\frac{\text{스팬}}{\text{측정 가능한 최소량}}\right| \tag{2.4}$$

만일 0~20[V] 사이의 전압을 측정할 수 있는 자릿수가 4개인 디지털 전압계를 사용한다면 총 스팬은 19.99[V]이며 분해능은 0.01[V]가 된다. 따라서 동적범위는

$$\text{동적범위} = 20\log_{10}\left|\frac{19.99}{0.01}\right| = 20\times3.3 = 66\,[dB]$$

반면에 최대 20[W]까지의 전력을 0.01[W] 단위로 측정할 수 있는 자릿수가 4개인 디지털 전력계를 사용한다면, 동적범위는

$$동적범위 = 10\log_{10}\left|\frac{19.99}{0.01}\right| = 10 \times 3.3 = 33[dB]$$

스팬, 입력스팬, 출력스팬 등의 값들은 해당 장치의 입력과 출력량(위의 사례에서는 압력과 전압)을 각각 측정하여 구한다. 하지만 동적범위가 매우 큰 일부의 경우에는, 이 값들을 데시벨 $[dB]$로 나타낸다. 작동기의 경우에도 이와 동일한 논리가 적용된다. 하지만 동적범위는 센서의 경우에 자주 사용되며, 특히 운동이 일어나는 작동기의 입력과 출력은 작동범위를 사용하여 정의한다.

예제 2.7 온도센서의 동적범위

어떤 실리콘 온도센서의 측정범위가 0~90[°C]라고 하자. 데이터시트에 따르면 정확도는 ±0.5[°C]이다. 이 센서의 동적범위를 계산하시오.

풀이

여기서는 분해능이 제시되지 않았으므로, 정확도를 측정 가능한 최소량이라고 간주한다. 일반적으로, 정확도와 분해능이 서로 동일하지는 않다. 최소분해능이 0.5[°C]이므로, 동적범위는 다음과 같이 구해진다.

$$동적범위 = 20\log_{10}\left|\frac{90}{0.5}\right| = 45.1[dB]$$

예제 2.8 스피커의 동적범위

어떤 스피커의 정격 출력은 $6[W]$이며, 내부마찰을 이기기 위해서 필요한 최소전력은 $0.001[W]$이다. 동적범위는 얼마인가?

풀이

$1[mW]$ 미만의 전력값 변화에 대해서는 스피커 콘의 위치가 변하지 않으므로, 출력이 변하지 않는다. 따라서 $1[mW]$는 측정 가능한 최소전력이 되므로 스피커의 동적범위는 다음과 같이 계산된다.

$$동적범위 = 10\log_{10}\left|\frac{6}{0.001}\right| = 37.78[dB]$$

디지털 방식의 센서와 작동기에서는 신호값이 비트값들의 변화로 표시된다. 이런 경우의 동적범위는 디지털 표현방식을 사용하거나 등가 아날로그 신호를 사용하여 나타내게 된다. 비트수가 N인 디지털 장치의 경우, 표시할 수 있는 최댓값과 최솟값 사이의 비율은 $2^N/1 = 2^N$ 이다. 그러므로 동적범위는 다음과 같이 나타낼 수 있다.

$$\text{동적범위} = 20\log_{10}|2^N| = 20N\log_{10}|2| = 6.0206N[dB] \tag{2.5}$$

예제 2.9 A/D 변환기의 동적범위

아날로그 방식으로 녹음된 음악을 디지털 포맷으로 변환시키기 위해서 16비트 아날로그/디지털(A/D) 변환기(11장에서 논의)가 사용된다. 이를 통해서 디지털 방식으로 저장 및 재생(다시 아날로그 포맷으로 변환)할 수 있다. 음원의 진폭은 $-6 \sim +6[V]$이다.

(a) 사용할 수 있는 신호증분의 최솟값을 계산하시오.

(b) A/D 변환기의 동적범위를 계산하시오.

풀이

(a) 16비트 A/D 변환기는 신호를 $2^{16} = 65,536$등분한다. 따라서 이 예제의 신호 최소증분값은 다음과 같이 계산된다.

$$\Delta V = \frac{12}{2^{16}} = 1.831 \times 10^{-4}[V]$$

즉, 신호의 최소증분값은 $0.1831[mV]$이다.

(b) A/D 변환기의 동적범위는 다음과 같이 계산된다.

$$\text{동적범위} = 6.0206 \times N = 96.33[dB]$$

2.2.4 정확도, 오차 그리고 반복도

센서와 작동기에 유입된 오차가 해당 장치의 **정확도**를 결정한다. 다양한 원인들에 의해서 오차가 발생하지만, 이들 모두가 이상적인 장치출력에 편차를 유발한다. (전달함수와 같은) 출력의 부정확성은 소재, 제작공차, 노화, 작동오차, 교정오차, (임피던스)매칭이나 부하오차 등과 같은 다양한 원인에 기인한다. **오차**는 실제값과 측정값 사이의 차이라고 비교적 간단하게 정의할 수 있다. 하지만 실제의 경우에는 이를 다양한 방식으로 나타낸다.

1. 차이를 사용하여 나타내는 것이 가장 명확하다: $e = |V - V_0|$, 여기서 V_0는 실제값(참값)이며, V는 장치의 측정값이다. 많은 경우 오차는 $\pm e$와 같은 방식으로 표기된다.

2. 두 번째 방법은 입력스팬의 백분율을 사용하는 것이다.

$$e = \left(\frac{\Delta t}{t_{\max} - t_{\min}} \right) \times 100$$

여기서 $t_{\max}$와 $t_{\min}$은 장치가 작동할 수 있도록 설계된 최댓값과 최솟값(범위값)이다.

3. 세 번째 방법은 오차를 입력되는 자극 이외의 원인에 의한 출력성분으로 나타내는 것이다. 이 또한 단순히 출력값의 편차로 나타내거나 출력스팬의 백분율을 사용하여 나타낼 수 있다.

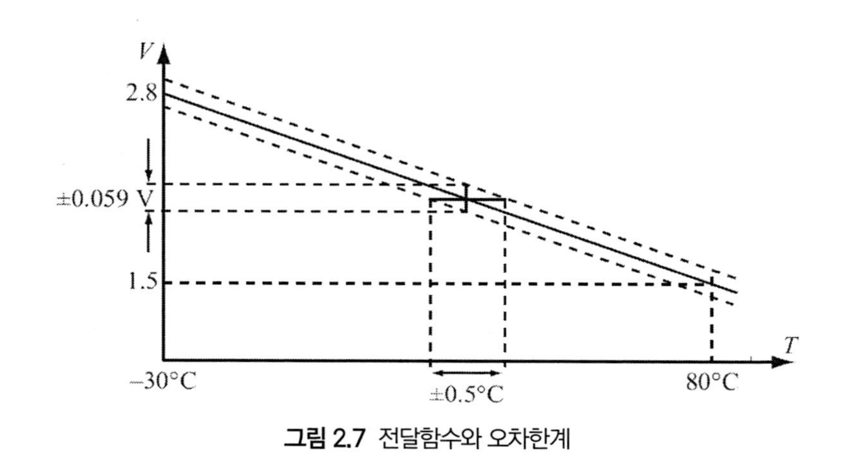

그림 2.7 전달함수와 오차한계

예제 2.10 **측정오차**

서미스터는 −30~+80[°C]의 온도를 측정하여 2.8~1.5[V]의 전압을 송출한다. 그림 2.7에는 이 센서의 이상적인 전달함수(실선)가 도시되어 있다. 오차 때문에, 측정의 정확도는 ±0.5[°C]로 제한된다. 오차는 다음과 같이 나타낼 수 있다.

(a) 입력값을 사용하여 나타내면 오차 $e = \pm 0.5$[°C]이다.

(b) 입력범위의 백분율을 사용하여 나타내면,

$$e = \left(\frac{0.5}{80+30} \right) \times 100 = 0.454[\%]$$

(c) 출력범위를 사용하여 나타내는 경우: 그림 2.7에 도시되어 있는 것처럼, 일단 전달함수를 구하고 나서 이 곡선에서 이탈되는 최대한계와 최소한계를 구하거나 계산한다. 이렇게 구한 오차는 ±0.059[V]이다. 이를 다음과 같이 출력스팬 값으로도 나타낼 수 있다.

$$e = \pm\left(\frac{0.059}{2.8-1.5}\right)\times 100 = 4.54[\%]$$

여기서 주의할 점은 이 오차값들은 서로 같지 않으며, 정확도는 이를 어떻게 나타내는지에 따라서 달라진다는 것이다. 대부분의 경우, 측정값 또는 입력스팬의 백분율을 사용하여 오차를 나타내는 방법이 센서의 정확도를 가장 잘 나타낸다.

일반적으로, 전달함수는 **그림 2.8**에 도시되어 있는 것처럼, 비선형적이며, 오차는 센서의 측정범위 전체에 걸쳐서 변한다. 이런 경우에, 최대오차나 평균오차를 장치의 대표오차값으로 사용한다. **그림 2.8**에서는 실제 전달함수를 모두 포함하는 두 평행선을 사용하여 오차한계나 정확도 한계를 정의하고 있다. 그런데, 정확도 한계는 이상적인 전달함수와 평행하지만 직선일 필요는 없다(**그림 2.9** 참조). 일부의 경우, 제조과정이나 설치과정에서 센서에 대한 교정을 수행한다. 이런 경우, **그림 2.9**에 도시되어 있는 것처럼, 이상적인 전달함수가 아니라 교정곡선에 대해서 오차를 정의한다. 즉, 이상적인 전달함수가 아니라 (교정곡선으로 추출한) 실제전달함수를 사용한다. 이는 특정 장치에 대해서 적합한 반면에 동일한 유형의 다른 장치에는 사용할 수 없다. 따라서 개별 장치에 대해서 교정을 시행하여야 한다.

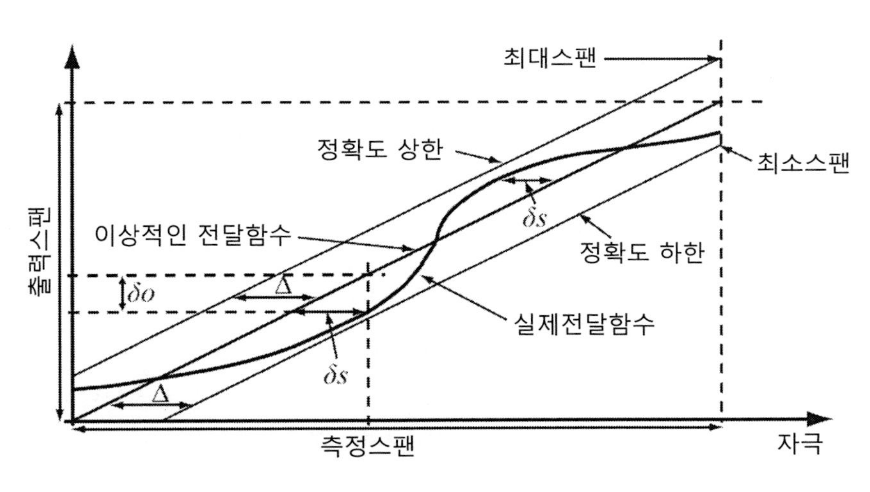

그림 2.8 비선형 전달함수의 오차와 정확도

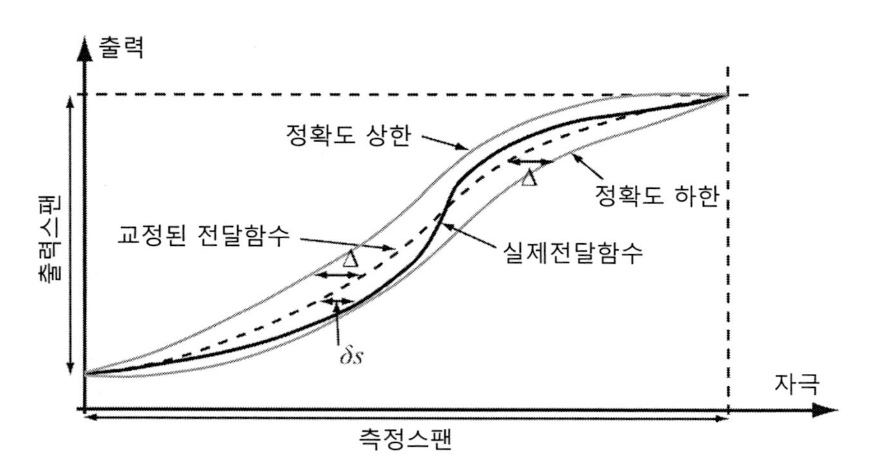

그림 2.9 이상적인 전달함수 대신에 교정을 통해서 구한 전달함수를 사용하여 비선형 전달함수의 오차를 추출할 수 있다.

지금까지는 오차가 정적이라고, 즉, 오차는 시간에 의존하지 않는다고 가정하였다. 그런데, 오차 역시 동적, 또는 시간 의존적일 수 있지만, 오차의 의미와 오차의 계산은 정적인 방법을 사용하고 있다.

일부 오차들은 **임의오차**[7]인 반면에 이외의 오차들은 일정하거나 **계통오차**[8]의 특성을 갖는다. 만일 어떤 장치를 사용하여 측정된 표본들이 특정한 인자에 대해서 다양한 오차를 나타내거나 특정한 장치를 사용하여 측정할 때마다 서로 다른 오차값들이 나타난다면, 이 오차는 임의적이라고 말할 수 있다. 만일 오차값이 일정하다면, 이는 계통오차라고 말할 수 있다. 모든 장치들은 계통오차와 임의오차 성분들을 함께 가지고 있다.

예제 2.11 오차의 비선형성

정전용량형 가속도계의 경우, 두 전극판 사이의 거리는 가속에 의한 힘인 $F=ma$와 관계되어 있다. 여기서 m은 이동전극판의 질량이며, a는 가속도이다(그림 2.10 (a) 참조). 스프링은 복원력을 제공한다. 힘과 전극판 사이의 거리(와 그에 따른 정전용량) 사이의 상관관계는 다음의 표에 제시되어 있다. 응답의 비선형성에 따른 최대오차를 구하시오.

---

7) random error
8) systematic error

d[mm]	0.52	0.50	0.48	0.46	0.44	0.42	0.40	0.38	0.36	0.34	0.32	0.30	0.28	0.26
F[μN]	0	6	9	13	17	21	25	28	31	35	39	43	46	49
d[mm]	0.24	0.22	0.20	0.18	0.16	0.14	0.12	0.10	0.08	0.06	0.04	0.02	0.012	0
F[μN]	52	55	58	61	64	67	70	73	76	79	82	84	85	86

풀이

그림 2.10 (b)에는 전달함수와 정확도의 상한 및 하한이 도시되어 있다. 최대오차는 8.0[μN]이며 곡선의 시작과 끝에서 발생한다(즉, $d=0[mm]$와 $d=0.520[mm]$). 만일 센서의 정확도가 떨어지는 양단에서의 오차를 배제한다면, 최대오차는 $d=0.22[mm]$에서 7.6[μN]이 된다.

이 오차를 거리로 환산하면 $0.04[mm]$이다. 이상적인 전달함수는 선형이기 때문에($F=ma=kx$, 여기서 k는 스프링 상수이며 x는 변위), 이 오차값은 정확도한계로부터 구할 수 있다. 이 오차는 스팬의 백분율을 사용해서도 구할 수 있다. 즉, 변위오차는 $(0.04/0.52)\times 100=7.69[\%]$이며, 힘오차는 $(7.6/86)\times 100=8.84[\%]$이다.

주의: 전형적으로 오차는 이상적인 전달함수에 대한 정확도 한계로부터 구한다. 그런데 여기서는 비선형성에 의한 오차를 살펴보았다. 따라서 전달함수를 에워싸고 있는 두 정확도한계의 사잇값을 오차로 간주하였다. 하지만 실제의 경우에는 이상적인 전달함수를 정확도 하한으로 간주하여 오차값을 구한다.

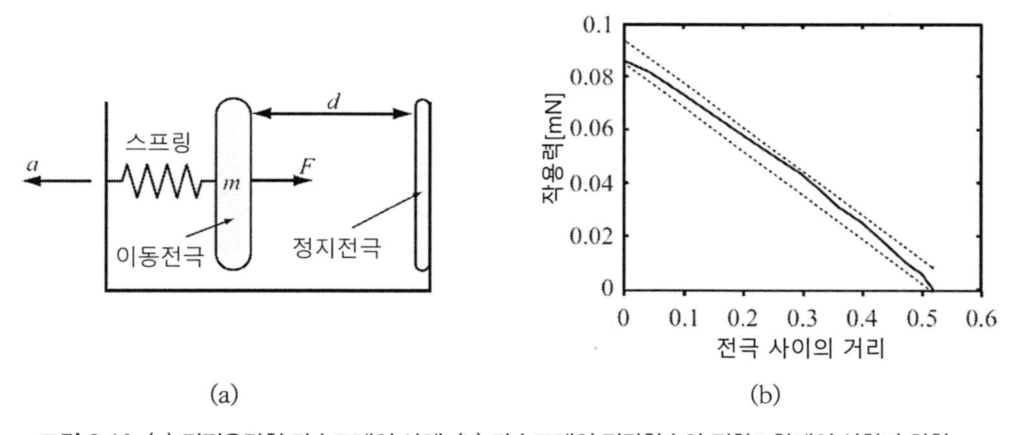

그림 2.10 (a) 정전용량형 가속도계의 사례. (b) 가속도계의 전달함수와 정확도한계의 상한과 하한

재현성이라고도 부르는 센서와 작동기의 **반복도**는 중요한 설계특성이며, 이상적인 조건하에서 서로 다른 시간에 측정을 수행하였을 때에 동일한 값(센서의 자극이나 작동기의 출력)을 송출하지 못하는 센서와 작동기의 한계값이다. 이 값은 일반적으로 교정과 관련되어 있으며, 오차로 간주된다. 반복도는 동일한 입력조건하에서 서로 다른 시간에 수행한 두 측정값들(두 번의 교정값들

또는 두 번의 측정값들) 사이의 최대편찻값으로 주어진다. 일반적으로 오차는 입력스팬의 백분율로 주어진다.

2.2.5 민감도와 민감도분석

센서나 작동기의 **민감도**는 입력의 변화에 대한 출력의 변화값으로 정의되며, 일반적으로 입력의 단위값 변화를 기준으로 사용한다. 민감도는 전달함수의 기울기를 의미하며, 다음과 같이 나타낼 수 있다.

$$s = \frac{d}{dx}(f(x)) \tag{2.6}$$

식 (2.2)에 제시된 것처럼, 출력값이 저항(R)이며 입력값은 온도(T)인 선형전달함수의 경우, 민감도는 다음과 같이 주어진다.

$$s = \frac{dR}{dT} = \frac{d}{dT}(aT + b) = a[\Omega/°C] \tag{2.7}$$

여기서 단위에 주의해야 한다. 이 사례에서 출력은 옴[Ω]이며, 자극은 섭씨[°C]이므로, 민감도의 단위는 [Ω/°C]가 된다.

(전달함수가 선형이면) 측정스팬 전체가 일정한 민감도를 가지며, 각 영역마다 서로 다른 값을 갖거나, (그림 2.8의 사례에서처럼) 모든 점들마다 민감도가 다를 수도 있다.

일반적으로 민감도는 센서와 관련되어 있다. 하지만 작동기에 대해서도 전달함수를 정의할 수 있기 때문에, 동일한 개념을 작동기에도 적용할 수 있다. 그러므로 예를 들어 스피커의 민감도를 dP/dI와 같이 정의할 수도 있다. 여기서 P는 스피커에 단위전류 I(입력)를 넣었을 때에 생성되는 압력(출력)이다. 또한 직선위치결정기구의 민감도를 dL/dV와 같이 정의할 수도 있다. 여기서 L은 위치결정기구의 직선거리(출력)이며, V는 공급전압(입력)이다.

자극입력에 노이즈가 섞여 들어가기 때문에 **민감도분석**은 일반적으로 어려운 일이다. 게다가 센서의 민감도는 (다중의) 변환장치를 포함하여 센서를 구성하는 다양한 인자들이 조합된 결과이다. 이렇게 센서에 다중의 변환단계들이 사용되는 경우에는 각 변환단계마다 각자의 민감도를 가지고 있으며, 노이즈혼입이 일어난다. 게다가 비선형성, 정확도 등과 같은 여타의 인자들에 대해서도 알아내야 하므로, 문제는 더욱 복잡해진다. 하지만 이들 중 대부분은 몰라도 되며, 적당한 수준까지만 알고 있어도 무방하다. 그럼에도 불구하고 특히 복잡한 형태의 센서가 사용되는 경우에, 민감도분석을 통해서 신뢰할 수 있는 신호의 출력범위, 노이즈와 오차에 대한 정보 등을 얻을 수 있다. 또한 민감도 분석을 통해서 적절한 센서의 선정, 이들의 연결, 그리고 성능을 향상시킬 수 있는 여타의 수단들(증폭, 피드백 등)과 같이 노이즈와 오차의 영향을 최소화시킬 수 있는 단서들을 얻을 수 있다.

예제 2.12 열전대의 민감도

예제 2.1에서 사용했던 열전대의 민감도는 다음과 같았다.

$$V=(-2.4674601620\times10^{-1}T+5.9102111169\times10^{-3}T^2-1.4307123430\times10^{-6}T^3 +2.1509149750\times10^{-9}T^4-3.1757800720\times10^{-12}T^5+2.4010367459\times10^{-15}T^6 -9.0928148159\times10^{-19}T^7+1.3299505137\times10^{-22}T^8)\times10^{-3}[mV]$$

이를 온도에 대해서 미분하면 센서의 민감도를 구할 수 있다.

$$s=\frac{dV}{dT}=(-2.4674601620\times10^{-1}+1.182042223\times10^{-2}T-4.292137029\times10^{-6}T^2 +8.6036599\times10^{-9}T^3-1.587890036\times10^{-11}T^4+1.406220476\times10^{-14}T^5 -6.3649703711\times10^{-18}T^6+1.06396041\times10^{-21}T^7)\times10^{-3}[mV/°C]$$

그런데 이 식은 겉보기만큼 그리 유용하지 못하다. 위 식에 온도를 대입하면 해당 온도에서의 민감도를 구할 수 있다. 하지만 우리는 0~150[°C] 사이의 온도범위에 대한 온도측정에 이 센서를 사용해야 한다. 따라서 전달함수의 여러 점들에 대한 선형최적근사(Appendix A)를 통하여 구한 하나의 민감도 평균값이 더 유용하다. 이렇게 구해진 값이 전달함수의 기울기인 민감도가 된다.
민감도는 다음의 순서를 통해서 구할 수 있다.

1. 여러 측정점들(많을수록 정확해진다)을 대표하는 전달함수를 사용하여 출력전압을 구한다.
2. 선형 최적합직선 $V=a_0+a_1T$를 구하기 위해서 식 (A.12)를 사용한다.
3. 선형화된 전달함수의 민감도는 a_1이다.

$T=0$[°C]와 $T=150$[°C] 사이의 여러 온도에 대한 V 값을 구한 다음에 식 (A.12)와 식 (2.19)를 사용하여 선형 전달함수를 구하면,

$$V=a_0+a_1T=-0.02122939+6.15540978\times10^{-4}T[mV]$$

그림 2.11에서는 이 직선을 정확한 전달함수 곡선(위의 8차 다항식)과 함께 도시하였다. 따라서 근사화

된 민감도는 다음과 같다.

$$s=\frac{dV}{dT}=a_1=6.15540978\times10^{-4}[m\,V/°\mathrm{C}]$$

이를 환산해 보면, 6.1554[$\mu V/°$C]에 불과하여 매우 낮은 민감도이다. 하지만 열전대의 기준을 벗어난 것은 아니다.

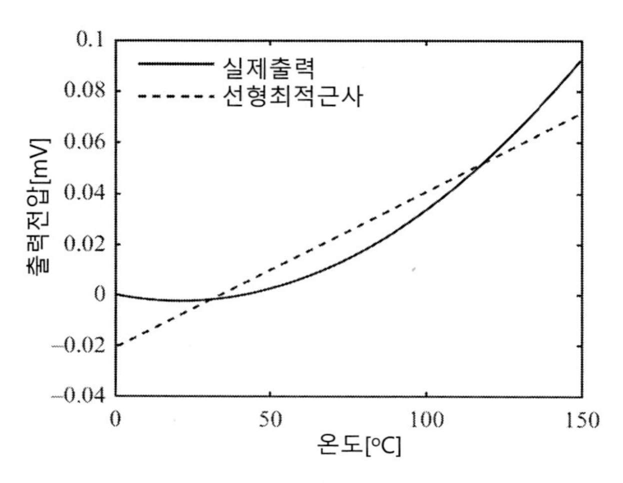

그림 2.11 열전대의 전달함수와 선형최적근사

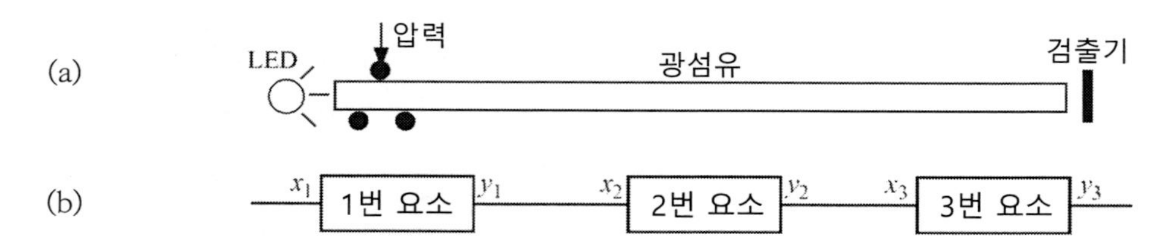

그림 2.12 광원, 광섬유 압력센서, 그리고 처리장치로 이루어진 측정 시스템의 사례. (a) 센서, (b) 변환요소들로 이루어진 등가구조

민감도분석과 관련된 몇 가지 문제들에 대해서 이해하기 위해서 **3단 단계 변환**이 차례로 이루어지는 센서에 대해서 살펴보기로 하자. 그림 2.12 (a)에 도시되어 있는 광섬유 방식의 압력센서가 이런 유형의 센서이다. 작동 방식은 다음과 같다: 광섬유는 레이저나 LED에서 방출된 빛을 검출기로 전송하며, 부가된 압력에 대해서 이 신호의 위상을 교정한다. 광섬유에 압력이 부가되면, 장력이 발생한다(즉, 길이가 약간 변한다). 이로 인하여 광섬유 내에서 빛이 통과하는 경로길이가

증가하여, 검출기에서 측정되는 위상값이 증가하게 된다. 이 센서는 3단계의 변환이 수행되는 복잡한 장치이다. 우선, 전기신호가 빛으로 변환되어 광섬유 속으로 투입된다. 다음으로, 압력이 변위로 변환되며, 검출기 내에서는 빛이 전기신호로 변환된다. 이 변환단계 각각마다 오차요인, 전달함수 그리고 민감도를 가지고 있다.

3개의 변환기들이 직렬로 연결되어 있으므로, 각각의 오차들은 합산된다. 각 요소의 민감도들은 다음과 같이 주어진다.

$$s_1 = \frac{dy_1}{dx_1},\ s_2 = \frac{dy_2}{dx_2},\ s_3 = \frac{dy_3}{dx_3} \tag{2.8}$$

여기서 y_i는 i번째 변환기의 출력이며, x_i는 입력이다. 우선, 시스템에 오차가 없다고 가정하자. 그러면 다음과 같이 민감도를 구할 수 있다.

$$S = s_1 s_2 s_3 = \frac{dy_1}{dx_1}\frac{dy_2}{dx_2}\frac{dy_3}{dx_3} \tag{2.9}$$

그런데, $x_2 = y_1$(1번 변환기의 출력은 2번 변환기의 입력이다)이며, $x_2 = y_2$이므로, 다음 식을 얻을 수 있다.

$$S = s_1 s_2 s_3 = \frac{dy_3}{dx_1} \tag{2.10}$$

이는 단순하며, 논리적인 결과이다. 식 (2.10)에서는 내부변환 단계들이 나타나지 않는다. 따라서 우리는 센서를 단지 입력과 출력만 가지고 있는 장치로 취급할 수 있다.

그런데, 오차나 노이즈가 존재하며, 각각의 변환기 요소들이 가지고 있는 오차 성분들이 서로 다르다면, 1번 변환기의 출력을 $y_1 = y_1^0 + \Delta y_1$과 같이 쓸 수 있다. 여기서 y_1^0는 오차가 없는 경우의 출력값이다. 각 요소들의 민감도를 알고 있다면, 2번 요소의 출력은 다음과 같이 나타낼 수 있다.

$$y_2 = s_2(y_1^0 + \Delta y_1) + \Delta y_2 = y_2^0 + s_2 \Delta y_1 + \Delta y_2 \tag{2.11}$$

여기서 $y_2^0 = s_1 y_1^0$는 오차가 없는 경우에 2번 요소의 출력값이며, Δy_2는 2번 요소에 의해서 유발되는 오차 성분이다. 이제, 이 값들을 3번 요소에 입력하면 다음의 출력을 얻을 수 있다.

$$y_3 = s_3(y_2^0 + s_2\Delta y_1 + \Delta y_2) + \Delta y_3 = y_3^0 + s_2 s_3 \Delta y_1 + s_3 \Delta y_2 + \Delta y_3 \tag{2.12}$$

뒤의 3개 항들은 직렬 연결된 요소들에 의해서 전파된 오차 성분들로서 서로 합산된다. 따라서 출력에 포함된 오차는 중간변환단계에 의존한다는 것을 알 수 있다.

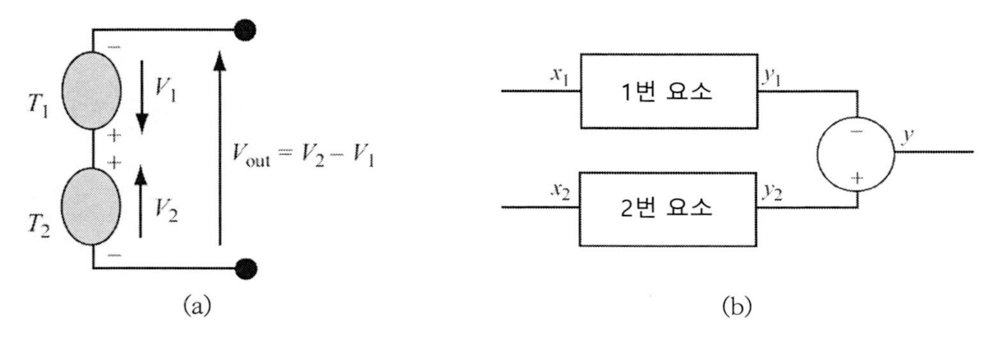

그림 2.13 차동형 센서. (a) 두 개의 센서들이 서로 다른 위치에서 온도를 측정하며, 서로 반대 방향으로 연결되어 있다. (b) 등가구조에는 변환기 요소가 표시되어 있다.

지금부터는 그림 2.13 (a)에 도시된 것과 같이 시스템 내의 두 위치의 온도차이를 측정하도록 설계된 **차동형 센서**에 대해서 살펴보기로 하자. 그림 2.13 (b)에서는 전달함수의 입력과 출력을 보여주고 있다. 우선, 각 변환기들에는 오차가 없으며, 서로 다른 전달함수를 가지고 있다고 가정한다. 각 센서의 민감도는 다음과 같이 주어진다.

$$s_1 = \frac{dy_1}{dx_1}, \quad s_2 = \frac{dy_2}{dx_2} \tag{2.13}$$

두 센서들의 출력은 각각 $y_1 = s_1 x_1$, $y_2 = s_2 x_2$이며, 전체출력은 다음과 같이 주어진다.

$$y = y_2 - y_1 = s_2 x_2 - s_1 x_1 \tag{2.14}$$

만일 두 센서들이 서로 동일하다면, $s_1 = s_2 = s$이며,

$$y = s(x_2 - x_1) \tag{2.15}$$

그리고 이 차동형 센서의 민감도 s는 다음과 같이 계산된다.

$$s = \frac{d(y_2 - y_1)}{d(x_2 - x_1)} \tag{2.16}$$

만일 두 센서들이 서로 동일하다면, 이들 각각에 의해서 생성되는 오차도 (거의) 동일할 것이다. 따라서 두 출력값들을 서로 빼면, 오차는 서로 상쇄되어 버리므로 차동형 센서는 오차가 거의 발생하지 않는다. 오차의 원인들 중 하나인 노이즈의 경우에도 두 센서에 공통인 경우(공통모드 노이즈)에는 서로 상쇄되어 버린다. 실제의 경우에는 두 센서들이 가지고 있는 작동특성 차이와 각 센서의 설치위치 차이로 인한 측정조건 차이 등으로 인하여 완벽한 상쇄는 구현되지 않는다.

예제 2.13 노이즈 민감도

압력센서의 응답을 아래 표에서와 같이 실험적으로 구하였다. 330[Pa] 수준의 대기압력 편차로 인한 노이즈가 존재한다. 노이즈로 인한 출력과 이 노이즈에 의해서 생성되는 오차를 계산하시오.

압력 [kPa]	100	120	140	160	180	200	220	240	260	280	300	320	340	360	380	400
전압 [V]	1.15	1.38	1.60	1.86	2.10	2.35	2.60	2.89	3.08	3.32	3.59	3.82	4.05	4.29	4.54	4.78

노이즈에 의한 출력을 계산하기 위해서는, 우선 센서의 민감도를 구해야 한다. 센서의 출력은 실험값이므로 그림 2.14에 도시되어 있는 것처럼, 완벽한 직선이 아니기 때문에, 데이터에 대한 최적근사직선을 구해야 한다. Appendix A(식 (A.12))에 제시된 선형 최소제곱법을 사용하면, 다음 식을 구할 수 있다.

$$V = a_0 + a_1 P = -0.0783 + 0.0122P[V]$$

여기서 $P[kPa]$는 압력이다. 따라서 민감도는 다음과 같이 구해진다.

$$s = \frac{dV}{dP} = a_1 = 0.0122[V/kPa]$$

임의 압력하에서 센서의 출력은 압력성분과 노이즈성분으로 구성된다(식 (2.11)이나 식 (2.12) 참조). 임의압력 $P = 200[kPa]$에 대해서 노이즈 압력을 추가하면 총 압력은 $200.33[kPa]$가 되며, 출력전압은 다음과 같이 계산된다.

$$V = 0.0122 \times 200.33 - 0.0783 = 2.365726[V]$$

노이즈가 없는 경우의 출력전압은 다음과 같이 주어진다.

$$V = 0.0122 \times 200 - 0.0783 = 2.3617[V]$$

따라서 출력의 노이즈 성분은 $0.004[V]$이며 오차는 다음과 같이 계산된다.

$$error = \frac{2.365726 - 2.3617}{2.3617} \times 100 = 0.17\%$$

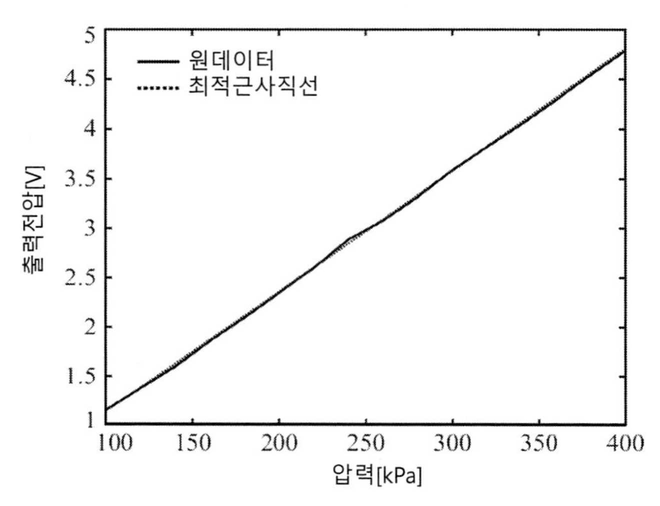

그림 2.14 압력센서의 출력: 원래의 데이터와 최적근사직선

예제 2.14 차동형 유도센서를 사용한 소재의 비파괴시험

차동형 센서를 사용하는 이유들 중 하나는 온도변화 및 노이즈를 포함한 다양한 **공통모드 효과**의 상쇄능력 때문이다. 차동형 센서는 출력의 평균값을 소거하고 출력의 변화값만을 송출한다. 이는 신호의 증폭을 포함한 이후의 신호처리를 용이하게 해주며, 특정한 경우에는 센서의 작동에 결정적인 역할을 한다. (비행기의 표면이나 엔진 부품을 구성하는 관재나 판재의 표면에 존재하는 크랙과 같은) 소재의 결함을 검사하는 차동형 와전류 프로브에 대해서 살펴보기로 하자. 프로브들은 서로 $2.5[mm]$ 떨어져서 설치되어 있는 직경이 $1[mm]$인 두 개의 코일(센서)들로 이루어진다. 각 코일의 유도용량 L은 코일에 근접한 물체의 유형에 의존한다. 강철소재의 표면에 존재하는 모든 결함들을 검출하기 위해서 이 프로브들을 표면 위에서 이동시킨다. 선행 코일이 결함에 접근하면 후행 코일에 비해서 유도용량이 감소한다. 선행 코일이 결함위치를 지나치면 유도용량은 다시 증가하는 반면에 후행 코일의 유도용량은 감소한다. 유도용량값의 편차가 프로브의 차동출력 형태로 나타난다. **그림 2.15** (a)에서는 결함위치를 통과할 때에 두 코일들의 유도용량 편차를 보여주고 있다. 두 코일들의 거동은 $2.5[mm]$ 거리를 두고 변한다는 것을

제외하면 서로 동일하다는 것을 알 수 있다.
코일이 이동한 모든 위치에서 두 코일의 유도용량 차이를 구해 보면 **그림 2.15 (b)**가 얻어진다. 이 유도용량 차이값은 두 가지 중요한 결과를 나타내고 있다. 우선, 유도용량 차이값은 0 주변에서 변한다. 즉, (약 24.4[μH]에 달하는)큰 유도용량 값이 소거되며, 결함에 의한 유도용량 변화값만 남는다. 이는 금속물체에 의해서 생성되는 유도용량이 두 센서 모두에서 동일한 값을 갖기 때문이다. 다음으로, 프로브들의 중간위치가 결함의 중앙에 위치했을 때에 신호가 0이 된다. 즉, 이 위치에서 두 코일이 동일한 상태에 놓이게 되어서 두 코일의 유도용량도 동일한 값을 갖게 되므로 출력이 서로 상쇄되어 버린다. 이를 통해서 결함의 정확한 위치를 확인할 수 있다. 표면 하부나 코팅층 밑에 존재하는 모든 결함들을 육안으로 확인할 수 없기 때문에 이는 매우 중요한 성질이다. 코일이 결함의 테두리를 통과할 때에 유도용량의 변화가 최댓값을 가지므로, 이를 통해서 결함의 크기도 알아낼 수 있다.
입력값의 변화에 따른 출력값의 변화인 민감도는 변하지 않으며, 두 센서가 서로 동일한 값을 갖는다.

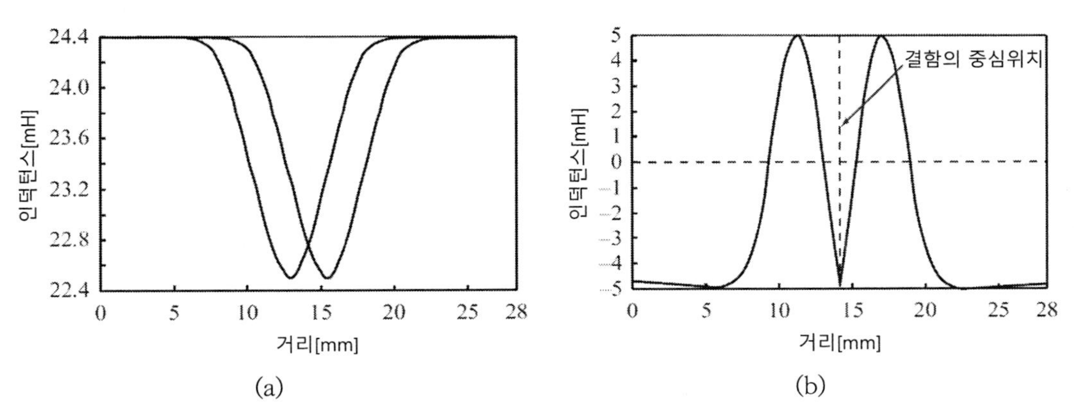

그림 2.15 와전류형 센서를 사용한 강철 내부의 결함측정. (a) $2.5[mm]$ 간격으로 설치된 두 센서의 유도용량 변화. (b) 미소결함에 의한 두 센서의 유도용량 편차

다양한 방식으로 센서들을 서로 연결할 수 있다. 예를 들어 **열전퇴**[9]는 n개의 열전대들을 직렬로 연결하여 출력전압을 증가시킨 센서이다. **그림 2.16**에 도시되어 있는 것처럼, 모든 열전대들에 입력되는 온도는 서로 동일하다(이를 열역학적으로 병렬연결되어 있다고 말한다). 이 센서의 출력은 다음과 같이 주어진다.

$$y = y_1 + y_2 + y_3 + \cdots + y_n = (s_1 + s_2 + s_3 + \cdots + s_n)x = nsx \tag{2.17}$$

9) thermofile

여기서, 모든 열전대들의 전달함수(와 그에 따른 민감도)는 서로 같다고 가정한다. 총 민감도는 다음과 같이 주어진다.

$$s_t = ns \tag{2.18}$$

여기서 s_t는 열전퇴의 민감도 값이다.

각 센서의 출력들이 서로 직렬로 연결되어 있기 때문에 개별 센서의 노이즈와 오차값들도 합산된다. 입력은 열역학적으로 병렬로 연결되어 있으며, 모든 열전대들은 본질적으로 동일하기 때문에, 오차값들도 (거의) 동일하다. 따라서 총 오차값은 개별 열전대의 오차(또는 노이즈)의 n배가 된다.

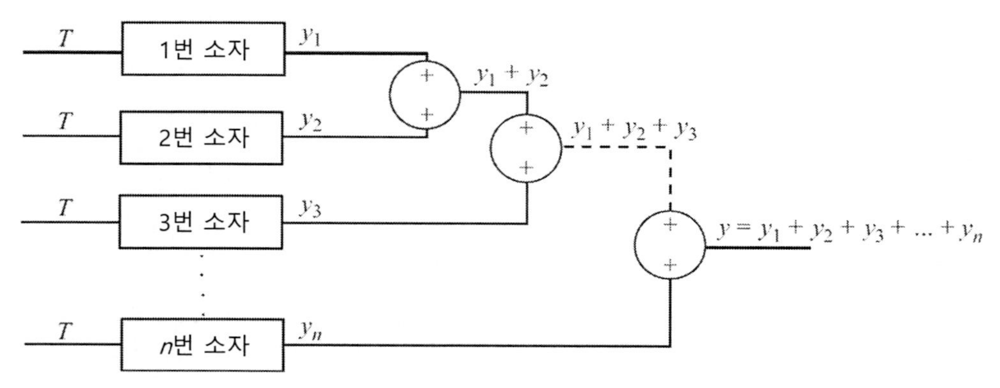

그림 2.16 n개의 열전대들이 서로 직렬로 연결되어 만들어진 온도측정 시스템의 사례. 개별 센서들의 출력전압이 합산되어 출력전압이 만들어진다.

2.2.6 히스테리시스, 비선형성과 포화

히스테리시스[10]는 서로 다른 방향에서 특정한 위치(또는 상태)로 접근할 때에 센서의 출력이 나타내는 편차를 의미한다(그림 2.17 참조). 이는 특정한 양의 자극을 증가할 때에 측정한 값과 감소할 때에 측정한 값이 서로 다르다는 것을 뜻한다. 예를 들어, 50[°C]의 온도를 측정하는 경우에 온도가 상승할 때의 측정값은 4.95[V]이며, 하강할 때의 측정값은 5.05[V]가 된다. 이는 ±0.5[%]의 오차에 해당한다(출력스팬이 10[V]라고 가정). 히스테리시스는 기계적(마찰, 운동전달 요소들의 이완 등), 전기적(자성물질의 자기적 히스테리시스 등), 또는 히스테리스를 가지고

---

10) hysteresis

있는 회로소자 등에 의해서 발생한다. 작동기 자체도 히스테리시스를 가지고 있으며, 운동전달의 경우에는 센서보다 작동기에서 히스테리시스가 더 일반적으로 발생하며, 주로 위치오차로 발현된다. 또한 특정한 목적을 위해서 고의적으로 히스테리시스를 활용하기도 한다.

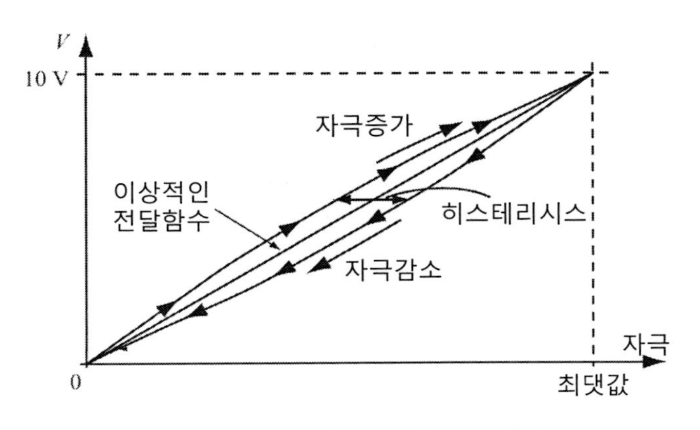

그림 2.17 센서에서 발생하는 히스테리시스

비선형성[11]은 센서의 본질적인 특성(그림 2.1 참조)이거나 또는 장치의 이상적인 선형 전달함수와의 차이에 기인한다. 전달함수의 비선형성은 장치가 가지고 있는 본질적인 특성으로서, 좋거나 나쁘다고 말할 수 없으며, 이를 고려하거나 단순화시켜서 사용해야 한다. 그런데, 비선형 오차는 디바이스의 정확도에 영향을 끼치는 양이다. 설계자는 이를 인지하고, 이를 고려하여야 하며, 가능하다면 최소화시켜야 한다. 만일 전달함수가 비선형이라면, 전체 범위에 대한 선형모델과의

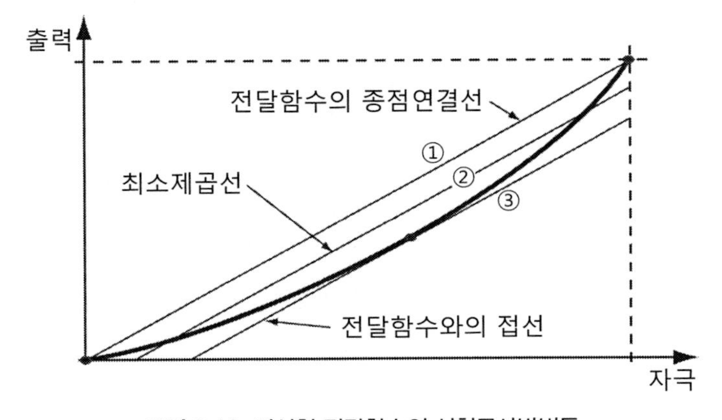

그림 2.18 비선형 전달함수의 선형근사방법들

11) nonlinearity

최대편차를 장치의 비선형성이라고 말할 수 있다. 그런데, 선형성에 대한 이런 정의가 항상 가능하거나 바람직한 것은 아니다. 센서나 작동기의 비선형성을 다양한 방법으로 정의할 수 있다. 만일 전달함수가 선형에 가깝다면, 근사직선을 구해서 이를 기준 선형함수로 사용할 수 있다. 때로는 단지 전달함수의 양단의 점들 사이를 연결한 직선을 사용할 수 있다(그림 2.18의 ①). 또 다른 방법은 실제 곡선에 대한 오차의 제곱합이 최소가 되는 직선을 구할 수 있다(그림 2.18의 ②). 이 경우 곡선상의 적절한 숫자의 점들을 선정(또는 측정)하여 입력 및 출력값(x_i, y_i)을 구한 다음에, Appendix A에 제시된 방법을 사용하여 절편 a_0와 기울기 a_1을 구하여 직선 $y = a_0 + a_1 x$를 그린다. 선정된 점들에 대한 최적근사직선(식 (A.12) 참조)의 절편 a_0와 기울기 a_1는 다음 식을 사용하여 구할 수 있다.

$$a_0 = \frac{\left\{\sum_{i=1}^{n} y_i\right\}\left\{\sum_{i=1}^{n} x_i^2\right\} - \left\{\sum_{i=1}^{n} x_i\right\}\left\{\sum_{i=1}^{n} x_i y_i\right\}}{n\sum_{i=1}^{n} x_i^2 - \left\{\sum_{i=1}^{n} x_i\right\}^2} \tag{2.19}$$

$$a_1 = \frac{n\sum_{i=1}^{n} x_i y_i - \left\{\sum_{i=1}^{n} x_i\right\}\left\{\sum_{i=1}^{n} y_i\right\}}{n\sum_{i=1}^{n} x_i^2 - \left\{\sum_{i=1}^{n} x_i\right\}^2}$$

이를 사용하여 전달함수상의 여러 점들에 대한 최적근사직선을 구할 수 있으며, 실제 센서나 작동기의 비선형성 판정에 이를 활용할 수 있다. 비선형성은 이 방법을 사용하여 구한 직선과 전달함수 사이의 최대편차로 정의할 수 있다.

이런 선형화 방법들을 다양한 방식으로 활용할 수 있다. 일부의 경우, 센서를 좁은 측정범위 내에서만 사용하게 된다. 이렇게 활용범위가 축소되면, 선정된 점에 대한 접선을 구한 다음에, 이 접선을 비선형성을 정의하기 위한 선형 전달함수로 활용할 수 있다(그림 2.18의 ③). 이상에서 설명한 방법들마다 서로 다른 비선형 값들을 갖기 때문에, 사용자들은 자신이 정확히 어떤 방법을 사용하는지 알고 있어야만 한다.

또한 앞서 언급했던 것처럼, 비선형성은 반드시 나쁘다거나 보정이 필요한 것은 아니다. 비선형 응답이 선형 응답보다 유용한 경우도 있으며, 의도적으로 센서나 작동기들이 비선형성을 갖도록 세심하게 설계하는 사례도 있다. 음향 시스템의 볼륨 조절을 위하여 일반적으로 사용되는 가변저항기가 이런 사례에 해당한다. 비록 현대적인 볼륨조절 시스템들이 선형 디지털 방식을 사용하고 있음에도 불구하고, 인간의 귀는 선형이 아니며 오히려 로그 함수적 특성을 가지고 있다. 인간의 귀는 $10^{-5}[Pa]$ 수준의 미소한 압력변화에서부터 $60[Pa]$에 이르는 고압의 강력한 음향도 감지할 수 있다. 일반적으로 가청범위는 $0 \sim 130[dB]$에 이른다. 이런 인간의 로그 함수적 가청능력에 대응하는 자연응답을 수용하기 위해서는 볼륨 조절용 가변저항기를 로그방식으로 설계해야 한다. 다음의 사례에서는 이 주제에 대해서 조금 더 살펴볼 예정이다. 여기서 중요한 점은 비선형 응답이 더 좋은 성능을 갖는 특정한 수요를 충족시키기 위해서 의도적으로 비선형 응답을 설계한다는 것이다.

예제 2.15 회전식 로그형 가변저항기

회전식 로그형 $100[k\Omega]$ 가변저항기는 슬라이더의 위치가 0°에서 300°까지 회전하는 동안 저항값은 0에서 $100[k\Omega]$까지 변한다. 그림 2.19 (a)에서는 가변저항기의 기능적 구조를 간략하게 보여주고 있으며, 그림 2.19 (b)에서는 슬라이더의 각도변화에 따른 저항값의 변화특성을 보여주고 있다. 슬라이더의 임의 회전각도에 대한 저항값은 다음 식으로 주어진다.

$$R = 100{,}000\left[1 - \frac{1}{K}\log_{10}\left(\frac{\alpha_{\max} - \alpha + \alpha_{\min}}{\alpha_{\min}}\right)\right][\Omega]$$

여기서 무차원 계수 K는 다음과 같이 주어진다.

$$K = \log_{10}\left(\frac{\alpha_{\max}}{\alpha_{\min}}\right)$$

그리고 $\alpha_{\max} = 300°$이며, $\alpha_{\min} = 10°$는 저항값을 측정할 수 있는 슬라이더의 최대 및 최소각도이며, α는 슬라이더가 위치한 각도이다. 이 공식에 따르면 $\alpha = 0°$일 때의 저항값은 0이며, $\alpha = 300°$일 때의 저항값은 $100[k\Omega]$임을 알 수 있다. 예를 들어 $\alpha = 150°$일 때의 저항값은 $18.48[k\Omega]$인 반면에 $\alpha = 225°$일 때의 저항값은 $37.08[k\Omega]$이다.

여기서 주의할 점은

1. 초기에 저항값이 급격하게 증가하며, 점차로 증가율이 감소하는 로그 역함수 특성의 가변저항기도 있다.
2. 일부 로그형 가변저항기들은 사실 로그라기보다는 지수 함수적 특성을 가지고 있다. 하지만 로그스케일상에서 직선 형태의 응답을 가지고 있기 때문에 이들을 로그형이라고 부른다.

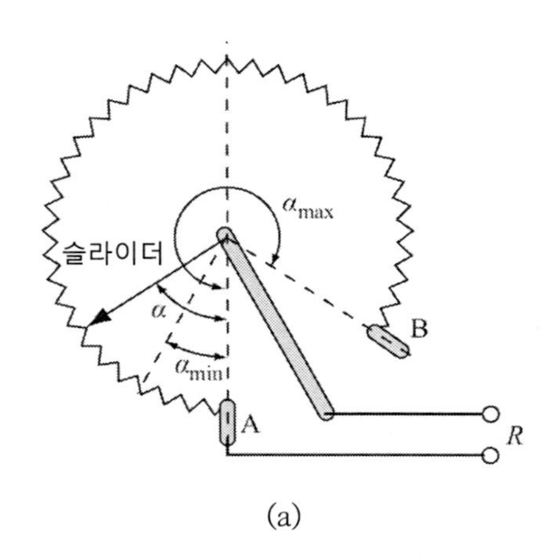

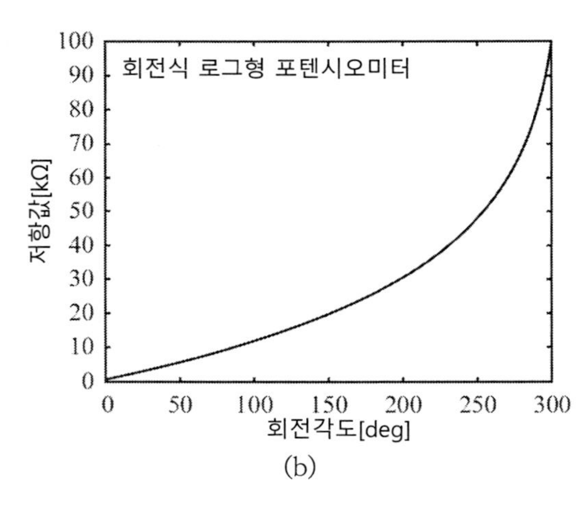

그림 2.19 (a) 회전식 로그형 가변저항기의 기능적 구조. (b) 회전각도 α에 따른 슬라이더 전극과 A번 전극 사이의 저항값 변화

마지막으로, 어떤 양을 사용할지를 선택할 수 있으며, 올바른 선택이 큰 차이를 만들 수 있다. 5장에서는 부가된 힘에 따라서 저항값이 변하는 저항형 힘 센서에 대해서 살펴볼 예정이다. 이런 유형의 센서에서는 저항값을 측정하지만, 이 저항값은 부가된 힘에 대해서 심한 비선형성을 가지고 있다. 만일 저항값 대신에 전도도(저항값의 역수)를 측정한다면, 전달함수는 완벽하게 선형성을 갖는다. 비록 측정량(힘)에 대한 이들 두 표현방식 간의 차이가 드라마틱하지만, 두 경우 모두 측정방법은 매우 단순하다. 만일 전류원을 사용하면서 센서 양단의 전압을 측정하면 작용력에 대한 비선형 응답을 얻게 된다. 반면에 정전압을 부가한 다음에 센서를 통과하는 전류를 측정하면 출력 특성은 선형화되어 작용력에 대한 센서의 응답은 선형성을 갖는다. 예제 2.16에서는 저항형 힘 센서의 출력을 실험적으로 측정한 결과를 보여주고 있다. 응답의 유형을 선택하는 것이 항상 가능하지는 않지만, 이를 통해서 인터페이스를 매우 단순화시킬 수 있다.

예제 2.16 동일한 센서의 선형 및 비선형 전달함수

아래에서와 같이, 저항형 힘 센서에 부가된 작용력에 따른 저항값을 측정하여 저항형 힘 센서의 응답을 실험적으로 검증하였다.

힘[N]	0	44.5	89	133	178	222	267	311	356	400	445	489	534
저항[Ω]	910	397	254	187	148	122	108	91	80	72	65	60	55

그림 2.20 (a)에서는 작용력에 따른 저항값의 변화를 보여주고 있다. 예상했던 것처럼, 저항값의 변화는 심한 비선형적 특성을 보여주고 있다. 하지만 그림 2.20 (b)에서와 같이 저항값의 역수인 전도도를 작용

력에 따라 나타내면, 측정범위 내에서 선형성을 가지고 있음을 알 수 있다. 만일 선형적 응답특성이 중요한 경우라면, 저항값이나 전압을 측정하는 대신에 센서에 정전압원을 부가한 다음에 센서를 통과하는 전류를 측정하여야 한다.

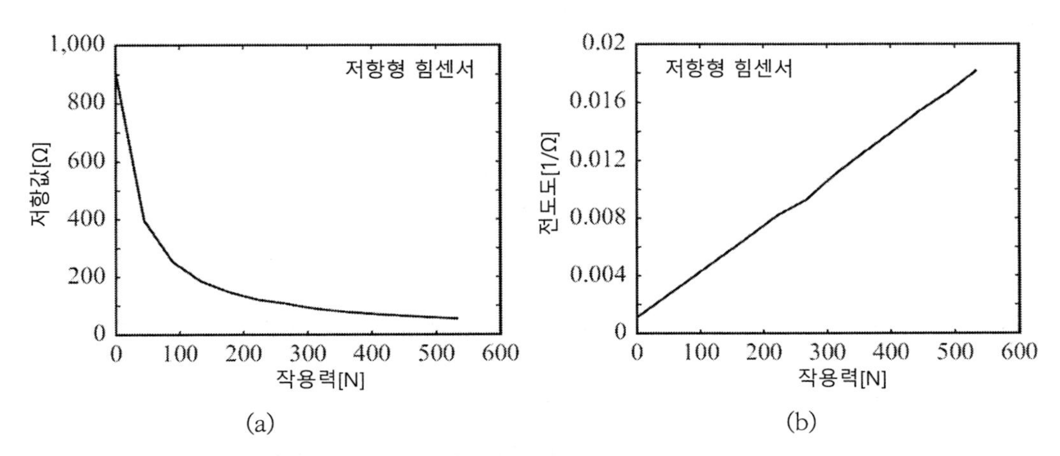

그림 2.20 저항형 힘 센서의 전달함수 그래프. (a) 작용력에 따른 센서의 저항값 변화 그래프. (b) 작용력에 따른 센서의 전도도 변화 그래프

포화[12]는 센서나 작동기가 입력에 대한 응답특성이 감소하거나 더 이상 입력에 반응하지 않는 거동특성이다. 일반적으로 센서나 작동기가 작동범위의 한계에 근접하였을 때에 이런 현상이 나타나며, 입력이 들어와도 더 이상 출력이 반응하지 못하거나, 민감도가 심하게 감소하여 버린다. 그림 2.1의 경우, 센서는 T_1 이하나 T_2 이상의 온도에서 그래프가 평탄화되면서 포화현상을 나타내고 있다. 두 가지 이유 때문에 센서나 작동기 모두에서 포화영역을 피해야 한다. 우선, 포화영역에서는 민감도가 감소하며, 많은 경우, 응답성도 나빠지게 되어 측정 결과가 부정확해져 버린다. 두 번째로, 일부의 경우에는 포화에 의해서 장치가 손상을 입게 된다. 특히 작동기의 경우, (민감도가 감소하여) 추가로 동력을 투입하여도 장치의 출력이 증가하지 못하므로, 내부가 가열되면서 장치가 소손되어버릴 우려가 있다.

2.2.7 주파수응답, 응답시간, 그리고 대역폭

어떤 장치의 **주파수응답**[13](또는 **주파수 전달함수**[14])은 정현입력에 대한 장치의 응답능력을 나

12) saturation
13) frequency response

타내는 지표이다. 전형적으로 주파수응답은 **그림 2.21**에 도시되어 있는 것처럼 (일정한 진폭 또는 이득을 가지고 있는) 입력 주파수에 따른 장치의 출력함수의 형태를 갖는다. 때로는 출력의 위상 함수도 함께 제시된다(진폭응답과 위상응답이 모두 표시된 그래프를 **보드선도**[15]라고 부른다). 주파수 응답은 외부 자극에 대해서 적절한 출력을 송출하는(즉, 특정한 주파수나 주파수 대역에 대해서 장치의 작동성이 저하되거나 오차가 증가하지 않는) 주파수범위를 보여주기 때문에 중요하다. 특정한 주파수 범위에 대해서 작동해야 하는 센서와 작동기의 경우, 주파수응답은 세 가지 중요한 설계인자들을 보여준다. 첫 번째는 장치의 **대역폭**[16]이다. 대역폭은 **그림 2.21**에서 미리 정의된 점들인 A 점과 B 점 사이의 주파수 범위에 해당한다. 이 점들은 거의 항상 (출력이 평평한 대역의 절반이 되는) 절반출력을 기준으로 정의된다. 절반출력은 (진폭)이득이 평평한 대역의 $1/\sqrt{2}$ 또는 70.7[%]가 되는 점이다. 주파수 응답에 대해서는 많은 경우, 데시벨 단위를 사용한다. 따라서 절반출력 점은 이득이 $3[dB]$ 감소하는 점이다($10\times\log_{10}0.5=-3[dB]$ 또는 $20\times\log_{10}(\sqrt{2}/2)=-3[dB]$). 두 번째 인자는 **유용한 주파수 범위**[17] 또는 **평평한 주파수 범위**[18](또는 **정적 범위**[19])로서, 이름이 의미하는 것처럼, 출력 이득이 평평한 대역을 나타낸다. 그런데 대부분의 장치들은 응답이 **그림 2.21**처럼 이상적인 특성을 가지고 있는 대역이 존재하지 않는다. 그러므로 유용한 주파수범위는 (필요로 하는 편평도가 어느 정도냐에 따라서) 대역폭보다 훨씬 좁아지거나, 또는 편평도와 대역폭 사이의 절충이 이루어진다. **그림 2.22**에서는 가상 스피커의 주파수응답특성을 보여주고 있다. 이 스피커의 대역폭은 $70[Hz]$~$16.5[kHz]$ 사잇값으로서, (절반 출력점들 사이의 차이값인)$16.5[kHz]-70[Hz]=16,430[Hz]$에 달한다. 그리고 $12[kHz]$에서의 응답은 공진에 해당한다(이 경우에는 최댓값을 보이지만, 최솟값인 경우도 있다). 평평한 영역의 경우, $120[Hz]$~$10[kHz]$의 범위에서 응답은 완벽하게 평평하지는 않지만, 충분히 평평하다고 간주할 수 있다. 이 주파수 범위에서 스피커는 입력 신호를 신뢰성 있게 재현해준다. 주파수응답 곡선에서 절반출력 점은 **절단주파수**[20]로 간주한다. 즉, 이 주파수를 넘어서면 장치가 더 이상 반응하지

---

14) frequency transfer function
15) bode plot
16) bandwidth
17) useful frequency range
18) flat frequency range
19) static range
20) cutoff frequency

않는다. 물론 이 점은 임의로 정한 점이므로, 이 점을 넘어서도 장치의 응답성능이 저하될 뿐, 장치가 작동할 수 있다. 장치가 직류에도 반응하는 일부의 경우에는 저주파 절단주파수가 존재하지 않는다.

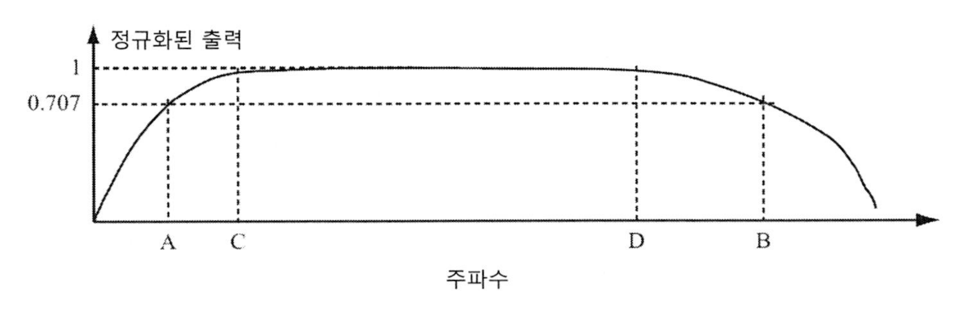

그림 2.21 절반출력점이 도시되어 있는 장치의 주파수응답

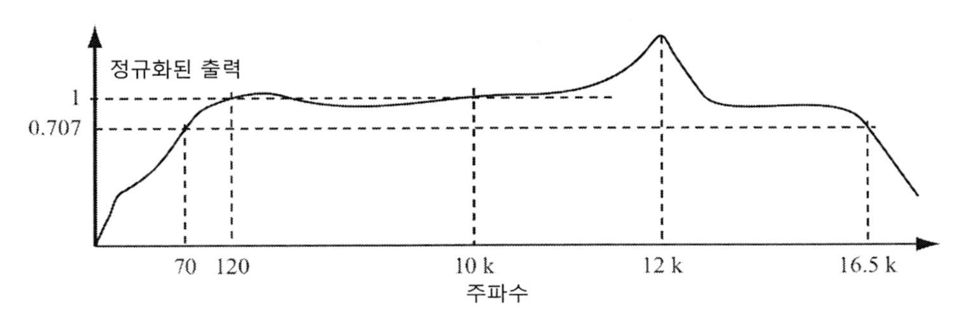

그림 2.22 평평하지 않은 주파수응답구간이 포함된 장치의 대역폭 정의사례

응답시간[21](또는 지연시간)은 주파수응답과 관련된 인자로서, 스텝 입력이 부가되었을 때에 출력이 정상상태에 도달(또는 정상상태의 일정비율 이내로 도달)하는 데에 소요되는 시간을 나타낸다. 이 값은 온도센서나 열작동기와 같이 응답이 느린 장치의 특성을 나타내기 위해서 자주 사용된다. 전형적으로, 응답시간은 단위스텝의 형태의 입력이 부가되었을 때에 출력이 정상상태의 90[%]에 도달하는 데에 소요되는 시간으로 정의된다. 장치의 응답시간은 장치의 (기계, 열 및 전기적)관성에 기인한다. 예를 들어 온도센서의 경우, 센서의 몸체가 측정하려는 온도에 도달하는 데에 시간이 필요하며, 센서의 내부에 존재하는 정전용량이나 유도용량 때문에 전기적인 시상수가 발생하게 된다. 응답시간이 길어질수록, 센서는 외부 자극의 빠른 변화에 대한 반응성이

21) response time

떨어지며, 주파수응답(대역)이 좁아지게 된다. 응답시간은 엔지니어들이 고려해야만 하는 중요한 설계인자이다. 대부분의 경우, 응답시간은 기계적 시상수와 열시상수에 관련되어 있으며, 이들은 물리적인 크기와 관계되기 때문에, 센서의 크기가 작을수록 응답시간이 빨라지며, 덩치가 큰 센서는 느린 반응성을 갖는다. 응답시간은 응답성이 느린 장치에서 주로 지정된다. 반면에, 빠르게 작동하는 장치의 경우에는 주파수응답특성을 지정한다.

예제 2.17 자기센서의 주파수응답

도전성 물체의 결함을 검출하기 위해서 사용되는 자기 센서의 주파수응답이 그림 2.23에 도시되어 있다. 이 센서를 와동전류[22]센서(실제로는 단순한 코일)라고 부르며 튜브의 내면이나 외부에 존재하는 결함의 검출에 일반적으로 사용된다. 센서가 공진을 일으키는 주파수응답 폭은 매우 좁으며, 이 사례에서는 중심주파수가 약 290[kHz]이다. 하지만 공진회로의 손실 때문에 공진 피크가 뾰족하지는 않다. 이런 유형의 장치에서는 장치를 공진주파수 근처의 주파수로 작동시킨다. 정전류원을 사용하여 센서를 구동하는 경우의 출력값은 전압이며, 정전압원을 사용하여 센서를 구동하는 경우의 출력은 전류이다(즉, 센서로 공급되는 전원의 종류에 따라서 센서 양단에 부가되는 전압이나 센서를 통과하여 흐르는 전류를 측정한다). 이 센서에서 송출되는 출력의 진폭과 위상은 결함의 크기, 유형 및 위치와 관계되어 있다. 와동전류형 센서에 대해서는 5장에서 논의할 예정이다.

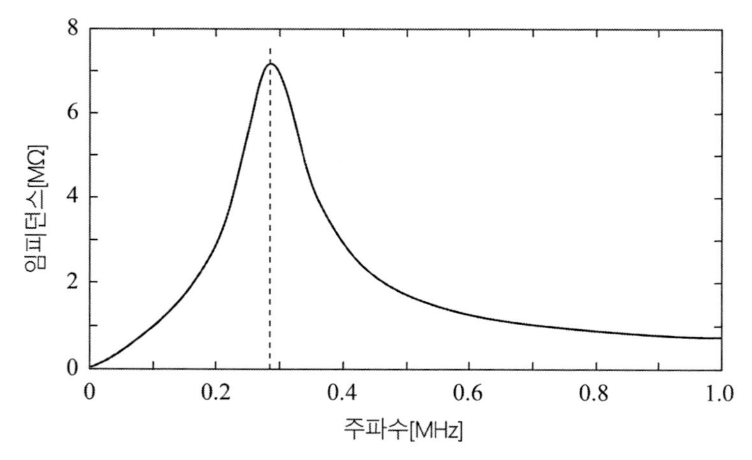

그림 2.23 와동전류형 센서의 주파수응답특성

22) eddy current

2.2.8 교정

교정[23]은 센서나 작동기의 전달함수를 실험적으로 구하는 과정이다. 일반적으로, 어떤 장치의 전달함수를 알지 못하거나, 장치를 제조업체에서 지정한 공차범위보다 더 좁은 범위에서 작동하려고 할 때에는 장치에 대한 교정이 필요하다. 공차는 장치가 가지고 있는 전달함수와 이상적인 값 사이의 최대편차이므로, 만일 장치를 공차범위보다 좁은 범위로 구동해야 한다면, 해당 장치의 정확한 전달함수를 알아야만 한다. 예를 들어, 0~100[°C] 범위에 대해서 5[%]의 공차(측정편차 ±5[°C])를 가지고 있는 서미스터를 ±5[°C]의 정확도로 사용하려 한다면, 유일한 방법은 센서의 정확한 전달함수를 구하는 것이다. 또한 최선의 결과를 얻기 위해서는 개별 센서들 모두에 대해서 교정이 시행되어야 한다. 두 가지 방법을 사용하여 이를 구현할 수 있다.

첫 번째 방법의 경우, 전달함수를 이미 알고 있다고 가정하고, 이 방정식의 상수값들을 실험적으로 구하는 것이다. 만일 앞서 언급했던 서미스터가 지정된 온도범위에 대해서 $R = aT + b$와 같이 선형 전달함수를 가지고 있다 하자. 여기서 T는 측정온도이며 R은 센서의 저항값, 그리고 a와 b는 상수(기울기와 절편)값이다. 서미스터의 전달함수를 구하기 위해서는 서로 다른 두 온도 T_1과 T_2를 측정해야 한다. 이를 통해서 다음의 두 식을 얻을 수 있다.

$$V_1 = aT_1 + b, \quad V_2 = aT_2 + b \tag{2.20}$$

상수 a와 b는 다음과 같이 구해진다.

$$a = \frac{V_1 - V_2}{T_1 - T_2}, \quad b = V_1 - \frac{V_1 - V_2}{T_1 - T_2} T_1 = V_1 - aT_1 \tag{2.21}$$

이 관계식을 프로세서에 입력해 놓으면 지정된 전달함수 $R = aT + b$에 기초하여 온도를 환산할 수 있다.

만일 이보다 더 복잡한 형태의 전달함수가 사용된다면 상수값들을 구하기 위해서 더 많은 숫자의 온도를 측정해야 한다. 예를 들어, 작동기의 출력 전달함수가 $F = aV + bV^2 + cV^3 + d$의 형태를 가지고 있다고 하자. 상수 a, b, c 및 d를 구하기 위해서는 네 번의 힘 측정이 시행되어야

---

23) calibration

하며, 네 개의 방정식들을 풀어야 한다.

교정과정에서, 특히 전달함수가 비선형성을 가지고 있다면, 장치의 전체 작동범위 내에서 측정점들을 세심하게 선정해야 한다. 측정점들 사이의 간격은 전체 작동범위에 대해서 어느 정도 균등하게 배정되어야 한다. 전달함수가 선형이라면, 측정점이 어디라도 상관없겠지만, 이런 경우라 하더라도 측정점들이 너무 인접해서는 안 된다.

두 번째 방법은 전달함수의 형태에 대해서 미리 알지 못한다는 가정하에서 일련의 실험들을 통해서 전달함수를 구하는 것이다. 전형적으로 T_i의 온도를 설정한 다음에 해당 온도에 대하여 저항값 R_i를 여러 번 측정해야 한다. 이렇게 구해진 점들을 사용하여 전달함수를 구한다. 이 점들을 그래프상에 표시한 다음에 이 점들을 통과하는 곡선(최적근사곡선)을 찾아낸다. 측정된 점들이 (어느 정도) 선형성을 가지고 있다면 Appendix A의 식 (A.12)에 제시되어 있는 선형 최소제곱법을 사용할 수 있을 것이다. 이외에는 이 점들을 통과하는 다항식 근사(Appendix A의 식 (A.21)) 방법을 사용해야 한다. 이외에도, 측정점들을 표의 형태로 (마이크로)프로세서에 입력한 다음에, 두 측정점들 사이를 직선보간하는 방법을 사용할 수도 있다. 만일 교정에 사용된 측정점들의 숫자가 많다면, 이런 구간선형화 근사법만으로도 충분할 것이다.

교정은 센서와 작동기를 사용하는 데에 있어서 매우 중요한 단계이므로 매우 세심한 주의가 필요하다. 세밀한 측정, 가능한 한 정확한 계측장비, 그리고 센서와 작동기가 실제로 사용되는 조건과 가능한 한 일치하는 측정환경 등이 필요하다. 교정에 영향을 끼치는 오차를 구해야만 하며, 최소한 오차를 추정할 수는 있어야 한다.

2.2.9 여기

여기[24]는 센서나 작동기를 구동하기 위해서 필요한 전원을 공급하는 것이다. 장치의 작동전압 범위(예를 들어 2~12[V]), 공급전류범위, 소비전력, 온도와 주파수의 함수로 제시되는 최대여기 조건 등이 지정된다. 이들은 (기계적 특성과 전자파 적합성 한계 같은) 여타의 사양값들과 함께 센서의 정상 작동조건을 지정한다. 정격 작동조건에서 벗어나게 되면, 출력오차가 증가하며 장치의 조기파손이 발생할 수 있다.

---

24) excitation

2.2.10 불감대역

불감대역[25]은 장치의 응답이 없거나 불감도가 나타나는 입력범위이다. 이 작은 입력 범위 내에서는 출력이 일정한 값을 유지한다. 이런 불감도를 수용할 수 없다면, 이 범위에서 장치를 구동하지 않아야 한다. 예를 들어, 0 주변의 작은 입력범위에 대해서 작동기가 반응하지 않는 것은 허용할 수 있지만, 이외의 범위에 대해서 작동기가 멈춰있어서는 안 된다.

2.2.11 신뢰도

신뢰도[26]는 장치가 정상적인 작동조건하에서 지정된 시간이나 작동 사이클 동안 고장 없이 지정된 기능을 수행할 수 있는 능력을 나타내는 품질의 통계학적 척도이다. 신뢰도는 작동시간이나 작동연수, 작동횟수 또는 시편들 중에서 파손된 시편의 개수 등으로 지정된다. 센서와 작동기를 포함한 전기소자들의 품질은 다양한 방식으로 지정할 수 있다.

고장률[27]은 주어진 기간(전형적으로 시간) 내에 고장이 발생하는 장치의 숫자이다. 장치의 신뢰도를 나타내는 더 일반적인 방법은 **평균고장시간**(MTBF)[28]을 사용하는 것이다. 평균고장시간은 고장률의 역수이다($MTBF/\text{고장률}$). 신뢰도를 나타내기 위해서 일반적으로 사용되는 또 다른 방법은 **시간당 고장**(FIT)[29]값을 사용하는 것이다. 이 값은 $10^9[h]$의 장치수×작동시간 동안에 고장이 발생한 장치의 개수이다. 장치수×작동시간 값은 사용된 장치의 개수와 작동시간의 곱이 $10^9[h]$가 되는 한도 내에서 임의 개수의 장치들을 사용하여 구할 수 있다(예를 들어 10^6개의 장치들을 $1,000[h]$ 동안 시험하여 구할 수 있다). 이보다 작은 수의 장치수×작동시간을 사용하여 시험을 수행한 후에 이를 필요한 값으로 스케일링할 수도 있다. 예를 들어 1,000개의 장치들을 $1,000[h]$ 동안 시험한 다음에 이 결과에 1,000을 곱하여 시간당 고장값을 구할 수도 있다.

일반적으로 제조업체에서는 **가속수명시험**을 통해서 얻은 신뢰도 데이터를 제공한다. 비록 신뢰도 시험에 사용된 데이터의 숫자나 신뢰도 데이터를 얻기 위해서 사용된 방법 등을 사양서에 제시하지 않지만, 대부분의 제조업체들은 요구 시 이 데이터를 제공해주며 일부의 경우에는 표준

25) deadband
26) reliability
27) failure rate
28) mean time between failures
29) failure in time

시험방법을 사용하여 구한 인증 데이터도 가지고 있다.

신뢰도는 장치의 작동조건에 크게 의존한다는 점을 명심해야 한다. 고온, 고전압 및 고전류뿐만 아니라 (습도와 같은) 환경조건에 의해서 신뢰도가 저하되며, 일부의 경우 심각한 영향을 받는다. 정격조건을 초과하는 값들에 따라서 신뢰도 데이터를 보정해야 한다. 일부의 경우, 제조업체나 신뢰도 관련 전문기관에서 이런 데이터를 제공해준다. 사용자가 신뢰도를 산출할 수 있는 계산방법들도 제공되고 있다.

예제 2.18 고장률

1,000개의 동일한 장치들을 750[h] 동안 작동시킨 결과, 시험기간 동안 8개의 장치들이 고장 났다. 고장률은 다음과 같이 계산된다.

$$FR = \frac{8}{750 \times 1,000} = 1.067 \times 10^{-5}$$

즉, 고장률은 $1.067 \times 10^{-5}[failures/h]$이다. 따라서 평균고장시간 $MTBF = 93,750[h]$이다. 그리고 시간당 고장값(FIT)도 산출할 수 있다. 장치수×작동시간값은 $750 \times 1,000 = 750,000$[장치 $\times\, h$]이므로, 시간당 고장값(10^9[장치 $\times\, h$]당 고장횟수)은 다음과 같이 계산된다.

$$FIT = \frac{8}{750 \times 1000} \times 10^9 = 10,666$$

이 가상의 장치는 신뢰도가 극히 낮다는 것을 알 수 있다. 전형적인 시간당 고장값은 2~5이며, 평균고장시간은 일반적으로 수억 시간에 달한다.

2.3 시뮬레이션

센서나 작동기는 비교적 단순한 형태에서부터 기계, 전자 및 화학적 구성요소들을 포함하는 매우 복잡한 다중구성요소에 이르기까지 다양하다. 이 구성요소들이 서로 연계되어 작동함으로써 주어진 사양을 충족시킨다. 센서나 작동기를 설계, 해석 또는 사용하는 과정에서는 자극, 부하, 전기적 사양, 장치가 작동하는 환경, 작동한계, 안전 등과 같은 다양한 인자들이 끼치는 영향에 대해서 고려해야만 한다. 만일, 센서나 작동기를 설계하는 경우에, 만족스러운 결과를 얻을 때까지 장치를 제작, 시험 및 수정하는 과정을 반복한다면 개발기간이 매우 길어질 것이다. 시스템 내에서 센서와 작동기를 사용하는 동안에도 이와 유사한 경우를 만나게 된다. 이들이 사용될 장치나 시스템의 시제품에 대해서도 시험이 수행되어야 하며, 올바른 작동을 검증하고, 발생 가능한 모든 경우에 대해 시험하려면 오랜 시간이 소요된다. 장치나 시스템에 대한 시뮬레이션을 통하여 설계자나 사용자는 이런 설계시간을 단축시키고 비용을 절감할 수 있다.

시뮬레이션은 기계적 모델을 사용하여 장치, 시스템 또는 공정을 모사하는 것이다. 이 모델에는 시스템에 사용되는 모든 구성요소들의 특성이 포함되어야 한다. 일단 모델이 올바르게 정의되고 나면, 시뮬레이션을 통해서 시스템, 장치 또는 공정의 작동을 표현할 수 있다. 실제 시스템과 시뮬레이션의 일치도는 사용된 모델에 의존한다. 그런데 모델이 정확하거나 최소한 매우 근사한 경우에, 시뮬레이션의 결과는 실제 시스템의 작동과 매우 유사해야만 한다. 이를 통해서 시뮬레이션의 가치를 확인할 수 있다. 시뮬레이션을 통해서, 물리적 장치를 실제로 제작하지 않은 상태에서 적합한 설계가 도출될 때까지 필요한 실험을 수행할 수 있다. 물리적 장치가 제작되거나 측정/작동 시스템이 통합되고 나면, 설계된 것과 동일하거나 매우 유사하게 작동해야만 한다.

사용되는 모델에 따라서 다양한 시뮬레이션 툴들을 사용할 수 있다. 이들 중 일부는 센서와 작동기의 시뮬레이션에 적합하지만, 그렇지 못한 것들도 있다. 일부의 시뮬레이터들은 아날로그 전자회로나 열전달해석과 같은 특정한 목적으로 설계되었다. 시뮬레이터들 중 일부는 시스템 구성요소들이 최소화된 단순한 하위모델에 대한 시뮬레이션이 가능한 반면에, 복잡한 시스템의 해석이 가능한 것들도 있다. 만일 센서를 모델링하는 경우라면, 센서를 구성하는 구성요소들이 아무리 작거나 중요하지 않아 보이더라도 모두 시뮬레이션에 포함시키는 것이 매우 중요하다. 반면에, 자동차에 대한 시뮬레이션을 수행하는 경우라면, 센서를 구성하는 구성요소들을 모델링하는 것은 불필요하며, 센서의 작동특성만을 시뮬레이션 모델에 포함시키는 것이 타당하다. 센서와 작동기에 대한 시뮬레이션에서는 특정 시뮬레이터가 다른 시뮬레이터에 비해서 중요하다. 예를 들어, 전기회로나 열전달 시뮬레이션은 매우 유용한 반면에 트래픽 시뮬레이터는 별 쓸모가 없다. 시뮬레이션 툴들은 다양한 플랫폼에서 작동하며, 인터넷에서 무료로 사용할 수 있는 것들도 있다. 제조업체에서 자신의 제품에 대한 전용 시뮬레이션 툴을 제공하는 경우도 있지만 일반 시뮬레이션 툴을 사용할 수도 있다. 많은 경우, 설계검증을 지원하기 위해서 설계 소프트웨어 패키지에 시뮬레이션 툴이 통합되어 있다.

2.4 문제

전달함수

2.1 **단순화된 전달함수의 오차**. 예제 2.1에서 전달함수를 구성하는 앞의 3개 항들을 제외한 모든 항들을 무시하여 전달함수를 단순화시킨 경우에 0~1,800[°C]의 범위에서 예상되는 최대오차를 구하시오.

2.2 **위치센서의 전달함수**. 소형 위치센서의 전달함수를 실험적으로 측정하였다. 스프링과 같은 복원력에 저항하여 안착위치에 질량을 위치시키기 위해서 필요한 힘을 측정하여 위치를 측정한다. 측정결과는 아래에 표로 제시되어 있다.

(a) 이 데이터에 대하여 선형 최적 근사된 전달함수를 구하시오.

(b) 2차 다항식 $y = a + bf + cf^2$의 형태로 전달함수를 구하시오. 여기서 y는 변위, f는 복원력, 그리고 a, b, c는 상수이다.

(c) 측정 데이터와 (a) 및 (b)의 전달함수를 하나의 그래프로 그린 후에 각 전달함수의 오차에 대해서 설명하시오.

변위[mm]	0	0.08	0.16	0.24	0.32	0.40	0.48	0.52
힘[mN]	0	0.578	1.147	1.677	2.187	2.648	3.089	3.295

2.3 **해석적 형태의 전달함수**. 특정한 경우, 전달함수를 해석적 표현식으로 나타낼 수 있다. (3장에서 설명할) 저항형 온도센서에 사용되는 일반적인 전달함수는 캘린더-반두센[30] 방정식이다. 이 방정식은 다음과 같이, 주어진 온도 T에 대해서 센서의 저항값을 제시한다.

$$R(T) = R_0(1 + AT + BT^2 + C(T^4 - 100T^3))[\Omega]$$

여기서 상수 A, B 및 C는 센서에 사용되는 특정한 소재의 저항을 직접 측정하여 구한 값들이며, R_0는 0[°C]에서 센서의 저항값이다. 전형적으로 교정에 사용되는 온도는 산소 기화온도(−182.962[°C]; 액체산소와 기체산소의 평형온도), 물의 삼중점(0.01[°C]; 얼음, 액체 및 수증기가 공존하는 평형온도), 비등점(100[°C]; 물과 수증기의 평형온도), 아연의

30) Callendar-Van Dusen

용융온도(419.58[°C]; 고체 아연과 액체 아연의 평형온도), 은의 용융온도(961.93[°C]), 금의 용융온도(1,064.43[°C]) 등이다. 0[°C]에서 공칭 저항값이 25[Ω]인 백금저항 센서에 대해서 살펴보기로 하자. 센서를 교정하기 위해서, 산소 기화온도에서 측정한 저항값은 6.2[Ω], 물의 비등점에서 측정한 저항값은 35.6[Ω], 그리고 아연의 용융온도에서 측정한 저항값은 66.1[Ω]이었다.

(a) 상수 A, B 및 C를 계산하고 -200~600[°C] 사이의 전달함수를 그리시오.

(b) 캘린더-반두센 방정식을 사용한 경우에 -182.962[°C], 100[°C] 그리고 419.58[°C]에서의 오차를 계산하시오.

2.4 **온도센서의 비선형 전달함수**. 온도센서의 온도에 따른 저항값 변화의 전달함수가 다음과 같이 주어진다.

$$R(T) = R_0 e^{-\beta(1/T_0 - 1/T)}$$

여기서는 켈빈 단위의 온도값을 사용한다. T_0는 기준온도, T는 저항값을 측정한 온도, 그리고 R_0는 기준온도에서 센서의 저항값이다. β는 센서마다 서로 다른 특성값으로서, 제조업체에서 제시한다. 어떤 센서가 $T_0 = 25$[°C]에서 $R_0 = 100$[$k\Omega$]이며, $\beta = 3{,}560$이라 하자. 85[°C]에서 측정한 저항값은 13,100[Ω]이며, 25[°C]에서 측정한 저항값은 100[$k\Omega$]이다.

(a) 측정이 정확하다면, 85[°C]에서의 오차는 얼마인가?

(b) 85[°C]와 25[°C]에서 측정한 값을 사용하여 새로운 전달함수를 만들어서, 0~100[°C] 범위에 대해서 제조업체의 데이터를 적용하는 경우에, 최대오차의 퍼센트값은 얼마이겠는가? 최대오차는 몇 도에서 발생하는가?

2.5 **RLC 회로의 주파수응답**. 인덕터 $L = 50$[μH], 커패시터 $C = 1$[nF], 그리고 저항 $R = 100$[Ω]을 직렬로 연결하여 회로를 구성하였다. 인덕터와 커패시터의 임피던스를 각속도의 한수로 나타내면 각각, $j\omega L$과 $-j/\omega C$이다. 여기서 각속도 $\omega[rad/s] = 2\pi f$이며, $f[Hz]$는 주파수이다. 저항은 주파수에 의존성을 갖지 않는다. 진폭이 10[V]이며 주파수가 0~

$2[MHz]$까지 변하는 정현전압이 회로에 부가되는 경우에 회로를 통과하는 전류를 측정하였다.

(a) $0\sim2[MHz]$ 사이의 주파수대역에 대해서 회로를 통과하는 전류의 진폭을 그래프로 나타내시오.

(b) (a)에서 구한 주파수 응답의 대역폭을 계산하시오.

임피던스 매칭

2.6 **작동기의 부하효과**. 증폭기를 사용하여 매칭조건하에서 $8[\Omega]$ 스피커를 구동하려 한다. 즉, 증폭기의 출력 임피던스는 $8[\Omega]$이다. 이 상태에서 증폭기는 스피커에 최대전력을 송출할 수 있다. 사용자는 실내에 음향을 고르게 송출하기 위해서 병렬로 동일한 스피커를 하나 더 연결하였다. 증폭기의 출력전압 $V=48[V]$라 할 때에 다음에 대해서 답하시오.

(a) 두 스피커가 송출하는 총 전력이 단일 스피커를 사용하는 경우에 비해서 더 작다는 것을 증명하시오.

(b) 두 개의 스피커들이 증폭기에 병렬로 연결되어 있는 경우에, 총 전력을 $8[\Omega]$ 스피커 하나를 사용하는 경우와 동일하게 유지하기 위해서는 두 스피커의 임피던스가 얼마여야 하겠는가?

2.7 **부하효과**. 안전형 센서의 등급은 무부하 상태에서 $150[V]$의 출력을 생성하는 자극의 크기를 기준으로 결정된다. (센서의 출력단을 전류계에 연결하여 측정한) 센서의 단락전류는 $10[\mu A]$이다. 센서의 양단에 내부 임피던스가 $10[M\Omega]$인 전압계를 설치하여 센서의 출력전압을 측정하였다.

(a) 부가된 자극에 따른 전압계의 실제 표시값과 전압계의 임피던스에 의한 표시오차를 계산하시오.

(b) 표시값 오차를 $1[\%]$ 미만으로 줄이기 위해서는 전압계의 임피던스가 얼마가 되어야 하는가?

2.8 **임피던스 매칭효과**. 압력이 $100[kPa]$에서 $500[kPa]$까지 변할 때에 압력센서의 출력전압

은 0.1[V]에서 0.5[V]까지 변하였다. 압력 측정을 용이하게 하기 위해서 이 센서를 증폭비가 10인 증폭기에 연결하여 출력전압이 1[V]에서 5[V]까지 변하도록 만들었다. 만일 센서의 내부 임피던스가 1[$k\Omega$]이며 증폭기의 내부 임피던스는 100[$k\Omega$]라고 한다면, 이 증폭기의 실제 출력전압은 어떻게 되겠는가?

2.9 **전기 모터의 출력**. DC 모터의 출력토크는 **그림 2.24**에서 주어진 것처럼 모터의 속도에 선형적으로 비례한다. 이 모터의 출력 전달함수, 즉, 속도와 출력 사이의 상관관계를 구하시오. 무부하 속도의 절반 또는 실속토크의 절반일 때에 이 모터의 기계적 출력이 최대가 된다는 것을 증명하시오.

주의: 출력은 토크와 각속도의 곱이다.

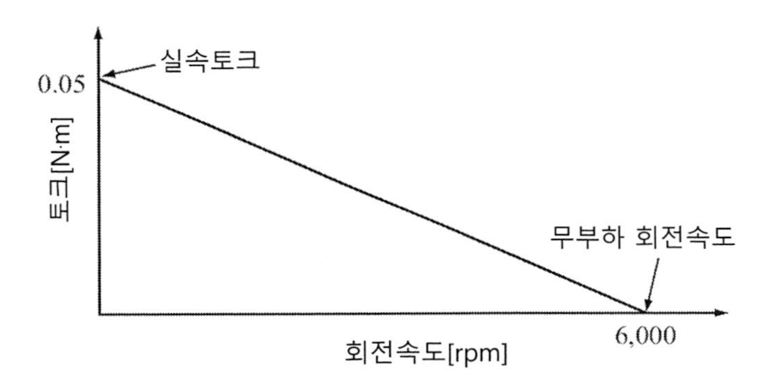

그림 2.24 DC 모터의 속도-토크 곡선

2.10 **작동기의 동력전달과 매칭**. **그림 2.25**에 도시되어 있는 것처럼, 전력증폭기는 내부 임피던스가 직렬로 연결된 이상적인 전압원으로 모델링하며, 부하는 임피던스로 모델링한다. 증폭기의 내부 임피던스는 $Z_{in} = 8 + j2[\Omega]$라 한다.

(a) 0~20[Ω]으로 변하는 부하저항에 $V_0 = 48[V]$의 전원을 공급할 때의 출력을 계산하여 도표로 그리시오.

(b) $Z_L = 8 + j0[\Omega]$에서 $8 + j20[\Omega]$까지 변하는 부하에 $V_0 = 48[V]$의 전원을 공급할 때의 출력을 계산하여 도표로 그리시오.

(c) $Z_L = Z_{in}^* = 8 - j2[\Omega]$일 때에 최대전력이 송출된다는 것을 증명하시오.

(d) 일반적인 스피커의 저항값은 $4[\Omega]$, $8[\Omega]$ 및 $16[\Omega]$이다. 증폭기로 $V_0 = 32[V]$의 전압을 공급할 때에, 세 가지 스피커의 출력을 각각 계산하시오.

(e) 물리적인 관점에서 (c)의 결과를 어떻게 설명할 수 있는가?

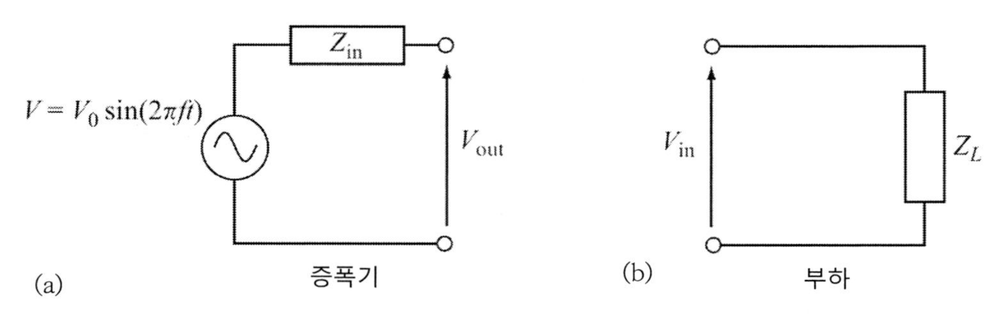

그림 2.25 전력송출과 매칭. (a) 증폭기의 출력모델 (b) 부하

2.11 **주파수 의존성 임피던스 매칭.** 어떤 작동기의 저항값이 $8[\Omega]$이다. 유도용량값은 측정결과 $1[mH]$였다. 이 작동기는 $10[Hz]$~$2{,}000[Hz]$의 주파수 대역에서 사용된다. 작동기와 구동전원을 매칭시키기 위해서 다음이 제안되었다.

출력저항이 $8[\Omega]$이며, 최대전압은 $12[V]$인 전원을 사용.

출력 임피던스가 $8 + j0.006f[\Omega]$이며 최대전압은 $12[V]$인 전원을 사용. 여기서 $f[Hz]$는 주파수이다.

출력 임피던스가 $8 - j0.006f[\Omega]$이며 최대전압은 $12[V]$인 전원을 사용. 여기서 $f[Hz]$는 주파수이다.

(a) 제안된 세 가지 전원에서 작동기에 공급되는 전력을 계산하여 도표로 그리시오.

(b) 세 가지 전원들 중에서 어느 것이 가장 좋으며, 그 이유는 무엇인가?

측정범위, 측정스팬, 입력스팬, 출력스팬, 분해능 그리고 동적범위

2.12 **인간의 귀는 매우 민감한 센서이다.** 귀의 측정범위는 압력이나 단위면적당 파워 값으로 나타낸다. 귀는 $2\times10^{-5}[Pa]$(대기압력의 수십억분의 일)에 이를 정도로 매우 낮은 압력을 감지할 수 있으며, $20[Pa]$의 높은 압력(고통한계)에도 여전히 기능을 한다. 압력 대신에 $10^{-12}[W/m^2]$에서 $10[W/m^2]$와 같이 파워로도 표시한다. 압력과 파워의 동적 측정범위를 계산하시오.

2.13 **인간 눈의 동적범위**. 인간의 눈의 감지범위는 대략 $10^{-6}[cd/m^2]$(아무것도 보이지 않는 어두운 밤)에서 $10^6[cd/m^2]$(밝은 태양)에 이른다. 눈의 동적범위를 계산하시오.

2.14 **스피커의 동적범위**. 스피커가 $10[W]$라는 것은, 스피커가 $10[W]$의 음향파워를 송출할 수 있다는 뜻이다. 스피커는 아날로그 작동기이므로, 최소 작동범위는 잘 정의되지 않지만, 마찰을 극복하기 위한 최소출력이 존재한다. 이 최소출력이 $10[mW]$라고 한다면, 스피커의 동적범위는 어떻게 되겠는가?

주의: 다양한 방법들을 사용하여 스피커의 동적범위를 측정할 수 있다. 하지만 이들 중 일부는 스피커의 물리적 성능을 나타내기 위해서가 아니라 시장성을 높이기 위한 목적으로 사용된다.

2.15 **주파수계의 동적범위**. 전파센서를 사용하여 $10[MHz]$에서 $10[GHz]$대역의 주파수를 $100[Hz]$의 분해능으로 측정하기 위해서 디지털 주파수계가 필요하다. 주파수계의 동적범위는 얼마인가?

2.16 **디스플레이의 동적범위**. 액정 디스플레이는 3,000 : 1의 명암비율로 가장 밝은 빛과 가장 어두운 빛을 표시할 수 있다. 휘도는 단위면적을 통과하여 단위입체각으로 들어오는 빛(파워)의 양으로 정의된다. 이 디스플레이의 동적범위를 데시벨 단위로 나타내시오.

주의: 디스플레이의 경우, 동적범위는 일반적으로 명암비율로 주어진다. 반면에 디지털 카메라에서는 f-값을 사용한다. 하지만 필요하다면 언제나 이 값들을 데시벨로 나타낼 수 있다. 예를 들어, 명암비가 1,024 : 1인 카메라의 동적범위는 2^{10}이며, 이는 f-값 10에 해당한다.

2.17 **A/D 변환기의 동적범위**. 오디오와 비디오 데이터를 취급하는 디지털 신호처리기는 넓은 동적범위를 가지고 있어야만 한다. 어떤 신호처리용 A/D 변환기의 동적범위가 최소한 $89[dB]$여야 한다면, 이 A/D 변환기는 몇 비트여야 하는가?

민감도, 정확도, 오차와 반복도

2.18 **비선형 전달함수의 선형 근사**. 어떤 온도센서의 응답이 다음과 같이 주어진다.

$$R(T) = R_0 e^{\beta\left(\frac{1}{T} - \frac{1}{T_0}\right)} [\Omega]$$

여기서 R_0는 온도 T_0에서 센서의 저항값이며 β는 센서 소재에 따른 상수값이다. 온도 T와 T_0는 켈빈[K]단위를 사용한다. 25[°C]에서 $R(25°C) = 1,000[\Omega]$이며, 0[°C]에서 $R(0°C) = 3,000[\Omega]$이고, 이 센서를 -45~120[°C]의 범위에서 사용할 예정이다. $T_0 =$ 20[°C]라 할 때에 다음에 답하시오.

(a) 이 센서의 β값을 구하고 주어진 사용범위에 대해서 전달함수를 도표로 그리시오.

(b) 그래프의 양 끝점을 연결하는 직선으로 전달함수를 근사시킨 후에, 예상되는 최대오차를 전체 범위에 대한 퍼센트 값으로 나타내시오.

(c) 최소제곱법을 사용하여 전달함수를 근사시킨 후에, 예상되는 최대오차를 전체 범위에 대한 퍼센트 값으로 나타내시오.

2.19 **스트레인 게이지의 민감도**. 스트레인 게이지는 부가된 변형률에 따라서 저항값이 변하는 저항형 센서이다. 변형률은 ε으로 표기하며, 부가된 힘에 의한 물체의 신장(또는 수축)량을 물체의 원래 길이로 나눈 값이다. 두 가지 유형의 센서에 정확히 동일한 변형률을 부가하였을 때에 두 센서의 전달함수는 다음과 같았다.

$$R_1 = R_{01}(1 + 5.0\varepsilon)[\Omega]$$

$$R_2 = R_{02}(1 + 2.0\varepsilon)[\Omega]$$

여기서 R_{01}과 R_{02}는 변형률이 0인 경우에 두 센서의 저항값이다. ε은 부가된 변형률이며, $g_1 = 5.0$과 $g_2 = 2.0$은 각각 두 센서의 민감도이다. 다음에 대해서 두 스트레인 게이지로 이루어진 센서의 민감도를 계산하시오.

(a) 이들 두 센서가 서로 직렬로 연결된 경우.

(b) 이들 두 센서가 서로 병렬로 연결된 경우.

(c) (a)와 (b)를 통해서, 센서가 서로 직렬로 연결된 경우에 민감도가 증가하는 반면에 서로 병렬로 연결되면 민감도가 감소한다는 것을 증명하시오. 문제를 단순화시키기 위해서 동일한 센서를 사용하시오.

2.20 **질량유량센서**. 질량유량센서는 다음의 표에 주어진 것처럼 엔진으로 공급되는 공기의 질량을 측정한다. 표에서 질량은 $[kg/\mathrm{min}]$의 단위를 사용하며, 출력은 $[V]$이다.

M[kg/min]	출력[V]	M[kg/min]	출력[V]	M[kg/min]	출력[V]
0.000	0.014	14.180	2.743	29.628	3.7
0.400	0.105	14.695	2.800	34.480	3.9
0.630	0.299	15.835	2.872	40.153	4.1
1.658	0.830	17.282	3.000	43.354	4.2
3.305	1.327	19.140	3.120	50.580	4.4
6.645	1.924	20.225	3.2	59.110	4.6
9.977	2.341	21.849	3.3	69.167	4.8
12.409	2.599	25.458	3.5	81.014	5.0

(a) 이 데이터에 대한 선형 최적근사 직선을 구하시오. 원래의 데이터와 선형 최적근사 직선을 함께 도표로 나타내시오. 그리고 최대 비선형값을 계산하시오.

(b) 이 데이터에 대한 포물선형 최적근사 곡선을 구하시오. 원래의 데이터와 포물선형 최적근사곡선 사이의 최대편차를 계산하시오. (a)의 결과와 포물선형 최적근사곡선 사이의 최대편차를 계산하시오.

(c) (a)의 선형 최적근사식을 사용하여 센서의 민감도를 계산하시오.

(d) (b)의 포물선형 최적근사 곡선을 사용하여 센서의 민감도를 계산한 후에 (c)의 결과와 비교하시오.

2.21 **산소센서의 민감도**. 엔진의 배기가스를 제어하기 위해서 다음의 전달함수를 가지고 있는 산소센서가 사용된다.

$$V = CT\ln\left(\frac{P_{atm}}{P_{exhaust}}\right)$$

여기서 $C = 2.1543 \times 10^{-5}$는 상수이다. $T[K]$는 온도이며, $P_{atm} = 20.6[\%]$는 대기 중의 산소농도, 그리고 $P_{exhaust}$는 엔진 배기가스 중의 산소농도이다. 배기가스 중의 관심 산소농도 범위는 $1 \sim 12[\%]$이며, 산소센서는 $650[°\mathrm{C}]$의 온도에서 작동한다.

(a) 신호처리의 단순화를 위해서, 두 개의 측정점을 사용하여 전달함수에 대한 선형근사가 수행된다. 이 단순화로 인해서 발생하는 출력값의 최대편차를 계산하시오. 어떤 산소농

도에서 최대편차가 발생하겠는가?

(b) 민감도의 최댓값과 최솟값을 계산하시오. 어떤 농도에서 각각 민감도의 최댓값과 최솟값이 발생하는가?

(c) 엔진이 꺼지면 센서에서는 어떤 값이 출력되는가?

(d) 센서의 작동 온도가 625[°C]에서 675[°C]로 변할 때에 센서 출력의 최대오차는 얼마나 발생하는가? 어떤 농도에서 발생하는가?

히스테리시스

2.22 **토크센서의 히스테리시스**. 정적 토크를 부가하여 토크센서를 교정한다(즉, 특정한 토크를 부가한 후에 센서의 응답을 측정한다. 그리고 토크를 증가 또는 감소시킨 후에 다시 토크를 측정한다). 이를 통해서 다음의 데이터들을 얻었다. 첫 번째 데이터 세트는 토크를 증가시켜 가면서 측정한 결과이며, 두 번째 데이터 세트는 토크를 감소시켜 가면서 측정한 결과이다.

부가토크[N·m]	2.30	3.14	4.00	4.84	5.69	6.54	7.39	8.25
측정토크[N·m]	2.51	2.99	3.54	4.12	4.71	5.29	5.87	6.40

부가토크[N·m]	9.09	9.52	10.37	10.79	10.79	10.37	9.52	9.09
측정토크[N·m]	6.89	7.10	7.49	7.62	7.68	7.54	7.22	7.05

부가토크[N·m]	8.25	7.39	6.54	5.69	4.84	4.00	3.14	2.30
측정토크[N·m]	6.68	6.26	5.80	5.29	4.71	4.09	3.37	2.54

(a) 2차 최소제곱 근사를 사용하여 이 토크센서의 전달함수를 그리시오.

(b) 히스테리시스에 의한 최대오차를 전체 스케일에 대한 퍼센트 값으로 계산하시오.

2.23 **슈미트 트리거**. 히스테리시스가 반드시 부정적인 성질은 아니다. 전기회로에서는 특정한 목적에 히스테리시스를 활용하고 있다. 이런 사례들 중 하나가 슈미트트리거이다. 이 전기회로는 입력전압(V_{in})에 대해서 출력전압(V_{out})이 다음과 같이 변한다.

$$V_{in} \geq 0.5\,V_0 \rightarrow V_{out} = V_0$$

$$V_{in} < 0.45\,V_0 \rightarrow V_{out} = 0$$

(a) $V_0 = 5[V]$인 경우에 $0 \leq V_{in} \leq V_0$의 범위에 대해서 이 소자의 전달함수를 그리시오.

(b) 입력 신호가 $V_{in} = 5\sin(2\pi ft)$와 같은 정현함수라 하자. 여기서 t는 시간이며, $f = 1{,}000[Hz]$이다. 시간에 따른 입력과 출력을 도표로 그리시오. 이 경우 슈미트 트리거를 사용하는 이유는 무엇인가?

2.24 **기계적인 히스테리시스.** 힘을 측정하는 경우에 스프링을 사용하면 부가된 힘에 의하여 $F = -kx$(후크의 법칙)에 따라서 스프링이 수축(또는 신장)하게 된다. 여기서 F는 부가된 힘, x는 스프링의 수축 또는 신장량, 그리고 k는 스프링상수라고 부른다. 음의 부호는 압축력에 의해서 스프링의 길이가 감소한다는 것을 의미한다. 그런데 이 스프링 상수값은 작용력에 따라 변하며, 수축과 신장에 따라서 약간의 차이를 나타낸다. 그림 2.26 (a)에 도시되어 있는 스프링의 힘-변형선도가 그림 2.26 (b)에 주어져 있다.

(a) 이 곡선의 의미를 설명하시오. 특히, 추가된 힘이 변형을 유발하지 못하는 수평선은 무엇을 의미하는가?

(b) 히스테리시스에 의한 변형량의 최대오차는 전체 스케일에 대해서 몇 퍼센트인가?

(c) 히스테리시스에 의한 작용력의 최대오차는 전체 스케일에 대해서 몇 퍼센트인가?

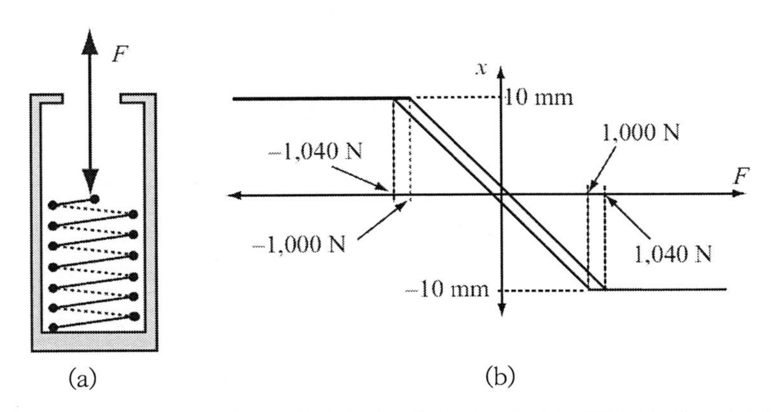

그림 2.26 스프링에서 발생하는 기계적인 히스테리시스. (a) 스프링에 부가되는 힘. (b) 응답

2.25 **서모스탯의 히스테리시스.** 센서와 작동기에 의도적으로 히스테리시스를 부가한다. 이에 해당하는 일반적인 사례가 서모스탯이다. 이 소자는 특정한 온도에서 꺼지며, 이와는 약간 다른 온도에서 다시 켜진다. 이 소자의 켜짐 온도와 꺼짐 온도는 서로 달라야만 한다. 그렇지 않다면 서모스탯의 작동상태가 불명확해지며, 설정온도에 도달하면 스위치가 빠르게

켜짐과 꺼짐을 반복하게 된다. 히스테리시스는 기계, 열, 또는 전기적으로 구현된다. 가정용 온도조절기로 사용되는 서모스탯에 대해서 살펴보기로 하자. 서모스탯의 설정 온도는 18 [°C]이지만, ±5%의 히스테리시스를 가지고 있다.

(a) 서모스탯이 실내를 덥히는 히터를 켜기 위해서 사용되는 경우에, 15[°C]에서 24[°C]의 온도범위에 대해서 서모스탯의 전달함수를 구하시오.
(b) 서모스탯이 실내를 식히는 에어컨디셔너를 켜기 위해서 사용되는 경우에, 15[°C]에서 24[°C]의 온도범위에 대해서 서모스탯의 전달함수를 구하시오.
(c) (a)의 경우에 어떤 온도에서 히터가 켜지며, 어떤 온도에서 히터가 꺼지겠는가?
(d) (b)의 경우에 어떤 온도에서 에어컨디셔너가 켜지며, 어떤 온도에서 에어컨디셔너가 꺼지겠는가?

불감대역

2.26 **링크기구의 이완에 따른 불감대역**. (마이크로폰과 같은) 센서의 양단 전압을 측정하기 위해서 공칭값이 100[$k\Omega$]이며 선형저항특성을 가지고 있는 회전형 가변저항기가 사용된다. 가변저항기 회전축은 약 5°의 회전각 이완을 가지고 있어서, 축을 한쪽 방향으로 회전시키다가 반대 방향으로 돌리면 5°만큼 정체된 후에 다시 회전한다. 이 가변저항기의 전체 회전 각도가 310°인 경우에 링크기구 이완에 따른 저항값의 오차를 전체 스케일에 대한 퍼센트 값으로 계산하시오.

신뢰도

2.27 **신뢰도**. 어떤 전기소자의 데이터시트에 따르면 20[°C]에서 시험한 평균고장시간(MTBF)이 4.5×10^8[h]였다. 그런데 시험온도가 80[°C]가 되면 평균고장시간은 62,000[h]으로 감소한다. 이들 두 온도에 대해서 소자의 고장률(FR)과 시간당 고장값(FIT)을 계산하시오.

2.28 **신뢰도**. 압력센서의 신뢰도를 평가하기 위해서 1,000개의 센서들에 대해서 850[h] 동안 시험을 수행하였다. 이 기간 동안 6개의 센서들이 파손되었다고 한다면, 이 센서의 평균고장시간은 얼마이겠는가?

CHAPTER

3

온도센서와 열 작동기

CHAPTER

3 온도센서와 열 작동기

☑ 인체와 열

인간은 하루에 약 2,000[$kcal$]의 열을 소모한다. 이 열이 24[h] 동안 균등하게 소모된다면, $2{,}000 \times 1{,}000 \times 4.184 = 8.368 \times 10^6$[$J$]의 에너지가 만들어진다. 이를 평균전력(파워)으로 변환해 보면, $8.368 \times 10^6/24/3{,}600 = 96.85$[$W$]에 해당한다. 따라서 수면 중에는 감소하며, 활동하면 증가하지만, 평균전력은 약 100[W]이다. 운동을 하면 인간은 1.5[kW] 이상의 파워를 만들어낼 수 있다. 하지만 실제의 경우, 신체는 에너지를 만들어내는 과정에서 체온을 조절하기 위해서 추가적으로 에너지를 소모한다. 인체는 매우 좁은 작동온도범위를 가지고 있다. 대부분의 경우, 정상적인 체온은 37[°C]이지만, 약간의 편차가 존재하며, 여성의 체온은 남성에 비해서 약 0.5[°C] 더 낮다. (질병 등으로 인하여) 체온조절이 실패하면 체온이 상승하며, 체온이 38[°C]를 넘어서면, 감기기운을 느낀다. 보온, 약물 또는 외부 자극 등에 따른 체온상승은 감기증상과는 다르다. 하지만 체온이 41.5[°C]를 넘어서면, 심각한 경우 사망에 이를 수 있는 매우 위험한 상태인 고체온증이 발생하게 된다. 체온이 낮아지는 저체온증 역시 매우 위험하다. 저체온증은 신체 내부온도가 35[°C] 아래로 떨어지는 상태로서, 극한의 추위에 노출되거나 차가운 물에 빠지는 경우에 주로 발생하지만, 트라우마에 의해서도 발생할 수 있다. 체온은 뇌의 시상하부에 의해서 조절되며, 땀, 심박수의 증가 또는 감소, 몸의 떨림, 혈압 등과 같은 다양한 수단들이 사용된다.

3.1 서언

(나침반을 제외하면) 온도센서는 과학시대가 시작되던 초창기부터 사용되어왔던 가장 오래된 센서이다. 초기 온도계는 1600년대 초반에 도입되었다. 1600년대 중반이 되면서 로버트 보일을 비롯한 여러 사람들에 의해서 온도측정 표준의 필요성이 제기되었다. 이보다 조금 지난 1700년경이 되면서 로렌조 마갈로티, 카를로 레날디니, 아이작 뉴턴 그리고 다니엘 파렌하이트 등에 의해서 온도 스케일들이 고안되었다. 1742년이 되어서는 켈빈단위를 제외하고, (1742년 안드레 셀시우스에 의해서 고안된) 섭씨단위를 포함한 모든 온도단위들이 제정되었다. 엔진과 열에 대한 레오날드 카르노의 연구결과에 따라서, 1848년에 켈빈경은 섭씨온도를 기반으로 하여 절대온도를 제정하였다. 1927년에 **국제실용온도눈금**[1]이 제정될 때까지 계속해서 온도스케일들이 개발되었으며, 이후로도 정확도는 꾸준히 향상되었다.

고전적인 온도계는 일반적인 구조를 가지고 있으며, 출력신호를 송출하지 못하지만(**3.2절** 참조), 출력을 직접 읽을 수 있는 명백한 센서이다. 온도계가 개발되고 나서 오래지 않아서 온도측정방법이 개발되었다. 1821년 토마스 요한 제벡에 의해서 제벡효과가 발견되었으며, 1826년에 최초의 현대적인 온도센서인 **열전대**를 만들면서 온도측정방법으로 자리 잡게 되었다. 제벡효과는 열전대와 열전퇴의 기반이 되었으며, 주로 산업적 온도측정에 사용되고 있다. 제벡효과와 관련된 두 번째 효과는 찰스 아타나스 펠티에에 의해서 1834년에 발견되었다. 펠티에 효과는 측정과 더불어서 냉각이나 가열에 사용될 뿐만 아니라 열전력 생산에도 사용된다. 제벡효과는 오래 전부터 온도측정에 사용된 반면에, 도전체를 사용하는 경우보다 펠티에 효과가 더욱 증폭되는 반도체가 개발된 이후부터 펠티에 효과는 본격적으로 활용되기 시작하였다. 이런 열전효과들에 대해서는 **3.3절**에서 자세히 살펴볼 예정이며, **4장**에서는 적외선 대역에서의 광학측정과 연계하여 논의할 예정이다.

험프리 데이비는 1821년에 온도에 비례하여 전도도가 감소하는 현상을 발견하였으며, 윌리엄 지멘스는 1871년에 백금의 저항-온도관계를 이용하여 온도를 측정하는 방법을 발표하였다. 이 방법은 **저항형 온도검출기**(RTD)[2]의 이론적 기반인 **열저항 센서**[3]의 기초가 되었다. 이 원리가 반도체로 확장되어 **서미스터**[4]를 포함한 다양한 반도체형 온도센서가 탄생하게 되었다.

온도측정은 기반이 매우 잘 확립되어 있으며, 매우 널리 사용되고 있다. 대부분의 센서들은 믿을 수 없을 정도로 단순한 구조를 가지고 있으며 극도로 정확하다. 하지만 이들을 사용하여 높은 측정 정확도를 구현하기 위해서는 특수한 계측장비와 세심한 주의가 필요하다. 이에 해당하는 대표적인 사례가 열전대이다. 열전대는 특히 고온을 중심으로 가장 널리 사용되는 온도센서로서, 출력신호가 매우 작고 측정에 특수한 기법과 특수한 커넥터가 필요하며, 노이즈 제거, 교정뿐만 아니라 기준온도 등이 필요한, 매우 섬세한 계측기이다. 하지만 열전대의 기본 구조는 두 가지 서로 다른 도전체를 단순히 용접하여 만든 접점일 뿐이다. 다른 유형의 온도센서들은 심지어 더 단순하다. 저항계에 연결되어 있는 구리(또는 여타 금속소재의)도선을 사용해서도 놀랄 만큼 훌륭한 수준의 열저항형 온도센서를 구현할 수 있다. 온도센서의 이런 범용성 및 가용성과 더불어,

---

1) International Practical Temperature Scale
2) resistance temperature detector
3) thermoresistive sensor
4) thermister

온도측정을 통해서 추가적으로 여타의 물리적 현상을 측정할 수 있다. 이 온도센서를 사용하여 공기유속이나 유체유속을 측정할 수 있다(공기유동이나 유체유속에 의한 냉각효과를 기준온도와 비교하여 측정). 또한, 복사 에너지의 흡수로 인한 온도상승을 측정하면 마이크로파나 적외선 스펙트럼의 복사강도를 측정할 수 있다.

열을 이용하여 작동기를 구동할 수도 있다. 금속, 유체 및 기체는 온도에 따라 팽창하며, 이를 작동기로 활용할 수 있다. 많은 경우, 측정이나 작동이 직접적으로 일어난다. 예를 들어 물, 알코올, 또는 수은이 채워진 액주나 기체체적은 직접적 또는 간접적으로 온도에 비례하며, 이와 동시에 팽창을 통해서 다이얼이나 스위치를 구동할 수 있다. 요리용 온도계와 서모스탯의 직접표시 방법이 이런 유형에 해당한다. 또 다른 사례로는 자동차의 방향지시등에 사용되는 바이메탈 스위치가 있다. 이 검출소자는 중간 제어기 없이도 직접 스위치를 켜고 끌 수 있다.

3.1.1 온도의 단위, 열전도도, 열과 열용량

절대온도의 SI 단위는 켈빈[K]이다. 이 단위는 절대영도에 기초한다. 일상적으로 사용되는 온도단위는 섭씨[°C]이다. 이들 두 단위계는 기준이 되는 0도를 제외하고는 정확히 서로 일치한다. 켈빈단위의 0도는 절대영도인 반면에 섭씨단위의 0도는 물의 삼중점이다. 따라서 0[°C]는 273.15[K]이며, 절대영도는 0[K] 또는 -273.15[°C]이다. 일반적으로 사용되는 세 가지 온도단위들 사이의 변환에는 다음 식이 사용된다.

섭씨 → 켈빈: $N[^oC] = (N + 273.15)$ [K]

섭씨 → 화씨: $P[^oC] = (P \times 1.8 + 32)$ [°F]

켈빈 → 섭씨: $M[K] = (M - 273.15)$ [°C]

화씨 → 섭씨: $Q[^oF] = (Q - 32)/1.8$ [°C]

켈빈 → 화씨: $S[K] = (S - 273.15) \times 1.8 + 32$ [°F]

화씨 → 켈빈: $U[^oF] = (U - 32)/1.8 + 273.15$ [K]

열은 에너지의 한 가지 형태이다. 따라서 에너지의 SI 유도단위는 줄[J]이다. 그런데 줄[J]은 작은 값이므로 메가줄[MJ]($= 10^6[J]$), 기가줄[GJ]($= 10^9[J]$), 심지어는 테라줄[TJ]($= 10^{12}[J]$)과 같은 단위들이 사용된다. 작은 쪽으로는 나노줄[nJ]($= 10^{-9}[J]$)이나, 심지어는 아토줄[aJ]($= 10^{-18}[J]$)과 같은 단위들이 사용된다. 다양한 종류의 에너지 단위들이 사용되는데, 이들 중 일부는 SI 단위계이며, 어떤 것들은 관습단위를 사용한다. 줄 단위는 와트-초나 뉴턴-미터와 같지만($1[J]=1[W\cdot s]=1[N\cdot m]$), 킬로와트-시($1[kWh]=3.6[MJ]$)를 더 자주 사용한다. 특히 열에너지를 나타낼 때에는 에너지 단위로 칼로리$[cal]$를 일반적으로 사용한다. 열화학적 단위인 칼로리는 $1[cal]=0.239[J]$의 관계를 가지고 있다. 그런데, 일상생활에서 사용되는 칼로리라는 용어는 일반적으로 1,000칼로리를 의미한다. 따라서 일상생활에서 사용되는 칼로리는 실제로는 $1{,}000[cal]$ 또는 $239[J]$에 해당한다. 그런데 칼로리나 와트-시는 SI 단위가 아니다. 이들은 구식 단위계이므로 사용을 권장하지 않는다.

열전도도[5] $[W/m/K]$는 k 또는 λ로 표기하며, 소재가 열을 전도시키는 능력을 나타낸다. **열용량**[6]은 C로 표기하며 물질의 온도를 주어진 크기만큼 변화시키기 위해서 필요한 열량을 의미한다. 따라서 열용량의 단위는 $[J/K]$이다. 화학센서의 경우에는 **몰열용량**[7] $[J/mol/K]$이라는 단위가 자주 사용된다. 여타의 유용한 단위로는 질량이 $1[kg]$인 소재의 온도를 $1[K]$만큼 상승시키기 위해서 필요한 열량인 **비열용량**[8] $[J/kg/K]$과 체적이 $1[m^3]$인 소재의 온도를 $1[K]$만큼 상승시키기 위해서 필요한 열량인 **체적열용량**[9] $[J/m^3/K]$ 등이 있다. 하지만 비열용량의 단위로 $[J/g/K]$를 사용하거나 체적열용량의 단위로 $[J/cm^3/K]$을 사용하는 경우도 자주 있다.

3.2 열저항 센서

열저항 센서들은 기본적으로 **저항형 온도검출기**(RTD)와 **서미스터**(thermal과 resistor의 합성어)의 두 가지 유형으로 분류할 수 있다. 와이어나 박막의 형태를 갖는 도전성 고체로 만들어진 저항형 온도검출기(RTD)가 열저항 센서의 대표적인 사례이다. 이 소자 내에서 센서의 자항은 온도에 비례하여 증가한다. 즉, 저항값은 **양의 온도계수**(PTC)[10]를 가지고 있다. 실리콘 기반의 저항형 온도검출기들이 개발되었으며, 이들은 도전체 기반의 저항형 온도검출기(RTD)들에 비해서 크기가 월등히 작을 뿐만 아니라 더 높은 저항값과 더 큰 온도계수 등의 장점을 가지고 있다.

---

5) thermal conductivity
6) heat capacity
7) molar heat capacity
8) specific heat capacity
9) volumetric heat capacity
10) positive temperature coefficient

서미스터는 반도체 기반의 소자로서, 일반적으로 **음의 온도계수**(NTC)[11]를 가지고 있다. 하지만 양의 온도계수를 가지고 있는 서미스터도 존재한다.

3.2.1 저항형 온도검출기

이런 유형의 초창기 센서들은 용도, 온도범위 그리고 비용 등을 고려하여 백금, 니켈 또는 구리 등의 적절한 소재들을 사용하여 제작하였다. 모든 저항형 온도검출기(RTD)들은 금속이 가지고 있는 **저항온도계수**(TCR)[12]에 따른 저항값 변화에 기초하고 있다. 그림 3.1에 도시되어 있는 것처럼, 길이가 L이며 단면적은 S로 균일하고, 전기전도도는 σ인 도전체의 저항값은 다음과 같이 주어진다.

$$R = \frac{L}{\sigma S} \ [\Omega] \tag{3.1}$$

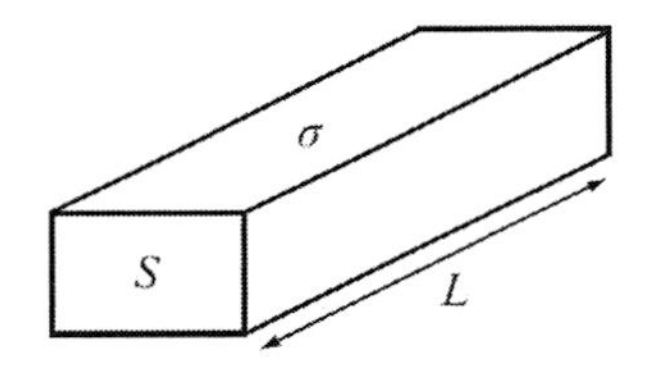

그림 3.1 길이 L, 단면적 S인 도전체의 저항값을 계산하기 위한 외부 형상

소재 자체의 온도 의존성 전기전도도는 다음 식으로 주어진다.

$$\sigma = \frac{\sigma_0}{1+\alpha[T-T_0]} \ [S/m] \tag{3.2}$$

여기서 α는 도전체의 저항온도계수, T는 온도 그리고 σ_0는 기준온도 T_0에서 도체의 전기전도도이다. T_0는 일반적으로 20[°C]를 사용하지만, 필요시에는 다른 온도를 사용할 수도 있다. 그러므로 도전체의 온도에 따른 저항값은 다음 식으로 주어진다.

---

11) negative temperature coefficient

12) temperature coefficient of resistance

$$R(T) = \frac{L}{\sigma_0 S}(1 + \alpha[T - T_0]) \ [\Omega] \quad (3.3)$$

또는

$$R(T) = R_0(1 + \alpha[T - T_0]) \ [\Omega] \quad (3.4)$$

여기서 R_0는 기준온도 T_0에서의 저항값이다. 대부분의 경우, T와 T_0는 섭씨온도를 사용하지만, 스케일이 동일한 켈빈온도를 사용하기도 한다.

비록 이 관계식이 선형이기는 하지만 일반적으로 계수 α는 매우 작은 반면에 전기전도도 σ_0는 매우 큰 값을 갖는다. 예를 들어, 구리는 $T_0 = 20[°C]$에서 $\sigma_0 = 5.8 \times 10^7[S/m]$인 반면에 $\alpha = 0.0039[1/°C]$이다(이 계수는 $[\Omega/\Omega/°C]$의 단위를 사용한다). 단면적 $S = 0.1[mm^2]$이며, 길이 $L = 1[m]$인 도선을 사용하는 경우, 저항값의 변화는 $6.61 \times 10^{-5}[\Omega/°C]$이며, $20[°C]$에서 기준저항값 $R_0 = 0.017[\Omega]$이다. 이를 변화율로 환산하면 0.39%에 불과하다. 따라서 센서로서의 실용성을 갖추기 위해서는 도체가 매우 길고 얇거나 전기전도도가 매우 낮아야만 한다. 온도계수가 크면 저항값이 많이 변하기 때문에 신호처리가 용이해진다. 유용한 소재들의 저항온도계수(TCR)와 전기전도도가 표 3.1에 제시되어 있다.

식 (3.3)은 저항형 온도검출기(RTD)의 물리적 성질을 이해하는 데에 유용하며, 온도에 따라서 저항값이 어떻게 변하는지를 이해할 수 있다. 그런데 실제의 경우에는 센서를 구성하는 소재의 성질에 대해서 알지 못한다. 전형적으로 사용이 가능한 데이터는 보통 $0[°C]$에 대해서 제시된 저항형 온도검출기의 공칭 저항값, 측정범위(예를 들어 $-200 \sim +600[°C]$) 정도이며, 추가적으로 자기발열, 정확도 등과 같은 성능 정보들이 제공되기도 한다. 전달함수는 두 가지 방법으로 얻을 수 있다. 첫 번째는 제조업체에서 α값을 지정한 국제표준을 따른다. 예를 들어 백금 저항형 온도검출기(RTD)에 대한 표준인 EN 60751에서는 $\alpha = 0.00385$로 지정되어 있다(이를 유럽형 곡선이라고 부른다). 이외에도 $\alpha = 0.003926$(미국형 곡선), 0.003916 및 0.003902 등이 사용되며, 이들은 백금의 등급과도 관련이 있다(표 3.1의 주의 참조). 이 값들은 센서 사양의 일부이다. 이 값을 사용하여 전달함수를 다음과 같이 근사화시킬 수 있다.

$$R(T) = R(0)[1 + \alpha T] \ [\Omega] \quad (3.5)$$

여기서 $R(0)$는 0[°C]에서의 저항값이며 T는 저항값이 측정되는 온도이다. 하지만 α값이 온도의존성을 가지고 있기 때문에 이 식은 근사식일 뿐이다.

표 3.1 다양한 소재들의 전기전도도와 저항온도계수(온도가 명기되지 않은 경우에는 20[°C])

소재	전기전도도 $\sigma[S/m]$	저항온도계수[1/°C]
구리(Cu)	5.8×10^{7}	0.0039
탄소(C)	3.0×10^{5}	-0.0005
콘스탄탄(Cu 60%, Ni 40%)	2.0×10^{6}	0.00001
크롬(Cr)	5.6×10^{6}	0.0059
게르마늄(Ge)	2.2	-0.05
금(Au)	4.1×10^{7}	0.0034
철(Fe)	1.0×10^{7}	0.0065
수은(Hg)	1.0×10^{6}	0.00089
니크롬(NiCr)	1.0×10^{6}	0.0004
니켈(Ni)	1.15×10^{7}	0.00672
백금(Pt)	9.4×10^{6}	0.003926(0[°C])
실리콘(Si, 순수)	4.35×10^{-6}	-0.07
은(Ag)	6.1×10^{7}	0.0016
티타늄(Ti)	1.8×10^{6}	0.042
텅스텐(W)	1.8×10^{7}	0.0056
아연(Zn)	1.76×10^{7}	0.0059
알루미늄(Al)	3.6×10^{7}	0.0043

주의:
1. 일부의 자료에서는 전도도 $\sigma[S/m]$ 대신에, 저항계로 측정한 비저항 $\rho[\Omega\cdot m]=1/\sigma$를 제시한다.
2. 백금은 매우 중요한 소재이며 등급별로 서로 다른 저항온도계수(TCR)를 가지고 있다. 일반적으로 저항온도계수는 0[°C]에 대해서 제시된다. 0[°C]에서 가장 일반적인 저항온도계수는 0.00385(유럽형 곡선), 0.003926(미국형 곡선), 그리고 0.00375(박형 필름센서)이다. 0[°C]에서 순수한 백금의 저항온도계수는 0.003926이다. 현재 사용되고 있는 합금소재들의 저항온도계수는 0[°C]에서 0.003916과 0.003902이다. 순수한 백금에 로듐과 같은 소재를 섞어서 다른 등급의 센서를 만들 수도 있다.
3. 소재의 저항온도계수(TCR)는 온도에 따라서 변한다(**문제 3.9** 참조). 예를 들어, 20[°C]에서 순수한 백금의 저항온도계수는 0.003729[1/°C]이다.

이를 개선하기 위해서는 동일한 표준에서 실제 측정을 통해서 제시되어 있는 관계식을 사용하여 온도의 함수인 저항값을 계산해야 한다.

$T\geq0$[°C]인 경우,

$$R(T) = R(0)[1 + aT + bT^2] \ [\Omega] \tag{3.6}$$

계수 a와 b는 고정된 온도에 대해서 각 소재별로 계산한다(문제 3.6 참조). 예를 들어 백금(EN 60751에 따르면 $\alpha = 0.00385$)의 경우, 계수값들은 다음과 같다.

$a = 3.9083 \times 10^{-3}$, $b = -5.775 \times 10^{-7}$

$T < 0$[°C]인 경우에는

$$R(T) = R(0)[1 + aT + bT^2 + c(T - 100)T^3] \ [\Omega] \tag{3.7}$$

앞서와 마찬가지로 백금(EN 60751에 따르면 $\alpha = 0.00385$)의 경우, 계수값들은 다음과 같다.

$a = 3.9083 \times 10^{-3}$, $b = -5.775 \times 10^{-7}$, $c = -4.183 \times 10^{-12}$

이 관계식은 **캘린더-반두센 방정식** 또는 다항식이라고 알려져 있다. 이 다항식을 사용하는 대신에, 다양한 온도에 대해 저항값이 제시된 설계 테이블을 사용할 수도 있다. 여타의 α값들에 대해서는 계수값들이 달라지지만, 이를 표준에서 제공하고 있으며, 정확한 계측을 통해서도 이를 계산할 수 있다. 주의할 점은 공칭온도에 인접한 온도에서 측정된 온도곡선은 거의 선형이므로 식 (3.5)만으로도 충분히 정확하다는 것이다. 식 (3.6)과 (3.7)은 측정이 저온이나 고온에서 시행되는 경우와 넓은 온도범위에 대해서만 필요하다(예제 3.3 참조).

예제 3.1 와이어-스풀 센서

전자석용 와이어(얇은 폴리우레탄 피막으로 절연된 구리도선) 스풀은 직경 0.2[mm], 길이 500[m]인 전기도선으로 제작되었다. 냉장고의 온도를 감지하는 온도센서로 이 스풀을 사용하는 것이 제안되었다. 필요한 온도측정범위는 $-45 \sim +10$[°C]이다 이 센서를 1.5[V] 전지에 직결하고 밀리암페어계를 사용하여 센서를 통과하는 전류를 측정하여 표시한다.

(a) 최저온도와 최고온도에 대해서 센서의 저항값과 그에 따른 통과전류를 계산하시오.

(b) 센서가 소모하는 최대전력을 계산하시오.

풀이

도선 단위길이당 저항값은 온도를 무시했을 때에 다음과 같이 주어진다.

$$R = \frac{\ell}{\sigma S}[\Omega]$$

여기서 ℓ은 도선의 길이, S는 단면적 그리고 σ는 전기전도도이다.
전기전도도는 온도의존성을 가지고 있다. 구리의 경우 표 3.1에 따르면 전기전도도는 $20[°C]$에서 $\sigma_0 = 5.8 \times 10^7[S/m]$이다. 따라서 식 (3.3)을 사용하여 저항값을 온도의 함수로 나타낼 수 있다.

$$R(T) = \frac{\ell}{\sigma_0 S}(1 + \alpha[T - 20°])\Omega]$$

구리소재의 저항온도계수(TCR) α는 표 3.1에 제시되어 있다. $-45[°C]$에서는,

$$R(-45^o) = \frac{500}{5.8 \times 10^7 \times \pi \times 0.0001^2}(1 + 0.0039[-45^o - 20^o]) = 204.84[\Omega]$$

$+10[°C]$에서는,

$$R(+10^{\circ}) = \frac{500}{5.8 \times 10^7 \times \pi \times 0.0001^2}(1 + 0.0039[+10° - 20°]) = 263.70[\Omega]$$

따라서 저항값은 $-45[°C]$일 때에 $204.84[\Omega]$에서 $+10[°C]$일 때에 $263.70[\Omega]$로 변한다. 각각의 경우에 코일을 통과하여 흐르는 전류는

$$I(-45°) = \frac{1.5}{204.84} = 7.323[mA]$$

그리고

$$I(+10°) = \frac{1.5}{263.70} = 5.688[mA]$$

전류는 온도에 따라서 선형적으로 변하며, $29.72[\mu A/°C]$의 민감도를 가지고 있다. 도선을 통과하여 흐르는 전류가 크지는 않지만 이를 통해서 가장 단순한 디지털 멀티미터조차도 $10[\mu A]$ 수준의 전류변화, 또는 $0.3[°C]$의 온도변화를 측정할 수 있다. 성능이 더 좋은 밀리암페어계를 사용한다면, 분해능은 $1[\mu A]$ 또는 $0.03[°C]$로 향상될 수 있다.
측정과정에서 소모되는 전력은

$$P(+10^o) = I^2R = (5.688 \times 10^{-3})^2 \times 263.70 = 8.53[mW]$$
$$P(-45^o) = I^2R = (7.323 \times 10^{-3})^2 \times 204.84 = 10.98[mW]$$

센서에서 소모되는 전력이 자기발열을 통해서 오차를 생성할 수 있기 때문에 이처럼 낮은 소비전력은 온도센서에서 중요한 항목이다. 게다가 이 센서는 극단적으로 단순하다.

예제 3.2 도선식 저항형 온도검출기(RTD)의 저항과 민감도

직경이 $0.01[mm]$인 순수한 백금도선을 $0[°C]$에서 $25[\Omega]$가 되도록 권선하여 저항형 온도검출기(RTD)를 제작하였다. 온도에 따른 저항온도계수(TCR)가 일정하다고 가정한 상태에서 다음에 답하시오.

(a) 필요한 도선의 길이를 구하시오.

(b) $100[°C]$에서 저항형 온도검출기(RTD)의 저항값을 구하시오.

(c) 센서의 민감도$[\Omega/°C]$를 구하시오.

풀이

(a) (3.3)에서는 다음과 같이 온도의 함수로 저항값을 나타낼 수 있다.

$$R(T) = \frac{\ell}{\sigma_0 S}(1+\alpha[T-20°])[\Omega]$$

표 3.1에서는 $0[°C]$에 대해서 백금의 저항온도계수 α를 제시하고 있지만, 전기전도도는 $+20[°C]$에 대해서 제시되어 있다. $0[°C]$에서 저항형 온도검출기(RTD)의 저항식을 사용하면 다음의 관계식을 얻을 수 있다.

$$25[\Omega] = \frac{\ell}{9.4\times10^6\times\pi\times(0.05\times10^{-3})^2}(1+0.003926[0°-20°])$$
$$= 12.48154\times\ell$$

이를 정리하면 다음과 같이, 필요한 도선의 길이 ℓ을 구할 수 있다.

$$\ell = \frac{25}{12.48154} = 2.003[m]$$

따라서 센서를 제작하기 위해서는 $2[m]$길이의 백금도선이 필요하다.

(b) $100[°C]$에서의 저항값은 다음과 같이 계산된다.

$$R(100°) = \frac{2.003}{9.4\times10^6\times\pi\times(0.05\times10^{-3})^2}(1+0.003926[100°-20°])$$
$$= 35.652[\Omega]$$

따라서 저항값은 $0[°C]$에서 $25[\Omega]$였던 것이 $+100[°C]$에서는 $35.652[\Omega]$으로 증가하게 된다.

(c) 임의의 온도에 대해서 저항값을 계산한 다음에 온도를 $1[°C]$씩 증가시켜 가면서 저항값을 계산하고, 이를 이전 온도값에서 차감하는 방식으로 임의의 온도에서 저항형 온도검출기의 민감도를 계산할 수 있다. 온도 T에서 센서의 저항값은 다음 식으로 주어진다.

$$R(T) = \frac{\ell}{\sigma_0 S}(1+\alpha[T-20°])[\Omega]$$

온도가 $T+1^o$만큼 증가하면,

$$R(T+1°) = \frac{\ell}{\sigma_0 S}(1+\alpha[(T+1°)-20°])[\Omega]$$

두 저항값을 차감하면 다음 식이 얻어진다.

$$R(T+1°)-R(T) = \frac{\ell}{\sigma_0 S}(1+\alpha[(T+1°)-20°]) - \frac{\ell}{\sigma_0 S}(1+\alpha[T-20°])$$
$$= \frac{\ell\alpha}{\sigma_0 S}[\Omega]$$

이 식은 $R(T)$의 기울기를 나타낸다. 따라서 1[°C] 온도변화에 따른 저항값의 변화 ΔR은 다음과 같이 구해진다.

$$\Delta R = \frac{\ell\alpha}{\sigma_0 S} = \frac{2.003\times 0.003926}{9.4\times 10^6 \times \pi \times (0.05\times 10^{-3})^2} = 0.1065[\Omega/°\mathrm{C}]$$

그러므로 이 센서의 민감도는 0.1065[Ω/°C]이다.

검산: 저항값은 온도에 따라서 선형적으로 변하기 때문에, 민감도는 어느 온도에서나 동일하다. 예를 들어 100[°C]에서의 저항값은 다음과 같이 계산된다.

$$R(100°) = R(0°) + 100\times \Delta R = 25 + 100 \times 0.1065 = 35.65[\Omega]$$

작은 차이값은 계산과정에서 유효숫자 절사에 따른 오차이다.

예제 3.3 저항형 온도검출기(RTD)의 표시값과 정확도

0[°C]에서 공칭 저항값이 100[Ω]인 저항형 온도검출기를 -200[°C]에서 $+600$[°C]의 범위에서 사용하려고 한다. 엔지니어는 식 (3.5)의 근사식을 사용하거나 식 (3.6)과 식 (3.7)의 정확한 전달함수를 사용할 수 있다. $\alpha = 0.00385[1/°\mathrm{C}]$일 때에 다음에 답하시오.

(a) 전달함수의 근사식을 사용하는 경우에 양쪽 끝의 온도에서 발생하는 오차를 계산하시오.

(b) 사용 온도범위를 -50[°C]에서 $+100$[°C]로 좁히는 경우에는 오차가 얼마로 변하는가?

풀이

(a) 식 (3.5)를 사용하여 다음을 계산할 수 있다.

$+600$[°C]에서의 저항값은

$$R(600°) = R(0°)[1 + \alpha T] = 100 \times [1 + 0.00385 \times 600°] = 331[\Omega]$$

-200[°C]에서의 저항값은

$$R(-200°) = R(0°)[1 + \alpha T] = 100 \times [1 + 0.00385 \times (-200°)] = 23[\Omega]$$

식 (3.6)을 사용하여 $+600$[°C]에서의 저항값을 계산해 보면,

$$\begin{aligned} R(600°) &= R(0°)[1 + aT + bT^2] \\ &= 100[1 + (3.9083 \times 10^{-3}) \times 600° + (-5.775 \times 10^{-7}) \times (600°)^2] \\ &= 313.708[\Omega] \end{aligned}$$

식 (3.7)을 사용하여 -200[°C]에서의 저항값을 계산해보면,

$$\begin{aligned} R(-200°) &= 100[1 + (3.9083 \times 10^{-3}) \times (-200°) + (-5.775 \times 10^{-7}) \times (-200°)^2 \\ &\quad + (-4.183 \times 10^{-12}) \times (-200° - 100°) \times (-200°)^3] \\ &= 18.52[\Omega] \end{aligned}$$

근사식을 사용하여 계산한 저항값은 $+600$[°C]의 경우 5.51[%] 더 크며, -200[°C]의 경우에는 24.19[%] 더 크다는 것을 알 수 있다. 이런 편차는 수용할 수 없으므로 전체 사용온도범위에 대해서 근사식을 사용할 수 없으며, 필수적으로 캘린더-반두센 식을 사용해야만 한다.

(b) 식 (3.5)를 사용하여 다음을 계산할 수 있다.
$+100$[°C]에서의 저항값은

$$R(100°) = R(0°)[1 + \alpha T] = 100 \times [1 + 0.00385 \times 100°] = 138.5[\Omega]$$

-50[°C]에서의 저항값은

$$R(-50°) = R(0°)[1 + \alpha T] = 100 \times [1 + 0.00385 \times (-50°)] = 80.75[\Omega]$$

식 (3.6)을 사용하여 $+100$[°C]에서의 저항값을 계산해 보면,

$$\begin{aligned} R(100°) &= 100[1 + (3.9083 \times 10^{-3}) \times 100° + (-5.775 \times 10^{-7}) \times (100°)^2] \\ &= 138.5055[\Omega] \end{aligned}$$

식 (3.7)을 사용하여 -50[°C]에서의 저항값을 계산해보면,

$$\begin{aligned} R(-50°) &= 100[1 + (3.983 \times 10^{-3}) \times (-50°) + (-5.775 \times 10^{-7}) \times (-50°)^2 \\ &\quad + (-4.183 \times 10^{-12}) \times (-50° - 100°) \times (-50°)^3] \\ &= 80.3063[\Omega] \end{aligned}$$

근사식을 사용하여 계산한 저항값은 +100[°C]에서는 단지 0.0397[%] 낮으며, −50[°C]에서는 0.552[%] 낮다는 것을 알 수 있다. 이 정도의 편차는 충분히 수용할 수 있으므로, 근사식을 사용하여도 무방하다.

저항형 온도검출기(RTD)를 설계하는 경우에는 도선의 인장이나 변형에 따른 영향을 최소화시키도록 세심한 주의를 기울여야만 한다. 도전체에 장력이 가해지면 (체적이 일정한 상태에서) 길이와 단면적이 변하며, 이로 인한 저항값의 변화는 온도변화가 저항값을 변화시키는 경우와 정확히 일치한다. 도전체의 변형률이 증가하면 저항값이 증가한다. 이에 대해서는 6장에서 스트레인게이지를 대상으로 하여 자세히 살펴보기로 한다. 스트레인게이지에서는 온도센서와는 반대로 온도변화가 변형률 측정의 오차를 유발하기 때문에 이를 보상해야만 한다.

도선을 사용하는 저항형 온도검출기(RTD)는 비교적 저항값이 작은 특징을 가지고 있다. 저항값을 증가시키기 위해서는 매우 길거나 매우 얇은 도선이 필요하다. 또 다른 문제는 비용이다. 저항형 온도검출기의 저항값을 증가시키려면 더 많은 소재가 필요하며, 대부분의 저항형 온도검출기들은 백금을 기본소재로 사용하기 때문에 소재비용이 매우 높다. 도선형 센서의 경우, 수~수십[Ω] 수준의 저항값을 사용하는 반면에 박막형 센서의 경우에는 높은 저항값을 구현할 수 있다. 도선형 센서의 경우에는 마이카나 유리 소재로 만든 코어 지지체에 비교적 얇은 도선을 직경이 작은 코일 형태로 권선하여 사용한다. 만일 도선의 총 길이가 짧은 경우에는 지지용 코어가 필요 없으며, 코일 형태의 도선 또는 단지 일정한 길이의 도선을 두 지지봉 사이에 걸어서 사용한다. 용도에 따라서는 도선과 지지봉을 (파이렉스 소재의) 진공 유리관 속에 매립한 후에 이 유리관을 관통하여 도선을 연결하거나, 열전도성이 높은 금속(스테인리스강)을 사용하여 측정용 센서로의 열전달 성능을 향상시키거나, 또는 고온용도에서는 세라믹 덮개를 사용한다. 표면온도 측정을 위해서는 평판형으로 제작하며, 용도에 따라서 원형이나 여타의 형태로도 제작할 수 있다.

정밀한 센서가 필요한 경우에는 백금이나 백금 합금이 기계적 성질이나 열특성이 뛰어나기 때문에 주로 사용된다. 특히 백금은 고온에서 조차도 화학적으로 안정하며, 산화저항성을 가지고 있고, 높은 화학적 순도를 가진 얇은 도선으로 만들 수 있으며, 부식에 저항성을 갖추고 있어서 열악한 환경하에서도 사용할 수 있다. 이런 이유들 때문에, +850[°C]에서 −250[°C]의 온도범위에 대해서 이 소재를 센서로 사용할 수 있다. 하지만 백금은 변형률과 화학적 오염에 매우 민감한 소재이다. 그리고 전기전도도가 매우 높기 때문에, (필요한 저항값에 따라서 수 미터에 이르는)

긴 길이의 도선을 사용해야만 한다. 이로 인하여 센서의 물리적인 크기가 커지므로 구배가 큰 온도의 측정에는 적합하지 않다.

안정성이나 온도 정확도의 요구수준이 높지 않은 용도에서는 성능저하를 감수하고 니켈, 구리 그리고 여타의 저가형 도전체들을 사용한다. −100~+500[°C]의 온도범위에 대해서는 니켈을 사용할 수 있지만, 여타의 소재들에 비해서 R-T 곡선의 선형성이 떨어진다. 구리는 뛰어난 선형성을 가지고 있지만, −100~+300[°C]의 범위에서 사용할 수 있을 뿐이다. 이보다 높은 온도에서는 텅스텐이 유용하다.

백금이나 백금을 함유한 합금물질과 같은 적당한 소재를 열안정성, 전기절연성 및 양호한 열전도성을 갖춘 세라믹 소재 위에 박막 증착하여 박막형 센서를 만들 수 있다. 이 박막을 미로 형태로 식각하여 길이가 긴 도선을 성형한 다음에, 에폭시나 유리로 함침하여 보호막을 만든다. 이렇게 제작한 패키지는 (길이가 수 밀리미터에 불과한) 작은 크기로 만들 수 있으며, 용도와 필요한 저항값에 따라서 크기가 결정된다. 전형적인 저항값은 100[Ω]지만, 최대 2,000[Ω]에 이르는 고저항 센서도 만들어진다. 박막형 센서는 소형이며 비교적 염가이므로 백금도선으로 만들어진 고정밀 센서가 필요 없는 경우에 현대적인 센서로 자주 사용된다. 그림 3.2에서는 박막으로 제작된 저항형 온도검출기(RTD)의 개략적인 구조를 보여주고 있다.

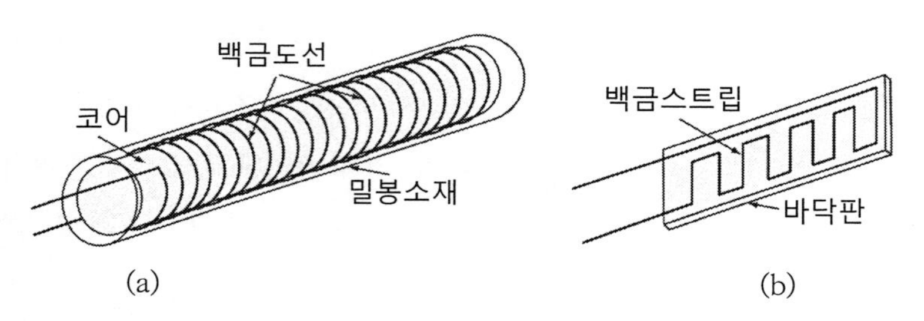

그림 3.2 저항형 온도검출기의 개략적인 구조. (a) 권선형 센서. (b) 박막형 센서

저항형 온도검출기, 특기 권선저항형 온도검출기의 저항은 비교적 작은 값을 가지고 있다. 따라서 정밀한 온도측정 시 외부회로와의 연결에 사용되는 (구리나 주석이 도금된 구리 등으로 만들어진) 연결도선의 저항이 중요한 문제가 된다. 연결도선 역시 온도에 따라서 저항값이 변하며, (고저항 박막저항형 온도검출기를 제외하고는) 이 저항을 무시할 수 없기 때문에, 측정회로에 오차가 추가된다. 이 때문에 상용 센서들은 그림 3.3에서와 같이 **2선식**, **3선식** 및 **4선식**의 구조를 사용한다. 연결도선의 저항을 보상하기 위해서 이런 구조가 사용된다. 이런 배선구조가 어떤 작용을

하는지에 대해서는 11장에서 살펴볼 예정이다. 그림에서 2선식 구조는 저항보상이 불가능하다. 반면에 3선식이나 4선식 센서의 경우에는 연결도선의 저항보상이 가능하기 때문에 높은 정밀도가 요구되는 곳에서는 반드시 사용해야만 한다. **그림 3.3 (b)**의 A-A 저항을 (A-B 사이를 측정한) 총 저항값에서 차감하면 연결도선의 저항값에 무관하게 저항형 온도검출기(RTD)의 저항값을 구할 수 있기 때문에, 이런 구조들이 중요한 것이다. **그림 3.3 (c)**와 (d)를 통해서도 이와 유사한 기능을 구현할 수 있다. 그런데 11장에서 살펴볼 또 다른 구조가 더 효과적이며 구현이 용이하다.

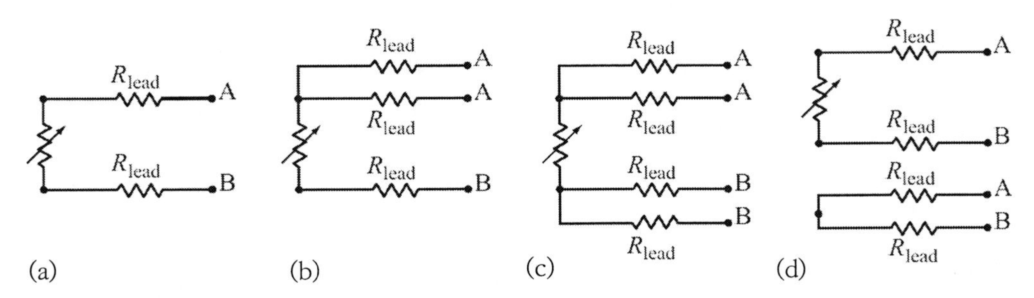

그림 3.3 저항형 온도검출기의 연결도선 구조. (a) (보상되지 않는)2선식 구조. (b) 3선식 구조. (c) 4선식 구조. (d) 보상 루프가 구비된 2선식 구조. (b)~(d)에 제시되어 있는 3선 및 4선식 구조는 연결도선의 온도변화와 저항값을 보상할 수 있다.

열저항형 센서는 설계된 작동온도범위에 대해서 교정해야만 한다. 교정과정과 교정온도에 대해서는 표준으로 정해져 있다.

열저항형 센서의 정확도는 소재, 작동온도범위, 구조 그리고 측정방법 등에 따라서 크게 변한다. 전형적인 정확도는 $\pm 0.01 \sim \pm 0.05[°C]$ 수준이다. 하지만 이보다 더 높거나 낮은 정확도의 제품들도 공급되고 있다.

저항형 온도검출기(RTD)의 안정성은 연간 온도변화율$[°C/year]$로 나타내며 백금형 센서들은 $0.05[°C/year]$ 수준이다. 하지만 여타 소재들의 안정성은 이보다 못하다.

3.2.1.1 저항형 온도검출기(RTD)의 자기가열문제

11장에서는 측정회로 내에서 센서의 연결방법에 대해서 살펴볼 예정이다. 열저항형 센서를 포함한 많은 온도센서들은 저항값 측정을 위해서 흘려보내는 전류에 의해서 스스로 발열(**자기가열**)하여 온도가 상승하기 때문에 오차가 발생하게 된다. 물론, 이는 모든 능동형 센서가 가지고 있는 문제이지만, 온도센서의 경우에는 특히 치명적이다. 센서를 통과하는 전류가 많을수록 출력

신호가 커진다는 사실로부터 온도상승 문제를 정량적으로 이해할 수 있다. 이는 저항값이 작은 권선형 센서의 경우에 특히 중요한 문제이다. 도전체 내에서 소모되는 전력은 전류의 제곱에 비례하며, 이 전력이 센서의 온도를 상승시켜서 오차를 유발한다. 이 소비전력은 $P_d = I^2 R$을 사용하여 정량적으로 계산할 수 있다. 여기서 I는 (직류 또는 평균제곱근)전류이며, R은 센서의 저항값이다. 대부분의 센서들은 전력소비로 인하여 훨씬 더 복잡한 문제들이 일어나기 때문에 전류와 온도상승 사이의 상관관계는 매우 난해하다. 전형적으로, 제조업체가 제공하는 센서 사양에서는 소비전력당 온도상승량[°C/mW]이나 그 역수[mW/°C]값이 제시되어 있으므로, 설계자들은 센서의 측정값에서 이 오차를 보상할 수 있다. 전형적인 오차수준은 센서의 유형과 냉각조건 같은 사용 환경(유동공기, 정체공기, 히트싱크와의 접촉, 정지유체나 유동유체 등)에 따라서 0.01~0.2 [°C/mW] 수준의 값을 갖는다.

예제 3.4 저항형 온도검출기(RTD)의 자기가열문제

0[°C]에서 100[Ω]의 저항값을 가지고 있으며, 작동온도범위가 $-200 \sim +850$[°C]인 저항형 온도검출기(RTD)의 자기가열 문제에 대해서 살펴보기로 하자. 데이터시트에 따르면 공기 중(전형적으로 1[m/s]의 낮은 공기유속에 대한 값)에서 자기가열은 0.08[°C/mW]이다. 다음의 경우에 대해서 자기가열에 의하여 발생할 수 있는 최대오차를 계산하시오.

(a) 센서 양단에 1[V]의 정전압을 부가하여 저항값을 측정하는 경우.

(b) 센서에 10[mA]의 정전류를 부가하여 저항값을 측정하는 경우.

주의: 두 측정 모두 0[°C]에서의 공칭 전류값은 10[mA]이다.

풀이

우선, 식 (3.6)과 식 (3.7)을 사용하여 측정한계온도에서의 저항값을 계산하여야 한다.

$$\begin{aligned}R(-200°) &= R(0°)[1 + aT + bT^2 + c(T-100)T^3] \\ &= 100[1 + (3.9083\times10^{-3})\times(-200°) + (-5.775\times10^{-7})\times(-200°)^2 \\ &\quad + (-4.183\times10^{-12})\times(-200° - 100°)\times(-200°)^3] \\ &= 18.52[\Omega]\end{aligned}$$

그리고

$$\begin{aligned}R(850°) &= R(0°)[1 + aT + bT^2] \\ &= 100[1 + (3.9083\times10^{-3})\times(850°) + (-5.775\times10^{-7})\times(850°)^2] \\ &= 390.48[\Omega]\end{aligned}$$

(a) 정전압을 사용하는 경우, 소모되는 전력은 다음과 같이 계산된다.

$$P(-200°) = \frac{V^2}{R} = \frac{1}{18.52} = 54[mW]$$

$$P(+850°) = \frac{V^2}{R} = \frac{1}{390.48} = 2.56[mW]$$

-200[°C]에서의 온도측정오차는 $54 \times 0.08 = 4.32$[°C]이며, 850[°C]에서의 온도측정 오차는 $2.56 \times 0.08 = 0.205$[°C]이다. 따라서 -200[°C]에서 4.32[°C]의 최대측정오차가 발생하며, 이는 측정값의 2.15%에 해당한다. 반면에 고온측에서 발생하는 오차는 0.2[°C]에 불과하다.

(b) 전류원을 사용하는 경우에 센서의 소비전력은 다음과 같이 계산된다.

$$P(-200°) = I^2R = (10 \times 10^{-3})^2 \times 18.52 = 1.85[mW]$$

$$P(+850°) = I^2R = (10 \times 10^{-3}) \times 390.48 = 39[mW]$$

-200[°C]에서의 온도측정오차는 $1.85 \times 0.08 = 0.148$[°C]이며, 850[°C]에서의 온도측정 오차는 $39 \times 0.08 = 3.12$[°C]이다. 따라서 최저 측정온도에서의 측정오차는 0.148[°C]에 불과하지만 최고 측정온도에서의 측정오차는 3.12[°C]로서, 이는 측정값의 0.37[%]에 이른다.

두 가지 전원을 사용하는 경우에 발생하는 오차는 측정온도에 따라서 변한다는 것을 알 수 있다. 전류원을 사용하는 경우에 전체 온도범위에 대한 오차를 줄일 수 있다. 공급전류를 더 줄이면 오차가 줄어들지만, 전류가 너무 감소하면 측정이 어려워지며 노이즈의 영향이 증가하게 되므로 한계가 있다.

3.2.1.2 응답시간

온도센서들 대부분의 **응답시간**이 느리며 특히 물리적인 크기가 크면 더 느려진다. 전형적으로 이 지연시간(정상상태의 90%에 도달하는 시간)은 수초에 달하며, 제조업체에서는 사양데이터로 제공하고 있다. 수중에서는 지연시간이 0.1[s]까지 빨라지며, 공기 중에서는 100[s]에 이를 정도로 느려지게 된다. 지연시간은 또한 물이나 공기가 정체되어 있을 때와 흐를 때에 달라지며, 일반적으로 이와 관련된 데이터가 제공된다. 와이어 저항형 온도검출기는 물리적인 크기가 크기 때문에 응답이 가장 느리다. 공기유동 속이나 흐르는 물속에서 정상상태 응답의 50% 및 90%에 도달하는 시간이 전형적인 사양값으로 제시된다(**예제 3.5** 참조). 필요하다면 여타의 응답레벨이나 여타의 환경조건에 대해서 응답시간을 지정할 수 있다. 응답시간을 측정하기 위해서는 ΔT 만큼의 온도를 단차신호 형태로 부가한 다음에 센서가 특정 온도에 도달하는 데에 소요되는 시간을 측정하여야 한다(일반적으로 센서의 저항값 변화를 측정하여 온도를 유추한다). 예를 들어, 정상상태의 50%라는 것은 센서가 초기 온도에 단차 변화된 온도의 50%를 합한 온도에 도달한다는 것을 의미한다. 이 온도에 도달하는 데에 소요되는 시간이 50% 응답시간이다.

예제 3.5 저항형 온도검출기(RTD)의 응답시간 사양

예제 3.4에서 사용되었던 센서의 응답시간을 공기유동 속에서와 물유동 속에서 다음과 같이 실험적으로 검증하였다. 공기유동 시험의 경우, 저항형 온도검출기(RTD)를 기온 24[°C], 유속 $1[m/s]$인 공기유동 속에 설치하였다. 시간 $t=0$에서 히터를 켜서 공기를 50[°C]까지 가열하였다. 물유동 시험의 경우에는 저항형 온도검출기(RTD)를 파이프 속에 설치한 다음에 대기온도인 24[°C]에서 안정화될 때까지 기다렸다. $t=0$에서 15[°C]의 냉수를 약 $0.4[m/s]$의 유속으로 흘려보냈다. 이렇게 측정한 데이터가 아래의 표에 제시되어 있다. 센서의 저항값을 측정하였으며, 이 데이터로부터 온도를 산출하였다.

공기유동 속에서 측정한 결과는 다음과 같다.

시간[s]	0	1	2	3	4	5	6	7	8	9	10
온도[°C]	24.0	25.0	26.4	28.6	31.6	35.0	38.3	40.5	42.1	43.5	44.4
시간[s]	11	12	13	14	15	16	17	18	19	20	
온도[°C]	45.6	46.0	46.6	47.1	47.5	47.7	48.0	48.2	48.5	48.8	

물유동 속에서 측정한 결과는 다음과 같다.

시간[s]	0	0.05	0.10	0.15	0.20	0.25	0.30	0.35	0.40	0.45	0.50
온도[°C]	24.0	23.1	21.7	20.3	18.8	17.6	16.8	15.9	15.6	15.3	15.2
시간[s]	0.55	0.60	0.65	0.70	0.75	0.80	0.85	0.90	0.95	1.00	
온도[°C]	15.1	15.0	15.0	15.0	15.0	15.0	15.0	15.0	15.0	15.0	

(a) 공기유동 속에서 센서의 50[%]와 90[%] 응답시간을 계산하시오.

(b) 물유동 속에서 센서의 50[%]와 90[%] 응답시간을 계산하시오. 50[%]와 90[%] 응답시간은 각각, 센서가 최종 예상응답의 50[%]와 90[%]에 도달하는 데에 소요되는 시간을 의미한다.

풀이

많은 경우, 데이터는 도표의 형태로 제공된다. 하지만 이 경우에는 테이블로 제시된 데이터를 사용하여 응답시간을 직접 계산해야만 한다.

(a) 공기유동 속에서 정상상태의 50[%]에 해당하는 온도는 $24+(50-24)\times 0.5=37$[°C]이다. 그리고 정상상태의 90[%]에 해당하는 온도는 $24+(50-24)\times 0.9=47.4$[°C]이다. 위의 테이블을 사용하여 (중간값에 대해서는 직선보간을 적용) 응답시간을 계산해 보면,

- 50[%] 응답시간은 대략적으로 $5.5[s]$이다.
- 90[%] 응답시간은 대략적으로 $14.75[s]$이다.

(b) 물유동의 경우 단차온도는 -9[°C]로, 음의 방향이다. 그러므로 정상상태의 50[%]는 24+

$(15-24)\times 0.5 = 19.5[°C]$이며, 정상상태의 $90[\%]$는 $24+(15-24)\times 0.9 = 15.9[°C]$이다. 위의 테이블에 대한 직선보간을 사용하여 응답시간을 계산해 보면,

- $50[\%]$ 응답시간은 대략적으로 $0.23[s]$이다.
- $90[\%]$ 응답시간은 대략적으로 $0.35[s]$이다.

3.2.2 반도체 저항형 센서

반도체의 전기전도도는 양자효과를 사용하여 설명할 수 있다. 반도체의 양자효과는 광도전효과와 더불어서 4장에서 논의할 예정이다. 하지만 이 절의 용이한 설명을 위해서는 전기전도도에 영향을 끼치는 몇 가지 열효과들에 대해서 살펴보는 것이 도움이 된다. 이를 위해서는 원자가와 전도전자, 그리고 반도체 내에서 이들의 작용에 대한 고전적인 모델을 사용해야 한다. 원자가전자는 원자에 구속되어서 자유롭게 탈출할 수 없는 전자들이다. 전도전자는 원자로부터 자유롭게 탈출할 수 있으며, 반도체의 전류에 영향을 끼친다. 순수한 반도체의 경우, 대부분의 전자들은 원자가전자이며, 이들은 금지대역에 속박되어 있다. 전자들이 전도대역으로 이동하기 위해서는 추가적인 에너지를 흡수해야 한다. 이를 통해서 전도대역으로 이동한 전자는 원자로부터 탈출할 수 있으며, 이로 인하여 정공(양으로 하전된 원자)이 생성된다. 여기에 필요한 에너지를 **띠틈**[13] **에너지**라고 부르며, 소재마다 서로 다른 값을 가지고 있다. 이 장의 논의에서는 추가적인 에너지가 열에 의해서 공급되지만, (광선, 방사선, 전자기에너지 등의) 복사에 의해서도 공급될 수 있다. 이에 따르면, 온도가 높을수록 더 많은 숫자의 전자들(그리고 정공들)이 방출되며, 따라서 소자를 통해서 더 많은 전류가 흐르게 된다(즉, 저항이 감소한다). 실리콘과 같은 순수한 반도체는 전형적으로 온도가 상승할수록 저항이 감소하는 음의 온도계수(NTC)를 가지고 있다. 물론 실제 소재의 거동은 여기서 설명하는 것보다 훨씬 더 복잡하므로 (온도에 의존적인) 나르개 이동도나 반도체의 순도와 같은 다양한 인자들을 고려해야만 한다.

순수한(진성) 반도체는 거의 사용하지 않는다. 오히려, **도핑**이라는 공정을 통하여 진성반도체에 불순물을 첨가한다. 비소(As)나 안티몬(Sb)같은 n-형 불순물을 실리콘에 도핑하면, 특정온도 이하에서 반대 효과가 나타난다. 전형적으로, n-형 실리콘은 약 $200[°C]$ 이하의 온도에서 양의 온도계수(PTC)를 가지고 있다. 하지만 이보다 높은 온도에서는 진성 실리콘의 성질이 지배적이

13) band gap

되면서 음의 온도계수를 나타낸다. 이에 대한 설명으로는, 고온이 되면 도핑 여부에 관계없이 에너지가 너무 높아서 (전도대역으로 이동하는) 나르개가 연속적으로 생성된다는 것이다. 물론 실리콘 반도체 디바이스를 온도센서에 사용하는 경우에는 관심 측정영역이 200[°C] 미만으로 국한된다.

반도체의 전기전도도는 다음의 식으로 주어진다.

$$\sigma = e(n\mu_e + p\mu_h) \ [S/m] \tag{3.8}$$

여기서 e는 전자의 전하($1.602 \times 10^{-19}[C]$), n과 p는 소재 내의 전자와 정공의 농도[$particles/cm^3$], 그리고 μ_e와 μ_p는 각각 전자와 정공의 이동도[$cm^2/(V \cdot s)$]이다. 이 관계식에서 농도와 이동도는 소재에 의존하기 때문에 전기전도도 역시 소재의 유형에 의존한다는 것을 알 수 있다. 이들은 또한 온도에 의존한다. 불순물이 없는 순수한 반도체의 경우, 전자의 농도와 정공의 농도가 서로 동일하지만($n = p$), 도핑된 반도체의 경우에는 이들의 농도가 서로 다르다. 그런데 이들의 농도는 **질량작용의 법칙**의 지배를 받는다.

$$np = n_i^2 \tag{3.9}$$

여기서 n_i는 진성반도체의 전자농도이다. 도핑에 의해서 한 가지 나르개의 농도가 높아지게 되면, 그에 따라서 다른 나르개의 농도는 낮아지게 된다. 결국에 가서는 한 가지 나르개가 전류의 흐름을 지배하게 되며, 소재는 n-형 또는 p-형이 되어 버린다. 이런 경우, 반도체의 전기전도도는 다음과 같이 주어진다.

$$\sigma = en_d\mu_d \ [S/m] \tag{3.10}$$

여기서 n_d는 도핑물질의 농도이며, μ_d는 이동도이다.

이 전기전도도 방정식은 모든 유형의 반도체에 적용되며, 반도체의 성질에 따른 전기전도도 계산에 사용할 수 있다. 나르개의 농도는 온도에 따라 변하기 때문에 전기전도도는 비선형적 특성을 갖는다. 그럼에도 불구하고, 온도에 따른 전기전도도 변화는 온도측정의 유용한 수단이다. 비선형성이 비교적 작은 일련의 실리콘 기반 센서들이 존재한다. 이들을 **실리콘-저항형 센서**14)라고 부른다. 소재의 구조와 적절한 도핑물질의 선정을 통해서 비선형성을 줄일 수 있으며, 금속기반의 센서들보다 민감도가 훨씬 더 높지만, 예상하는 것처럼 온도측정범위가 훨씬 더 좁다.

실리콘-저항형 센서들은 약간의 비선형성을 가지고 있으며, 0.5~0.7[%/°C]의 민감도 오차를 가지고 있다. 대부분의 실리콘 기반 반도체 센서들과 마찬가지로, 이들의 온도 측정범위가 제한되어 있다(−55~+150[°C]). 물리적인 측면에서 이 센서들은 매우 작으며, 두 개의 전극이 성형된 실리콘 칩으로서, 에폭시나 유리로 밀봉되어 있다. 센서의 공칭 저항값은 센서 소자의 측정범위 내의 기준온도(전형적으로 25[°C])에 대해서 1[$k\Omega$] 정도이다. 자기가열 문제 때문에, 이 센서를 통과하는 전류는 최소로 유지한다. 전체적으로, 이 소자는 크기가 작고 염가이나, 정확도가 제한된다. 대부분의 센서 소자들은 1~3%의 오차를 가지고 있다. **그림 3.4**에서는 실리콘-저항형 센서의 정규화된 저항값 변화특성이 제시되어 있다.

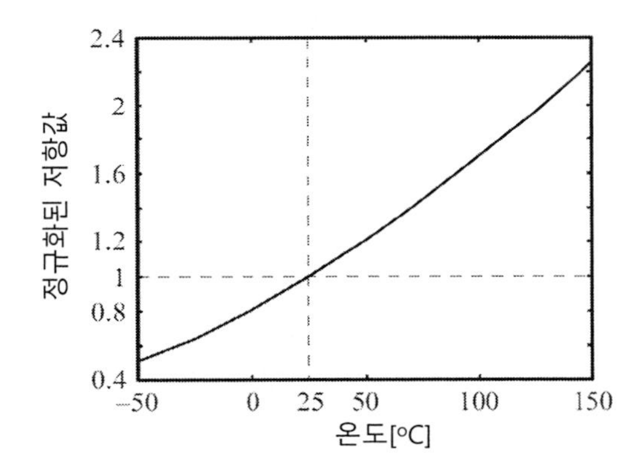

그림 3.4 실리콘-저항형 센서의 온도변화에 따른 (25[°C]를 기준으로) 정규화된 저항값 변화특성. 25[°C]에서의 공칭 저항값인 1[$k\Omega$]이 점선으로 표시되어 있다.

실리콘-저항형 센서의 전달함수는 도표(**그림 3.4** 참조)나 다항식의 형태로 제시된다. 사양값은 센서 각각이나 센서 유형별로 제시되며, 구조나 사용한 소재에 따라서 서로 다르다. 저항값 다항식에는 일반적으로 캘린더-반두센 방정식이 사용된다.

$$R(T) = R(0)[1 + a(T - T_0) + b(T - T_0)^2 + HOT] \ [\Omega] \tag{3.11}$$

14) silicon-resistive sensor

여기서 $R(0)$는 온도 T_0에서의 저항값이며, HOT(고차항)은 특히 고온에서의 특성을 나타내기 위해서 추가되는 보정항들로 이루어진다. 평가대상인 특정 센서의 응답을 측정하여 이 계수값들을 구한다(예제 3.6 참조).

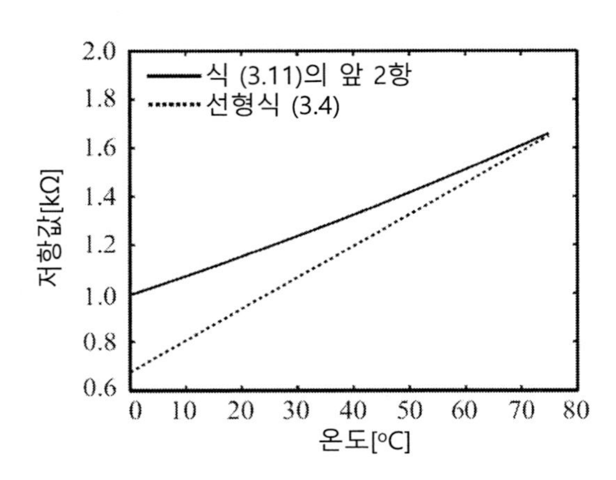

그림 3.5 실리콘-저항형 센서의 응답에 대한 선형근사식과 2차 다항식의 차이

예제 3.6 실리콘-저항형 센서

식 (3.11)에 제시되어 있는 실리콘 저항형 센서의 저항값 다항식에 사용된 계수값들은 $a = 7.635 \times 10^{-3}$, $b = 1.731 \times 10^{-5}$이며, $25[°C]$에서의 기준저항값은 $1[k\Omega]$이다. $0 \sim 75[°C]$ 사이의 온도를 측정하기 위해서 이 센서를 사용하려고 한다. 온도계수 $0.013[1/°C]$을 선형식 (3.4)에 적용하는 경우에 발생하는 저항값의 최대편차를 계산하시오.

풀이

계산결과를 도표로 나타내면 손쉽게 문제를 파악할 수 있다. 그림 3.5에는 센서의 응답이 표시되어 있다. 출력(저항값)의 최대 오차는 저온측에서 발생한다.
식 (3.4)를 $0[°C]$에 대해서 계산하면,

$$R(0°) = R_0[1 + \alpha(T - T_0)] = 1{,}000[1 + 0.013(0 - 25)] = 675.0[\Omega]$$

식 (3.11)을 사용하여 다시 계산해 보면,

$$\begin{aligned} R(0°) &= R_0[1 + a(T - T_0) + b(T - T_0)^2] \\ &= 1{,}000[1 + 7.635 \times 10^{-3}(0° - 25°) + 1.731 \times 10^{-5}(0° - 25°)^2] \\ &= 992.4[\Omega] \end{aligned}$$

두 계산결과 사이의 편차는 $317.4[\Omega]$로서, 오차율이 $31.98[\%]$에 달한다. 따라서 선형 방정식은 실제에 적용할 수 없다는 것을 알 수 있다. 이런 유형의 센서를 사용하는 경우에는 측정된 센서 저항값을 식 (3.11)의 결과와 비교하거나 마이크로프로세서에 저장된 조견표를 사용하여야 한다.

3.2.3 서미스터

서미스터[15]는 1960년대에 여타의 반도체 소자들과 함께 개발되었으며, 온도측정에 사용되어왔다. 이름이 의미하는 것처럼, 이들은 반도체 금속 산화물로 만든 열저항 소자로서 큰 온도계수값을 가지고 있다. 대부분의 금속 산화물 반도체들은 음의 온도계수(NTC)를 가지고 있는 소재들로 제작하며, 기준온도(보통 25[°C])에서의 저항값이 비교적 크다. 서미스터의 단순모델은 다음과 같이 주어진다.

$$R(T) = R_0 e^{\beta(1/T - 1/T_0)} = R_0 e^{-\beta/T_0} e^{\beta/T} \ [\Omega] \tag{3.12}$$

여기서 R_0는 기준온도 $T_0[K]$에서 서미스터의 저항값, $\beta[K]$는 **소재상수**로서, 소자에 사용된 특정 소재에 의존적인 값이다. 그리고 $R(T)[\Omega]$는 측정된 온도 $T[K]$에서 서미스터의 저항값이다. 이 방정식은 비선형 근사식이다. 식 (3.12)의 역함수는 측정된 저항값을 온도로 변환할 때에 매우 유용하므로, 온도측정에 자주 사용된다.

$$T = \frac{\beta}{\ln\left(R(t)/R_0 e^{-\beta/T_0}\right)} \ [K] \tag{3.13}$$

스타인하트-하트[16] 방정식을 사용하여 다음과 같이, 식 (3.12)의 모델을 개선할 수 있다

$$R(T) = e^{\left(x - \frac{y}{2}\right)^{1/3} - \left(x + \frac{y}{2}\right)^{1/3}} [\Omega], \ y = \frac{a - 1/T}{c}, \ x = \sqrt{\left(\frac{b}{3c}\right)^3 + \frac{y^2}{4}} \tag{3.14}$$

상수 a, b 및 c는 서미스터 응답들 중에서 세 개의 이미 알고 있는 점들을 사용하여 구할

15) thermal resistor
16) Steinhart-Hart

수 있다. 이 식도 역수관계를 자주 사용한다.

$$T = \frac{1}{a + b\ln(R) + c\ln^3(R)} \ [K] \tag{3.15}$$

식 (3.12) 및 식 (3.14)는 서미스터의 근사전달함수로 사용하기 위해서 만들어졌지만, 여타의 많은 센서들에도 적용할 수 있다.

소자들 사이의 편차가 매우 크기 때문에, 2장에서 논의하였던 것처럼, 교정을 통해서 전달함수를 구할 필요가 있다. 대부분의 경우, 상수 a, b 및 c를 구하기 위해서 식 (3.15)가 사용된다. 그런 다음에, 저항값을 온도의 함수로 나타내기 위하여 식 (3.14)를 사용한다. 서미스터 제조업체들은 교정을 위한 도표를 제공하며, 이 계수값들을 제공하는 경우도 있다. 만일 단순화된 전달함수를 사용하는 경우라면 식 (3.13)을 사용할 수 있으며, 소재상수 β는 손쉽게 구할 수 있다.

소자 트리밍 과정을 통해서 고정밀 서미스터 모델을 구할 수 있다. 서미스터는 다양한 방법으로 제조할 수 있으며, 서미스터 생산방법에 의해서도 전달함수가 영향을 받을 수 있다. 비드형 서미스터(그림 3.6 (a))는 작은 알갱이 크기의 금속산화물에 두 개의 도선(고품질 서미스터의 경우에는 백금합금, 저가형 소자에서는 구리나 구리합금을 사용)을 열용착시킨 구조를 가지고 있다. 그런 다음 유리나 에폭시로 비드 표면을 코팅한다. 또 다른 제조방법은 표면전극을 갖춘 칩(그림 3.6 (b))을 생산한 다음에 도선을 연결하고 소자를 밀봉한다. 칩은 특정한 저항값으로 조절하기가 용이하다. 세 번째 방법은 모재 표면에 반도체 물질을 증착한 다음에 표준 반도체 생산방식(그림 3.7 (b))을 사용하는 것이다. 이 방법은 복사센서와 같은 복잡한 센서의 소자 집적에 특히 유용하다. 생산방법이 중요하지만, 아마도 장기간 안정성의 측면에서는 밀봉이 훨씬 더 중요하다. 밀봉이 다양한 서미스터들 사이의 가장 큰 차이점이다.

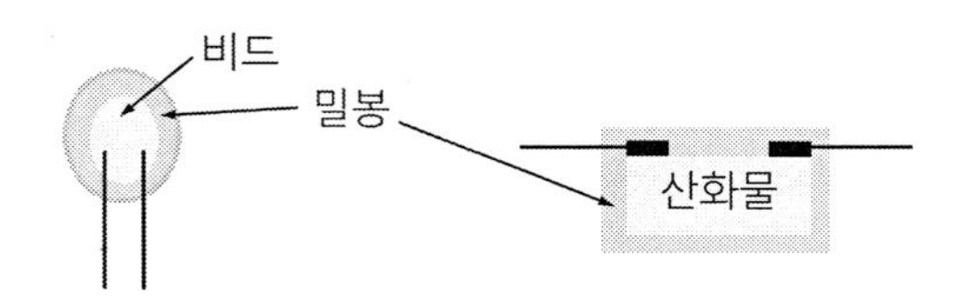

그림 3.6 (a) 비드형 서미스터의 구조. (b) 칩형 서미스터의 구조

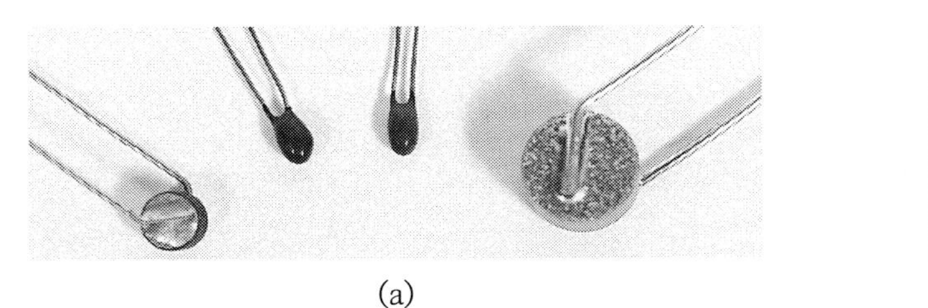
(a)

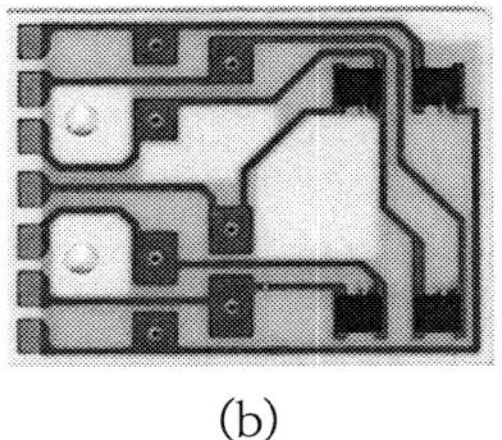
(b)

그림 3.7 (a) 두 가지 유형의 서미스터들. 좌측과 우측이 칩형 센서이며 가운데 두 개가 비드형 센서이다. (b) 세라믹 모재 표면에 증착된 서미스터(네 개의 검은 사각형 영역이 서미스터이다).

고품질 서미스터는 유리로 밀봉하는 반면에, 저가형 서미스터는 에폭시로 함침한다. 열악한 환경에 사용하는 센서의 경우에는 스테인리스 재킷을 추가하기도 한다. 그림 3.7 (a)에서는 에폭시로 밀봉된 비드형 서미스터 두 가지와 칩형 서미스터 두 가지를 보여주고 있다. 이 소자들의 크기는 생산방법에 따라 달라지는데(비드형 서미스터의 크기가 가장 작다), 소자의 열응답성은 크기에 의해서 결정된다. 전형적으로 서미스터는 크기가 작기 때문에 열응답 속도는 비교적 짧다.

대부분의 서미스터들은 음의 온도계수(NTC)를 가지고 있지만, 특수소재를 사용하여 양의 온도계수(PTC)를 구현할 수도 있다. 양의 온도계수를 갖는 서미스터에는 일반적으로 티탄산바륨($BaTiO_3$)이나 티탄산스트론튬($SrTiO_3$)에 반도체의 성질을 구현하기 위해서 약간의 첨가물을 도핑한 소재를 사용한다. 이 소재들은 저항값이 매우 크며 심하게 비선형적인 전달함수를 가지고 있다. 그럼에도 불구하고, 좁은 사용온도범위에 대해서는 약한 비선형성의 양의 온도계수를 가지고 있다. 음의 온도계수를 갖는 서미스터와는 달리, 양의 온도계수를 갖는 서미스터는 사용온도범위 내에서 가파른 기울기를 가지고 있으므로(저항값이 크게 변한다), 해당 온도범위에서 음의 온도계수를 가지고 있는 서미스터에 비해서 더 높은 민감도를 가지고 있다. 비록 양의 온도계수를 가지고 있는 서미스터들이 음의 온도계수를 가지고 있는 서미스터에 비해서 일반적이지는 않지만, 양의 온도계수를 가지고 있는 (권선형 온도센서를 포함하는) 모든 온도센서들은 일반적으로 명확한 장점을 가지고 있다. 만일 이 센서를 전압원에 연결하여 사용하는 경우, 온도가 상승하면 전류가 감소하기 때문에 자기가열에 의한 과열이 발생하지 않는다. 이런 자기보호 메커니즘은 고온용 센서에서 매우 유용하다. 이에 반하여 음의 온도계수를 가지고 있는 서미스터는 동일한 조건하에서 과열될 우려가 있다.

서미스터에서도 저항형 온도검출기(RTD)의 경우처럼 자기가열에 의해 오차가 발생한다. 수중에서는 $0.01[°C/mW]$ 수준이며, 공기중에서는 $1[°C/mW]$ 수준이다. 그런데 수$[M\Omega]$에 이르는 큰 저항값과 높은 민감도로 서미스터를 만들 수 있으며, 이런 서미스터를 통과하여 흐르는 전류는 매우 작기 때문에 자기가열이 문제가 되지 않는다. 반면에 매우 소형으로 제작된 서미스터의 경우에는 저항값이 작기 때문에 자기가열의 영향이 증가하게 된다. 그런데, 서미스터에 의도적으로 전류를 흘려서 자기가열 특성을 활용하는 사례도 있다. 6장에서는 이런 사례가 예시되어 있다. 서미스터의 자기가열 특성은 저항형 온도검출기(RTD)의 경우와 동일한 방식으로 제조업체들이 제시하고 있다.

서미스터는 생산된 직후부터 노화에 의한 저항값 변화가 일어나기 때문에 과거부터 서미스터의 장기간 안정성은 문제가 되어왔다. 이런 이유 때문에, 서미스터를 출고하기 전에 지정된 시간 동안 고온에 방치하여 노화를 유도한다. 이런 노화공정을 거치고 나면, 고품질 서미스터의 경우 드리프트가 거의 발생하지 않으며, 0.25[°C] 수준의 높은 정확도와 뛰어난 반복도를 구현한다.

서미스터의 온도측정 범위는 실리콘 저항형 온도검출기에 비해서 더 넓으며, 최저 -270[°C]에서 최고 1,500[°C]에 이른다. 서미스터는 염가, 소형, 그리고 구동용 인터페이스가 매우 단순하다는 장점 때문에, 다양한 소비제품에서 사용되고 있다.

예제 3.7 음의 온도계수(NTC)형 서미스터

서미스터의 공칭 저항값은 25[°C]에서 10[$k\Omega$]이다. 서미스터를 평가하기 위해서 0[°C]에서 측정한 저항값은 29.49[$k\Omega$]이다. $-50\sim+50$[°C]의 온도범위에 대해서 서미스터의 저항값 변화를 도표로 그리시오.

풀이

식 (3.12)를 사용하여 β 계수값을 구해야 한다.

$$R(0°)=29{,}490=10{,}000e^{\beta\left(\frac{1}{273.15}-\frac{1}{273.15+25}\right)}[\Omega]$$

β값을 계산하기 위해서 위 식을 정리하면,

$$\ln\left(\frac{29{,}490}{10{,}000}\right)=\beta\left(\frac{1}{273.15}-\frac{1}{298.15}\right)$$

$$\therefore \beta=\frac{\ln\left(\frac{29{,}490}{10{,}000}\right)}{\frac{1}{273.15}-\frac{1}{298.15}}=3.523\times10^{3}[K]$$

따라서 서미스터의 저항값은 다음과 같이 나타낼 수 있다.

$$R(T) = 10{,}000e^{3.523\times10^3\times\left(\frac{1}{T}-\frac{1}{298.15}\right)}[\Omega]$$

이 식을 사용해서 $-50[°C]$와 $+50[°C]$에서의 저항값을 계산해 보면,

$$R(-50°) = 10{,}000e^{3.523\times10^3\times\left(\frac{1}{233.15}-\frac{1}{298.15}\right)} = 530{,}580[\Omega]$$

$$R(+50°) = 10{,}000e^{3.523\times10^3\times\left(\frac{1}{323.15}-\frac{1}{298.15}\right)} = 4{,}008[\Omega]$$

이 온도범위에 대해서 서미스터는 **그림 3.8**에 도시되어 있는 것처럼, 비선형 거동을 나타낸다. 또한 위 식은 근사식이므로 온도범위가 좁아질수록 β값의 오차가 감소하여 근사도가 높아진다. 또한, 위 식에서는 β값이 온도에 의존하지 않는다고 가정하고 있다. 이 예제에서는 $T_0 = 25[°C]$와 $T = 0[°C]$에 대해서 β값을 산출하였다. 하지만 저항값을 알고 있는 두 개의 다른 어느 온도를 사용하여도 무방하다. 사양서에서는 전형적으로 $T_0 = 25[°C]$와 $T = 85[°C]$를 사용한다.

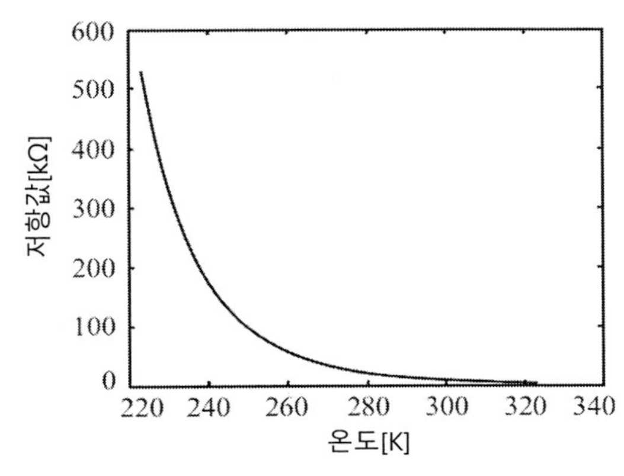

그림 3.8 $-50[°C]$와 $+50[°C]$ 사이의 온도범위에서 서미스터의 응답특성

3.3 열전센서

서언에서 설명했듯이, **열전센서**는 가장 역사가 오래되었고, 가장 유용하며, 가장 일반적으로 사용되는 센서로서, 150년 이상 사용되어 왔다. 그럼에도 불구하고, 열전센서에서 출력되는 신호가 약하고, 측정하기 어려우며, 노이즈에 취약하기 때문에 첫인상은 탐탁지 않을 것이다. 하지만 이 센서가 초기에 성공했던 비결은, 열전센서는 수동형 센서이므로 스스로 기전력(전압)을 생성할 수 있어서, 별도의 회로 없이 전압을 측정하면 된다는 특징 때문이었을 것이다. 이 센서가 개발된 초창기에는 증폭기나 제어기가 없었지만, 작은 센서소자에서 생성되는 기전력을 측정하여 온도를

정확하게 감지할 수 있었다. 또한, 이 센서는 최소한의 기술만 있으면 누구나 제작할 수 있었다. 이 센서는 시대를 초월하여 현대적인 요구조건들에 알맞은 성질들을 가지고 있다. 이 센서는 단순성, 견실성, 염가, 등의 장점들을 가지고 있을 뿐만 아니라, 거의 절대영도에서 +2,700[°C]에 이르는 거의 모든 온도범위에 대해서 작동할 수 있다. (적외선 온도계를 포함한) 여타의 어떤 센서들도 이 측정범위의 일부분에도 접근하지 못하고 있다.

열전형 센서에는 **열전대**[17]라고 부르는 단 한 가지의 형태밖에 없다. 하지만 이 센서의 명칭과 구조는 다양하다. 열전대는 보통, 두 개의 서로 다른 도체들로 만들어진 접점을 의미한다. 다수의 이런 접점들이 직렬로 연결된 소자를 **열전퇴**[18]라고 부른다. 반도체형 열전대와 열전퇴는 유사한 기능을 갖추고 있지만, 가역반응 성질을 가지고 있어서 가열이나 냉각이 가능하므로, 작동기로 사용된다. 이런 소자들을 일반적으로 작동기로 사용된다는 것을 나타내기 위해서 별도로 **열전발전기**(TEG)[19] 또는 **펠티에소자**[20]라고 부르지만, 이를 센서로 사용할 수도 있다.

열전대는 제벡효과에 기초하고 있으며, 제벡효과는 펠티에 효과와 톰슨효과가 서로 합해진 것이다. 지금부터 이 두 가지 효과들과 이로 인한 제벡효과에 대해서 살펴보기로 하자.

펠티에효과는 두 개의 서로 다른 도전성 소재들로 만들어진 접점을 통과하여 전류가 흐르면서 접점 양단에 전자장이 부가되면 열이 발생하거나 열을 흡수하는 현상이다. 작동 모드에 따라서, 접점에 외부 전자장을 부가하여 접점을 발열 또는 냉각하거나, 외부 온도에 의해서 접점 자체가 전자장을 생성하는 방식으로 이 효과가 나타난다. 두 경우 모두, 접점을 통과하여 전류가 흘러야만 한다. 이 효과는 휴대용 냉장고나 전자소자의 냉각과 같은 냉각이나 가열과 같은 용도에 주로 사용된다. 이 효과는 1834년에 찰스 아타나즈 펠티에에 의해서 발견되었으며, 1960년대에 우주계획의 일부로서, 현대에 사용되는 형태로 개발되었다. 현재 사용되는 펠티에 소자는 고온용 반도체 소자를 중심으로 하는 반도체의 개발에 혜택을 받았다.

톰슨효과는 전류를 나르는 도선이 길이방향으로 불균일하게 가열되면 도선 내에서 전류가 흐르는 방향(차가운 쪽에서 뜨거운 쪽, 또는 뜨거운 쪽에서 차가운 쪽)에 따라서 열을 흡수하거나 방출하는 현상으로서, 1892년 윌리엄 톰슨(켈빈경)에 의해서 발견되었다.

---

17) thermocouple
18) thermopile
19) thermoelectric generator
20) Peltier cell

제벡효과는 두 개의 서로 다른 도체들로 이루어진 접점의 양단에 전자장이 생성되는 현상이다. 만일 두 도체의 양단이 서로 연결되어 있으며, 두 접점들 사이에 온도 차이가 유지된다면, 이 폐회로 속으로 열전류가 흐르게 된다(그림 3.9 (a)). 이와는 반대로, 그림 3.9 (b)에서와 같이, 회로가 열려 있다면 개회로 양단에 전자장이 형성된다. 열전대 센서는 바로 이 전자장의 전압을 측정하는 것이다. 이 효과는 1821년 토마스 요한 제벡에 의해서 발견되었다.

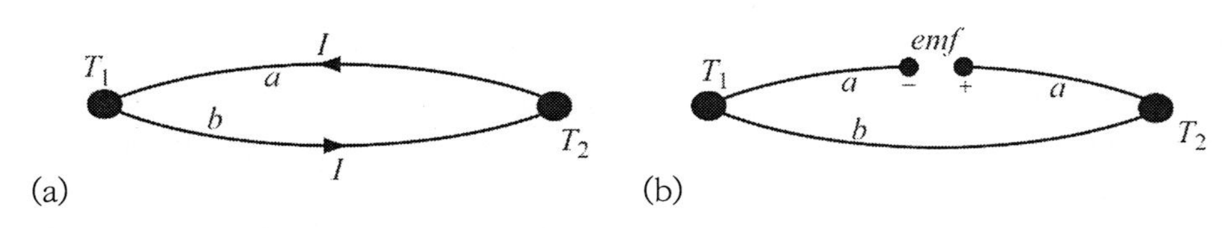

그림 3.9 (a) 서로 다른 온도가 부가된 두 접점들로 이루어진 회로 내를 흐르는 열전 전류. (b) 개회로 양단에 형성된 전자장.

다음의 간단한 해석에서는 그림 3.9 (b)에 도시되어 있는 두 접점에 서로 다른 온도 T_1과 T_2가 부가되어 있으며, 도체의 온도는 균일하다고 가정한다. 도체 a와 b의 양단에서 발생하는 제벡 전자장은 다음과 같이 정의할 수 있다.

$$emf_a = \alpha_a(T_2 - T_1),\ \ emf_b = \alpha_b(T_2 - T_1) \tag{3.16}$$

여기서 α_a와 α_b는 소재의 성질에 의존적인 절대 제벡계수(표 3.2에서는 자주 사용되는 소재들의 절대 제벡계수값들이 제시되어 있다)로서 $[\mu V/°C]$ 단위를 사용한다. 도체 a와 b로 만들어진 두 도선을 사용하여 제작한 열전대에서는 다음과 같은 열전 전자장이 생성된다.

$$emf_T = emf_a - emf_b = (\alpha_a - \alpha_b)(T_2 - T_1) = \alpha_{ab}(T_2 - T_1) \tag{3.17}$$

여기서 α_{ab}는 도체 a와 b로 이루어진 접점의 상대 제벡계수이다(표 3.3 참조). 열전대의 민감도를 나타내는 이 계수값들은 다양한 소재조합에 대해서 구할 수 있으며, 표 3.3에서는 이들 중 일부가 제시되어 있다. 여타의 상대 제벡계수값들은 표 3.2나 여타의 도표들에 제시되어 있는 절대 제벡계수값들을 서로 차감하여 구할 수 있다.

제벡계수값들은 비교적 작기 때문에, 가장 계수값이 큰 경우라 하더라도 온도차이에 의해서 생성되는 전압은 수$[\mu V/°C]$에서 수$[m V/°C]$에 불과하다. 따라서 많은 경우, 열전대의 출력을 실제로 활용하기 위해서는 사전에 신호를 증폭해야 한다. 이를 위해서는 노이즈 신호를 차폐하며, 외부전원에 의한 전자기간섭을 피하도록 열전대 신호선을 연결하기 위해서 세심한 주의가 필요하다. 과거에는 열전대의 출력신호를 직접 측정하는 방법이 주로 사용되어 왔으며, 출력신호의 추가적인 처리가 없이 단순히 온도만 측정하는 경우에는 현재에도 직접측정법이 사용되고 있다. 하지만 무언가를 구동하기 위해서(보일러를 켜고 끄기, 가스를 켜기 전에 불꽃을 감지하는 등) 신호가 사용된다면, 최소한 신호처리기와 작동기를 구동하기 위한 제어기가 필요하다.

표 3.2 선정된 소재들의 절대 제벡계수값들

소재	$\alpha[\mu V/K]$
p-형 실리콘	100~1,000
안티몬(Sb)	32
철(Fe)	13.4
금(Au)	0.1
구리(Cu)	0
은(Ag)	-0.2
알루미늄(Al)	-3.2
백금(Pt)	-5.9
코발트(Co)	-20.1
니켈(Ni)	-20.4
비스무트(Sb)	-72.8
n-형 실리콘	-100~-1,000

표 3.3 일부 소재조합들에 대한 상대 제벡계수값들

소재조합	25[°C]에서 상대제벡계수값[μV/°C]	0[°C]에서 상대제벡계수값[μV/°C]
구리/콘스탄탄	40.9	38.7
철/콘스탄탄	51.7	50.4
크로멜/알루멜	40.6	39.4
크로멜/콘스탄탄	60.9	58.7
백금(10%)/로듐-백금	6.0	7.3
백금(13%)/로듐-백금	6.0	5.3
은/팔라듐	10	
콘스탄탄/텅스텐	42.1	
실리콘/알루미늄	446	
카본/실리콘카바이드	170	

열전대의 작동은 다음의 세 가지 법칙에 기초한다. 이 열전법칙들은 앞서의 논의를 요약해 놓은 것들이다.

1. **균질회로의 법칙: 균질회로 내에서는 열에 의해서만 열전전류가 생성될 수 없다.** 이 법칙에 따르면, 단일소재로 만들어진 도체는 전자장과 그에 따른 전류를 생성할 수 없기 때문에, 서로 다른 소재로 만들어진 접점이 필요하다.
2. **중간소재의 법칙: 모든 접점들이 동일한 온도라면, 임의 숫자의 서로 다른 소재들로 구성된 회로 내에서 열전력(전자장)의 총합은 0이다.** 이 법칙에 따르면, 회로 내에 추가된 접점들이 동일한 온도를 유지하고 있다면, 열전회로에 추가적으로 연결되어 있는 소재들은 회로의 출력에 아무런 영향을 끼치지 않는다. 또한, 이 법칙에 따르면 전압은 누적되므로, 회로 내에 다수의 접점들을 직렬로 연결하면 출력을 증대시킬 수 있다(열전퇴).
3. **중간온도의 법칙. 만일 온도가 T_1 및 T_2인 두 접점들이 제벡전압 V_1을 생성하고, 온도가 T_2 및 T_3인 두 접점들은 제벡전압 V_2를 생성한다면, 온도가 T_1 및 T_3인 두 접점들 사이에는 제벡전압 $V_3 = V_1 + V_2$이 생성된다.** 이 법칙을 사용하여 열전대를 교정할 수 있다.

주의: 일부의 교재에서는 이를 더 자세히 구분하여 5가지 법칙을 제시하고 있다. 하지만 이 책에서 제시하는 3가지 법칙들만으로도 관찰되는 모든 현상들을 설명할 수 있다.

앞서 설명한 원리들에 따르면 열전대는 일반적으로 쌍으로 사용한다(예외적인 경우들이 존재한다). 이들 중 하나는 온도를 측정하며, 다른 하나는 기준온도로서, 일반적으로 저온을 기준온도로 사용하지만 고온을 기준온도로 사용하는 경우도 있다. 그림 3.10에서는 전압계(일종의 증폭기)와 한 쌍의 열전대로 이루어진 온도측정 시스템이 도시되어 있다. 회로 내에서 서로 다른 소재로 만들어진 모든 연결들은 접점에서 전자장이 생성된다. 그런데 온도가 동일한 한 쌍의 접점들에 의한 전자장은 서로 상쇄되어 출력전압을 변화시키지 않는다. 그림 3.10에서는 다음 이유에 의해서 ①번과 ②번 접점에서만 출력전압이 생성된다. ③번과 ④번 접점은 소재조합이 동일하며(③번은 소재 b와 c, ④번은 소재 c와 b) 온도 역시 동일한 상태이다. 따라서 이 접점쌍에 의해서는 전자장이 상쇄된다. ⑤번과 ⑥번 접점의 경우에도 동일한 소재조합이 사용되었기 때문에, 모든 온도범위에 대해서 전자장이 서로 상쇄된다. 여기서 주의할 점은 (기준용 접점과 측정용 접점) 각각의 연결에 두 개의 접점들이 사용된다는 것이다. 이는 측정의 중요한 원칙이다. 온도측정이나 기준온도 측정에 사용되는 접점 이외의 모든 접점들은 동일한 소재로 만들거나 쌍으로 사용해야만 하며, 이 접점쌍들은 동일한 온도로 관리되어야만 한다. 또한, 온도측정용 센서에서 기준온도 접점이나 계측용 증폭기로 연결되는 도선에 파손되지 않은 전선을 사용하는 것도 좋은 대책이다. 만일 연결선의 길이를 늘이기 위해서 배선연결이 필요하다면, 추가적인 전자장 발생을 방지하기 위해서 동일한 소재로 만들어진 도선을 사용해야만 한다.

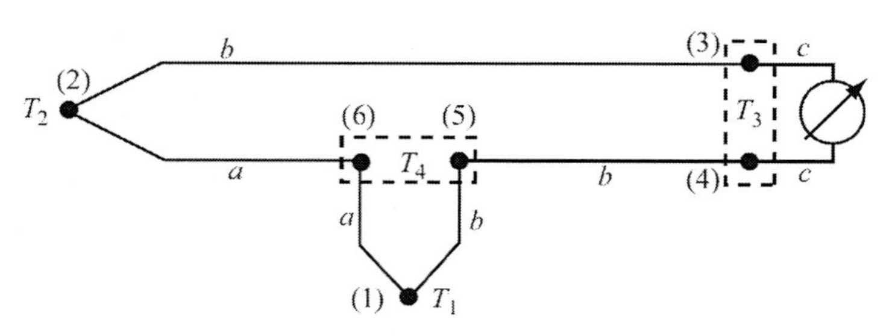

그림 3.10 온도측정용 열전대(2번 고온접점)와 기준온도 열전대(1번 저온접점), 그리고 연결에 사용되는 추가적인 접점들로 이루어진 열전대 시스템

다양한 방식으로 열전대를 연결할 수 있으며, 이들 각각은 장단점을 가지고 있다. 그림 3.11 (a)에는 가장 일반적인 연결방법이 도시되어 있다. 두 개의 접점들(소재 b와 c 사이와 소재 a와 c 사이)이 소위 등온영역에 배치된다. 소형의 접점박스를 사용하거나 단순히 이 접점들을 매우 가깝게 배치하여 등온상태를 구현할 수 있다. 이 경우에는 냉접점이 사용되지 않는다. 대신에 보상회로가 추가되어 $b-c$ 접점과 $a-c$ 접점이 냉접점과 유사한 거동을 하도록 만들어준다. 이 보상회로는 기준온도(일반적으로 $0[°C]$)에서 출력전압이 0이 되도록 만들어 준다.

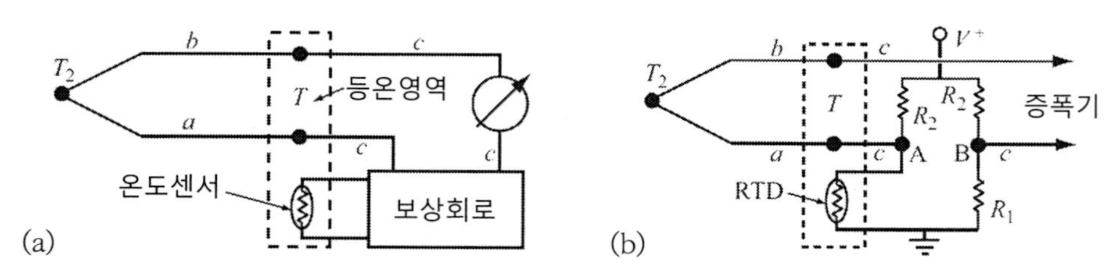

그림 3.11 (a) 등온(T)영역에서 열전대 도선을 연결하며 기준온도 접점 대신에 보상회로를 사용. (b) 보상회로의 구조

만일 그림 3.10에 도시되어 있는 기준 접점이 사용된다면, 기준온도를 알고 있어야 하며, 이를 일정하게 유지하는 것이 매우 중요하다. 이런 경우에는 (저항형 온도검출기나 서미스터 등을 사용

하며, 열전대는 사용하지 않는다)센서를 사용하여 기준온도 접점의 온도를 별도로 측정하며, 이를 사용하여 기준온도의 변화를 보상하여야 한다. 기준접점의 온도를 0[°C]로 유지하기 위해서 얼음물을 사용한다(물이 오염되어 있거나 대기압력이 변하면 얼음물의 온도가 변할 수 있다). 별도의 보상회로가 사용되지 않는다고 하여도, 이 얼음물 수조의 온도를 관찰해야 한다. 얼음물 대신에 끓는 물을 사용할 수도 있다. 이 경우에도 앞서와 동일한 주의가 필요하다. 열전대의 교정에도 이들 두 온도가 일반적으로 사용된다. 하지만 열전대를 일반적으로 사용하는 과정에서 얼음물이나 끓는 물을 사용하는 것은 매우 귀찮은 일이다. 많은 경우 **그림 3.11 (a)**에 도시되어 있는 구조를 사용한다. 이 경우, 기준 접점이나 일정한 온도가 필요 없으며, 이 덕분에 기준접점을 사용하는 과정에서 생하는 오차가 없다. 또한 기준온도를 일정하게 유지하는 노력도 필요 없다. 대신에 보상회로에서 등온영역의 온도를 측정하여 기준 접점에서 생성해야 하는 전자장을 생성한다. 이 목적으로는 열전대를 센서로 사용할 수 없다. **그림 3.11 (a)**에서 측정되는 전자장은 다음과 같다.

$$emf = \alpha_{ba} T_2 - (\alpha_{bc} + \alpha_{ca}) T + emf_{comp} \ [\mu V] \tag{3.18}$$

여기서 α_{ba}, α_{bc} 그리고 α_{ca}는 상대 제벡계수이다. 식 (3.18)의 $\alpha_{ba} T_2$가 관심값이며, $(\alpha_{bc} + \alpha_{ca})T$는 온도 T에서 측정한 기준 전자장의 일부로 간주할 수 있다. 이 항들을 다음과 같이, 세 가지 소재들의 절대 제벡계수들로 풀어서 나타낼 수 있다.

$$(\alpha_{bc} + \alpha_{ca}) T = [(\alpha_b - \alpha_c) + (\alpha_c - \alpha_a)] T = (\alpha_b - \alpha_a) T = \alpha_{ba} T \tag{3.19}$$

따라서 식 (3.18)은 다음과 같이 정리된다.

$$emf = \alpha_{ba} T_2 - \alpha_{ba} T + emf_{comp} \ [\mu V] \tag{3.20}$$

온도 T_2가 올바르게 측정되도록 보상항이 추가되었으므로, emf_{comp}는 $\alpha_{ba} T$를 상쇄하여야 한다. 즉, 보상회로에서 공급되는 전자장은 다음 식을 만족해야 한다.

$$emf_{comp} = \alpha_{ba} T \ [m V] \tag{3.21}$$

여기서 T는 등온영역의 온도이다. 이 조건하에서 측정된 전자장은 $emf = \alpha_{ba} T_2$로서, 온전히

T_2만을 측정하게 된다는 것을 알 수 있다. 여기서 주의할 점은 α_{ba}는 측정용 접점에서의 상대 제벡계수이므로, 보상 전자장은 측정용 접점의 민감도에만 의존한다는 것이다.

그림 3.11 (b)를 통해서 보다 구체적인 보상방법에 대해서 살펴보기로 하자. 냉접점은 전위차 V_{BA}로 대체되었다. 저항 R_1은 0[°C]에서 저항형 온도검출기(RTD)의 저항값인 R_T와 같도록 선정한다. 저항 R_2는 사용된 열전대의 유형에 따라서 필요한 온도변화에 대한 전압민감도[V/°C]를 생성하도록 선정된다. 전형적으로 저항형 온도검출기(RTD)는 저항값이 100[Ω] 내외인 백금 저항형 온도검출기를 사용하며, 기준전압 V^+는 5~12[V] 사이의 임의 전압으로 선정한다. A점의 전압은 다음과 같이 산출된다.

$$V_A = \frac{R_1}{R_1 + R_2} V^+ \ \ [V] \tag{3.22}$$

그리고 B점의 전압은 다음과 같이 온도에 의존한다.

$$V_B = \frac{R_0(1+\alpha T)}{R_2 + R_0(1+\alpha T)} V^+ \ \ [V] \tag{3.23}$$

여기서 α는 저항형 온도검출기의 저항온도계수이며, R_0는 이 온도검출기의 0[°C]에서의 저항값이다. 냉접점을 대체하는 전압은 다음과 같이 구해진다.

$$emf_{comp} = V_{BA} = \left(\frac{R_0(1+\alpha T)}{R_2 + R_0(1+\alpha T)} - \frac{R_1}{R_1 + R_2} \right) V^+ \ \ [V] \tag{3.24}$$

열전대의 유형에 따라서 임의온도 T에서의 V_{BA} 전압을 알 수 있기 때문에, 이 식을 사용하여 R_2 저항값을 구할 수 있다. 예제 3.8에서는 이 저항값을 구하는 방법이 예시되어 있다.

앞서 설명한 보상방법은 약간의 단점이 있다. 등온영역의 온도범위가 저항형 온도검출기(RTD)의 기준온도와 너무 차이가 나서는 안 된다. 왜냐하면, 저항형 온도검출기의 기준온도에서 전자장이 0이 되도록 보상회로가 설계되었기 때문이다(그림 3.11 (b)에 대한 앞서의 방정식을 통하여 이를 검증할 수 있다). 이 온도 차이가 작게 유지되는 한도 내에서는 이 방법이 매우 정확하며 실용적이다(예제 3.8 참조).

예제 3.8 K-형 열전대의 냉접점 보상

그림 3.11 (b)에 도시되어 있는 것처럼, 백금저항형 온도검출기를 사용하여 크로멜-알루멜 열전대의 냉접점을 보상하려고 한다. 저항형 온도검출기(RTD)는 $0[°C]$에서 $100[\Omega]$이며, 저항온도계수(TCR)는 0.00385이다. $0[°C]$에서 K-형 열전대의 상대 제벡계수값(민감도)은 $39.4[\mu V/°C]$이다(표 3.3 참조).

(a) $10[V]$ 정전압원을 사용하는 경우에, 이 유형의 열전대를 보상하기 위한 저항 R_2의 값을 계산하시오.

(b) 등온영역의 온도 $T=27[°C]$일 때에, $45[°C]$의 온도를 측정하는 동안 발생하는 오차를 계산하시오. 그리고 이 오차가 발생하는 이유를 설명하시오.

풀이

(a) 풀이에는 식 (3.24)를 사용한다. 그런데, 제벡계수는 $[\mu V/°C]$의 단위를 사용하므로 온도 T에 0 [°C] 이상(또는 이하)의 임의온도를 사용해야 한다. 여기서는 편의상 $1[°C]$를 사용하기로 한다. $R_1=100[\Omega]$이므로, 다음과 같이 계산된다.

$$39.4\times10^{-6}=\frac{100(1+0.00385\times1°)}{R_2+100(1+0.00385\times1°)}\times10-\frac{100}{R_2+100}\times10$$
$$=\frac{1{,}003.85}{R_2+100.385}-\frac{1{,}000}{R_2+100}$$

위 식을 R_2에 대해서 정리하면,

$$R_2^2-97{,}515.351R_2+10{,}038.5=0$$

이 방정식을 풀어서 R_2를 구해보면,

$$R_2=97{,}515.3[\Omega]$$

따라서 $R_2=97{,}500[\Omega]$의 저항을 사용하여 상용 온도보상기를 제작할 수 있다.

(b) 등온영역의 온도가 $27[°C]$인 경우에, 보상회로에서 생성되는 전자장의 전압은 다음과 같이 계산된다.

$$emf_{comp}=\frac{100(1+0.00385\times27°)}{97{,}500+100(1+0.00385\times27°)}\times10-\frac{100}{97{,}500+100}\times10$$
$$=1.063857[mV]$$

식 (3.19)의 $\alpha_{ba}T$는 다음과 같이 구해진다.

$$\alpha_{ba}T=39.4\times10^{-6}\times27=1.0638\times10^{-3}[V]$$

보상회로를 포함한 회로의 전자장은 식 (3.20)으로부터 다음과 같이 구해진다.

$$emf=39.4\times10^{-6}\times45°-1.0638\times10^{-3}+1.063857\times10^{-3}=1.773057[mV]$$

이 값을 사용하여 T_2를 계산해보면,

$$T_2 = \frac{1.773057 \times 10^{-3}}{39.4 \times 10^{-6}} = 45.00145[°C]$$

따라서 오차는 0.003[%]에 불과하다는 것을 알 수 있다.
이 오차의 주요 원인은 R_2 저항값의 선정오차에 있으며, 이는 상업적으로 충분히 허용 가능한 오차값이다. 더 정확한 저항을 사용하면 오차를 줄일 수 있다(저항을 가변저항으로 바꿔서 교정해야 한다). 이외에도 열전대의 비선형전달함수에 의하여 오차가 발생할 수 있다(이에 대해서는 뒤에서 살펴볼 예정이다). 실제의 경우, 저항 자체가 가지고 있는 약간의 공차와 약간의 온도의존성으로 인하여 오차가 추가된다. 그런데, 전체적으로 이 방법은 매우 정확하므로 열전대 검출회로에 상업적으로 사용되고 있다.

3.3.1 실제적 고려사항들

앞에서는 열전대의 성질에 대해서 살펴보았다. 접점을 구성하는 소재의 선정은 전자장의 출력, 온도범위, 그리고 열전대의 저항에 영향을 끼치는 중요한 사안이다. 열전대의 유형과 소재의 선정을 도와주기 위해서 표준기구들에서는 세 가지 열전대 기본 참조표들을 작성하여 공급하고 있다. 표 3.4에 제시되어 있는, 첫 번째 참조표는 열전대 소재를 선정하기 위한 표로서, **열전대 시리즈 테이블**이라고 부른다. 이 표에 제시되어 있는 소재들은 모두 윗 줄의 소재들보다는 열전기적으로 음성을 가지며, 아랫 줄의 소재들보다는 열전기적으로 양성을 가진다. 또한 표에서 서로 멀리 떨어져 있는 소재들을 사용하면 더 큰 전자장 출력이 생성된다.

두 번째 표준 참조표는 백금 67에 대한 다양한 소재들의 제벡계수값들에 대한 것으로서, 표 3.5와 표 3.6에서는 일반적으로 사용되는 다양한 유형의 열전대들에 대한 제벡계수값들이 제시되어 있다. 이 표들에서, 각 유형의 첫 번째 소재들(E, J, K, R, S 및 T)은 제벡계수값이 양이며, 두 번째 소재들의 제벡계수값은 음이다. 표 3.5에서는 백금 67에 대한 열전대 기본소재들의 제벡 전자장 전위값이 제시되어 있다. 예를 들어, J-형 열전대는 철과 콘스탄탄을 사용한다. 따라서 JP 열에서는 백금 67에 대한 철의 제벡 전자장 전위값을 보여주고 있는 반면에, JN 열에서는 백금 67에 대한 콘스탄탄의 제벡 전자장 전위값을 보여주고 있다. 표 3.6의 J-형 열에서는 이들 두 값을 더하여 보여주고 있다. 따라서 예를 들어, 표 3.5에서 (볼드 서체로 표시된) 0[°C]에서의 JP와 JN 값을 더하여 구한 $17.9 + 32.5 = 50.4[\mu V/°C]$가 표 3.6의 J 열 0[°C]에서의 값(볼드서체)이 된다. 또한, 이 표에서는 해당 열전대 소자를 사용할 수 있는 최저온도와 최고온도에 대하여 온도에 따라서 변하는 제벡계수값들을 보여주고 있다. 그런데, 제벡계수값이 온도에 따라서 변한다는 것은, 열전대의 출력값이 선형이 아니라는 것을 의미한다. 이에 대해서는 곧이어 살펴보기로 한다.

표 3.4 열전대 시리즈: 선정된 온도와 합금성분

100[°C]	500[°C]	900[°C]
안티몬	크로멜	크로멜
크로멜	구리	은
철	은	금
니크롬	금	철
구리	철	90%백금, 10%로듐
은	90%백금, 10%로듐	백금
90%백금, 10%로듐	백금	코발트
백금	코발트	알루멜
코발트	알루멜	니켈
알루멜	니켈	콘스탄탄
니켈	콘스탄탄	
콘스탄탄		

표 3.5 백금 67에 대한 제벡계수값

	열전대 유형에 따른 제벡계수[μV/°C]					
온도[°C]	JP	JN	TP	TE, EN	KP, EP	KN
0	17.9	32.5	5.9	32.9	25.8	13.6
100	17.2	37.2	9.4	37.4	30.1	11.2
200	14.6	40.9	11.9	41.3	32.8	7.2
300	11.7	43.7	14.3	43.8	34.1	7.3
400	9.7	45.4	16.3	45.5	34.5	7.7
500	9.6	46.4		46.6	34.3	8.3
600	11.7	46.8		46.9	33.7	8.8
700	15.4	46.9		46.8	33.0	8.8
800				46.3	32.2	8.8
900				45.3	31.4	8.5
1,000				44.2	30.8	8.2

표 3.6 다양한 열전대들의 제벡계수값

	열전대 유형에 따른 제벡계수[μV/°C]					
온도[°C]	E	J	K	R	S	T
-200	25.1	21.9	15.3	5.3	5.4	15.7
-100	45.2	41.1	30.5	7.5	7.3	28.4
0	58.7	50.4	39.4	8.8	8.5	38.7
100	67.5	54.3	41.4	9.7	9.1	46.8
200	74.0	55.5	40.0	10.4	9.6	53.1
300	77.9	55.4	41.4	10.9	9.9	58.1
400	80.0	55.1	42.2	11.3	10.2	61.8
500	80.9	56.0	42.6	11.8	10.5	
600	80.7	58.6	42.5	12.3	10.9	
700	79.8	62.2	41.9	12.8	11.2	
800	78.4		41.0	13.2	11.5	
900	76.7		40.0			
1,000	74.9		38.9			

세 번째 표는 **열전기준표**라고 부르며, 각 유형의 열전대들이 생성하는 전자장 전위(즉, 전달함수)를 작동 온도범위 내에서 n-차 다항식의 계수값들을 제시하고 있다. 표준테이블에서는 0[°C]에서 기준접점의 전자장 전위를 제공하고 있다. 이 표는 열전대의 정확한 출력값을 제시하고 있으며, 열전대를 사용하여 측정한 온도를 제어기로 정확하게 전송하기 위해서 사용할 수 있다. 이 표는 실제로는 두 개의 표로 구성된다. 첫 번째 표는 (0[°C]를 기준으로 하는) 열전대 출력을 제공하는 반면에, 두 번째 표에서는 출력 전자장 전위에 따른 온도를 제공한다. 사례로서, 표 3.7에서는 E-형 열전대의 온도에 따른 전자장 전위에 대한 전달함수를 구성하는 다항식의 각 계수값들을 보여주고 있다. 그리고 표 3.8에서는 표 3.7의 역수, 즉, 주어진 전자장 전위에 대한 온도를 구하는 다항식의 계수값들을 보여주고 있다. 표 3.8에서는 또한, 다양한 온도범위에 대한 정확도를 함께 제시하고 있다. 주의할 점은 모든 온도는 섭씨이며, 전자장 전위는 [μV]라는 것이다.

이 다항식들은 정확하다고 간주한다. 다항식의 숫자를 절사하면 큰 오차가 초래되기 때문에 조심해야 한다.

Appendix B에서는 일반적으로 사용되는 대부분의 열전대들에 대한 열전기준표가 표와 다항식의 형태로 제시되어 있다.

표 3.7 E-형 열전대(크로멜-콘스탄탄)의 0[°C]를 기준으로 하는 표준 열전기준표(전달함수)

$$emf = \sum_{i=0}^{n} c_i T^i [\mu V]$$

온도범위[°C]	−270~0	0~1,000
C_0	0	0
C_1	$5.8665508708 \times 10^{1}$	$5.8665508710 \times 10^{1}$
C_2	$4.5410977124 \times 10^{-2}$	$4.5032275582 \times 10^{-2}$
C_3	$-7.7998048686 \times 10^{-4}$	$2.8908407212 \times 10^{-5}$
C_4	$-2.5800160843 \times 10^{-5}$	$-3.3056896652 \times 10^{-7}$
C_5	$-5.9452583057 \times 10^{-7}$	$6.5024403270 \times 10^{-10}$
C_6	$-9.3214058667 \times 10^{-9}$	$-1.9197495504 \times 10^{-13}$
C_7	$-1.0287605534 \times 10^{-10}$	$-1.2536600497 \times 10^{-15}$
C_8	$-8.0370123621 \times 10^{-13}$	$2.1489217569 \times 10^{-18}$
C_9	$-4.3979497391 \times 10^{-15}$	$-1.4388041782 \times 10^{-21}$
C_{10}	$-1.6414776355 \times 10^{-17}$	$3.5960899481 \times 10^{-25}$
C_{11}	$-3.9673619516 \times 10^{-20}$	
C_{12}	$-5.5827328721 \times 10^{-22}$	
C_{13}	$-3.4657842013 \times 10^{-26}$	

표 3.8 E-형 열전대의 온도 다항식의 계수값들

$$T = \sum_{i=0}^{n} C_i E^i [°C]$$

온도범위[°C]	−200~0	0~1,000
전압범위[μV]	$E = -8,825 \sim 0$	$E = 0 \sim 76,373$
C_0	0.0	0.0
C_1	1.6977288×10^{-2}	1.7057035×10^{-2}
C_2	$-4.3514970 \times 10^{-7}$	$-2.3301759 \times 10^{-7}$
C_3	$-1.5859697 \times 10^{-10}$	$6.5435585 \times 10^{-12}$
C_4	$-9.2502871 \times 10^{-14}$	$-7.3562749 \times 10^{-17}$
C_5	$-2.6084314 \times 10^{-17}$	$-1.7896001 \times 10^{-21}$
C_6	$-4.1360199 \times 10^{-21}$	$8.4036165 \times 10^{-26}$
C_7	$-3.4034030 \times 10^{-25}$	$-1.3735879 \times 10^{-30}$
C_8	$-1.1564890 \times 10^{-29}$	$1.0629823 \times 10^{-35}$
C_9		$-3.2447087 \times 10^{-41}$
오차범위	$-0.01 \sim 0.03$[°C]	$-0.02 \sim 0.02$[°C]

예제 3.9 열전기준표

공칭 작동온도가 350[°C]인 스팀 발생기의 온도측정에 크로멜-콘스탄탄 열전대를 사용하려고 한다. 온도측정에 필요한 기준온도로는 스팀 플랜트에서 구현하기가 용이한 (끓는 물 온도인) 100[°C]를 사용할 것이 제안되었다. 또한 인터페이스를 단순화하기 위해서 기준 전자장에 대한 다항식의 앞쪽 3개 항들만을 사용할 것이 제안되었다.

(a) 공칭 작동온도인 350[°C]에서 열전대에 의해서 생성된 열전 전자장의 전위값을 계산하시오.

(b) 다항식의 앞쪽 3개 항들만 사용하는 경우에 발생하는 오차를 계산하시오.

풀이

(a) 표 3.7에 제시되어 있는 다항식은 0[°C]를 기준접점으로 사용하는 크로멜-콘스탄탄(E-형) 열전대에 대한 출력값을 나타낸다. 이 다항식의 앞쪽 3개 항들만을 사용하여 출력전위를 계산한 다음에, 여기서 앞쪽 3개 항들만을 사용하여 계산한 기준접점의 전위값을 차감한다.
다항식의 앞쪽 3개 항들만을 사용하여 계산한 열전대의 전자장 전위값은 다음과 같다.

$$emf(T) = 5.8665508710 \times 10T + 4.5032275582 \times 10^{-2}T^2 + 2.8908407212 \times 10^{-5}T^3 \ [\mu V]$$

여기서 $T = 350$[°C]이다. 위 식의 계산결과는 27,289[μV] 또는 27.289[mV]이다.
이와 동일한 식을 사용하여 기준온도 100[°C]에서의 전자장 전위를 계산해 보면 6.3458[mV]를 얻게 된다. 따라서 계산된 전자장 전위는 다음과 같다.

$$emf = 27.289 - 6.3458 = 20.9432[mV]$$

(b) 표 3.7에 제시되어 있는 다항식 전체(9차)를 사용하여 전자장 전위를 계산해보면,

$$emf(350°) = 24.9644[mV]$$

그리고 기준온도(100[°C])에 대해서도 다항식 전체를 사용하여 전자장 전위를 계산해보면,

$$emf(100°) = 6.3189[mV]$$

그러므로 총 전기장 전위는 다음과 같이 계산된다.

$$emf = 24.9644 - 6.3189 = 18.6455[mV]$$

이를 사용하여 오차비율을 계산해보면,

$$error = \frac{20.9432 - 18.6455}{18.6455} \times 100 = 12.32\%$$

이 오차는 불완전한 다항식에 의해서 발생한 것이며, 기준온도의 변화와는 아무런 관계가 없다. 그럼에도 불구하고, 기준온도로 0[°C]를 사용하면, 오차가 감소된다는 것을 알 수 있다.
기준온도를 0[°C]로 바꾸고, (a)와 (b)의 결과를 다시 구해서 오차를 계산해보면,

$$error = \frac{27.289 - 24.9644}{24.9644} \times 100 = 9.31\%$$

표 3.9에서는 일반적인 유형의 열전대들의 기본 측정범위와 민감도가 제시되어 있다. 이외에도 다양한 유형의 열전대들이 판매되고 있으며, 훨씬 더 많은 유형의 열전대들을 만들어낼 수 있다. 그림 3.12에서는 접점이 노출되어 있는 크로멜-알루멜(K-형) 열전대를 보여주고 있다.

표 3.9 일반적으로 사용되는 열전대의 특성

소재	25[°C]에서의 민감도[μV/°C]	표준기호	추천온도범위[°C]
구리/콘스탄탄	40.9	T	0~400(-270~400)
철/콘스탄탄	51.7	J	0~760(-210~1,200)
크로멜/알루멜	40.6	K	-200~1,300(-270~1,372)
크로멜/콘스탄탄	60.9	E	-200~900(-270~1,000)
백금(10%)/로듐-백금	6.0	S	0~1,450(-50~1,760)
백금(13%)/로듐-백금	6.0	R	0~1,600(-50~1,760)
은-팔라듐	10		200~600
콘스탄탄/텅스텐	42.1		0~800
실리콘/알루미늄	446		-40~150
카본/실리콘카바이드	170		0~2,000
백금(30%)/로듐-백금	6.0	B	0~1,820
니켈/크롬-실리콘 합금		N	(-270~1,260)
텅스텐(5%)-레늄/텅스텐(26%)-레늄		C	0~2,320
니켈(18%)-몰리브덴/니켈(0.8%)-코발트		M	-270~1,000
크로멜-금/철	15		1.2~300

주의: 제시된 온도범위는 추천값이다. 공칭 온도범위는 괄호로 표기하였으며, 추천값보다 넓은 범위를 가지고 있다. 열전대의 민감도는 열전대에 사용된 두 가지 소재들의 조합에 대한 상대 제벡계수값이다(표 3.3 참조).

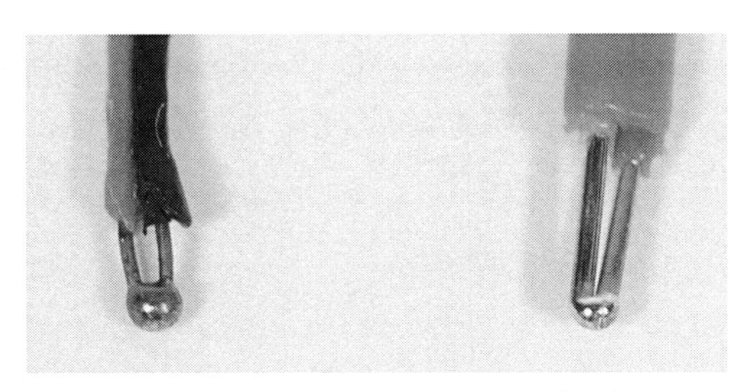

그림 3.12 접점이 노출되어 있는 크로멜-알루멜(K-형) 열전대

예제 3.10 **열전대 사용 오차**

열전대의 접점을 올바르게 제작하고 세심하게 취급하지 않으면 측정에 큰 오차가 발생하게 된다. 이에 대해서 이해하기 위해서는, 유리세공 공장에서 유리 용융로 온도를 측정하기 위해서 K-형 열전대(크로멜-알루멜)를 사용하는 경우에 대해서 살펴보기로 하자. 유리 블로잉에 적합한 온도는 900[°C]이다. 그림 3.13 (a)에 도시되어 있는 것처럼, 크로멜-알루멜 0[°C] 기준접점을 사용하여 열전대 전압을 측정한다. 그런데 접점을 제작하는 과정에서 기준 접점을 거꾸로 연결하여 그림 3.13 (b)에서와 같은 구조가 만들어졌다. 이 접점박스가 30[°C]의 대기온도에 노출되었다고 하자.

(a) 접점에서의 오차로 인하여 유발된 측정전압 오차를 계산하시오.

(b) 이 측정기는 온도를 몇 도로 표시하겠는가?

풀이

(a) 그림 3.13 (b)의 등온영역에 위치한 두 접점은 실질적으로 측정용 열전대와는 반대로 연결되어 있는 K-형 열전대이다. 이로 인하여 열전대의 출력 전자장의 전위가 감소하므로 표시온도는 실제보다 낮은 값을 나타내게 된다.

전자장 전위를 계산하기 위해서는 Appendix B의 B.2절에 제시되어 있는 K-형 열전대의 다항식을 사용하여야 한다. 측정용 접점에서 생성되는 전자장 전위는 다음과 같이 계산된다.

$$\begin{aligned} emf = & -1.7600413686\times10^{1}+3.8921204975\times10^{1}\times900+1.8558770032\times10^{-2}\times900^{2} \\ & -9.9457592874\times10^{-5}\times900^{3}+3.1840945719\times10^{-7}\times900^{4}-5.60720844889 \\ & \times10^{-10}\times900^{5}+5.6075059059\times10^{-13}\times900^{6}-3.2020720003\times10^{-16}\times900^{7} \\ & +9.7151147152\times10^{-20}\times900^{8}-1.2104721275\times10^{-23}\times900^{9}+1.185976\times10^{2} \\ & \times e^{-1.183432\times10^{-4}(900-126.9686)^{2}}=37{,}325.915[\mu V] \end{aligned}$$

등온영역에 위치한 두 접점들이 전자장 전위는 다음과 같이 계산된다.

$$emf = -1.7600413686\times10^{1}+3.8921204975\times10^{1}\times30+1.8558770032\times10^{-2}\times30^{2}$$

$$-9.9457592874\times10^{-5}\times30^3+3.1840945719\times10^{-7}\times30^4-5.60720844889$$
$$\times10^{-10}\times30^5+5.6075059059\times10^{-13}\times30^6-3.2020720003\times10^{-16}\times30^7$$
$$+9.7151147152\times10^{-20}\times30^8-1.2104721275\times10^{-23}\times30^9+1.185976\times10^2$$
$$\times e^{-1.183432\times10^{-4}(30-126.9686)^2}=1,203.275[\mu V]$$

따라서 총 전자장 전위는 다음과 같이 계산된다.

$$emf=emf(900°)-2\times emf(30°)=37.3259-2\times1.2033=34.9193[mV]$$

오차는 참값과 측정값 사이의 편차로서, 다음과 같이 계산된다.

$$error=37.3259-34.9193=2.4066[mV]$$

이 오차는 거꾸로 연결된 두 개의 접점들에 의한 것으로서, 각 접점들은 $1.2033[mV]$의 전위오차를 생성한다.

(b) 이 측정결과로 인하여 발생하는 표시값 오차를 계산하기 위해서는 다항식의 역함수에 $emf=34,919.3[\mu V]$를 대입해야 한다.

$$T=-1.318058\times10^2+4.830222\times10^{-2}\times34919.3-1.646031\times10^{-6}\times34919.3^2$$
$$+5.464731\times10^{-11}\times34919.3^3-9.650715\times10^{-16}\times34919.3^4+8.802193$$
$$\times10^{-21}\times34919.3^5-3.110810\times10^{-26}\times34919.3^6$$
$$=839.97[°C]$$

이를 통해서 온도측정에 6.67[%]의 측정오차가 발생했음을 알 수 있다.

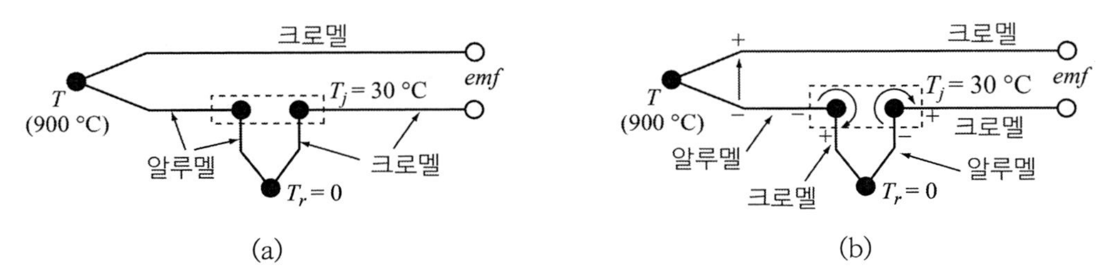

그림 3.13 (a) 기준 접점이 올바르게 연결되어 있는 크로멜-알루멜 열전대. (b) 기준 접점이 거꾸로 연결되어 있는 상태

3.3.2 반도체형 열전대

표 3.2에서 알 수 있듯이, p-형 반도체나 n-형 반도체의 절대 제벡계수는 도전체보다 수십 배 더 큰 값을 가지고 있다. 반도체형 온도센서를 사용하면 p-형 반도체나 n-형 반도체와 금속

(전형적으로 알루미늄)으로 이루어진 접점, 또는 p-형 반도체와 n-형 반도체로 이루어진 접점에서 큰 전자장 전위가 생성된다. 또한, 표준 반도체 제조공정을 사용하여 이 접점을 만들 수 있기 때문에, 집적회로에서 널리 사용되고 있다. 하지만 이들은 사용 가능한 온도측정 범위가 좁다는 결정적인 단점을 가지고 있다. 일반적으로 실리콘은 -55[°C] 이하나 150[°C] 이상의 온도에서는 작동하지 않는다. 그런데 텔루르화 비스무스[21](Bi_2Te_3)와 같은 반도체는 225[°C]까지 측정이 가능하며, 800[°C]까지도 측정이 가능한 반도체 소재가 개발되었다. 대부분의 **반도체 열전대**들은 온도측정용 열전퇴나 가열 및 냉각을 위한 열전퇴(펠티에 소자)의 형태로 사용된다. 후자의 경우에는 전력을 생성하거나 가열/냉각을 위해서 사용되기 때문에 이 책에서는 작동기로 취급한다. 그런데 펠티에 소자의 출력전압이 셀 양단의 온도구배에 비례하므로, 이를 온도센서로도 사용할 수 있다. 펠티에 소자의 성질이나 활용방법을 감안한다면, 이들은 여타의 반도체 열전대와 매우 유사하다.

3.3.3 열전퇴와 열전발전기

열전퇴[22]에서는 다수의 열전대들이 직렬로 연결되어 각 접점들이 생성하는 전자장 전위가 서로 합산된다. 따라서 이런 배열을 사용하면 하나의 접점을 사용하여 온도를 측정하는 것보다 훨씬 더 큰 출력전위를 생성할 수 있다. 그림 3.14에서는 이런 유형의 배열을 보여주고 있다.

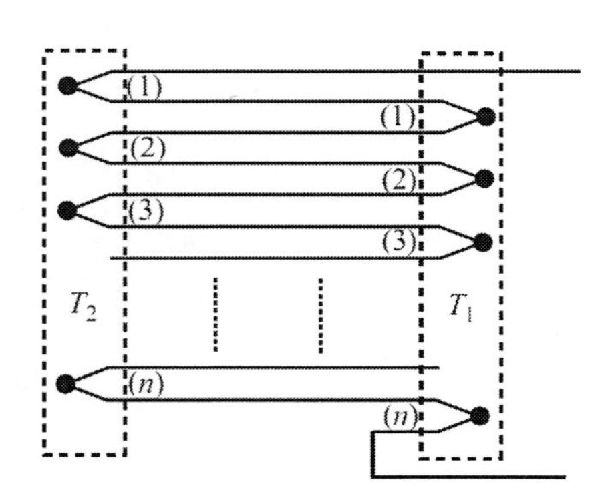

그림 3.14 열전퇴의 작동원리

이 구조에서는 개별 접점들의 출력이 서로 직렬로 연결되어 있으므로, 열은 병렬로 입력된다

21) bismuth telluride
22) thermopile

(모든 냉접점과 열접점은 각각 동일한 온도를 가지고 있다). 만일 열접점들 중 하나의 전기장 전위가 emf_1이며, 열전퇴는 n개의 열전대들로 구성되어 있다면, 이 열전퇴의 열접점 출력전위는 $n \times emf_1$이 된다. 열전퇴는 19세기 말부터 사용되어 왔으며, 현재도 많은 용도에서 사용되고 있다. 특히 반도체 열전대는 제조와 집적이 용이하기 때문에 진보된 집적형 센서의 기본이 되었다. 이 주제에 대해서는 적외선 센서에 열전퇴가 사용되는 사례를 통해서 4장에서 다시 살펴볼 예정이다. 금속 기반의 열전퇴는 센서와 전기 발전기에 사용된다. 가스로에서 파일럿 불꽃을 감지하기 위해서 사용되는 가장 일반적인 형태의 열전퇴는 최고 800[°C]에서 작동하며, 수십 개의 열전대들을 직렬로 연결하여 $750[mV](0.75[V])$ 수준의 출력전압을 생성한다(예제 3.11 참조). 또 다른 열전퇴 조립체는 소형, 원격 설치된 장비에 전기를 공급하기 위한 가스 연소식 발전기에 사용된다.

야외에서 의료용 물질을 운반하기 위한 목적으로 냉동 및 가열이 시행되는 냉동고/온장고용 펠티에 소자에는 텔루르화 비스무스(Bi_2Te_3)와 같은 반도체 결정체를 사용하여 제작한 반도체 열전퇴가 사용된다. 이 소자로 온도를 측정하면 수$[V]$의 전압이 출력되므로, 이를 온도센서로도 사용할 수 있다. 이런 유형의 반도체 열전퇴의 경우, 반도체 모재 위에 n-형 또는 p-형의 소재를 도핑하여 접점들을 만들며, 이방성 열전특성을 구현하기 위해서 다정질 반도체의 배향을 조절한다. 이 접점들의 크기가 작기 때문에, 단일 소재 내에 수백 개의 열전쌍들을 집적시켜서 $20[V]$ 이상의 출력전압을 생성할 수 있다.

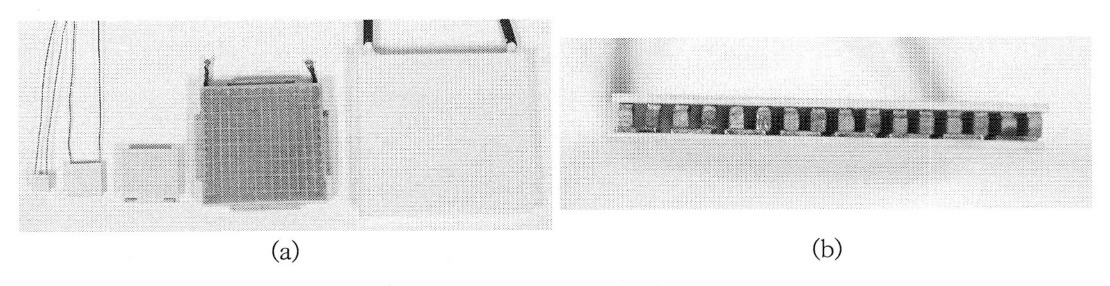

(a) (b)

그림 3.15 (a) 다양한 형태의 펠티에 셀들. (b) 펠티에 셀의 내부 구조

그림 3.15 (a)에서는 컴퓨터 프로세서와 같은 전기소자의 냉각을 목적으로 설계된 다양한 열전소자(펠티에 소자)들을 보여주고 있다. 그림 3.15 (b)에서는 내부 구조를 보여주고 있는데, 냉접점들이 한쪽 세라믹 기판에 접착되어 있으며, 열접점들은 반대쪽 세라믹 기판에 접촉되어 있다. 접점들은 열들이 서로 직렬로 연결되어 있다. 접점 쌍들의 숫자는 매우 많으며, 전형적으로 31,

63, 127, 225개를 사용한다(홀수를 사용하는 이유는 일반적으로 $n \times n$개의 접점들로 이루어진 매트릭스 구조를 도선으로 연결하기 위해서이다). 전형적으로 12[V]의 전압으로 구동하는 냉각용 셀은 127개의 접점들로 구성된다. 냉각용 소자에 전류를 거꾸로 흘리면 소자는 가열된다.

예제 3.11 노의 온도측정용 열전식 파일럿 센서

가스로에서 파일럿 불꽃이 없는 상태에서 가스밸브를 열지 못하도록 만들기 위해서는 파일럿 불꽃을 감지하기 위해서 열전퇴가 필요하다. 열전퇴는 650[°C]의 불꽃온도에 대해서 750[mV]의 열전 전압(emf)을 생성해야 한다. 냉접점은 노의 본체 온도인 30[°C]를 측정하고 있다.

(a) 이런 목적에 사용할 수 있는 열전대는 어떤 옵션을 가져야 하는가? 적합한 열전대를 선정하시오.

(b) (a)에서 선정된 열전대를 사용하는 경우에, 몇 개의 열전대들이 필요한가?

(c) 이런 목적으로 펠티에 소자를 사용할 수 있는가?

풀이

(a) T형 열전대나 반도체식 열전대, 등을 제외하고 콘스탄탄-텅스텐 열전대와 같은 다양한 유형의 열전대를 사용할 수 있다. K-형(크로멜-알루멜), J-형(철-콘스탄탄), E-형(크로멜-콘스탄탄) 등은 매우 잘 작동할 것이다. 여기서는 생성되는 열전 전압이 커서 소수의 열전퇴로도 필요한 전위를 생성할 수 있는 E-형 열전대를 선정한다.

(b) 표 3.7에 제시되어 있는 계수값들을 사용하여 기준온도 30[°C]에 대해서 개별 열전대들이 생성하는 전자장 전위를 계산한다.

650[°C]의 경우,

$$
\begin{aligned}
emf = \ & 5.8665508710 \times 10^{1} \times 650 + 4.5032275582 \times 10^{-2} \times 650^{2} + 2.8908407212 \times 10^{-5} \\
& \times 650^{3} - 3.3056896652 \times 10^{-7} \times 650^{4} + 6.5024403270 \times 10^{-10} \times 650^{5} \\
& - 1.9197495504 \times 10^{-13} \times 650^{6} - 1.2536600497 \times 10^{-15} \times 650^{7} + 2.1489217569 \\
& \times 10^{-18} \times 650^{8} - 1.4388041782 \times 10^{-21} \times 650^{9} + 3.5960899481 \times 10^{-25} \times 650^{10} \\
= \ & 49{,}225.67[\mu V]
\end{aligned}
$$

그리고 30[°C]의 경우에는,

$$
\begin{aligned}
emf = \ & 5.8665508710 \times 10^{1} \times 30 + 4.5032275582 \times 10^{-2} \times 30^{2} + 2.8908407212 \times 10^{-5} \\
& \times 30^{3} - 3.3056896652 \times 10^{-7} \times 30^{4} + 6.5024403270 \times 10^{-10} \times 30^{5} \\
& - 1.9197495504 \times 10^{-13} \times 30^{6} - 1.2536600497 \times 10^{-15} \times 30^{7} + 2.1489217569 \\
& \times 10^{-18} \times 30^{8} - 1.4388041782 \times 10^{-21} \times 30^{9} + 3.5960899481 \times 10^{-25} \times 30^{10}
\end{aligned}
$$

$$= 1{,}801.022[\mu V]$$

0[°C]에 대한 650[°C]에서의 전자장 전위는 49.225[mV]이다. 그리고 0[°C]에 대한 30[°C]에서의 전자장 전위는 1.801[mV]이다. 따라서 기준온도 30[°C]에 대한 650[°C]에서의 전자장 전위는 $49.225-1.801=47.424[mV]$이다.
따라서 750[mV]출력을 구현하기 위해서는

$$n=\frac{750}{47.424}=15.8 \rightarrow n=16$$

(c) 원칙적으로는 불가능하다. 하지만 가능할 수도 있다. 대부분의 펠티에 소자들은 저온반도체를 사용하기 때문에, 이를 직접 사용할 수는 없다. 그런데 고온용 펠티에 소자들이 공급되고 있으며, 이를 사용하지 않는다 하더라도, 펠티에 소자를 냉접점과 함께 노의 몸체에 설치한 다음에 파일럿 불꽃으로부터 펠티에 셀의 고온부로 열을 전도시켜 주는 금속구조를 설치한다. 이때 주의할 점은 펠티에 셀의 고온부 온도가 80[°C]를 넘어서면 안 된다(대부분의 펠티에 소자들은 열점점과 냉점접 사이의 작동 온도차이를 50[°C] 미만으로 유지시켜야 한다). 펠티에 소자를 사용하면 주어진 열전 전압에 대해서 센서의 물리적 크기를 줄일 수 있으며, 당연하지만, 금속 열전퇴보다 더 높은 전자장 전위를 생성할 수 있다.

3.4 $p-n$ 접합형 온도센서

다시 반도체로 되돌아가서, 그림 3.16 (a)에 도시되어 있는 것처럼, 진성 반도체의 일부는 p-형으로 도핑하며, 나머지에는 n-형으로 도핑하였다고 가정하자.

이를 통해서 $p-n$접합이 생성된다. 이 접합은 일반적으로 그림 3.16 (b)에 도시되어 있는 심벌을 사용하여 나타내며, **다이오드**라고 부른다. 심벌의 화살표 형상이 나타내는 방향이 전류(정공)의 흐름방향을 의미하며, 전자는 반대방향으로 이동한다. 이 다이오드에 그림 3.16 (c)에서와 같이, 순방향 전압이 부가되면 다이오드가 도통되지만, 그림 3.16 (d)에서와 같이 역방향 전압이 부가되면 다이오드는 도통되지 않는다. 그림 3.17에는 $p-n$접합의 전류 전압 특성이 도시되어 있다.

$p-n$접합에 순방향 전압이 부가되었을 때에, 다이오드를 통과하여 흐르는 전류는 온도 의존성을 가지고 있다. 따라서 이 전류값을 측정하여 온도를 검출할 수 있다. 전류측정 대신에 다이오드 양단 전압을 측정(측정이 용이하다)하여 센서의 온도의존성 출력값으로 사용할 수 있다. 이런 유형의 센서들을 **$p-n$접합형 온도센서** 또는 **밴드갭 온도센서**라고 부른다. 이 센서는 마이크로회

로의 형태로 집적화가 용이하고 출력이 비교적 선형이므로 매우 유용하다. 당연히 일반적인 다이오드나 트랜지스터의 $p-n$접합도 온도센서로 사용할 수 있다.

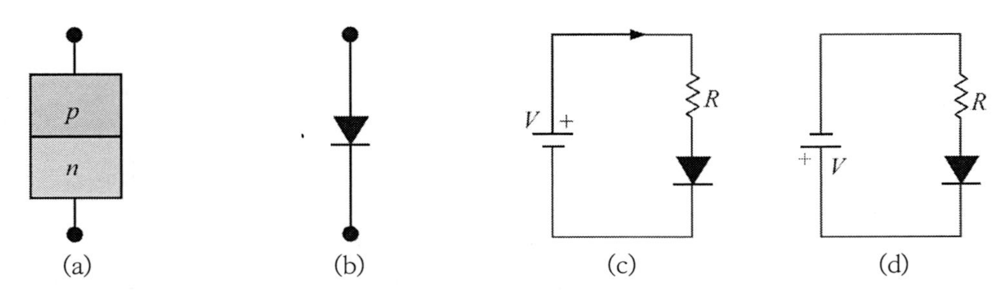

그림 3.16 (a) $p-n$접합의 개략도. (b) $p-n$접합 다이오드의 심벌. (c) 다이오드에 순방향 전압 부가. (d) 다이오드에 역방향 전압 부가

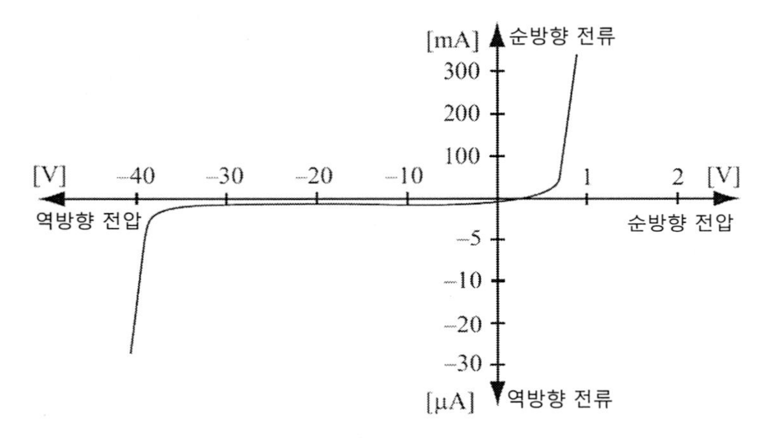

그림 3.17 실리콘 다이오드의 전류-전압($I-V$) 특성

$p-n$접합에 순방향 전압이 부가되었을 때의 $I-V$ 특성은 다음 식으로 주어진다.

$$I = I_0\left(e^{qV/nkT} - 1\right) \ [A] \tag{3.25}$$

여기서 I_0는 포화전류(수$[nA]$ 수준의 미세전류로서, 온도효과의 지배를 받는다), q는 전자의 전하, k는 볼츠만 상수, 그리고 $T[K]$는 절대온도이다. n은 사용된 소재를 포함한 다양한 성질들에 의존하는 값으로서, 1과 2 사이의 값을 가지며, 소자의 성질로 간주된다. 접합형 온도센서의 경우, 전류 I는 I_0에 비해서 상당히 더 크기 때문에 -1항을 무시할 수 있다. 또한, 이런 형태의 센서에서는 $n=2$이므로, 다이오드 내에서 순방향 전류는 다음 식으로 근사화시킬 수 있다.

$$I \approx I_0 e^{qV/2kT} \ [A] \tag{3.26}$$

$p-n$접합의 작동 특성에 영향을 끼치는 항들을 알지 못한다 하더라도, 주어진 온도범위 내에서의 온도측정에 적합하도록 교정이 가능하다. 전류와 온도 사이의 상관관계는 식 (3.26)에 제시되어 있는 것처럼, 비선형성을 가지고 있다. 일반적으로 다이오드 양단의 전압 차이가 더 측정하기 용이하며, 더 선형적이다. 다이오드 양단의 전압 차이는 다음과 같이 주어진다.

$$V_f = \frac{E_g}{q} - \frac{2kT}{q}\ln\left(\frac{C}{I}\right) \ [V] \tag{3.27}$$

여기서 $E_g[J]$는 소재의 밴드갭 에너지(이에 대해서는 4장에서 더 자세히 다룰 예정이다. 특정한 소재의 값은 표 4.3 참조), C는 다이오드의 온도 의존성 상수, 그리고 I는 접점을 통과하여 흐르는 전류값이다. 만일 전류가 일정하다면, 전압은 온도에 대해서 음의 기울기를 가지고 있는 선형함수임을 알 수 있다. 기울기(dV/dT)는 명확히 온도 의존성을 가지고 있으며 반도체 소재에 따라서 변한다. 실리콘의 경우, 민감도는 전류에 따라서 $1.0[mV/°C]$에서 $10[mV/°C]$ 사이의 값을 갖는다. 그림 3.18에서는 $-50[°C]$에서 $+150[°C]$ 사이의 온도범위에서 실리콘 다이오드의 출력전압 변화를 보여주고 있다. 상온에서 실리콘 다이오드 양단의 전압 차이는 약 $0.7[V]$이다 (주어진 온도에서 다이오드를 통과하는 전류가 많을수록 다이오드 양단에서의 순방향 전압강하가

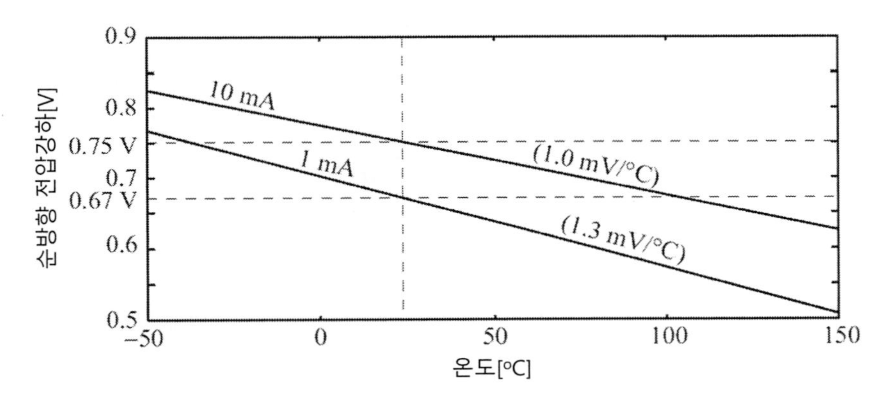

그림 3.18 순방향 전압이 부가되어 있는 $p-n$접합의 온도변화에 따른 전압강하 특성(1N4148 실리콘 스위칭 다이오드. 실험적으로 구하였음)

더 크게 발생한다). 사용할 수 있는 거의 모든 다이오드나 트랜지스터에 대해서 식 (3.27)을 사용하여 센서를 설계할 수 있다. 일반적으로 발표되어 있는 실리콘 다이오드의 밴드갭 에너지값을 사용할 수 있으며, 주어진 온도와 다이오드를 통과하는 전류조건하에서 순방향 전압강하를 측정하여 상수 C를 구할 수 있다.

다이오드를 온도 센서로 사용하는 경우에는 안정적인 전류원이 필요하다. 대부분의 경우, 그림 3.19에 도시되어 있는 것처럼, 접점에 전압을 부가하며 100~200[μA] 수준의 작은 전류를 흘리기 위해서 전압원과 비교적 큰 저항을 사용한다. V_f는 온도에 대해서 일정하지 않기 때문에, 이런 전압부가 방식은 측정 온도범위가 좁은 일반적인 용도에 국한하여 사용할 수 있다. 민감도는 1~10[mV/°C] 수준이며 열응답 시간은 1초 미만이다. 다른 모든 온도센서들처럼, 접합형 센서에 전원을 연결할 때에는 자기가열 문제를 고려해야만 한다. 자기가열 효과는 서미스터의 경우와 유사하며 0.02~0.5[°C/mW] 수준이다. 바이어스를 부가하는 더 세련된 방법에 대해서는 11장에서 전류원 문제를 논의하면서 설명할 예정이다. 전류조절기를 포함하여 모든 부속회로들을 집적한 매우 복잡한 실리콘 칩의 형태로 접합형 센서를 제작할 수 있다. 이런 접합형 센서의 민감도는 일반적으로 10[mV/°C] 수준에 이를 정도로 향상시킬 수 있으며, 출력값이 섭씨, 화씨 또는 절대온도 스케일에 비례하도록 제작할 수 있다. 이 소자를 정전압원(5[V])에 연결하면, 출력전압은 선정된 스케일에 정비례하며, 뛰어난 선형성과 ±0.1[°C] 수준의 정확성을 나타낸다. 이런 센서들을 사용하여 측정할 수 있는 온도범위는 비교적 좁으며, 센서 모재의 허용 작동온도범위를 넘어설 수 없다. 전형적으로 실리콘 센서는 −55~150[°C]의 온도범위에서 작동할 수 있으며, 이보다 더 넓은 범위에서 작동하도록 설계할 수 있다. 하지만 저가형 소자의 작동온도범위는 이보다 더 좁다. 그림 3.20에서는 세 가지 형태의 패키지로 제작된 접합형 온도센서를 보여주고 있다.

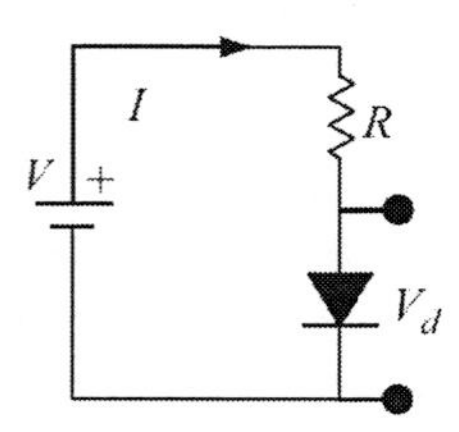

그림 3.19 단순한 전류원에 의해서 순방향으로 바이어스된 $p-n$접합. 미소전류를 흘리며, 공급전압 V 변화의 영향을 최소화하기 위해서는 R이 큰 값을 가져야 한다.

그림 3.20 접합형 온도센서

예제 3.12 실리콘 다이오드 온도센서

차량 내에서 $-45\sim45$[°C] 범위의 대기온도를 측정하는 온도센서로 실리콘 다이오드를 사용하려고 한다. 다이오드의 응답을 구하기 위해서, 다이오드에 $1[mA]$의 전류가 흐르도록 순방향 전압을 부가하였으며, 0[°C]에서 측정한 순방향 전압강하는 $0.712[V]$였다. 실리콘의 밴드갭 에너지는 $1.11[eV]$라 할 때에 다음을 계산하시오.

(a) 작동온도범위에서의 출력전압 변화

(b) 센서의 민감도

(c) 정체공기 중에서 다이오드의 자기가열이 220[°C$/W$]일 때에, 발생하는 온도측정 오차

풀이

(a) 0[°C]에서의 출력전압으로부터 다음의 관계식을 얻을 수 있다.

$$V_f = \frac{E_g}{q} - \frac{2kT}{q}\ln\left(\frac{C}{I}\right) = 0.712$$
$$= \frac{1.11\times1.602\times10^{-19}}{1.602\times10^{-19}} - \frac{2\times1.38\times10^{-23}\times273.15}{1.602\times10^{-19}}\ln\left(\frac{C}{10^{-3}}\right)\ [V]$$

위 식에서는 $1[eV]=1.602\times10^{-19}[J]$과 절대온도를 사용하였다. 위 식을 C에 대해서 정리하면,

$$0.712 = 1.11 - 0.04706\ln\left(\frac{C}{10^{-3}}\right) \rightarrow \ln(10^3C) = \frac{0.712-1.11}{-0.04706} = 8.457$$

따라서

$$e^{8.457} = 10^3C \rightarrow C = \frac{e^{8.457}}{10^3} = 4.7$$

이제 $-45[°C]$와 $+45[°C]$에서의 순방향 전압강하를 구할 수 있다.

$$V_f(-45^o) = \frac{1.11 \times 1.602 \times 10^{-19}}{1.602 \times 10^{-19}} - \frac{2 \times 1.38 \times 10^{-23} \times (273.15 - 45)}{1.602 \times 10^{-19}} \ln(4.7 \times 10^3)$$
$$= 0.77765[V]$$

그리고

$$V_f(+45^o) = \frac{1.11 \times 1.602 \times 10^{-19}}{1.602 \times 10^{-19}} - \frac{2 \times 1.38 \times 10^{-23} \times (273.15 + 45)}{1.602 \times 10^{-19}} \ln(4.7 \times 10^3)$$
$$= 0.64654[V]$$

따라서 순방향 전압강하는 $-45[°C]$일 때에 $0.77765[V]$에서 $+45[°C]$일 때에 $0.64654[V]$로 변한다.

(b) 식 (3.27)은 온도에 대해서 선형적이므로, 센서소자의 민감도는 양단 전압을 온도차이로 나누어 구할 수 있다.

$$s = \frac{0.65654 - 0.77765}{90} = 1.457[mV/°C]$$

이를 그림 3.18과 비교해 보면, 여기서 선정된 다이오드는 그림 3.18에 예시된 소자들보다 민감도가 떨어진다는 것을 알 수 있다.

(c) 자기가열효과에 의해서 센서소자는 $220[°C/W]$ 또는 $0.22[°C/mW]$만큼 가열된다. 다이오드를 통과하여 흐르는 전류는 $1[mA]$이므로, $-45[°C]$에서 소모되는 전력은

$$P(-45°) = 0.77765 \times 10^{-3} = 0.778[mW]$$

이 때문에 상승하는 온도는 $0.778 \times 0.22 = 0.171[°C]$이며, 순방향 전압강하량은 $0.171 \times 1.457 = 0.249[mV]$만큼 감소한다. 이로 인하여 온도측정값에 0.38%의 오차가 발생한다.
$45[°C]$의 경우에는.

$$P(+45°) = 0.64654 \times 10^{-3} = 0.647[mW]$$

이 때문에 상승하는 온도는 $0.647 \times 0.22 = 0.142[°C]$이며, 순방향 전압강하량은 $0.142 \times 1.457 = 0.207[mV]$만큼 감소한다. 이로 인하여 온도측정값에 0.32[%]의 오차가 발생한다.
이상에서 살펴본 것처럼, 자기가열에 의한 온도측정 오차는 작지만 무시할 수는 없다는 것을 알 수 있다.

3.5 여타의 온도센서들

측정 가능한 거의 모든 물리량과 현상들은 온도의존성을 가지고 있다. 그러므로 이론상으로는 온도의존성을 가지고 있는 모든 물리량이나 현상들을 사용하여 온도센서를 설계할 수 있다. 예를 들어, 광섬유 속에서의 광속이나 위상, 공기나 유체 속에서의 음속, 압전 맴브레인의 진동 주파수, 금속조각의 길이, 기체의 체적, 등은 온도 의존성을 가지고 있다. 이 절에서는 이런 모든 유형들 중에서 몇 가지 대표적인 센서들에 대해서 살펴보기로 한다.

3.5.1 광학 및 음향 센서들

광학 온도센서는 기본적으로 두 가지 유형으로 나눈다. 첫 번째는 열원으로부터 방출되는 적외선 복사를 측정하는 비접촉 센서이다. 적절한 교정을 통해서, 열원의 온도를 검출하여 정확히 측정할 수 있다. 적외선 복사식 센서에 대해서는 4장에서 자세히 살펴볼 예정이다. 이외에도 소재의 광학적 성질에 기초하는 다양한 형태의 온도센서들이 존재한다. 예를 들어, 실리콘의 굴절률은 온도에 의존적이며, 매질을 통과하는 광속은 굴절률에 반비례한다. 열에 노출된 실리콘 광섬유 속으로 전파되는 광선의 위상을 기준 광섬유의 광선 위상과 비교하는 방식으로 온도를 측정할 수 있다. 이런 유형의 센서를 **간섭형 센서**라고 부르며 광섬유의 길이가 긴 경우에는 온도변화에 극도로 민감하다.

음향 온도센서도 유사한 방식으로 작동하지만 음속은 느리기 때문에, 음향신호가 알고 있는 거리를 통과하는 데에 소요되는 시간을 직접 측정할 수 있다. 전형적으로 이런 유형의 센서는 음향신호를 송출하는 스피커나 초음파 발진기(스피커와 매우 유사하지만 크기가 훨씬 더 작으며 더 높은 주파수로 작동한다), 그리고 수신기(마이크로폰나 초음파 수신기)로 구성된다. 그림 3.21에 도시되어 있는 것처럼, 온도를 측정할 환경 속에 기체나 유체가 충진되어 있는 튜브를 설치하고, 이 튜브 속으로 음파를 송출하고 반대쪽에서 마이크로폰나 초음파 수신기를 사용하여 이를 측정한다. 이를 통해서 음향신호를 송출하고 나서, 수신기에서 검출할 때까지의 지연시간을 측정할 수 있다. 튜브의 길이를 시간 차이(비행시간)로 나누면 음속을 구할 수 있으며, 이를 온도에 대해서 교정할 수 있다. 예를 들어, 튜브 속에 공기가 충진되어 있다면, 온도와 음속 사이에는 다음의 관계식이 성립된다.

$$v_s = 331.5\sqrt{\frac{T}{273.15}} \ \ [m/s] \tag{3.28}$$

여기서 $T[K]$는 온도이며, $273.15[K](0[°C])$에서의 음속은 $331.5[m/s]$이다. 일부의 경우에는 튜브를 사용하지 않으며, 온도를 측정할 공간이 튜브를 대신한다(그림 3.21 (b)).

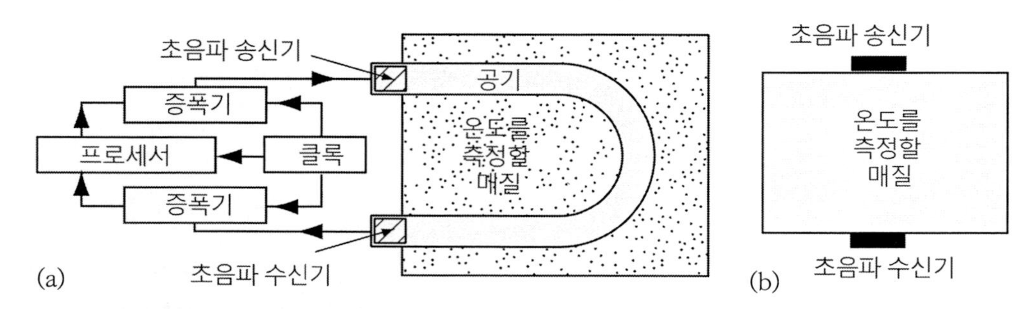

그림 3.21 음향온도센서. (a) 유체가 충진된 채널 속을 통과하는 음향. (b) 측정대상 유체 속을 직접 통과하는 음향

물속에서의 음속도 온도에 의존성을 가지고 있으므로, 온도측정에 이 의존성을 사용하거나, 온도에 의한 음속의 변화를 보상하기 위해서 온도를 사용할 수도 있다. 해수 속에서의 음속은 수심과 염도에 따라서 변한다. 수심과 염도를 무시하면(즉, 표층 해수의 경우), 다음과 같은 단순식을 사용할 수 있다.

$$v_s = a + bT + cT^2 + dT^3 \ \ [m/s] \tag{3.29}$$

$$a = 1{,}449,\ b = 4.591,\ c = -5.304\times10^{-2},\ d = 2.374\times10^{-4}$$

여기서 $a = 1{,}449[m/s]$는 $0[°C]$ 물속에서의 음속이며, $T[°C]$는 섭씨온도이다. 여타의 항들은 첫 번째 항의 보정을 위한 항들이다. 해수와 여타의 심도에서는 추가적인 보정항들이 필요하다.

3.5.2 열팽창형 센서와 작동기

온도센서와 열작동기의 중요하고도 일반적인 부류는 소위 열기계식 센서와 작동기이다. 일반적인 개념은 측정대상의 온도가 길이, 압력, 체적 등의 물리적 성질을 변화시킨다는 것이다. 이런 성질들을 온도측정의 수단으로 사용할 수 있으며, 때로는 작동기로도 사용할 수 있다. 그런데 측정과 작동 사이의 구분이 매우 모호하기 때문에, 이런 장치에 대해서는 함께 논의해야 한다.

일반적인 사례는 금속의 길이변화나 기체의 체적변화이다. 또 다른 사례는 액체의 열팽창을 이용하여 (수은이나 알코올) 모세관 액주의 높이로 온도를 표시하는 유리 온도계이다. 이런 유형의 센서들 대부분은 중간의 신호처리 스테이지나 외부전원 없이도 직접 온도를 읽을 수 있다.

기체의 팽창을 활용하는 센서의 단순한 사례가 그림 3.22에 도시되어 있다. 기체의 체적과 그에 따른 피스톤의 위치는 측정할 온도에 정비례한다.

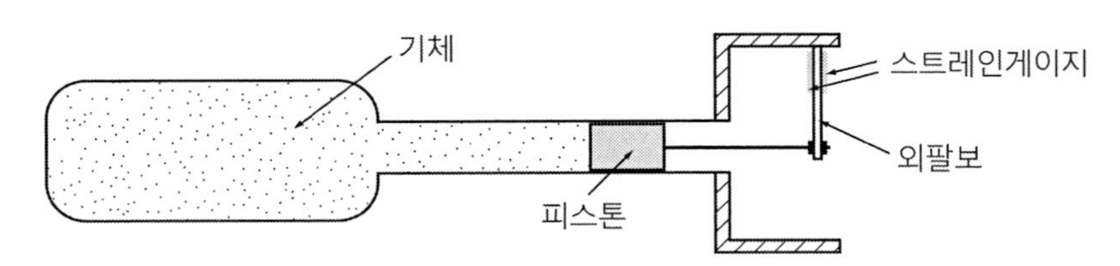

그림 3.22 기체(또는 액체)의 팽창을 이용한 온도측정. 피스톤을 다이아프램으로 대체할 수 있다.

온도변화에 따른 매질의 체적은 매질의 체적팽창계수 β에 비례하며, 다음 식으로 나타낼 수 있다.

$$\Delta V = \beta V \Delta T \ [m^3] \tag{3.30}$$

여기서 V는 매질의 체적이며, ΔT는 온도변화값이다. 계수 β는 매질의 특성값이며, 특정한 온도(일반적으로 20[°C])에 대해서 [1/°C]의 단위값으로 주어진다. 따라서 온도 T에서 매질의 체적은 다음 식을 사용하여 계산할 수 있다.

$$V = V_0[1 + \beta(T - T_0)] \ [m^3] \tag{3.31}$$

여기서 V_0는 기준온도 T_0에서의 체적이다.

대부분의 고체와 유체(등방성 매질)들의 체적팽창계수 β와 열팽창계수 α는 다음의 관계를 가지고 있다.

$$\alpha = \frac{\beta}{3} \tag{3.32}$$

$$\gamma = \frac{2\beta}{3} \tag{3.33}$$

기체의 경우에는 팽창조건에 따라서 팽창형태가 달라지며, 체적팽창만이 물리적으로 의미가 있기 때문에 고체와는 상황이 다르다. 이상기체의 경우, 등압팽창(팽창과정에서 압력이 변하지 않음)이 일어나는 경우, 체적팽창계수는 다음의 관계를 갖는다.

$$\beta = \frac{1}{T} \tag{3.34}$$

여기서 $T[K]$는 절대온도이다.

기체의 팽창은 다음에 주어진 이상기체 상태방정식을 사용하여 나타낼 수 있다.

$$PV = nRT \tag{3.35}$$

여기서 $P[Pa]$는 압력, $V[m^3]$는 체적, $T[K]$는 온도, $n[mol]$은 기체의 양, 그리고 R은 기체상수로서 $8.314462[J/K/mol]$ 또는 $0.0820573[L\cdot atm/K/mol]$이다. 이 식은 기체의 상태를 나타내며, 일정한 체적조건하에서의 압력변화나 일정한 압력조건하에서의 체적변화를 온도의 함수로 나타낼 수 있다. 식 (3.34)를 사용하여 구한 체적팽창 계수값을 식 (3.31)에 대입하거나, 또는 기체의 체적을 계산하기 위해서 식 (3.35)의 이상기체 상태방정식을 사용할 수도 있다. 계산방법은 조건에 따라 서로 다르다(**문제 3.32** 참조).

표 3.10에는 다양한 금속, 유체, 또는 여타 매질들의 열팽창계수나 체적팽창계수가 제시되어 있다. 표에 따르면, 일부 소재들의 팽창계수값들은 매우 작은 반면에, 유체를 포함한 일부 매질들의 팽창계수값은 매우 크다는 것을 알 수 있다. 에탄올이나 물은 팽창계수가 매우 크기 때문에 센서나 작동기의 민감도를 높일 수 있다. 물론, 기체는 훨씬 더 팽창하기 때문에 기체가 충진된 센서들의 민감도가 높으며 응답시간도 빠르다. 하지만 기체를 사용하면 비선형성이 증가한다.

다양한 방법을 사용하여 **그림 3.22**의 피스톤 위치를 측정할 수 있다. 피스톤이 직선운동형 가변저항기를 구동하면 저항값의 변화로 온도변화를 측정할 수 있다. 피스톤에 반사경을 연결하여 압력변화에 따라서 거울이 기울어지게 만든다면 그에 따라서 조사된 광선의 반사각도가 달라진다. 피스톤 대신에 다이아프램을 사용하는 경우에는 다이아프램의 변형률을 측정하거나 바늘이 직접 온도스케일 위를 움직이도록 만들 수도 있다. **그림 3.22**에 도시되어 있는 구조의 경우, 외팔보에 장착되어 있는 스트레인게이지를 사용하여 온도변화를 측정한다(스트레인게이지에 대해서

표 3.10 다양한 매질들의 열팽창계수와 체적팽창계수(20[°C] 기준)

소재	열팽창계수(α)$\times 10^{-6}$[1/°C]	체적팽창계수(α)$\times 10^{-6}$[1/°C]
알루미늄	23.0	69
크롬	30.0	90
구리	16.6	49.8
금	14.2	42.6
철	12.0	36
니켈	11.8	35.4
백금	9.0	27.0
황동	9.3	27.9
은	19.0	57.0
티타늄	6.5	19.5
텅스텐	4.5	13.5
아연	35	105
수정	0.59	1.77
고무	77	231
수은	61	182
물	69	207
에탄올	250	750
왁스	16,000~66,000	50,000~200,000

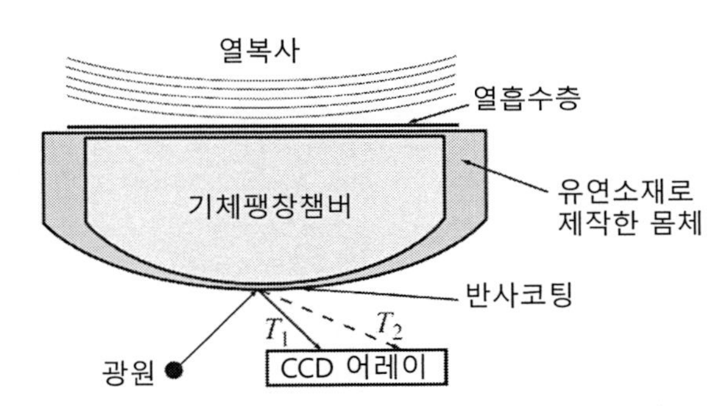

그림 3.23 골레이 셀은 기체의 팽창을 이용하는 열공압 센서이다. 전하결합소자(CCD)어레이는 광센서로서, 이에 대해서는 4장에서 논의할 예정이다.

는 6장에서 논의할 예정이다). 그림 3.23에서는 **골레이 셀**[23](열공압 셀이라고도 부른다)이라고 부르는 매우 민감한 센서 구조를 보여주고 있다. 셀 속에 충진된 기체(또는 액체)가 다이아프램을 팽창시키며, 다이아프램 표면에서 반사된 빛이 온도를 나타낸다. 이 센서는 기체나 액체를 매질로 사용하

23) Golay cell

는데, 기체는 열용량(온도를 상승시키는 데에 소요되는 에너지)이 작기 때문에 응답시간이 빠르다.

4장에서는 이 소자를 적외선 복사의 측정에 사용하는 사례에 대해서 소개할 예정이다. 팽창과 그에 따른 피스톤의 운동을 작동기로 사용하거나, 또는 알코올 및 수은온도계의 경우처럼, 온도를 직접 표시(센서-작동기)하는 수단으로도 사용할 수 있다. 그런데 대부분의 팽창식 작동기들은 뒤에서 살펴보는 것처럼 금속 소재를 사용한다.

예제 3.13 알코올 온도계

의료용 온도계는 그림 3.24에 도시되어 있는 것처럼 얇은 유리관을 사용하여 제작하며, $34\sim43[°C]$의 표시범위를 가지고 있다. (에탄올 저장용기로 사용되는) 벌브의 체적은 $1[cm^3]$이다. 온도측정을 용이하게 하기 위해서, 눈금간격은 $1[cm/°C]$가 되도록 설계되었다(따라서 $0.1[°C]$의 온도변화에 의해서 알코올 액주높이는 $1[mm]$만큼 변한다). 유리는 팽창하지 않는(유리의 체적팽창계수는 알코올에 비해서 무시할 수준이다)다는 가정하에서, 온도계에 필요한 유리관의 내부 직경을 계산하시오.

풀이

$9[°C]$의 온도변화($34\sim43[°C]$)에 따른 체적변화량을 계산하기 위해서 식 (3.30)을 사용할 수 있다. 이 체적변화는 ($9[cm]$ 길이의) 양단 눈금 사이의 얇은 유리관 내부 체적과 동일하다.

$$\Delta V = \beta V \Delta T = 750\times10^{-6}\times1\times9 = 6,750\times10^{-6}[cm^3]$$

여기서는 에탄올의 체적팽창계수값을 사용하였다(체적팽창계수가 $20[°C]$에서와 동일하다고 가정하였다). 유리관의 내경을 d라 하면,

$$\pi\frac{d^2}{4}\times L = \Delta V \rightarrow d = \sqrt{\frac{4\Delta V}{\pi L}} \quad [cm]$$

여기서 L은 튜브의 길이이다(이 사례에서는 $9[cm]$). 따라서

$$d = \sqrt{\frac{4\times6,750\times10^{-6}}{\pi\times9}} = 3.09\times10^{-2}[cm]$$

유리관의 내경은 $0.309[mm]$가 되어야 함을 알 수 있다. 이는 실질적으로 모세관에 해당한다. 유리관의 내경이 매우 얇기 때문에, 알코올을 적색이나 청색으로 착색하며 유리관의 눈금면은 온도검출이 용이하도록 실린더형 렌즈 형태로 제작한다.
유체식 온도계를 옛날처럼 많이 사용하지는 않지만, 야외용 온도계와 같은 일부의 경우에는 여전히 사용되고 있다.

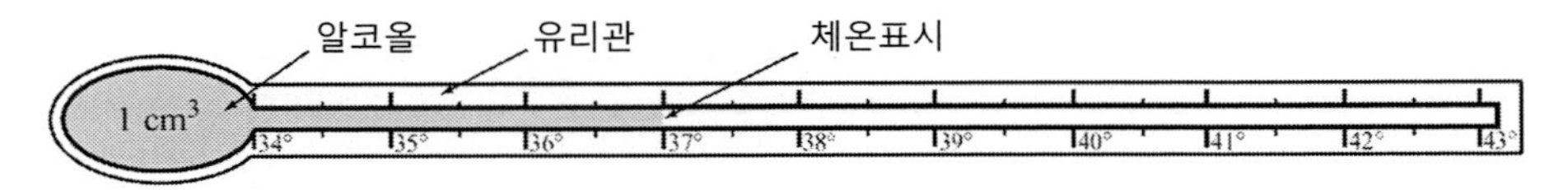

그림 3.24 알코올 온도계의 구조

가장 오래된 온도계들 중 일부는 온도에 따른 금속의 열팽창을 사용하여 온도를 변위로 표시한다. 이들은 기계적 팽창을 작동기로 사용하여 다이얼이나 여타의 표시장치를 구동하는 직접표시형 센서로 널리 사용된다. 길이 ℓ인 막대나 와이어로 만들어진 열전도체의 온도가 상승하면 길이가 늘어난다. 온도 T_1과 T_2에서 열전도체의 길이가 각각, ℓ_1, ℓ_2이며, $T_2 > T_1$이라고 한다면, 다음의 관계식을 얻을 수 있다.

$$\ell_2 = \ell_1[1 + \alpha(T_2 - T_1)] \;\; [m] \tag{3.36}$$

만일 $T_2 < T_1$이라면, 열전도체의 길이는 수축하게 된다. 그런 다음, 막대의 길이변화를 사용하여 온도를 표시할 수 있다. α는 금속의 길이방향 열팽창계수이다(표 3.10에는 일부 금속 소재의 열팽창계수값들이 제시되어 있다). 비록 금속의 열팽창계수값이 매우 작지만, 측정이 가능하며, 적절한 주의를 기울인다면 온도측정에 유용하게 사용할 수 있다. 두 가지 방법을 통해서 이를 활용할 수 있다. 그림 3.25에서는 표시기를 밀어내는 단순한 막대구조를 보여주고 있다. 온도가 상승하면 화살형 표시기를 밀거나 회전시켜서 온도눈금을 지시하게 된다. 이를 대체할 방법으로는 회전형 가변저항기나 압력 게이지를 사용할 수도 있다. 이런 경우에는 전기신호를 사용하여 온도를 나타내거나 마이크로프로세서에 연결한다. 이는 명쾌한 방법이지만, 표 3.10에서 알 수 있듯이 팽창량이 매우 작으며, 히스테리시스와 기계적 유격 때문에 이를 사용하는 것은 어려운 일이다. 그런데 불과 수$[\mu m]$의 변형만으로도 필요한 구동을 할 수 있는 마이크로폰으로, 전자기계 시스템(MEMS)에서는 이 방법이 자주 사용되고 있다. MEMS 분야에서 사용되는 열구동기에 대해서는 (예제 3.14와) 10장에서 논의할 예정이다. 왁스(특히 파라핀)는 특이하게도 열팽창계수가 매우 크다. 차량용 서모스탯에서는 다양한 조성의 왁스들이 사용되고 있다(문제 3.36과 문제 3.37 참조).

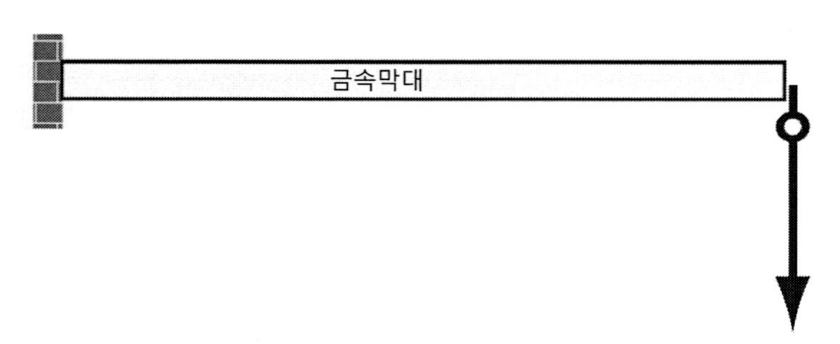

그림 3.25 선형 막대를 이용한 단순한 직접표시장치의 사례. 다이얼이 회전하면서 온도를 표시한다.

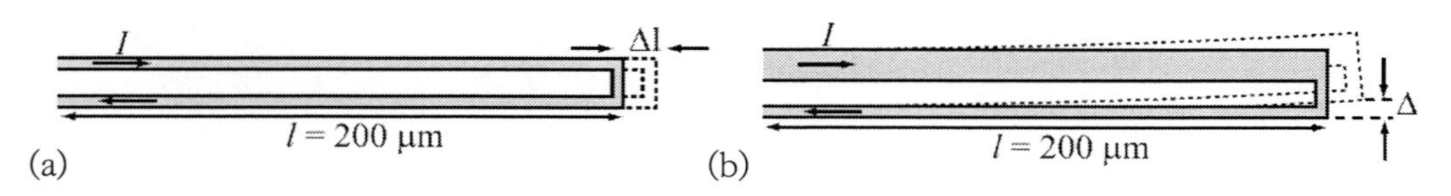

그림 3.26 마이크로폰으로 열작동기. (a) 직선운동. (b) 굽힘운동

예제 3.14 **직선운동형 마이크로폰으로 열작동기**

그림 3.26 (a)에서는 크롬도선으로 제작된 얇은 굽힘 방식의 작동기를 보여주고 있다. 전류가 도선을 통과하여 흐르면, 도선이 가열되며, 막대의 자유단이 작동기가 된다(즉, 스위치 접점이나 광선스위치용 반사경을 기울인다. 10장에서는 이런 유형의 작동기들을 살펴볼 예정이다). 만일 크롬도선의 온도가 25～125[°C]의 범위에서 변한다면, 작동기의 길이는 최대 얼마나 변하겠는가? 그림에 표시된 치수는 20[°C]에서의 값이다.

풀이

식 (3.36)을 적용하면 다음을 얻을 수 있다.

$$\ell(25°) = 200[1+30\times10^{-6}\times(25°-20°)] = 200.03[\mu m]$$

그리고

$$\ell(125°) = 200[1+30\times10^{-6}(125°-20°)] = 200.63[\mu m]$$

따라서 이 작동기에서는 0.6[μm]만큼의 길이변화가 발생한다. 이는 매우 작은 값인 것처럼 보이지만, 측정이 가능하며 선형성을 가지고 있다. 그리고 대부분의 마이크로폰으로 구동기에서는 이 정도의 변위만으로도 충분하다. 열작동기는 마이크로장치들에서 일반적으로 사용되는 가장 단순한 구동기이다. 마이크로폰으로 레벨에서 열작동기의 사용을 어렵게 만드는 가장 큰 문제는 느린 응답시간과 마이크로장치에서는 과도한 수준의 전력소모이다. 하지만 외형 크기가 매우 작기 때문에 응답시간과 전력소모를 충분히 낮은 수준으로 줄일 수 있다.

만일 도선을 구성하는 두 다리들 중에서 하나(상부다리)를 두껍게 만든다면, 온도상승이 감소하며, 더 많은 열을 방출하기 때문에 도선을 통과하여 흐르는 전류량에 비례하여 프레임 전체가 위로 굽어진다. 프레임을 통과하여 흐르는 전류를 제어하여 프레임 선단부의 위치를 조절할 수 있다(그림 3.26 (b)).

그림 3.27 (a)에 도시된 바이메탈 막대구조는 열팽창계수가 서로 다른 두 가지 금속을 서로 접합하여 금속의 열팽창을 성공적으로 활용한 사례이다. 이 막대의 온도가 상승하면, 상부층 금속이 하부층 금속보다 더 많이 팽창하면서 막대의 끝이 아래로 굽어진다(그림 3.27 (b)). 반면에 온도가 하강하면, 막대의 끝은 위를 향하여 움직인다. 이를 다이얼의 구동에 사용하거나 스트레인을 측정하여 운동을 검출할 수도 있다. 또한 지금도 여전히 사용되고 있는 자동차의 방향지시등과 같은 스위치를 켜고 끄는 데에도 이를 활용할 수 있다. 그림 3.28 (a)에 도시되어 있는 바이메탈 스위치의 경우, 바이메탈 소재를 통과하여 흐르는 전류를 이용하여 전구에 공급되는 전류를 검출한다. 램프가 꺼지면 바이메탈 소자가 냉각되면서 위로 올라가서 다시 램프를 켜게 된다. 대부분의 열기계 소자들과 마찬가지로, 바이메탈 센서는 실제로는 센서-작동기이다. 그림 3.28 (b)에서는 소형 바이메탈 서모스탯들을 보여주고 있다.

바이메탈의 작동 원리는 그림 3.27 (c)에서와 같이 다이얼 직접표시에도 사용된다. 여기서는 길이가 긴 띠형의 바이메탈을 코일 형태로 감아 놓았다. 온도변화에 의해서 띠형 바이메탈의 길이는 훨씬 더 많이 변하며, 이로 인해서 온도변화에 비례하여 다이얼이 회전한다.

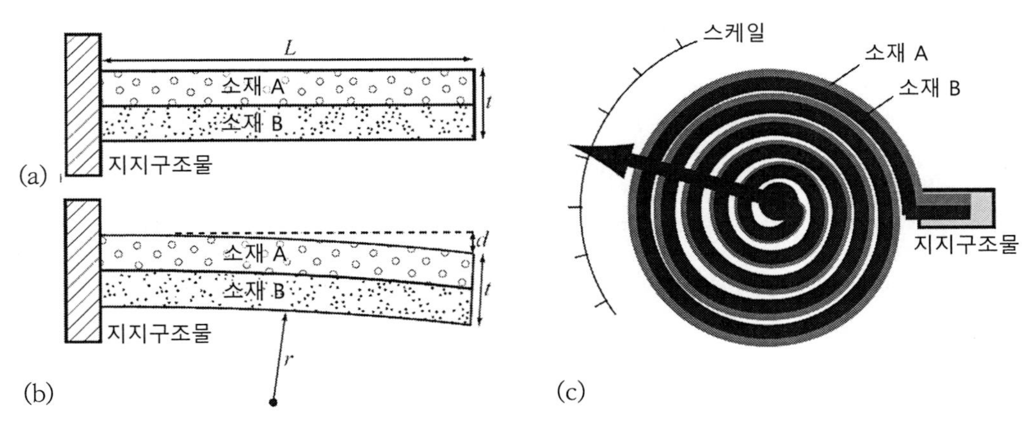

그림 3.27 바이메탈 센서. (a) 기본구조. (b) 온도에 따른 변형. (c) 코일형 바이메탈 온도센서

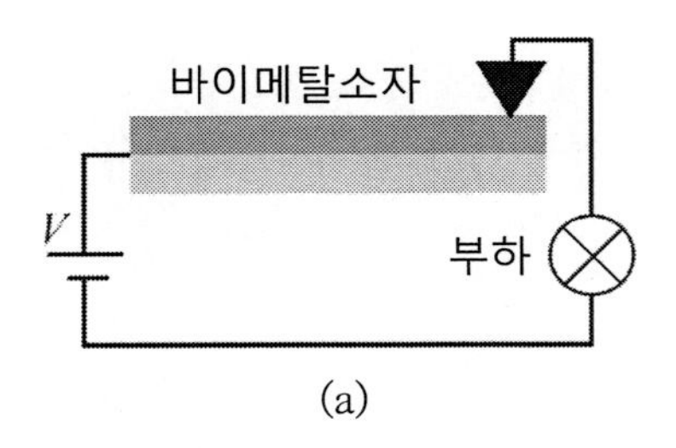

(a)

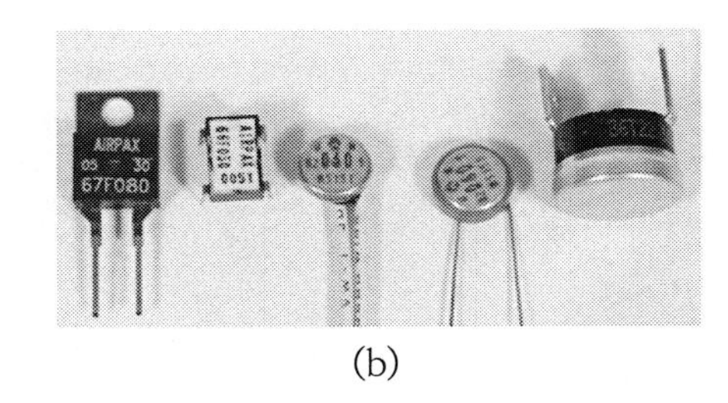

(b)

그림 3.28 (a) 차량용 방향지시등에 사용되는 바이메탈 스위치의 개략적인 구조. (b) 소형 바이메탈 서모스탯의 사례

근사식을 사용하여 띠형 바이메탈 박판의 자유단 변위를 계산할 수 있다. 그림 3.27 (b)에서, 자유단의 변위는 다음과 같이 계산된다.

$$d = r\left[1 - \cos\left(\frac{180L}{\pi r}\right)\right] \quad [m] \tag{3.37}$$

여기서

$$r = \frac{2t}{3(\alpha_u - \alpha_\ell)(T_2 - T_1)} \quad [m] \tag{3.38}$$

여기서 T_1은 바이메탈 막대가 평평한 경우의 기준온도이며, T_2는 측정온도이다. t는 바이메탈의 두께, L은 길이, 그리고 r은 감김 반경이다. α_u는 바이메탈 박판을 구성하는 상부 도전체의 열팽창계수이며, α_ℓ는 하부 도전체의 열팽창계수이다.

그림 3.27 (c)에 도시되어 있는 코일형 바이메탈 센서에서는 두 가지 소재의 열팽창계수 차이가 다이얼을 회전시킨다. 내부 박판과 외부 박판 사이의 길이 차이로 인하여 코일이 회전하며, 코일의 전체 길이가 매우 길기 때문에, 이 변형량은 상당히 크다(예제 3.15 참조). 다수의 단순형 온도계(특히 실외용 온도계)들이 이런 형태를 사용하고 있다.

그림 3.29에서는 가정용 서모스탯의 사례를 보여주고 있다. 상부에 설치된 바이메탈 코일은 실내온도를 표시하는 온도계로 사용되며, 하부에 설치된 바이메탈 코일은 서모스탯이다. 하부의 유리관은 바이메탈 코일에 의해서 구동되는 수은 스위치이다.

그림 3.29 바이메탈 온도계로 이루어진 서모스탯의 사례. 상부에 설치된 바이메탈 코일이 온도계이며, 하부에 설치된 바이메탈 코일은 서모스탯이다. 서모스탯 코일은 그림의 앞부분에 도시되어 있는 수은 스위치를 구동한다.

여기서 예시하는 센서/작동기는 단순하고 강인한 구조를 가지고 있으며, 외부전원이 필요 없고, 거의 교체할 필요가 없기 때문에 일반 소비제품 시장에서 가장 널리 사용되고 있다. 이들은 주방용 온도계(고기 온도계), 일반 가전기기, 서모스탯 그리고 실외용 온도계 등에 사용된다.

앞서 언급했듯이, 이 소자는 열을 변위로 변환시켜주기 때문에 작동기로도 유용하다. 이 작동기는 회전식 인디케이터 스위치, 서모스탯 그리고 단순 열기계방식 온도계 등의 경우에는 필수적으로 사용된다.

바이메탈의 작동원리는 금속의 길이방향 열팽창을 활용하는 반면에, 골레이 셀이나 알코올 온도계의 사례에서 살펴봤던 것처럼, 온도측정과 작동에 기체나 유체의 체적팽창을 사용할 수 있다. 일부 고체물질은 상변화가 일어날 때에 체적이 크게 팽창하거나 수축한다. 예를 들어 물은 얼면서 약 10[%]의 체적팽창이 일어난다. 이런 부류에 속하는 흥미로운 소재가 파라핀 왁스이다. 왁스는 조성에 따라서 용융 시의 체적이 5~20[%] 정도 팽창한다(표 3.10 참조). 특정한 온도에서 용융이 일어나도록 왁스의 조성을 조절할 수 있다는 점이 특히나 중요하다. 또한 상전환이 점진적으로 일어난다. 우선, 왁스가 연해진 다음에(약간 팽창한다), 용융되면서 훨씬 더 팽창한다. 냉각과정에서 고체화될 때에는 그 반대의 현상이 일어난다. 이로 인하여 용융과 고체화 과정에는 본질적으로 히스테리시스가 존재하며, 이를 매우 유용하게 활용할 수 있다. 서모스탯(그림 3.30에는 차량용 서모스탯이 도시되어 있다)은 실린더와 피스톤으로 이루

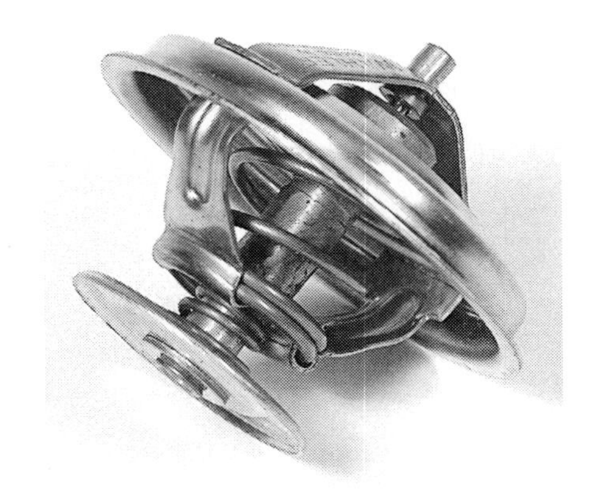

그림 3.30 자동차용 서모스탯

어지며, 실린더 속에는 고체상의 왁스 팰릿이 충진되어 있다. 작동중에 엔진의 온도가 설정온도에 도달하면 용융된 왁스에 의해서 피스톤이 밀려나오면서 냉각수 라인을 개방시켜준다. 서모스탯은 냉각에만 사용되는 것이 아니라 설정온도에 도달하기 전까지는 냉각수라인을 닫아서 엔진이 빠르게 예열되도록 도와준다. 그런 다음, 온도가 상승하거나 하강함에 따라서 점진적으로 밸브를 개방하거나 폐쇄하여 엔진 냉각수의 온도가 설정된 좁은 범위 내에서 유지되도록 만들어 주며, 이를 통해서 엔진의 효율을 극대화시킨다. 이런 유형의 서모스탯은 다양한 형상, 크기 및 설정온도로 제작할 수 있다. 설정온도는 밸브 생산단계에서 왁스의 조성을 사용하여 조절한다. 용융온도가 20[°C]에서 175[°C]에 이르는 다양한 왁스 팰릿들이 자동차 이외의 다양한 용도로 생산되고 있다. 이에 대해서는 문제 3.36과 문제 3.37을 참조하기 바란다.

예제 3.15 바이메탈 코일형 온도계

그림 3.27 (c)에 도시되어 있는 코일형태의 바이메탈을 사용하여 야외용 온도계를 제작하였다. 온도계 코일의 권선수는 6회이며 20[°C]에서 내측 반경은 $10[mm]$, 외측 반경은 $30[mm]$이다. 바이메탈 박판의 두께는 $0.5[mm]$이며, 부식을 방지하기 위해서 크롬(외부측 박판)과 니켈(내부측 박판)로 제작하였다. 이 온도계는 $-45\sim+60$[°C]의 온도범위에서 사용할 예정이다. 온도가 $-45\sim+60$[°C]로 변할 때에 표시침의 각도변화를 계산하시오.

풀이

각도변화에는 여러 가지 인자들이 관여하기 때문에, 이를 단순계산으로 구할 수는 없다. 그런데, 박판이 직선인 경우에 열전도체의 팽창에 대해서는 식 (3.36)을 사용할 수 있다. 두 금속 소재의 열팽창계수값 차이가 코일을 회전시킨다. 그러므로 외부측 박판의 길이변화를 계산한 다음에 어떤 현상(내부측의 열팽창계수값이 작은 니켈 박판이 바이메탈의 감김작용을 유발한다)에 의해서 지시침을 움직이는가에 대해서 살펴보기로 하자. 지시침의 각도변화를 근사화하기 위해서, 우선 평균반경을 사용하여 박판의 길이를 계산하여야 한다. 그런 다음, -45[°C]와 $+65$[°C]에서 각각의 길이를 계산한다. 이들 두 온도에서의 길이 차이가 박판이 내측 루프를 따라서 움직이도록 만든다.
코일의 평균 반경은 다음과 같다.

$$R_{avg} = \frac{30+10}{2} = 20[mm]$$

공칭온도(20[°C])에서 박판의 길이는

$$L = 6(2\pi R_{avg}) = 6\times 2\times \pi\times 20\times 10^{-3} = 0.754[m]$$

이제 양단 온도에서의 길이를 계산하여야 한다.

$$L(-45°) = 0.754[1 + 30 \times 10^{-6} \times (-45 - 20)] = 0.75253[m]$$

그리고

$$L(+60°) = 0.754[1 + 30 \times 10^{-6} \times (60 - 20)] = 0.7549[m]$$

이들 두 온도 사이의 길이 차이는

$$\Delta L = 0.7549 - 0.75253 = 0.002375[m]$$

또는 $2.375[mm]$이다.

지시침의 회전각도를 계산하기 위해서, 팽창량이 작으므로 내부측 루프는 동일한 반경을 유지한다고 가정한다. 내부측의 원주길이는 $2\pi r$이므로, 회전각도 $\Delta\alpha$는 다음과 같이 계산할 수 있다.

$$\Delta\alpha = \frac{\Delta L}{2\pi r_{inner}} \times 360° = \frac{0.002375}{2 \times \pi \times 0.01} = 13.6°$$

따라서 그림 3.27 (c)의 구조는 측정온도범위에 대해서 지시침이 $13.6°$만큼 회전한다.

3.6 문제

온도와 열의 단위

3.1 절대온도($0[K]$)를 섭씨온도와 화씨온도로 변환하시오.

3.2 칼로리$[cal]$는 에너지의 단위로서 $0.239[J]$과 같다. $1[cal]$은 몇 $[e\,V]$이겠는가? 전자전압 $[e\,V]$은 (전하값이 $1.602 \times 10^{-19}[C]$인) 하나의 전자가 $1[V]$의 전위 차이를 가로질러 움직이는 데에 필요한 에너지이다.

저항형 온도검출기

3.3 **단순 저항형 온도검출기.** 저항형 온도검출기는 비교적 손쉽게 만들 수 있다. 전자석용 도선(폴리머로 절연된 구리선)을 사용하여 구리저항형 온도검출기를 제작하였다. 도선의 직경은 $0.1[mm]$이며 필요한 공칭 저항값은 $20[°C]$에서 $120[\Omega]$이다. 여기서 절연용 폴리머의 두께는 무시하기로 한다.

(a) 도선의 길이는 얼마여야 하는가?

(b) 구리도선을 외경이 $6[mm]$인 코일형태로 권선하여 스테인리스강 튜브로 밀봉하려고 한다. 코일의 최소길이는 얼마가 되겠는가?

(c) $-45[°C]$에서 $120[°C]$의 온도범위에 대해서 이 구리저항형 온도검출기의 저항값 변화를 계산하시오.

3.4 **저항형 온도검출기의 측정중 자기가열**. 백금저항형 온도검출기를 $-200[°C]$에서 $+600[°C]$의 온도범위에서 사용하기 위해서 세라믹 몸체로 밀봉하였다. $0[°C]$에서의 공칭 저항값은 $100[\Omega]$이며 저항온도계수(TCR)는 $0.00385[1/°C]$이다. 센서의 자기가열 특성은 $0.07[°C/mW]$이다. $6[V]$의 정전압원과 $100[\Omega]$ 조항을 통해서 센서에 전력을 공급하며, 센서 양단의 전압차이를 직접 측정한다. $0[°C]$에서 $100[°C]$ 사이의 온도측정구간에서 자기가열에 의해서 발생하는 온도측정오차를 계산하시오. 온도에 따른 오차를 도표로 그리시오.

3.5 **전구의 온도측정**. 백열등 전구에서는 필라멘트가 빛을 발광하기에 충분한 온도로 가열하기 위한 발광 필라멘트 소재로 텅스텐 와이어를 사용한다. 상온($20[°C]$에서 저항값이 $22[\Omega]$인 $100[W]$ 전구에 $120[V]$의 전압이 부가된다.

(a) 전구를 켰을 때에 필라멘트의 온도를 계산하시오.

(b) 이런 유형의 간접측정방식에서 발생하는 오차의 원인은 어떤 것들이 있겠는가?

3.6 **저항형 온도검출기의 정확한 저항값**. 일반적인 저항형 온도검출기 소재들에 대하여 공표된 데이터를 사용하거나 측정을 통해서 다항식의 계수값들을 구하여 캘린더-반두센 다항식(식 (3.6)과 식 (3.7))을 사용할 수 있다. $-200[°C]$에서 $+900[°C]$ 사이의 온도범위에서 작동하는 니크롬(니켈-크롬) 소재의 새로운 저항형 온도검출기를 개발하려 한다고 가정하자. 이 새로운 센서를 평가하기 위해서는 식 (3.6)과 식 (3.7)의 상수 a, b 및 c를 구해야 한다. 정확한 온도를 알고 있는 교정온도들이 센서의 저항값을 측정하기 위해서 일반적으로 사용된다. 이런 교정온도들에는 산소점(액체 산소와 기체 산소가 공존하는 평형온도인 $-182.962[°C]$), 물의 삼중점(얼음, 액체상태의 물, 수증기가 공전하는 평형온도인 $0.01[°C]$), 비등점(물과 수증기의 평형온도인 $100[°C]$), 아연점(고체아연과 액체아연의 평형온

도인 419.58[°C]), 은점(961.93[°C]), 그리고 금점(1,064.43[°C]) 등이 잘 알려져 있다. 적절한 온도점들을 선정하여 해당 온도에서 저항값을 측정하면, 필요한 계수값들을 구할 수 있다. 저항형 온도검출기(RTD)의 저항값 측정 결과는 다음과 같았다. 산소점 저항값 $R(-182.962°)=45.94[\Omega]$, 0[°C]에서의 저항값 $R(0°)=50[\Omega]$, 비등점에서의 저항값 $R(100°)=51.6[\Omega]$, 아연점에서의 저항값 $R(419.58°)=58[\Omega]$, 그리고 은점에서의 저항값 $R(961.93°)=69.8[\Omega]$이다. 니크롬 합금의 저항온도계수(TCR)는 20[°C]에서 0.0004 [1/°C]이라 할 때에 다음에 대해서 답하시오.

(a) 산소점, 비등점, 그리고 아연점을 사용하여 캘린더-반두센 다항식의 계수값들을 구하시오.
(b) 산소점, 아연점, 그리고 은점을 사용하여 캘린더-반두센 다항식의 계수값을 구하시오.
(c) (a)에서 구한 계수값과 (b)에서 구한 계수값들을 식 (3.5)에 대입한 다항식을 사용하여 -150[°C]와 800[°C]에서의 저항값을 구하시오. 오차가 얼마나 발생하는가?

3.7 **온도구배가 정확도에 끼치는 영향**. 도선저항형 온도검출기는 센서의 길이가 길기 때문에 특정한 용도나 온도가 빠르게 변하는 동적인 상황에서는 센서 내에서의 온도구배가 문제가 된다. 이 문제에 대해 이해하기 위해서, 20[°C]에서의 저항값이 120[Ω]인, 10[cm] 길이의 백금도선저항형 온도검출기에 대해서 살펴보기로 한다.

(a) 센서의 한쪽 끝의 온도는 80[°C]이며, 다른 쪽 끝의 온도는 이보다 1[°C] 낮은 경우의 온도측정값을 구하시오. 단, 온도분포는 선형적이라고 가정한다.
(b) 센서 양단의 온도는 (a)에서와 같지만, 중심위치 온도가 79.25[°C]이며, 온도분포가 포물선형인 경우에 온도측정값을 구하시오.

3.8 **간접온도측정: 고온측정용 온도센서**. 용융금속이나 용융유리와 같은 고온을 측정하기 위하여 오래 전부터 사용해 왔으며, 편리한 측정방법은 색상을 비교하는 것이다. 이 방법에서는 용융금속과 온도가 조절되는 필라멘트의 색상과 온도가 서로 동일해야만 한다. 비교용 필라멘트를 제대로 선정했다면, 이 방법은 매우 정확하며 완벽하게 비접촉 방식으로 온도를 측정할 수 있다. 이런 유형의 센서에서는 그림 3.31에 도시되어 있는 것처럼, 가변저항을 사용하여 (진공관 속에 밀봉되어 있는) 필라멘트 가열을 조절하며, 필라멘트로 공급되는 전압과 전류를 측정한다.

(a) 색상이 서로 동일한 상태에서 측정된 V와 I, $20[°C]$에서의 필라멘트 저항값 R_0, 그리고 저항온도계수(TCR) α를 사용하여 온도 방정식을 유도하시오.

(b) 실제 센서에서는 $20[°C]$에서의 저항값이 $1.2[\Omega]$인 텅스텐 소재의 필라멘트를 사용한다. 특정한 온도에 센서를 노출시켜서 측정한 필라멘트 양단의 전압은 $4.85[V]$이며, 전류는 $500[mA]$였다. 측정된 온도는 몇 도인가?

(c) 이런 방식의 측정에서 발생할 가능성이 있는 오차들에 대해서 논의하시오.

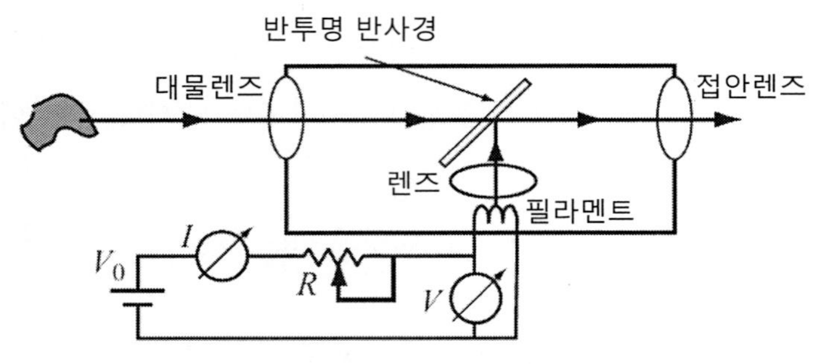

그림 3.31 고온측정용 온도센서의 사례

3.9 **저항온도계수(TCR)의 온도의존성**. 저항온도계수(TCR)는 상수가 아니며, 온도에 따라서 변한다. 하지만 식 (3.4)는 T_0에 대해서 측정한 α값을 사용한다면, 어떠한 T_0에 대해서도 적합하다. 백금에 대해서 $0[°C]$에서 측정한 $\alpha = 0.00385[1/°C]$라 할 때에 다음에 대해서 답하시오.

(a) $50[°C]$에서의 α값을 계산하시오.

(b) (a)의 결과를 다음과 같이 일반화하시오. T_0에서의 저항온도계수가 α_0일 때에, T_1에서의 저항온도계수 α_1은 얼마인가?

실리콘-저항형 센서

3.10 **반도체 저항형 센서**. 단순 사각 형상 반도체 저항형 센서의 표면적이 $2 \times 4[mm]$이며, 두께 $0.1[mm]$이다. $20[°C]$에서 진성 반도체의 나르개 농도는 $1.5 \times 10^{10}[1/cm^3]$이며, 전자와 정공의 이동도는 각각 $1,350[cm^2/V \cdot s]$와 $450[cm^2/V \cdot s]$이다. 여기서 사용되는 센서소자의 저항온도계수(TCR)는 $-0.012[1/°C]$이며, 도핑에 의해 영향을 받지 않는다고 가정한다.

(a) 진성반도체 소재를 사용하는 경우에 75[°C]에서의 센서 저항값을 구하시오.

(b) 이 소재에 n-형 도핑물질이 $10^{15}[1/cm^3]$의 농도로 도핑된 경우에 75[°C]에서의 센서 저항값을 구하시오.

(c) 이 소재에 p-형 도핑물질이 $10^{15}[1/cm^3]$의 농도로 도핑된 경우에 75[°C]에서의 센서 저항값을 구하시오.

3.11 **실리콘-저항형 센서의 전달함수**. 어떤 실리콘 저항형 센서가 20[°C]에서 2,000[Ω]의 저항값을 가지고 있다. 이 센서의 전달함수를 구하기 위해서 0[°C]와 90[°C]에서의 저항값을 측정한 결과, 각각 1,600[Ω]와 3,200[Ω]이 측정되었다. 저항값은 2차의 캘린더-반두센 방정식으로 주어진다 할 때에, 방정식의 계수값을 구하고, 0[°C]에서 100[°C] 사이의 온도에서 전달함수의 변화를 도표로 그리시오.

3.12 **실리콘-저항형 센서**. n-형 실리콘 센서의 외형은 $2\times10\times0.1[mm]$의 크기를 가지고 있다. 나르개 이동도는 온도상승에 따라서 감소하지만, 나르개 농도는 관심온도 범위 내에서는 일정하다고 가정한다. 센서로 사용되는 n-형으로 도핑된 실리콘의 전자농도는 $10^{17}[1/cm^3]$인 반면에, 진성 실리콘의 전자 농도는 $1.45\times10^{10}[1/cm^3]$이다. 센서의 작동특성을 파악하기 위해서 25[°C], 100[°C] 그리고 150[°C]에서 전자와 정공의 이동도를 측정한 결과가 다음에 제시되어 있다.

온도[°C]	25	100	150
전자의 이동도[$cm^2/V\cdot s$]	1,370	780	570
정공의 이동도[$cm^2/V\cdot s$]	480	262	186

(a) 센서의 전달함수(저항 대 온도)를 2차 다항식으로 나타내시오.

(b) 센서의 민감도를 계산하여 도표로 나타내시오.

(c) 세 가지 온도에서 저항과 민감도는 각각 얼마인가?

서미스터

3.13 **서미스터의 전달함수**. 음의 온도계수(NTC)를 가지고 있는 서미스터의 전달함수는 식

(3.14)와 식 (3.15)에 제시되어 있는 스타인하트-하트 방정식을 사용하여 근사화시킬 수 있다. 이 방정식의 계수값들을 구하기 위해서 세 가지 온도에 대해서 저항값을 측정한 결과가 다음과 같다. 0[°C]에서 $R(0°) = 1.625[k\Omega]$, 25[°C]에서 $R(25°) = 938[\Omega]$, 80[°C]에서 $R(80°) = 154[\Omega]$.

(a) 스타인하트-하트 방정식을 사용하여 서미스터의 전달함수를 구하시오.

(b) 25[°C]에서의 저항값을 기준으로 하여 식 (3.12)의 단순화된 전달함수를 구하시오.

(c) 두 가지 전달함수를 0~100[°C]의 온도범위에 대해서 도표로 그리고, 이들 사이의 차이에 대해서 논하시오.

3.14 **서미스터의 전달함수**. 새로운 형태의 서미스터가 −80~100[°C]의 온도범위를 측정하며, 20[°C]에서의 저항값이 $100[k\Omega]$이다. 이 센서의 전달함수는 2차 다항식의 형태를 가지고 있다. 전달함수를 구하기 위해서 서미스터의 저항값을 측정한 결과, −60[°C]에서 $R(-60°) = 320[k\Omega]$이며, +80[°C]에서 $R(+80°) = 20[k\Omega]$이다.

(a) 2차 다항식을 사용하여 전달함수를 구한 후에, 필요한 온도범위에 대하여 이를 도표로 그리시오.

(b) 0[°C]에서의 저항값을 구하시오.

3.15 **서미스터의 전달함수 단순화**. 0~120[°C]의 온도범위에 대한 서미스터의 전달함수를 구하려고 한다. 20[°C]에서 서미스터의 저항값은 $10[k\Omega]$이다. 0[°C], 60[°C] 및 120[°C]의 세 온도에 대해서 측정한 저항값은 각각, $24[k\Omega]$, $2.2[k\Omega]$ 및 $420[\Omega]$이다. 전달함수 모델을 구하기 위해서 식 (3.12)에 제시되어 있는 단순 지수함수가 사용되었다. 그런데, 이 모델에서는 β라는 단 하나의 변수만을 사용하기 때문에, 측정된 세 개의 온도값들 중에서 하나밖에 사용할 수 없다.

(a) 세 가지 측정온도들을 사용하여 각각 전달함수를 구한 후에 β값의 차이를 서로 비교하시오.

(b) 세 개의 온도에 대해서 세 가지 전달함수의 오차값을 계산하시오.

(c) 세 개의 전달함수들을 도표로 그리시오. 이들의 차이에 대해서 살펴본 후에, 단순화

모델들 중에서 가장 적합한 전달함수를 선정하시오.

3.16 **서미스터의 자기가열**. $25[°C]$에서 공칭 저항값이 $15[k\Omega]$인 서미스터에는 $5[mA]$의 전류가 흐른다. 대기온도가 $30[°C]$인 경우에, 서미스터의 저항값은 $12.5[k\Omega]$이다. 서미스터에 전류를 흘리지 않으면 서미스터의 저항값은 $12.35[k\Omega]$으로 감소한다. 이 서미스터의 자기가열에 의한 오차를 $[°C/mW]$의 단위로 계산하시오.

열전센서

3.17 **부적절한 접점온도**. 그림 3.32에 도시되어 있는 것처럼, K-형 열전대는 T_1의 온도를 측정하며, 기준온도는 T_r이다. 다음의 조건하에서 전압계의 측정값을 계산하시오.

(a) $T_1 = 100[°C]$, $T_r = 0[°C]$이며, 접점 $x-x'$과 $y-y'$은 각각 서로 다른 등온영역 속에 설치되어 있다($c=$크로멜, $a=$알루멜).

(b) $T_1 = 100[°C]$, $T_r = 0[°C]$이며, 접점 $y-y'$은 등온영역 속에 설치되어 있다. 하지만 접점 $x-x'$의 설치위치는 등온영역이 아니며 $5[°C]$의 온도 차이를 가지고 있다(x접점이 고온상태이다).

(c) 위의 (a)와 (b) 중에서 어느 온도가 올바른 측정값인가? 잘못 측정된 온도의 경우 오차는 얼마인가?

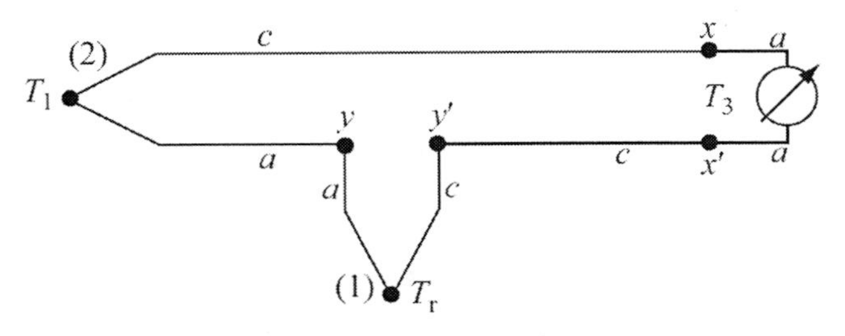

그림 3.32 K-형 열전대의 연결상태

3.18 **열전대 도선 길이의 영향**. 기준온도 $T_r = 0[°C]$인 K-형 열전대를 사용하여 $T_1 = 100[°C]$를 측정하려고 한다. 특정한 용도에 사용하기 위해서는 그림 3.33에서와 같이, 측정용 접점 연결용 도선의 길이를 늘려야 한다. $y-y'$과 $z-z'$ 접점들은 온도가 $25[°C]$로 유지되는

등온영역에 설치되어 있다. 다음의 조건하에서 전압계의 측정값을 계산하시오(c = 크로멜, a = 알루멜).

(a) 연결전선을 사용하지 않는 경우(즉, x와 w 및 x'과 y'이 동일접점).

(b) 한 쌍의 구리도선을 사용하여 배선을 연장시켰다. $x-x'$, $y-y'$, $z-z'$ 그리고 w 접점들은 온도가 25[°C]로 유지되는 등온영역에 설치하였다.

(c) 정확도를 향상시키기 위해서 연장도선에도 열전대와 동일하게 상부도선은 알루멜, 하부도선은 크로멜을 사용하였다. $x-x'$, $y-y'$ 그리고 $z-z'$ 접점들은 온도가 25[°C]로 유지되는 등온영역에 설치하였으며, w 접점의 온도는 20[°C]로 유지되었다. 온도 T_1의 측정 시에 발생하는 오차값을 계산하시오.

(d) 오차를 더욱 줄이기 위해서, 연장도선의 배치를 뒤집어서 상부도선은 크로멜, 하부도선은 알루멜을 사용하였으며, 모든 접점들의 온도조건은 (c)에서와 동일하게 유지하였다. 이를 통해서 오차발생 문제가 해결되었는가? 그 이유를 설명하시오.

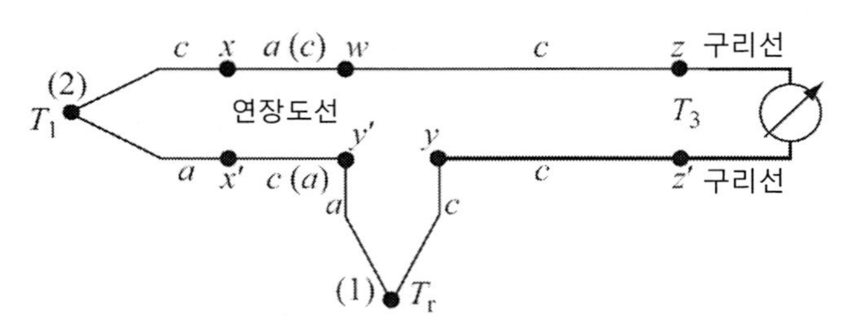

그림 3.33 열전대 도선의 연장

3.19 **기준접점의 온도**. 온도측정에 그림 3.34와 같은 온도측정 시스템이 사용된다. 여기서 측정용 접점과 기준접점에는 모두 K-형 열전대를 사용하고 있다. 측정용 접점은 950[°C]의 용융유리 온도를 측정하며, 열전대의 기준온도는 54[°C]로 측정되었다. 기준접점을 구성하는 두 연결부인 A와 B는 등온영역에 설치되어 있다. 등온영역 T_1에는 측정용 계측기의 접점들이 설치되어 있다.

(a) 표 3.6을 사용하여 전압계를 사용하여 측정한 전자장 전위값을 계산하시오.

(b) 기준접점의 전자장 전위를 고려하여 K-형 열전대의 열전 기준표로부터 (a)와 동일한 전자장 전위를 구할 수 있다는 것을 설명하고, 두 방법의 차이에 대해서 논하시오.

(c) 만일 기준 접점이 0[°C]로 유지된다면, 출력전압이 온도 T에 대한 열전 기준표를 사용하여 구한 값과 동일하다는 것을 증명하시오.

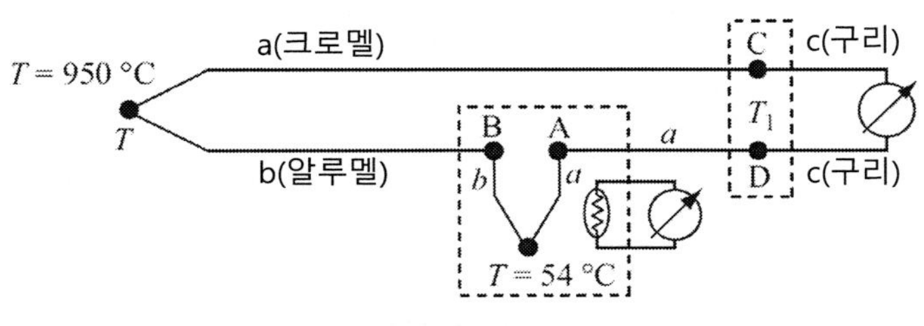

그림 3.34 냉접점의 온도측정

3.20 **T-형 열전대의 열전 기준 전자장과 온도.** 구리-콘스탄탄 조합(T-형 열전대)의 기준 전자장(들)과 기준온도가 Appendix B(B.3절)에 제시되어 있다. 이 표는 기준온도 0[°C]에 대한 데이터이다.

(a) 제시된 다항식의 첫 번째 항(전달함수의 1차 근사), 앞의 두 항(전달함수의 2차 근사), 앞의 세 항(전달함수의 3차 근사)의 순서로 8차 전달함수 전체를 사용할 때까지 근사식의 차수를 순차적으로 증가시켜 가면서 200[°C]에서의 전자장 전위값을 계산하시오. 이때 기준온도는 0[°C]를 사용하시오.

(b) 8차 다항식을 모두 사용하여 구한 전자장 전위값과 차수를 줄여서 구한 전자장 전위값 사이의 오차를 계산하시오. 계산 차수에 따른 오차값을 도표로 그리시오. 이 도표로부터 어떤 결론을 내릴 수 있겠는가?

(c) 8차 근사에 대해서 (a)에서 구한 값들을 사용하여 온도 T에 대한 전자장 전위값의 첫 번째 항(1차 근사), 앞의 두 항(2차 근사), 앞의 세 항(3차 근사)의 순서로 6차 함수까지 계산하시오. 이 결과를 공칭온도(200[°C])에 대해서 서로 비교하시오. 근사차수에 따라서 얼마만큼의 오차가 발생하는가? 이 계산결과를 통해서 어떤 결론을 얻었는가?

3.21 **R-형 열전대의 열전 기준 전자장과 온도.** 백금-로듐(R-형 열전대)에 대한 기준 전자장과 기준온도표가 Appendix B(B.7절)에 제시되어 있다. 이 표는 기준온도 0[°C]에 대한 데이터이다. 그림 3.10에 도시되어 있는 것처럼, 두 접점 모두 R-형 열전대를 사용하였다. 추가적인 모든 접점 쌍들은 자체적인 등온영역에 설치되어 있다. 다음의 경우에 대하여 1,200

[°C]의 온도에서 열전대의 전자장 전위값을 계산하시오.

(a) 기준온도가 0[°C]인 경우.

(b) 기준온도가 100[°C]인 경우.

3.22 **E-형 열전대의 냉접점 보상**. 그림 3.11에 도시되어 있는 것처럼, 백금저항형 온도검출기(RTD)를 사용하여 크로멜-콘스탄탄 열전대의 냉접점 보상을 시행하려고 한다. 저항형 온도검출기(RTD)는 0[°C]에서 120[Ω]의 저항값을 가지고 있으며, 저항온도계수(TCR)는 0.00385[1/°C]이다. 0[°C]에서 E-형 열전대의 상대 제벡계수(민감도)는 58.7[μV/°C]이다(표 3.3 참조).

(a) 5[V]의 정전압원을 사용하는 경우, E-형 열전대를 보상하기 위해서 필요한 R_2값을 계산하시오.

(b) 등온영역의 온도 $T=25$[°C]라면, 45[°C]의 온도를 측정할 때에 발생하는 오차는 얼마이겠는가? E-형 열전대의 전자장 전위값 계산에는 식 (3.20)을 사용하시오.

(c) 동일한 구조를 사용하여 400[°C]를 측정하는 경우에는 오차가 얼마나 발생하겠는가? 오차 발생의 원인에 대해서 설명하시오. Appendix B(B.4절)에 제시되어 있는 E-형 열전대 다항식의 역수를 사용하여 $T_2 = 1,200$[°C]에서의 전자장 전위를 계산하시오.

반도체식 열전대

3.23 **고온용 열전퇴**. 천연가스와 같은 연료가 저장된 원격위치의 온도를 측정하여 온도신호를 전송하거나 파이프라인 음극화 보호[24)]와 같은 특정한 목적에 필요한 미량의 전력을 송출하기 위해서 열전퇴가 사용된다. 긴급 상황 발생 시 열전퇴를 사용하여 냉각을 시행하기 위해서 12[VDC]의 전원을 연결해야 한다. 열전퇴를 작동시키는 열접점의 온도는 450[°C]이며, 냉접점은 핀이 구비된 열전도체에 설치되어 있으므로 기온과 풍속에 따라서 80~120[°C]의 온도 사이를 오갈 것으로 예상된다. 고온에서 사용되어야 하므로, 펠티에 소자는 적합지 않으며, J-형 열전대를 사용하는 방안이 제안되었다.

24) cathodic protection: 강 구조물을 음극으로 하여 미량의 전류를 흘리면 철 분자가 이온화되는 것을 방지하여 녹 발생을 막을 수 있다. 역자 주.

(a) 최저출력전압이 $12[V]$가 되려면 몇 개의 접점이 연결되어야 하는가?

(b) 출력전압의 변화범위는 얼마인가?

3.24 **자동차용 열발전기**. 펠티에 소자를 사용하는 흥미로운 시도들 중 하나가 자동차와 트럭의 교류발전기를 대체하는 것이다. 이를 통해서 배기가스의 열에 의해 손실되는 동력 중 일부를 회수할 수 있다. 이 장치는 배기관을 둘러싸는 실린더 형태로 배치되어 있으며, 내경측의 고온접점은 배기관 온도로 유지된다. 외경측에 배치된 냉접점은 실린더 구조의 외경측에 설치되어 있는 냉각핀(또는 라디에이터를 통과한 냉각수)에 의해서 온도 차이를 갖는다. 냉접점과 열접점 사이의 온도 차이가 최소한 $60[°C]$ 이상으로 유지되는 경우에, $24[V]$로 작동하는 트럭에 최소 $27[V]$의 전압을 공급하기 위해서 필요한 접점의 숫자를 계산하시오. 작동온도범위와 높은 민감도 구현을 위해서 접점생성에는 카본/실리콘카바이드를 사용하였다(표 3.9 참조).

주의: $5[kW]$의 전력을 송출할 수 있는 시제품이 제작되었다. 그런데 이런 유형의 장치에는 약간의 문제가 있다. 이 장치에는 고온용 소재가 필요하므로 제작비용이 비싸고, 배기가스관이 정상 작동온도에 도달하여야 전력을 송출할 수 있다.

$p-n$접합형 온도센서

3.25 **다이오드의 온도 모니터링**. 갈륨비소(GaAs) 전력용 다이오드의 밴드갭 에너지는 $1.52[eV]$이며 $20[°C]$의 온도하에서 다이오드를 통과하여 $1[mA]$의 전류가 흐를 때에 전향전압 강하는 $1.12[V]$이다. 다이오드 접점 양단에서 전향전압 강하를 측정하여 다이오드의 온도를 모니터링하려고 한다.

(a) 전향전류가 $1[mA]$로 일정하게 유지되는 경우에 다이오드의 온도 민감도를 계산하시오.

(b) 전향전류가 $10[mA]$로 일정하게 유지되는 경우에 다이오드의 온도 민감도를 계산하시오.

(c) 다이오드의 온도가 $25[°C]$로 일정하게 유지되는 경우에, 다이오드의 전류 민감도를 계산하시오.

3.26 **$p-n$접합형 센서의 오차**. $p-n$접합형 센서를 사용할 때에는 두 가지 사항들에 대해서 주의하여야 한다. 첫 번째는 접점의 자기가열이며, 두 번째는 다이오드를 통과하는 전류의

변화에 따른 영향이다. 대기온도가 25[°C]일 때에, 게르마늄 다이오드에 순방향으로 $5[mA]$의 전류가 흐르면 0.35[V]의 전압강하가 발생한다. 소자에 대한 데이터시트에 따르면, 이 센서의 자기가열은 1.3[mW/°C]이다.

(a) 센서의 민감도를 계산하고, 자기가열을 무시할 때에, 50[°C]에서 예상되는 전압을 구하시오.

(b) 전원의 상태에 따라서 다이오드를 통과하여 흐르는 전류가 ±10% 정도 변한다. 이 변동으로 인하여 발생하는 접점전압 오차를 백분율로 구하시오. 이를 위에서 제시한 기준값($V_f = 0.35[V]$, $T = 25[°C]$, $I = 5[mA]$)을 기준으로 사용하시오.

(c) 대기온도 50[°C]에서 접점을 통과하는 전류가 $5[mA]$일 때에, 자기가열에 의한 온도측정 오차를 계산하시오.

(d) 이 오차의 상대적인 중요성과 이를 저감할 방안에 대해서 논의하시오.

광학 및 음향 센서

3.27 **해수의 음향온도 측정**. 수면 근처에서의 평균 수온을 측정하기 위해서, $1[m]$ 거리를 두고 초음파 발진기와 수신기를 설치하였으며, 그림 3.35에 도시되어 있는 것처럼, 마이크로프로세서를 사용하여 초음파의 비행시간을 측정하였다. 해수 속에서 음파의 속도는 온도에 의존하기 때문에, 비행시간 Δt를 사용하여 온도를 측정할 수 있다.

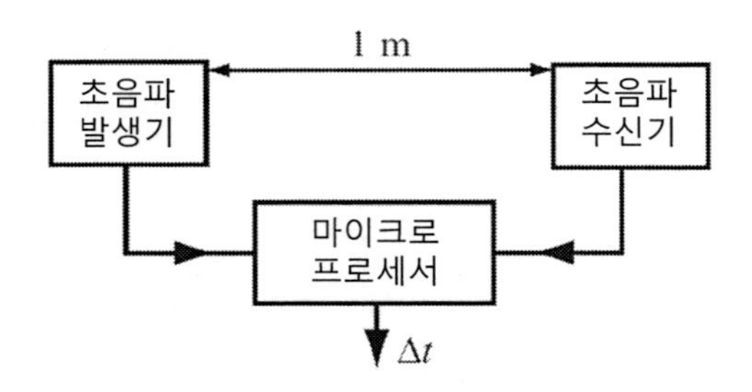

그림 3.35 초음파 수온 측정기의 구조

(a) 센서의 민감도를 계산하시오.

(b) 예상되는 해수의 온도범위인 0~26[°C]에 대해서 비행시간을 온도의 함수로 계산하여 도표로 그리시오.

주의: 이런 유형의 센서를 의도적으로 제작하지는 않는다. 하지만 다른 목적으로 초음파

측정을 사용하는 경우라면 온도를 함께 측정할 수 있다.

3.28 **초음파 자동초점 조절기에서 온도편차에 의해 발생되는 오차**. 카메라의 렌즈 자동초점조절을 위한 거리측정기로 초음파 센서가 사용된다. 측정방법은 물체에 투사된 초음파가 카메라로 반사되어 되돌아오는 비행시간을 측정하는 것이다. 자동초점 조절 시스템이 $20[°C]$의 온도에 대해서 교정되었다고 가정하자.

(a) 공기온도 변화에 따른 거리측정 오차를 계산하여 백분율로 나타내시오.

(b) 물체가 카메라로부터 $3[m]$ 떨어져 있는 경우에, $-20[°C]$와 $+45[°C]$의 온도에서 측정된 거리는 각각 얼마이겠는가?

열기계식 센서와 작동기

3.29 **수은온도계**. 수은온도계는 **그림 3.24**에 도시되어 있는 것처럼, 유리로 제작된다. 실험실용 온도계는 $0 \sim 120[°C]$의 온도범위에 대해서 $0.5[°C/mm]$의 온도눈금을 가지고 있다. 유리관의 내경이 $0.2[mm]$인 경우에 필요한 수은의 체적은 얼마이겠는가?

3.30 **기체온도센서**. 기체온도센서는 **그림 3.22**에 도시되어 있는 것처럼, 작은 용기와 피스톤으로 이루어진다. 여기서 피스톤의 직경은 $3[mm]$이다. $20[°C]$에서 기체의 총 체적이 $1[cm^3]$인 경우에 센서의 민감도를 $[mm/°C]$의 단위로 계산하시오. 이때, 기체의 압력은 일정하다고 가정한다.

3.31 **유체 충전식 골레이 셀**. **그림 3.36**에 도시되어 있는 것처럼, 실린더형 용기와 유연 맴브레인으로 이루어진 골레이 셀이 제작되었다. 반경 $a = 30[mm]$이며 높이 $h = 10[mm]$이다. 실린더의 림과 반경 $b = 10[mm]$인 강체 디스크 사이에 맴브레인이 설치되었다. 셀이 가열되어 유체가 팽창하면, 강체 디스크가 밀려 올라가면서 맴브레인이 늘어나서 **그림 3.36 (b)**에서와 같이 원추 형상으로 변형된다. 셀 속에는 에탄올이 충진되어 있으며, 맴브레인 표면에 부착된 소형 반사경에 레이저 광선을 조사하여 맴브레인의 변형에 따른 반사광의 각도변화를 광학적으로 검출한다. **그림 3.36 (a)**에 도시되어 있는 것처럼, $0[°C]$에서는 셀이 완벽한 평면을 이루고 있다. 반사경에서 $60[mm]$ 떨어진 위치에 스케일을 설치하고(즉,

스케일은 반경이 $60[mm]$인 원의 일부이다), (광학센서를 사용하여) 반사된 레이저 광선의 위치를 검출한다.

(a) $0[°C]$ 근처에서 온도가 조금 변할 때에 센서의 민감도를 계산하시오. 주의: 광선의 반사각은 입사각도와 같다. 이때에 입사각은 광선의 입사위치에서 거울의 수직방향에 대한 경사각도이다. 검출량(입력)은 온도이며, 출력은 스케일상에서의 직선거리이다. 따라서 민감도는 $[mm/°C]$의 단위로 주어진다.

(b) 광선위치 측정용 스케일의 위치 분해능이 $0.1[mm]$인 경우에, $0[°C]$ 근처에서 온도가 조금 변할 때에 골레이 셀의 분해능을 계산하시오.

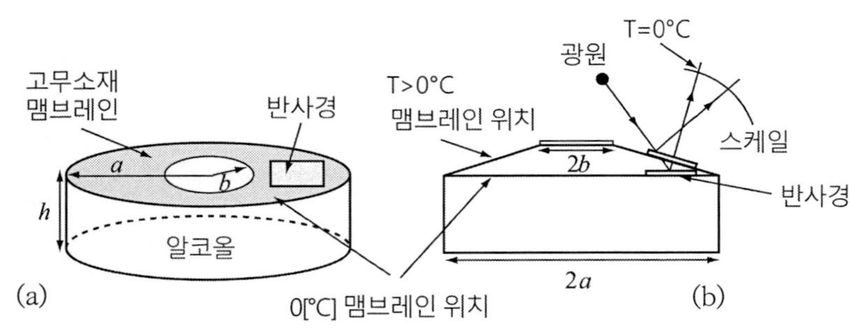

그림 3.36 유체가 충진되어 있는 골레이 셀. (a) $T = 0[°C]$. (b) $T > 0[°C]$

3.32 **피스톤형 골레이 센서.** 그림 3.37에 도시되어 있는 것처럼, 유리용기 속에 공기가 충진되어 있으며 피스톤이 끼워진 형태의 온도센서를 제작하였다. 기체의 총 체적은 $0[°C]$에서 $10[cm^3]$이며 피스톤 위치를 유리 실린더의 벽면에 새겨진 눈금과 비교하여 온도를 읽을 수 있다. 기체는 이상기체처럼 거동하며, 피스톤 마찰은 없다(즉, 내부압력과 외부압력이 동일한)고 가정한다.

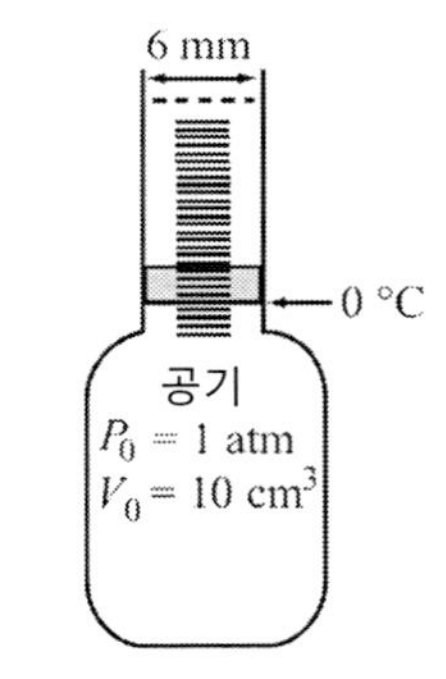

그림 3.37 피스톤형 골레이 센서

(a) 외부압력이 $1[atm](1,013.25[mbar]$ 또는 $101,325[Pa])$로 일정한 경우에 피스톤 위치에 따른 센서의 민감도를 $[°C/mm]$ 단위로 나타내시오.

(b) 외부압력이 $950[mbar](95,000[Pa])$의 저압에서 $1,100[mbar](110,000[Pa])$의 고압에 이르기까지 변할 때에 측정의 최대오차는 얼마이겠는가?

(c) (a)와 (b)의 결론은 무엇인가?

3.33 **열기계식 작동기.** 온도변화에 따른 기체의 체적팽창을 이용하여 **그림 3.38**과 같이 단순한 실린더형 작동기를 만들 수 있다. 이 구조에서 용기 내의 기체가 팽창하면 상부 덮개는 위로 올라간다. 용기의 상부와 하부 사이가 적절히 밀봉되어 있으며, 압력이 일정하다면, 상부덮개의 변위를 작동기로 사용할 수 있다. 용기의 직경 $d=10[cm]$이며 압력 $1[atm]$, 대기온도 20[°C]에서 용기의 높이 $h=4[cm]$라 할 때에, 다음을 계산하시오.

(a) 외력이 부가되지 않는 경우에 작동기의 변위 민감도를 $[mm/°C]$의 단위로 나타내시오.

(b) 외력 F가 부가되었을 때에, 작동기의 변위 민감도를 $[mm/°C]$의 단위로 나타내시오.

(c) 만일 상부 덮개를 움직이지 못하게 만든다면, 50[°C]가 되었을 때에 생성되는 힘은 얼마이겠는가?

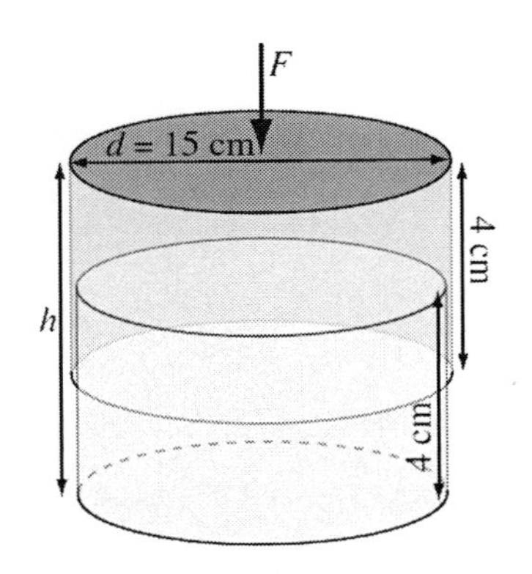

그림 3.38 단순한 열기계 작동기의 사례

3.34 **바이메탈 서모스탯.** **그림 3.39**에 도시되어 있는 것처럼, 바이메탈 막대와 스냅 스위치를 사용하여 서모스탯이 제작되었다. 바이메탈 스프링이 스냅 스위치를 누르고 있으며, 특정한 설정온도에 도달하면 스위치는 열림 위치(또는 스위치 유형에 따라서는 닫힘 위치)로 전환된다. 누름력이 없어지면 스위치는 다시 닫힘(또는 열림) 상태로 복귀한다. 이 사례에서 사용된 스위치는 구동에 $d=0.5[mm]$의 변위가 필요하다. 바이메탈 막대는 두께가 $1[mm]$이며 철(하부)과 구리(상부)로 이루어진다.

(a) 상온인 20[°C]에서 바이메탈 막대는 스위치 작동기에 닿아 있으며, 350[°C]에서는 스위치가 열려야만 한다. 바이메탈 막대의 길이는 최소한 얼마가 되어야 하는가?

(b) 만일 막대의 길이 ℓ을 최소 $25[mm]$까지 조절할 수 있다면, 이 서모스탯으로 설정할 수 있는 최고온도는 몇 도인가?

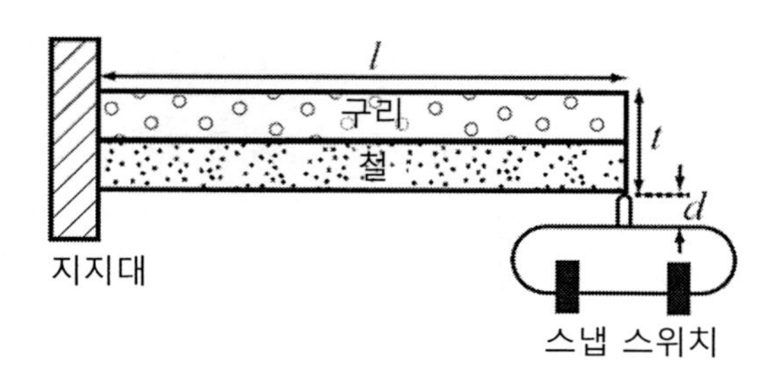

그림 3.39 바이메탈 스위치의 사례

3.35 **코일형 바이메탈 스위치**. $0\sim300[°C]$의 온도에서 작동하도록 코일형 바이메탈 온도계가 설계되었다. 코일의 내경이 $10[mm]$라 할 때에, $30°$의 회전각도를 구현하기 위해서 필요한 띠형 박판의 길이를 계산하시오. 박판은 구리(외부측)와 철(내부측)로 이루어진다. 여기서 코일이 팽창하더라도 코일의 직경은 그대로 유지된다고 가정한다. 그리고 다이얼은 내부측 코일에 의해서 구동된다.

3.36 **자동차용 서모스탯의 작동원리**. 자동차 엔진용 서모스탯이 $104[°C]$에서 완전히 개방되도록 설계되었다. 실린더 내에 충진된 고체 왁스가 설정된 온도에서 용융되면 체적이 크게 팽창한다. 왁스는 $68[°C]$에서 용융되며, 용융 시 체적은 12% 증가한다. 용융온도 이상의 온도에서도 왁스는 계속 팽창하며, 팽창계수는 $0.075[1/°C]$이다. 직경 $d=15[mm]$인 직선형 실린더 속에 설치된 피스톤에 엔진 냉각수 유동을 막아주는 디스크가 직결되어 있는 구조가 사용되었다(그림 3.40 참조). 밸브를 완전히 개방시키기 위해서는 디스크가 $a=6[mm]$만큼 움직여야 한다.

(a) 필요한 왁스 팰릿의 체적과 이 기능을 구현하기 위해서 필요한 실린더의 길이를 구하시오.
(b) $68[°C]$에서 열림량(거리 a)은 얼마인가?

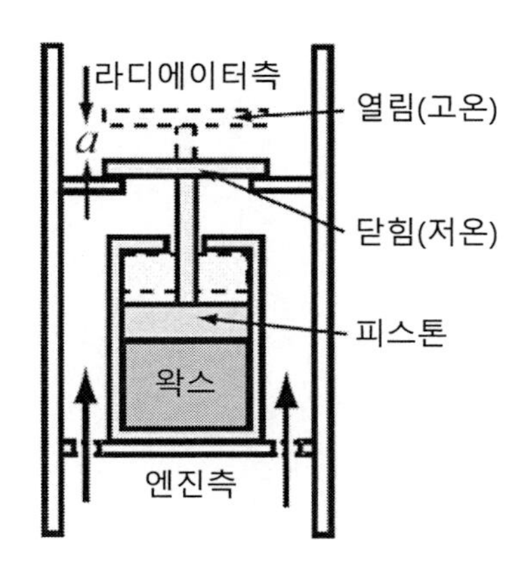

그림 3.40 자동차용 서모스탯의 작동원리

3.37 **자동차용 서모스탯의 설계**. 자동차용 서모스탯의 실제 구조가 그림 3.41에 도시되어 있다. 여기서는 피스톤이 직경 $3[mm]$로 축소된 반면에 실린더의 직경은 문제 3.36에서와 동일한 크기로 유지되어 있다. 피스톤이 서모스탯 프레임을 밀면 실린더가 스프링을 누르면서 아래로 내려간다. 피스톤 내부의 체적을 고체 왁스 팰릿이 완전히 채우고 있다고 가정한다.

(a) $104[°C]$에서 실린더의 변위 $a = 6[mm]$가 되도록 왁스 팰릿의 체적을 계산하시오.

(b) $68[°C]$에서 실린더의 변위는 얼마이겠는가?

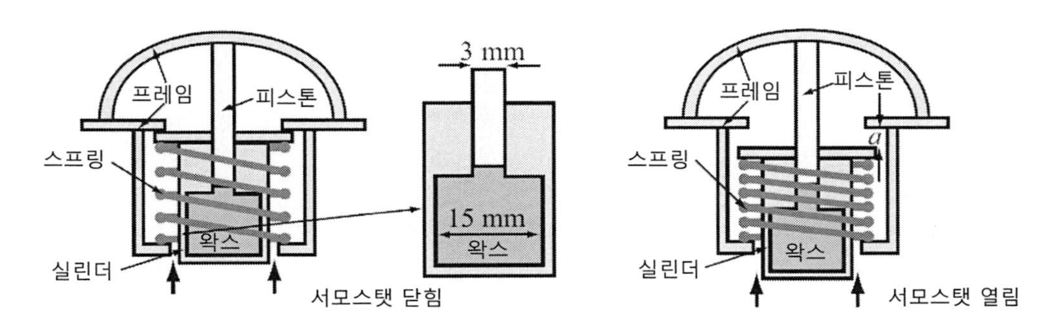

그림 3.41 수정된 형상의 자동차용 서모스탯

CHAPTER

4

광학식 센서와 작동기

CHAPTER

4 광학식 센서와 작동기

☑ 눈

인간의 눈은 여타 다른 장기들과 마찬가지로, 놀랍고 복잡한 센서로서 우리를 둘러싼 세상을 세밀하면서도 천연색으로 감지할 수 있도록 해준다. 사실, 눈은 비디오카메라와 유사하다. 눈은 렌즈시스템(각막과 수정체), 개구부(홍채와 동공), 영상평면(망막) 그리고 렌즈덮개(눈꺼풀) 등으로 이루어진다. 인간과 맹수의 눈은 뛰어난 심도감지능력을 갖춘 쌍안시를 구현하기 위해서 정면을 향하고 있다. 반면에 사냥감이 되는 동물들의 눈은 관측시야를 넓히기 위해서 양측을 바라볼 수 있도록 배치되어 있기 때문에, 이들의 시야는 단안시이며 심도감지능력이 떨어진다. 눈꺼풀은 눈을 보호하는 역할뿐만 아니라 눈물을 공급하여 눈을 깨끗하고 습윤하게 유지시켜서 윤활을 도와주며, 속눈썹과 더불어서 먼지나 이물의 침입을 막아주는 역할을 한다. 눈의 앞쪽 돔은 깨끗한 고정식 렌즈인 각막으로 이루어진다. 이 독특한 장기에는 적혈구가 순환되지 않으며, 눈물과 안구 내부에 충진된 수양액에 의해서 영양을 공급받는다. 각막 뒤에는 눈을 통과하는 광선의 양을 조절하기 위한 홍채가 자리 잡고 있다. 홍채의 주변에는 일련의 홈들이 존재하며, 이 홈들을 통하여 안구 안팎으로 수양액이 순환된다. 이를 통해서 눈의 앞쪽으로 영양분이 공급되며 안압이 조절된다(안압 조절이 원활하지 못하면 망막이 손상되며, 결국은 시력을 잃어버릴 우려가 있는 녹내장이 발생한다). 홍채 뒤에는 초점조절이 가능한 렌즈인 수정체 렌즈가 위치한다. 모양체 근육세포는 수정체를 조절하여 $10[cm]$에서 무한대의 거리에 위치한 물체에 눈의 초점을 맞출 수 있다. 모양체 근육의 기능이 떨어지면, 초점조절 능력이 손상되며, 이를 보정하기 위한 수단(안경이나 수술)이 필요하다. 나이가 들면서 수정체 렌즈 자체가 흐려지면(백내장), 수술을 통해서 렌즈를 교체해야 한다. 눈의 뒷부분에는 광학센서인 망막이 위치한다. 망막은 두 가지 유형의 세포들로 이루어진다. 원뿔형 세포는 컬러를 감지하며 막대형 세포 또는 원주형 세포는 저조도(야간) 영상을 감지한다. 원뿔형 세포는 적색, 녹색 및 청색의 빛을 감지하는 세 가지 유형으로 구성되며, 총 6백만 개의 세포들로 이루어지지만, 이들 중 대부분은 망막의 중앙부(황반)에 위치한다. 막대형 세포들은 대부분 망막의 주변부에 분포되어 있으며, 저조도 영상을 감지한다. 이들은 색상을 감지하지는 못하지만, 원뿔형 세포보다 약 500배 정도 더 민감하다. 막대형 세포의 숫자는 약 1,200만 개 정도로서, 원뿔형 세포보다 더 많다. 비록 눈의 렌즈는 조절이 가능하지만, 안구도 영상 인식에 중요한 역할을 한다. 안구가 클수록 근시가 되며, 안구가 작을수록 원시가 된다.

인간의 눈은 대략 $10^{-6}[cd/m^2]$(어두운 밤, 막대형 세포가 지배적인 단색 영상)에서부터 대략 $10^6[cd/m^2]$(밝은 한낮, 원뿔형 세포가 지배적인 천연색)에 이르는 민감도를 가지고 있다. 이는 엄청난 동적범위이다($120[dB]$). 눈의 스펙트럼 민감도는 네 개의 서로 중첩되는 대역으로 구분된다. 청색의 원뿔형 시세포는 370~$530[nm]$ 대역을 감지할 수 있으며, $437[nm]$에서 최대 민감도를 가지고 있다. 녹색 시세포는 450~$640[nm]$ 대역을 감지할 수 있으며, $533[nm]$에서 최대 민감도를 가지고 있다. 그리고 적색의 시세포는 480~$700[nm]$ 대역을 감지할 수 있으며, $564[nm]$에서 최대 민감도를 가지고 있다. 막대형 시세포는 400~$650[nm]$ 대역을 감지할 수 있으며, $498[nm]$에서 최대 민감도를 가지고 있다. 이 주파수는 청색-녹색의 범위에 해당한다. 이런 이유 때문에, 저조도 영상은 어두운 녹색으로 보이는 경향이 있다.

인간이 눈은 다른 많은 동물들의 눈과 동일한 구조를 가지고 있지만, 이것만이 유일한 눈의 형태는 아니다. 빛을 감지하지만 영상을 생성하지 않는 단순하며 고도로 민감한 세포들로 이루어진 구조에서부터 운동을 감지하기에 적합하지만, 픽셀화된 영상만을 감지할 수 있는 수천 개의 단순한 형태의 개별 눈들로 이루어진 겹눈에 이르기까지 약 10여 가지의 구조들이 존재한다.

4.1 서언

광학은 빛의 과학이며, 빛은 전자기파동과 광자(양자에너지를 가지고 있는 입자)의 성질을 모두 가지고 있는 전자기복사이다. 이야기를 더 진행하기 전에, 빛[1]이라는 용어를 살펴봐야 한다. 원래 빛이라는 용어는 인간의 눈으로 감지할 수 있는 전자기복사 스펙트럼을 의미하였다. 하지만 이 스펙트럼 대역의 위와 아래에서도 유사한 복사현상이 일어나기 때문에 일반적으로 빛이라는 용어를 (가시광선의 적색보다 주파수가 낮은 대역인) 적외선(IR) 복사와 (가시광선의 보라색보다 주파수 대역이 높은 대역인) 자외선(IR) 복사까지 확장하여 사용한다(그림 4.1 참조). 이렇게 빛의 정의가 확장되었지만, 아직도 적외선 빛[2]이나 자외선 빛[3]이라는 잘못된 용어를 널리 사용하고 있다.[4] 빛이라고 부를 수 있는 대역은 인간의 눈으로 감지할 수 있는 $430 \sim 750\,[THz]$이다 ($1\,[THz] = 10^{12}\,[Hz]$). 빛의 특성을 나타낼 때에는 **파장길이**를 더 일반적으로 사용한다. 파장길이는 광선의 파장이 한 주기 동안 전파된 거리를 미터로 나타낸 값으로서, $\lambda = c/f$이다. 여기서 $c[m/s]$는 광속이며, $f\,[Hz]$는 주파수이다. 가시광선파장의 길이는 $700\,[nm]$(심적색)에서 $400\,[nm]$(보라색) 사이의 길이를 가지고 있다. 그런데 적외선 복사와 자외선 복사의 범위는 명확히 정의되어 있지 않으며, 그림 4.1에 도시되어 있는 것처럼, 적외선 복사의 하부영역은 마이크로파복사의 상부영역과 겹쳐져 있다(때로는 이 상부영역을 밀리미터파 복사라고도 부른다). 반면에 자외선복사의 상부영역은 X-선 스펙트럼과 겹쳐져 있다. 이 책에서는 적외선 대역은 $1\,[mm] \sim 700\,[nm]$이며, 자외선 대역은 $400\,[nm] \sim 1\,[nm]$라고 간주한다. 이토록 넓은 범위를 하나의 대역으로 간주하는 이유는 검출에 사용되는 원리가 실질적으로 동일하며, 본질적으로 동일한 효과에

---

1) light
2) IR light
3) UV light
4) 영어의 경우에 그렇다는 이야기이며, 한글에서는 광선, 적외선, 자외선 등의 용어를 사용하고 있다. 역자 주.

기초하기 때문이다. 또한, 이 장에서 사용되는 **복사**[5]라는 용어는 전자기복사를 의미하며, 핵방사선[6]과는 구분하여야 한다.

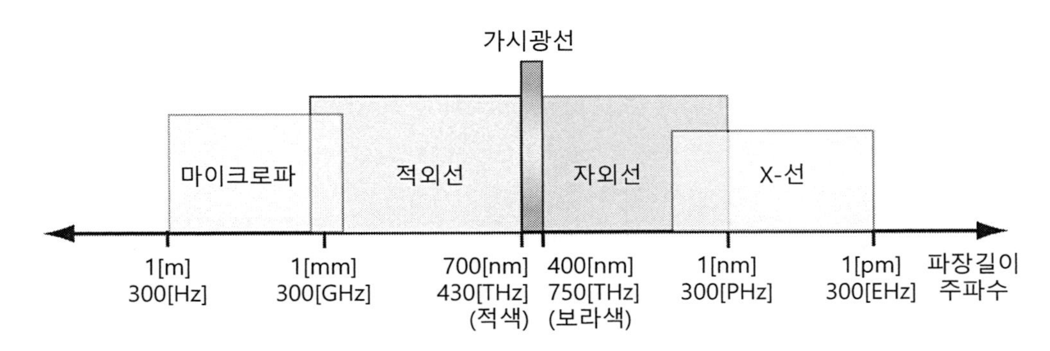

그림 4.1 적외선, 가시광선, 자외선 복사의 스펙트럼

광학식 센서는 원적외선에서 자외선에 이르는 넓은 광학대역을 가지고 있는 전자기복사를 검출한다. 측정 방법은 광전지(PV) 또는 광도전 센서와 같이 빛을 전기로 변환시키는 직접식과 빛을 우선 온도로 변화시킨 다음에 이를 전기로 변환시키는 수동식 적외선(PIR)센서와 볼로미터 같은 간접식으로 나눌 수 있다.

빛을 감지하는 세 번째 방법은 광선의 전파에 수반되는 효과들(반사, 투과 및 굴절)에 기초한 광학식 센서들이다 광학은 일반적으로 측정방법이 아니라 오히려 중간변환 메커니즘에 해당하기 때문에, 이들에 대해서는 이 장에서 논의하지 않을 예정이다. 그럼에도 불구하고, 원활한 설명을 위해서 물리학적 이론에 대해서는 간단히 살펴봐야 한다.

4.2 광학 단위

광학에서 사용되는 단위들은 아마도 가장 모호할 것이다. 따라서 여기서 광학단위에 대해서 살펴볼 필요가 있다. 우선 SI 단위계에서는 **광도**[7] $[cd]$ 단위를 정의(1.6.1절 참조)하고 있다. 광도의 단위인 **칸델라**는 광원에서 특정한 방향으로 $1/683[W/sr]$의 복사강도를 가지고 있는

5) radiation
6) nuclear radiation
7) luminous intensity

$540 \times 10^{12}[Hz]$의 단색광을 조사하는 상태이다. 다시 말해서 칸델라는 복사광강도를 타나내는 단위이다.

이외에도 광학에서는 다양한 단위들이 사용되고 있다. 광출력을 나타내는 **광속**[8]의 단위인 **루멘** $[lm]$은 $[cd \cdot sr]$과 같다. 특정한 면적에 조사되는 광출력의 밀도를 나타내는 단위인 **럭스**[9]$[lx]$는 $[cd \cdot sr/m^2]$과 같다. 표 4.1에서는 광학단위들을 요약하여 보여주고 있다.

표 4.1 광학량들과 이들의 단위

광학량	명칭	단위	유도단위	비고
광도	칸델라	$[cd]$	$[W/sr]$	단위각도당 복사된 광출력
광속	루멘	$[lm]=[cd \cdot sr]$	$[W]$	복사된 광출력
조도	럭스	$[lux]=[cd \cdot sr/m^2]$	$[W/m^2]$	광출력밀도
휘도	-	$[cd/m^2]$	$[W/sr \cdot m^2]$	반사광선의 밀도

예제 4.1 광학단위변환

점광원에서는 공간상의 모든 방향으로 광선을 복사한다(예를 들어, 태양을 지구에서 바라보면 점광원으로 간주할 수 있다). 광원의 총출력이 $100[W]$인 경우에, 광원의 광도와 $10[m]$ 떨어진 위치에서의 조도를 계산하시오.

풀이

구체의 입체각은 4π이므로, 광도는 다음과 같이 계산된다.

$$광도 = \frac{100}{4\pi} = 7.958[W/sr]$$

그런데 광도의 단위인 칸델라$[cd] = 1/684[W/sr]$이므로,

$$광도 = \frac{100}{4\pi} \times 683 = 7.958 \times 683 = 5{,}435.14[cd]$$

비록 조도의 단위가 $[cd \cdot sr/m^2]$이지만, 이를 산출하기 위해서는 복사광의 출력에서부터 출발해야 한다. 광원의 출력은 반경 $R = 10[m]$인 구체표면에 분산되므로, 다음 식을 사용하여 조도를 구할 수 있다.

8) luminous flux
9) lux

$$조도 = \frac{100}{4\pi R^2} = \frac{7.958}{10^2} = 0.0796\,[lux]$$

여기서 주의할 점은 광도는 광원에만 의존하는 고정값인 반면에, 조도는 광원으로부터의 거리에도 의존하고 있다는 것이다.

주의: 모든 방향으로 동일하게 빛이 복사되는 광원을 등방성 광원이라고 부른다.

4.3 소재

4장에서 논의되는 센서와 작동기들은 다양한 물리적 원리들을 활용할 수 있다. 또한 이들은 특정한 소재, 원소, 합금 또는 합성물질과 자연 생성되는 염, 산화물 등과 같이, 여타의 활용 가능한 형태들에 따른 성질들을 활용한다. 여기서 살펴볼 소재들에는 반도체 소재들이 포함된다. 이들은 주기율표를 통해서 확인할 수 있다. 소재들이 가지고 있는 성질들 중 상당부분이 하나의 원소만이 가지고 있는 성질이 아니라 원소 그룹(주기율표상의 족)들이 공통으로 가지고 있는 성질이다. 또한, 어떤 목적으로 특정한 족 내에서 하나의 원소를 사용한다면, 동일한 족의 다른 원소들도 유사한 성질을 가지고 있으며, 똑같이 유용하다는 것을 예상할 수 있다. 예를 들어, 만일 광전셀의 음극 생산에 칼륨(K, 알칼리 I-족)이 유용하다면, 리튬(Li), 나트륨(Na), 루비듐(Rb) 그리고 세슘(Cs)도 동일하게 유용하여야 한다. 하지만 여기에는 명확한 한계가 존재한다. 수소(H)와 프란슘(Fr)도 알칼리 I-족에 해당하지만, 이들은 전혀 유용하지 않다. 우선 수소는 기체이며, 프란슘은 방산선 물질이다. 이와 마찬가지로, 만일 갈륨비소(GaAs)를 사용하여 유용한 반도체를 만들 수 있다면, 안티몬화 인듐(InSb)으로도 반도체를 만들 수 있다. 열전대의 제작과정에서 이미 이와 유사한 원리를 살펴본 바 있었다. VIII 족에 속하는 니켈(Ni), 팔라듐(Pd) 그리고 백금(Pt)은 IB 및 IIB-족에 속하는 원소들과 결합되어 다양한 유형의 열전대에 사용된다. 이 장에서는 특히 반도체를 중심으로 하여 센서나 작동기에 유용한 특정한 성질을 가지고 있는 주기율표상의 원소들과 단순하거나 복잡한 화합물들에 대해서 살펴볼 예정이다. 여타의 소재들에 대해서는 이후의 장들에서 중요하게 다룰 예정이다.

4.4 광학 복사의 영향

4.4.1 열효과

물질은 두 가지의 서로 다른 방식으로 빛(복사광선)으로부터 에너지를 흡수한다. 첫 번째는 **열효과**이며, 두 번째는 양자효과이다. 열효과의 경우, 매질이 전자기 에너지를 흡수하며, 매질을 구성하는 원자의 운동증가를 통해서 열로 변환시킨다. 이 열을 측정하면 입사되는 복사광선의 양을 측정할 수 있다. 또한, 소재의 온도상승에 의해서 전자가 운동에너지를 얻으며, 이 에너지가 충분한 수준에 도달하여 외부로 방출되는 전자를 측정에 사용할 수도 있다.

4.4.2 양자효과

4.4.2.1 광전효과

양자효과는 복사광선의 입자거동인 광자에 의해서 지배되는 현상이다. 빛을 이런 방식으로 취급하는 경우에, 복사광선은 광자 다발의 형태로 에너지를 전달하며, **플랑크 방정식**을 사용하여 전달되는 에너지를 다음과 같이 나타낼 수 있다.

$$e = hf \quad [eV \text{ 또는 } J] \tag{4.1}$$

여기서 플랑크상수 $h = 6.6262 \times 10^{-34} [J \cdot s]$ 또는 $h = 4.1357 \times 10^{-15} [eV]$이며, $f[Hz]$는 주파수, 그리고 e는 광자에너지로서, 주파수의존성을 가지고 있다는 것을 알 수 있다. 주파수가 높아질수록(파장길이가 짧아질수록) 광자에너지가 증가한다는 것을 알 수 있다. 양자모드에서, 에너지는 광자와 전자 사이의 탄성충돌에 의해서 전달된다. 물질의 **일함수**[10]보다 많은 에너지를 얻은 전자는 물질의 표면에서 방출된다. 앨버트 아인슈타인은 1905년에 광전효과를 설명하기 위해서, 입사되는 모든 에너지는 전자의 운동에너지를 증가시킨다는 **광자이론**을 발표하였다(이를 통해서 노벨상을 수상하였다). 이에 따르면,

$$hf = e_0 + k \quad [eV] \tag{4.2}$$

여기서 e_0는 일함수로서, 전자가 물질의 표면을 탈출하기 위해서 필요한 에너지이다(표 4.2

10) work function

참조). 일함수는 각 물질마다 주어진 상수값이다. $k = mv^2/2$는 전자가 물질 밖에서 가질 수 있는 최대 운동에너지이다. 즉, 물질 밖에서 전자의 최고속도는 $v = \sqrt{2k/m}$ 이다. 여기서 m은 전자의 질량이다.

일함수보다 큰 에너지를 가지고 있는 광자는 식 (4.2)에 따라서 운동에너지를 전달하여 전자를 방출시킨다. 그런데 실제로 모든 광자들이 모두 전자를 방출시킬 수 있을까? 이는 에너지 전달과정의 양자효율에 의존한다. **양자효율**은 방출된 전자의 수(N_e)를 흡수된 광자의 수(N_{ph})로 나눈 값이다.

$$\eta = \frac{N_e}{N_{ph}} \tag{4.3}$$

전형적인 양자효율 값은 10~20[%] 수준이다. 즉, 모든 광자들이 전자를 방출시키지는 못한다는 뜻이다.

표 4.2 일부 물질의 일함수

물질	일함수[eV]	물질	일함수[eV]
알루미늄	3.38	니켈	4.96
비스무스	4.17	백금	5.56
카드뮴	4.00	나트륨	1.60
코발트	4.21	실리콘	4.20
구리	4.46	은	4.44
게르마늄	4.50	텅스텐	4.38
금	4.46	아연	3.78
철	4.40		

주의: $1[eV] = 1.602 \times 10^{-19}[J]$

전자를 방출시키기 위해서는 광자가 가지고 있는 에너지가 물질의 일함수보다 커야만 한다. 이 에너지는 주파수에만 의존하기 때문에, 일함수와 동일한 광자에너지에 대한 주파수값을 **절단주파수**[11]라고 부른다. 이보다 낮은 주파수에서는 (터널효과를 제외한) 양자효과가 나타나지 않으며, 열효과만이 관찰된다. 이보다 높은 주파수에서는 열효과와 양자효과가 동시에 나타난다. 이런

11) cut off frequency

이유 때문에, 저주파 복사광선(특히 적외선)은 열효과만을 일으키는 반면에 (자외선 이상의) 고주파에서는 양자효과가 지배적이다.

다음에서는 표면에서 방출되는 전자를 활용하는 수많은 계측방법들의 기초가 되는 광전효과에 대해서 살펴보기로 한다.

예제 4.2 광전자가 방출되는 가장 긴 파장

빛을 검출하기 위한 광전소자에 대해서 살펴보기로 하자.

(a) 이 소자가 나트륨이 코팅된 표면으로 이루어진 경우에, 이 소자가 검출할 수 있는 가장 긴 파장길이는 얼마이겠는가?

(b) 파장길이가 $620[nm]$인 적색광선에 의해서 방출된 전자의 동력학적 에너지는 얼마인가?

풀이

(a) 식 (4.2)를 사용하여 광자의 에너지를 구할 수 있다. 이 광자에너지를 일함수와 등가로 놓으면, 다음 식을 얻을 수 있다.

$$hf = e_0 \rightarrow f = \frac{e_0}{h} \ [Hz]$$

광자는 광속으로 움직이기 때문에, 주파수는 다음과 같이 나타낼 수 있다.

$$f = \frac{c}{\lambda} \ [Hz]$$

여기서 c는 광속이며, λ는 파장길이다. 따라서 검출 가능한 가장 긴 파장길이는 다음과 같이 구할 수 있다.

$$\lambda = \frac{ch}{e_0} = \frac{(3\times10^8)\times(4.1357\times10^{-15})}{1.6} = 7.7544\times10^{-7}[m]$$

이는 $775.44[nm]$이다. 그림 4.1로부터, 이 파장길이는 적외선 대역에 매우 근접해 있음을 알 수 있다.

(b) $620[nm]$에 해당하는 주파수는 c/λ를 사용해서 구할 수 있으며, 이를 식 (4.2)에 대입하여 동력학적 에너지를 구할 수 있다.

$$k = hf - e_0 = (4.1357\times10^{-15})\times\left(\frac{3\times10^8}{620\times10^{-9}}\right) - 1.6 = 0.4[e\,V]$$

이 적색광선의 파장길이는 광전소자가 반응할 수 있는 가장 긴 파장길이에 근접하기 때문에 동력학적 에너지가 매우 낮다는 것을 알 수 있다.

4.4.2.2 양자효과: 광도전효과

많은 현대적인 센서들은 고체상태, 특히 반도체의 양자효과를 기반으로 하고 있다. 반도체 소자에 광자들이 조사되면 비록 일부의 전자들이 광전효과에 의해서 표면을 탈출하지만, 소재 내부에 속박되어 있는 전자들에도 에너지를 전달한다. 만일 이 에너지 준위가 충분히 높다면, 전자들이 이동도를 갖게 되며 소재의 전도성이 증가한다. 이를 통해서 소재를 통과하는 전류량이 증가하게 된다. 이 통과전류나 이로 인한 효과를 통해서 소재에 조사된 광강도(가시광선, 자외선 복사와 약간의 적외선 복사)를 측정할 수 있다. **그림 4.2** (a)에서는 이 효과의 물리모델을 보여주고 있다. 전자들은 일반적으로 가전자대에 위치한다. 즉, 결정격자 내에 속박(결정격자를 구성하는 원자에 속박)되어 있으며, 특정한 밀도와 운동량을 가지고 있다. **가전자**들은 개별 원자들에 속박되어 있는 전자들이다. **공유전자**들은 결정격자를 구성하는 인접한 원자들이 서로 공유하는 전자들이다. 물질에 따라서 서로 다른 값을 가지고 있는 에너지 갭(밴드갭 에너지, W_{bg})보다 더 큰 에너지를 가지고 있으며, 전도대역에서의 운동량이 가전자대에 속박된 전자의 모멘텀과 같은 전자들만이 전도대역으로 이동할 수 있다(운동량 보존의 법칙). 이를 위해서 필요한 에너지는 열에 의해서도 공급될 수 있지만, 여기서는 광자에 의해서 전달된 에너지에 초점을 맞춘다. 만일 복사광선의 주파수가 충분히 높다면(광자가 충분한 에너지를 가지고 있다면), 가전자나 공유전자들이 밴드갭을 가로질러서 속박된 대역에서 전도대역으로 이동하게 된다(그림 4.2 (a)).

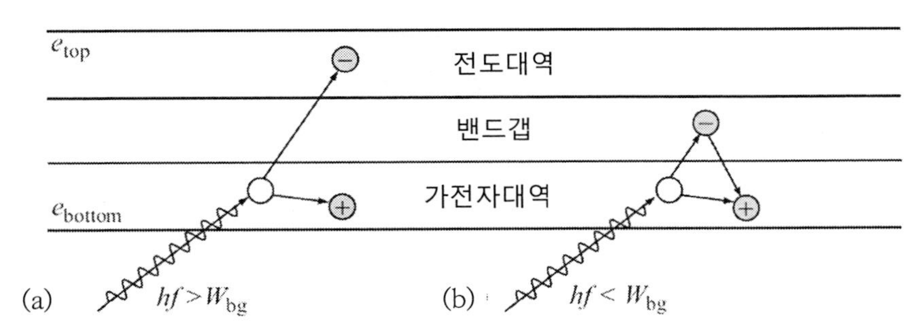

그림 4.2 광도전효과 모델. (a) 광자가 밴드갭을 뛰어넘어 전자를 이동시키기에 충분한 에너지를 가진 경우. 이로 인해서 정공이 남는다. (b) 광자에너지가 너무 낮으면 전자와 정공의 재결합이 일어난다.

두 가지 메커니즘을 통해서 이런 전이가 일어난다. **직접 밴드갭 물질**의 경우, 가전자대역 상부위치에서의 운동량과 전도대역 하부에서의 운동량이 서로 동일하므로, 광자와의 상호작용을 통해서 운동량을 변화시키기에 충분한 에너지를 얻지 않아도 결정격자에서 탈출할 수 있다. **간접 밴드**

갭 물질의 경우, 전자가 전도대역 내의 어떤 준위를 차지하기 위해서는 운동량을 얻거나 잃어버리면서 결정격자 내의 원자들과 상호작용이 이루어져야만 한다. 이런 과정에서 **포논**[12]이라고 부르는 격자진동현상이 발생하며, 직접 밴드갭 물질보다 작용효율이 떨어진다. 전도대역 내에서는 전자들이 전류의 형태로 자유롭게 이동할 수 있다. 전자가 속박된 위치에서 탈출하면, **정공**[13]이 남겨지며, 이를 단순히 양전하 나르개로 취급한다. (그림 4.2 (b)에서와 같이 전자가 탈출하기 위해서는 큰 광자 에너지가 필요하지만) 약간의 에너지만으로도 정공이 인접한 전자를 붙잡을 수 있다. 따라서 반도체를 통과하여 흐르는 총 전류량은 전자와 정공의 농도에 의존한다. 방출되는 전자들은 전도대역의 전자농도와 가전자대역의 정공농도를 통해서 확인할 수 있다. 매질의 전기전도도는 나르개의 농도와 이동도에 의해서 결정된다.

$$\sigma = e(\mu_e n + \mu_p p) \quad [S/m] \tag{4.4}$$

여기서 σ는 전기전도도, μ_e와 μ_p는 각각 전자와 정공의 이동도($[m^2/(V \cdot s)]$ 또는 $[cm^2/(V \cdot s)]$), 그리고 n과 p는 각각, 전자와 정공의 농도($[carrier/m^3]$ 또는 $[carrier/cm^3]$)이다. 전도도의 변화나 이로 인한 전류의 변화를 통해서 광도전성 센서로 조사되는 복사광선의 강도를 측정할 수 있다.

이런 효과를 **광도전효과**[14]라고 부르며 밴드갭이 비교적 작은 반도체가 가장 일반적으로 사용된다. 절연체의 경우에도 광도전효과가 존재하지만, 밴드갭이 매우 넓기 때문에 고에너지를 조사하지 않으면 전자를 방출시키기 어렵다. 도전체의 경우에는 가전자대역과 전도대역이 서로 겹쳐 있다(밴드갭이 없다). 이로 인하여 대부분의 전자들은 자유롭게 움직이며, 광자들은 매질의 전도도에 최소한의 영향을 끼치거나 전혀 영향을 끼치지 못한다. 그러므로 광도전효과를 검출하기 위한 소재로는 반도체가 가장 적합하다. 반면에 광전효과를 이용하는 센서의 경우에는 도전체가 가장 일반적으로 사용된다.

표 4.3에 따르면, 일부의 반도체 소재들은 저주파 복사광선의 검출에 적합한 반면에, 다른 반도체 소재들은 고주파 복사광선에 더 적합하다는 것을 알 수 있다. 밴드갭이 좁아질수록, 반도체

---

12) phonon
13) hole
14) photoconducting effect

물질이 저주파(파장길이가 길며, 광자의 에너지가 작은) 광선의 검출에 더 효율적이다. 소재별로 지정되어 있는 최장파장을 **사용 가능한 최장파장**[15]이라고 부르며, 이보다 파장길이가 길어지면 광도전 효과는 무시할 수준으로 감소해 버린다. 예를 들어, 안티몬화인듐(InSb)의 최장파장은 $5.5[\mu m]$으로서, 근적외선 범위까지 사용이 가능하다. 이 소재의 밴드갭은 매우 좁기 때문에, 매우 민감도가 높다. 하지만 민감도가 높다는 것은 열에 의해서도 전자가 쉽게 방출된다는 뜻이므로, 상온($300[K]$)에서는 대부분의 전자들이 전도대역으로 올라가서 열에 의한 배경노이즈로 작용하기 때문에 광자에 의해 생성된 나르개들을 검출할 수가 없게 되어버리므로, 이 소재를 전혀 사용할 수 없다. 이런 이유 때문에, 장파장용 센서들은 열노이즈를 줄이기 위해서 냉각시켜야만 한다. 표 4.3의 3열에서는 각 소재별로 사용 가능한 최고온도를 보여주고 있다.

표 4.3 반도체 소재별 광도전 특성

소재	밴드갭$[eV]$	최장파장$\lambda_{max}[\mu m]$	사용온도$[K]$
ZnS	3.60	0.35	300
CdS	2.41	0.52	300
CdSe	1.80	0.69	300
CdTe	1.50	0.83	300
Si	1.20	1.20	300
GaAs	1.42	0.874	300
Ge	0.67	1.80	300
PbS	0.37	3.35	-
InAs	0.35	3.50	77
PbTe	0.30	4.13	-
PbSe	0.27	4.58	-
InSb	0.18	6.50	77
GeCu	-	30	18
Hg/CdTe	-	8~14	77
Pb/SnTe	-	8~14	77
InP	1.35	0.95	300
GaP	2.26	0.55	300

주의: 반도체의 성질은 도핑과 여타의 불순물들에 따라서 변한다. 여기에 제시되어 있는 값들은 대푯값일 뿐이다.

15) maximum useful wavelength

4.4.2.3 스펙트럼 민감도

개별 반도체 소재들은 주파수나 파장길이의 함수로 주어지는 민감성을 유지하는 스펙트럼 대역을 가지고 있다. 이 대역의 상한(최장파장 또는 최소 에너지)은 밴드갭(**그림 4.3**에서 약 $1,200[nm]$)에 의해서 제한된다. 밴드갭을 넘어서면, 소재의 응답(즉 광자와의 상호작용에 의해서 전도대역으로 올라간 도전성 전자들의 농도)은 **그림 4.3**에 도시된 것처럼, 최댓값까지 꾸준히 상승한 이후에 다시 감소한다. 응답이 증가했다가 다시 감소하는 이유는 가전자대역의 중앙에서 전자의 밀도와 운동량이 최대가 되며, 가전자대역의 경계에 접근하면 점차 0으로 감소하기 때문이다. 운동량보존의 법칙 때문에, 전자는 전도대역의 동일한 운동량을 갖는 위치로만 이동할 수 있으며, 에너지의 증가(파장길이의 감소)에 따라서 이런 이동확률이 증가한다. 하지만 가전자대역의 중간에 위치하는 전자들 중 대부분이 전도대역으로 이동하고 나면, 전자의 에너지가 전도대역의 상단전위 가전자대역의 하단전위의 차이값(**그림 4.2**에 도시되어 있는 $e_{top}-e_{bottom}$)과 같아질 때까지는 운동량 증가로 인해서 전자들이 전도대역으로 이동하는 확률이 감소하여 결과적으로는 0이 되어버린다. **그림 4.3**에 따르면, 약 $650[nm]$에서 이런 현상이 발생한다.

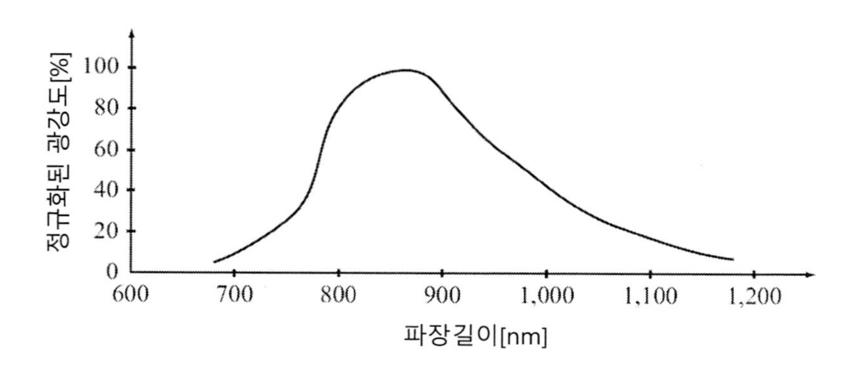

그림 4.3 반도체의 스펙트럼 민감도

4.4.2.4 터널효과

터널효과[16]는 반도체 소자에서 나타나는 또 다른 중요한 현상이다. 이 기묘한 현상을 간단하게 설명해 보면, 나르개들이 밴드갭을 뛰어넘을 충분한 에너지를 가지지 못했어도 이들이 터널을 통해서 밴드갭을 통과할 수 있다는 것이다. 이 설명만으로는 충분치 못하지만, 터널효과는 양자역

16) tunneling effect

학의 직접적인 결과로서 실제로 존재하며, 슈뢰딩거 방정식으로 이를 완벽하게 예측할 수 있다. 터널효과는 고전물리학으로는 설명할 수 없는 미시적 레벨에서의 거동을 설명해 준다. 이 효과를 활용하는 반도체 소자로는 터널다이오드가 있으며, 광학식 센서에서는 이 효과가 광범위하게 활용되고 있다.

4.5 양자기반 광학센서

광학식 센서들은 크게 **양자센서**(검출기)와 **열센서**(검출기)의 두 가지 유형으로 구분할 수 있다(광학센서들은 보통 검출기라고 부른다). 양자광학센서는 앞서 설명한 양자효과들을 기반으로 하는 센서들로서, 광전센서와 광도전 센서뿐만 아니라 (광도전 센서의 변형인) 광다이오드, 광트랜지스터 등이 포함된다. 열광학센서는 대부분이 적외선(그리고 원적외선)용 센서에서 사용되며, 뒤에서 간단히 살펴볼 **수동적외선**(PIR)센서, **능동원적외선**(AFIR)센서, **볼로미터** 등이 포함된다.

4.5.1 광도전 센서

광도전센서는 **광민감성 센서** 또는 **광민감성 셀**이라고도 부르며, 가장 단순한 형태의 광학센서이다. 이 센서는 그림 4.4 (a)에서와 같이, 투명시창을 통해서 광원에 노출되는 반도체 소자의 양단에 도전전극을 붙여놓은 형태이다. 이 센서에는 센서가 검출해야 하는 파장길이와 여타의 요구성능에 따라서 황화카드뮴(CdS), 셀렌화카드뮴(CdSe), 황화납(PbS), 안티몬화인듐(InSb) 등의 소재들이 사용된다. 이들 중에서 황화카드뮴(CdS)이 가장 일반적으로 사용된다.

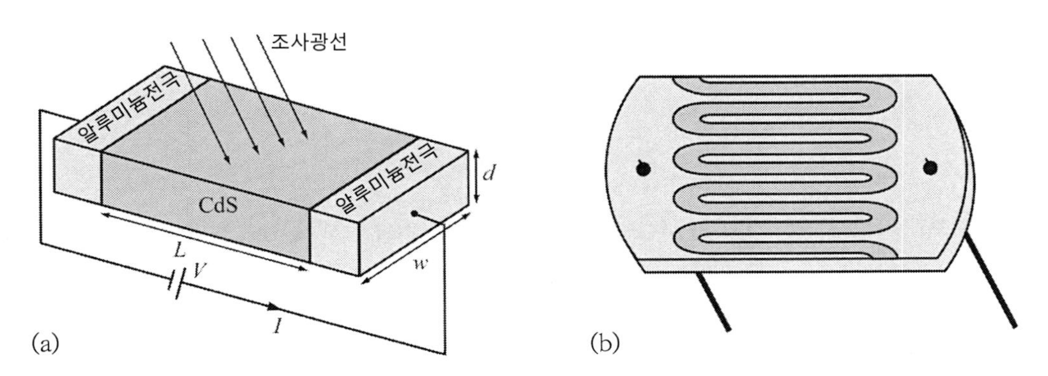

그림 4.4 광도전센서의 구조. (a) 단순전극구조. (b) 전극도선이 연결되어 있는 센서구조

센서의 구조를 살펴보면, 전극은 전형적으로 광도전층의 상부에 위치하며, 광도전층은 모재의 상부에 위치한다. 전극은 요구조건에 따라서 매우 단순한 형태(그림 4.4 (a))나 **구절양장**[17] 형태(그림 4.4 (b))를 갖는다. 두 경우 모두, 전극 사이의 노출된 영역이 민감영역이다. 그림 4.5에서는 다양한 크기와 형상의 센서들을 예시하여 보여주고 있다. 광도전체들은 전원에 연결하여 사용해야만 하는 능동형 소자들이다. 센서를 통과하는 전류나 양단전압을 출력량으로 사용하지만, 조사된 광선강도에 따라서 실제로 변하는 것은 반도체의 전도도와 그에 따른 저항값이다.

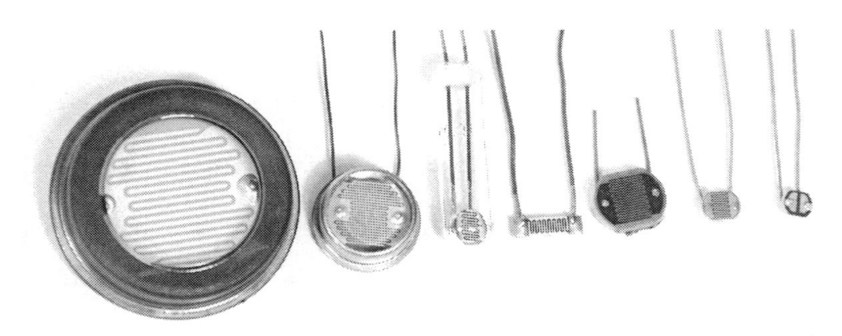

그림 4.5 광도전성 센서들의 사례. 우측 끝에 위치한 센서는 단순전극 방식이며, 여타의 센서들은 구절양장 형상의 전극을 사용하고 있다.

식 (4.4)에 따르면 소자의 전기전도도는 전자에 충전된 전하 e, 전자와 정공의 이동도(μ_e와 μ_p), 그리고 모든 전원에서 유입되는 전자와 정공의 농도(n과 p)에 의존한다. 광선이 조사되지 않는 경우에 소재는 암전도도를 나타내며, 그에 따라서 암전류를 흘려보낸다. 센서의 구조와 사용된 소재에 따라서, 소자의 저항값은 수$[k\Omega]$에서 수$[M\Omega]$의 값을 갖는다. 센서에 빛이 조사되면, (과잉)나르개 농도의 변화에 따라서 전기전도도가 변한다(전도도가 증가하며, 저항값은 감소한다).

센서 소자의 전기전도도 변화는 다음 식으로 나타낼 수 있다.

$$\Delta\sigma = e(\mu_e \Delta n + \mu_p \Delta p) \ \ [S/m] \tag{4.5}$$

여기서 Δn과 Δp는 조사된 빛에 의한 과잉나르개 농도이다. 조사된 빛에 의해서 특정한 생성률(단위체적당 1초에 생성되는 전자나 정공의 수)로 나르개들이 생성되지만, 미리 설정된 재결합률에 따라서 재결합이 일어난다. 생성과 재결합률은 소재의 흡수계수, 치수, (입사광의)전력밀도,

17) 아홉 번 구부러진 양의 창자라는 뜻. 구불구불한 형상을 나타냄

파장 그리고 나르개 수명(나르개의 수명은 과잉 나르개가 재결합을 통하여 소멸되는 데에 소요되는 시간이다) 등과 같은 다양한 인자들에 의존한다. 생성과 재결합이 동시에 일어나므로, 광선이 조사되면 생성과 재결합이 평형을 이루는 정상상태가 만들어진다. 평형상태에서 전기전도도의 변화는 다음과 같이 나타낼 수 있다.

$$\Delta\sigma = eg(\mu_n\tau_n + \mu_p\tau_p) \ \ [S/m] \tag{4.6}$$

여기서 τ_n과 τ_p는 각각 전자와 정공의 수명시간이며 g는 캐리서 생성률(단위체적당 1초에 생성되는 나르개의 숫자)이다. 이 성질들은 소재에 의존적이며, 잘 알려진 것처럼, 온도와 농도에도 의존적이다. 비록 나르개는 쌍으로 생성되지만, 미리 존재하는 한 가지 유형의 나르개가 지배적이라면, 두 번째 유형의 과잉나르개 밀도는 지배적인 나르개에 비해서 무시할 수준이다. 만일 전자가 지배적이라면, 이 소재를 **n-형 반도체**라고 부르며, 정공이 지배적이라면 **p-형 반도체**라고 부른다. 두 경우 모두, 반대되는 유형의 나르개 농도는 무시할 수 있으며, 지배적인 나르개에 의해서 전기전도도 변화가 일어난다.

광저항 센서의 중요한 성질은 **복사광선 민감도**(효율 또는 이득이라고도 부른다)이다. 민감도는 다음과 같이 주어진다.

$$G = \frac{V}{L^2}(\mu_n\tau_n + \mu_p\tau_p) \ \ [V/V] \tag{4.7}$$

여기서 L은 센서의 길이(두 전극 사이의 길이)이며, V는 센서 양단에 부가된 전압이다. 식 (4.7)의 단위가 $[V/V]$이므로, 무차원 값임을 알 수 있다. 민감도는 조사된 광자당 생성된 나르개의 숫자를 비율로 나타낸 값이다. 민감도를 증가시키기 위해서는 나르개 수명이 긴 소재를 선정해야만 한다. 또한 광저항의 길이가 가능한 한 길게 만들어야 한다. 그림 4.4 (b)에 도시되어 있는 것처럼, 구절양장 구조를 사용하여 이를 구현할 수 있다(그림 4.5도 참조). 구절양장 구조는 주어진 노출면적 내에서 전극 사이의 거리를 줄이는 효과적인 방법이다. 그림 4.4 (a)에 도시되어 있는 센서소자의 저항값은 다음 식으로 주어진다.

$$R = \frac{L}{\sigma wd} \ \ [\Omega] \tag{4.8}$$

여기서 wd는 소자의 단면적이며, σ는 전기전도도이다.

과잉 나르개의 밀도는 광도전체가 흡수한 전력에 의존한다. 그림 4.4 (a)에 도시되어 있는 광도전체의 표면에 조사된 빛의 전력밀도는 $P[W/m^2]$이며, 이 전력 중에서 비율 T만큼이 광도전체 내부로 진입(나머지는 표면에서 반사)된다면, 소자 내부로 유입되는 전력 $PTS = PTwL[W]$이다. 이 값은 소자에 단위시간 동안 흡수되는 전력으로 정의된다. 광자가 가지고 있는 에너지는 hf이므로, 단위시간당 생성되는 과잉 나르개 쌍의 총 숫자를 다음 식으로 나타낼 수 있다.

$$\Delta N = \eta \frac{PTwL}{hf} \quad [carriers/s] \tag{4.9}$$

여기서 η는 소재의 양자효율(소재의 종류에 의존한다)이다. 이 효율은 소재가 얼마나 효율적으로 광자에너지를 나르개의 숫자로 변환시키는가를 나타내며, 모든 광자들이 이 과정에 참여하지 못한다는 것을 의미한다. 광도전체 전체 체적 내에서 나르개 생성이 균일하게 일어난다고 가정하면(이 가정은 매우 얇은 광도전체 내에서만 성립한다), 단위시간당 단위체적 내에서 생성되는 나르개의 숫자를 계산할 수 있다.

$$\Delta n/s = \eta \frac{PTwL}{hfwLd} = \eta \frac{PT}{hfd} \quad [carriers/(m^3 \cdot s)] \tag{4.10}$$

앞서 언급했듯이, 재결합률은 총 과잉 나르개 밀도에 영향을 끼친다. 생성률에 나르개의 수명시간 τ를 곱하여 나르개 밀도(농도)를 얻을 수 있다.

$$\Delta n = \eta \frac{PT\tau}{hfd} \quad [carriers/m^3] \tag{4.11}$$

빛에 의해서 생성된 주 과잉나르개와 부 과잉나르개는 동일한 밀도를 가지고 있다.

식 (4.11)을 구성하는 항들 중 일부는 농도에 대해서 상수가 아니며 일부는 온도 의존성을 가지고 있다. 그런데 위 식은 조사되는 광선의 강도와 과잉 나르개 농도 사이의 상관관계와 그에 따른 광선강도와 전기전도도 사이의 의존성을 보여주고 있다.

고려해야 할 여타의 인자들로는 센서의 응답시간, (도핑에 의존적인)암저항, 센서의 측정범위에 대한 저항변화폭, 그리고 센서의 스펙트럼 응답(센서를 사용할 수 있는 스펙트럼 범위) 등이 있다. 이런 성질들은 사용하는 반도체의 종류뿐만 아니라 센서 생산과정에서 사용된 제조공정에도 의존한다.

광도전 센서에서 발생하는 노이즈도 중요한 인자들 중 하나이다. 대부분의 노이즈는 열에 의해서 유발되며, 파장길이가 길어질수록 문제가 더 심각해진다. 따라서 대부분의 적외선 센서들은 올바른 작동을 위해서 냉각을 시행한다. 또 다른 노이즈 원인은 나르개 생성과 재결합비율의 요동이다. 이 노이즈는 파장길이가 짧은 경우에 특히 중요하다.

센서 생산의 관점에서, 광저항센서는 단결정 반도체를 사용하여 제작하거나, 모재에 증착하여 제작하거나, 또는 소결방식으로도 제작할 수 있다(분말소재를 고온에서 압착 소결하여 비정질 반도체에 광도전층을 만든다). 일반적으로 증착공정을 사용하여 만든 센서가 가장 저렴한 반면에 단결정 센서는 가장 비싸지만 성능이 더 우수하다. 그러므로 요구조건에 따라서 제작방법이 결정된다. 예를 들어, 표면적이 큰 센서를 단결정으로 만들기는 어렵고 비싸기 때문에 소결방식을 사용해야 한다.

예제 4.3 광저항의 특성

반도체 소자는 조성이 다양하고 작동특성에 대한 신뢰성 있는 데이터를 얻기가 힘들기 때문에 개별소자의 특성을 일일이 실험적으로 측정한다. 그럼에도 불구하고, CdS 센서의 경우에는 일부 신뢰성 있는 데이터를 얻을 수 있다. 광저항의 성질을 살펴보기 위해서, 그림 4.4 (a)에 도시된 형태의 단순한 형태의 CdS 소자를 살펴보기로 하자. 이 소자의 길이는 $4[mm]$, 폭은 $1[mm]$, 그리고 두께는 $0.1[mm]$이다. CdS 소자의 전자 이동도는 대략적으로 $210[cm^2/(V{\cdot}s)]$이며, 정공의 이동도는 $20[cm^2/(V{\cdot}s)]$이다. 나르개의 암농도는 (전자와 정공 모두) 대략적으로 $10^{16}[carriers/cm^3]$이다. 광강도 $1[W/m^2]$에 의해서 나르개 농도는 11% 증가하였다.

(a) 암흑조건과 주어진 조명조건하에서 소재의 전기전도도와 센서의 저항값을 계산하시오.

(b) 조명에 의한 나르개 생성률이 $10^{15}[carriers/s/cm^2]$인 경우에, 센서의 민감도를 구하시오.

풀이

(a) 전기전도도는 식 (4.4)로부터 다음과 같이 구할 수 있다.

$$\sigma = e(\mu_e n + \mu_p p) = (1.602 \times 10^{-19}) \times (210 \times 10^{16} + 20 \times 10^{16}) = 0.36846[S/cm]$$

이동도와 나르개 밀도에 사용된 단위 때문에, 결괏값이 $[S/cm]$ 단위로 제시되었다. 여기에 100 ($1[m] = 100[cm]$)을 곱하면, $\sigma = 36.85[S/m]$를 얻을 수 있다.

(b) 조명조건하에서, 나르개 밀도는 1.11배만큼 증가하므로,

$$\sigma = e(\mu_e n + \mu_p p) = 1.602\times 10^{-19}\times(210\times 10^{16}\times 1.11 + 20\times 10^{16}\times 1.11)$$
$$= 0.409[S/cm]$$

따라서 조명조건하에서 전기전도도 $\sigma = 40.9[S/m]$이다.
저항값은 식 (4.9)를 사용하여 구할 수 있다.

$$R = \frac{L}{\sigma WH} = \frac{0.004}{36.85\times 0.001\times 0.0001} = 1{,}085.5[\Omega]$$

$$R = \frac{L}{\sigma WH} = \frac{0.004}{40.9\times 0.001\times 0.0001} = 978.0[\Omega]$$

여기서 저항값은 나르개 밀도의 증가에 정비례하지만, 나르개 밀도는 조사된 광선의 강도에 선형적으로 비례하지 않는다는 점에 주의해야 한다. 이런 이유 때문에, 초기에는 저항값이 비교적 빠르게 감소하지만, 조사광선의 강도가 높아지면 전도대역으로 올라가는 나르개의 숫자가 점점 더 줄어들기 때문에 변화율이 줄어든다.

(c) 전자와 정공의 수명시간을 알고 있다면 식 (4.7)을 사용하여 센서의 민감도를 직접 계산할 수 있다. 수명시간을 모른다면, 식 (4.5)와 식 (4.6)을 사용하여야 한다.

$$e(\mu_e \Delta n + \mu_p \Delta p) = eg(\mu_n \tau_n + \mu_p \tau_p) \rightarrow (\mu_n \tau_n + \mu_p \tau_p) = \frac{\mu_e \Delta n + \mu_p \Delta p}{g}$$

따라서 식 (4.7)을 다음과 같이 나타낼 수 있다.

$$G = \frac{V}{L^2}\left(\frac{\mu_e \Delta n + \mu_p \Delta p}{g}\right)$$
$$= \frac{V}{0.004^2}\left(\frac{210\times 10^{-4}\times 1.0\times 10^{16} + 20\times 10^{-4}\times 1.0\times 10^{16}}{10^{15}}\right)$$
$$= 14{,}375[V/V]$$

이동도의 경우에는 단위를 $[m^2/(V\cdot s)]$로 바꿨었다. 하지만 나르개 밀도와 나르개 생성률의 단위는 분모와 분자의 단위가 동일하므로 따로 변환할 필요가 없다. 산출된 민감도값은 $14{,}375[V/V]$이다. 즉, 광자가 14,375개의 나르개를 생성할 때마다 전극들 사이의 전위차이가 $1[V]$씩 발생한다는 뜻이다. 이는 매우 큰 민감도 값으로서 CdS 센서의 전형적인 값이다.

염가형 센서에 가장 일반적으로 사용되는 소재는 **황화카드뮴**(CdS), **셀렌화카드뮴**(CdSe)이다. 이들은 민감도가 높지만(10^3~10^4 수준), 응답시간은 $50[ms]$에 달할 정도로 비교적 느리다. 증착을 통해서 센서 구조를 만든 다음에 전극을 증착하여 **그림 4.4** (b)와 **그림 4.5**에 도시된 것과 같은 구절양장 형태로 만든다. 이를 통해서 전극 사이의 간격은 좁히면서도 넓은 측정면적을 확보할 수 있다. 소결방식으로도 CdS 나 CdSe 소자를 만들 수 있다. 이 센서들의 스펙트럼 응답은 가시광선 대역을 모두 포함하고 있지만, CdS 는 짧은 파장(보라색)대역의 응답성이 좋은 반면에 CdSe 는 긴 파장(적색)대역의 응답성이 좋다. 원하는 응답특성을 맞추기 위해서 이 소재들을 조합해서 사용할 수도 있다. **황화납**(PbS)은 전형적으로 박막 증착하여 사용하는데, 응답특성은 적외선 대역(1,000~3,500$[nm]$)으로 시프트되어 있으며, 응답속도는 200$[\mu s]$ 미만이다. 하지만 전형적인 적외선센서로서 열노이즈가 심하기 때문에 냉각이 필요하다. **안티몬화인듐**(InSb)은 단결정으로 제작하는 센서 소재이다. 이 센서는 파장길이 7,000$[nm]$까지도 감지할 수 있으며, 응답시간은 50$[ns]$까지 단축되지만, 긴 파장의 검출을 위해서는 (액체질소를 사용하여) 77$[K]$로 냉각하여야 한다. 적외선 대역에서도 원적외선 검출과 같은 특수용도에는 텔루르화 수은 카드뮴(HgCdTe)과 붕소화게르마늄(GeB) 등의 소재를 사용할 수 있다. 특히 GeB 를 (액체 헬륨을 사용하여) 4$[K]$까지 냉각하면 검출대역을 0.1$[mm]$까지 넓힐 수 있다.

일반적으로, 센서를 냉각하면 스펙트럼 응답을 더 긴 파장대역까지 넓힐 수 있지만, 응답시간이 느려지는 경향이 있다. 반면에, 민감도가 향상되며, 열노이즈가 감소한다. 대부분의 원적외선 센서들은 군수용과 우주용으로 사용된다. 이런 특수한 센서들은 단결정으로 제작해야만 하며, 저온 요구조건에 대응이 가능하도록 패키지를 제작해야 한다.

4.5.2 광 다이오드

만일 반도체 다이오드의 접점에 복사광선이 조사되면, 진성반도체에서와 동일한 방식으로 전도대역에 존재하는 전하들에 광자에 의해서 여기된 과잉 나르개들이 추가된다. 다이오드를 순방향 바이어스(그림 4.6 (a)), 역방향 바이어스(그림 4.6 (b)), 또는 바이어스되지 않은 상태(그림 4.6 (c))로 사용할 수 있다. 그림 4.6 (d)에서는 다이오드의 전류-전압($I-V$) 특성을 보여주고 있다. 그림 4.6에 도시되어 있는 세 가지 구조들 중에서 순방향 바이어스 모드는 광자에 의해서 생성되는 전류에 비해서 (광자와 무관한) 순방향 전류가 크기 때문에 광센서로 적합하지 않다. 역방향 바이어스 모드의 경우, 다이오드는 (암전류라고 부르는) 미소전류를 흘리며, 광자에 의해서 상대적으로 큰 전류가 흐르게 된다. 이 모드에서 다이오드는 광도전센서와 유사한 방식으로 작동하므로, 이를 다이오드의 **광도전모드**[18)]라고 부른다. 만일 다이오드가 바이어스 되지 않았다면, **광전지(PV)모드**[19)]로 작동하는 센서(또는 작동기)로 사용할 수 있다.

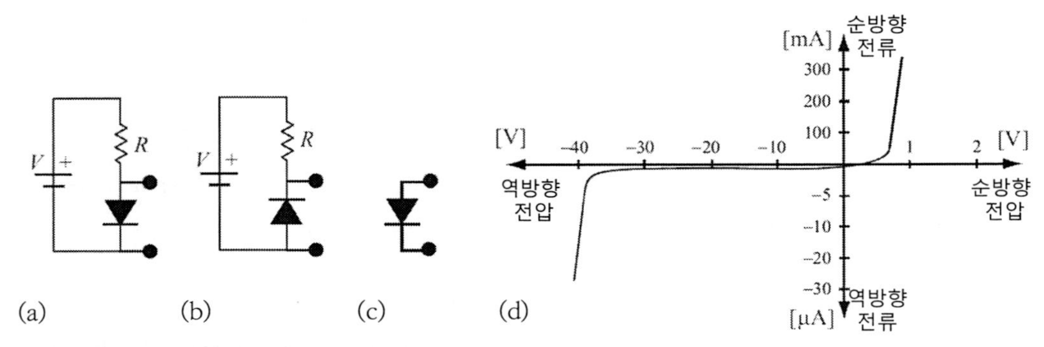

그림 4.6 반도체($p-n$)접합. (a) 순방향 바이어스. (b) 역방향 바이어스. (c) 바이어스 되지 않음. (d) 접점의 $I-V$ 특성

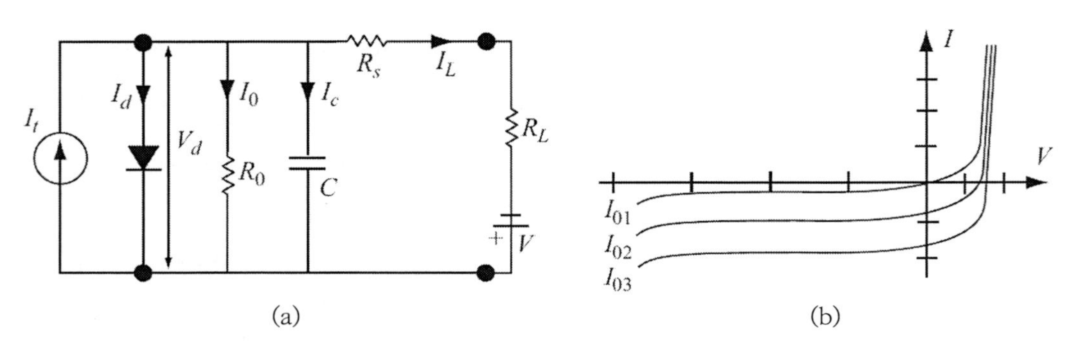

그림 4.7 광도전모드(역방향 바이어스)로 작동하는 광다이오드 회로. (a) 등가회로. (b) $I-V$특성

광도전모드(그림 4.6 (b))로 사용되는 다이오드의 등가회로가 그림 4.7 (a)에 도시되어 있다. 이상적인 다이오드에서 존재하는 전류인 I_d에 암저항 R_0를 통과하여 흐르는 리크전류 I_0와 커패시턴스 접점을 통과하여 흐르는 전류 I_c가 더해진다. 직렬로 연결된 저항 R_s는 다이오드에 연결된 도체의 저항값이다. 광자에 의해서 접점의 p나 n측 모두에서 가전자대 전자들이 방출된다. 이 전자들과 남겨진 정공들이 순방향 극성을 따라서 (전자는 양극 쪽으로, 정공은 음극 쪽으로) 흐르면서 전류가 생성된다. 다이오드가 역방향으로 바이어스 되어서 바이어스전류가 없는 경우에는 이 전류가 유일한 전류이다. 하지만 실제의 경우에는 미소 리크전류가 존재하며, 이를 등가회로에서는 I_0로 표시하고 있다. 양극의 전자견인이 리크전류를 증가시키며, 이 과정에서 이들은 여타의 전자들과 충돌하면서 전자들이 밴드갭을 넘어서도록 만든다. 특히 다이오드 양단의 역방향 전압

---

18) photoconducting mode

19) photovoltatic mode

이 높은 경우에 이런 작용이 증가한다. 이를 **전자사태효과**[20]라고 부르며, 나르개의 숫자가 몇 배씩 증가한다. 이 모드로 작동하는 센서들을 **광전자증배 센서**[21]라고 부른다.

순방향 바이어스가 걸린 다이오드에 흐르는 전류는

$$I_d = I_0(e^{eV_d/nkT} - 1) \ [A] \tag{4.12}$$

여기서 I_0는 리크전류(암전류)이며, (지수함수 내의) e는 전자의 전하량, V_d는 전위장벽 또는 빌트인 전위라고 부르는 접점 양단의 전위차, k는 볼츠만상수($k = 1.3806488 \times 10^{-23} [kg \cdot m^2/s^2/K]$), $T[K]$는 절대온도, 그리고 n은 이상계수라고도 부르는 효율계수로서, 1과 2 사이의 값을 갖는다. 이상적인 다이오드의 경우, 이 값은 1이다(하지만 3.4절에서는 2를 사용하였다). 이 식에 따르면 다이오드를 통과하여 흐르는 전류는 온도와 편향전압에 의존한다는 것을 명확하게 확인할 수 있다. 그런데 역방향모드에서는 I_0 전류만 흐르며, 대부분의 경우 이 양은 매우 작기 때문에 자주 무시한다.

광자에 의해서 생성되는 전류는 다음과 같다.

$$I_p = \frac{\eta PAe}{hf} \ [A] \tag{4.13}$$

여기서 $P[W/m^2]$는 복사광의 전력밀도, $f[Hz]$는 주파수, 그리고 h는 플랑크상수이다. 다른 모든 항들은 사용된 다이오드나 반도체에 대해서 상수값을 갖는다. η는 양자흡수효율, A는 다이오드의 노출면적(ηPA는 접점이 흡수한 전력이다)이다. 외부 다이오드가 사용할 수 있는 총전류는 다음과 같이 계산된다($n=1$ 사용).

$$I_L = I_d - I_p = I_0(e^{eV_d/kT} - 1) - \frac{\eta PAe}{hf} \ [A] \tag{4.14}$$

이 값은 순방향 또는 역방향 바이어스조건(접점 양단에 부가된 전압 V_d에 의존)하에서 광다이오드 센서로 측정한 전류값이다. 역방향 바이어스조건하에서는 I_0가 작으며($10[nA]$ 수준), V_d가

20) avalanche effect

21) photomultiplier seneor

음이기 때문에 첫 번째 항을 무시한다. 저온조건하에서 1차 근사를 통해서 광다이오드에 대한 간단한 관계식을 얻을 수 있다.

$$I_L \approx \frac{\eta PAe}{hf} \ [A] \tag{4.15}$$

전류측정을 통해서 다이오드에 의해서 흡수된 전력을 직접 구할 수 있다. 하지만 위 식에는 주파수 항이 포함되어 있으므로, 단색광이 조사되지 않는다면 주파수 의존성을 갖게 된다. 조사되는 광선의 전력이 증가할수록, **그림 4.7 (b)**에 도시되어 있는 것처럼, 다이오드의 특성곡선이 변하며, 이로 인하여 예상했던 것처럼 역방향 전류가 증가하게 된다.

모든 다이오드들은 n-영역, p-영역 또는 $p-n$접점을 복사광선에 노출시켜 놓으면 광다이오드처럼 작동한다. 그런데 다이오드의 광도전 특성(암저항과 응답시간)들 중 일부를 향상시키기 위해서 소재와 구조를 변화시킨다. **그림 4.8**에 도시되어 있는 평면확산형 다이오드의 경우, p-층 및 n-층과 두 개의 접점들로 이루어진다. p-층 바로 아래의 영역은 나르개들이 거의 없기 때문에 **공핍층**이라고 부른다. 공핍층은 모든 다이오드에 일반적으로 존재한다. 암저항을 증가(암전류를 감소)시키기 위해서, **그림 4.8 (a)**에서와 같이, p-층을 얇은 이산화규소(SiO_2)층으로 덮는다. p-층과 n-층 사이에 진성반도체 층을 삽입하여 소위 PIN 광다이오드를 만들 수 있다. 진성반도체 층의 저항값이 크기 때문에, 암전류와 접점 정전용량이 작으며, 이로 인하여 응답성능이 향상된다(**그림 4.8 (b)**). 이와는 정반대로 pnn^+ 구조에서는 도전성이 큰 박막층을 다이오드의 바닥에 배치하였다. 이를 통해서 다이오드의 저항값을 감소시켜서 장파장 민감도를 향상시킬 수 있다(**그림 4.8 (c)**). 다이오드의 응답특성을 변화시키는 또 다른 방법은 쇼트키 접점을 사용하는 것이다. 이 다이오드의 경우, **그림 4.8 (d)**에서와 같이, n-층 위에 스퍼터링된 전도성 소재(금) 박막층을 사용하여 접점을 형성한다(금속-반도체 접점을 **쇼트키 접점**이라고 부른다). 이를 통해서 n-층 위에 매우 얇은 외부(금속)층을 사용하여 다이오드를 만들 수 있으며, 장파장(적외선)응답특성이 향상된다. 앞서 언급했듯이, 역방향 편향전압이 높아지면 전자사태 모드에 의해서 전류와 그에 따른 이득이나 민감도가 증가한다(**광전자증배 다이오드**). 전자사태를 일으키기 위해서 필요한 주요 요구조건은 전자를 충분히 가속시키기 위해서 필요한 ($10^7\,[V/m]$ 이상의)높은 역방향 전기장이 접점 양단에 부가되어야 한다는 것이다. 고민감도 저조도 신호검출에 전자사태 광다이오드를 사용할 수 있다.

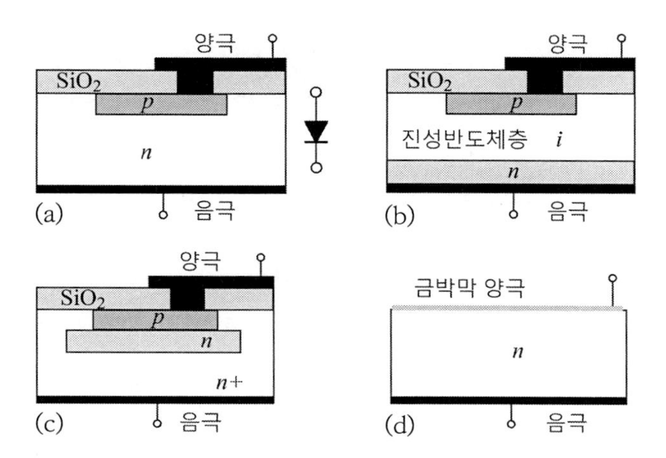

그림 4.8 광다이오드의 다양한 구조. (a) 일반적인 평면형 구조. (b) PIN 다이오드. (c) pnn^+구조. (d) 쇼트키 다이오드

광다이오드를 표면실장형, 플라스틱, 그리고 소형 캔 패키지 등과 같은 다양한 형태로 사용할 수 있다. **그림 4.9 (a)**에서는 CD 플레이어의 레이저 반사광을 검출하기 위해서 사용되는 광다이오드를 보여주고 있다. 또한 **그림 4.9 (b)**에서와 같이 직선 어레이 형태로 배치할 수도 있다. 이 사례에서는 512개의 광다이오드들이 직선 형태로 배치되어 스캐너 센서로 사용된다. 광다이오드는 가시광선, 적외선뿐만 아니라 자외선과 심지어는 X-선 대역의 검출에도 사용할 수 있다. 많은 광다이오드들에서 접점의 전력밀도를 증가시키기 위해서 단순한 렌즈를 장착하고 있다.

그림 4.9 (a) 지지기구에 장착되어 CD 플레이어용 센서로 사용되는 광다이오드. (b) 스캐너용 센서로 사용하기 위해서 512개의 광다이오드들을 직선으로 배치하여 단일 칩으로 제작한 광다이오드. 빛이 투명한 슬릿을 통과할 수 있도록 상부덮개는 유리소재로 제작되었다.

예제 4.4 광통신용 광다이오드 검출기

디지털 통신에서는 $800[nm]$ 파장과 $10[mW]$ 출력의 적색 레이저를 사용한다. 광학링크의 길이는 $16[km]$이며 감소비율이 $2.4[dB/km]$인 광섬유를 사용하고 있다. 수신부에 설치되어 있는 광다이오드에 광펄스가 조사되며, 그림 4.10에 도시되어 있는 것처럼, $1[M\Omega]$ 저항을 사용하여 출력전압을 측정한다. 레이저를 사용하여 일련의 펄스들이 전송되며, 양단에서의 손실이 없다고 가정한다. 즉, 레이저에서 송출된 모든 전력이 광섬유 속으로 진입하며, 다이오드에 조사된 모든 전력을 다이오드가 흡수한다고 가정한다. 수신된 펄스의 진폭을 계산하시오. 여기서 다이오드의 암전류(리크전류)는 $10[nA]$이며 시스템은 25 [°C]의 온도에서 작동한다고 가정한다. 만일 작동온도가 50[°C]로 상승하면 진폭은 얼마로 변하겠는가?

풀이

식 (4.12)를 사용하여 다이오드 전류를 계산한 다음에 식 (4.13)을 사용하여 광자전류를 계산한다. 그리고 식 (4.14)를 사용하여 총 전류를 계산한다. 이를 위해서는 복사광선의 전력밀도 P값이 필요하다. 이 값은 입사광선의 전력밀도와 광섬유를 통과하면서 발생하는 감소비율을 사용하여 다음과 같이 계산할 수 있다.

레이저는 $10[mW]$의 전력을 송출한다. 하지만 다이오드로 조사되는 전력을 계산하기 위해서는, 손실을 고려해야만 한다. 이를 위해서 입력전력 P를 데시벨 단위로 계산해야 한다.

$$P = 10\times 10^{-3}[W] = 10\log_{10}(10\times 10^{-3}) = -20[dB]$$

광섬유 내에서 발생하는 총 감소율은 $2.4\times 16 = 38.4[dB]$이다. 그러므로 통신선 끝에서 송출되는 전력은 다음과 같다.

$$P = -20 - 38.4 = -58.4[dB]$$

이제, 이를 다시 전력으로 환산하여야 한다.

$$10\log_{10}P_{0} = -58.4 \rightarrow \log_{10}P_0 = -5.84 \rightarrow P_0 = 10^{-5.84} = 1.445\times 10^{-6}[W]$$

이제 식 (4.14)를 사용할 수 있다. 하지만 ηPA항은 다이오드가 받는 총전력이라는 점에 주의하여야 한다. 문제의 정의에 따라서, 이 값을 P_0와 같다고 놓는다. 이를 통해서 다음을 구할 수 있다.

$$\begin{aligned} I_L &= I_0(e^{eV_d/kT} - 1) - \frac{P_0 e}{hf} \\ &= 10\times 10^{-9}(e^{1.61\times 10^{-19}\times(-12)/1.3806488\times 10^{-23}\times 298} - 1) - \frac{1.445\times 10^{-6}\times 1.61\times 10^{-19}}{6.6262\times 10^{-34}\times 3.75\times 10^{14}} \\ &= -10\times 10^{-9} - 936.3\times 10^{-9}[A] \end{aligned}$$

이에 따르면 온도의 영향은 무시할 수준임을 알 수 있다. 이제, 저항 양단에서의 전압을 구할 수 있다. 레이저 빔이 꺼진 경우에 광다이오드를 통과하여 흐르는 전류는 $10[nA]$이며, 이로 인한 출력전압은

$$V_0 = 10 \times 10^{-9} \times 1 \times 10^6 = 10^{-2}[V] = 10[mV]$$

레이저 빔이 켜진 경우에는 전류가 $946.3[nA]$까지 증가한다. 이로 인한 전압은

$$V_0 = 946.3 \times 10^{-9} \times 1 \times 10^6 = 0.9463[V] = 946.3[mV]$$

즉, 광펄스의 레벨이 0인 경우의 출력전압은 $10[mV]$이며, 레벨이 1인 경우의 출력전압은 $0.946[V]$이다. 이는 신호처리에 충분하지 못하기 때문에 추가적인 증폭이 필요하다.
이 경우에는 전류의 온도의존성이 무시할 정도이기 때문에 $50[^oC]$의 경우에도 결과는 거의 동일하다. 그런데 이는 일반적인 경우에 해당하지 않는다.

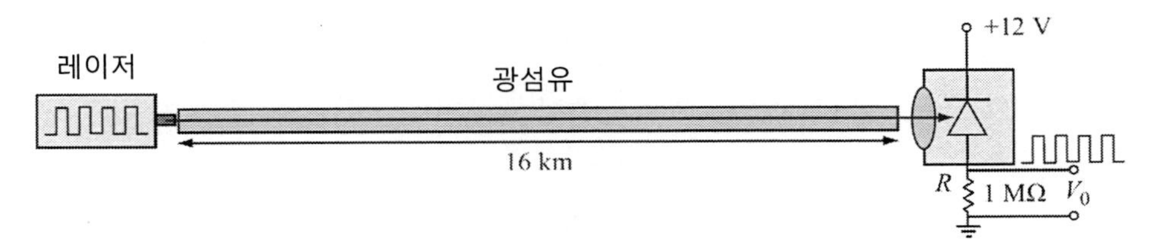

그림 4.10 광원(레이저)과 광다이오드 검출기를 갖춘 광섬유 통신링크

4.5.3 광전지 다이오드

광다이오드는 **그림 4.11** (a)에 도시된 것처럼 광전지 모드로 작동할 수 있다. 이 모드에서는 다이오드가 발전기처럼 작동하며 편향전압은 필요 없다. **광전지 다이오드**의 가장 대표적인 구조는 광다이오드의 노출면적을 극대화시킨 **태양전지판**이다. 모든 광다이오드들을 이 모드로 작동시킬 수 있다. 하지만 일반적으로 표면적이 넓어지면, 접점의 정전용량도 함께 증가한다. 이 정전용량이 광전지 셀의 응답속도를 저하시키는 주요 원인이다. 이외의 성질들은 광전지 모드로 작동하는 광다이오드와 광도전 모드로 작동하는 광다이오드가 서로 동일하다. 하지만 차이점도 존재한다. 예를 들어, 광전지 모드에서는 편향전압이 걸리지 않기 때문에 전자사태 효과가 존재할 수 없다. **그림 4.11** (a)에서는 광전지 셀의 등가회로가 제시되어 있으며, **그림 4.11** (b)에서는 태양전지판이 예시되어 있다.

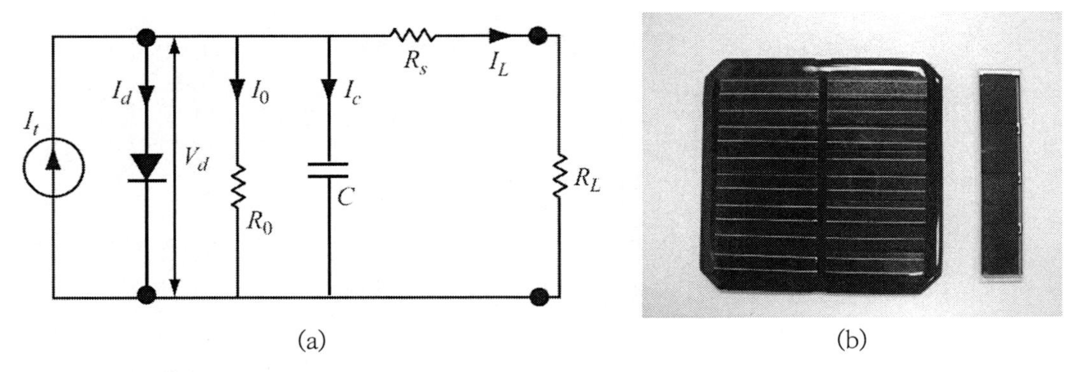

그림 4.11 (a) 광전지모드로 작동하는 광다이오드의 등가회로. (b) 광전지 다이오드의 대표적인 형태인 태양전지판. 두 가지 유형이 제시되어 있다. 우측의 태양전지판은 계산기에 사용되는 것이다.

광전지 어레이들은 주로 태양전력의 수확에 사용되지만, (계산기와 같은)소형 전자기기의 전력 공급에도 활용된다. 광전지 다이오드는 매우 단순한 광센서로도 만들 수 있으며, 단지 전압계만 있으면 광전력 밀도나 광강도를 측정할 수 있다.

광전지 다이오드는 편향전압 없이도 작동할 수 있으며, 정상작동조건하에서 접점 양단에서 전압이 생성된다. 총전류는 식 (4.14)를 사용하여 구할 수 있는데, 이 식의 첫 번째 항은 일반 다이오드 전류이며, 두 번째 항은 광전류이다. 다이오드의 작동과정에서 일어나는 중요한 두 가지 성질에 대해서 살펴보기로 하자. 첫 번째는 단락전류이다. 만일 다이오드가 단락되면, 다이오드 양단의 전압은 0이 되어버리며, 광전류만 존재하게 된다. 따라서

$$I_{sc} = -I_p = -\frac{\eta PAe}{hf} \quad [A] \tag{4.16}$$

두 번째는 개회로전압이다. 이 경우에는 일반 다이오드 전류와 광전류가 같은 값을 갖는다. 즉, 식 (4.14)의 부하전류가 0이 된다. 개회로전압 V_{oc}는 다음의 등식으로부터 구할 수 있다.

$$I_0\left(e^{eV_{oc}/nkT} - 1\right) = \frac{\eta PAe}{hf} \tag{4.17}$$

V_{oc}는 전위장벽 또는 빌트인 전위로서 소재, 도핑, 나르개 농도, 온도 등에 따라서 달라진다. 식 (4.16)과 식 (4.17)의 효율 η는 셀 전체의 전위로서, 양자흡수계수와 셀의 변환계수의 곱과 같다. 효율계수 n은 별도로 지정되지 않은 경우에는 1이며, 특정한 광다이오드의 성질에 의존한다.

예제 4.5 저조도하에서 태양전지의 거동

태양전지의 전달함수를 구하기 위해서는 입력전력이나 전력밀도와 더불어서 셀의 출력전압이나 출력전력을 측정해야만 한다. 특히, 저조도하에서 셀의 변환효율은 낮으며 전달함수는 부하(그림 4.11 (a)의 R_L)에 심하게 의존한다. 표면적이 $11 \times 14[cm^2]$이며, 인공조명이 조사되며, $1[k\Omega]$ 부하에 연결되어 있는 상태에서 출력전압을 측정하였다. 그림 4.12 (a)에는 입력전력 밀도 대비 전압이 도시되어 있다. 출력곡선을 살펴보면, 입력전력이 증가할수록 출력전압이 포화되어감을 알 수 있다. 조도가 낮기 때문에, 이 태양전지는 수$[m\,W]$밖에 공급하지 못한다.

태양전지판의 중요한 인자들 중 하나인 변환효율은 출력전력을 입력전력으로 나눈 값으로서 일반적으로 백분율 값으로 주어진다. 여타의 특성값들처럼, 변환효율은 부하와 작동점(입력전력)에 의존한다. 이 예제에서 사용된 태양전지판의 효율은 다음 식을 사용하여 계산할 수 있다.

$$eff = \frac{P_{out}}{P_{in}} \times 100[\%] = \frac{V^2/R_L}{P_d \times S} \times 100[\%]$$

여기서 $P_d[m\,W/cm^2]$는 입력전력밀도, $S[cm^2]$는 셀의 표면적(이 예제에서는 $11 \times 14 = 154[cm^2]$), $R_L[k\Omega]$은 부하, 그리고 $V[V]$는 전압이다. 셀의 효율은 그림 4.12 (b)에 도시되어 있다. 효율은 전력밀도가 $0.174[m\,W/cm^2]$인 경우에 $7.78[\%]$로 최댓값을 나타내며, 이후로는 감소하여 포화와 동일한 경향을 나타낸다. 여기서 최대 효율점은 조명과 부하에 의존한다는 점에 주의하여야 한다. 좋은 태양전지는 $15 \sim 30[\%]$의 효율을 가지고 있다.

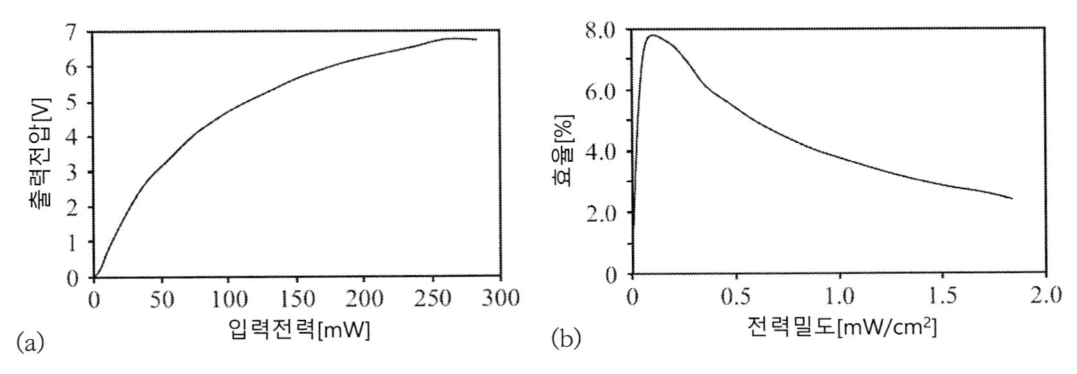

그림 4.12 저조도하에서 태양전지판의 작동특성. (a) 출력전압 대비 입력전력밀도. (b) 전력변환효율 대비 전력밀도

예제 4.6 광학식 위치센서

다음과 같이 위치센서가 제작되었다. 그림 4.13에 도시되어 있는 것처럼, 센서의 정지부를 구성하는 태양전지판을 덮고 있는 불투명한 소재에 삼각형으로 노출 구멍을 성형하였다. 태양전지판 앞에는 광원이 고정되어 있으며, 태양전지판과 광원 사이에 설치된 이동부에는 좁은 슬릿이 성형되어 있다. 따라서 광선은 이 좁은 슬릿구멍을 통해서만 태양전지로 전달된다. 슬릿의 폭은 $t[m]$이며, 광원의 조도는 $I[lux]$이다. 센서의 출력은 슬릿의 위치이다. h가 증가할수록, 더 많은 빛이 태양전지로 전달되어 출력전압이 증가한다. 출력전압은 태양전지로 조사된 전력에 비례하며 $V=kP$의 관계를 갖는다고 가정한다. 여기서 P는 입사된 전력이며, k는 태양전지 상수이다. 태양전지의 출력전압과 슬릿의 위치 h사이의 상관관계를 구하시오.

풀이

h가 증가할수록, 태양전지로 조사되는 슬릿의 폭이 증가하기 때문에 셀에 전달되는 빛의 양이 증가한다. 조도의 단위는 $[lux]$로서 단위면적당 와트값을 가지고 있다. 그러므로 셀에 도달하는 전력은 폭이 t인 슬릿이 위치하는 삼각형 슬릿의 면적에 비례한다. 이 면적을 계산하여, 여기에 조도를 곱하여 전력 P를 구한다. 여기서 $1[lux]=1/683[W/m^2]$임을 기억해야 한다. 이를 통해서 출력전압을 구할 수 있다. 임의의 위치 h에 대해서, 노출영역은 다음 식을 사용하여 구할 수 있다.

$$S=\frac{(2x'+2x)t}{2}=(x'+x)t \ \ [m^2]$$

x와 x'을 계산하기 위해서는 다음의 관계식이 사용된다.

$$\frac{b}{a}=\frac{x}{h}=\frac{x'}{h+t}$$

그러므로

$$x=\frac{b}{a}h[m], \ x'=\frac{b}{a}(h+t) \ \ [m]$$

그리고

$$S=\left(\frac{b}{a}(h+t)+\frac{b}{a}h\right)t=\frac{bt}{a}(2h+t) \ \ [m^2]$$

태양전지판에 도달하는 전력은

$$P=SI=\frac{btI}{a}(2h+t) \ \ [W]$$

여기서 $I[W/m^2]$는 조도이다. 따라서 출력전압은 다음과 같이 계산된다.

$$V = kP = 2k\frac{btI}{a}h + k\frac{bt^2I}{a} \ [V]$$

기대했던 것처럼, 측정된 전압과 위치 h 사이에 선형의 관계를 얻을 수 있다. 그리고 b, t, 및 I가 증가하면 민감도가 증가한다.

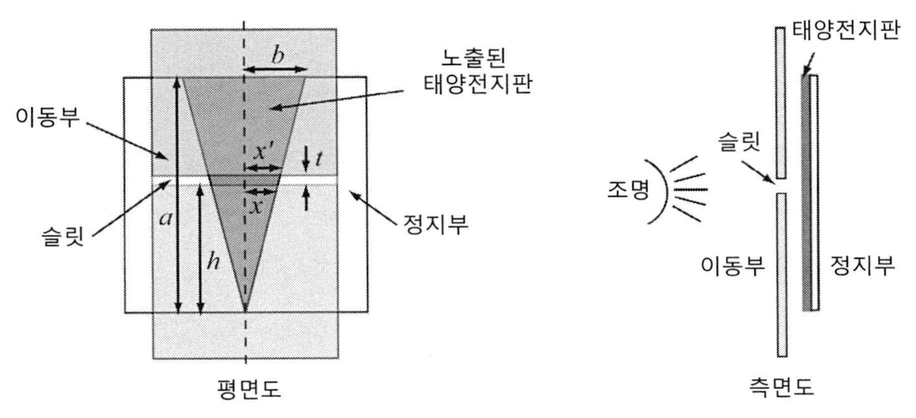

그림 4.13 광학식 위치센서. 노출되는 슬릿의 폭은 위치에 의존하기 때문에 중간에 설치된 슬릿의 위치를 측정할 수 있다.

4.5.4 광트랜지스터

광다이오드에 대한 논의를 확장하면, **광트랜지스터**는 그림 4.14처럼 두 개의 다이오드들을 배면 조합된 구조라고 간주할 수 있다. 그림에 도시되어 있는 것처럼 편향전압이 부가되면, 상부 다이오드(컬렉터-베이스 접점)는 역방향 바이어스가 걸린 상태이며, 하부 다이오드(베이스-이미터)는 순방향 바이어스가 걸린 상태이다. 일반 트랜지스터의 경우, 베이스에 전류 I_b가 공급되면 컬렉터 전류는 다음과 같이 증폭된다.

$$I_c = \beta I_b \ [A] \tag{4.18}$$

여기서 I_c는 컬렉터 전류이며 β는 트랜지스터의 증폭률 또는 이득으로서, 트랜지스터의 구조, 사용된 소재, 도핑 등에 의존하는 값이다. 이미터전류 I_e는 다음과 같이 합산된다.

$$I_e = I_b(\beta + 1) \ [A] \tag{4.19}$$

위 식은 모든 트랜지스터에 적용된다. 광트랜지스터만의 다른 점은 베이스전류를 생성하는 방법이다. 트랜지스터를 광트랜지스터의 형태로 만들 때에는 베이스 연결부를 없애는 대신에 컬렉터-베이스 접점에 빛이 조사될 수 있도록 만든다. 이 컬렉터-베이스 접합에 광자작용에 의해서 베이스전류가 공급되면 이 소자는 일반적인 트랜지스터처럼 증폭작용을 수행한다. 여기서 설명하는 트랜지스터 역시 쌍극성 트랜지스터라고 부른다. 이 이름은 뒤에서 살펴볼 다른 유형의 트랜지스터와 이 트랜지스터를 구분시켜준다.

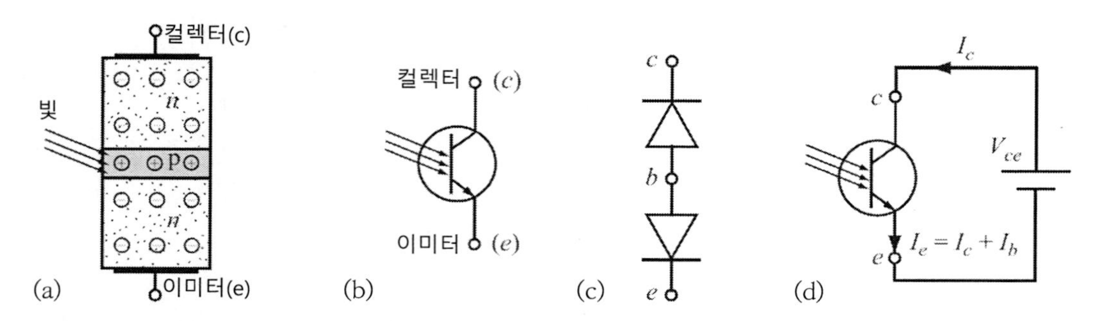

그림 4.14 npn형 광트랜지스터. (a) 개략적인 접점 구조. (b) 트랜지스터 회로도. (c) 두 개의 다이오드로 이루어진 등가회로. (d) 광트랜지스터를 흐르는 전류

암흑조건하에서는 컬렉터전류가 매우 작으며, 이는 거의 전적으로 I_0로 표기된 누설전류이다. 이로 인하여 컬렉터와 이미터에는 각각 다음과 같은 암전류가 흐른다.

$$I_c = I_0\beta \ [A], \ I_e = I_0(\beta+1) \ [A] \tag{4.20}$$

접점에 빛이 조사되면, 광자에 의해서 식 (4.13)의 다이오드전류가 생성된다.

$$I_b = I_p = \frac{\eta PAe}{hf} \ [A] \tag{4.21}$$

따라서 컬렉터와 이미터에는 각각 다음의 전류가 흐르게 된다.

$$I_c = I_p\beta = \beta\frac{\eta PAe}{hf} \ [A], \ I_e = I_p(\beta+1) = (\beta+1)\frac{\eta PAe}{hf} \ [A] \tag{4.22}$$

마지막 식에서는 광다이오드의 경우와 마찬가지로 리크전류를 무시하였다. 위 식을 살펴보면 트랜지스터 구조에 의해서 만들어지는 β배의 증폭을 제외하고는 광트랜지스터와 광다이오드는 동일한 작동을 한다는 것을 알 수 있다. 가장 단순한 트랜지스터의 경우조차도, β는 100 정도의 값을 가지고 있으며, 대부분의 작동범위에 대해서 증폭은 선형적 특성을 가지고 있으므로(그림 4.15 (a)) 광트랜지스터는 매우 유용한 소자이며, 검출과 측정에 일반적으로 사용되고 있다. 광트랜지스터는 증폭비가 매우 크기 때문에, 저조도 상태에서도 작동이 가능하다. 하지만 증폭률이 크기 때문에, 열노이즈는 심각한 문제가 될 수 있다. 특히 베이스-이미터 접점은 전류가 통과하는 동안 일반적인 다이오드처럼 작동한다. 이때의 전류는 식 (4.12)와 같다. 여기서 I_0는 암전류이다. 비록 이 전류는 작지만, 다이오드가 순방향 바이어스되어 있고, 트랜지스터의 증폭비가 크기 때문에, 온도의 영향은 매우 크게 나타난다.

트랜지스터가 매우 작기 때문에, 많은 경우 접점에 조사되는 빛을 집중시키기 위해서 단순한 렌즈가 설치된다. 그림 4.15 (b)에서는 렌즈가 장착된 광트랜지스터의 사례를 보여주고 있다.

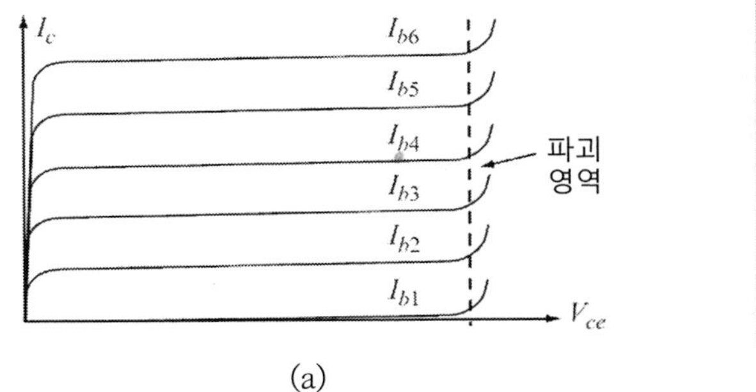

(a)

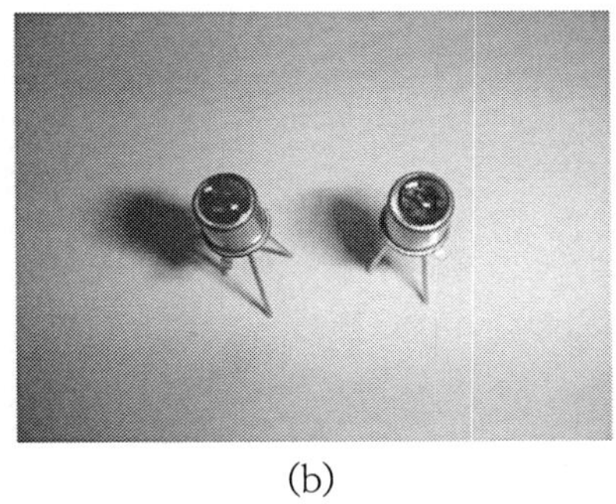
(b)

그림 4.15 (a) 베이스전류에 따른 트랜지스터의 $I-V$특성 그래프. 광트랜지스터의 경우, 베이스 전류는 광자 상호작용에 의해서 공급된다. (b) 렌즈가 장착된 광트랜지스터의 사례

광도전센서, 광다이오드 그리고 광트랜지스터는 소자가 흡수하는 복사광선 전력을 직접 검출 및 측정할 수 있다. 이 소자를 여타의 물리량 측정, 이들이 만들어낼 수 있는 효과들의 측정, 또는 센서의 민감대역으로 광선대역을 변화시키는 등의 목적에 손쉽게 사용할 수 있다. 또한, 이 소자를 위치, 거리, 차원, 온도, 색상변화, 이벤트 계수, 품질관리 등과 같은 다양한 분야에 활용할 수 있다.

예제 4.7 광트랜지스터의 민감도

그림 4.15 (a)에서는 트랜지스터의 $I-V$특성을 베이스전류의 함수로 나타내어 보여주고 있다. 그런데 광트랜지스터의 경우에는 베이스전류를 측정할 수 없다. 이 베이스전류는 접점에 조사되는 빛의 전력밀도에 의존한다. 다음의 표에서는 광트랜지스터의 컬렉터전류 측정결과를 입사광선 전력밀도의 함수로 나타내어 보여주고 있다. 이 표에서는 일부 선정된 값들만을 보여주고 있으며, 그림 4.16에서는 측정된 모든 값들을 그래프로 보여주고 있다.

전력밀도[$\mu W/cm^2$]	2	9.57	20.7	46.2	60.4	83.9	113	152	343	409
전류[mA]	0.00182	0.00864	0.0182	0.0409	0.0532	0.0732	0.0978	0.130	0.280	0.324

광강도가 $0[\mu W/cm^2]$에서 $400[\mu W/cm^2]$ 사이에서는 그래프가 선형적 특성을 보이고 있으며, 센서의 민감도는 표에 제시된 임의의 두 값들을 사용하여 구할 수 있다. 선형범위에 해당하는 표의 첫 번째 열과 8번째 열을 사용하여 민감도를 계산해보면 다음과 같다.

$$s=\frac{0.13-0.00182}{152-2}=\frac{0.12818}{150}=0.8545[\mu A/(\mu W/cm^2)]$$

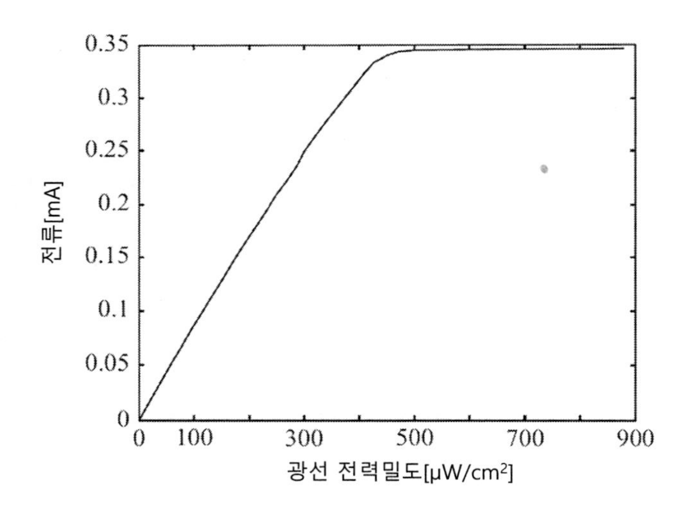

그림 4.16 조사광선의 전력밀도에 따른 광트랜지스터의 컬렉터전류. $400[\mu W/cm^2]$ 이상에서는 포화가 발생한다.

4.6 광전센서

광전자증배관을 포함한 광전센서들은 (소위 **광전자 방출효과**[22]라고 부르는) **광전효과**[23]에 기초하고 있다. 4.4.2절에서 살펴본 것처럼, 광전효과는 에너지가 hf인 광자들이 물질표면과 충돌하는 과정에서 발생한다. 광자의 에너지가 물질의 일함수보다 큰 경우에는 광자가 가지고 있던 에너지를 전자에게 전달하면서 복사광선이 물체에 흡수되며, 표면에서 전자들이 방출된다. 이때에 교환된 에너지가 충분히 크다면 광자와 전자 사이의 충돌을 통해서 전자가 방출된다. 이 효과는 (광전셀이라고 부르는) 광전센서의 개발에 직접 적용되었다. 사실, 광전센서는 가장 오래된 형태의 광학센서이다.

4.6.1 광전센서

그림 4.17에는 **광전센서**의 작동원리가 도시되어 있다. 광음극은 전자를 효율적으로 방출시키기 위해서 일함수가 비교적 작은 소재로 만든다. 양극과 음극 사이에는 전위차가 부가되기 때문에, 이 전자들이 광양극을 향해 가속된다. 이 회로를 통해 흐르는 전류는 복사광선의 강도에 비례한다. 광자 하나당 방출되는 전자의 숫자가 센서의 광자효율이며, 광음극에 사용된 소재(의 일함수)에 크게 의존한다. 이런 목적으로 다양한 금속들이 사용되지만, 대부분은 효율이 낮다. 세슘이 함유된 소재들은 일함수가 낮으며 (적외선 대역인) 약 $1,000[nm]$에 이르는 매우 넓은 응답 스펙트럼 대역을 가지고 있어서 자주 사용된다. 또한 이들의 응답은 자외선 대역까지도 확장된다. 과거에는 탄탈륨이나 크롬과 같은 금속의 표면에 알칼리 화합물(리튬, 칼륨, 나트륨, 세슘과 이들의 화합물들; 주기율표 참조)이 코팅되어 있는 고저항 음극들이 사용되었다. 이 소재들은 일함수가 필요한 수준만큼 낮다. 전극은 진공관이나 불활성 기체(아르곤)가 저압으로 채워진 튜브로 밀봉되어 있다. 기체가 있으면 방출된 전자와 기체원자들 사이의 내부충돌에 의해서 기체가 이온화되기 때문에 센서의 이득(투입된 광자당 방출되는 전자의 수)이 증가한다. 새로운 소자들에서는 소위 전자친화도가 음(NEA)인 표면을 사용한다. 이 표면은 반도체 표면에 세슘이나 세슘 산화물을 기화시켜서 만든다.

고전적인 광전센서들은 필요한 측정전류를 공급하기 위해서 (수백$[V]$에 이르는) 비교적 높은 전압을 부가한다. 반면에 전자친화도가 음인 소자는 훨씬 더 낮은 전압으로도 충분하다.

---

22) photoemissive effect
23) photoelectric effect

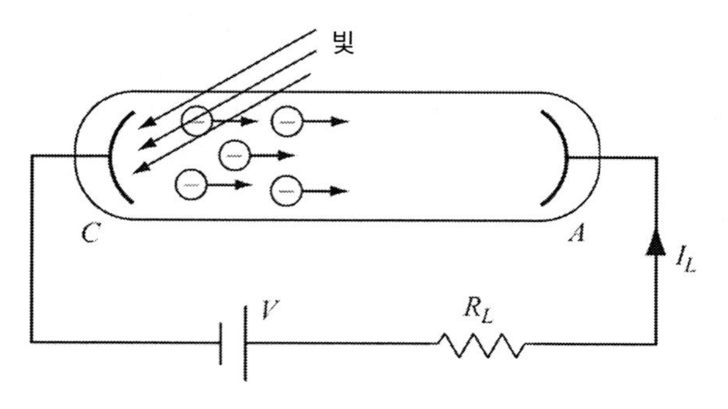

그림 4.17 광전센서와 편향전압 부가회로

4.6.2 광전자증배관

광전자증배관은 고전적인 광전센서이다. 전류가 작은(방출되는 전자의 숫자가 작은) 광전센서에 비해서 광전자증배관은 그 이름이 의미하듯이, 생성된 전류가 증배되므로 단순한 광전셀에 비해서 훨씬 더 민감하다. 그림 4.18에서는 광전자증배관의 구조를 개략적으로 보여주고 있다. 광전자증배관은 금속튜브, 유리튜브 또는 금속용기에 유리시창으로 만들어진 진공튜브를 사용하여 빛을 검출한다. 광전셀의 기본구조인 광음극과 광양극이 여기서도 사용되지만, 그림 4.18 (a)에서와 같이, 이들 사이에는 일련의 중간 전극들이 설치된다. 이 중간전극들을 **다이노드**[24]라고 부르며 베릴륨동(BeCu)과 같이 일함수가 작은 소재로 만든다. 그리고 그림 4.18 (b)에서와 같이 각 전극들 사이에는 전위차가 부가된다. 외부에서 조사된 광선에 의해서 음극에서 n개의 전자들이 방출된다. 이 전자들은 전위차가 V_1인 첫 번째 다이노드 전극을 향해서 가속된다. 이로 인해서

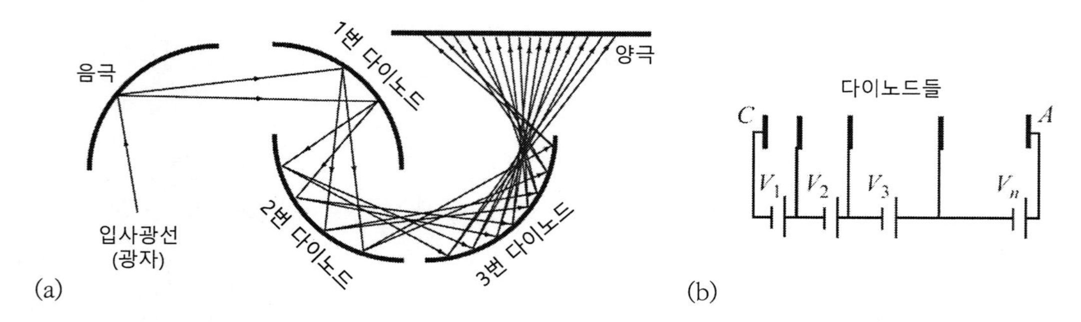

그림 4.18 (a) 광전자증배관의 기본구조. (b) 다이노드와 광양극에 부가된 편향전압. 양극과 음극 사이에 부가되는 전형적인 전위차는 약 600[V]이다. 그리고 두 다이노드들 사이에 부가되는 전압은 대략적으로 60~100[V] 정도이다.

24) dynode

전자들은 각각 n_1개의 전자들을 방출시키기에 충분한 에너지를 갖게 된다. 첫 번째 다이노드에서 방출되는 전자의 수는 $n \times n_1$이다. 연이어 이 전자들은 두 번째 다이노드를 향하여 가속된다. 전자들이 광양극에 도달할 때까지 이런 과정이 반복된다. 각 다이노드들에서 일어나는 증배효과로 인해서 조사된 광자는 매우 많은 수의 전자들로 증배되어 광양극에 도달한다. 사용된 다이노드의 수를 k(일반적으로 10~14개를 사용)라 하고, 다이노드 하나당 방출되는 전자(2차 전자)의 평균 숫자를 n이라 하면, 광전자증배관의 이득을 다음과 같이 나타낼 수 있다.

$$G = n^k \tag{4.23}$$

이 이득은 광전자증배관의 전류증폭비율로서, 광전자증배관의 구조, 다이노드의 수, 가속용 중간전극에 부가된 전압 등에 의존한다. 광전자증배관의 성능을 극대화시키기 위해서는 추가적인 고려가 필요하다. 우선, 신호의 왜곡을 피하기 위해서는 전자가 전극들 사이를 이동하는 시간이 모두 동일해야만 한다. 이를 위해서는 전자들이 다음 번 다이노드를 향하여 방출될 수 있도록 다이노드 표면이 곡면형상을 가져야만 한다. 특히 광전자증배관을 영상화에 사용하는 경우에는 이동시간을 줄이고 신호품질을 향상시키기 위해서 그리드와 슬롯이 추가된다.

이런 유형의 다른 모든 센서들과 마찬가지로, 여기에도 노이즈가 유입되지만, 증배효과 때문에 광전자증배관에서는 노이즈 문제가 특히 중요하다. 노이즈들 중에서, 전위차와 온도에 의존적인 열전자 방출에 의한 암전류가 가장 심각하다. 광전자증배관에서 발생하는 암전류는 다음 식으로 주어진다.

$$I_0 = aAT^2 e^{-E_0/kT} \ [A] \tag{4.24}$$

여기서 a는 음극소재에 의존적인 상수로서, 일반적으로 0.5 내외의 값을 갖는다. A는 일반상수로서, $120.173[A/cm^2]$이다. $T[K]$는 절대온도, $E_0[eV]$는 음극소재의 일함수, 그리고 k는 볼츠만상수이다. 온도를 제외한 식 (4.24)의 모든 항들은 상수이므로, 암전류는 열전자에 의한 전류나 노이즈라고 간주할 수 있다. 광전자증배관에서는 음극을 차갑게 유지하기 때문에 열전자방출이 억제되어 암전류가 미소한 수준으로 통제된다. 그럼에도 불구하고, 광전자증배관의 이득이 크기 때문에 암전류는 $1 \sim 100[nA]$ 수준에 달한다. 또한, 개별 전자들의 요동으로 인한 산탄노이즈와 전자들의 통계학적인 산포에 의한 증배노이즈 등으로 인하여 소자의 민감도가 제한된다. 광전자증배관의 가장 큰 취약점은 자기장에 대한 민감성이다. 자기장은 움직이는 전자에 힘을 가하기 때문에, 이로 인하여 전자들이 정상경로에서 벗어나면 이득이 감소하며, 더 심각하게는 신호가 왜곡되어버린다.

그럼에도 불구하고, (암전류를 저감하기 위한 센서 냉각을 포함하여) 알맞은 구조를 사용하면 극도로 민감한 소자를 만들 수 있다. 그러므로 이 센서는 야간투시경과 같은 저조도 검출장비에 사용할 수 있다. 예를 들어 우주공간 속에서 극도로 희미한 물체를 관찰하기 위해서 망원경의 초점위치에 광전자증배관 센서를 설치할 수도 있다.

광전자증배관은 소위 **영상증폭기**[25)]라고 부르는 다양한 유형의 기기에서 복사광선에 의해 생성되는 전류를 증폭하기 위해서 (정전렌즈와 자기렌즈를 포함하여) 다양한 방식으로 사용된다. 이 장치의 출력이 영상인 경우에는 **이광치광**[26)]**식 검출기**라고도 부른다. 그림 4.19에서는 소형 광전자증배관을 보여주고 있다.

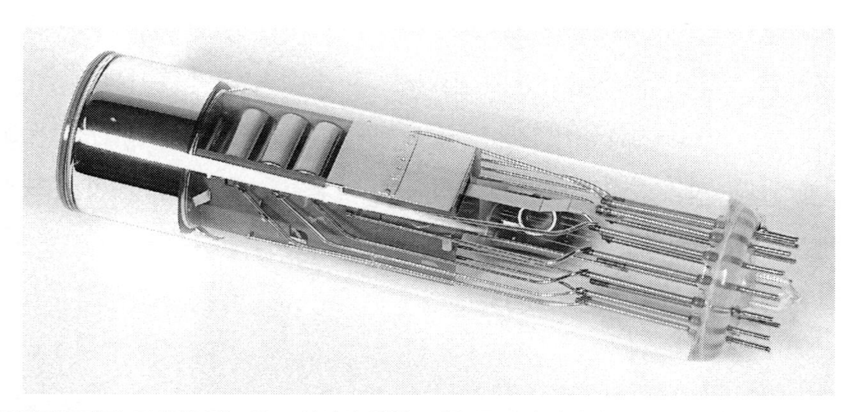

그림 4.19 광전자증배관. 좌측에 있는 튜브 상단의 원형표면을 통해서 광선이 입사된다. 상부에 배치된 다이노드들은 반원형 표면을 가지고 있다.

이 장치는 앞서 설명한 노이즈 문제와 더불어서, 크기, (일부 모델에서는 2,000[V] 이상의) 고전압 사용, 그리고 높은 가격 등과 같은 다양한 단점들을 가지고 있다. 이런 이유 때문에 야간투시경과 같은 일부 활용사례들을 제외하고는 대부분이 전하결합소자(CCD)로 대체되었다. 전하결

25) image intensifier

26) light to light: 以光致光: 빛을 빛으로 변환시킨다는 뜻

합소자는 광전자증배관이 가지고 있는 대부분의 문제들을 해소하였으며, 광전자증배관에 비해서 많은 장점들을 가지고 있다.

예제 4.8 광전자증배관에서 발생하는 열전자 노이즈

광전자증배관의 민감도를 증대시키기 위해서 표면을 칼륨(K)으로 코팅한 10개의 다이노드들이 사용되었다. 25[°C]의 온도하에서 음극과 양극에서 흐르는 열생성 암전류를 계산하시오. 여기서, 광전자증배관으로 조사되는 개별 광자들은 6개의 전자들을 방출시키기에 충분한 에너지를 가지고 있으며, 가속된 개별 전자들도 6개의 전자들을 방출시킬 수 있다고 가정한다.

풀이

칼륨의 일함수는 1.6$[eV]$이다(표 4.2 참조). 상온은 $273.15+25=298.15[K]$이다. 볼츠만상수 $k=8.62\times10^{-5}[eV/K]$를 사용하면 다음과 같이 암전류를 구할 수 있다.

$$I_0=aAT^2e^{-E_0/kT}=0.5\times120.173\times10^4\times298.15^2\times e^{-1.6/(8.62\times10^{-5}\times298.15)}$$
$$=4.9\times10^{-17}[A]$$

따라서 암전류는 $4.9\times10^{-8}[nA]$에 불과하다. 가속된 개별 전자들은 각각 6개의 전자들을 방출하므로 광전자증배관의 이득은 다음과 같다.

$$G=n^k=6^{10}=6.05\times10^7$$

열전자방출로 인하여 양극에서 흐르는 전류는

$$I_a=4.9\times10^{-17}\times6.05\times10^7=2.96\times10^{-9}[A]$$

따라서 암전류는 $3[nA]$ 미만임을 알 수 있다. 이렇게 암전류가 매우 작기 때문에 광전자증배관은 매우 유용하며, 반도체의 시대에도 여전히 살아남을 수 있는 것이다.

4.7 전하결합 센서와 검출기

도전성 모재의 표면에 p-형이나 n-형의 반도체층을 증착하여 **전하결합소자**를 만들 수 있다. 그 위에는 투명한 도전층으로부터 실리콘을 절연시키기 위해서 **그림 4.20** (a)에서와 같이, 얇은 이산화규소 절연층이 도포된다. 이 구조를 금속산화물반도체(MOS)라고 부르는 단순하며 염가인 구조이다. (게이트라고 부르는) 도전층과 모재는 커패시터를 형성한다. 게이트에는(n-형 반도체인) 모재에 비해서 양전압을 부가한다. 이 편향전압으로 인하여 반도체와 이산화규소층 내부에 공핍층이 형성되므로 매우 저항이 큰 구조가 만들어진다. 이 소자에 광선이 조사되면, 광자가 게이트와 산화물층 속으로 침투하여 공핍층에 전자를 방출시킨다. 이때에 방출되는 전하밀도는 조사되는 광선의 강도에 비례한다. 이 전하들은 게이트 쪽으로 견인되지만, 산화물층을 통과하지 못하고 포획되어 버린다. 이 전하(와 그에 따른 광강도)를 측정할 방법은 여러 가지가 있다. 가장 단순한 방법은 **그림 4.20 (b)**에 도시되어 있는 것처럼, 저항을 통해서 전자들을 방전시키기 위해서 금속산화물반도체(MOS)에 역방향으로 편향전압을 부가하는 것이다. 저항을 통과하는 전류는 소자에 조사된 광선강도에 정비례한다.

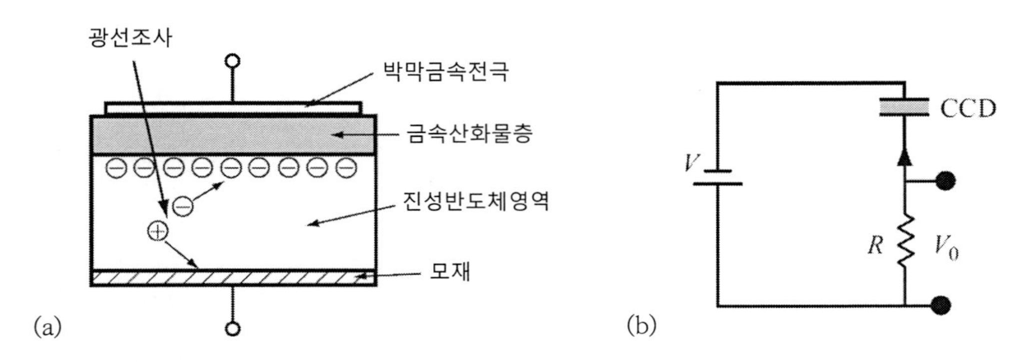

그림 4.20 전하결합소자의 기본구조. (a) 순방향 바이어스모드. 금속산화물반도체(MOS)층 아래에 전자들이 집적된다. (b) 역방향 바이어스 모드. 외부 부하를 사용하여 전하를 방전하는 방식으로 전하를 측정한다.

그런데 전하결합소자의 진정한 가치는 금속산화물반도체를 1차원(직선배열)이나 2차원 형태로 배열하여 영상정보를 얻을 수 있다는 것이다. 이런 경우에는 **그림 4.20 (b)**의 방법을 직접 사용할 수는 없다. 이런 경우에 사용하는 기본적인 방법은 게이트전압을 조작하여 각 셀의 전하를 다음 셀로 넘겨주는 일련의 과정을 사용하는 것이다. 이 방법에서는 한 스텝에 하나의 셀을 전송하며 각 스텝마다 저항을 통과하여 흐르는 전류는 해당 셀의 것이다. **그림 4.21 (a)**에서는 2차원 배열의 하나의 행에서 일어나는 전송과정을 보여주고 있다. 이 스캔이 끝나고 나면, 배열에 대한 스캔이 반복되면서 새로운 영상정보가 전달된다. **그림 4.21 (b)**에서는 2차원 배열에 대한 스캔과정을 보여주고 있다. 데이터는 한 번에 한 행씩 수직방향으로 내려간다. 즉, 모든 셀들이 자신의 데이터를 한 줄 아래로 내려 보낸다. 제일 아래에 위치한 행에서는 데이터를 시프트레지스터로 이동시킨다. 스캔을 잠시 멈춘 상태에서 (**그림 4.21 (a)**와 유사한 방식으로) 시프트레지스터는 데이터를 우측으로 이동시켜서 한 행의 신호를 추출한다. 모든 행들에 대한 스캔이 끝날 때까지 이 과정은 반복된다. 실제의 경우, 각각의 셀들에는 세 개의 전극들이 설치되어 있다. 각각의 전극들은 셀의 1/3을 관장하므로 위의 시간스텝은 각각 세 개의 펄스 또는 단계들로 구성된다. 한 행의 모든 첫 번째 전극들은 서로 연결되어 있다. 한 행의 모든 두 번째 전극들도 서로 연결되어 2단계 전극을 이루며, 세 번째 전극들도 모두 연결되어 3단계 전극을 구성한다. 각 단계전극들에 순차적으로 전력이 공급되면 각 행의 모든 전하들은 셀의 1/3만큼 아래로 내려간다. 3개의 펄스가 입력되고 나면, 각 행의 전하들은 한 단계 아래의 행으로 전송된다. 취득된 신호는 증폭 및 이산화를 거쳐서 영상신호로 변환되며, TV 스크린이나 액정 디스플레이 화면에 표시된다. 물론, 실제적인 데이터 전송과정은 이 기본과정에서 많은 변형이 이루어진다. 예를 들어, 색상을 3원색(적색-녹색-청색)으로 분리하기 위해서 필터를 사용할 수도 있다. 각 색상들을 개별적으로 검출하여 영상신호를 만들어낸다. 따라서 천연색 전하결합소자는 하나의 픽셀당 4개의 셀들을 갖추고 있는데, 하나는 적색에 반응하며, 두 개는 녹색(인간의 눈은 녹색에 가장 민감하다), 그리고 나머지 하나는 청색에 반응한다. 일부 고품질 영상화 시스템의 경우, 개별 어레이들을 사용하여 각각의 색상을 검출하지만, 단일 어레이와 필터를 사용하는 구조가 더 경제적이다.

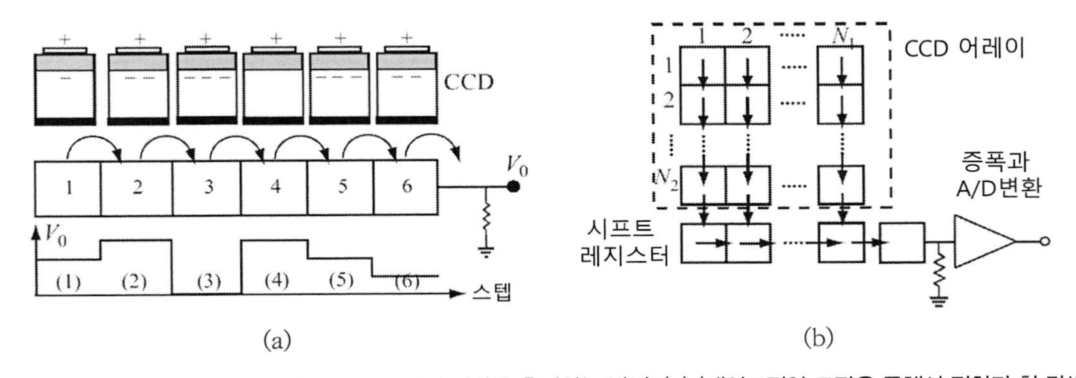

그림 4.21 전하결합소자(CCD) 어레이 내에서 전하를 측정하는 방법. (a) (게이트전압 조작을 통해서 전하가 한 칸씩 옆으로 이동하며, 저항을 통해서 방전된다. (b) $N_1 \times N_2$크기의 영상에 대한 2차원 스캔

영상전송에서 중요한 문제들 중 하나는 전송에 소요되는 시간이다. 전하결합소자의 분해능이 향상됨에 따라 이 문제가 더욱 중요하게 되었다. 또 다른 중요한 문제는 영상전송 과정에서 민감한 배열의 마스킹과 관련되어 있다. 이 문제는 다양한 방식으로 해결할 수 있다. 가장 확실한 방법은 셔터를 사용하는 것이다. 어레이 노출 시에는 셔터를 열고, 영상전송 중에는 셔터를 닫는다. 이 방법을 사용한 경우에 영상품질이 가장 좋지만, 작동이 느리기 때문에 초당 프레임 전송률이 낮다. 또 다른 방법은 프레임 전달방식이다. 이 방식에서는 셔터가 필요 없으며, 두 개의 동일한

전하결합소자들을 인접하여 배치한 후에 한 어레이를 영상에 노출시키는 동안 다른 어레이를 닫고는 영상을 저장하는 방식을 사용한다. 필요한 프레임 속도로 닫혀 있는 어레이의 영상을 전송하며, 다음 영상을 취득하기 전까지의 시간 동안 이 영상정보를 저장용 어레이로 전송한다. 이 방식은 프레임속도가 빠르지만, 영상이 연속적으로 취득되기 때문에, 영상의 번짐이 발생할 우려가 있다. 그리고 이 방법은 두 개의 동일한 전하결합소자들이 사용되기 때문에 비용이 증가한다. 세 번째 방법은 라인 간 전송방법으로서, 두 배의 열들이 사용되는데, 교대로 닫히는 각 열들이 각각 저장장치처럼 사용된다. 이 경우에는 프레임 전달법에 비해서 필요한 픽셀의 숫자가 두 배로 증가하지만, 노출된 열들에서 저장열들로의 영상전송이 훨씬 더 빠르기 때문에 영상번짐이 감소하여 고분해능 영상을 얻을 수 있다. 여기서 가장 큰 문제는 N개의 픽셀들로 이루어진 어레이를 두 개 생산하는 것보다 $2N$개의 픽셀로 이루어진 어레이를 생산하는 비용이 훨씬 더 비싸다는 것이다. 전달방법에 관계없이, 영상은 **그림 4.21**의 방법을 사용하여 생성한다.

전하결합소자는 전자식 카메라와 비디오카메라뿐만 아니라 (직선 어레이를 사용하는) 스캐너의 핵심 소자이다. 전하결합소자를 저온으로 냉각하면 매우 낮은 조도의 영상감지에도 사용할 수 있다. 저온상태에서는 주로 열노이즈가 감소하여 신호 대 노이즈 비율이 개선되기 때문에 민감도가 훨씬 더 높아진다. 이런 경우에는 대부분의 용도에서 전하결합소자를 사용하여 성공적으로 광전자증배관을 대체할 수 있다.

예제 4.9 CCD 영상화에 대한 몇 가지 고려사항들

전하결합소자(CCD)는 여타의 영상화 소자들에 비해서 염가이며, 칩 형태로 생산할 수 있어서 소형화에 이상적이기 때문에, 일반카메라와 비디오카메라에서 매우 일반적으로 사용되고 있다. 분해능은 일반적으로 픽셀수로 정의하며, 좁은 표면적을 유지하면서도 분해능을 크게 높일 수 있기 때문에 소형 렌즈를 최소한으로 움직여 가면서 초점조절과 줌을 구현할 수 있다. 극단적인 경우에는 비교적 넓은 면적 위에 수백만 화소를 집적시킬 수 있다.[27] 그런데, 저가형 카메라조차도 수백만 픽셀의 이미지 센서를 사용하고 있지만, 영상신호의 전송은 결코 단순한 문제가 아니다. 오히려 얼마나 빨리 영상을 기록할 수 있는가가 영상처리의 제한요소로 작용하고 있다.

4:3 포맷으로 12 메가픽셀을 기록하는 디지털 카메라에 대해서 살펴보기로 하자. 이 이미지 센서는 3,000개의 열들과 4,000개의 행들로 이루어진다(개략적인 구조는 **그림 4.21 (b)** 참조). 신호의 전송을 위해서 행마다 3개의 스텝이 필요하므로, 3,000개의 행들을 전송하기 위해서는 9,000 스텝이 필요하다. 각각의 행들에서 4,000개의 레지스터들로 데이터가 전송되고 나면, 한 번에 하나의 셀 신호가 옆으로 전송되면서 한 행의 신호가 만들어진다. 이 작동에도 동일한 시간이 소요된다고 하면, 전하결합소자

(CCD)로부터 영상신호가 전송되기까지에는 $3{,}000 \times 3 \times 4{,}000 = 36 \times 10^6$개의 스텝이 필요하다. 임의로 각 스텝에 $50[ns]$가 필요하다고 가정하면, 영상전송에는 최소 $1.8[s]$가 필요하게 된다.
따라서 이 카메라로는 비디오 영상을 기록할 수 없다는 것을 알 수 있다. 디지털 카메라를 사용하여 동영상을 기록하기 위해서는 비디오 그래픽 어레이(VGA)나 고화질(HD) 포맷과 같이 분해능을 낮춘 포맷을 사용해야만 한다. 예를 들어 VGA 포맷의 경우에는 프레임당 640×480 픽셀만을 기록한다. 이 경우에, 3스텝을 사용하여 데이터를 전송하면, $640 \times 3 \times 480 = 921{,}400$개의 스텝이 필요하다. 앞서와 마찬가지로 각 스텝에 $50[ns]$가 필요하다면, 영상의 전송에는 $46[ms]$가 소요되며, $21[frames/s]$의 영상처리가 가능하여 고품질 동영상을 촬영할 수 있게 된다.
물론, 영상처리 성능을 향상시키기 위해서 많은 방법들이 사용되고 있지만, 이렇게 단순하면서도 실질적인 고려를 통해서 이와 관련된 문제에 대한 식견을 얻을 수 있다. 여기서 주의할 점은 클록속도를 높이는 것은 그리 현실적이지 못하다는 것이다. 주파수가 높아질수록 전력소모가 증가하며, 전지구동방식의 카메라에서는 전력소모를 최소화하여야만 한다.
수백만 메가픽셀의 이미지 센서를 탑재한 카메라나 영상화 시스템들이 출시되고 있다. 이런 시스템에서는 영상의 추출에 많은 시간이 소요된다. 하지만 영상품질이나 분해능은 압도적이다.

4.8 열기반 광학센서들

복사광선의 열효과 즉, 복사광선을 열로 변환시키는 효율은 저주파(장파장)에서 가장 높다. 따라서 스펙트럼의 적외선대역에서 가장 유용하다. 실제로 측정되는 것은 온도와 관련된 복사광선이다. 이 원리를 기반으로 하는 센서들은 관습적인 명칭이나 기술적인 명칭과 같은 서로 다른 이름들을 사용한다. 초기의 센서들은 초전[28]센서로 알려져 있다. 볼로미터[29]도 다양한 형태로 만들어진 열복사 센서로서, 이들 모두는 흡수요소와 온도센서가 일체화되어있거나 결합되어 있는 형태이다. 이들 중 일부는 본질적으로는 서미스터로서, 마이크로파와 밀리미터파의 측정을 포함하여 모든 대역의 복사광선에 사용할 수 있다. 볼로미터의 기원은 1878년으로 거슬러 올라가며, 원래는 우주에서 저준위 복사광선을 측정할 목적으로 사용되었다. 수동적외선(PIR)이나 능동원적외선(AFIR)과 같은 명칭들이 더 기술적일뿐만 아니라 넓은 의미를 가지고 있으며, 여기에는 많은 유형의 센서들이 포함된다.

27) 삼성전자는 2020년 2억 화소 이미지센서를 개발하였으며, 2021년 현재 6억 화소를 개발 중이다. 역자 주.
28) pyroelectric: 그리스어 $\pi y \rho$는 불이라는 뜻이다.
29) bolometer: 그리스어 $bol\acute{e}$는 광선이라는 뜻이다.

실제로, 복사광선을 열로 변환시킬 수 있는 메커니즘을 찾을 수 있다면, 복사광선의 측정에 거의 모든 온도센서들을 사용할 수 있다. 온도측정과 관련된 대부분의 방법들을 3장에서 살펴보았으므로, 여기서는 복사광선을 측정할 수 있는 특정한 형태와, 다양한 열복사 센서들과 연계하여 사용하는 온도센서들에 국한하여 살펴볼 예정이다.

일반적으로, 열복사 센서들은 (볼로미터를 포함한) 수동적외선 센서와 능동원적외선 센서의 두 가지 유형으로 구분할 수 있다. 수동센서의 경우, 복사광선을 흡수하여 열로 변환시키며, 측정요소가 상승한 온도를 측정하여 복사전력으로 변환시킨다. 능동센서의 경우에는 전원에 의해서 소자가 가열되며, 복사광선에 의한 전력의 변화(즉, 소자의 온도를 일정하게 유지하기 위해서 필요한 전류)에 기초하여 복사광선을 검출한다.

4.8.1 수동적외선 센서

수동적외선 센서는 복사광선을 열로 변환시켜주는 흡수부와 열에 의한 온도상승을 전기신호로 변환시켜주는 온도센서부의 두 가지 구성요소들로 이루어진다. 여기서는 열전달이나 열용량에 대한 논의(3장에서 간략하게 설명되어 있다)는 생략한다. 센서의 흡수부는 센서 표면으로 조사되는 복사광선으로부터 가능한 한 많은 전력을 흡수할 수 있어야만 하며, 복사되는 전력밀도의 변화에 빠르게 반응할 수 있어야만 한다. 전형적으로 흡수부는 열전도도가 좋은 금속(고품질 센서의 경우에는 금으로 만든다)으로 제작하며, 흡수율을 증가시키기 위해서 검은 색으로 착색한다. 복사광선의 변화에 대한 응답성능(빠른 가열과 냉각)을 향상시키기 위해서 흡수부의 체적은 최소화하며, 이를 통해서 원하는 응답성능을 구현할 수 있다. 공기유동에 의한 냉각효과로 인해 측정신호가 변하는 것을 막기 위해서 흡수부와 센서를 기체가 충진되거나 진공상태인 밀폐챔버 속에 설치하거나 또는 패키지 형태로 밀봉한다. 흡수부의 앞에 설치하는 시창소재로는 (적외선에 대해서) 투명한 실리콘이 주로 사용되지만, 여타의 소재들(게르마늄, 셀렌화아연 등)도 사용할 수 있다. 센서의 소재와 구조는 주로 민감도, 스펙트럼 응답 그리고 소자의 물리적인 구조 등에 따라서 결정된다.

4.8.1.1 열전퇴 수동 적외선 센서

이런 유형의 소자에서는 측정소자로 **열전퇴**가 사용된다. 열전퇴는 다수의 열전대들이 전기적으로는 직렬로 연결되어 있으며, 열역학적으로는 병렬구조를 가지고 있다(즉, 동일한 열조건에 노출된다). 열전효과에 기초하여, 서로 다른 소재로 만들어진 열전대 접점의 양단에서는 작은 전위차이가 발생한다. 열전대에는 임의의 두 가지 소재를 사용할 수 있지만, 특정 소재조합이 더 큰 전위차이를 나타낸다(3.3절 참조). 열전대는 온도차이만을 측정할 수 있기 때문에 **그림 4.22**에 도시되어 있는 것처럼, 접점들을 교대로 배치하여 열전퇴를 만든다. 냉접점은 이미 알고 있는 (기준) 저온을 유지하며, 열접점은 측정온도에 노출된다. 실제의 구조에서는 냉접점들을 열용량과 크기가 큰 프레임에 배치하여 온도가 비교적 느리게 변하도록 만들며 열접점은 열용량과 크기가 작은 흡수부와 접촉시켜 놓는다(그림 4.22). 또한, 프레임을 냉각하거나 프레임에 장착된 기준센서를 사용하여 온도차이를 측정한 다음에, 이를 센서의 복사전력밀도로 변환시킨다.

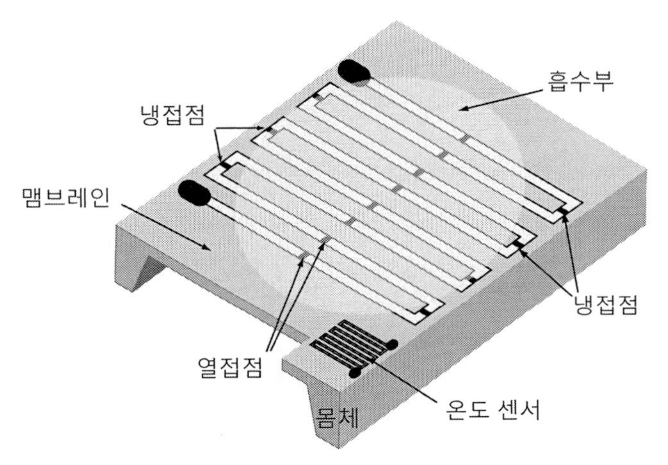

그림 4.22 (적외선 흡수재 하부에 설치되어) 온도를 검출하기 위해서 열전퇴를 사용하는 수동 적외선 센서의 구조. 온도 센서는 냉접점들의 온도를 측정한다.

비록 모든 종류의 소재쌍들을 사용할 수 있지만, 수동 적외선 센서에서는 실리콘 결정이나 다정질 실리콘과 알루미늄을 사용한다. 실리콘은 열전계수가 매우 크며 센서의 여타 구성요소들과 모재를 공유할 수 있다. 반면에 알루미늄은 온도계수가 작으며 실리콘 표면에 쉽게 증착할 수 있다. 이외에도 비스무스와 안티몬 조합을 사용할 수 있다(과거에 주로 사용되었다). 열전대에서는 실리콘과 알루미늄의 제벡계수값 차이가 출력된다(3.3절 참조).

수동 적외선 센서들은 주로 근적외선 복사의 검출에 주로 사용된다. 하지만 센서소자를 냉각하면 원적외선을 검출에도 사용할 수 있다. 수동 적외선 센서의 가장 일반적인 적용처는 운동의 감지이다(운동에 따른 온도의 변화를 검출). 그런데 이 용도에서는 다음 절에서 소개할 초전센서가 수동 적외선 센서에 비해서 단순하고 염가이기 때문에 더 자주 사용된다.

예제 4.10 적외선 검출을 위한 열전퇴 센서

산불방지를 위해서 숲속의 열점을 검출하는 수단으로 적외선 센서가 사용된다. 이 센서는 그림 4.22의 구조를 가지고 있으며, 실리콘–알루미늄 접점(표 3.3과 표 3.9 참조) 64쌍이 배치되어 있다. 이 실리콘–알루미늄 열전대의 민감도 $S=446[\mu V/°C]$이다. 흡수부는 $10[\mu m]$ 두께와 $2[cm^2]$ 면적의 금 박판으로 제작하였으며 흡수율을 증가시키기 위해서 검은 색으로 코팅하였다. 금의 밀도 $\rho=19.25[g/cm^3]$이며, 비열 $C_s=0.129[J/g/°C]$이다(즉, 흡수부의 온도를 $1[°C]$ 올리기 위해서는 $0.129[J/g]$의 열을 흡수해야 한다). 흡수부의 성능이 이상적이지 못하여 입사광선의 $85[\%]$만을 흡수한다(입사된 열의 $85[\%]$만을 흡수한다). 따라서 효율 $e=0.85$이다. 센서 시창의 면적 $A=2[cm^2]$이며 센서가 열평형에 이르는 데에는 (주어진 복사전력밀도하에서 흡수부의 온도가 일정한 값으로 안정화되기 위해서 소요되는 시간) $t=200[ms]$가 소요된다고 가정한다. 이 온도는 흡수된 열과 손실된 열에 의해서 결정된다. 센서가 열접점과 냉접점 사이에 존재하는 $0.1[°C]$의 온도차이를 신뢰성 있게 측정할 수 있다고 가정하자. 이 센서의 입력이 적외선 복사광선의 전력밀도라 할 때에 이 센서의 민감도를 계산하시오.

풀이

입력은 ($[W/m^2]$나 $[lux]$로 측정된) 전력밀도이며, 가열(에너지)에 의해서 온도가 상승한다. 그러므로 열용량은 전력밀도와 시간의 곱이다. 주어진 전력밀도 $P_{in}[W/m^2]$에 대해서 센서로 입력되는 전력은 전력밀도와 흡수부 면적을 곱해서 구할 수 있다. $85[\%]$의 효율을 고려하면 $200[ms]$ 이후에 흡수된 열은 다음과 같다.

$$w=P_{in}tAe=P_{in}\times 0.2\times 2\times 10^{-4}\times 0.85=3.4\times 10^{-5}P_{in}[J]$$

열에 의한 흡수부의 온도상승을 계산하기 위해서는 박판의 열용량 C로 이를 나누어야 한다. 열용량은 흡수부 소재의 비열과 질량을 곱하여 구할 수 있다. 흡수부 소재의 질량은 다음과 같이 구해진다.

$$m=10\times 10^{-6}\times 2\times 10^{-4}\times 19.25=3.85\times 10^{-5}[g]$$

그러므로 흡수부의 열용량은

$$C_a=C_sm=0.129\times 3.85\times 10^{-5}=4.96665\times 10^{-6}[J/K]$$

흡수된 열을 C_a로 나누면 흡수부의 온도상승을 구할 수 있다.

$$T=\frac{w}{C_a}=\frac{P_{in}tAe}{C_a}=\frac{3.4\times 10^{-5}}{4.96665\times 10^{-6}}P_{in}=6.846P_{in}[K]$$

측정 가능한 최소한의 온도변화가 $0.1[°C]$이므로, 이 온도를 상승시키기 위해서 필요한 전력밀도(P_{in})는 다음과 같다.

$$P_{in} = \frac{0.1}{6.846} = 1.46 \times 10^{-2}[W/m^2]$$

즉, $14.6[m\,W/m^2]$이다.

민감도는 (전달함수가 선형인 경우에)출력을 입력으로 나눈 값으로 정의된다. 지금 우리는 입력 전력밀도를 구하였다. 이제, $0.1[°C]$의 온도차이를 가지고 있는 열전대의 출력전압을 계산해야 한다. 여기서는 민감도가 $446[\mu V/°C]$인 접점들 64쌍으로 이루어진 열전퇴를 사용하고 있다. $0.1[°C]$의 온도차이에 대한 열전퇴의 출력전압은 다음과 같이 계산된다.

$$V_{out} = 446 \times 64 \times 0.1 = 2{,}854.4[\mu V]$$

따라서 센서의 민감도는 다음과 같다.

$$s = \frac{V_{out}}{P_{in}} = \frac{2{,}854.4}{1.46 \times 10^{-2}} = 1.955 \times 10^5[\mu V/(W/m^2)]$$

이를 해석해보면, 조사되는 빛의 전력밀도가 $10^{-5}[W/m^2]$인 경우에, 센서는 $1.955[\mu V]$의 전압을 출력한다는 뜻이다. 이정도의 민감도면 천체망원경에서 민감도가 높은 운동감지용 센서에 이르는 대부분의 저전력 센서에 적합하다.

4.8.1.2 초전센서

초전효과[30]는 결정체를 통과하여 열이 흐를 때에 전기전하가 생성되는 현상이다. 온도변화에 비례하여 전하가 생성되므로, 이 효과는 온도측정보다는 열유동 측정에 적합하다. 그런데, 이 절에서 우리의 관심사는 복사광선의 검출이므로, 복사광선 조사량의 변화 검출에 초전센서를 사용하는 방안에 집중하여 살펴보기로 하자. 이 센서는 배경온도가 중요하지 않은 운동감지의 목적(따뜻한 물체의 운동만을 감지할 수 있다)에 적합하다. 초전현상은 공식적으로는 1824년에 데이비드 브루스터에 의해서 명명되었다. 하지만 전기석 결정체의 존재는 1717년 루이스 레므리에 의해서 소개되었다. 흥미롭게도, 기원전 314년에 테오프라스토스는 전기석이 가열되면 밀짚과 재를 끌어당기는 현상을 기술하였다. 이 견인력은 열에 의해서 전기석 내부에 전하가 생성되었기 때문이다. 19세기 말에는 로셸염(타르타르산칼륨나트륨[$KHC_4H_4O_6$])을 사용하여 초전센서가 제작되었다. 현재는 티탄산바륨($BaTiO_3$), 티탄산납($PbTiO_3$), 지르콘산티탄산납(PZTL: $PbZrO_3$), 불화폴리비닐(PVF) 그리고 불화폴리비닐리덴(PVDF) 등과 같은 다양한 소재들이 이런 용도로 사용되고 있

30) pyroelectric effect

다. 초전성 물질이 ΔT의 온도변화에 노출되면, 다음과 같이 전하 ΔQ가 생성된다.

$$\Delta Q = P_Q A \Delta T \ [C] \tag{4.25}$$

여기서 A는 센서의 면적이며, P_Q는 초전 전하계수로 다음과 같이 정의된다.

$$P_Q = \frac{dP_s}{dT} \ [C/(m^2 \cdot K)] \tag{4.26}$$

여기서 $P_s [C/m^2]$는 소재의 자연발생분극량이다. 자연발생분극은 소재의 유전율과 관련된 성질이다.

센서 양단에 형성되는 전위의 변화 ΔV는 다음과 같이 주어진다.

$$\Delta V = P_V h \Delta T \ [V] \tag{4.27}$$

여기서 h는 결정체의 두께이며, P_V는 초전 전압계수이다.

$$P_V = \frac{dE}{dT} \ [V/(m^2 \cdot K)] \tag{4.28}$$

여기서 E는 센서 양단에 부가된 전기장이다. 이들 두 계수(전압 및 전하계수, 표 4.4 참조)들은 소재의 유전율을 통해서 서로 연관된다.

$$\frac{P_Q}{P_V} = \frac{dP_s}{dE} = \varepsilon_0 \varepsilon_r \ [F/m] \tag{4.29}$$

정의에 따르면, 센서의 정전용량은 다음과 같이 주어진다.

$$C = \frac{\Delta Q}{\Delta V} = \varepsilon_0 \varepsilon_r \frac{A}{h} \ [F] \tag{4.30}$$

따라서 센서 양단에서의 전압변화를 다음과 같이 나타낼 수 있다.

$$\Delta V = P_Q \frac{h}{\varepsilon_0 \varepsilon_r} \Delta T \ [V] \tag{4.31}$$

이 전압변화는 온도변화에 선형적으로 비례한다는 것을 확인할 수 있다. 여기서 우리의 주 관심사는 온도변화의 측정이 아니라 온도변화를 유발하는 복사광선의 변화를 측정하는 것이다. 또한, 모든 센서들은 큐리온도 아래에서 작동해야만 한다(큐리온도에 도달하면 분극이 없어진다). 표 4.4에서는 초전센서에 일반적으로 사용되는 다양한 소재들의 물성값들을 보여주고 있다.

표 4.4 초전소재들의 특성

소재	$P_Q[C/(m^2 \cdot K)]$	$P_Q[V/(m \cdot K)]$	ε_r	큐리온도[°C]
TGS(단결정)	3.5×10^{-4}	1.3×10^{6}	30	49
$LiTaO_3$(단결정)	2.0×10^{-4}	0.5×10^{6}	45	618
$BaTiO_3$(세라믹)	4.0×10^{-4}	0.05×10^{6}	1,000	120
PZT(세라믹)	4.2×10^{-4}	0.03×10^{6}	1,600	340
PVDF(폴리머)	0.4×10^{-4}	0.4×10^{6}	12	205
$PbTiO_3$(다정질)	2.3×10^{-4}	0.13×10^{6}	200	470

TGS: 황산트리글리신

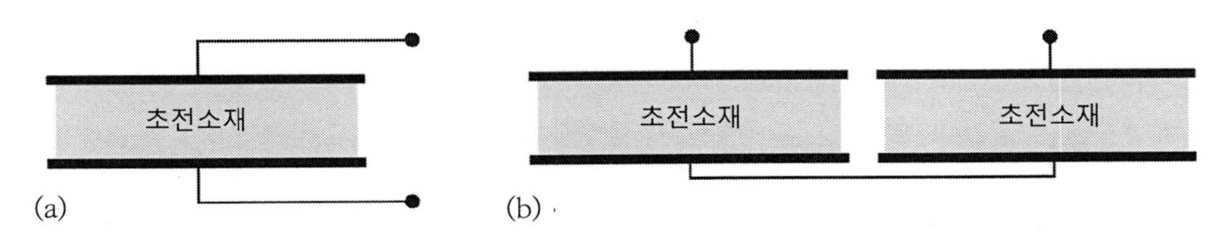

그림 4.23 초전센서의 기본구조. (a) 단일요소. (b) 직렬로 연결되어 차동모드로 작동하는 이중요소 구조

초전센서의 구조는 매우 단순하다. 초전센서는 그림 4.23 (a)에 도시되어 있는 것처럼, 두 전극 사이에 얇은 초전소재 결정체를 삽입한 구조를 가지고 있다. 일부의 센서들은 그림 4.23 (b)에서와 같이 이중구조를 사용하고 있다. 여기서 두 번째 소자는 복사광선을 차단하여 기준으로 사용한다. 이런 구조는 온도변동이나 빠른 온도변화와 같은 위신호를 유발할 수 있는 공통모드 효과를 보상하기 위해서 사용된다. 그림 4.23 (b)에서는 두 요소들이 직렬로 연결되어 있지만, 이들을 병렬로 연결하여 사용할 수도 있다.

초전센서로 사용되는 가장 일반적인 물질은 황산트리글리신(TGS)과 리튬 탄탈라이트 결정이지만, 세라믹 소재들과 더 최근 들어서는 폴리머 소재들도 일반적으로 사용되고 있다.

인간(또는 동물)의 움직임을 감지하려는 경우, ($4 \sim 20[\mu m]$ 대역의) 적외선복사 온도의 변화는 센서 양단의 전압변화를 유발하며, 이를 스위치 구동이나 여타의 표시기 구동에 사용할 수 있다.

전극에 충전된 전하가 확산되는 감쇄시간은 모든 초전센서들의 중요한 성질이다. 소재의 저항이 매우 크기 때문에 감쇄시간은 $1 \sim 2[s]$가 소요되며, 소자의 외부 연결상태에 의해서도 영향을 받는다. 이 응답시간은 느린 운동을 검출하는 센서의 능력에 매우 중요한 영향을 끼친다.

그림 4.24에서는 운동감지를 위한 이중 적외선센서의 외관을 보여주고 있다. 이 소자는 차동증폭기를 내장하고, $3 \sim 10[V]$의 전압으로 작동하며, 수평방향으로 $138°$와 수직방향으로 $125°$의 관측시야를 가지고 있다. 이 소자의 광학검출대역(민감도대역)은 $7 \sim 14[\mu m]$(근적외선 대역)이다.

그림 4.24 이중구조를 가지고 있는 수동적외선 운동감지센서. 금속패키지와 $4 \times 3[mm^2]$ 크기의 시창을 갖추고 있다.

예제 4.11 운동감지센서

사람이 들어오면 실내 전등을 켜기 위해서 PZT 세라믹 기반의 운동감지센서가 사용된다. 이 센서에서 두 개의 도전성 판들 사이에 삽입한 PZT 칩(폭 $8[mm]$, 길이 $10[mm]$, 두께 $0.1[mm]$)이 커패시터를 형성한다. 도전판들 중 하나는 운동에 노출되어 있으며, 다른 판은 센서 몸체에 연결되어 온도가 유지된다. 사람이 방 안으로 들어오면, 사람의 체온에 의해서 복사된 적외선이 노출된 전극판의 온도를 일시적으로 $0.01[°C]$만큼 상승시킨다. 이 온도는 결국 두 도전판 모두로 확산되어 동일한 온도에 도달하게 된다. 이런 이유 때문에, 이 센서는 운동을 감지할 수는 있지만 존재를 감지할 수는 없다. 온도상승에 의해서 도전판에 생성된 전하와 센서 양단의 전위차를 계산하시오.

풀이

식 (4.25)를 사용하여 온도상승에 의해서 생성된 전하를 계산할 수 있으며, 식 (4.31)을 사용하여 전위차를 계산할 수 있다. 일단 식 (4.31)을 사용하여 전압변화를 계산한 다음에 전하와 정전용량 사이의 관계식인 (4.30)을 사용하여 전하량 변화를 계산하여야 한다.
도전판 양단의 전압변화는 다음과 같이 계산된다.

$$\Delta V = P_Q \frac{h}{\varepsilon_0 \varepsilon_r} \Delta T = 4.2 \times 10^{-4} \times \frac{0.1 \times 10^{-3}}{1,600 \times 8.854 \times 10^{-12}} \times 0.01$$
$$= 0.0296 [V]$$

이는 작은 전압이다. 하지만 기준전압(즉, 운동이 없는 경우의 전압)이 0이므로, 출력전압이 작더라도 이를 측정할 수 있다.
온도변화에 의해서 생성된 전하는 정전용량에 의존한다.

$$C = \frac{\varepsilon_0 \varepsilon_r A}{h} = \frac{1,600 \times 8.854 \times 10^{-12} \times 0.008 \times 0.01}{0.1 \times 10^{-3}} = 1.1333 \times 10^{-8} [F]$$

생성된 전하는

$$\Delta Q = C \Delta V = 1.1333 \times 10^{-8} \times 0.0296 = 3.355 \times 10^{-10} [C]$$

사용 가능한 출력(릴레이나 전기 스위치를 켜기 위한 출력)을 송출하기 위해서는 출력신호를 증폭해야만 한다. 예를 들어, 5[V]의 출력이 필요하다면, 전압을 약 170배 증폭해야만 한다. 이 주제에 대해서는 11장의 전하증폭기에서 살펴볼 예정이다. 전압증폭 대신에 전하증폭을 수행하는 이유는 초전센서의 임피던스가 매우 높은 반면에 일반적인 전압증폭기의 입력 임피던스는 이보다 훨씬 더 낮기 때문이다. 따라서 입력 임피던스가 매우 높은 전하증폭기가 이런 목적에 더 적합하다.

4.8.1.3 볼로미터

볼로미터는 매우 단순한 복사전력 센서로서, 전자기 복사의 모든 스펙트럼에 대해서 유용하지만, 마이크로파와 원적외선 대역에서 주로 사용된다. 볼로미터로는 모든 유형의 온도측정용 소자를 사용할 수 있지만, 일반적으로 소형의 저항형 온도검출기나 서미스터가 사용된다. 센서소자가 복사광을 직접 흡수하면 온도변화가 일어난다. 이 온도상승은 측정위치에서의 복사전력밀도에 비례한다. 이 온도변화로 인하여 센서소자의 저항값이 변하며, 이는 측정위치에서의 전력 또는 전력밀도와 관계되어 있다. 비록 매우 다양한 요소들을 사용하고 있지만, 본질적으로 동일한 작동원리를 사용한다. 그런데 복사광선에 의한 온도상승을 측정하기 때문에, 배경(즉, 공기)온도를 고려해야만 한다. 이를 위해서 별도의 온도센서를 사용하거나 빛이 차폐된 또 하나의 볼로미터를 사용한다(마이크로파 측정 시에는 금속 캔을 사용한다). 복사광선에 대한 볼로미터의 민감도는 다음과 같이 나타낼 수 있다.

$$\beta = \frac{\alpha \varepsilon_s}{2} \sqrt{\frac{Z_T R_0 \Delta T}{(1+\alpha_0 \Delta T)[1+(\omega\tau)^2]}} \tag{4.32}$$

여기서 $\alpha = (dR/dT)/R$는 볼로미터의 저항온도계수(TCR), ε_s는 표면방사율, Z_T는 볼로미터의 열저항, R_0는 배경온도에서 볼로미터의 저항값, ω는 주파수, τ는 열시상수 그리고 ΔT는 온도상승량이다. 이상적인 볼로미터는 배경온도에서 저항값이 크며, 열저항이 크다. 반면에 물리적인 크기는 작아야만 하는데, 이로 인하여 열저항이 감소하게 된다.

볼로미터에는 매우 작은 크기의 서미스터나 저항형 온도검출기가 사용되며, 개별 소자나 여러 개의 소자들이 집적된 형태로 제작된다. 어떤 경우라도, 측정용 소자를 지지구조와 절연해서 열임피던스를 높게 유지시켜야만 한다. 이를 위해서 센서 연결도선만을 사용하여 센서를 지지하는 단순 지지구조를 사용하거나 실리콘 틈새 위에 센서를 지지시켜서 열전달을 절연한다.

식 (4.32)는 측정에 개입하는 모든 인자들을 고려하고 있기 때문에, 비교적 복잡하다. 하지만 실제의 해석과정에서는 비록, **예제 4.11**에서와 같이 흡수된 에너지와 이 에너지에 의한 온도상승을 계산해야 하지만 많은 경우 이보다 더 단순하다. 1878년에 새뮤얼 랭글리가 발명한 최초의 볼로미터는 열 흡수를 증가시키기 위해서 표면에 카본블랙이 코팅되어 있는 두 장의 얇은 백금박판(나중에 철판으로 대체되었다)으로 제작되었다. 여기서 한 장의 박판은 복사광선에 노출시켜 놓았으며, 다른 한 장은 빛을 차폐시켜 놓았다. 열흡수에 의한 저항값 변화를 측정하여 10^{-5}[°C]의 민감도를 얻었다. 랭글리는 우주 전자기복사를 측정하기 위해서 이 볼로미터를 사용하였다. 이와 마찬가지로, 흡수층이 코팅되어 있는 작은 서미스터도 상당히 민감한 볼로미터로 사용할 수 있다. 적외선 카메라에서는 마이크로볼로미터와 볼로미터 어레이가 사용된다.

볼로미터는 복사전력의 측정에 사용되는 가장 오래된 소자이며, 안테나 복사패턴의 매핑, 적외선 복사 측정, 마이크로파 장치의 시험 등과 같은 다양한 용도에서 마이크로파 대역의 측정에 사용되어 왔다.

4.9 능동원적외선 센서

가장 단순한 형태의 **능동원적외선 센서**(AFIR)는 전원을 사용하여 측정소자를 대기온도보다 높은 온도로 가열하며, 이 온도를 일정하게 유지시키는 장치이다. 이를 복사광선의 측정에 사용하는 경우, 이 복사광선에 의해서 센서에 추가적인 열이 유입된다. 센서의 온도를 일정하게 유지하기 위해서는 센서로 공급되는 전력을 줄여야 하며, 이 전력차이를 측정하여 복사광선 유입량을 측정할 수 있다. 하지만 실제로 일어나는 과정은 이보다 훨씬 더 복잡하다. 센서를 가열하여 온도를 T_s로 유지시키기 위해서 전기회로를 통해서 센서에 공급되는 전력은 다음과 같다.

$$P = P_L + \Phi \ [W] \tag{4.33}$$

여기서 $P = V^2/R$은 저항형 히터에 공급되는 열(V는 가열요소 양단에 부가되는 전압이며, R은 가열요소의 저항이다)이며, Φ는 측정할 복사전력이다. P_L은 전력손실로서, 대부분의 경우 센서 몸체를 통해서 전도되어 빠져나간다.

$$P_L = \alpha_s (T_s - T_a) \ [W] \tag{4.34}$$

여기서 α_s는 (소재와 구조에 의존적인) 손실계수 또는 열전도도, T_s는 센서의 온도 그리고 T_a는 대기온도이다. 공급되는 전력이 $P = V^2/R$이며, 센서의 표면적은 A, 총방사율 ε, 전기전도도는 σ라고 한다면 측정된 온도 T_m은 다음과 같이 주어진다.

$$T_m = \sqrt[4]{T_s^4 - \frac{1}{A\sigma\varepsilon}\left[\frac{V^2}{R} - \alpha_s (T_s - T_a)\right]} \ [°C] \tag{4.35}$$

가열요소 양단에서의 전압을 측정하면 복사전력을 즉시 구할 수 있다. 만일 T_s와 T_a가 [°C]단위를 사용하는 경우라면, T_m도 [°C]단위를 사용한다. 하지만 이 온도들 모두를 $[K]$단위로 사용하여도 무방하다.

비록 능동적외선 소자들이 볼로미터를 포함한 단순 수동적외선 소자들에 비해서 훨씬 더 복잡하지만, 이들의 민감도가 훨씬 더 높으며, 특히, 대기온도가 낮은 경우에는 여타의 적외선 센서들이 구현할 수 없는 열노이즈에 대한 높은 임피던스를 가지고 있다. 따라서 능동적외선 소자들은 수동적외선을 사용할 수 없는 저대비복사광[31]의 측정에 사용된다.

4.10 광학식 작동기

작동기는 어떤 유형의 운동을 수행하는 장치라고 생각하기 때문에, 지금까지의 광학식 센서에 대한 논의에 따르면, 이를 광학식 작동기에 적용할 수 있을지가 불분명하다. 그런데 작동기에 대한 우리의 정의에 따르면, 다양한 **광학식 작동기**들이 있으며, 아주 일반적으로 사용되고 있다. 눈수술, 소재가공, 또는 자기광학 하드드라이브 표면에 데이터를 기록하기 위해서 레이저빔을 사용한다. 이외에도 광섬유를 통한 데이터 전송, 적외선 리모컨을 사용한 명령의 전송, CD 에서 데이터를 읽어들이기 위해서 사용하는 LED 나 레이저 조명, 슈퍼마켓에서 사용하는 바코드 스캐너, 또는 실내조명 점등과 같은 다양한 사례들이 있다. 10장에서는 광학식 스위칭에 대한 다양한 사례들을 살펴볼 예정이다.

광학식 작동기의 출력범위는 저출력에서부터 고출력에 이르기까지 광범위하다. 광섬유통신이나 (12장에서 논의할 예정인) 광절연체와 같은 광학식 링크에서 전송요소(작동기)는 가시광선이나 적외선 대역의 저전력 LED 이다(그림 4.25). 이 LED 에 의해서 송출되는 전력은 수$[mW]$에 불과하다. 반면에 (CO_2 가스를 여기 시켜서 $10[\mu m]$ 내외의 적외선대역 광선을 송출하는)이산화탄소(CO_2) 레이저와 같은 산업용 레이저는 수백$[kW]$의 전력을 송출할 수 있으며, 가공, 표면처리 및 용접과 같은 다양한 산업용 가공에 사용된다. 다양한 레이저들 중에서 중간출력(수~수백$[W]$)의 CO_2 레이저는 수술, 피부절제 및 봉합과 같은 의료용으로 사용된다. 여타의 용도에는 특히 군사목적의 거리측정과 속도검출 및 측정 등이 있다. 전자부품의 생산, 소자의 트리밍, 그리고 CD-ROM 의 데이터기록 등에도 레이저 작동기가 사용된다. 특히 CD-ROM 에서는 실제로 데이터를 나타내는 패턴을 표면에 새겨 넣는다.

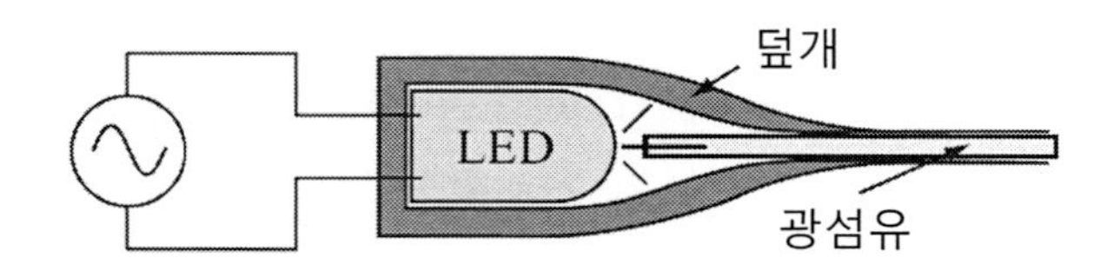

그림 4.25 광학식 링크. LED 광선의 점멸을 사용하여 광섬유 속으로 데이터를 전송한다.

---

31) low contrast radiation

지금부터 설명할 광학식 작동기의 좋은 사례는 고밀도 데이터 기록에 사용되는 **자기광학** 데이터 기록방식이다. **그림 4.26**에서 개략적으로 도시되어 있는 작동원리는 기본적으로 두 가지 원리에 기초하고 있다. 우선, 작은 점에 초점이 맞춰져 있는 레이저빔이 디스크 표면을 수 $[ns]$ 이내에 고온으로 가열한다. 다음으로, 철이나 철산화물과 같은 강자성체(주로 Fe_2O_3)로 이루어진 기록용 매질을 **큐리온도**라고 부르는 특정온도(약 $650[°C]$) 이상으로 가열하면, 소재는 자성을 잃어버린다. 소재가 다시 냉각되는 과정 동안 기록용 헤드에서 자기장을 부가하면 소재는 부가된 자기장의 방향으로 자화된다. 특정 위치에 데이터를 기록하기 위해서는 레이저를 켜서 해당 위치를 큐리온도 이상으로 가열하며, 자기기록용 헤드는 기록할 데이터를 저강도 자기장 형태로 해당 위치에 투사한다. 자기장이 부가된 상태에서 레이저를 끄면, 해당 위치는 큐리온도 아래로 냉각되면서 데이터를 영구적으로 보관하게 된다. 데이터를 지우기 위해서는 자기장을 부가하지 않은 상태에서 해당 위치를 가열했다가 다시 냉각한다. 데이터 판독에는 자기헤드만을 사용한다. 이 방법의 장점은 훨씬 더 큰 자기장을 사용하기 때문에 더 넓은 면적이 영향을 받아서 데이터 밀도가 낮은 순수한 자기기록 방식보다 데이터 밀도를 훨씬 더 높일 수 있다는 것이다.

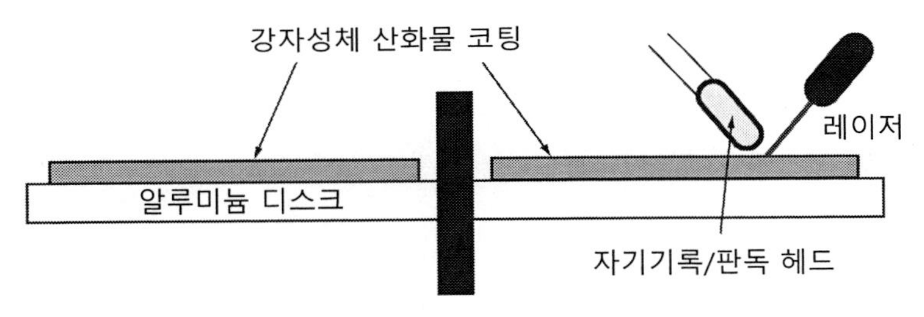

그림 4.26 자기광학 기록장치. 레이저빔은 기록용 매질을 큐리온도 이상으로 가열하며, 자기기록용 헤드는 데이터기록을 위해서 필요한 자기장을 부가한다.

4.11 문제

광학단위

4.1 **광학량.** (공간 내의 모든 방향으로 균일하게 빛을 방출하는) 등방성광원이 $10[m]$의 거리에서 $0.1[cd/m^2]$의 휘도를 생성한다. 광원의 출력은 얼마이겠는가?

4.2 **광학 민감도.** 비디오카메라와 같은 많은 광학기기에서는 저조도 민감도를 나타내기 위해서

$[lux]$단위로 표기된 민감도 값을 사용하여 등급을 매긴다. 어떤 광학기기가 "민감도 $0.01\,[lux]$"와 같은 사양을 가지고 있을 때에 이 기기의 민감도를 전력밀도의 항으로 변환하시오.

4.3 **전자볼트$[e\,V]$와 줄$[J]$.** 플랑크상수는 $6.6261 \times 10^{-34}\,[J{\cdot}s]$ 또는 $4.1357 \times 10^{-15}\,[e\,V]$이다. 두 값들이 단위만 다를 뿐 동일하다는 것을 증명하시오.

광전효과

4.4 **광자 에너지와 전자의 운동에너지.** 자외선을 검출하기 위해서 광전소자의 음극을 백금으로 제작하였다. $1\,[pm]$~$400\,[nm]$ 대역의 자외선에 의해서 방출되는 전자들이 가지고 있는 운동에너지의 범위를 계산하시오. 단 하나의 광자가 하나의 전자를 방출한다고 가정한다.

4.5 **일함수와 광전효과.** 구리소재의 일함수는 $4.46\,[e\,V]$이다.

(a) 구리에서 전자를 방출시키기 위해서 필요한 광자의 최저주파수를 계산하시오.

(b) 광자의 파장길이는 얼마이며, 어떤 대역의 광학복사가 이를 발생시키는가?

4.6 **광전센서 내의 전자밀도.** 광전센서의 음극은 반경 $a = 2\,[cm]$인 디스크 형태로서, 일함수가 $e_0 = 1.2\,[e\,V]$이며 양자효율은 $15\,[\%]$인 알칼리 화합물로 코팅되어 있다. 이 센서를 전력밀도가 $1{,}200\,[W/m^2]$이고 전력이 적색($700\,[nm]$)에서 보라색($400\,[nm]$)에 이르는 스펙트럼대역에 균일 분포되어 있을 때에, 초당 방출되는 전자의 평균 숫자를 계산하시오.

4.7 **광전센서의 일함수, 운동에너지, 그리고 전류.** 음극소재를 알 수 없는 광전센서를 실험적으로 평가하려고 한다. 조사되는 빛의 파장을 변화시켜 가면서 센서전류(그림 4.17)를 측정하였다. $1{,}150\,[nm]$의 적외선에서부터 전자의 방출이 관찰되었다. 조사광선의 전력밀도는 $50\,[\mu W/cm^2]$로 일정하게 유지하였다.

(a) 음극의 일함수를 구하시오.

(b) 만일 $480\,[nm]$ 파장의 청색 광선을 동일한 전력밀도로 광전센서에 조사한다면 방출된 전자의 운동에너지는 얼마이겠는가?

(c) 하나의 광자에서 하나의 전자가 방출된다고 가정할 때에, 음극 면적이 $2.5[cm^2]$라면, 센서전류는 얼마이겠는가?

광도전효과와 광도전센서

4.8 **밴드갭 에너지와 스펙트럼응답**. 반도체 광학센서를 근적외선 센서로 사용하기 위해서는 $1,400[nm]$ 파장까지 응답이 낮아져야만 한다. 이런 목적에 사용할 수 있는 반도체의 밴드갭 에너지 범위는 얼마여야 하는가?

4.9 **게르마늄, 실리콘과 갈륨비소 광도전센서**. $298[K]$에서 게르마늄, 실리콘 그리고 갈륨비소의 진성농도와 이동도가 다음과 같이 주어져 있다.

	게르마늄(Ge)	실리콘(Si)	갈륨비소(GaAs)
진성농도 $n_i[1/cm^3]$	2.4×10^{13}	1.45×10^{10}	1.79×10^{6}
전자 이동도 $\mu_e[cm^2/(V{\cdot}s)]$	3,900	1,500	8,500
정공 이동도 $\mu_p[cm^2/(V{\cdot}s)]$	1,900	450	400

광도전체로 사용하기 위해서 이들 세 가지 소재를 사용하여 길이 $2[mm]$, 폭 $0.2[mm]$, 그리고 두께 $0.1[mm]$의 사각형으로 제작한 동일한 크기의 센서의 암전류를 서로 비교하시오. 여기서 계산된 저항값은 센서의 공칭 저항값이다.

4.10 **갈륨비소 광도전 센서**. 갈륨비소(GaAs)를 사용하여 길이 $2.5[mm]$, 폭 $2[mm]$ 그리고 두께 $0.1[mm]$의 사각형으로 광도전센서를 제작하였다(**그림 4.4**). 광강도는 $10[mW/cm^2]$이며 파장길이는 $680[nm]$인 적색광선이 표면에 수직방향으로 조사된다. 반도체는 n-형이며, 전자농도는 $1.1\times10^{19}[electrons/m^3]$이다. 갈륨비소(GaAs) 내에서 전자와 정공의 이동도는 각각, $8,500[cm^2/(V{\cdot}s)]$와 $400[cm^2/(V{\cdot}s)]$이다. 소자 상부표면에 조사된 모든 광선전력이 흡수되며, 양자효율은 0.38이라 할 때에, 다음을 계산하시오.

(a) 센서의 암저항.

(b) 빛을 조사되었을 때의 센서저항. 전자의 재결합시간은 대략적으로 $10[\mu s]$이다.

4.11 **개선된 갈륨비소 광도전센서**. 문제 4.10에서 소개된 센서의 성능을 개선하기 위해서, 그림

4.4 (b)에 도시되어 있는 구절양장 형상이 도입되었다. 총 노출면적($5[mm^2]$)은 동일하게 유지하지만, 전극들 사이의 거리는 $0.5[mm]$로 줄였다.

(a) 센서의 암저항을 구하시오.

(b) 빛이 조사되었을 때의 센서저항을 계산하시오.

(c) 성능을 개선하기 위해서, 전극들 사이의 거리를 $0.25[mm]$로 줄였으며, 필요한 추가적인 전극면적을 확보하기 위해서 총 노출면적을 $3.5[mm^2]$로 줄였다. 센서의 민감도를 계산하여 (b)의 결과와 비교하시오.

(d) (a)~(c)의 결과를 사각형 센서의 결과와 비교하시오. 이들 두 소자의 민감도에 대해서 논의하시오.

4.12 **진성실리콘 광학센서**. **그림 4.27**에 도시되어 있는 구조와 크기의 진성 실리콘을 사용하여 광도전센서를 만들었다. 진성 반도체의 나르개 농도는 $1.5\times10^{10}[carriers/cm^3]$이며, 전자와 정공의 이동도는 각각, $1,350[cm^2/(V\cdot s)]$와 $450[cm^2/(V\cdot s)]$이다. 전자와 정공의 나르개 수명은 조명의 강도와 변화에 의존하지만, 여기서는 단순하게 $10[\mu s]$로 일정하다고 가정한다. 입사된 전력 중 $50[\%]$만이 실리콘에 흡수되며, 센서의 양자효율은 $45[\%]$라고 가정한다.

(a) 주어진 파장길이에 대해서 입력전력밀도에 대한 소자의 민감도를 일반 항의 형태로 구하시오.

(b) 파장길이가 $480[nm]$이며, 전력밀도가 $1[mW/cm^2]$인 조명에 대한 민감도는 얼마인가?

(c) 절단파장, 즉 센서를 더 이상 사용할 수 없는 파장길이 한계는 얼마인가?

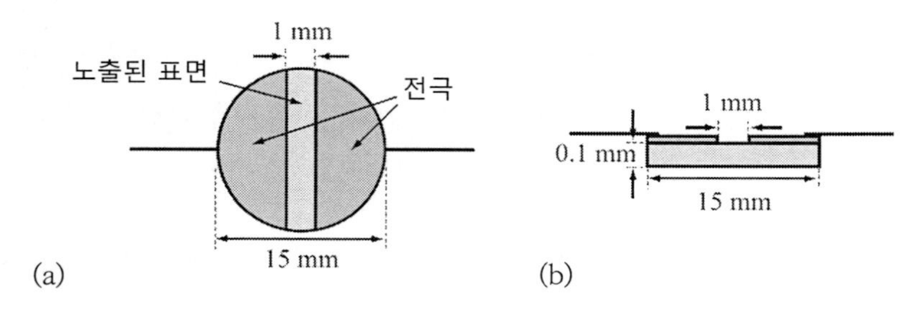

그림 4.27 광도전센서

광다이오드

4.13 **광도전모드로 사용되는 광다이오드**. 광다이오드는 역방향 전류를 최소화시키기 위해서 작은 역방향 전압을 부가하여 역방향 모드로 사용한다. 누설전류는 $40[nA]$이며, 센서는 $20[°C]$에서 사용된다. 접점의 표면적은 $1[mm^2]$이며, 그림 4.28에서와 같이 $3[V]$전원과 $240[\Omega]$ 저항에 연결되어 있다. 암흑상태와 전력밀도가 $5[mW/cm^2]$인 적색($800[nm]$) 레이저에 조사되었을 때에 저항 R의 양단 전압을 구하시오. 양자효율은 $50[\%]$라고 가정한다.

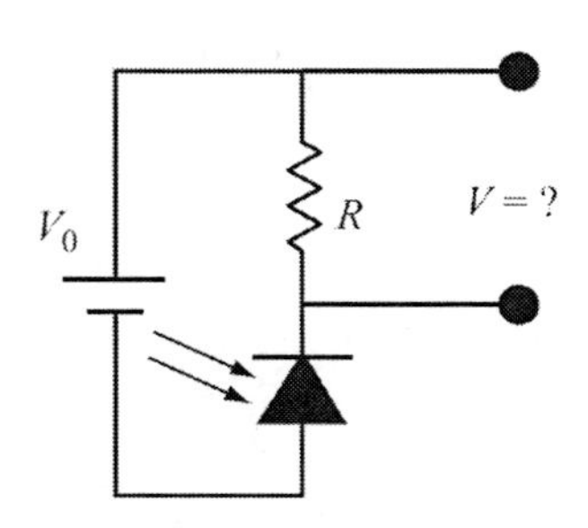

그림 4.28 광도전모드로 사용되는 광다이오드

4.14 **순방향 바이어스가 부가된 광다이오드**. 그림 4.29에서와 같이 광다이오드에 순방향 바이어스를 부가하여 다이오드 양단의 전압을 $0.2[V]$로 만들었다. 다이오드를 통과하는 암전류는 $10[nA]$라 하자.

(a) $20[°C]$의 암흑상태에서 이 편향전압을 부가하기 위해서는 전압 V_0가 얼마가 되어야 하는가?

(b) 특정한 전력밀도를 가지고 있는 조명과 (a)에서 구한 전압 V_0가 부가되었을 때에, 편향전압이 $0.18[V]$로 변했다. $800[nm]$ 파장의 조명에 의해서 흡수된 총 전력을 구하시오.

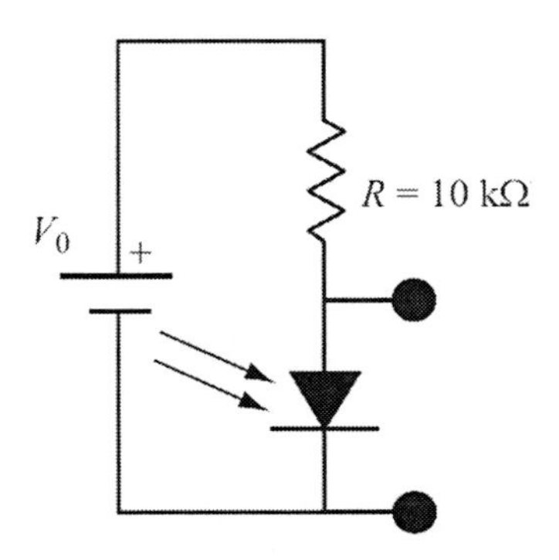

그림 4.29 순방향 바이어스된 광다이오드

4.15 **황혼/새벽 조명 스위치**. 가로등을 포함한 많은 조명시스템들은 광강도에 따라서 자동으로 켜지고 꺼진다. 이를 구현하기 위해서, **그림 4.30**에서와 같은 구조로 광다이오드를 사용하는 방안이 제안되었다. 이 다이오드의 암전류는 무시할 수준이며 노출면적은 $1[mm^2]$, 그리고 양자효율은 $35[\%]$이다. 저항 R 양단의 전압이 $8[V]$ 이하인 경우에는 조명이 켜지고 $12[V]$ 이상인 경우에는 조명이 꺼지도록 전기 스위치가 설계되었다. 일반적인 맑은 낮 시간에는 지표면에서 태양광의 전력밀도는 $1{,}200[W/m^2]$이다.

(a) 전력밀도가 일반적인 낮 시간의 $10[\%]$ 이하가 되면 조명이 켜지도록 저항 R을 선정하시오. 태양광의 평균파장은 $550[nm]$라고 가정한다.

(b) 아침에 전력밀도가 얼마가 되면 조명이 꺼지겠는가?

(c) 저녁 시간에 평균 광선파장은 $580[nm]$로 더 적색 쪽으로 치우치며, 아침에는 평균 광선파장이 $520[nm]$로 더 청색 쪽으로 치우친다. 이를 고려하여 (a)와 (b)를 다시 계산하시오.

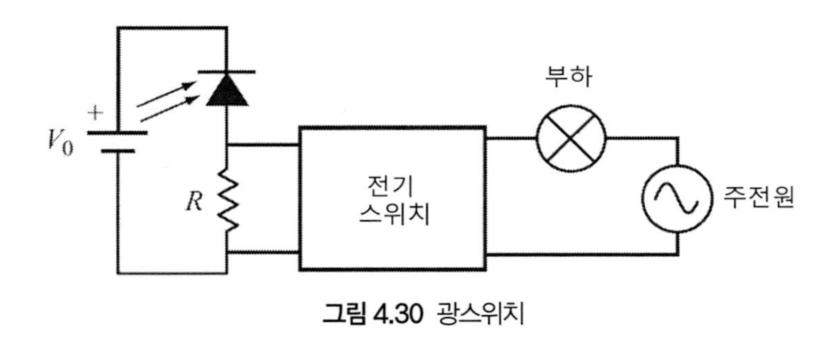

그림 4.30 광스위치

광전지 다이오드

4.16 **태양전지 작동기: 전력발전**. 일반적으로 원격 센서나 모니터링 스테이션과 같은 독립형 장비나 소형 기기에서는 전력발전을 위해 태양전지를 사용한다. 여기에 무엇이 필요한지를 알아내기 위해서, 총 전력변환효율이 $30[\%]$(즉, 태양전지판 표면으로 조사되는 광선의 $30[\%]$가 전력으로 변환)인 태양전지판 대해서 살펴보기로 하자. 패널의 크기는 $80 \times 100[cm^2]$이며, 태양전지판에 조사되는 태양광선의 최대 전력밀도는 $1{,}200[W/m^2]$이다. 패널은 40개의 동일한 크기의 셀들로 구성되며, 이 셀들은 서로 직렬로 연결되어 있다. 셀들은 가시광

선 스펙트럼(400~700$[nm]$) 전체에 대해서 동일한 변환효율을 가지고 있으며, 양자효율은 50[%], 그리고 직렬로 연결된 40셀들의 총저항은 $10[\Omega]$이다. 각 셀의 누설전류는 $50[nA]$이다. 이 태양전지판이 송출할 수 있는 최대전력을 계산하고, 어떤 조건하에서 최대전력이 송출되는지 설명하시오.

4.17 **태양전지의 총효율**. 태양광의 복사강도가 $1,400[W/m^2]$인 경우에 (태양광이 최대전력밀도로 수직 입사되는) 최적의 상태로 태양광에 노출된 태양전지판은 $10[\Omega]$의 부하에 $0.8[A]$의 전류를 공급할 수 있다. 패널은 개별 크기가 $10\times10[cm^2]$인 셀들로 이루어지며, 각 셀들은 서로 직렬연결되어 있다. 가시광선의 평균파장길이인 $550[nm]$를 복사파장으로 사용하여 다음을 계산하시오.

(a) 제시된 상태에서 태양전지판의 총 변환효율.

(b) 총 변환효율을 30[%]로 증가시킬 수 있는 경우에 태양전지 셀이 $10[\Omega]$ 부하에 공급할 수 있는 최대전력은 얼마이겠는가? 내부저항은 $10[\Omega]$이라고 가정한다.

4.18 **광전력밀도 측정용 센서로 사용하는 태양전지**. 배경조도를 측정하기 위해서 소형 태양전지의 개회로 전압을 측정하는 단순한 광학센서를 만들었다. 태양전지는 노출면적이 $2[cm^2]$이며, $700[nm]$(적색)에서 $400[nm]$(보라색) 사이의 스펙트럼에 대해서 평균 양자효율이 80[%]에 달한다. 암전류는 $25[nA]$이며 효율상수 $n=1$이다. 상온(25[°C]) 상태에서 다음을 계산하시오.

(a) 스펙트럼의 중간($550[nm]$)파장에 대한 태양전지의 무부하전압.

(b) 적색 및 보라색의 전력밀도에 대한 센서의 민감도.

4.19 **광전지 온도센서**. 다음의 방식으로 온도를 측정하기 위해서 광전지 셀을 사용할 수 있다. 소형의 태양전지에 파장길이가 $450[nm]$인 청색 LED 조명이 조사된다. 개회로 전압을 측정하여 온도로 변환한다. 이 셀의 양자 스펙트럼 효율은 75[%], 효율상수 $n=2$, 그리고 암전류는 $25[nA]$이다. LED의 출력은 $28[lm]$이다. LED에서 방출되는 빛의 패턴과 셀표면 및 구조물에서의 반사 때문에, 송출된 빛의 64[%]만이 센서의 표면에 도달한다. 다음을 계산하여 도표로 나타내시오.

(a) 온도변화에 따른 셀의 출력전압.

(b) 센서의 민감도.

(c) 이 소자를 온도센서로 사용할 수 있는 주파수 대역.

광트랜지스터

4.20 **검출기로 사용하는 광트랜지스터**. 예제 4.4에서 광다이오드 대신에 그림 4.31에서와 같이 편향전압이 부가된 광트랜지스터를 사용한다. 이 광트랜지스터의 이득은 50이다. 주어진 입력펄스열에 대해서 입력에 따른 출력파형과 예상되는 전압레벨을 구하시오. 광트랜지스터에 도달하는 모든 전력이 베이스-이미터 접합에 흡수된다고 가정한다.

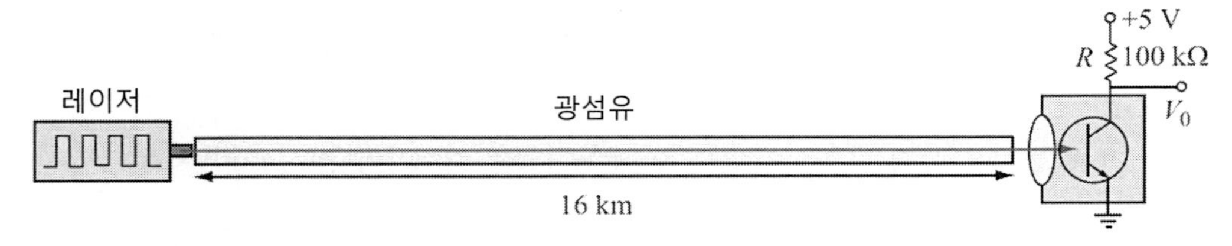

그림 4.31 광학링크의 검출기로 사용하는 광트랜지스터

4.21 **광트랜지스터의 포화전류**. 그림 4.32에 도시되어 있는 광트랜지스터는 선형범위 내에서 작동한다. 입력전력밀도 $1[mW/cm^2]$에서 컬렉터-이미터 사이의 전압 $V_{ce} = 10.5[V]$로 측정되었다. 이 광트랜지스터를 광선강도 측정용 센서로 사용할 수 있는 범위를 계산하시오. 즉, (트랜지스터를 통과하는 전류가 0인) 최소전력밀도와 (트랜지스터를 통과하는 전류가 포화되는) 최대전력밀도를 계산하시오. V_{ce} 포화전압은 $0.1[V]$이다. 암전류의 영향은 무시하기로 한다.

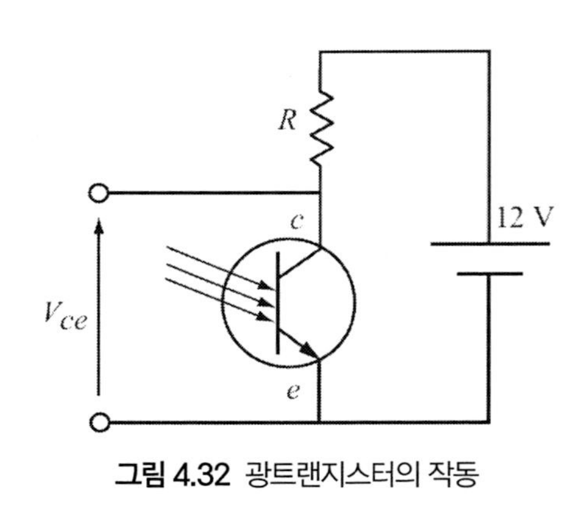

그림 4.32 광트랜지스터의 작동

4.22 **광트랜지스터의 온도효과**. 그림 4.32에 도시되어 있는 구조를 살펴보면, $R = 1[k\Omega]$이며,

트랜지스터의 증폭률(이득)은 100이다. 조사되는 광선의 강도가 $1[mW/cm^2]$인 경우의 컬렉터-이미터 전압은 20[°C]에서 $8[V]$이다. 만일 입사광선이 없어지면, 컬렉터-이미터 전압은 $11.8[V]$까지 올라간다. 온도가 50[°C]까지 올라가는 경우의 컬렉터-이미터 전압을 계산하시오. 온도나 광강도에 따라서 V_{be}가 변하지 않으며, 암전류는 $10[nA]$라고 가정한다. 계산된 결과에 대해서 설명하시오.

주의: 온도에 따라서 V_{be}는 $1.0 \sim 2.0[mV/^oC]$의 비율로 감소(3.4절 참조)하지만, 여기서는 이를 무시한다.

광전센서와 광전자증배관

4.23 **광전자증배관 내를 흐르는 전류와 전자속도**. 광전자증배관 내에서 발생하는 현상에 대한 개념을 얻기 위해서 다음과 같이 단순화된 구조를 살펴보기로 하자. **그림 4.33**에 도시되어 있는 것처럼, 반경 $a = 20[mm]$이며, $d = 40[mm]$만큼 떨어져 설치되어 있는 원형의 음극과 원형의 양극 사이에 $V = 100[V]$의 전위차가 부가된다. 칼륨 기반의 화합물로 제작된 음극의 일함수 $e_0 = 1.6[eV]$이며 양자효율 $\eta = 18[\%]$이다.

(a) 파장길이가 $475[nm]$이며 강도는 $100[mW/cm^2]$인 청색광선이 음극에 조사되는 경우에 소자를 통과하여 흐르는 전류를 계산하시오.

(b) 양극에 도달하는 전자의 속도를 계산하시오. 여기서, 전자의 질량은 $m_e = 9.1094 \times 10^{-31}[kg]$이다.

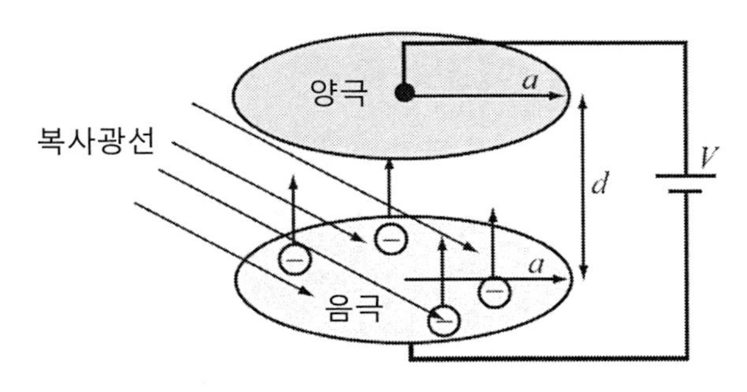

그림 4.33 광전자증배관의 기본구조

4.24 **가시광선 대역에서 광전자증배관의 민감도한계**. 광전자증배관은 파장길이가 짧아질수록

민감도가 높아진다. 조사되는 광선의 파장이 $400[nm]$(보라색)이라 하자. 단위시간당 음극에서 최소한 $10[electrons/mm^2]$의 전자들이 방출되어야 광전자증배관이 신호를 검출할 수 있는 경우에, 광전자증배관이 측정할 수 있는 최저조도를 계산하시오. 단, 음극의 일함수 $e_0 = 1.2[eV]$이며, 양자효율은 $20[\%]$라고 가정한다.

CCD 센서와 검출기

4.25 **디지털 비디오카메라의 CCD 영상전송.** 디지털 컬러 비디오카메라는 $680 \times 620[pixel]$의 포맷으로 TV 스크린에 영상을 전송해야 한다. 부드러운 영상구현을 위해서 $25[frames/s]$(PAL이나 SECAM 포맷)이 필요하다면, CCD에서 영상을 추출하기 위한 스텝에 필요한 최소 클록 주파수를 계산하시오.

4.26 **HD 비디오 영상전송을 위한 CCD 센서.** HD 비디오카메라용 CCD 센서의 라인당 픽셀 수는 $1{,}920[pixels/line]$이며, $1{,}080$개의 라인이 배열되어서 $48[frames/s]$의 속도로 영상을 전송한다. 이 센서에서는 인접한 두 열들이 교대로 한 열은 신호를 전송하며, 다른 열은 영상에 노출되는 라인 간 전송방법을 사용한다.

(a) 그림 4.21 (b)에 도시되어 있는 기본 신호전송 방법을 사용하는 경우에 영상을 전송하기 위해서 필요한 최소 클록속도를 계산하시오.

(b) 유효 프레임 속도는 얼마인가?

볼로미터

4.27 **직접측정 볼로미터.** 1880년에 새뮤얼 랭글리는 길이 $7[mm]$, 폭 $0.177[mm]$, 그리고 두께는 $0.004[mm]$인 두 장의 철판을 사용하여 볼로미터를 제작하였다. 분리된 흡수부와 온도 센서를 갖춘 이후의 볼로미터들과는 달리, 하나의 박판은 복사광선에 노출시키고, 두 번째 박판은 대기온도로 유지시킨 상태에서 박판의 저항을 직접 측정한다. 두 박판들 사이의 저항값 차이를 온도표시에 사용하였다. 이런 볼로미터가 별의 적외선 복사를 측정하는 데에 사용된다. 대기온도는 $25[°C]$이며, 측정 가능한 박판들 사이의 최소 저항값 차이는 $0.001[\Omega]$이다. 측정 가능한 복사광선의 최저 전력밀도를 계산하시오. 흡수효율이 $85[\%]$이며, 시상수는 $0.8[s]$라고 가정한다. 철의 성질은 다음과 같다. 전기전도도 $1.0 \times 10^7[S/m]$,

저항온도계수 $TCR = 0.0065[1/°C]$, 밀도 $\rho = 7.86[g/cm^3]$, 비열 $C_s = 0.46[J/g/K]$.

열전퇴 수동적외선 센서

4.28 **열전퇴 수동적외선 센서**. 고온에서 작동하도록 설계된 적외선 센서는 **그림 4.22**에 도시되어 있는 것처럼, 32쌍의 탄소/실리콘카바이드 접점들을 갖추고 있다(3장 표 3.3 참조). 탄소/실리콘 카바이드 열전대의 민감도 $S = 170[\mu V/°C]$이다. 흡수부는 표면적이 $2[cm^2]$이며, 두께는 $10[\mu m]$인 얇은 텅스텐 박판으로 제작하며, 흡수율을 증가시키기 위해서 검은 색으로 코팅되어 있다. 텅스텐의 밀도는 $19.25[g/cm^3]$(금과 동일)이며 비열 $C_s = 24.27[J/mol/K]$이다. 흡수부의 변환효율은 80[%]이다. 센서의 시창 면적은 $A = 5[cm^2]$이며, 센서가 열정상상태에 도달하는 데에는, 즉, 주어진 복사전력를 밀도하에서 흡수부의 온도가 일정한 값으로 안정화되는 데에는 $t = 300[ms]$가 소요된다. 이 센서의 냉접점과 열접점 사이의 0.5[°C] 온도차이를 신뢰성 있게 측정할 수 있는 경우에, 센서의 민감도를 계산하시오.

4.29 **열전퇴 적외선 센서**. $20[mW/cm^2]$의 적외선 복사전력에 대해서 $5[mV]$의 전압을 출력할 수 있는 적외선 센서를 개발해야 한다. 민감도를 증가시키기 위해서 출력전압이 $446[\mu V/°C]$인 알루미늄/실리콘 열전퇴가 사용된다. 표면적인 $4[cm^2]$이며, 두께는 $20[mm]$, 그리고 흡수효율은 80[%]인 알루미늄 흡수부가 사용되었다. 알루미늄의 밀도는 $2.712[g/cm^3]$이며 열용량은 $0.897[J/g/K]$이다. 필요한 출력은 $100[ms]$ 이내에 얻어져야만 한다.

(a) 흡수부의 온도는 얼마나 상승하는가?
(b) 필요한 출력을 얻기 위해서 필요한 열전대의 숫자를 계산하시오.
(c) 분해능이 $100[\mu V]$인 디지털 전압계를 사용하여 이 소자의 출력을 측정한다면, 이 센서의 유효 분해능은 얼마이겠는가?

초전센서

4.30 **초전운동센서**. 측정범위 내에서 인체의 운동을 검출하기 위해서 PZT 운동센서가 필요하다. 이 센서는 인체의 운동이 아닌 온도변화의 영향을 줄이기 위해서 이중요소(그림 4.23)로

제작된다.

(a) 각 요소의 두께가 $0.1[mm]$인 경우에 민감도를 계산하시오. 이때, 한 요소는 적외선 광원에 노출되며, 다른 하나는 차폐된다.

(b) 공통열원(두 요소에 동일하게 영향을 끼치는 열원)에 대해서 어떻게 온도보상이 이루어지는지 설명하시오.

4.31 **운동센서의 시상수**. 표면적이 $10 \times 10[mm^2]$이며, 두께는 $0.2[mm]$인 소형의 티탄산바륨($BaTiO_3$) 칩을 두 전극 사이에 삽입하여 초전센서가 만들어진다. 표 4.4에 제시되어 있는 성질들 이외에, 티탄산바륨의 전기전도도는 $2.5 \times 10^{-9}[S/m]$이다.

(a) 열원이 없어진 다음에 일어나는 전하감소의 시상수를 구하시오.

(b) 이 센서는 야간에 야생동물 사진을 자동으로 촬영하기 위한 운동감지 센서로 사용된다. 고양이의 운동에 의해서 센서가 $0.1[°C]$의 온도차이를 감지하면 카메라를 작동시킨다. 두 도전판 사이에 생성된 전하의 절반 이상이 방전되어야 센서가 카메라를 다시 작동시킬 수 있다. 다음 번 이벤트를 검출하기 위해서는 얼마나 오랜 시간이 필요한가?

(c) 센서의 전하를 더 빠르게 방전시키기 위해서, 센서 양단에 저항을 연결할 수도 있다. 만일 센서가 $250[ms]$ 이내에 트리거 준비를 마치려면, 센서 양단에 설치할 저항의 크기는 얼마가 되어야 하는가? 재작동시간을 더 빠르게 만들기 위해서 더 작은 저항을 센서 양단에 연결하는 경우에 발생하는 부수적인 효과는 무엇이겠는가?

광학작동기

4.32 **광학링크 내에서 전력 커플링**. 광학링크는 데이터통신에서 매우 일반적으로 사용되는 기술이다(그림 4.10과 문제 4.20 참조). 그런데 광학전력을 광섬유로 전송하는 방법은 제대로 구현되지 않으면 매우 효율이 낮다. 그림 4.34에 도시되어 있는 것처럼, LED에서 광섬유로 전력을 연결하는 두 가지 방안에 대해서 살펴보기로 하자. 그림 4.34 (a)에서는 광섬유를 LED 전면에 단순 지지해 놓은 반면에 그림 4.34 (b)에서는 중간에 도파로를 사용하였다.

(a) LED는 $10[mW]$의 광선을 $5°$의 원추형상으로 균일하게 조사하며, 광섬유의 직경은 $130[\mu m]$이다. 그림 4.34 (a)의 방법을 사용하는 경우에 광섬유로 전달되는 전력을 계

산하시오. 광섬유와 공기 사이의 계면에서 발생하는 반사는 무시하시오. LED 광원과 광섬유 표면 사이의 거리는 $5[mm]$이다.

(b) **그림 4.34 (b)**의 경우에는 얼마나 많은 전력이 전달되겠는가? 모든 광전력이 도파로를 통해서 이동하며, 도파로 단면 내에서 광전력 밀도는 균일하고, 외부로는 빛이 전혀 빠져나가지 않는다고 가정한다. 도파로는 광섬유와 마찬가지로, 원형 단면을 가지고 있다.

(c) LED를, 직경이 $150[\mu m]$인 평행광선(광선이 진행하면서 퍼지지 않고 동일한 단면적을 유지하는 광선)이고, 빔 단면적 내에서의 전력밀도가 균일하며, 동일한 출력을 가지고 있는 레이저로 교체하였다. **그림 4.34**의 경우에 얼마나 많은 전력이 전달되겠는가? (a)와 (b)의 경우를 비교해 보시오.

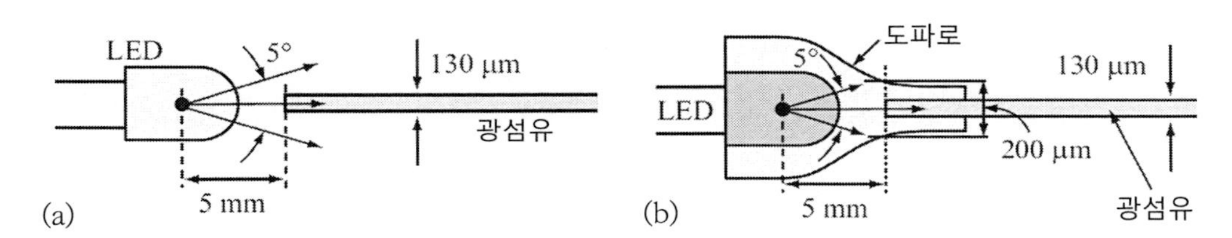

그림 4.34 광원과 광섬유의 연결. (a) 직접연결방식. (b) 전달효율 증대를 위해 도파로 사용

4.33 **자기광학 기록장치**. 하드디스크 저장장치에서 데이터 기록에 자기-광학 수단이 활용된다. 데이터를 기록할 위치를 저장매질의 큐리온도까지 가열한 다음에 해당 위치에 데이터를 나타내는 자기장을 부가한 상태에서 큐리온도 아래로 냉각하는 방식으로 기록이 진행된다(**그림 4.26** 참조). 도전성 디스크 표면에 산화철(Fe_2O_3)이 코팅된 표면에 데이터를 기록한다. 기록시간의 80[%]가 점가열에 소요된다고 가정한다. 레이저 빔의 직경은 $1[\mu m]$이며 출력은 $50[mW]$이다. 저장매질은 두께 $100[nm]$, 열용량 $23.5[J/mol/K]$, 밀도 $5.242[g/cm^3]$, 그리고 큐리온도는 725[°C]이다.

(a) 30[°C]의 대기온도하에서 이 드라이브의 최대 데이터 기록속도를 계산하시오.

(b) 데이터 기록속도를 증가시킬 방법에 대해서 논의하시오.

(c) 실제의 경우에 데이터 기록속도를 저하시킬 영향들에 대해서 논의하시오.

4.34 **레이저 피부치료**. 미용목적의 피부치료를 위해서 레이저를 사용하여 피부 표면의 얇은 두

께를 제거한다. 이를 위해서 전형적으로 펄스형 적외선 레이저를 사용한다. 사용조건은 다음과 같다: 펄스폭이 $250[\mu s]$인 적외선대역(전형적으로 파장길이 $2{,}940[nm]$) 레이저를 사용하여 피부에 에너지를 조사하면 피부 속의 수분이 기화된다. 레이저빔의 직경은 $0.7[mm]$이며, 피부 속으로 $10[\mu m]$만큼 침투한다. 모든 전력이 피부 속으로 흡수되며, 펄스폭이 너무 짧아서 열이 인접 조직으로 전달되지 않는다고 가정한다. 레이저 빔의 출력과 각 펄스마다 피부가 흡수하는 에너지를 계산하시오. 피부세포는 64[%]가 수분이며 평균 온도는 34[°C]이다. 물의 비열은 $4.187[J/g/K]$이며, 기화잠열은 $2{,}256[J/g]$이다.

CHAPTER

5

전기식과 자기식 센서와 작동기

CHAPTER

5 전기식과 자기식 센서와 작동기

☑ 시끈가오리, 상어, 장어, 비둘기, 자기성 박테리아 그리고 오리너구리

전기와 자기장은 자연의 장대한 설계에서 무시할 수 없는, 너무나도 중요하고 너무나도 일반적인 현상이다. 많은 동물들과 유기체들은 이 기본적인 힘을 감지와 작동에 이용하는 방법들을 찾아냈다. 특히 전기장은 감지와 작동에 많이 사용된다. 거의 모든 가오리나 상어와 더불어서 일부의 메기와 장어 그리고 오리너구리들은 먹잇감에서 만들어지는 전기장을 감지할 수 있다. 이들은 전기감응기관이라고 부르는 특수한 젤라틴질의 기공을 통해서 전기장을 감지하는 전류감지감각능력을 가지고 있다. 이런 감지능력은 능동방식과 수동방식으로 나눌 수 있다. 상어나 가오리는 수동감지능력을 갖추고 있다. 이들은 먹잇감의 근육과 신경계에서 생성되는 약한 전기장을 감지한다. 전기물고기와 같은 일부 동물들은 먹잇감의 전기위치를 능동적으로 감지하기 위해서 전기장을 생성한다. 어린 상어들은 전기위치 감지를 위한 전기장에 걸리면 그 위치에 멈춰서 스스로를 보호하기 위해서 이와 동일한 감지 시스템을 사용한다. 그런데 아마도 가장 잘 알려진 전기위치검출의 사례는 오리너구리일 것이다. 야간에 사냥을 위해서 부리 속에 있는 전기감응기관을 사용한다. 전기를 작동에 사용하는 것도 매우 일반적이며, 먹잇감을 기절시키거나 스스로를 보호하기 위해서 주로 사용한다. 시끈가오리나 전기가오리(시끈가오릿과)는 70종의 가오리들 중 일부로서, 전기전하를 생성할 수 있으며, 전지와 유사한 방식으로 이를 사용한다. 제어용 신경계가 연결되어 있는 한 쌍의 판형 장기들이 전하를 생산한다. 가오리의 경우 이 생물학적 전지들이 병렬로 연결되어 저전압-고전류원을 형성한다. 가오리는 8~200$[V]$의 전압과 수$[A]$에 달하는 전류를 생성할 수 있다. 또 다른 사례는 전기뱀장어[1]이다. 전기뱀장어는 해수보다 전기전도도가 낮은 민물에 살기 때문에, 훨씬 더 높은 전압을 생성할 수 있도록 직렬로 연결된 도전판들을 갖추고 있다(최고 600$[V]$, 1$[A]$의 단파장).

자기장도 중요한 감지대상이다. 이제는 잘 알려져 있는 것처럼, 새는 지자기장을 감지할 수 있으며, 이를 길 찾기에 사용할 수 있다. 비둘기는 부리의 상피에 자성입자들로 이루어진 생체나침반을 갖추고 있으며, 이를 자기장 위치 찾기에 사용한다. 미량의 자철석은 인간의 뇌 속에서도 발견되므로, 아마도 먼 옛날에는 우리도 이런 능력을 갖추고 있었을 것이다. 박테리아도 지자기장을 따라서 움직이기 위해서 자철석을 사용한다는 것이 발견되었다. 자성박테리아[2]는 산소가 풍부한 환경에 도달하기 위해서 자기력선 방향을 향하는 수단으로 자성입자를 사용한다.

---

1) Electrophorus electricus

2) Magnetospirillum magneticum

5.1 서언

전기 및 자기센서와 작동기들은 그 숫자나 유형 그리고 해당 유형 내에서의 변형들이 여타의 방식들에 비해서 훨씬 더 광범위하다. 약간의 예외가 있지만, 거의 모든 유형의 센서들이 물질의 전기적 성질을 이용하며 전기적 출력을 필요로 하므로, 아마도 이는 전혀 놀라운 일이 아니다. 사실, 이 장에서 다루지 않는 센서들조차도 이런 범주에 속해 있다. 열전대는 도체나 반도체의 전기적 효과를 사용하고 있다. 광선파동의 전파에 기초하는 광학센서의 경우에도, 광선파동은 전자기 또는 양자현상이며, 센서의 원자구조 내에서 일어나는 전기적인 상호작용을 통해서 이를 측정한다. 이것이 전기적인 현상이라는 것에는 이견이 없을 것이다. 작동기의 경우에는 대부분의 작동기들이 전기 또는 더 일반적으로는 자기력을 사용한다. 큰 힘을 출력해야 하는 작동기들의 경우에 특히 더 그렇다. 그런데 설명을 단순화하고 각 유형별 센서들에 사용되는 기본적인 작동원리에 국한하여 살펴보기 위해서, 이 장에서는 다음과 같은 유형의 센서와 작동기들에 대해서만 논의하기로 한다.

1. (근접, 거리, 레벨, 소재의 성질, 습도, 힘, 가속도 및 압력 등을 측정하는) 정전용량형 센서나 이와 관련된 전기장 센서와 작동기들을 포함하여 전기 및 정전기의 원리에 기초한 센서와 작동기.
2. 저항값을 직접 측정하는 방식의 센서들. 교류 및 직류전류의 측정과 전압, 위치, 레벨측정 등을 포함하여 많은 센서들이 이 부류에 속한다.
3. 자기센서와 작동기들은 정적이거나 저주파로 변하는 시간의존성 자기장을 사용한다. 종류도 매우 다양하다. 여기에는 모터, 작동기용 밸브, 자기장 센서(홀효과 센서, 위치, 변위, 근접 등을 감지하는 유도형 센서), 그리고 자기변형이나 자기저항 방식의 다양한 센서와 작동기들이 포함된다.

네 번째 그룹은 전자기장의 복사효과에 기초하는 전자기 센서로서, 이에 대해서는 9장에서 따로 살펴볼 예정이다.

이 장에서 살펴볼 센서와 작동기들을 전기식, 자기식 및 저항식으로 분류할 수 있다. 때로는 이들을 총망라하여(9장에서 논의할 것들도 포함하여) 단순히 전자기소자라고 부르기도 한다.

모든 전자기 센서와 작동기들은 물리적 매질과 전자기장의 상호작용에 기초한다. 매질 내의 전기 및 자기장은 다양한 성질들과 영향을 주고받는다는 것이 밝혀졌다. 이런 이유 때문에, 상상할 수 있는 거의 모든 양이나 효과들에 대한 센서가 이미 존재하거나, 이를 설계할 수 있다.

논의를 계속하기 전에 다음의 몇 가지 정의에 대해서 살펴보는 것이 도움이 될 것이다. **전기장**은 전하나 전하가 충전된 물체들 사이에서 작용하는 단위전하당 작용력이다. 전하가 움직이지 않거나, 일정한 속도로 움직이는 경우에는 전기장이 정적이며, 전하들이 가속 또는 감속되면 전기장은 시간의존성을 갖게 된다.

도전성 매질이나 공간 속에서 움직이는 전하들은 전류를 형성하며, 전류는 **자기장**을 생성한다. 전류가 일정하면(직류) 자기장은 정적인 상태를 유지하며, 전류의 흐름이 시간에 따라 변하면 자기장도 시간의존성을 갖게 된다.

전류가 시간에 따라서 변하면, 그에 따라서 전기장과 자기장이 생성된다. 이를 **전자기장**이라고 부른다. 엄격히 말해서, 전자기장은 전기장과 자기장이 모두 존재한다는 뜻이다. 그런데, 정전기장은 시간의존성 전자기장의 자기장 성분이 0인 경우이기 때문에, 전기장과 자기장을 합해서 전자기장이라고 부르는 것이 완전히 틀린 말은 아니다. 비록 다양한 장들의 성질이 서로 다르지만 맥스웰 방정식을 사용해서 이들을 모두 나타낼 수 있다.

전자기 작동기들은 전기력(반대극성 전하 사이에는 견인력이 작용하며, 동일극성 전하 사이에는 척력이 작용한다)과 자기력의 두 가지 기본 힘들 중 하나를 사용한다. 자기력의 경우에는 서로 동일한 방향으로 전류가 흐르는 두 도체 사이에는 인력이 작용하며, 서로 반대방향으로 전류가 흐르는 두 도체 사이에는 척력이 작용한다. 하지만 자기력이라고 하면 두 영구자석 사이의 작용력 관계를 가장 잘 알고 있을 것이다.

5.2 단위계

1.6절에서 살펴봤던 것처럼, 기본적인 SI 전기단위는 암페어$[A]$이다. 하지만 전기 및 자기에 대해서 살펴보기 위해서는 기전력에 대한 법칙이나 관계들에 기초하는 다수의 유도단위들이 필요하다. 전류의 경우에도 때로는 단위면적당 흐르는 전류량인 전류밀도$[A/m^2]$나 단위길이당 전류$[A/m]$와 같은 단위들이 사용된다. 전류단위인 암페어 이외에, 아마도 가장 많이 사용되는 단위는 볼트$[V]$로서, 단위전하당 에너지로 정의된다. 전하 자체는 쿨롬$[C]$이나 암페어·초$[A \cdot s]$를 단위로 사용하지만, 많은 경우 단위길이당 전하$[C/m]$, 단위면적당 전하$[C/m^2]$, 또는 단위체적당

전하[C/m^3]와 같은 전하밀도가 사용된다. 유도단위인 전압[V]은 1.6절에 따르면 [J/C]나 [$N\cdot m/C$]와 같으며, 순수한 SI 단위계로 나타내면 [$kg\cdot m^2/A\cdot s^3$]임을 알 수 있다. 전력은 전압과 전류를 곱한 값으로서 와트[W]이며, 와트는 힘×속도(즉 [$N\cdot m/s$] 또는 [J/s])와 같은 다른 단위로도 나타낼 수 있지만, 전기공학의 경우에는 와트[W] 또는 [$A\cdot V$] 이외의 단위는 거의 사용하지 않는다. 일과 에너지는 일반적으로 줄[J]단위를 사용한다. 하지만 전기에너지의 측정과 표시를 위해서는 일반적으로 [$W\cdot h$]나 [$kW\cdot h$]와 같이, 와트×시간을 자주 사용한다. 에너지 저장용량을 나타내기 위해서는 (단위체적당) 에너지밀도인 [J/m^3]이 사용된다.

전압과 전류의 비율[V/A]을 **저항**[3](옴의 법칙)이라고 부르며 [Ω] 단위를 사용한다. 매질의 **전기전도도**[4]는 **전기 유전율**[5] 및 **자기 투자율**[6]과 더불어서 매질의 3대 전기특성이다. 전기전도도는 **저항률**[7]의 역수로 정의되므로 이해하기 쉽다. 여기서 전기전도도는 소재의 저항특성을 나타내는 계수로서 [$\Omega\cdot m$]이 단위를 가지고 있다. 따라서 매질이 얼마나 전기를 잘 흘려보내느냐의 척도인 전기전도도는 [$1/(\Omega\cdot m)$]의 단위를 갖는다. [$1/\Omega$]는 **시멘스**[S]로 정의된다. 따라서 전도도의 단위는 단위길이당 시멘스 값[S/m]으로 정의된다. 전하와 전압 사이의 비율을 **정전용량**[8]이라고 부르며, 패럿[F]으로 나타낸다(예제 1.4 참조). 또한, 자주 접하는 단위인 **전기장강도**[9]는 단위길이당 볼트[V/m] 또는 쿨롬당 뉴턴[N/C]의 단위를 사용한다. 유전율은 단위길이당 패럿[F/m] 단위를 사용하는데, 이는 쿨롬의 법칙을 사용하여 손쉽게 유도할 수 있다(뒤에서 설명할 예정이다). **전기력선밀도**[10]는 전기장강도×유전율로서, 단위면적당 쿨롬[C/m^2]값을 사용하며, 단위면적당 전기력선을 적분하여 구한다. 여기서 전기력선의 단위는 쿨롬[C]이다.

자기장은 전형적으로 **자속밀도**[11]나 **자속강도**[12]를 사용하여 나타낸다. 자기장강도를 나타내는 유도단위는 단위길이당 전류[A/m]로서 암페어의 법칙을 사용하여 유도한다. 자속밀도에는 **테슬**

---

3) resistance
4) conductivity
5) electric permittivity
6) magnetic permeability
7) resistivity
8) capacitance
9) electric field intensity
10) electric flux intensity
11) magnetic flux density
12) magnetic flux intensity

라$[T]$를 단위로 사용한다. 테슬라는 단위길이 및 단위전류당 힘($[N/A/m]$ 또는 $[kg/A \cdot s^2]$)의 단위를 가지고 있다. 자속밀도를 나타내기 위해서 자주 사용되는 비표준 단위는 가우스$[g]$이다. ($1[T] = 10{,}000[g]$). 면적에 대해서 자속밀도를 적분하면 **자속**[13]값을 얻을 수 있다. 자속의 단위는 테슬라×제곱미터$[T \cdot m^2]$로서, **웨버**$[Wb]$로 표시한다. 그러므로 자속밀도를 단위면적당 웨버 $[Wb/m^2]$로도 나타낼 수 있으며, 이를 통해서 밀도라는 것을 명확히 나타낼 수 있다. 자속을 전류로 나눈 값을 **유도용량**[14]이라고 부른다. 유도용량의 단위는 $[Wb/A]$, $[T \cdot m^2/A]$ 또는 **헨리** $[H]$를 사용한다.

자속밀도와 자장강도 사이의 비율을 매질의 **투자율**[15]이라고 부르며, $[T \cdot m/A]$의 단위를 갖는다. 그런데 투자율은 헨리 단위에 대해서 지정된 양이므로 단위길이당 헨리$[H/m]$ 단위를 주로 사용한다. 제한적으로 사용되는 또 다른 자기량은 **자기저항**[16] 또는 **자기저항률**[17]이다. 이 값은 일종의 자기전도도로서 $[1/H]$ 단위를 사용한다. 이외에도 신호의 주파수에는 초당 사이클 수 $[cycles/s]$나 헤르츠$[Hz]$ 단위를 사용한다. 주파수와 관련된 단위로는 각주파수(또는 각속도) 단위인 $[rad/s]$가 있다.

이외에도 신호의 위상($[\deg]$나 $[rad]$), 감쇄계수와 위상값, 전력밀도 등과 같은 다양한 양들이 사용된다. 하지만 이들에 대해서는 그때그때 정의하기로 한다(이들 중 일부는 9장에서 소개할 예정이다). 위에서 설명한 단위들 중 일부(전류밀도, 전기장 및 자기장강도, 전기력선밀도와 자속밀도)는 벡터로서 크기와 방향을 가지고 있다. 이외의 양들은 스칼라로서 크기만 가지고 있다. 전력은 스칼라나 벡터로 나타낼 수 있지만, 여기서는 스칼라로만 취급하기로 한다. 표 5.1에서는 다양한 전기량과 자기량들과 이들에 사용되는 단위를 요약하여 보여주고 있다.

---

13) magnetic flux
14) inductance
15) permeability
16) magnetic reluctance
17) reluctivity

표 5.1 전기 및 자기량과 이들에 사용되는 단위

물리량	단위	비고	심벌
전류	암페어$[A]$		A
전류밀도	$[A/m^2]$ 또는 $[A/m]$, 본문 참조	벡터	J, $\boldsymbol{J}$
전압	볼트$[V]$		V
전하	쿨롬$[C]=[A\cdot s]$		Q, q
전하밀도	$[C/m]$, $[C/m^2]$ 또는 $[C/m^3]$		ρ_l, ρ_s, ρ_v
유전율	$[F/m]$		ε
전기장강도	$[V/m]$ 또는 $[N/C]$	벡터	E, $\boldsymbol{E}$
전기력선밀도	$[C/m^2]$	벡터	D, $\boldsymbol{D}$
전기력선	쿨롬$[C]$		Φ 또는 Φ_e
전력	와트$[W]=[A\cdot V]$		P
에너지	줄$[J]$ 또는 $[W\cdot h]$		W
에너지밀도	$[J/m^3]$		w
저항	옴$[\Omega]$		R
저항률	$[\Omega\cdot m]$		ρ
전기전도도	$[S/m]=[1/\Omega\cdot m]$	$\sigma=1/\rho$	σ
정전용량	패럿$[F]$		C
자속밀도	테슬라$[T]=[Wb/m^2]$, 가우스$[g]$	벡터	B, $\boldsymbol{B}$
자장강도	$[A/m]$	벡터	H, $\boldsymbol{H}$
자속	웨버$[Wb]=[T\cdot m^2]$		Φ 또는 Φ_m
유도용량	헨리$[H]=[Wb/A]$		L
자기투자율	$[H/m]$		μ
자기저항	$[1/H]$		$\Re$
주파수	헤르츠$[Hz]=[cycles/s]$		f
각속도	$[rad/s]$	$\omega=2\pi f$	ω

5.3 전기장: 정전용량 센서와 작동기

전기장 센서와 작동기들은 전기장과 부수효과들을 정의하는 각종 물리적 원리들을 기반으로 하여 작동한다. 이의 가장 대표적인 형태가 **정전용량**이므로 여기서는 정전용량을 중심으로 하여 논의를 진행할 예정이다. 정전용량은 단순회로를 사용하여 설명할 수 있으며, 전기장강도와 관련된 현상들에 잘 들어맞는다. 전하센서와 같은 일부 센서의 경우에는 전기장을 사용하여 설명하는 것이 더 쉽다. 하지만 전체적으로, 정전용량과 이를 센서와 작동기에 활용하는 방안에 대한 논의는 전기장 거동에 대한 복잡한 내용들을 공부할 필요 없이도 사용된 이론들에 대한 전반적인 이해를 위해서 필요한 모든 관점들을 다루고 있다.

모든 정전용량형 센서들은 직접 또는 간접적으로 가해지는 정전용량의 변화에 기초한다. 우선 정의에 따르면, 정전용량은 소자에 부가되는 전압과 전하 사이의 비율이다.

$$C = \frac{Q}{V} \ [C/V] \tag{5.1}$$

정전용량은 단위전압당 쿨롬$[C/V]$의 단위로 측정한다. 이 단위를 **패럿**$[F]$이라고 부른다. 전압은 두 위치 간의 전위차이로 정의되기 때문에, 정전용량은 전위차기가 부가된 두 도전성 물체 사이에서만 정의된다. **그림 5.1**에서는 이를 개략적으로 보여주고 있다. 그림에서, 물체 B에는 전지에 의해서 전하 $+Q$가 충전되며, 물체 A에는 크기는 같고 극성이 다른 전하 $-Q$가 충전된다. 임의의 두 도체들 사이에는 크기나 거리에 관계없이 정전용량이 형성된다. 하나의 도체에 생성된 정전용량도 물체에 형성된 전하와 2물체 시스템의 특수한 경우인 무한히 먼 곳에 대한 전위차를 사용하여 정의할 수 있다. 이들 사이에 전위차가 부가되면, 물체에는 전하가 충전되며 식 (5.1)의 관계가 성립된다. 그럼에도 불구하고, 정전용량은 전압이나 전하에 무관하다. 정전용량은 물리적인 크기와 소재의 성질에 의존할 뿐이다.

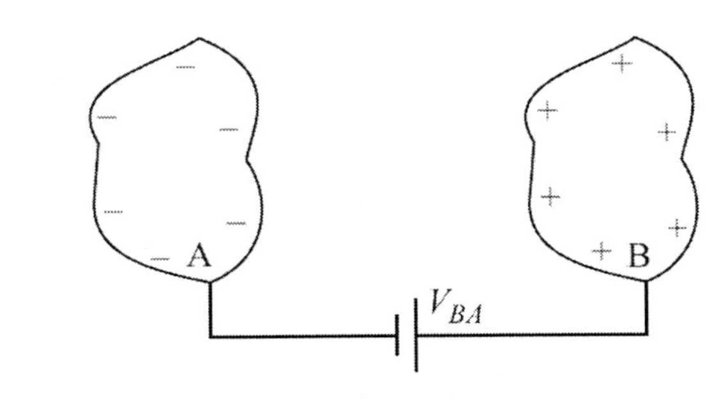

그림 5.1 정전용량의 개념과 정의

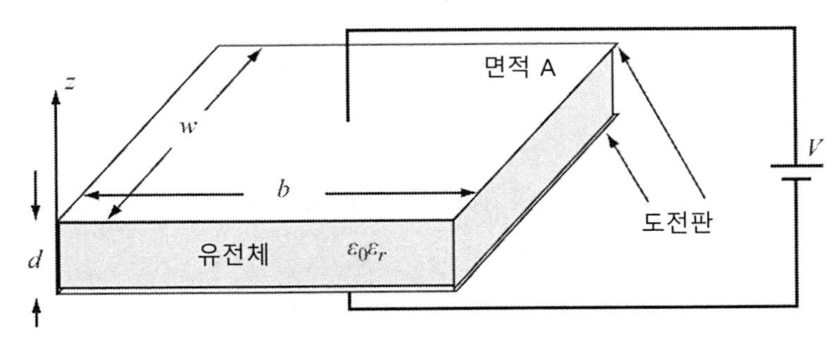

그림 5.2 직류전원에 연결되어 있는 평행판 커패시터

정전용량의 원리를 이해하기 위해서, **그림 5.2**에 도시되어 있는 평행한 두 도전판 사이에 생성된 정전용량에 대해서 살펴보기로 하자. 우선, 두 도전판 사이의 거리 d가 작다고 가정하면 이 도전판 사이에 형성된 정전용량은 다음과 같이 주어진다.

$$C = \varepsilon_0 \varepsilon_r \frac{S}{d} \ [F] \tag{5.2}$$

여기서 ε_0는 진공중에서의 유전율상수, ε_r은 두 도전판 사이에 충진된 매질의 비유전율상수, S는 도전판의 면적, 그리고 d는 두 도전판 사이의 거리이다. ε_0는 $8.854 \times 10^{-12}[F/m]$의 상수인 반면에, ε_r은 자유공간에서의 유전율(ε_0)에 대한 매질의 유전율 비이므로 무차원값이다. 유전율은 측정이 가능하며, 소재의 전기적 성질값으로 제공된다. 비록 반드시 그래야만 하는 것은 아니지만, 일반적으로 커패시터를 구성하는 두 도전판 사이에 충진되는 매질은 절연체라고 가정한다. 일반적으로 사용하는 절연체들의 비유전율이 **표 5.2**에 제시되어 있다.

표 5.2 다양한 소재들의 비유전율

소재	ε_r	소재	ε_r	소재	ε_r
수정	3.8~5	종이	3.0	실리카	3.8
갈륨비소	13	베이클라이트	5.0	수정	3.8
나일론	3.1~3.5	유리	6.0(4~7)	눈	3.8
파라핀	3.2	마이카	6.0	흙(건조)	2.8
아크릴	2.6	물(증류수)	81	나무(건조)	1.5~4
발포 폴리스티렌	1.05	폴리에틸렌	2.2	실리콘	11.8
테플론	2.0	폴리염화비닐	6.1	에틸알코올	25
티탄산바륨스트론튬	10,000.0	게르마늄	16	호박	2.7
공기	1.0006	글리세린	50	플렉시유리	3.4
고무	3.0			산화알루미늄	8.8

식 (5.2)를 구성하는 모든 항들이 정전용량에 영향을 끼치므로, 이들 각각의 변화를 감지할 수 있다. 이를 통해서 변위를 포함하여 변위를 유발하는 압력이나 힘 측정 및 근접센서, 유전율 변화를 통한 수분센서 등을 포함한 수없이 많은 물리량들을 측정할 수 있다. 그런데 식 (5.2)의 매우 단순한 표현식은 두 도전판 사이에 형성된 전기장이 외부 공간으로 누출되지 않는다는 매우 제한적인 가정하에서만 성립된다. d가 작지 않거나, 도전판이 다른 형태로 배치되는 등의 더 일반

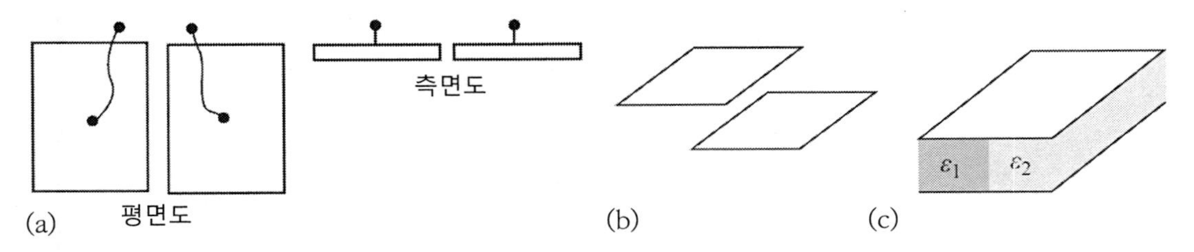

그림 5.3 (a) 옆으로 나란히 배치된 평행판. (b) 옆으로 이동한 평행판. (c) 도전판 사이의 유전체가 복합재로 이루어진 커패시터

적인 경우(그림 5.3 참조)에는 정전용량을 직접 계산할 수 없다. 하지만 여전히 다음과 같이 나타낼 수는 있다.

$$C \propto [\varepsilon_0,\ \varepsilon_r,\ S,\ 1/d] \tag{5.3}$$

즉, 정전용량은 유전율과 도전체(판) 단면적에 비례하며 도전체들 사이의 거리에 반비례한다. 평행판 커패시터는 구현 가능한 여러 유형의 커패시터들 중에서 단지 하나의 사례에 불과하다. 두 개의 도전체가 사용되는 한도 내에서는, 이들 사이의 정전용량을 정의할 수 있다. 그림 5.4에서는 센서에서 자주 사용되는 여타의 유용한 커패시터 배치들을 보여주고 있다. 6~10장에서도 다양한 정전용량형 센서들을 접할 수 있지만, 여기서는 위치, 근접, 변위 및 유체레벨 등을 측정하는 센서와 다양한 정전용량형 작동기들에 대해서 살펴볼 예정이다.

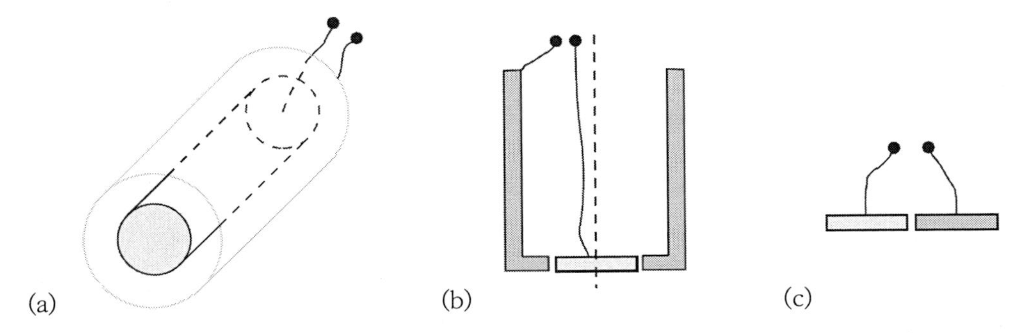

그림 5.4 (a) 실린더형 센서. (b) 수정된 형태의 평행판 센서. (c) 동일 평면상에 배치되어 있는 평행판 센서

5.3.1 정전용량식 위치, 근접 및 변위센서

식 (5.2)로 되돌아가서, 소자의 정전용량을 변화시키기 위해서 다음의 세 가지 기본적인 방식으로 위치와 변위를 활용할 수 있다.

1. 두 개의 (일반적으로 판이나 튜브형상의) 도전체들로 이루어진 커패시터에서 하나의 도전체를 고정된 다른 도전체에 대해서 상대적으로 이동시킨다. **그림 5.5**에는 다양한 구성방법들이 제시되어 있다. **그림 5.5 (a)**의 경우, 판형 센서와 고정되어 있는 판형 물체 사이의 상대적인 거리를 측정한다. 이것이 타당한 방법이기는 하지만 이런 방식은 상용품 센서를 사용할 수 있는 것이 아니며, 직접 제작해야만 한다. 따라서 일반적으로는 도전성 표면에 대한 측정용 센서판의 근접 여부만을 검출할 수 있을 것이다. **그림 5.6**에서는 이런 유형의 위치센서를 보여주고 있다. 하나의 도전판은 고정되어 있으며, 다른 판은 이동체에 장착되어 이동체와 함께 움직인다. 이동체의 움직임에 의해서 도전판 중 하나의 위치가 변하면 정전용량이 변한다. 판 사이의 거리가 좁은 한도 내에서는 정전용량은 두 도전판 사이의 거리에 반비례하며 출력의 선형성이 유지된다.
2. **그림 5.5 (b)**에서와 같이, 도전판들은 고정되어 있는 대신에 유전체가 움직일 수도 있다. 일부의 사례에서 실제로 이런 방식이 사용되고 있다. 예를 들어, 부표에 유전체를 연결하여 액체의 수위를 측정하거나, 이동기구에 유전체를 설치하여 이동거리 종점을 측정할 수 있다. 이런 소자들의 장점은 커패시터의 폭을 활용하기 때문에 선형성이 뛰어나며, 운동거리도 비교적 길다.
3. 또 다른 사례는 **그림 5.5 (c)**에서와 같이, 두 도전판의 상대적인 위치를 고정하고, 측정대상 표면과의 거리를 측정하는 것이다. 이 방법은 센서가 독립적이며, 거리나 위치를 측정하기 위해서 외부에 전기적인 연결이나 물리적인 배치가 필요 없어서 매우 실용적이다. 그런데 정전용량과 거리 사이의 관계가 비선형적이며, 전기장을 먼 거리까지 확장시키기 어렵기 때문에 측정거리가 제한된다.

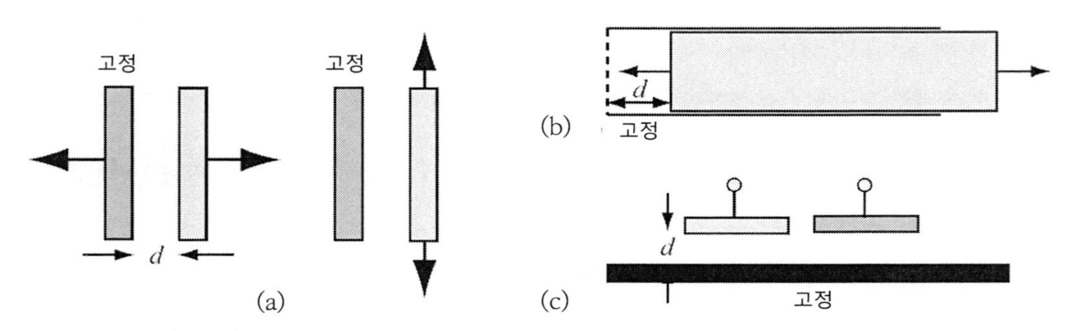

그림 5.5 위치, 근접 및 변위측정을 위한 정전용량 센서의 배치 사례. (a) 한쪽 판은 일반적으로 고장하며, 측정용 판은 커패시터의 거리 d나 표면적 S 변화를 검출한다. (b) 유전율 변화를 검출. (c) 거리변화를 검출

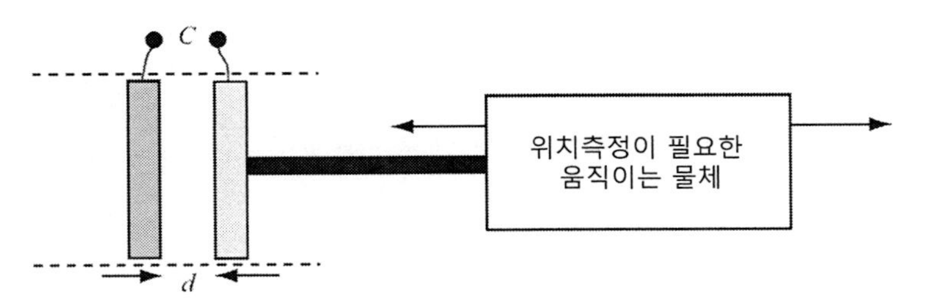

그림 5.6 정전용량형 위치센서의 개략도

예제 5.1 **소형 정전용량 변위센서**

그림 5.5 (a)에서와 같이 두 개의 도전판을 사용하여, 변위를 정확히 검출할 수 있는 소형의 센서를 만들 수 있다. 이 판들은 서로를 향하여 접근하거나 측면으로 움직일 수 있다. 여기서 살펴볼 센서들은 다음과 같다.

(a) 평행하게 배치되어 있는 두 도전판들의 크기는 $4\times4[mm^2]$이며, 최소거리 $0.1[mm]$와 최대거리 $1[mm]$ 이내에서 서로 접근하거나 멀어진다(그림 5.7 (a)).

(b) 평행하게 배치되어 있는 두 도전판들의 크기는 $4\times4[mm^2]$이며, 거리는 $0.1[mm]$로 고정되어 있다. 판들은 측면 방향으로 이동하며, 이동거리는 $0\sim2[mm]$이다(그림 5.7 (b)).

풀이

(a) 그림 5.7 (a)의 구조에 대해서 식 (5.2)를 사용하여 거리 $d(0.1[mm]<d<1[mm])$에 따른 정전용량을 계산할 수 있다. 아래 표의 두 번째 행에서는 이 계산결과를 보여주고 있다. 여기서 정전용량은 $[pF]=1\times10^{-12}[F]$ 단위를 사용하여 표기하였다. 전극판의 크기가 작기 때문에 정전용량도 매우 작으며, 테두리효과로 인해서 평행판 커패시터의 공식을 사용한 계산결과에는 오차가 발생하게 된다. 이 영향을 살펴보기 위해서, 정확한 정전용량값을 계산할 수 있어 식 (5.2)의 근사식을 사용할 필요가 없는, 모멘트법이라고 부르는 수치해석법을 사용하여 정전용량을 계산하였다. 다음 표의 세 번째 행에서는 모멘트법을 사용하여 얻은 결과를 보여주고 있다(정전용량계를 사용하여 실험적으로 측정할 수도 있다).

d[mm]	0.1	0.15	0.2	0.25	0.3	0.35	0.4	0.45	0.5	0.6	0.7	0.8	0.9	1.0
C[pF]	1.890	1.150	0.862	0.700	0.595	0.520	0.465	0.422	0.388	0.337	0.300	0.273	0.251	0.234
C[pF]	1.420	0.944	0.708	0.567	0.472	0.405	0.354	0.315	0.283	0.236	0.202	0.177	0.157	0.142

(b) 상부판의 측면방향 이동거리 $d(0.0[mm]<d<2[mm])$에 따른 정전용량값을 식 (5.2)를 사용하여 계산하였다. 다음 표의 두 번째 행에서는 이 계산결과를 보여주고 있다. 여기서 정전용량은 $[pF]$ 단위를 사용하여 표기하였다. 그리고 세 번째 행에서는 모멘트법을 사용하여 계산한 결과가 제시되어 있다.

d[mm]	0.0	0.2	0.4	0.6	0.8	1.0	1.2	1.4	1.6	1.8	2.0
C[pF]	1.89	1.83	1.75	1.67	1.58	1.49	1.41	1.32	1.23	1.15	1.06
C[pF]	1.42	1.35	1.27	1.20	1.13	1.06	0.992	0.921	0.850	0.779	0.708

예상했던 것처럼, 작은 판에 대하여 식 (5.2)를 사용한 단순계산 결과와 수치해석(또는 실험)결과 사이에는 큰 차이가 있다(판의 면적이 커지고 판 사이의 간극이 좁아지면 단순계산 결과와 수치해석 결과가 서로 근접한다). 그림 5.7 (c)와 (d)에서는 위의 두 표를 그래프로 보여주고 있다. 첫 번째로 주의할 점은 각 그림에 도시된 두 세트의 그래프들의 형태가 서로 정확히 일치하며, 위치만 이동했음을 알 수 있다. 두 번째로는, 측면방향으로 이동하는 방식의 센서가 더 선형적이지만 (커패시터에 충전되는 전하가 더 작기 때문에) 민감도는 떨어진다는 것을 알 수 있다. 제대로 교정된다면 두 유형 모두를 성공적으로 사용할 수 있다. 하지만 여기서 예시된 센서의 수치해석(또는 실험)결과를 사용하는 것은 적절하지만, 식 (5.2)를 사용한 단순계산 결과는 경향만 일치할 뿐 데이터가 정확하지 않다는 점에 주의해야 한다.

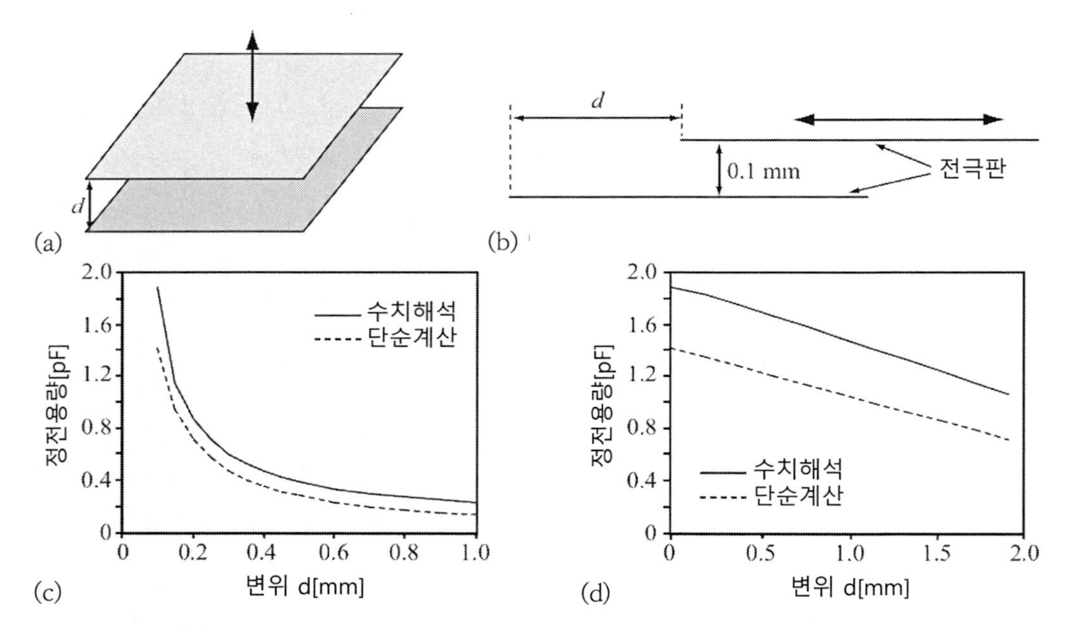

그림 5.7 정전용량형 변위센서. (a) 하부판은 고정, 상부판은 상하방향으로 이동하면서 위치측정. (b) 하부판은 고정 상부판은 측면방향으로 이동하면서 위치 측정. (c) (a)의 구조를 사용하는 센서의 변위에 따른 정전용량(단순계산 결과와 수치해석 결과) 비교. (d) (b)의 구조를 사용하는 센서의 변위에 따른 정전용량 비교

대부분의 근접센서에서는 그림 5.5 (c)의 방법이 가장 실용적이다. 하지만 이 방식을 사용하는 실제 센서의 구조는 약간 다르다. 전형적인 형태의 센서는 그림 5.8 (a)에 도시된 것처럼, 중공형 실린더 도전체가 센서의 한쪽 판을 담당한다. 다른 쪽 센서판은 실린더 하부의 중앙에 디스크

형상으로 설치된다. 외부 도전체 실드로 구조물을 밀봉하거나 절연체로 마감한다. 이 센서소자의 정전용량 C_0는 치수, 소재 및 구조에 의해서 결정된다. 하부 디스크와 인접하여 어떤 물체가 존재한다면, 센서의 유효 유전율이 변하며, 이로 인한 정전용량의 변화를 사용하여 센서와 임의표면 사이의 거리를 측정할 수 있다. 이런 센서는 임의 형상의 도체 및 부도체와의 거리를 측정할 수 있다는 것이지만, 출력은 선형적이지 못하다. 오히려 거리 d가 좁아질수록 센서의 민감도가 증가한다. 센서의 크기는 측정거리와 민감도에 큰 영향을 끼친다. 직경이 큰 센서는 측정범위가 길지만 민감도는 비교적 낮다. 반면에 직경이 작은 센서는 측정범위가 짧은 대신에 민감도가 높다. 그림 5.8 (b)에서는 (서로 다른 크기와 측정거리를 가지고 있는)일부 상용 정전용량형 센서들을 보여주고 있다. 이들은 도전성 표면을 측정하거나, 미리 설정된 거리에서 스위치를 켜는 목적으로 사용된다.

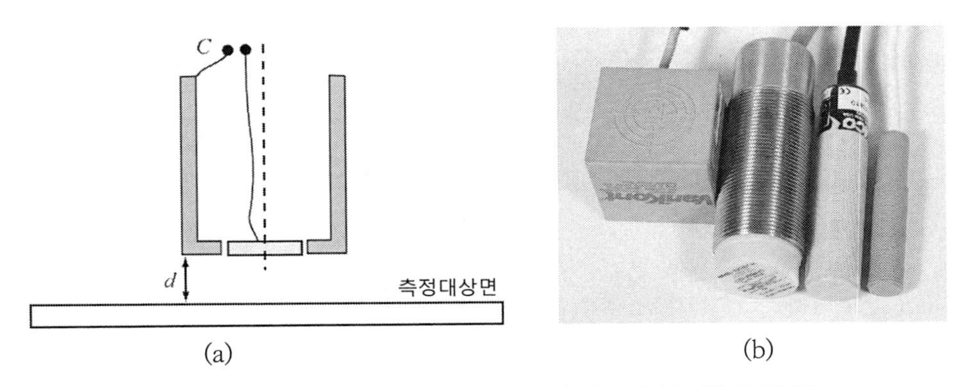

그림 5.8 (a) 실용적인 근접센서의 구조. (b) 상용 정전용량형 근접센서

정전용량형 위치센서와 근접센서들은 서로 다른 방식으로 만들 수 있다. 그림 5.9에서는 한 가지 유형의 센서구조를 보여주고 있다. 이 센서는 두 개의 고정판과 하나의 이동판으로 구성된다. 이동판이 중앙에 위치하면, $C_1 = C_2$이므로 접지에 대한 이동판의 전위가 0이다. 이동판이 위로 움직이면, 전위가 양이 된다(C_1은 증가하며, C_2는 감소한다). 반면에 이동판이 아래로 움직이면, 전위가 음이 된다(C_1은 감소하며, C_2는 증가한다). 이런 유형의 센서는 앞서의 센서구조보다 선형성이 더 뛰어나다. 하지만 두 고정판들 사이의 거리가 매우 좁아야만 하며, 이로 인하여 이동판의 이동거리도 매우 작다. 만일 두 고정판들 사이의 거리를 증가시킨다면, 정전용량이 매우 감소하여 측정 자체가 어려워진다. 이외에도 이동판이 고정판에 대해서 회전운동을 하도록 만들면 정전용량 센서를 사용하여 회전운동을 검출할 수 있다. 그림 5.10에 도시되어 있는 것처럼,

정전용량형 센서를 실린더 형상이나 머리빗 모양으로도 만들 수 있다.

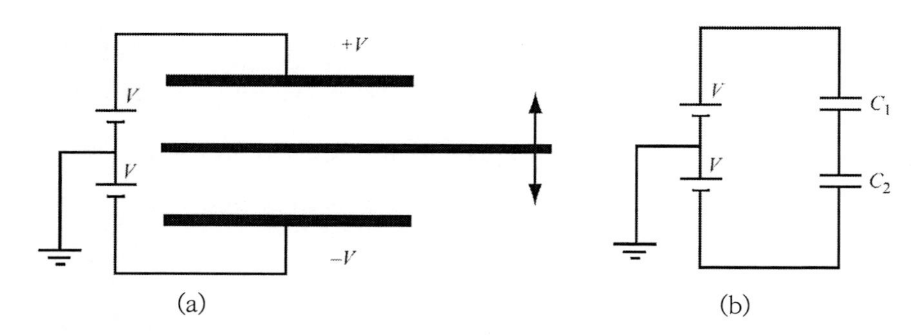

그림 5.9 선형성이 개선된 위치측정용 센서의 배치. (a) 센서의 구조. (b) 등가회로

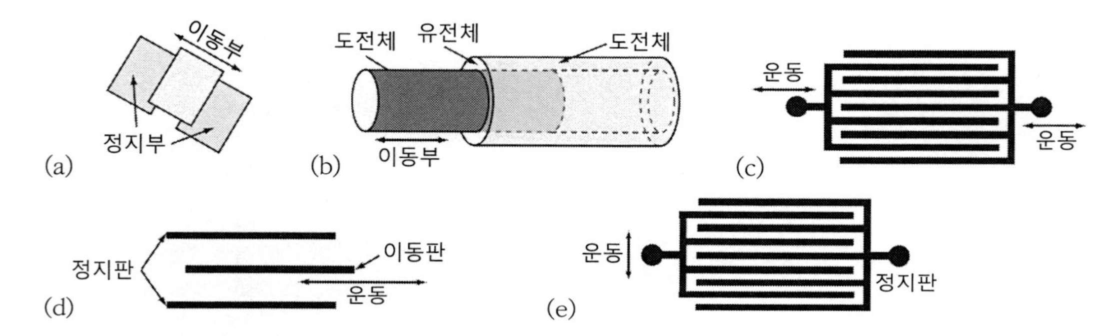

그림 5.10 (a) 측면방향 이동을 측정하는 차동식 정전용량형 센서. (b) 직선운동을 측정하는 실린더형 정전용량형 센서. (c) 머리빗 모양 전극을 깍지형으로 배치하여 좌우방향 직선운동을 측정하는 정전용량형 센서. (d) 차동식 정전용량형 센서. (e) 머리빗 모양 전극을 깍지형으로 배치하여 상하방향 직선운동을 측정하는 정전용량형 센서.

5.3.2 정전용량식 수위계

액면의 위치를 직접 측정하거나 부표에 연결된 직선 또는 회전운동방식 정전용량형 센서의 정전용량 변화를 측정하는 방식으로 앞에서 설명한 위치센서나 근접센서들 중 하나를 사용하여 수위를 측정할 수 있다. 수위를 측정하는 가장 단순한 직접측정 방법은 액체가(반드시 절연체여야만 한다) 두 도전성 표면 사이의 공간을 채워서 커패시터를 형성하도록 만드는 것이다. 예를 들어, 평행판 커패시터의 정전용량은 두 도전판 사이의 유전율에 정비례한다. 그러므로 판들 사이를 채우는 액체의 양이 증가할수록 정전용량이 증가하므로, 정전용량을 사용하여 두 판 사이를 채우는 액체의 수위를 측정할 수 있다. 그림 5.11에서는 **정전용량식 수위계**로 사용되는 평행판 커패시터를 보여주고 있다. 여기서 수면 아래에 위치한 판들 사이에 형성되는 정전용량 C_f는 다음과 같이 주어진다.

$$C_f = \frac{\varepsilon_f hw}{d} \ [F] \tag{5.4}$$

여기서 ε_f는 유체의 유전율, h는 유체의 높이, w는 도전판의 폭 그리고 d는 두 도전판 사이의 거리이다. 수면 위의 도전판에 형성된 정전용량 C_0는 다음과 같이 주어진다.

$$C_0 = \frac{\varepsilon_0 (l-h)w}{d} \ [F] \tag{5.5}$$

여기서 l은 커패시터를 구성하는 도전판의 전체 높이다. 따라서 센서의 총 정전용량은 이들 둘을 합한 값이 된다.

$$C = C_f + C_0 = \frac{\varepsilon_f hw}{d} + \frac{\varepsilon_0 (l-h)w}{d} = h\left[(\varepsilon_f - \varepsilon_0)\frac{w}{d}\right] - \frac{\varepsilon_0 lw}{d} \ [F] \tag{5.6}$$

이 식은 선형이며, 정전용량은 최소 $C_{\min} = \varepsilon_0 lw/d(h=0$인 경우)에서부터 최대 $C_{\max} = \varepsilon_f lw/d$ ($h=l$인 경우)에 이르기까지 변한다. 센서의 민감도는 dC/dh를 통해서 계산할 수 있으며 선형이다.

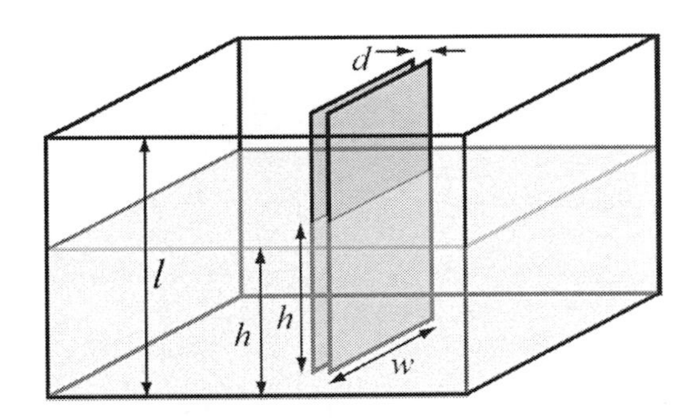

그림 5.11 정전용량형 수위계의 작동원리. 액체는 절연체여야만 한다.

비록 평행판 커패시터를 이런 용도로 사용할 수 있지만, 위의 식은 근사식일 뿐이다(위에서는 전기장이 도전판의 국부형상에는 영향을 받지 않는다고 가정하여 테두리효과를 무시하였다). 실제의 경우에는 이런 영향들 때문에 약간의 비선형성이 존재하며, 이런 비선형성은 도전판 사이의 거리에 의존한다. 또한 이런 방식은 절연성 액체(오일, 연료, 탈이온수)에 대해서만 유효하다는 것이다. 액체가 약간의 전도성을 가지고 있다면, 전극판을 절연매질로 코팅해야만 한다.

예제 5.2에서는 이 단순하고 견고한 센서를 실제로 구현하기 위한 더 일반적인 방법에 대해서 살펴보기로 한다.

예제 5.2 정전용량형 연료계

연료탱크의 게이지를 그림 5.12 (a)와 같이 만들었다. 동축방향으로 배치된 길이가 긴 두 개의 튜브를 연료 속에 담그면 연료의 수위까지 연료가 두 튜브 사이를 채운다. 탱크의 높이 $d=500[mm]$이며, 두 튜브도 이와 동일한 길이로 제작되었다. 내측 튜브의 반경 $a=5[mm]$이며, 외측 튜브의 반경 $b=10[mm]$이고, 연료의 비투자율 $\varepsilon_r=15$이다.

(a) 연료계의 전달함수(연료의 높이 h에 따른 정전용량)를 구하시오.

(b) 연료계의 민감도를 구하시오.

풀이

실린더가 비어 있는(연료탱크가 비어 있는) 경우의 정전용량을 C_0라고 하자. 길이가 d이며, 내측 반경은 a, 외측반경은 b인 동축형 커패시터의 정전용량은 다음과 같이 주어진다.

$$C_0=\frac{2\pi\varepsilon_0 d}{\ln(b/a)}\ [F]$$

만일 높이 h까지 연료가 채워지면 이 소자의 정전용량은 다음과 같이 변한다.

$$C_f=\frac{2\pi\varepsilon_0}{\ln(b/a)}(h\varepsilon_r+d-h)=\frac{2\pi\varepsilon_0}{\ln(b/a)}(\varepsilon_r-1)h+\frac{2\pi\varepsilon_0}{\ln(b/a)}d\ [F]$$

이에 수치값을 대입하여 계산해보면,

$$C_f=\frac{2\pi\times 8.85\times 10^{-12}}{\ln(10/5)}(14h+0.5)=1{,}123.62h+40.13\ [pF]$$

여기서 ε_r은 연료의 비유전율이다. 위 식에 따르면 정전용량은 $h=0$에서 $h=d$ 사이에서 h에 대하여 선형적임을 알 수 있다.
센서의 민감도는 다음과 같이 구해진다.

$$s=\frac{dC_f}{dh}=\frac{2\pi\varepsilon_0}{\ln(b/a)}(\varepsilon_r-1)\ \ [F/m]$$

민감도는 연료의 유전율과 두 튜브의 치수에 지배된다는 것을 알 수 있다. 여기에 수치값을 대입해 보면 $s=1{,}123.62[pF/m]$이다.

그림 5.12 (b)에서는 연료계의 전달함수 계산결과를 그래프로 보여주고 있다. 실제의 경우에는 연료의 높이가 아주 낮은 경우나 아주 높은 경우에는 커패시터의 테두리 효과 때문에 전달함수가 약간 비선형성을 나타낸다. 최고의 성능을 구현하기 위해서는 내부측 도전체와 외부측 도전체 사이의 거리가 좁아야 한다. 이를 통해서 연료의 높이가 아주 낮은 경우나 아주 높은 경우에 발생하는 모서리에서의 테두리효과에 의한 비선형성을 줄일 수 있다. 탱크가 비어 있는 경우의 정전용량 $C_0=40.13[pF]$이며 연료가 가득 차 있는 경우의 정전용량 $C_f=561.81[pF]$이다.

이런 형태의 정전용량형 연료계는 선박용 디젤 연료탱크나 항공기용 연료탱크에서 자주 사용된다. 이 개념은 오일과 같이 부도체인 모든 유형의 액체에 적용할 수 있으며, 전극을 절연코팅으로 마감한다면 물에도 활용할 수 있다.

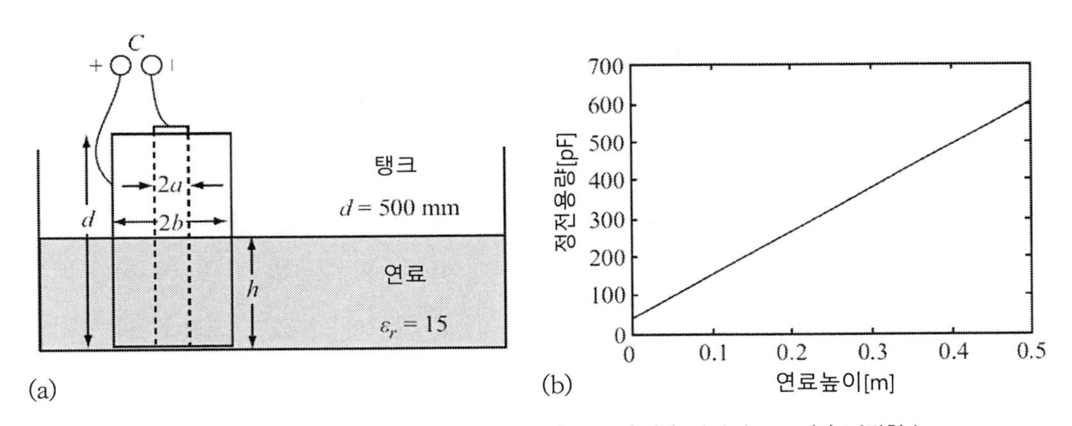

그림 5.12 전달함수가 개선된 연료수위센서(연료계). (a) 센서의 구조. (b) 전달함수.

정전용량형 센서들은 구조가 가장 단순하며 매우 견실한 센서로서, 여기서 설명한 사례 이외에도 매우 다양한 용도(이후의 장들에서 매우 많은 사례를 접하게 될 것이다)로 활용이 가능하다. 그런데 소수의 사례들을 제외하면, 정전용량 값이 매우 작으며 정전용량의 변화는 이보다 더욱 작다. 그러므로 이를 변환시키기 위해서는 특별한 방법이 필요하다. DC 전압을 측정하는 대신에 센서를 발진회로의 일부로 사용하면 발진 주파수가 정전용량에 의존하므로, 디지털 방식으로 발진 주파수를 측정하여 정전용량을 구할 수 있다. 또 다른 경우에는 정전용량을 검출하는 대신에 교류전원을 부가한 후에 회로의 임피던스나 위상각을 측정한다. 이런 주제에 대해서는 11장에서 논의할 예정이다.

5.3.3 정전용량식 작동기

정전용량식 작동기는 극단적으로 단순하여, **그림 5.1**과 같은 구조를 가지고 있다. 두 도전판 사이에 전압을 부가하면, 이들 사이에는 서로 반대극성의 전하가 충전된다. 쿨롬의 법칙에 따라서 이 전하들은 서로 잡아당기므로, 두 도전판이 서로 가까워지는 방향으로 힘이 발생한다. 쿨롬의 법칙은 전하와 전기장강도 사이의 힘을 정의하고 있다. 전기장강도 $\boldsymbol{E}[V/m]$ 내에서 전하 $Q[C]$가 부가되면 전기장에 의해서 전하에는 힘 $\boldsymbol{F}$가 가해진다.

$$\boldsymbol{F} = Q\boldsymbol{E} \; [N] \tag{5.7}$$

굵은 글씨로 표기한 전기장강도와 힘은 벡터량이다. 즉, 이들은 공간 내에서 크기와 방향을 가지고 있다. 평행판 커패시터의 경우에 두 도전판 사이에 형성된 전기장 강도의 크기는 다음과 같이 주어진다.

$$E = \frac{V}{d} \; [V/m] \tag{5.8}$$

전기장강도의 방향은 도전판과 수직이며 양으로 하전된 판에서 음으로 하전된 판을 향한다(이들 사이의 간극을 좁히려 한다. 즉, 두 도전판에 하전된 전하의 부호가 서로 반대이기 때문에 서로를 잡아당긴다). 이를 통해서 도전체의 기계적 운동을 구현할 수 있다. **그림 5.2**에 도시되어 있는 평행판 커패시터의 경우, 식 (5.1)을 사용하여 구한 Q와 식 (5.8)을 사용하여 구한 E를 식 (5.7)에 대입하여 작용력을 구할 수 있다. 여기서 주의할 점은 식 (5.8)에서 구한 전기장강도를 절반으로 나눠야 한다는 것이다. 이는 하부판에 의해서 생성되어 상부판에 작용하는 힘은 상부판의 위치에 부가되는 하부판의 전기장강도에 상부판의 전하량을 곱한 값이기 때문이다. 평행판 커패시터의 정전용량은 식 (5.2)와 같이 주어진다. 이를 모두 대입하여 작용력을 구하면 다음과 같다.

$$F = \frac{CV^2}{2d} = \frac{\varepsilon_0 \varepsilon_r S V^2}{2d^2} \; [N] \tag{5.9}$$

앞서와 마찬가지로, 좁은 거리 d를 사이에 두고 설치된 두 평행판이라는 가정이 성립되지 않는다면, 위 방정식의 오차는 증가하지만, 여전히 이를 사용하여 일반적인 경향을 추정할 수 있다. 즉, 힘은 S, ε 및 V^2에 비례하며 d^2에 반비례한다.

만일 힘이 작용한다면, 이 힘은 주어진 거리에 대한 에너지의 변화율이기 때문에 에너지도 함께 정의할 수 있다.

$$F = \frac{dW}{dl} \ [N] \tag{5.10}$$

그러므로 에너지는

$$W = \int_0^d \boldsymbol{F} \cdot d\boldsymbol{l} = \frac{\varepsilon_9 \varepsilon_r S V^2}{2d} = \frac{CV^2}{2} \ [J] \tag{5.11}$$

이를 다음과 같이 나타낼 수도 있다.

$$W = \frac{\varepsilon(Sd)}{2}\left(\frac{V^2}{d^2}\right) = \frac{\varepsilon E^2}{2} v \ [J] \tag{5.12}$$

여기서 v는 커패시터 도전판들 사이의 체적, ε은 매질의 유전율 그리고 $E = V/d$는 도전판들 사이에 형성된 전기장의 강도이다. $\varepsilon E^2/2$의 단위는 $[J/m^3]$이므로, 이는 커패시터의 에너지밀도이다.

하나의 도전판을 고정시킨 상태에서 도전판들 사이에 전위차를 가하면, 두 번째 도전판은 고정된 도전판에 대해서 움직이게 된다. **그림 5.13**에서는 이를 개략적으로 보여주고 있다. 이 운동을 위치결정에 사용할 수 있으며, 이 사례에서는 정전식 스피커에 사용하고 있다.

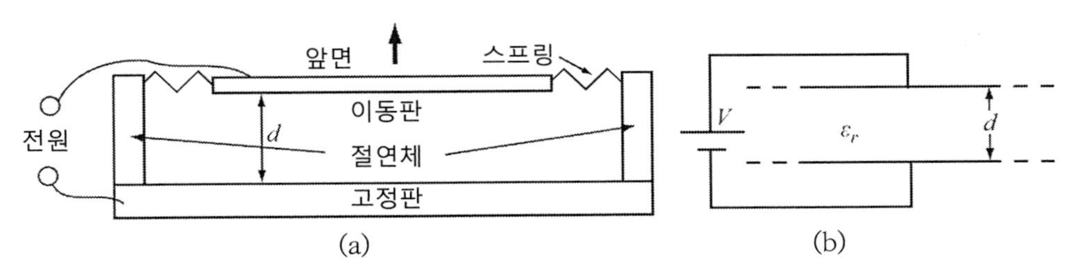

그림 5.13 (a) 정전용량형 작동기의 개략적인 구조. (b) 등가회로

그런데 식 (5.9)를 살펴보면 ε_0가 매우 작기 때문에 생성되는 힘도 매우 작다는 것을 알 수 있다. 이 소자가 유용한 일을 할 수 있도록 만들기 위해서는 (운동범위가 극히 제한되더라도) 도전판들 사이의 거리를 매우 좁게 유지하거나, 아니면 매우 높은 전압을 부가하여야만 한다. 정전식 스피커와 헤드폰의 경우에는 변위가 비교적 커야만 하므로, (수천 [V]에 이르는) 높은 전압을 사용해야만 한다.

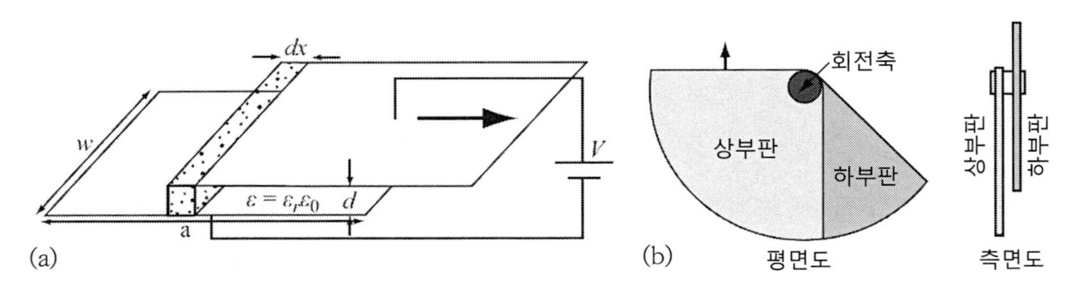

그림 5.14 정전용량형 작동기. (a) 직선형 작동기. 하부판은 고정되어 있으며, 상부판과 일정한 거리를 유지한다. 상부판은 하부판에 대해서 측면방향으로 상대운동을 할 수 있다. (b) 회전형 작동기. 도전판들 사이에 충전된 전하량에 따라서 상부판은 고정된 하부판에 대해서 상대 회전운동을 할 수 있다.

그런데 평행판 커패시터의 두 도전판들 사이에서의 수직방향 견인력만이 정전식 작동기의 유일한 구동메커니즘은 아니다. 그림 5.14 (a)에 도시되어 있는 평행판 커패시터의 도전판 구조를 살펴보기로 하자. 이들 두 도전판도 서로에 대해서 견인력을 작용하지만, 작용력은 수직방향 성분과 수평방향 성분으로 이루어진다. 도전판들은 서로를 잡아당겨서 서로 가까워지려고 할뿐만 아니라 수평방향으로도 서로 잡아당겨서 서로의 분리를 좁히려고 한다. 이런 기본적인 방법을 사용하여 그림 5.14 (b)에서와 같이 회전운동을 구현할 수도 있다. 이 경우에는 두 도전판들 사이의 거리는 고정되어 있으므로, 판들이 서로 완전히 겹쳐질 때까지 회전하려는 힘이 작용하게 된다. 초기 위치로 복원시키기 위한 스프링을 추가하고 나면, 이를 매우 정확한 위치결정기구로 만들 수 있다(예제 5.4 참조). 여기서 생성되는 힘은 **가상변위이론**을 사용하여 다음과 같이 계산할 수 있다. 그림 5.14 (a)에 도시된 전극구조에서 상부판이 좌측으로 dx만큼 가상변위를 일으켰다고 하자. 이로 인해서 판들 사이의 체적은 $dv = wddx$만큼 변한다. 여기서 w는 판의 폭이며, d는 판들 사이의 거리이다. 이 운동에 의한 에너지 변화량 dW는 Fdx와 같아야만 한다. 에너지밀도를 $\varepsilon E^2/2$라고 정의한다면 다음과 같은 등식이 만들어진다.

$$Fdx = dW = \frac{\varepsilon E^2}{2} wddx \tag{5.13}$$

따라서 측면방향으로 작용하는 힘 F는 다음과 같이 구해진다.

$$F = \frac{\varepsilon E^2}{2} wd \ \ [N] \tag{5.14}$$

이 힘이 작용하는 방향은 항상, 측면방향 작용력이 최소(0)가 되는 두 도전판이 완전히 겹치는 중앙 위치를 향한다.

예제 5.3 **정전식 작동기**

그림 5.13에 도시되어 있는 것처럼 소형 정전식 작동기가 제작되었다. 이동판의 면적 $S = 10[cm^2]$이며, (판들 사이에 전위차가 부가되지 않았을 때의) 분리거리 $d = 3[mm]$이다. 그리고 이동판을 지지하는 스프링의 등가강성 $k = 10[N/m]$이다.

(a) 이동판이 평형위치로부터 $1[mm]$ 이상 움직이지 않도록 최대전압진폭을 계산하시오.

(b) 앞서 계산된 전압이 부가되었을 때에 이 소자에 가해지는 최대 작용력은 얼마인가?

(c) 만약 (a)에서 계산한 것보다 더 큰 전압이 부가되면 무슨 일이 발생하겠는가?

풀이

(a) 이동판과 작동기 본체 사이에 작용하는 정전기력은 식 (5.9)와 같다.

$$F = \frac{\varepsilon_0 S V^2}{2d^2} \ \ [N]$$

여기서 ε_0는 공기의 유전율, S는 이동판의 표면적 그리고 d는 이동판과 바닥판 표면 사이의 거리이다. 이동판이 움직이면 이 운동방향과 반대로 스프링의 복원력이 작용하며, 이로 인하여 이동판을 원래의 위치로 되돌아가려 하게 된다. 그러므로 다음과 같은 힘의 방정식이 만들어진다.

$$F(x) = \frac{\varepsilon_0 S V^2}{(d-x)^2} - kx \ \ [N]$$

여기서 x는 이동판의 평형위치로부터의 이동거리이다. $x = 1[mm]$인 경우에, 이 힘은 0이 되어야만 한다. 그러므로 최대전압은 다음과 같이 계산된다.

$$V = \sqrt{\frac{2kx(d-x)^2}{\varepsilon_0 S}} \rightarrow$$

$$V_{x=1mm} = \sqrt{\frac{2\times(10\times10^{-3})\times(3\times10^{-3}-1\times10^{-3})^2}{(8.854\times10^{-12})\times(1\times10^{-3})}} = 3{,}005.9[V]$$

(b) 정전기력은 스프링의 복원력에 저항하기 때문에 최대 작용력은 $x=0$일 때 발생하며, 그 크기는 그림 5.15 (a)에 도시되어 있는 것처럼 $4.4[mN]$이다. 이 힘은 x가 증가함에 따라서 감소하며, $x=1[mm]$일 때에 0이 된다.

(c) 만일 $3{,}005.9[V]$보다 높은 전압이 이동판에 부가되면, $x=1[mm]$에서의 정전기력은 복원력보다 커지게 되므로, 이동판이 아래로 더 움직이게 된다. 이 과정에서 정전력이 복원력보다 더 빠르게 증가하게 되므로, 충돌방지지구가 설계되어 있지 않다면 이동판은 작동기와 충돌해 버린다. 그림 5.15 (b)에서는 $V=3{,}200[V]$가 부가된 경우의 작용력 변화를 $0<x<2[mm]$ 구간에 대해서 보여주고 있다. 이동판에 부가되는 전압이 증가함에 따라서 최소 작용력이 발생하는 위치인 x도 더 작은 쪽으로 이동한다.

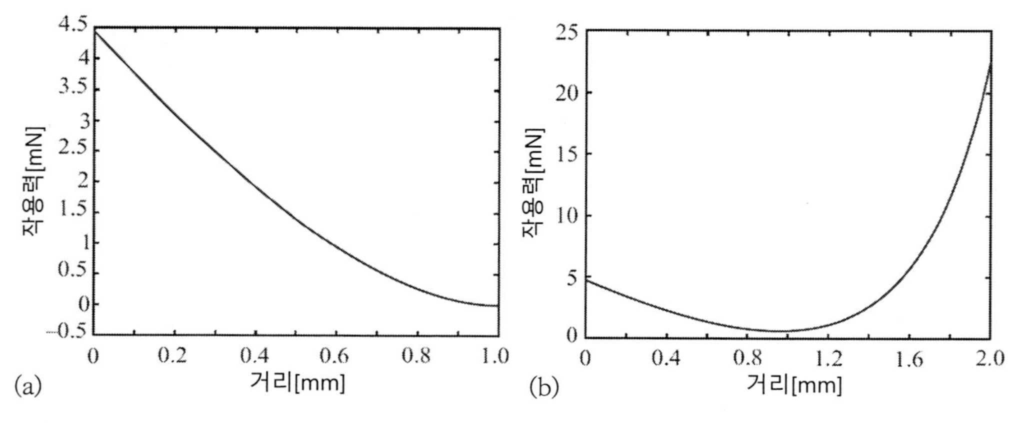

그림 5.15 그림 5.13의 이동판 변위에 따른 작용력 그래프. (a) $V=3{,}005.9[V]$가 부가되었을 때의 작용력 그래프. (b) $V=3{,}200[V]$가 부가되었을 때의 작용력 그래프

예제 5.4 회전식 정전용량 작동기

그림 5.14 (b)에 도시되어 있는 회전식 정전용량 작동기에 대해서 살펴보기로 하자. 작동기는 반경 $a=5[cm]$인 두 개의 반원형 판들로 이루어지며, 두 판들 사이에는 두께 $d=0.5[mm]$이며 유전율 $\varepsilon=4\varepsilon_0$인 플라스틱판이 삽입되어 있다. 이 판들 사이의 간극이 평행판 커패시터의 공식을 사용할 수 있을 정도로 충분히 좁다고 가정하여 다음을 계산하시오.

(a) 부가된 전압에 따라 이동판에 가해지는 작용력.

(b) 부가된 전압에 따라 이동판이 생성할 수 있는 토크

풀이

(a) 그림 5.16을 참조하여 (5.13) 및 식 (5.14)을 풀어서 다음과 같이 작용력을 구할 수 있다. 하부판이 $d\theta$만큼 회전한 경우에 공극체적의 변화량은 다음과 같이 계산된다.

$$dv = \frac{(ad\theta)ad}{2} \quad [m^3]$$

여기서 $ad\theta$는 원호의 길이이며, 점 찍힌 면적을 삼각형으로 간주할 수 있다. 이 가상변위에 의해 변하는 에너지량은 다음과 같이 계산된다.

$$dW = \frac{\varepsilon E^2}{2}dv = \frac{\varepsilon V^2}{4d^2}a^2 d d\theta = \frac{\varepsilon V^2 a^2}{4d}d\theta \quad [J]$$

정의에 따르면 힘은 에너지의 변화율이다.

$$F = \frac{dW}{d\theta} = \frac{\varepsilon V^2 a^2}{4d} \quad [N]$$

따라서 작용력은 부가된 전압, 유전율, 두 판 사이의 거리 그리고 판의 반경에 의존한다. 여기에 수치값을 대입하여 계산해 보면,

$$F = \frac{4\times 8.845\times 10^{-12}\times 0.05^2}{4\times 0.0005}V^2 = 44.27\times 10^{-12}V^2 \quad [N]$$

(b) 작용력과 이 작용력이 가해지는 반경을 곱하면 토크가 구해진다. 힘은 무게중심 위치에 작용하므로, 이 위치를 계산하거나 최소한 이를 추정할 수 있어야만 한다. 이 예제에서는 표를 사용하여 결괏값을 구할 수 있다. 사분원판의 경우에는 무게중심의 위치가 반경방향으로 $4a\sqrt{2}/3\pi$에 위치한다. 그러므로 토크는 다음과 같이 계산된다.

$$T = Fl = \frac{\varepsilon V^2 a^2}{4d}\frac{4a\sqrt{2}}{3\pi} = \frac{\varepsilon V^2 a^3\sqrt{2}}{3\pi d} \quad [N\cdot m]$$

여기에 수치값을 대입하여 계산해보면,

$$T = \frac{4\times 8.845\times 10^{-12}\times 0.05^3\sqrt{2}}{3\times\pi\times 0.0005}V^2 = 1.33\times 10^{-12}V^2 \quad [N\cdot m]$$

예상했던 것처럼, 작용력과 토크는 매우 작지만, 전압이 부가되면 매우 빠르게 생성된다. 비록 이 작동기를 일반적인 용도에 사용할 수는 없겠지만, 10장에서 논의할 MEMS 소자에서는 매우 유용하다.

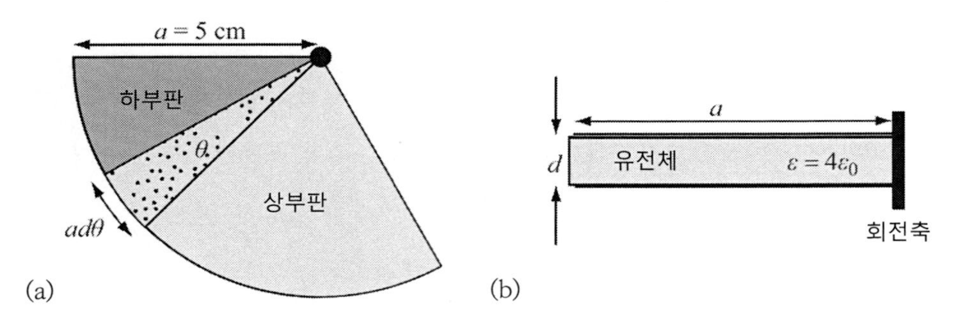

그림 5.16 회전형 정전용량 작동기. (a) 평면도. (b) 측면도

5.4 자기장: 센서와 작동기

자기센서와 자기 작동기는 **자기장**(더 엄밀하게 자속밀도 $\boldsymbol{B}$)과 부수적인 효과들에 의존한다. 자속밀도를 자기유도라고도 부르기 때문에 자기센서라는 명칭 대신에 **유도형 센서**라는 이름을 사용한다. 그런데 유도라는 명칭은 뒤에서 설명할 다른 의미를 가지고 있기 때문에 사용에 주의가 필요하다. 전기식 센서와 작동기의 경우와 마찬가지로, 자기장에 대해서도 (맥스웰 방정식을 완벽하게 이해하기 위해서 필요한) 복잡한 이론들에 대한 자세한 설명을 생략하고, 가능한 한 단순화하여 살펴보기로 한다. 그러므로 대부분의 설명은 맥스웰 방정식을 사용하지 않아도 되거나 최소한 정량적으로 설명할 수 있는 유도용량, 자기회로, 자기력 등의 개념을 사용한다. 이로 인하여 일부의 값들은 근사값이며, 일부는 정량적으로만 설명할 수 있다.

일단, 영구자석을 사용하여 자기장에 대해서 살펴보기로 하자. 자석은 공간을 가로질러서 다른 자석에 힘을 가한다. 우리는 자석 주변에 자기장이 존재하여, 이들이 상호작용을 한다고 말한다. 이 힘장은 사실 자기장이다(**그림 5.17 (a)**). 코일에 전류를 흘려도 이와 동일한 현상이 관찰된다(**그림 5.17 (b)**). **그림 5.17**의 두 장들은 서로 동일한 성질을 가지고 있으며, 이들의 근원도 서로 동일하므로, 모든 자기장들은 전류에 의해서 생성된다고 결론지을 수 있다. 영구자석의 경우, 전류는 선회하는 전자들에 의해서 생성되는 원자전류이다. 하나의 자석은 다른 영구자석을 잡아당기거나 밀쳐낸다. 이것이 관찰 가능한 자기장의 첫 번째 상호작용이다. 그런데, 영구자석은 철편을 잡아당기지만 구리는 잡아당기지 못한다. 결론적으로 소재들마다 서로 다른 자기성질을 가지고 있다. 이런 성질은 소재의 투자율 $\mu[H/m]$에 의해서 지배된다. 자기장의 강도는 일반적으로 자속밀도 $\boldsymbol{B}[T]$ 또는 자장강도 $\boldsymbol{H}[A/m]$로 나타낸다. 두 장들은 다음의 상관관계를 가지고 있다.

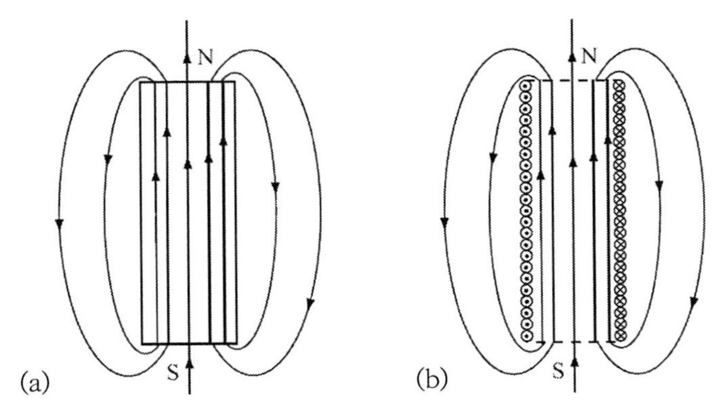

그림 5.17 (a) 영구자석. (b) 영구자석과 동일한 자기장을 형성하는 코일

$$\boldsymbol{B} = \mu_0 \mu_r \boldsymbol{H} \ [T] \tag{5.15}$$

여기서 $\mu_0 = 4\pi \times 10^{-7}[H/m]$는 진공 중에서의 투자율이며, μ_r은 매질의 비투자율이다. 이 비투자율 μ_r은 매질의 투자율을 진공 중에서의 값에 대한 상대적인 비율로 나타낸 값으로서, 무차원량이며 각 소재마다 서로 다른 값을 가지고 있다. 표 5.3 (a)~(d)에서는 일부 소재들의 **투자율**을 보여주고 있으며, 비투자율에 기초하여 이들을 분류하고 있다. 만일 $\mu_r < 1$이면, 소재를 **반자성체**라고 부르며, $\mu_r > 1$이면 **상자성체**라고 부른다. 그리고 $\mu_r \gg 1$이면 **강자성체**라고 부르며, 자기장을 사용하는 경우에 가장 유용한 소재이다. 다양한 유형(페라이트, 자성분말, 자성유체, 자성유리 등)의 자성소재들이 사용되고 있으며, 필요시 이들에 대해서 설명할 예정이다. 연질 자성소재들은 자화반전이 가능한 반면에(외부 자기장이 부가되었을 때에 영구자석으로 변하지 않는다), 경질 자성소재는 자화된 상태를 유지하기 때문에 영구자석으로 사용된다.

표 5.3 (a) 다양한 반자성체와 상자성체 소재들의 투자율

소재	비투자율 μ_r	소재	비투자율 μ_r
은	0.999974	공기	1.00000036
물	0.9999991	알루미늄	1.000021
구리	0.999991	팔라듐	1.0008
수은	0.999968	백금	1.00029
납	0.999983	텅스텐	1.000068
금	0.999998	마그네슘	1.00000693
그라파이트(탄소)	0.999956	망간	1.000125
수소	0.999999998	산소	1.0000019

표 5.3 (b) 다양한 강자성체 소재들의 투자율

소재	비투자율 μ_r	소재	비투자율 μ_r
코발트	250	퍼멀로이(Ni 78.5%)	100,000
니켈	600	Fe_3O_4(자성)	100
철	6,000	페라이트	5,000
슈퍼멀로이(Mo 5%, Ni 79%)	10^7	뮤합금(Ni 75%, Cu 5%, Cr 2%)	100,000
강철(C 0.9%)	100	퍼멘더	5,000
규소철(Si 4%)	7,000		

표 5.3 (c) 다양한 연질 자성소재들의 투자율

소재	(최대)비투자율 μ_r
철(불순물 0.2%)	9,000
순철(불순물 0.05%)	2×10^5
규소철(Si 3%)	55,000
퍼멀로이	10^6
슈퍼멀로이(Mo 5%, Ni 79%)	10^7
퍼멘더	5,000
니켈	600

표 5.3 (d) 다양한 경질 자성소재들의 투자율

소재	비투자율 μ_r
알니코(알루미늄-니켈-코발트)	3~5
페라이트(바륨-철)	1.1
Sm-Co(사마륨-코발트)	1.05
Nd-Fe-B(네오디뮴-철-붕소)	1.05

특히 강자성체와 같은 자성소재들은 앞서 설명한 내용 이외에도 **자기 히스테리시스**와 **비선형 자화곡선**이라는 두 가지 중요한 성질들을 가지고 있다. 그림 5.18에서는 자기 히스테리시스 곡선을 보여주고 있다. 그림에 따르면, (자기장 강도의 변화에 의해서) 자화량이 증가할 때와 감소할 때에 서로 다른 경로를 따라서 변한다는 것을 알 수 있다. 자화곡선에 둘러싸인 면적은 손실에 해당한다. 측정의 관점에서, 이 곡선의 면적이 좁을수록 역방향으로의 자화가 용이해진다는 것을 알 수 있다. 이런 소재들은 전기모터나 변압기와 같이 교류전류하에서 작동하는 기기의 자기 코어 소재로 적합하다. 자화곡선의 면적이 넓을수록 자화를 반전시키기가 어려워지며, 이런 소재들은 일반적으로 영구자석으로 사용된다.

투자율은 자화곡선의 기울기이다(그림 5.18 (b)). 이 기울기는 매 위치마다 변하기 때문에 투자율은 비선형성을 가지고 있다.

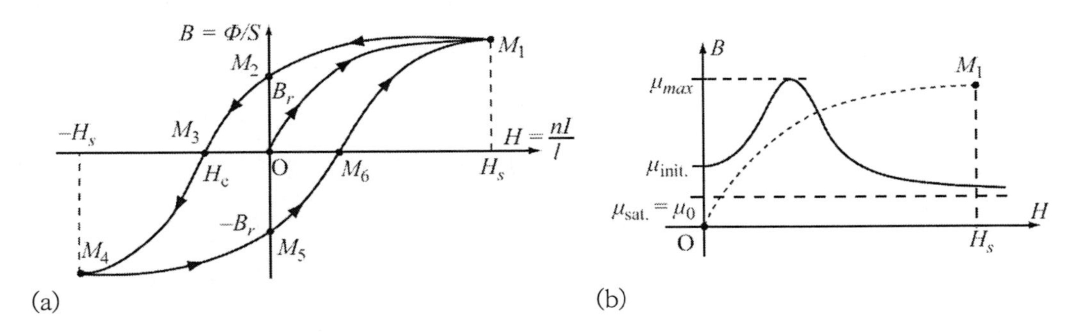

그림 5.18 (a) 히스테리시스(자화) 곡선. (b) 강자성체의 투자율 곡선

전류와 자속밀도 사이에는 중요한 상관관계가 존재한다. 전류 I를 흘리며, 투자율 $\mu = \mu_0\mu_r$인 소재 속에 위치해 있는 길이가 매우 긴 도선의 주변에 형성되는 자속밀도는 다음과 같이 주어진다.

$$B = \mu_0\mu_r \frac{I}{2\pi r} \quad [T] \tag{5.16}$$

여기서 r은 자속밀도를 계산할 위치와 도선 사이의 거리이다(그림 5.19 (a)). 그림에는 자기장의 방향도 함께 표시되어 있다. 만일 이 시스템에 좌표계를 배정하면(이 사례에서는 원통좌표계), 전류는 z-축 방향으로 흐르는 경우, 다음과 같이 벡터식으로 자기장을 나타낼 수 있다.

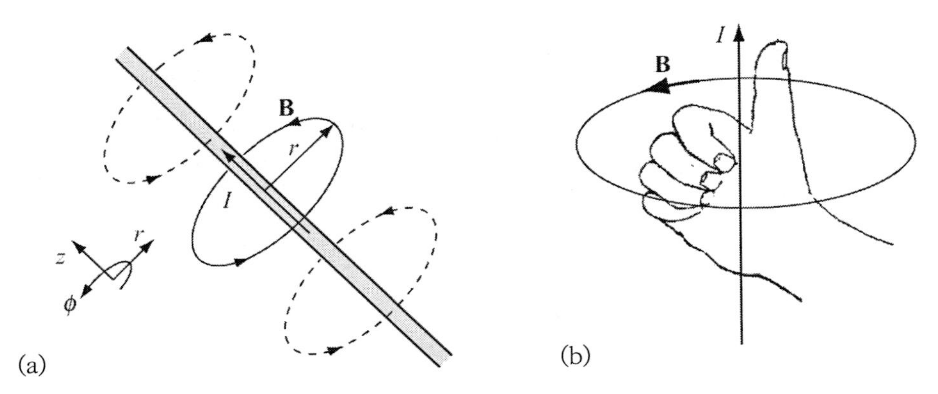

그림 5.19 (a) 전류가 흐르고 있는 길이가 긴 직선형 도선의 주변에 형성된 자기장. (b) 전류와 자기장 사이의 상관관계 (오른손법칙)

$$\boldsymbol{B}= \hat{\boldsymbol{\phi}}\mu_0\mu_r\frac{I}{2\pi r} \ [T] \tag{5.17}$$

여기서 중요한 점은 자기장이 전류와 직교한다는 것이다. 전류와 자기장 사이의 상관관계는 **그림 5.19 (b)**에서와 같이 오른손의 법칙을 사용하여 확인할 수 있다.

더 실용적인 구조의 경우, 도선의 길이는 무한히 길어질 수 없으므로, 코일의 형태로 감아서 사용한다. 하지만 기본적인 자기장 생성원리는 동일하다. 흐르는 전류와 투자율이 커질수록, 전류가 흐르는 도선과 자기장이 필요한 위치 사이의 거리가 짧아질수록 자속밀도가 커진다. 식 (5.16)은 길이가 길고 얇은 도선에 대해서만 유효하다. 단위길이당 권선수가 n인 길이가 긴 **솔레노이드**(**그림 5.20 (a)**)의 경우, 솔레노이드 내부에서의 자속밀도는 일정하며, 다음과 같이 주어진다.

$$\boldsymbol{B}= \hat{\boldsymbol{z}}\mu_0\mu_r nI \ [T] \tag{5.18}$$

솔레노이드 외부에서의 자속밀도는 0이다. 이와 마찬가지로, 평균반경이 r_0이고 단면적은 S이며, 토러스의 주변으로 균일하게 N회의 권선이 감겨져 있는 **토로이드 코일**(**그림 5.20 (b)**)의 내부에 형성되는 자속밀도는 다음과 같이 주어진다.

$$\boldsymbol{B}= \hat{\boldsymbol{\phi}}\frac{\mu_0\mu_r NI}{2\pi r_0} \ [T] \tag{5.19}$$

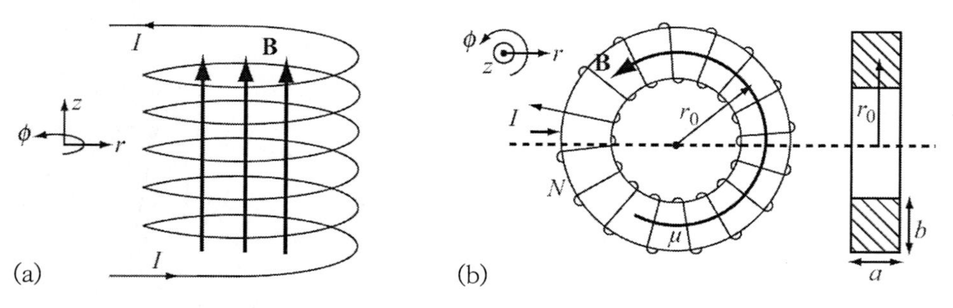

그림 5.20 길이가 긴 솔레노이드에 형성된 자기장. (b) 토로이드 코일에 형성된 자기장

토로이드 코일의 외부의 자속밀도는 0이다. 여타의 구조들에서는 자속밀도가 더욱 복잡하기 때문에 단순계산으로는 계산하기가 어렵다.

만일 자속밀도를 면적에 대해서 적분하면, 해당 영역에서의 자속을 구할 수 있다.

$$\Phi = \int_S \boldsymbol{B} \cdot d\boldsymbol{s} \ [Wb] \tag{5.20}$$

물론, 면적 S 전체에서 $\boldsymbol{B}$가 각도 θ를 가지고 일정하게 분포되어 있다면, 식 (5.20)의 스칼라 곱을 사용하여 자속을 구할 수 있으며, $\Phi = BS\cos\theta$을 얻을 수 있다.

자기장 내에서 작용하는 힘에 대해서 살펴보기로 하자. 자기장 $\boldsymbol{B}$ 내에서 속도 $\boldsymbol{v}$로 움직이는 전하에 가해지는 힘인 **로렌츠력**[18]은 다음과 같이 주어진다.

$$\boldsymbol{F} = q\boldsymbol{v} \times \boldsymbol{B} \ [N] \tag{5.21}$$

여기서 힘은 $\boldsymbol{v}$와 $\boldsymbol{B}$에 직교한다. 로렌츠력의 크기는 다음과 같이 나타낼 수 있다.

$$F = qvB\sin\theta_{vB} \ [N] \tag{5.22}$$

여기서 θ_{vB}는 그림 5.21 (a)에 도시되어 있는 것처럼, 전하 q의 운동방향과 $\boldsymbol{B}$ 사이의 사잇각이다. 대부분의 측정에서 (일부의 경우를 제외하면) 전하는 공간중을 이동하지 않으며, 도전체 내에 집적되어 있다. 이런 경우, 힘은 전하가 아니라 전류에 의해서 생성된다. 단위체적당 n개의 전하를 가지고 있는 전류밀도는 다음과 같이 주어진다.

$$\boldsymbol{J} = nq\boldsymbol{v} \ [A/m^2] \tag{5.23}$$

이를 사용하여 식 (5.21)을 단위체적당 작용력으로 다시 나타낼 수 있다.

$$\boldsymbol{f} = \boldsymbol{J} \times \boldsymbol{B} \ [N/m^3] \tag{5.24}$$

또는 이를 전류밀도가 흐르는 체적에 대해서 적분하여 전류에 의해서 생성된 총 작용력을 구할 수 있다.

---

18) Lorentz force

$$\boldsymbol{F} = \int_v \boldsymbol{J} \times \boldsymbol{B} dv \ [N] \tag{5.25}$$

앞서와 마찬가지로, 힘밀도는 $f = JB\sin\theta$이다. 여기서, θ는 자속밀도와 전류밀도 사이의 각도이다.

그림 5.21 (b)에서는 서로 반대방향으로 전류를 흘리는 두 도선이 도시되어 있다. 두 도선들이 서로에게 가하는 힘은 도선들을 서로 멀어지게 만든다. 이 힘의 크기는 식 (5.17)과 식 (5.18)을 사용하여 구할 수 있다. 만일 전류가 서로 동일한 방향으로 흐른다면, (자기장이 반전되므로) 도선들 사이에는 견인력이 작용한다. 전류 $I[A]$가 흐르는 길이가 긴 도선이 길이 L인 구간 내에서 자속밀도 $B[T]$를 통과하는 경우, 이 도선에 가해지는 힘은 다음과 같다.

$$F = BIL \ [N] \tag{5.26}$$

이와는 다르게 배치된 경우에는 상관관계가 훨씬 더 복잡해진다. 하지만 일반적으로 힘은 B, I 및 L에 비례한다. 전류가 흐르는 하나의 도선은 그림 5.21 (c)에 도시되어 있는 것처럼 당겨지거나 밀쳐진다. 이것이 자기구동의 기본원리이다. B, I 및 L을 조절할 수 있으며, 매우 큰 값을 가지고 있기 때문에, 전기장 작동기와는 달리 이 힘은 매우 크다. 지금까지 살펴본 관계식들과 앞으로 사용할 식들은 매우 단순하다. 하지만 이것만으로도 자기소자들의 거동을 최소한 정량적으로 이해하며, 센서와 작동기들이 어떻게 작동하는지를 설명하는 데에는 충분하다.

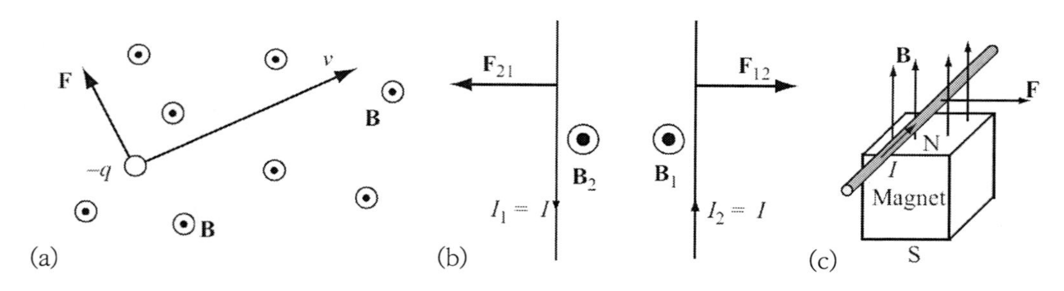

그림 5.21 (a) 자기장 속에서 이동하는 전하에 작용하는 힘. (b) 서로 반대방향으로 흐르는 전류가 서로에게 작용하는 힘. (c) 영구자석이 전류가 흐르는 도선에 가하는 힘

5.4.1 유도형 센서

정전용량이 전기소자의 기본성질인 것과 마찬가지로 **유도용량**[19]은 자기소자의 기본성질이다. 유도용량은 자속과 전류에 의해서 다음과 같이 정의된다.

$$L = \frac{\Phi}{I} \ [Wb/A] \text{ 또는 } [H] \tag{5.27}$$

유도용량의 단위로는 **헨리**$[H]$를 사용한다. 자속 Φ가 전류에 비례하기 때문에(식 (5.17)과 (5.20)), 유도용량은 전류에 영향을 받지 않는다. 모든 자기소자들은 유도용량을 가지고 있지만, 대부분의 경우 전자석과 관련되어 있다. 전자석의 경우, 일반적으로 코일 형태로 제작된 도체를 통과하는 전류에 의해서 자속이 생성된다. 두 가지 유형의 유도용량을 정의할 수 있다.

1. **자기유도용량**: 회로(도체나 코일) 자체에 의해서 생성되는 자속과, 회로를 통과하며 이를 유발하는 전류 사이의 비율, 즉 식 (5.20)에서 구한 자속은 소자 스스로가 생성한 자속이다. 일반적으로 이를 L_{ii}로 표기한다.
2. **상호유도용량**: 회로 j 내의 회로 i에 의해서 생성된 자속과 이를 생성하기 위해서 회로 i를 통과하여 흐르는 전류 사이의 비율. 일반적으로 이를 M_{ij}로 표기한다.

그림 5.22 (a)에서는 자기유도의 개념을 보여주고 있으며, 그림 5.22 (b)에서는 상호유도의 개념을 보여주고 있다. 모든 회로(도전체와 코일)들은 자기유도용량을 가지고 있다. 두 회로들 중 한쪽에 전류가 흐르면서 생성된 자기장(자속)이 두 회로에 모두 영향을 끼치는 경우에는 두 회로 사이에 상호유도용량이 존재한다. 이 커플링은 크거나(심하게 커플링 된 회로), 작을(약하게 커플링된 회로) 수 있다.

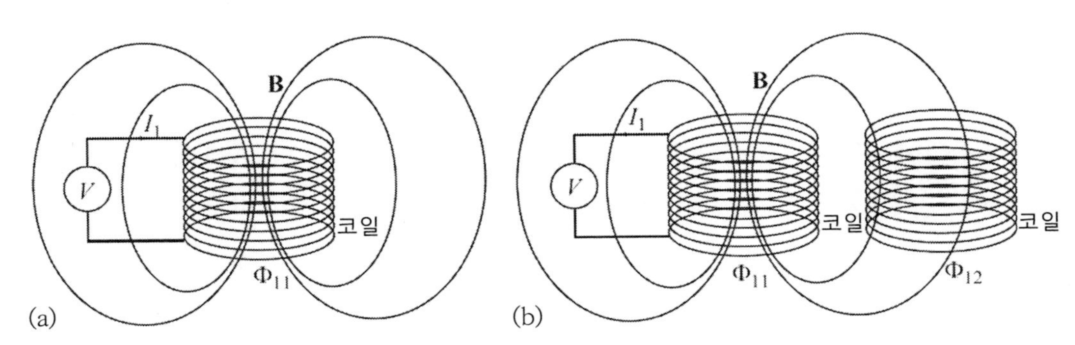

그림 5.22 유도용량의 개념. (a) 자기유도용량. (b) 자기유도용량과 상호유도용량. 상호유도용량은 두 코일들의 자속연결에 의해서 발생한다.

---

19) inductance

유도용량의 측정은 비교적 쉬운 반면에 유도용량 계산은 쉽지 않으며, 기하학적인 형상과 세부적인 상태에 의존한다. 그럼에도 불구하고, 도전체와 다양한 코일들에 대한 유도용량을 계산하는 엄밀해와 근사식들이 존재한다. 예를 들어, 반경이 r이며 권선 수는 $n[turns/m]$인 길이가 긴 실린더형 코일의 자기유도용량은 다음의 근사식을 사용하여 구할 수 있다.

$$L = \mu n^2 \pi r^2 \ \ [H/m] \tag{5.28}$$

토로이드형 코일의 자기유도용량도 비교적 용이하게 구할 수 있다. 이외에도 짧은 코일이나 직선형 도선에 대한 근사식도 제시되어 있다.

인덕터에 부가된 전압과 이를 통과하여 흐르는 전류 사이의 상관관계는 다음과 같이 교류 특성을 갖는다.

$$V = L\frac{dI(t)}{dt} \ \ [V] \tag{5.29}$$

여기서 $I(t)$는 인덕터를 통과하여 흐르는 전류이며, L은 총 유도용량이다. 이 전압은 전류가 공급되는 전원의 극성과 반대이기 때문에 **역기전력**이라고 부른다.

만일 두 번째 코일에 의해서 생성된 자기장 속에 권선수가 N인 코일이 위치해 있다면, **유도전압**(**유도기전력**이라고 부른다)은 다음과 같이 주어진다.

$$emf = -N\frac{d\Phi}{dt} \ \ [V] \tag{5.30}$$

여기서 음의 부호는 자속을 생성하는 전류와 코일에 유발된 전압 사이의 위상차이를 나타낸다. 예를 들어, 그림 5.22 (b)의 경우에 1번(좌측) 코일에 의해서 생성된 자기장에 의해서 2번(우측) 코일에 유도된 전압은 $-N_2 d\Phi_{12}/dt$이다. 여기서 N_2는 2번 코일의 권선수이며, Φ_{12}는 1번 코일에 의해서 2번 코일에 유도된 자속이다. 식 (5.30)은 일반식에 불과하며, 이 식의 유용성은 얼마나 자속을 정확하게 산출하느냐에 달려 있다. 일부의 경우에는 자속을 비교적 손쉽게 구할 수 있지만, 대부분의 경우에는 그렇지 못하다.

자기유도용량과 상호유도용량의 개념은 변압기의 작동원리와 관계되어 있다. 변압기의 경우,

두 개 이상의 코일들을 갖추고 있으며, **그림 5.23**에 도시되어 있는 것처럼, 하나의 회로(코일)에 AC 전압이 부가되면, 이 구동코일과 커플링된 회로(코일)에 전압이 유도된다. 권선수가 각각 N_1과 N_2인 코일들에 전류가 흐르면 자속이 생성된다. 1번 코일에 의해서 생성된 모든 자속은(철과 같은) 강자성체로 만들어진 자기회로를 통해서 2번 코일에 영향을 끼친다. 두 코일들 사이의 전압 및 전류관계는 다음과 같이 주어진다.

$$V_2 = \frac{N_2}{N_1} V_1 = \frac{1}{a} V_1,\ I_2 = \frac{N_1}{N_2} I_1 = aI_1 \tag{5.31}$$

여기서 $a = N_1/N_2$는 변환비율이다. 만일 한쪽 코일에서 생성된 자속이 전부 다른 쪽 코일로 전달되지 않는다면, 위 식에 두 코일들 사이가 얼마나 밀접하게 커플링되어 있는지를 나타내는 전달률을 곱해야 한다. 이런 장치는 느슨하게 커플링된 변압기로서, 코어가 공기와 같이 투자율이 낮은 소재로 만들어진 경우이거나, 코어가 완전히 닫혀 있지 않거나, 또는 코어가 없는 경우에 해당한다.

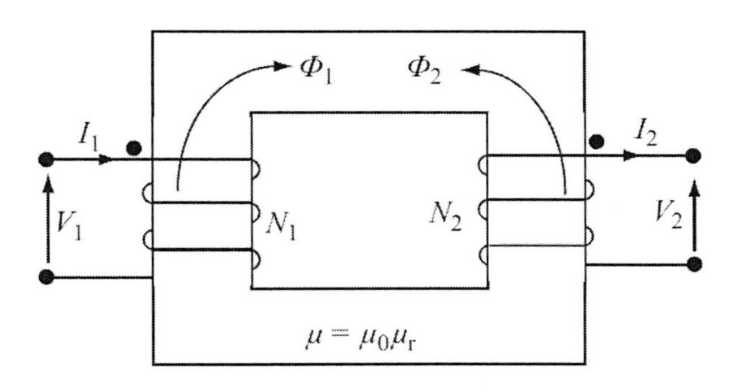

그림 5.23 변압기

대부분의 유도형 센서들은 작동에 자기유도, 상호유도 또는 변압기의 개념을 사용한다. 그런데 이 소자들은 능동요소이므로, 출력을 송출하기 위해서는 전원을 연결해야만 한다. 이 센서들을 작동시키면 앞서 설명한 자기장이 생성되며 센서는 이 자기장 속에서 상태변화에 응답한다. 센서의 민감도와 오차가 자속의 형태로 출력되는 경우도 있지만, 대부분의 경우에는 전압의 형태로 출력된다. 작동기의 경우에도 이와 유사하다.

유도형 센서들이 검출하는 가장 일반적인 대상은 위치(근접), 변위 그리고 재료의 조성이다.

다음에서는 유도용량과 자기회로 개념의 장점을 활용한 유도형 센서들에 대해서 살펴보기로 한다. 유도용량과 자기유도를 간접적으로 사용하는 센서들도 사용된다. 이들에 대해서는 이 장의 뒷 부분과 다음 장에서 살펴볼 예정이다.

5.4.1.1 유도형 근접센서

유도형 근접센서에는 최소한 하나의 코일(인덕터)이 사용되며, 이 코일에 전류가 흐르면, 그림 5.24 (a)에서와 같이 자기장이 생성된다. 이 코일이 가지고 있는 유도용량은 코일의 치수, 권선수 그리고 코일을 감싸고 있는 소재에 의존한다. 전류와 코일의 직경에 따라서 코일로부터 자기장이 방출되는 범위와 그에 따른 센서의 측정범위가 결정된다. 센서가 그림 5.24 (b)에서와 같이 강자성체로 이루어진 측정표면에 가까워지면, 코일의 유도용량이 증가한다(측정표면이 강자성체가 아니라면 유도용량이 증가하지 않거나 매우 조금 증가한다. 하지만 측정 표면이 도전체이며 자기장이 교류형태라면, 측정표면이 강자성체가 아니라도 측정이 가능하다). 이런 센서를 만들기 위해서는 유도용량계와 교정곡선(전달함수)만 사용하면 충분하다. 유도용량계는 일반적으로 AC 전류원과 전압계 또는 AC 브리지로 이루어진다. 인덕터 양단에 부가되는 전압을 측정하면 임피던스를 구할 수 있으며, $Z = R + j\omega L$이므로(R은 저항값이며, $\omega = 2\pi f$는 각속도이다), 코일이나 근접센서와 측정대상 표면 사이의 거리에 따른 유도용량 L을 손쉽게 구할 수 있다. 여기서는 일반적으로 R이 일정하다고 가정한다. 하지만 저항값이 변하는 경우에도 (아무것도 측정하지 않는) 공기중에서의 임피던스를 알고 있으므로(또는 측정 가능하므로) 이를 교정에 활용할 수 있다.

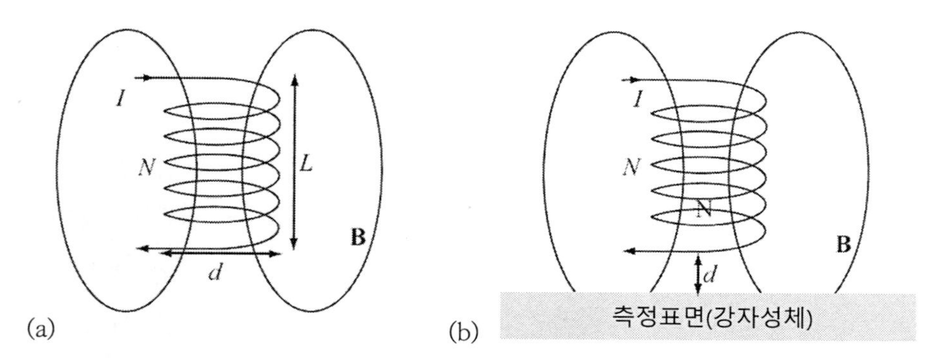

그림 5.24 기본적인 유도형 근접센서. (a) 허공 중에 위치한 센서. (b) 코일에 의해서 생성된 자기장이 측정표면과 상호작용을 일으켜서 유도용량이 변함

그림 5.24에 도시된 소자의 장점은 단순성이다. 하지만 이 센서는 비선형성이 심하기 때문에 실용센서의 경우에는 이런 성능을 개선하기 위해서 몇 가지 변형이 필요하다. 우선, 센서의 유도용량을 증가시키기 위해서 강자성체 코어가 추가된다. 대부분의 경우, 코어는 페라이트 소재로 제작된다(산화철(Fe_2O_3)이나 여타의 산화물 분말을 결합매질과 섞어서 필요한 형상으로 소결하여 제작한다). 페라이트 소재는 저항값이 매우 큰(전기전도도가 매우 낮은) 소재이다. 이와 더불어서 센서의 측면이나 뒷면이 물체에 반응하지 않도록 센서의 둘레에 실드를 설치한다(그림 5.25 (a)와 (b)). 실드로 인해서 자기장은 센서의 앞쪽으로 집중되며, 이를 통해서 자기장(유도용량)과 센서의 측정범위가 늘어난다. 센서에 두 개의 코일을 사용하는 경우에는, 하나의 센서는 기준코일로 사용되며 다른 코일은 센서로 사용된다(그림 5.25 (b)). 측정코일이 허공에 놓여 있을 때에 두 코일의 유도용량은 서로 동일하며, 기준코일의 유도용량은 항상 일정한 값으로 유지된다. 표면을 측정하면, 측정용 코일의 유도용량이 증가하며, 코일들 사이의 용량 불평형을 사용하여 거리를 측정할 수 있다(차동형 센서). 그림 5.25 (c)의 경우에는 닫힌 자기회로가 형성되며 간극 사이에 자기장이 집중된다. 이 경우에는 코어를 구성하는 강자성체 내부에 자기장이 집중되기 때문에 실드를 사용할 필요가 없다. 이 모든 경우에는 수치해석 방법을 사용해서만이 자기장과 센서의 응답을 정확하게 계산할 수 있다. 하지만 대부분의 경우에는 실험을 통해서 이를 구한다.

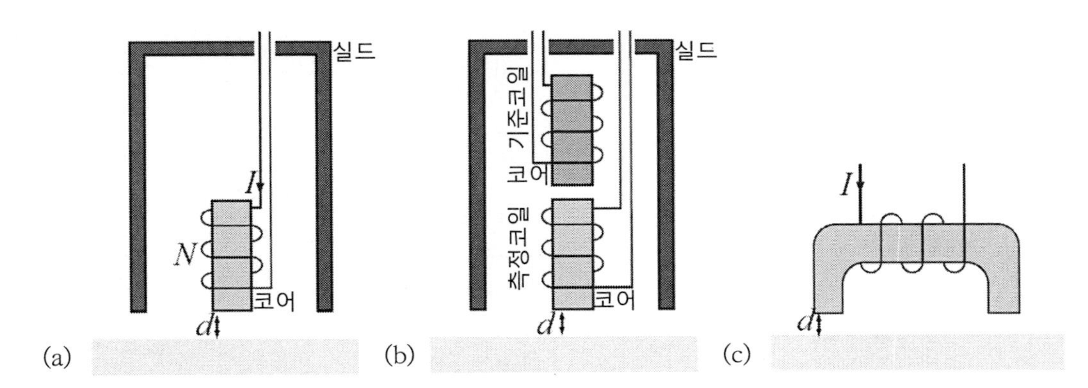

그림 5.25 실용 근접센서들의 사례. (a) 실드가 사용된 센서. (b) 기준코일과 실드가 사용된 센서. (c) 작은 간극에 자기장이 집중되는 자기회로를 갖춘 센서

변압기나 그림 5.25 (c)의 닫힌 자기회로와 같은 특정한 경우에는 유도용량, 자속 또는 유도전압 등을 **자기회로**[20]라는 개념을 채용하여 근사적으로 계산할 수 있다. 이 방법에서는 자속을 등가회로의 전류로 취급하며, NI항(전류와 코일 권선수의 곱)을 등가회로의 전압으로 취급한다. 그리

고 릴럭턴스를 등가회로의 저항으로 취급한다. **그림 5.26**에서는 등가회로의 기본 개념을 보여주고 있다. 길이 $l_m[m]$, 투자율 $\mu[H/m]$ 그리고 단면적 $S[m^2]$인 자기회로 부재의 릴럭턴스는 다음과 같다.

$$\Re_m = \frac{l_m}{\mu S} \ [1/H] \tag{5.32}$$

따라서 자기회로 내에서의 자속은 다음과 같이 구해진다.

$$\Phi = \frac{\Sigma NI}{\Sigma \Re_m} \ [Wb] \tag{5.33}$$

그림 5.26의 사례에서는 코어의 릴럭턴스(l_{core})와 공극의 릴럭턴스(l_{gap})가 존재한다. 코일의 유도전압, 힘 그리고 자기장 등과 같은 여타의 양들은 이 관계식을 활용하여 구할 수 있다.

그런데 등가회로를 사용하기 위해서는 다음의 몇 가지 조건이 선행되어야 한다. 전류는 닫힌회로 속을 흐르는 것처럼, 자속이 닫힌회로 속으로만 흘러야 한다. 코어의 투자율이 높다면, 최소한 근사적으로는 이를 구현할 수 있다. 하지만 투자율이 낮은 공극의 경우에는 자속이 누출되면서 회로라는 가정이 훼손되지 않도록 공극의 길이가 충분히 좁아야만 한다. 어떤 경우라도, 이 방법은 근사계산에 매우 유용하다. 자기회로는 DC 전원이나 AC 전원 모두에 적용이 가능하다.

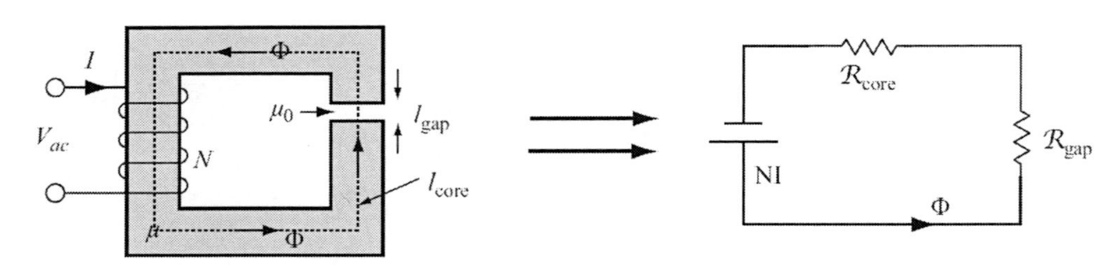

그림 5.26 자기회로와 이를 전기요소로 대체한 등가회로의 개념

20) magnetic circuit

예제 5.5 **페인트 두께 측정용 센서**

그림 5.25 (c)의 구조를 가지고 있는 코어의 한 쪽 표면에 그림 5.27 (a)에서와 같이 홀소자(홀소자는 자기장 측정용 센서이다. 이 센서는 자기장 밀도를 측정할 수 있으며, 이에 대해서는 5.4.2절에서 논의할 예정이다)를 매립하여 페인트 두께 측정용 센서를 제작하였다. 센서의 코어는 규소강(규소강은 투자율이 높고 전도도가 낮아서 전자석 코어로 자주 사용된다)으로 제작하였다. 코일의 권선수 $N=600$이며, 직류전류 $I=0.1[A]$가 흐른다. 센서의 코어 단면적 $S=1[cm^2]$이며, 평균자기경로길이 $l_c=5[cm]$이다. 코어소재(규소강)의 비투자율은 $5{,}000$이며, 강철의 비투자율은 $1{,}000$이다. 이 센서는 강철, 주철, 니켈 및 이들을 함유한 합금과 같은 강자성 소재의 표면에 도포된 페인트 두께를 측정하는 데에만 신뢰성 있게 사용할 수 있다. 이 센서는 또한 강철 표면에 도포된 아연이나 구리 페인트층의 두께 측정에도 사용할 수 있다. 페인트의 두께가 $0.01\sim0.5[mm]$일 때에 센서의 전달함수와 민감도를 구하시오. 측정대상은 페인트의 두께이며 측정량은 센서의 자기장에 의해서 측정된 자속밀도이다.

풀이

예제를 풀기 위해서는 코어와 두 공극의 릴럭턴스부터 계산하여야 하며, 강철 소재의 릴럭턴스를 추정해야 한다. 그런 다음, 자속을 계산하고 최종적으로 간극두께의 함수로 자속밀도를 구해야 한다.
코어와 공극의 릴럭턴스는 다음과 같이 구해진다.

$$\Re_c=\frac{l_c}{\mu_c S}=\frac{5\times10^{-2}}{5{,}000\times4\pi\times10^{-7}\times10^{-4}}=7.957\times10^4[1/H]$$

$$\Re_g=\frac{l_g}{\mu_0 S}=\frac{l_g}{4\pi\times10^{-7}\times10^{-4}}=7.957\times10^9 l_g[1/H]$$

공기의 투자율이 매우 작기 때문에 공극의 릴럭턴스가 코어의 릴럭턴스보다 매우 크다는 것을 알 수 있다.
강철의 경우에는 경로길이를 알 수 있지만, 단면적은 알지 못한다. 일단, 근사적으로 코어와 단면적이 동일하다고 가정한다. 실제의 경우, 이미지의 값은 센서 교정을 통해서 소거될 것이다. 이 가정을 통해서 강철의 릴럭턴스도 다음과 같이 구해진다.

$$\Re_s=\frac{l_s}{\mu_s S}=\frac{0.03}{1{,}000\times4\pi\times10^{-7}\times10^{-4}}=2.387\times10^5[1/H]$$

이제 코어, 공극 및 강철경로에 대한 자속을 구할 수 있다.

$$\Phi=\frac{NI}{\Re_c+2\Re_g+\Re_s}=\frac{600\times0.1}{7.957\times10^4+2\times7.957\times10^9 l_g+2.387\times10^5}$$

$$=\frac{60}{3.183\times10^5+2.\times7.957\times10^9 l_g}\ [Wb]$$

공극의 릴럭턴스는 강철과 코어의 릴럭턴스보다 최소한 10,000배 이상 더 크기 때문에, 강철과 코어의 릴럭턴스를 무시하고 자속에 대한 근사값을 얻을 수도 있다. 자속밀도는 자속을 단면적으로 나눈 값이다.

$$B=\frac{\Phi}{S}=\frac{1}{1\times10^{-4}}\left(\frac{60}{3.183\times10^{5}+2\times7.957\times10^{9}l_g}\right)$$
$$=\frac{6}{3.183+1.592\times10^{5}l_g}[T]$$

분모의 첫 번째 항은 매우 작기 때문에 무시할 수도 있다. 하지만 l_g가 매우 작은 경우에는 무시해서는 안 된다. 위 식에 간극 $l_g=0.01[mm]$와 $0.5[mm]$를 각각 대입하여 전달함수를 구할 수 있다. **그림 5.27** (b)에서는 이 전달함수가 도시되어 있다. 그림에 따르면 곡선은 심한 비선형성을 가지고 있다. 그럼에도 불구하고, 자속밀도와 페인트 두께 사이에는 명확한 상관관계가 있으며, 이를 활용할 수 있다. 계측기 내에서 출력의 역수를 구할 수 있다. 즉, 후처리 과정을 통해서 $1/B$를 계산하여 페인트 두께에 대하여 나타내 보면 **그림 5.27** (b)의 직선이 만들어진다. 이를 사용하면 훨씬 더 용이하게 페인트 두께를 측정할 수 있다. 이를 사용하여 페인트 두께에 따른 출력값을 직접 교정할 수 있다.

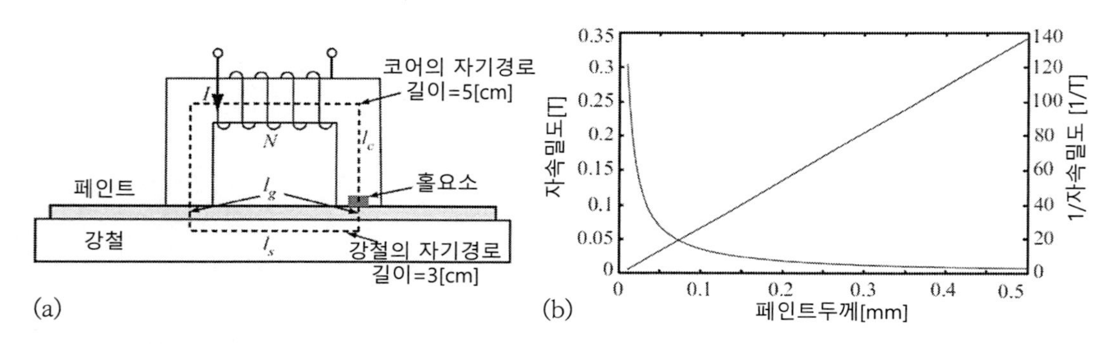

그림 5.27 페인트 두께측정용 센서. (a) 형상과 치수. (b) 측정된 페인트 두께에 따른 자속밀도(B)와 자속밀도의 역수 (1/B)

5.4.1.2 와전류형 근접센서

DC 전류에 의해서 구동되는 **유도형 근접센서**[21]는 도전성 또는 비도전성 강자성 소재에 대해서만 민감도를 나타낸다. 이 센서는 도전성 비자성체에는 둔감하다. 또 다른 유형의 유도형 근접센서는 교류전류로 구동한다. 이 소자는 도전성 자성 및 비자성 소재에 대해서 민감성을 갖추고 있다. **와동전류**[22]라는 이름은 AC 자기장이 도전성 (자성 또는 비자성) 매질에 전류를 유도한다는

21) inductive proximity sensor
22) eddy current: 와동전류 또는 와전류라고 부른다. 역자 주.

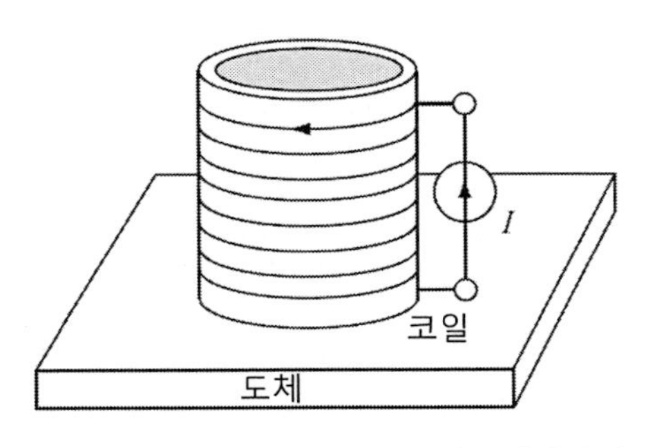

그림 5.28 와전류형 센서. 코일에 공급된 AC 전류가 도전판에 와동전류를 유도한다.

기본적인 성질에서 유래되었다. 그림 5.28에서는 와전류형 근접센서의 개략적인 구조를 보여주고 있다. 이 센서의 작동에는 두 가지 현상이 관련되어 있다. 우선, 도전체 내에서는 와동전류라고 부르는 전류가 동심원 형태로 흐르면서 센서에 의해서 부가된 자기장과 반대되는 방향으로 자기장을 생성한다(**렌츠의 법칙**). 이 자기장은 센서의 총 자속을 감소시킨다. 두 번째로, 방출되는 전력을 측정하면 도체 내를 흐르는 전류를 검출할 수 있다. 측정용 코일은 도체가 없는 경우보다 더 많은 전력을 소모하며, 전류가 일정하다면 임피던스가 증가한다. (전류가 일정한 경우에) 임피던스가 $Z = R + j\omega L$에서 $Z' = R' + j\omega L'$로 변하는 것은 개별 값들을 직접 측정하거나, 또는 측정된 전압의 진폭과 위상을 측정하여 손쉽게 찾아낼 수 있다. 도전체 매질 속으로 투과되는 AC 자기장은 표면에서 내부로 들어갈수록 지수함수적으로 감소한다(와동전류나 여타의 관련 값들도 마찬가지이다).

$$B = B_0 e^{-d/\delta} \ [T], \text{ 또는 } J = J_0 e^{-d/\delta} \ [A/m^2] \tag{5.34}$$

여기서 B_0와 J_0는 표면에서의 자속밀도와 와전류밀도, d는 매질의 깊이 그리고 δ는 자기장이 투과되는 표피의 깊이이다. 표피의 깊이는 자기장(또는 전류밀도)이 표면에서의 값보다 $1/e$만큼 감소하는 깊이로서, 평면형 도전체에서는 다음과 같이 주어진다.

$$\delta = \frac{1}{\sqrt{\pi f \mu \sigma}} \ [m] \tag{5.35}$$

여기서 f는 자기장의 주파수, μ는 투자율, 그리고 σ는 소재의 전기전도도이다. 이를 통해서 투과깊이에 주파수, 전기전도도 및 투자율이 미치는 영향을 명확히 알 수 있다. 또한, 측정대상

도체의 두께는 자기장이 투과되는 표피깊이보다 더 두꺼워야만 한다. 그렇지 못하다면 투과깊이를 줄이기 위해서 작동주파수를 높여야만 한다.

그림 5.29에서는 산업용 제어기에서 사용되는 다양한 유도형 근접센서들을 보여주고 있다. (정전용량식 또는 유도용량식) 근접센서들을 변위측정에 사용할 수 있다. 그런데 매우 짧은 거리를 제외하고는 전달함수가 너무 심하게 비선형이 되어버리므로, 변위측정이 가능한 범위가 너무 작다. 이런 이유 때문에, 근접 센서들은 보통 미리 설정된 거리 이내로 물체가 접근하는 것을 명확히 검출하는 스위치 소자로 사용된다. 정전용량형 센서와 더불어서, 유도용량형 센서는 임피던스 변화에 기초하여 전압과 같은 전기신호를 출력으로 송출할 수 있다. 하지만 많은 경우, 인덕터를 발진회로의 일부분으로 사용하며(LC 발진회로를 가장 자주 사용한다. 이 경우 $f=(1/2\pi)\sqrt{LC}$ 이다), 센서의 출력으로 주파수를 내보낸다.

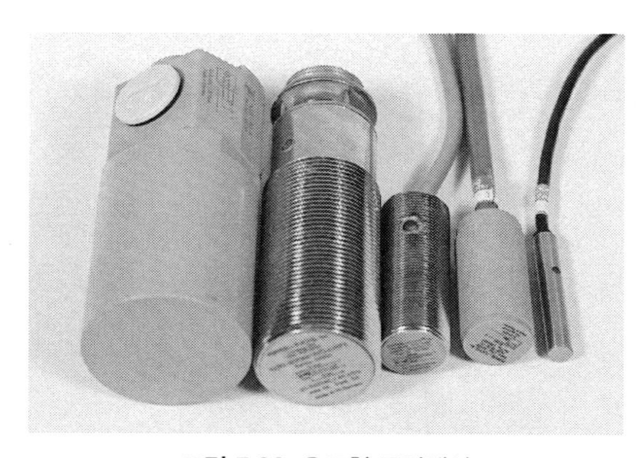

그림 5.29 유도형 근접센서

그림 5.30 (a)에서는 소재의 비파괴검사를 위해서 사용되는 두 가지 유형의 와전류형 센서들을 보여주고 있다. 위쪽 센서는 절대감지방식 와전류형 센서(프로브)이다. 이 센서는 단일코일을 갖추고 있으며, 도전성 소재 내부의 미소한 결함에 의해서 발생하는 작은 임피던스 변화를 측정한다. 아래쪽 센서는 좁은 간격을 사이에 두고 두 개의 코일들이 설치되어 있으며, 차동형 센서로 사용된다(예제 5.6 참조). 위쪽 센서는 $100[kHz]$로 구동되며, 코일은 절연체 속에 매립되어 있다. 아래쪽 센서는 $400[kHz]$로 구동되며 코일들은 페라이트 속에 매립되어 있다. 그림 5.30 (b)에서는 튜브 내에서 결함을 측정하기 위해서 사용되는 두 가지 유형의 차동식 와전류센서들을 보여주고 있다. 위쪽 센서는 직경이 $19[mm]$이며 $100[kHz]$의 주파수로 작동하도록 설계되었고, 원자로의 스팀 발생기에 사용되는 스테인리스관의 결함을 검출하기 위해서 사용된다. 아래쪽 센서는

에어컨디셔너용 튜브(내경 $8[mm]$) 내부의 크랙과 결함을 검출하기 위해서 사용되며 $200[kHz]$로 작동한다. 그리고 두 코일의 출력전압 차이를 송출한다.

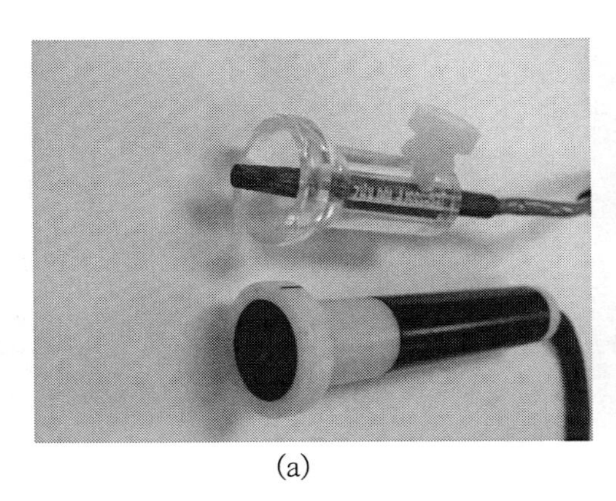
(a)

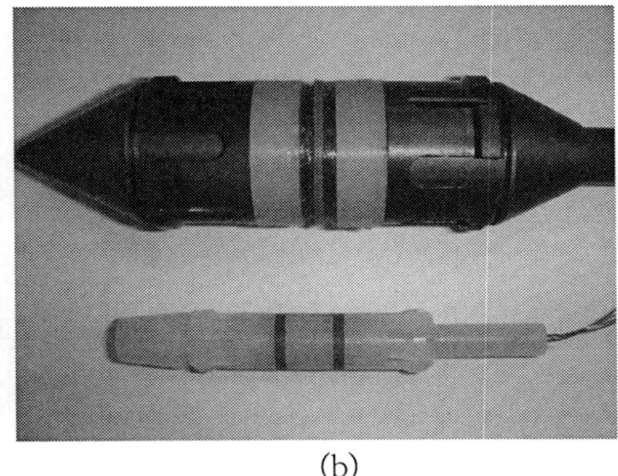
(b)

그림 5.30 (a) 와전류형 센서. 위: 절연체 속에 매립되어 있는 $100[kHz]$ 절대위치 센서. 아래: 페라이트 속에 매립되어 있는 $400[kHz]$ 차동센서. (b) 튜브 내에서 결함을 측정하기 위해서 사용되는 (차동식)와전류 센서. 위: 핵발전소 스팀 발생기의 스테인리스강 튜브 속에 설치되는 직경 $19[mm]$, $100[kHz]$ 센서. 아래: 에어컨디셔너 배관 속에 설치되는 직경 $8[mm]$, $200[kHz]$ 센서

예제 5.6 결함부위에 대한 와전류 시험

위치측정용 센서의 개념을 도전성 소재의 크랙, 구멍 그리고 표면 하부의 불균일을 검출하기 위한 비파괴 검사기에 활용할 수 있다. 그림 5.31 (a)의 구조에서, 두꺼운 도체의 표면에 임의깊이로 가공된 직경이 $2.4[mm]$인 구멍이 결함을 대신한다. 서로 $3[mm]$ 간격을 두고 설치되어 있는 직경이 $1[mm]$인 두 개의 코일들을 알루미늄 표면 위에서 우측으로 조금씩 이동시킨다(그림 5.30 (a)의 프로브 바닥면이 측정에 사용된다). 각 코일의 유도용량을 측정하였으며, 두 유도용량의 차이를 사용하여 결함을 검출한다. 이런 차동식 측정방법은 노이즈가 많은 환경에서 특히 유용하다.

그림 5.31 (b)에서는 프로브 중심위치가 구멍결함의 좌측 $18[mm]$에서부터 우측 $18[mm]$까지 움직이는 동안 유도용량의 변화를 보여주고 있다. 두 개의 프로브들은 서로 동일하기 때문에, 동일한 조건하에서의 유도용량은 서로 동일하며, 따라서 출력은 0이 된다. 따라서 구멍결함 위치에서 먼 곳이나 프로브가 구멍결함의 중앙에 위치해 있는 경우에는 출력이 0이 된다. 구멍결함에 접근하면, 한쪽 코일의 유도용량이 다른 쪽 코일의 유도용량보다 더 크거나 작기 때문에 출력이 변하게 된다. 선행 코일과 후행 코일 사이의 편차를 구하고 있으며 결함구멍 근처에서의 유도용량이 작기 때문에, 곡선은 결함에 접근하는 과정에서 먼저 하강하며(음의 편차값), 결함을 지나치면서 다시 상승하게 된다.

실제 실험에서는 두 코일에 일정한 진폭의 AC 전류를 공급하면서 두 코일 양단의 전압을 측정하였다. 이 전압은 복소수 형태를 가지고 있지만, 유도용량과 동일한 경향을 가지고 변하였다.

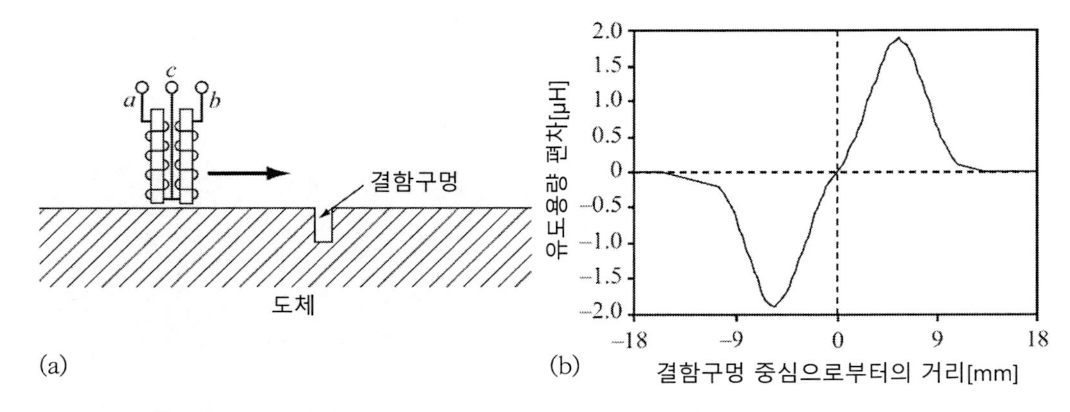

그림 5.31 와전류형 차동 프로브를 사용한 비파괴검사. (a) 프로브의 구조. (b) 프로브 위치에 따른 선행코일과 후행코일의 유도용량 차이값 측정결과

5.4.1.3 위치와 변위측정: 가변유도용량 센서

위치와 변위는 일반적으로 기준점으로부터의 정확한 거리를 측정하거나 두 점들 사이의 이동거리를 측정하는 것으로 이해되고 있다. 이를 위해서는 센서가 정확한 측정이 가능해야 하며, 가능한 한 선형적인 전달함수를 가지고 있어야만 한다. 가변 릴럭턴스 센서라고도 부르는 **가변유도용량 센서**[23]를 사용하여 이를 구현할 수 있다. **자기 릴럭턴스**는 전기저항에 해당하는 자기항이며, 다음과 같이 정의된다(식 (5.32)도 참조).

$$\Re = \frac{l}{\mu S} \; [1/H] \tag{5.36}$$

릴럭턴스는 자기경로길이의 증가에 비례하며 단면적과 투자율에 반비례한다. 투자율을 통해서 릴럭턴스는 유도용량과 연결되며, 릴럭턴스가 감소하면 유도용량이 증가한다. 전형적으로 자기경로상에 공극이 추가되면 이 공극에 의한 유효경로길이가 변하기 때문에 코일의 릴럭턴스가 변한다.

코일의 유도용량을 변화시키는 가장 단순한 방법은 **그림 5.32**에 도시되어 있는 것처럼, 이동식 코어를 사용하는 것이다. 이 센서에서는 이동식 코어가 코일 안쪽으로 들어갈수록, 릴럭턴스 자기경로길이가 감소하며 유도용량은 증가한다. 만일 코어소재가 강자성체라면 유도용량이 증가하겠지만, 비자성 도전체라면 유도용량은 오히려 감소한다(와전류형 근접센서의 설명 참조). 이런 유형의 센서를 **선형가변 유도용량 센서**라고 부른다. 여기서 선형은 전달함수가 선형이라는 것을 뜻하는

23) variable inductance sensor

것이 아니라 직선운동이라는 뜻이다. 유도용량을 감지하여 코어의 위치를 측정할 수 있다. 이와 동일한 구조를 사용하여 힘, 압력 또는 선형변위를 생성하는 다른 어떤 물리량도 측정할 수 있다.

그림 5.32 이동코어를 갖춘 유도형 센서

변압기의 개념을 사용하면 이보다 더 좋은 변위센서를 구현할 수 있다. 이 경우에는 변압기를 구성하는 두 코일들 사이의 거리를 변화시키거나, 두 코일들의 위치는 고정하는 대신에 이동식 코어를 사용하여 두 코일들 사이의 커플링계수를 변화시키는 두 가지 방식 중 하나를 사용한다. 그림 5.33에서는 이들 두 가지 방식에 대해서 보여주고 있다. 특히, 두 번째 개념을 사용하는 **선형가변 차동변압기**(LVDT)[24)]에 대해서 간단히 살펴보기로 하자. 작동원리에 대해서 이해하기 위해서 일단 그림 5.33 (a)를 살펴보기로 하자. 일정한 AC 전압 V_{ref}가 1차 코일에 공급되면, 2차 코일에 유도되는 출력전압은 다음과 같다.

$$V_{out} = k\frac{N_2}{N_1}V_{ref} \ [V] \tag{5.37}$$

여기서 k는 두 코일들 사이의 거리와 코어의 재질, 그리고 실드나 하우징과 같이 코일 주변을 감싸는 여타의 소재들에 영향을 받는 커플링계수이다. 직접 측정한 출력전압에 대해서 주어진 교정곡선을 사용하면 두 코일들 사이의 거리를 측정할 수 있다. 그림 5.33 (b)에서도 동일한 관계식이 적용되지만, 코어의 이동에 따라서 코일들 사이의 커플링계수값이 변하며, 이에 따라서 2차 코일의 출력전압이 변하게 된다.

그림 5.33 (a)의 두 코일들을 직렬로 연결한 후에 두 코일의 유도용량을 측정하는 방식으로도 위치측정용 센서를 만들 수 있다. 이 경우에 두 코일의 총 유도용량은 $L_{11}+L_{22}+2L_{12}$가 된다. 여기서 L_{12}는 상호유도용량으로서, $L_{12}=k\sqrt{L_{11}L_{22}}$이다. 커플링계수 k는 두 코일들 사이의 거

---

24) linear variable differential transformer

리에 의존한다. 총 유도용량을 측정하면 두 코일 사이의 거리를 얻을 수 있다. 이런 배치를 **코일변위센서**[25]라고 부른다.

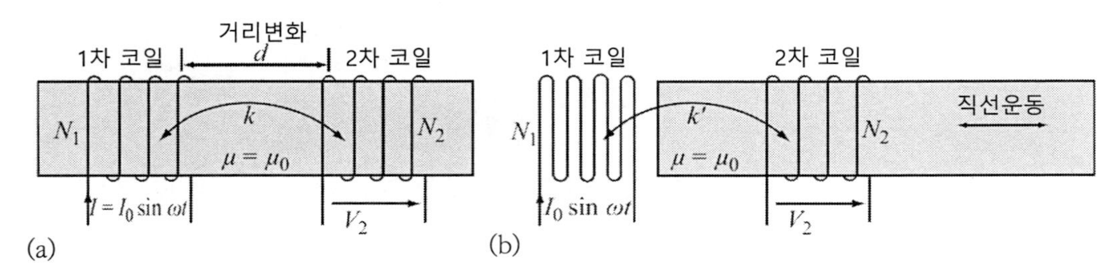

그림 5.33 선형가변 차동변압기(LVDT)의 작동원리. (a) 코일들 사이의 거리변화. (b) 고정된 두 코일 속에 설치된 코어의 직선운동. 두 경우 모두 커플링계수는 k이다.

그림 5.34에서는 상용 선형가변 차동변압기(LVDT) 센서의 구조를 보여주고 있다. 이 구조는 가변 유도용량 센서와 유사해 보이지만, 출력단 회로를 이루는 두 코일의 출력전압을 서로 차감한다. 그러므로 코어가 두 2차 코일들에 대해서 대칭 위치에 놓여 있다면(그림 5.34 (b)), 센서의 출력전압은 0이 된다. 만일 코어가 좌측으로 이동하면, 1차 코일과 우측 2차 코일 사이의 커플링계수만 변하기 때문에, 우측 2차 코일의 출력전압은 감소하는 반면에 좌측 2차 코일의 출력전압은 동일한 값을 유지한다. 따라서 총 출력전압은 증가하며, 부호는 양이다. 반면에 코어가 우측으로 이동하면 앞서와는 반대의 상황이 일어나므로 총 출력전압은 증가하지만 부호가 음이 된다. 이 부호변화를 사용하여 코어의 이동방향을 알아낼 수 있으며, 출력전압의 변화를 통해서 중앙위치

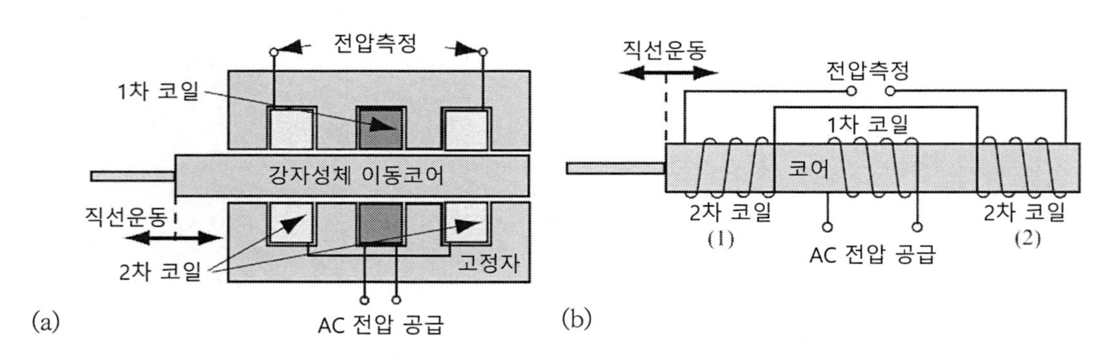

그림 5.34 이동코어 방식의 선형가변 차동변압기(LVDT). (a) 구조. (b) 작동원리

25) coil displacement sensor

로부터 코어의 이동거리를 측정할 수 있다. 이 장치는 매우 민감하며 유용하다. 측정 가능한 운동 범위는 비교적 작지만 출력이 선형적이다. 기준이 되는 1차 코일의 구동에는 일정한 주파수를 가지고 있는 안정된 정현파 출력전원이 사용되며, 코어로는 강자성체를 사용한다. 외부 자기장이 센서에 영향을 끼치지 못하도록 센서 전체를 실드 및 밀봉으로 마감 처리한다. 이를 통해서 외부 자기장이 출력에 영향을 끼치지 못하게 된다. 코어는 코일 속에서 앞뒤로 이동하며, 산업용 제어와 공작기계에서는 이 운동을 정확한 변위측정에 활용한다.

선형가변 차동변압기(LVDT) 센서는 매우 견고하며 다양한 수요에 맞춰서 다양한 크기로 제작된다(전체 길이가 10[mm]에 불과한 센서도 있다). 대부분의 실용 센서들에서는 (신호를 증폭할 필요 없이) 전압출력을 측정하며, 영점통과 위상검출기를 사용하여 위상값을 검출한다(전압비교기, 11장 참조). 선형가변 차동변압기(LVDT)의 느린 응답으로 인해 발생되는 출력전압의 오차발생을 피하기 위해서, 전원의 주파수는 코어의 운동주파수에 비해서 충분히(일반적으로 10배 이상) 높아야만 한다. 선형가변 차동변압기(LVDT)의 구동에는 AC 전원이나 (정현파 전압 발생을 위한 발진회로를 내장한) DC 전원을 모두 사용할 수 있다. 전형적인 구동전압은 25[V]이며, 출력전압은 일반적으로 5[V] 미만이다. 분해능은 매우 높으며, 선형측정 범위는 코일 조립체 전체 길이의 10~20[%] 정도이다. 비록 여기서는 선형가변 차동변압기(LVDT)를 위치센서로 취급하였지만, 코어의 위치변화를 일으키는 다른 어떤 물리량도 측정할 수 있다. 따라서 이를 수위계, 압력계, 가속도계 등과 같이 다양한 용도로 활용할 수 있다.

선형가변 차동변압기(LVDT)를 약간 변형시켜서 각도변위와 회전위치 측정을 위한 **회전가변 차동변압기**(RVDT)[26]를 만들 수 있다. 회전가변 차동변압기(RVDT)의 구성과 작동원리는 모두 선형가변 차동변압기(LVDT)와 동일하지만, 회전운동으로 인하여 구조에 약간의 제약이 발생한다. 그림 5.35에 개략적으로 도시되어 있는 회전가변 차동변압기(RVDT)에서는 각도위치에 따라서 2차 코일과의 커플링이 변하는 강자성체 코어가 사용되고 있다. 이 회전코어의 형상은 센서의 사용범위 내에서 선형출력을 송출할 수 있도록 설계된다. 하지만 이와는 다른 형태의 설계도 구현이 가능하다. 작동범위는 각도로 표시되어 있으며, 최대 $\pm 40°$에 달한다. 이 회전각도 범위를 넘어서면, 출력 민감도가 떨어지며 비선형 특성이 나타난다.

26) rotary variable differential transformer

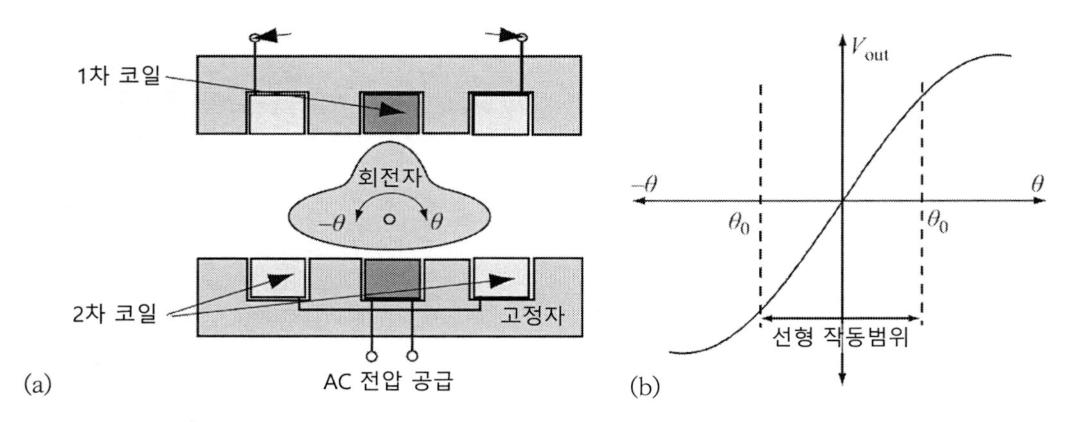

그림 5.35 회전가변 차동변압기(RVDT). (a) 개략적인 구조. (b) 출력특성

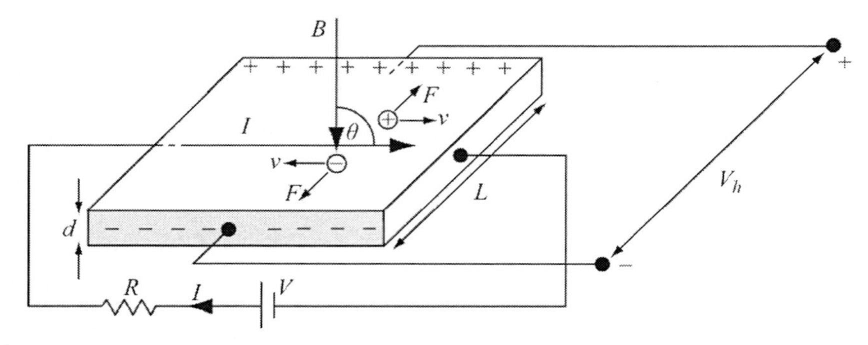

그림 5.36 홀소자. 전류는 그림의 수평방향으로 흐르며, 그림의 아래쪽과 위쪽에 위치한 전극표면에서 홀 전압을 측정한다. 이를 통해서 이 소자에 수직한 방향으로 부가되는 자속밀도(B)를 측정할 수 있다.

5.4.2 홀효과 센서

홀효과[27]는 1879년 에드워드 홀에 의해서 발견되었다. 이 효과는 모든 도전체에 존재하지만, 반도체에서 특히 확연하며 유용하다. 이 원리를 이해하기 위해서 **그림 5.36**에 도시되어 있는 것처럼, 도체매질에 외부전원을 연결하여 전자들이 흘러가는 상태를 살펴보기로 하자. 이 도전체를 가로질러서 전류의 흐름 방향과 각도 θ로 자속밀도 B가 형성되어 있다(이 그림에서 $\theta = 90°$이다). 전자는 식 (5.22)에 따라서 속도 v로 도체 속을 이동한다. 이 전자들의 이동방향과 외부 자기장에 대해 직각 방향으로 힘이 작용한다. 이 힘은 $F = qE$와 같이 전기장 강도와 관련되어 있다. 도전체 내에 형성된 전기장 강도는 다음과 같다.

27) Hall effect

$$E_H = \frac{F}{q} = vB\sin\theta \ \ [V/m] \tag{5.38}$$

여기서 하첨자 H는 이것이 홀 전기장이라는 것을 의미하며, 이 전기장은 전류의 흐름 방향과 직교한다. 도체 내를 흐르는 전류를 사용하여 이 식을 다시 정리하려고 한다. 전류밀도 $J = nqv$ $[A/m^2]$이다. 여기서 nq는 전하밀도(n은 단위체적당 전자의 수이며, q는 전자가 가지고 있는 전하량이다)이며, v는 전자의 평균속도이다. 그러므로 홀 전기장 강도를 다음과 같이 나타낼 수 있다.

$$E_H = \frac{nqvB\sin\theta}{nq} = \frac{JB\sin\theta}{nq} \ \ [V/m] \tag{5.39}$$

전류밀도는 전류 I를 전류가 흐르는 방향과 직교하는 단면적으로 나눈 값으로서 $J = I/Ld$의 관계를 가지고 있다. 따라서

$$E_H = \frac{IB\sin\theta}{nqLd} \ \ [V/m] \tag{5.40}$$

이 힘이 전자들을 도체의 앞쪽 표면으로 밀어내기 때문에 도체의 뒤쪽(양극)과 앞쪽(음극) 사이에는 전압이 생성된다. 이 전위차는 경로길이 L에 대한 전기장강도 E의 적분값이다. 홀소자는 일반적으로 매우 작기 때문에 경로길이 L에 대한 전기장강도 E가 일정하다고 가정해도 무방하다.

$$V_H = EL = \frac{IB\sin\theta}{qnd} \ \ [V] \tag{5.41}$$

이 전압을 **홀전압**이라고 부른다. 실제 측정 시에는 대부분, 각도 θ를 $90°$로 맞춰 놓으며, 이런 경우에는 홀전압이 다음과 같다.

$$V_H = \frac{IB}{qnd} \ \ [V] \tag{5.42}$$

여기서 d는 홀소자판의 두께이며, $n[charges/m^3]$은 나르개밀도, 그리고 $q[C]$는 전자가 가지

고 있는 전하량이다.

만일 전류의 흐름 방향이 바뀌거나 자기장의 방향이 바뀌면 홀전압의 극성도 반전된다. 따라서 홀효과 센서는 극성 의존성을 가지고 있다. 따라서 센서를 적절히 설치하면, 이 성질을 이용하여 자기장의 방향이나 운동의 방향을 측정할 수 있다.

$1/qn[m^3/C]$(또는 $[m^3/A\cdot s]$)항은 **홀계수**(K_H)라고 부르며, 소재에 따라서 다른 값을 갖는다.

$$K_H = \frac{1}{qn} \ \ [m^3/A\cdot s] \tag{5.43}$$

엄밀히 말해서, q는 전자의 전하이므로, 도전체의 K_H는 음의 값을 갖는다. **홀전압**은 일반적으로 다음과 같이 나타낸다.

$$V_{out} = K_H \frac{IB}{d} \ \ [V] \tag{5.44}$$

위 식은 모든 도체에 적용된다. 반도체의 경우, 홀계수는 정공과 전자의 이동도와 농도에 의존한다.

$$K_H = \frac{p\mu_h^2 - n\mu_e^2}{q(p\mu_h + n\mu_e)^2} \ \ [m^3/A\cdot s] \tag{5.45}$$

여기서 p와 n은 각각 정공과 전자의 농도이며, μ_h와 μ_e는 각각 정공과 전자의 이동도, 그리고 q는 전자가 가지고 있는 전하량이다. 이들을 모두 합하면 매우 큰 계수값이 얻어진다. 이것이 홀센서에 반도체를 사용하는 이유이다. 식 (5.44)와 식 (5.45)를 사용하면 홀전압에 기초하여 전하밀도나 전하 이동도와 같은 소재의 성질을 측정할 수도 있다. 또한 식 (5.45)에 따르면 전자와 정공의 밀도가 홀계수에 영향을 끼친다. n-형 물질을 많이 도핑하면 계수가 음의 값을 가지며, p형 물질을 많이 도핑하면 계수가 양의 값을 갖는다. 특히 특정한 도핑레벨에서는 이 계수값이 0이 된다는 것을 알 수 있다.

홀계수는 매질의 전기전도도와도 관련되어 있다. 전기전도도는 전하의 이동도와 관련되어 있으므로, 도전체의 전기전도도를 다음과 같이 나타낼 수 있다.

$$\sigma = nq\mu_e \ \ [S/m] \tag{5.46}$$

반도체의 경우, 전기전도도는 전자와 정공의 이동도에 의존한다.

$$\sigma = qn\mu_e + qp\mu_h \ \ [S/m] \tag{5.47}$$

그러므로 도전체의 홀계수는 다음과 같이 나타낼 수 있다.

$$K_H = \frac{\mu_e}{\sigma} \ \ [m^3/A\cdot s] \tag{5.48}$$

반도체의 홀계수는 다음과 같다.

$$K_H = \frac{q(p\mu_h^2 - n\mu_e^2)}{\sigma^2} \ \ [m^3/A\cdot s] \tag{5.49}$$

이론상 전기전도도가 감소할수록 홀계수값은 더 커진다. 하지만 이로 인하여 홀전압이 함께 증가하는 것은 아니다. 실제로는 전기전도도가 감소할수록 소자의 저항값이 증가하며 소자를 통과하여 흐르는 전류는 감소하게 되므로 홀전압도 감소한다(식 (5.44) 참조).

질량작용의 법칙에 따르면, 도핑된 반도체 내에서, 전자와 정공 농도의 곱은 진성농도와 관련되어 있다.

$$np = n_i^2 \tag{5.50}$$

진성반도체의 경우, $n_i = n = p$이다.

이 관계식에 따르면, 홀효과를 전기전도도의 측정에 사용할 수 있다는 것을 명확히 알 수 있다. 또한 매질의 전기전도도에 영향을 끼치는 어떠한 물리량들도 홀전압에 영향을 끼친다. 예를 들어, 빛에 노출된 반도체 홀소자는 광도전효과로 인해서 반도체의 전기전도도가 변하기 때문에 측정오차가 발생한다(4.4.2.2절 참조).

홀계수는 소재마다 서로 다른 값을 가지고 있으며, 반도체의 경우에 특히 큰 값을 갖는다. 예를 들어, 실리콘의 홀계수는 $-0.02[m^3/A\cdot s]$ 수준이며, 도핑량, 온도 및 기타의 영향들에 의해 의존한다. 이 센서의 가장 중요한 특성은 전류와 소자의 크기가 결정되고 나면 부가된 자기장에 대해서 출력전압이 선형적이라는 것이다. 그런데 홀계수는 온도의존성을 가지고 있다. 따라서 정확한 측정이 필요한 경우에는 온도보상이 필요하다. 대부분의 소재들은 홀 계수가 $50[mV/T]$에 불과할 정도로 작으며, 측정의 대상이 되는 자기장은 대부분의 경우 $1[T]$ 미만이므로, 거의 모든 경우에 홀전압에 대한 증폭이 필요하다. 예를 들어, 지자기장은 $50[\mu T]$에 불과하므로, 홀센서를 사용하여 지자기장을 측정하면 출력전압은 $2.5[\mu V]$에 불과할 것이다. 그럼에도 불구하고 이를 측정하는 것은 어려운 일이 아니며, 홀센서는 구조가 단순하며, 출력특성이 선형적이고, 염가이며, 반도체 소자 내에 손쉽게 통합시킬 수 있기 때문에 자기장 측정에 가장 일반적으로 사용되는 센서이다. 다양한 형상, 크기, 민감도를 갖는 홀센서가 공급되고 있으며, 심지어는 어레이의 형태로도 만들어진다. 측정오차는 대부분 온도변화에 기인하지만, 홀소자 판의 크기가 커지면 적분과정에서 평균화효과에 의해 오차가 발생할 수 있다. 적절한 회로나 보상용 센서를 사용하면 이런 영향들 중 일부를 보상할 수 있다. 제조의 관점에서, 전형적인 센서는 얇은 사각형 웨이퍼의 표면에 p-형이나 n-형 반도체(InAs나 InSb가 나르개 밀도가 높아서 홀계수가 크기 때문에 가장 일반적으로 사용되는 소재이다. 하지만 민감도를 낮추기 위해서 실리콘을 사용하는 경우도 있다)를 도핑하여 제작한다. 홀센서는 일반적으로 두 가지 저항값을 사용하여 구분한다. 제어저항은 제어전류의 흐름을 결정하며, 출력저항은 생성되는 홀전압을 결정한다.

실제의 경우, 공급전류를 일정하게 유지하면 출력전압은 부가되는 자기장에 정비례한다. 이 센서는 자속밀도 측정(적절한 보상회로가 추가되어야 한다)에 사용되며, 단순한 검출기나 스위치의 용도로도 사용된다. 검출기의 경우에는 회전각도 측정(회전축의 위치, 회전속도$[rpm]$, 차동각도 및 토크 등)에 매우 일반적으로 사용된다. 그림 5.37 (a)에서는 회전축의 회전을 측정하는 단순한 구조가 도시되어 있다. 소형의 자석이 지나가면서 홀소자에 부가되는 전자기장이 변하면, 이를 사용하여 회전축의 회전상태를 감지할 수 있다. 이 기본구조를 각도변위 측정과 같이 다양한 방식으로 변화시킬 수 있다. 홀소자는 수많은 전기모터와 구동기에 사용되고 있으며, 회전각도를 측정하여 제어해야 하는 수많은 용도에 활용되고 있다.

홀소자를 작은 유격을 두고 쌍으로 제작하면, 자기장 자체를 측정하는 것이 아니라 자기장의 변화를 측정할 수 있다. 이 센서는 변속기 내에서 기어치형의 위치와 같은 강자성체 모서리의 측정이나 전자점화시스템의 위치측정 등에 특히 유용하다. 일부 센서들은 자기장을 생성하기 위해서 자체적으로 편향자기장 생성용 자석을 구비하고 있으며, 아날로그 또는 디지털 방식의 전자회로를 내장하고 있다. 이런 소자들은 강자성체에 의한 자기장의 변화를 검출한다. 그림 5.37

(b)에서는 이런 유형의 센서를 위치측정에 사용한 사례를 보여주고 있다. 이 구조는 전자점화시스템(이 사례에서는 4기통)에서 일반적으로 사용된다. 이 경우에는 금속소재 극편이 홀소자를 통과할 때마다 펄스가 생성된다. 극편으로는 (철과 같은) 강자성체가 사용된다. 이런 방식은 직선운동이나 회전운동에 모두 적용할 수 있으며, 위치를 검출하는 가장 단순한 방법이다.

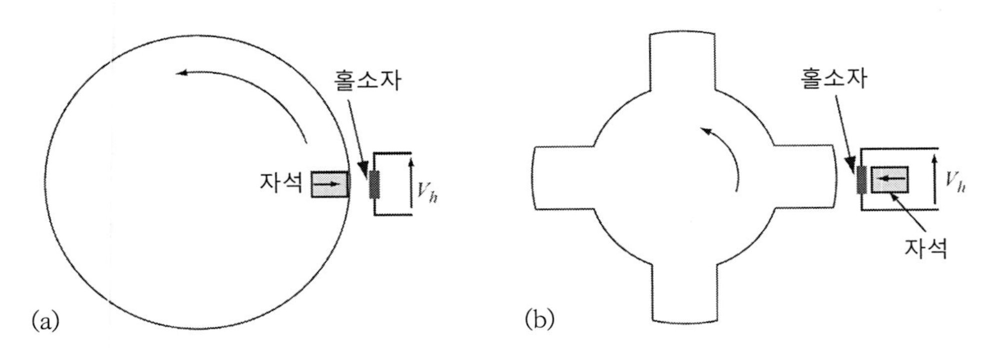

그림 5.37 (a) 회전축의 회전측정. 작은 영구자석(화살표가 자기장의 방향을 나타낸다)이 홀소자를 지나칠 때마다 전압 펄스 V_h가 유발된다. (b) 홀소자를 사용하여 4기통 엔진의 회전각도를 측정하며, 정확한 시간에 올바른 실린더를 점화시킨다.

홀 센서를 위치검출 이외의 전력측정과 같이 다른 용도로도 사용할 수 있다. 그림 5.38에 도시되어 있는 사례에서는 홀센서를 사용하여 전압과 전류의 곱인 전력을 측정할 수 있다. 홀소자에 자기장을 부가하는 코일의 양단에 연결된 도선을 통해서 홀소자에 전압이 공급된다. 코일에 공급되는 전류가 변하면 센서의 제어전류도 함께 변한다. 홀 전압은 전력에 비례하며, 제대로 교정되었다면 전력을 직접 측정할 수 있다.

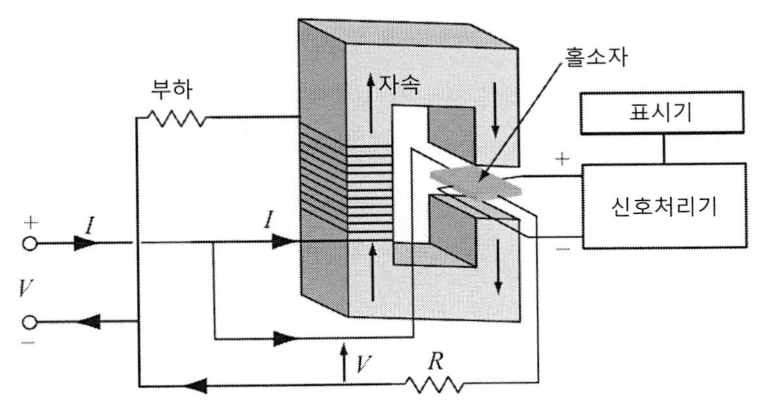

그림 5.38 홀소자 하나를 사용해서 전력을 직접 측정하는 방법

홀센서는 일반적으로 직류소자로 간주된다. 그런데 이를 비교적 낮은 주파수의 교류자기장 측정에도 손쉽게 사용할 수 있다. 홀소자 사양표에는 소자의 응답속도와 최대 작동주파수가 제시되어 있다.

그림 5.39에서는 세 가지 유형의 홀소자/센서들을 보여주고 있다. 마지막으로, 홀센서가 직접 측정하는 것은 자속밀도이지만, 그림 5.37과 그림 5.38의 사례에서 알 수 있듯이 기계적이거나 전기적인 요소들과 함께 사용하면 매우 다양한 물리량들을 측정할 수 있다는 것을 다시 한번 강조한다.

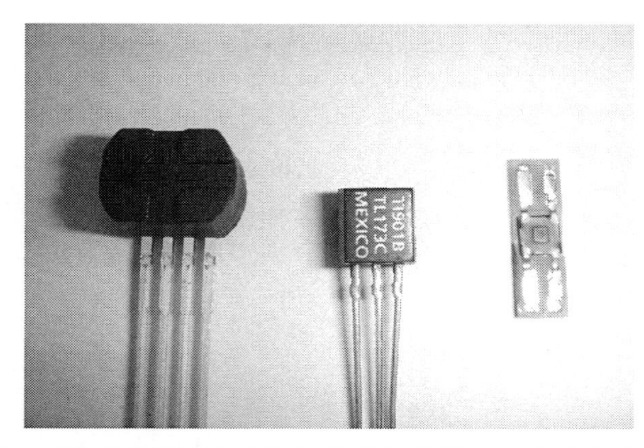

그림 5.39 다양한 홀소자들. 왼쪽: 편향자기장 부가용 자석을 갖춘 디지털방식 이중홀센서. 가운데: 아날로그방식 홀센서. 오른쪽: 광섬유에 설치하는 홀소자 칩. 칩의 크기는 $1\times1[mm^2]$

예제 5.7 홀소자를 사용한 자속밀도와 자속측정

홀소자의 주요 기능은 자기장을 측정하는 것이다. 하지만 자기장과 관련된 여타의 모든 양들을 감지할 수 있다. 그림 5.40의 구조에서는 홀계수가 $-10^2[m^3/A\cdot s]$인 실리콘 소자를 사용하고 있다. 홀소자의 크기는 $a=2[mm]$, $b=2[mm]$이며, 두께는 $c=0.1[mm]$이다. 이 홀소자의 응답특성을 계산하시오.

(a) 자속밀도가 $0\sim2[T]$까지 변한다. 이 변화범위는 일반적인 전기기기에서 일반적인 값이다. 홀전압을 측정하기 위해서 분해능이 $2[mV]$인 디지털 전압계를 사용하는 경우에 측정 가능한 최소자기장은 얼마이겠는가?

(b) 자속이 $0[\mu Wb]$에서 $10[\mu Wb]$까지 변하는 경우 출력전압은 어떻게 변하는가?

풀이

식 (5.44)를 사용하여 자속밀도를 직접 측정할 수 있지만, 자속밀도는 직접 측정할 수 없다. 하지만 $\Phi=BS$이므로, 자속밀도 B를 측정하면 이를 자속으로 변환시킬 수 있다. 따라서

(a) 자속밀도와 홀전압 사이에는 다음의 관계가 성립된다.

$$V_{out} = K_H \frac{I_H B}{d} = 0.01 \times \frac{5 \times 10^{-3}}{0.1 \times 10^{-3}} B = 0.5B[V]$$

이 선형전달함수에 따르면 자속밀도가 0~2[T]까지 변할 때에 출력전압은 0~1[V]까지 변한다는 것을 알 수 있다. 따라서 이 소자의 민감도는 0.5[V/T]이다. 그리고 출력전압 1[mV]는 1/500 = 0.002[T]에 해당한다. 따라서 디지털 전압계의 최소분해능인 2[mV]는 자속밀도 4[mT]에 해당한다. 이는 그리 민감하지 않은 수준이지만(즉, 4[mT] = 4,000[μT]는 지자기장의 자속밀도인 60[μT]에 비해서 훨씬 더 큰 값이다), 강한 자기장의 측정에는 그럭저럭 사용할 수 있다.

(b) 자속을 측정하기 위해서는, 자속은 자속밀도를 면적에 대해서 적분한 값이라는 점을 상기해야 한다. 센서의 면적 $S = 4 \times 10^{-6}[m^2]$는 매우 좁기 때문에 면적 전체에 대해서 자속밀도가 균일하다는 가정하에서 자속밀도에 면적을 곱하여 다음과 같이 자속값을 구한다.

$$\Phi = BS \ [Wb]$$

그런데 실제로 측정되는 것은 자속밀도이므로, 측정된 홀전압은 다음과 같다.

$$V_{out} = K_H \frac{I_H B}{d} = K_H \frac{I_H BS}{Sd} = K_H \frac{I_H \Phi}{Sd}$$
$$= 0.01 \times \frac{5 \times 10^{-3}}{0.1 \times 10^{-3} \times 4 \times 10^{-6}} \Phi = 1.25 \times 10^5 \Phi \ [V]$$

따라서 이 센서의 민감도는 $1.25 \times 10^5[V/Wb]$이다. 자속이 0~10[μWb]만큼 변하는 경우에 출력전압은 0~1.25[V]($= 1.25 \times 10^5 \times 10 \times 10^{-6}$)만큼 변한다. 앞서와 동일한 전압계를 사용하여 측정할 수 있는 최소자속은 다음과 같이 계산된다.

$$\frac{10 \times 10^{-6}}{1.25/2 \times 10^{-3}} = 0.016 \times 10^{-6}[Wb] = 0.016[\mu Wb]$$

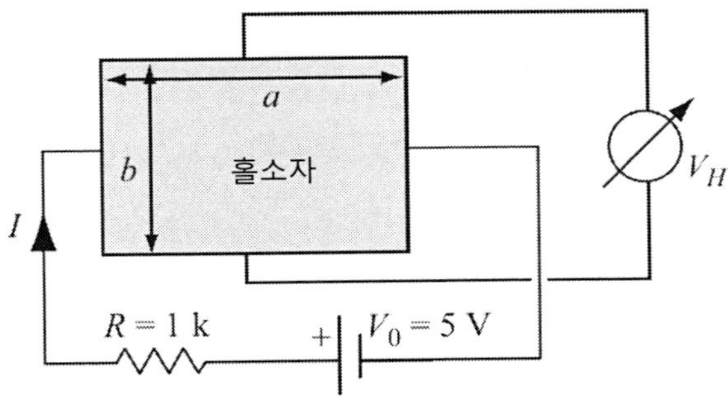

그림 5.40 편향전압이 부가된 홀소자. 자속밀도는 홀소자판에 수직방향으로 부가된다.

예제 5.8 **엔진 회전속도**

속도조절을 위해서 엔진의 회전속도를 측정할 필요가 있다. 이를 위해서 홀센서를 사용하여 그림 5.41 (a)와 같은 구조로 측정시스템을 구성하였다. 회전축에 두 개의 대칭형 범프 또는 돌기를 설치하였다(질량평형을 위해서는 두 개가 필요하다). 홀소자와 회전축 사이의 간극은 범프가 위치한 경우에는 $1[mm]$, 범프가 없는 경우에는 $2[mm]$이다. 그림 5.41 (b)와 같은 회로를 사용하여 홀소자에 편향전압을 부가했을 때에 홀 소자의 최소 및 최대출력을 계산하시오. 홀소자의 두께는 $0.1[mm]$이며, 홀계수는 $0.01[m^3/A\cdot s]$이다. 회전축과 강철 링의 투자율은 매우 크며, 홀소자의 투자율은 공기의 유전율인 μ_0와 동일하다고 가정한다. 코일의 권선수는 200회이며, 공극에 자속밀도를 생성하기 위해서 $0.1[A]$의 전류를 흘린다.

풀이

강철링의 투자율이 크기 때문에, 강철링의 릴럭턴스는 무시할 수 있다. 즉, 공극에서의 자속은 두 공극길이에만 영향을 받는다(두 공극을 통해서 자속경로가 닫힌다). 식 (5.36)을 사용하여 각 공극의 릴럭턴스를 구할 수 있다.

$$\Re_g = \frac{l_g}{\mu_0 S} \ [1/H]$$

여기서 S는 공극의 단면적이다. 우리는 이 단면적을 알지 못한다. 하지만 자속을 계산한 다음에 이를 단면적 S로 나누어 자속밀도를 구하기 때문에 단면적은 알 필요가 없다. 공극에서의 자속은 다음과 같다.

$$\Phi_g = \frac{NI}{2\Re_g} = \frac{NI\mu_0 S}{2l_g} \ [T\cdot m^2]$$

따라서 자속밀도는 다음과 같이 구해진다.

$$B_g = \frac{\Phi_g}{S} = \frac{NI\mu_0}{2l_g} \ [T]$$

이제, 식 (5.44)로부터 다음을 얻을 수 있다.

$$V_{out} = K_H \frac{I_H B}{d} = K_H \frac{I_H NI\mu_0}{2l_g} \ [V]$$

여기서 I_H는 홀소자를 통과하여 흐르는 편향전류(이 경우에는 $6[mA]$)이며, I는 코일을 통과하여 흐르는 전류($0.1[A]$)이다. 공극이 $1[mm]$인 경우에는 다음을 얻을 수 있다(양쪽 공극은 서로 동일한 길이를 갖는다).

$$V_{\max} = 0.01 \times \frac{6\times10^{-3}}{0.1\times10^{-3}} \times \frac{200\times0.1\times4\pi\times10^{-7}}{2\times1\times10^{-3}} = 0.0075[V]$$

공극이 $2[mm]$인 경우에는

$$V_{\min} = 0.01 \times \frac{6 \times 10^{-3}}{0.1 \times 10^{-3}} \times \frac{200 \times 0.1 \times 4\pi \times 10^{-7}}{2 \times 2 \times 10^{-3}} = 0.00375[V]$$

따라서 홀센서 앞에 돌기가 위치한 경우의 출력전압은 $7.5[mV]$인 반면에 돌기가 없는 경우의 출력전압은 $3.75[mV]$이다. 따라서 출력신호는 회전축 회전속도의 두 배에 이르는 주파수로 최대 $7.5[mV]$와 최소 $3.75[mV]$ 사이를 오가는 정현신호 형태를 나타낸다. 예를 들어 엔진축이 $4{,}000[rpm]$으로 회전한다면 출력신호의 주파수는 $(4{,}000/60) \times 2 = 133.33[Hz]$이다. 출력신호에 대한 적절한 교정을 수행한 이후에 (출력신호를 증폭 및 이산화하여) 이 주파수를 측정하면 필요한 데이터를 얻을 수 있다.

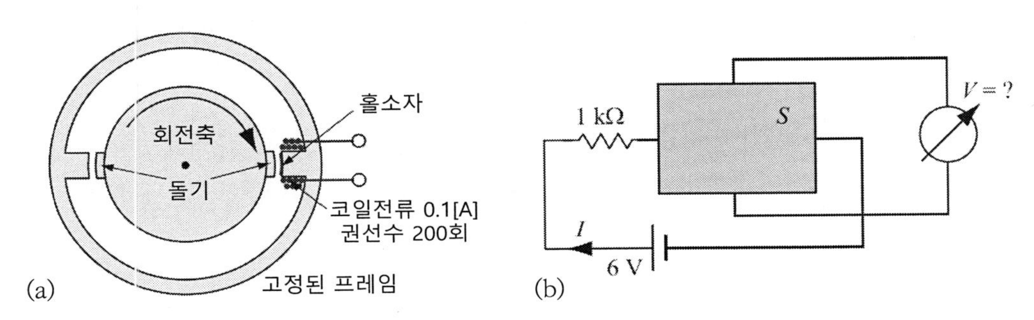

그림 5.41 엔진 회전속도 센서. (a) 자화코일과 홀소자가 포함된 구조. (b) 홀소자 구동회로

5.5 자기동수압 센서와 작동기

자기력 관계식인 식 (5.21)과 식 (5.24)는 측정과 작동 모두에 앞서 설명한 사례들 이외에도 다양한 방식으로 활용될 수 있다. 자기력은 전하와 그 집합체인 전류에 작용하므로, 이 식들은 대부분의 자기력 작동방식과 더불어서 홀 센서에서 살펴보았듯이 센서에도 적용된다. 자기력의 특히 중요한 점은 플라스마, 하전된 기체, 액체 그리고 고체 도전체 등의 움직이는 물체에 힘을 생성할 수 있다는 것이다. 이 현상은 하전되어 움직이는 기체, 액체 및 용융된 금속의 이동을 이용하기 때문에 **자기동수압**(MHD)[28]이라고 부르지만, 기본적인 작용원리는 전기모터나 발전기의 경우와 동일하다. 그림 5.42 (a)에서는 자기동수압 발전기(즉, 센서)의 작동원리를 보여주고 있으며, 그림 5.42 (b)에서는 자기동수압 펌프나 작동기를 보여주고 있다. 이들은 모두 도전성

28) magnetohydrodynamics

매질이 채워진 관으로 이루어진다. 매질은 자기장에 반응하는 전하를 함유하고 있어야만 한다. 전하들은 도체 내의 자유전자이거나 하전된 플라스마 형태를 갖는다.

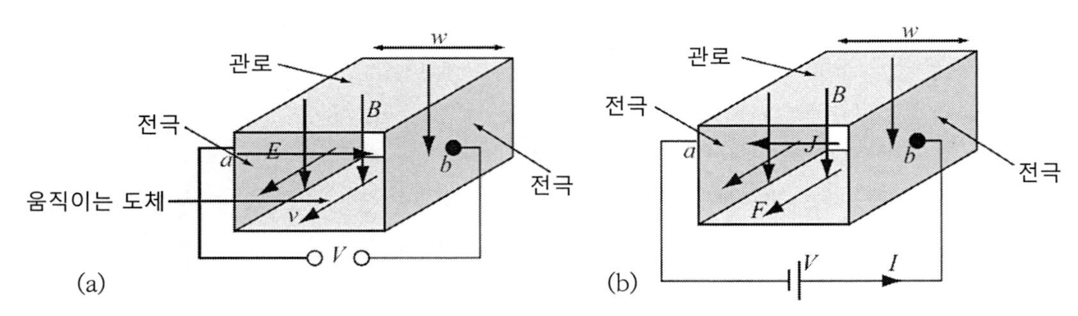

그림 5.42 (a) 자기동수압 발전기(센서). (b) 자기동수압 펌프 또는 작동기.

5.5.1 자기동수압 발전기와 센서

그림 5.42 (a)에서 관로 내의 매질은 속도 v로 움직이고 있다. 자기장은 식 (5.21)에 따라서 움직이는 전하에 힘을 가한다.

$$\boldsymbol{F} = q\boldsymbol{v} \times \boldsymbol{B} = q\boldsymbol{E} \ [N] \tag{5.51}$$

여기서 전하에 가해지는 힘을 전기장강도의 항으로 나타낼 수 있다. 즉, 하전되어 움직이는 매질은 전기장강도를 생성할 수 있으며, 그림에서는 이를 화살표로 표시하고 있다. 이들로 인하여 두 전극 사이에는 전위차가 생성된다.

$$V_{ba} = -\int_a^b \boldsymbol{E} \cdot d\boldsymbol{l} = \int_a^b (\boldsymbol{v} \times \boldsymbol{B}) \cdot d\boldsymbol{l} = vBw \ [V] \tag{5.52}$$

이 식은 측정에 사용되는 자기동수압 발전의 기본 원리이다. 전극 사이에 생성되는 자기동수압 전압을 측정하여 하전된 매질의 속도를 검출할 수 있다. 그런데, 전위차를 생성하기 위해서는 최소한 미소수준에서라도 분리할 수 있는 전하가 존재해야만 한다. 즉, 매질의 전도도가 0이 아니어야만 한다.

5.5.2 자기동수압 펌프와 작동기

그림 5.42 (b)에 도시되어 있는 것처럼, 자기장에 수직하게 배치된 관로를 통해서 전류를 흘려 보내면 발전과정을 반전시킬 수 있다. 관로 내의 전류밀도가 도전성 매질에 힘을 생성하며, 식 (5.25)에 따라서 채널 밖으로 흘러 나가려는 힘을 받는다.

$$\boldsymbol{F} = \int_v \boldsymbol{J} \times \boldsymbol{B} dv \ [V] \tag{5.53}$$

모든 도전성 액체(용융금속이나 해수), 도전성 기체(플라스마) 또는 고체상태의 도체들에 대해서 이 힘을 사용할 수 있다.

자기동수압 작동기의 가장 큰 장점은 시스템이 극단적으로 단순하며 이동부가 필요 없다는 것이다. 올바른 조건하에서는 이 작동기가 엄청난 힘(가속)을 생성한다. 하지만 용융금속의 펌핑과 같은 일부의 용도를 제외하고는, 이 방법은 발전이나 측정 모두에서 매우 효율성이 떨어진다. 그럼에도 불구하고 발전공정의 효율이 중요하지 않은 측정이나, 펌핑, 입자가속 그리고 군사무기와 우주추진 용도로 제안된 장치인 레일건과 같이 고체 물체의 가속을 포함하는 다양한 작동기들에서 이 방식이 사용되고 있다.

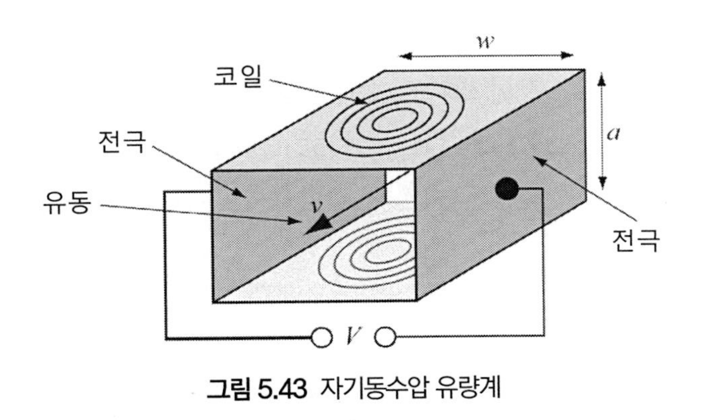

그림 5.43 자기동수압 유량계

그림 5.43에서는 자기동수압 유량계가 도시되어 있다. 관로의 상부와 하부에 각각 하나씩, 두 개의 코일이 설치되어 상부와 하부표면 사이에 자속밀도를 생성한다(한 쌍의 영구자석을 사용해서 이와 동일한 기능을 수행할 수 있다). 이 시스템이 작동하기 위해서는 물과 같은 유체 속에 자유이온들(주로 Na^+와 Cl^-)이 있어야만 한다. 다행히도, 물을 포함한 대부분의 유체들 속에는

자기동수압 측정에 필요한 충분한 양의 염들이 녹아있다. 출력전압은 유체의 이동속도와 부가된 자속밀도에 정비례한다. 관로의 폭방향으로 자속밀도가 일정하다고 가정하면, 측정된 전압은 유속에 비례한다.

$$V = Bvw \ \ [V] \tag{5.54}$$

이 센서를 사용하여 다음과 같이 유량을 측정할 수 있다.

$$Q = wav = \frac{aV}{B} \ \ [m^3/s] \tag{5.55}$$

예를 들어, 해수면 위를 달리는 보트의 속도를 측정하는 경우에도 이와 동일한 구조를 사용할 수 있다.

그림 5.42 (b)의 기본 작동기 구조를 다양한 방법으로 활용할 수 있다. 그림 5.44에서는 용융금속(알루미늄, 마그네슘, 나트륨 등) 펌프를 보여주고 있다. 그림에 도시되어 있는 것처럼, 측면에 한 쌍의 전극이 장착되어 있는 관로 속으로 용융금속이 흐른다. 용융된 도체에 작용하는 힘은 식 (5.53)에 주어져 있다. 코일에 전류 I_0를 흘려서 자속밀도 B_0를 생성한다. 펌프의 체적은 분리된 전극 사이의 전류 I가 통과하는 영역과 자속밀도의 상호작용에 의해서 형성되는 체적으로서 대략적으로 abd가 된다. 그러므로 이 영역 내에서 전류가 균일하게 흐르며, 전원이 전류 I를 공급한다면 전류밀도는 대략적으로 I/bd가 된다. 그리고 코일과 전극이 자속밀도 B_0를 형성한다면, 추진력은 다음과 같이 계산된다.

$$F = B_0 \frac{I}{bd} abd = B_0 Ia \ \ [N] \tag{5.56}$$

그림에 도시된 펌프체적 내에서 자속밀도와 전류밀도는 일정하지 않기 때문에 이 힘은 단지 근사값에 불과하다. 하지만 용융금속과 같은 고전도 매질의 경우에는 매우 훌륭한 근삿값을 제공해 준다. 여기서 제시된 펌프는 용융금속과의 아무런 기계적 상호작용이 필요 없기 때문에 여타의 방법들에 비해서 월등한 장점을 가지고 있다. 여기서 주의할 점은 코일을 제대로 냉각하지 않는다면 엄청난 전력을 소모하게 된다는 것이다.

식 (5.56)의 추진력은 식 (5.26)에서 제시되었던, 자기장 B_0 속에서 전류 I를 흘리는 길이가 a인 도선에 가해지는 힘과 동일하다. 즉, 이와 동일한 힘이 전기기기에도 작용한다는 뜻이다. 하지만 자기동수압의 원리를 따로 떼어놓고 살펴보면 매우 다른 활용방안을 찾아낼 수 있다.

예제 5.9 해수 전자기추진

바닷물 속에서 잠수함을 추진하는 매우 간단한 방법으로 자기동수압 펌프가 제안되었다. 이런 목적으로 사용할 작동기의 제원이 그림 5.44 (b)에 제시되어 있다. 영구자석에 의해서 자기장이 생성되며, $B=0.8[T]$의 일정한 자속이 생성된다. 바닷물의 전기전도도는 $4[S/m]$이다.

(a) 그림에서 제시된 제원을 사용하여 바닷물 속에서 잠수함을 $10{,}000[kgf](10^5[N])$의 힘으로 추진하기 위해서 필요한 전력을 계산하시오.

(b) 비교를 위해서, 원자로를 냉각시키기 위해서 (98[°C]의) 용융나트륨을 펌핑하는 데에 동일한 장치를 사용한다고 하자. 위와 동일한 힘을 생성하기 위해서 얼만큼의 전력이 필요한가? 용융나트륨의 전기전도도는 $2.4\times10^7[S/m]$이다.

풀이

(a) 추진력은 식 (5.56)에서 제시되어 있다.

$$F=B_0Ia\ [N]$$

B_0값은 알고 있으므로, 필요한 전류를 계산할 수 있다. $10^5[N]$의 추진력을 내기 위한 전류는 다음과 같이 계산된다.

$$I=\frac{F}{B_0a}=\frac{100{,}000}{0.8\times0.5}=250{,}000[A]$$

전력을 계산하기 위해서는 관로의 저항값을 계산해야 한다.

$$R=\frac{a}{\sigma bd}=\frac{0.5}{4\times0.25\times8}=0.0625[\Omega]$$

따라서 필요한 전력은 $3.9[GW]$이다.
따라서 이 장치는 전혀 현실적이지 못하다. $3.9[GW]$의 전력을 소모하여 10톤의 추력을 생성한다는 것은 전혀 실용적이지 못하다. 필요한 전력을 무시하더라도, 전압원은 $15.625[kV]$의 직류를 송출해야 하는데, 이 또한 현실성이 없다. 하지만 (b)에서와 같이 올바른 조건에서 사용한다면 이 방법이 타당성을 갖는다.

(b) 여기서 바뀌는 것은 관로의 저항값이다.

$$R=\frac{a}{\sigma bd}=\frac{0.5}{2.4\times10^{7}\times0.25\times8}=1.042\times10^{-8}[\Omega]$$

그러므로 필요한 전력은

$$P=I^{2}R=\frac{a}{\sigma bc}=(250{,}000)^{2}\times1.042\times10^{-8}=621.25[W]$$

전원전압은 단지 26[mV]만이 필요할 뿐이다. 이 사례들은 매우 극단적이기는 하지만 저전압 고전류 전원은 고전압 고전류원에 비해서 제작하기 용이하다. 특별한 (단극) 발전기와 변압기를 사용하여 AC 전압을 필요한 수준으로 낮춘 다음에 이를 정류하면 저전압 고전류를 만들 수 있다.

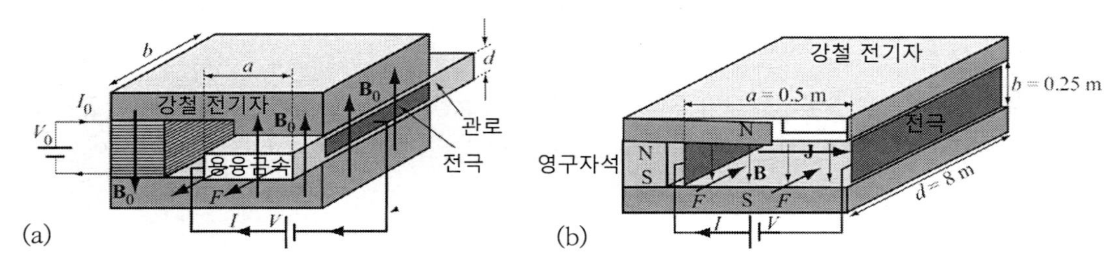

그림 5.44 (a) 용융금속 펌핑을 위한 자기동수압 펌프. 밀폐된 관로 속으로 용융금속이 흐른다. (b) 자기동수압 추진장치

5.6 자기저항과 자기저항식 센서

자기저항[29]은 도체나 반도체 내에서 자기장이 전기적 저항을 갖는 현상이다. 두 가지 메커니즘을 통해서 자기장이 매질의 저항값을 변화시킨다. 첫 번째는 홀효과에서 설명했듯이, 전자들이 자기장에 의해서 인력이나 척력을 받기 때문이다. 두 번째는 일부 소재의 경우, 전류의 흐름에 의해서 형성되는 내부 자화의 방향이 외부 자기장에 의해서 변하기 때문이다. 이 때문에 매질의 전기저항값이 변하게 된다.

첫 번째의 메커니즘에 의한 자기저항은 홀효과와 매우 유사하므로 홀전압 부가용 전극을 제외하면 기본적으로 **그림 5.36**에서와 동일한 구조가 사용된다. 이 효과는 모든 소재에 존재하지만, 반도체에서 매우 명확하게 나타난다. **그림 5.45 (a)**에서는 이 현상을 보여주고 있다. 홀소자의 경우와 마찬가지로 전자들은 자기장에 의해서 영향을 받는다. 그리고 전자들에 가해지는 자기력

29) magneticresistance

때문에, **그림 5.45 (b)**에서와 같이 전자들은 반원을 그리며 이동한다. 자속밀도가 커질수록 전자들에 가해지는 힘이 증가하므로, 원호의 반경이 커지게 된다. 이를 통해서 효과적으로 전자들이 더 먼 경로를 따라 흐르도록 만들 수 있다. 즉, 저항값이 증가한다(도전체의 유효 경로길이가 증가하는 것과 동일하다). 따라서 자기장과 전류 사이의 상관관계가 만들어진다. 대부분의 구조에서 이 관계는 B^2에 비례하며, 사용되는 소재(일반적으로 반도체)의 나르개 이동도에 의존한다. 그런데 정확한 상관관계는 비교적 복잡하며, 소자의 형상에도 의존한다. 그러므로 여기서는 단순히 다음의 관계가 적용된다고 가정하기로 한다.

$$\frac{\Delta R}{R_0} = kB^2 \tag{5.57}$$

여기서 k는 일종의 교정함수이다. **그림 5.45 (c)**에 도시되어 있는 자기저항체는 디스크 중앙에 위치한 전극과 디스크의 원주방향으로 설치된 전극 사이의 자기저항이 변하는데, 이를 **코르비노 원판**이라고 부르며 매우 유용하다. 이렇게 전극들을 배치하면, 전극 간의 경로가 나선형이 되면서 길이가 매우 길어지기 때문에 소자의 민감도가 증가한다.

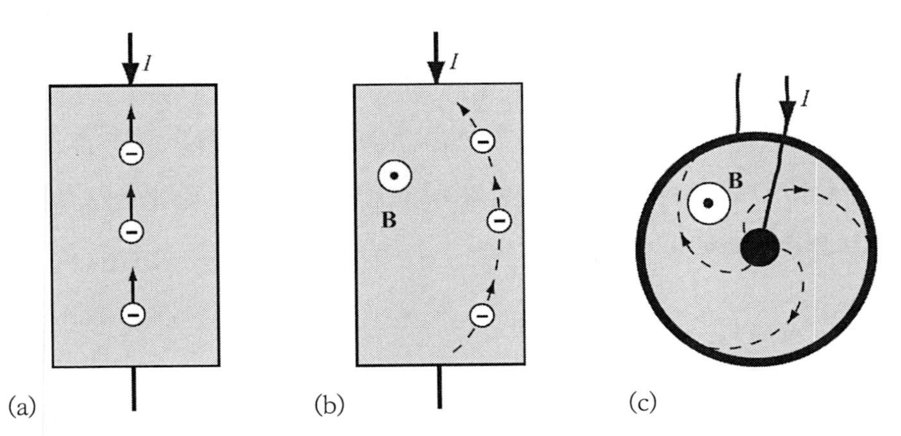

그림 5.45 반도체 내에서 발생하는 자기저항. (a) 자기장 없음. (b) 자기장이 나르개의 이동경로를 변화시킨다. (c) 코르비노 원판 자기저항기

자기저항 소자들은 홀소자와 마찬가지로 사용되지만, 이들은 전류제어가 필요 없으며, 단지 저항값만 측정하면 되기 때문에 사용이 더 단순하다. 이 소자는 홀소자에 사용된 것과 동일한 소재(대부분의 경우 InAs와 InSb)를 2차원 형태로 만들면 된다. 자기저항 소자는 홀소자를 사용

할 수 없는 경우에 자주 사용된다. 중요한 적용사례들 중 하나는 자기장의 형태로 기록된 데이터를 읽어들이는 자기저항식 검출헤드이다.

앞서 소개했던 기본요소보다 더 민감한 두 번째 유형의 자기저항 센서는 소자를 통과하여 전류가 흐르는 동안 외부 자기장이 부가되면 저항값이 변하는 일부 소재의 특성을 활용하고 있다. 이방성이 강한 금속소재에 자기장이 부가되면 이들의 자화방향이 변한다. 이런 효과를 **이방성 자기저항**(AMR)[30]이라고 부르며, 1857년 윌리엄 톰슨(켈빈경)이 발견하였다.

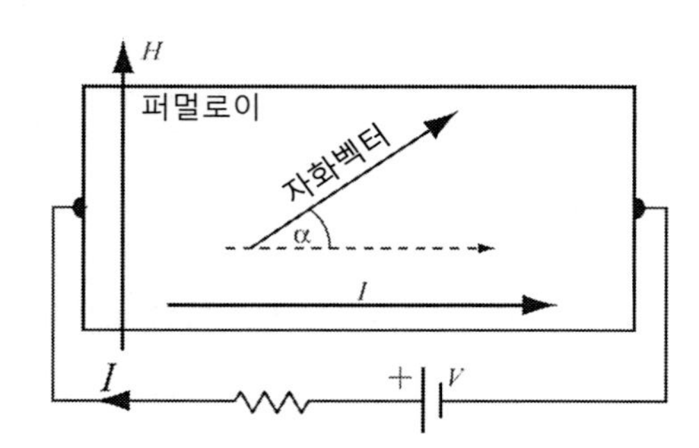

그림 5.46 이방성 자기저항(AMR) 센서의 작동원리

상용 자기저항 센서로 가장 일반적으로 사용되는 구조들 중 하나가 그림 5.46에 개략적으로 소개되어 있다. 여기서 자기저항 소재는 측정할 자기장에 노출되어 있으며, 자기장과 수직한 방향으로 자기저항 소자를 통과하여 전류가 흐른다. 이 사례에서 내부 자화 벡터는 전류와 평행한 방향을 향하고 있다. 여기에 전류의 흐름과 직각 방향으로 외부 자기장이 부가되면, 내부 자화 벡터는 그림 5.46에 도시되어 있는 것처럼 각도 α만큼 기울어지게 된다. 이로 인하여 소자의 저항은 다음과 같이 변한다.

$$R = R_0 + \Delta R_0 \cos^2\alpha \quad [\Omega] \tag{5.58}$$

여기서 R_0는 자기장이 부가되지 않았을 때의 저항값이며, ΔR_0는 특정한 소재에서 예상되는 저항값의 변화량이다. 이들 두 값은 모두 소재와 구조에 의존한다. 각도 α는 부가된 자기장에 비례하며 소재 의존성이 있다. 표 5.4에서는 일부 이방성 자기저항 소재들과 이들의 특성이 제시되어 있다.

---

30) anisotropic magnetoresistance

표 5.4 이방성 자기저항 소재들과 이들의 성질

소재*	비저항 $\rho=(1/s)\times10^{-8}[\Omega\cdot m]$	$\Delta\rho/\rho[\%]$
Fe19Ni81	22	2.2
Fe14Ni86	15	3
Ni50Co50	24	2.2
Ni70Co30	26	3.2
Co72Fe8B20	86	0.07

* 소재 조성값으로 제시된 숫자들은 백분율 값을 나타낸다(즉, Fe19Ni81은 철 19%와 니켈 81%로 조성되었음을 의미한다).

자기저항 센서들은 일반적으로 4개의 소자들을 브리지 구조로 만들어 사용한다. 이를 통해서 드리프트를 보정하며 센서의 출력 민감도를 향상시킨다. 전체적으로 이방성 자기저항(AMR) 센서들은 매우 민감하며 약한 자기장에도 작동하기 때문에 전자 나침반이나 자기검출헤드와 같은 다양한 용도에 사용되고 있다. 자기저항 성능이 증강된 소재들이 공급되고 있다. 이들을 **자이언트 자기저항**(GMR) 소재라고 부르며, 이들을 사용한 센서들은 민감도가 크게 향상되어 매우 약한 자기장을 검출할 수 있다.

5.7 자기변형식 센서와 작동기

자기변형[31]효과는 자기장이 부가되면 소재가 수축하거나 팽창하는 현상이다. 이의 역반응도 가능한데, 강자성체 내부의 자기벽[32]들의 움직임에 의해서 소재 내부에 응력이 생성되면 자화특성이 변하게 된다. 자기변형 소재들이 가지고 있는 자기장과 기계적 상태 사이의 이런 양방향 효과를 작동기나 센서에 활용할 수 있다. 대부분의 소재들과는 달리, 일부 소재들은 본질적으로 매우 강력한 자기변형 특성을 가지고 있다. 이 효과는 1842년에 제임스 프레스콧 줄에 의해서 처음으로 관찰되었다. 자기변형에는 두 가지 가역적인 효과들이 존재한다.

1. **줄효과**[33]는 자기변형 소재에 외부 자기장이 부가되면 길이가 변하는 현상이다. 이는 가장 일반적인 자기변형 효과로서, 소재가 자화에 의해서 0에서 포화값까지 길이가 증가한 비율

---

31) magnetostrictive
32) magnetic wall
33) Joule effect

인 **자기변형계수** λ를 사용하여 정량적으로 나타낼 수 있다. 이 정의는 대부분의 사람들에게 매우 이상한 것처럼 들리겠지만, 변압기의 진동음은 변압기 코어의 자화와 탈자가 반복되는 과정에서 발생하는 것이다.

2. 줄효과의 가역작용을 **빌라리효과**[34]라고 부르는데, 소재가 기계적인 응력을 받으면 자화율이 변하는(즉, 소재의 투자율이 변하는) 현상이다. 투자율은 증가하거나 감소할 수 있다. 빌라리효과가 양인 경우에는 투자율이 증가하며, 음일 경우에는 투자율이 감소한다.
3. 자기변형 소재에 축방향으로 자기장을 부가한 상태에서 전류를 흘리면 줄 사이의 상호작용에 의해서 비틀림이 발생한다. 이를 **비데만효과**[35]라고 부르며, 이 가역작용을 자기변형식 토크센서에 사용한다.
4. 비데만효과의 가역작용은 자기변형 소재에 토크를 가하면 축방향 자기장이 형성되는 것이다. 이를 **마테우치효과**[36]라고 부른다

자기변형 효과는 철, 코발트 및 니켈과 같은 전이금속과 이들의 합금에서 나타나는 현상이다. 표 5.5에서는 자기변형 소재들과 이들의 자기변형 계수값들을 제시하고 있다. 현재, 다양한 금속유리 소재들과 터프놀-D 같이 자기변형계수값이 $1,000[\mu L/L]$인 소위 자이언트 자기변형 소재들이 공급되고 있다. 이 소재들은 자기변형 센서와 작동기들에 빠르게 채용되고 있다.

자기변형 계수들은 각 소재별로 자화가 포화된 상태에서의 값을 제시하고 있다. 그러므로 이는 단위길이당 가장 많이 변형되었을 때의 값(최대변형률)을 나타낸다. 따라서 자속밀도가 감소하면 그에 비례하여 변형률이 감소하게 된다. 만일 표 5.5에서 포화자속밀도 B_m에 대한 자기변형의 포화값을 제시하고 있으며, 이들 사이의 상관관계가 선형적이라고 한다면, 주어진 자속밀도 B에 대한 단위길이당 변형량(변형률)은 다음과 같이 주어진다.

$$\left(\frac{\Delta L}{L}\right)_B = \left(\frac{\Delta L}{L}\right)_{B_m} \times \left(\frac{B}{B_m}\right) \tag{5.59}$$

시편의 길이 L_0가 주어진 경우에는 위의 결괏값에 길이 L_0를 곱하면 소자의 변형량을 구할 수 있다.

---

34) Villari effect
35) Wiedemann effect
36) Matteucci effect

표 5.5 자기변형 소재들과 이들의 자기변형계수값

소재	자기변형계수[$\mu m/m$]	포화자속밀도[T]
니켈	-28	0.5
Co49Ge49V2	-65	
강철	5	1.4~1.6
Ni50Fe50	28	
Fe87Al13	30	
Ni95Fe5	-35	
코발트	-50	0.6
$CoFe_2O_4$	-250	
갈프놀($Ga_{0.19}Fe_{0.81}$)	50~320	
터프놀-D($Tb_{0.3}Dy_{0.7}Fe_2$)	2,000	1.0
비트레올리106A(Zr58.2Cu15.6Ni12.8Al10.3Nb2.8)	20	1.5
메트글라스2605SC(Fe81Si3.5B13.5C2)	30	1.6

자기변형 소재들의 활용은 20세기 초반으로 거슬러 올라가며, 전화 수신기, 수중 청음기, 자기변형 발진기, 토크센서 그리고 스캐닝 소나 등에 적용되었다. 1861년에 요한 필립 레이스가 시험한 최초의 전화(레이스 전화) 수신기에 사용된 센서/작동기에는 자기변형 소자가 사용되었다.

자기변형 소자(작동기)의 활용분야에는 초음파 세척기, 고출력 리니어모터, 능동광학계용 위치 조절기, 능동형 진동제어기 또는 능동형 노이즈 상쇄기, 의료 및 산업용 초음파 탐상기, 펌프 및 소나 등이 포함된다. 게다가 자기변형 리니어모터, 평형질량 작동기, 동조질량 감쇄기 등이 설계되었다. 이보다는 덜 알려진 응용사례에는 가속피로시험기, 지뢰탐지기, 보청기, 면도날 연마기 그리고 지진계 등이 있다. 또한, 수술도구, 수중소나 그리고 화학 및 기계식 처리기 등에 사용되는 초음파 자기변형 트랜스듀서들이 개발되었다.

일반적으로, 자기변형효과는 매우 작기 때문에 이를 측정하기 위해서는 간접적인 수단이 필요하다. 그런데, 이 효과를 직접 사용하는 장치가 있다. 그림 5.47에서 자기변형 소자의 기본적인 작동원리가 도시되어 있다.

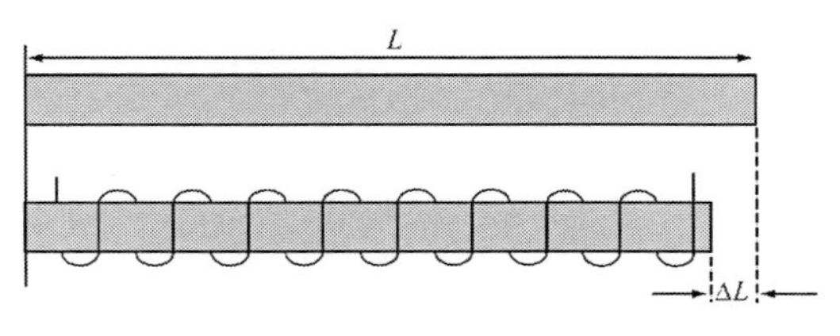

그림 5.47 자기변형 소자의 구동

다양한 양들을 측정하기 위해서 자기변형 소자를 활용하는 수많은 방법들이 존재한다. 가장 단순하며 가장 민감한 방법은 단순 변압기의 코어로 자기변형 소재를 사용하는 것이다. 이에 대해서는 다음의 5.8절에서 살펴볼 예정이다. 그런데 자기변형효과는 대부분 작동기에 사용된다. 그럼에도 불구하고 자기변형 효과를 간접적으로 사용하면, 위치, 응력, 변형률 및 토크 등을 감지할 수 있다.

회전축에 사용하는 비접촉 방식의 자기변형 토크센서가 그림 5.48에 도시되어 있다. 이 센서는 예응력이 가해진 마레이징강(니켈 18[%], 코발트 8[%], 몰리브덴 5[%] 및 소량의 티타늄, 구리, 알루미늄, 망간 및 실리콘 등이 함유된 강철) 슬리브가 회전축에 억지끼워맞춤되어 있으며, 그림 5.48 (a) 및 (b)에서와 같이, 두 개의 와전류 센서가 서로 90° 각도로 배치되어 있으며, 회전축에 대해서는 45° 기울어진 상태로 설치된다. 이 토크센서는 두 가지 원리에 의해서 작동된다. 우선, 자기변형 강철에는 예응력이 부가되어 있기 때문에, 압축되면 응력이 감소하면서 투자율이 감소한다(음의 빌라리효과). 반면에 소재에 인장이 가해지면, 응력이 증가하기 때문에 투자율이 증가한다(양의 빌라리효과). 그림 5.48 (a)에서는 주인장선과 주압축선을 통해서 이런 상태를 확인할 수 있다. 이들은 회전축의 중심선에 대해서 45° 기울어져 있으므로, 이를 와전류 센서의 설치방향으로 선정한다(그림 5.48 (b)). 두 번째 작동원리는 AC 구동코일에 의한 와전류의 생성이다. 와전류는 표피효과를 통해서 소재의 투자율에 영향을 받는다. 투자율이 감소하면 와전류가 강철 슬리브의 내부로 더 깊이 침투하는 반면에 투자율이 증가하면 침투깊이가 감소한다(표피깊이가 감소한다. 식 (5.35) 참조). 그러므로 토크에 의해서 변하는 투자율과 유도되는 와전류의 변화 사이의 상관관계를 찾아야 한다.

와전류 센서들은 U-자형 코어의 중심에 설치된 구동코일과 코어의 두 선단부에 설치된 두 개의 픽업코일로 이루어진다. 이들은 (고주파) 변압기처럼 작동하며, 픽업코일에 유도되는 전압은 마레이징강철 링의 응력조건과 이를 통과하는 자속조건에 의존한다(출력을 극대화시키기 위해서 와전류센서의 열린 단면을 회전하는 슬리브와 접촉하지 않는 한도 내에서 매우 인접하게 설치한다). 각 센서에 설치되어 있는 두 개의 측정용 코일들은 직렬로 연결되어 이들의 출력전압이 서로 더해진다. 두 와전류 센서들의 측정용 코일들은 그림 5.48 (c)에 도시되어 있는 것처럼, 차동모드로 연결된다.

작동원리를 이해하기 위해서 우선 토크가 0이라고 가정한다. 두 센서들이 서로 차동모드로 연결되어 있으므로, 총 출력전압은 0이 된다. 토크가 증가하면, 한쪽 센서의 출력은 증가하는 반면에 다른 쪽 센서의 출력은 감소하게 된다. 이들을 서로 차감하면 두 센서의 출력전압 변화의 합이 구해진다. 이 전압을 측정(원하는 출력범위를 얻기 위해서는 당연히 증폭이 필요하다)하면 토크값을 구할 수 있다. 그림 5.48 (d)에서는 회전축을 $200[rpm]$으로 회전시키면서 센서의 출력을 측정한 결과를 보여주고 있다. 예상했던 것처럼, 측정결과에는 약간의 오차가 포함되어 있으며, 센서의 응답특성은 완벽하게 선형이 아니지만 거의 선형적인 응답을 보여주고 있다. 실선 그래프는 실험 데이터에 대한 다항식 근사곡선이며, 센서의 교정곡선으로 사용된다.

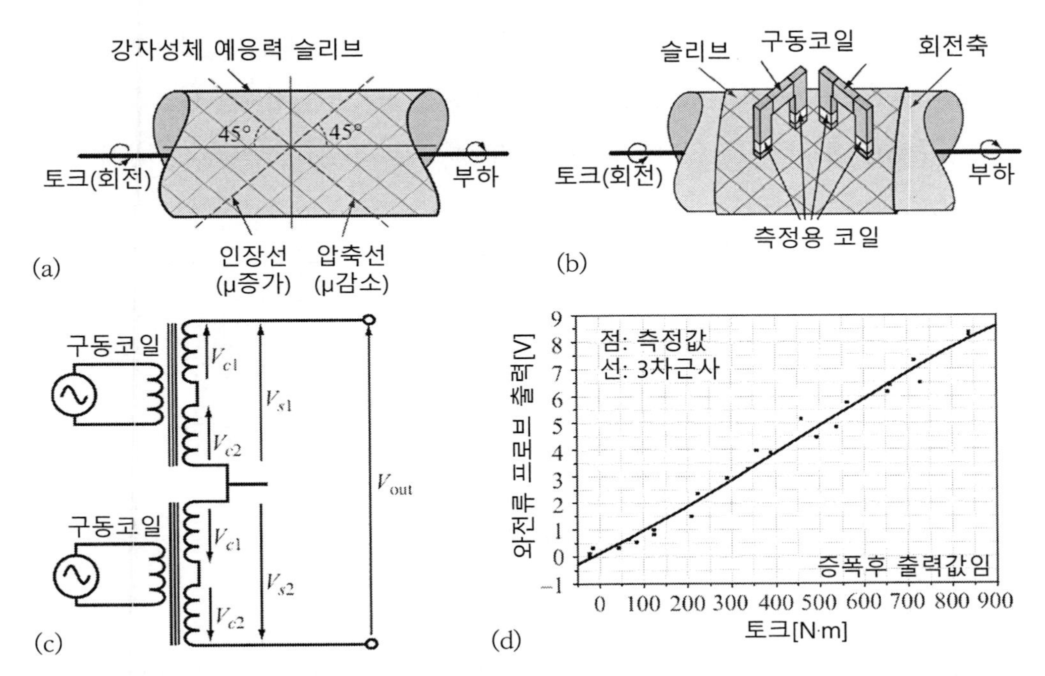

그림 5.48 자기변형 토크센서. (a) 강자성체 예응력 슬리브의 인장과 압축방향. (b) 두 개의 C-코어 자기센서들이 각각, 압축선 및 인장선 방향으로 배치되어 자속이 슬리브를 통과하는 고주파 변압기 회로를 형성하였다. (c) 차동 출력이 송출되는 코일의 배선도. (d) 토크센서의 전달함수.

5.7.1 자기변형식 작동기

자기변형식 작동기는 매우 독특하다. 이 작동기는 앞서 설명했던 줄과 비데만 효과에 의해서 생성되는 압축(인장) 또는 토크효과와 더불어서, 자기변형물질에 펄스 형태의 자기장이 부가되었을 때에 발생하는 응력이나 충격파와 같이 두 가지 명확한 효과들을 사용할 수 있다.

첫 번째 효과의 크기는 매우 작지만(표 5.5 참조), 매우 큰 힘을 만들어낼 수 있다. 이를 위치결정기구(그림 5.49)에 직접 사용할 수 있으며, 이를 통해서 매우 작고 정확하며 반복적인 위치결정을 수행할 수 있다. 이 기구는 빛을 편향시키기 위한 마이크로폰으로 반사경에 사용할 수 있으며(여타의 소형구조물에도 적용할 수 있다), **그림 5.50**에서는 인치웜 모터에 이를 적용하는 방법을 설명하고 있다. 이 장치에서는 자기력으로 구동되는 두 개의 클램프들 사이에 니켈소재의 막대가 설치된다. 코일 중앙에 위치한 코일이 필요한 자기변형을 일으킨다. ①번 클램프를 붙잡은 채로 코일에 전류를 흘리면 막대는 수축한다. 이제 ②번 클램프를 붙잡고 ①번 클램프를 열어놓은 상태에서 코일에 흐르는 전류를 끄면 막대는 다시 팽창하면서 원래의 길이로 되돌아온다. 이 과정에서 막대는 ΔL만큼 왼쪽으로 이동하게 된다. 이동량은 자기변형계수와 막대에 부가되는 자기장에 의존한다. 이 기구에서 각 스텝마다 구현되는 이동량은 수 마이크로미터에 불과하며, 작동속도 역시 느리지만 비교적 큰 힘을 송출할 수 있는 직선운동 장치이며 정확한 위치결정에 사용할 수 있다. 클램핑과 전류펄스를 부가하는 순서를 거꾸로 하면 막대를 오른쪽으로 보낼 수 있다.

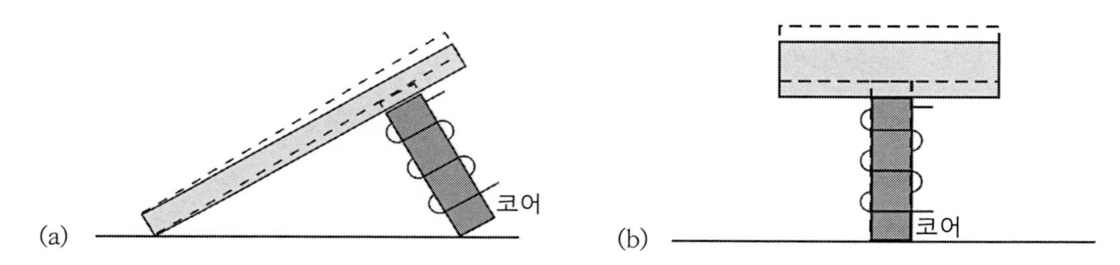

그림 5.49 자기변형식 작동기를 사용한 미세 위치결정기구. (a) 광학계측을 위한 반사경 경사각 조절. (b) 블록의 수직방향 위치조절. 구동용 코일이 코어의 길이를 팽창 또는 수축시킨다. 전류를 끊으면 코어는 원래의 길이로 되돌아온다.

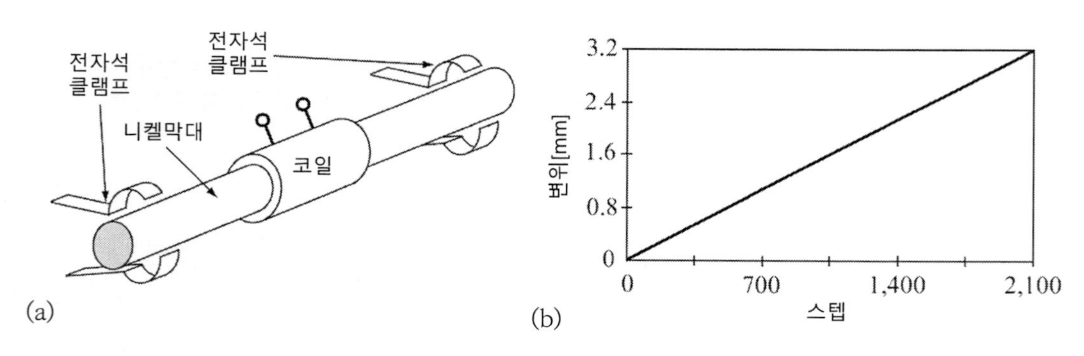

그림 5.50 마이크로스텝 인치웜 모터. (a) 구조. (b) 응답특성

예제 5.10 자기변형식 직선형 작동기

자기변형은 변형량이 비교적 작은 효과이기 때문에, 많은 자기변형식 작동기들은 자기변형요소의 기계적인 신축을 증가시킬 기계적인 증폭수단을 갖추고 있다. 그림 5.51 (a)에 도시되어 있는 작동기를 살펴보기로 하자. 자기변형 막대의 길이는 $30[mm]$이며 타원형 링 또는 쉘이 장착되어 있다. 이 기구는 자기변형 막대의 수평방향 변형을 쉘의 수직방향 운동으로 증폭시켜 준다. 이 쉘은 또한 자기장의 자속경로를 닫아주는 역할도 함께 수행하여 자기변형 막대의 변형에 소요되는 전류량을 줄여준다. 자기변형 막대는 터프놀-D로 제작하였으며, 코일은 막대에 $0\sim0.4[T]$의 자기장을 부가할 수 있다. 쉘의 수직방향 운동거리를 계산하시오.

풀이

표 5.5를 사용하면 막대의 수평방향 변위를 손쉽게 계산할 수 있지만, 이를 쉘의 수직방향 운동으로 변환하기 위해서는 삼각함수 계산이 필요하다. 이를 위해서 그림 5.5 (b)를 사용하여야 한다. 그림에서 수직방향 작동점 위치와 수평방향 작동점 위치를 직선으로 연결한 길이가 l이며, 이 직선의 경사각이 α이다. 막대에 자기장이 부가되어 길이가 늘어나면(터프놀-D는 양의 자기변형계수를 가지고 있다), 수평방향 작동점 위치는 좌측으로 이동하며, 이로 인하여 수직방향 작동점은 아래로 하강한다. 이제, 직선의 경사각도는 β로 변하지만, 길이 l은 변하지 않는다. 이들 두 각도와 수직 및 수평방향 위치들 사이에는 다음의 관계가 성립된다.

$$l\cos\beta = l\cos\alpha + \Delta x,\ l\sin\beta = l\sin\alpha - \Delta y$$

두 번째 식을 정리하면,

$$\sin\beta = \frac{l\sin\alpha - \Delta y}{l} \rightarrow \cos\beta = \sqrt{1-\sin^2\beta} = \frac{1}{l}\sqrt{l^2-(lsin\alpha-\Delta y)^2}$$

이를 첫 번째 식에 대입하면,

$$\sqrt{l^2-(l\sin\alpha-\Delta y)^2} = lcos\alpha + \Delta x$$

양변을 제곱한 다음에 정리하면,

$$\begin{aligned} l^2-(l\sin\alpha-\Delta y)^2 = (l\cos\alpha+\Delta x)^2 \rightarrow\ & \Delta y^2 - 2l\sin\alpha\Delta y + \Delta x^2 - 2l\sin\alpha\Delta x \\ & = l^2 - l^2\sin^2\alpha - l^2\cos^2\alpha \end{aligned}$$

$\sin^2\alpha + \cos^2\alpha = 1$이므로 위 식의 우변은 0이 된다. 따라서 우리는 미지의 변수 Δy에 대한 2차 방정식을 이미 알고 있는 값들인 Δx, l 및 α를 사용하여 나타낼 수 있다. 위 식을 풀어서 양의 값만을 취하면 다음을 얻을 수 있다.

$$\Delta y = l\sin\alpha - \sqrt{l^2\sin^2\alpha - \Delta x(\Delta x + 2l\cos\alpha)}\ \ [m]$$

그림 5.51 (a)의 경우에 각도 α는 다음과 같다.

$$a = \tan^{-1}\left(\frac{7.5}{15}\right) = 26.565°$$

그리고 길이 l은

$$\frac{15}{l} = \cos 26.565° \ \rightarrow \ l = \frac{15}{\cos 26.565°} = 16.77[mm]$$

이제 표 5.5를 사용하여 Δx를 계산한다. 포화자속밀도가 $1[T]$인 경우에 $\Delta l / l = 2{,}000[\mu m/m]$이므로, 막대길이 $30[mm]$에 $0.4[T]$의 자속이 부가되는 경우의 총 팽창길이는 다음과 같이 계산된다.

$$\Delta l = \left(\frac{\Delta l}{l}\right)_{B_m} \times \left(\frac{B}{B_m}\right) l = 2{,}000 \times 10^{-6} \times \left(\frac{0.4}{1.0}\right) \times 30 = 2.4[mm]$$

그림 5.51 (b)에 따르면 $\Delta l = 2\Delta x$이므로, Δy는 다음과 같이 계산된다.

$$\begin{aligned}\Delta y &= l\sin\alpha - \sqrt{l^2\sin^2\alpha - \Delta x(\Delta x + 2l\cos\alpha)} \\ &= 16.77\sin 26.565° - \sqrt{16.77^2 \times \sin^2 26.565° - 1.2 \times (1.2 + 2 \times 16.77 \times \cos 26.565°)} \\ &= 3.163[mm]\end{aligned}$$

쉘의 양측은 동일한 거리를 이동하기 때문에 쉘의 이동거리는 이보다 두 배가 되어 $6.326[mm]$가 된다. 따라서 이 구조의 기계적 증폭비는 $6.326/2.4 = 2.64$배이다.

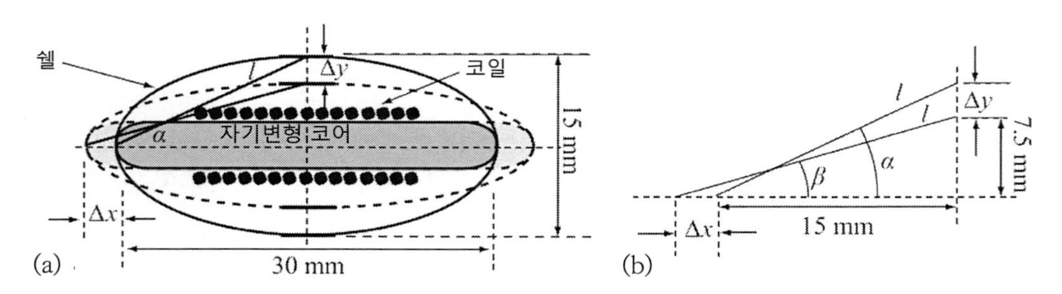

그림 5.51 기계적인 증폭수단이 구비된 자기변형식 작동기. (a) 구조와 작동원리. (b) 변위계산

5.8 자기력계

일반적으로 **자기력계**[37]는 자기장을 측정하는 장치이므로, 자기장을 측정할 수 있는 모든 유형의 시스템에 이 명칭을 사용할 수 있다. 하지만 매우 정밀한 센서나 약한 자기장을 측정할 수

있는 장치에 이 명칭을 사용하는 것이 적절하며, 자기장을 측정하기 위한 완벽한 시스템에는 하나 이상의 센서가 사용된다. 이 절에서는 자기력계만이 할 수 있는 능력인 약한 자기장을 측정하는 센서에 국한하여 자기력계라는 명칭을 사용할 예정이다. 이 절에서는 단순코일 방식의 자기력계에서 출발하여 자기력계가 요구하는 민감도를 구현할 수 있는 세 가지 대표적인 방법들에 대해서 살펴볼 예정이다.

5.8.1 코일형 자기력계

측정의 기본적인 방법을 이해하기 위해서, 그림 5.52에 도시되어 있는 것처럼 소형 코일을 사용하여 자기장을 검출하는 가장 단순한 방법부터 시작한다. 이 코일의 양단에서 측정된 전자기장(전압)은 다음과 같이 주어진다.

$$emf = -N\frac{d\Phi}{dt}\ [V],\ \Phi = \int_S B\sin\theta_{BS}dS\ [Wb] \tag{5.60}$$

여기서 Φ는 코일을 통과하는 자속, N은 코일의 권선수, 그리고 θ_{BS}는 자속밀도 B의 투사방향과 코일평면 사이의 각도이다. 이 관계를 **패러데이의 유도법칙**이라고 부른다. 이 식을 살펴보면 출력은 (코일 단면적에 대한) 적분식임을 알 수 있다. 이 기본적인 소자를 통해서 국부자기장을 측정하기 위해서는 코일의 단면적이 작아야 하지만 민감도는 크기, 권선수, 주파수 등에 의존한다. 그리고 그림 5.52에 도시되어 있는 것처럼, (코일의 운동이나 자기장의 AC 특성에 따른) 자기장의 변화만을 검출할 수 있다. 만일 자기장이 시간의존성을 가지고 있다면, 고정된 코일을 사용하여 이를 검출할 수 있다.

이 기본소자를 다양한 형태로 변형시킬 수 있다. 우선, 자기장의 공간편차를 검출하기 위해서는 차동코일을 사용할 수 있다. 다른 자기력계에서는 코일의 전자기장을 측정하지 않는다. 코일을 LC 발진기의 일부분으로 사용하면 발진 주파수는 유도용량에 대한 의존성을 갖게 된다. 도전성 소재나 강자성체는 유도용량을 변화시키며, 그에 따라 발진 주파수가 변하게 된다. 이를 통해서 지뢰탐지기나 매장물(파이프 검출이나 보물사냥 등)의 검출을 위한 매우 민감한 자기력계를 만들 수 있다. 다양한 구조들 중에서 단순코일 형태는 일반적으로 민감한 자기력계가 아니지만, 단순한

---

37) magnetometer

구조 때문에 자주 사용되며, 제대로 설계 및 사용된다면 비교적 양호한 민감도를 구현할 수 있다 (예를 들어, 무기물 검출을 위한 공기중 자기탐사나 잠수함 감지 등에 차동형 센서 형태로 구성된 이중코일 자기력계가 사용되고 있다).

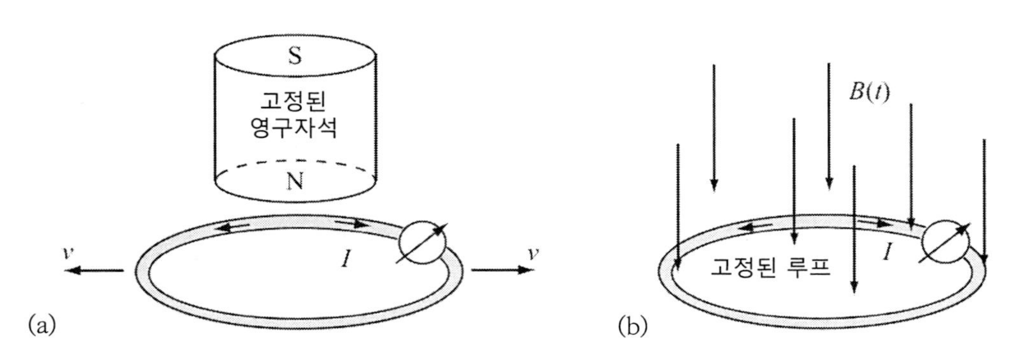

그림 5.52 소형 탐색 코일의 작동. (a) 일정한 자기장 속을 코일이 이동. 유도된 전자기장(전류)은 DC 자기장 속에서 코일의 운동에 의존한다. (b) 시간 의존적 자기장에 의해서 위치가 고정된 코일에 유도되는 전류

예제 5.11 코일형 자기력계

단순코일을 사용하여 엄청난 민감도를 갖춘 자기력계를 만들 수 있다. 이 장치는 벽 속에 매립되어 미소전류가 흐르는 도선을 검출하거나, 주택 내부나 전력선 주변의 자기장 지도를 만들기 위하여 사용된다. 센서 자체는 그림 5.53에 도시된 것과 같은 단순 코일의 형태를 가지고 있다. 코일에 의해서 생성되는 전자기장은 식 (5.60)에 기초하고 있으며, 증폭을 거쳐서 표시기나 음향알람장치가 연결된다. 이 코일은 권선수가 $1{,}000$회이며, 평균직경은 $4[cm]$이다. AC 자기장에 대한 이 코일의 출력을 계산하시오. 배경 노이즈를 극복하기 위해서는 최소출력이 $20[mV]$ 이상이 되어야 한다면, $60[Hz]$ 전력선에 의해서 형성되는 자속밀도가 얼마 이상이 되어야 검출이 가능하겠는가?

풀이

자속밀도는 코일 평면 전체에 대해서 균일하다고 가정한다. 자속밀도는 정현적으로 변하기 때문에 유도되는 전자기장은 다음과 같이 나타낼 수 있다.

$$emf = -N\frac{d\Phi(t)}{dt} = -NS\frac{dB(t)}{dt} = -NS\frac{d}{dt}B\sin(2\pi ft)$$
$$= -2\pi fNSB\cos(2\pi ft) \ [V]$$

전자기장 전위가 $20[mV]$인 경우(여기서 음의부호는 자속밀도에 대한 상대적인 전자기장의 방향을 나타내므로 무시한다), 자속밀도는 다음과 같이 구해진다.

$$B = \frac{emf}{2\pi fNS} = \frac{20\times 10^{-3}}{2\pi \times 60\times 1,000\times \pi(2\times 10^{-2})^2} = 4.22\times 10^{-5}[T]$$

이 값은 지구자기장의 자속밀도(약 $60[\mu T]$)와 유사한 수준이다.

주의: 1. 이 소자는 시간의존성 자기장만을 측정할 수 있다.

2. 권선수, 코일의 크기, 또는 주파수 등을 늘리면 민감도를 증가시킬 수 있다. 코일의 중심에 강자성체 코일을 사용하면 코일로 유입되는 자속밀도를 증가시키는 데에 도움이 된다.

3. 여기서 소개한 이론은 많은 자기력계의 기초가 될 뿐만 아니라, 벽 속의 전류가 흐르는 전선 검출기나 일반적인 자기장측정용 가우스미터, 대형의 차동식 자기력계를 사용하여 지구자기장의 변화를 측정하여 광물을 탐사하는 장비들과 같은 다양한 필드테스터들에 사용된다.

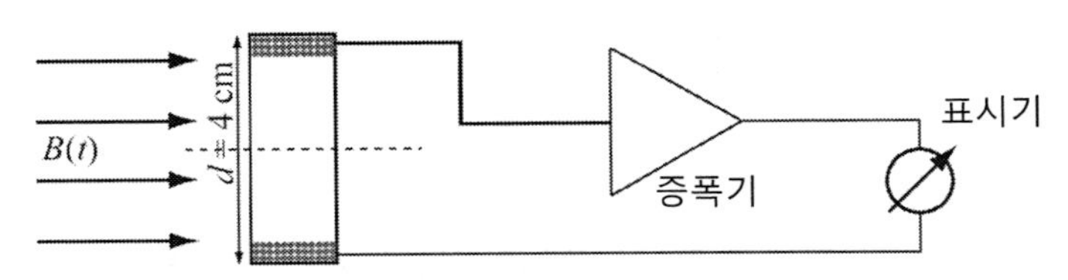

그림 5.53 코일형 자기력계. 자기장이 강하지 않다면 증폭기가 필요하다.

5.8.2 플럭스게이트 자기력계

플럭스게이트[38] 센서를 사용하여 훨씬 더 민감한 자기력계를 만들 수 있다. 플럭스게이트 센서는 범용 자기센서로도 사용할 수 있지만, 앞서 설명했던 자기저항 센서와 같은 단순 센서들보다 더 복잡하다. 그러므로 여타의 자기 센서들의 민감도가 부족한 경우에 국한하여 이 센서가 사용된다. 적용사례로는 전자나침반, 인간심장에서 생성되는 자기장의 검출, 또는 우주자기장의 검출 등이 있다. 이 센서들은 수십 년 전에 개발되었지만, 비교적 크기가 크고 거추장스러우며 과학연구용으로 제작된 복잡한 기구들이었다. 최근 들어서 새로운 자기변형 소재들이 개발되면서 소형화가 가능해졌으며, 심지어는 하이브리드 반도체 회로에 통합시킬 수 있게 되어서 상용 센서로 판매되기 시작했다.

그림 5.54 (a)에는 플럭스게이트 센서의 개념이 도시되어 있다. 기본 작동원리는 코어를 한쪽 방향으로 포화시키기 위해서 필요한 구동코일의 전류와 반대쪽 방향으로 포화시키기 위해서 필요한 구동코일의 전류를 비교하는 것이다. 이 편차는 외부 자기장에 의하여 발생한다. 실제의 경우

38) fluxgate

에는 코어를 포화시킬 필요가 없으며, 단지 코어를 비선형 영역으로 보내기만 하면 된다(그림 5.18 참조). 대부분의 강자성 소재들은 심하게 비선형적인 자화곡선을 가지고 있으므로, 거의 모든 강자성 소재를 코어로 사용할 수 있다. 실제의 경우, AC(정현파나 구형파도 사용할 수 있지만 대부분의 경우 삼각파를 사용한다) 전원으로 코일을 구동하며, 외부 자기장이 없는 경우에는 코일 전체에 걸쳐서 균일한 자화가 일어나므로, 측정코일의 출력은 0이 된다. 측정용 코일에 수직 방향으로 투사되는 외부 자기장이 코어의 자화성질을 변화시키므로, 코어는 불균일하게 자화되며, 측정코일에 수$[m V/\mu T]$ 수준의 전자장 전위를 생성한다. 플럭스게이트라는 이름은 코어 내에서 반대방향으로 자속을 스위칭하기 때문에 붙여진 것이다. 그림 5.54 (b)에 도시된 것처럼, 단순 막대구조를 사용해서도 동일한 결과를 얻을 수 있다. 이 경우, 두 코일들은 안팎으로 서로 겹쳐서 감아놓으며, 막대 길이방향으로의 자기장에 대해서 민감도를 가지고 있지만, 작동원리는 토로이드의 경우와 동일하며, 막대의 길이방향으로 투자율의 (비선형적) 변화에 따라 출력전압이 변한다. 자기변형 박막(금속유리가 일반적으로 사용된다)을 사용하여 그림 5.54 (b)나 이와 유사한 구조로 만들면 특히 유용하다. 자기변형 소재들은 비선형성이 심하기 때문에, 센서의 민감도가 $10^{-6}\sim10^{-9}[T]$에 이를 정도로 극단적으로 민감하다. 이 센서는 2축 및 3축의 형태로도 만들 수 있다. 예를 들어, 그림 5.54 (a)에 두 번째 측정용 코일을 첫 번째 측정용 코일과 직각 방향으로 감아 놓는다. 이 코일은 단면적과 수직한 방향으로의 자기장에 민감성을 가지므로, 이 센서 조립체는 2축 방향의 자기장 변화를 측정할 수 있다.

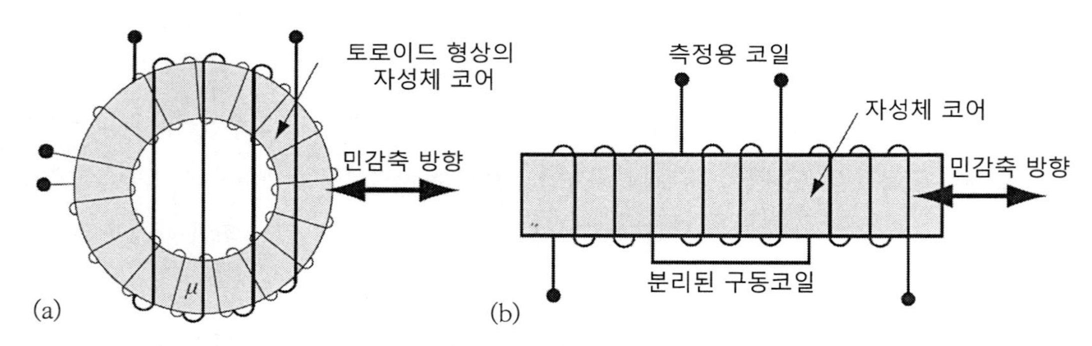

그림 5.54 플럭스게이트 자기력계의 작동원리. (a) 토로이드 형상의 자기력계. 민감도 축방향이 도시되어 있다. (b) 막대형 또는 박막형 자기력계. 막대의 길이방향이 측정방향이다.

퍼멀로이 소재를 박막의 형태로 증착하면 포화자속밀도가 낮으며, 집적회로의 형태로 플럭스게이트 센서를 만들 수 있다. 하지만 현재 사용되는 집적형 플럭스게이트 센서들은 민감도가

$100[\mu T]$ 내외로서 고전적인 구조의 플럭스게이트 센서들보다 민감도가 낮지만, 여전히 여타의 자기장 검출용 센서들보다는 높은 성능을 가지고 있다.

플럭스게이트 센서의 작동원리에 대해서 더 잘 이해하기 위해서는 소위 펄스-위치 플럭스게이트 센서에 대해서 살펴보는 것이 매우 도움이 된다. 이런 유형의 센서에서 삼각파형의 전류를 구동용 코일로 공급하며, 이로 인해서 코어 속에는 삼각파형 형태의 자속이 흐르게 된다. 이 자속을 기준자속으로 간주한다. 여기에 외부 자기장에 의해서 자속이 추가되면, 이 자속을 검출하게 된다. 이 자속이 내부 기준자속에 더해지거나 빼지면 검출용 코일에 전자기장 전위가 유발된다. 이 자속을 측정한 다음에 기준자속과 측정자속을 비교한다. 기준자속이 측정된 자장보다 높으면 고전압이 출력되며, 그 반대인 경우에는 출력전압은 0이 된다(전압비교기를 사용하며 이를 구현할 수 있다. 이에 대해서는 11장에서 살펴볼 예정이다). 예제 5.12에서는 이 센서에 대해서 살펴볼 예정이며, 민감도를 예측하기 위해서 센서의 성능에 대한 시뮬레이션을 수행할 것이다.

예제 5.12 펄스-위치 플럭스게이트 센서에 대한 시뮬레이션 결과

그림 5.54 (a)에 도시되어 있는 것처럼, 펄스-위치 이론을 기반으로 하는 플럭스게이트 센서에 대한 시뮬레이션을 통해서 이 센서의 작동특성에 대해 살펴보기로 한다. 우선 센서와 구동회로들에 대한 시뮬레이션을 수행하였으며, 그 결과가 도표로 제시되어 있다. 이를 통해서 노이즈가 없는 경우의 결과를 살펴볼 수 있으며, 이를 기반으로 하여 실제 회로를 구성한다. 이를 위해서 코어, 코일 및 전기회로들의 특성을 시뮬레이션에 포함시켰으며 출력신호가 생성되었다. 사용된 토로이드형 코어는 내경 $19.55[mm]$, 외경 $39.25[mm]$, 단면적 $231[mm^2]$, 포화자속밀도 $0.35[T]$, 그리고 비투자율은 5,000이다. 이 코어에 구동코일을 12회 권선하였으며, 측정코일은 50회 권선하였다. 삼각파형 기준신호의 발진 주파수는 $2.5[kHz]$이며 $-4.5\sim4.5[V]$ 사이를 오간다. 그림에서는 3가지 시뮬레이션 결과를 보여주고 있다. 그림 5.55 (a)에서는 내장된 삼각파 발진회로에 의해서 생성된 코어 내부의 자속밀도 변화를 보여주고 있다. 그래프에 따르면, 자속밀도는 $-1\sim1[mT]$ 사이를 오가는 대칭형상의 파형을 보인다. 그림 5.55 (b)에서는 $B_e=500[\mu T]$의 외부 자속밀도가 부가된 경우의 코어 자속밀도를 보여주고 있다. 그림 5.55 (b)의 자속밀도는 기준 자속밀도에 외부 자속밀도가 더해져 있기 때문에, 그래프의 중심선이 위로 이동하였음을 알 수 있다. 그림 5.55 (c)에서는 이로 인한 출력펄스가 도시되어 있으며, 두 비교점들 사이의 시간폭도 함께 표시되어 있다. 그림 5.55 (c)에 도시된 펄스들 사이의 거리가 펄스위치이며, 아무런 자기장이 부가되지 않은 경우의 (영점통과) 펄스위치는 그림 5.55 (b)에서 p로 표시되어 있다. 이 대신에 그림 5.55 (b)의 Δt를 측정할 수도 있다. 그림 5.55 (d)에서는 시뮬레이션 된 전달함수를 보여주고 있으며, 이를 통해서 센서는 $88[ms/T]$의 민감도와 선형적 특성을 가지고 있음을 알 수 있다. 이는 그리 큰 값이 아니다. 하지만 $1[\mu s]$의 시간간격은 매우 손쉽고 정확하게 측정할 수 있기 때문에, 이 소자를 사용하여

10[μT] 정도는 손쉽게 측정할 수 있다. 이 소자는 그림 5.56에 도시되어 있는 것처럼, 실제로 제작되었으며, 이 예제에서 설명한 내용을 기반으로 시험되었다.

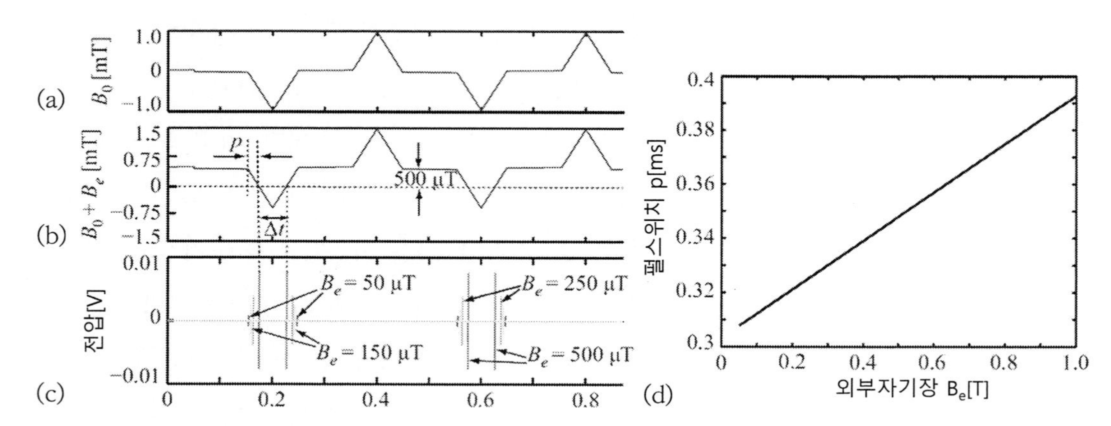

그림 5.55 (a) 삼각파형 발진회로를 사용하여 생성한 자속밀도. (b) 500[mT]의 외부 자속밀도를 측정하였을 때에 코어 내부에 형성된 자속밀도. (c) 영점통과위치를 검출하여 얻은 펄스위치. (d) 외부 자속밀도 B_e에 따른 펄스위치 p의 전달함수

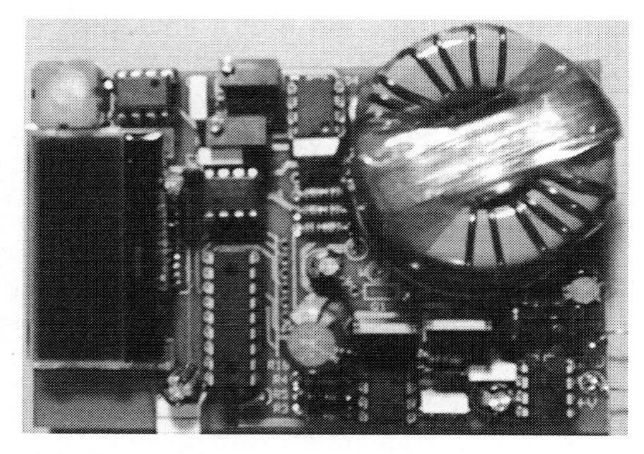

그림 5.56 실제로 제작된 플럭스게이트 센서의 외관. 그림 우측 상단에 토로이드형 코일이 설치되어 있다. 이 센서는 마이크로프로세서를 사용하여 자속밀도를 좌측의 화면에 수치값으로 표시해 준다.

5.8.3 초전도 양자간섭소자(SQUID)

SQUID는 **초전도 양자간섭소자**[39]를 의미한다. 이 센서는 다른 모든 자기력계들보다 민감도가 훨씬 더 높으며, 최저 10^{-15}[T]까지도 측정할 수 있다. 하지만 이런 성능을 구현하기 위해서는

39) superconducting quantum interference device

대가를 치러야 한다. 이 센서는 일반적으로 극저온 상태인 4.2[K](액체헬륨)에서 작동한다. 따라서 이 장치는 선반에서 꺼내서 간단히 사용할 수 있는 센서처럼 생기지 않았다. 하지만 가격이 비싸기는 하지만 이보다 더 높은 온도에서 작동하는 SQUID와 집적회로 형태의 SQUID가 판매되고 있다. 여기서 이 센서에 대해서 다루는 이유는 측정 가능한 한계를 살펴보며, 생체자기 측정이나 소재의 무결성을 측정하는 등의 특정한 용도를 가지고 있기 때문이다.

SQUID는 좁은 절연간극을 사이에 두고 설치되어 있는 두 개의 초전도체인 **조셉슨 접합**[40] (1962년 브라이언 조셉슨이 발견)을 기반으로 한다. 만일 두 도전체들 사이의 절연체가 충분히 얇다면, 초전도 상태의 전자들이 이를 통과하여 흐르게 된다. 이런 목적으로는 반도체 내의 산화물 접점이 가장 일반적으로 사용되지만 다른 형태도 사용할 수 있다. 기본소재로는 일반적으로 니오븀(Nb)이나 납(Pb, 90[%]), 금(Au, 10[%]) 합금에 산화물층을 증착한 소형의 전극들을 겹쳐서 접점을 만든다.

SQUID는 무선주파수 방식과 직류 방식의 두 가지 유형이 사용된다. 무선주파수(RF) SQUID의 경우 단 하나의 조셉슨 접점이 사용되며, 직류(DC) SQUID의 경우에는 일반적으로 두 개의 접점들이 사용된다. 직류 SQUID가 더 비싸지만, 민감도가 훨씬 더 높다.

만일 두 개의 조셉슨 접점들이 병렬로 연결되어 있다면(루프형성), 접점을 통과하여 흐르는 전자들이 서로 간섭을 일으킨다. 이는 전자의 양자역학적 파동함수들 사이의 위상 차이에 의해서 유발되며, 이는 루프를 통과하는 자기장 강도에 의존한다. 이로 인하여 초전도전류는 외부 자기장에 따라서 변하게 된다. 외부 자기장에 의해서 루프 속을 흐르는 초전도전류의 변화를 측정할 수 있다(그림 5.57). 측정용 루프를 사용하여 외부에서 초전도 전류를 측정한다(그림 5.57 (a)의 구조는 자기장을 측정하기 위해서 사용되며, 그림 5.57 (b)는 자기장 구배를 측정하기 위해서

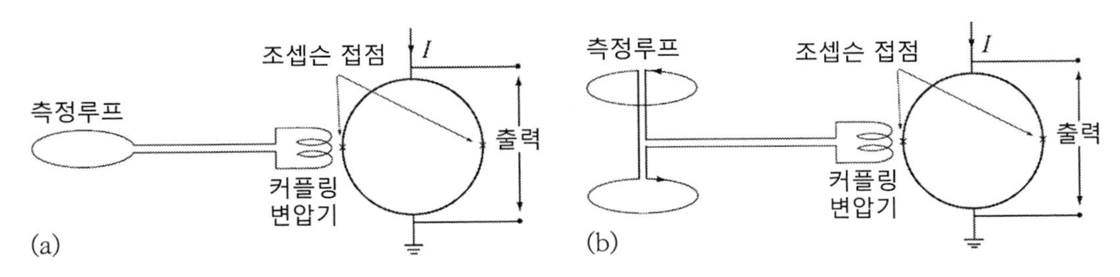

그림 5.57 SQUID의 구조와 작동원리. (a) 자기장 측정. (b) 자기장 구배측정

40) Josephson junction

사용된다). 초전도루프를 사용하여 직접 전류를 측정할 수도 있다. 출력은 전류의 변화에 따른 접점 양단에서의 전압변화이며, 접점저항이 존재하므로, 증폭을 통해서 전류의 변화를 측정할 수 있다.

SQUID의 가장 큰 어려움은 냉각이 필요하며 부피가 크다는 것이다. 그럼에도 불구하고 비용과 부피가 문제가 되지 않는다면 탁월한 성능을 갖춘 센서이다. 이 센서는 자기뇌파검사법(뇌의 자기장 측정)과 같은 비파괴 검사와 연구에 사용된다.

5.9 자기력 작동기

앞에서 자기변형 작동기에 대해서 살펴보았다. 이외에도 다양한 형태의 **자기력 작동기**들이 존재하며, 이들 중 대다수는 사용하기가 더 편리하다. 특히 모든 유형의 전기모터들이 전통적인(일부는 새로운) 구동목적에 광범위하게 사용되고 있다. 가장 큰 이유는 자기력 작동방식이 일반적으로 에너지밀도의 측면에서 최선의 선택이기 때문이다. 이 절의 논의를 전기작동방식의 작동기들로 국한하면 두 가지 유형의 힘들이 사용된다. 첫 번째는 쿨롬 작용력으로서, 이는 전기장 전하에 작용하는 힘이다(5.3.3절 참조). 두 번째는 자기력으로서 자기장 속을 흐르는 전류에 작용하는 힘이며, 5.4절에서 로렌츠력으로 정의되었다. 이 힘들이 가지고 있는 에너지밀도는 다음과 같이 주어진다.

전기에너지 밀도는

$$w_e = \frac{\varepsilon E^2}{2}[J/m^3] \tag{5.61}$$

자기에너지 밀도는

$$w_m = \frac{B^2}{2\mu} \ [J/m^3] \tag{5.62}$$

여기서 E는 전기장강도이며, B는 자속밀도이다. 이들을 서로 비교하기 위해서 다음과 같이 일반값들을 지정한다. 전기모터 내에서의 자속밀도 $B=1[T]$이며, 모터 철심의 투자율은

$1{,}000\mu_0 = 1{,}000 \times 4\pi \times 10^{-7}[H/m]$라고 가정한다. 이를 통해서 다음과 같이 모터의 에너지밀도를 산출할 수 있다.

$$w_m = \frac{1^2}{2 \times 1{,}000 \times 4\pi \times 10^{-7}} \approx 400[J/m^3] \tag{5.63}$$

반면에, 가장 일반적인 유전체의 비유전율은 10 미만이다. 전기장강도를 $10^5[V/m]$(이는 매우 큰 값이다)이며, 유전율은 $10\varepsilon_0 = 8.845 \times 10^{-11}[F/m]$라고 가정하면, 쿨롬 작용력을 사용하는 전기식 작동기의 에너지밀도는 다음과 같이 산출된다.

$$w_e = 8.854 \times 10^{-11}\frac{10^{10}}{2} \approx 0.45[J/m^3] \tag{5.64}$$

주의: 대부분의 경우, 최대 전기장강도의 절댓값은 수백만$[V/m]$를 넘어서지 못하고 방전되어 버린다. 그리고 전기장강도를 최대까지 증가시켜도 에너지 밀도를 수십 배 정도밖에 증가시키지 못한다.

위의 사례를 통해서 자기력 작동기가 전기식 작동기에 비해서 더 작은 체적을 사용하여 더 큰 힘을 낼 수 있다는 것을 명확하게 알 수 있다. 또한 비교적 강력한 자기장을 생성하는 것이 강력한 전기장을 만드는 것보다 일반적으로 손쉽고 훨씬 더 안전하다. 그럼에도 불구하고 낮은 에너지밀도만으로도 충분할 정도로 필요로 하는 힘이 매우 작은 MEMS 분야에서는 전기력과 전기력 작동기가 고유의 영역을 가지고 있다는 점도 알고 있어야 한다(10장 참조). 작은 힘으로도 하전된 먼지 입자들을 전극으로 포집할 수 있기 때문에, 전기력은 정전필터나 먼지 포집기에서 유용하게 사용된다. 정전식 작동기는 토너 입자들을 인쇄용 드럼에 흡착시키기 위해서 정전력을 사용하는 복사기나 프린터에서 유용하게 사용되고 있다.

하지만 필연적으로 대부분의 작동기들은 자기력을 사용하고 있으며, 이들 중에서 가장 대표적인 사례가 모터이다. 그런데 모터에도 매우 다양한 종류가 있으며, 이외에도 보이스코일 작동기나 솔레노이드와 같은 형태의 작동기들이 사용되고 있다. 지금부터는 모터와 솔레노이드들에 대해서 자세히 살펴보려고 한다. 하지만 우선, 보이스코일 작동기라고 부르는 자기력 작동기에 대해서 살펴보기로 한다. 여기서 사용되는 작동원리가 모터 작동의 기본원리로 사용된다.

5.9.1 보이스코일 작동기

보이스코일 작동기[41]는 이름 자체가 의미하듯이, 처음에 자기력을 사용하여 구동되는 스피커의 형태로 사용되기 시작하였고 지금도 스피커에서 가장 널리 사용되고 있는 작동방식이다. 하지만 보이스코일 작동기의 실제 적용 시에는 음성이 사용되지 않으며 단지 작동방식이 유사할 뿐이다. 이 작동기는 코일 속을 흐르는 전류와 영구자석이나 코일에 의해서 생성된 자기장 사이의 상호작용을 이용한다. 이를 이해하기 위해서 **그림 5.58**에 도시되어 있는 스피커의 기본 구조와 메커니즘을 살펴보기로 하자(7장에서는 따로 스피커에 대해서 다룬다). 공극에 형성된 자기장은 반경방향으로 작용한다. 전류루프에 의해서 생성되는 힘은 식 (5.26)에 주어져 있다(로렌츠력). 여기서 자기장은 공극 내에서 균일하다고 가정하며, L은 원호의 길이, N은 권선수라 할 때 자기력은 $NBIL$로 주어진다. 물론, 균일한 자기장을 사용하지 않거나 원형의 코일을 사용하지 않는 경우도 있지만, 대부분의 스피커에서는 이 단순한 구조를 사용한다. 여기서 코일에 흐르는 전류가 증가하면 작용력이 증가하며, 이로 인해서 스피커 콘의 변위가 증가하게 된다. 전류의 방향을 반전시키면, 코일은 반대 방향으로 움직인다. 논의를 더 진행시키기 전에 다음을 숙지해야 한다.

1. 주어진 자기장에 대해서 작용력은 전류에 정비례한다. (대부분의 보이스코일 작동기들의 경우) 전류에 대한 선형성은 작동기의 중요한 특성이다.
2. 코일이 커지거나 자기장이 강해질수록 작용력이 증가한다.
3. 코일을 움직이도록 만들고, 운동질량이 (여타의 작동기들에 비해서) 작으면, 기계적 응답특성이 향상된다. 이런 이유 때문에 스피커는 대략적으로 $15[kHz]$까지 작동할 수 있다. 반면

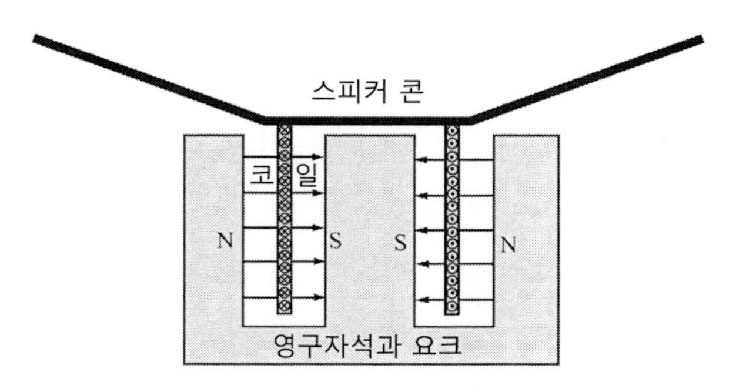

그림 5.58 스피커의 구조와 자기장과 코일에 흐르는 전류 사이의 상호작용

---

41) voice coil actuator

에 모터구동방식의 작동기들은 작동반전에 초단위의 시간이 소요된다.

4. 코일을 고정하고 자석을 움직이도록 만들 수도 있다.
5. 필요하다면 작동기 내에 전자석을 사용하여 자기장을 생성할 수 있다.
6. 보이스코일 작동기의 작동을 반전시키면 센서로도 사용할 수 있다. 만일 코일이 자기장 속으로 들어가면, 식 (5.60)에 제시되어 있는 패러데이의 법칙에 따라서 코일에 전압이 유도된다. 이를 통해서 스피커를 마이크로폰으로도 사용할 수 있으며, 더 일반적으로는 보이스코일 작동기를 센서로 사용할 수 있다.
7. 전류가 흐르지 않으면 작동기는 완전히 자유로워진다. 즉, 마찰이 없으며, 구속력이나 억제력도 존재하지 않는다. 그런데 일부의 경우에는 스피커처럼 작동기가 원래의 위치로 되돌아오도록 복귀 스프링을 장착한다.
8. 운동범위가 제한되며, 대부분의 경우 매우 짧다.
9. 특정 형태의 코일과 자석구조를 사용하면 회전운동을 구현할 수 있다(그림 5.59 (b) 참조).
10. 이 작동기는 직접구동장치이다.

이런 성질들 중에서, 보이스코일 작동기를 스피커 이외의 용도에 활용하도록 만들어준 가장 중요한 성질은 질량이 작기 때문에 고주파 작동과 매우 높은 가속이 가능하다는 것이다($50g$ 이상이 가능하며 스트로크가 매우 짧은 경우에는 $300g$도 가능하다). 이로 인해서 보이스코일 작동기는 (예를 들어 하드디스크 드라이브의 읽기/쓰기용 헤드와 같은) 고속 위치결정 시스템에 이상적인 후보이다. 구현 가능한 최대 작용력은 여타의 모터들에 비해서 약하지만 무시할 정도는 아니며(최대 $5,000[N]$), 이를 사용하여 송출할 수 있는 동력도 상당한 수준이 된다.

보이스코일 작동기는 매우 높은 정확도와 고속이 필요한 경우에 자주 사용된다. 이 작동기는 실질적으로 히스테리시스가 없고 마찰이 최소이므로, 직선운동 시스템이나 회전운동 시스템 모두에서 극도로 높은 정확성이 구현된다. 다른 어떤 작동기들도 보이스코일의 응답성능이나 가속성능에 근접하지 못한다. 마이크로프로세서와의 연결도 여타의 모터에 비해서 단순하며 제어 및 피드백도 손쉽게 구현된다.

매우 다양한 보이스코일 작동기들이 사용되고 있으며, 그림 5.59 (a)에서는 실린더형 직선운동 작동기를, 그림 5.59 (b)에서는 회전운동 작동기를 보여주고 있다. 실린더형 직선운동 작동기의 경우, 스피커에서와 마찬가지로 자기장은 반경방향으로 작용한다. 코일은 직선이송축에 부착되어 있으며, 코일과 자석이 서로 겹치는 중앙 위치에서 앞뒤로 움직인다. 그리고 최대 스트로크는 코일의 길이와 자석의 길이에 의해서 정해진다. 운동이 전류에 선형적으로 비례하도록 만들기 위해서는 코일의 작동범위 전체가 균일한 자기장 속에 위치해야만 한다. 이 작동기의 성능은 스트로크, 작용력$[N]$, 가속도 및 출력 등을 사용하여 나타낸다.

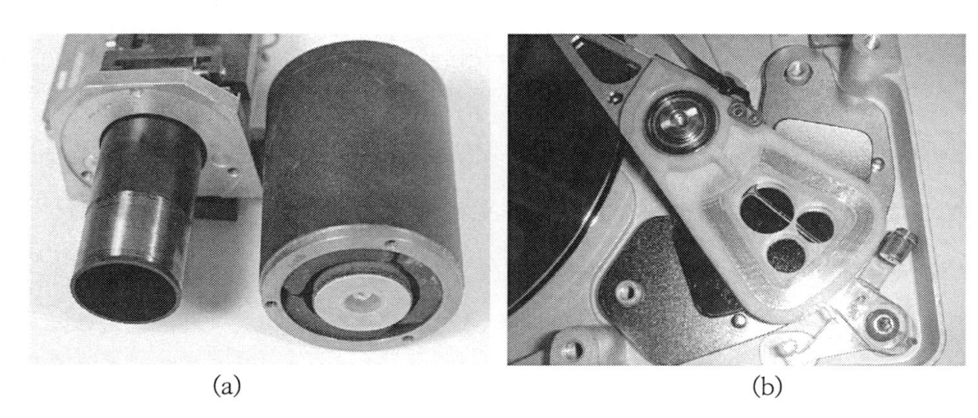

(a) (b)

그림 5.59 (a) 실린더형 직선운동 보이스코일모터의 분해된 모습. 자석과 코일의 조립체에는 공극이 보인다. (b) 하드디스크 드라이브의 헤드 위치결정기구로 사용되는 회전식 보이스코일모터의 사례. 사다리꼴 코일의 아래에 두 개의 영구자석들이 보인다. 강철 코어가 코일 위에 설치되어 자기회로를 형성하지만, 이 사진에서는 코일이 보이도록 이를 제거하였다.

예제 5.13 보이스코일 작동기의 힘과 가속도

그림 5.60 (a)에 도시되어 있는 보이스코일 작동기에 대해서 살펴보기로 하자. 코일은 내부 코어를 따라 움직이는 플라스틱 보빈에 감겨져 있다. 코일의 권선수는 400회이며, 코일의 구동에는 $200[mA]$의 전류가 소요된다. 그리고 코일의 이동범위는 균일자기장 영역을 넘어서지 않는다. 영구자석에 의해서 형성된 자기장의 자속밀도는 작동기가 이동하면서 점유하는 모든 영역에서 $0.6[T]$이다. 형상치수는 $a=2[mm]$, $b=40[mm]$, $c=20[mm]$이다. 이동부의 질량이 $45[g]$인 경우에 작동기의 힘과 가속도를 구하시오.

풀이

식 (5.26)을 사용하여 특정 길이의 도선에 가해지는 힘을 계산할 수 있다. 하지만 여기서는 작동기의 구조에 맞춰서 식을 약간 변형시켜야 한다. 코일루프의 길이는 코일의 위치에 따라서 변하기 때문에(코일루프의 길이는 $2\pi r$이며 r은 루프의 반경이다), 이를 고려해야만 한다. 우선, 전류와 권선수를 곱한 값을 코일의 단면적으로 나누어 전류밀도를 구한다.

$$J=\frac{NI}{ab}=\frac{400\times 0.2}{0.002\times 0.04}=1\times 10^{6}[A/m^{2}]$$

이제 그림 5.60 (b)에 도시된 두께 dr, 반경 r인 영역의 링전류를 정의해야 한다. 이 링을 타고 흐르는 총전류는 다음과 같이 정의된다.

$$dI = Jds = Jbdr \ [A]$$

전류링의 길이는 자속밀도가 작용하는 원호길이를 사용한다. 이 전류링에 작용하는 힘은 다음과 같이 계산된다.

$$dF = BLdI = B(2\pi r)Jbdr \ [N]$$

따라서 코일에 작용하는 총 힘은 다음과 같이 계산된다.

$$F = 2\pi BJb\int_{r=c}^{r=c+a} rdr = 2\pi BJb\left[\frac{r^2}{2}\right]_{r=c}^{r=c+a} = \pi BJb\left[(c+a)^2 - c^2\right] \ [N]$$

여기에 수치값을 넣어 계산해 보면,

$$F = \pi \times 0.6 \times 1 \times 10^6 \times 0.04 \times \left[(0.02 + 0.002)^2 - 0.02^2\right] = 6.33[N]$$

가속도는 뉴턴의 법칙을 사용하여 계산할 수 있다.

$$F = ma \rightarrow a = \frac{F}{m} = \frac{6.33}{0.045} = 140.67[m/s^2]$$

작용력은 $6.33[N]$에 불과하지만 가속력은 $14g(g = 9.81[m/s^2])$를 넘어서는 매우 훌륭한 작동기라는 것을 알 수 있다.

주의: 이동코일의 반경, 권선수, 그리고 코일에 공급하는 전류를 늘리면 힘을 증가시킬 수 있다. 반면에, 권선수와 물리적인 형상크기를 늘리면 코일의 질량이 증가하여 가속능력이 저하된다. 이로 인해서 필연적으로 작동기의 응답시간이 증가하게 된다.

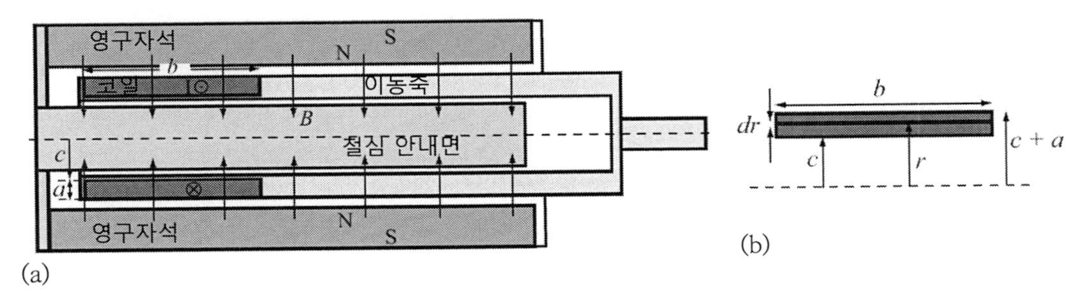

그림 5.60 (a) 실린더형 보이스코일 작동기. (b) 코일단면

5.9.2 모터와 작동기들

모든 작동기들 중에서 가장 일반적인 작동기는 **전기모터**이며, 모터는 다양한 형태를 가지고 있다. 모든 모터들에 대해서 작동원리와 적용사례들을 살펴보는 것은 엄청난 분량이 필요하며, 이 책의 범주를 넘어서는 일이다. 따라서 여기서는 모터를 작동기로 활용하기 위해서 필요한 중요한 주제들에 국한하여 살펴보기로 한다. 또한, 모터를 센서로도 활용할 수 있다는 점을 알고 있어야 한다. 사실 많은 종류의 모터들을 발전기로도 사용할 수 있다. 따라서 이를 사용하여 운동, 회전, 직선 및 각도위치 등을 측정할 수 있으며, 이들에 영향을 끼칠 수 있는 풍속, 유속, 유량 등과 같은 여타의 다양한 물리량을 검출할 수 있다. 이런 유형의 센서들에 대해서는 이 책의 전체에 걸쳐서 논의되어 있지만, 여기서는 모터를 작동기로 사용하는 데에 집중하기로 한다.

여기서 주의할 점은 대부분의 모터들이 자기력을 사용한다는 것이다. 이들은 전류가 흐르는 도체들 사이, 또는 보이스코일의 경우와 마찬가지로 전류가 흐르는 도체와 영구자석 사이에서 작용하는 인력이나 척력에 의해서 작동한다. 하지만 보이스코일 작동기와는 달리, 모터에는 자속밀도를 증가 및 집중시켜서 출력을 증대시키기 위해서 영구자석이나 전자석과 더불어서 자성소재(대부분의 경우 철)가 사용되며, 이를 통해서 최소한의 체적을 활용하여 효율과 토크를 극대화시킨다. 다양한 크기의 모터들이 만들어졌으며, 이들은 엄청난 동력을 송출할 수 있다. 일부 모터들은 정말로 크기가 작다. 휴대전화의 진동에 사용되는 모터는 직경이 $4\sim6[mm]$이며 길이는 $20[mm]$를 넘지 않는다. 또한 작은 단추만한 평판 형태의 모터도 제작된다. 반대의 경우, 제철소와 광산에서는 수백$[MW]$의 동력을 송출하는 모터가 사용된다. 아마도 가장 큰 모터는 발전소에서 사용되는 발전기로서, $1{,}000[MW]$ 이상의 전력을 생산한다. 하지만 이들의 작동원리는 근본적으로 서로 동일하다.

모터는 이름이 의미하듯이, 어떤 형태의 운동을 출력한다. 따라서 많은 장치들을 모터라고 부를 수 있다. 예를 들어 시계의 태엽 스프링 메커니즘도 진정한 의미의 모터에 속한다.

작동기의 관점에서 일반적으로 모터를 분류하면 연속회전식 모터, 스테핑모터 그리고 리니어모터와 같이 세 가지 유형으로 나눌 수 있다. 여기서 스테핑모터는 알고 있는 것보다 훨씬 더 일반적으로 사용되고 있으며, 리니어모터는 일반적으로 사용되고 있지는 않지만 특수한 시스템들에서의 사용이 늘고 있다. **연속회전식 모터**의 경우, 전력이 공급되면 축이 한 방향으로 계속 회전한다. (DC 모터와 같은) 일부 모터들은 역회전이 가능하지만, 일부는 불가능하다. **스테핑모터**들은 모터에 공급되는 펄스에 따라서 미리 정해진 스텝크기(전형적으로 $1\sim5°$)만큼씩 단속적으로 움직인다. 이를 연속적으로 구동하기 위해서는 순차적으로 계속해서 펄스를 공급해야만 한다. 이에 따른 스테핑모터의 정확성과 반복성은 위치결정에 매우 요긴하게 사용된다. **리니어모터**는 연속회전식 모터와 스테핑모터의 중간쯤에 해당한다. 리니어모터의 운동방식은 회전이 아니라 직선 형태이다. 이 때문에, 이들은 연속적으로 움직일 수는 없으며 반전해야만 한다. 보통은 스테핑 방식의 모터가 사용되지만, 직선운동범위 전체에 대해서 연속운동을 구현할 수도 있다.

모터를 작동기로 사용하는 경우에는 일부의 경우, 속도, 운동방향, 스텝 수, 부가토크 등을 제어하기 위해서 제어기가 필요하다. 이런 제어에는 마이크로프로세서와 인터페이스 회로들이 필요하며(11장과 12장), 이들은 작동기 시스템의 일부분으로 포함된다. 모터들 중에서 중요한 부류 중 하나가 소위 **브러시리스 DC**(BLDC)**모터**로서, 이 또한 연속회전 모터와 스테핑모터의 중간쯤에 해당한다. 이 모터는 제어성이 좋아서 데이터 저장장치, 일부 회전공구와 장난감 비행기나 드론, 에어컨용 압축기 등과 같은 수많은 분야에서 사용되고 있으며, 궁극적으로는 전기비행기에서도 사용될 수 있을 것이다.

지금부터는 작동기에 사용되는 일반적인 형태의 모터들을 중심으로 하여 모터의 중요한 성질들인 토크, 출력, 속도 등에 대해서 살펴보기로 한다. 비록 특정한 출력범위를 지정하지는 않겠지만, 초대형 모터의 경우에는 소형 모터에서 요구하지 않는 특별한 요구조건들(기계적 구조, 전력공급, 냉각 등)이 필요하다는 것을 알고 있어야만 한다. 지금부터의 논의는 저출력 소형 모터를 기준으로 진행된다.

5.9.2.1 작동원리

모든 모터들은 자극들 사이의 인력이나 척력에 의해서 작동된다. 논의를 시작하기 위해서 우선 그림 5.61 (a)를 살펴보기로 하자. 두 개의 자석들이 수직방향으로 유격을 두고 놓여 있으며, 하부의 자석은 수평방향으로 자유롭게 움직일 수 있다. 반대의 극성을 가지고 있는 두 극편들은 견인력을 받으므로 하부의 자석은 상부 자석과 정렬을 맞출 때까지 왼쪽으로 움직인다. 그림 5.61 (b)에서는 앞서와 유사하지만, 하부 자석의 극성이 반전되어서 두 자석들이 서로 밀치고 있다. 이로 인하여 하부의 자석은 오른쪽으로 움직인다. 이는 매우 단순한 사례이며, 운동의 범위가 제한되지만, 모터 작동의 첫 번째이며 가장 기본적인 원리이다. 여기서 정지해 있는 극편을 **계자**[42]

42) stator

라고 부르며, 움직이는 극편을 **이동자**(또는 **로터**)라고 부른다(리니어모터의 경우에는 **슬라이더**라고 부른다).

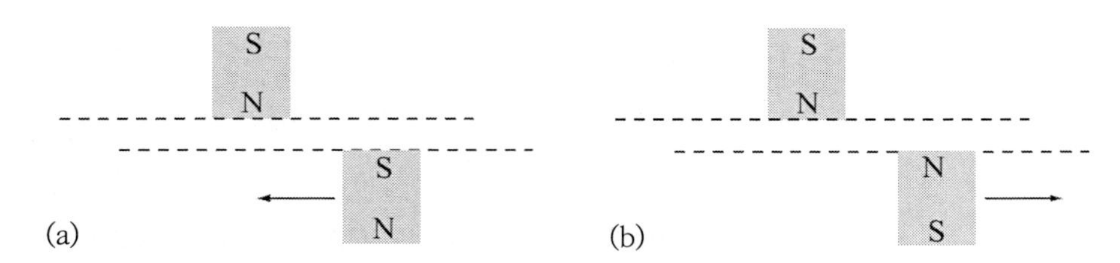

그림 5.61 두 자극들 사이에 작용하는 힘. 여기서 상부 자석은 고정되어 있으며(계자), 하부 자석은 좌우방향으로 자유롭게 움직인다(이동자). (a) 견인력 작용. (b) 반발력 작용.

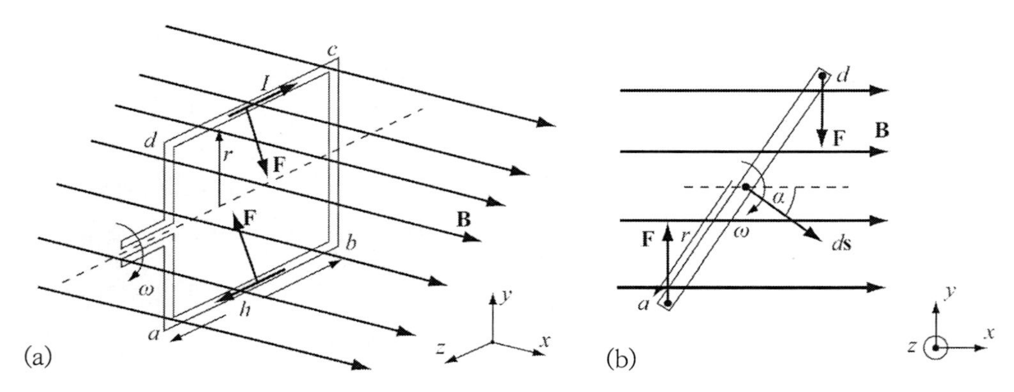

그림 5.62 자기장 속에 놓여 있는 코일루프를 통과하여 흐르는 전류에 가해지는 힘. (a) 균일자기장 속에 놓여 있는 코일루프에 흐르는 전류에 작용하는 로렌츠력. (b) 자기장 속의 코일루프 자세와 작용력 사이의 상관관계

이를 더 유용한 장치로 만들기 위해서 그림 5.62 (a)와 같은 구조가 제안되었다. 이 구조는 앞서와 다르지만 작동원리는 여전히 동일하다. 여기서는 (전자석이나 영구자석에 의해서 생성된) 자기장이 시간과 공간에 대해서 일정하다고 가정한다. 코일 루프가 초기에 그림 5.62 (b)와 같이 놓여있는 상태에서 이 루프에 전류를 흘려보내면, 루프의 상부 영역과 하부 영역에는 각각 $F = BIh$의 힘이 작용하게 된다(식 (5.26)의 로렌츠력, 여기서 B는 자속밀도, I는 전류, 그리고 h는 코일부재의 길이이다.) 코일 루프가 자기장과 직각을 이룰 때까지 이 힘은 코일 루프를 시계방향으로 반 바퀴 회전시킨다. 로렌츠력은 항상 전류 및 자기장의 방향과 직교한다는 점에 유의하여야 한다. 코일 루프가 연속적으로 회전을 지속하기 위해서는 코일 루프가 이 위치에 도달했을 때에 전류를 반전시켜야 한다. 그리고 관성력 때문에 코일 루프가 이 직각방향을 조금 더 지나치고 나면, 로렌츠력은 코일을 시계방향으로 반 바퀴 더 회전시킨다. 이런 과정이 반복되면서 모터

는 연속적으로 회전하는 것이다. 여기서 루프에 작용하는 힘은 항상 일정하다. 하지만 여기서 한 가지 문제를 해결하지 않으면 코일 루프는 수직방향 위치에 멈춰 서게 된다. 이 문제에 대해서 논의하기 전에, 우선 모터의 토크에 대해서 살펴보기로 한다. 모터는 힘을 생성하며, 이 힘이 코일 루프에 가해지면 다음과 같이 회전토크가 생성된다.

$$T = 2BIhr\sin\alpha \quad [N \cdot m] \tag{5.65}$$

여기서 r은 코일루프의 반경이다. 만일 다수의 코일 루프들이 사용된다면, 토크에는 추가적으로 루프의 숫자(권선수) N이 곱해진다. 이 구조는 정류[43]기능이 필요하며, 이를 기계적인 방식과 전기적인 방식으로 구현할 수 있다.

그림 5.63 (a)에 도시되어 있는 단순한 형태의 DC 모터에서는 기계적인 정류자가 사용되고 있으며, 영구자석 계자가 자기장을 생성하고 있다. 코일 루프가 회전하면 정류자도 이와 함께 회전한다. 브러시들과의 접촉을 통해서 각각의 회전이 끝나는 순간에 전류를 반전시킨다. 그림 5.63 (b)에 도시되어 있는 것처럼, 코일의 숫자도 늘릴 수 있다. 이 사례에서는 두 쌍의 코일을 사용하였으므로 정류자는 4개의 접점을 갖추고 있으며, 연속적인 회전을 유지하기에 알맞은 순서로 각 코일에 전류를 공급해 준다. 이런 유형의 실제 모터에서는 원주방향으로 다수의 코일들이 등간격으로 배치되어 있으며, 코일의 권선수에 맞춰서 각도가 분할된 정류자에 연결된다. 조밀한 정류작용을 통해서 토크가 증가하며, 부드러운 작동이 이루어진다. 이 구조를 그대로 사용하거나 설계를 약간 수정하여 가장 작은 DC 모터를 만들 수 있다. 가장 잘 알려진 변형은 계자에 전자석을 사용하는 것과 자기장을 형성하는 계자의 극수를 증가시키는 것이다. 그림 5.64에서는 두 개의 전자석 계자들과 8개의 회전코일(권선방법을 자세히 살펴보시오)을 갖춘 소형모터를 보여주고 있다. 철심을 사용하면 힘과 토크를 증대시킬 수 있다. 이 모터는 **범용모터**라고 부르며, DC 나 AC 모두를 사용할 수 있고, 아마도 AC 전원용 수공구에서 가장 일반적으로 사용되고 있다. 이 모터는 매우 큰 토크를 출력할 수 있지만, 소음이 매우 크다. 계자 코일과 회전자 코일은 병렬로 연결해서 사용할 수도 있지만 전형적으로는 직렬로 연결하여 사용한다. 그림 5.64에 도시된 모터는 수공구에 사용되던 범용 고속모터이다. 그림에서는 이런 유형의 모터들이 가지고 있는 공통적인 문제인 정류자 손상을 보여주고 있다. 모터가 회전하는 동안 정류자 위를 (탄소)브러시가 미끄

43) commutation: 전류의 흐름을 반전시키는 작용. 역자 주.

러지면서 만들어내는 불꽃이 정류자에 손상을 입힌 것이다. 브러시 역시 사용 중에 마멸 및 손상이 일어나며, 이로 인하여 모터의 성능이 저하된다.

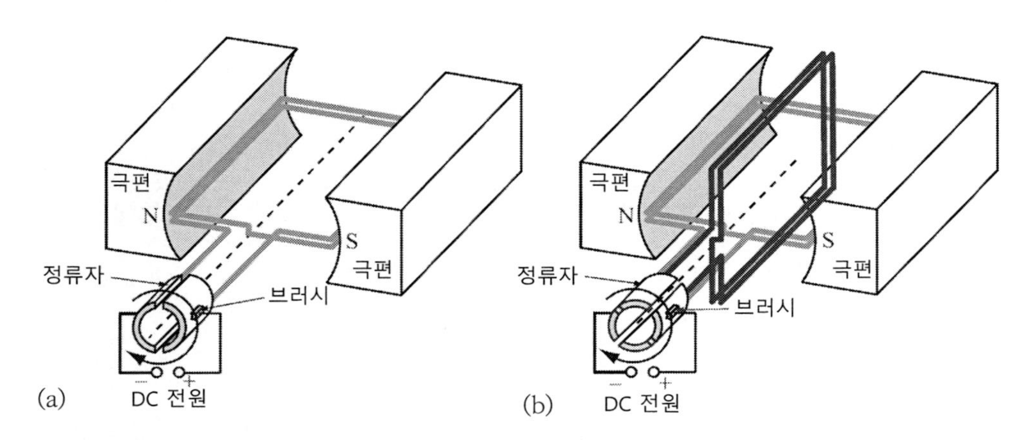

그림 5.63 정류자를 사용하는 DC 모터. (a) 단일코일과 두 개의 정류자 연결구조. (b) 서로 직교하는 두 개의 코일들과 4개의 정류자 연결구조. 브러시의 위치는 고정되어 있다.

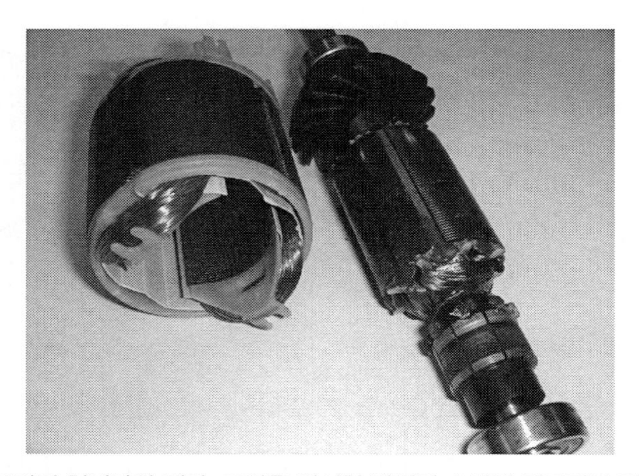

그림 5.64 범용모터의 회전자와 계자. 코일을 권선한 방법과 손상된 정류자를 자세히 살펴보시오.

많은 경우, 특히 저출력 DC 모터의 경우에는 기본구조를 변형시켜서 한 쌍의 영구자석으로 계자를 만드는 기본적인 구조와 더불어서 회전자의 극수를 증가시키는 설계를 사용한다. **그림 5.65 (a)** 및 (b)의 사례에서는 3극 회전자와 2극 계자를 사용하여 힘이 0이 되는 상태가 전혀 발생하지 않도록 만들었다. 정류자의 작동방식은 앞서 설명한 경우와 마찬가지이지만, 3개의 코일들을 사용하기 때문에 (회전위치에 따라서) 한 번에 하나 또는 두 개의 코일에 항상 전류가 공급된다. **그림 5.65 (c)**에서는 이와 유사하지만 약간 더 큰 모터를 보여주고 있다. 이 모터는

7극 회전자를 갖추고 있으며, 정류자의 숫자도 7개이다. 이런 모터들은 소형 구동기나 장난감, 그리고 무선 수공구에서 자주 사용된다. 이런 모터의 회전방향은 단순히 전원의 극성을 바꾸면 반전된다.

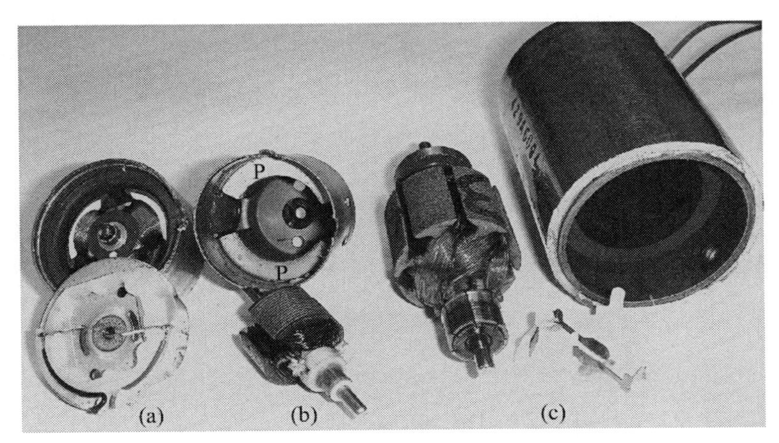

그림 5.65 분해된 세 가지 소형 모터들. (a) 3극 회전자. (b) 2극 계자. (c) 7극 회전자, 2극 계자. 그림의 하단에는 미끄럼 브러시가 분해되어 있다. 대형모터에서는 탄소나 그라파이트를 사용하여 브러시를 제작한다.

예제 5.14 정류자를 사용하는 DC 모터의 토크

그림 5.63 (a)의 구조를 사용하는 영구자석 DC 모터의 경우, 철심에 사각형 코일을 권선하여 제작한다. 이를 통해서 계자와 코일이 권선된 회전자 사이의 공극에 형성되는 자속밀도를 높고 일정하게 유지시킬 수 있다. 이 모터의 자극은 $0.8[T]$의 자속을 생성한다고 가정하자. 코일의 길이는 $60[mm]$이며 반경은 $20[mm]$, 그리고 권선수는 240회이다.

(a) 코일에 $0.1[A]$의 전류를 공급했을 때에 모터가 생성할 수 있는 최대토크를 계산하시오.

(b) 여기에 두 번째 코일을 추가하여 그림 5.63 (b)와 같은 구조가 되었다면 (a)의 결과는 어떻게 변하겠는가?

풀이

코일의 자속밀도는 일정하기 때문에 힘과 토크 사이의 관계를 단순하게 나타낼 수 있다.

(a) 코일이 생성하는 토크는 코일의 자세에 의존한다. 자속이 코일의 단면방향과 평행할 때(그림 5.62 (b)에서 $\alpha = 0°$와 식 (5.65)) 최대이며, 직각일 때에 최소이다. 하나의 코일루프에 작용하는 힘은 식 (5.26)을 사용하여 구할 수 있다.

$$F = BIL \ [N]$$

여기서 $L=0.06[m]$, 반경 $r=0.02[m]$, 전류 $I=0.1[A]$이며 자속밀도 $B=0.8[T]$이다. 코일의 권선수 $N=240$이므로, 코일이 생성하는 총 작용력(그림 5.62 (b)의 F)은 다음과 같이 구해진다.

$$F=NBIL=240\times0.8\times0.1\times0.06=1.152[N]$$

이 힘은 코일의 자세에 무관하게 항상 일정한 값을 가지고 있다. 그런데 코일이 자기장과 평행방향에 위치한 경우에는 힘 F가 코일평면과 직각방향을 이루기 때문에 토크가 최대가 된다. 따라서 최대토크는 다음과 같이 구해진다.

$$T=2Fr=2\times1.152\times0.02=0.046[N\cdot m]$$

(b) 코일이 생성하는 힘은 (a)에서와 동일하다 하지만 (a)의 경우 코일이 1/2회전하는 동안 출력토크가 최대와 최소를 오가는 반면에,[44] (b)의 경우에는 1/4 회전하는 동안 출력토크가 최대와 최소를 오가기 때문에[45] 모터 회전 시 토크가 더 부드럽게 변한다.

5.9.2.2 전자정류방식의 브러시리스 DC 모터

단순한 용도에는 DC 모터로도 충분하겠지만, 이를 제어(속도제어와 토크제어)하는 것은 약간 복잡하다. 게다가 기계적 정류자는 전기적으로 노이즈를 생성하며(스파크가 일어나며, 이로 인한 자기장이 전기회로와 간섭을 일으킨다) 일정한 비율로 마멸된다. 하드디스크, 드론, 에어컨 압축기의 팬 그리고 전동공구 등과 같은 용도에서는 기계적인 방식 대신에 전기적인 방식으로 정류가 수행되는 모터가 사용된다. 게다가 체적이나 형상을 변경시키거나 집적회로를 통합시키기 위해서 물리적인 구조도 약간 다르게 만든다. 이런 모터들에서는 회전자가 원판 형태인 평판형 구조가 자주 사용된다. 또한 전기적으로 정류를 수행하기 때문에 코일이 정지해 있으며 자석이 회전한다. 이런 형태의 모터들을 (다음 절에서 살펴볼) 일종의 스테핑모터로 간주할 수도 있지만, 연속회전의 용도에서는 전형적으로 **브러시리스 DC 모터**(BLDC 모터)가 사용된다.

그림 5.66 (a)를 통해서 이들의 작동원리를 살펴보기로 하자. 이 소형의 BLDC 모터는 6개의 코일들이 계자를 형성한다. 그림에서는 회전자를 베어링에서 탈거하여 뒤집어 놓았으며, 이를 통해서 계자와 회전자의 구조를 살펴볼 수 있다. 코일은 프린트회로기판 위에 직접 설치되어 있다. 회전자는 코일을 바라보는 방향으로 8개의 영구자석들이 배치되어 있으며, 코일에 의해서

---

44) $T_{avg}=(0.046+0)/2=0.023[N\cdot m]$, 역자 주.

45) $T_{avg}=(0.046+0.046\times\sin45°)/2=0.039[N\cdot m]$로 평균토크가 증가한다. 역자 주.

회전자기장이 부가된다(그림 5.66 (b)에서 각 자석들은 약간 밝은 선들에 의해서 구획이 구분되어 있다). 3개의 코일들 중앙에는 작은 홀 센서들이 배치되어 있다. 이들은 회전하는 영구자석의 위치를 감지하여 회전방향과 속도를 검출하여 속도제어에 사용한다. 모터의 작동에는 두 가지 원리들이 사용된다. 우선 회전자와 계자의 피치가 서로 다르다(코일은 6개이며, 자석은 8개이다). 두 번째로 자석들의 위치를 검출하여 이 정보를 기반으로 코일의 구동, 속도의 측정 그리고 회전 방향의 검출 등이 수행된다. 코일 쌍들을 순차적으로 구동하여 모터를 정, 역 방향으로 회전시킬 수 있다. 3개의 홀센서를 사용하여 코일의 정확한 스위칭 시점을 알아낼 수 있다.

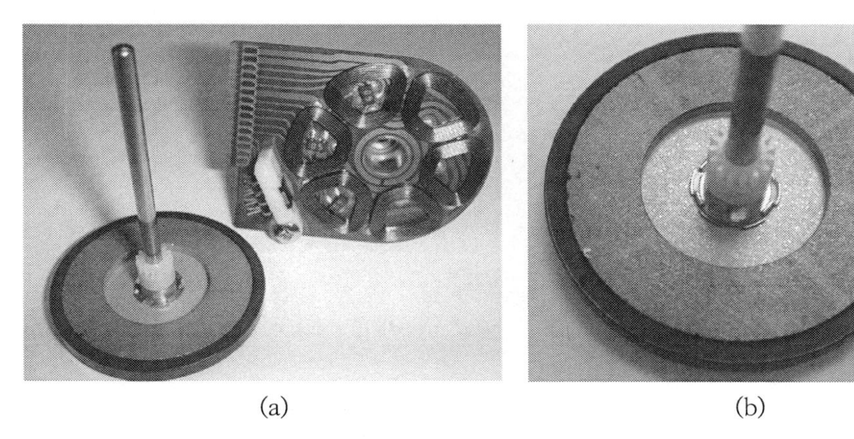

(a) (b)

그림 5.66 평판형, 전자정류 방식 DC모터(브러시리스 DC 모터 또는 BLDC모터라고 부른다). (a) 회전자와 정류자를 분리한 모습. (b) 회전자를 자세히 살펴보면 여러 개의 영구자석들이 조립되어 있는 모습을 확인할 수 있다.

그림 5.67에서는 코일의 구동순서를 보여주고 있다. 그림 5.67 (a)를 모터의 초기상태라고 하자. 홀센서를 사용하여 자석에 대한 코일의 초기상태를 측정하며, 이를 통해서 회전방향을 지정할 수 있다. 코일 뒤쪽에는 자석들이 배치되어 있으며, 이들의 극성도 함께 표시되어 있다. 코일들은 회색의 원으로 표시되어 있으며, 자석 방향으로의 코일 극성이 함께 표시되어 있다. 코일들의 전기적 연결구조는 그림 5.67 (e)에 표시되어 있다(이는 3상 Y-결선 구조에 해당한다). 그림 5.67 (e)의 a와 b 단자에 전압이 부가된 경우를 살펴보기로 하자. 이로 인하여 그림 5.67 (a)에서와 같이 1번 및 4번 코일과 2번 및 5번 코일에 전류가 공급된다. 이로 인하여 1번 및 4번 코일의 자석방향은 S극이 되는 반면에 2번 및 5번 코일의 자석방향은 N극이 된다. 이로 인하여 1번 코일은 1번 자석을 밀어내며 2번 자석을 끌어당기고, 4번 코일은 5번 자석을 밀어내며 6번 자석을 끌어당긴다. 이와 마찬가지로, 2번 코일은 2번 자석을 밀어내며 3번 자석을 끌어당기고, 5번

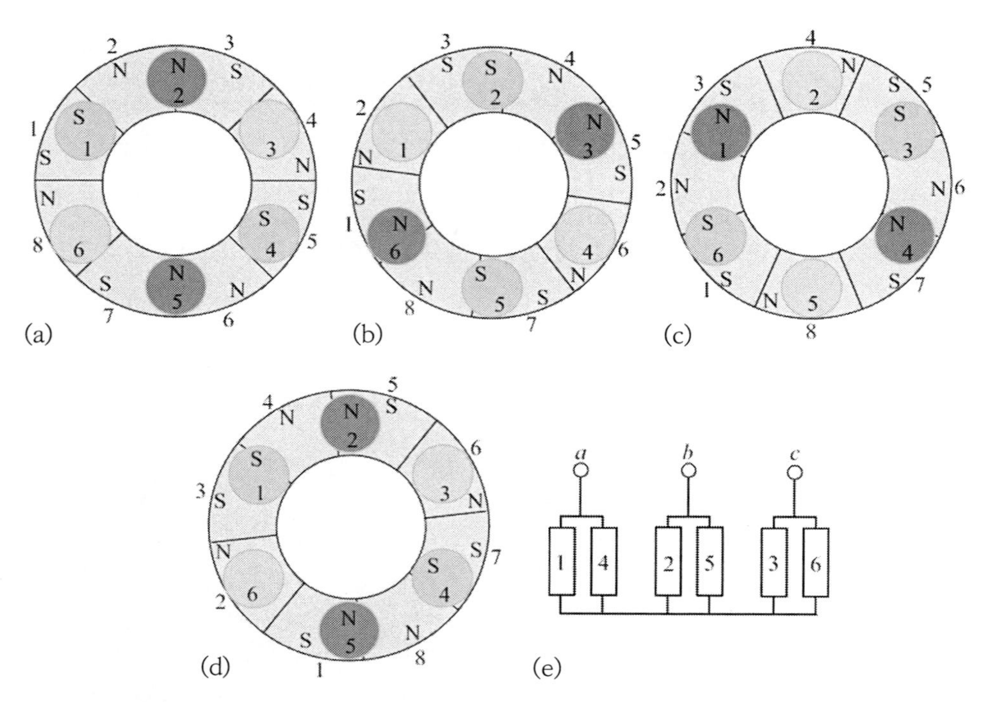

그림 5.67 (a)~(d) 평판형 브러시리스 DC 모터의 작동순서. 원형은 코일을 나타내며 부채꼴 요소는 자석을 나타낸다. 자석은 극성이 표시되어 있다. (e) 코일의 결선방법. 각 단계마다 a와 b, b와 c, 그리고 c와 a 사이에 전압이 부가되어 필요한 극성이 구현된다.

코일은 6번 자석을 밀어내며 7번 자석을 끌어당긴다. 이로 인하여 회전자(자석)는 1번 코일이 2번 자석의 중앙에 위치하며, 4번 코일이 6번 자석의 중앙에 위치할 때까지 회전하게 된다. 다음으로, **그림 5.67 (e)**의 b와 c 단자에 앞서와 동일한 극성의 전압을 부가하여 2번 및 5번 코일과 3번 및 6번 코일을 앞서와 동일한 방식으로 구동한다(**그림 5.67 (b)**). 이제, 2번 코일은 3번 자석을 밀어내며 4번 자석을 끌어당기고, 5번 코일은 7번 자석을 밀어내며 8번 자석을 끌어당긴다. 3번 코일은 4번 자석을 밀어내며 5번 자석을 끌어당기고, 6번 코일은 8번 자석을 밀어내며 1번 자석을 끌어당긴다. 다시, 2번 코일이 4번 자석의 중앙에 위치하며 5번 코일이 8번 자석의 중앙에 위치할 때까지 로터가 반시계 방향으로 회전하게 된다. 이로 인하여 **그림 5.67 (c)**의 상태가 되면, c번과 a번 단자에 전압을 부가하여 3번 및 6번 코일과 1번 및 4번 코일을 구동하여 앞서의 과정을 반복한다. 이를 통해서 **그림 5.67 (d)**에서와 같이 3번 코일이 6번 자석과 중심을 맞추며 6번 코일은 2번 자석과 중심을 맞출 때까지 3번 및 6번 코일은 6번 및 2번 자석을 잡아당기며 1번 및 4번 코일은 3번 및 7번 코일을 잡아당긴다. 이를 통해서 자석은 반시계 방향으로 회전을 지속한다. **그림 5.67 (d)**의 상태는 그림 5.67 (a)와 동일한 상태임을 확인할 수 있다. 앞서 설명한 3단계를 거치고 나면, 회전자는 반시계방향으로 1/4회전하게 된다. 이 과정을 무한히 반복하면 모터를 연속적으로 회전시킬 수 있다. 이를 **3상구동**이라고 부르며, 디지털 제어기법을 사용하여 자석들의 위치를 확인한 다음에 자석과 마주하고 있는 코일들에 위에서 설명한 순서대로 한 번에 두 쌍의 코일들을 구동하여야 한다. 그리고 코일에 공급하는 전류의 방향을 반전시키면 모터를 반대 방향으로 회전시킬 수 있다.

하드디스크와 같은 대부분의 디지털 장치들에서는 디지털 방식을 사용하여 용이하게 제어할 수 있는 BLDC 모터를 일반적으로 사용한다. 이외에도 훨씬 출력이 큰 용도에서도 이 모터를 사용하고 있다. 이런 경우에는 최고속도 특성과 제어의 용이성 때문에 BLDC 모터를 사용한다. 구동전압의 3상부가 시점을 통제하여 속도를 제어할 수 있다. BLDC 모터는 구조, 형상, 영구자석과 코일의 숫자 등에서 다양한 변형이 이루어진다. 그림 5.68 (a)에서도 한 가지 형태의 모터를 보여주고 있다. 이 경우, 자석은 회전자 림의 내경 측에 설치되어 있으며, 토크를 증가시키기 위해서 코일들은 철심에 감겨져 있다. 그림 5.68 (b)에서는 모형 항공기에 사용되는 3상 BLDC 모터가 도시되어 있다. 이 모터는 최대 $70,000[rpm]$의 속도까지 회전할 수 있다.

그림 5.68 (a) 전자정류방식 DC모터의 계자(좌측)와 회전자(우측). 자석들은 회전자의 림 내측에 설치되어 있다. 회전자의 위치를 검출하기 위해서 3개의 홀센서들이 사용되었다. (b) 센서리스 방식의 BLDC모터. 계자의 원주방향으로 영구자석들이 설치되어 있다.

또 다른 유형의 BLDC 모터에서는 홀소자를 센서로 사용하고 있지만, 구동에 사용되지 않는 코일들에 유도되는 전자기장을 모니터링하여 위치측정용 센서로 활용할 수 있다. 이를 통해서 센서리스 모드로 모터를 제어할 수 있다. 이 경우에는 제어가 더 복잡하지만, 모터의 회전위치를 측정하기 위해서 별도의 홀 센서를 사용할 필요가 없다. 그림 5.68 (b)는 센서리스 형식이다.

예제 5.15 BLDC 모터의 구동

그림 5.67에서는 BLDC 모터가 예시되어 있으며, 그림 5.69 (a)의 순서를 사용하여 이를 구동한다. 이 순서에서 V_{ab}는 a단자에는 양전압이 부가되며, b단자에는 음전압이 부가된다는 뜻이다. 이와 마찬가지로 V_{bc}는 b단자는 양, c단자는 음전압이 각각 부가되며, V_{ca}는 c단자는 양, a단자는 음전압이 각각 부가된다는 뜻이다. 모터를 구성하는 6개의 코일들은 그림 5.67 (e)에서와 같이 결선되어 있다. 결선도에서 전류가 코일의 위에서 아래로 흐르는 경우에는 자석쪽 코일이 S극을 형성하며, 전류가 아래에서 위로 흐르는 경우에는 자석쪽 코일이 N극을 형성한다고 가정한다.

(a) 주어진 펄스에 대해서 회전속도를 계산하시오.

(b) 모터를 반대방향으로 $900[rpm]$의 속도로 회전시키는 경우에 V_{ab}, V_{bc} 및 V_{ca}의 전압을 도시하시오.

풀이

(a) 그림 5.69 (a)의 순서로 코일을 구동하면 그림 5.67의 구동을 구현할 수 있다. 하지만 이를 통해서 단지 1/4회전만이 이루어질 뿐이다. 즉, 3개의 펄스를 순차적으로 부가하면, 1번 코일을 원래의 위치인 1번 및 2번 자석의 중간에서 3번 및 4번 자석의 중간위치로 이동시킨다. 3개의 펄스들을 더 부가하면 1번 코일은 5번과 6번 자석의 중간위치로 이동하며, 이후에 3개의 펄스를 더 부가하면 다시 7번과 8번 자석의 중간위치로 이동하게 된다. 마지막으로 3개의 펄스를 부가하면 1번 코일은 1번과 2번 자석의 중간위치로 이동하면서 최초의 상태가 된다. 즉, $10[ms]$ 주기의 펄스 12개를 부가하여야 1회전이 이루어진다는 뜻이다. 이를 통해서 구현된 회전속도는 $60/(12\times10\times10^{-3}) = 500[rpm]$이다.

(b) 그림 5.69 (b)에 필요한 전압파형이 도시되어 있다. V_{ab}, V_{bc} 및 V_{ca} 전압이 음으로 표시되어 있지만, 이는 모터에 전압을 V_{ba}(b단자는 양, a단자는 음전압 부가), V_{cb}(c단자는 양, b단자는 음전압 부가), V_{ac}(a단자는 양, c단자는 음전압 부가)와 같이 반대로 부가하였다는 것을 의미할 뿐이다. 로터를 $900[rpm]$으로 회전시키기 위해서는, 펄스폭이 $\Delta t = 60/(900\times12) = 5.555\times10^{-3}[s]$가 되어야 한다.

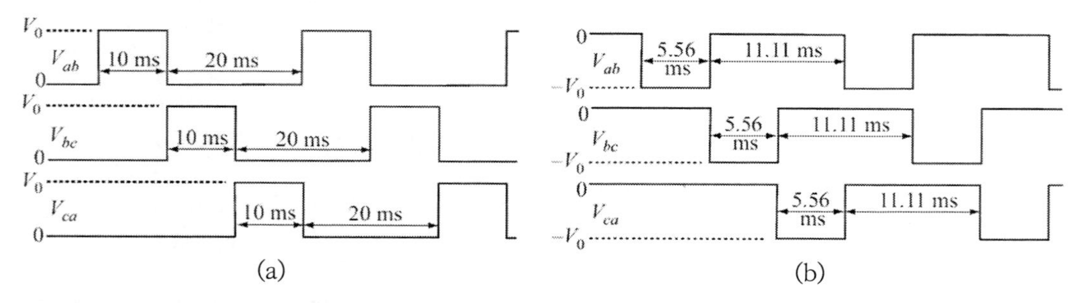

그림 5.69 그림 5.67에 도시되어 있는 코터에 부가되는 펄스의 순서도. (a) $500[rpm]$ 회전구동. (b) $900[rpm]$ 회전구동

5.9.2.3 AC 모터

DC 모터의 경우와 마찬가지로, **AC 모터**도 매우 다양한 형태들이 존재한다. 이들 중에서 가장 일반적인 유형이 **유도전동기**이다. **그림 5.62**의 구조에서 외부에서 부가되는 자기장이 교류(AC) 형태로 변하며, 회전하는 코일의 양 끝단이 (외부전원이 연결되지 않은 상태로) 서로 연결되어 있는 경우가 AC 전동기의 기본구조에 해당된다. 계자에 의해서 부가되는 교류 자기장과 코일은 변압기처럼 작동하므로 단락되어 있는 코일 속으로 AC 전류가 유도된다. **렌츠의 법칙**[46]에 따르면, 코일에 유도된 전류는 반발자기장을 생성하며, 이로 인하여 코일은 회전하게 된다. 이 구조에서는 정류자가 사용되지 않으므로, 계자에서 부가되는 자기장을 회전시켜야 코일을 연속적으로 회전시킬 수 있다. 즉, **그림 5.62**의 계자와 직각 방향으로 계자를 추가해야 하며, 회전자 코일의 루프가 절반만큼 회전했을 때에 이 계자를 작동시켜서 코일의 회전을 지속시켜야 한다. 실제의 경우에는 회전자계를 구현하기 위해서 **그림 5.70**에 도시되어 있는 3상 AC 모터의 경우에서처럼, AC 전원의 위상특성을 사용한다(이 그림에서는 로터로 영구자석을 사용하고 있지만, 단락된 코일도 이 영구자석과 동일한 방식으로 작동한다). 공급전원의 위상이 시간에 따라 변하면 회전자계가 형성되며, 이로 인해서 로터에 견인력이 발생하여 회전하게 된다.

유도전동기는 조용하며 효율이 높고, 무엇보다도 회전속도가 자계에 부가되는 교류의 주파수와 극수에 의존한다는 점 때문에 매우 일반적으로 사용되고 있다. 이들은 정속회전이 중요한 제어기기에 널리 사용된다. 유도전동기를 켜고 끄는 것 이외에 속도를 조절하는 것은 DC 모터에 비해

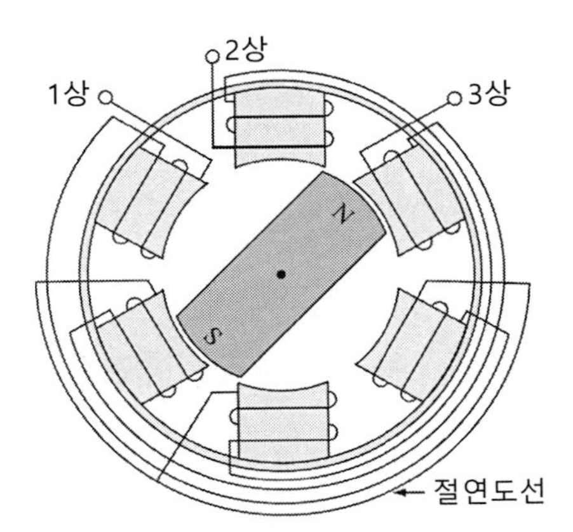

그림 5.70 회전자계를 사용하는 모터. 유도전동기의 경우에는 로터의 자석이 단락된 코일로 대체된다.

그림 5.71 소형 유도전동기의 사례

46) Lentz's law

서 복잡하다. **그림 5.71**에서는 소형 유도전동기가 예시되어 있다.

물론, 다양한 유형의 AC 모터들마다 성능특성들이 매우 다르다.

5.9.2.4 스테핑모터

스테핑모터는 증분방식을 사용하여 회전 또는 직선운동을 하는 모터이다. 각 스텝의 증분량은 일정하게 정해져 있으며, 펄스열을 사용하여 이동량과 속도를 통제하기 때문에 이를 **디지털모터**라고도 부른다. 이 모터의 작동특성을 이해하기 위해서, 우선 **그림 5.72** (a)의 구조를 살펴보기로 하자. 그림에서는 회전자로 영구자석을 사용하고 있는 가장 단순한 작동구조의 2상 스테핑모터를 보여주고 있다. 두 개의 코일들을 순차적으로 구동하여 계자의 자극 방향을 조절하면 로터를 회전시킬 수 있다. **그림 5.72** (b)에서 시작하여 스테핑 순서를 따라가 보기로 하자. 수직방향으로 배치된 두 개의 코일들에 전류를 공급하면 자석은 수직방향 코일들과 정렬을 맞춘다. 다음으로 **그림 5.72** (c)에서와 같이, 두 코일에 전류를 공급하면 로터는 45° 위치로 회전한다. 이를 **반스텝**이라고 부르며 이 스테핑모터에서 구현할 수 있는 최소 회전각도 또는 최소스텝에 해당한다. 여기서 수직방향 코일에 공급되는 전류를 차단하고 수평방향 코일에 흐르는 전류는 그대로 유지하면, 자석을 추가로 회전하여 **그림 5.72** (d)의 상태가 된다. 다음으로, 수직방향 코일에 공급하는 전류를 반전시키며 수평방향 코일에 공급하는 전류는 그대로 유지하면 **그림 5.72** (e)의 상태가 된다. 수직방향 코일에 공급하는 전류는 역방향을 유지시킨 상태로 수평방향 코일에 공급하는 전류를 차단하면 **그림 5.72** (f)의 상태로 회전하면서 절반의 회전이 완성된다. 이 스테핑모터는 한 스텝에 45°만큼 회전하며, 1회전에는 8스텝이 필요하다. 모터를 반대 방향으로 회전시키기 위해서는 **표 5.6**의 순서를 반대로 시행하여야 한다. 이상을 통해서 스테핑모터의 다음과 같은 특성들을 알 수 있다.

1. 스텝의 크기(스텝의 숫자)는 (계자를 구성하는) 코일의 숫자와 회전자의 극수에 의존한다.
2. 각 스텝마다 단 하나의 계자코일만을 사용하는 경우(1상 여자방식)에는 한번에 전스텝(이 경우는 90°)을 이동한다.
3. 계자 코일의 숫자와 로터의 극수를 증가시키면 스텝의 각도를 줄일 수 있다.
4. 로터의 극수와 계자의 극수는 서로 달라야만 한다(로터의 극수가 더 작다).
5. 로터의 자기장은 영구자석이나 전자석을 사용하여 생성한다. 하지만 이는 필수적인 것이 아니다. 강철소재만으로 이루어진 로터를 사용해서도 스테핑모터를 만들 수 있다.

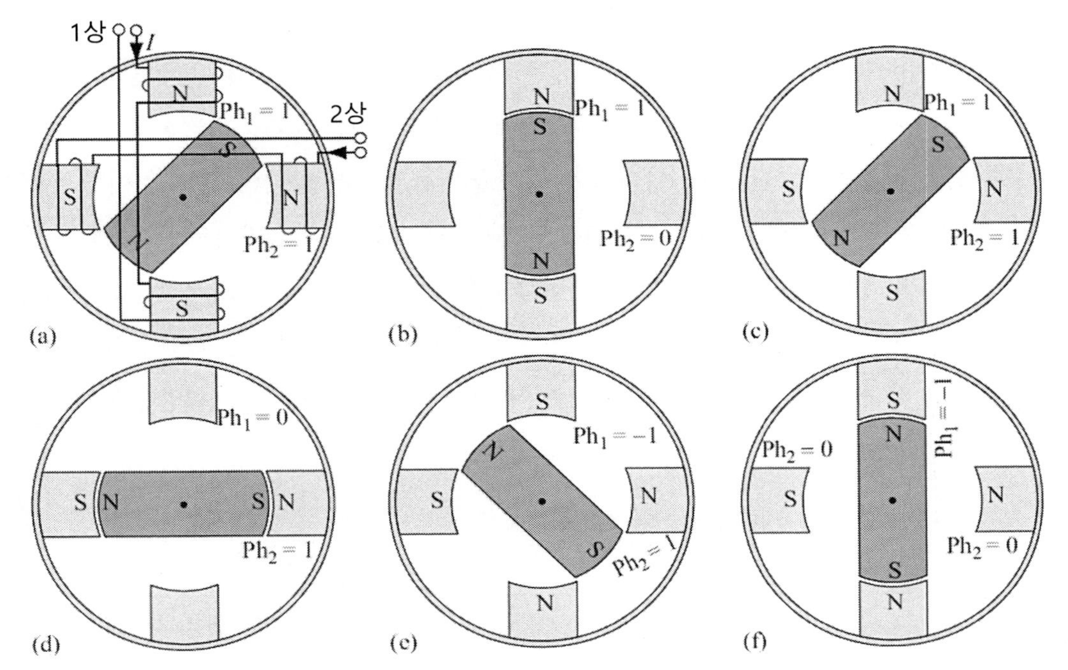

그림 5.72 (a) 2상 스테핑모터의 개략도. 그림에 도시된 전류들은 상들의 구동상태를 나타낸다(Ph_1=1 Ph_2=1). (b~f) 2상 모터의 절반스텝 구동 순서도.

표 5.6 그림 5.72에 예시된 모터를 시계방향으로 1회전 시키기 위해서 필요한 순서

스텝	S_1	S_2
1	1	1
2	0	1
3	-1	1
4	-1	0
5	-1	-1
6	0	-1
7	1	-1
8	1	0

0: 전류공급 없음, 1: 순방향 전류공급, -1: 역방향 전류공급
이 순서를 역으로 시행하면 모터는 반시계 방향으로 회전한다.
2, 4, 6 및 8번 스텝만을 시행하면 전스텝 구동이 이루어진다.

앞서의 논의에 따르면, 그림 5.72의 구조는 반스텝 구동방식 이외에도 **전스텝**(90°) 구동으로도 모터를 구동할 수 있다는 것을 알 수 있다. 표 5.6의 1, 3, 5 및 7번 스텝을 생략하면 전스텝 구동이 이루어진다. 이처럼 구동순서만을 변경하면 동일한 스테핑모터를 사용하여 더 빠르게,

혹은 느리게 모터를 회전시킬 수 있다.

그림 5.72에서 영구자석 로터를 (자화되지 않은) 철심으로 대체할 수도 있다. 이 경우에도 위에서 설명한 구동방식이 여전히 작동하며, 계자코일에 의해서 형성된 자기장이 철심을 자화시킨다(즉, 전자석이 철심을 잡아당긴다). 이 구조는 모터를 만들기가 훨씬 더 수월하다. 이런 유형의 스테핑모터를 **가변 릴럭턴스 스테핑모터**라고 부르며, 스테핑모터에서 일반적으로 사용하는 방식이다. 그림 5.73 (a)에서는 가변릴럭턴스 스테핑모터의 작동원리가 도시되어 있다. 2번 코일에 전류가 공급되면 로터는 반시계방향으로 1스텝만큼 회전한다. 다음으로 3번 코일에 전류를 공급하면 한 스텝 더 반시계 방향으로 회전한다. 이 순서를 반대로 시행하면 회전방향을 반전시킬 수 있다.

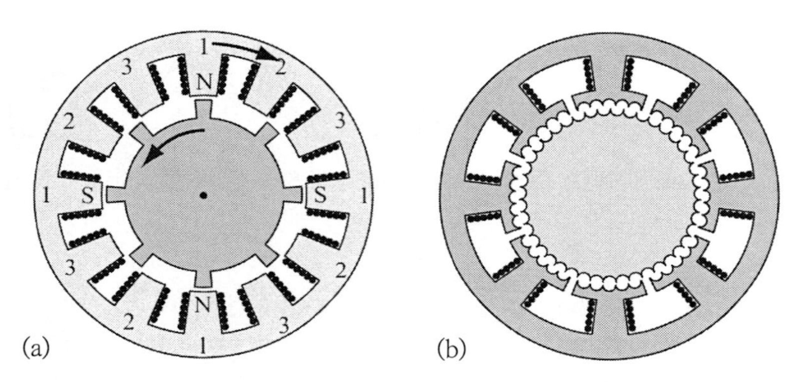

그림 5.73 (a) 12극 계자와 8극 로터를 갖춘 스테핑모터의 사례. 이 구조는 3상 가변릴럭턴스방식 스테핑모터이다. (b) 8극(40치) 계자와 50치 로터를 갖춘 가변릴럭턴스 스테핑모터의 사례

계자의 극수가 n_s이며, 회전자의 극수(이 경우에는 잇수)는 n_r이라 하자. 계자와 회전자의 피치는 다음과 같이 정의된다.

$$\theta_s = \frac{360°}{n_s},\ \theta_r = \frac{360°}{n_r} \tag{5.66}$$

스테핑모터의 스텝은 다음과 같다.

$$\Delta\theta = |\theta_r - \theta_s| \tag{5.67}$$

그림 5.73 (a)의 사례에서, 계자의 극수는 12이며, 회전자의 극수는 8이다. 따라서 전스텝 각도는 다음과 같이 계산된다.

$$\theta_s = \frac{360°}{12} = 30°,\ \theta_r = \frac{360°}{8} = 45°,\ \Delta\theta = |45° - 30°| = 15° \tag{5.68}$$

앞서 설명한 구동방식을 사용하면 반스텝 구동이 가능하다. 예를 들어, 1번 코일에 전류가 공급되어 그림 5.73 (a)의 상태가 되어 있는 상태에서 1번 코일과 2번 코일에 동시에 전류가 공급되면, 로터는 반시계 방향으로 반스텝만큼 회전하게 된다(예제 5.17 참조). 이 스테핑모터의 전스텝 각도는 15°이다. 이 모터는 양쪽 방향으로 회전하는 과정에서 3스텝마다 동일한 상태가 반복되기 때문에 3상 스테핑모터이다. 여기서 계자의 극수는 회전자의 극수보다 더 많다. 회전자의 극수가 계자의 극수보다 더 많게도 만들 수 있으며, 가변릴럭턴스 스테핑모터에서는 이런 구조를 자주 사용한다.

가변릴럭턴스 스테핑모터의 구조를 단순화하기 위해서 회전자의 잇수는 n_r, 계자는 8개로 고정되어 있으며, 각 극에는 그림 5.73 (b)와 같이 치형이 성형되어 있다고 하자. 이 경우에는 회전자의 잇수(50개)가 계자의 잇수(40)개보다 더 많이 성형되어 있다. 이 구조의 한 스텝당 회전각도는 1.8°이다(360/40 − 360/50). 이 모터는 4극 모터이다(따라서 모터를 회전시키기 위해서는 4스텝이 반복되어야 한다).

예제 5.16 200스텝에 1회전하는 모터

가장 일반적인 스테핑모터는 $200[steps/rev]$로 회전한다. 이 모터는 전형적으로 계자의 극수가 8개이며, 그림 5.73 (b)에 도시되어 있는 것처럼, 각각의 극편에는 5개의 치형이 성형되어 있으며(총 잇수는 40개이다), 회전자의 잇수는 50개이다. 따라서 전스텝 각도는 다음과 같이 계산된다.

계자의 각도 $\theta_s = \frac{360°}{40} = 9°$

회전자의 각도 $\theta_r = \frac{360°}{50} = 7.2°$

따라서 전스텝 각도 $\Delta\theta = |9° - 7.2°| = 1.8°$
그리고 1회전에 필요한 스텝 수는 $360°/1.8° = 200$이다.

주의: 회전자를 축방향에 대해서 두 개로 나누고 회전자 절반을 절반치형만큼 시프트 시키면 동일한 모

터를 사용하여 반스텝 구동($0.9[°/step]$ 또는 $400[steps/rev]$)이 가능하다. 또한 로터를 절반으로 나누지 않고도 앞서 설명한 것처럼 코일구동방식 변경을 통해서 반스텝 구동이 가능하다.

예제 5.17 가변릴럭턴스 스테핑모터의 반스텝 구동

그림 5.73 (a)에 도시되어 있는 가변릴럭턴스 스테핑모터를 시계방향으로 반스텝 구동하기 위한 구동순서를 제시하시오.

풀이

그림 5.73 (a)를 초기위치로 선정한다. 즉, 첫 번째 스텝은 1번 코일을 구동하는 것이다. 로터를 시계방향으로 회전시키기 위해서는 1번 코일의 반시계방향에 위치하는 회전자 극편을 시계방향으로 잡아당겨야 한다. 이를 위해서 1번 코일과 3번 코일을 동시에 구동한다. 이로 인해서 로터는 그림 5.74 (a)와 같이 회전하게 된다. 다음으로 3번 코일만 구동하면 그림 5.74 (b)의 상태가 만들어진다. 그런 다음, 3번 코일과 2번 코일을 동시에 구동하면 그림 5.74 (c)의 상태로 회전한다. 이후에 2번 코일만 구동하고, 1번 및 2번 코일을 함께 구동한 다음에 마지막으로 1번 코일만 구동하면 다시 그림 5.73 (a)의 상태로 되돌아오게 된다. 따라서 구동순서는 (1)→(1+3)→(3)→(3+2)→(2)→(2+1)과 같다.

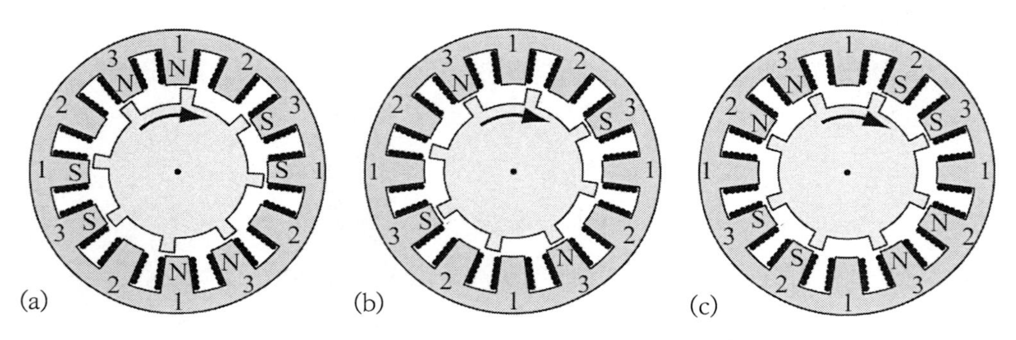

그림 5.74 그림 5.73 (a)에 도시되어 있는 가변릴럭턴스 스테핑모터를 반스텝 방식으로 구동하기 위한 순서도. 그림 5.73 (a)의 상태에서 시작하며, (a)~(c)에서는 처음 3스텝을 위한 코일구동 순서를 보여주고 있다.

일반적으로, 가변릴럭턴스 스테핑모터는 구조가 단순하며 제작비가 저렴하다. 그런데 전력이 공급되지 않으면 위치를 유지하지 못하고 자유롭게 돌아간다. 영구자석을 사용하는 스테핑모터는 전력이 차단된 상태에서도 위치 유지력이 작용한다.

지금까지 설명된 스테핑모터는 하나의 회전자와 하나의 계자를 사용하였다. 하나의 축에 다수의 로터를 사용하면 모터의 회전피치를 줄이기 위해서(스텝각도를 줄이기 위해서) 하나의 축에 다수의 로터를 사용한다. 이런 구조를 **적층식 스테핑모터**라고 부르며, 적층된 로터 간의 치형

오프셋을 조절하여 더 조밀한 스텝을 구현할 수 있다. 이런 경우 적층된 로터들 사이의 피치가 변하기 때문에 조밀한 피치를 구현할 수 있다. 하지만 이런 구조는 단일로터에 비해서 구동순서가 더 복잡해진다는 단점이 있다. 일반적으로 계자와 개별 회전자들의 잇수는 서로 동일하며, (로터가 2개인 경우) 두 로터들 사이에는 절반피치만큼 치형이 엇갈리게 조립된다. 그림 5.75 (a)에서는 8극 계자와 이중로터를 사용하는 스테핑모터의 사례가 도시되어 있다. 이 모터의 회전자 잇수는 50개이며, 계자 잇수는 40개이다. 로터는 자화되어 있으며, 스텝당 1.8°를 회전한다. 하지만 구동방식을 조절하여 스텝당 0.9°로 회전시킬 수 있다. 이런 구조의 모터는 기본적으로 단일로터를 사용하는 모터와 동일한 구조를 가지고 있기 때문에, 이에 대해서 더 이상 자세히 살펴보지는 않겠다.

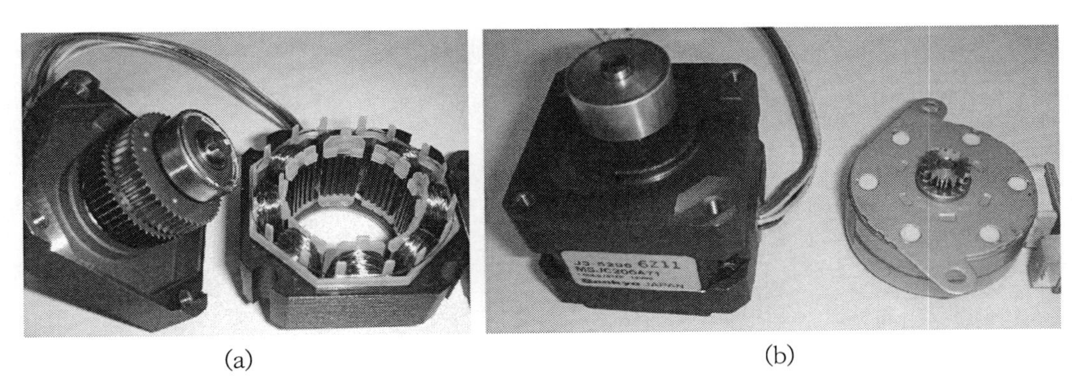

(a) (b)

그림 5.75 (a) 영구자석이 내장된 이중로터를 사용하는 스테핑모터의 사례(1.8° 스텝). (b) 두 가지 소형 스테핑모터의 사례. 좌측: 디스크 드라이브에서 분해한 모터. 우측: 잉크젯 프린터의 급지기구에 사용된 모터

스테핑모터는 소형에서 대형에 이르기까지 다양한 크기로 생산되고 있으며, 정확한 위치결정과 구동에 자주 사용된다. 하지만 이 모터는 DC 모터에 비해서 더 비싸며, 출력이 작다는 단점을 가지고 있다. 하지만 각 코일에 필요한 전류를 공급해주는 트랜지스터나 FET와 디지털 제어기를 사용하여 모터를 구동할 수 있기 때문에, 제어의 용이성과 정확도가 추가되는 비용을 상쇄해준다.

프린터, 스캐너 및 카메라와 같은 소비자 제품과 각종 산업용 제어시스템에서 스테핑모터를 손쉽게 발견할 수 있다. 스테핑모터는 예측 가능한 순차제어를 사용하여 정확하고 반복성 있는 스텝이송이 가능하므로 이런 다양한 용도에서 쾌속 위치결정에 널리 사용되고 있다. 이 모터는 전형적으로 관성이 작고 양방향 모두에 대해서 빠른 응답특성을 가지고 있다. 따라서 이를 사용하여 직접구동 능력을 유지하면서도 급속이송 시스템을 구현할 수 있다. 그림 5.75 (b)에서는 두 가지의 소형 스테핑모터를 보여주고 있다.

5.9.2.5 리니어모터

일반적인 모터들은 회전운동에 적합한 구조를 가지고 있다. 그런데, 회전운동으로는 직접 구현할 수 없는 직선운동이 필요한 경우가 있다. 이런 경우에는 캠, 나사기구, 벨트 등을 사용하여 회전운동을 직선운동으로 변환시킬 수 있다. 또 다른 방법은 리니어모터를 사용하는 것으로, 점점 더 활용이 늘고 있다. 우리는 이미 5.7.1절에서 인치웜 자기변형 모터와 5.9.1절에서 보이스코일 모터와 같이 두 가지 직선운동 방법을 살펴보았다.

연속운동이나 스테핑 운동을 수행하는 **리니어모터**는 원형의 모터를 절단하여 곧게 펴서 이동자가 계자 위를 직선으로 움직이는 형태로 변형시킨 것이다. 그림 5.76에서는 리니어모터의 작동원리를 개략적으로 보여주고 있다. 여기서 (회전형 모터의 회전자에 해당하는) 이동자의 극수는 임의로 정할 수 있다(여기서는 4개를 사용하였다). 그림 5.76 (a)의 상태에서는 이동자 극편이 고정자의 견인력을 받아서 우측으로 움직인다. 이동자가 고정자 극편을 지나치는 순간에 이동자의 극성을 그림 5.76 (b)와 같이 반전시키면 이동자는 계속해서 우측으로 힘을 받게 된다. 이것은 단순한 직류정류를 사용한 구동방법이다. 이동자를 좌측으로 움직이기 위해서는 이 순서를 반대로 시행한다. 이 기본적인 원리로부터 유도전동기를 포함하여 앞서 설명한 모든 모터들을 리니어모터의 형태로 만들 수 있다. 용도에 따라서 계자를 매우 길게 만들거나(기차용 선형구동장치는 레일과 동일한 길이로 제작된다) 비교적 짧게 만들 수 있다.

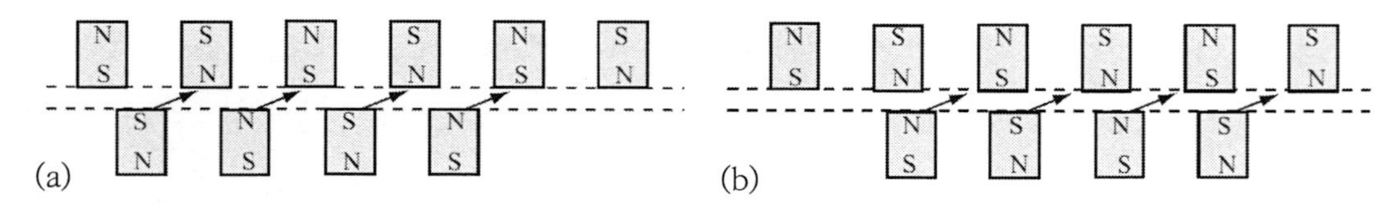

그림 5.76 리니어모터의 작동원리. (a) 이동자가 계자 극편과 정렬을 맞출 때까지 우측으로 움직인다. (b) 이동자의 극성을 반전시키면 새로운 스텝이 이루어진다.

그림 5.77에 도시되어 있는 것처럼, 가변 릴럭턴스형 리니어 스테핑모터를 만들 수 있다. 이 모터는 그림 5.73 (a)에 도시되어 있는 회전형 모터와 등가이다. 그런데 리니어모터에서는 피치를 각도 대신에 길이$[mm/step]$로 나타낸다. 그림에서는 계자의 극성을 변화시켜 구동하며 이동자는 단지 치형이 성형된 철편이라고 가정한다(가변릴럭턴스 모터). 이 리니어모터의 구동순서는

다음과 같다. **그림 5.77 (a)**에서 출발하여 1번으로 표시된 극편들이 그림에서와 같이 N 극과 S 극으로 자화된다. 이로 인하여 **그림 5.77 (b)**에서와 같이, 이동자의 A 번 치형 위치가 계자의 1번 극편과 일치할 때까지 우측으로 이동한다. 이제, 3번 극편들이 자화되며, 이동자의 B 번 치형 위치가 계자의 3번 극편과 일치할 때까지 우측으로 이동한다. 이로 인하여 **그림 5.77 (c)**의 상태가 되면 2번 극편들이 자화되며, 이동자의 A 번 치형 위치가 2번 극편과 일치할 때까지 우측으로 이동하면서 하나의 사이클이 완성된다. 이동자에 영구자석을 사용하여도 이와 동일한 작동을 구현할 수 있다. **그림 5.77**에서 계자의 피치와 이동자의 피치가 서로 다르다는 점에 주목하여야 한다. 계자 4극당 이동자 3극이 배치되어 있다. 따라서 각각의 스텝은 계자의 절반피치에 해당한다(즉, 각 스텝마다 이동자의 치형이 움직인 거리는 계자의 두 극편 사이의 위치에서 다음 극편의 중앙 위치로 이동하게 된다). 물론 치형의 숫자를 변화시키면 피치를 변화시킬 수 있다. 여기서 예시한 모터에서는 우측이동을 위해서 1-3-2의 순서로 구동하며, 이 순서를 반전시키면(3-1-2) 반대방향으로의 이송이 이루어진다.

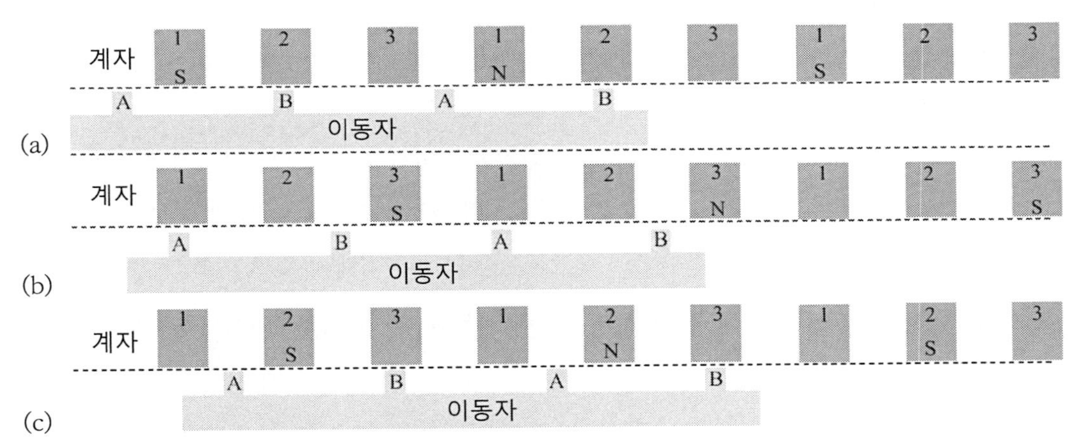

그림 5.77 계자구동방식 3상 리니어 스테핑모터의 구동. (a) 계자의 1번 극편 구동. (b) 계자의 3번 극편 구동. (c) 계자의 2번 극편 구동

그런데 일반적으로 계자는 매우 길고 이동자는 짧기 때문에, 대부분의 리니어 스테핑모터에서는 계자 대신에 이동자를 구동한다. 하지만 작동원리는 앞서와 동일하다. **그림 5.78**에서는 (영구자석 극편을 내장한) 가변릴럭턴스 리니어 스테핑모터가 도시되어 있다. 그림에서는 이동자를 계자에서 떼어내어 극편이 보이도록 뒤집어 놓았다(극편의 숫자는 4개이며, 각 극편마다 6개의 치형이 성형되어 있다). 이동자와 계자는 $1[mm]$의 간격을 두고 설치되며, 계자의 치형이 약간

더 작아서 정밀한 스텝이송이 구현된다.

모터를 작동기로 사용하는 경우에는 수많은 기계적인 문제들과 전기적인 문제들을 고려해야 한다. 여기에는 AC 기기의 기동방법, 인버터, 전원, 안전장치 등이 포함되지만, 이는 이 책의 범주를 넘어선다.

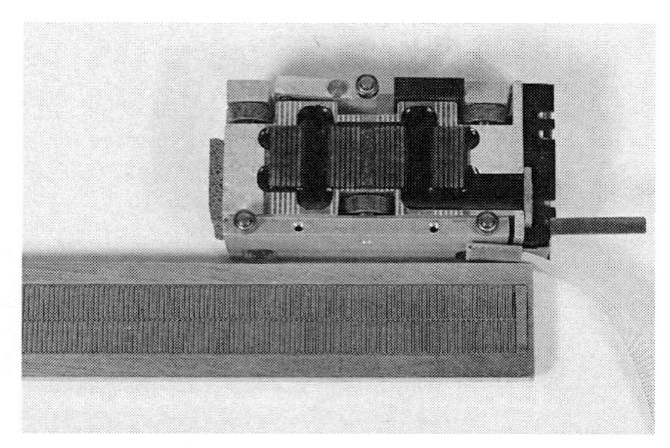

그림 5.78 리니어 스테핑모터의 이동자를 분리해놓은 모습. 이동자와 계자의 극편과 극편의 표면에 성형된 치형을 볼 수 있다.

5.9.2.6 서보모터

5.9.2.4절에서 살펴봤던 스테핑모터의 장점은 정확하고 반복성 있는 스텝크기에 기초하여 손쉽게 위치결정을 수행할 수 있다는 것이다. 반면에 스테핑모터는 비교적 저전력 구동장치이며, 몇 가지 큰 단점들을 가지고 있다. 작동효율이 낮으며, 부하상태에서의 가속이 느리고, 관성 대 토크 비율이 낮으며, 특히 고속에서 노이즈가 심하다. 게다가 한 스텝이라도 빠지는 경우에 이 정보를 귀환시켜주지 않는다면 위치결정 능력이 없어져 버린다. 서보모터를 사용하면 이런 문제들 대부분이 해소된다. 이름은 거창하지만, **서보모터**는 별다른 유형의 모터가 아니다. 오히려 일반 모터에 귀환 메커니즘을 추가하여 폐루프 제어 시스템을 구축한 모터로서, 폐루프 제어기와 연동하여 정확한 각도위치나 직선위치 제어와 속도 및 가속도 제어가 가능하다. 이 시스템은 자동화, 로봇, 공정 및 장비의 CNC(컴퓨터 수치제어)화, 렌즈 자동초점조절, 항공기에서 장난감에 이르는 다양한 주행기구들의 무선조종 등과 같은 광범위한 활용 분야를 가지고 있다. 여기는 DC 나 AC 모터와 인코더를 결합한 형태의 모터가 사용된다. **그림 5.79**에서는 장난감 로봇이나 무선조종 모델 자동차에 사용되는 소형 서보모터를 보여주고 있다.

여기에 사용되는 제어방법은 인코더의 유형과 용도에 따라서 다르지만, 일반적으로 제어기의 위치명령과 인코더의 위치신호를 비교하는 방법이 사용된다. 이들 둘 사이의 편차가 오차신호이며, 제어기는 모터를 적합한 방향으로 회전시켜서 이 오차를 최소화시켜 준다. 올바른 위치에 도달하면 오차신호는 0이 된다. 그림 5.79의 서보모터에 내장된 간단한 디지털 제어기에서는 내장된 가변저항기에 의해서 생성된 펄스폭변조(PWM) 신호를 인코더로 사용하며 외부에서 입력하는 위치명령도 PWM 형태의 신호를 사용한다. PWM 신호는 주파수가 고정된 일련의 펄스들로 이루어지며, 명령은 펄스폭에 의해서 이루어진다(이에 대해서는 11장에서 자세히 살펴볼 예정이다). 만일 두 펄스들의 폭이 서로 일치한다면, 모터는 정지한다. 편차가 음이면 모터가 한쪽 방향으로 회전하며, 편차가 양이면 반대쪽 방향으로 회전한다. 이런 유형의 서보모터들은 대부분 운동 범위가 특정한 각도 이내로 제한되어 있다. PWM 신호로는 전형적으로 $50[Hz]$를 사용하며, 서보모터의 전체 구동범위에 대해서 펄스폭은 $1\sim2[ms]$의 범위를 사용한다. 낮은 전압과 소형, 경량의 패키지에서 큰 토크를 송출하기 위해서 모터에는 다단 감속기가 설치된다.

그림 5.79 로봇과 모형자동차에 사용되는 소형 서보모터의 사례

산업용 제어에서는 더 세련된 인코더와 높은 출력이 요구되며, 속도 및 가속도 제어뿐만 아니라 (속도안정화를 위한 거버너와 같은) 추가적인 메커니즘이 필요할 수도 있지만, 여기서 설명한 제어원리는 기본적으로 모든 서보모터에 적용된다.

5.9.3 전자석 솔레노이드 작동기와 전자석 밸브들

전자석 솔레노이드 작동기들은 전자석에 의해서 생성되는 힘을 강자성 소재에 부가하여 직선운동을 구현하도록 설계된다. 그림 5.80 (a)에 도시된 구조에서 코일에 전류를 공급하면 고정된 극편과 이동식 철편을 포함하여 코일과 인접한 모든 공간에 자기장을 형성한다. 여기서 이동식 철편을 **플런저**[47]라고 부른다. **그림 5.80 (b)**에서와 같이 자속경로를 닫으면, 플런저와 고정철심 사이에 형성된 자속의 밀도는 대략적으로 다음과 같이 주어진다.

$$B = \mu_0 \frac{NI}{L} \ [T] \tag{5.69}$$

여기서 N은 코일의 권선수, I는 코일에 공급되는 전류, 그리고 L은 공극의 거리이다(**그림 5.80 (a) 참조**). 여기서는 플런저와 고정철편 사이를 제외한 외부에서의 자기장 영향을 무시하였기 때문에 근사식이며, 따라서 L이 0에 근접하거나 매우 큰 경우에는 적용되지 않는다. 여기서는 또한 공극의 단면적 내에서 자속밀도가 일정하다고 가정하였다.

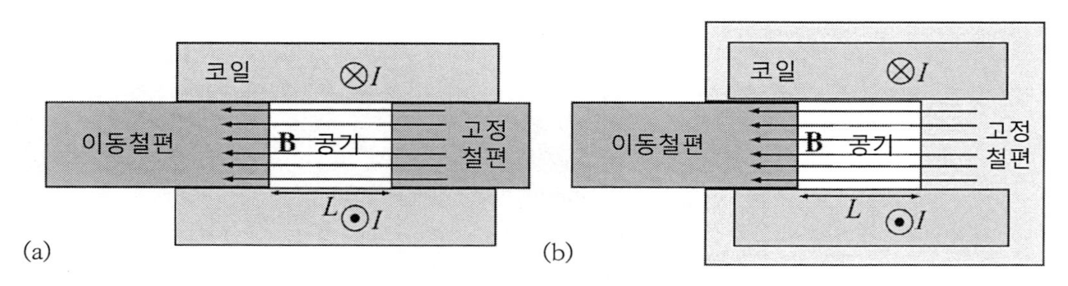

그림 5.80 솔레노이드 작동기의 구조. (a) 코일에 의해서 고정 철편과 이동철편 사이의 공극에 자기장이 형성된다. (b) 더 실용적인 솔레노이드의 구조에서는 자속경로가 닫혀서 자속밀도와 그에 따른 견인력이 증가한다.

그럼에도 불구하고 특히 투자율이 매우 높은 철심을 사용하여 자속경로를 닫은 **그림 5.80 (b)**의 경우를 포함하여 많은 경우에 이 식은 매우 훌륭한 근사결과를 제공해 준다. 여기서 사용된 방법을 **가상변위법**[48]이라고 부르며 식 (5.14)에서는 정전기력을 구하기 위해서 이와 유사한 방법을 사용하였다. 플런저에 가해진 힘은 다음과 같이 구해진다.

$$F = \frac{B^2 S}{2\mu_0} = \frac{\mu_0 N^2 I^2 S}{2L^2} \ [N] \tag{5.70}$$

---

47) plunger
48) virtual displacement method

여기서 B는 코일에 의해서 (철편 표면과 직각 방향으로) 생성된 공극 내에서의 자속밀도이며, S는 플런저의 단면적, 그리고 μ_0는 공극 내 자유공간의 투자율이다.

플런저에 가해지는 힘은 공극을 닫으려 하며, 이 운동에 의해서 전자석 밸브 작동기의 직선운동이 구현된다. 플런저 공극이 닫히면 L이 감소하기 때문에 견인력이 증가한다. 그림 5.80 (b)에 도시된 구조는 플런저의 축방향으로 자기장이 형성되며 외부 자기장은 닫힌 구조의 철심에 갇혀 있어서 플런저를 통과하는 자기장이 증가하므로 효율이 높다. 이런 형태의 작동기는 열림/닫힘 방식의 단순 작동기에 사용된다. 즉, 전류가 부가되면 간극이 닫히며, 전류가 차단되면 간극이 열린다. 이런 유형의 작동기들은 전자식 대문 개폐장치, 가스밸브의 열림/닫힘, 기어나 자동변속기의 구동 메커니즘 등에 사용된다. 그림 5.81 (a)에서는 소형 리니어 솔레노이드 작동기의 사례를 보여주고 있다. 그림 5.81 (b)에서는 직선운동형 플런저를 회전식으로 변형시킨 회전형 솔레노이드 작동기의 사례를 보여주고 있다. 이 사례에서, 로터는 양방향으로 1/2회전을 할 수 있다. 여기서는 회전력을 증대시키기 위해서 플런저에 해당하는 로터를 영구자석으로 제작한다.

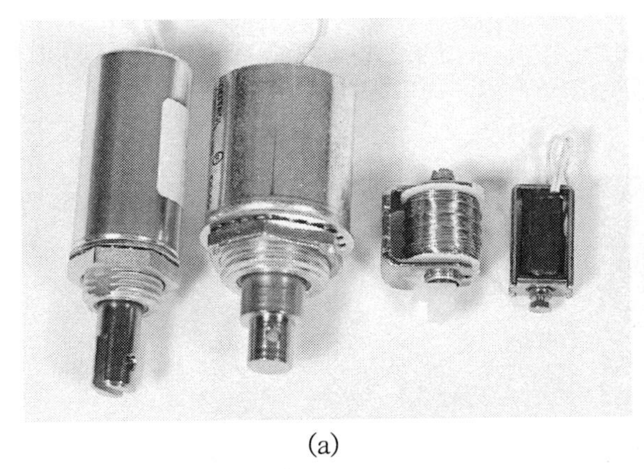
(a)

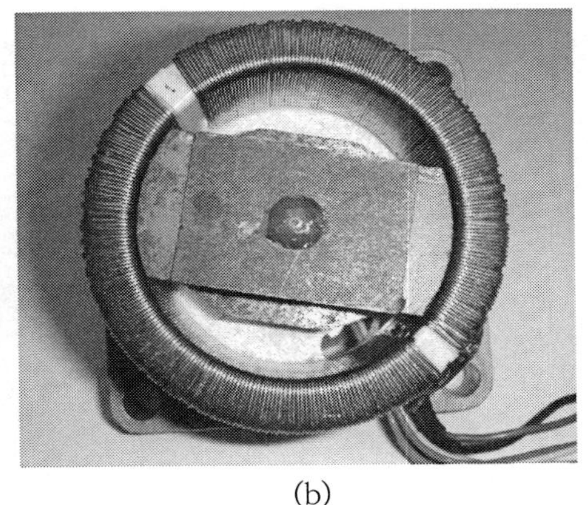
(b)

그림 5.81 (a) 다양한 리니어 솔레노이드 작동기들. 플런저는 소자의 중앙에 봉 형태로 배치되어 있으며, 코일에 전류를 공급하면 뒤로 잡아당겨진다. (b) 회전식 솔레노이드 작동기. 여기서 (플런저와 등가인) 로터에는 영구자석을 사용한다.

밸브의 구동 메커니즘에 기본적인 솔레노이드 작동기가 사용된다. 그림 5.82에서는 전자식 밸브 작동기의 기본 구조를 보여주고 있다. 이 밸브들은 액체와 기체의 제어에 아주 일반적으로 사용되고 있으며, 다양한 출력, 크기 및 구조를 가지고 있다. 이들은 산업용뿐만 아니라 세탁기, 식기세척기, 냉장고, 자동차 및 여타의 다양한 소비제품들에서 사용되고 있다. 이 경우, 구동막대

(플런저)는 스프링을 누르면서 움직이므로 솔레노이드의 구동전류를 적절히 조절하면 속도나 힘을 제어할 수 있다. 직선운동(또는 회전운동)이 필요한 모든 경우에 이와 유사한 구조를 사용할 수 있다. 그런데 구동막대의 이동거리가 비교적 짧으며 길어야 $10 \sim 20[mm]$에 불과하다.

그림 5.82 (b)에서는 유체의 흐름을 제어하기 위해서 설계된 전자석 밸브를 보여주고 있다. 그림 5.83에서는 공기유량을 제어하기 위해서 사용되는 소형의 밸브를 보여주고 있다. 이 솔레노이드는 직경이 $18[mm]$이며 길이는 $25[mm]$이고, $1.4[V]$, $300[mA]$로 구동된다.

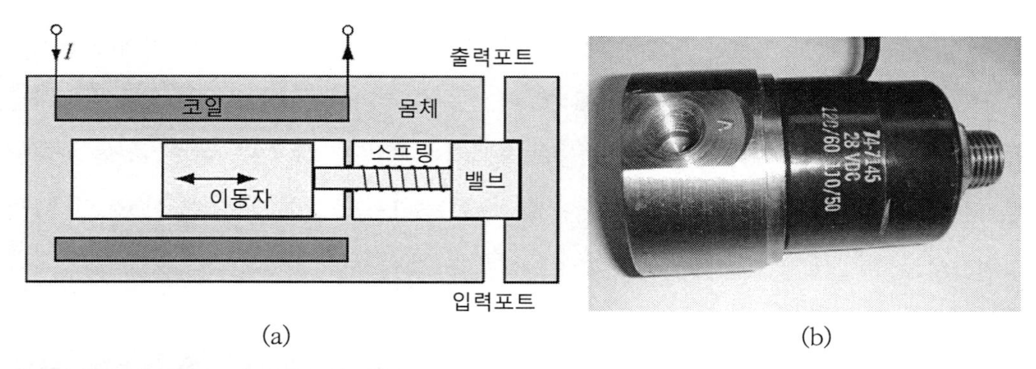

그림 5.82 (a) 밸브 솔레노이드 작동기의 작동원리. 코일과 스프링이 도시되어 있다. 이 경우, 밸브는 오리피스를 여닫는다. (b) 전자석에 의해서 유체의 흐름을 여닫는 전자식 솔레노이드 밸브(28 또는 $110[V\ AC]$).

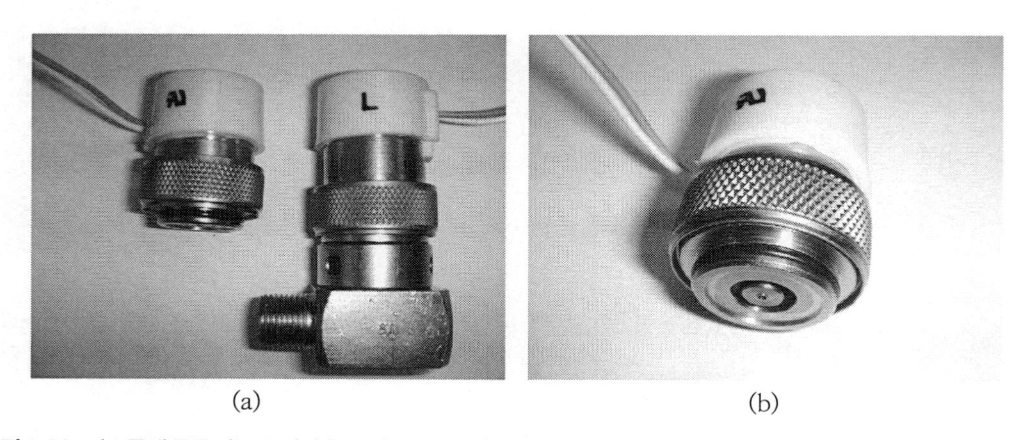

그림 5.83 피스톤에 공급되는 공기량을 조절하기 위해서 사용되는 밸브의 사례. 솔레노이드는 $1.4[V]$, $300[mA]$로 구동된다. (a) 솔레노이드와 밸브. (b) 솔레노이드의 근접사진. 솔레노이드의 직경은 $18[mm]$이며 길이는 $25[mm]$이다.

예제 5.18 **리니어 솔레노이드 작동기에 의해서 생성되는 힘**

솔레노이드 작동기는 직경이 $18[mm]$이며 이동거리(그림 5.80 (b)에서 L)는 $10[mm]$이다. 코일의 권선수는 $2{,}000$회이며, $500[mA]$의 정전류가 공급된다. 솔레노이드가 생성할 수 있는 초기작용력(간극이 $10[mm]$인 경우의 작용력)과 플런저가 $5[mm]$를 이동한 후의 작용력을 계산하시오.

풀이

초기작용력이 (닫힘 상태를 열어주는) 작동에 영향을 끼치는 가장 중요한 인자이다. 이 힘은 식 (5.70)을 사용하여 직접 계산할 수 있다. $N=2{,}000$, $I=0.5[A]$, $L=0.01[m]$, 그리고 $\mu_0=4\pi\times10^{-7}[H/m]$를 대입하여 작용력을 계산해 보면,

$$F=\frac{4\pi\times10^{-7}\times2{,}000^2\times0.5^2\times(\pi\times0.009^2)}{2\times0.01^2}=1.599[N]$$

그리고 $5[mm]$를 이동한 이후의 작용력은 $L=0.005[m]$를 대입하여,

$$F=\frac{4\pi\times10^{-7}\times2{,}000^2\times0.5^2\times(\pi\times0.009^2)}{2\times0.005^2}=6.3955[N]$$

L이 절반만큼 줄었기 때문에 힘이 네 배 증가했다는 것은 전혀 놀랄 일이 아니다.

주의: 솔레노이드가 생성하는 힘은 그리 크지 않다. 하지만 밸브를 개방하거나 문을 열거나, 또는 기계식 레버를 잡아당겨서 물체를 풀어주기에는 충분한 힘이다. 반면에, 코일에서는 비교적 다량의 열이 방출되므로, 이를 단속적으로 사용해야만 한다. 그런데 연속적으로 개방이 가능한 밸브도 존재한다. 여기서 계산에 사용된 식 (5.70)은 $L>0$인 경우에 대해서만 유효하다. 더 정확한 계산을 위해서는 철심경로의 영향과 철의 자기적 성질을 고려해야만 한다.

5.10 전압센서와 전류센서

거의 대부분의 경우, 센서의 출력이나 작동기에 공급되는 전압과 전류를 측정한다. 그런데 다른 조건들에 영향을 끼치기 위해서 전압이나 전류가 자주 사용되기 때문에, 전압이나 전류측정 자체도 중요하다. 예를 들어, 전원의 출력을 조절하기 위해서는 출력전압이나 전류를 조절해야 한다. 전력선의 전압을 일정하게 유지하거나 자동차 내의 전압을 조절하기 위해서도 유사한 전압 및 전류측정이 필요하다. 퓨즈와 전원차단기는 전기회로의 전류를 측정하여 설정값 이상의 전류가 흐르면 전기의 공급을 차단한다. 다른 장치들은 과전압으로부터 회로를 보호한다.

전류와 전압을 측정하기 위해서 다양한 메커니즘들이 사용된다. 가장 일반적인 방법은 저항과

인덕터를 사용하는 것이지만, 정전용량을 사용하는 방법과 더불어서 홀소자도 성공적으로 사용되고 있다(예제 5.21 참조). 지금부터 DC와 AC 전압측정과 전류측정을 위한 원리들에 대해서 살펴보기로 한다.

5.10.1 전압 측정

그림 5.84에 도시되어 있는 **가변저항기**는 가변형 전압분할기이다. 비록 다양한 목적으로 가변저항이 사용되고 있지만, 모든 경우, 입력전압 V_{in}이 분할되어 출력전압 V_{out}이 만들어지므로, 이를 입력전압 V_{in} 중 일부를 추출했다고 간주할 수 있다. 즉,

$$V_{out} = \frac{R_o}{R} V_{in} \ [V] \tag{5.71}$$

그림 5.84 (a)에서 $R = R_1 + R_2$이며 $R_0 = R_1$이다.

그림 5.84 저항형 전압분할기로 사용되는 가변저항기. (a) 두 개의 가변저항기를 사용하여 $0 \sim V_{in}$ 사이의 임의 전압을 만들 수 있다. (b) 가변저항기는 총 저항값은 일정하지만, 상류측과 하류측의 두 저항값 비율을 변화시켜준다.

가변저항기는 물리적으로 다양한 형태를 만들 수 있다. 가변저항기는 회전식이나 직선식으로 만들 수 있으며, 출력도 선형이나 비선형 특성을 갖도록 만들 수 있다. 특히, 로그식 가변저항기는 많은 용도에서 널리 사용되고 있다. 회전형 가변저항의 경우, 저항은 원형의 경로상에 배치되어 있으며, 회전축에 설치된 슬라이더가 회전하면서 출력저항을 변화시켜준다. 로그 스케일 가변저항기는 회전식 또는 직선식으로 배치된 저항이 로그스케일에 따라서 비선형적으로 변한다(로그스케일 가변저항기에 대해서는 예제 2.15를 참조). 다중회전 능력을 갖춘 가변저항기나 축이 없으며, 스크루드라이버를 사용하여 한 번 또는 가끔씩만 조절하는 가변저항(**트리머**라고 부른다)도 있다. 전자식 가변저항은 전기적 수단을 사용하여 기계식과 동일한 기능을 수행하는 소자이다.

그림 5.85에서는 다양한 형태와 크기를 가지고 있는 가변저항기들을 보여주고 있다. 가변저항은 그림 5.84에 도시되어 있는 것처럼 고전압 V_{in}을 원하는 전압수준인 V_{out}으로 변화시켜준다. V_{in}이 필요 이상으로 매우 높은 경우에는 반드시 전압분할기를 사용해야만 한다. 가변저항은 DC 전압이나 AC 전압의 측정에 모두 유효하다.

그림 5.85 다양한 형태와 크기를 가지고 있는 가변저항기들의 사례

일반적인 변압기도 전압측정 수단으로 사용할 수 있지만, 전압이 AC 여야만 한다. 그림 5.86에서는 5.4.1절에서 살펴봤던 변압기가 개략적으로 도시되어 있다. 식 (5.31)에서는 권선비율과 입출력 전압 사이의 상관관계를 보여주고 있다. 그림 5.86 (a)의 경우, 출력전압은 다음과 같이 계산된다.

$$V_{out} = \frac{N_2}{N_1} V_{in} \ [V] \tag{5.72}$$

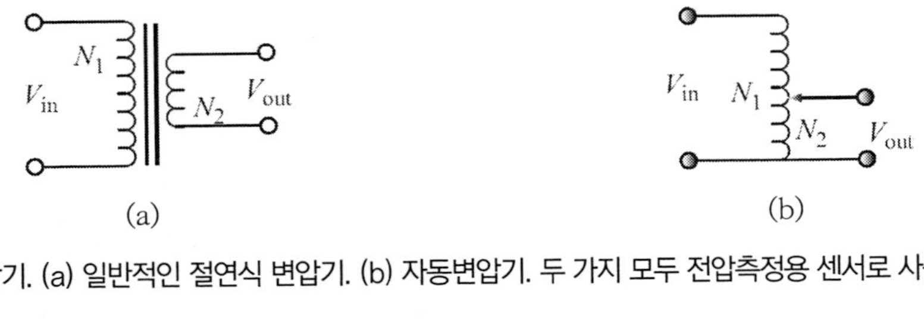

N_1 V_{in} N_2 V_{out}

(a)

V_{in} N_1 N_2 V_{out}

(b)

그림 5.86 변압기. (a) 일반적인 절연식 변압기. (b) 자동변압기. 두 가지 모두 전압측정용 센서로 사용할 수 있다.

가변저항기와는 달리, **그림 5.86** (a)에 도시되어 있는 변압기는 입력전압과 출력전압 사이가 전기적으로 절연되어 있다. 이는 고전압 회로와 저전압 회로를 혼합하여 사용하는 경우에 매우 중요한 성질로서, 특히 안전상의 이유 때문에 입력전압과 전기적 절연이 필요한 경우에 매우 중요한 성질이다. 비록 가변식 변압기가 존재하지만(**그림 5.86** (b)) 일반적이지는 않으며, 권선비가 일정한 표준 변압기와는 달리, 가변 변압기의 경우에는 권선비를 변화시킬 수 있다. 사실, 가변식 변압기는 일정의 가변저항기이다. 가변식 변압기는 매우 유용하지만, 크기가 크고 비싸며, 대부분의 설계들이 입력과 출력을 서로 분리하지 못하기 때문에 일반적으로 사용되지는 못하고 있다.

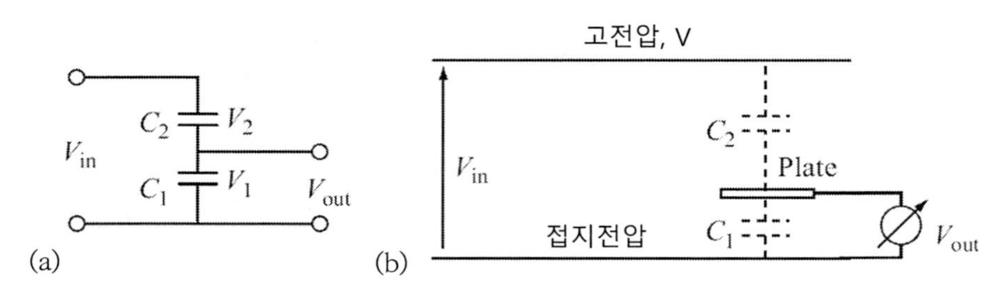

그림 5.87 전압센서로 사용되는 용량분할기. (a) 작동원리. (b) 송전선의 전압측정 사례

정전용량을 사용해서도 전압을 측정할 수 있으며, **그림 5.87** (a)에서는 용량분할기를 보여주고 있다. 용량분할기의 출력전압은 다음과 같이 주어진다.

$$V_{out} = \frac{C_2}{C_1 + C_2} V_{in} \ [V] \tag{5.73}$$

정전용량을 사용하는 측정방법은 직접측정이 불가능한 고전압의 측정에 특히 유용하다. 또한 이 방법은 DC 전원이나 AC 전원에 모두 적용된다. 예를 들어, **그림 5.87** (b)에 도시되어 있는 것처럼, 고전압장치 내에서 고전압선의 전압을 측정하는 경우를 생각해 보자. 접지선에서 일정한 높이에 도선이나 작은 전극판을 설치하면 정전용량 C_1이 형성된다. 고전압선과 전극판 사이에는 정전용량 C_2가 형성된다. 일단, 이들 두 정전용량값들이 측정되고 나면(또는 미리 알고 있다면), 고전압선의 전압을 모니터링하기 위한 전극판 전압을 교정할 수 있다. 이 도전판을 사용하여 고전압 송전선의 전압변화를 측정할 수 있다. 이 방법은 매력적이지만, 다양한 이유 때문에 이를 구현하는 것은 어렵다. 특히, 측정기(전압계)의 부하 임피던스가 극도로 커야만 한다. 그럼에도 불구하고, 일부의 경우에는 매우 유용하게 사용된다(예제 5.19 참조).

예제 5.19 고전압 전원의 전압 모니터링

특정 용도에 대해서 고전압을 공급하기 위해 고전압원이 사용된다. 예를 들어 사포 제조공정에서는 종이 표면에 접착제를 바른 후에 마멸입자들을 흡착시키기 위해서 $100[kV]$ 이상의 전압을 사용한다. 이를 위하여 그림 5.88과 같은 구조로 시스템이 구성되었다. 상부 표면과 하부 표면은 길이 $2[m]$, 폭 $1.2[m]$이며 $30[cm]$ 거리를 두고 서로 마주보게 설치되며, 두 판들 사이에 고전압이 부가되면 정전용량이 형성된다. 마멸입자들은 바닥면에 놓이며, 정전기력에 의해서 끌려올라가서 종이에 들러붙게 된다. 면적이 S인 작은 도전판이 하부 표면과 인접한 위치에 설치된다. 이 도전판의 전압신호는 마이크로프로세서로 보내지며, 마이크로프로세서는 도전판과 접지 사이의 전위차를 측정하여 고전압을 모니터링 한다. 만일 고전압이 $0[kV]$에서 $100[kV]$까지 변하는 경우에 $5[V]$로 작동하는 마이크로프로세서를 사용하여 이를 측정하려면 작은 도전판을 바닥에서 어느 거리에 설치해야 하겠는가?

풀이

면적이 큰 도전판들이 비교적 가까운 거리를 두고 설치되어 평행판 커패시터를 형성하고 있다. 그러므로 두 도전판들 사이의 전기장 강도는 균일하며, 비록 작은 도전판의 면적이 그리 크지 않다고 하더라도 커패시터 C_1과 C_2는 평행판 커패시터라고 간주하여도 무방하다. 도전판의 면적이 S라고 한다면, 정전용량은 다음과 같이 주어진다(근사식이다).

$$C_1 = \frac{\varepsilon_0 S}{d_1},\ C_2 = \frac{\varepsilon_0 S}{d_2}\ [F]$$

입력전압이 $100[kV]$일 때에 출력전압이 $5[V]$를 넘어서면 안 된다. 따라서

$$V_{out} = \frac{C_2}{C_1 + C_2} V_{in} = \frac{\varepsilon_0 S/d_2}{\varepsilon_0 S/d_1 + \varepsilon_0 S/d_2} \times 100 \times 10^3 = \frac{d_1}{d_1 + d_2} \times 10^5 = 5[V]$$

$d_1 + d_2 = d = 30[cm]$이므로, 위 식은 다음과 같이 정리된다.

$$V_1 = \frac{10^5}{0.3} \times d_1 = 5 \rightarrow d_1 = \frac{1.5}{10^5} = 15 \times 10^{-6}[m]$$

위의 결과에 따르면 도전판의 면적은 중요하지 않다. 또한 도전판의 설치거리 d_1이 매우 짧으며 $(15[\mu m])$, 먼지로부터 보호되어야 한다. 하지만 이런 사소한 어려움에도 불구하고 이 방법은 잘 작동한다.

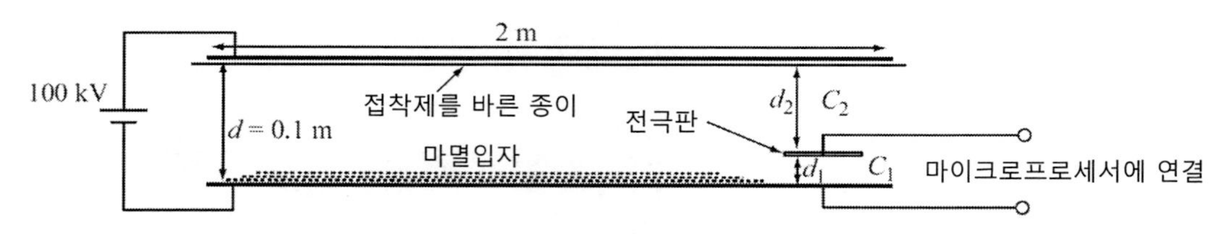

그림 5.88 사포 제조라인에서 전압측정용 센서로 사용되는 소형의 커패시터

5.10.2 전류 측정

대부분의 **전류센서**들은 사실 전압센서이거나 전류-전압 변환기이다. 이외에도 다양한 방법들을 사용하여 전류를 측정할 수 있다. 가장 간단한 방법은 그림 5.89에 도시되어 있는 것처럼, 전류가 흐르는 회로에 직렬로 저항을 설치하고 전류에 비례하는 전압을 측정하는 것이다. 전류를 측정하여 전류나 전력을 조절해야 하는 전원, 전기기계 그리고 변환기 등의 전류측정에 이 단순한 방법이 자주 사용된다. 측정용 저항은 장치로 공급되는 전류와 전압에 영향을 끼치지 않도록 되도록 저항값이 작아야만 하며, 전형적으로 $1[\Omega]$ 미만의 저항을 사용한다. 하지만 전류를 측정하기 위해서는 최소한 $10\sim100[mV]$의 전압강하가 필요하기 때문에 소비전류에 따라서는 큰 저항을 사용하는 경우도 있다. 이 증폭하여 필요한 제어전압을 얻는다.

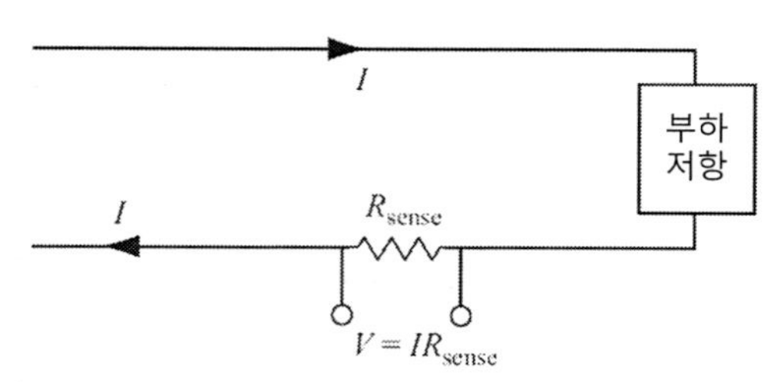

그림 5.89 전류센서로 사용되는 저항. 저항값이 작고, 값을 정확히 알고 있는 저항을 부하로 사용하여 전압을 측정하면 전류를 알 수 있다.

두 번째 방법은 그림 5.90 (a)에 도시된 소위 **전류변압기**(CT)를 사용하는 방법으로서, 주로 AC 전류측정에 사용된다. 사실, 1차측 권선을 1회 감아놓은 상태에서 2차측 권선을 N_2회 감아놓은 일반 변압기를 사용해서도 전류를 측정할 수 있다. 전류 I에 의해서 1차측 권선의 양단에 전압이 생성되며, 2차측에는 이 전압보다 N_2배 더 높은 전압이 생성된다(그림 5.90 (b) 참조). 이 전압을 측정하면 도선을 통과하여 흐르는 전류량을 알아낼 수 있다. 전류변압기에는 두 가지 형태가 있다. 첫 번째는 그림 5.90 (a)에 도시되어 있는 철심형 변압기로서, 이 경우에는 측정전류가 도넛형 철심을 관통하여 흘러야만 한다. 이를 사용하기 위해서, 일부 변압기들은 철심에 힌지를 설치하여 전류를 측정할 도선을 집게로 집듯이 여닫을 수 있게 만들었다. 철심을 사용하지 않는 두 번째 방식은 **그림 5.91**에서와 같은 **로고스키 코일**[49]을 사용하는 것이다. 로고스키 코일은 막대 형상으로 균일하게 코일을 권선하고 도선의 끝을 코일 중앙을 통과하여 빼낸 다음에 이를 도넛 형상으로 만든 것이다. 코일을 원형으로 구부린 다음에 함침하여 형태를 유지시키고 물리적 충격으로부터 보호한다. 이런 구조 때문에 로고스키 코일을 손쉽게 측정대상 도선에 설치할 수 있다. 이 센서는 식 (5.17)에서 주어진 것처럼, 전류가 흐르는 도선에서는 자속밀도가 형성된다는 사실에 기초한다.

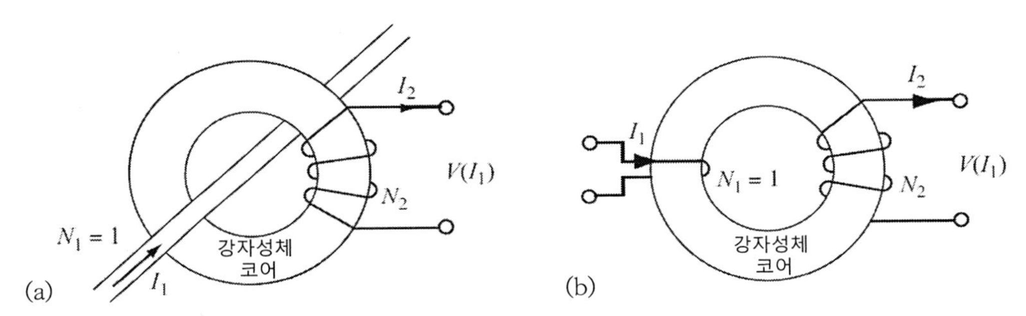

그림 5.90 (a) 전류센서로 사용되는 전류변압기. (b) 등가회로에서는 전류가 흐르는 도선이 1회 권선된 코일로 표시되어 있다.

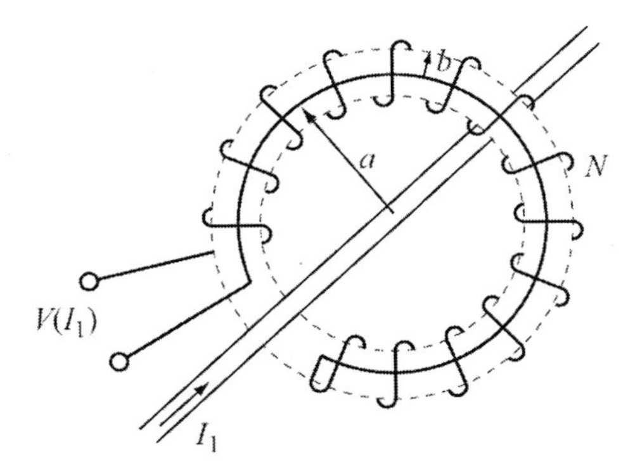

그림 5.91 전류센서로 사용되는 로고스키 코일. 이 코일은 닫힌 구조가 아니기 때문에, 그림 5.90에 도시되어 있는 전류변압기에 비해서 도선에 설치하기가 더 용이하다.

---

49) Rogowski coil

로고스키 코일에는 코어가 사용되지 않는다. 따라서 투자율은 μ_0이다(공기의 투자율, 또는 함침된 플라스틱의 투자율). 코일의 평균반경이 a라면, 코일 중심에서의 자속밀도는 다음과 같이 주어진다.

$$B = \mu_0 \frac{I}{2\pi a} \ [T] \tag{5.74}$$

측정된 양은 코일의 전자기장이다. 반경이 b이며, 권선수는 N인 코일에 형성된 전자기장은 식 (5.60)을 사용하여 계산할 수 있다. 이를 위해서는 우선 자속을 계산해야 한다.

$$\Phi = \int_S B ds \ \approx \ BS = B\pi b^2 = \frac{\mu_0 I b^2}{2a} \ [Wb] \tag{5.75}$$

만일 전류가 $I(t) = I_0 \sin(\omega t)$의 시간의존성을 가지고 있다면, 식 (5.60)으로부터 다음을 얻을 수 있다.

$$|emf| = N\frac{d\Phi}{dt} = N\frac{\mu_0 I_0 b^2}{2a}\omega\cos(\omega t) \ [V] \tag{5.76}$$

또는

$$|emf| = \left(N\frac{\mu_0 b^2}{2a}\omega\right) I_0 \cos(\omega t) \ [V] \tag{5.77}$$

여기서 $\omega = 2\pi f$이며, $f\,[Hz]$는 주파수이다. 이를 통해서 전류에 비례하는 전압을 얻을 수 있으며, 전류량에 따라서 직접 측정이 가능한 수준의 전압이 만들어지거나 또는 증폭이 필요한 경우도 있다. 주파수가 높아질수록 출력전압이 증가한다는 점에도 유의하여야 한다.

로고스키 코일을 사용하는 대신에 그림 5.90 (a)에 도시되어 있는 강자성체 철심을 사용하는 경우에는 자유공간에서의 투자율 μ_0 대신에 강자성체 철심의 투자율 μ를 대입하여 위의 관계식을 사용하면 된다. 강자성체 철심의 투자율은 자유공간에 비해서 훨씬 더 크기 때문에, 동일한 권선수를 사용해도 더 큰 전자기장 전위가 형성된다(동일한 전자기장 전위를 얻기 위해서는 권선수를 줄여야 한다). 대부분의 경우, 강자성체 철심은 평균반경이 a이며, 단면반경은 b인 토로이드 형태로 제작되고, 철심의 원주방향으로 균일하게 코일이 감겨진다. 이 방식의 유일한 단점은 전류를 측정해야 하는 도선이 코어를 통과해야만 한다는 것이다. 이에 대한 대안으로 휴대용 전류계에서는 철심에 힌지를 설치하여 여닫기가 가능한 클램프 구조를 사용하고 있다.

예제 5.20 가정용 전력 모니터링을 위한 전류센서

가정에 공급되는 전류를 측정하기 위해서 로고스키 코일을 기반으로 하는 전류 센서가 필요하다. 예상되는 최대 전류값은 $200[A]$(실효값)이며, 최대 출력전압(실효값)이 $200[mV]$인 센서를 디지털 전압계에 직접 연결하여 $0\sim200[mV]$ 스케일로 전류를 측정하려고 한다. 이를 위한 로고스키 코일을 설계하시오. 전류를 공급하는 도선의 직경은 $8[mm]$이며 송전망을 통해서 공급되는 전원은 $60[Hz]$이다.

풀이

식 (5.77)에 제시되어 있는 로고스키 코일의 출력에 따르면, 코일의 평균반경 a(도체를 통과시키기 위해서는 최소한 $4[mm]$보다는 커야만 한다), 코일권선의 반경 b, 그리고 권선수의 세 가지 인자들을 조절할 수 있다. a는 분모항이기 때문에 가능한 한 크게 만들어야 한다. 여기서는 임의로 코일직경을 $5[cm]$로 선정하였다. 따라서 $a=0.025[m]$이다. 다음으로 식을 b^2N에 대해서 풀어낸 다음에 적절한 b와 N값을 선정해야 한다. 정의에 따르면 최대전류 $I_0=200\sqrt{2}=282.84[A]$이다. 하지만 우리는 실효전압을 필요로 하기 때문에 여기서는 실효값을 사용하기로 한다.
최대 전자기장 전위는 다음과 같다.

$$emf=\frac{4\pi\times10^{-7}\times200\times2\pi\times60}{2\times0.025}b^2N=0.2 \ \rightarrow \ b^2N=\frac{0.02}{0.192\pi^2}=0.1055$$

즉, b^2N은 0.1055가 되어야만 한다. b를 너무 크게 만들 수는 없기 때문에 여기서는 권선직경으로 $10[mm]$를 사용한다($b=5[mm]$). 따라서

$$N=\frac{0.1055}{b^2}=\frac{0.1055}{0.005^2}=4,222[turns]$$

이는 매우 많은 수이지만, 비현실적인 값은 아니다. 직경이 $0.05[mm]$ 이하인 절연도선을 사용할 수 있으므로, 코일은 2층으로 조밀하게 감아서 만들 수 있다. 만일 $0.1[mm]$ 직경의 절연도선을 사용한다면 4층 구조로 조밀하게 감아야만 한다.
여기서 사용한 값들을 변경시켜도 된다. 코일반경이 커지면 권선수를 더 늘려야 하며, 코일 권선반경이 커지면 권선수가 줄어든다. 만일 투자율이 큰 코어를 사용한다면 코어의 비투자율이 증가하기 때문에 그에 반비례하여 권선수를 줄일 수 있지만, 코일은 닫힌 구조로 변하며 더 이상 로고스키 코일의 장점을 활용할 수 없게 되어버린다.

식 (5.17)(또는 식 (5.74))에 따르면 길이가 길고 전류 I가 흐르는 도선의 주변에 형성되는 자속밀도 B는 전류에 정비례하며 도선으로부터의 거리 r에 반비례한다. 이 전류에 의해서 형성되는 자속밀도를 측정하는 방식의 전류센서를 만들 수 있다.

$$I = \left(\frac{2\pi r}{\mu}\right) B \ [A] \tag{5.78}$$

여기서 r은 자속밀도가 측정되는 도선으로부터의 거리이며, μ는 해당 위치에서의 투자율이다. 작은 코일을 사용하여 자속밀도를 측정할 수도 있겠지만, 많은 경우 **그림 5.92**에 도시되어 있는 것처럼 자속밀도와 직각 방향으로 설치되어 있는 홀소자를 사용하여 자속밀도를 측정한다.

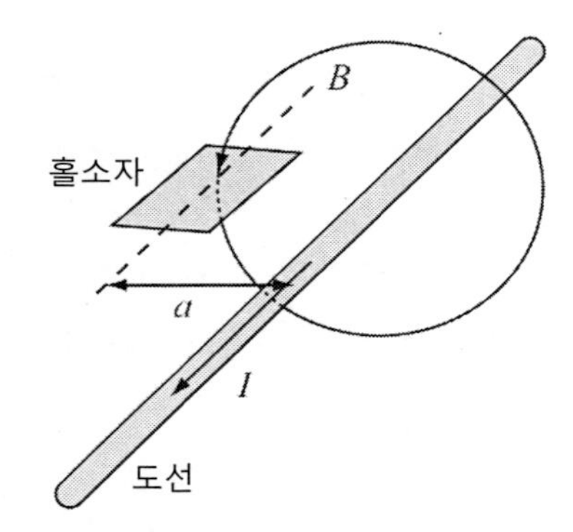

그림 5.92 홀소자를 사용한 전류센서의 작동원리. 홀소자는 플라스틱 소재의 링(그림에는 도시되어 있지 않음) 속에 매립되어 있으며, 그 중앙을 도선이 통과한다.

식 (5.44)에 따라서 측정대상 도선을 통과하여 흐르는 전류 I에 의해서 생성된 자속밀도 B가 다음과 같이 홀전압을 생성한다.

$$V_{out} = K_H \frac{I_H B}{d} = \left(K_H \frac{I_H}{d} \frac{\mu}{2\pi a}\right) I \ [V] \tag{5.79}$$

이 식에서, I_H는 홀소자를 통과하여 흐르는 편향전류(**그림 5.36** 참조), d는 홀소자의 두께, 그리고 μ_0는 홀소자가 매립되어 있는 소재(비자성체라고 가정한다)의 투자율이다. 그리고 K_H는 홀계수이다.

예제 5.21 전류센서

전류에 의해서 형성되는 자속밀도를 측정하기 위해서 홀소자를 사용하여 전류센서를 제작하였다. 그림 5.92에 도시되어 있는 것처럼, 홀센서는 도선에 밀착되어 끼워져 있는 부도체 링 속에 매립되어서 도선으로부터 일정한 거리인 a를 유지하며, 센서의 표면은 도선에 흐르는 전류에 의해서 형성된 자속밀도와 수직 방향으로 설치되어 있다(그림에서는 링이 생략되어 있다. 이 링은 기계적인 고정 기능만을 수행하며, 홀소자의 측정에는 아무런 영향을 끼치지 않는다). 홀계수가 $0.01[m^3/A{\cdot}s]$인 소형의 홀소자가 도선의 중앙으로부터 $a=10[mm]$ 거리에 설치되어 있다. 예제 5.7에 제시되어 있는 홀 소자와 편향전류를 사용하여 도선에 흐르는 전류가 $0\sim100[A]$일 때에 센서의 응답을 계산하시오.

풀이

우선, 식 (5.17)을 사용하여 주어진 전류에 대해서 자속밀도를 계산하여야 한다.

$$B=\frac{\mu_0 I}{2\pi r}=\frac{4\pi\times10^{-7}\times I}{2\pi\times0.01}=2\times10^{-5}\times I\ [T]$$

이를 식 (5.44)에 대입한다.

$$V_{out}=K_H\frac{I_H\times2\times10^{-5}\times I}{d}=0.01\times\frac{5\times10^{-3}\times2\times10^{-5}\times I}{0.1\times10^{-3}}=10^{-5}\times I\ [V]$$

식 (5.79)를 사용해서도 이와 동일한 결과를 얻을 수 있다. 도체에 최대전류인 $100[A]$가 흐르는 경우에, 출력전압은 $1[mV]$가 된다. 그러므로 도선을 통과하여 흐르는 전류가 $0\sim100[A]$일 때에 출력전압은 $0\sim1[mV]$의 범위에서 선형적으로 변한다. 민감도는 $10^{-5}[V/A]$로서 매우 작기 때문에 이를 실제로 사용하기 위해서는 증폭이 필요하다.

5.10.3 저항형 센서

저항값을 직접 측정하지는 않기 때문에 저항값 측정이라는 용어는 약간 부정확하다. 오히려 전압과 전류를 측정하여 둘 사이의 비율로 측정대상 저항값을 구하는 것이다($R=V/I$). 만일 공급전압이 일정하다면 전류만 측정해도 되며, 공급전류가 일정하다면 전압만 측정하면 된다. 따라서 저항값을 측정한다는 것은 전압과 전류를 함께 측정한다는 것을 의미한다. 그러므로 저항은 전류와 전압측정용 센서의 변환기라고 간주할 수 있다. 그럼에도 불구하고, 일반적으로 사용되는 저항계를 사용하여 저항값을 측정하는 것은 전압을 측정하는 것만큼이나 간단하기 때문에 저항값으로 출력을 나타내는 것이 가장 편리한 경우도 많다. 3장에서 살펴보았던 스트레인게이지가 이에 해당하며, 이후의 장들에서도 다양한 센서들을 통해서 이를 확인할 수 있다. 이 절에서는 위치, 거리, 또는 수위와 같은 외란에 대해서 저항값이 변하는 센서들에 대해서 살펴보기로 한다. 하지만 여기서는 외란에 의해서 센서 소자의 전기전도도가 변하여 저항값이 변하는 센서들(예를 들어 3장에서 살펴보았던 저항형 온도검출기(RTD), 서미스터, 스트레인게이지, 그리고 4장에서 살펴보았던 광도전센서)은 제외한다. 다음 장에서는 추가적으로 다양한 저항형 센서들에 대해서 살펴볼 예정이다.

그림 5.93에서는 위치의 변화에 따라서 저항값이 변하는 가변저항에 기초한 단순한 **저항형 센서**들이 예시되어 있다. 그림 5.93 (a)의 경우, 이동부의 위치변화에 따라서 센서의 총저항값이 변한다(전기전도도가 서로 다른 도전체로 만들어진 이동부가 고정부 위를 미끄러진다). 또 다른 방법으로도 위치에 따라서 저항값을 변화시킬 수 있다. 그림 5.93 (b)에서는 이동부가 가변저항기를 회전시키거나 직선운동 슬라이더를 움직인다. 그리고 A와 B 또는 B와 C 사이의 저항값을 측정한다. 만일 두 저항값을 모두 측정한다면, 출력전압이 중심위치로부터의 변위함수를 나타내는 차동형 센서가 만들어진다. 이 간단한 사례에서는 손쉽게 위치나 거리와 저항 사이의 상관관계를 만들었으며, 이외에도 이를 사용하여 수위, 스프링에 작용하는 힘 등과 같은 다양한 물리량들을 측정할 수 있다. 일반적인 나사도 변위에 따라서 저항값이 변하는 일종의 가변저항기이다. 이 개념을 사용하여 위치를 측정하여 작동기에 귀환시켜주는 용도로 저항측정을 활용할 수 있다.

비록 저항측정 방식이 세련된 측정방법처럼 보이지는 않지만, 단순하며 정확하고, 특히 값싼 측정방법이다.

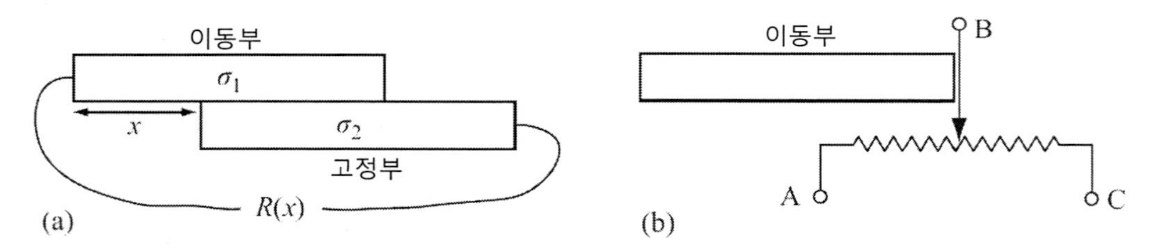

그림 5.93 저항형 위치센서. (a) 이동부가 센서의 저항값을 변화시킨다. (b) 이동부가 가변저항기의 저항값을 변화시킨다.

예제 5.22 흑연 위치센서

흑연은 자연적으로 만들어지는 일종의 탄소고체로서 인공적으로도 제작할 수 있다. 반경 $a = 10[mm]$인 막대 형태로 단순한 위치센서가 제작되었다. 그림 5.94에 도시되어 있는 것처럼, 이 막대는 내측반경

$a = 10[mm]$**이며, 외측반경** $b = 11[mm]$**인 흑연튜브 속에 삽입된다. 튜브와 막대의 길이는 모두** $250[mm]$**이며 전기전도도는** $2 \times 10^5[S/m]$**이다. 변위** x**의 함수로 이 소자의 저항값을 계산하시오.**

풀이

이 소자는 3개의 영역들로 구분된다. 막대 중 길이 $x[m]$만큼은 튜브 밖으로 돌출되어 있으며, 나머지 길이 $(0.25 - x)[m]$의 막대는 튜브 속에 삽입되어 있다. 그리고 튜브만 남겨진 길이도 $x[m]$이다. 센서의 총저항은 **그림 5.94 (b)**에 도시되어 있는 것처럼, 이들 세 영역의 저항값들을 합하여 구할 수 있다. 저항값을 식 (3.1)을 사용하여 계산할 수 있다.

길이가 $x[m]$인 막대의 저항값은

$$R_1 = \frac{x}{\sigma s} = \frac{x}{\sigma \pi a^2} \ [\Omega]$$

중앙부는 반경이 b인 속이 찬 막대로 간주할 수 있다. 이 막대의 저항은

$$R_2 = \frac{0.25 - x}{\sigma \pi b^2} \ [\Omega]$$

세 번째 영역인 속이 빈 튜브의 저항은

$$R_3 = \frac{x}{\sigma \pi (b^2 - a^2)} \ [\Omega]$$

이 센서의 저항값을 x의 함수로 나타내면 다음과 같다.

$$\begin{aligned} R(x) = R_1 + R_2 + R_3 &= \frac{x}{\sigma \pi a^2} + \frac{0.25 - x}{\sigma \pi b^2} + \frac{x}{\sigma \pi (b^2 - a^2)} \ [\Omega] \\ &= \frac{1}{\sigma \pi}\left(\frac{1}{a^2} - \frac{1}{b^2} + \frac{1}{(b^2 - a^2)}\right)x + \frac{0.25}{\sigma \pi b^2} \ [\Omega] \end{aligned}$$

여기에 수치값들을 대입하면,

$$\begin{aligned} R(x) &= \frac{1}{2 \times 10^5 \times \pi}\left(\frac{1}{0.01^2} - \frac{1}{0.011^2} + \frac{1}{(0.011^2 - 0.01^2)}\right)x + \frac{0.25}{2 \times 10^5 \times \pi \times 0.011^2} \\ &= 0.0786x + 0.00329[\Omega] \end{aligned}$$

따라서 이 소자의 저항값은 막대가 튜브 속으로 완전히 삽입되어 있을 때($x = 0$)에 $3.29[m\Omega]$에서부터 막대가 완전히 빠져나왔을 때($x = 0.25[m]$)에 $25.18[m\Omega]$까지 변한다. 이 저항값이 매우 작으며, 정확히 측정하기 어렵기는 하지만 변화폭은 비교적 크다는 것을 알 수 있다. 전기전도도가 낮은 소재를 사용한다면 저항값이 더 커진다. 예를 들어, 부도체 막대의 외경과 부도체 튜브의 내경에 흑연을 코팅하여 이를 구현할 수 있다.

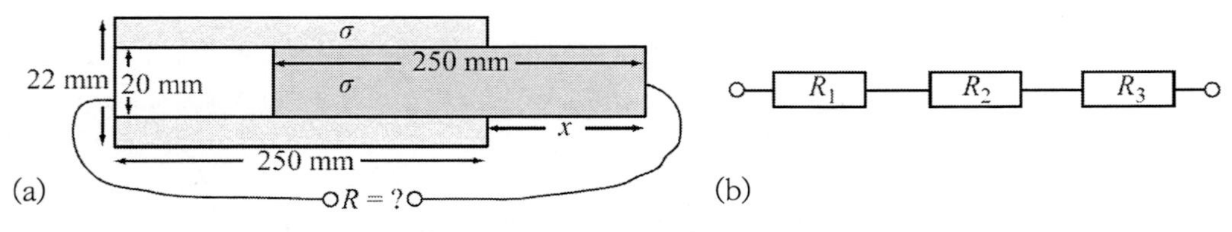

그림 5.94 (a) 간단한 저항형 위치센서. (b) 센서의 등가회로

5.11 문제

정전용량형 센서와 작동기

5.1 **정전용량형 위치센서**. 그림 5.95에 도시되어 있는 것처럼, 표면이 테플론으로 코팅되어 있는 두 개의 매우 얇은 튜브들을 서로 끼워서 움직이는 형태로 위치센서를 제작하였다. 길이 $L=60[mm]$인 이동부는 $x_1=10[mm]$에서 $x_2=50[mm]$까지의 구간을 움직인다.

(a) 두 튜브들 사이에 형성되는 최소 정전용량과 최대 정전용량을 계산하시오. 여기서 전기장은 두 튜브들이 서로 중첩되는 영역에서만 형성된다고 가정한다.

(b) 이 장치를 어떻게 센서로 사용할 수 있는지를 살펴보시오. 즉, $a=4[mm]$, $b=4.5[mm]$, $x_1=10[mm]$, $x_2=50[mm]$, 그리고 테플론의 비투자율 $\varepsilon_r=2.0$인 경우에 이 센서의 민감도를 계산하시오.

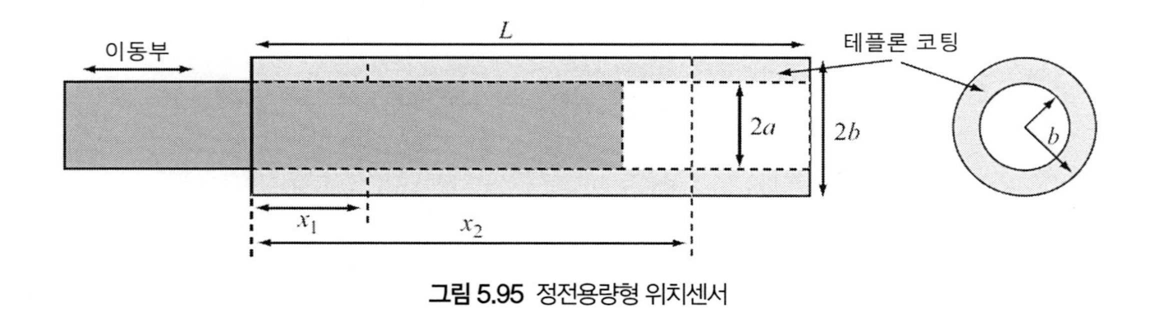

그림 5.95 정전용량형 위치센서

5.2 **정전용량형 수온계**. 물의 유전율은 온도에 심하게 의존한다는 사실에 기초하여 정전용량형 센서로 수온을 측정할 수 있다. 온도가 0~100[°C]까지 변하는 동안, 물의 비투자율 ε_w는 90~55까지 변한다.

(a) **그림 5.96**에 도시되어 있는 것처럼, 동심으로 배치되어 있는 두 개의 도전체 튜브 사이의 공간에 물이 채워진다. 온도에 따라서 유전율이 선형적으로 변하는 경우에 이 센서의 민감도를 계산하시오.

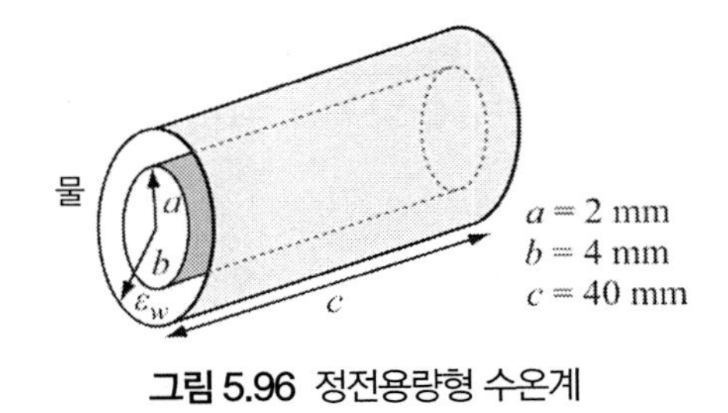

그림 5.96 정전용량형 수온계

(b) $0.2[pF]$의 분해능을 가지고 있는 디지털 정전용량계를 사용하면 이 센서로 측정할 수 있는 온도의 분해능은 얼마이겠는가?

5.3 **저출력 정전용량형 작동기**. **그림 5.97**의 구조를 사용하여 간단한 정전용량형 작동기를 만들 수 있다. 동축방향으로 배치되어 있는 두 개의 도전성 튜브들이 커패시터를 형성한다. 두 튜브들 사이의 공간에는 절연체로 제작한 튜브를 삽입하며, 이 튜브는 축방향으로 자유롭게 움직일 수 있다. 그림에 표시되어 있는 제원을 참조하여 구동부가 임의의 위치 x에 있을 때에 다음에 대해서 답하시오.

(a) 두 튜브들 사이에 부가된 전압에 따른 작동기의 작용력을 계산하시오(외측 튜브에 양전압, 내측 튜브에 음전압이 부가된다).

(b) 부가되는 전압의 극성과는 무관하게 항상 절연체 튜브가 안쪽으로 힘을 받는다는 것을 규명하시오.

주의: 동축형 커패시터에 형성되는 정전용량에 대한 식은 **예제 5.2**에 제시되어 있다. 그런데 근사적으로는 식 (5.2)를 사용해서 이를 평행판 커패시터로 취급할 수 있다. 특히 내측 튜브의 반경이 작지 않다면, 면적 S는 외부 도전체와 내부 도전체의 평균값을 취하면 된다. 이는 커패시터의 전기장 강도 계산에도 동일하게 적용된다.

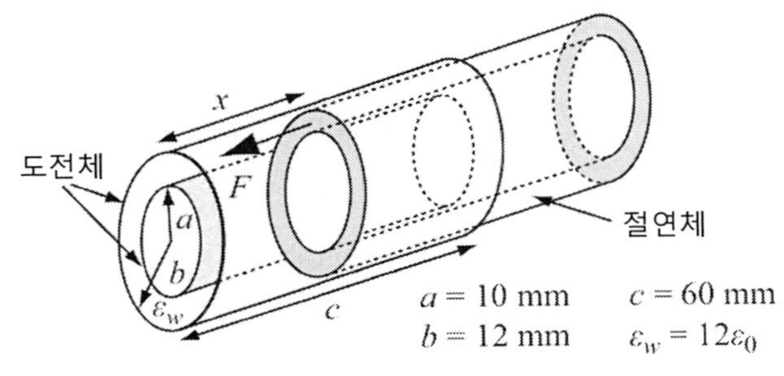

그림 5.97 정전용량형 작동기

5.4 **정전용량형 작동기**. 외측 튜브와 내측 튜브 사이에 전압을 부가하고, 내측 튜브를 움직일 수 있도록 만들면, 그림 5.95에 도시되어 있는 위치센서를 저출력 작동기로 만들 수 있다. 이렇게 만든 작동기가 그림 5.98에 도시되어 있다. 내부 도체는 스프링에 의해서 위치를 유지하고 있다. 전압이 부가되었을 때에, 내측 튜브는 우측으로 움직이며, 부가된 전압만큼 스프링을 압착한다. 이 작동기의 제원은 다음과 같다. $a=20[mm]$, $b=21[mm]$, 두 도전체 사이의 절연체의 유전율 $\varepsilon_r=12\varepsilon_0$. 외측 튜브와 내측 튜브 사이에는 $20[kV]$의 DC 전압이 부가된다.

(a) 스프링에 대하여 작동기가 부가하는 힘을 계산하시오.

(b) 스프링의 강성계수 $k=40[N/m]$인 경우에 도체는 (스프링을 압착하며) 얼마나 움직일 수 있는가?

(c) 센서의 길이 L이 내측 도전체의 최대변위에 비해서 비교적 긴 경우에는 이 길이가 중요하지 않다는 것을 규명하시오.

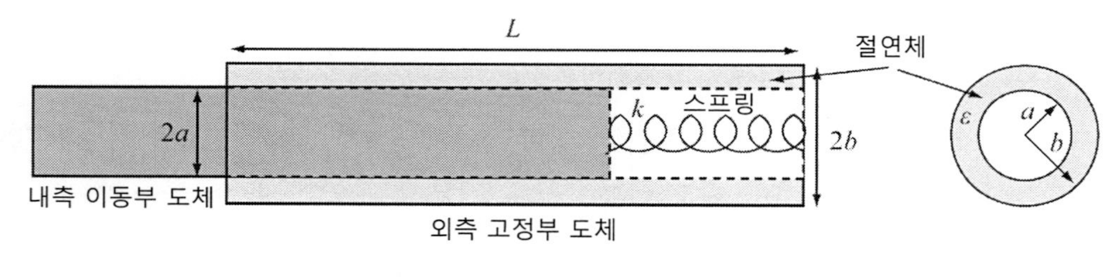

그림 5.98 정전용량형 작동기

5.5 **정전용량형 연료계**. 예제 5.2에서 예시된 연료계에는 추가적으로 (1) 연료 과주입을 방지하며, (2) 탱크가 비었다고 표시해도 여전히 약간의 연료가 탱크 속에 남아 있어야 한다. 이를 위해서 게이지 내에는 내측반경 a, 외측반경 b, 그리고 두께 t인 부표가 추가되었다. 부표 체적의 1/2만큼이 연료 속으로 가라앉을 수 있도록 소재의 밀도가 선정되었다(그림 5.99). 상부와 하부에 설치되어 있는 두 개의 스위치들이 연료의 완충과 고갈을 표시한다. 부표의 비투자율 $\varepsilon_f=4$이며, 두께 $t=5[cm]$이다. 예제 5.2에 제시되어 있는 제원 및 데이터를 사용하여 다음을 계산하시오.

(a) 연료계의 전달함수.

(b) 게이지가 나타내는 최소 및 최대 정전용량.

(c) 탱크용량이 $400[\ell]$인 경우에 연료탱크 속에 설치되어 있는 두 개의 스위치가 작동했을 때의 최소 및 최대 연료량.

(d) 게이지의 분해능이 $5[pF]$인 경우에, 이를 연료량으로 환산하시오.

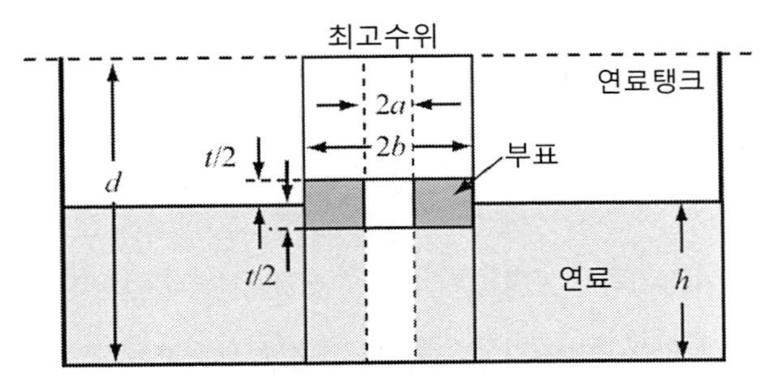

그림 5.99 정전용량형 연료계

자기센서와 작동기

5.6 **반려견 가상울타리**. 이런 형태의 시스템에서는 도선을 지면 아래에 매립해 놓고 특정 주파수로 전류를 흘린다. 반려견에게 픽업코일과, 피부와 밀착되는 다수의 전극을 통해서 고전압 펄스를 송출하는 전자회로가 내장된 장치를 부착한다.
전기펄스는 상처를 입히지는 않지만 충분히 고통스러워서 반려견은 도선 근처로 접근하지 못한다. 이 가상울타리는 $10[kHz]$의 정현파로 $0.5[A]$의 전류를 흘리고 있다. 반려견에게 부착된 센서는 $30[mm]$ 직경으로 150회를 감은 코일이다.

(a) 만일 (반려견에게 경고 펄스를 가하는) 검출레벨을 실효전압 $200[\mu V]$로 설정하였다면, 반려견이 울타리가 있다고 느끼게 되는 도선으로부터의 최대거리는 얼마이겠는가?

(b) (a)의 결과를 얻기 위해서는 어떤 조건들이 필요하겠는가?

5.7 **자기식 밀도센서**. 다음과 같이 자기센서를 사용하여 유체의 밀도를 측정할 수 있다. 그림 5.100에 도시되어 있는 것처럼, 밀봉된 부표(즉 용기)의 바닥에는 일정한 양의 철편을 넣어 놓으며, 유체가 채워진 용기의 바닥에 코일을 설치하고 전류 I를 흘린다. 부표가 유체의 표면까지 떠오르면 코일을 통과하여 흐르는 전류가 최대가 된다. 철편을 포함한 부표의 밀도는 ρ_0이며 체적은 V_0이다. 코일이 부표에 작용하는 힘은 kI^2이다. 여기서 상수 k는

부표 내의 철편 양, 코일의 크기, 그리고 부표와의 거리 등에 의존한다. 측정량은 코일을 통과하여 흐르는 전류이다.

(a) 센서의 전달함수를 구하시오. 즉, 유체의 밀도 ρ와 측정된 전류 I 사이의 상관관계를 구하시오.

(b) 센서의 민감도를 구하시오.

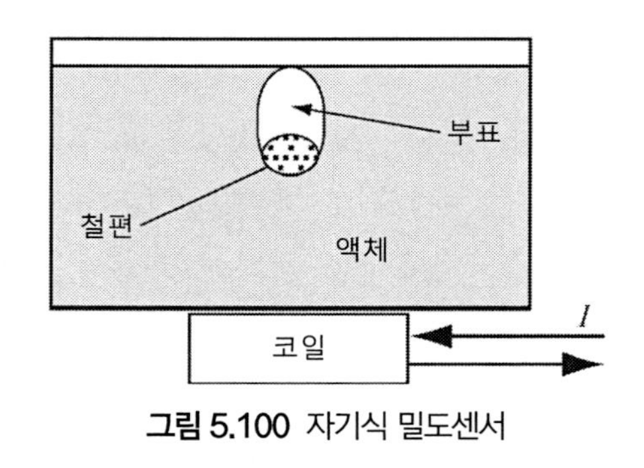

그림 5.100 자기식 밀도센서

5.8 **선형가변 차동변압기(LVDT).** **그림 5.101**에 도시되어 있는 것처럼, 소형 LVDT가 설계하였으며, 진폭 $12[V]$, 주파수 $1[kHz]$의 정현파 전원을 사용하여 구동한다. 1차 코일은 600회 권선하였으며, 분할된 코일(①과 ②로 표기되어 있음)들은 각각 300회 권선하여 서로 연결했기 때문에, 이동코어가 중앙(**그림 5.101**에서 $x=0$)에 위치했을 때에 출력전압은 0이 된다. 코어가 중앙 위치에서 우측으로 움직이면, 1차 코일과 ①번 2차 코일 사이의 커플링 계수는 $k_1 = 0.8 - 0.075|x|$, $|x| \le d/4$인 반면에, 1차 코일과 ②번 2차 코일 사이의 커플링 계수는 $k_2 = 0.8x$가 된다. 여기서 x의 단위는 $[mm]$이다. 코어가 중앙 위치에서 좌측으로 움직이면, ①번 코일의 계수는 k_2, ②번 코일의 계수는 k_1으로 뒤바뀌게 된다. 여기서 계자와 코어의 길이는 모두 $d = 100[mm]$이다.

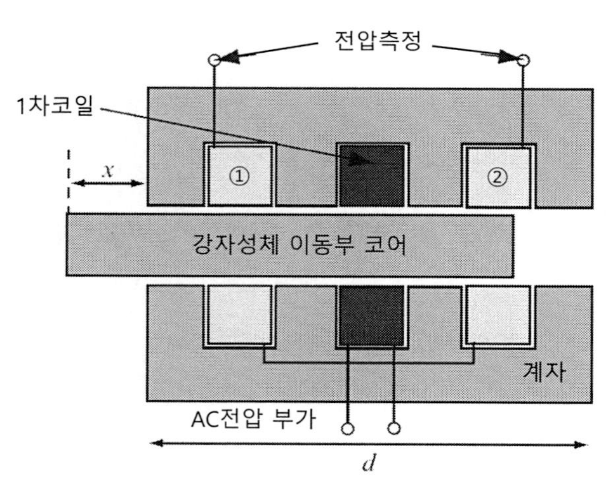

그림 5.101 선형가변 차동변압기(LVDT)

(a) 코어가 $-d/4 \leq x \leq d/4$의 거리를 움직일 때의 전달함수(출력전압의 실효값)를 계산하시오.

(b) 센서의 민감도를 계산하시오.

5.9 **도막두께 센서**. 자동차와 같은 자성체 표면의 도막두께를 측정하기 위해서 **그림 5.102**에 도시되어 있는 구조의 센서를 사용할 수 있다. 코어는 비투자율이 $\mu_{rc} = 1{,}100$인 페라이트로 제작하였으며, 차체는 두께 $0.8[mm]$이며, 비투자율 $\mu_{rs} = 240$인 강판으로 제작되어 있다. 그림에 도시되어 있는 치수들은 코어와 강판을 통과하는 평균 자속경로길이이다. ①번 코일의 권선수 $N_1 = 100$이며, 전류 $0.1[A]$, 주파수 $60[Hz]$인 정현파 신호를 사용하여 구동한다. ②번 코일의 권선수 $N_2 = 200$이며 AC 전압계에 연결되어 출력전압의 실효값을 측정한다. 코어의 단면은 $10 \times 10[mm^2]$의 크기를 가지고 있다. 강판에서는 자속이 $10 \times 0.8[mm^2]$ 영역을 통과한다고 가정한다. 다음을 계산하시오.

(a) 페인트 도막의 두께가 $\tau[mm]$인 경우의 전달함수를 구하시오.

(b) 센서의 민감도를 구하시오.

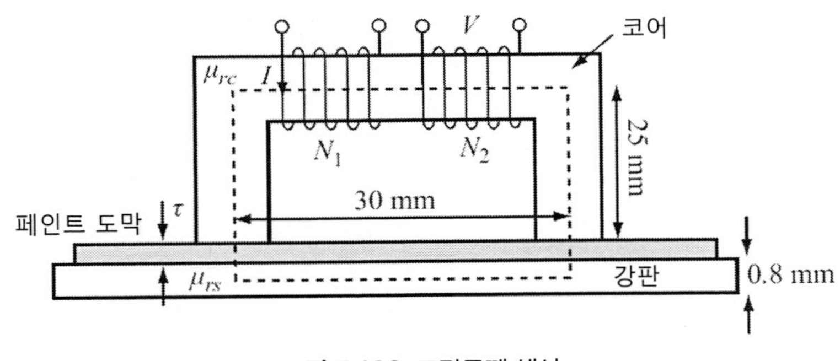

그림 5.102 도막두께 센서

홀효과 센서

5.10 **도체 내에서의 홀효과**. 도체 내에서 발생하는 홀효과는 비교적 작으며 식 (5.43)을 사용하여 계산할 수 있다. 홀계수와 홀전압의 크기를 알아보기 위해서, 모재 표면에 금을 증착하여 홀 센서를 제작했다고 가정하자. 센서의 크기는 $2 \times 4[mm^2]$이며, 두께는 $0.1[mm]$이다. 금의 자유전하밀도는 $5.9 \times 10^{28}[electrons/m^3]$이다. 홀계수와 자속밀도를 측정하는 센서

의 민감도를 계산하시오. 센서판과 수직한 방향으로 자속이 부가되며, 판의 장축 방향으로 $15[mA]$의 전류가 흐른다고 가정한다.

5.11 **실리콘의 홀효과**. $1\times1[mm^2]$ 크기에 두께는 $0.2[mm]$인 작은 실리콘 웨이퍼를 사용하여 홀소자를 제작하였다. 주나르개의 밀도가 $1.5\times10^{15}[carriers/cm^3]$이며, 진성반도체의 나르개 밀도는 $1.5\times10^{10}[carriers/cm^3]$인 n-형 실리콘이 사용되었다. 정공의 이동도는 $450[cm^2/V\cdot s]$이며, 전자의 이동도는 $1,350[cm^2/V\cdot s]$이다. 다음을 계산하시오.

(a) 홀소자의 홀계수.

(b) 센서를 가로질러 $10[mA]$의 정전류가 흐르는 경우에 자기장을 감지하는 홀센서의 민감도. 여기서 자속밀도는 실리콘 판에 연직 방향으로 작용한다고 가정한다.

(c) 홀소자에 진성반도체가 사용되었다고 가정하자. 앞에서 제시한 웨이퍼의 치수를 사용하여 홀소자의 저항값을 계산하고, 왜 이 홀소자가 실용적이지 못한지를 설명하시오.

5.12 **홀계수가 0인 반도체**. 만일 반도체 소자가 강력한 자기장 속에서 작동해야 하며, 이 소자의 용도가 자기장 측정이 아니라면, 홀전압은 이 소자의 작동에 유해한 영향을 끼칠 것이다. 이런 경우에는 홀계수가 0이 되도록 반도체를 도핑하는 것이 매우 유용하다. p-형 반도체 위에 n-형 반도체를 어떤 비율로 도핑해야 하는가?

(a) 실리콘(Si) 모재를 사용하는 경우. 실리콘 내에서 정공의 이동도는 $450[cm^2/V\cdot s]$이며, 전자의 이동도는 $1,350[cm^2/V\cdot s]$이다.

(b) 갈륨비소(GaAs)를 모재로 사용하는 경우. 갈륨비소 내에서 정공의 이동도는 $400[cm^2/V\cdot s]$이며, 전자의 이동도는 $8,800[cm^2/V\cdot s]$이다.

(c) 이들 두 소재 중에서 어떤 소재가 홀계수를 0으로 만드는 데에 유리한가? 그 이유는 무엇인가?

5.13 **전력센서**. 소형 전자기기의 DC 전력계로 사용하기 위해서 **그림 5.38**에 도시되어 있는 형태로 전력센서가 제작되었다. 투자율이 매우 큰 소형의 자성체 코어가 사용되었으며, 작은 공극을 사이에 두고 홀소자가 설치되었다. 자성체 코어는 $1.4[T]$의 자속밀도에서 포화된다. 홀소자의 홀계수 $K_H=0.018[m^3/A\cdot s]$이며 두께 $d=0.4[mm]$이다. 간극은 이보다

약간 더 넓은 $l_g = 0.5[mm]$이므로, 홀소자는 이 공극에 약간 헐겁게 설치된다. 홀소자와 코일의 저항값은 무시한다.

(a) 코일의 권선수는 N, 저항은 R, 그리고 저항성 부하 R_L이 연결되어 있다고 가정하여 홀전압과 부하의 소비전력 사이의 관계식을 구하시오(이것이 센서의 전달함수이다).

(b) 센서가 감지할 수 있는 최대전력을 구하시오. 여기서 공급되는 전압은 $12[V]$로 일정하며, 권선수 $N = 100$이다.

(c) 홀소자를 $5[mA]$로 구동할 때에 (b)의 상태에서 센서의 출력은 얼마이겠는가?

(d) 이 전력센서의 민감도는 얼마인가?

5.14 **나르개밀도센서**. 금속합금 내의 나르개 밀도를 측정하려고 한다. 측정을 수행하기 위해서 금속을 길이 $25[mm]$, 폭 $10[mm]$, 그리고 두께 $1[mm]$로 절단하였다. 이 금속판을 두 장의 네오디뮴(NdFeB) 영구자석 사이에 끼워서 $1[T]$의 일정한 자속을 부가하였다. 판재를 통과하여 $1[A]$의 일정한 전류를 통과시켰을 때에 금속판 양단에서는 $7.45[\mu V]$의 전위차가 측정되었다(그림 5.103 참조).

(a) 주어진 자속밀도의 방향과 전류에 의해서 생성된 전압의 극성방향을 표시하시오.

(b) 금속합금의 나르개밀도를 계산하시오.

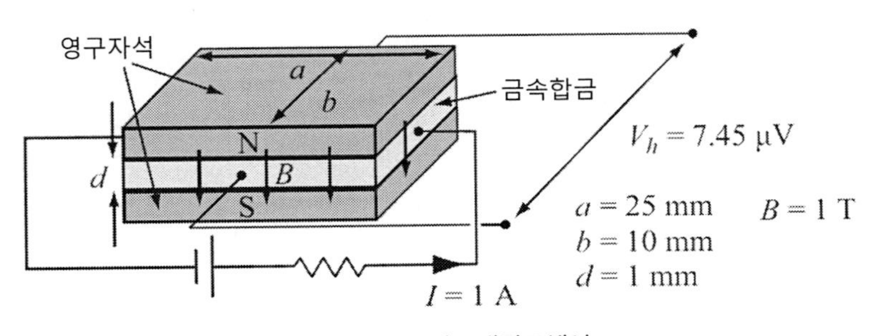

그림 5.103 나르개밀도센서

5.15 **n-형 실리콘의 도핑농도**. 생산관리를 위해서 n-형 실리콘 시편의 나르개밀도를 측정해야 한다. 길이 $2[mm]$, 폭 $1[mm]$, 그리고 두께는 $0.1[mm]$인 시편이 제작되었으며, 그림 5.36 또는 그림 5.103과 같은 형태로 배치되어 $10[mA]$의 전류를 흘리고 있다. 시편은 두 장의 네오디뮴(NdFeB) 영구자석 사이에 끼워서 시편의 수직 방향으로 $0.8[T]$의 자속밀

도를 부가하였으며, 시편의 양단에서는 $80[\mu V]$의 홀전압이 측정되었다. 주나르개가 지배적이라고 가정했을 때, 시편의 나르개밀도를 계산하시오.

자기동수압센서와 작동기

5.16 **잠수함 추진을 위한 자기동수압 작동기**. 자기동수압 펌프를 사용하여 추진하는 잠수함이 설계되었다(그림 5.44 (b)의 구조를 참조). 펌프는 길이 $8[m]$, 높이 $b=0.5[m]$, 폭 $a=1[m]$인 관로 형태로 제작되었다. 관로 내의 모든 위치에서 자기장은 $B=1[T]$로 일정하다고 가정한다. 전극에서 물을 통과하여 $I=100[kA]$의 전류가 흐르면서 물의 추진력을 생성한다. 해수의 전기전도도는 $4[S/m]$이다.

(a) 펌프에 의해서 생성되는 추진력을 계산하시오.

(b) 필요한 전극 사이의 전위차를 계산하시오.

(c) 이 추진방법의 실용성을 기존 잠수함에서 사용하는 $1{,}600[Hp]$ 디젤엔진과 비교하여 논의하시오. $1[Hp]=745.7[W]$

5.17 **자기동수압 발전기**. 길이 $1[m]$에 단면이 $10\times 20[cm^2]$인 관로를 사용하여 자기동수압 발전기가 제작되었다(그림 5.104 참조). 좁은 쪽 방향으로 설치된 자기극편들 사이에 형성된 자속밀도는 $0.8[T]$이다. 관로를 통과하는 연소가스를 공급하기 위해서 제트연소기가 사용되었으며, 연소가스가 도전성 이온으로 변하면서 관로 내의 유효 전기전도도는 $100[S/m]$로 유지된다. 연소기는 연소가스를 $200[m/s]$의 속도로 공급하며, 연소가스는 플라스마 상태로 관로를 통과한다.

(a) 발전기의 출력전압(emf)을 계산하시오.

(b) 출력전압은 $5[\%]$ 이상 변하지 않는 경우에, 이 장치가 송출할 수 있는 최대전력을 계산하시오.

(c) (b)의 조건으로 사용되는 경우에 이 발전기의 전기효율을 계산하시오.

(d) 최대전력송출조건하에서 부하전력은 얼마이겠는가?

(e) 이 방법을 어떻게 측정에 활용할 수 있는지와 이 센서는 어떤 물리량을 측정할 수 있는지를 정성적으로 설명하시오.

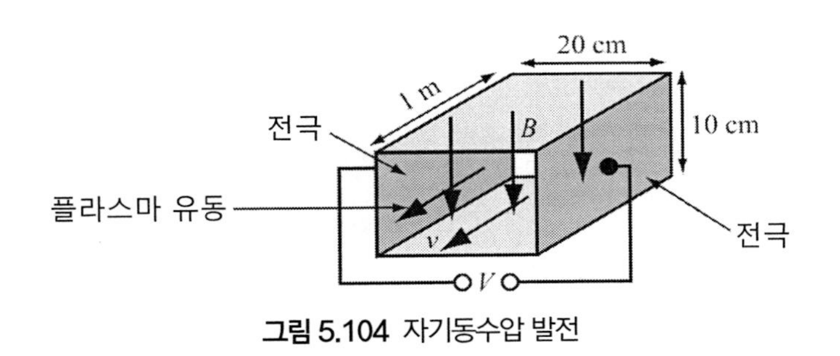

그림 5.104 자기동수압 발전

5.18 **자기유량계.** 그림 5.105에 도시되어 있는 것처럼, 자기유량계를 제작할 수 있다. 유체는 사각단면 관로를 통과하여 흐른다. 관로의 상하에는 두 개의 코일들이 설치되어 아래 쪽으로 일정한 자속밀도 B_0를 형성한다. 유체에는 양이온과 음이온들(Na^+, Cl^- 등)이 포함되어 있다. 관로 내에서 자속밀도는 일정하게 유지된다고 가정한다. 이로 인해서 양전하와 음전하들은 각각 반대방향의 전극 쪽으로 이동하게 된다.

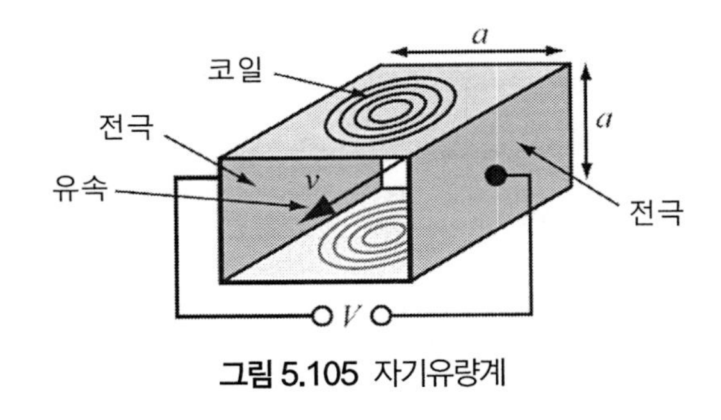

그림 5.105 자기유량계

(a) 유체의 유속 v의 함수로 전위차를 계산하고, 극성을 표시하오. 관로의 단면적은 $a \times a[m^2]$이다.

(b) 유량에 대한 센서의 민감도를 계산하시오. 유량은 $[m^3/s]$의 단위를 사용한다. 이 장치의 민감도를 향상시킬 수 있는 현실성 있는 방안을 제시하시오.

5.19 **자기총(자기력).** 그림 5.106에 도시되어 있는 것처럼, 자기력을 이용하여 총이 제작되었다. 직경이 a인 두 개의 막대형 도체(레일)가 중심 간 거리 d를 사이에 두고 평행하게 설치되어 있으며, 레일 사이에서 자유롭게 움직일 수 있는 도전성 발사체가 이들 둘 사이에 끼워진다. 전류가 공급되면, 도체 내를 흐르는 전류에 의해서 자속밀도가 형성되면서 발사체에 힘을 가한다.

(a) $a = 10[mm]$, $d = 40[mm]$이며, $I = 100{,}000[A]$일 때에, 발사체에 가해지는 힘은 얼마인가?

(b) 발사체의 질량이 $100[g]$인 경우에, 발사체의 가속과 $5[m]$ 길이의 레일을 한쪽 끝에서 다른 쪽 끝까지 통과한 후의 속도를 계산하시오.

(c) 레일건의 용도 중 하나는 위성을 궤도에 쏘아 올리는 것이다. 예를 들어, (a)의 특성을 가지고 있는 레일건을 사용하여 지구의 인력을 탈출하기 위해서는 $11.2[km/s]$의 속도가 필요하다. 마찰이 전혀 없는 경우에 레일건을 벗어나는 순간에 지구탈출속도를 얻기 위해서는 레일의 길이가 얼마가 되어야 하겠는가?

(d) 만일 레일과 발사체가 구리로 제작되어 전기 전도도가 $\sigma = 5.7 \times 10^7 [S/m]$라고 한다면, (c)의 탈출속도를 얻기 위해서 필요한 에너지를 계산하시오. 가열에 의한 영향을 무시하며, 발사체가 레일을 따라 이동하는 동안 전류가 일정하게 유지된다고 가정하시오.

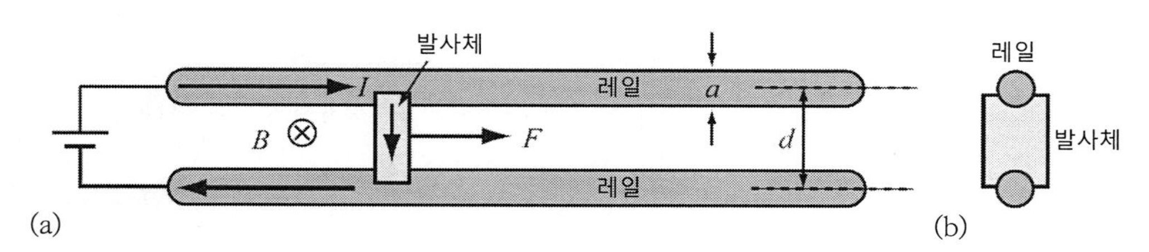

그림 5.106 레일건. (a) 측면도. (b) 발사체 중앙에서의 단면도

자기변형 센서와 작동기

5.20 **광섬유 자기력계.** 각각의 길이가 $L = 100[m]$인 두 개의 광섬유를 사용하여 광섬유 자기력계가 제작되었다. 광섬유 중 하나는 전체 길이 중 일부인 $d < 100[m]$를 니켈로 코팅하였다. 두 광섬유 모두에 대해서 자유공간에서의 파장 길이가 $850[nm]$인 적외선 발광다이오드(LED)를 광원으로 사용하였다. 광섬유들의 비투자율은 LED 발광주파수에 대해서 1.75이다. 광섬유의 끝에서는 두 신호의 위상을 서로 비교한다. 측정의 대상인 자속밀도에 의해서 니켈 코팅과, 그에 따른 코팅된 광섬유의 길이를 수축시키기 때문에, 코팅된 광섬유의 위상은 코팅되지 않은 광섬유에 비해서 감소한다(니켈은 자기변형 소재이다. 표 5.5 참조). 그림 5.107에서는 이 장치를 보여주고 있다. 위상각 검출기가 $5°$의 위상차를 검출할 수 있으며, 자속밀도가 부가되지 않는 상태에서 센서를 교정한 경우에 대해서 다음을 계산하시오.

(a) $d = 2.5[m]$인 경우에 이 자기력계를 사용하여 검출할 수 있는 최소 자속밀도.

(b) 주어진 위상 차이를 생성하기 위해서 필요한 니켈코팅의 길이 d의 함수로 자속밀도를 나타내시오.

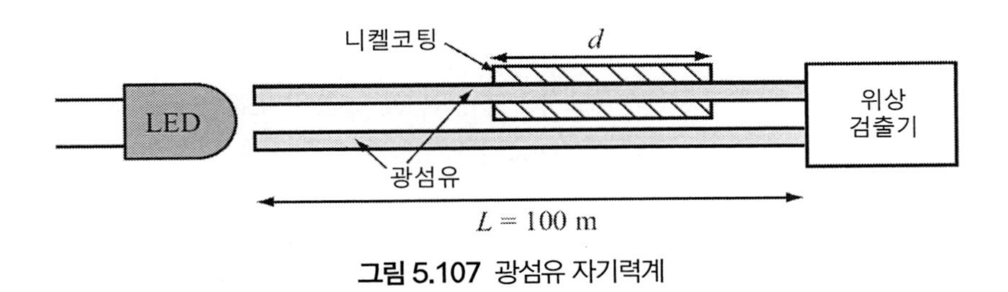

그림 5.107 광섬유 자기력계

보이스코일 작동기

5.21 **보이스코일 작동기.** 그림 5.108에서는 실린더형 보이스코일 작동기가 도시되어 있다. 반경방향으로 자화된 영구자석이 공극의 외경측에 설치되어 있으며, 코일이 감겨진 채로 내경측에 삽입되어 있는 실린더는 앞뒤로 자유롭게 움직일 수 있다. 코일은 권선수 $N = 240$이며, 평균직경은 $22.5[mm]$, 질량 $m = 50[g]$이다. 코일에 공급되는 전류는 진폭 $I = 0.4[A]$이며 주파수 $f = 50[Hz]$이다. 영구자석에 의한 공극의 자속밀도는 $0.8[T]$이다. 이 기구는 위치결정이나 진동식 펌프의 구동에 사용된다. 구동 메커니즘은 코일에 직접 연결된다.

(a) 코일의 작용력을 계산하시오.

(b) (스프링에 의한)실린더의 복원계수 $k = 250[N/m]$인 경우에, 이동부의 최대변위를 계산하시오.

(c) 코일/콘 조립체의 최대가속을 계산하시오.

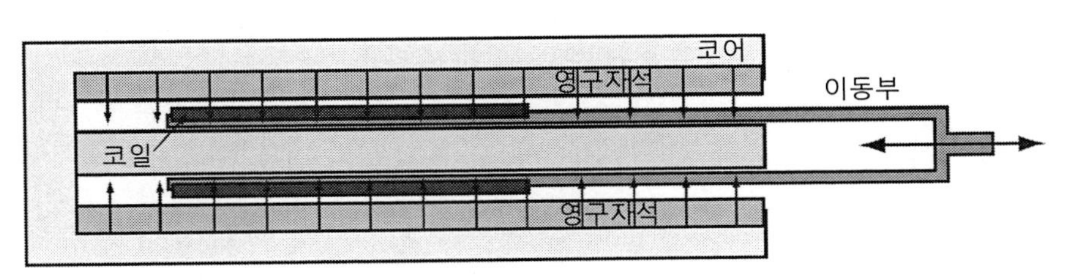

그림 5.108 보이스코일 작동기. 수직방향 화살표들은 자기장을 나타낸다.

5.22 **보이스코일 작동기.** 그림 5.109에서는 위치결정에 사용되는 보이스코일 작동기를 보여주고

있다. 두 쌍의 영구자석들은 공극 내에서 $0.8[T]$의 균일한 자속밀도를 형성한다. 좌측의 공극에서는 자속선이 위를 향하는 반면에 우측의 공극에서는 자속선이 아래를 향한다. 코일은 권선수 $N=250$이며, 폭 $65[mm]$, 길이 $50[mm]$인 사각형의 형상으로 제작하여 자석 사이의 공극에 삽입하여 놓았으며, 두 자석 사이의 중앙에 안착되어 있다. 이 작동기는 적절한 전류를 부가하여 어떤 장치(도시되지 않음)를 안착위치로부터 $x=\pm 20[mm]$를 이동시키는 목적으로 사용된다. 코일의 질량 $m=10[g]$이라 할 때에, 주어진 형상치수를 사용하여 다음에 답하시오.

(a) 코일의 위치 x와 전류 I에 따른 코일의 속도.

(b) 코일에 최대전류 $100[mA]$를 공급했을 때에 코일이 극한위치에 도달하기 위해서 소요되는 시간.

(c) 코일의 최대가속.

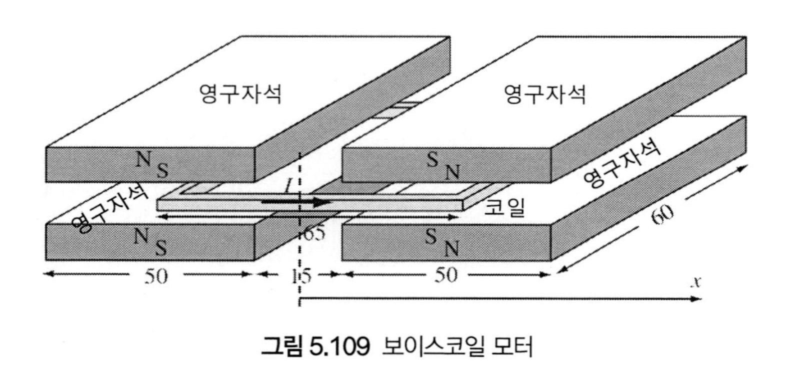

그림 5.109 보이스코일 모터

모터 작동기

5.23 **단순 DC모터**. 그림 5.110에서는 단순화된 형태의 DC 모터가 도시되어 있다. 계자와 회전자 사이의 공극은 $0.5[mm]$이다. 로터에 성형되어 있는 홈 속으로 100회 권선된 코일이 매립되어 있으며, 그림에서와 같은 위치에서 $I=0.2[A]$의 전류가 공급된다. 전류는 회전자에 매립된 코일의 상부측으로 들어가서 코일의 하부측으로 나온다. 실린더형 회전자의 반경 $a=2[cm]$이며, 길이 $b=4[cm]$이다. 회전자에 감겨있는 코일의 반경은 회전자의 반경과 같다고 가정한다.

(a) 그림 5.110의 구조에서 회전자의 회전방향을 표시하시오.

(b) 주어진 전류에 대해서, 이 모터가 송출할 수 있는 최대토크값을 계산하시오.

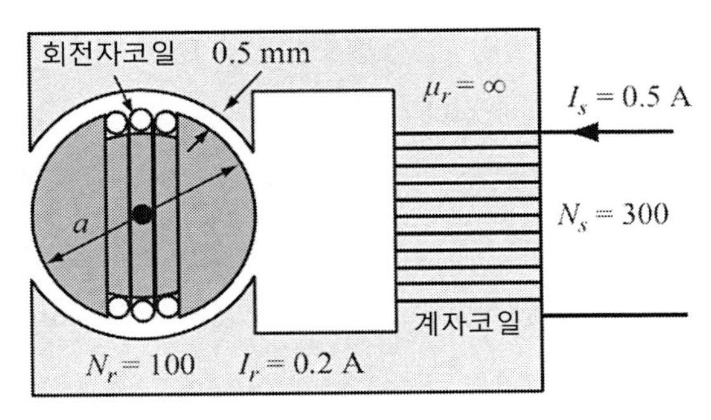

그림 5.110 단순화된 DC모터

5.24 **3개의 코일이 장착된 영구자석형 DC 모터**. 그림 5.111에 도시되어 있는 영구자석형 DC 모터에서는 회전자에 120° 각도로 3개의 코일들이 사용되었으며, 6개의 정류자가 설치되어 있다. 3개의 코일들 각각은 그림에서와 같이 정류자에 영구적으로 결선되어 있다. 공극 내에서의 자속밀도가 일정하며, 각 코일들이 수평 방향에 위치해 있을 때에 해당 정류자들과 브러시의 위치가 서로 일치한다(그림 5.111 (b)에서는 1번 코일이 정렬을 맞추고 있다). 그림 5.111 (b)에서 알 수 있듯이, 각 정류자 쌍들은 각각 원주길이의 1/3을 차지하고 있다. 회전자의 반경은 $30[mm]$이며 길이는 $80[mm]$이다. 그리고 영구자석은 회전자 전체를 차지하는 공극 내에서 $0.75[T]$의 자속밀도를 형성한다. 각각의 코일들은 120회 권선되어 있으며, $0.5[A]$의 전류가 공급된다. 회전자 1회전하는 동안 송출되는 토크를 계산하여 시간의 함수로 나타내시오.

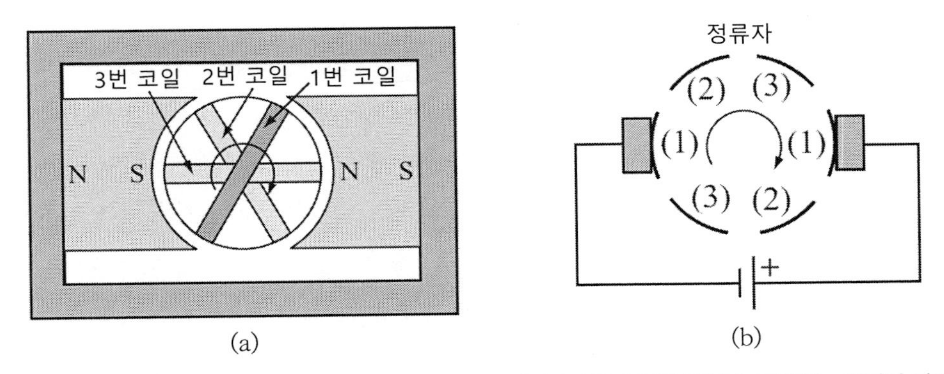

그림 5.111 (a) 3개의 코일이 장착된 영구자석형 DC 모터. (b) 1번 코일에 전류가 공급되는 상태의 정류자

5.25 **선형 DC 모터**. 그림 5.112에서는 선형 DC 모터를 보여주고 있다. 분할된 영구자석들은 극편들 사이의 공극에서 $0.5[T]$의 일정한 자속밀도를 형성한다. $4[mm]$ 두께의 철판이 영구자석 극편들 사이에 삽입되며, 이 철판에는 $1{,}000[turns/m]$의 비율로 코일이 권선되어 있다. 전류가 흐르는 코일은 철판에 접착제로 부착되어 있다. 철판의 양측에는 영구자석과 각각 $1[mm]$의 공극이 존재하여 영구자석과 영구자석은 좌우방향으로 자유롭게 움직일 수 있다. 도선의 단면이 ⊗로 표기된 경우는 전류가 지면 속으로 흘러들어가며, ⊙로 표기된 경우에는 전류가 지면 밖으로 나온다. 그리고 원 안에 아무런 심벌도 표기되지 않은 도선에는 전류가 흐르지 않는다. 영구자석 조립체가 자기력에 의해서 움직이면, 전류가 공급되는 도선의 위치도 함께 이동시켜서 항상 자석과 전류의 관계가 동일하게 유지되도록 만든다. 이때에 코일이 감겨져 있는 철판의 위치는 고정되어 움직이지 않는다.

(a) 코일에 $5[A]$의 전류가 공급되었을 때에 자석에 작용하는 힘을 계산하시오. 그리고 전류의 방향이 그림과 같을 때에 자석에 가해지는 힘의 방향을 표시하시오.

(b) 형상을 변화시키지 않은 채로 어떻게 하면 이를 스테핑모터로 변화시킬 수 있는지를 설명하시오. 그리고 이 구조에서 구현 가능한 스텝 크기는 얼마이겠는가?

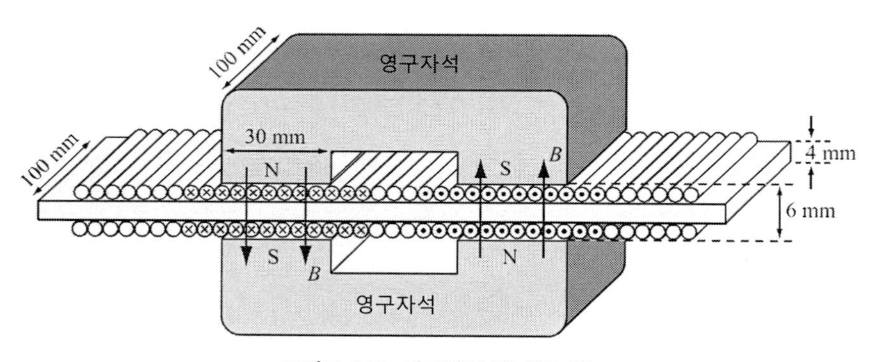

그림 5.112 영구자석 리니어모터

5.26 **브러시리스 DC(BLDC) 모터**. 그림 5.113 (a)에서는 4로터-드론에 사용되는 6개의 계자와 14개의 영구자석이 장착된 회전자로 이루어진 소형 BLDC 모터를 보여주고 있다. 모터는 그림 5.113 (b)에서와 같이 3상 Y-결선을 사용하고 있다. A, B 및 C로 표기되어 있는 각각의 코일들은 각각 한 쌍의 코일들로 이루어지며, 계자의 반대편에 절반씩 권선되어 있다. 그림 5.113 (b)에서와 같이 각각의 코일 쌍들은 서로 병렬로 연결되어 있다. 단자

a와 b, b와 c, 그리고 c와 a 사이에 순차적으로 전압을 인가하여 모터를 구동한다.

(a) V_{ab}, V_{bc} 및 V_{ca}와 같이 모터에 전압을 부가하여 시계방향으로 모터를 1회전시키기 위한 완전한 순서를 제시하시오. 시간의 함수로 전압을 도시하시오.

(b) 각 코일에 $2[ms]$ 동안 전류를 공급하는 경우에 모터의 회전속도를 $[rpm]$으로 나타내시오.

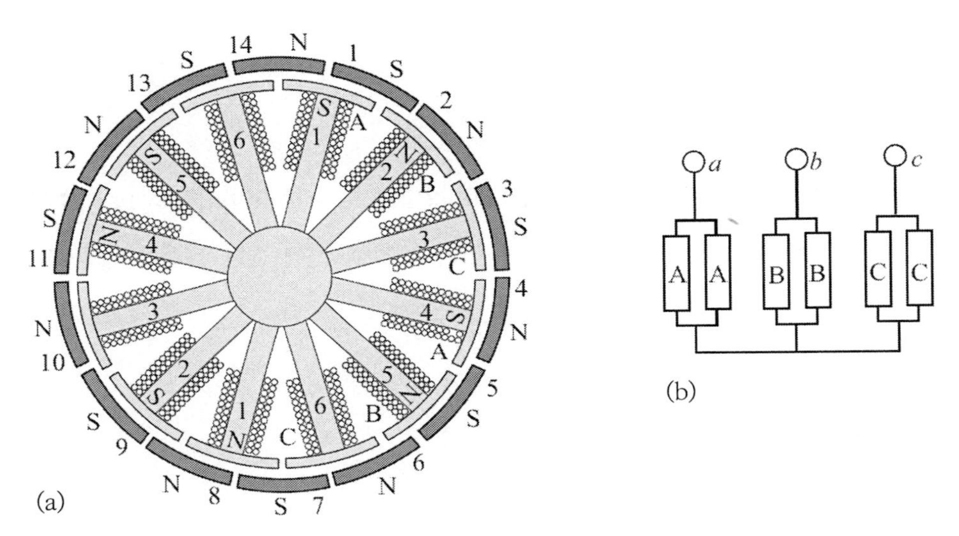

그림 5.113 (a) BLDC모터의 구조. (b) 3상 Y-결선을 위한 코일 연결구조

5.27 **냉각용 팬에 사용되는 BLDC 모터.** 컴퓨터용 냉각팬에는 **그림 5.114**에 도시되어 있는 것처럼, 계자에 2개의 코일과 회전자에 2개의 영구자석을 사용한다. 각각의 코일들은 두 개로 나뉘어서 서로 반대편에 위치한 계자 극편에 권선된다. 이 모터는 두 가지 방식으로 구동할 수 있다. (1) 한 번에 하나의 코일만 구동. (2) 한 번에 두 개의 코일을 모두 구동.

(a) (1)번의 구동방식을 사용하는 경우에 시간에 따른 각 코일의 전압을 표시하시오.

(b) (2)번의 구동방식을 사용하는 경우에 시간에 따른 각 코일의 전압을 표시하시오.

(c) 각각의 경우에 코일을 $10[ms]$씩 구동한다면, 어떤 방식의 출력이 더 크겠는가? 그리고 회전속도$[rpm]$는 각각 얼마이겠는가?

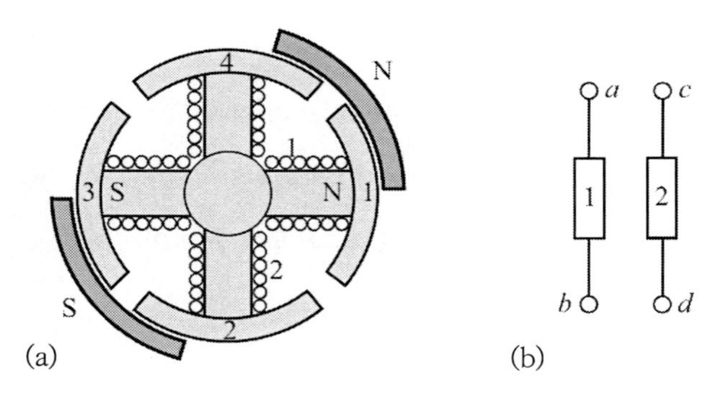

그림 5.114 냉각팬용 BLDC모터. (a) 구조. (b) 코일

스테핑모터

5.28 **스테핑모터의 일반 특성**. 스테핑모터의 1회전당 스텝 수는 회전자와 계자의 잇수에 의해서 결정된다. n은 계자의 잇수이며, p는 회전자의 잇수라 할 때에 다음을 검증하시오.

(a) p는 일정한 경우에 n값이 증가할수록 스텝크기가 증가한다.
(b) $n-p$의 차이가 작아질수록 스텝 크기가 감소한다.
(c) n과 p값이 커질수록 스텝 크기가 감소한다.
(d) n과 p값의 한계에 대해서 논하시오.
(e) $n=p$일 때에 모터에는 어떤 일이 일어나겠는가?

5.29 **각도분해능이 높은 스테핑모터**. 계자의 극수는 6개이며, 각 극편마다 6개의 치형이 성형되어 있고, 회전자의 잇수는 50개인 가변릴럭턴스 스테핑모터가 제안되었다(일반적으로 회전자의 직경이 계자의 직경보다 작기 때문에, 회전자의 잇수는 계자의 잇수보다 작다. 하지만 반드시 그래야만 하는 것은 아니다. 그리고 가변릴럭턴스 모터에서는 이 반대도 역시 가능하다).

(a) 스텝당 회전각도와 1회전당 스텝수를 계산하시오.
(b) 여기서 제시된 잇수를 가지고 있는 모터를 구현할 수 있음에도 불구하고 실제로 생산하지 않는 이유를 설명하시오.

5.30 **1회전당 스텝수가 정수가 아닌 모터**. 일반적으로 스테핑모터는 1회전당 스텝수가 정수값이 되도록 설계한다. 그런데, 특수한 스텝 크기(예를 들어 4.6°)가 필요한 경우에는 1회전당

스텝 수를 정수배가 아니도록 설계할 수 있다. 계자의 극수는 4개이며, 극편마다 5개의 치형이 성형되어 있으며, 회전자의 잇수는 28개인 경우를 살펴보기로 하자.

(a) 스텝크기와 1회전당 스텝 수를 계산하시오.

(b) 극편의 숫자를 6개로 증가시키고 극편당 잇수도 6개로 증가시킨 경우에 스텝 크기를 계산하시오.

(c) (a)와 (b)의 결과로부터 어떤 결론을 얻게 되는가? 계자의 잇수는 56으로 증가하지만, 회전자의 잇수는 그대로인 경우에 대해서 살펴보시오.

5.31 **리니어 스테핑모터**. 그림 5.78에 도시되어 있는 것과 유사한 리니어 스테핑모터의 계자는 $N[teeth/cm]$이며, 이동자는 $M[teeth/cm]$의 치형들을 가지고 있다.

(a) 스텝 크기를 $[mm]$ 단위로 계산할 수 있는 관계식을 유도하시오.

(b) 계자의 잇수는 $10[teeth/cm]$이며, 이동자의 잇수는 $8[teeth/cm]$인 리니어모터의 스텝 크기는 얼마이겠는가?

솔레노이드와 밸브

5.32 **자기밸브의 작용력**. 그림 5.115에 도시되어 있는 밸브구조에서 이동부에 가해지는 힘을 계산하려고 한다. 이 작동기는 외측 반경이 a인 원통형 구조를 가지고 있으며, 이동식 플런저의 반경은 b이다. 공극에서의 테두리 효과는 무시하며, 자속밀도는 일정하고, 공극표면과 수직 방향을 향한다고 가정한다. 코어와 플런저의 투자율은 매우 크다고 가정하며, 코일의 권선수 $N=300$, 전류 $I=1[A]$, 형상치수는 $a=25[mm]$, $b=10[mm]$, $l=2[mm]$, 그리고 $L=5[mm]$이다.

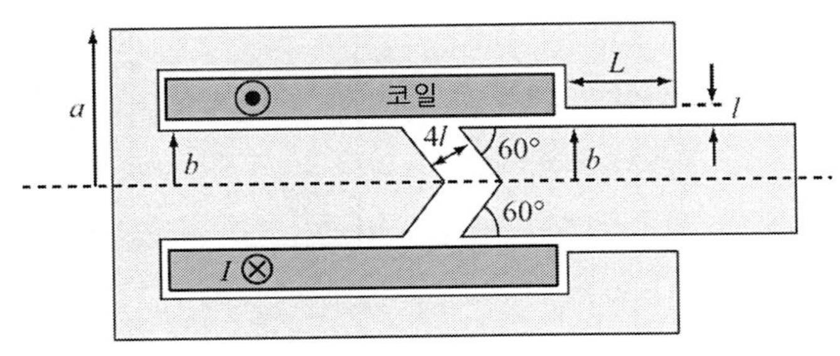

그림 5.115 자기밸브의 구조

5.33 **페인트 스프레이용 솔레노이드 작동기**. 분체도장용 페인트를 분무시키기 위해서 그림 5.116에 도시된 것과 같은 펌프가 사용된다. 이 펌프는 코일에 전류가 공급되면 공극이 닫히며, 전류가 차단되면 다시 공극이 열리는 방식으로 작동한다. 만일 교류전류가 공급된다면 자기장이 정현함수적으로 변하면서 한 주기당 두 번 자기장이 0이 되기 때문에 평판이 진동한다. 평판의 진동에 의한 피스톤의 짧은 왕복운동은 오리피스를 통해 저장탱크의 페인트를 분무시키기에 충분하다. 그림 5.116에서는 분무 메커니즘이 생략된 단순화된 구조만을 보여주고 있다. 실제의 장치에서는 평판의 한 쪽은 힌지로 지지되며, 다른 한 쪽은 복귀스프링으로 지지되어 있다. 코일의 권선수 $N=5,000$이며, 진폭 $I=0.1[A]$, 주파수 $f=60[Hz]$인 정현파 전류가 공급된다. 철심의 투자율은 매우 크며, 공극 $d=3[mm]$이다. 극편의 표면적은 공극을 형성하는 위치에서의 형상치수인 $a=40[mm]$, $b=20[mm]$에 의해서 결정된다. 모든 자속이 공극에 집중(극편면적 밖으로 누설되는 자속은 없다고 가정)된다고 가정하여 다음을 계산하시오.

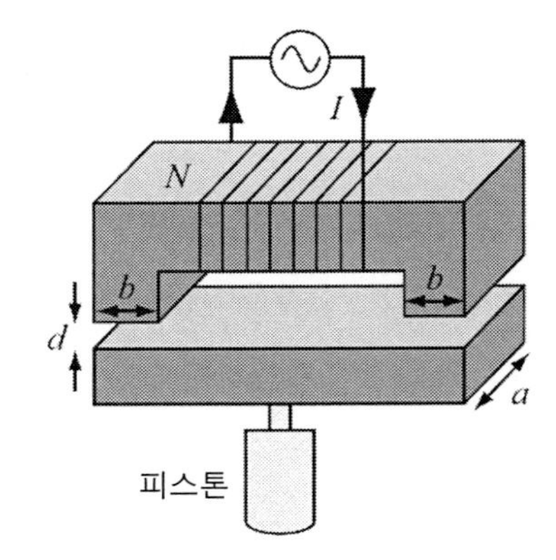

그림 5.116 분체도장용 스프레이 구동펌프 작동기

(a) 피스톤에 설치된 이동판에 가해지는 힘을 계산하시오.

(b) 공극이 $1[mm]$로 줄어들면 힘은 얼마가 되겠는가?

전압과 전류 센서

5.34 **전압과 전류 측정**. 차량용 $24[V]$ 전지는 다양한 시스템에 최대 $100[A]$의 전류를 공급할 수 있다. 전지와 차량의 전력소모를 감시하기 위해서, 저항의 전위차를 이용하여 간단한 출력전압 및 전류를 측정하는 방법이 제안되었다. 이를 위해서 그림 5.117에 도시되어 있는 것

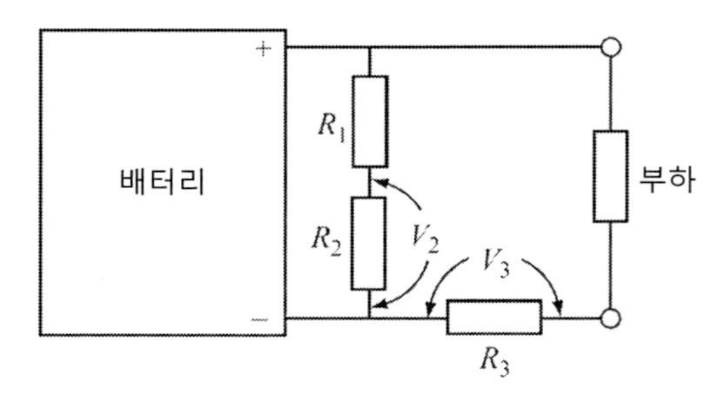

그림 5.117 전지의 출력전압과 전류측정

처럼, 출력단에 병렬로 전압분할기가 설치되었으며, 직렬로 전류측정용 저항[50]이 설치되었다. 전압측정을 위해서 디지털 전압계가 사용되었으며, 이 전압계의 최대 측정전압은 $200[mV]$이다. 이 전압계를 사용하여 최대전압과 전류를 직접 측정하여야 한다. 예를 들어, 송출전류가 $30[A]$인 경우에 전압계가 측정하는 V_3 전압은 $30[mV]$이다. 마찬가지로, 전지 전압이 $23[V]$인 경우에 전압계가 측정하는 V_2 전압은 $23[mV]$이다.

(a) 어느 저항도 $0.1[W]$ 이상을 소모하지 않는 최솟값으로 R_1과 R_2를 선정하시오.

(b) R_3 저항값과 이 저항이 필요로 하는 전력소비용량을 계산하시오

(c) 측정용 저항들에 의해서 부하측으로 송출되는 전력의 감소를 최대전력에 대한 백분율로 나타내시오.

(d) (a)에서 계산된 저항값들은 상업적으로 생산되지 않는다. 계산된 저항값을 가장 근접한 정수값으로 선정하기로 한다. 즉, 저항값이 $10[\Omega]$ 미만이면 저항값이 더 큰 쪽으로 가장 근접한 정수값, 저항값이 $100[\Omega]$ 미만이면 10보다 크며, 100보다는 작은 가장 근접한 저항값 등의 방식으로 선정한다. 이로 인하여 유발되는 전압측정 오차는 얼마인가?

5.35 **접지사고 회로차단기(GFCI).** 접지사고 회로차단기(GFCI)는 중요한 안전장치이다(누전차단기(RCD)라고도 부른다). 전류가 일반적으로 의도한 회로 밖(접지측)으로 흘러나가는 경우에는 감전사고가 발생할 우려가 있으므로 전력을 차단하기 위해서 사용된다. 그림 5.118에서는 이 장치의 개념을 보여주고 있다. 두 개의 도선들이 토로이드형 코일이나 로고스키 코일의 중앙을 통과하여 전기소켓이나 전기장치로 전력을 공급한다.

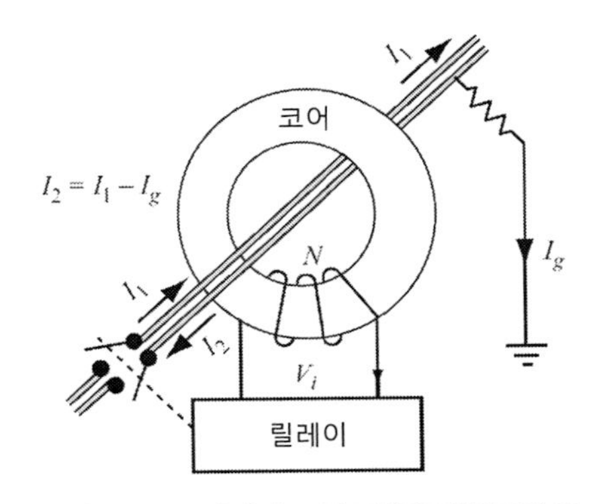

그림 5.118 접지사고 회로차단기(GFCI)용 센서의 작동원리

일반적으로 두 도선을 타고 흐르는 전류는 서로 동일하며 이들 두 도선에 연결된 코일에 의해서 유도되는 총전압은 서로 상쇄되어 전류센서의 출력전압은 $0[V]$를 유지한다. 만일

50) shunt resistor

누전이 발생하여 접지측으로 전류 I_g가 흘러나가면, 귀환측 도선을 타고 흐르는 전류가 감소하기 때문에 전류센서는 접지전류 I_g에 비례하여 출력전압이 생성된다. 만일 이 전류값이 설정값(전형적으로 5~30$[mA]$)을 초과하면, 유도전압에 의해서 회로가 차단된다. 이 장치는 다양한 위치에 설치되며, 물과 근접하여 설치(욕실이나 주방 등)되어 있는 전원단자에 주로 사용된다. **그림 5.118**에 개략적으로 도시되어 있는 접지사고 회로차단기(GFCI)에 대해서 살펴보기로 하자. 이 장치는 50$[Hz]$ 전원용으로 설계되었으며, 출력전압의 실효값이 100$[\mu V]$에 이르면 회로가 차단된다. 토로이드 코일의 평균직경 $a=30[mm]$이며, 단면직경 $b=10[mm]$이다.

(a) 로고스키 코일을 사용하는 경우에 필요한 권선수를 계산하시오. 접지누설전류가 25$[mA]$일 때에 차단기가 작동해야만 한다.

(b) 코일을 권선하는 코어 소재로 비투자율이 1,100인 강자성체 토러스를 사용하는 경우에, 접지누설전류가 25$[mA]$일 때에 회로를 차단시키기 위해서 필요한 권선수를 계산하시오.

5.36 **클램핑 전류계**. 대전류가 흐르는 도선을 절단한 후에 전류계를 설치하지 않고 전류를 측정하기 위해서 권선이 감겨 있는 토로이드의 중앙으로 도선을 통과시켜서 도선의 전류를 측정하는 방법을 사용할 수 있다. 이를 위해서, 힌지가 설치되어 여닫기가 가능한 토러스 구조가 사용된다(**그림 5.119**). 토러스에 감겨진 코일에 유도되는 전자기장 전위는 도선에 흐르는 전류에 비례한다.

(a) 도선을 통과하여 흐르는 실효전류와 코일에서 측정되는 전자기장의 실효전압 사이의 상관관계를 구하시오.

(b) 내경 $a=2[cm]$, 외경 $b=4[cm]$, 두께 $c=2[cm]$(토러스는 사각단면을 가지고 있다), 권선수 $N=200$회, 그리고 비투자율 $\mu_r=600$인 토러스를 사용하여 전류 $I=10[A]$, 주파수 $f=60[Hz]$인 정현파 전류를 측정하였을 때에 토러스에 유도되는 전자기장 전압의 최댓값(피크값)은 얼마인가?

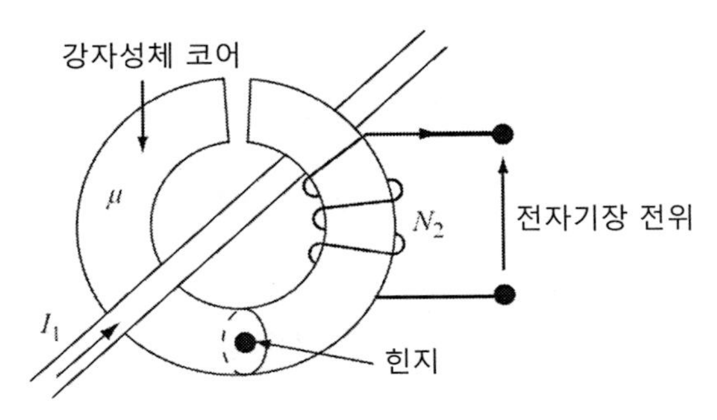

그림 5.119 클램핑 방식 전류계의 구조

5.37 **AC 전류센서**. 상용 전류센서들 중 한 가지 유형에서는 **그림 5.120**에 도시되어 있는 것처럼, 사각형의 코어를 사용한다. 코어의 중앙부 구멍을 관통하여 설치된 도선에 흐르는 전류를 측정(이런 유형의 센서는 전형적으로 고정형으로 사용된다)하기 위해서, 코어 둘레에 균일하게 감겨 있는 코일의 유도전압 또는 유도전류를 측정한다. 최대 측정범위 $100[A]$(실효값)에서 $100[\Omega]$ 부하저항의 유도전압이 $100[mV]$가 되도록 센서를 설계하려고 한다. 전류센서가 이상적인 변압기처럼 거동한다고 가정하여 2차 코일에 필요한 권선수를 계산하시오.

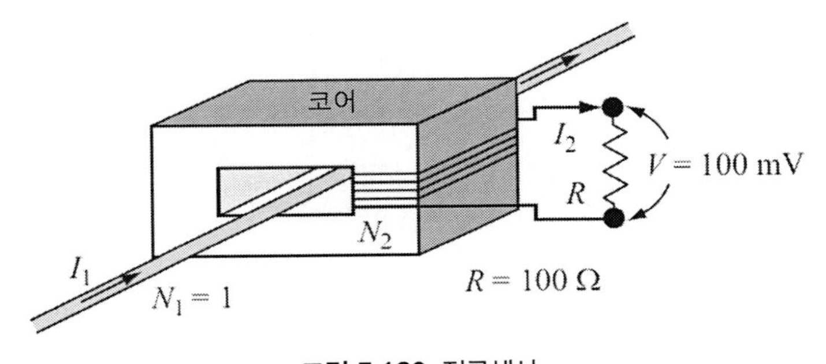

그림 5.120 전류센서

저항측정

5.38 **저항(가변저항기)형 연료탱크 게이지**. 그림 5.121과 같이 연료탱크 게이지가 제작되었다. 회전식 가변저항기는 330°의 회전범위에 대해서 저항값 $R = 100[k\Omega]$이 선형적으로 변한다(즉 가변저항이 330°만큼 회전할 수 있다). 잇수가 30개인 기어에 부표가 연결되어 있으며, 이 기어는 가변저항기 축에 설치된 잇수가 6개인 기어를 구동한다. 연료가 가득 찬 경우에 가변저항의 저항값이 0이 되도록 이 기계적인 링크기구가 설치되어 있다. 저항값이

어떻게 변하는지를 설명하기 위해서 그림에서는 3개의 부표위치를 표시하여 놓았다(연료가 가득 채워진 경우에 저항값은 0이며, 연료가 감소하면 저항값이 증가한다).

(a) 연료가 비어있는 경우부터, 1/4, 1/2, 3/4, 그리고 가득 차 있는 경우의 저항값을 계산하시오.

(b) (a)에서 계산한 점들을 사용하여 최적합직선과 센서의 최대 오차를 계산하시오. 왜 이 곡선이 비선형적인가에 대해서 설명하시오.

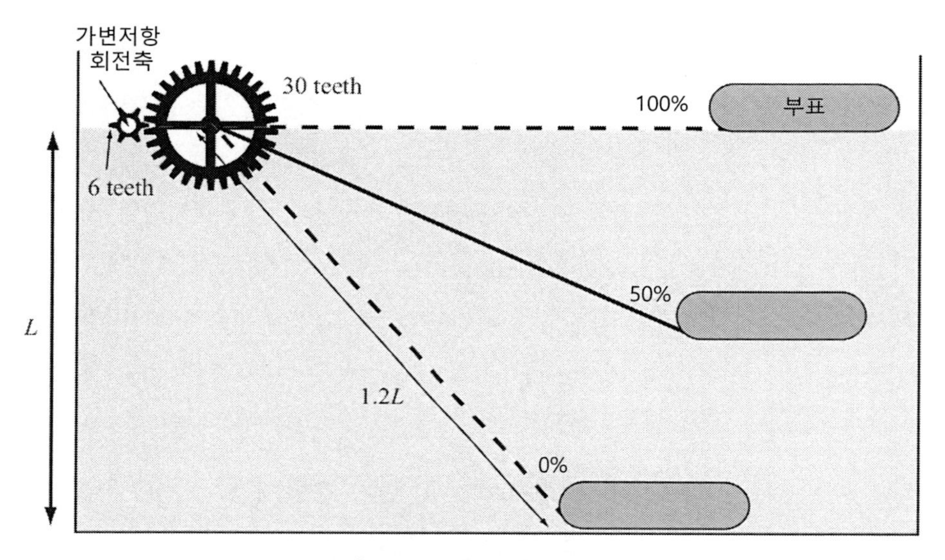

그림 5.121 저항형 연료게이지

5.39 **부식률 센서**. 부식에 노출되어 있는 구조물의 경우 구조물이 위험해지기 전에 미리 대응하기 위해서는 부식률을 측정하기 위한 수단이 필요하다. 한 가지 방법은 구조물과 동일한 소재로 만든 얇은 도선을 검사대상 구조물과 동일한 환경과 위치에 노출시켜 놓는 것이다. 부식률 c_r은 연간 부식깊이$[mm/year]$로 정의된다. 부식률 센서는 전기전도도 $\sigma[S/m]$, 길이 $L[m]$, 그리고 직경 $d[mm]$인 강철 도선으로 제작된다. 이 소자의 저항값을 지속적으로 모니터링하여 부식률과의 직접적인 연관성을 구한다.

(a) 부식률과 측정된 저항값 사이의 관계를 구하시오. 부식은 원주방향으로 균일하게 발생하며, 부식 생성물은 저항값 계산에서 제외된다.

(b) 온도변화를 어떤 방식으로 고려해야 하는지 논의하시오.

5.40 **조위센서**. 만조와 간조의 수위차이를 모니터링하기 위해서 그림 5.122에 도시된 것과 같은 간단한 형태의 센서가 제작되었다. 내경 $a = 100$ $[mm]$인 금속 튜브의 외경을 부도체 페인트로 코팅하여 해수가 튜브의 외경과는 접촉하지 못하도록 만들었다. 외경 $b = 40[mm]$인 금속 실린더를 직경이 큰 튜브 속에 설치하며, 절연재를 사용하여 두 튜브를 동심으로 정렬하여 바닷물 속에 담가 놓았다. 바닥에는 다수의 구멍들이 성형되어 있어서 해수는 튜브 사이의 공간으로 자유롭게 드나든다. 두 튜브 사이에는 전류계를 거쳐서 $1.5[V]$전지가 연결되어 있다.

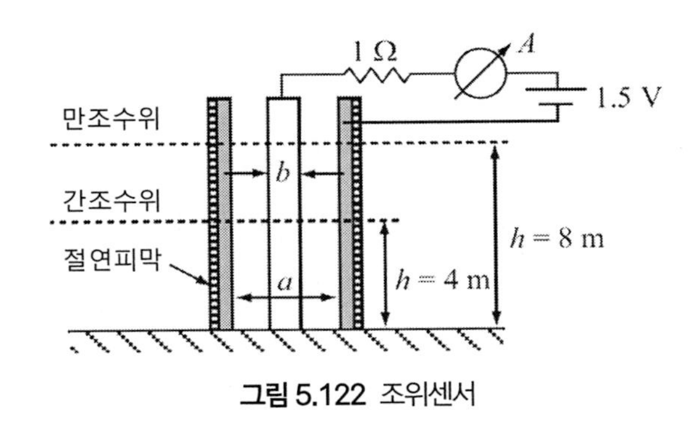

그림 5.122 조위센서

(a) 바닷물의 전기전도도 $\sigma = 4[S/m]$일 때에 그림에 도시된 만조수위와 간조수위에 대해서 전류계에서 측정되는 최대전류와 최소전류값을 계산하시오. 튜브는 완벽한 도체이며, 공기와 튜브가 설치된 해저면은 부도체라고 가정한다.

(b) 이 센서의 민감도를 계산하시오.

(c) 디지털 전류계에서 측정된 전류 $1[mA]$에 대한 해수면 높이의 분해능을 계산하시오.

5.41 **저항형 위치센서**. 그림 5.123에 도시되어 있는 것처럼 내측판이 좌우로 $12[cm]$을 움직일 수 있는 위치센서가 제작되었다. 이동부와 정지부는 모두 탄소 복합체로 제작되었으며 밀착접촉하고 있다. 이동부 막대의 길이는 정지부의 길이와 동일하다($15[cm]$). 탄소 복합체의 전기전도도 $\sigma = 100[S/m]$이다. 센서의 나머지 제원은 그림에 표시되어 있다.

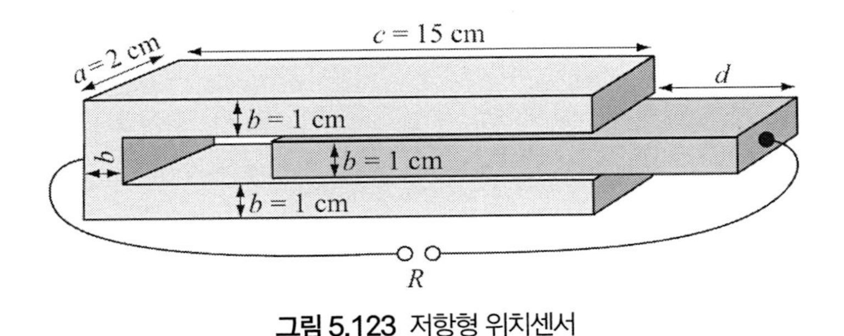

그림 5.123 저항형 위치센서

(a) 위치 d와 양단에서 측정된 저항값 R 사이의 관계식을 구하시오.

(b) 측정되는 최대($d = b + 12\,[cm]$) 및 최소($d = b\,[cm]$) 저항값을 계산하시오.

(c) 센서의 민감도를 구하시오.

(d) 센서를 개선하기 위해서, 폭 $a = 1\,[cm]$로 줄였으며, 두께 $b = 2\,[mm]$로 줄였다. 새로운 치수에 대해서 (b)와 (c)를 다시 계산하고 결과에 대해서 논의하시오.

CHAPTER

6

기계식 센서와 작동기

CHAPTER

6 기계식 센서와 작동기

☑ 손

손은 주변 환경과의 상호작용을 위한 인체의 주요 장기이다. 손은 작동기이자 센서로서, 자세히 살펴볼수록 놀라운 장기이다. 작동기로서의 손은 27개의 뼛조각들로 이루어지는데, 14개는 손가락 또는 손가락 골격(엄지손가락은 두 개의 뼛조각으로 이루어지며, 나머지 손가락들은 3개의 뼛조각들로 이루어진다), 5개는 손바닥(중수골), 그리고 8개는 손목(수근골)을 구성한다. 인간의 손은 이 뼛조각들이 이루는 구조와, 일련의 근육 및 인대들의 상호연결을 통해서 이루어지며, 다른 어떤 동물들도 범접할 수 없는 유연성과 기능성을 갖추고 있다. 유인원, 원숭이 그리고 여우원숭이도 인간과 유사한 손을 가지고 있으며, 코알라와 같은 동물은 나무에 오르기 편하도록 엄지손가락이 반대쪽에 붙어 있다. 하지만 어떤 동물의 손들도 인간의 손만큼 유연성을 갖추고 있지는 못하다. 손가락과 손바닥 사이, 손바닥과 손목 사이, 손목과 팔 사이의 뼈들을 움직일 수 있다. 팔꿈치와 어깨의 움직임과 더불어서, 손은 다축 작동기로서 놀랄 만큼 섬세하며 운동범위를 가지고 있다. 손은 촉각 센서이기도 하다. 특히 손끝에는 신경말단들이 조밀하게 자리 잡고 있다. 이 신경들은 직접 접촉을 통한 감지기능을 하며, 물체의 조작에 대한 피드백을 제공해준다. 각각의 손들은 각각 반대쪽에 위치한 뇌반구(왼손은 우뇌, 오른손은 좌뇌)에 의해서 제어된다. 이는 눈이나 다리를 포함하여 쌍을 이루는 여타의 장기들도 마찬가지이다.

피부의 감지능력

피부는 인체의 가장 큰 장기로서, 인체 전체를 평균 $2\text{~}3[mm]$ 두께의 층으로 덮고 있으며, 평균 면적은 $2[m^2]$에 이른다. 다른 장기들처럼 피부도 여러 가지 기능들을 갖추고 있다. 유기물들이 체내로 침투하는 것을 방지하는 보호층으로 작용하며, 수분의 손실을 막아주고, 비타민 D를 흡수한다. 피부는 또한 멜라토닌이 자외선을 흡수하여 유해한 복사광선으로부터 인체를 보호해주고, 산소를 흡수하며, 약간의 화학물질들을 배출한다. 중요한 기능은 땀 배출 메커니즘과 (표피라고 부르는 얇고 외부에서 보이는 피부층 바로 아래의) 피하혈관을 통한 체온조절과 단열이다. 여기서 특히 관심대상은 피부의 감지기능이다. 피부에 위치하는 신경말단들은 위치마다 민감도가 서로 다르기는 하지만 냉열온도, 압력, 진동 및 손상(부상)을 감지한다. 피부가 유일한 감지기관은 아니지만, 자극이 가해지는 위치를 감지하는 능력은 매우 훌륭하며 아주 정확하다. 이를 통해서 넓은 피부면적 전체에 대해서 자극이 가해지는 위치를 정확히 알아낼 수 있다.

6.1 서언

기계식 센서에는 다양한 원리들에 기초한 수많은 센서들이 포함된다. 하지만 여기서는 힘 센서, 가속도계, 압력센서 그리고 자이로스코프센서의 네 그룹으로 나누어 살펴볼 예정이다. 이들은 기계적인 양들을 직접 또는 간접적으로 측정하기 위해서 사용되는 대부분의 원리들을 포함하고 있다. 이 센서들 중 일부는 기계적인 양과는 무관한 것처럼 보이는 용도에 사용되고 있다. 예를 들어, 기체의 체적팽창을 통해서 온도를 측정할 수 있다(3장에서 공압식 온도계에 대해서 살펴보았다). 고전적인 기계식 센서인 스트레인게이지를 사용하여 기체의 팽창을 측정할 수 있다. 이 사례에서는 온도를 간접적으로 측정하기 위해서 변형률 센서를 사용하였다. 반면에 일부 기계식 센서들은 운동이나 힘을 활용하지 않는다. 이런 사례로는 이 장의 뒷부분에서 살펴볼 광섬유 자이로스코프가 있다.

6.2 정의와 단위계

변형률[1](무차원)은 단위길이를 가지고 있는 시편의 길이변화율로 정의된다. 변형률은 비율(즉, 0.001)이나 백분율(즉 0.1[%])을 사용하여 나타낸다. 때로는 마이크로변형률(즉, $[\mu m/m]$)을 사용하기도 한다. 변형률에는 일반적으로 ε을 부호로 사용한다. 이 부호는 전기 유전율과 동일하기 때문에, 이 부호를 사용하는 경우에는 부호가 무엇을 의미하는지를 명확하게 밝혀야만 한다.

응력[2]은 소재 내에 부가되는 압력$[N/m^2]$이다. 응력에는 σ를 부호로 사용한다. 전기전도도 역시 동일한 부호를 사용하기 때문에, 혼동할 우려가 있다는 점에 유의하여야 한다.

탄성계수[3]는 응력과 변형률 사이의 비율이다. 즉, 후크의 법칙에 따르면, $\sigma = \varepsilon E$의 관계를 가지고 있으며, E를 탄성계수라고 부른다. 탄성계수를 종종 **영계수**[4]라고도 부르며, 압력$[N/m^2]$의 단위를 가지고 있다.

기체상수[5] 또는 **이상기체상수**[6]는 볼츠만상수와 등가이다. 볼츠만상수는 개별입자의 단위온도

1) strain
2) stress
3) modulus of elasticity
4) Young's modulus
5) gas constant
6) ideal gas constant

상승에 필요한 에너지를 나타내는 반면에, 기체상수는 $1\,[mol]$의 기체를 단위온도만큼 상승시키기 위해서 필요한 에너지를 나타낸다. 기체상수는 R을 부호로 사용하며, $8.3144621\,[J/mol/K]$의 값을 갖는다.

비기체상수[7]는 기체상수를 기체의 분자량으로 나눈 값이다. 비기체상수에는 $R_{specific}$ 또는 R_S를 부호로 사용한다. 공기의 비기체상수값은 $287.05\,[J/kg/K]$이다.

압력[8]은 단위면적당 작용하는 힘$[N/m^2]$이다. 압력의 SI 유도단위는 파스칼($1\,[Pa] = 1\,[N/m^2]$)이다. 파스칼은 매우 작은 단위값이므로 킬로파스칼($[kPa] = 10^3\,[Pa]$)이나 메가파스칼($[MPa] = 10^6\,[Pa]$)을 일반적으로 사용한다. 이외에도 자주 사용하는 압력단위로는 바($1\,[bar] = 0.1\,[MPa]$)와 토르($1\,[torr] = 133\,[Pa]$)가 있다. 또한, 저압에 대해서는 밀리바($1\,[mbar] = 1.333\,[torr] = 100\,[Pa]$)와 마이크로바($1\,[\mu bar] = 0.1\,[Pa]$)가 사용된다. 일반에서는 대기압 $[atm]$ 단위도 사용된다. 대기압은 해발높이에서 온도는 4[°C]이며 높이는 $1\,[m]$(정확한 값은 $1.032\,[m]$)인 물기둥이 $1\,[cm^2]$의 면적에 가하는 압력으로 정의된다. 물기둥의 높이나 수은기둥의 높이를 사용하여 대기압을 나타내는 방법은 서로 완전히 등가이다. 토르[단위][9]는 (0[°C], 대기압하에서) 높이가 $1\,[mm]$인 수은기둥이 가하는 압력으로 정의된다. $[mmHg]$나 $[cmH_2O]$는 SI 단위가 아니지만, 여전히 사용되고 있으며, 특정한 경우에는 주 단위로 사용되기도 한다. 예를 들어 혈압은 주로 $[mmHg]$ 단위를 사용하여 표시한다. 반면에 가스기기에서 가스압력을 나타내기 위해서는 $[cmH_2O]$ 단위가 사용된다. $1\,[mmHg]$는 온도가 0[°C]이며(이때의 수은 밀도는 $13.5951\,[g/cm^3]$) 높이는 $1\,[mm]$인 수은기둥이 만들어내는 압력이다. 이때에 중력가속도는 $9.80665\,[m/s^2]$이라고 가정한다. 이와 마찬가지로, $1\,[cmH_2O]$는 온도가 4[°C]이며 밀도는 $1.004514556\,[g/cm^3]$이고, 높이는 $1\,[cm]$인 물기둥이 만들어내는 압력이다. 이때의 중력가속도는 $9.80665\,[m/s^2]$이라고 가정한다. 미국에서는 일반적으로 비표준 압력단위인 제곱인치당 파운드값($1\,[psi] = 6.89\,[kPa] = 0.068\,[atm]$)을 일반적으로 사용한다.

표 6.1에서는 일반적으로 사용되는 압력 단위계들과 이들 사이의 변환계수를 보여주고 있다.

---

7) specific gas constant

8) pressure

9) 에반젤리스타 토리첼리(Evangelista Torricelli)의 이름에서 따온 단위이다.

표 6.1 주로 사용되는 압력단위들과 이들 사이의 변환계수

	$[Pa]$	$[atm]$	$[torr]$	$[bar]$	$[psi]$
$[Pa]$	1	9.869×10^{-6}	7.7×10^{-3}	10^{-5}	1.45×10^{-4}
$[atm]$	101,325	1	760	1.01325	14.7
$[torr]$	133.32	1.315×10^{-3}	1	1.33×10^{-3}	0.01935
$[bar]$	100,000	0.986923	750	1	14.51
$[psi]$	6,890	0.068	51.68	0.0689	1

주의: 대기압력(공기) 단위로 밀리바$[mbar]$ 단위를 자주 사용한다. 해발고도에서의 일반적인 대기압력은 1,013 $[mbar](1[atm]=101.325[kPa]=14.7[psi])$이다. 그런데 이들 중 어느 것도 SI 단위계가 아니다. 올바른 단위는 파스칼$[Pa]$뿐이다.

압력 및 압력측정용 센서에서는 진공이라는 개념이 자주 사용되고 있으며, 때로는 이를 별도의 물리량으로 취급하기도 한다. 진공은 압력이 없다는 뜻이지만, 일반적으로는 대기압보다 낮은 압력을 나타낸다. 따라서 누군가가 진공값으로 큰 값의 $[Pa]$나 $[psi]$를 언급한다면, 이는 대기압보다 그만큼 낮은 압력이라는 뜻으로 이해해야 한다. 이런 방식으로 진공압력을 나타내는 것이 편하기는 하지만 엄밀하게 말해서는 올바른 방법이 아니며, 표준단위계에서 이런 방식을 사용하지도 않기 때문에 사용해서는 안 된다. 예를 들어, $10,000[Pa]$의 압력을 진공압력 $91,325[Pa]$ $(=101,325-10,000)$라고 표기해서는 안 된다.

6.3 힘 센서

6.3.1 스트레인게이지

스트레인게이지는 주로 힘을 측정하기 위해서 사용된다. 이름이 의미하듯이 스트레인게이지는 변형률을 측정하지만, 변형률은 응력, 힘, 토크와도 관계되어 있으며, 이외에도 변위, 가속도 또는 위치와 같은 값들을 측정할 수 있다. 적절한 변환방법들을 활용하면 심지어는 온도나 수위와 같은 여타의 수많은 물리량들도 측정할 수 있다.

모든 스트레인게이지들은 저항소재(주로 금속과 반도체)의 길이변화에 따른 저항값 변화에 기초하고 있다. 이를 자세히 살펴보기 위해서, 길이 L, 전기전도도 σ, 그리고 단면적이 A인 금속도선의 저항값에 대해서 살펴보기로 하자.

$$R=\frac{L}{\sigma A}\ [\Omega] \tag{6.1}$$

이를 로그식으로 나타내 보면,

$$\log R = \log\left(\frac{1}{\sigma}\right) + \log\left(\frac{L}{A}\right) = -\log\sigma + \log\left(\frac{L}{A}\right) \tag{6.2}$$

양변을 미분하면,

$$\frac{dR}{R} = \frac{d\sigma}{\sigma} + \frac{d(L/A)}{L/A} \tag{6.3}$$

따라서 소재의 전기전도도 변화와 도전체의 변형이라는 두 가지 원인에 의해서 저항값이 변한다는 것을 알 수 있다. 미소변형에 대해서는 우변의 두 항들 모두 변형률 ε에 대해서 선형적 특성을 가지고 있다. 이들 두 항들(즉, 전기전도도의 변화와 변형)을 하나로 묶어서 다음과 같이 나타낼 수 있다.

$$\frac{dR}{R} = g\varepsilon \tag{6.4}$$

여기서 g는 스트레인게이지의 민감도로서 **게이지율**[10]이라고도 부른다. 주어진 스트레인게이지에 대해서 이 값은 상수로서, 대부분의 금속소재 스트레인게이지들은 2~6이며, 반도체 스트레인게이지들은 40~200의 값을 갖는다. 이 방정식은 스트레인게이지의 저항값 변화와 스트레인게이지에 부가된 변형률 사이의 선형적인 상관관계를 나타내는 단순한 관계식이다.

스트레인게이지에 인장력이 부가된 경우에는 저항값이 증가하며 압축력이 부가된 경우에는 저항값이 감소한다. 그러므로 스트레인게이지의 변형률과 저항값 사이에는 다음의 관계식이 성립된다.

$$R(\varepsilon) = R_0(1 + g\varepsilon) \ \ [\Omega] \tag{6.5}$$

여기서 R_0는 변형률이 없는 경우의 저항값이다. 논의를 더 진행하기 전이 응력과 변형률, 그리고 이들 사이의 상관관계에 대해서 살펴보기로 하다. 그림 6.1에 주어진 도전체에 길이방향으로 힘을 가하면, 도체 내에는 다음과 같은 응력이 생성된다.

$$\sigma = \frac{F}{A} = E\frac{dL}{L} = E\varepsilon \ \ [N/m^2] \tag{6.6}$$

10) gauge factor

스트레인게이지는 금속 및 (반도체를 포함한) 금속합금들로 만들어지므로, 이들은 온도에도 영향을 받는다. 만일 식 (6.5)의 저항값이 기준온도 T_0에 대해서 계산된 값이라고 한다면, 식 (3.4)를 사용하여 센서의 저항값을 다음과 같이 온도의 함수로 나타낼 수 있다.

$$R(\varepsilon,\ T) = R(\varepsilon)(1+\alpha[T-T_0]) = R_0(1+g\varepsilon)(1+\alpha[T-T_0])\ \ [\Omega] \tag{6.7}$$

여기서 α는 스트레인게이지 저항소재의 저항온도계수(TCR)값이다(표 3.1 참조). 위 식에 따르면, 온도와 변형률 효과는 서로 곱해지기 때문에, 스트레인게이지는 필연적으로 온도변화에 민감하게 반응한다.

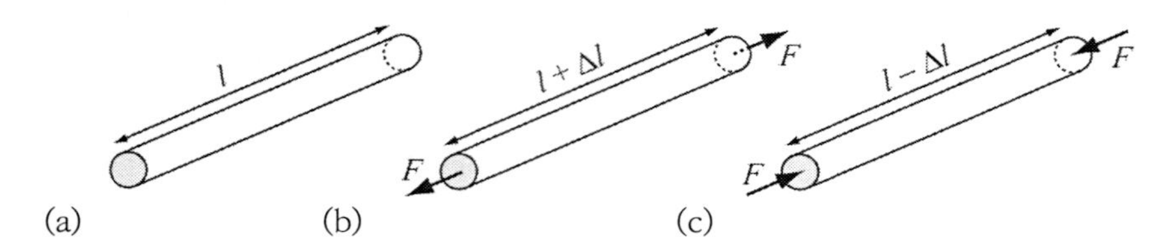

그림 6.1 (a) 길이 L, 단면적 A, 그리고 전기전도도는 σ인 도선. (b와 c) 도선에 힘을 가하면 응력과 변형률이 유발된다.

다양한 종류와 형태의 스트레인게이지들이 사용되고 있다. 사실 모든 소재, 소재조합을 사용하여 제작한 다양한 구조의 스트레인게이지들에 변형이 일어나면 저항값(또는 해당 물질의 다른 성질)이 변한다. 그런데 여기서 우리는 현재 사용되고 있는 두 가지 유형의 스트레인게이지인 도선형 스트레인게이지와 반도체형 스트레인게이지에 대해서만 살펴볼 예정이다. **그림 6.2**에서는 두 개의 접점들 사이를 연결하고 있는 특정한 길이의 금속 도선으로 이루어진 가장 단순한 형태의 스트레인게이지를 보여주고 있다. 이 접점들 사이에 힘이 가해지면, 도선이 늘어나면서 도선의 저항값이 변한다. 비록 과거부터 사용되어왔던 이 방법이 여전히 유효하지만, 구조나 변형률 측정이 필요한 시스템에 부착하는 문제, 그리고 저항값의 변화량(매우 작다) 등의 측면에서 매우 비효율적이다. 따라서 **그림 6.3**에 도시된 것과 같이 (플라스틱이나 세라믹 등의) 절연성 모재의 표면에 도전성 물질을 증착한 다음에 이를 식각하여 길고 구절양장 형태로 제작된 더 실용적인 스트레인게이지가 사용되고 있다. 콘스탄탄(구리 60[%]와 니켈 40[%]로 이루어진 합금)은 저항온도계수(TCR) 값(표 3.1 참조)이 무시할 수준이기 때문에 가장 일반적으로 사용되는 소재이다. 고온이나 특수한 용도에 대해서는 다양한 소재들이 사용되고 있다. **표 6.2**에서는 스트레인게이지에 사용되는 일부 소재들의 게이지율을 포함한 물성값들을 보여주고 있다.

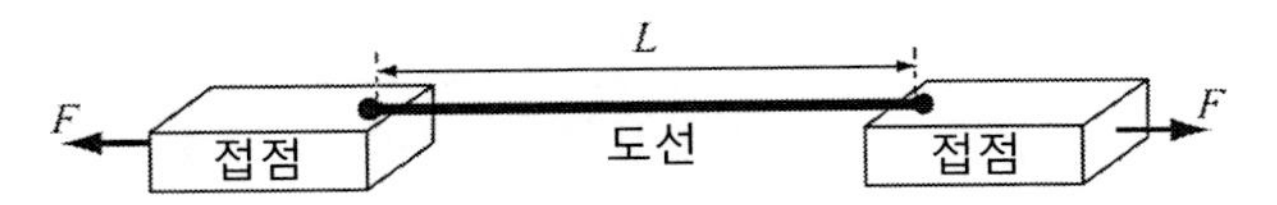

그림 6.2 기본적인 도선형 스트레인게이지의 사례(비접착형 스트레인게이지라고도 부른다)

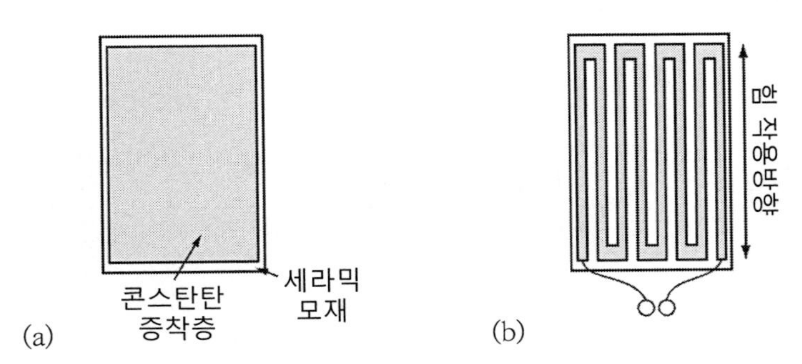

그림 6.3 저항형 스트레인게이지의 일반적인 형태. 콘스탄탄은 저항온도계수값이 매우 작기 때문에 일반적으로 사용되는 소재이다. (a) 모재 표면에 증착된 콘스탄탄. (b) 콘스탄탄 박막을 식각하여 스트레인게이지를 제작한다.

표 6.2 저항식 스트레인게이지의 종류와 특성

소재	게이지율	저항률 $[\Omega \cdot mm^2/m]$ 20[°C]	저항온도계수 $\times 10^{-6}[K]$	열팽창계수 $\times 10^{-6}[K]$	최고작동온도 [°C]
콘스탄탄(Cu60Ni40)	2.0	0.5	10	12.5	400
니크롬(Ni80Cr20)	2.0	1.3	100	18	1,000
망가닌(Cu84Mn12Ni4)	2.2	0.43	10	17	
니켈	−12	0.11	6,000	12	
니크롬(Ni65Fe25Cr10)	2.5	0.9	300	15	800
백금	5.1	0.1	2,450	8.9	1,300
엘린바(Fe55Ni36Cr8Mn0.5)	3.8	0.84	300	9	
백금-이리듐(Pt80Ir20)	6.0	0.36	1,700	8.9	1,300
백금-로듐(Pt90Rh10)	4.8	0.23	1,500	8.9	
비스무스	22	1.19	300	13.4	

주의:

1. 스트레인 게이지에 여타의 특수합금들이 사용된다. 여기에는 백금-텅스텐(Pt92W08), 등전위합금(Fe55.5Ni36Cr08Mn05), 카르마(Ni74Cr20Al03Fe03), 아머 D(Fe70Cr20Al10), 그리고 모넬(Ni67Cu33) 등이 포함된다.
2. 이 소재들은 특수한 용도에 사용된다. 예를 들어 등전위합금은 온도 민감성이 매우 높지만, 동적인 응력/변형률의 측정에 뛰어난 성능을 가지고 있다. 백금 스트레인게이지는 고온용으로 사용된다.
3. 대부분의 스트레인게이지들은 온도보상이 반드시 필요하다.

단순히 다수의 게이지들을 사용하거나, 다축 변형률에 대해서 민감한 구조로 스트레인 게이지를 제작하여 다중축 변형률 측정에 스트레인게이지를 사용할 수 있다. 그림 6.4에서는 현재 사용되고 있는 다양한 형상의 스트레인게이지들을 보여주고 있으며, 그림 6.7에서는 두 가지 상용 스트레인게이지들을 보여주고 있다.

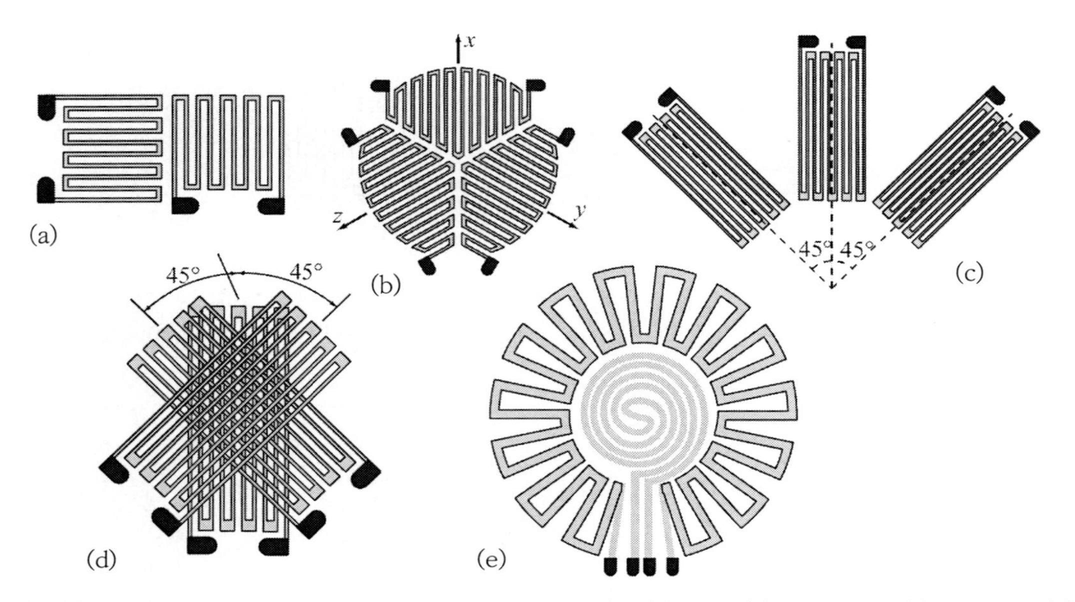

그림 6.4 서로 다른 목적에 사용되는 다양한 구조의 스트레인게이지들. (a) 2축형. (b) 120° 로제트. (c) 45° 로제트. (d) 45° 적층형. (e) 맴브레인 로제트

6.3.2 반도체식 스트레인게이지

반도체식 스트레인게이지들도 도전체를 사용하는 스트레인 게이지와 동일한 방식으로 작동하지만 이들의 구조와 특성은 다르다. 우선, 반도체의 게이지율은 금속보다 훨씬 더 큰 값을 가지고 있다. 두 번째로, 비록 허용 최대변형률은 금속보다 작지만 식 (6.1)에 제시되어 있는 변형률에 의한 전기전도도의 변화는 금속보다 훨씬 더 크다. 반도체 스트레인게이지는 전형적으로 금속 게이지들에 비해서 크기가 작지만 많은 경우, 온도변화에 대해서 더 민감하게 반응한다(따라서 게이지 내에 온도보상 수단이 함께 구비되어 있다). 모든 반도체 소재들은 변형률에 의해서 저항값이 변한다. 하지만 진성반도체의 성질이 우수하고 생산이 용이한 실리콘이 가장 일반적으로 사용된다. 모재에 도핑물질(p-형 반도체의 경우에는 붕소, n-형 반도체의 경우에는 비소)들을 확산시켜서 필요한 기본 저항값을 얻는다. 모재는 실리콘 칩에서 변형률이 발생하는 수단으로

사용되며, 소자의 양단에 금속을 증착하여 접점으로 사용한다. 그림 6.5 (a)에서는 반도체식 스트레인게이지의 구조를 보여주고 있다. 하지만 실제로는 매우 다양한 형상과 구조로 제작된다. 다중요소 게이지를 포함하는 이들 중 일부가 그림 6.5 (b)~(f)에 도시되어 있다. 반도체 스트레인게이지의 작동온도범위는 약 150[°C] 이하로 제한된다.

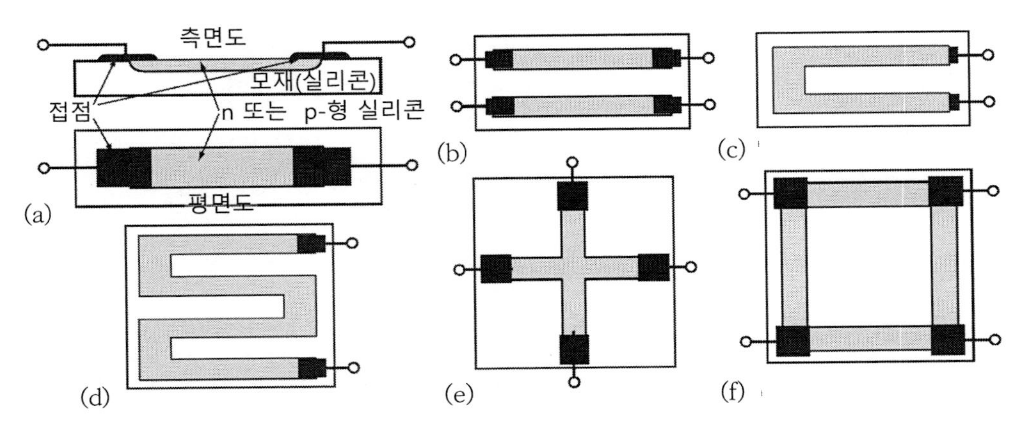

그림 6.5 (a) 반도체 스트레인게이지의 구조. (b~f) 다양한 구조의 반도체식 스트레인게이지

도체식과 반도체식 스트레인게이지 사이의 가장 큰 차이점은 반도체식 스트레인 게이지는 비선형 소자로서 전달함수는 전형적으로 다음과 같은 2차식의 형태를 가지고 있다.

$$\frac{dR}{R} = g_1\varepsilon + g_2\varepsilon^2 \tag{6.8}$$

비록 일부의 용도에서는 이 비선형성이 문제가 되지만, 민감도가 높다는 것(게이지율이 40~200에 달한다)은 중요한 장점이다. 그림 6.6에서와 같이 p-형 반도체와 n-형 반도체는 각각, PTC-형과 NTC-형 게이지의 거동을 갖는다.

반도체식 스트레인게이지는 도핑률(농도 또는 나르개밀도), 반도체의 종류, 온도, 방사능, 압력, 광선강도(빛에 노출된 경우) 등을 포함하여 수많은 인자들에 영향을 받는다. 온도변화와 같은 일반적인 인자들이 출력값의 변화에 끼치는 영향이 변형률의 영향과 동일한 수준에 달하여 수용할 수 없는 결과를 초래하기 때문에 이를 보상해야 한다.

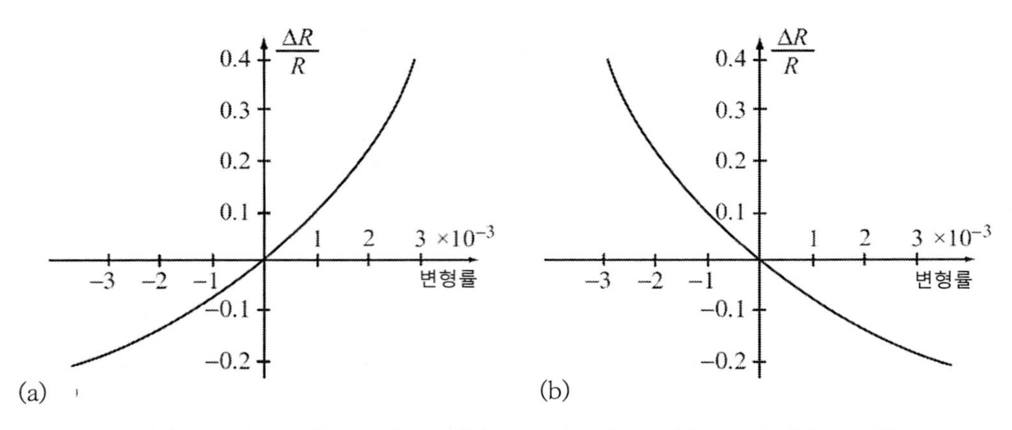

그림 6.6 p-형 및 n-형 반도체 스트레인게이지의 전달함수. (a) PTC형. (b) NTC형

6.3.2.1 활용방법

스트레인게이지를 센서로 사용하기 위해서는 힘에 반응하도록 만들어야만 한다. 이를 위해서 변형률을 측정할 부재의 표면에 스트레인게이지를 접착한다. 일반적으로 스트레인게이지 제조업체나 전문업체에서는 소재와 용도에 따라서 서로 다른 유형의 특수 접착제를 공급하고 있다. 스트레인게이지는 엔진축과 같은 부재의 굽힘 변형률, 비틀림(비틀림과 전단) 변형률, 길이방향 인장/변형(축방향 변형률), 교량의 부하, 트럭의 무게 등을 측정하기 위해서 사용된다. 압력, 토크, 가속도와 같이 변형률(또는 힘)과 관련된 모든 물리량들을 직접 측정할 수 있다. 여타의 다양한 물리량들도 간접적으로 측정할 수 있다.

스트레인게이지의 특성은 유형과 용도에 따라서 서로 다르다. 하지만 대부분의 금속 게이지들은 $100\sim1,000[\Omega]$의 공칭 저항값을 가지고 있으며(이보다 높거나 낮은 저항값도 적용 가능하다), 게이지율은 $2\sim5$의 범위를 가지고 있다. 외형 크기는 $3\times3[mm^2]$에서부터 길이가 $150[mm]$를 넘는 것들도 있다. 필요하다면 거의 모든 크기로 제작할 수 있다. $45°$, $90°$ 및 $120°$ 각도와 다이아프램, 그리고 여타의 특수한 구조의 로제트(다중축 스트레인게이지)들이 공급되고 있다(그림 6.4 참조). 전형적인 민감도는 $5[m\Omega/\Omega]$이며, 변형률은 $2\sim3[\mu m/m]$ 수준이다. 반도체식 스트레인게이지는 대부분의 금속식 스트레인게이지들보다 크기가 작으며, 높은 저항값을 갖도록 만들 수 있다. 반도체식 스트레인게이지는 사용온도에 한계가 있기 때문에 낮은 온도로 사용이 제한되지만, 금속식 스트레인게이지에 비해서 훨씬 값이 싸기 때문에 광범위하게 사용되고 있다. 반도체식 스트레인게이지는 주로 가속도계나 로드셀과 같은 센서에 매립되어 사용되고 있다.

6.3.2.2 오차

스트레인게이지에서는 다양한 오차들이 발생한다. 첫 번째는 온도에 의한 오차이다. 특히 반도체의 경우에 저항값은 변형률과 마찬가지로 온도에 영향을 받는다. 일부 금속식 게이지의 경우에는 저항온도계수가 작은 소재들을 세심하게 선정하기 때문에 온도의 영향이 작다. 그렇지 않은 경우에는 온도의 영향이 증가하며, 반도체의 경우에는 소자 내부에 온도보상 수단을 설치하거나 별도의 온도보상기를 사용한다. 식 (6.7)에서는 온도의 영향에 대한 일반식이 제시되어 있다(예제 6.2 참조). 이런 이유 때문에 스트레인게이지의 공칭저항값은 기준온도 T_0에 대해서 제시된다(일반적으로 기준온도는 $23[°C]$이다. 하지만 이를 임의의 온도로 변화시킬 수 있다).

오차의 또 다른 원인은 측면방향 변형률이다(즉, 그림 6.3의 주축방향과 직각방향으로 발생하는 변형률). 이 변형률과 이로 인한 저항값의 변화는 측정에 영향을 끼친다. 이런 이유 때문에, 스트레인게이지는 일반적으로 한 쪽 방향의 치수가 다른 쪽 방향보다 훨씬 더 큰 홀쭉한 형태로 제작된다. 반도체식 스트레인게이지는 센서의 치수가 매우 작기 때문에 측면방향 민감도(또는 교차 민감도)가 매우 낮아서 이런 측면에서 특히 유리하다. 세 번째 오차의 원인은 변형률 자체에 의한 것이다. 시간이 지남에 따라서 게이지에는 영구적인 변형이 일어난다. 이 오차는 주기적인 재교정을 통해서 제거할 수 있으며, 허용 최대변형률을 해당 소자의 추천 값보다 작게 관리하면 저감할 수 있다. 추가적인 오차의 원인들에는 접착공정과 반복응력에 의한 소재의 늘어짐(심지어는 파손) 등이 있다. 대부분의 스트레인게이지들에는 반복수명 한곗값(예를 들어 $10^6[cycle]$ 또는 $10^7[cycle]$ 등)과 최대 변형률(전형적으로 도전체 스트레인게이지는 $3[\%]$, 반도체 스트레인게이지는 $1\sim2[\%]$)이 제시되어 있으며, 최적의 성능을 보장받기 위해서 특정 소재(알루미늄, 스테인리스강, 탄소강) 표면에 사용하는 경우의 온도특성이 제시되기도 한다. 브리지 구조로 사용하는 경우에 구현되는 전형적인 정확도는 $0.2\sim0.5[\%]$이다.

예제 6.1 스트레인게이지

그림 6.7에 도시되어 있는 것과 유사한 스트레인게이지가 제작되었으며, 구체적인 형상치수들은 그림 6.8에 제시되어 있다. 이 게이지의 두께는 $5[\mu m]$이다. 센서는 온도의 영향을 저감하기 위해서 콘스탄탄으로 제작되었다.

(a) 변형률이 없는 경우에 $25[°C]$에서 센서의 저항값을 계산하시오.

(b) 센서에 힘이 부가되어 0.001의 변형률이 발생하였을 때의 저항값을 계산하시오.

(c) (a)와 (b)의 결과로부터 게이지율을 산출하시오.

풀이

(a) 구절양장형 도선의 저항값은 식 (6.1)과 표 6.2에 제시되어 있는 콘스탄탄에 대한 데이터값을 사용하여 계산할 수 있다. 20[°C]에서의 전기전도도는 $2\times10^{6}[S/m]$이다(전기전도도는 저항값의 역수이다). 도선의 총 길이는

$$L=10\times0.025+9\times0.0009=0.2581[m]$$

그리고 도선의 단면적은

$$S=0.0002\times5\times10^{-6}=1.0\times10^{-9}[m^{2}]$$

20[°C]에서의 저항값은

$$R=\frac{L}{\sigma S}=\frac{0.2581}{2\times10^{6}\times1\times10^{-9}}=129.05[\Omega]$$

식 (3.4)에 콘스탄탄의 저항온도계수값(표 3.1에 따르면 1×10^{-5})을 대입하여 25[°C]에서의 게이지 저항값을 계산한다.

$$R(25^{o}C)=R_{0}(1+\alpha[T-T_{0}])\ \ [\Omega]$$

여기서 $T_{0}=20$[°C]이며, R_{0}는 20[°C]에서 스트레인게이지의 저항값이다.

$$R(25°C)=129.05(1+1\times10^{-5}[25-20])=129.05\times1.00005$$
$$=129.05[\Omega]$$

저항온도계수값이 매우 작기 때문에 작은 온도변화에 대해서는 저항값이 거의 변하지 않는다는 것을 알 수 있다.

(b) 변형률은 소재의 변화된 길이를 소재의 원래 길이로 나눈 값이다. 그런데 스트레인게이지의 수평방향 도선 요소들만이 변형률에 의한 저항값의 변화에 영향을 끼친다. 이 요소들의 총 길이 $L=0.25[m]$이다.

$$\varepsilon=\frac{\Delta L}{L}=0.001\ \rightarrow\ \Delta L=0.001\times L=0.001\times0.25=0.00025[m]$$

따라서 변형률 측정에 기여하는 총길이는 0.25025[m]이다. 소재의 체적은 일정하게 유지되기 때문에 도선요소의 단면적도 변한다. 변형전의 소재 체적 $v_{0}=LS$이므로,

$$S' = \frac{v_0}{L+\Delta L} - \frac{LS}{L+\Delta L} = \frac{0.25\times 1.0\times 10^{-9}}{0.25025} = 9.99\times 10^{-10}[m^2]$$

감소된 단면적을 고려하여 스트레인게이지의 저항값을 계산해보면,

$$R_g = \frac{L+\Delta L}{\sigma S'} = \frac{0.25025}{2\times 10^6\times 9.99\times 10^{-10}} = 125.25[\Omega]$$

여기에 변형이 발생하지 않는 수직방향 도선요소들의 저항값을 더해야만 한다. 이 영역의 총 길이는 $0.0081[m]$이며 단면적은 $10^{-9}[m^2]$이다. 따라서 이 영역의 저항값은 다음과 같이 계산된다.

$$R_v = \frac{0.0081}{2\times 10^6\times 1.0\times 10^{-9}} = 4.05[\Omega]$$

따라서 스트레인게이지의 총저항은 $129.30[\Omega]$이다. 저항값의 변화는 매우 작으며($0.25[\Omega]$), 이는 스트레인 게이지의 전형적인 값이다.

(c) 식 (6.4)를 사용하여 게이지율을 근사적으로 계산할 수 있다.

$$g = \frac{1}{\varepsilon}\frac{dR}{R} = 1{,}000\times\frac{0.25}{125.25} = 1.996\approx 2.0$$

이 게이지율은 도전체식 스트레인게이지의 일반적인 값이다.

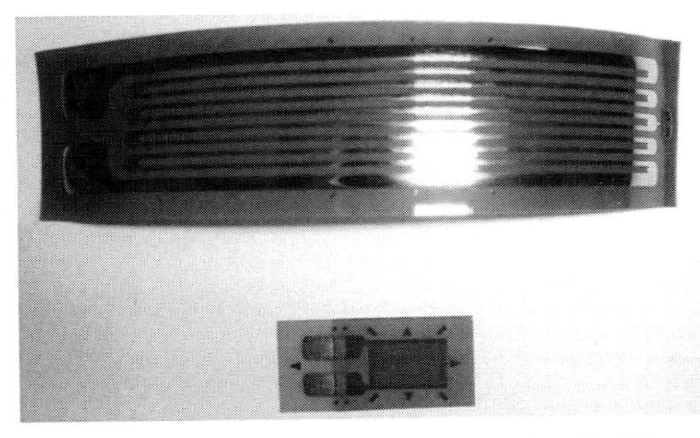

그림 6.7 두 가지 형태의 저항형 스트레인게이지. 위: $25\times 6[mm^2]$. 아래: $6\times 3[mm^2]$

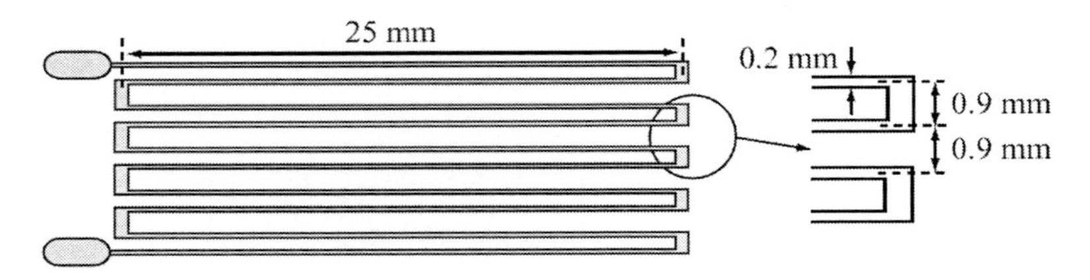

그림 6.8 스트레인게이지의 구조와 치수

예제 6.2 온도변화에 따른 오차

제트엔진을 시험하는 동안 발생하는 변형률을 측정하기 위해서 박판에 백금을 스퍼터링한 후에 이를 식각하는 방식으로 특수한 스트레인게이지가 제작되었다. 센서의 공칭저항값은 20[°C]에서 350[Ω]이며, 게이지율은 8.9이다(표 6.2 참조). 사용된 백금소재의 저항온도계수는 0.00385[Ω/°C]이다. 시험과정에서 이 센서는 −50~800[°C]의 온도에 노출된다.

(a) 20[°C]에서 최대변형률 2[%]가 발생했을 때의 최대저항값을 계산하시오.

(b) 온도변화에 의한 저항값의 변화와 온도변화에 따른 최대오차를 계산하시오.

풀이

(a) 2[%]의 변형률에 의한 저항값의 최대변화는 식 (6.4)를 사용하여 계산할 수 있다.

$$\frac{dR}{R} = g\varepsilon \rightarrow dR = Rg\varepsilon = 350 \times 8.9 \times 0.02 = 62.3[\Omega]$$

따라서 변형률에 의한 최대저항값은 $62.3 + 350 = 412.3[\Omega]$이다.

(b) 온도변화에 따른 센서의 저항값 변화는 식 (3.4)를 사용하여 계산할 수 있다.

$$R(T) = R_0(1 + \alpha[T - T_0]) \ [\Omega]$$

여기서 R_0는 주어진 변형률과 온도 T_0에서 센서의 저항값이다. 변형률이 0이며, 온도는 −50[°C]인 경우의 저항값은 다음과 같이 계산된다.

$$R(-50°C) = 350(1 + 0.00385[-50 - 20]) = 255.675[\Omega]$$

변형률은 2[%]이며 온도는 −50[°C]인 경우의 저항값은

$$R(-50°C) = 412.3(1 + 0.00385[-50 - 20]) = 301.185[\Omega]$$

변형률이 0이며, 온도는 800[°C]인 경우의 저항값은

$$R(800°C) = 350(1 + 0.00385[800 - 20]) = 1{,}401.05[\Omega]$$

변형률은 2[%]이며 온도는 800[°C]인 경우의 저항값은

$$R(800°\mathrm{C}) = 412.3(1+0.00385[800-20]) = 1,650.44[\Omega]$$

이를 통해서 온도변화에 의한 저항값의 변화가 매우 크다는 것을 알 수 있다. 최대저항값을 사용하여 온도변화에 따른 오차율을 계산할 수 있다.
변형률은 2[%]이며 온도는 800[°C]인 경우의 온도변화에 따른 오차율은,

$$error = \frac{1,650.44-412.3}{412.3} \times 100 = 300[\%]$$

변형률은 0[%]이며 온도는 800[°C]인 경우의 온도변화에 따른 오차율은,

$$error = \frac{1,401.05-350}{350} \times 100 = 300[\%]$$

변형률은 2[%]이며 온도는 $-50[^oC]$인 경우의 온도변화에 따른 오차율은,

$$error = \frac{301.185-412.3}{412.3} \times 100 = -26.95[\%]$$

변형률은 0[%]이며 온도는 -50[°C]인 경우의 온도변화에 따른 오차율은,

$$error = \frac{255.675-350}{350} \times 100 = -26.95[\%]$$

최대오차는 변형률에 관계없이 최고온도에서 발생한다. 이 오차는 적절하게 설계된 브리지회로를 사용하여 보상할 수 있으며(이에 대해서는 **11장**에서 살펴볼 예정이다), 이를 통해서 정밀한 측정이 가능하다. 이 사례는 극단정인 경우에 해당한다. 하지만 스트레인게이지를 사용하는 많은 사례에서 온도보상은 측정에 필수적인 사안이다.

6.3.3 여타 방식 스트레인게이지

다양한 형태의 스트레인게이지들이 특수목적으로 사용되고 있다. 광섬유를 사용해서 매우 민감한 스트레인게이지를 만들 수 있다. 이런 유형의 게이지에서는, 광섬유의 길이변화가 광섬유를 통과하는 광선의 위상을 변화시킨다. 이 위상을 직접 측정하거나 간섭계를 사용하여 간접적으로 측정하면, 여타의 스트레인게이지로는 측정할 수 없는 미소한 변형률을 검출할 수 있다. 그런데, 여기에 사용되는 소자와 전자회로는 표준 스트레인게이지에 비해서 훨씬 더 복잡하다. 변형이 가능한 유연한 용기 속에 밀봉되어 있는 전해질 용액의 저항값 변화에 의존하는 액체식 스트레인게이지도 있다. 또 다른 유형인 플라스틱 스트레인게이지는 용도가 제한되어 있다. 이들은 수지

속에 그라파이트나 탄소를 섞어서 리본이나 나사 형태로 제작하며, 여타의 스트레인게이지와 유사한 방식으로 사용한다. 이들의 게이지율은 매우 크지만(최대 300) 부정확하며 기계적 안정성이 떨어지기 때문에 용도가 매우 제한되어 있다.

6.3.4 힘센서와 촉각센서

다양한 방식으로 힘을 측정할 수 있지만, 가장 단순하고 가장 일반적인 방법은 스트레인게이지를 힘의 단위로 교정하여 사용하는 것이다. 여타의 힘측정 방법에는 질량의 가속도를 측정하는 방법($F = ma$), 힘이 부가되는 스프링의 변형을 측정하는 방법($F = kx$, 여기서 k는 스프링상수), 힘에 의해서 유발되는 압력을 측정하는 방법, 그리고 이런 기본 방법들을 변형시킨 방법들이 있다. 이들 중 어느 것도 힘을 직접 측정할 수 없으며, 대부분이 스트레인게이지를 사용하는 것보다 더 복잡하다. 실제로 측정되는 물리량은 정전용량, 유도용량, 그리고 스트레인게이지의 경우에는 저항값 등이며, 변환과정을 통해서 작용력이 측정된다. **그림 6.9**에서는 힘을 측정하는 기본방법이 도시되어 있다. 이 구조에서는 스트레인게이지의 변형률을 측정하여 부재에 가해지는 인장력을 측정할 수 있다. 일반적으로 센서에는 장착용 구멍들이 성형되어 있으며, 스트레인게이지에 미리 응력을 가해 놓으면 압축모드로도 사용할 수 있다. 이런 유형의 센서들은 일반적으로 공작기계, 엔진마운트 등에 자주 사용된다. 일반적인 형태의 힘 센서는 **로드셀**이다. **그림 6.9**에 도시되어 있는 힘센서처럼, 로드셀 내에는 스트레인게이지들이 장착되어 있다. 일반적으로 로드셀은 원통 형상을 가지고 있으며(이외에도 매우 다양한 형상들이 사용된다), 힘이 부가되는 두 부재들 사이에 설치된다(예를 들어 프레스의 두 압착판들 사이, 차량의 서스펜션과 본체 사이, 또는 트럭 무게 측정용 스케일의 고정부와 이동부 사이 등).

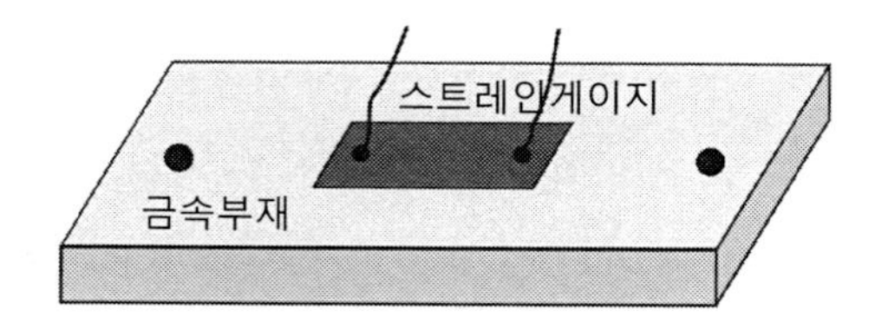

그림 6.9 힘센서의 기본구조

그림 6.10에서는 압축모드로 사용되는 로드셀의 형상을 보여주고 있다. 그림에서 버튼이 부하를 스트레인게이지로 전달한다. 일반적으로 실린더 형상으로 제작된 버튼의 표면에 하나 또는

다수의 스트레인게이지들이 접착되지만, 버튼은 부하전달 요소로만 사용되며, 보 형상이나 여타 형상의 구조물에 스트레인게이지를 접착하기도 한다. 스트레인게이지에는 미리 응력을 부가하여 압축하중이 작용하면 응력이 감소하도록 만든다. **그림 6.9** 및 **그림 6.10**에 도시된 기본구조 이외에도 필요에 따라서 수많은 구조들이 사용되고 있다. 측정 범위가 수십 분의 일 [N]을 측정하는 로드셀에서 수천 [N]을 측정하는 로드셀에 이르기까지 하중의 측정범위는 매우 넓다. 비록 로드셀의 구조 및 형상은 매우 다양하지만, 대부분이 4개의 스트레인게이지들이 사용되는데, 이들 중 두 개는 압축 모드로, 나머지 두 개는 인장 모드로 사용된다.

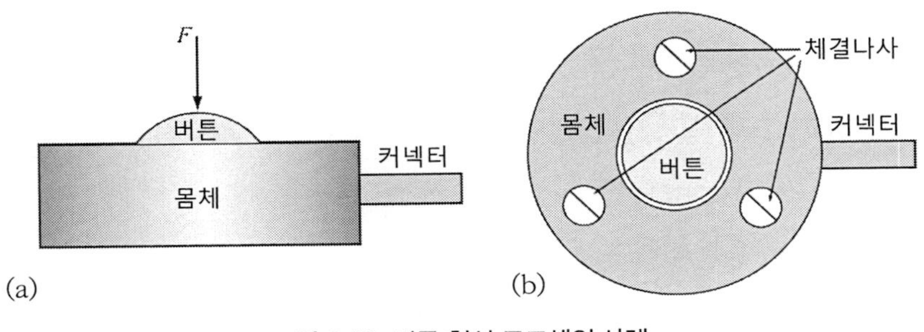

그림 6.10 버튼 형식 로드셀의 사례

그림 6.11 (a) 및 (b)에서는 로드셀의 두 가지 일반적인 구조들을 보여주고 있다. 그림 6.11 (a)에서, 보의 하부에 접착되어 있는 두 개의 게이지들은 압축모드로 작동하는 반면에, 상부에 접착되어 있는 두 개의 게이지들은 인장모드로 작동한다. **그림 6.11** (b)에서, 링형 부재에 부하가 작용하면, 상부와 하부의 부재들은 안쪽으로 굽어지므로, R_1과 R_3 부재들에는 인장력이 작용한다. 반면에 양측면의 부재들은 바깥쪽으로 굽어지기 때문에, R_2와 R_4 부재들에는 압축력이 작용한다. 이 4개의 게이지들을 서로 연결하여 구성된 브리지 회로가 **그림 6.11** (c)에 도시되어 있다. 브리지 회로의 작동특성에 대해서는 로드셀의 활용사례와 더불어서 11장에서 논의할 예정이다. 무부하 상태에서는 R_1과 R_3의 저항값이 서로 동일하며, R_2와 R_4의 저항값도 서로 동일하다(하지만 일반적으로 R_1과 R_3의 저항값과는 서로 다르다). 이런 조건에서 브리지 회로는 평형을 이루며, 출력 전압은 0이 된다. 외부에서 부하가 작용하면, R_1과 R_3의 저항값은 증가하는 반면에 R_2와 R_4의 저항값은 감소한다. 이로 인하여 브리지의 평형은 깨지며, 부하에 비례하여 전압이 생성된다.

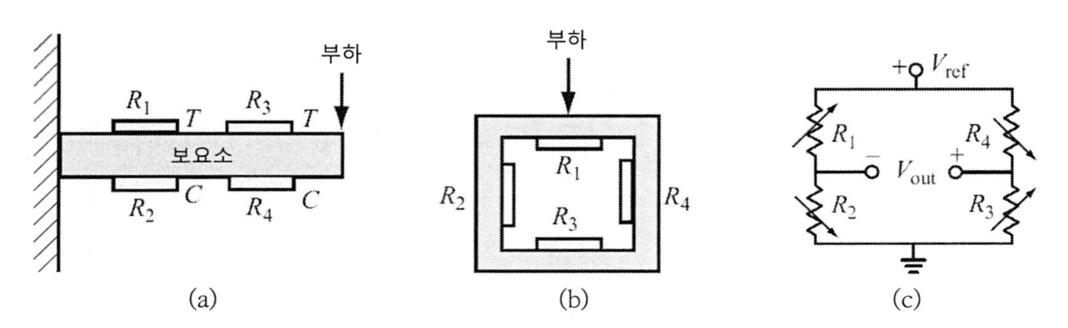

그림 6.11 로드셀의 구조. (a) 굽힘보형 로드셀. (b) 링형 로드셀. (c) 브리지 구조로 연결된 스트레인게이지들. 화살표가 위로 향한 게이지들은 인장하중을 받으며, 화살표가 아래로 향한 게이지들은 압축하중을 받는다.

실제로는 힘을 측정하지 않으며, 임곗값 이상으로 힘이 작용하면 정성적으로 힘에 반응하는 힘 센서들이 존재한다. 스위치, 키보드, 입력 민감성 폴리머 매트 등이 이런 사례이다.

예제 6.3 트럭무게 측정용 힘센서

트럭무게 측정장치는 플랫폼과 이 플랫폼의 네 귀퉁이에 설치되는 4개의 힘센서들로 이루어진다. 센서는 직경이 $20[mm]$인 짧은 실린더 형상을 갖는다. 스트레인게이지는 $2[\%]$의 변형률이 부가된 상태로 실린더의 외벽에 접착된다. 이 스트레인게이지의 (응력이 부가되기 전) 공칭저항값은 $350[\Omega]$이며 게이지율은 6.9이다. 실린더 제작에 사용된 금속의 탄성계수(영계수)는 $30[GPa]$이다.

(a) 이 무게 측정장치로 측정할 수 있는 트럭의 최대중량을 계산하시오.

(b) 최대중량이 부가된 경우에 센서의 저항값 변화를 계산하시오.

(c) 스트레인게이지의 응답이 선형적인 경우에 이 측정장치의 민감도를 계산하시오.

풀이

(a) 식 (6.6)에는 압력과 변형률 사이의 상관관계가 주어져 있다.

$$\frac{F}{A} = \varepsilon E \ [Pa]$$

여기서 A는 실린더의 단면적, F는 부가된 힘, ε은 변형률, 그리고 E는 탄성계수이다. 4개의 센서들이 사용되었으므로, 총 작용력은 다음과 같이 계산된다.

$$F = 4\varepsilon AE = 4 \times 0.02 \times \pi \times 0.01^2 \times 30 \times 10^9 = 753{,}982[N]$$

따라서 측정 가능한 트럭의 최대중량은, $753{,}982/9.81 = 76{,}858[kg]$ 또는 $76.86[ton]$이다.

(b) 힘과 센서의 저항값 사이의 상관관계를 구할 필요가 있다. 식 (6.4)를 사용하면,

$$\frac{dR}{R_0} = g\varepsilon \rightarrow dR = g\varepsilon R_0$$

그런데 게이지에는 미리 응력이 부가되었으므로, 저항값은 다음과 같이 변한다.

$$R = R_0 + dR = R_0(1 + g\varepsilon) = 350(1 + 6.9 \times 0.02) = 398.3[\Omega]$$

여기서 $R_0 = 350[\Omega]$는 (응력이 부가되지 않은) 공칭 저항값이다. 센서가 압축되면, 최대 변형률에 의한 저항값이 R_0에 이를 때까지 저항값이 감소한다. 따라서 저항값의 변화는 $-48.3[\Omega]$이다.

(c) 민감도는 출력(저항값)을 입력(힘)으로 나눈 값이다. 센서에 작용하는 최대 작용력은 $76.86/4 = 19.215$[이며, 저항값의 변화는 $-48.3[\Omega]$이므로, 민감도는

$$S_o = -\frac{48.3}{19.215} = -2.514[\Omega/ton]$$

촉각센서[11]도 힘센서이지만, 촉각은 힘보다 더 넓은 의미를 가지고 있으므로, 센서의 유형도 더 다양하다. 만일 촉각작용을 단순히 힘의 존재를 감지하는 것이라고 생각한다면, 단순 스위치도 일종의 촉각센서에 해당한다. 맴브레인이나 저항형 패드가 사용되는 키보드에서는 맴브레인이나 실리콘 고무층에 부가되는 힘을 검출한다. 촉각센서를 사용하는 경우에는 (로봇의 핸드와 같이) 지정된 영역에 분포되는 힘을 감지하는 것이 중요하다. 이런 경우에는 힘 센서 어레이 또는 분산형 센서를 사용할 수 있다. 이런 센서들은 일반적으로 **그림 6.12**에 도시되어 있는 것처럼, 변형이 일어나면 전기 신호가 생성되는 압전필름(수동형 센서)을 사용하여 제작된다. 폴리비닐리덴 플루오라이드(PVDF) 박막은 변형에 민감하다. 하부 박막에는 AC 신호가 부가되므로 기계적으로 빠르게 팽창 및 수축을 반복하고 있다. 마치 변압기처럼 작용하는 압축층에 의해서 이 변형이 상부 박막으로 전달되므로 출력전압이 생성된다. 외력에 의해서 상부 박막이 변형되면, 출력신호가 정상상태로부터 변하며 출력신호의 변화된 진폭과 위상으로부터 변형(힘)을 측정할 수 있다. 힘이 부가되면 압축층이 얇아지기 때문에, 외력에 비례하여 출력신호가 증가한다(하지만 선형성은 보장되지 않는다). PVDF 필름을 길고 좁게 만들어 직선형 센서로 사용할 수 있으며, 다양한 크기의 시트 형태로 만들어 면적형 촉각센서로 사용할 수 있다.

---

11) tactile sensor

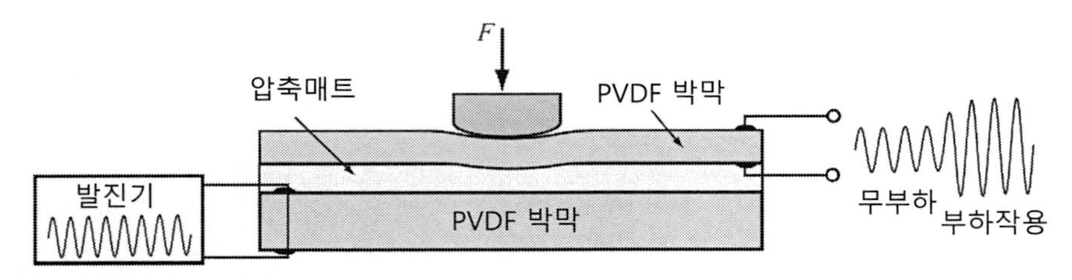

그림 6.12 압전박막형 촉각센서. 외부 압축력이 하부와 상부의 PVDF 층 사이의 결합특성을 변화시키면 출력의 진폭이 변한다.

압전형 센서의 또 다른 사례가 그림 6.13에 도시되어 있다. 이 센서에 힘이 부가되면, 박막의 변형에 의해서 응력(힘)에 비례하는 출력신호가 송출된다. 이런 성질 때문에, 힘의 측정뿐만 아니라 힘의 변화를 측정하는 데에도 이를 활용할 수 있다. 병원에서 신생아의 호흡패턴에 따른 미세한 힘의 변화를 측정하는 데에 이를 활용할 수 있다. 이 경우, PVDF 박막을 깔고 그 위에 신생아를 눕혀 놓으면, 호흡과정에서 아기의 무게중심이 이동하는 패턴을 모니터링할 수 있다. 압전현상과 이를 사용한 압전형 힘센서에 대해서는 초음파센서와 더불어서 7장에서 살펴볼 예정이다.

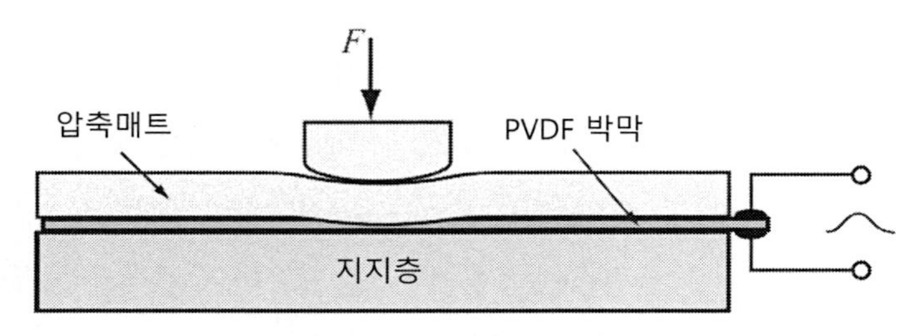

그림 6.13 호흡에 의한 미끄럼운동을 검출하기 위하여 사용된 압전박막형 센서. 호흡패턴과 이로 인한 무게중심의 이동에 따른 출력신호를 모니터링 한다.

가장 단순한 촉각센서는 도전성 폴리머나 탄성체 또는 반도체 폴리머를 사용하여 제작하며 압전민감성센서 또는 **힘 민감성 저항**(FSR) 센서라고 부른다. 이런 소자의 경우, 소재의 저항값은 그림 6.14 (c)에 도시되어 있는 것처럼 힘 의존성을 가지고 있다. 힘 민감성 저항 센서의 힘 전달함수는 비선형성을 가지고 있지만 저항값의 변화폭이 크므로(동적범위), 센서는 노이즈에 둔감하며 마이크로프로세서와의 연결이 용이하다. 전원으로는 교류나 직류를 모두 사용할 수 있으며, 필요에 따라서 크게 또는 작게 만들 수 있다. 한쪽 전극은 대면적으로 만들며, 반대쪽에는 소형의 전극들을 다수 배치하여 센서를 어레이 형태로 만들 수 있다. 그림 6.14 (b)에서는 직선 형태로 전극들이 배치되어 있는 센서를 보여주고 있다.

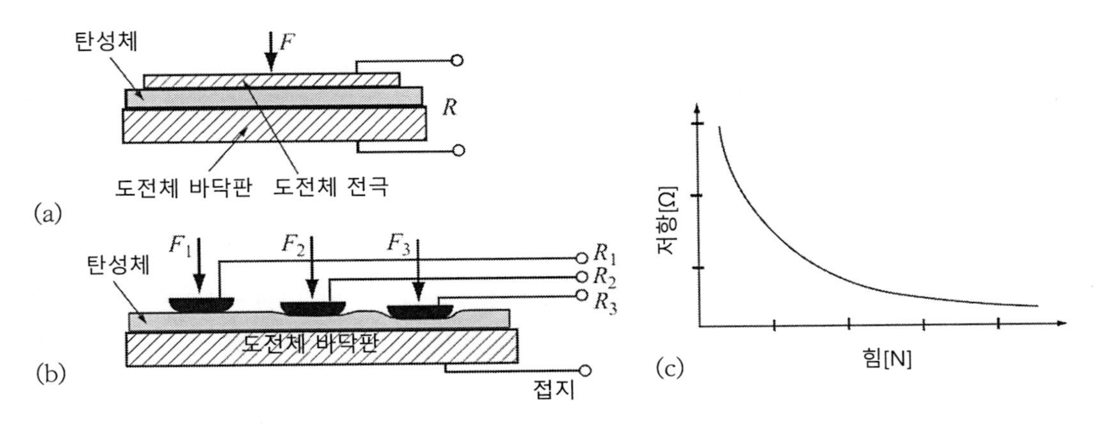

그림 6.14 도전성 탄성체를 사용하는 힘 민감성 저항(FSR) 촉각센서. (a) 작동원리와 구조. (b) 촉각센서 어레이의 사례. (c) 힘 민감성 저항의 전달함수

예제 6.4 힘센서의 평가

힘 민감성 저항(FSR)센서의 성능을 실험적으로 평가하려고 한다. 이를 위해서, 다음과 같이 부가된 힘에 따른 센서의 저항값 변화를 측정하였다.

F[N]	50	100	150	200	250	300	350	400	450	500	550	600
R[Ω]	500	256.4	169.5	144.9	125	100	95.2	78.1	71.4	65.8	59.9	60

전체 측정범위에 대해서 센서의 민감도를 계산하시오.

풀이

부가된 힘에 따른 저항값의 변화 그래프는 심한 비선형성을 나타내고 있다. 그런데 2장(예제 2.6)에 따르면, 힘-저항형 센서의 힘(F)과 전기전도도($1/R$) 사이에는 선형의 관계를 가지고 있었다. 그러므로 이를 전기전도도로 환산하는 것이 더 쉽다.

F[N]	50	100	150	200	250	300	350	400	450	500	550	600
1/R[1/Ω]	0.0020	0.0039	0.0059	0.0069	0.008	0.0100	0.0105	0.0128	0.0140	0.0152	0.0167	0.0179

이제 두 가지 방식으로 민감도를 계산할 수 있다. 우선, 다음과 같이 전기전도도를 사용하여 민감도를 계산할 수 있다.

$$S = \frac{\Delta(1/R)}{\Delta F} \quad \left[\frac{1}{\Omega \cdot N}\right]$$

또는 저항값을 사용하여 민감도를 계산할 수 있다.

$$S = \frac{\Delta R}{\Delta F} \left[\frac{\Omega}{N}\right]$$

전기전도도를 사용하여 직선근사식을 구한 다음에 이를 미분하여 작용력에 대한 저항값 변화를 구하는 것이 더 나은 방법이다.

Appendix A의 식 (A.12)에 제시되어 있는 직선근사식을 사용하면 전기전도도 $G = 1/R = a_1F + a_0$의 계수 a_1과 a_0를 다음과 같이 구할 수 있다.

$$a_1 = \frac{n\sum_{i=1}^{n} x_i y_i - \left\{\sum_{i=1}^{n} x_i\right\}\left\{\sum_{i=1}^{n} y_i\right\}}{n\sum_{i=1}^{n} x_i^2 - \left\{\sum_{i=1}^{n} x_i\right\}^2}$$

$$a_0 = \frac{\left\{\sum_{i=1}^{n} x_i^2\right\}\left\{\sum_{i=1}^{n} y_i\right\} - \left\{\sum_{i=1}^{n} x_i\right\}\left\{\sum_{i=1}^{n} x_i y_i\right\}}{n\sum_{i=1}^{n} x_i^2 - \left\{\sum_{i=1}^{n} x_i\right\}^2}$$

이 경우, $n = 12$이며, x_i는 i 점에서의 작용력, y_i는 i점에서의 전기전도도이다. 위에 제시된 표를 사용하여 계산해보면, $a_1 = 0.00014182$이며, $a_0 = 0.0010985$이다. 따라서 전기전도도는 다음과 같이 주어진다.

$$G = 0.00014182F + 0.0010985 [1/\Omega]$$

저항값은 전기전도도의 역수로서 다음과 같이 주어진다.

$$R = \frac{1}{0.0014182F + 0.0010985} [\Omega]$$

민감도는

$$\frac{dR}{dF} = \frac{d(0.00014182F + 0.0010985)^{-1}}{dF} = -\frac{0.00014182}{(0.00014182F + 0.0010985)^2} \left[\frac{\Omega}{N}\right]$$

따라서 위의 표에서와 마찬가지로, 작용력이 증가함에 따라서 민감도는 감소한다는 것을 알 수 있다. 음의 부호는 단순히 작용력의 증가에 따라서 저항값이 감소한다는 것을 의미한다. 여기서 사용된 방법은 역함수가 선형적 특성을 가지고 있거나 선형이라고 간주할 수 있는 여타의 센서들에도 적용할 수 있다.

6.4 가속도계

뉴턴의 제2법칙($F = ma$) 때문에, 단순히 질량에 부가되는 힘을 측정하여 가속도를 검출할 수 있다. 정지상태에서는 가속도가 0이며, 질량에 부가되는 힘도 0이다. 임의의 가속도 a가 발생하는 경우에 질량에 가해지는 힘은 질량과 가속도에 정비례한다. 힘을 측정하는 모든 방법들을 사용하여 이 힘을 측정할 수 있겠지만, 힘을 직접 측정하는 대표적인 소자는 스트레인게이지이다.

그런데, 가속도를 측정하는 또 다른 방법들이 있다. 이런 목적으로는 자기식 방법과 정전용량식 방법들이 일반적으로 사용된다. 가장 단순한 형태의 경우, 질량체와 고정된 표면 사이의 거리가 가속도에 의존하는 경우에는 가속도에 따라서 정전용량이 증가(또는 감소)하도록 커패시터를 만들 수 있다. 이와 유사하게 자화된 질량체의 자기장 변화를 측정하는 자기장 센서를 사용할 수도 있다. 가속도가 커질수록 고정된 표면과 자석 사이의 거리가 가까워(또는 멀어)지며, 이로 인하여 자기장이 증가(또는 감소)하게 된다. 5장에서 살펴보았던 위치센서나 근접센서를 가속도의 측정에 활용할 수 있다. 열역학적 기법을 활용해서도 가속도를 측정할 수 있다. 가속도 측정과 유사한 방법을 사용해서 속도와 진동을 측정할 수 있으며, 이들에 대해서도 이 절에서 함께 살펴보기로 한다.

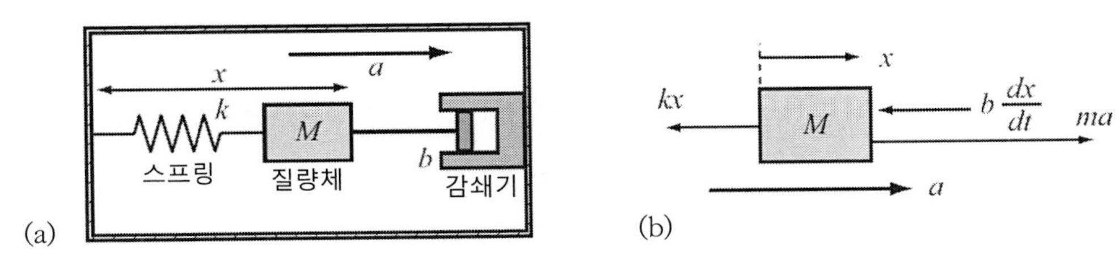

그림 6.15 (a) 질량체에 가해지는 힘을 측정하는 가속도계의 기계적 모델. (b) (a)에 도시된 가속도계의 자유물체도

가속도 측정방법을 이해하기 위해서는 그림 6.15에 도시되어 있는 것처럼 질량체에 가해지는 힘을 측정하는 방식의 가속도계에 대한 기계적 모델을 살펴보는 것이 도움이 된다. 외력에 의해서 움직이는 질량체에 복원력(스프링)과 감쇄력(진동을 방지)이 부가된다. 질량체는 한 방향(수평방향)으로만 움직일 수 있는 경우에 뉴턴의 2법칙을 다음과 같이 나타낼 수 있다.

$$ma = kx - b\frac{dx}{dt} \quad [N] \tag{6.9}$$

여기서는 가속도에 의해서 질량이 거리 x만큼 움직인다고 가정하였다. k는 복원(스프링)상수이며, b는 감쇄계수이다. 주어진 질량 m과 상수 k 및 b에 대해서, 변위 x를 측정하면 가속도 a를 알아낼 수 있다. 여기서 질량 m을 **관성질량** 또는 **시험질량**이라고 부른다.

그러므로 어떤 질량체가 센서 하우징에 대해서 상대적인 운동을 할 수 있으며, 이 운동을 측정할 수단이 구비되어 있다면, 충분히 가속도센서로 사용할 수 있다. 변위센서(위치 또는 근접센서 등)를 사용해서 가속도에 비례하여 출력전압이 나오도록 만들 수도 있다.

6.4.1 정전용량형 가속도계

정전용량형 가속도계에서는 소형 커패시터의 한 쪽 전극판은 센서의 몸체에 물리적으로 고정된다. 센서의 관성질량체로 작용하는 두 번째 전극판은 복원스프링에 연결되어 자유롭게 움직인다. 그림 6.16에서는 세 가지 기본적인 구조들이 도시되어 있다. 질량체에 가해지는 복원력은 그림 6.16 (a)와 (c)의 경우 스프링에 의해서 생성되며, 그림 6.16 (b)의 경우에는 외팔보에 의해서 생성된다. 그림 6.16 (a)와 (c)의 경우, 가속도의 변화에 따라서 도전판들 사이의 거리가 변한다. 그림 6.16 (c)의 경우에는 정전용량판들 사이의 거리는 일정하게 유지되는 반면에, 이 판들이 서로 겹치는 유효면적이 변한다. 모든 경우에 가속도가 부가되면 운동의 방향에 따라서 정전용량이 증가하거나 감소한다. 물론, 실제 가속도계의 경우에는 도전판들이 서로 닿지 못하도록 멈춤쇠가 설치되며, 스프링이나 보요소가 진동하지 못하도록 감쇄요소가 추가되어야만 한다. 그림 6.17에서는 이런 구조들 중 일부가 소개되어 있다. 하지만 특정한 배치구조와는 무관하게 가속도에 비례하여 정전용량이 변하며, 이를 통해서 가속도를 측정할 수 있다. 그러나 가속도에 의한 정전용량의 변화는 매우 작기 때문에, 이를 직접 측정하기보다는 LC 공진기나 RC 공진기를 사용하여 간접적으로 정전용량을 측정한다. 이 경우, 진동주파수를 사용하여 가속도를 측정할 수 있다. 주파수를 측정하여 디지털 값으로 변환하는 것은 매우 쉬운 일이다. 이런 유형의 가속도계들은 실리콘 모재를 식각하여 직접 질량체, 고정판 및 스프링을 만들 수 있다. 이를 통해서 그림 6.17에 도시되어 있는 두 가지 구조와 같은 마이크로가속도계를 손쉽게 구현할 수 있다. 그림 6.17 (a)는 외팔보 구조의 가속도계이며, 그림 6.17 (b)는 (a)와 유사하지만 식각된 브리지가 스프링의 역할을 수행한다. 후자의 경우, 질량체는 상부와 하부 커패시터를 형성하는 두 판들 사이에 삽입되어

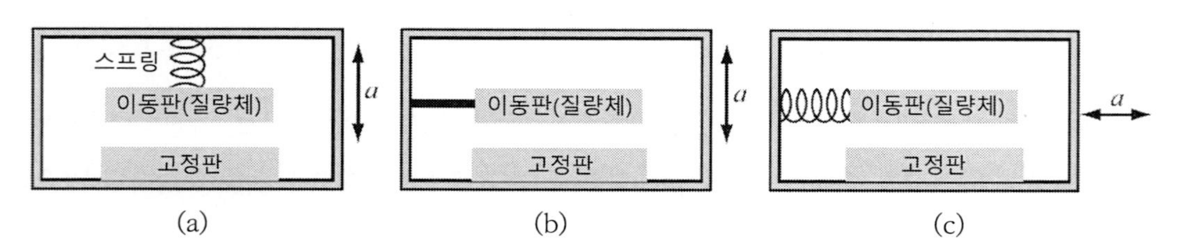

그림 6.16 가속도계의 세 가지 기본구조들. (a) 스프링에 지지된 이동질량. (b) 외팔보에 지지된 센서판. (c) 스프링에 지지되어 수평운동하는 이동판

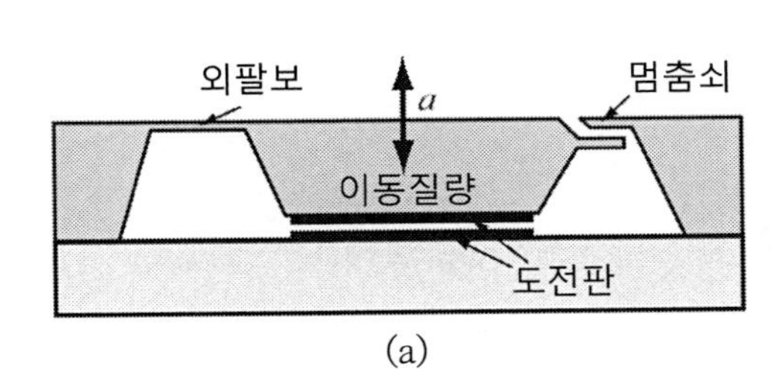

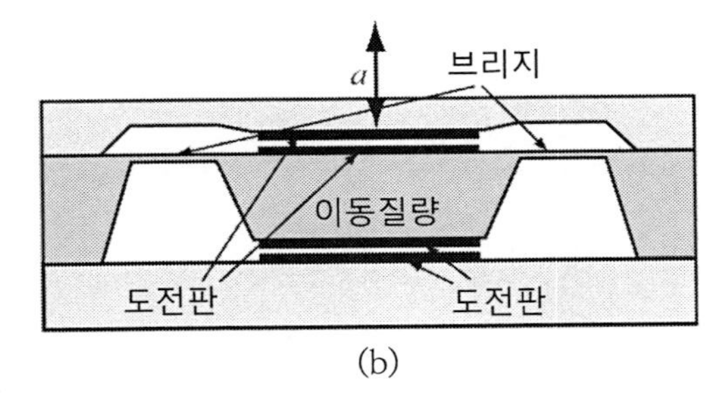

그림 6.17 가속도계의 두 가지 기본구조. (a) 외팔보형(좌측지지). (b) 브리지형

움직인다. 정지상태에서는 상부와 하부에 형성된 정전용량이 서로 동일하므로, 질량체의 운동은 차동모드를 형성한다(5.3.1절과 그림 5.9 참조). 두 구조 모두 멈춤쇠가 구비되어 있다.

예제 6.5 정전용량형 가속도계

자동차에 사용되는 정전용량형 가속도계의 단순화된 설계를 살펴보기로 하자. 이 가속도계는 차량 충돌 시 에어백을 팽창시키기 위해서 사용된다. 이를 위해서 그림 6.16 (a)의 구조가 사용되었으며, 충돌 시에 스프링이 인장되어 도전판들 사이의 거리가 가까워지면서 정전용량이 증가하도록 센서가 설치된다. 에어백은 $60G$ 이상의 감속($23[km/h]$의 속도로 벽에 부딪치는 속도에 해당한다)이 감지되었을 때에 터진다. 센서는 고정된 도전판과 질량이 $20[g]$인 이동판으로 구성되어 있다. 두 개의 판들은 $0.5[mm]$의 거리를 두고 설치되어 있으며, 정지 시 $330[pF]$의 정전용량을 가지고 있다. 에어백을 터트리기 위해서는 정전용량이 두 배가 되어야 한다. 이를 위해서는 $60G$의 감속하에서 정전용량이 두 배가 되도록 세심하게 스프링을 선정해야 한다. 이를 위해서 필요한 스프링 상수값을 계산하시오.

풀이

평행판 커패시터에 형성되는 정전용량은 다음 식으로 주어진다.

$$C = \varepsilon \frac{A}{d} \quad [F]$$

가속력이 부가되었을 때에 d를 제외한 여타의 변수들은 그대로이기 때문에, 정전용량이 두 배가 되려면 d가 절반으로 줄어야 한다. 즉, 두 도전판들 사이의 거리가 $0.25[mm]$로 줄어들면 에어백이 터져야 한다. 이 조건을 충족시키기 위해서는 스프링이 $x = 0.25[mm]$만큼 늘어나야 한다. 감속에 의해 질량체에 작용하는 힘과 스프링을 변형시키기 위한 힘 사이에는 다음의 평형조건이 성립된다.

$$ma = kx \rightarrow k = \frac{ma}{x} \quad [N/m]$$

여기서 k는 스프링상수, m은 이동판의 질량, a는 감가속도, 그리고 x는 도전판의 이동거리이다. 여기

에 실제값들을 대입하여 계산해보면,

$$k = \frac{ma}{x} = \frac{20 \times 10^{-3} \times 60 \times 9.81}{0.25 \times 10^{-3}} = 47,088[N/m]$$

주의: 이 계산은 비교적 단순하며, 도전판을 평행하게 유지하는 문제를 고려하지 않았다. 그럼에도 불구하고, 이 계산을 통해서 어떻게 센서를 설계해야 하는지를 알 수 있다. 이런 목적으로 일부에서는 필요한 압력이 부가되면 접점이 닫히는 (두 도전판이 서로 접촉하는) 접촉식 가속도센서가 사용된다. 이런 방식은 정전용량 측정과정에서 소요되는 응답시간 지연을 줄일 수 있다.

6.4.2 스트레인게이지식 가속도계

그림 6.16과 그림 6.17에 도시되어 있는 구조에 스트레인게이지를 설치하면 가속에 의해서 발생하는 변형률을 측정할 수 있다. 그림 6.18에서는 **스트레인게이지식 가속도계**를 보여주고 있다. 이 구조에서 질량체는 외팔보에 지지되어 있으며, 스트레인게이지들은 보의 굽힘변형을 측정한다. 두 번째 스트레인게이지를 보의 하부에 부착하면 두 방향으로의 가속도를 모두 측정할 수 있다. 그림 6.17에 도시된 외팔보나 브리지에 스트레인게이지를 설치하면, 정전용량형 센서를 스트레인게이지센서로 바꿀 수 있다. 이런 구조에서는 일반적으로 반도체식 스트레인게이지가 사용된다. 반면에 그림 6.18의 구조에는 금속게이지를 접착하여 사용한다. 작동원리는 정전용량형 가속도계와 동일하며, 힘의 변화를 측정하는 수단만 바뀔 뿐이다. 스트레인게이지를 사용하는 센서는 정전용량형 센서만큼의 민감도를 구현할 수 있으며, 저항값의 측정이 정전용량의 측정보다 간단하기 때문에 사용이 편리하다. 하지만 스트레인게이지는 온도에 민감하기 때문에 이를 적절히 보상하여야 한다.

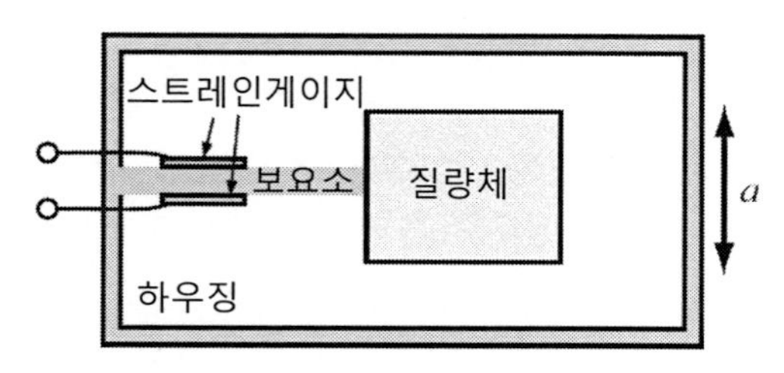

그림 6.18 두 개의 스트레인게이지로 보요소의 굽힘을 측정하여 수직방향으로의 가속도를 측정하는 가속도계의 구조.

6.4.3 자기식 가속도계

질량체나 질량체에 연결되어 있는 막대와 코일 사이의 자기장 간섭에 의해서 변하는 코일의 유도용량을 사용하여 단순한 **자기식 가속도계**를 만들 수 있다. 코일의 유도용량은 질량체의 위치에 비례하며, 자성체 막대가 코일 속으로 침투하는 거리에 비례하여 증가한다(그림 6.19 (a)). 이 구조는 단순한 위치센서를 가속도계로 변환시킨 것이다. 코일 대신에 위치변화에 대해 선형적인 출력특성을 가지고 있는 선형가변차동변압기(LVDT)를 사용할 수도 있다. 다른 방법으로는 스프링이나 외팔보에 지지되는 질량체로 영구자석을 사용하고, 이 영구자석에 의해서 형성되는 자기장을 측정하기 위해서 홀소자나 자기저항 센서를 사용할 수도 있다(그림 6.19 (b)). 홀소자의 출력은 자기장 강도에 비례하며, 자기장 강도의 변화는 가속도에 비례한다. 작은 영구자석을 사용하여 홀소자에 편향자기장을 부가하고, 이동질량으로는 자성체를 사용할 수도 있다. 이 경우, 질량체의 이동이 자속밀도를 변화시키면 이를 가속도로 환산할 수 있다.

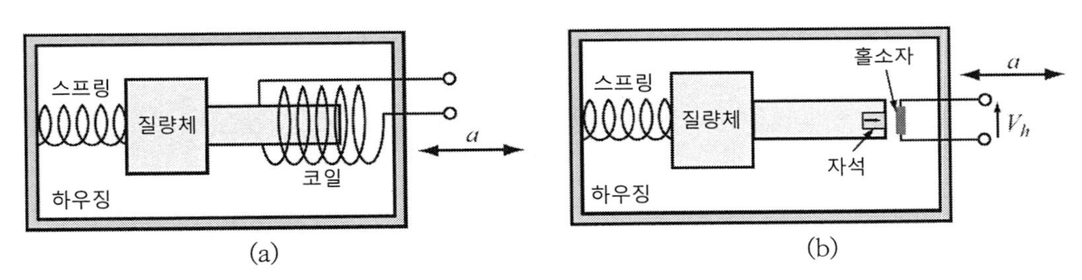

그림 6.19 (a) 질량체의 수평방향 운동을 코일의 유도용량 변화로 측정하는 유도형 가속도계. (b) 홀소자를 사용하여 질량체의 위치를 측정하는 가속도계

예제 6.6 **자기식 가속도계**

그림 6.20에 도시되어 있는 자기식 가속도계에서 질량체의 직경 $d=4[mm]$이며, 길이 l은 임의값을 가지고 있다. 질량체의 무게는 $10[g]$이며 스프링상수 $k=400[N/m]$인 스프링을 사용하여 질량체를 지지하고 있다. 규소강 소재로 제작된 질량체의 비투자율은 $4,000$이다. 코일의 단위길이당 권선수 $n=1[turn/mm]$이며, 이 코일의 유도용량을 측정하여 질량체의 위치를 산출한다. 질량체가 코일 쪽으로 진입하면 유도용량이 증가하며, 진출하면 유도용량은 감소한다. 길이가 긴 코일의 경우, 코일 단위길이당 유도용량은 다음의 근사식을 사용하여 구할 수 있다(식 (5.28) 참조).

$$L=\mu n^2 S \ [H/m]$$

여기서 n은 단위길이당 권선수이며 S는 코일의 단면적이다. 코일에 진폭 $0.5[A]$, 주파수 $1[kHz]$인 정현파 전류신호가 공급되고 있는 경우에, $\pm 10G$의 가속도에 의한 코일의 전압변화를 계산하시오.

풀이

질량체가 코일 속으로 거리 x만큼 진입한다면, 위치변화에 의해서 코일의 유도용량이 변한다. 이동거리가 작은 경우에는 유도용량 변화는 선형적이며, 다음과 같이 계산할 수 있다.

$$\Delta L = Lx = \mu n^2 Sx \ \ [H]$$

최대거리에서 부가된 가속력과 스프링상수에 따라서 질량체는 양 방향으로 움직일 수 있다. 즉,

$$ma = kx \ \rightarrow \ x = \frac{ma}{k} = \frac{10 \times 10^{-3} \times 10 \times 9.81}{400} = 2.4525[mm]$$

질량체는 최대 $2.4525[mm]$만큼 양 방향으로 움직일 수 있다. 그러므로 유도용량 변화량은 다음과 같이 계산된다.

$$\begin{aligned}\Delta L &= Lx = \mu n^2 Sx \\ &= 4{,}000 \times 4\pi \times 10^{-7} \times 1{,}000^2 \times \pi \times (2 \times 10^{-3})^2 \times 2.4525 \times 10^{-3} \\ &= 0.000155[H]\end{aligned}$$

즉 유도용량은 $\pm 155[\mu H]$이다.
인덕터 양단의 전압과 전류사이에는 식 (5.29)의 관계를 가지고 있다.

$$V = L\frac{dI(t)}{dt} \ \ [V]$$

따라서 유도용량 변화에 따른 전압변화는 다음과 같이 계산된다.

$$\begin{aligned}\Delta V &= \Delta L\frac{dI(t)}{dt} = 155 \times 10^{-6} \times \frac{d}{dt}(0.5\sin(2\pi \times 1{,}000t)) \\ &= 155 \times 10^{-6} \times 0.5 \times 2 \times \pi \times 1{,}000\cos(2\pi \times 1{,}000t) \\ &= 0.487\cos(2\pi \times 1{,}000t)[V]\end{aligned}$$

코일 양단의 전압은 $\pm 0.487[V]$만큼 변하며, 이는 충분히 측정할 수 있다.
필요하다면 주파수나 코일에 공급하는 전류를 증가시켜서 출력전압의 변화폭을 증가시킬 수 있다. 또한 코일의 길이가 길고 이동거리가 짧은 경우에는 선형특성을 가지고 있다고 가정할 수 있다. 여기서 마찰과 감쇄는 무시한다. 소형의 가속도계에서는 길이가 긴 코일을 만들 수 없으며, 이런 경우에는 여기서 계산한 결과가 정확하다고 말하기 어렵다.

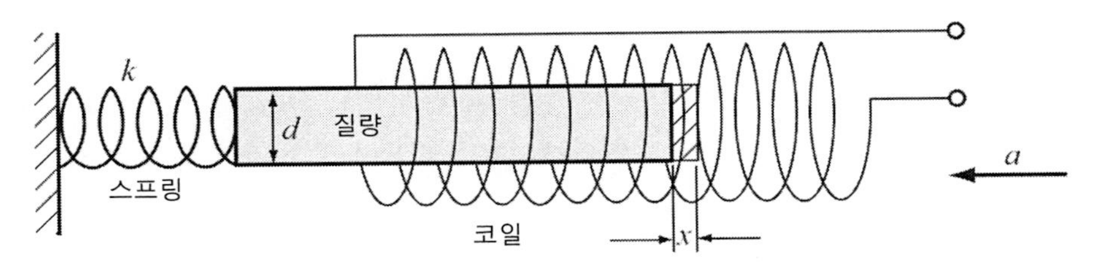

그림 6.20 자기식 가속도계

6.4.4 여타방식 가속도계

앞서 살펴본 가속도계들 이외에도 다양한 유형의 가속도계가 있지만, 이들 모두는 다양한 형태의 이동질량을 사용한다. 그림 6.21에서는 이런 가속도계들 중 하나인 **가열기체 가속도계**를 보여주고 있다. 이 소자에서는 제어체적 내의 기체가 가열되어 평형온도를 유지하고 있으며, 히터로부터 동일한 거리에 두 개(또는 다수)의 열전쌍들을 설치하여 놓았다. 정지상태에서는 두 열전쌍들의 온도가 동일하므로, 이들 사이의 전압차이(열전쌍들 중 하나는 측정용이며, 다른 하나는 기준용이다)는 0이다. 센서에 가속도가 부가되면, 기체가 가속운동과 반대되는 방향으로 쏠리게 되므로(기체도 관성질량을 가지고 있다), 온도가 상승하며, 이를 가속도에 맞춰서 교정할 수 있다.

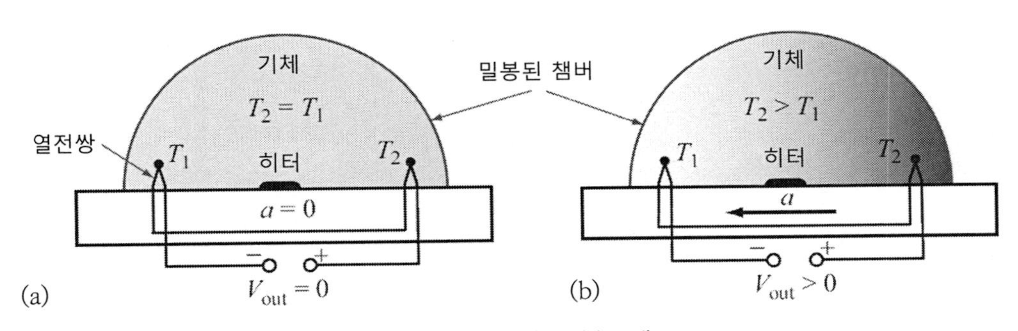

그림 6.21 가열기체 가속도계

또 다른 유형의 가속도계에서는 광학장치를 사용(이동질량을 셔터로 사용)하며, **광섬유 가속도계**의 경우에는 광섬유 위치센서를 사용한다. 이외에도 가속도에 따라서 변하는 진동자의 공진속도를 측정하는 방식의 가속도계도 있다.

마지막으로, 다수의 단일축 가속도계들을 서로 직교하는 방향으로 배치하여 2축 및 3축과 같이 **다중축 가속도계**를 만들 수도 있다. 비록 이런 형태의 다중축 가속도계가 단일축 가속도계에 비해서 복잡해 보이겠지만, MEMS 공정을 사용하여 손쉽게 구현할 수 있다. 이에 대해서는 10장에서 살펴볼 예정이다.

가속도계는 에어백 구동용 센서, 유도무기용 센서, 진동의 측정 및 제어 등과 같은 다양한 분야에서 광범위하게 사용되고 있다. 이들은 또한 휴대전화나 컴퓨터 및 장난감 등과 같은 소비제품에서도 널리 사용되고 있다.

예제 6.7 지진계

가속도계를 사용하여 지진에 의한 운동을 측정하면 지진과 같은 지각활동을 검출할 수 있다. 이를 위해서 다음과 같은 사양의 가속도계가 제작되었다. 단면적이 $10\times10[mm^2]$이며, 길이가 $50[cm]$인 강철보를 콘크리트 슬래브에 수직방향으로 고정하였다. 이 강철봉의 끝에는 무게가 $12[kg]$인 질량체를 용접하여 놓았다. 지표면의 운동에 따른 가속도를 검출하기 위해서 공칭저항값이 $350[\Omega]$이며 게이지율은 125인 반도체식 스트레인게이지를 콘크리트 슬래브에 인접한 위치의 강철막대 표면에 설치하였다. 무게중심과 센서 사이의 거리는 정확히 $50[cm]$라고 가정한다. 스트레인게이지에 대한 온도보상이 이루어지며, 신뢰성 있게 측정이 가능한 스트레인게이지의 최소 저항변화값은 $0.01[\Omega]$이라고 가정한다. 이 지진계가 감지할 수 있는 최소가속도를 계산하시오. 강철의 탄성계수는 $200[GPa]$라 한다.

풀이

$0.01[\Omega]$의 저항값 변화를 유발시키는 변형률은 스트레인게이지에 대한 식 (6.5)를 사용하여 계산할 수 있다. 그런 다음, 보의 굽힘방정식을 사용하여 이 변형률을 생성하는 가속도를 찾아낸다. 식 (6.5)에 따르면,

$$R(\varepsilon)=R(1+g\varepsilon)=350+125\varepsilon[\Omega]$$

그러므로

$$125\varepsilon=0.01[\Omega]$$

또는,

$$\varepsilon_{\min}=\frac{0.01}{125}=0.00008$$

즉, 스트레인게이지의 저항값을 $0.01[\Omega]$만큼 변화시키기 위해서는 $80[\mu m/m]$만큼의 변형률이 생성되어야 한다.
가속도 a의 지표면 운동에 의해서 질량체($m=12[kg]$)에 가해지는 힘은

$$F=ma\ [N]$$

이 힘은 보요소를 굽히며, 이에 따라서 굽힘모멘트가 생성된다.

$$M = Fl = mal \ \ [N \cdot m]$$

여기서 $l = 50[cm]$는 질량체와 센서 사이의 거리이다.

(스트레인게이지가 접착되어 있는) 보요소 표면에 생성되는 변형률은 다음 식을 사용하여 계산할 수 있다.

$$\varepsilon = \frac{M(d/2)}{EI} \ \ [m/m]$$

여기서 M은 굽힘모멘트, E는 탄성계수, I는 보의 단면모멘트, 그리고 d는 보의 두께이다. 탄성계수 E는 주어져 있으며, I는 다음 식을 사용하여 계산할 수 있다.

$$I = \frac{bh^3}{12} = \frac{d^4}{12} \ \ [m^4]$$

여기서 b는 보 단면의 폭이며, h는 높이다. 이 경우, $b = h = d = 0.01[m]$를 사용하면 다음과 같이 보의 변형률을 구할 수 있다.

$$\varepsilon = \frac{mal(d/2)}{Ed^4/12} = \frac{6mal}{Ed^3} \ \ [m/m]$$

감지 가능한 최소 가속도는 다음과 같이 계산된다.

$$d = \frac{\varepsilon Ed^3}{6ml} \ \ [m/s^2]$$

위 식에 수치값들을 대입하여 계산해 보면,

$$a = \frac{0.0008 \times 200 \times 10^9 \times (0.01)^3}{6 \times 12 \times 0.5} = 0.444[m/s^2]$$

이는 매우 작은 값이다(대략적으로 $0.045G$에 해당한다). 다양한 방법들을 사용하여 가속도계를 이보다 더 민감하게 만들 수 있다. 우선, 가장 손쉬운 방법은 탄성계수가 더 작은 소재를 사용하여 보요소를 만드는 것이다. 질량을 증가시키거나 보요소의 길이를 늘려도 된다. 또한 보요소의 단면적을 줄여도 민감도가 높아진다. 물론, 약간의 절충이 필요하다. 예를 들어, 주어진 질량에 대해서 무한히 얇은 막대를 사용할 수는 없다. 질량이 증가하면 이 질량을 안전하게 지지하기 위해서 보요소의 단면적이 증가되어야 한다. 이 사례에서는 지표면의 가속이 스트레인게이지가 설치된 표면에 대해서 직각 방향(수평방향)으로 부가된다고 가정하여 계산이 수행되었다. 지진의 경우에 가속도가 발생하는 방향을 예측할 수 없기 때문에, 보요소의 서로 직교하는 두 표면 위에 스트레인게이지를 설치해야 하며, 서로 직교하는 두 방향의 가속도를 사용하여 지표면의 가속도를 계산하여야 한다.

6.5 압력센서

기계시스템에서 압력의 측정은 아마도 변형률 측정에 이어서 두 번째로 중요한 측정대상일 것이다(그리고 압력의 측정을 위해서 스트레인게이지가 자주 사용되고 있다). **압력센서**는 압력을 직접 측정하는 방식과 더불어서 힘, 전력, 온도 또는 압력과 관련된 여타의 인자들을 측정하여 간접적으로 압력을 측정하는 방식들이 사용된다. 센서들 중에서 압력센서가 중요한 이유들 중 하나는 기체와 유체의 측정 시 힘을 직접 측정하는 것은 그리 매력적인 방법이 아니기 때문이다. 대상물질이 기체와 유체인 경우에는 압력만을 측정할 수 있으며, 이를 통해서 압력이 생성하는 힘을 포함하여 물질의 특성을 측정할 수 있다. 압력센서는 자동차, 대기압 측정, 냉난방기구, 그리고 여타의 소비제품들에서 널리 사용되고 있다. 확실히 벽에 걸려 있는 기압계들과 일기예보에 대기압력을 활용하는 사실은 압력측정의 개념을 일반인들에게 이해시키는 데에 도움이 된다.

단위면적당 작용하는 힘인 **압력**을 측정하기 위해서는 힘의 측정과 동일한 원리들을 사용한다. 즉, 압력에 응답하는 센서용 부재의 변형을 측정하여야 한다. 압력에 의해서 직접적인 변형이나 이와 등가인 (변형률과 같은) 물리량이 발생하는 모든 장치들을 압력측정에 활용할 수 있다. 따라서 열, 기계, 자기 및 전기적 작동원리들과 같이 매우 다양한 방법들을 사용하여 압력을 측정할 수 있다.

6.5.1 기계식 압력센서

역사적으로 압력의 측정에는 전기적 변환을 필요로 하지 않고 입력을 기계적인 변위로 직접 변환시켜주는 순수한 기계적인 장치를 사용하여왔다. 이 장치들에는 압력에 반응하는 작동기가 사용되었으며, 놀랍게도 현재에도 이 작동기들이 일반적으로 사용되고 있다. 이런 기계적 장치들 중 일부에는 전기신호를 출력할 수 있도록 센서들이 결합되지만, 원래의 형태도 여전히 사용되고 있다. 아마도 가장 일반적인 **기계식 압력센서**는 그림 6.22 (a)에 도시되어 있는 **부르동관**일 것이다. 150여 년 전부터 사용되어온 이 센서에는 튜브의 끝에 다이얼 표시침이 연결되어 있다(1849년에 유진 부르동에 의해서 발명되었다). 모양은 다르지만 작동원리는 유사한 이런 유형의 센서들이 여전히 압력 게이지로 널리 사용되고 있으며, 구조가 단순하여 염가로 판매되고 있다. 그런데 이 방식은 고압 측정에 유리하다. 부르동관은 전형적으로 기체압력의 측정에 사용되지만, 유체압력의 측정에도 사용되고 있다.

(a)

(b)

그림 6.22 (a) 부르동관 압력센서. (활처럼 휘어진) 부르동관에 압력이 부가되면 팽창하며, 레버기구와 기어 메커니즘을 통해서 (베젤에 가려서 보이지 않는) 표시침을 회전시킨다. (b) 다이아프램식 압력센서

여타의 기계식 압력측정 방법에는 다이아프램의 팽창, 벨로우즈의 운동, 그리고 피스톤의 운동 등이 활용된다.

이렇게 생성된 운동을 표시기의 구동에 직접 사용하거나, (LVDT, 자기장, 정전용량 등을 사용하는) 변위센서로 이를 측정하여 압력으로 환산할 수도 있다. 그림 6.22 (b)에는 벽걸이식 기압계에 사용되는 단순 **다이아프램식 압력센서**가 도시되어 있다. 이 센서는 유연성이 큰 판재를 사용하여 밀봉한 금속 깡통 구조를 가지고 있다. 이 깡통의 한 쪽은 고정되어 있으며, 다른 쪽은 압력에 따라서 움직인다(원판의 중앙에 설치된 작은 나사는 조절 또는 교정에 사용된다). 이 장치의 내부는 특정 압력으로 밀봉되어 있다. 대기압력이 이 내부압력보다 낮은 경우에는 다이아프램이 팽창하며, 높은 경우에는 수축한다. 이 기구는 매우 단순하며 엄청나게 싸지만, 누설이 발생할 수 있으며 온도의존성을 가지고 있다는 단점이 있다. 벨로우즈도 유사한 장치로서, 압력의 직접 측정이나 여타의 능동형 센서를 사용한 간접측정이 가능하다. 다양한 형태의 벨로우즈들을 작동기로도 사용할 수 있다. 이런 사례들로는 자동차에서 밸브와 슬레이트를 작동시키기 위해서 사용되는 진공모터, 냉난방 시스템의 환기구 구동, 속도제어 등이다. 이들은 단순성과 정숙성을 갖추고 있으며 내연기관의 낮은 압력을 동력으로 사용할 수 있기 때문에(그래서 진공이라고 부른다) 자동차를 중심으로 하여 오늘날에도 널리 사용되고 있다.

다이아프램 센서와 벨로우즈 작동기의 작동원리에 기초하여 대기압력이나 온도의 변화로 인해 유발되는 밀봉된 챔버의 팽창과 압축이 영구적으로 작동하는 시계의 동력원으로 사용되고 있다. 1600년경에 코르넬리우스 드레벨에 의해서 발명된 이런 시계들은 오늘날에도 제작되고 있는데, 대기압력과 온도의 변화에 의한 챔버의 팽창/수축에 의해서 스프링이 감겨지며, 이를 사용하여 시계는 영구적으로 작동하게 된다.

이런 기계장치들에는 압력에 의해서 변형이 발생하는 메커니즘이 필요하다. 이런 목적으로 가장 널리 사용되는 구조는 박판과 **다이아프램 맴브레인**이다. 판재는 유한한 두께를 가지고 있는 반면에 박판은 두께를 무시할 수 있을 정도로 얇은 판재이다. 압력이 부가되었을 때에 이들의 거동과 응답은 매우 다르게 나타난다. **그림 6.23** (a)에 도시된 박판의 경우, 맴브레인 중심(최대변형) 위치에서 발생하는 반경방향 장력 S와 다이아프램의 응력 사이에는 다음의 관계식이 성립된다.

$$y_{\max} = \frac{r^2 P}{4S} \ [m], \ \sigma_m = \frac{S}{t} \ [N/m^2] \tag{6.10}$$

여기서 P는 부가된 압력(실제로는 맴브레인 상부와 하부 사이의 압력차)이며, r은 반경, 그리고 t는 두께이다. 응력을 탄성계수(영계수)로 나누어 변형률을 구할 수 있다.

그런데 **그림 6.23** (b)에서와 같이 두께 t를 무시할 수 없다면, 판재의 거동은 다음과 같이 변하게 된다.

$$y_{\max} = \frac{3(1-\nu^2)r^4 P}{16Et^2} \ [m], \ \sigma_m = \frac{3r^2 P}{4t^2} \ [N/m^2] \tag{6.11}$$

여기서 E는 탄성계수이며, ν는 푸아송비이다.

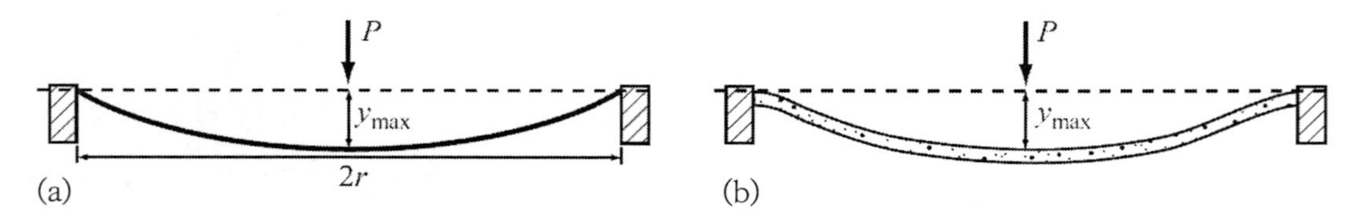

그림 6.23 (a) 두께를 무시할 수 있는 박판. (b) 유한한 두께의 맴브레인

두 경우 모두 압력에 비례하여 변형이 발생하므로, 압력의 측정에 이 구조가 널리 사용되고 있다. 사용되는 센서에 따라서 최대변위 $y_{\max}$나 응력 σ_m(또는 이에 상응하는 변형률)을 측정한다. 현대적인 센서의 경우에는 금속식 또는 반도체식 스트레인게이지나 압전저항체를 사용하여 변형률을 측정하는 것이 더 일반적이다. 스트레인게이지를 사용하면 측정에 필요한 변형이 매우 작아도 되므로, 견고한 구조를 사용하여 매우 높은 압력을 측정할 수도 있다. 만일 변형량을 측정

해야만 한다면, 정전용량, 유도용량 또는 광학적 기법을 사용하여 이를 측정할 수 있다.

압력센서는 측정하는 압력에 따라서 다음과 같이 네 가지로 구분된다.

절대압력센서(PSIA): 절대진공압력을 기준으로 하는 압력측정

차동압력센서(PSID): 센서에 설치된 두 포트 사이의 압력차이를 측정

게이지압력센서(PSIG): 대기압력을 기준으로 하는 압력측정

밀봉된 게이지압력센서(PSIS): 챔버에 밀봉된 압력(보통 $1[atm]$)을 기준으로 하는 압력측정

가장 일반적인 센서는 게이지압력센서이다. 하지만 밀봉된 게이지압력센서나 차동압력센서도 자주 사용된다.

예제 6.8 피스톤 방식의 기계식 압력센서

다이아프램방식과 유사하게, 스프링에 지지되어 움직이는 피스톤도 단순한 압력센서로 사용할 수 있다. **그림 6.24**에 도시되어 있는 단순한 기계식 센서/작동기는 타이어 압력측정에 일반적으로 사용되고 있다. 전형적인 측정범위는 $700[kPa]$이며, 직경 $10\sim15[mm]$, 길이 $15\sim20[cm]$의 크기로 제작된다. 바닥에 설치된 밸브는 실린더를 가압하는 방향으로만 기체가 흐를 수 있다. 스프링을 압착하면서 표시막대가 우측으로 움직이면 막대에 표시된 눈금으로 압력이 표시된다. 표시막대는 최대 $5[cm]$만큼 움직일 수 있으며, 이 범위에 대해서 스프링은 선형적으로 작동한다. 내경이 $10[mm]$인 경우에, $700[kPa]$의 압력이 피스톤에 가하는 힘은 다음과 같이 계산할 수 있다.

$$F = PS = 700 \times 10^3 \times \pi \times (5 \times 10^{-3})^2 = 54.978[N]$$

스프링의 최대 변형량은 $50[mm]$이다. 따라서 필요한 스프링상수는 다음과 같이 계산된다.

$$F = kx \rightarrow k = \frac{F}{x} = \frac{54.978}{0.05} = 1{,}100[N/m]$$

표시막대에 새겨진 압력눈금의 간격은 대략적으로 $14[kPa/mm]$이다. 이는 센서의 민감도에 해당한다.

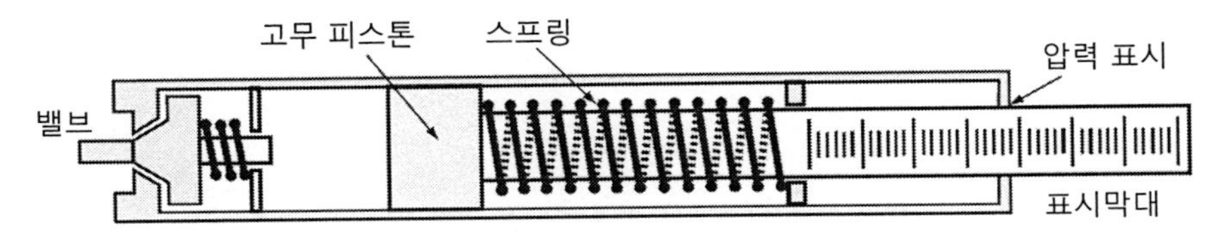

그림 6.24 피스톤 방식의 기계식 압력센서

예제 6.9 기압계용 밀봉된 게이지압력센서

기압계는 일반적으로 다이얼과 같은 기계적 수단을 사용하여 압력을 표시한다. 단순한 이런 목적으로 그림 6.22 (b)에 도시되어 있는 것과 같은 단순한 밀봉된 게이지압력센서를 사용할 수 있다. 그림 6.25에 도시되어 있는 것처럼, 직경이 $2[cm]$이며, 피스톤으로 밀봉되어 있는 실린더형 챔버를 사용하여 이 센서의 작동원리를 자세히 살펴보기로 하자. 이 챔버는 표준대기압력 $P_0 = 101,325[Pa](1.013[bar]$ 또는 $1,013.25[mbar])$로 밀봉되어 있다. 이 압력에 대해서 챔버의 체적 $v_0 = 10[cm^3]$이다. 이 기준압력에 대한 상대적인 공기압력이 직선자에 새겨져 있다. 외부압력이 증가하면 챔버 내부의 공기가 압축되면서 피스톤이 아래로 내려간다. 외부압력이 감소하면 챔버 내부의 공기가 팽창하기 때문에 피스톤이 위로 상승한다. 대기압력은 매우 조금씩 변하기 때문에(기록된 최고기압은 $1,086[mbar]$이며, 최저압력은 $850[mbar]$이다), 표시눈금은 $800[mbar]$에서 $1,100[mbar]$ 사이만 나타내어도 충분하다. 이를 위해서 필요한 피스톤의 운동범위를 계산하시오.

풀이

밀봉된 공기의 압축에는 보일의 법칙(등온조건)이 적용된다.

$$P_1 V_1 = P_2 V_2$$

즉, 압력이 변하면 그에 따라서 체적이 변하면서 둘의 곱이 일정하게 유지된다. 공칭압력 $P_0 = 1,013.25[mbar]$에서 $V_0 = 10[cm^3]$을 사용하여 최소 및 최대압력에 대한 체적을 계산할 수 있다.

$$P_{\min} V_{\min} = P_0 V_0 \rightarrow V_{\min} = \frac{P_0 V_0}{P_{\min}} = \frac{1,013.25 \times 10}{850} = 11.92[cm^3]$$

그리고

$$P_{\max} V_{\max} = P_0 V_0 \rightarrow V_{\max} = \frac{P_0 V_0}{P_{\max}} = \frac{1,013.25 \times 10}{1,100} = 9.21[cm^3]$$

스케일은 공기가 채워진 실린더의 높이를 표시한다.
저압의 경우,

$$V_{\min} = \pi \frac{d^2}{4} h_{\min} = 11.92 \rightarrow h_{\min} = \frac{4 \times 11.92}{\pi d^2} = \frac{4 \times 11.92}{\pi \times 2^2} = 3.7942[cm]$$

고압의 경우,

$$V_{\max} = \pi \frac{d^2}{4} h_{\max} = 9.21 \rightarrow h_{\max} = \frac{4 \times 9.21}{\pi \times 2^2} = 2.9316[cm]$$

공칭압력에 대한 실린더의 높이는

$$h_0 = \frac{4 \times 10}{\pi \times 2^2} = 3.1831[cm]$$

따라서 공칭압력의 표시위치에 대해서 저압 표시선의 위치는 6.11$[mm]$ 아래에 위치하며, 고압 표시선의 위치는 2.515$[mm]$ 위에 위치한다. 그리고 전체 운동범위는 8.625$[mm]$에 달한다.

직경을 절반으로 줄이면 피스톤의 운동범위는 네 배(이 사례에서는 34.5$[mm]$)로 증가한다. 액체식 기압계의 경우에는 피스톤이 액체(일반적으로 물이나 오일)로 대체된다. 이 경우 액체는 피스톤으로 작용할 뿐만 아니라 압력을 표시하는 표시기로도 작용한다. 여타의 기압계에서는 피스톤의 운동 또는 등가기구가 다이얼을 회전시킨다.

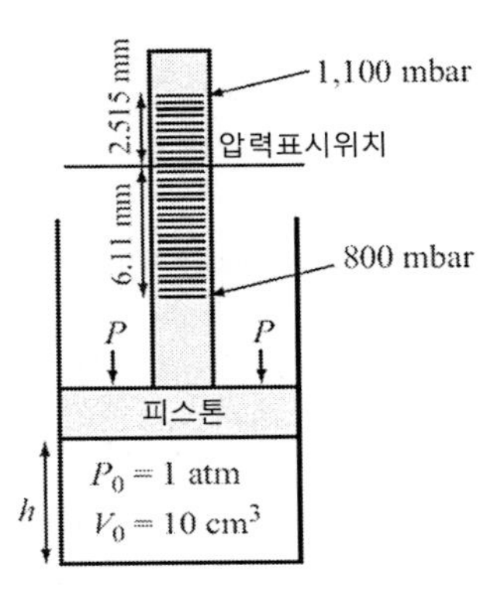

그림 6.25 밀봉챔버식 기압계

6.5.2 압저항식 압력센서

압저항기는 단순한 반도체 스트레인게이지여서 항상 도전체 스트레인게이지를 대체할 수 있으며, 대부분의 현대식 압력센서들에는 도전체 방식의 스트레인게이지 대신에 **압저항식 스트레인게이지**를 사용하고 있다. 단지 고온작동이 필요하거나 특수한 용도의 경우에 국한하여 도전체 방식의 스트레인게이지가 사용되고 있다. 게다가 다이아프램마저도 실리콘으로 제작하면 제조공정이 단순해지며 온도보상, 증폭 및 신호조절회로들을 일체형으로 제작할 수 있다는 장점을 가지고 있다. **그림 6.26**에서는 이런 유형을 가지고 있는 센서의 기본 구조를 보여주고 있다. 이 경우, 두 게이지들은 다이아프램의 동일 평면에 서로 평행하게 설치된다. 두 압저항체의 저항값 변화는 다음과 같이 발생한다.

$$\frac{\Delta R_1}{R_1} = -\frac{\Delta R_2}{R_2} = \frac{p(\sigma_y - \sigma_x)}{2} \tag{6.12}$$

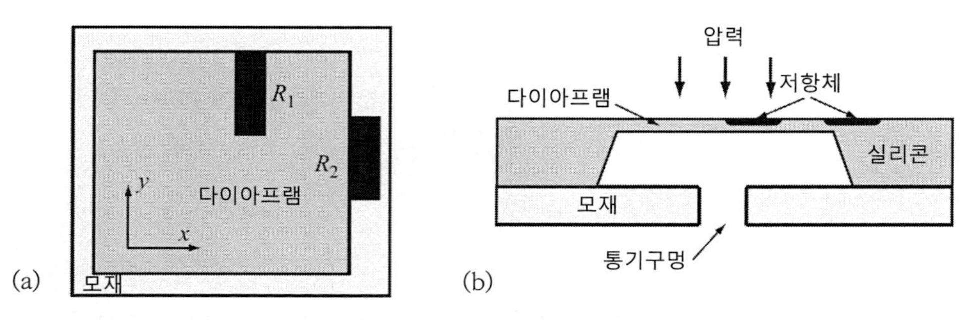

그림 6.26 압저항식 압력센서. (a) 압저항체의 배치. (b) 다이아프램과 통기구멍이 설치된 센서의 구조(게이지압력센서).

여기서 σ_x와 σ_y는 각각 횡방향(x방향)과 종방향(y방향) 응력이며, p는 압저항체의 압전계수값이다. 비록 압저항체를 다른 방식으로 배치하면(예를 들어 그림 6.27의 경우에는 R_2가 R_1에 대해서 직각 방향으로 배치된다) 저항값 변화량이 달라지겠지만, 이 공식은 예상값을 나타내는 대표적인 공식이다. 그림 6.27에 도시된 소자의 경우, 압저항체들과 다이아프램을 모두 실리콘으로 제작한다. 이런 경우, 센서가 작동할 수 있도록 만들기 위해서는 통기구멍이 필요하다. 만일 다이아프램 하부 공동의 압력을 P_0로 유지한 채로 밀봉하면 밀봉된 게이지압력센서가 만들어지며, $P-P_0$의 압력을 측정하게 된다. 두 챔버들 사이에 다이아프램을 배치하며, 다이아프램의 양측에 그림 6.27처럼 통기구멍을 설치하면 차동형 센서가 만들어진다.

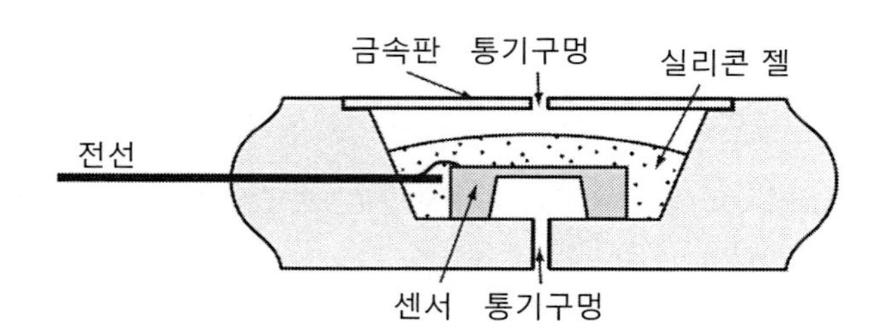

그림 6.27 차동압력센서의 구조. 두 통기구멍들 사이에 다이아프램이 위치한다.

그림 6.28에 도시되어 있는 것처럼, 전류가 흐르는 방향과 직각인 방향으로 압력을 부가하면, 하나의 스트레인게이지만을 사용해서도 압력을 측정할 수 있다. 압저항체 양단의 전위차이를 측정하면 소자에 부가된 응력과 그에 따른 압력을 측정할 수 있다.

이 기본적인 방식을 사용하여 서로 다른 소재, 공정 및 서로 다른 민감도를 가지고 있는 센서들을 만들 수 있다. 하지만 이들은 동일한 구조와 특성을 가지고 있기 때문에 다시 설명하지 않는다.

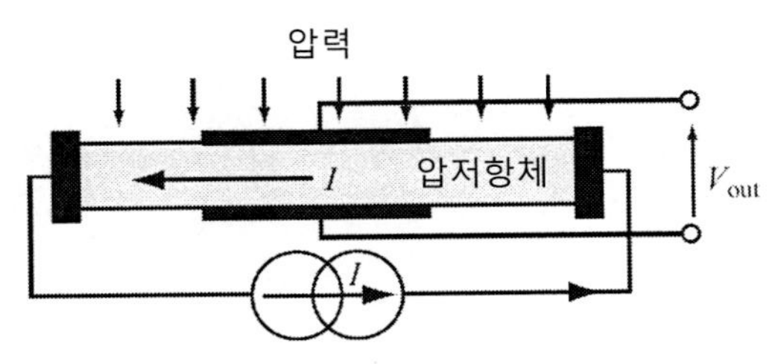

그림 6.28 압저항 직접측정 방식의 압력센서. 저항체 양단의 전위차이를 사용하여 압력을 측정한다. 전류흐름 방향과 직각인 방향으로 압력이 부가된다.

비록 반도체 스트레인게이지를 사용하여 압력을 측정하는 것이 가장 일반적인 방식이지만, 센서 몸체의 구조와 특히 다이아프램의 구조는 용도에 따라서 서로 달라진다. 센서가 부식성 환경에서 사용되는 경우에는 스테인리스강, 티타늄 그리고 세라믹 등이 사용되며, 코팅 소재로 유리와 같은 이종소재가 사용된다. 그림 6.29와 그림 6.30에서는 다양한 구조, 크기 및 등급의 압력센서들이 도시되어 있다.

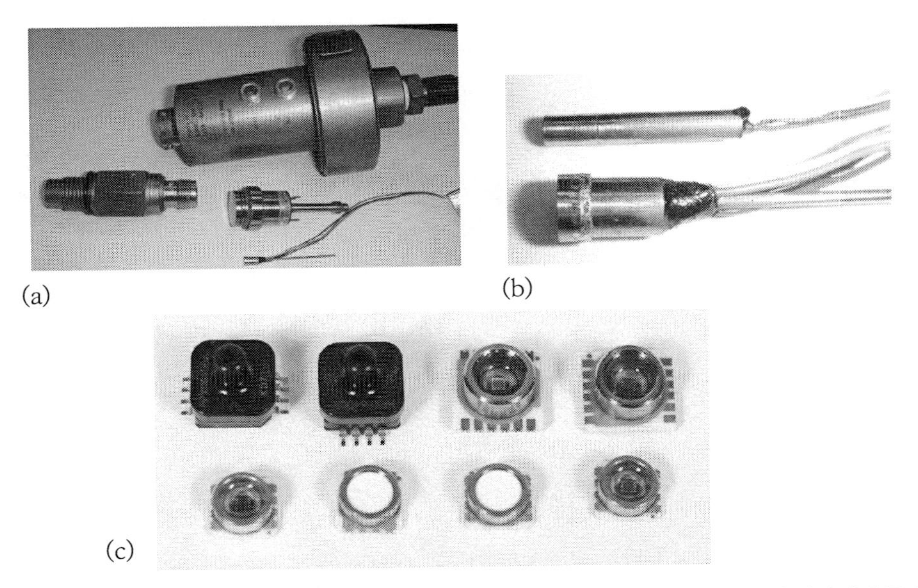

그림 6.29 다양한 압력센서들. (a) 다양한 크기의 압력센서들. 가장 작은 소자의 직경은 $2[mm]$이며 가장 큰 소자의 직경은 $30[mm]$이다. 이들은 모두 밀봉된 게이지센서들이다. 커넥터의 모양을 살펴보기 바란다. (b) 스테인리스강 소재의 하우징으로 제작된 소형 센서들(절대압력센서). (c) 미니어처 표면실장방식 디지털 압력센서들(좌측부터 시계방향으로 $14[bar]$센서 2개, $7[bar]$센서 2개, $1[bar]$센서, $12[bar]$센서 2개, $1[bar]$센서). 모두 밀봉된 게이지센서들이다.

(a) (b) (c)

그림 6.30 다양한 압력센서들. (a) 금속 캔에 밀봉되어 있는 $100\,[psi]$ 절대압력센서. (b) 자동차에 사용되는 $150\,[psi]$ 절대압력센서. (c) $15\,[psi]$와 $30\,[psi]$의 게이지압력센서들(하나는 앞뒷면을 보여주고 있다)

예제 6.10 수심 측정용 센서

자율주행 잠수정의 수심측정용 센서로 반경이 $6\,[mm]$이며 두께는 $0.5\,[mm]$인 스테인리스강 박판이 사용되었다. 이 박판은 그림 6.31에 도시되어 있는 것처럼, 내경 $5\,[mm]$, 외경 $6\,[mm]$인 링에 지지되어 있다. 다이아프램판의 상부는 수중에 노출되어 있으며, 하부는 잠수 전에 대기압력($1\,[atm]$)으로 밀봉된다. 다이아프램판의 하부에 반경방향으로 스트레인게이지를 접착하여 판재에서 발생하는 변형을 측정한다. 스트레인게이지의 공칭저항값이 $240\,[\Omega]$이며 게이지율은 2.5인 경우에 수심과 저항값 사이의 상관관계를 구하시오. 대기압력은 $1\,[atm]$이며, 스테인리스강의 탄성계수는 $195\,[GPa]$, 그리고 물의 평균밀도는 $1{,}025\,[kg/m^3]$이라고 가정한다.

풀이

이 센서는 다이아프램판을 변환기로 사용하는 밀봉된 게이지압력센서(PSIG)이다. 식 (6.11)의 압력은 다이아프램판 상부에 가해지는 압력에서 밀봉된 압력인 $1\,[atm]$을 뺀 값이다. 따라서 우선, 수심에 따른 압력을 계산하여야 한다. 수면에서의 압력은 $1\,[atm]$이다. 그리고 수심이 $10.32\,[m]$ 깊어질 때마다 수압은 $1\,[atm]$씩 증가한다. $1\,[atm]$은 $101.325\,[kPa]$이므로, 수면으로부터의 수심에 따른 수압은 다음과 같이 나타낼 수 있다.

$$P = \frac{d}{10.32} \times 101{,}325 + 101{,}325 \quad [Pa]$$

여기서 $d[m]$는 수심이다. 센서에서 측정된 압력은 다음과 같이 나타낼 수 있다.

$$P=\frac{d}{10.32}\times 101{,}325\,[Pa]$$

여기서 상수항인 밀봉압력은 $1[atm]=101{,}325[Pa]$는 소거된다. 따라서 수면에서 측정된 압력은 0이다. 그러므로 다음과 같이 수심을 직접 측정할 수 있다.

$$d=\frac{10.32}{101{,}325}P=10^{-4}P\ [m]$$

식 (6.5)를 사용하여 센서의 저항값 변화를 계산하기 위해서는 다이아프램판에서 발생하는 변형률을 구해야만 한다. 그러므로 식 (6.11)을 사용하여 응력을 계산한 다음에 이를 탄성계수로 나누어 변형률을 구하기로 한다. 다이아프램판에서 발생하는 응력은 다음과 같이 계산된다.

$$\sigma_m=\frac{3r^2P}{4t^2}=10^4\frac{3r^2d}{4t^2}\ \ [N/m^2]$$

이를 탄성계수 E로 나누면 변형률을 구할 수 있다.

$$\varepsilon=\frac{\sigma_m}{E}=7.5\times 10^3\frac{r^2d}{Et^2}\ \ [m/m]$$

이를 식 (6.5)에 대입하면 저항값을 구할 수 있다.

$$R(\varepsilon_m)=R_0(1+g\varepsilon_m)=R_0\left(1+7.5\times 10^3\frac{gr^2d}{Et^2}\right)\ \ [\Omega]$$

여기서 R_0는 스트레인게이지의 공칭저항값이며, g는 게이지율이다. 그러므로 수심에 따른 저항값의 변화는 다음과 같이 나타낼 수 있다.

$$\Delta R=7.5\times 10^3\frac{gR_0r^2d}{Et^2}\ \ [\Omega]$$

이를 다른 방식으로 나타내면,

$$d=\frac{Et^2}{7.5\times 10^3 gR_0r^2}\Delta R\ \ [m]$$

이 식을 사용하면 수심을 스트레인게이지의 공칭저항값과 측정된 저항값 사이의 차이인 ΔR의 함수로 나타낼 수 있다. 여기에 수치값들을 대입해 보면,

$$d = \frac{195 \times 10^9 \times 0.0005^2}{7.5 \times 10^3 \times 2.5 \times 240 \times 0.005^2} \Delta R = 433.3 \Delta R \ [m]$$

즉, 수심이 $1[m]$ 깊어질 때마다 스트레인게이지의 저항값은 $1/433.3 = 0.0023[\Omega]$만큼 증가한다는 것을 알 수 있다. 이는 매우 단순한 교정곡선이지만, 스트레인게이지의 온도보상이 이루어지고 있다면 매우 정확하게 수심을 측정할 수 있다.

주의: (반도체 스트레인게이지를 사용하여) 스트레인게이지의 게이지율을 증가시키면 민감도가 향상된다. 예를 들어, 게이지율이 125라면(반도체 스트레인게이지의 경우에 일반적인 값이다), 저항값 변화율은 $0.1154[\Omega/m]$로 증가한다.

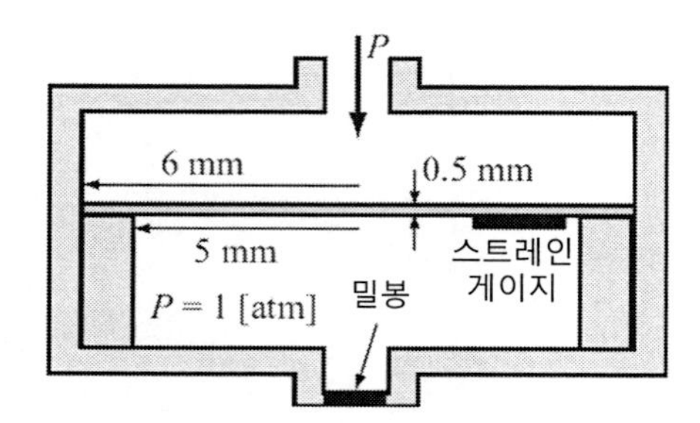

그림 6.31 수심 측정용 센서. 이 센서는 수압과 수면에서의 대기압력($1\,[atm]$) 사이의 차압을 측정하는 밀봉된 게이지 압력센서이다.

6.5.3 정전용량식 압력센서

앞서 살펴본 것처럼, 고정된 임의의 구조물에 설치되어 있는 다이아프램이 변형하면서 고정된 도전판에 대해서 상대적인 변위가 발생하면 두 도전체 사이에 형성된 정전용량을 사용하여 압력을 측정할 수 있다. 그림 6.17에 도시되어 있는 기본구조를 압력측정에 활용할 수 있다. 이 센서들은 구조가 매우 단순하며 매우 작은 압력의 측정에 특히 유용하다. 작은 압력이 부가되면 다이아프램의 변형이 큰 변형률을 유발하지는 못하지만, 비교적 큰 정전용량을 생성할 수는 있다. 커패시터를 발진회로의 일부로 구성하면 발진주파수의 변화폭을 충분히 크게 만들 수 있으며, 이를 통해서 매우 민감한 센서가 구현된다. **정전용량식 압력센서**의 또 다른 장점은 온도의존성이 작으며, 멈춤쇠를 설치하면 과도한 압력에 대한 민감도를 낮출 수 있다는 것이다. 일반적으로 정격압력의 2~3배 수준의 과도압력이 부가되어도 소자의 손상 없이 버틸 수 있다. 이 센서는 미소변위에 대해서 선형성을 가지고 있지만 큰 압력이 부가되면 다이아프램이 활처럼 휘어지면서 비선형 특성이 나타난다.

6.5.4 자기식 압력센서

자기식 압력센서의 경우에는 다양한 방법들이 사용된다. 대변위 센서의 경우에는 유도형 위치 센서나 선형가변차동변압기(LVDT)를 다이아프램에 부착하여 사용할 수 있다. 그런데, 작은 압력에 대해서는 가변 릴럭턴스 압력센서가 더 유용하다. 이런 유형의 센서에서는 **그림 6.32 (a)**에 도시되어 있는 것처럼, 강자성체로 다이아프램을 제작하며 자기회로의 일부로 활용한다. 자기회로에서 릴럭턴스는 전기회로의 저항과 등가이며 자기경로의 크기, 투자율 그리고 단면적 등에 의존한다(자기회로에 대해서는 5.4절을 참조하며, 자기 릴럭턴스의 정의에 대해서는 식 (5.32)를 참조하기 바란다). **그림 6.32 (b)**에 도시되어 있는 등가회로에서, $\mathfrak{R}_F$는 철심의 경로길이, $\mathfrak{R}_g$는 공극, 그리고 $\mathfrak{R}_d$는 다이아프램의 경로길이를 나타내고 있다. 만일 자성체 코어(**그림 6.32 (a)**에 도시되어 있는 E-형의 코어)와 다이아프램은 투자율이 큰 강자성체로 제작되었다면, 이들의 릴럭턴스는 무시하여도 된다. 이런 경우, 릴럭턴스는 다이아프램과 E-형 코어 사이의 공극 길이에 정비례한다. 압력이 변하면 이 공극이 변하며, 그에 따라서 두 코일들의 유도용량이 변하게 된다. 이 유도용량을 직접 측정할 수도 있지만, **그림 6.32 (c)**에 도시되어 있는 것처럼, 임피던스가 일정한 소자를 직렬로 연결하여 다이아프램의 운동에 의한 임피던스의 변화를 측정하는 방법이 더 많이 사용되고 있다. 이런 유형의 센서에서는 다이아프램의 미소변위로 인하여 회로의 인덕턴스가 크게 변하기 때문에 소자의 민감도가 매우 높아진다. 게다가, 자기 센서들은 대부분 온도에 매우 둔감하기 때문에 고온이나 온도가 많이 변하는 환경에서의 사용이 가능하다.

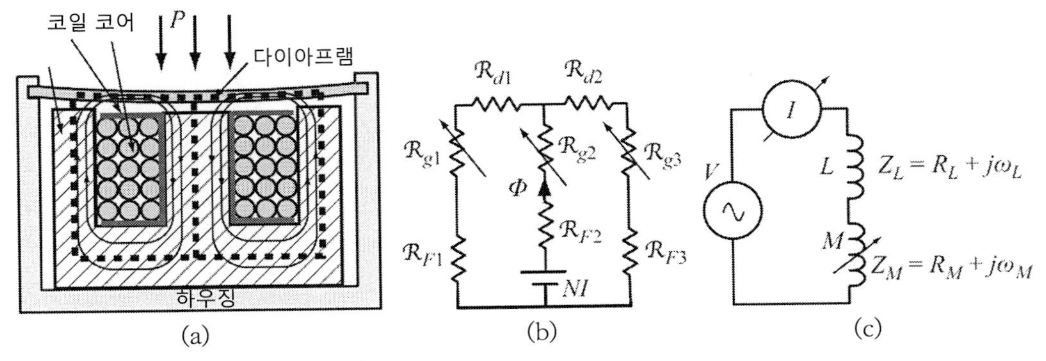

그림 6.32 가변 릴럭턴스 방식의 압력센서. (a) 구조와 작동원리. (b) 릴럭턴스 등가회로. (c) AC 전원을 사용한 구동사례. 코어와 다이아프램은 원형이다.

이외에도 다양한 작동원리들을 사용하는 압력센서들이 존재한다. 광전식 압력센서의 경우에는 극도로 작은 변위를 측정할 수 있는 **파브리-페로 광공진기**를 사용한다. 이런 유형의 광공진기에서는 광다이오드를 사용하여 광학공진이 일어나는 공극에서 반사된 빛을 측정하여 압력을 측정한다. 저압(또는 진공압력)을 측정하기 위해서 매우 오래 전부터 **피라니게이지**를 사용해왔다. 이 센서는 압력에 의존적인 기체에 의한 열손실을 측정한다. 기체유동 내에서 가열된 소자의 온도를 측정하여 이를 압력으로 환산하며, 일반적으로 절대압력의 측정에 사용된다.

압력센서의 작동특성은 구조와 사용된 측정원리에 크게 의존한다. 전형적으로 반도체 기반의 센서들만이 저온에서 사용할 수 있다($-50 \sim +150$[°C]). 내부나 외부에 적절한 온도보상 수단이 갖춰지지 않는다면, 이들의 온도 의존성 오차는 매우 크다. 센서의 작동범위는 작게는 수$[Pa]$에서 크게는 $300[GPa]$ 이상까지 가능하다. 임피던스는 소자의 유형에 따라 서로 다르며, 수백$[\Omega]$에서 $100[k\Omega]$의 범위를 가지고 있다. 선형성은 $0.1 \sim 2$[%] 수준이며, 응답시간은 전형적으로 $1[ms]$ 미만이다. 최대압력, 파괴압력, 한계압력 등은 전기적 출력특성과 함께 소자의 사양값으로 제시된다. 특히 출력특성은 (내부회로나 증폭이 없는) 직접출력이나 신호처리와 증폭 이후의 출력특성을 제시하며, 디지털 출력이 제공되는 센서도 있다. 앞서 설명한 것처럼, 사용된 소재(실리콘, 알루미늄, 티타늄, 스테인리스강 등)와 기체 및 액체와의 적합성 등이 제시되어 있으며, 센서의 손상이나 부정확한 측정을 방지하기 위해서는 반드시 이를 확인하여야 한다. 여타의 사양으로는 배관 연결부의 크기와 형상, 전선 연결용 커넥터, 통기구멍 등이 제시된다. 압력센서의 히스테리시스(일반적으로 전체 측정범위의 0.1[%] 미만)나 반복도(일반적으로 전체 측정범위의 0.1[%] 미만)와 같은 사양값들도 제시된다.

6.6 속도측정

속도측정은 실제적으로 가속도 측정보다 더 복잡하며, 많은 경우 간접측정방식이 사용된다. 이는 속도는 상대적인 값이므로 기준값이 필요하기 때문이다. 물론, 항상 속도에 비례하는 무언가를 측정할 수도 있다. 예를 들어, 바퀴의 회전속도(또는 차축의 회전속도-자동차의 주행속도를 측정하는 가장 일반적인 방법이다), 전기모터의 회전수, 또는 GPS 정보를 활용하여 자동차의 주행속도를 측정할 수 있다. 항공기의 경우에는 압력을 측정하거나 온도센서로 공기유동으로 인한 냉각효과를 측정하여 속도를 알아낸다. 그런데, 속도를 직접 측정할 수 있는 독립형 센서를 만드는 것은 훨씬 더 어려운 일이다. 한 가지 방법은 움직이는 자석에 의해서 코일에 유도되는 전자기장을 측정하는 것이다. 그런데, 이 경우에는 코일이 고정되어 있으므로, 속도가 일정하다면 (가속도가 없다면) 자석이 코일에 대해서 상대운동을 일으키지 않는다. 하지만 속도가 변한다면 (가속도가 0이 아니라면) **그림 6.33**에 도시되어 있는 작동원리가 작용하게 된다. 코일 내에 유도된 전자기장은 패러데이의 법칙에 지배를 받는다.

$$emf = -N\frac{d\Phi}{dt} \ [V] \tag{6.13}$$

여기서 N은 권선수이며 Φ는 코일의 자속이다. 자속을 시간에 대해서 미분한다는 것은 자석이 움직여서 자속의 변화율이 0이 아니어야만 한다는 것을 의미한다.

따라서 속도를 측정하는 가장 일반적인 방법은 가속도계의 출력전압을 적분 증폭기를 사용하여 적분하는 것이다. 속도는 가속도의 시간적분값이므로, 이를 통해서 손쉽게 속도정보를 얻을 수 있다. 하지만 앞서 설명했던 것처럼, (가속도가 0인) 일정한 속도는 측정할 수 없다. 다행히도 많은 경우, 특정 센서를 사용하지 않고도 속도를 직접 측정할 수 있다. 예를 들어, 차량의 주행속도는 정지한 지면에 대한 상대속도이므로, 다양한 방법을 사용하여 이를 측정할 수 있다.

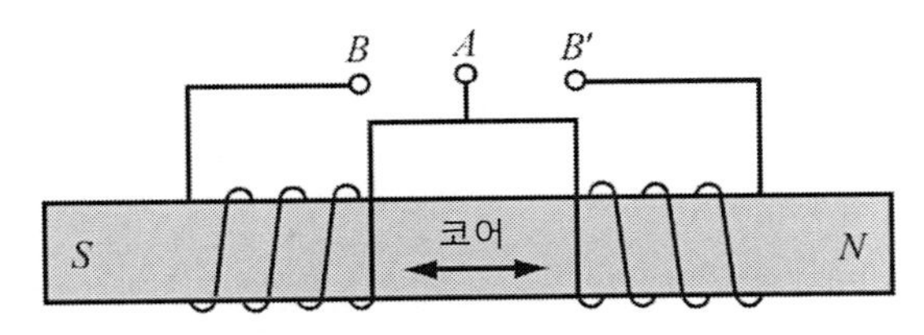

그림 6.33 속도센서. 코일에 유도되는 전자기장은 자석이 움직이는 속도에 비례한다.

액체나 기체의 속도는 매우 손쉽게 측정할 수 있다. 배와 비행기의 속도는 정지해 있거나 움직이는 유체에 대한 상대적인 값으로 측정할 수 있다. 그런데 여기에 사용되는 방법들은 모두 간접 측정방식이다. 유체의 속도를 측정하는 간단한 방법들 중 하나는 유체에 노출되지 않은 서미스터의 온도를 기준으로 유체에 노출된 서미스터의 상대적인 냉각을 측정하는 것이다. 이 방법은 공기 유동의 측정이나 비행기의 공기속도 측정에 매우 유용하다(**그림 6.34 (a)**와 **(b)**). **그림 6.34 (a)**에 도시되어 있는 것처럼 하류측 (2)번 센서를 유동으로부터 차폐시키거나, **그림 6.34 (b)**에서와 같이 유동에 함께 노출시키기도 한다. 첫 번째의 경우, 하류측 센서는 주변 온도에 의존적인(유동과는 무관한) 일정한 온도를 유지하는 반면에, 상류측 센서는 유동에 의해서 냉각된다. 두 번째의 경우에 상류측 센서는 유동에 의해서 냉각되지만, 이 센서를 통과하면서 유체가 가열되기 때문에 하류측 센서는 훨씬 덜 냉각된다. 두 경우 모두, 상류측 센서와 하류측 센서의 온도차이로부터 유속(또는 유체의 질량유량)을 측정할 수 있다. 자동차 흡기구에서 공기의 질량을 측정하기 위해서 이와 유사한 방법이 사용된다(이에 대해서는 10장에서 논의할 예정이다). 그림 6.34 (c)에서는 4개의 서미스터가 내장된 유체유동센서가 도시되어 있다. 서미스터들 중에서 두 개는 상류측에, 그리고 두 개는 하류측에 설치되며, 브리지 구조로 연결되어 있다. 이 센서는 $15 \times 20[mm^2]$ 크기의 세라믹 모재 위에 증착되어 있다. 이 센서에서 상류측과 하류측 센서들 사이의 온도차이를 측정하여 유체의 속도나 유체의 질량유량에 대해서 교정한다. 전달함수는 유체의 실제 온도에 의존하기 때문에, 유동의 영향을 받지 않는 유체의 정체지역(모재의 반대편)에 설치되어 있는 추가적인 서미스터가 유체의 온도를 직접 측정해야 한다. 고온에서 사용되는 경우에는 서미스터를 저항형 온도검출기(RTD)로 대체한다. 여타의 경우에는 두 개의 트랜지스터나 두 개의 다이오드를 사용할 수도 있다(3장 참조).

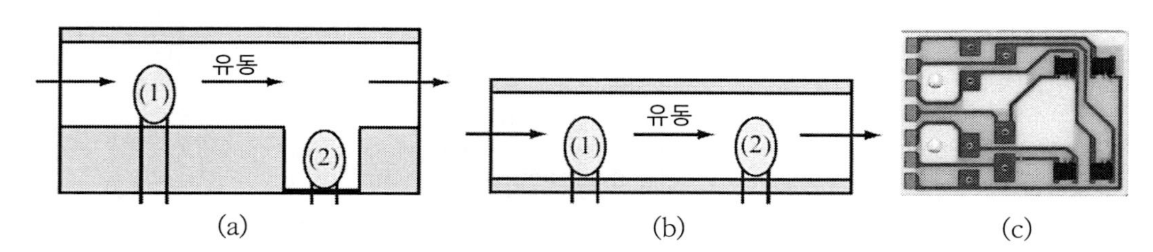

그림 6.34 유속 측정용 센서. (a) 하류측 온도센서 (2)는 유동이 없는 구역에 설치되어 공기(또는 유체)의 온도를 측정한다. (b) 하류측 센서 (2)도 유동 속에 노출되어 있지만, 상류측 센서 (1)을 통과하면서 유체가 가열되기 때문에 훨씬 덜 냉각된다. (c) 세라믹 모재 위에 4개의 서미스터들이 증착된 유속 측정용 센서의 사례. 유체는 그림의 위쪽에서 아래쪽으로 흐르며, 센서들은 브리지 구조로 서로 연결되어 있다. 기준온도 측정용 서미스터는 모재의 반대쪽에 설치되어 있다.

속도를 측정하는 또 다른 일반적인 방법은 운동에 의해서 발생하는 압력차를 측정하는 것이다. 이 방법은 (상용 비행기를 포함한) 현대적인 비행기의 표준 속도측정 방법으로 사용되고 있으며, 가장 오래된 측정방법인 **피토관**[12)]을 사용한다. 이 방법은 1732년에 헨리 피토에 의해서 발명되었으며, 강의 유속을 측정하기 위해서 사용되었다. 그림 6.35 (a)에서는 피토관의 기본적인 작동원리

12) Pitot tube

를 보여주고 있다. 물의 유속이 증가하면 튜브 내부의 총압력이 증가하므로 수두가 상승하며, 이를 사용하여 유속을 표시할 수 있다(적절히 교정하면 유량도 나타낼 수 있다). 비행기에 사용되는 현대적인 피토관은 **그림 6.35 (b)**에 도시되어 있는 것처럼, 관의 끝이 비행방향을 향하여(비행기의 동체와 평행하게) 설치된다. 관의 반대쪽을 밀봉한 다음에 압력센서를 설치하여 내부의 압력을 측정하거나, (**그림 6.22 (b)**에 도시되어 있는 다이아프램식 표시기와 같은) 기계적인 표시기에 연결한다. 이런 상태에서, 튜브 내부의 총압력(유체가 움직이지 못하므로 정체압력이라고도 부른다)은 **베르누이의 원리**에 지배된다.

$$P_t = P_s + P_d \ [Pa] \tag{6.14}$$

여기서 P_t는 총압력(또는 정체압력), P_s는 정압력, P_d는 동압력이다. 비행기의 경우 P_s는 비행기가 정지해 있을 때의 압력(즉, 대기압력)이며, P_d는 비행기의 운동(물의 경우에는 배의 이동)에 의해서 생성된 압력이다.

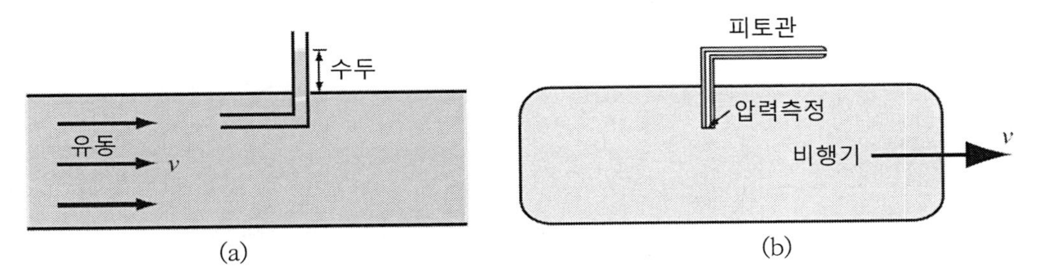

그림 6.35 피토관. (a) 원래는 강의 유속과 유량을 측정하기 위해서 사용되었다. (b) 현대에 와서는 비행기의 속도 측정이나 유체의 상대속도 측정에 사용된다. 하지만 직접 측정되는 대상은 총압력(또는 정체압력)이다.

동압력은 다음과 같이 주어진다.

$$P_d = \rho \frac{V^2}{2} \ [Pa] \tag{6.15}$$

여기서 ρ는 유체(공기나 물)의 밀도이며 V는 비행기의 속도이다. 여기서 관심대상은 속도의 측정이다.

$$V = \sqrt{\frac{2(P_t - P_w)}{\rho}} \quad [m/s] \tag{6.16}$$

유체의 밀도 ρ는 따로 측정하거나 (물의 경우에는) 미리 알고 있는 값을 사용한다. 비행기의 속도를 측정하는 경우에는 고도에 따라서 밀도(와 압력)가 변한다는 점을 명심해야만 한다. 공기의 밀도는 압력으로부터 (대략적으로) 다음과 같이 추정할 수 있다.

$$\rho = \frac{P_s}{RT} \quad [kg/m^3] \tag{6.17}$$

여기서 R은 비기체상수(건조공기의 경우 $287.05[J/kg/K]$)이며 $T[K]$는 절대온도이다. 더 정확한 값을 얻기 위해서는 수증기압력을 사용하여 습도를 고려해야 하지만 대부분의 경우에는 이 건조공기조건만으로도 충분하다. 고도 h의 대기중에서 정압력은 다음의 관계식을 사용해서 구할 수 있다(반대로 정압력으로부터 고도를 구할 수도 있다).

$$P_s = P_0\left(1 - \frac{Lh}{T_0}\right)^{gM/RL} \quad [Pa] \tag{6.18}$$

여기서 P_0는 해수면 높이에서의 표준압력($101,325[Pa]$), L은 고도에 따른 온도변화로서 기온감률($0.0065[K/m]$)이라고 부른다. $h[m]$는 고도, T_0는 해수면 높이에서의 표준온도($288.15[K]$), g는 중력가속도($9.80665[m/s^2]$), M은 건조공기의 몰질량($0.0289644[kg/mol]$), 그리고 R은 기체상수($8.31447[J/mol/K]$)이다. 보다 더 단순화된 기압식은 다음과 같이 주어진다.

$$P_s(h) = P_0 e^{\frac{Mgh}{RT_0}} \quad [Pa] \tag{6.19}$$

비록 이 식이 고도 h를 과도하게 반영하지만 일반적으로 사용되고 있으며, 비행기를 포함하여 많은 고도계들에서 기본 방정식으로 사용되고 있다.

속도를 측정하기 위해서는 총압력과 정압력의 차이를 측정해야 하므로, 정압력을 독립적으로 측정할 수 있도록 수정된 피토관이 사용되고 있다. 이를 **프란틀관**[13]이라고 부르며(대부분의 경우

그냥 피토관 또는 정적 피토-정압관이라고 부른다) **그림 6.36**에 도시되어 있다. 이 독창적인 센서의 경우, 정압을 측정하기 위해서 튜브의 측면에 추가적인 포트구멍이 설치되어 있다. 차압측정용 센서를 사용하여 총압력(앞면을 향한 구멍)과 정압력(측면을 향한 구멍) 사이의 차압을 측정한다. 식 (6.16)을 사용하면 속도를 직접 측정할 수 있다. 이 센서는 유체의 상대속도를 측정하므로, 비행기의 경우 센서는 공기(공기속도)에 대한 비행기의 상대속도만을 측정한다는 점에 주의해야 한다. 피토관(또는 프란틀관)의 구멍은 매우 작기 때문에, 특히 항공기의 경우에는 얼음으로 막혀버릴 우려가 있다. 비행기의 엔진속도는 공기의 유속에 의해서 조절되기 때문에, 이는 매우 위험한 상황이다. 얼음은 수많은 항공사고의 원인으로 지목되고 있다. 이런 문제의 발생 가능성을 최소화하기 위해서는 얼음이 쌓이지 않도록 센서를 가열해야만 한다. 배나 잠수함의 속도 측정에도 피토관이 사용되며, 여기서도 유체의 상대속도가 측정된다.

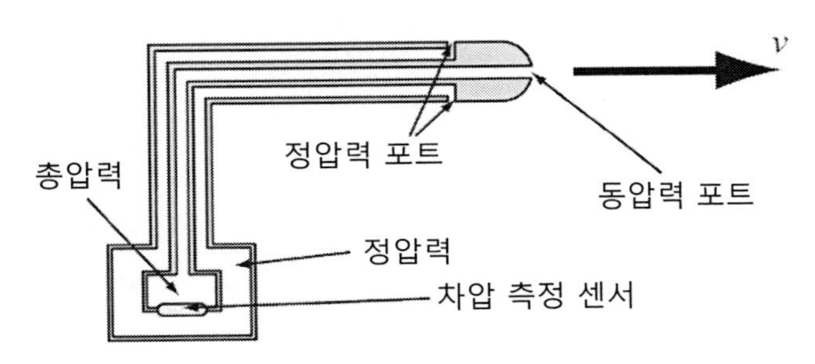

그림 6.36 프란틀관. 차압측정용 센서를 사용하여 총압력과 정압력 사이의 차압을 측정한다. 튜브는 유체 속에서 속도 v로 움직이고 있다.

속도측정에 사용되는 또 다른 방법들로는 초음파, 전자기, 그리고 움직이는 물체로부터 반사되는 빛이나 움직이는 물체에 조사된 파동의 비행시간을 측정하는 광학적 방법 등이 포함된다. 초음파 센서에 대해서는 7장에서 살펴볼 예정이다. 초음파, 전자기파, 또는 광선의 도플러효과를 사용해서도 속도를 측정할 수 있다. 그런데 도플러 기법은 엄밀히 말해서 센서가 아니며 파장을 송출하는 소스와 속도를 측정할 대상물체 사이의 상대속도로 인한 반사파의 주파수 변화를 측정하는 시스템이다. 비록 이 시스템이 복잡하기는 하지만 기상예측(토네이도와 허리케인의 검출과 분석), 우주과학(항성의 운동을 포함한 움직이는 물체의 속도측정), 그리고 법률집행(차량의 과속측정, 충돌방지 시스템 등) 등의 중요한 용도에 사용되고 있다.

---

13) Prandtle tube

예제 6.11 강의 수압측정

피토관을 속도측정 대신에 동압 측정에도 사용할 수 있다. 피토관을 강물 속에 넣어서 동압을 측정하려고 한다. 이를 위해서 그림 6.35 (a)에서와 같이 수면 위로 올라온 수두를 측정하였다(대신에 그림 6.36의 프란틀관을 사용할 수도 있다. 이를 통해서 정압이 측정되므로 차압을 측정할 수 있다). 물의 밀도는 $1,000[kg/m^3]$이며 온도의 영향은 무시한다.

(a) 유속 $V_0 = 5[m/s]$이며, 대기압력은 $101.325[kPa](1[atm])$인 경우에 표면 바로 아래에서의 유동에 의한 동압을 계산하시오.

(b) 수심 $3[m]$ 깊이에서의 동압은 얼마이겠는가?

풀이

수면에서의 압력은 대기압력과 동일하며, 여기서는 $101.325[kPa]$이다. 수면 아래에서의 정수압은 수심이 $10.32[m]$ 깊어질 때마다 $101.325[kPa]$만큼씩 증가하지만, 동수압력은 유속에만 의존한다.

(a) 동수압력은 식 (6.15)를 사용해서 직접 구할 수 있다.

$$P_d = \rho\frac{V_0^2}{2} = 1,000\frac{5^2}{2} = 12,500[Pa]$$

(b) 동수압력은 유속과 밀도가 일정하게 유지되는 한도 내에서 동일한 값을 유지한다. 수심이 깊어질수록 밀도는 약간 증가하며, 동일한 속도에 대해서 동수압력도 그에 따라서 약간 증가한다.

6.7 관성센서: 자이로스코프

자이로스코프는 일반적으로 비행기와 우주선의 자세 안정화를 위해서 사용되는 장치로 인식되고 있으며, 무인비행이나 인공위성이 올바른 방향을 향하도록 자세를 안정화시키는 목적으로 사용되고 있다. 그런데 자이로스코프는 우리들이 상상하는 것보다 훨씬 더 광범위하게 사용되고 있다. 자기식 나침반과 마찬가지로 자이로스코프도 운항도구로 사용되고 있다. 자이로스코프는 장치나 차량의 방향과 고도를 유지하기 위해서 사용된다. 따라서 모든 인공위성, 스마트 무기를 포함하여 자세와 위치 안정화가 필요한 모든 용도에 사용되고 있다. 이들은 매우 정확하기 때문에 터널이나 광산의 굴착에도 활용되고 있다. 자이로스코프의 크기가 작아지면서 자동차와 같은 소비제품에도 이들이 장착될 것으로 기대되고 있다. 자이로스코프는 이미 장난감과 원격조종되는 모델 비행기에도 탑재되고 있다.

여기에는 물체나 입자와 같은 모든 시스템들에 대해서 외력이 작용하지 않는다면 공간상의 임의의 한 점에 대한 총 각운동량은 일정하게 유지된다는 **각운동량 보존법칙**이 기본 작동원리로 사용된다.

자이로스코프라는 이름은 그리스어인 자이로[14]와 스코핀[15]의 결합어로서, 1852년에 지구의 회전을 증명한 레옹 푸코[16]에 의해서 처음으로 사용되었다. 자이로스코프의 작동원리는 최소한 1817년 요한 보넨베르거[17]가 언급한 이후로 알려졌지만, 그가 이를 최초로 발견했거나 이를 사용했다는 것은 분명하지 않다.

6.7.1 기계식 또는 로터식 자이로스코프

기계식 자이로스코프는 가장 전통적인 형태로서 잘 알려져 있으며, 비록 전성기는 지나가 버렸지만(현재도 소형화되어 여전히 사용되고 있다), 작동원리를 이해하기도 좋다. 기계식 자이로스코프는 프레임 내에서 축에 지지되어 회전하는 (무거운) 질량체로 이루어진다. 회전하는 질량체가 각운동량을 생성하므로(그림 6.37), 이를 단순히 회전하는 바퀴로 생각하여도 무방하다. 만일 여기에 토크를 가하여 회전축의 자세를 바꾸려고 한다면, 회전축과 직교하는 방향으로의 토크가 생성되므로, 부가된 토크와 결합되어 세차운동이 일어난다. 이 세차운동은 자이로스코프의 출력이며, 프레임에 가해진 토크와 회전질량의 관성에 비례한다. 그림 6.37에서, 입력축 방향으로 자이로스코프 프레임에 토크를 가하면 그림에 표시된 방향으로 출력축이 회전하게 된다. 이 세차운동은 부가된 토크에 비례하므로, 예를 들면 비행기의 방향 보정이나 인공위성 안테나의 위치조절에 이를 활용할 수 있다. 반대 방향으로 토크를 가하면 세차운동의 방향이 반전된다. 부가된 토크와 세차운동의 각속도 Ω 사이에는 다음의 관계식이 성립된다.

$$T = I\omega\Omega \ [N{\cdot}m] \tag{6.20}$$

여기서 $T[N{\cdot}m]$는 부가된 토크, $\omega[rad/s]$는 각속도, $I[kg{\cdot}m^2]$는 회전질량의 관성, 그리고 $\Omega[1/rad{\cdot}s]$는 **세차운동의 각속도**로서 **회전률**이라고도 부른다. $I\omega[kg{\cdot}m^2{\cdot}rad/s]$는 각운동량이

---

14) gyro: 회전 또는 원이라는 뜻
15) skopeen: 본다는 뜻
16) Leon Foucault
17) Johann Bohnenberger

다. 따라서 Ω는 자이로스코프의 프레임에 부가된 토크에 비례한다는 것을 알 수 있다.

$$\Omega = \frac{T}{I\omega}\ [1/rad{\cdot}s] \tag{6.21}$$

그림 6.37에 도시되어 있는 장치는 단일질량 자이로스코프이다. 회전축선의 방향을 서로 직교하도록 이 구조를 복제하여 2축이나 3축 자이로스코프를 만들 수 있다.

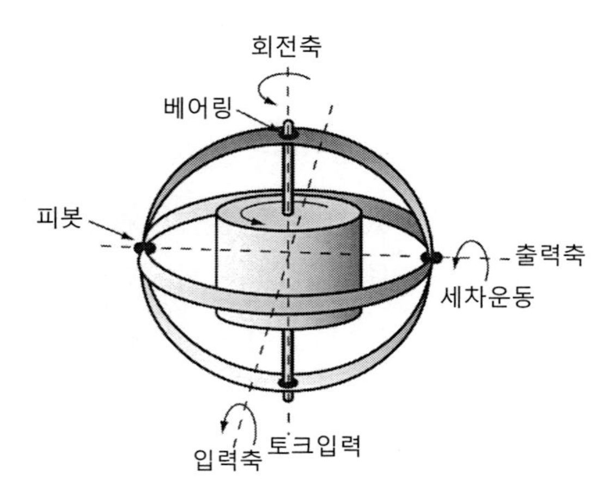

그림 6.37 회전질량 자이로스코프

비행기에서는 수십 년 동안 이런 유형의 자이로스코프들이 사용되어 왔다. 하지만 이 기구는 크고 무거우며 복잡한 장치여서 소형 시스템에 장착하기 어렵다. 또한 회전질량도 문제가 된다. 회전속도가 빨라지고, 질량이 증가하면, 각운동량($I\omega$)이 커지면서 입력된 토크에 대한 세차운동의 주기가 느려진다. 하지만 빠른 회전은 마찰을 증가시키며 회전용 디스크에 대한 정밀한 가공과 민감한 밸런싱이 필요하다. 이로 인하여 진공밀봉, 자기 및 정전식 베어링이나 고압 기체베어링, 극저온 자기부상 등과 같은 다양한 방법들이 사용되고 있다. 그런데 이들 중 어느 방법도 저가의 범용 센서를 실현시켜주지 못한다. 현대적인 자이로스코프들 중 일부에서는 여전히 회전질량의 개념을 사용하고 있지만, 회전체의 질량이 훨씬 더 작으며, 소형 DC 모터를 사용하여 장치의 전체 크기는 비교적 작아졌다. 이런 장치에서는 질량의 감소를 고속 모터와 토크를 감지하는 민감한 센서를 사용하여 보상한다. 하지만 신뢰성을 갖춘 저가의 자이로스코프를 개발하기 위해서 새로운 형태가 설계되었다. 일부의 자이로스코프들은 회전질량을 사용하는 방식과 동일한 작동을 하지만 전혀 다른 형식을 사용한다. 그럼에도 불구하고 이들도 역시 자이로스코프이며, 매우 유용하다.

일반적인 자이로스코프 대신에, 소형이면서도 가격 경쟁력을 갖춘 자이로스코프 센서를 만들기 위해서 **코리올리 가속도**가 사용되고 있다. 이 센서는 실리콘에 표준 식각기법을 사용하여 제작할 수 있으므로 염가생산이 가능하다. 10장에서 코리올리 가속도를 기반으로 하는 자이로스코프에 대해서 더 자세히 논의할 예정이며, 여기서는 코리올리 가속도의 기본 개념에 대해서만 살펴보기로 한다. 기준이 되는 회전프레임 내에서 물체가 직선방향으로 움직이면, **그림 6.38**에 도시되어 있는 것처럼 운동방향과 직교하는 두 방향으로 가속력이 발생한다. 직선운동은 전형적으로 질량체의 진동에 의해서 일어나며, 이 진동은 보통 정현진동의 형태를 가지고 있기 때문에 이를 측정하기 위해서 코리올리 가속도를 사용할 수 있다. 정지상태에서는 코리올리 가속도가 0이므로, 이와 관련된 힘도 역시 0이 된다. 만일 센서가 직선운동 방향과 직교하는 평면에 대해서 회전운동을 한다면, 각속도 Ω에 비례하는 가속도가 발생하게 된다.

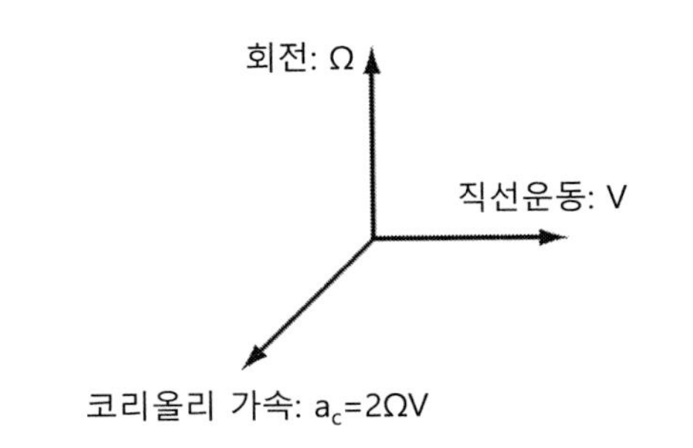

그림 6.38 직선운동(V), 각속도(Ω) 및 코리올리 가속도(a_c) 사이의 상관관계

6.7.2 광학식 자이로스코프

더 흥미로운 방식의 자이로스코프는 **광학식 자이로스코프**이다. 회전질량을 사용하는 자이로스코프나 진동질량을 사용하는 자이로스코프와는 달리, 광학식 자이로스코프에는 운동요소가 없다. 이 현대적인 장치에서는 광선을 안내하는 도파로와 **사냑효과**[18]를 기반으로 하는 제어장치가 사용된다. 사냑효과는 광섬유(또는 여타의 매질) 내에서 광선의 전파속도를 기반으로 하며, **그림 6.39**를 사용하여 설명할 수 있다. 우선, 광섬유가 정지해 있으며, 하나의 광원에서 송출된 (따라서 주파수와 위상이 동일한) 두 레이저 광선이 링의 원주길이를 하나는 시계방향으로, 다른 하나는 반시계 방향으로 이동한다고 하자. 두 광선이 링을 일주하는 데에 소요되는 시간 $\Delta t = 2\pi Rn/c$이다. 여기서 n은 광섬유의 굴절률이며, c는 진공중에서의 광속이다(즉 c/n은 광섬유 내에서의 광속이다).

18) Sagnac effect

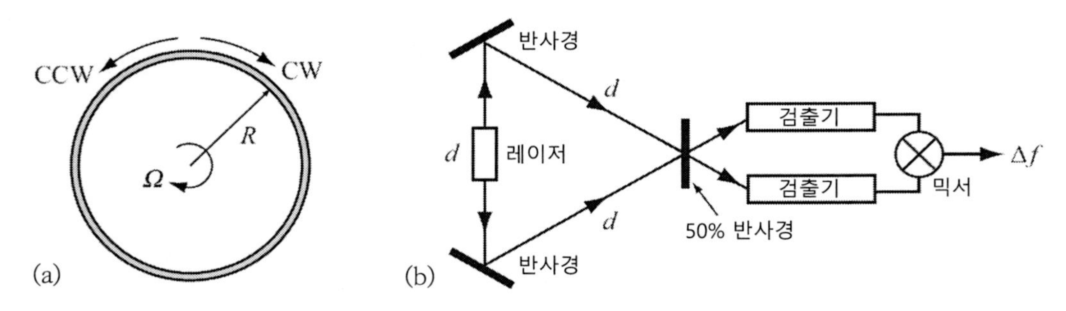

그림 6.39 (a) 각속도 $\Omega[rad/s]$로 회전하는 광섬유 링에서 발생하는 사냑효과. (b) 반사경을 사용하여 구현한 닫힌 링 구조의 링 공진기

이제 링이 각속도 $\Omega[rad/s]$로 회전한다고 하자. 이제 각 방향으로 송출된 두 광선은 서로 다른 경로길이를 이동하게 된다. 시계방향으로 송출된 광선은 $2\pi R + \Omega R \Delta t$만큼의 경로길이를 이동하는 반면에 반시계 방향으로 송출된 광선은 $2\pi R - \Omega R \Delta t$만큼의 거리를 이동한다. 따라서 두 광학경로길이 사이의 차이는 다음과 같이 주어진다.

$$\Delta l = \frac{4\pi \Omega R^2 n}{c} \quad [m] \tag{6.22}$$

이 경로길이 차이값을 광섬유 내에서의 광속으로 나누면, 다음과 같이 Δt를 구할 수 있다.

$$\Delta t = \frac{\Delta l}{c/n} = \frac{4\pi \Omega R^2 n^2}{c^2} \quad [s] \tag{6.23}$$

식 (6.22)와 식 (6.23)에 따르면 Ω와 이동하는 경로길이 차이 또는 이동시간 차이 사이에는 선형의 관계가 성립됨을 알 수 있다. 따라서 경로길이 차이나 이동시간 차이를 측정해야 한다. 이는 다양한 방법으로 실현할 수 있으며, 한 가지 방법은 광공진기를 사용하는 것이다. 광공진기는 **그림 6.40**에 도시되어 있는 것처럼, 링 형상으로 제작된 광학경로의 길이가 조사하는 광선의 반파장길이의 등배값을 가지고 있는 장치이다. 광커플러(빔분할기)를 사용하여 광선들을 간섭시킨다. 링의 원주길이와 광선의 주파수에 따라서 광공진이 발생하면 링 속에서는 최대전력이 생성되는 반면에 검출기로 송출되는 전력은 최소가 된다. 조사광선의 주파수를 이 조건에 맞춰 놓는다. 만일 이 링이 각속도 $\Omega[rad/s]$로 회전하게 되면, 링의 겉보기 경로길이의 변화를 보상하기 위해서 광선의 주파수(파장길이)를 변화시킨다. 주파수, 파장길이 및 경로길이 사이에는 다음의

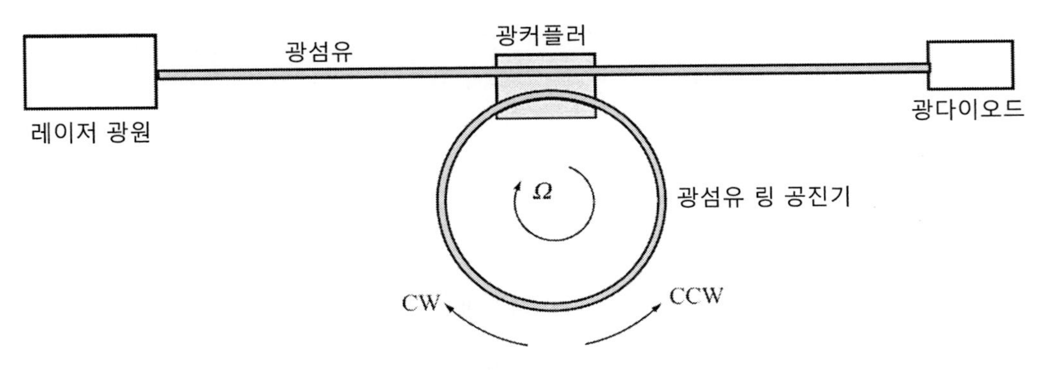

그림 6.40 공진링 광섬유 자이로스코프

관계가 성립된다.

$$-\frac{df}{f}=\frac{d\lambda}{\lambda}=\frac{dl}{l} \tag{6.24}$$

여기서 음의 부호는 경로길이가 증가하면 공진주파수가 감소한다는 것을 의미한다. 광선이 조사되는 한쪽 방향에 대해서는 광선의 파장길이가 증가하며, 반대쪽 방향에 대해서는 광선의 파장길이가 감소한다. 결과적으로 두 광선들 사이에 다음과 같은 주파수 차이가 발생하게 된다.

$$-\frac{\Delta f}{f}=\frac{\Delta l}{l} \rightarrow \Delta f=-f\frac{\Delta l}{l} \tag{6.25}$$

이를 식 (6.22)에 대입하면,

$$\Delta f=-f\frac{4\pi\Omega R^2 n}{lc}=-\frac{4\pi R^2}{\lambda l}\Omega \ [Hz] \tag{6.26}$$

여기서 $\lambda=c/fn$은 광섬유 내에서 광선의 파장길이이다. 대신에 $\lambda=\lambda_0 n$을 사용해도 된다. 여기서 λ_0는 진공 중에서 광선의 파장길이이다. 이를 사용하면,

$$\Delta f=-\frac{4\pi R^2}{\lambda_0 nl}\Omega=-\frac{4S}{\lambda_0 nl}\Omega \ [Hz] \tag{6.27}$$

여기서 S는 형상과는 무관한 루프의 면적이다. $l = 2\pi R$이므로, 루프가 원형인 경우에는 위 식을 다음과 같이 나타낼 수 있다.

$$\Delta f = -\frac{2R}{\lambda_0 n}\Omega \ [Hz] \tag{6.28}$$

여기서 검출기는 광원과 일직선상에 놓여 있으며 광선은 링의 원주방향으로 진행한다고 가정하였다. 만일 검출기는 링의 하부에 위치하며, 광원은 링의 상부에 위치하고 있다면(그림 6.39 (a)), 각각의 광선은 원주길이의 절반만을 이동하게 되므로, 차이도 절반만 발생한다. 예를 들어, 식 (6.28)의 주파수 편차도 절반으로 줄어든다.

믹싱과 필터링을 통해서 검출기에서는 주파수 시프트를 측정하며(이에 대해서는 11장에서 살펴볼 예정이다), 이를 통해서 **회전율**이라고도 부르는 세차운동의 각속도 $\Omega[rad/s]$를 구할 수 있다. 대부분의 경우 식 (6.27)이 사용하기에 가장 편리하며, 식 (6.28)은 원형 루프에 대해서만 적용할 수 있다. 특히 주의할 점은 루프 면적이 넓어질수록 주파수 변화가 증가하며, 그에 따라서 민감도 역시 증가하게 된다는 것이다. 광섬유 자이로스코프에서 광섬유를 N 회 권선하는 것은 쉬운 일이며, 이를 통해서 출력값을 N 배 증가시킬 수 있다.

그림 6.39 (b)에서는 일련의 반사경들을 사용하여 링을 구현한 일반적인 사냑 링센서를 보여주고 있다. 레이저 광공진통의 양단에서는 진폭과 주파수가 동일한 레이저가 서로 반대방향으로 송출되기 때문에 이를 활용하면 빔분할 문제는 손쉽게 해결된다. 50 [%] 반사경에 도달한 두 광선들은 검출기로 안내되어 주파수차이가 생성된다. 이런 유형의 센서들을 일반적으로 **루프 자이로스코프** 또는 **반사경 자이로스코프**라고 부른다.

그림 6.41에서는 작동방식이 약간 다르며, 민감도가 더 높은 광섬유 권선방식의 자이로스코프를 보여주고 있다. 여기서 광섬유를 코일 형태로 권선하여 광학경로길이를 증가시켰으며, 광커플러(빔분할기)를 사용하여 동일한 강도와 위상을 가지고 있는 편광을 서로 반대방향으로 송출하였다(위상변조기를 사용하여 두 광선들 사이의 위상편차를 보정한다). 두 광선들은 서로 반대 방향으로 진행하며, 시스템이 회전하지 않았다면 되돌아온 두 광선은 동일 위상을 가지고 있을 것이다. 만일 시스템이 회전했다면, 검출기로 되돌아온 광선들 사이에는 세차운동의 각속도 $\Omega[rad/s]$에 비례하는 위상차이가 발생한다.

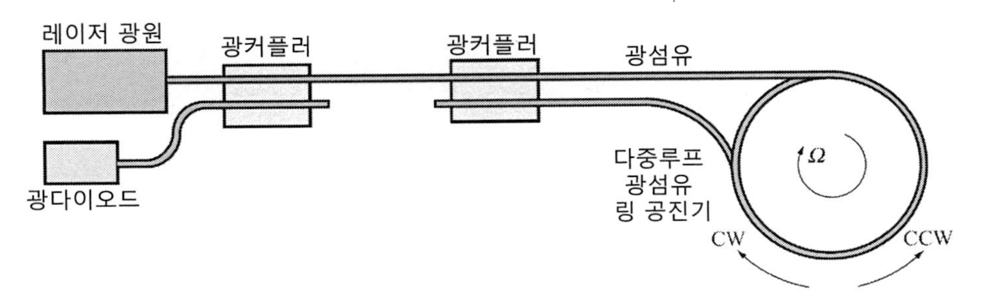

그림 6.41 광섬유 권선방식 자이로스코프

이 장치도 염가는 아니지만, 회전질량을 사용하는 자이로스코프보다는 열 배 이상 싸며 훨씬 작고 가볍다. 또한 회전질량체가 가지고 있는 기계적 문제가 없다. 이 센서는 매우 넓은 동적 작동범위를 가지고 있기 때문에, 오랜 기간 동안 매우 느리게 회전하는 운동도 검출할 수 있다. 게다가 광섬유 자이로스코프는 전자기장이나 방사선에 둔감하기 때문에 우주를 포함하여 매우 열악한 환경하에서도 사용할 수 있다. 링 자이로스코프는 수십 분의 일$[°/h]$에 불과한 매우 느린 회전도 측정할 수 있다. 많은 경우 이 센서는 항공용으로 사용되며, 루프 자이로스코프를 마이크로센서의 형태로도 제작할 수 있다.

각속도 센서를 포함하여 다른 유형의 자이로스코프들도 존재하며, 10장에서는 이들 중 일부에 대해서 살펴볼 예정이다.

예제 6.12 광학식 자이로스코프

그림 6.39 (a)에서와 같은 링 공진기가 반경 $10[cm]$의 크기로 제작되었다. 진공중 파장길이가 $850[nm]$인 적색 레이저를 굴절률 $n=1.516$인 광섬유 속으로 조사한다. $1[°/h]$의 속도로 회전하는 경우의 출력 주파수를 계산하시오.

풀이

우선, 회전속도를 $[°/h]$ 대신에 $[rad/s]$로 변환시켜야 한다.

$$\Omega=1[°/h] \rightarrow \Omega=\frac{1^o}{180}\times\pi\times\frac{1}{3{,}600}=4.848\times10^{-6}[rad/s]$$

진공중에서 레이저의 파장길이는 $850[nm]$이다. 그러므로 식 (6.29)를 사용하면,

$$\Delta f=-\frac{2R}{\lambda_0 n}\Omega=-\frac{2\times0.01}{850\times10^{-9}\times1.516}\times4.848\times10^{-6}=0.752[Hz]$$

주파수 변화량은 그리 크지 않지만, 충분히 측정할 수 있는 값이다. 예를 들어 루프의 숫자를 10으로 증가시키면, 주파수 변화량은 7.52$[Hz/\mathrm{deg}/h]$로 증가하게 된다.

6.8 문제

스트레인게이지

6.1 **도선형 스트레인게이지**. 길이가 $1[m]$이며 직경은 $0.1[mm]$인 원형단면의 백금-이리듐 도선을 사용하여 제작한 단순한 도선형 스트레인게이지를 사용하여 풍력부하에 의해 안테나 기둥에 발생하는 변형률을 측정하려고 한다. 변형률에 따른 센서의 저항값 변화를 계산하시오.

6.2 **음의 온도계수를 가지고 있는 반도체식 스트레인게이지**. 음의 온도계수를 가지고 있는 스트레인 게이지에 대해서 다음과 같은 측정결과를 얻었다.

공칭저항값(변형률 0) : $1[k\Omega]$

변형률 $-3{,}000[\mu m/m]$ 시의 저항값: $1{,}366[\Omega]$

변형률 $-1{,}000[\mu m/m]$ 시의 저항값: $1{,}100[\Omega]$

변형률 $+3{,}000[\mu m/m]$ 시의 저항값: $833[\Omega]$

(a) 스트레인게이지의 전달함수를 구하시오. 이를 그림 6.6 (b)와 비교하시오.

(b) 변형률이 $0.1[\%]$인 경우와 $-0.2[\%]$인 경우에 스트레인게이지의 저항값을 계산하시오.

6.3 **양의 온도계수를 가지고 있는 반도체식 스트레인게이지**. 양의 온도계수를 가지고 있는 스트레인 게이지에 대해서 다음과 같은 측정결과를 얻었다.

공칭저항값(변형률 0) : $1[k\Omega]$

변형률 $-3{,}000[\mu m/m]$ 시의 저항값: $833[\Omega]$

변형률 $+1{,}000[\mu m/m]$ 시의 저항값: $1{,}100[\Omega]$

변형률 $+3{,}000[\mu m/m]$ 시의 저항값: $1{,}366[\Omega]$

(a) 스트레인게이지의 전달함수를 구하시오. 이를 그림 6.6 (a)와 비교하시오.

(b) 변형률이 0.2[%]인 경우와 −0.1[%]인 경우에 스트레인게이지의 저항값을 계산하시오.

6.4 **브리지 구조를 사용하는 반도체식 스트레인게이지**. 그림 6.42에 도시되어 있는 것처럼, 서로 반대방향으로 작용하는 두 힘에 의해서 사각형의 금속 판재에 발생하는 변형률을 측정하기 위해서 그림 6.5 (f)의 스트레인게이지 구조가 사용되었다. 판재의 탄성계수(영계수)는 E이며, 스트레인게이지의 게이지율은 $g_1 = g$이며, $g_2 = h$라고 가정하자. 또한 소재에는 탄성변형만이 발생하며(즉, 변형률이 소성변형을 유발할 만큼 크지 않다), 변형률은 사용된 스트레인게이지의 허용 최대 변형률을 넘어서지 않는다고 가정한다.

(a) 4개의 스트레인게이지들의 공칭 저항값이 R_0인 경우에, 그림 6.42 (a)의 힘 F에 대해서 A와 D 사이, 그리고 B와 C 사이의 저항값을 구하시오.

(b) 그림 6.42 (a)의 힘 F에 대해서 A와 D 사이, 그리고 B와 C 사이의 저항값의 민감도를 구하시오.

(c) 그림 6.42 (c)에서와 같이, 서로 직교하는 두 방향으로 두 힘이 작용하는 경우에 A와 D 사이, 그리고 B와 C 사이의 저항값을 F_1과 F_2의 함수로 구하시오. 이때에 4개의 스트레인게이지들의 공칭 저항값은 R_0라 한다.

(d) 그림 6.42 (c)에서와 같이, 서로 직교하는 두 방향으로 두 힘이 작용하는 경우에 A와 D 사이, 그리고 B와 C 사이의 저항값의 민감도를 구하시오.

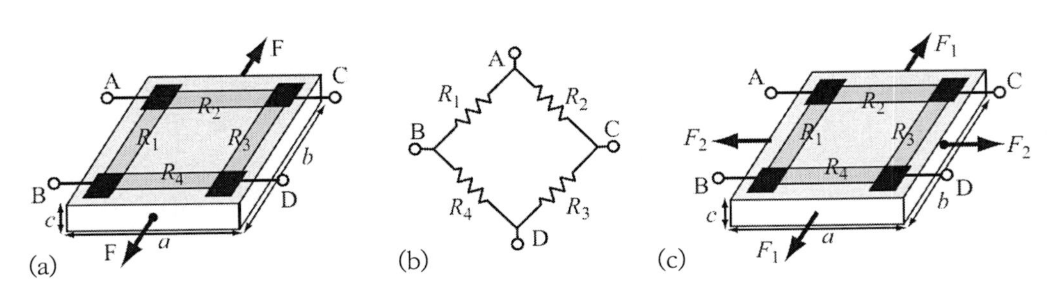

그림 6.42 브리지 구조를 가지고 있는 반도체식 스트레인게이지. (a) 작용력이 1축 방향으로만 부가되는 경우. (b) 게이지의 전기연결구조. (c) 작용력이 2축 방향으로 부가되는 경우

6.5 **직렬 및 병렬로 연결되어 있는 스트레인게이지**. 일부의 경우 (저항값과 민감도를 증가시키기 위해서) 스트레인게이지들을 직렬로 연결하거나 (게이지의 온도상승으로 인한 오차를

증가시키지 않으면서 더 많은 전류를 흘리기 위해서) 병렬로 연결하여 사용한다. 공칭저항값이 각각 R_{01}과 R_{02}이며, 게이지율은 각각 g_1 및 g_2인 두 개의 일반적인 스트레인게이지들에 동일한 변형률 ε이 부가되었다고 하자.

(a) 두 게이지들이 서로 직렬로 연결되어 있는 경우의 저항값을 계산하시오.

(b) 직렬로 연결된 두 스트레인게이지의 민감도가 개별 스트레인게이지들의 민감도보다 더 크다는 것을 규명하시오.

(c) 두 게이지들이 서로 병렬로 연결된 경우의 저항값을 구하시오.

(d) 병렬로 연결된 두 스트레인게이지의 민감도가 개별 스트레인게이지들의 민감도보다 더 작다는 것을 규명하시오.

6.6 **스트레인게이지의 차동측정**. 그림 6,11 (b)에 도시되어 있는 로드셀에 대해서 살펴보기로 하자. 네 개의 스트레인게이지들은 모두 공칭저항값과 게이지율이 서로 다르다. 스트레인게이지들은 그림 6.11 (c)에서와 같이 연결되어 있으며, R_1과 R_3에는 인장력이, 그리고 R_2와 R_4에는 압축력이 부가되고 있다. 네 개의 스트레인게이지들에는 모두 적절한 예하중(예응력)이 부가되어 인장과 압축에 대해서 모두 작동할 수 있다고 가정한다.

(a) 주어진 변형률과 기준전압 V_{ref}에 대해서 출력전압 V_{out}을 계산하시오.

(b) $R_1 = R_3 = R_{01}$이며 $R_2 = R_4 = R_{02}$인 경우에 (a)를 다시 계산하시오.

(c) $R_1 = R_2 = R_3 = R_4 = R_0$인 경우(네 개의 스트레인게이지들이 모두 동일한 경우)에 (a)를 다시 계산하시오. V_{out}은 V_0, 게이지율, 그리고 부가된 변형률에 의존한다는 것을 증명하시오.

힘과 촉각 센서

6.7 **기본적인 힘센서**. 대형 건물의 천정을 16개의 강철튜브들로 지지하고 있다. 튜브는 내경이 $100[mm]$이며 외경은 $140[mm]$이다. 각각의 튜브들에는 $1.5[\%]$의 변형률이 발생하도록 예응력이 부가된 $240[\Omega]$ 스트레인게이지들이 부착되어 있다. 강철의 영계수는 $200[GPa]$이며, 스트레인게이지의 게이지율은 2.2이다.

(a) 만일 천정의 무게에 의해서 각각의 튜브가 견딜 수 있는 최대변형률이 $1.2[\%]$로 설계되

었다면, 이 튜브가 견딜 수 있는 최대하중은 얼마이겠는가?

(b) 최대하중이 부가되었을 때에 스트레인게이지의 저항값과 저항값 변화량은 각각 얼마이겠는가?

(c) 만일 환경온도가 0~50[°C]까지 변한다면, 최대하중이 부가되었을 때의 저항값 오차는 얼마나 발생하겠는가? 센서는 콘스탄탄으로 제작되었으며, 온도보상이 수행되지 않았다고 가정한다.

6.8 **힘센서**. **그림 6.43**에 도시되어 있는 것처럼, 단면적이 $a = 40[mm]$, $b = 10[mm]$인 강철 막대의 표면에 저항값이 $350[\Omega]$인 백금소재 스트레인게이지를 부착하여 힘센서를 만들었다. 이 센서는 압축력 측정에 사용된다.

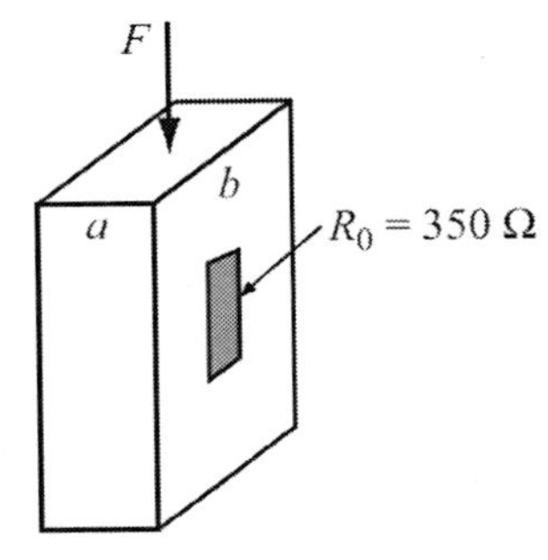

그림 6.43 단순한 압축형 힘센서

(a) 강철 막대의 탄성계수가 $200[GPa]$인 경우에, 변형률이 3[%]를 넘어서지 않는다면, 센서의 저항값 변화범위는 얼마인가? 견딜 수 있는 작용력의 범위는 얼마까지인가?

(b) 센서에 3[%]의 예응력이 부가되었다면, 민감도는 얼마이겠는가?

6.9 **보상된 힘센서**. **그림 6.44**에 도시된 것과 같은 힘센서가 제안되었다. 상부센서(R_1) 양단의 전압을 측정하여 보요소에 부가된 힘을 알아낼 수 있다. 하부 센서에는 3[%]의 예응력이 부가되었으며, 스트레인게이지의 값은 20[°C]에서 $240[\Omega]$이다. 두 스트레인게이지의 게이지율은 6.4이다. 이 스트레인게이지들을 **그림 6.44 (a)**에 도시된 강철보의 표면에 부착하였다. 사용된 소재의 탄성계수는 $30[GPa]$이다. **그림 6.44 (b)**에 도시된 것처럼 두 센서들은 서로 직렬로 연결되어 있다.

(a) 부가된 힘에 따른 출력전압을 계산하시오.

(b) 측정 가능한 최대 작용력은 얼마인가?

(c) 센서들을 동일한 소재로 제작하고 동일한 온도로 유지한다면, 온도변화가 출력에 아무런 영향을 끼치지 못한다는 것을 증명하시오.

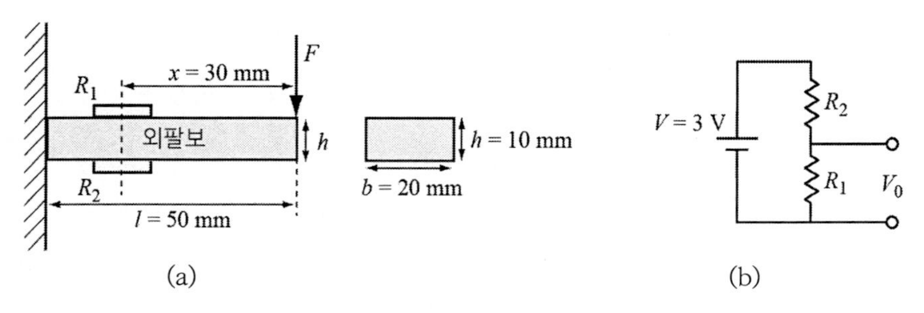

그림 6.44 보상된 힘센서. (a) 구조와 치수. (b) 전기적 연결관계

6.10 **정전용량식 힘센서**. 그림 6.45에 도시되어 있는 것처럼, 정전용량식 힘센서가 제작되었다. 세 개의 도전판들은 폭 $w = 20[mm]$, 길이 $L = 40[mm]$로 동일한 크기를 가지고 있다. 외부의 두 도전판들은 고정되어 있으며, 중앙의 도전판은 스프링에 지지되어 있어서, 외력이 0인 경우에 세 판들은 서로 정렬을 맞춘 상태가 된다. 이 판들 사이(중앙판의 양측)에는 비투자율이 2.0이며, 두께 $d = 0.1[mm]$인 테플론 시트가 삽입되어 있다.

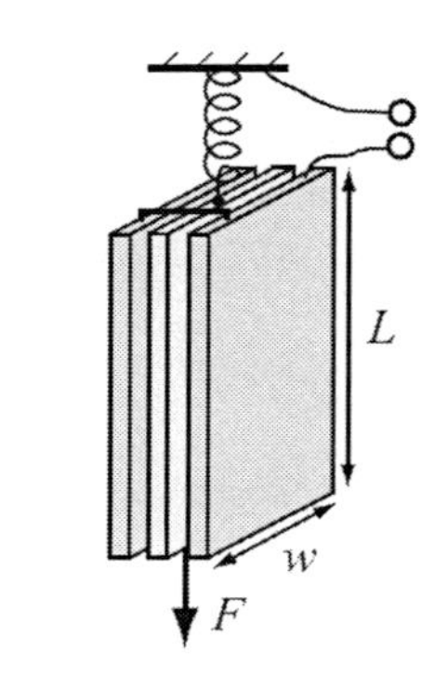

그림 6.45 정전용량식 힘센서

(a) 스프링상수 $k = 100[N/m]$인 경우에, 센서의 전달함수와 민감도를 구하시오.

(b) 센서의 이론적 측정범위는 얼마인가? 실제로는 이 범위가 구현되지 않는 이유를 설명하시오.

6.11 **교량의 하중측정**. 길이 $4[m]$, 폭 $2[m]$, 두께 $20[cm]$인 목재 데크를 사용하여 도보교량이 제작되었다. 이 데크는 양단이 지지되어 있다. 이 교량이 지지할 수 있는 최대하중은 하중이 데크 표면에 균일하게 분포되어 있는 경우에 $10[ton]$이다. 이 하중을 측정하기 위해서 교량의 중앙 하부에 스트레인게이지를 설치하였으며, 저항값을 측정하였다. 만일 센서의 공칭저항값이 $350[\Omega]$이며 게이지율은 3.6이라면, 최대부하가 부가되었을 때의 저항값은 얼마이겠는가? 교량에 사용된 목재의 탄성계수는 $10[GPa]$라 한다.

6.12 **승강기의 과부하 측정**. 대부분의 승강기들은 탑승인원수나 최대하중을 사용하여 허용 최대부하를 나타내고 있다. 현대적인 승강기들은 이 최대부하를 넘어서면 운행되지 않는다.

다양한 방법들을 사용하여 이 부하를 측정할 수 있지만, 가장 단순하고 가장 정확한 방법은 로드셀 위에 승강기의 바닥판을 설치하는 것이다. 승강기의 허용 최대부하는 $1,500[kg]$이며, 바닥판은 4개의 로드셀들에 의해서 지지되어 있다. 각각의 로드셀들에는 공칭저항값이 $240[\Omega]$이며 게이지율은 5.8인 스트레인게이지들이 장착되어 있다. (그림 6.10에서와 같이 스트레인게이지가 부착되어 있는) 버튼의 단면적이 $0.5[cm^2]$인 로드셀에 최대하중이 작용한 경우의 저항값을 계산하시오. 탄성계수가 $60[GPa]$인 강철소재로 버튼이 제작되었으며, 스트레인게이지에는 $0.5[\%]$의 예응력이 부가되었다고 가정한다.

6.13 **직선 형태로 배열된 정전용량식 촉각센서**. 단순한 도전판들을 사용하여 **그림 6.46**에 도시되어 있는 것처럼, 단순한 정전용량식 촉각센서를 직선배열 형태로 만들 수 있다. 도전판은 비유전율이 4이며 두께는 $0.1[mm]$인 절연체로 덮여 있다. 인접한 두 판들 사이에 형성된 정전용량은 $6[pF]$이다. 손가락이 절연체층 위를 문지르고 지나갈 때에 손가락의 위치나 유무를 측정하려고 한다.

(a) 손가락이 두 판들 사이를 문지르고 지나갈 때에 정전용량의 최대 변화량을 계산하시오. 이때에 손가락은 도전체이며 인접한 두 판을 완전히 덮는다고 가정하시오.

(b) 손가락 누름에 의해서 절연체 두께가 $10[\%]$만큼 감소하는 경우에 인접한 두 판들 사이에 형성되는 정전용량의 최대 변화량을 계산하시오. 이때에 인접한 두 판들 사이의 정전용량은 변하지 않으며, 절연체 압착에 의해서 유전율 상수도 변하지 않는다고 가정하시오.

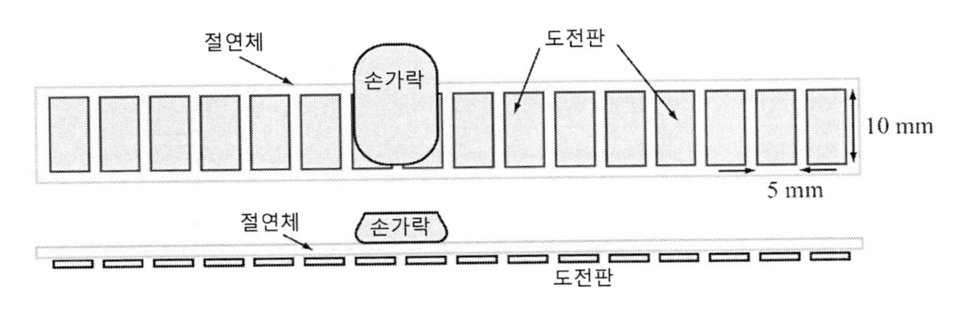

그림 6.46 직선형 촉각센서

6.14 **정전용량식 촉각센서: 터치패드.** 그림 6.47에 도시되어 있는 것처럼, 정전용량형 센서들을 2차원 어레이 형태로 배치하여 터치패드를 만들 수 있다. 띠형의 하부전극들 표면에 절연체를 도포한 다음에 그 위에 직각 방향으로 띠형의 상부 전극을 설치한다. 두 전극이 서로 중첩되는 영역에서는 정전용량이 형성되며, 이 정전용량은 띠형 전극의 폭, 전극들 사이의 거리, 그리고 분리용 절연소재의 특성 등에 의존한다. 손가락이 패드를 문지르면 상부층 전극이 눌리면서 하부층 전극에 가까워지기 때문에, 이들 사이의 정전용량 증가를 측정하여 손가락의 위치를 검출할 수 있다. 비유전율 값이 12인 절연체에 의해서 $0.02[mm]$의 간격을 두고 설치된 $0.2[mm]$ 폭의 띠형 전극들로 터치패드가 구성되었다. 터치패드를 손가락으로 누르면 절연체의 두께가 $15[\%]$ 감소하며, 유전율은 국부적으로 $15[\%]$ 증가한다고 가정한다.

(a) 접촉이 없는 경우에 임의의 교차점 위치에 형성된 정전용량값을 계산하시오.
(b) 손가락으로 전극을 누른 경우에 정전용량의 변화량을 계산하시오.

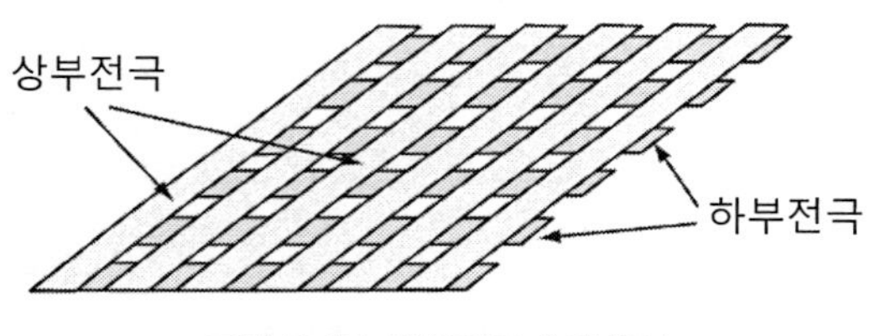

그림 6.47 터치패드 촉각센서

정전용량식 가속도계와 스트레인게이지식 가속도계

6.15 **힘, 압력 그리고 가속도 센서.** 커패시터의 도전판들 중 하나는 고정되어 있으며, 다른 하나는 강성이 $k[N/m]$인 스프링에 지지되어 움직이는 형태로 힘센서가 제작되었다. 이동판을 누르는 힘에 정비례하여 도전판들 사이의 거리가 변한다. 도전판의 면적은 S이며 거리는 d만큼 떨어져 있다. 두 도전판들 사이의 유전율은 자유공간의 유전율값과 같다. 그림 6.48에서와 같이 도전판은 평형위치로부터 거리 x만큼 움직인다고 가정한다.

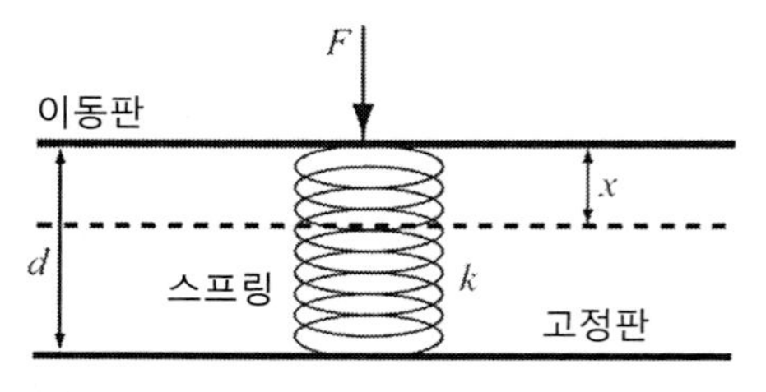

그림 6.48 단순한 힘, 가속도 및 압력측정용 센서

(a) 측정된 힘과 센서의 정전용량 사이의 상관관계를 구하시오.

(b) $k=5[N/m]$, $S=1[cm^2]$, $d=0.02[mm]$인 경우에 교정곡선을 구하시오.

(c) 압력 측정에 이 소자를 어떻게 사용할 수 있는가? 압력과 정전용량 사이의 상관관계를 구하시오.

(d) 가속도의 측정에는 이 소자를 어떻게 사용할 수 있는가? 가속도와 정전용량 사이의 상관관계를 구하시오. 각 도전판들의 질량은 $m[kg]$이며, 스프링의 질량은 무시한다.

주의: 스프링을 누르는 데에 필요한 힘은 $F=kx$이다. 그림에 도시된 스프링은 복원력을 나타낼 뿐이며, 물리적인 스프링일 필요는 없다.

6.16 **정전용량식 가속도계.** 그림 6.49에 도시되어 있는 것처럼 가속도계가 제작되었다. 커패시터를 구성하는 상부도전판에는 $m=10[g]$인 소형의 질량체가 부착되어 있다. 질량체를 지지하는 보는 두께 $e=1[mm]$, 폭 $b=2[mm]$이며, 실리콘으로 제작되었다. 보요소의 총길이(질량체의 무게중심에서부터 고정위치까지의 길이) $c=20[mm]$이다. 도전판의 면적은 $h\times h[mm^2]$이며, 거리 $d=2[mm]$이다. 실리콘 소재의 허용 최대변형률이 $1[\%]$ 미만인 경우에 다음을 계산하시오.

(a) 보요소의 탄성계수는 $150[GPa]$일 때에, 센서가 견딜 수 있는 최대 가속도.

(b) (a)에서 계산한 최대가속도 범위에서의 정전용량값 변화범위. $0.1[mm]$ 두께의 멈춤쇠가 설치되어 두 도전판 사이의 거리는 $0.1[mm]$ 미만으로 접근할 수 없다.

(c) 센서의 민감도$[pF/m/s^2]$를 계산하시오.

6.17 **스트레인게이지식 가속도계.** 그림 6.49에 도시되어 있는 가속도계에서 도전판을 제거하고, 대신에 보요소의 상부표면과 하부표면에 스트레인게이지를 설치하였다. 이를 위해서 공칭 저항값이 $1{,}000[\Omega]$인 반도체식 스트레인게이지가 사용되었다. 스트레인게이지는 보요소의 중앙부위(고정위치로부터 $5[mm]$ 위치)에 설치되었으며, 설치과정에서 $1.5[\%]$의 변형률이 부가되었다. 스트레인게이지의 변형률 최대 허용범위는 $3[\%]$이다. 질량체의 무게, 치수 및 영계수 등은 문제 6.16과 동일하다.

(a) 가속도 측정범위를 계산하시오.

(b) 사용된 스트레인게이지의 게이지율이 50인 경우에, 센서의 민감도를 구하시오.

(c) 스트레인게이지의 설치위치를 보요소의 고정위치로 이동시켰을 때에 (a)와 (b)를 다시 계산해 보시오.

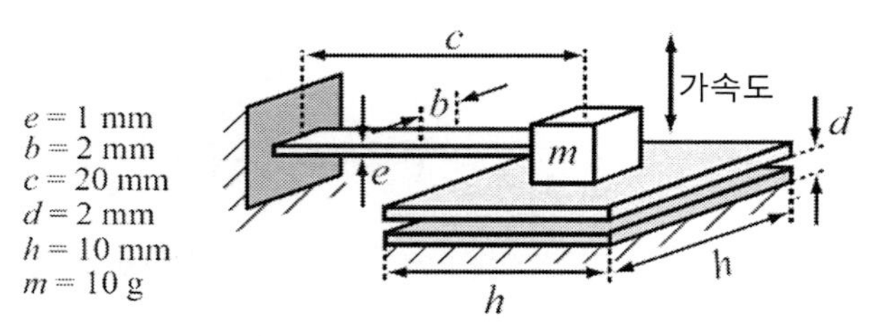

그림 6.49 정전용량식 가속도계

6.18 **스트레인게이지식 가속도계**. 그림 6.50에 도시되어 있는 것처럼 1축 가속도계가 제작되었다. 전체 구조는 질화실리콘으로 제작되었으며, 이동질량의 무게 $m = 15[g]$, 보요소의 길이(질량체의 무게중심부터의 거리) $l = 10[mm]$이다. 보요소는 반경 $r = 1[mm]$인 원형단면을 가지고 있으며, 영계수 $E = 280[GPa]$이다. 보요소의 고정위치 상부 표면에 스트레인게이지 하나만을 설치하였다. 사용된 스트레인게이지의 게이지율 $g = 140$이며, 공칭저항 $R_0 = 240[\Omega]$이다. 허용 최대 변형률이 $\pm 0.18[\%]$를 넘어설 수 없으며, 허용 최대 변형률의 절반만큼을 부가하여 설치해 놓았을 경우에 다음에 대해서 답하시오.

(a) 센서에 부가할 수 있는 최대 가속도 한계

(b) $0.5[\Omega]$의 센서 저항값 변화를 정확히 측정할 수 있는 경우에 센서의 분해능.

주의: 봉형 막대의 면적 모멘트는 $\pi r^4/4$이다.

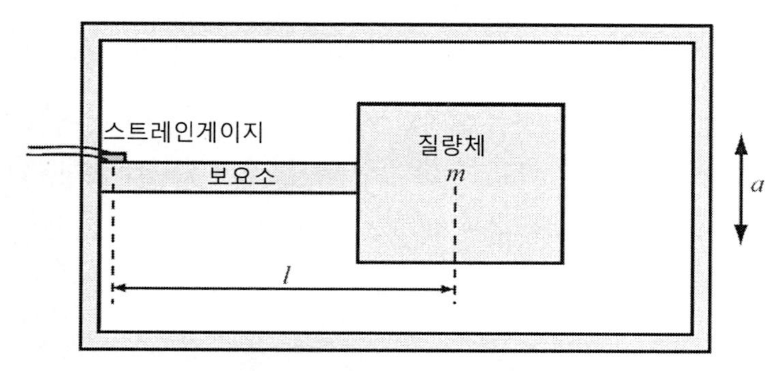

그림 6.50 스트레인게이지식 가속도계

6.19 **2축 가속도계**. 그림 6.51에 도시되어 있는 것처럼, 2축 가속도계가 제작되었다. $m = 2[g]$의 질량체가 4개로 이루어진 보요소의 중앙에 부착되어 있다. 보요소들의 길이 $e = 4[mm]$이며, 단면의 폭과 두께는 각각 $b = 0.5[mm]$, $c = 0.5[mm]$이다. 게이지율이 120이며 공칭저항값은 $1[k\Omega]$인 반도체식 스트레인게이지들을 각 보요소의 연결위치에 설치하였다.

(a) 스트레인게이지의 허용 최대변형률이 $\pm 2[\%]$이며, 미리 $1[\%]$의 변형률을 부가하여 설치한 경우에, 가속도 측정범위를 계산하시오. 센서는 탄성계수가 $150[GPa]$인 실리콘으로 제작하였다.

(b) 스트레인게이지의 저항값 변화범위를 계산하시오.

(c) 센서의 민감도를 계산하시오.

(d) 이 센서의 민감도를 높일 수 있는 방법에 대해서 논의하시오.

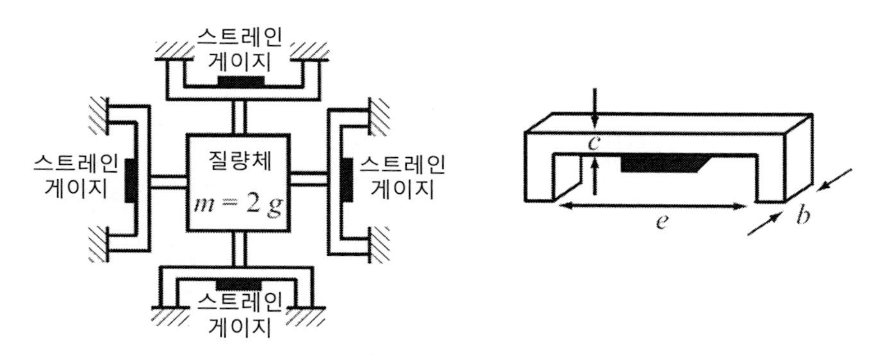

그림 6.51 2축 가속도계

자기식 가속도계

6.20 **자기식 가속도계**. 그림 6.52에 도시되어 있는 것처럼 자기식 가속도계가 제작되었다. $I_c = 10[mA]$의 전류가 흐르는 권선수 $N = 500$인 코일이 질량체 주변을 감싸고 있으며, $m = 10[g]$인 질량체는 수평방향으로 자유롭게 움직일 수 있다. 질량체에는 인장 및 압축이 가능한 스프링이 부착되어 있으며, 정지 시 질량체의 표면과 홀센서 사이의 간극은 $2[mm]$를 유지한다. 홀센서는 직경이 $15[mm]$인 강철소재 극편 앞에 부착되어 있다. 극편과 프레임의 비투자율은 매우 크기 때문에 철심 경로의 릴럭턴스 길이는 무시하여도 무방하다.

(a) 만일 센서가 양방향으로 최대 $100G$의 가속도를 측정해야 한다면, 질량체를 지지하는

스프링의 강성은 얼마가 되어야 하겠는가?

(b) 사용된 홀센서의 두께가 $d[mm]$이며, 전류 I가 흐르는 경우에, 가속도에 따른 센서의 민감도를 구하시오. 이때에 홀계수는 알고 있다고 가정하시오.

(c) 실리콘으로 제작된 홀소자의 두께는 $0.5[mm]$이며 홀계수는 $-0.01[m^3/A\cdot s]$, 그리고 구동전류는 $10[mA]$이다. 센서의 출력 변화범위와 이 범위에 대한 민감도를 계산하시오.

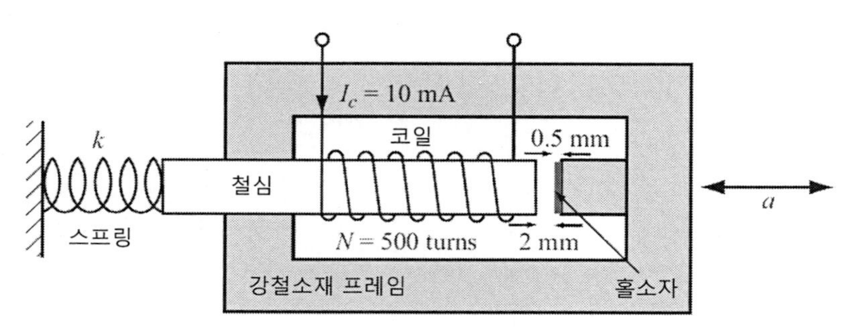

그림 6.52 자기식 가속도계

6.21 **선형가변차동변압기(LVDT) 기반의 가속도계.** 선형가변차동변압기는 여타의 센서들에 비해서 선형성, 높은 출력값 등을 포함하여 많은 장점들을 가지고 있다. 코어가 움직이기 때문에 약간의 수정이 필요하지만, 이를 활용하여 가속도를 측정할 수 있다. $\pm 10[mm]$의 변위를 측정하여 $\pm 5[V]$(RMS)의 출력전압을 송출(즉, $10[mm]$의 변위에 대해서 $5[V]$의 전압을 송출)할 수 있도록 설계된 선형가변차동변압기를 사용하여 가속도계를 만들려고 한다. 그림 6.53에 도시되어 있는 것처럼, 코어는 길이방향으로 자유롭게 움직일 수 있으며, 영점 위치로 되돌아올 수 있도록 스프링이 설치되어 있다.

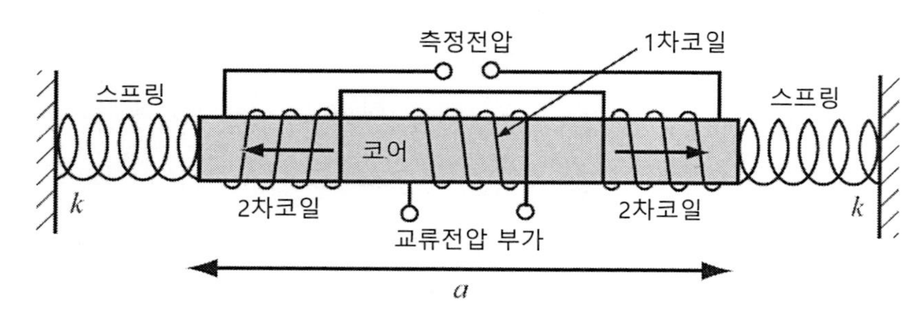

그림 6.53 가속도를 측정하기 위해서 선형가변차동변압기(LVDT)를 활용한 사례

(a) 코어의 질량이 $40[g]$인 경우에, $\pm 2[m/s^2]$의 가속도를 측정하기 위해서 필요한 스프링 상수를 계산하시오.

(b) 이 가속도계의 민감도는 얼마인가?

(c) 분해능이 $0.01[V]$인 디지털 전압계를 사용하여 이 선형가변차동변압기의 출력전압을 측정하려고 한다. 이 센서의 분해능은 얼마이겠는가?

압력센서

6.22 **고도계**. 대부분의 고도계들은 고도를 측정하기 위해서 기압식을 기반으로 하여 압력센서를 사용한다.

(a) 이런 목적으로는 어떤 형태의 압력센서를 사용하여야 하는가?

(b) 해수면 높이에 대해서 압력센서를 교정하기 위해서 이 기압식을 어떻게 활용해야 하는가?

(c) 해발고도 $10,000[m]$에서 $1[m]$의 고도 분해능을 얻기 위해서는 압력센서의 분해능이 얼마가 되어야 하는가?

(d) 해발고도 $10[km]$까지 표시되는 등산용 고도계(지구상의 가장 높은 산은 $8,848[m]$이다)를 만들기 위해서 필요한 압력센서의 측정범위는 얼마가 되어야 하는가?

6.23 **압력센서**. 스테인리스강 소재로 이루어진 박판과 소형 챔버를 사용하여 밀봉된 게이지압력센서를 제작하였다. 챔버 속에는 해수면높이에서 $20[°C]$, $1[atm]$인 $10[cc]$의 공기가 충진되어 있다. 판재의 두께는 $1.2[mm]$이며, 압력이 부가되는 표면의 반경은 $20[mm]$이다. $20[°C]$에서 공칭저항값이 $240[\Omega]$이며, 게이지율은 5.1(여타의 용도에 대해서는 표 6.2를 참조)인 소형의 백금소재 스트레인게이지를 박판 표면에 접착하였다. 스테인리스강의 탄성계수는 $200[GPa]$이다.

(a) 압력센서의 전달함수를 계산하시오. 즉, 스트레인게이지의 저항값을 압력의 함수로 나타내시오. 센서는 앞서 설명한 상태인 것으로 가정하시오.

(b) 기온이 $30[°C]$로 상승한 경우의 측정값 오차를 계산하시오. 측정은 해수면높이에서 이루어졌으며, 부가된 압력은 $1[atm]$이다.

(c) 해발 $1,000[m]$ 높이에서 측정된 압력의 오차를 계산하시오. 이 고도에서의 압력은

89,875[Pa]이며 온도는 해수면 높이에서보다 9.8[°C] 더 낮다. 해수면 높이에서의 온도는 20[°C]이며 센서에서 측정된 압력은 2[atm]이라고 가정한다.

6.24 **마노미터**.[19] 마노미터는 액주식 압력계로서, 일반적으로 U-자형 튜브 형태로 제작된다. 그림 6.54에 도시되어 있는 것처럼, 튜브의 양쪽을 서로 다른 압력에 노출시켜서 압력 차이를 측정한다. 마노미터 속에는 모든 종류의 액체를 충진할 수 있지만, 전형적으로 수은을 사용하며, 따라서 차압은 그림에서 h로 표시되어 있는 수은주의 높이차이 [$mmHg$]로 나타낸다. 이런 유형의 압력센서는 혈압과 대기압력 측정에 주로 사용된다. 수은의 밀도는 13,593 [kg/m^3]이다.

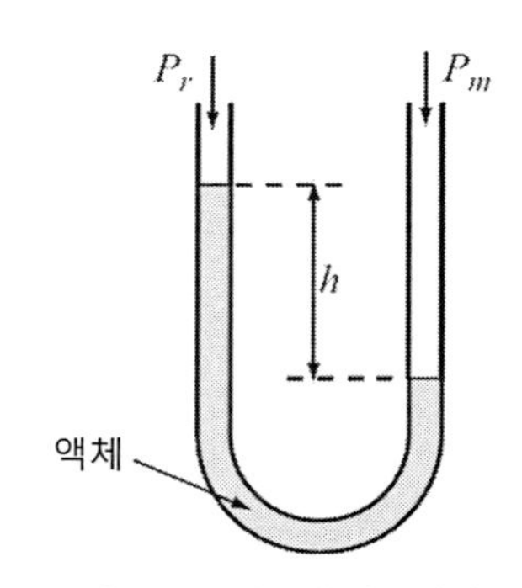

그림 6.54 액주식 마노미터

(a) U-튜브의 (밀봉된)한 쪽은 일반 대기압력인 1,013.25[$mbar$]로 유지된다(1[$mbar$] = 100[Pa]). 수은 마노미터는 800~1,000[$mbar$]의 압력을 측정할 수 있도록 설계되어 있다. 기준압력하에서 수은주의 높이 차이는 0일 때에 측정범위에 대해서 수은주의 높이 차이는 얼마나 변하겠는가?

(b) 환자의 혈압은 120/80이다(수축기 압력은 120[$mmHg$]이며, 이완기 압력은 80 [$mmHg$]이다). 이 압력을 파스칼[Pa]단위로 변환하면 얼마가 되는가?

(c) 만일 수은을 물로 대체한다면(밀도 1,000[kg/m^3]), (a)의 결과는 [mmH_2O]로 얼마가 되겠는가?

6.25 **측심기**. 측심기는 잠수부와 잠수함에서 필수적인 도구이다. 이 기구는 압력센서를 사용하며, 미터 단위로 교정되어 있다. 수압은 압력을 측정하는 위치보다 높은 곳에 위치하는 물기둥에 의해서 생성되며, 압력과 수심 사이의 상관관계는 비교적 단순하다. 또한 물의 밀도는 일정하다고 가정할 수 있기 때문에 이 상관관계는 매우 정확하다. 해수의 밀도는 1,025[kg/m^3]이라 한다.

---

19) manometer

(a) 수심 $100[m]$까지 측정이 가능한 밀봉된 게이지압력센서의 압력측정범위를 계산하시오. 밀봉압력은 $101,325[Pa](1[atm])$이라 한다.

(b) 수심 $0.25[m]$ 단위까지 측정하기 위해서 필요한 센서의 분해능을 파스칼$[Pa]$ 단위로 계산하시오.

(c) 담수의 밀도는 $1,000[kg/m^3]$이다. 이 센서를 재교정 없이 담수에서 사용하는 경우에 측심기에서 발생하는 오차는 얼마이겠는가?

주의: 물의 밀도는 온도에 따라서 변한다. 하지만 여기서는 이를 무시하기로 한다.

6.26 **저항식 압력센서**. 폴리머의 저항값을 측정하여 압력을 검출하기 위해서 도전성 폴리머를 사용할 수 있다. 이를 위해서 다음과 같은 압력센서가 제안되었다. 전기전도도가 σ인 폴리머를 사용하여 속이 빈 소형의 구체가 제작되었다. 그림 6.55에 도시되어 있는 것처럼, 구체의 내측과 외측 표면에는 도전체가 코팅되어 전극을 형성한다. 기준압력 P_0에 대해서 구체의 내측 반경 $r=a$이며, 두께 $t=t_0$이다. 또한 $r \gg t$라고 가정한다. 압력과 구체의 반경 사이에는 다음의 관계식이 성립된다.

$$r = \alpha \sqrt{P}$$

즉, 압력이 증가하면 반경이 증가한다. 여기서 α는 상수값이며, 폴리머 소재의 전기전도도는 σ이다. 이 관계식은 기준압력을 포함하여 전체 측정범위에 대해서 적용된다.

(a) 압력과 전극 사이의 저항값의 관계를 구하시오.

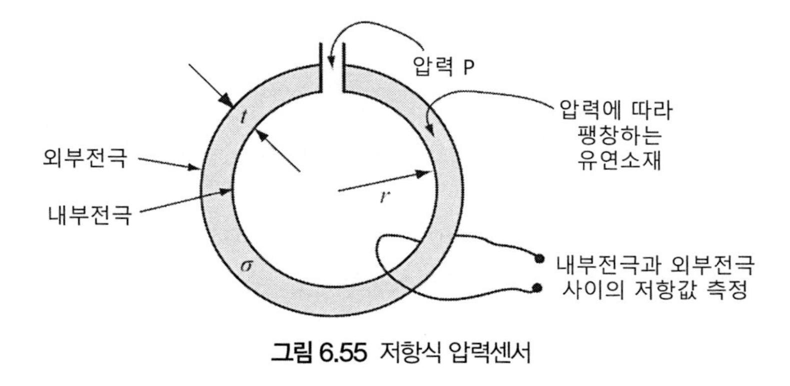

그림 6.55 저항식 압력센서

(b) 센서의 민감도를 구하시오.

주의: $r \gg t$라는 것은 구체의 반경에 비해서 쉘이 매우 얇다는 것을 의미한다. 계산을 단순화하기 위해서 이 근사를 활용하시오.

속도측정

6.27 **유속과 유량측정**. 관로 내에서 물의 유속과 유량을 측정하기 위해서 그림 6.35 (a)에 도시되어 있는 것처럼, 피토관을 설치하고 수두차이를 측정한다.

(a) 유속과 수두 사이의 관계를 구하시오.

(b) 현실적으로 $0.5[cm]$의 수두차이를 측정할 수 있다면, 이 장치의 민감도는 얼마인가?

(c) 유속의 함수로 유량$[m^3/s]$을 계산하시오. 그리고 관로 전체에 대해서 단면적 S와 유속이 일정한 경우에 수두차이의 함수로 유속을 나타내시오.

6.28 **배의 속도측정**. 선체의 뱃머리나 측면에 피토관을 설치하여 배의 속도를 측정할 수 있다. 만일 압력센서의 분해능이 $1,000[Pa]$이며 측정범위는 대기압보다 높은 범위에 대해서 0~$50,000[Pa]$까지 측정할 수 있다고 하자. 해수면 높이에서의 대기 압력은 $101,325[kPa]$ $(1[atm])$이며, 물의 밀도는 $1,025[kg/m^3]$이라 한다.

(a) 측정할 수 있는 속도의 분해능을 계산하시오. 배의 속도가 0인 경우에 센서의 출력값을 0으로 교정하였다고 가정하여 정적인 압력을 무시하시오.

(b) 센서의 측정범위를 계산하시오.

6.29 **비행기의 속도측정**. 여객기의 비행속도를 측정하기 위해서 두 개의 피토관을 사용한다. 하나의 튜브는 비행기의 축선과 일치하도록 설치되어 있으며, 다른 하나는 축선과 직각방향으로 설치되어 있다. 그리고 튜브의 한쪽 끝에는 압력센서가 설치되어 있다.

(a) $11,000[m]$의 고도에서 $850[km/h]$의 속도로 비행하는 동안 각 튜브에서 읽히는 압력값과 압력차이를 계산하시오. 이 고도에서의 온도는 $-40[°C]$이다. 튜브 내의 공기밀도를 변화시켜서 속도 측정에 영향을 끼치는 모든 요인들을 무시하시오.

(b) $11,000[m]$ 고도에서 측면방향으로 설치된 튜브가 얼음으로 막혀버린 상태에서 고도

12,000$[m]$까지 상승하였다고 하자. 비행기의 속도가 변하지 않았으며 대기온도 역시 11,000$[m]$에서와 동일하다면, 비행기의 속도측정 오차는 얼마나 되겠는가?

6.30 **잠수함의 속도와 수심측정**. 파일럿 튜브와 프란틀 튜브는 해저에서 똑같이 유용하다. 잠수함의 선수 쪽을 향하여 프란틀 튜브가 설치되어 있다고 하자. 두 개의 독립적인 센서들이 사용된다. 하나는 정적인 압력을 측정하며, 다른 하나는 총 압력을 측정한다. 물의 밀도는 수심에 따라서 일정하며 온도에 무관하게 1,025$[kg/m^3]$이라고 가정한다.

(a) 만일 잠수함이 수심 1,000$[m]$까지 잠수한다면, 각각의 압력센서의 측정범위는 얼마가 필요한가? 잠수함의 최대속도는 $25[knot](1[knot]=1.854[km])$이다.

(b) 이들 두 측정값들은 잠수함의 속도와 심도를 측정하는 데에 충분하다는 것을 증명하시오.

기계식 자이로스코프와 광학식 자이로스코프

6.31 **기계식 자이로스코프**. 소형 기계식 자이로스코프에는 질량 50$[g]$, 반경 40$[mm]$, 길이 20$[mm]$이며, 10,000$[rpm]$으로 회전하는 회전체가 사용되고 있다.

(a) 회전축과 직각방향으로 부가되는 토크에 대한 자이로스코프의 민감도를 계산하시오.

(b) 세차운동의 주파수를 0.01$[rad/s]$까지 측정할 수 있는 경우에, 이 센서가 검출할 수 있는 최소토크는 얼마인가?

6.32 **링 자이로스코프**. 그림 6.39 (b)에는 사냑 자이로스코프가 도시되어 있다.

(a) 삼각형의 한 변의 길이 $a=5[cm]$이며, 진공중에서 파장길이가 532$[nm]$인 녹색 레이저를 사용하고 있다. 이 센서의 민감도$[Hz/°/s]$를 구하시오.

(b) 신뢰성 있게 측정할 수 있는 최저주파수가 0.1$[Hz]$인 경우에, 이 센서가 검출할 수 있는 최저 회전속도는 얼마이겠는가?

6.33 **광섬유 루프식 자이로스코프**. 높은 민감도를 구현하기 위해서 소형의 광섬유식 자이로스코프가 설계되었다. 신뢰성 있게 측정할 수 있는 출력 주파수의 분해능은 0.1$[Hz]$이다. 루프의 직경이 10$[cm]$이며, 파장길이가 850$[nm]$인 적외선 발광다이오드가 광원으로 사용된

경우에 $10[°/h]$의 각속도를 측정하기 위해서는 몇 개의 루프가 필요하겠는가? 광섬유의 굴절률은 1.85이다.

6.34 **링 자이로스코프**. 그림 6.56에 도시되어 있는 것처럼, 사냑 간섭계가 제작되었다. $a=40[mm]$이며 파장길이가 $680[nm]$인 적색 레이저가 사용되었다. $1[°/s]$의 각속도에 대해 예상되는 자이로스코프의 출력과 민감도를 계산하시오.

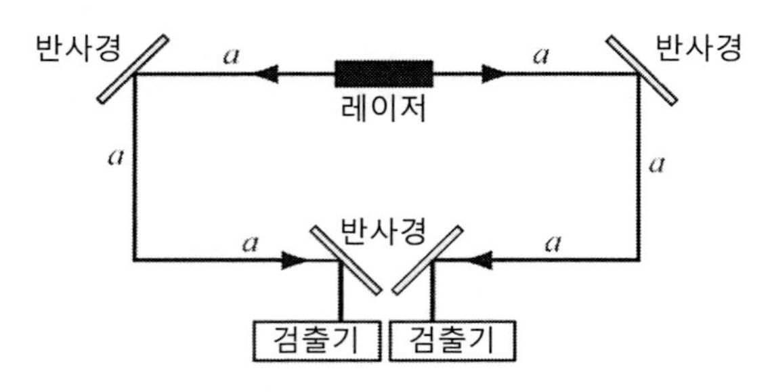

그림 6.56 링 자이로스코프의 구조

CHAPTER

7

음향센서와 작동기

CHAPTER

7 음향센서와 작동기

☑ 귀

귀는 다양한 방식으로 센서와 작동기의 역할을 한다. 특히 미세기계적 센서로서, 귀의 청음측 구조물에는 운동 메커니즘이 위치하고 있다. 귀는 내이와 외이로 구성되어 있다. 내이는 위치와 안정성을 감지하는 자이로스코프의 기능을 가지고 있다. 외이에는 음파를 응축시키고 고막 쪽으로 안내하는 하나 이상의 수단이 구비되어 있다. 인간의 외이는 크기가 비교적 작으며 고정되어 있지만, 일부 동물들의 외이는 크고 방향조절이 가능하다. 예를 들어 사막여우의 외이는 머리보다 더 크다. 외이의 끝에 위치하는 고막은 음파에 의해서 진동하며, 이로 인하여 (고막에 연결되어 있는) 망치뼈, 모루뼈(중간에 위치하는 유연성 뼈) 및 등자뼈와 같은 세 개의 뼛조각들을 진동시킨다. 인체를 구성하는 가장 작은 뼛조각인 등자뼈는 고막의 진동을 내이속의 달팽이관으로 전달시켜 준다. 이들 세 개의 뼛조각들은 음파를 전달할 뿐만 아니라 구조와 치수관계에서 얻어지는 지렛대 증폭을 통해서 음파를 증폭시켜준다. 달팽이관은 액체가 채워져 있는 나선형의 튜브이다. 등자뼈는 피스톤처럼 움직이면서 액체를 흔들어서 달팽이관의 내벽을 덮고 있는 일련의 섬모형 구조를 자극한다. 이 섬모가 실제 센서로서 청신경에 화학물질을 방출하여 소리를 인식할 수 있도록 만들어준다.

내이에는 서로 90° 각도로 배치되어 있는 세 개의 반원형 관로들이 있는데, 이들 중 두 개는 수직 방향을 향하고 있으며, 하나는 수평 방향을 향한다. 이들은 신체의 자세에 따라서 관로 속을 움직이는 유체에 의해서 영향을 받는 일련의 섬모형 구조를 포함하여 달팽이관과 유사한 구조를 가지고 있다. 이들은 인체의 평형을 유지시켜주며, 인체의 위치와 자세에 대한 정보를 제공해 준다. 회전목마에 타고 있는 경우와 같이 인체를 회전시키고 나면, 일시적으로 평형을 유지할 수 없게 되어버리는 것으로부터 인체의 움직임이 이 구조에 끼치는 영향을 즉시 확인할 수 있다.

귀는 매우 민감한 구조이다. 귀는 $2\times10^{-5}[Pa]$(또는 $10^{-12}[W/m^2]$)의 작은 압력을 감지할 수 있으며, 이보다 10^{13}배 더 큰 압력에 대해서도 작동할 수 있다. 즉, 귀의 동적 작동범위는 $130[dB]$에 이른다. 귀의 공칭 주파수응답 범위는 $20\sim20{,}000[Hz]$이지만, 대부분의 사람들이 감지할 수 있는 범위는 이보다 좁다. 귀는 피치운동을 매우 민감하게 감지하며, 피치운동과 주파수의 매우 작은 변화도 감지할 수 있다. 두 음향의 $1[Hz]$ 차이도 구분할 수 있다. 인간의 두뇌는 청각신호로부터 음원의 방향을 감지할 수 있다. 많은 동물들은 외이의 기계적 운동을 통해서 동일한 기능을 인간보다 더 민감하게 구현할 수 있다. 많은 동물들이 인간보다 훨씬 더 민감한 청력을 가지고 있으며, 더 높은 주파수와 더 넓은 주파수범위를 감지할 수 있다.

7.1 서언

음향[1]은 소리 또는 음향과학이라는 뜻을 가지고 있다. 이 장에서는 음향과학이라는 뜻으로 사용하고 있다. 따라서 음향에는 저주파의 음파에서부터 초음파와, 단순히 음파라고 부르기 어려운 더 높은 파장에 이르는 모든 유형의 음파들이 포함된다. 음파와 초음파는 인간의 귀로 감지할 수 있는 한계를 기준으로 구분된다. 인간의 귀로 감지할 수 있는 파장대역은 (대기중과 수중에서) 귀로 압력의 차이를 구분할 수 있는 파장을 기준으로 하며, 일반적으로 $20[Hz]$~$20[kHz]$라고 한다). 이를 **가청주파수대역**이라고 부른다. 대부분의 사람들은 이 대역의 일부분(보통 $50[Hz]$~$14[kHz]$)만을 들을 수 있으며, 음성정보의 전달에는 가청주파수대역 전체를 사용할 필요가 없다(예를 들어 전화기는 $300[Hz]$~$3[kHz]$의 대역만을 사용하며, AM 라디오 방송국은 $10[kHz]$의 주파수 대역만을 사용한다).

모든 진동원들은 주변압력을 변화시키며 매질을 통해 전파되는데, 진동이 전파되는 속도는 매질의 성질에 의존한다. 이렇게 전파되는 파동은 **탄성파**로 간주한다. 즉, 탄성매질(기체, 고체 및 액체)을 통해서만 전달되며, 진동이나 소성매질(소성매질은 파동을 흡수한다; 여기서 소성이라는 단어는 탄성이 없는 물질을 의미한다)을 통해서는 파동이 전달되지 않는다. $20[kHz]$ 이상의 주파수에서도 물체의 진동에 의해서 (공기나 여타 매질의) 압력진동이 생성되며, 이를 **초음파 파동**[2]이라고 부른다. $20[Hz]$ 미만의 주파수로 전달되는 탄성파는 **저음파**[3]라고 부른다. 초음파의 대역범위에 대해서는 $20[kHz]$ 이상의 파동이라는 것 이외에는 특별히 정해진 것이 없다. $100[MHz]$ 이상의 주파수를 갖는 진동도 초음파라고 부르며, 다양한 용도로 사용되고 있다. 이보다 훨씬 더 높은, $1[GHz]$ 이상의 음파도 만들 수 있다.

일반적인 개념에서는 초음파나 저음파도 모두 음파로 간주할 수 있으며, 대체적으로 동일한 성질을 가지고 있다. 즉, 특정한 성질들이 주파수에 따라서 변하기는 하지만 이들의 일반적인 거동이 동일하다는 뜻이다. 예를 들어, 고주파 파동은 직진성이 강하다. 즉, 모서리나 테두리에서 회절(꺾임)이 잘 일어나지 않는다.

음파는 다양한 형태의 감지와 작동기의 수단으로 활용되고 있다. 가장 대표적인 사례로는 (마이크로폰, 수중청음계 동압센서 등을 사용하여) 가청대역의 음향을 감지하며 스피커로 음파를

1) acoustics
2) ultrasonic wave
3) infrasound

생성하는 것이다. 또 다른 방향으로는, 센서와 작동기가 일체화되어 물속에서 음향에너지(초음파와 저음파)를 방출 및 검출하는 소나를 개발하기 위해서 많은 노력이 수행되었다. 소나는 초기에 군사적인 목적으로 사용되었으며, 나중에는 해양과 해양생명체 연구, 그리고 심지어는 어업 지원용으로도 사용되고 있다. 이외에도, 초음파는 소재의 시험, 소재가공, 거리측정, 그리고 의료영상 등과 같은 새로운 적용처를 찾게 되었다. 표면탄성파(SAW) 소자의 개발을 통해서 초음파의 범위는 $[GHz]$의 영역까지 넓어지게 되었으며, 이들은 전자장비의 발진기와 같이 음향과는 직접적인 관련이 없어 보이는 용도에 사용되고 있다. 표면탄성파 소자들은 질량이나 압력 측정용 센서로 사용될 뿐만 아니라 다양한 화학센서로도 사용되고 있다.

이 장에서 다루는 음파에 대해서는 우리는 이미 친숙하게 알고 있으며, 이들의 성질이 전혀 새로운 것이 아니라는 점은 전혀 놀라운 일이 아니다. 고대인들도 따듯하고 옅은 공기보다는 차갑고 조밀한 공기 중에서 소리가 더 멀리 전파된다거나 물속에서 소리가 더 크게 들린다는 것을 알고 있었다. 레오나르도 다빈치는 1490년에 수중청음기(물속에 집어넣은 관)를 사용하여 아주 멀리 떨어져 있는 배에서 나오는 소음을 들을 수 있었다. 또한 귀를 땅에 대고 멀리서 달려오는 말발굽 소리를 듣는 영화의 한 장면을 쉽게 떠올릴 수 있을 것이다. 물론, 소리의 전파속도를 측정하고, 이를 물질의 성질과 연관 짓는 것은 전혀 다른 문제이다. 이는 훨씬 뒤에 실현되었다(약 1800년경).

7.2 단위와 정의

측정과 작동의 다른 모든 분야들에 비해서 음향분야의 단위, 측정 및 정의가 가장 혼동될 것이다. 이는 음향과 관련된 대부분의 단위들이 인간 귀의 가청범위를 기준으로 제정되었기 때문일 것이다. 심지어는 인간의 가청능력을 기준으로 단위가 정의되었기 때문에, 로그 스케일이 일반적으로 사용된다. 음파는 탄성파이며, 특히 인간의 귀에서는 압력으로 변환되기 때문에, 가청대역에서 음향의 전파를 나타내는 가장 일반적인 방법은 **음압**($[N/m^2]$ 또는 $[Pa]$)을 사용하는 것이다. 그런데 압력이 고막이나 마이크로폰과 같은 다이아프램 판에 작용하는 경우, 또는 스피커에 의해서 음압이 생성되는 경우에는 압력을 직접 전력밀도$[W/m^2]$로 변환시킬 수 있다. 따라서 음향거동을 압력이나 전력밀도로 나타낼 수 있으며, 이들은 서로 등가이다. 음향학의 대부분은 청음과 관련되어 있으므로, **가청한계**가 매우 중요하게 취급된다. 인간의 가청한계는 압력으로는

$2\times10^{-5}[Pa]$이며, 전력밀도로는 $10^{-12}[W/m^2]$이다. 단위계의 또 다른 기준점은 **고통한계**로서, $20[Pa]$ 또는 $2[W/m^2]$이다. 이보다 강한 음파가 가해지면 귀에 손상이 발생할 수 있다. 이 값들은 매우 주관적이며, 문헌에 따라서 가청한계와 고통한계값에 다른 값들을 사용할 수도 있다.

이들 사이의 범위가 매우 넓기 때문에, 음압레벨(SPL)과 전력밀도에는 일반적으로 **데시벨**$[dB]$ 단위를 사용한다. 음압레벨의 경우,

$$SPL_{dB}=20\log_{10}\frac{P_a}{P_0}\ \ [dB] \tag{7.1}$$

여기서 가청한계압력인 $P_0=2\times10^{-5}[Pa]$가 기준압력으로 사용되고 있으며, P_a는 측정된 음압이다. 따라서 가청한계압력은 $0[dB]$이며, 고통한계압력은 $120[dB]$이다. 일반적인 대화 시 발생하는 음압은 대략적으로 $45\sim70[dB]$이다.

전력밀도의 경우에는

$$PD_{dB}=10\log_{10}\frac{P_a}{P_0}\ \ [dB] \tag{7.2}$$

여기서 $P_0=10^{-12}[W/m^2]$이며, P_a는 측정된 음파의 전력밀도이다. 앞서 제시된 값들을 사용하여 계산해 보면, 가청한계 전력밀도는 $0[dB]$이며 고통한계 전력밀도는 $123[dB]$이다. 비록 이 값들이 음압레벨(SPL)의 기준값들과 유사해 보이지만 이들은 서로 다른 값들을 나타내므로, 적용 시 매우 주의하여야 한다.

음향작동기들의 출력은 전력을 사용하여 나타낸다(예를 들어 스피커의 전력사양). 데이터로는 정현가진을 기준으로 평균전력과 최대[4]전력(또는 첨두[5]전력)을 제시할 수 있다. 때로는 특정한(짧은)기간 동안의 최대전력을 제시하기도 한다. 비록 사양값들은 마케팅 목적으로 제공되지만, 작동기에 대해서 제시되어 있는 전력값은 거의 항상 전기적인 전력소모량으로서, 작동기가 손상되지 않고 소모할 수 있는 전력값이라는 점을 알고 있어야 한다. 이는 작동기가 주변 공간에 방출

4) peak
5) peak to peak

하는 음향출력과는 매우 다른 값이다. 전형적으로, 작동기의 전력값 중 매우 일부만이 음향출력으로 변환된다. 나머지 대부분의 전력은 작동기 자체에서 열로 손실되어 버린다. 초음파 대역에서 음파가 (기체 이외의) 물질 속으로 전파되면 소재 내에서 응력이 생성되므로, 응력과 변형률을 사용하여 해석이 수행된다. 압력과 전력밀도 역시 여전히 사용되지만, 초음파 신호의 전파 수단으로는 응력과 변형률이 더 일반적으로 사용된다. 데시벨[dB] 단위가 사용되면 기준압력(또는 전력밀도)으로 1을 사용하므로, 가청한계압력이나 고통한계압력은 아무런 의미를 가지지 못한다.

예제 7.1 대화 시 발생하는 압력과 전력밀도

일반적인 대화 시 발생하는 음압은 음원에서 1[m] 떨어진 거리에서 대략적으로 45~70[dB] 수준이다. 이를 청취자의 고막에 부가되는 압력과 전력밀도 범위로 환산하시오.

풀이

식 (7.1)을 사용하면 음압 하한에 대해서 다음과 같은 계산식이 성립된다.

$$20\log_{10}\frac{P_a}{P_0}=45[dB]$$

따라서

$$\log_{10}\frac{P_a}{P_0}=\frac{45}{20}=2.25 \rightarrow P_a=10^{2.25}P_0=10^{2.25}\times 2\times 10^{-5}=3.556\times 10^{-3}[Pa]$$

음압 상한에 대해서는 다음과 같은 계산식이 성립된다.

$$20\log_{10}\frac{P_a}{P_0}=70[dB]$$

따라서

$$\log_{10}\frac{P_a}{P_0}=\frac{70}{20}=3.5 \rightarrow P_a=10^{3.5}P_0=10^{3.5}\times 2\times 10^{-5}=6.325\times 10^{-2}[Pa]$$

그러므로 음압의 범위로 환산하면 0.0035565[Pa]~0.06325[Pa]이다.
전력밀도는 식 (7.2)를 사용하여 구할 수 있다. 음압 하한에 대해서는,

$$10\log_{10}\frac{P_a}{P_0}=45[dB]$$

따라서

$$\log_{10}\frac{P_a}{P_0}=\frac{45}{10}=4.5 \rightarrow P_a=10^{4.5}\times P_0=10^{4.5}\times 10^{-12}=3.162\times 10^{-8}[W/m^2]$$

음압 상한에 대해서는,

$$10\log_{10}\frac{P_a}{P_0}=70[dB]$$

따라서

$$\log_{10}\frac{P_a}{P_0}=\frac{70}{10}=7 \rightarrow P_a=10^{7}\times P_0=10^{7}\times 10^{-12}=1\times 10^{-5}[W/m^2]$$

그러므로 전력의 범위로 환산하면 $31.63[nW/m^2]$~$10[\mu W/m^2]$이다.

음파의 성질은 파동이 전파되는 매질에 의해서 결정된다. 다음에서는 음파의 전달에 영향을 끼치는 주요 인자들에 대해서 설명하고 있다.

체적탄성률(K)은 체적변형률당 체적응력의 비율이다. 체적감소율에 대한 압력증가비 또는 밀도증가율에 대한 압력증가비로도 이를 나타낼 수 있다.

$$K=-\frac{dP}{dV/V}=\frac{dP}{d\rho/\rho}\quad[N/m^2] \tag{7.3}$$

여기서 주의할 점은 체적탄성률은 압력의 단위를 가지고 있다는 것이다. 체적탄성률은 압축에 대한 소재의 저항능력을 나타낸다. 이 역수인 $1/K$는 소재의 압축성을 나타낸다. 소재들이 가지고 있는 체적탄성률들을 실험적으로 구한 도표들이 제공되고 있다.

전단탄성률(G)은 전단응력을 전단변형률로 나눈 값이다. 이 값은 전단변형에 대한 소재의 강도 또는 저항능력을 나타낸다.

$$G=\frac{dP}{dx/x}\quad[N/m^2] \tag{7.4}$$

여기서 dx는 전단변형 또는 전단변위를 나타낸다. 이를 전단변형의 상대적인 변화값에 대한 압력변화의 비율로도 나타낼 수 있다.

체적탄성률과 전단탄성률은 6장에서 정의한 탄성률과 더불어서, 소재의 탄성을 나타내는 성질들이다. 전단탄성률과 탄성률 사이의 차이를 살펴보면, 탄성률은 소재의 길이방향 또는 인장/압축 방향 변형을 정의하는 반면에 전단탄성률은 횡방향 또는 전단방향 변형을 정의한다.

기체의 **비열비**[6]는 일정한 체적(V_c)하에서의 비열에 대한 일정한 압력(P_c)하에서의 비열의 비율로 정의된다. 이 값은 등엔트로피 팽창률로도 알려져 있으며, γ로 표기한다. 비열용량은 단위질량$[kg]$의 온도를 $1[°C]$만큼 올리기 위해서 필요한 열량$[J]$으로 정의된다(3.1.1절 참조).

음향의 전파와 듣기, 그리고 두뇌가 이를 인식하는 과정 사이의 복잡한 연관관계 때문에 음향학에서는 절대단위 대신에 주관적인 척도에 기초한 용어들이 사용된다. 이런 용어들 중 하나인 **라우드니스**[7]는 조용함에서 시끄러움까지 음의 청지각 강도를 척도로 매긴 것이다. 인간의 두뇌가 느끼는 음향감각은 강도(진폭)와 주파수를 포함하여 다양한 인자들에 의존한다. 라우드니스를 측정하기 위해서는 폰과 손이라는 두 가지 기본단위를 사용해야 한다.

폰[8]은 음향강도를 $1,000[Hz]$의 주파수와 $20\times10^{-6}[Pa]$의 실효 음압을 가지고 있는 기준음향을 기준으로 하여 데시벨로 나타낸 값이다. 이 대신에 사용하는 **겉보기 라우드니스**는 측정대상 음향과 동일한 강도를 가지고 있는 $1,000[Hz]$ 음향 강도의 데시벨 값으로 정의된다.

손[9]은 라우드니스 인지에 사용하는 단위로서, 가청한계보다 $40[dB]$ 더 높은 $1,000[Hz]$ 음조(톤)에 해당한다.

톤[10]은 음의 품질, 또는 음의 특성을 나타내기 위해서 일반적으로 사용되는 또 다른 주관적인 용어이다. 이들을 객관적인 스케일로 측정할 수는 없다. 하지만 음향학, 특히 음악과 관련되어서는 중요한 기준들이다.

7.3 탄성파의 성질

음파는 종방향 탄성파, 즉 압력파이므로, 음파가 전파되는 과정에서 전파방향으로의 압력이 변한다. 따라서 고막에 도달한 음파는 고막을 밀고 당겨서 음향을 전달한다. 음파를 포함한 파동은 세 가지 중요한 성질들을 가지고 있다.

---

6) ratio of specific heats
7) loudness
8) phon
9) sone
10) tone

우선, 음파는 **주파수**(또는 주파수 대역)를 가지고 있다. 파동의 주파수 f는 파동이 1초 동안 진동하는 횟수로서 $[Hz]$ 또는 $[cycles/s]$를 단위로 사용한다. 주파수는 일반적으로 정현파에 대해서 정의되므로, 정현파가 1초 동안 반복하는 사이클의 횟수라고 이해할 수 있다.

두 번째 성질은 **파장길이** λ로서, 파동이 한 주기 동안 진행하는 거리$[m]$이다.

파동의 **진행속도** c는 파면이 전파되는 속도$[m/s]$이다. 이들 세 가지 물리량들은 다음과 같은 상관관계를 가지고 있다.

$$\lambda = \frac{c}{f} \ [m] \tag{7.5}$$

그림 7.1에서는 진행속도와 파장길이 사이의 상관관계를 보여주고 있다. 비록 이 상관관계가 그리 중요해 보이지 않을 수 있겠지만 음파의 짧은 파장길이가 음파의 가장 중요한 성질을 가지고 있다. 고분해능 초음파 시험을 재료시험이나 의학적 목적의 시험에 활용하는 경우에 특히 파장길이가 중요한 인자이다. 일반적으로 파장을 사용한 시험과정에서 기대할 수 있는 분해능은 파장길이에 의존한다. 파장길이가 짧아질수록 분해능이 높아진다. 이 장의 말미에서 살펴볼 예정인 표면탄성파(SAW) 장치에서 이 특성이 큰 이점으로 작용한다.

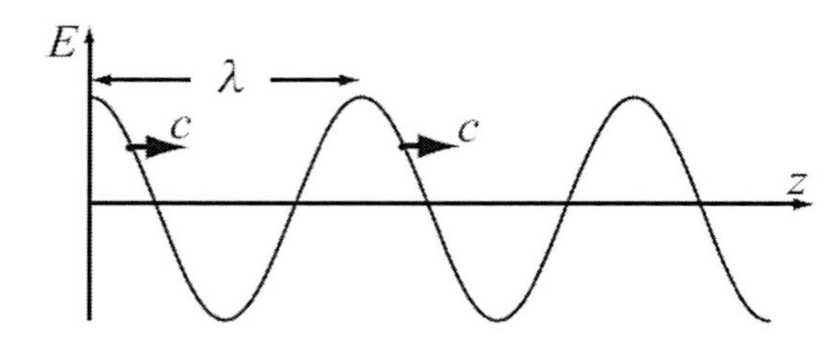

그림 7.1 일반적인 정현파동의 주파수, 파장길이, 그리고 진행속도 사이의 상관관계

파장은 횡파, 종파 및 이들이 조합된 형태로 전달된다. 횡파는 파장이 전파되는 방향과 직각으로 진폭과 방향이 변하는 파동이다. 현의 진동이 횡파에 해당한다. 현을 튕기면, 현의 길이에 대하여 직각 방향으로 진동이 발생하여 파동은 현의 길이방향으로 진행한다. **그림 7.2**에서는 이를 개략적으로 보여주고 있다. 그림에 따르면 파동은 속도 v로 근원에서 멀어지며, 이 사례에서는 양쪽 방향으로 전파된다. 파도나 전자기파 역시 횡파이다.

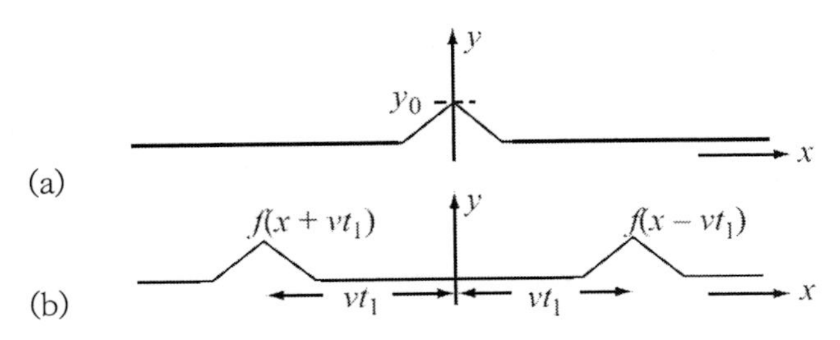

그림 7.2 당겨진 현에서 일어나는 파동의 전파. (a) $x=0$에서 현을 튕김. (b) t_1만큼의 시간동안 전파된 파동

기체와 액체 속에서 진행하는 음파는 종파이다. 하지만 고체 속에서는 횡파의 형태로 진행한다. 횡방향으로 전파되는 음파를 **전단파**[11]라고 부른다. 혼동을 피하며, 대부분의 경우 우리는 종파를 만나기 때문에 이후의 논의에서는 종파만을 다루기로 한다. 전단파에 대해서 논의할 필요가 있거나, 뒤에서 표면파를 다루는 경우에는 종파와 구분하기 위해서 횡파임을 명시할 예정이다.

7.3.1 종파

음파(**종파**)의 진행속도는 체적의 변화와 그에 따른 압력의 변화(즉, 그림 7.3에 도시되어 있는 피스톤의 운동)에 밀접하게 관련되어 있다.

$$c=\sqrt{\frac{\Delta p\,V}{\Delta V\rho_0}}\quad [m/s] \tag{7.6}$$

여기서 $\Delta p/(\Delta V/V)$는 사실, 체적탄성률이므로 식 (7.6)을 다음과 같이 나타낼 수 있다.

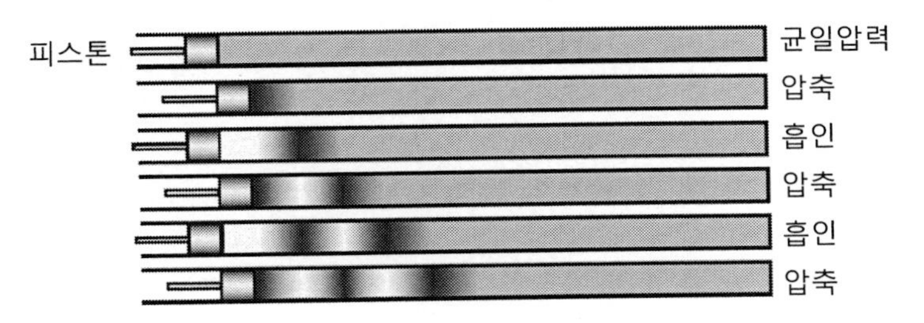

그림 7.3 피스톤 운동을 이용한 종파의 생성. 매질 속의 입자들이 길이방향으로 움직이면서 압력의 국부진동을 일으킨다.

11) shear wave

$$c = \sqrt{\frac{K}{\rho_0}} \ \ [m/s] \tag{7.7}$$

여기서 ρ_0는 분포되지 않은 유체의 밀도, ΔV는 체적변화, Δp는 압력변화, 그리고 V는 체적이다. 기체의 경우, 위 식은 다음과 같이 정리된다.

$$c = \sqrt{\frac{\gamma p_0}{\rho}} \ \ [m/s] \tag{7.8}$$

여기서 p_0는 정압력이며 γ는 기체의 비열비이다. 따라서 물질 내에서 음향의 전파속도는 압력과 온도에 의존한다는 것을 알 수 있다. 고체의 경우, 음속은 소체의 탄성에 의존한다. 더 자세히 말하면, 매질의 전단탄성률과 체적탄성률에 의존한다. **표 7.1**에서는 다양한 매질 속에서 종파가 전달되는 속도를 제시하고 있다. 이 값들은 실험값이며, 음원에 따라서 약간의 편차가 발생한다. 예를 들어, 20[°C]의 공기중에서 음향의 전파속도는 음원의 유형에 따라서 $343[m/s]$에서 $358[m/s]$까지 변한다. 또한 음속은 대기압력과 상대습도에 따라서도 변한다. 고체, 특히 금속 내에서 음향 전파속도의 온도의존성은 기체나 액체보다 덜하다.

종파는 진행방향으로 멀어짐에 따라서 진폭이 변한다. 간단한 사례로 튜브 내에서 피스톤에 의해서 생성된 기계적인 파동을 살펴보자. 피스톤이 앞뒤로 움직이면 피스톤 앞에 있는 기체를 압축 및 팽창시킨다. 이로 인한 기체의 운동은 **그림 7.3**에 도시되어 있는 것처럼, 튜브 속으로 전파된다. 음파가 이런 파동에 해당한다.

길이방향으로 전파되는 주파수가 f인 정현파의 경우, 파동을 다음과 같이 단순화하여 나타낼 수 있다.

$$P(x,t) = P_0 \sin(kx - \omega t) \ \ [N/m^2] \tag{7.9}$$

여기서 $P(x,t)$는 시간과 위치에 의존적인 매질의 압력이며, P_0는 파동의 압력진폭, 그리고 k는 상수이다. 이 사례에서는 양의 x방향으로 파동이 전파되며, 각속도 $\omega = 2\pi f$이다.

파동의 진폭은 다음과 같이 나타낼 수 있다.

표 7.1 주어진 온도와 다양한 매질들 속에서 종파로 전달되는 음향의 속도

소재	속도[m/s]	온도[°C]
공기	331	0
담수	1,486	20
해수	1,520	20
근육조직	1,580	35
지방	1,450	35
뼈	4,040	35
고무	2,300	25
화강암	6,000	25
수정	5,980	25
유리	6,800	25
강철	5,900	20
구리	4,600	20
알루미늄	6,320	20
베릴륨	12,900	25
티타늄	6,170	20
황동	3,800	20

$$P_0 = k\rho_0 c^2 y_m \ \ [N/m^2] \tag{7.10}$$

여기서 y_m은 파동이 압축 또는 팽창될 때에 발생하는 입자의 최대변위이다. 상수 k는 **파수**[12] 또는 **위상상수**[13]라고 부르며, 다음과 같이 주어진다.

$$k = \frac{2\pi}{\lambda} = \frac{\omega}{c} \ \ [rad/m] \tag{7.11}$$

파동은 에너지를 전달한다. (지진이나 음속폭음과 같은) 충격파는 손상을 초래할 수 있다. 큰 소리는 고막을 손상시키거나 창문을 부술 수 있다. 파동이 에너지를 한 점에서 다른 점으로 전달한다면 이를 **진행파**[14]라고 부를 수 있다.

구속되지 않은 매질 속에서 파동은 **감쇄**(손실)되거나 감쇄되지 않으면서 전파될 수 있다. 파동

12) wave number
13) phase constant
14) propagating wave

의 감쇄는 파동이 전파되는 매질의 성질에 의존하며, 감쇄로 인하여 파동의 진폭이 감소하게 된다. 파동의 감쇄는 지수함수의 특성을 가지고 있으며, 지수값은 매질의 성질에 의존한다. 감쇄계수 α는 각 소재마다 서로 다른 값을 가지고 있으며, 전파되는 파동의 진폭은 다음과 같이 변한다.

$$P(x,t) = P_0 e^{-\alpha x} \sin(kx - \omega t) \ \ [N/m^2] \tag{7.12}$$

이 감쇄로 인하여 파동은 전파되면서 에너지를 잃어버리며, 궁극적으로는 파동의 모든 에너지가 소모되어 버린다. 게다가 파동이 완벽하게 평행하게 전파되지 않는다면, 공간중으로 퍼져나가면서 점점 더 넓은 영역으로 에너지가 분산되어 버린다. 이런 문제 때문에, 감쇄와는 무관하게 파동이 공간 속으로 전파되면서 진폭이 감소하게 된다. 감쇄계수 α는 단위길이당 **네퍼**[15]값을 단위로 사용한다. $1[Np/m] = 8.686[dB/m]$에 해당한다. 여기서 주의할 점은 동력[16]은 진폭(힘, 압력, 변위)과는 달리, 진폭이 2α의 비율로 감소한다는 것이다.

표 7.2에서는 다양한 소재들의 감쇄계수를 보여주고 있다. 감쇄계수는 온도에 의존적이다. 그런데 놀라운 점은 감쇄계수가 주파수에 의존성을 가지고 있다는 것이다. 공기중에서 감쇄계수는 상대습도와 압력에 의존적이며, 고주파에서는 대략적으로 f^2에 비례한다. 감쇄계수에는 전형적으로 $[dB/km]$, $[dB/m]$ 또는 $[dB/cm]$와 같은 단위를 사용한다. 감쇄계수는 복잡한 특성을 가지고 있으며, 수많은 인자들에 대하여 의존성을 가지고 있기 때문에, 일반적으로 도표의 형태로 주어진다. 표 7.3에서는 공기를 포함한 몇 가지 매질들에 대한 감쇄계수의 주파수 의존성을 보여주고 있다. 일부의 경우, 실험 데이터에 근거하여 음파의 성질을 실험식으로 제시하고 있다. 예를 들어, 물속에서의 감쇄계수는 다음 식을 사용하여 계산할 수 있다.

$$\alpha_{water} = 0.00217 f^2 \ \ [dB/cm] \tag{7.13}$$

여기서 f는 $[MHz]$ 단위로 표시된 주파수 값이다. 여타의 유체들에 대해서도 이와 유사한 공식들이 존재한다. 하지만 불행히도, 여타 소재들에서의 거동은 그리 단순하지 않다. 또한 물에 대하여 제시된 공식 또한 $1[MHz]$ 미만의 주파수에 대해서는 적용되지 않는다.

15) neper
16) power

표 7.2 일부 대표적인 소재들의 감쇄계수

소재	감쇄계수[dB/cm]	주파수
강철	0.429	10[MHz]
수정	0.02	10[MHz]
고무	3.127	300[kHz]
유리	0.173	10[MHz]
PVC	0.3	350[kHz]
물	식 (7.13) 참조	
알루미늄	0.27	10[MHz]
구리	0.45	1[MHz]

표 7.3 주파수 의존적인 감쇄계수 $\alpha[dB/cm]$

물질	1[kHz]	10[kHz]	100[kHz]	1[MHz]	5[MHz]	10[MHz]
공기	1.4×10^{-4}	1.9×10^{3}	0.18	1.7	40	170
물	식 (7.13)					
알루미늄				0.008	0.078	0.27
수정				0.002	0.01	0.02

상관관계가 잘 정의된 또 다른 사례는 순수한 물속에서 온도에 따른 음속의 변화로서, 특정한 온도범위에 대해서 n차 다항식으로 제시되어 있다. 실험데이터로부터 계수값들을 추출하여 2~5차 다항식으로 제시되어 있다. 2차 다항식의 경우,

$$c_{water} = 1{,}405.03 + 4.624\,T - 0.0383\,T^2 \;\; [m/s] \tag{7.14}$$

여기서 T[°C]는 온도이다. 이 공식은 일반적인 온도범위의 수온(10~40[°C])에 대한 것이므로, 이를 넘어서는 온도범위에 대해서는 오차가 증가한다. 공기 중에서 음속의 온도 의존성에 대해서도 근사식이 존재한다.

$$c_{air} = 331.4 + 0.6\,T \;\; [m/s] \tag{7.15}$$

파동의 경우도 역시 파동임피던스라는 성질을 가지고 있으며, 음파의 경우에는 이를 음향임피던스라고 부른다. **파동임피던스** 또는 **음향임피던스**는 밀도(ρ)와 속도(c)의 곱으로 주어진다.

$$Z = \rho c \ \ [kg/(m^2 \cdot s)] \tag{7.16}$$

음향임피던스는 물질의 중요한 인자이며, 음파의 투과와 반사, 소재시험, 초음파를 사용한 물체의 유무검출과 상태검출 등을 포함하여 다양한 음향 분야에서 유용하게 사용된다. 일반적으로 탄성체의 음향임피던스는 매우 큰 반면에, 푹신한 물체의 음향임피던스는 작은 값을 갖는다. 표 7.4에 제시되어 있는 것처럼, 소재 간의 편차는 매우 크다. 예를 들어, 공기의 음향임피던스는 $415[kg/(m^2 \cdot s)]$인 반면에, 강철은 $4.54 \times 10^7 [kg/(m^2 \cdot s)]$이다. 이렇게 큰 차이로 인하여 매질 속에서 음파의 거동이 크게 달라지며, 다양한 용도에서 유용하게 이를 활용할 수 있다.

표 7.4 다양한 매질들의 음향임피던스

매질	음향임피던스$[kg/(m^2 \cdot s)]$
공기	415
담수	1.48×10^6
근육	1.64×10^6
지방	1.33×10^6
뼈	7.68×10^6
수정	14.5×10^6
고무	1.74×10^6
강철	45.4×10^6
알루미늄	17×10^6
구리	42.5×10^6

예제 7.2 쓰나미 감지 시스템

쓰나미 감지 및 경보 시스템은 가속도계를 사용하여 지진을 감지하는 다수의 해변가에 위치한 다수의 측정 스테이션들로 구성되어 있다. 이 시스템은 센서들뿐만 아니라 가속도계가 설치되는 측정 스테이션을 포함하는 다수의 기본 구성요소들로 이루어진다. 여러 위치들에 설치되어 있는 다수의 가속도계들이 지진을 감지하면, 지진강도 측정과 더불어서 삼각측량 방법을 사용하여 지진의 진앙지를 찾아낸다. 지진의 강도, 위치 및 깊이 등의 정보를 통해서 쓰나미 발생 가능성을 판단한다. 그런 다음, 다양한 위치마다 쓰나미가 도달하기까지 남은 시간을 계산한다. 이런 계산들에는 음파의 전파속도를 사용한다. 지진파의 전파속도는 대략적으로 $4[km/s]$인 반면에 물속에서의 전파속도는 $1.52[km/s]$에 불과하다. 이런 이유와 현실적인 이유들 때문에, 지진파의 감지는 지상에서 이루어진다. 쓰나미는 대략적으로 $500[km/h]$의 속도로 이동한다(기록된 최고 속도는 1,000[km/s]에 달한다).

만일 해변가에 위치한 도시로부터 $250[km]$ 떨어진 위치에서 지진이 발생했다 하자. 이 지진을 진앙지로부터 $700[km]$ 떨어진 측정 스테이션에서 감지하였으며, 쓰나미가 발생할 것으로 판단했다면, 쓰나미가 도달하기 전에 시민들이 대피할 수 있는 시간 여유는 얼마나 되겠는가?

풀이

지진을 검출하는 데에 소요되는 시간 t_1은 다음과 같다.

$$t_1 = \frac{700}{4} = 175[s]$$

이는 대략적으로 3분에 해당한다.
쓰나미가 $250[km]$를 이동하는 데에 소요되는 시간 t_2는 다음과 같다.

$$t_2 = \frac{250}{500} = 0.5[h]$$

이는 30분에 해당한다. 검출에 3분이 소비되었으므로 시민들에게는 27분의 시간이 주어진다. 당연히 여기에는 지체 없이 경보방송이 나간다는 가정이 수반되어야 한다. 이를 통해서 진앙지가 매우 멀지 않다면, 대비와 대피에 주어지는 시간이 매우 짧기 때문에 쓰나미가 왜 위험한지를 명확하게 알 수 있다.

예제 7.3 공기중에서 음파의 감소

공기중에서 전파되는 음파의 감소특성은 온도, 압력, 상대습도, 음파의 주파수 등과 같은 다양한 인자들에 의존한다. 모든 인자들이 음파의 감소에 중요한 영향을 끼치지만, 특히 공기중에서 초음파의 전파에 대해서 이해하기 위해서 주파수의 영향에 대해서만 살펴보기로 하자. 공기중에서 음향의 전파에 대해서 다음의 데이터를 활용할 수 있다.

$1[kHz]$, $20[°C]$, 해수면높이에서 $1[atm]$, 상대습도 60[%]인 경우의 감소율 $4.8[dB/km]$

$40[kHz]$, $20[°C]$, 해수면높이에서 $1[atm]$, 상대습도 60[%]인 경우의 감소율 $1{,}300[dB/km]$

$100[kHz]$, $20[°C]$, 해수면높이에서 $1[atm]$, 상대습도 60[%]인 경우의 감소율 $3{,}600[dB/km]$

음파의 진폭(음압)은 $1[Pa]$인 경우에, 앞서 제시된 세 가지 주파수들에 대해서 $d = 100[m]$ 거리를 전파된 음파의 음압을 계산하시오.

풀이

감소율이 킬로미터당 데시벨 값$[dB/km]$으로 제시되어 있기 때문에, 우선, 이를 미터당 네퍼$[Np/m]$값으로 변환시켜야 한다. 식 (7.12)를 사용하면,
$1[kHz]$의 경우,

$$4.8[dB/km] = \frac{4.8}{8.686}[Np/km] = \frac{4.8}{8.686 \times 1{,}000} = 5.526 \times 10^{-4}[Np/m]$$

$40[kHz]$의 경우,

$$1{,}300[dB/km] = \frac{1{,}300}{8.686 \times 1{,}000} = 0.1497[Np/m]$$

$100[kHz]$의 경우,

$$3{,}600[dB/km] = \frac{3{,}600}{8.686 \times 1{,}000} = 0.4145[Np/m]$$

이를 사용하면, 거리 d만큼 떨어진 위치에서의 진폭 P_d를 음원의 음압 P_0에 대해서 다음과 같이 나타낼 수 있다.

$$P_d = P_0 e^{-ad} \ [Pa]$$

$1[kHz]$의 경우,

$$P_d = 1 \times e^{-5.526 \times 10^{-4} \times 100} = 0.9994[Pa]$$

$40[kHz]$의 경우,

$$P_d = 1 \times e^{-0.1497 \times 100} = 3.15 \times 10^{-7}[Pa]$$

$100[kHz]$의 경우,

$$P_d = 1 \times e^{-0.4145 \times 100} = 9.96 \times 10^{-19}[Pa]$$

이 결과에 따르면, 공기 중에서는 초음파를 단거리 용도에 국한하여 사용할 수 있다는 것을 알 수 있다. 실제로, 공기중에서 사용되는 대부분의 초음파는 24~40$[kHz]$의 대역을 사용하며, $20[m]$ 미만의 거리에 국한하여 사용된다. 주파수가 낮아질수록 작동범위가 늘어난다. $1[kHz]$의 음파는 거의 감소하지 않는다. 아마도 인간의 음성이 낮은 주파수 대역으로 진화한 것도 이 때문일 것이다. (가청주파수 이하의 대역까지) 주파수가 낮아질수록 음파가 더 멀리 전파되며, 코끼리나 고래와 같은 일부의 동물들은 이 대역을 사용한다. 물속과 고체 속에서는 감소비율이 훨씬 더 낮아지므로 아주 먼 거리까지 음파가 전달된다(예제 7.8 참조).

무한공간 내에서 전파되는 파동이 (벽과 같은 물체나 공기밀도 변화와 같은) 불연속을 만나면, 파동 중 일부는 반사되며 나머지 일부는 불연속 속으로 전파된다. 즉, **반사**와 **투과**가 일어나며, 이렇게 반사 및 투과된 파동은 원래의 파동과는 다른 방향으로 진행한다. 특히 투과된 파동의 경우, 불연속을 통과하면서 **굴절**이 발생한다. 논의를 단순화시키기 위해서 **투과계수**와 **반사계수**를 정의한다. 파동이 계면과 수직한 방향으로 입사되는 가장 간단한 경우(그림 7.4에서 $\theta_i = 0$인

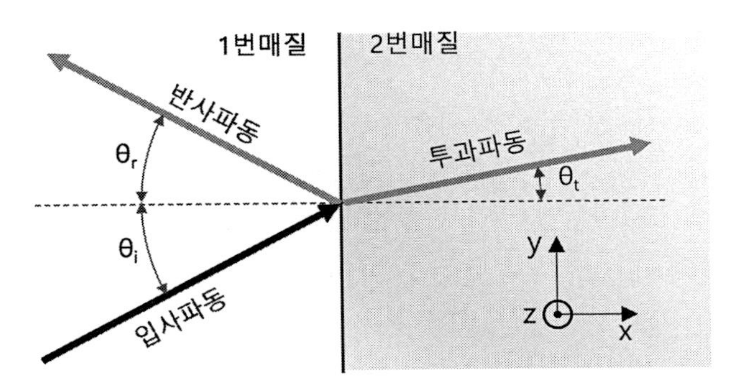

그림 7.4 파동의 반사, 투과 및 굴절

경우), 1번 매질에서 2번 매질 속으로 파동이 전파되며, 반사계수(R)와 투과계수(T)는 각각 다음과 같이 정의된다.

$$R = \frac{Z_2 - Z_1}{Z_2 + Z_1},\ \ T = \frac{2Z_2}{Z_2 + Z_1} \tag{7.17}$$

여기서 Z_1과 Z_2는 각각 1번 매질과 2번 매질의 음향임피던스들이다.

입사되는 파동의 진폭에 반사계수를 곱하면 반사되는 파동의 진폭을 구할 수 있다. 이와 마찬가지로, 입사되는 파동의 진폭에 투과계수를 곱하면 1번 매질에서 2번 매질 속으로 투과되는 파동의 진폭을 구할 수 있다. 즉, 반사 및 투과되는 파동의 진폭(즉, 압력)은 각각 다음과 같이 주어진다.

$$P_r = P_i \times R\ [N/m^2],\ \ P_t = P_i \times T\ [N/m^2] \tag{7.18}$$

여기서 P_i는 입사되는 파동의 압력, P_r과 P_t는 각각 반사 및 투과되는 파동의 압력이다. 여기서 주의할 점은 반사계수는 음의 값을 가질 수 있으며, −1~1의 범위를 갖는 반면에, 투과계수는 항상 양이며, 0~2의 값을 갖는다.

음파, 특히 초음파의 경우, 관심대상 물리량은 압력이 아니라 파워 또는 에너지이다. 파워와 에너지는 압력의 제곱값에 비례하므로, 투과 및 반사된 파워나 에너지는 투과계수와 반사계수의 제곱에 비례한다. 예를 들어, 총 입사파워가 W_i인 초음파 집속빔의 투과 및 반사파워는 다음과 같이 주어진다.

$$W_r = W_i \times R^2 \ [W], \ \ W_t = W_i \times T^2 \ [W] \tag{7.19}$$

파동의 굴절특성은 **그림 7.4**에 제시되어 있다. 파동의 반사각도는 파동의 입사각도와 동일하다(파동이 반사되는 표면의 연직선에 대해서 입사각도와 반사각도는 $\theta_r = \theta_i$의 관계를 가지고 있다). 투과된 파동은 2번 매질 속에서 각도 θ_t의 방향으로 전파되며, 다음과 같이 계산된다.

$$\sin\theta_t = \frac{c_2}{c_1}\sin\theta_i \tag{7.20}$$

여기서 c_2는 파동이 투과되는 매질 속에서 파동의 진행속도이며, c_1은 파동이 출발한 매질 속에서 파동의 진행속도이다.

반사된 파동은 전파된 파동과 동일한 매질 속을 진행하면서 입사된 파동과 간섭을 통해서 진폭이 증가(건설적 간섭)하거나 진폭이 감소(파괴적 간섭)한다. 이로 인해서 총 파동의 진폭이 원래의 파동보다 커지거나 작아질 수 있다. 이런 현상에 대해서는 정재파라는 개념을 통해서 이미 잘 알려져 있다. 특히, 입사된 파동이 전부 반사되어 입사파동과 반사파동의 진폭이 동일한 경우, 특정 위치에서의 진폭은 0이 되는 반면에 다른 위치에서의 진폭은 입사파동 진폭의 두 배에 달하게 된다. 이 경우, 진폭이 0인 위치(**마디**라고 부른다)와 진폭이 최대가 되는 위치(**배**라고 부른다)가 공간상에 고정되어 있기 때문에, 이를 **정재파**라고 부른다. **그림 7.5** (a)에 도시되어 있는 정재파의 경우, 마디의 위치는 반사면에서 $\lambda/2$의 거리에 위치하는 반면에 배의 위치는 반사면에서 $\lambda/4$의 거리에 위치하고 있다는 것을 알 수 있다. 정재파의 대표적인 사례는 현의 진동으로서, 현이 고정된 위치에서 반사가 일어난다. 다양한 길이의 파동들이 진동하면서 공기와의 상호작용을 일

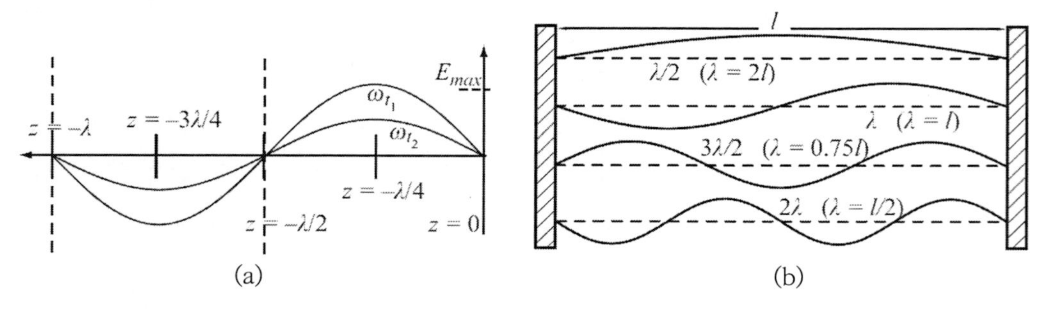

그림 7.5 정재파의 사례. (a) 파동은 (시간에 대해서) 수직방향으로 진동하지만, 공간적으로는 정지해 있다. (b) 현의 진동 모드들. 정재파의 마디 위치는 양단에 대해서 대칭 거리($\lambda/2$)에 위치하며, 각 모드마다 위치는 고정되어 있다.

으키기 때문에, 현악기를 연주하면 우리는 음악을 들을 수 있게 된다. 그림 7.5 (b)에서는 진동하는 현의 몇 가지 초기모드들을 보여주고 있다. 각 모드들마다 (변위가 0이 되는) 마디의 위치는 물리적으로 고정되어 있다.

음파는 반사하면서 산란을 일으킨다. **산란**은 반사된 파동이 모든 방향으로 반사되는 현상으로서, 파동의 진행방향에 놓인 모든 요인들이 원인으로 작용한다. 음파의 **분산**도 중요한 성질들 중 하나이다. 다양한 주파수 성분들이 서로 다른 속도로 전파되면서 수신되는 음파를 왜곡하는 현상이다.

예제 7.4 **파동의 성질: 분해능**

다양한 측정 및 작동기능을 구현하기 위해서 파동이 자주 사용된다. 하지만 모든 파동들이 똑같이 유용한 것은 아니다. 의료목적의 체내 영상촬영이나 소재의 검사를 포함하여 초음파 영상촬영기법은 잘 개발되어 있다. 동물들도 마찬가지로 초음파를 사용한다. 박쥐와 돌고래는 반사파를 위치측정에 활용하여 사냥감을 찾아내거나 장애물을 회피한다. 초음파는 또한 작동에도 활용된다. 돌고래는 강력한 초음파를 분출시켜서 물고기를 기절시키며, 콩팥 속의 결석을 파쇄하기 위해서도 초음파가 사용된다. 또한, 기계장치의 녹을 제거하기 위해서 초음파세척을 사용한다. 광선을 포함하여 전자기파동의 경우에도 영상촬영과 반사파를 사용한 위치측정이나 속도측정을 포함하여 매우 다양한 용도로 활용되고 있다. 이런 기능들은 파동과 매질이 상호작용을 일으키기 때문이며, 이런 상호작용의 중요한 인자가 바로 파장이다. 만일 파장이 길다면, 대형의 장애물을 검출하는 데에 유용할 것이다. 파장이 짧을수록, 검출할 수 있는 물체의 크기가 작아지며 분해능이 높아진다. 다음의 사례에 대해서 살펴보기로 하자.

공기중에서 전파되는 초음파: 박쥐는 공기중으로 $40[kHz]$의 초음파를 방출한다. 공기중에서 음속이 $331[m/s]$라면, 파장길이는 다음과 같이 계산된다(식 (7.5)).

$$\lambda = \frac{c}{f} = \frac{331}{40{,}000} = 8.275 \times 10^{-3}[m]$$

파장이 $8.275[mm]$에 불과하기 때문에 곤충을 사냥하기에 충분하다.

물속에서 전파되는 초음파: 돌고래는 물속에서 $24[kHz]$의 초음파를 방출한다. 수중음속은 $1{,}500[m/s]$에 달하므로, 파장길이는 다음과 같이 계산된다.

$$\lambda = \frac{c}{f} = \frac{1{,}500}{24{,}000} = 62.5 \times 10^{-3}[m]$$

$62.5[mm]$ 길이의 파장을 사용하기 때문에, 돌고래는 충분히 물고기를 사냥할 수 있다.

초음파 영상촬영: 심장의 상태를 모니터링하기 위해서 $2.75[MHz]$의 초음파가 사용된다. 음속은 수중에

서와 동일하다고 가정하면, 파장길이는 다음과 같이 계산된다.

$$\lambda = \frac{c}{f} = \frac{1,500}{2.75 \times 10^6} = 5.455 \times 10^{-4}[m]$$

이를 사용하여 밀리미터 미만(약 $0.5[mm]$) 크기의 형상들을 구분할 수 있기 때문에, 판막손상, 혈관벽 두께 등과 같은 다양한 상태를 진단할 수 있다.
비교를 위해서 가시광선의 주파수 대역은 $480[THz]$(적색)에서 $790[THz]$(보라색)의 범위를 가지고 있다. 이들의 파장길이는 $380[nm]$(보라색)에서 $760[nm]$(적색)의 범위에 해당한다. 따라서 광학기구들의 분해능은 음파에 비해서 높다는 것을 알 수 있다. 이 파장길이보다 훨씬 더 짧은 대상은 (현미경과 같은) 광학적 수단을 사용해서 볼 수 없으므로 파장길이가 훨씬 더 짧은 (전자현미경과 같은) 여타의 수단이 필요하다.

7.3.2 전단파

앞서 살펴본 것처럼, 고체는 종파와 더불어서 **횡파** 또는 **전단파**를 전달할 수 있다. 횡파의 경우, 파동의 진행방향과 직각 방향으로 변위(즉 분자의 진동)가 발생한다. 종파의 경우에 대해서 정의되었던 투과 및 반사와 같은 대부분의 성질들이 횡파에도 동일하게 적용된다. 하지만 일부의 성질들은 종파와 다르다. 특히, 횡파의 진행속도는 종파에 비해서 느리다. 종파의 진행속도가 체적탄성률에 의존하는 반면에, 횡파의 진행속도는 전단탄성률에 의존한다.

$$c = \sqrt{\frac{G}{\rho_0}} \quad [m/s] \tag{7.21}$$

전단탄성률이 체적탄성률보다 작기 때문에 횡파의 진행속도가 더 느린 것이다(약 50[%]).
식 (7.16)에 제시되어 있는 음향임피던스는 횡파에도 적용된다. 하지만 속도가 더 느리기 때문에 음향임피던스도 더 작다.

7.3.3 표면파

음파는 두 매질들 사이의 표면, 특히 탄성매질과 진공(또는 공기) 사이의 계면을 따라서 전파될 수 있다. 특히 고체의 표면을 통해서 음파의 전달이 일어난다. **표면파**를 **레일레이파동**이라고도 부르며 탄성매질의 표면을 따라서 전파되므로 매질의 체적특성에는 거의 영향을 받지 않고, 종파나 횡파와도 아주 다른 성질을 가지고 있다. 표면파의 가장 큰 특징은 매우 느린 진행속도이다.

$$c = g\sqrt{\frac{G}{\rho_0}} \quad [m/s] \tag{7.22}$$

여기서 g는 대략 0.9 내외의 값을 가지며, 소재마다 서로 다른 값을 갖는다. 즉, 표면파는 횡파보다 더 느리며, 종파보다는 훨씬 더 느리다는 것을 알 수 있다.

게다가 이상적인 평판형상의 탄성체 표면을 따라서 전파되는 표면파의 진행속도는 주파수와 무관하다. 실제의 경우에는 약간의 주파수 의존성이 존재하지만, 다른 유형의 음파보다는 의존성이 낮다. 느린 전파속도와 더불어서 이 주파수 비의존성은 표면탄성파(SAW)소자[17]에서 중요하게 사용된다. 표면파는 지진에 대해서 연구하는 지진학에서도 유용하게 사용된다. 레일레이파동의 정확한 정의는 매질 속으로는 거의 침투하지 않고, 진공 또는 희박기체(즉, 공기)와 탄성매질 사이의 계면을 따라서 전파되는 파동이다.

7.3.4 램파

종파, 횡파 및 표면파(이들을 각각, L-파, P-파 및 S-파라고 부른다)와 더불어서, 음파가 얇은 판재를 따라서 전파되는 경우에는 판재의 두께에 따라서 전파모드가 결정된다. 이를 오라스 램[18]의 이름을 따서 **램파**라고 부른다. 판재는 판재의 두께와 음파의 파장길이에 따라서 무한한 숫자의 모드들을 가지고 있다.

7.4 마이크로폰

우리에게는 음향 센서와 음향 작동기로 더 잘 알려져 있는 음향소자에 대해서 살펴보기로 하자. 많은 사람들이 마이크로폰과 스피커에 대해서는 웬만큼 알고 있다. 이들은 일반적으로 사용되는 장치들이지만, 여타의 센서 및 작동기들과 마찬가지로 매우 다양한 구조와 용도를 가지고 있다. **마이크로폰**은 일종의 차동압력 센서로서, 출력은 박막의 앞면과 뒷면에 작용하는 압력차이에 의존한다. 일반적인 상태에서 두 압력은 서로 동일하며, 마이크로폰은 압력의 변화만을 측정할 수 있기 때문에 이를 동압 센서로 볼 수 있다. 이를 사용하여 진동이나 공기 또는 유체 속에서 압력의

17) 표면 탄성파와 반도체 전도 전자의 상호 작용을 이용하여 전자 회로를 전자 기계적 소자로 대치한 소자. 역자 주.
18) Horace Lamb

진동을 생성하는 모든 물리량들을 측정할 수 있다. 물속이나 여타의 유체 속에서 작동할 수 있도록 설계된 마이크로폰을 **하이드로폰**이라고 부른다.

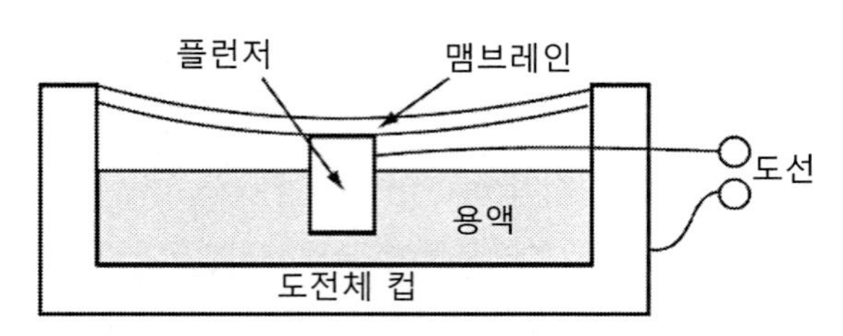

그림 7.6 벨이 발명한 마이크로폰은 용액 내에서 저항값의 변화에 의존한다.

7.4.1 탄소 마이크로폰

마이크로폰과 스피커(또는 이어폰)의 첫 번째 유형은 전화기에 사용하도록 설계 및 특허권이 설정되었다. 사실, 전화기에 대한 첫 번째 특허는 전화기에 대한 것이 아니라 마이크로폰에 대한 것이었다. 알렉산더 그레이엄 벨은 1876년에 최초로 가변저항형 마이크로폰에 대한 특허를 출원했는데, 그림 7.6에 도시되어 있는 이 초기 형태의 마이크로폰은 액체 속에 담겨져 있는 매우 불편한 소자였다. 플런저와 마이크로폰 본체 사이의 저항값은 (플런저를 용액 속으로 밀어 넣는) 음압에 비례한다. 이 마이크로폰은 실제로 작동하였지만 실용적이지 못했기 때문에, 다른 사람들에 의해서 곧 더 용도에 알맞은 소자로 대체되었다. 최초의 실용적인 마이크로폰은 토마스 에디슨에 의해서 발명되었으며, 이는 벨의 마이크로폰과 본질적으로 동일한 구조를 가지고 있었지만 용액이 탄소 또는 그라파이트 입자들로 대체되었기 때문에 탄소마이크로폰이라는 이름을 갖게 되었다. 이 장치도 많은 문제들을 가지고 있었지만, 이 장치가 발명된 이후로 전화기에 꾸준히 사용되었다. 이 장치의 성능이 나빴기 때문에(노이즈, 주파수응답한계, 자세의존성 그리고 왜곡 등), 1940년대 이후로는 전화기 이외의 용도로 더 이상 사용되지 않았다. 그럼에도 불구하고, 이 장치는 (큰 전류값으로 변조되는) 증폭소자라는 특징을 가지고 있다. 이런 성능 때문에 증폭기 없이 이어폰을 직접 구동하기 위해서 여전히 사용되고 있다. 탄소마이크로폰의 구조는 그림 7.7 (a)에 도시되어 있으며, 그림 7.7 (b)에는 탄소마이크로폰의 사진이 도시되어 있다. 다이아프램이 움직이면 도전체 전극과 도전체 하우징 사이의 저항값이 변하며, 이를 회로에 연결하면 저항값의 변화가 회로를 통과하여 흐르는 전류값을 변화시켜서 이어폰에 음향을 만들어낸다(그림 1.3 참조). 현대적인 전화기의 경우에는 탄소 마이크로폰이 대부분 더 좋은 성능의 마이크로폰으로 대체되었지만, 새로운 마이크로폰들은 증폭을 위하여 전자회로가 필요하다.

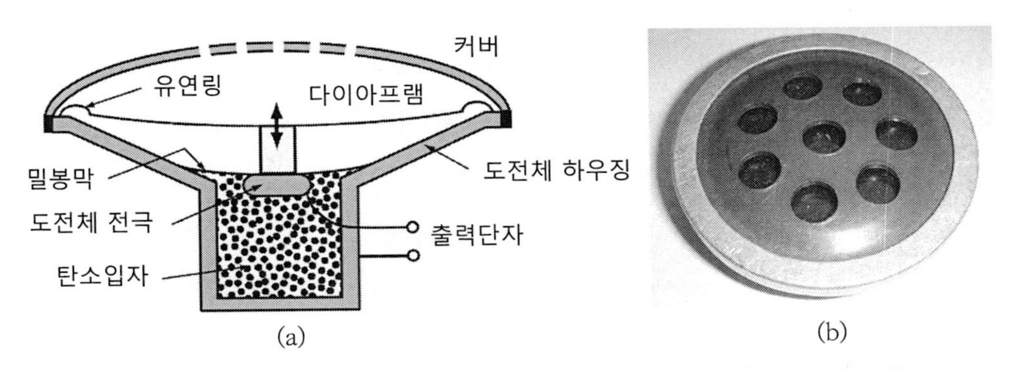

그림 7.7 (a) 탄소 마이크로폰의 구조. (b) 전화기용 수화기에 사용되었던 탄소 마이크로폰

7.4.2 자기식 마이크로폰

이동철심 또는 가변 릴럭턴스 마이크로폰이라고도 알려져 있는 **자기식 마이크로폰**은 사촌격인 이동철심 그라모폰 픽업과 함께, 현재는 더 좋은 장치들로 대체되어 더 이상 사용되지 않고 있다. 그럼에도 불구하고 이 구조는 센서에서 아주 일반적으로 사용되고 있기 때문에 이에 대해서 살펴볼 필요가 있다(6.5.4절에서 살펴보았던 가변 릴럭턴스 압력센서에서 이와 유사한 구조가 사용되었다). 그림 7.8 (a)에는 기본 구조가 도시되어 있다. 작동원리는 매우 단순하다. 전기자(음압이나 레코드 픽업의 바늘에 의해서 움직이는 철편)가 움직이면, 철심형태의 극편 중 한쪽의 공극이 감소한다. 이로 인하여 자기회로의 릴럭턴스가 변한다. 만일 코일에 일정한 전압이 부가된다면, 회로를 통과하여 흐르는 전류는 회로의 릴럭턴스에 의존한다. 따라서 코일을 통과하여 흐르는 전류(음의 크기)는 전기자의 위치에 의존하게 된다. 이동철심 마이크로폰은 탄소 마이크로폰에 비해서 약간 더 진보된 기구이다. 하지만 실질적인 장점은 가역작동이 가능하다는 점뿐이다. 이동철심 전기자를 전류로 구동할 수 있으며, 이를 통해서 이어폰이나 스피커를 만들 수 있다. 이런 유형의 마이크로폰은 그림 7.8 (b)에 도시된 소위 **이동코일 마이크로폰**이라고도 부르는 다이나믹 마이크로폰으로 빠르게 대체되었다. 이것은 인간의 음성대역 전체를 재생할 수 있는 최초의 마이크로폰으로서, 보다 더 새롭고 단순한 장치들이 개발되었음에도 불구하고 현재까지 살아남았다. 이동코일 마이크로폰은 패러데이의 법칙을 기반으로 하여 작동한다. 자기장 속에 놓인 이동코일에는 다음과 같이 기전력(유도전압)이 생성된다.

$$V = -N\frac{d\Phi}{dt} \; [V] \tag{7.23}$$

여기서 Φ는 코일 내의 자속이며, N은 권선수이다. 이 관계식은 동적인 특성을 가지고 있다는 것을 알 수 있다. 강조해야 하는 성질들 중 하나는 이것이 수동소자라는 것이다. 이 장치는 스스로 출력을 생성하며 별도의 전원이 필요 없다.

자기장 속에서 코일이 진동하면 운동 방향에 따라 부호가 변하는 전압이 생성되며, 이를 증폭하면 음향을 송출할 수 있다. 이 기전력(전압)을 회로에 연결하면 전류가 생성되며, 그 크기는 코일의 운동속도에 비례한다. 이 마이크로폰은 낮은 노이즈와 높은 민감도를 포함하여 뛰어난 특성들을 가지고 있다. 출력신호를 입력 임피던스가 낮은 증폭기에 직접 연결할 수 있으며, 오늘날에도 이런 방법을 여전히 사용하고 있다. 그림 7.8 (b)에 도시되어 있는 구조는 다이아프램의 운동에 따른 자속 변화를 극대화하기 위해서 구조가 수정되었으며, 당연히 크기도 축소되었다는 것을 제외하고는 5.9.1절에서 살펴보았던 일반적인 스피커나 보이스코일 작동기의 구조와 근본적으로 서로 다르지 않다. 그러므로 모든 자기식 소형 스피커를 다이나믹 마이크로폰으로 사용할 수 있으며, 이동철심 마이크로폰처럼 다이나믹 마이크로폰도 (코일을 포함한 구성요소들의 크기를 수정한다면) 스피커나 이어폰으로 사용할 수 있다.

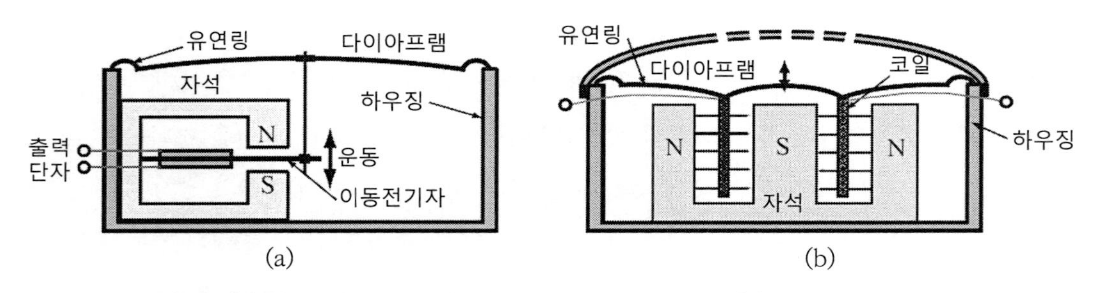

그림 7.8 (a) 이동전기자를 사용하는 자기식 마이크로폰의 구조. (b) 이동코일 마이크로폰

자기장 내에서 코일의 운동에 대한 식 (7.23)의 결과를 다른 방식으로 살펴보기 위해서, 식 (5.21)에 제시되어 있는 속도 $\boldsymbol{v}$로 움직이는 전하 q에 작용하는 힘을 살펴보기로 하자.

$$\boldsymbol{F} = q\boldsymbol{v} \times \boldsymbol{B} \tag{7.24}$$

전하에 부가되는 힘은 항상 $\boldsymbol{F}= q\boldsymbol{E}$의 관계를 가지고 있으므로 우리는 전기장강도 $\boldsymbol{E}= \boldsymbol{v}\times \boldsymbol{B}$라고 결론지을 수 있다. 코일 루프 주변의 자기장을 적분한 후에 권선수를 곱하면, 코일에 의해서 생성되는 기전력을 구할 수 있다.

$$emf = N\int_{loop} \boldsymbol{v}\times \boldsymbol{B}\cdot dl \ \ [V] \tag{7.25}$$

이 기전력은 자기장 내에서 코일의 운동속도에 의존하며, 얻어진 결과는 식 (7.23)의 결과와 동일하다.

예제 7.5 이동코일 마이크로폰

이동코일 마이크로폰의 작동원리를 이해하기 위해서, 코일이 자기장 속에서 앞뒤로 움직이므로, 코일을 통과하는 총자속과 그에 따른 기전력이 변하는 경우에 대해서 살펴보기로 하자. 압력이 부가된 상태에서 코일의 운동은 다이아프램의 기계적 성질, 자기장의 균일성, 코일 자체의 특성, 그리고 지지구조 등에 의존하기 때문에 이에 대한 엄밀해를 구하는 것은 간단하지 않다. 하지만 자속의 변화는 음의 진폭과 그에 따른 자기장 내에서 코일의 위치에 비례한다고 가정하여 문제를 단순화시킬 수 있다. 이런 경우, 마이크로폰의 특성을 민감도계수 $k[mV/Pa]$를 사용하여 나타낼 수 있다. 음압의 진폭이 P_0라고 한다면, 마이크로폰의 기전력은 다음과 같이 주어진다.

$$emf = kP_0\sin\omega t \ \ [mV]$$

여기서 $\omega = 2\pi f$이며, f는 음파의 주파수이다. 따라서 이 소자는 음압의 변화량만을 감지할 수 있다. 일반적인 마이크로폰의 민감도는 10~20$[mV/Pa]$ 수준이다(훨씬 더 민감한 마이크로폰도 있다). 인간의 가청한계는 $2\times 10^{-5}[Pa]$이다. $20[mV/Pa]$의 민감도를 가지고 있는 마이크로폰에 이 압력이 부가되었을 때에 생성되는 기전력은 $0.4[\mu V]$이다. 이는 노이즈레벨 미만이기 때문에 신호로 사용하기 어렵거나 문턱값 수준에 해당한다. 하지만 일반적인 대화 시 발생하는 음압은 $0.05[Pa]$ 수준으로서 $1[mV]$의 기전력이 송출되며, 이는 손쉽게 증폭할 수 있다.

7.4.3 리본형 마이크로폰

이동철심 또는 이동코일 마이크로폰과 동일한 등급의 또 다른 마이크로폰이 **리본형 마이크로폰**이다. 그림 7.9에 도시되어 있는 리본형 마이크로폰은 이동코일 마이크로폰의 한 가지 변형에 해당한다. 리본은 (알루미늄과 같은) 금속 박판으로서 자석의 두 극편 사이에 놓인다. 이 리본이 움직이면 식 (7.23)에 제시되어 있는 패러데이의 법칙에 따라서 기전력이 유도되며, 이 경우에는

$N=1$이다. 기전력에 의해서 생성된 전류가 마이크로폰에서 출력된다. 이 단순한 형태의 마이크로폰은 리본의 질량이 매우 작기 때문에 넓고 균일한 주파수응답특성을 가지고 있다. 그런데 리본의 질량이 작기 때문에 암소음과 진동에 취약하며, 이를 차단하기 위해서는 매우 정교한 지지장치가 필요하다. 이 소자의 신호품질이 매우 우수하기 때문에 스튜디오 녹음에 자주 사용된다. 이 마이크로폰의 임피던스는 매우 작으며 전형적으로 $1[\Omega]$ 미만이므로, 증폭기에 연결하기 위해서는 세심한 주의가 필요하다.

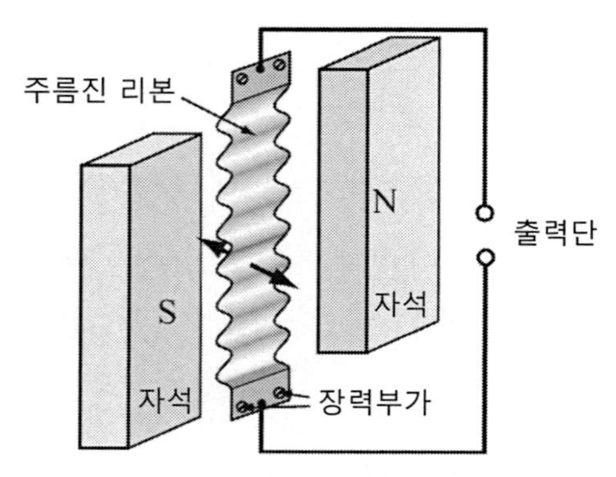

그림 7.9 리본형 마이크로폰

7.4.4 정전용량형 마이크로폰

음향재생장치를 개발하던 초기시절인 1920년대에, 평행판 커패시터의 판운동을 사용할 수 있다는 것을 발견하였으며, 이를 통해서 **정전용량형 마이크로폰** 또는 콘덴서형 마이크로폰이 개발되었다(콘덴서는 커패시터의 옛 이름이다). 그림 7.10에 도시되어 있는 기본구조를 통해서 작동원리를 이해할 수 있다. 이 소자의 작동은 평행판 커패시터의 두 가지 방정식의 지배를 받는다.

$$c=\frac{\varepsilon A}{d},\ C=\frac{Q}{V}\ \rightarrow\ V=Q\frac{d}{\varepsilon A}\ [V] \tag{7.26}$$

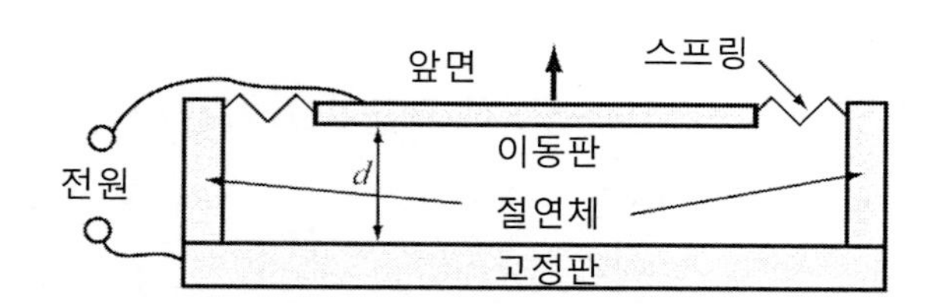

그림 7.10 정전용량형 마이크로폰의 기본 구조

이 식들이 단순해 보이지만, 단순히 평행판만을 사용하는 마이크로폰의 개념이 가지고 있는 문제를 알 수 있다. 두 판들 사이의 거리 d에 비례하는 출력전압을 생성하기 위해서는 전하를 공급하는 전원이 반드시 필요하다. 외부전원 없이는 전하를 만들어낼 수 없다. 그럼에도 불구하고, 이 방법은 일종의 **일렉트릿**[19] **마이크로폰**이다.

일렉트릿의 의미를 이해하기 위해서 영구자석의 개념을 차용해 보자. 영구자석을 만들기 위해서는 사마륨 코발트와 같은 강자성체를 사용하여 필요한 형상을 소결해야 한다. 그런 다음, 매우 강력한 외부 자기장을 가하여 소재를 자화시켜야 한다. 이를 통해서 소재 내부의 자기도메인들을 회전시켜서 영구자석 자화벡터들을 정렬한다. 그런 다음 외부 자기장을 없애도 소재의 내부 자화 성질이 유지되며 영구자석의 자기장이 형성된다. 이를 없애기 위해서는 이와 동일하거나 더 강력한 자기장이 필요하다. 이와 동일한 과정이 전기장에 대해서도 이루어진다. 만일 (전기적 경질소재라고 부르는) 특별한 소재가 외부 전기장에 노출되면, 소재를 구성하는 원자들의 분극이 일어난다. 그런 다음, 외부 전기장을 제거하면 소재 내부의 전기적 분극벡터가 유지되며, 이 분극벡터들로 인하여 영구적인 외부 전기장이 만들어진다. 일렉트릿은 일반적으로 원자에너지를 증가시켜서 분극이 용이하게 일어나도록 소재를 가열한 상태에서 전기장을 부가하여 만든다. 소재를 식히고 나면, 분극된 전하들은 정렬상태를 유지한다. 테플론 불화 에틸렌 프로필렌(테플론 FEP), 티탄산바륨($BaTiO_3$), 티탄산칼슘($CaTiO_3$) 등의 특수 폴리머들이 이런 목적으로 사용된다. 일부 소재의 경우에는 최종형상으로 성형한 다음에 전자빔을 충돌시켜서 일렉트릿으로 만들 수 있다.

따라서 일렉트릿 마이크로폰은 앞서 설명한 것처럼 두 도전판을 사용하여 만든 정전용량형 마이크로폰이지만, 그림 7.11 (a)에 도시되어 있는 것처럼, 상부판의 하부면에 일렉트릿 층이 부착되어 있다. 이 경우, 일렉트릿은 유연성과 필요한 운동을 구현하기 위해서 박막 형태로 만들어진다.

일렉트릿의 표면전하밀도는 음이다. 이 포획된 전하밀도에 의해서 도전성 다이아프램에는 양의 전하밀도가 형성되며, 금속소재 지지판에는 유도에 의해서 양의 전하밀도가 형성된다(그림 7.11 (b) 참조). 이런 전하분포에 의해서 서로 반대방향으로의 전기장이 형성된다. 이들 중 하나는 상부전극과 일렉트릿 사이에 형성되며, 다른 하나는 하부전극과 일렉트릿의 하부표면 사이에 형성된다. 대부분의 일렉트릿 마이크로폰들에서는 이들 두 전기장의 전위가 서로 동일하므로 음압이 0인 경우의 출력전압은 0이다. 음압이 부가되지 않은 경우에 공극 내에서의 (위를 향하는)

19) electret: 반영구적인 분극을 가지고 있는 유전체. 역자 주.

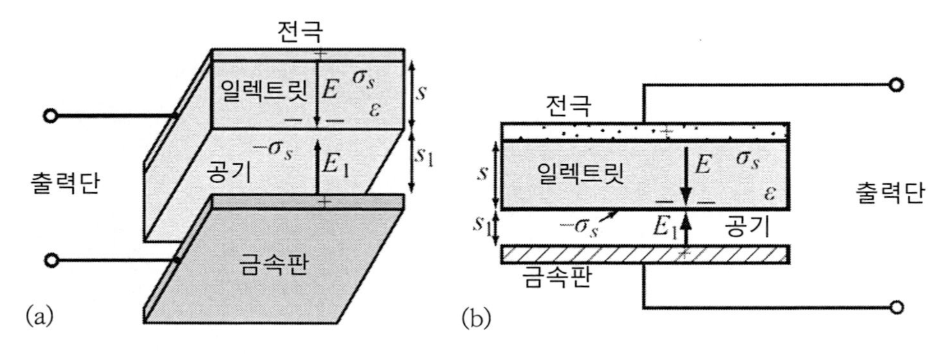

그림 7.11 일렉트릿 마이크로폰. (a) 기본구조. (b) 등가 커패시터

전기장 강도는 다음과 같이 주어진다.

$$E = \frac{\sigma_s s_1}{\varepsilon_0 s + \varepsilon s_1} \ \ [V/m] \tag{7.27}$$

만일 이 다이아프램에 음압이 가해지면, 일렉트릿은 Δs만큼 아래로 움직이며 전압변화가 일어난다.

$$\Delta V = E\Delta s = \frac{\sigma_s s_1}{\varepsilon_0 s + \varepsilon s_1}\Delta s \ \ [V] \tag{7.28}$$

센서의 진짜 출력값인 이 전압은 음압에 비례하며, 간극변화를 사용하여 다음과 같이 계산할 수 있다.

$$\Delta s = \frac{\Delta P}{(\gamma P_0/s_0) + 8\pi T/A} \ \ [m] \tag{7.29}$$

여기서 A는 맴브레인의 면적, T는 장력, γ는 공기의 비열, P_0는 대기압력(또는 더 일반적인 경우, 도전판과 일렉트릿 사이의 압력), ΔP는 음향에 의해서 대기압력보다 높아진 압력변화량, 그리고 s_0는 공극의 유효두께이다. 실제의 경우 s_0는 s_1으로 근사화시킬 수 있다. 따라서 음파에 의한 출력전압의 변화는 식 (7.28)에 Δs를 대입하여 다음과 같이 구할 수 있다.

$$\Delta V = \frac{\sigma_s S_1}{\varepsilon_0 s + \varepsilon s_1}\left(\frac{\Delta P}{(\gamma P_0/s_1) + 8\pi T/A}\right)\ [V] \tag{7.30}$$

필요에 따라서 이 전압을 추가로 증폭할 수 있다.

일렉트릿 마이크로폰은 단순하며 전원을 필요로 하지 않기 때문에(수동소자이다) 매우 일반적으로 사용된다. 그런데 이 소자의 임피던스는 매우 크므로 계측기에 연결하기 위해서는 특수한 회로가 필요하다. 임피던스가 큰 마이크로폰을 입력 임피던스가 작은 증폭기에 연결하기 위해서는 전형적으로 전계효과트랜지스터 사전증폭기가 필요하다. 이동판 맴브레인은 일반적으로 박막 형태의 일렉트릿 소재의 표면에 금속층을 증착하여 만든다.

다양한 측면에서 일렉트릿 마이크로폰은 거의 이상적이다. 치수와 소재를 적절히 선정하면, $0[Hz]$에서 수$[MHz]$ 대역에 대해서 주파수응답을 거의 균일하게 만들 수 있다. 이 마이크로폰은 왜곡이 매우 작으며 뛰어난 민감도를 가지고 있다(수$[mV/\mu bar]$ 수준). 일렉트릿 마이크로폰은 일반적으로 크기가 매우 작으며(직경 $3[mm]$ 미만, 길이 $3[mm]$ 내외), 염가이다. 일렉트릿 마이크로폰은 무선전화기에서부터 녹음기에 이르기까지 다양한 분야에서 널리 사용되고 있다. 그림 7.12에서는 단순한 일렉트릿 마이크로폰들을 보여주고 있다.

그림 7.12 일반적인 일렉트릿 마이크로폰

예제 7.6 일렉트릿 마이크로폰의 설계 시 고려사항들

두께가 얇은 이동전화기에 사용되는 직경 $6[mm]$, 두께 $3[mm]$인 소형 일렉트릿 마이크로폰의 설계에 대해서 살펴보기로 하자. 외형치수만 맞출 수 있다면 설계자는 소재나 치수선정에 있어서 매우 자유로운 상태이다. 외부 보호구조물은 최소한 $0.5[mm]$의 두께를 필요로 하며, 다이아프램의 직경은 $5[mm]$를 넘을 수 없다고 가정하자. 다이아프램의 두께는 사용할 소재에 의존한다. 폴리머를 사용한다면 적절한 두께는 0.5[mm]이며, 구조물은 2[N/m]의 장력을 용이하게 지탱할 수 있다. 폴리머의 유전율값이 비교적 작기 때문에 여기서 비유전율 값은 6이라고 가정한다. 일렉트릿과 하부 도전판 사이의 공극은 0.2[mm]로 선정하였다(공극이 좁아질수록 마이크로폰의 민감도가 높아진다). 공기의 비열은 1.4이다(온도에 따라서 약간 변하지만, 변화량이 비교적 작기 때문에 여기서는 무시한다). 폴리머에는 다양한 수준으로 충전이 가능하지만, 표면전하밀도는 그리 높지 않다. 여기서는 전하밀도가 200[$\mu C/m^2$]라고 가정한다. 이런 값들과 더불어서 대기압력은 101,325[Pa](1기압)라고 가정하면, 식 (7.30)을 사용하여 출력전압과 압력 사이의 전달함수를 다음과 같이 구할 수 있다.

$$\Delta V = \frac{\sigma_s s_1}{\varepsilon_0 s + \varepsilon s_1}\left(\frac{1}{(\gamma P_0/s_1) + 8\pi T/A}\right)\Delta P$$

위 식에서 P_0의 단위가 [Pa]라면, ΔP의 단위도 [Pa]여야만 한다. 위 식에 수치값을 대입하여 계산해 보면,

$$\begin{aligned}\Delta V &= \frac{200\times 10^{-6}\times 0.2\times 10^{-3}}{8.854\times 10^{-12}\times 0.5\times 10^{-3} + 6\times 8.854\times 10^{-12}\times 0.2\times 10^{-3}} \\ &\quad \times\left(\frac{1}{1.4\times 101{,}325/(0.2\times 10^{-3}) + 8\pi\times 2/(\pi\times 0.0025^2)}\right)\Delta P \\ &= 3.733\times 10^{-3}\Delta P[V]\end{aligned}$$

따라서 민감도는 3.733[mV/Pa]임을 알 수 있다.

일반적인 대화수준(45~70[dB])의 음압은 3.5×10^{-3}~6.3×10^{-2}[Pa]로서(예제 7.1 참조), 13~235.2[μV]의 기전력을 생성한다.

일반적으로, 표면전하밀도나 다이아프램 면적 증가, 또는 공극, 유전율, 일렉트릿, 또는 다이아프램 장력의 감소 등을 통해서 민감도를 향상시킬 수 있다. 그런데 이런 설계변경에는 세심한 주의가 필요하다. 주어진 값에 대해서 식 (7.27)을 사용하여 계산한 공극의 전기장 강도는 2.657×10^6[V/m]이며, 3×10^6[V/m]에서 공기중 방전이 발생하기 때문에 이를 크게 증가시킬 수 없다. 공극을 감소시켜도 전하밀도를 증가시킨 것과 동일한 결과가 초래된다. 여기서 제시된 결과는 구현 가능한 최대 민감도에 해당한다.

7.5 압전효과

압전효과는 결정질 소재에 기계적 응력이 부가되면 전하가 생성되는 현상이다. 이와는 반대되는 현상인 **전기변형효과**도 똑같이 유용하다. 즉, 결정질 소재의 양단에 전하를 충전시키면 소재의 기계적 변형이 일어난다. 압전효과는 수정(실리콘 산화물)과 같은 소재에서 자연적으로 일어나는 현상이며, 소위 수정발진기라고 부르는 소자에서 오래 전부터 사용되어왔다. 일부 세라믹 소재들

과 폴리머 소재들도 이런 성질을 가지고 있으며, **5장**에서는 압전소재(지르코나이트 티탄산납, PZT 등), 불화 폴리비닐(PVF) 및 불화 폴리비닐리덴(PVDF)과 같은 압저항 폴리머들에 대해서 살펴보았다. 압전효과는 1880년대부터 알고 있었으며, 물속에서 잠수함을 감지하기 위해서 음파를 생성 및 검출하는 용도(소나)로 1917년에 처음 사용되었다. 압전효과는 결정체의 변형에 대한 단순한 모델을 사용하여 설명할 수 있다. 변형이 없는 결정체(**그림 7.13 (a)**)에 수직방향으로 변형이 일어나면(**그림 7.13 (b)**), 분자구조가 변하면서 그림에서와 같이 상하방향으로 총전하의 불평형이 생성된다. 그림의 경우에는 상부의 총전하가 음의 값을 가지고 있다. 반면에, 수평방향으로 변형이 일어나면(**그림 7.13 (c)**), 수평방향으로의 전하 불균형이 생성된다. 전극판을 사용하여 결정 표면에 형성되는 이 전하들을 포집하여 전하량(또는 전압)의 변화를 측정하면 변형량을 추정할 수 있다. 이 모델에서는 수정(SiO_2)을 사용했지만, 여타의 압전소재들도 유사한 방식으로 거동한다. 게다가 결정체의 거동은 결정체를 어느 방향으로 절단했는가에 의존하기 때문에, 용도에 따라서 서로 다른 방향으로 절단하여 사용한다.

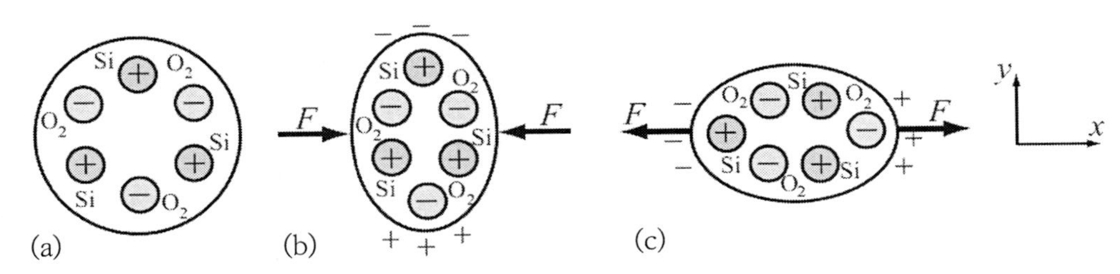

그림 7.13 수정 결정체에서 발생하는 압전효과. (a) 변형 전 상태. (b) 수평방향 변형상태. (c) 수직방향 변형상태

매질 내에서 압전벡터(분극은 소재 내에서 단위 체적당 원자의 전기쌍극자모멘트이다)와 응력과의 상관관계는 다음의 간단한 관계식을 사용해서 나타낼 수 있다.

$$P = d\sigma \quad [C/m^2] \tag{7.31}$$

여기서 d는 **압전상수**이며 σ는 소재에 부가된 응력이다. 실제의 경우, 분극은 결정의 배향에 의존하며 다음과 같이 나타낼 수 있다.

$$P = P_{xx} + P_{yy} + P_{zz} \tag{7.32}$$

여기서 x, y 및 z는 결정의 표준축을 나타낸다. 따라서 위 식은 다음과 같이 세분화된다.

$$P_{xx} = d_{11}\sigma_{xx} + d_{12}\sigma_{yy} + d_{13}\sigma_{zz} \tag{7.33}$$

$$P_{yy} = d_{21}\sigma_{xx} + d_{22}\sigma_{yy} + d_{23}\sigma_{zz} \tag{7.34}$$

$$P_{zz} = d_{31}\sigma_{xx} + d_{32}\sigma_{yy} + d_{33}\sigma_{zz} \tag{7.35}$$

여기서 d_{ij}는 결정의 개별 직교축들 방향들에 대한 **압전계수**들이다. 따라서 이 계수값은 결정을 어느 방향으로 절단했느냐에 의존한다는 것을 알 수 있다. 여기서는 논의를 단순화시키기 위해서 d는 단일 값을 가지고 있다고 가정하지만, 실제로는 사용하는 소재의 종류와 절단방향 그리고 변형이 일어나는 방향 등에 의존한다(자세한 내용은 표 7.5 참조). 이의 가역반응은 다음과 같이 나타낼 수 있다.

$$e = gP \tag{7.36}$$

여기서 e는 (무차원)변형률이며 g는 상수값이다. 상수값 g와 압전계수 사이에는 다음의 관계가 성립된다.

$$g = \frac{d}{e} \text{ 또는 } g_{ij} = \frac{d_{ij}}{e_{ij}} \tag{7.37}$$

일반적으로 변형률에는 ε을 사용하지만(6장 참조), 여기서는 유전율을 나타내는 ε과의 혼동을 피하기 위해서 e를 사용한다. 위의 관계식에 따르면, 다양한 계수들이 소재의 전기적 이방성과 관련되어 있다는 것을 알 수 있다.

세 번째 중요한 계수는 전기기계 변환효율의 척도인 **전기기계결합계수**이다.

$$k^2 = dgE \text{ or } k_{ij}^2 = d_{ij}g_{ij}E_{ij} \tag{7.38}$$

여기서 E는 탄성계수(영계수)이다. 이 전기기계결합계수는 단위체적당 전기에너지와 기계에너지 사이의 비율에 해당한다. 압전 센서와 작동기에 자주 사용되는 다양한 결정소재와 세라믹들에 대한 주요 특성들이 표 7.5~7.7에 제시되어 있다. 이 표들에는 압전(및 압저항) 센서로의 유용성이 점점 증가하고 있는 폴리머 소재들도 포함되어 있다.

표 7.5 단결정 소재의 압전계수와 여타의 성질들

결정소재	압전계수, d_{ij}, $\times 10^{-12}[C/N]$	비유전율, ε_{ij}	커플링 계수, k_{max}
수정(SiO_2)	d_{11}=2.31, d_{14}=0.7	ε_{11}=4.5, ε_{33}=4.63	0.1
ZnS	d_{14}=3.18	ε_{11}=8.37	0.1
CdS	d_{15}=−14, d_{33}=10.3, d_{31}=−5.2	ε_{11}=9.35, ε_{33}=10.3	0.2
ZnO	d_{15}=−12, d_{33}=12, d_{31}=−4.7	ε_{11}=9.2, ε_{22}=9.2, ε_{33}=12.6	0.3
KDP(KH_2PO_4)	d_{14}=1.3, d_{36}=21	ε_{11}=42, ε_{33}=21	0.07
ADP($NH_4H_2PO_4$)	d_{14}=−1.5, d_{36}=48	ε_{11}=56, ε_{33}=15.4	0.1
$BaTiO_3$	d_{15}=400, d_{33}=100, d_{31}=−35	ε_{11}=3,000, ε_{33}=180	0.6
$LiNbO_3$	d_{31}=−1.3, d_{33}=18, d_{22}=20, d_{15}=70	ε_{11}=84, ε_{33}=29	0.68
$LiTaO_3$	d_{31}=−3, d_{33}=7, d_{22}=7.5, d_{15}=26	ε_{11}=53, ε_{33}=44	0.47

표 7.6 세라믹 소재의 압전계수와 여타의 성질들

세라믹소재	압전계수, d_{ij}, $\times 10^{-12}[C/N]$	비유전율, ε	커플링 계수, k_{max}
$BaTiO_3$(120[°C])	d_{15}=260, d_{31}=−45, d_{33}=−100	1,400	0.2
$BaTiO_3$+5%$CaTiO_3$(105[°C])	d_{31}=43, d_{33}=77	1,200	0.25
$Pb(Zr_{0.53}Ti_{0.47})O_3$+(0.5~3%)$La_2O_2$ or Bi_2O_2 or Ta_2O_5(290[°C])	d_{15}=380, d_{31}=119, d_{33}=282	1,400	0.47
$(P_{0.6}Ba_{0.4})Nb_2O_6$(300[°C])	d_{31}=67, d_{33}=167	1,800	0.28
$(K_{0.5}Na_{0.5})NbO_3$(240[°C])	d_{31}=49, d_{33}=160	420	0.45
PZT($PbZr_{0.52}Ti_{0.48}O_3$)	d_{15}=d_{24}=584, d_{31}=d_{32}=171, d_{33}=374	1,730	0.46

표 7.7 폴리머 소재의 압전계수와 여타의 성질들*

폴리머소재	압전계수, d_{ij}, $\times 10^{-12}[C/N]$	비유전율, $\varepsilon[F/m]$	커플링 계수, k_{max}
PVDF	d_{31}=23, d_{33}=−33	106~113	0.14
공중합체	d_{31}=11, d_{33}=−38	65~75	0.28

PVDF: 불화폴리비닐리덴

* 하첨자 i, j는 입력(힘)과 출력(변형률) 사이의 상관관계를 나타낸다. 따라서 하첨자가 3,3이라는 것은 3번째 축에 가해지는 힘에 의해서 3번째 축에 생성되는 변형률을 의미한다. 하첨자가 3,1이라는 것은 결정체의 3번째 축에 힘이 부가되었을 때에 1번째 축에 발생하는 변형률을 나타낸다.

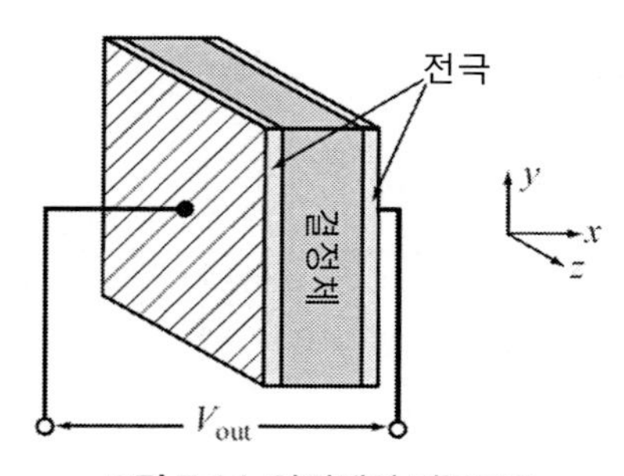

그림 7.14 압전체의 기본구조

압전 소자들은 종종 **그림 7.14**에 도시되어 있는 단순 커패시터처럼 제작된다. 그림에서 x-축 방향으로 힘이 부가되었을 때에 생성되는 전하량은 다음과 같다.

$$Q_x = d_{ij}F_x \ \ [C] \tag{7.39}$$

이 소자의 정전용량이 C라고 한다면, 전극 양단에 생성되는 전압은 다음과 같다.

$$V = \frac{Q_x}{C} = \frac{d_{ij}F_x}{C} = \frac{d_{ij}F_x d}{\varepsilon_{ij}A} \ \ [V] \tag{7.40}$$

여기서 d는 압전소재의 두께, A는 단면적이다. 따라서 소자의 두께가 두꺼워질수록, 면적이 좁아질수록 출력전압이 증대한다. 출력은 작용력(또는 압력)에 정비례한다. 소재 내부에 생성되는 응력과 그에 따른 출력은 소재 내에 부가된 응력 또는 변형률에 비례한다. 압전센서들은 PZT와 같은 세라믹 소재나 PVDF와 같은 폴리머 소재로 제작한다. 결정체나 세라믹 형태의 티탄산바륨과 수정 결정체도 특정한 목적으로 사용된다.

박막형 압전체를 사용하여 중요한 개발이 이루어졌다. 폴리머는 이런 목적의 박막소재로 적합하지만 기계적으로 취약하다. PZT나 산화아연(ZnO)은 기계적 성질이나 압전성질이 더 좋기 때문에 이런 목적으로 자주 사용된다.

7.5.1 전기변형

압전계수는 $[C/N]$ 단위를 사용하며, $1[N/C] = 1[V/m]$이므로, $[m/V]$ 단위로도 나타낼 수 있다. 이를 다음과 같이 해석할 수 있다.

$$d_{ij} \rightarrow \left[\frac{C}{N}\right] = \left[\frac{m}{V}\right] = \left[\frac{m/m}{V/m}\right] = \left[\frac{\text{변형률}}{\text{전기장강도}}\right]$$

그러므로 압전계수는 부가된 단위 전기장강도에 의해서 생성된 변형률이다. 이 변형률은 적용된 i, j 축에 따라서 작용력과 평행하거나 직교한다. 그런데, 여기서 주의할 점은 부가된 단위 전기장강도에 의하여 생성된 변형률은 매우 작다는 것이다.

이로 인하여 **전기변형**성질이 나타난다. 즉, 압전소재에 전기장강도가 부가되면, 형상치수(변형률)가 변한다. 예를 들어 PZT 의 압전계수 $d_{33} = 374 \times 10^{-12}[C/N]$이다. 즉, $1[m]$ 길이의 PZT 시편은 전기장강도 $1[V/m]$당 $374[pm]$의 길이가 변한다. 따라서 매질의 의미 있는 길이변화를 생성하기 위해서는 매우 높은 전기장강도가 필요하다. 다행히도, 시편의 두께를 매우 얇게 만들 수 있으며, 여기에 $1\sim2\times10^6[V/m]$ 수준의 전기장 강도를 부가할 수 있기 때문에, 수백$[\mu m]$ 수준의 변형을 생성할 수 있다. 여기서 예시된 사례에서는, $2\times10^6[V/m]$의 전기장강도를 부가하여 $748[\mu m/m]$ 또는 $0.748[\mu m/mm]$의 변형률을 생성할 수 있다. 이는 꽤 큰 변형률로서 다양한 용도에 대해서 충분한 값이다. $1[mm]$ 두께의 시편에 대해서 이 정도의 전기장을 부가하기 위해서는 $2{,}000[V]$의 전압이 필요하다.

높은 전압은 압전 소자의 대표적인 특징이다. 이런 이유와 더불어서 작동의 편이성 때문에 구동전압을 낮추기 위해서 많은 용도에서 두께가 매우 얇은 소자를 사용한다. 이는 작동기의 변형을 생성하기 위해서 전압을 부가하는 대부분의 경우에 해당한다. 그런데 변형률을 이용하여 높은 전압을 만들 때에도 압전효과가 사용된다. 이 경우에는 필요한 전압을 생성하기 위해서는 압전 결정체가 두꺼워야만 한다(문제 7.34 참조).

7.5.2 압전식 센서

가장 일반적인 압전식 센서는 **압전식 마이크로폰**으로서, 이 소자는 음파 및 초음파 검출에 유용한 소자이다. 그림 7.14에 도시된 소자의 표면에 (음압에 의한) 힘을 부가하면 마이크로폰으로도 사용할 수 있다. 그림에 제시되어 있는 구조에 부가되는 압력이 ΔP만큼 변하는 경우의 전압변화를 식 (7.40)으로부터 구할 수 있다.

$$\Delta V = \frac{d_{ij}(\Delta PA)d}{\varepsilon_{ij}A} = \frac{d_{ij}d}{\varepsilon_{ij}}\Delta P \ [V] \tag{7.41}$$

이 선형관계식을 음압의 검출에 적용할 수 있다. 그림 7.15에는 일반적인 마이크로폰의 구조가 도시되어 있다. 정전용량이 사용되었기 때문에 압전체는 임피던스가 큰 소재이며, 따라서 임피던스 매칭 네트워크가 필요하다.

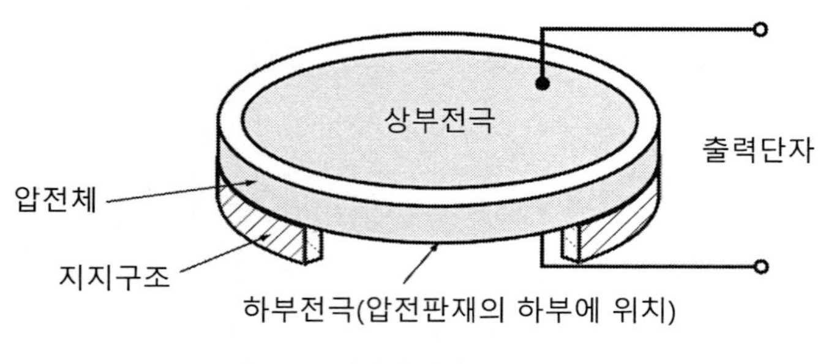

그림 7.15 압전식 마이크로폰의 구조

이 소자의 중요한 성질 중 하나는 고주파로 작동할 수 있다는 것이며, 따라서 이 소자를 초음파 센서로 사용할 수 있다. 게다가 압전식 마이크로폰은 동일한 효율을 가지고 압전식 작동기로도 사용할 수 있다. 다시 말해서, 자기식(또는 정전식) 마이크로폰과 스피커 사이에는 큰 차이가 있는 반면에, 압전식 마이크로폰과 압전식 작동기는 외형치수를 포함하여 모든 측면에서 본질적으로 동일하다. 이런 완벽한 이중성은 압전식 변환기의 독특한 특징이며, 자기변형식 변환기도 어느 정도는 이와 유사한 특성을 가지고 있다.

전형적인 구조는 양면에 전극이 코팅되어 있는 (PVDF 또는 공중합체)박막 또는 압전 결정체 디스크로 이루어진다. 이들은 원형, 사각형, 또는 임의 형상으로 제작할 수 있다. 특히 유용한 형상은 튜브 형태의 전극으로서 하이드로폰에 일반적으로 사용된다. 이 요소들을 직렬로 연결하면 하이드로폰이 필요로 하는 넓은 면적을 커버할 수 있다.

인간의 대화는 낮은 압력을 생성하기 때문에 이 대역에서 압전식 마이크로폰의 출력은 비교적 작으며, 일반적인 민감도는 $10[\mu V/Pa]$ 수준이다. 따라서 일반적인 대화에 해당하는 대역에서의 출력전압은 수$[\mu V]$ 수준에 불과하며, 사용된 소재의 성질과 음원으로부터 마이크로폰까지의 거리에 의존한다.

압전식 마이크로폰은 뛰어난 품질과 균일한 주파수응답특성을 가지고 있다. 이런 이유 때문에 다양한 용도에서 사용되고 있으며, 특히 악기의 픽업과 혈관 내에서 혈액의 흐름과 같은 저강도 음향검출에 사용된다. 여타의 활용사례로는 음성제어장치와 하이드로폰이 있다.

예제 7.7 압전식 마이크로폰

티탄산리튬($LiTiO_3$)을 사용하여 직경 $10[mm]$, 두께 $0.25[mm]$ 크기의 디스크 형상으로 압전식 마이크로폰이 제작되었다. 직경이 $8[mm]$인 두 개의 전극들이 디스크의 양쪽 표면에 코팅되었다. 결정체는 3-3축 방향으로 절단되었으며, $1[m]$ 떨어진 거리에서 인간의 음성을 기록하는 용도로 사용된다. 이 거리에서 일반적인 대화 시 생성되는 음압은 대략 가청한계압력에 비해서 약 $60[dB]$ 높다. 만일 사람이 소리친다면, 음압은 가청한계압력보다 약 $80[dB]$ 높은 수준까지 올라간다. 가청한계압력은 2×10^{-5} $[Pa]$로서, 이를 $0[dB]$로 삼는다. 이런 조건하에서 마이크로폰에 의해서 생성되는 전압의 변화범위를 계산하시오.

풀이

일반적으로 음압은 $[Pa]$ 또는 $[N/m^2]$ 대신에 $[dB]$ 단위를 사용하여 나타낸다. 그런데 식 (7.41)에서는 $[Pa]$ 단위의 음압을 사용한다. 따라서 다음의 관계식을 사용하여 이를 $[dB]$ 단위로 변환시켜야 한다.

$$P_{dB}=20\log_{10}P_{Pa}\ [dB]$$

그런데, $2\times10^{-5}[Pa]$의 압력을 영점 기준압력으로 삼아야 하기 때문에, 이를 $[dB]$ 값으로 변환시킨 후에 변환압력 값들에 더해줘야만 한다.

$$P_{0dB}=20\log_{10}(2\times10^{-5})_{Pa}=-94[dB]$$

일반적인 대화 시의 음압은 $P_{dB}=60-94=-34[dB]$이므로,

$$-34[dB]=20\log_{10}P_{Pa}\ \rightarrow\ \log_{10}P_{Pa}=-1.7\ \rightarrow\ P=10^{-1.7}=0.02[Pa]$$

소리치는 경우의 음압은 $P_{dB}=80-94=-14[dB]$이므로,

$$-14[dB]=20\log_{10}P_{Pa}\ \rightarrow\ \log_{10}P_{Pa}=-0.7\ \rightarrow\ P=10^{-0.7}=0.2[Pa]$$

식 (7.41)을 사용하여 이를 전압값으로 변환시켜야 한다. 여기서는 비유전율 ε_{33}을 사용해야 한다. 일반적인 대화 시의 출력전압은

$$\Delta V=\frac{d_{33}d}{\varepsilon_{33}}\Delta P=\frac{7\times10^{-12}\times0.25\times10^{-3}}{44\times8.854\times10^{-12}}\times0.02=89.84\times10^{-9}[V]$$

소리치는 경우의 출력전압은

$$\Delta V=\frac{d_{33}d}{\varepsilon_{33}}\Delta P=\frac{7\times10^{-12}\times0.25\times10^{-3}}{44\times8.854\times10^{-12}}\times0.2=8.984\times10^{-7}[V]$$

따라서 마이크로폰의 출력전압은 음성이 일반 대화에서 소리치는 경우로 높아질 때에 $89.84[nV]$에서

0.8984[μV]로 변한다는 것을 알 수 있다. 이를 통해서 (음압이 매우 낮기 때문에) 압전식 마이크로폰의 출력이 매우 작다는 것을 알 수 있다.

7.6 음향식 작동기

기존의 음향식 작동기들 중에서 두 가지 유형에 대해서만 살펴볼 예정이다. 첫 번째는 고전적인 스피커로서 음향재생에 사용된다. 5.9.1절에서 이미 보이스코일 작동기와 더불어서 스피커의 기본적인 작동특성에 대해서 살펴보았다. 여기서는 음성대역에서의 다양한 성질에 대해서 살펴볼 예정이다. 두 번째는 음향생성을 위해서 압전식 작동기를 사용하는 사례에 대해서 살펴볼 예정이다. 이 소자들은 버저라고도 부르며, 전자장비에서 (음성이나 음악이 아닌) 음향신호가 필요한 경우에 매우 일반적으로 사용하고 있다. 이들은 고전적인 스피커보다 훨씬 단순하고, 견고하며 염가이다. 압전소자들을 사용한 기계적 구동에 대해서는 이 장의 후반부에 별도로 다룰 예정이다.

7.6.1 스피커

그림 7.16 (a)에는 **라우드스피커**라고도 부르는 **스피커**의 일반적인 구조와 구동 메커니즘이 도시되어 있다. 공극 내의 자기장은 반경방향을 향하고 있으며, 코일(그림 7.16 (b))을 구동한다. 코일에 전류가 흐르면 로렌츠력이 생성된다(5.4절과 식 (5.21)~(5.26), 그리고 5.9.1절 참조). 권선수가 N인 코일에 전류 I가 흐른다면 로렌츠력 $F=NBIL$이 생성된다. 여기서 L은 코일의 원호길이이며, B는 공극에서의 자속밀도이다. 5.9.1절에서 보이스코일 작동기에 대해서 논의했던 것처럼, 공극 내에서 자기장은 거의 균일하며, 코일의 이동거리 양측 끝에서 작용력은 약간의 비선형성을 가지고 있다. 이로 인하여 재생된 음향에 왜곡이 발생한다.

스피커는 구조에 따라서 다양한 방식들이 존재하지만, 일반적으로 구동용 코일은 원형이며, 공극 내에서 자기장은 반경방향을 향한다. 일부 고전적인 스피커들은 자기장을 생성하기 위해서 전자석을 사용하지만, 현대적인 모든 스피커들에서는 이런 목적으로 영구자석을 사용하고 있다. 스피커의 소비전력을 줄이기 위해서는 영구자석은 가능한 한 강력한 자속밀도를 형성해야 하며, 공극은 가능한 한 좁게 만들어서 주어진 코일전류에 대해서 작용력을 극대화시켜야 한다. 대부분의 경우, 코일은 종이, 마일러 또는 유리섬유로 만든 얇은 원통에 단순히 바니시로 절연된 동선을 수직방향으로 한층만 감아서 사용한다. 콘은 일반적으로 종이로 만들며(소형 스피커의 경우에는 마일러 필름이나 여타의 견고한 소재를 사용한다. **그림 7.16 (b)** 참조), 진동을 방지하기 위해서 가능한 한 견고하게 제작된 스피커의 림에 지지시킨다. 스피커의 작동은 코일에 공급된 전류의 변화에 따라서 코일이 움직이면 코일을 지지하는 콘이 움직이고, 이로 인하여 콘 앞면의 압력을 변화시켜서 공기중에 종파를 생성하는 방식으로 이루어진다. 이와 동일한 작동원리를 사용하여 유체나 심지어 고체 속에서 파동을 생성할 수 있다.

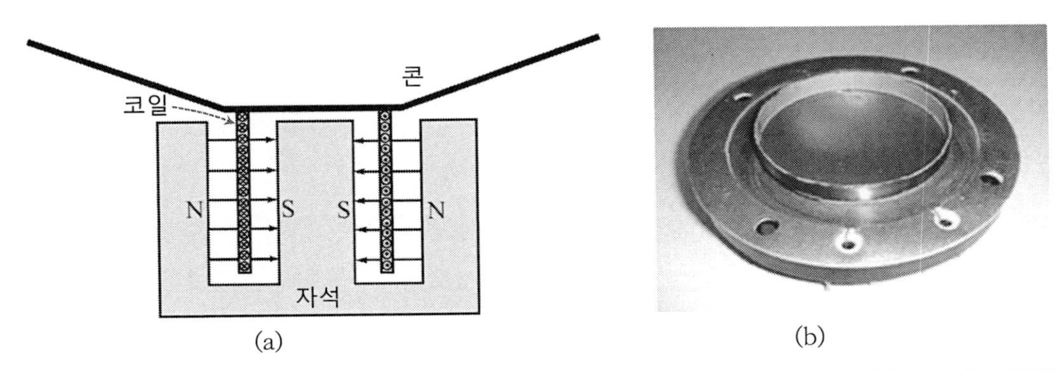

그림 7.16 (a) 스피커의 구조. 영구자석에 의해서 반경방향을 향하는 자기장이 형성된다. 코일에 흐르는 전류의 방향도 함께 표시되어 있다. (b) 길이가 짧은 종이튜브에 코일이 감겨져 있는 확성기용 스피커의 사례

스피커의 출력(파워)은 일반적으로 코일의 전력, 즉 코일 양단에 부가되는 전압과 코일을 통과하여 흐르는 전류의 곱에 의해서 결정된다. 이 전력값을 사용하여 스피커의 평균출력을 정의할 수는 있지만, 이는 콘에 의해서 방출되는 **방사전력**을 의미하지는 않는다. 스피커에 공급되는 전력 중 일부는 열에 의해서 소모되기 때문에 총 전력에서 **소모전력**을 뺀 나머지 전력만이 콘에 의해서 외부로 방출된다. 따라서 스피커의 효율은 그리 높지 않다.

스피커의 허용전력용량은 코일에 손상을 입히지 않으면서 스피커가 수용할 수 있는 전력값이다. 음향으로 방출되는 방사전력은 이와는 매우 다른 값을 가지며, 스피커의 전기적 성질과 기계적 성질에 의존한다. 자속밀도가 B인 자기장 속에 놓여있는 반경 r, 권선수 N인 코일에 림 부분이 구속되지 않은 다이아프램이 연결되어 있는 경우에, 이 다이아프램에 의해서 음향으로 방출되는 방사전력은 다음과 같이 계산된다.

$$P_r = \frac{2I^2B^2(2\pi rN)2Z}{R_{ml}^2 + X_{ml}^2} \quad [W] \tag{7.42}$$

여기서 Z는 공기의 음향임피던스, R_{ml}은 총 기계저항, 그리고 X_{ml}은 콘에서 바라본 총 질량 리액턴스값이다. 그런데 이 값들은 구하기가 쉽지 않으며, 스피커의 형태나 구조에 의존하기 때문에 특정 스피커에 대해서 추정하거나 측정한 값을 사용한다. 콘의 방사전력값 역시 코일의 자기력과 자기장 속에서 코일이 이동하는 속도를 계산하여 추정해야 한다(예제 7.8). 그런데 이 방법은 스피커의 기계적 특성이나 공기의 성질을 고려하지 않기 때문에 그리 정확하지 않다.

콘의 방사전력을 단순화하여 계산하는 방법은 단면적이 A인 피스톤에 의해서 생성되는 압력을 사용한다. 스피커의 단면적 전체에서 균일한 압력이 생성된다고 가정하면, 방사전력은 다음과 같이 근사화된다.

$$P_{rad} = \frac{p^2 A}{Z} \ [W] \tag{7.43}$$

여기서 p는 콘에 의해서 생성된 압력이며, A는 스피커의 단면적(즉, 콘의 표면적이 아니라 콘 상부에서 바라본 원의 면적), 그리고 Z는 공기의 음향임피던스이다. 버저의 경우에는 피스톤으로 근사화시키는 것이 더 적합한 평판형 다이아프램을 사용하기 때문에, 이 관계식을 버저의 음향 출력을 산출할 때에도 사용할 수 있다.

위 식은 음향출력 대한 대체적인 값을 제시해줄 뿐이다. 식 (7.42)에 따르면, 출력은 전류, 자속밀도, 코일의 크기(물리적인 크기와 권선수) 등에 의존하는 반면에, 식 (7.43)에서는 출력을 전류에 의해서 만들어지는 힘에 따른 압력만을 고려하고 있다. 추가적으로 스피커 본체에 의한 음향반사, 구조물 진동, 콘 지지부의 감쇄특성 등을 고려해야 하지만 앞서 제시된 관계식들은 음향출력에 대해서 일반적인 이해를 돕기에는 충분하다.

예제 7.8 스피커의 방사전력과 소모전력

그림 7.16 (a)에 도시되어 있는 스피커는 다음과 같은 제원을 가지고 있다. 코일의 직경 $0.5[mm]$, 권선 직경 $60[mm]$, 권선수 40회, 그리고 영구자석에 의해서 생성된 공극 내 자속밀도는 $0.85[T]$이다. 스피커에는 진폭 $1[A]$, 주파수 $1[kHz]$의 정현파 전류가 공급된다. 코일과 다이아프램의 총 질량은 $0.25[g]$이다. 그리고 구리의 전기전도도는 $5.8 \times 10^7 [S/m]$이다.

(a) 코일의 전력손실을 구하시오.

(b) 스피커의 방사전력을 구하시오.

(c) 위의 결과를 얻기 위해서 필요한 근사에 대해서 논의하시오.

풀이

도선의 저항값으로부터 전력손실을 직접 계산할 수 있다((c) 참조). 스피커의 방사전력은 힘 F와 코일의 속도 v를 곱한 기계출력 Fv를 사용하여 계산할 수 있다.

(a) 도선의 총 길이를 사용하여 DC 저항값을 구할 수 있다.

$$L = 2\pi rN \ [m]$$

여기서 r은 코일의 권선반경이며, N은 권선수이다. 도선의 단면적 S는 다음과 같이 계산된다.

$$S = \pi\frac{d^2}{4} \ \ [m^2]$$

여기서 d는 코일도선의 반경이다. 주어진 구리소재의 전기전도도를 사용하면 코일의 DC 저항값을 계산할 수 있다.

$$R = \frac{L}{\sigma S} = \frac{2\pi rN}{\sigma\pi(d^2/4)} = \frac{8rN}{\sigma d^2} = \frac{8\times 0.03\times 40}{5.8\times 10^7\times(0.0005)^2} = 0.662[\Omega]$$

소모전력을 계산하려면, 평균전류가 필요하다. 전류는 $1[kHz]$의 정현파이므로,

$$I(t) = 1\sin(2\pi\times 1{,}000t) = 1\sin(6{,}283t)[A]$$

전력은 평균값이다. 전류의 평균제곱근은 $I_{RMS} = I/\sqrt{2}$이며, I는 전류의 진폭(피크전류)이다. 따라서 평균 소모전력은 다음과 같이 계산된다.

$$P = \frac{I_{RMS}^2 R}{2} = \frac{(1/\sqrt{2})^2\times 0.662}{2} = 0.1655[W]$$

(b) 방사전력을 계산하기 위해서는, 우선, 자기장이 코일에 가하는 힘을 계산해야 한다. 여기서 자석은 공극에 균일한 자기장을 생성한다고 가정한다. 그러므로 코일 루프 전체는 균일한 자기장 속에 놓여 있다. 식 (5,26)을 사용하여 도선의 전체 길이에 작용하는 피크 자기력을 계산할 수 있다.

$$F = B(NI)L = 2\pi rNBI = 2\pi\times 0.03\times 40\times 0.9\times 1 = 6.786N$$

여기서 r은 코일의 반경, N은 권선수, B는 자속밀도, 그리고 I는 코일을 통과하여 흐르는 전류이다. 전류가 흐르는 방향에 따라서 코일은 앞뒤로 움직인다. 스피커 다이아프램은 코일과 직결되어 전류에 의해서 함께 움직인다고 가정한다(그렇지 않다면 스피커가 구동신호를 추종하는 음을 만들어낼 수 없다). 시간의존성 작용력은 다음과 같이 주어진다.

$$F(t) = 6.786\sin(6{,}283t) \ \ [N]$$

위 결과로부터, 코일에 부가되는 가속도를 구할 수 있다.

$$F = ma \rightarrow a = \frac{F}{m} = \frac{6.786\sin(6{,}283t)}{30 \times 10^{-3}} = 226.2\sin(6{,}283t)[m/s^2]$$

이를 적분하면 코일의 속도를 구할 수 있다.

$$v(t) = \int a_0 \sin(\omega t)dt = -\frac{a_0}{\omega}\cos\omega t = -\frac{226.2}{6{,}283}\cos(6{,}283t)$$
$$= 0.036\cos(6{,}283t)[m/s]$$

이제 순시출력을 계산할 수 있다.

$$P(t) = F(t)v(t) = 6.786\sin(6{,}283t) \times 0.036\cos(6{,}283t)$$
$$= 0.244\sin(12{,}566t)[W]$$

평균 방사전력은 순시전력 진폭의 절반이다.

$$P_{avg} = 0.122[W]$$

주의: 이 전력은 그리 커 보이지 않는다. 하지만 일반적인 청취에 충분한 출력이다. 출력을 증가시키기 위해서는 권선수의 증가, 전류의 증가, 그리고/또는 더 강력한 자기장이 필요하다. 이 계수 값들이 변하면, 소모전력도 함께 변한다. 여기서 계산된 스피커의 효율은 대략적으로 74%로서 매우 뛰어나다.

(c) 이 계산에는 직, 간접적으로 다양한 가정들이 전제되었다. 우선, 스피커의 DC 저항값이 사용되었다. 이는 단순하기 때문에 사용하기에 편리하지만, 도전체의 AC 저항은 주파수의존성을 가지고 있으며, 주파수에 따라서 증가하는 특성을 가지고 있다. 그러므로 우리가 계산한 전력손실량은 주파수가 0인 경우에 구현 가능한 최솟값일 뿐이다. 두 번째로, 균일한 자속밀도를 가정했지만, 실제의 가속밀도는 균일하지 않으며, 자석의 상부위치에 근접하면 자속이 약해진다. 더 중요한 점은 다이아프램을 시작위치에 고정하고 있는 복원스프링의 구동에 필요한 힘과 콘의 이동방향과 반대방향으로 작용하는 공기질량의 변위 같은 기계적 문제들을 고려하지 않았다는 것이다. 게다가 온도에 따른 코일의 저항값 변화와 같은 열발생에 의한 영향들도 무시하였다.

스피커의 특성에는 방사전력 및 소모전력과 더불어서, 동적 작동범위, 코일(또는 콘)의 최대변위, 왜곡 등이 포함된다. 여기에 덧붙여서 스피커의 주파수응답과 방향성응답(방사패턴 또는 지향패턴이라고도 부른다) 같은 두 가지 성질들이 매우 중요하게 취급된다. 그림 7.17 (a)에서는 유용한 대역에 대한 스피커의 주파수응답을 보여주고 있다. 그림에서는 특정한 스피커의 출력을 1

$(0[dB])$에 대해서 정규화 시킨 주파수 함수로 나타내었다. 이 사례에서 스피커는 $90[Hz]$~$9[kHz]$의 범위에서 응답특성을 보여주고 있으며, 대역폭(절반출력들 사이의 범위)은 $200[Hz]$에서 $3.5[kHz]$이다. 또한, 이 스피커는 $220[Hz]$와 $2.7[kHz]$에서 각각 피크 특성을 가지고 있다. 이는 일반적으로 스피커의 기계적 구조에 기인한 것이다. 이 스피커는 일반목적으로 사용되는 스피커의 특징을 가지고 있으며, 스피커의 물리적인 크기를 변화시켜서 저주파 응답특성을 향상시키거나(우퍼 스피커), 고주파 응답특성을 향상시킬(트위터) 수 있다.

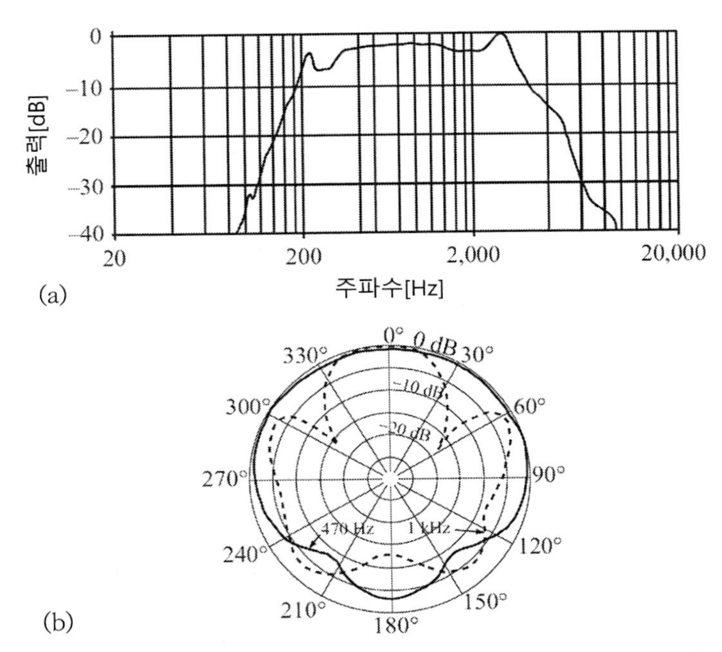

그림 7.17 중간대역 스피커의 주파수 응답특성. (a) 출력의 주파수응답선도. (b) 470[Hz]와 1[kHz]에서의 정규화 된 출력에 대한 극좌표선도

방향성 응답선도에서는 방향별로 상대출력밀도를 보여준다. **그림 7.17** (b)에서는 두 가지 주파수에 대한 극좌표선도를 보여주고 있으며, 이를 통해서 공간상의 어느 방향에서 출력밀도가 높거나 낮은지를 알 수 있다. 특히 예상되는 것처럼, 스피커 뒤에서의 출력밀도는 앞쪽보다 더 낮다. 스피커의 공간응답특성을 측정할 때에는 측정량으로 압력 또는 이 사례에서와 같이 출력밀도를 사용한다. **그림 7.18**에서는 다양한 스피커들을 보여주고 있다. 이들 중 일부는 크기가 매우 작으며, 모두가 일반 음역만 송출할 수 있다. 이외에도 다양한 유형과 형태가 존재하며, 일부는 크기가 매우 크다.

(a) (b) (c)

그림 7.18 저주파 음향재생(우퍼)을 위해서 사용되는 중간크기의 스피커. (a) 앞면(콘)의 형상. (b) 뒷면 형상. 상부의 영구자석, 프레임 및 단자가 보인다. (c) 다양한 스피커들. 가장 작은 것은 직경이 $15[mm]$이며, 가장 큰 것은 직경이 $50[mm]$이다. 가장 큰 것은 스피커 콘이 종이로 제작되었으며, 다른 것들은 스피커 콘이 마일러 필름으로 제작되었다.

7.6.2 헤드폰과 버저

그림 7.18에 도시되어 있는 스피커들은 시중에서 일반적으로 사용되는 것들이다. 이동코일방식 대신에 코일을 고정한 상태에서 자석을 움직이는 방식도 생각해 볼 수 있다. 이런 개념을 채용한 다이아프램 구동방식의 작동기가 그림 7.19에 도시되어 있다. 이런 방식이 스피커에서 사용되지는 않지만, 과거에 **헤드폰**에서 사용되었고, 오늘날에는 유선 전화기나 **버저**와 같은 자기식 경고장치 등에 사용되고 있다. 이런 자기식 작동기에는 두 가지 기본적인 유형이 있다. 그중 하나는 그림 7.19에 도시되어 있는 것처럼, 단순히 하나의 코일과 맴브레인으로 이루어진다. 코일에 전류가 흐르면 맴브레인이 잡아당겨지며 전류가 흐르는 방향과 크기의 변화에 따라 코일에 대해서 앞뒤로 움직인다. 그림에서와 같이, 소자에 편향자기장을 부가하고, 맴브레인을 원하는 위치로 유지시키기 위해서 영구자석을 사용할 수도 있다. 이런 경우, 소자는 소형의 스피커처럼 작동하지만 음향품질은 떨어진다. 하지만 특히 전화기로 사용하는 경우에는 기존의 스피커들에 비해서

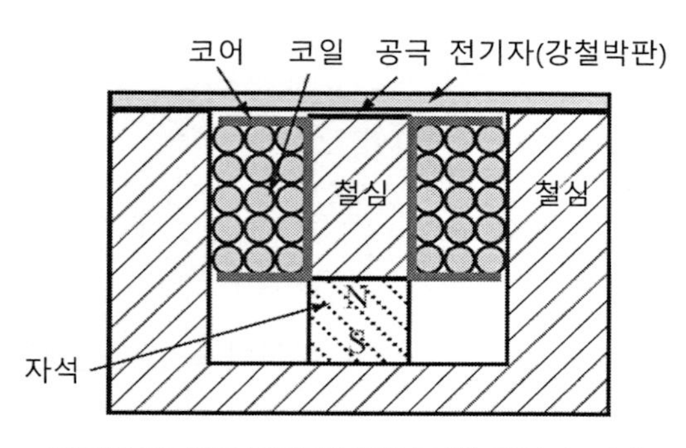

그림 7.19 이동 전기자(다이아프램) 작동기: 버저

한 가지 장점이 있다. 코일이 비교적 크기 때문에(권선수가 많기 때문에), 코일의 임피던스가 비교적 크다. 따라서 증폭기 없이도 탄소 마이크로폰에 의해서 직접 회로를 구동할 수 있다. 그런데 여타의 음향재생 시스템의 경우에는 이를 사용할 수 없다. 대신에, 현대적인 자기식 헤드폰에서는 소형의 스피커를 사용해서 훨씬 더 높은 음향품질을 구현한다.

7.6.2.1 자기식 버저

앞서 설명한 것처럼, 자기식 이어폰에서부터 현대적인 **자기식 버저**로 발전하였다. 이런 형태의 경우 음향재현은 중요치 않다. 오히려 맴브레인은 회로나 기계장치의 작동, 화재경보 등의 경고음을 송출하도록, 예를 들어 $1[kHz]$와 같이 일정한 주파수로만 작동한다. 이를 위해서는 마이크로프로세서나 적절한 발진회로에서 송출된 구형파를 사용하여 **그림 7.19**의 기본 회로를 구동하면 된다. 일부의 경우, 발진회로를 내장하고 있어서 전원만 연결하면 작동한다. **그림 7.20 (a)**에서는 2차 세계대전 당시에 사용했던 이어폰을 보여주고 있다. 자기회로를 구성하는 요크, 강철소재 다이아프램과 덮개가 도시되어 있다. **그림 7.20 (b)**에는 직경이 $12[mm]$와 $15[mm]$인 현대적인 자기식 버저가 도시되어 있다. **그림 7.19**의 구조에서, 권선수가 N회인 코일에 전류 I가 흐르면, 코일과 다이아프램 사이 공극의 자속밀도는 다음과 같이 계산된다.

$$B = \frac{\mu_0 NI}{d} \quad [T] \tag{7.44}$$

(a) (b)

그림 7.20 (a) 이동 다이아프램 방식으로 제작한 2차 세계대전 당시의 이어폰. 이 개념은 현재도 자기식 버저로 사용되고 있다. (b) 동일한 작동원리를 사용하여 현대에 제작된 두 가지 자기식 버저. 좌측의 것은 직경이 $12[mm]$이며, 우측은 직경이 $15[mm]$이다.

여기서 d는 공극거리이며, μ_0는 공기중에서의 투자율이다. 이 근사식이 유효하려면, 철심과 다이아프램의 투자율이 매우 커야만 한다. 이렇게 형성된 자기장이 힘을 가하여 다이아프램을 움직인다(예제 7.9 참조). 만일 예를 들어 전류가 정현파 또는 구형파라면, 다이아프램은 이와 동일한 주파수로 앞뒤로 움직이면서 압력파를 생성한다. 이런 특성 때문에 이 소자가 경고음 발생장치나 (키패드가 눌렸음을 인지할 수 있도록 송출하는 클릭음향과 같은) 단순음향 발생장치로 유용하게 사용되는 것이다. 다이아프램에 가해지는 힘은 공극 내의 단위체적당 에너지를 사용하여 근사시킬 수 있다. 이는 식 (5.62)의 자기에너지밀도를 사용하여 계산할 수 있다.

$$w_m = \frac{B^2}{2\mu_0} \ \ [J/m^3] \tag{7.45}$$

이제, 힘 F가 다이아프램을 dl만큼 움직이면 dv만큼의 체적이 변하며, dW_m만큼의 에너지(또는 일)가 소모된다.

$$dW_m = Fdl \ \ [J] \tag{7.46}$$

따라서 힘은 다음과 같이 구해진다.

$$F = \frac{dW_m}{dl} \ \ [J] \tag{7.47}$$

이 식이 유용성을 갖기 위해서는 판의 운동거리가 짧은 경우에 대하여 이 운동(운동에 의해 체적이 dv만큼 변하며 에너지밀도가 변한다)에 의한 에너지를 계산하여야 한다. 그런 다음, 이 운동에 의한 거리변화당 에너지 변화량을 구하면 다이아프램의 작용력이 된다. 이 방법을 **가상변위법**이라고 부르며, 자기회로의 작용력을 구할 때에 일반적으로 사용하는 방법이다(예제 7.9 참조).

7.6.2.2 압전식 헤드폰과 압전식 버저

다이아프램에 물리적으로 압전소자를 붙이는 방식을 사용하면 압전소자로 헤드폰과 버저를 만들 수 있다. 그림 7.15에 도시된 것처럼 디스크 형태로 만들어진 압전소자에 전압원을 연결하면 디스크에 기계적인 운동을 만들 수 있다. AC 전원을 연결하면, 디스크의 운동에 의해서 부가된 신호원의 주파수에 맞춰서 음향이 송출된다. **그림 7.21**에서는 이런 형태의 이어폰이 도시되어 있으며, 이를 통해서 다이아프램의 중앙에 작은 디스크 형태의 압전소자가 설치되어 있는 것을 볼 수 있다.

그림 7.21 압전식 다이아프램을 사용한 이어폰. 다이아프램의 중앙에 압전 디스크가 설치되어 있다.

그림 7.21에 도시되어 있는 이어폰에 AC 전원을 연결하면 즉시 버저로도 사용할 수 있다. 그런데 전자회로와 연결하기 위해서 이 소자에는 일반적으로 세 개의 단자가 설치되며, 이를 사용하여 다이아프램이 일정한 주파수로 진동하도록 힘을 가할 수 있다. 대신에 이런 기능을 하는 회로를 소자 내에 내장시키기도 한다. **그림 7.22 (a)**에서는 압전 버저와, 내부의 다이아프램이 보이도록 이를 분해한 모습이 도시되어 있다. 압전소자는 넓은 영역과 손가락 모양의 영역과 같이, 두 개의 영역으로 구분된다. 손가락 모양의 영역을 적절히 구동하면 다이아프램에 국부 변형을 유발할 수 있으며, 넓은 영역과 이 국부변형 사이의 상호작용을 통해서 두 압전소자들의 크기와 형상에 의존하는 미리 설정된 주파수로 진동시킬 수 있다. 이 버저는 약 $1.5[V]$의 낮은 전압으로 구동할

(a) (b)

그림 7.22 (a) 압전식 버저의 구조와 압전 디스크가 장착된 다이아프램. (b) 다양한 크기의 압전식 버저들(직경 $13 \sim 28[mm]$)

수 있고, 전력소모가 매우 작아서 마이크로프로세서로 직접 구동할 수 있으며, 비교적 큰 음향을 송출할 수 있는 유용한 소자이다. 이런 소자들은 음향신호나 (예를 들어 이동로봇이나 트럭 및 중장비의 보조경고음과 같은) 경고음을 송출하는 소자로 사용할 수 있다 그림 7.22 (b)에서는 다양한 형상과 크기를 가지고 있는 **압전 버저**들을 보여주고 있다.

예제 7.9 자기식 버저에 의해서 생성되는 압력

그림 7.23에는 자기식 버저가 도시되어 있다. 이 구조는 원형으로서 외곽반경 $a=12.5[mm]$이며, 내측 반경 $b=11[mm]$이다. 코일을 지지하는 내부 실린더의 반경 $c=12[mm]$이다. 다이아프램을 포함한 전체 구조는 투자율이 높은 소재(강자성체)로 제작하였으므로, 코일에 의해서 생성되는 자기장은 모두 구조물 내부를 따라 흐르며, 코일과 다이아프램 사이의 $d=1[mm]$인 공극을 통과한다. 코일의 권선수 $N=400$이며 전류는 진폭 $200[mA]$, 주파수 $1[kHz]$이다. 이 다이아프램에 의해서 생성되는 최대압력을 계산하시오. 이때 시스템의 기계적 손실은 무시한다.

풀이

여기서 묘사한 구조는 그림 7.19와 동일하므로, 식 (7.44)를 사용하여 공극 내에서의 자속밀도를 계산할 수 있다.

$$B=\frac{\mu_0 NI}{d}\quad[T]$$

우리는 최대압력에 관심이 있으므로, 정현진동특성은 무시하고 전류의 최대진폭만을 다루기로 한다. 코어와 다이아프램 사이의 공극에 집적된 에너지밀도는 다음과 같다.

$$w_m=\frac{B^2}{2\mu_0}=\frac{\mu_0 N^2 I^2}{2d^2}\quad[J/m^3]$$

다이아프램이 매우 작은 거리인 dx만큼 움직여서 공극이 증가 또는 감소한다 하자. 이로 인한 공극 내의 에너지 변화는 다음과 같이 계산된다.

$$dW=w_m Sdx=\frac{\mu_0 N^2 I^2}{2d^2}Sdx\quad[J]$$

여기서 S는 코일이 감겨져 있는 코어의 단면적으로서 πc^2와 같다. 따라서 작용력은 다음과 같이 계산된다.

$$F=\frac{dW}{dx}=\frac{\mu_0 N^2 I^2}{2d^2}\pi c^2\quad[N]$$

이 힘은 다이아프램에 작용하므로, 압력은 이 힘을 다이아프램의 단면적인 πb^2로 나누어야 한다.

$$P = \frac{F}{\pi b^2} = \frac{\mu_0 N^2 I^2 c^2}{2d^2 b^2} \quad [N/m^2]$$

이 값은 대기압보다 높은(또는 낮은) 압력변화량을 나타낸다. 이 동압은 다이아프램이 움직이는 동안만 존재한다(따라서 음향은 이 기간 동안만 발생한다). 만일 (AC 대신에 DC 전압을 부가하여) 다이아프램이 고정된 위치에 안착한다면 압력은 대기압과 동일해지며 음향이 발생하지 않는다.

앞서 주어진 값들을 위 식에 대입하면,

$$P = \frac{4\pi \times 10^{-7} \times 400^2 \times 0.2^2 \times 0.006^2}{2 \times 0.001^2 \times 0.011^2} = 1,196.4\,[N/m^2]$$

즉, 1,196.4$[Pa]$의 압력이 생성된다. 버저의 출력에 일반적으로 사용되는 $[dB]$ 단위로 변환해 보면,

$$P_{dB} = 20\log_{10}\frac{1,196.4}{2 \times 10^{-5}} = 155.5\,[dB]$$

이는 고통한계압력을 넘어서는 값으로서, 모두의 주의를 끌만큼 매우 큰 소음을 낼 수 있다는 것을 알 수 있다. 일반적인 대화의 음압은 수 $[Pa]$ 또는 약 50$[dB]$ 수준임을 상기할 필요가 있다. 그런데, 주의할 점은 이 음압은 다이아프램 위치에서의 압력이라는 것이다. 다이아프램에서 멀어지면 음향출력의 희석작용과 분산에 의해서 음압이 감소한다.

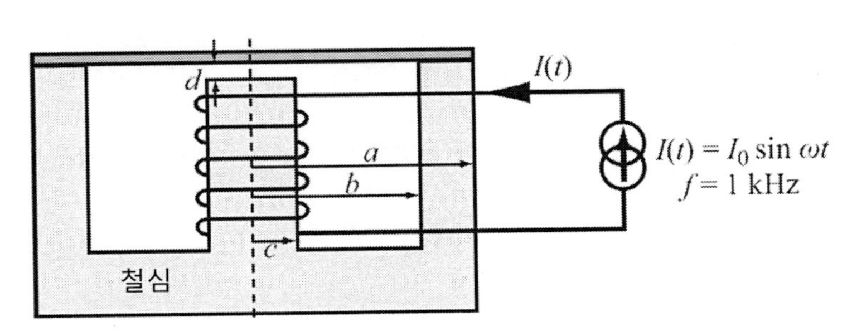

그림 7.23 자기식 버저의 구조와 치수

7.7 초음파 센서와 작동기: 변환기

초음파 센서와 작동기들은 작동원리상으로는 앞서 살펴보았던 음향센서 및 작동기들과 동일하다. 하지만 구조는 약간 다르며 사용하는 소재와 작동주파수대역은 완전히 다르다. 그런데 초음파대역은 가청주파수 한계를 넘어서는 대역에서 시작하지만, 실제로는 이들이 서로 중첩되어 있다. 그러므로 초음파대역 근처에서 사용되는 초음파 센서(즉 마이크로폰이나 변환기 또는 리시버 등)

나 작동기는 음향센서나 작동기와 매우 유사하다고 가정하는 것이 타당하다. 최소한, 언뜻 보기에는 서로 유사하다. **그림 7.24 (a)**에서는 $24[kHz]$의 주파수로 작동하는 초음파 발신기(좌측)와 초음파 수신기(우측)를 보여주고 있다. 이들 둘은 동일한 크기이며, 본질적으로 동일한 구조를 가지고 있다. 이 압전소자는 동일한 소자를 초음파의 송신 및 수신 목적으로 사용할 수 있다. 이 송신 및 수신 소자로 **그림 7.15**에 도시되어 있는 것과 유사한 형태의 동일한 압전 디스크를 사용할 수 있다. 눈에 보이는 유일한 차이점은 콘 모양이 서로 약간 다르다는 것뿐이다. **그림 7.24 (b)**에서는 공기중에서 $40[kHz]$의 주파수로 작동하도록 설계되어 있는 초음파소자의 근접촬영사진을 보여주고 있다. 여기서, 압전소자는 사각형이며 황동 소재의 지지구조물 중앙의 하부에 설치되어 있다. 이 소자는 마이크로폰 및 스피커와 동일한 방식으로 작동한다.

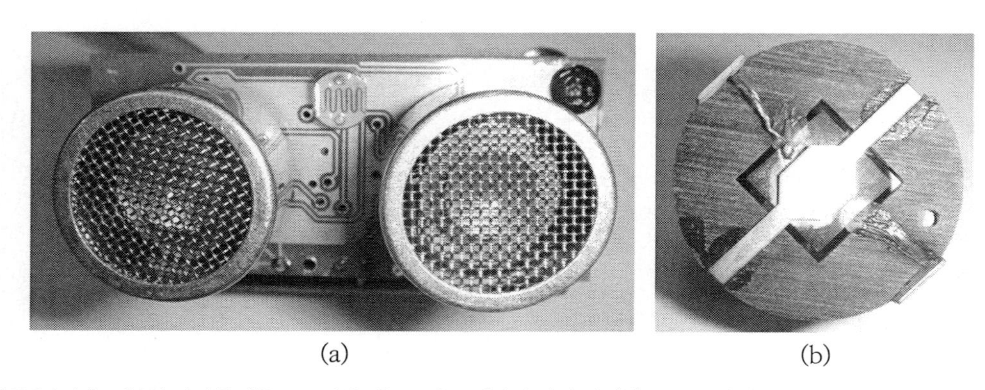

(a) (b)

그림 7.24 (a) 로봇의 거리측정용으로 사용되는 $24[kHz]$ 송수신기 쌍. (b) 공기중에서 사용되는 $40[kHz]$ 초음파센서의 근접촬영사진

이 초음파 센서들은 대기중에(전형적인 작동 주파수는 $24[kHz]$와 $40[kHz]$이다) 거리측정과 로봇의 장애물 회피에 매우 일반적으로 사용되고 있다. 여타의 용도로는 경보장치와 차량안전장치의 물체감지로서, 각각 침입경보와 후진 시 충돌방지 목적으로 사용된다. 일부의 경우에는 이런 용도로 더 높은 주파수를 사용한다. 공기중에서 초음파를 사용할 때의 가장 큰 어려움은 공기중에서 주파수가 높은 초음파가 심하게 감쇄되므로, 이 장치의 작동범위가 비교적 짧다는 것이다. 반면에 초음파 장치들은 비교적 단순하고, 초음파는 음파처럼 넓게 퍼지기 때문에 비교적 넓은 면적을 커버할 수 있다는 점이 매우 매력적이다. 더 높은 작동주파수에서는 초음파가 훨씬 더 직접적으로 전파되며 초점을 맞출 수 있다.

초음파 계측은 앞서 살펴보았던 것보다도 훨씬 더 포괄적이다. 공기중보다는 물질 속에서 초음파를 측정과 작동에 사용하는 것이 훨씬 더 일반적이며, 이때는 더 높은 주파수를 사용한다. 표 7.1에 따르면, 초음파를 고체나 액체 속에서 사용하면 전파속도는 더 빠르고 감쇄는 더 작기 때문에 훨씬 더 유리하다. 또한 고체는 종파를 잘 전달하기 때문에 초음파를 사용하기가 더 용이하다. 횡파(고체 내에서만 존재하는 전단파)와 표면파는 종파와 더불어서 자주 사용되는 두 가지 유형의 파동이다(7.3절 참조).

거의 모든 대역의 초음파 센서들이 존재하며, $1[GHz]$ 이상의 주파수를 갖는 소자도 만들 수 있다. 하지만 실용적인 측면에서, 대부분의 센서들은 $50[MHz]$ 미만의 주파수에서 작동하지만, 표면탄성파(SAW) 소자는 필요한 측정 및 구동기능을 수행하기 위해서 이보다 더 높은 주파수를 사용한다. 대부분의 초음파 센서들과 작동기들은 압전소재를 사용하지만, 일부의 소자들은 전기신호를 변형률로 변화시키거나(송신기), 변형률을 전기신호로 변화시키기 위해서(수신기) 자기변형 소재를 사용한다.

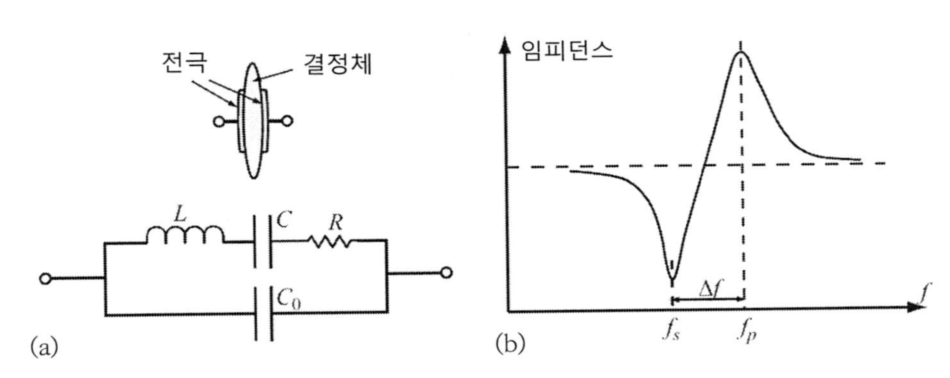

그림 7.25 압전 공진기. (a) 공진기와 등가회로. (b) 두 개의 공진

초음파 센서와 작동기에서 반드시 필요한, 압전소자의 중요한 성질 중 하나는 공진주파수가 일정하며, 변화폭이 좁다는 것이다. 압전 결정체(또는 세라믹소자)의 공진주파수는 소재 자체와 유효질량, 변형률, 물리적인 치수 등에 의해서 결정되며 온도, 압력 그리고 습도와 같은 환경조건에 영향을 받는다. 공진에 대해서 이해하기 위해서는 **그림 7.25 (a)**에 도시되어 있는 것처럼, 두 개의 전극들 사이에 압전소자가 겹쳐져 있는 구조와 이의 등가회로에 대해서 살펴봐야 한다. 이 회로는 **그림 7.25 (b)**에서와 같이, 병렬공진과 직렬공진(또는 반공진)이라고 부르는 두 개의 공진을 가지고 있다. 이들 주 주파수는 다음과 같이 주어진다.

$$직렬공진:\ f_s = \frac{1}{2\pi\sqrt{LC}}\ [Hz] \tag{7.48}$$

$$병렬공진:\ f_p = \frac{1}{2\pi\sqrt{LC[C_0/(C+C_0)]}}\ [Hz] \tag{7.49}$$

대부분의 용도에서, 단일공진이 바람직하며, 단일공진을 필요로 하는 경우에는 두 개의 공진들이 서로 멀리 떨어져 있도록 소재와 형상치수를 결정한다. 두 공진들 사이의 주파수분리 특성은 다음에 정의되어 있는 정전용량비율을 사용하여 나타낼 수 있다.

$$m = \frac{C}{C_0} \tag{7.50}$$

이를 사용하면, 두 주파수들 사이의 상관관계를 다음과 같이 나타낼 수 있다.

$$f_p = f_s(1+m)\ [Hz] \tag{7.51}$$

따라서 m값이 클수록 두 공진주파수들 사이의 분리가 커진다.

등가회로 내에서 저항값 R은 공진에 영향을 끼치지 못하지만, 감쇄(손실)요인으로 작용한다. 이는 다음에 정의되어 있는 압전소자의 **품질계수**(Q-계수)와 관계된다.

$$Q = \frac{1}{R}\sqrt{\frac{L}{C}}\ [C] \tag{7.52}$$

정의에 따르면, 품질계수는 결정체 내에 저장된 에너지와 소모된 에너지 사이의 비율로서, 저항값이 0이면 품질계수는 무한대가 된다.

두 가지 측면에서 공진이 중요하다. 첫 번째 이유는 공진주파수에서 기계적 변형의 진폭이 가장 큰(송신모드) 반면에, 수신모드에서는 생성되는 신호가 최대가 된다. 즉, 공진주파수에서 센서의 효율이 가장 높다. 두 번째 이유는 명확하고 변화폭이 좁은 주파수에서 센서가 작동하기 때문에 파장길이가 명확하게 정의될 뿐만 아니라, 반사 및 투과를 포함한 파동의 전파와 관련된 인자들도 명확하게 정의된다.

그림 7.26에서는 고체나 액체 속에서 작동하도록 설계된 압전 변환기의 구조가 도시되어 있다.

진동이 센서로부터 매질로 잘 전송될 수 있도록, 압전소자는 센서의 앞면에 견고하게 부착되어 있다. 센서의 앞면은 얇고 평평한 금속표면이거나, 각기둥, 원추, 또는 음향 에너지의 초점을 맞추기 위한 구면형상 등으로 제작된다. **그림 7.26** (a)의 경우에는 평판 형상의 비집속형 커플링 소자를 보여주고 있으며, **그림 7.26** (b)에서는 오목한 형상의 집속형 커플링 요소를 보여주고 있다. 감쇄챔버는 소자의 울림을 방지하는 반면에, 임피던스 매칭회로(구동전원의 일부로서, 항상 사용하지는 않는다)는 신호를 압전요소와 매칭시켜 준다. 각 센서들마다 공진주파수, 전력 그리고 작동환경(고체, 액체, 공기, 가혹조건 등)이 지정되어 있다. **그림 7.27**에서는 다양한 용도와 다양한 작동주파수로 사용되는 다양한 초음파 센서들을 보여주고 있다.

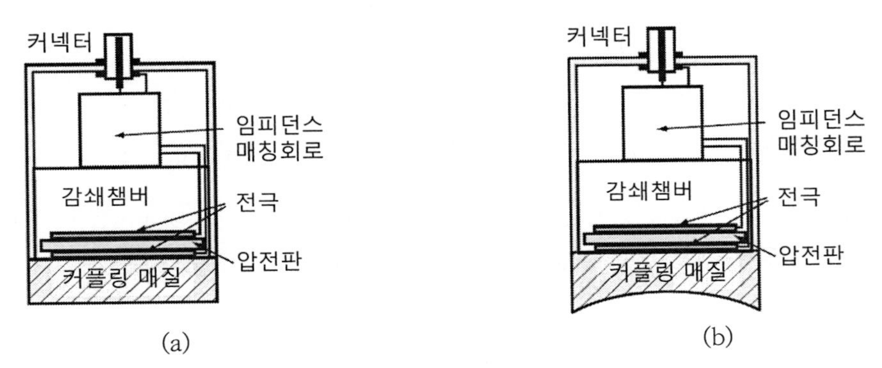

그림 7.26 초음파 센서의 구조. (a) 평판형 비 집속형 센서. (b) 오목형, 집속형 센서

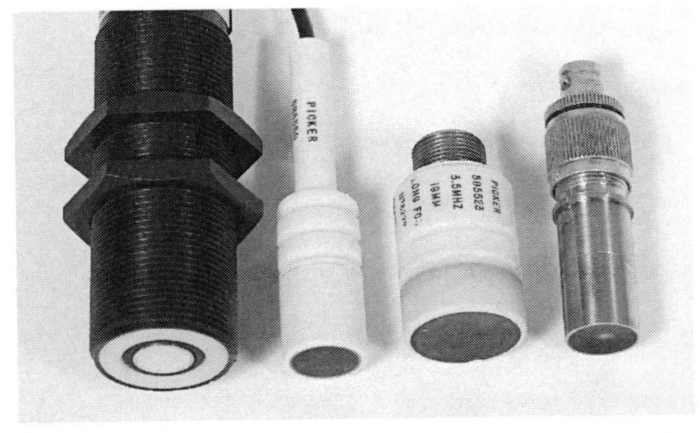

그림 7.27 다양한 초음파 센서들. (좌에서 우로) $175[kHz]$로 작동하는 산업용 초음파 센서, $2.25[MHz]$로 작동하는 의료등급 센서, $3.5[MHz]$로 작동하는 수중센서, 소재시험에 사용되는 초점렌즈를 구비한 $15[MHz]$ 센서

7.7.1 펄스-에코 작동

초음파 센서는 이중적인 송수신의 이중기능을 갖추고 있다. 거리측정과 같은 다양한 용도에서 그림 7.24 (a)와 같이 두 개의 센서를 사용한다. 반면에, 하나의 센서를 송신과 수신모드로 전환해 가면서 송수신을 함께 수행할 수도 있다. 즉, 센서가 초음파 신호를 송출하고 나서 수신 모드로 전환하여 음파를 만난 물체에서 반사되는 음향을 검출한다. 이는 의료기기와 소재시험장치에서 일반적으로 사용되는 방식이다. 이 방법은 음파의 진행 경로상에 존재하는 모든 불연속 특성들이 음파를 반사하거나 산란시킨다는 성질을 활용한다(7.3.1절 참조). 수신된 반사파로부터 불연속 특성의 존재를 파악할 수 있으며, 반사파의 진폭정보로부터 이 불연속의 크기도 알아낼 수 있다. 파동이 전파된 후에 불연속으로부터 반사되는 시간을 측정하면 불연속의 정확한 위치를 찾아낼 수도 있다. 이 지연시간을 **비행시간**[20]이라고 부른다. 그림 7.28 (a)에서는 금속시편 속에 존재하는 결함의 위치와 크기를 찾아내는 사례를 보여주고 있다. 일반적으로 시험소재의 앞면과 뒷면은 진폭이 큰 신호를 반사하는 반면에, 결함은 진폭이 작은 신호를 반사한다(그림 7.28 (b)). 신호의 비행시간을 측정하면 결함의 위치를 손쉽게 파악할 수 있다. 자궁 내의 태아영상을 촬영하거나 혈관벽의 두께 및 상태검사, 공장 내에서의 위치측정, 또는 거리측정 등의 목적으로 이와 동일한 개념을 사용할 수 있다. 그림 7.28에 도시되어 있는 구조를 사용할 때, 음파가 결함위치에 도달했다가 프로브로 되돌아오는 데에 걸리는 시간은 다음과 같이 정의된다.

$$t_1 = \frac{2d}{c} \ [s] \tag{7.53}$$

따라서 결함위치는 다음과 같이 계산된다.

$$d = \frac{ct_1}{2} \ [m] \tag{7.54}$$

따라서 음파의 비행시간으로부터 결함 또는 물질의 위치, 소재의 두께 등을 추정할 수 있다.

---

20) time of flight

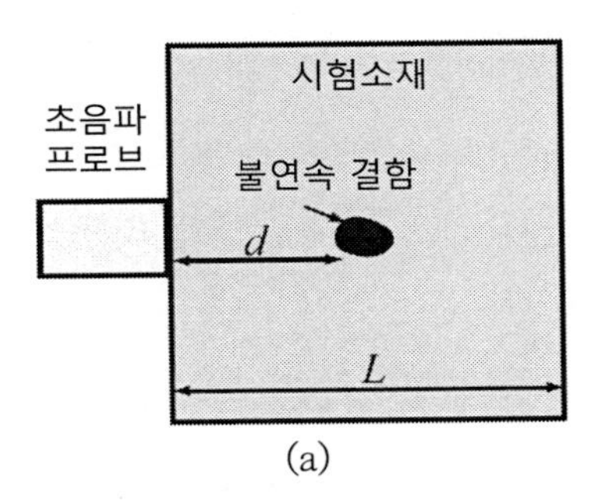

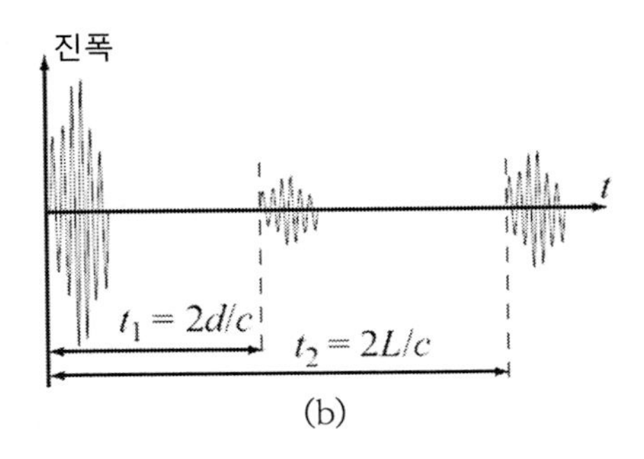

그림 7.28 (a) 초음파 시험소재. (b) 다양한 불연속으로부터의 반향을 검출 및 평가할 수 있다.

이런 중요한 용도들 이외에도, 초음파 센서는 유체의 속도와 같은 물리량들의 측정에 유용하게 사용된다. 이런 목적으로는 세 가지 효과들을 활용할 수 있다. 첫 번째 효과는 음속이 유속에 비례한다는 것이다. 예를 들어, 음향은 정체된 대기보다는 바람을 타고(풍속에 의해서) 더 빠르게 전파된다. 음속은 일정하며, 우리가 이미 알고 있기 때문에 음향신호가 두 위치 사이를 이동하는 데에 걸린 시간을 사용하여 풍속을 측정할 수 있다. 두 번째 효과는 유속에 의해서 위상차이가 유발된다는 것이다. 세 번째는 **도플러효과**이다. 즉, 바람을 타고 전파되는 파동의 주파수는 정체된 공기나 유체의 주파수보다 더 높아진다. **그림 7.29**에서는 유속 측정용 센서의 사례를 보여주고 있다. 이 경우, 센서들 사이의 거리와 각도는 미리 알고 있다. 음파가 하류측 센서에 전송되는 시간은 다음과 같다.

$$t = \frac{d}{c + v_f \cos\theta} \quad [s] \tag{7.55}$$

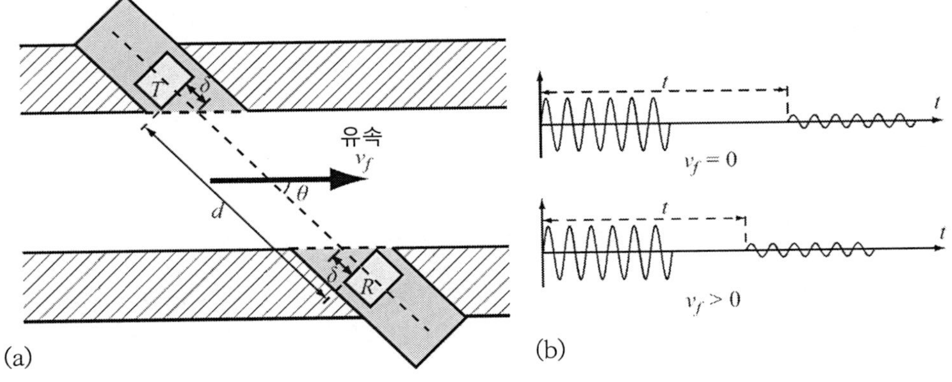

그림 7.29 유속측정용 센서의 사례. (a) 센서의 설치구조. (b) 송신신호와 수신신호의 상관관계

여기서 c는 유체 내에서의 음속이며, v_f는 유체의 이동속도로서, 다음과 같이 구해진다.

$$v_f = \frac{d}{t\cos\theta} - \frac{c}{\cos\theta} \quad [m/s] \tag{7.56}$$

식 (7.56)에서 t를 제외한 모든 항들은 이미 알고 있는 상수값들이므로, 비행시간 t를 측정하면, 즉시 속도를 구할 수 있다. 이 방법 대신에 도플러 효과에 기초한 방법도 자주 사용된다. 도플러 효과에 대해서는 9장의 레이더에서 자세히 살펴볼 예정이지만, 초음파에서도 사용된다. 기본 개념은 파동이 유체가 흐르는 방향으로 전파되면 파동의 진행속도는 Δv만큼 증가하게 된다. 따라서 신호가 수신기에 도달하는 데에 소요되는 시간이 단축된다. 사실, 이는 주파수가 더 높아졌다는 것을 의미한다. 주파수 f가 일정한 신호가 송출되었을 때 다음과 같은 주파수가 수신된다.

$$f' = \frac{f}{1 - \frac{v_f\cos\theta}{c}} \quad [Hz] \tag{7.57}$$

그러므로 유속은 다음과 같이 계산된다.

$$v_f = c\frac{f' - f}{f'\cos\theta} \quad [m/s] \tag{7.58}$$

위 식에서 알 수 있듯이, 주파수의 변화는 유속과 직접적인 관계를 가지고 있다. 만일 수신기가 하류측이 아니라 상류측에 위치한다면, 수신된 주파수는 더 낮아질 것이다(식 (7.57)의 음의 부호가 양의 부호로 바뀐다). 도플러 방법의 장점은 주파수의 정확한 측정이 더 쉽다는 것이다. 송출 신호의 주파수 f가 일정하다면, 이 측정방법은 매우 정확할 것이다.

예제 7.10 유속의 도플러 초음파 측정

그림 7.29에 도시된 구조의 도플러 초음파 유속센서를 사용하여 주파수 레벨과 주파수 변화에 대해서 살펴보기로 하자. 송신기는 상류측에 설치되며, 수신기는 하류측에 설치된다. 송신기는 $3.5[MHz]$로 작동하며 센서는 유체의 흐름방향과 $45°$ 각도를 가지고 있다. 수중에서 음속은 $1{,}500[m/s]$이다.

(a) 유속이 $10[m/s]$인 경우에 센서의 주파수 변화값을 계산하시오.

(b) 센서의 민감도를 $[Hz/m/s]$의 단위로 계산하시오

풀이

(a) 식 (7.57)로부터 주파수 변화량은 다음과 같이 계산된다.

$$\Delta f = f' - f = \frac{f}{1-\dfrac{v_f \cos\theta}{c}} - f = \frac{3.5\times 10^6}{1-\dfrac{10\cos 45^o}{1{,}500}} - 3.5\times 10^6$$

$$= 3.516577\times 10^6 - 3.5\times 10^6 = 16{,}577[Hz]$$

이는 비교적 큰 주파수 변화값이며, 마이크로프로세서를 포함한 다양한 수단을 사용하여 측정할 수 있다(12장 참조).

(b) 민감도는 유속 변화에 따른 주파수(출력값)의 변화로서, 다음과 같이 나타낼 수 있다.

$$\frac{df'}{dv_f} = \frac{d}{dv_f}\left(\frac{f}{1-\dfrac{v_f\cos\theta}{c}}\right) = \frac{\dfrac{f\cos\theta}{c}}{\left(1-\dfrac{v_f\cos\theta}{c}\right)^2}\ [Hz/m/s]$$

이 식은 비선형이며, 속도에 따라 비선형성이 더욱 증가하는 것처럼 보인다. 하지만 $(v_f\cos\theta)/c$는 매우 작으므로 유속 $10[m/s]$에 대해서 분모항의 괄호 속 성분들의 값을 계산해 보면,

$$1-\frac{v_f\cos\theta}{c} = 1-\frac{10\times\cos 45^o}{1{,}500} = 0.9953$$

따라서 유체가 수중음속에 근접하는 어마어마한 속도로 흐르지 않는다면, 제시된 수식은 매우 훌륭한 근사값을 제공해 준다는 것을 알 수 있다. 위의 값을 사용하여 민감도를 구해보면,

$$\frac{df'}{dv_f} = \frac{\dfrac{3.5\times 10^6\times\cos 45^o}{1{,}500}}{(0.9953)^2} = 1{,}665.54[Hz/m/s]$$

이 결과는 근사에 따른 오차를 제외하고는 (a)의 결과와 일치한다는 것을 알 수 있다. 여기에 10을 곱하여 얻은 $16{,}655[Hz]$는 (a)에서 구한 $16{,}577[Hz]$와 단지 0.4%의 오차만을 가질 뿐이다. 물론, 일반해는 수치해석적 근사보다 더 정확하다.

위에서 살펴본 성질들은 여타의 중요한 용도로 활용되고 있다. 예를 들어, 배와 잠수함에서 사용하는 소나는 본질적으로 초음파 **펄스-에코**를 사용한다. 가장 큰 차이점은 장거리 측정을

위해서 사용되는 출력이 매우 크다는 것이다. 초음파는 수중에서의 전파특성이 매우 뛰어나다. (혈압에 의한) 혈관의 움직임이나 심장 판막의 움직임을 모니터링 하여 비정상적인 조건을 검출하는 의료목적으로도 초음파가 자주 사용된다. 또 다른 유용한 용도는 신장결석을 파괴하는 것이다. 이 경우, 물속에 몸을 담근 상태에서 신체 내로 고강도 충격파를 송출한다(변환기를 작동기로 사용한다). 이를 통해서 요로를 통과할 수 있는 크기로 결석을 분쇄한다.

7.7.2 자기변형식 변환기

대기중이나 유체 속에서의 작동에는 압전센서가 최선인 것처럼 보인다. 그런데 고체 속에서 사용하는 경우라면, **자기변형식 변환기**가 훨씬 더 효과적이다. 자기변형 막대에 펄스를 부가하면 길이방향으로의 수축과 팽창을 통해서 마치 해머와 같이 고체에 충격을 가한다. 이런 유형의 센서들을 포괄적으로 자기변형식 초음파 센서라고 부르며, 고강도 충격파를 생성하기 위해서 낮은 주파수(약 $100[kHz]$)를 사용한다.

그런데 자기변형 소재를 사용하여 초음파를 송출하기 위해서는 자기변형 소재에 코일을 설치하고 필요한 주파수로 코일에 전류를 공급하면 된다. 소재 내부에 형성되는 자기장이 소재에 응력을 생성하면, 이로 인하여 초음파가 생성된다(지각의 응력이 부가되면 지진이 나는 것과 같은 이치이다). 이런 유형의 작동기가 중요한 이유는 철이 자기변형 성질을 가지고 있으므로, 완전성 시험의 목적으로 철이나 철합금 내에서 초음파를 생성하기 위해서 이 방법을 사용할 수 있기 때문이다.

이 장치의 작동원리는 다음과 같다. 코일은 AC(또는 펄스)로 구동되며, 이로 인하여 자기변형 소재 내에는 유도전류(와동전류)가 생성된다. 외부 영구자석에 의해서 생성된 자기장이 이 전류에 힘을 가한다. 자기장과 와동전류 사이의 상호작용에 의해서 응력이 생성되며, 음파가 만들어진다. 이 장치를 **전자기 음향변환기**(EMAT)라고 부른다. 여타의 음향변환기들과 마찬가지로, 이들은 이중적 기능을 갖추고 있어서 하나의 소자로 음파의 생성과 검출을 동시에 수행할 수 있다. 그림 7.30에서는 전자기 음향변환기의 개략도를 보여주고 있다. 전자기 음향변환기는 구조가 단순하기 때문에 철소재의 비파괴시험과 평가에 일반적으로 사용되지만, 비교적 낮은 주파수($< 100[kHz]$)로 작동하기 때문에 생산성이 떨어진다.

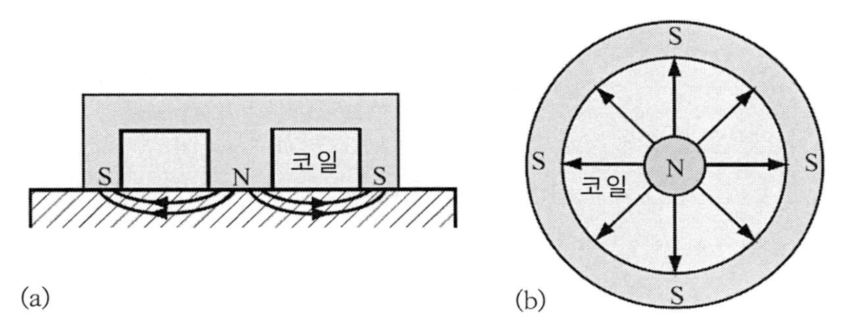

그림 7.30 전자기 음향변환기(EMAT)의 구조. (a) 측면도를 통해서 영구자석에 의해서 형성되는 자계를 확인할 수 있다. (b) 저면도

7.8 압전식 작동기

앞서 살펴봤던 것처럼, 초음파 송출에 사용하는 경우에는 초음파 센서가 작동기처럼 사용된다. 그런데 운동을 만들어내기 위해서 압전소자를 이보다 더 직접적인 형태의 작동기로 사용할 수 있다. 그림 7.31에서는 이런 목적으로 사용되는 두 가지 소자들을 보여주고 있다. 그림 7.31 (a)에 도시된 얇은 철판의 표면에는 압전소재(회색 판)가 접착되어 있다. 이 압전소재에 전압이 부가되면(이 사례에서는 약 $300[V]$), 철판과의 길이차이가 발생하면서 판재가 휘어지게 된다. 이 운동으로 인하여 힘이 발생하며, 이 힘을 작동에 사용할 수 있다. 그런데 중요한 점은 구동을 위하여 높은 전압이 필요하다는 것이다. 비록 일부의 압전 센서 및 작동기들은 낮은 전압에서 작동할 수 있지만, **압전식 작동기**들은 전형적으로 높은 전압을 사용하여 구동하며, 이는 압전식 작동기를 널리 사용하기 어려운 결정적인 제약으로 작용한다.

그림 7.31 (a) 사각형상의 대변위 압전 작동기의 사례. (b) 실린더형 적층식 압전 작동기의 사례. 변위는 $0.05[mm]$에 불과하지만, 약 $40[N]$을 송출할 수 있다. 좌측에 설치된 이송축이 시편을 미는 구조이다.

압전식 작동기의 또 다른 활용방법은 개별 전극이 설치된 요소들을 적층하여 길이를 변화시키는 것이다. 이런 장치의 경우, 변위량은 적층 길이의 $0.1 \sim 0.25\%$에 달하지만, 이는 여전히 매우 작은 값이다. 적층형 압전 작동기의 장점들 중 하나는 **그림 7.31 (a)**에 도시되어 있는 굽힘판 작동기에 비해 작용력이 크다는 것이다. **그림 7.40 (b)**에 도시되어 있는 소형 작동기의 경우, 약 $0.05[mm]$의 변위와 약 $40[N]$의 힘을 송출할 수 있다.

예제 7.11 초음파 모터

초음파 모터는 흥미롭고 유용한 작동기로서, 카메라 렌즈의 자동 초점조절을 위해서 개발되었다. 초음파 모터는 단순한 금속 원판(로터)과 그 아래에 설치되어 있는 압전원판으로 이루어진다. **그림 7.32 (d)**에 도시되어 있는 압전원판에는 치형이 성형되어 있으며, 순차적으로 휘어지면서 로터를 회전시킨다. 고정자 디스크의 파동운동을 만들기 위해서는 동일한 진폭으로 진동하는 두 개의 정재파를 생성해야 한다(정재파는 파랑과 유사한 링의 상하방향 운동을 일으킨다). 정재파의 상하방향 운동이 파랑처럼 움직일 수는 없으며, 단지 상하방향으로만 움직일 뿐이다. 하지만 만일 공간 및 시간적으로 $90°$의 위상차를 가지고 있는 두 개의 정재파가 만들어진다면, 이들의 합은 진행파형처럼 움직이며 운동방향은 두 파동의 주파수와 가진모드에 의존한다. **그림 7.32**에서는 하나의 치형만을 강조하여 파형의 진행방식을 보여주고 있다. 파동은 우측으로 진행(반시계방향으로 회전)하며, 강조된 치형은 **그림 7.32 (a)**의 경우에 약간 기울어진 채로 뒷면 모서리가 로터와 접촉한다. **그림 7.32 (b)**에서는 파동이 진행하면서, 강조된 치형이 로터와 평행을 이루며 로터를 좌측(시계방향으로 회전)으로 밀어낸다. **그림 7.32 (c)**에서 강조된 치형은 좌측으로 기울어지며, 로터를 더 좌측(시계방향)으로 밀어낸다. 그러므로 이 강조된 치형은 상하로 움직이면서 타원형 경로를 따라서 이동하는 사이클 중 일부에서 로터원판과 접촉하면서 원판을 회전시킨다. 이 구조에서 파형은 우측으로 이동하며, 로터를 좌측(위에서 보면 시계방향)으로 회전시킨다. 파형의 진행방향을 역전시키면 로터의 회전방향을 역전시킬 수 있다.

이 모터는 여러 가지 장점들을 가지고 있다. 크기가 매우 작고 진행파를 사용하여 회전속도를 직접 제어할 수 있으며, 토크가 매우 크다. 마찰구동식 모터이므로 정지토크가 매우 크다. 고정자의 바닥 표면에 압전체 스트립을 접착하여 고주파 전기장을 부가하면 초음파 정재파가 생성된다. 압전체 스트립을 순차적으로 구동하면 정재파가 생성된다. 이 모터는 크기가 작고, 비교적 빠르며, 기어가 필요 없고(직접구동), 조용하다. 이런 특성들 중 일부는 렌즈의 자동초점기구를 포함하여 여러 용도에서 매우 유용하다. 운동의 구현과 제어는 비교적 단순하다. 고정자의 둘 또는 그 이상의 반대위치(즉, 공간중 반대위상을 가지고 있는)에 전기장을 부가하여 두 개의 파동을 생성할 수 있으며, 이와 동시에 두 위치들은 시간적으로 $90°$의 위상차를 가지고 있는 전기장을 사용하여 구동할 수 있다. 두 파장은 다음의 특성을 가지고 있다.

$$u_1(\theta, t) = A\cos\omega t\cos n\theta$$

$$u_2(\theta,t) = A\cos(\omega t + \pi/2)\cos(n\theta + \pi/2)$$

여기서 n은 고정자의 n번째 진동모드를 나타낸다(n은 고정자에서 만들어지는 정재파 파동패턴의 피크 숫자이다).

이들 두 파동을 서로 더하면, 다음과 같은 파동이 만들어진다.

$$\begin{aligned} u_1(\theta,t) + u_2(\theta,t) &= A\cos\omega t\cos n\theta + A\cos(\omega t + \pi/2)\cos(n\theta + \pi/2) \\ &= A\cos\omega t\cos n\theta + A[\cos\omega t\cos(\pi/2) - \sin\omega t\sin(\pi/2)] \\ &\quad \times [\cos n\theta\cos(\pi/2) - \sin n\theta\sin(\pi/2)] \\ &= A\cos\omega t\cos n\theta + A(-\sin\omega t)(-\sin n\theta) \\ &= A\cos\omega t\cos n\theta + A\sin\omega t\sin n\theta \\ &= A\cos(\omega t - n\theta) \end{aligned}$$

이 파동의 전파속도(더 정확히 말해서 위상속도)는 식 (7.11)에서 알 수 있듯이 $v = \omega/n\,[m/s]$이다.

$$v = \frac{\omega}{n} = \frac{2\pi f}{n} \quad [m/s]$$

회전자가 회전하는 이유는 회전자와 접촉하는 고정자의 진동이 운동을 만들어내기 때문이다(그림 7.32 참조). 회전자의 속도는 파동의 위상속도와 같지 않으며, (압전 요소의 전류에 따른) 치형의 변위속도, 부하 그리고 진동모드에 의존한다. 일반적으로 모드의 차수가 높아지고 고정자의 반경이 더 커지면, 모터의 회전속도가 느려진다.

속도에 $1s$를 곱하면 파동이 $1s$에 의해서 이동한 거리가 얻어진다. 이 결과를 모터의 원주길이로 나누면 초당 회전수$[rps]$가 얻어진다.

$$v_r = \frac{2\pi f \times (1s)}{2\pi r n} = \frac{1}{rn} \quad [rps]$$

여기서 r은 고정자의 반경이다. 모터의 속도는 파동의 진행속도와 무관하며, 일정한 값을 가지고 있는 진동속도에 의존한다. 예를 들어, 반경이 $2[cm]$인 모터가 기저모드($n=1$)에서 $30[Hz]$의 주파수로 작동한다면, 회전속도는 다음과 같이 주어진다.

$$v_r = \frac{1}{0.02} = 50[rps]$$

즉, $3{,}000[rpm]$으로 회전한다. 이 모터의 가진위치를 8쌍으로 증가시키면 8차 모드로 작동하며, 회전속도는 $375[rpm]$으로 감소한다.

이는 고정자의 원주방향으로 작동점의 숫자를 증가시켜서 진동의 모드를 변화시키면 회전속도를 변화시킬 수 있다는 뜻이다. 만일 위상각을 $+\pi/2$에서 $-\pi/2$로 변화시키면 파동이 반대방향으로 전파되며 모터는 반대방향으로 회전한다.

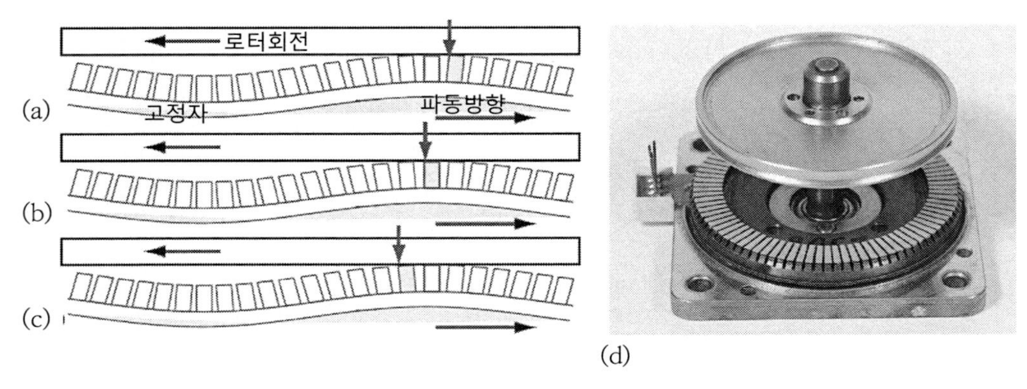

그림 7.32 초음파모터의 작동순서. (a) 치형의 앞쪽 모서리가 로터와 접촉. (b) 파동운동이 로터를 좌측으로 밀어냄. (c) 치형의 뒤쪽 모서리가 로터로부터 이탈하며, 새로운 치형이 로터와 물림. (d) 상용 초음파 모터의 (스테이터 위로 들어 올려져 있는) 로터와 치형이 성형된 고정자. 고정자의 바닥표면에 압전소자들을 접착하여 놓았다.

예제 7.12 선형 압전 작동기

그림 7.33에 도시되어 있는 것처럼 도전성 원판과 압전원판을 교대로 쌓아서 단순한 선형 작동기를 만들 수 있다. 여기에는 두께가 t이며, 반경은 a인 압전원판 N개(그림에서 $N=5$)와 $N+1$개의 도전성 원판이 사용되었다. 도전체 원판은 외부전압을 인가하여 압전원판에 전기장을 부가하기 위해서 사용되었다. 주어진 압전소재의 계수값들(비유전율 ε_{ii}와 압전계수 d_{ii})을 사용하여 다음을 계산하시오.

(a) 부가된 전압 V에 따른 적층의 변형량을 구하시오

(b) 부가된 전압 V에 따른 적층의 작용력을 구하시오

(c) 3-3방향으로 절단한 티탄산바륨 압전체의 변형량과 작용력을 구하시오. 압전원판의 반경 $a=10[mm]$, 두께 $t=1[mm]$, 전압 $V=36[V]$, 그리고 적층의 수 $N=40$이다.

(d) 결정체의 전기장 파괴강도는 $32{,}000[V/mm]$이며, 공기의 절연파괴전압은 $3{,}000[V/mm]$인 경우에, 이 소자가 낼 수 있는 최대 변형과 힘은 각각 얼마인가?

풀이

압전계수 d_{ii}로부터 직접 변형량을 계산할 수 있으며, 식 (7.40)을 사용하여 작용력을 계산할 수 있다. 우선 변형량부터 계산을 시작한다.

(a) 정의에 따르면, 압전상수는 부가된 단위 전기장당 발생한 변형량의 비이며, 변형률은 변형량을 길이값으로 나눈 비율이다. 두께가 t인 원판의 변형률은 다음과 같이 주어진다.

$$\frac{dt}{t}=d_{ii}E=d_{ii}\frac{V}{t}\ \ [m/m]$$

여기서 $E=V/t$는 원판에 가해진 전위차 V에 의해서 원판에 생성된 전기장강도이다. 그러므로 변

형량 또는 원판의 두께변화량은 dt는 다음과 같다.

$$dt = d_{ii} V \ [m]$$

그러므로 적층된 구조물의 총 길이변화 Ndt는 다음과 같이 구해진다.

$$\Delta l = Ndt = Nd_{ii} V \ [m]$$

(b) 식 (7.40)을 다음과 같이 정리하면 작용력을 구할 수 있다.

$$F = \frac{\varepsilon_{ii} A V}{t d_{ii}} \ [N]$$

여기서 A는 원판의 표면적($=\pi a^2$)이며, ε_{ii}는 유전율 상수이다. 이 힘은 하나의 원판에 의해서 생성된 힘이다. 여타의 모든 원판들도 이와 동일한 힘을 생성하지만, 원판들이 직렬로 연결되어 있기 때문에, 적층된 N개의 원판들이 송출하는 총 작용력은 하나의 원판이 낼 수 있는 작용력과 동일하다.

(c) 주어진 계수값들과 치수들을 대입하여 계산해 보면,

$$\Delta l = Nd_{ii} V = 40 \times 100 \times 10^{-12} \times 36 = 0.144 [\mu m]$$

그리고

$$F = \frac{\varepsilon_{ii} A V}{t d_{ii}} = \frac{180 \times 8.854 \times 10^{-12} \times \pi \times 0.01^2 \times 36}{10^{-13} \times 100 \times 10^{-12}} = 180.25 [N]$$

이 계산결과를 통해서 압전 작동기의 전형적인 특징인 작은 변위와 큰 작용력을 확인할 수 있다.

(d) 최대 전기장강도는 전기장 파괴강도에 해당한다. 이 사례에서 전기장 파괴강도는 32,000$[V/mm]$이며, 소재의 두께가 1$[mm]$인 이 사례에서의 전위차는 32,000$[V]$이다. 반면에 공기의 절연파괴강도는 3,000$[V/mm]$에 불과하다. 따라서 적층된 구조에 3,000$[V/mm]$ 이상의 전압을 부가하면 공기 중으로 방전이 일어나 버린다. 그러므로 허용최대 전기장강도는 3,000$[V/mm]$ 또는 $3 \times 10^6 [V/m]$이다. 이를 사용하여 최대 변형량을 계산해 보면,

$$\Delta l_{\max} = Nd_{ii} V = 40 \times 100 \times 10^{-12} \times 3 \times 10^6 = 12,000 [\mu m]$$

이는 12$[mm]$에 해당하며, 이론적인 관점에서는 이 결과가 타당해 보일수도 있다. 하지만 실제의 경우 이 값은 30%의 변형률에 해당하며, 이는 실제 소재에서 불가능한 값이다. 이보다 1/10만큼 작은 1.2$[mm]$라면 구현이 가능하다(변형률 3%는 확실히 가능하다). 이를 구현하기 위해서는 도전판들 사이의 전위차가 300$[V]$여야 한다.
이론적으로 구현 가능한 최대 작용력은 다음과 같이 구해진다.

$$F = \frac{\varepsilon_{ii} A V}{t d_{ii}} = \frac{180 \times 8.854 \times 10^{-12} \times \pi \times 0.01^2 \times 3{,}000}{10^{-3} \times 100 \times 10^{-12}} = 15{,}020[N]$$

이 또한 1/10 정도인 1,500[N]이 더 일리 있는 값이며, 300[V]의 전위차로 이를 구현할 수 있다.

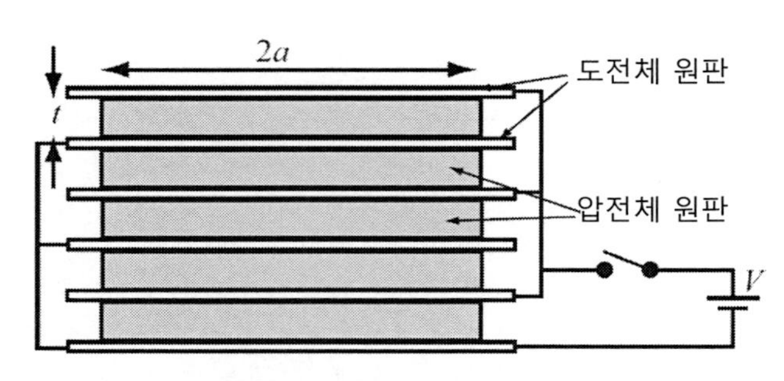

그림 7.33 적층된 압전형 작동기

7.9 압전식 공진기와 표면탄성파(SAW)소자

7.7절에서는 초음파 센서에 대해서 살펴보았고, 7.3절에서는 음파의 이론에 대해서 논의하였다. 이들 중 대부분은 종파의 생성과 전파, 그리고 이들의 소재 및 환경과의 상호작용에 대한 개념에 기초하고 있다. 대기 및 수중에서 음파는 본질적으로 종파의 형태로 전파되지만, 적절한 조건하에서는 여타의 파동을 생성할 수 있다. 고체는 횡파를 전달할 수 있으며(7.3.2절 참조), 고체의 표면과 공기 사이에서는 표면파가 전달된다(7.3.3절 참조). 특히 표면파는 전파속도가 느리고 분산도 작기 때문에 많은 관심을 받고 있다. 대부분의 조건하에서 표면파의 느린 전파속도는 단점인 것처럼 보이지만, 음속을 주파수로 나눈 값인 파장길이($\lambda = c/f$)만 본다면 파동의 속도가 느릴수록 매질 내에서 파장길이가 더 짧아진다. 예를 들어, 어떤 발진소자의 크기가 파장길이의 절반이 되어야만 한다면, 표면파를 사용하는 소자가 종파를 사용하는 소자보다 물리적으로 더 작게 만들 수 있다. 이것이 바로 **표면탄성파**(SAW) 소자의 핵심 특성인 것이다.

표면탄성파는 다양한 방법으로 생성할 수 있다. 시편이 두꺼운 경우에는 파동변환과정을 통해서 표면파를 만들 수 있다. 본질적으로는 종파 발생장치를 사용하며, 표면과 경사지게 설치된 쐐기형 물체를 통해서 에너지가 전달된다. 매질의 표면에서 종파는 횡파와 표면파로 변환된다(그림 7.34). 이는 좋은 방법이지만 최선은 아니다. 표면파를 만드는 훨씬 더 효율적이며, 거의 이상적인 제작방법은 **그림 7.35**에 도시되어 있는 것처럼, 압전소재의 표면에 일체형으로 (깍지형)금속

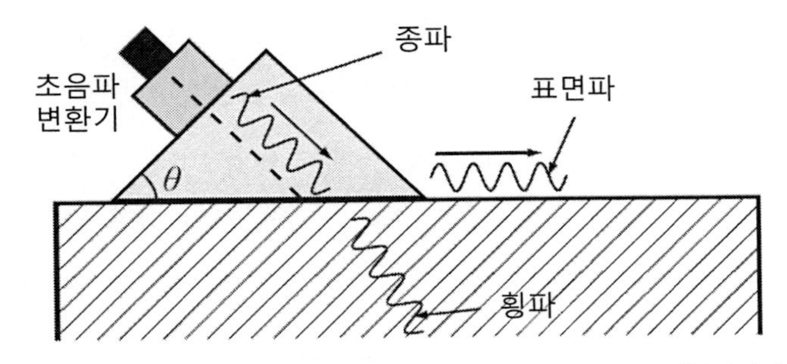

그림 7.34 쐐기형 매질을 사용하여 종파를 횡파와 표면파로 변환시킨다.

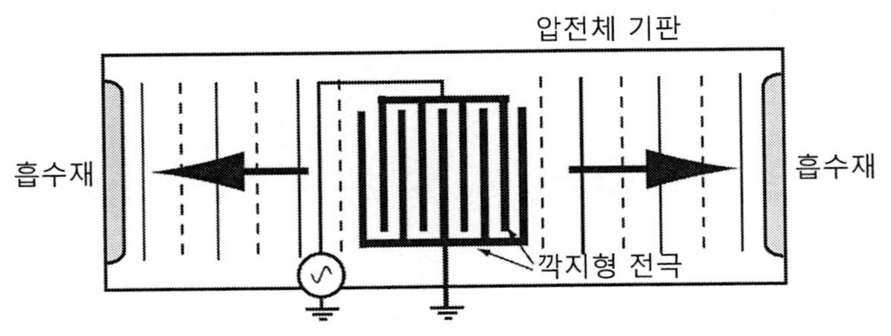

그림 7.35 공진전원을 사용하여 주기적으로 설치되어 있는 일련의 표면전극을 구동하여 표면탄성파를 만드는 방법

전극을 설치하는 것이다. 이를 통해서 금속조각에 주기적인 구조를 만들 수 있다. 두 전극 사이에 발진 전원을 연결하면, 압전소재 내에 전극의 주기와 동일하며 표면과는 평행한 전기장강도의 주기성이 만들어진다(주기는 두 전극 사이의 거리와 동일하다. 각 금속조각들의 폭은 $\lambda/4$이며 조각들 사이의 간극도 $\lambda/4$가 되도록 배치되어 있다). 이를 통해서 압전매질의 표면에 전기장과, 이와 등가인 응력패턴의 주기성이 만들어진다. 이를 통해서 응력파(음파)를 만들면 전극의 양쪽 방향으로 전파된다. 표면파의 주기가 깍지형 전극의 주기와 일치하는 경우에 가장 효율적으로 음파가 생성된다. 예를 들어, 그림 7.36의 구조에 $400[MHz]$의 발진전원을 연결한다고 하자. 압전체의 전파속도는 $3,000[m/s]$이므로, 파장길이는 $7.5[\mu m]$이 된다. 각각의 압전체 조각들을 $\lambda/4$로 만들기 위해서는 폭이 $1.875[\mu m]$이 되어야만 하며, 인접한 압전체 조각들 사이의 거리도 $1.875[\mu m]$이 되어야 한다. 이 계산결과에 따르면, 우선 필요한 치수가 매우 작다는 것을 알 수 있다(동일한 주파수의 전자기파를 사용하는 경우라면, 파장길이는 $750[mm]$에 달한다). 다음으로, 이 장치는 반도체 생산에 사용되는 노광기법을 사용해서 만들 수 있다.

다시 기본구조로 돌아와서, 마치 깍지형 구조가 압전매질 속에서 표면 음파와 그에 따른 응력을 생성하는 것처럼, 음파에 의해서 표면응력이 생성되기 때문에, 압전매질 내에서 음파는 깍지형 구조에 전기신호를 생성한다. 따라서 이 구조를 사용하여 표면파를 생성할 수도, 이 표면파를 측정할 수도 있다. 즉, 이 소자를 측정 및 구동에 모두 사용할 수 있다.

표면탄성파의 원리를 사용하는 가장 일반적인 사례는 표면탄성파 공진기, 필터 및 지연선이다. 그림 7.36에는 표면탄성파 공진기가 도시되어 있다. 입력단자와 출력단자를 사용하여 공진기를 외부전원과 연결한다. 압전 수정체의 표면에 형성된 평행선 형태의 전극들은 식각방식으로 제작한다. 입력단 전극에 의해서 표면파가 만들어지며, 양쪽에 성형된 홈들에 의해서 반사된다. 이 반사파들이 서로 간섭되며, 홈간 간격이 $\lambda/2$가 되는 주파수에서 공진을 일으킨다. 건설적 간섭을 일으키는 신호성분만이 출력신호를 생성하며, 여타의 성분들은 상쇄되어 사라져 버린다. 그림 7.36에 도시된 소자는 매우 대역폭이 좁은 대역통과필터처럼 작용하며, 실제로 이 소자가 이런 목적으로도 사용된다.

그림 7.37에서는 표면탄성파 지연선 소자를 보여주고 있다. 좌측의 깍지형 전극이 표면파를 생성하며, 이 신호는 약간 시간이 지연된 후에 우측의 깍지형 전극에 의해서 검출된다. 지연시간은 깍지형 전극들 사이의 거리에 의존하며 일반적으로 파장길이가 작기 때문에, 비교적 긴 지연이 발생한다.

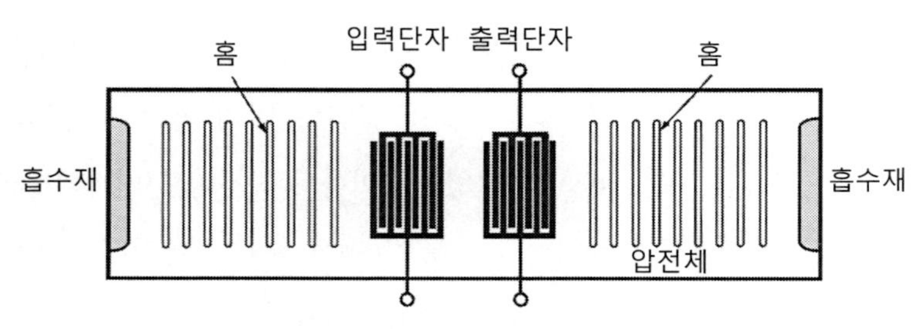

그림 7.36 표면음파 공진기의 구조

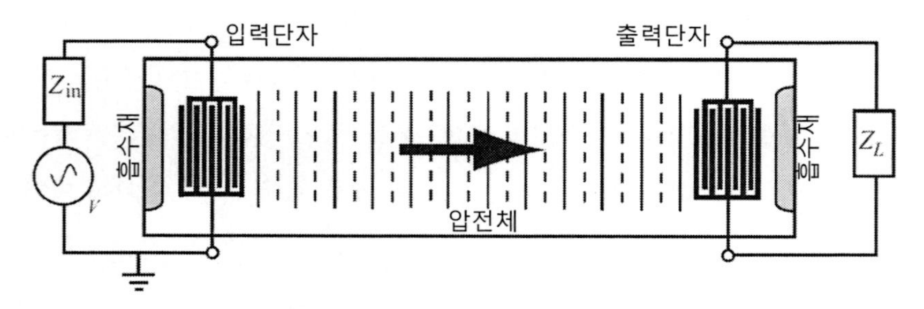

그림 7.37 표면탄성파 지연선

이 장치는 매우 작은 크기의 소자임에도 불구하고 저주파에서 잘 작동하며, 수정발진기의 한계 주파수보다 더 높은 주파수에서도 작동할 수 있어서, 일반적인 통신시스템용 발진기의 기본소자로 빠르게 퍼지게 되었다. 그림 7.38에서는 저전력 송신기에 사용되는 다양한 표면탄성파 공진기들을 보여주고 있다.

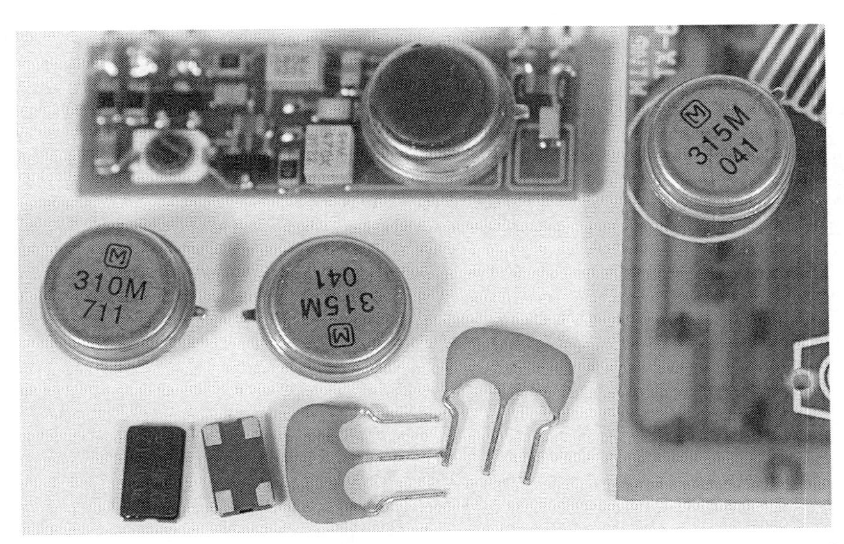

그림 7.38 송수신기로 사용되는 표면탄성파 공진기의 사례. (기판에 납땜되어 있는) 이 소자는 433.92[MHz]의 흑레벨[21]까지도 작동할 수 있다. 중간에 도시되어 있는 금속 캔에 봉입된 공진기는 각각 310[MHz]와 315[MHz]로 작동한다. 아래 좌측에 도시된 표면실장형 소자와 아래 중앙에 도시되어 있는 3핀형 소자들은 433.92[MHz]의 공진특성을 가지고 있다.

이런 중요한 용도 이외에도, 압전매질의 장점을 활용하면 거의 모든 물리량들의 측정에 표면탄성파 소자들을 사용할 수 있다. 예를 들어, 압전체에 응력을 가하면 소재 내에서 음속이 변한다. 이로 인하여 그림 7.36에 제시된 소자의 공진주파수나 그림 7.37에 제시된 소자의 지연선이 변하게 되므로, 이를 활용하여 힘, 압력, 가속도, 질량 그리고 이들과 관련된 여타의 다양한 물리량들을 측정할 수 있다.

그림 7.39에서는 진동에 의해서 지연시간이 영향을 받는다는 지연선 원리에 기초한 기본적인 표면탄성파(SAW) 센서를 보여주고 있다. 그림 7.40에서는 동일한 두 개의 지연선 센서들의 출력 차이를 측정하는 사례를 보여주고 있다. 두 센서 중 하나는 직접 측정대상 물리량을 측정하지만,

21) dark level: TV 화면이 검은 색이 될 때의 전기신호레벨. 역자 주.

다른 하나는 온도와 같은 공통모드 효과를 상쇄하기 위해서 사용된다. 대부분의 경우 지연시간을 측정하지 않으며, 그림 7.40에 도시되어 있는 것처럼, 두 포트 사이의 시간지연에 의해서 만들어지는 주파수로 소자를 공진시키기 위해서 (양의) 귀환증폭기가 사용된다. 그리고 공진주파수 측정을 통해서 원하는 물리량을 간접적으로 측정할 수 있다.

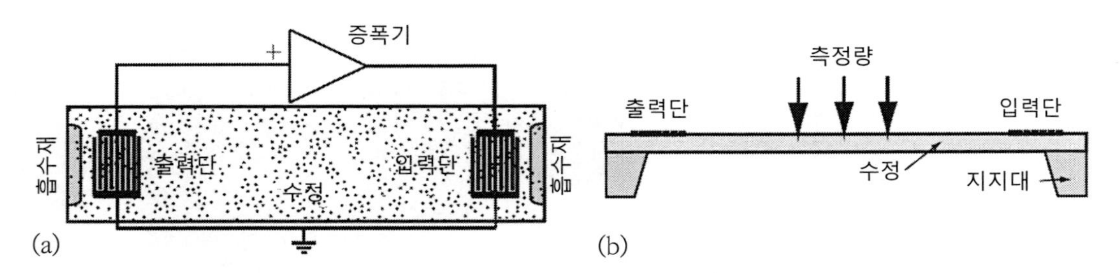

그림 7.39 지연선 원리에 기초한 표면탄성파 센서의 기본구조. (a) 개략적인 회로도. (b) 센서로의 활용방안

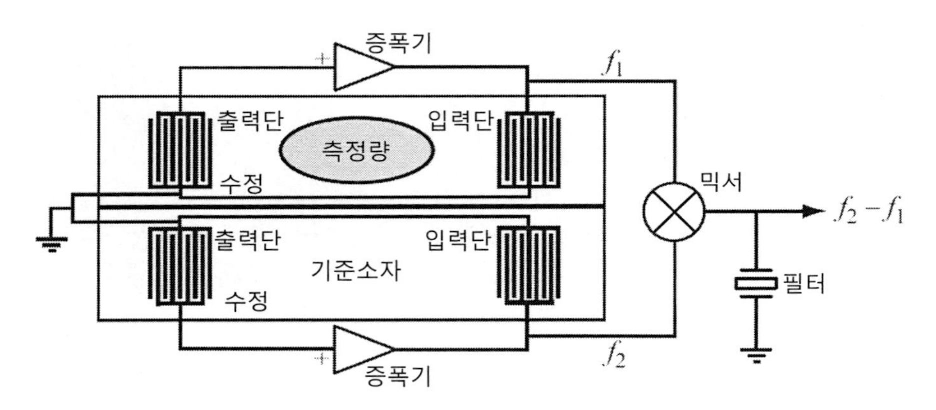

그림 7.40 보상된 표면탄성파 공진기. 지연선 소자 중 하나는 측정용으로 사용되며, 다른 소자는 온도나 압력과 같은 공통모드 효과를 보상하기 위해서 사용된다.

이를 활용하여 다양한 물리량들에 의한 영향을 측정할 수 있다. 우선, 음속은 온도의존성을 가지고 있다. 온도는 다음과 같이, 지연선의 물리적인 길이와 음속을 변화시킨다.

$$L = L_0[1 + \alpha(T - T_0)] \ [m], \quad c = c_0[1 + \delta(T - T_0)] \ [m/s] \tag{7.59}$$

여기서 α는 선형 열팽창계수값이며, δ는 음속의 온도계수이다.

소자의 길이와 소재 내 음속은 모두 온도에 따라서 증가하는 특성을 가지고 있다. 따라서 지연시간과 진동주파수는 이들 두 계수를 서로 차감한 값의 함수이다. 사실, 온도에 따른 주파수 변화량은 다음의 관계를 가지고 있다.

$$\frac{\Delta f}{f} = (\delta - \alpha)\Delta T \tag{7.60}$$

여기서 $(\delta - \alpha)$는 온도민감도에 해당하는 항이다. 이 관계식은 선형이며, 표면탄성파 센서는 대략적으로 $10^{-3}[1/°C]$의 온도민감도 값을 가지고 있다.

압력의 측정에 앞서 설명한 압전체 내에서 응력에 의한 음파의 전파속도 지연을 사용할 수 있다. 센서 내에서 생성되는 변형률(압력)을 측정하여 변위, 힘 그리고 가속도를 측정할 수 있다. 이외에도 (온도상승 측정을 통한) 복사 측정, (전기장에 의해서 생성된 응력측정을 통한) 전압측정 등을 포함하여 여타의 다양한 물리량들도 측정할 수 있다. 식 (7.59)와 식 (7.60)은 주파수 변화와 (이 경우 온도변화에 따른) 길이변화 사이의 선형 관계를 보여주고 있다 즉, 만일 소자의 길이가 예를 들어 1% 증가한다면, 주파수는 반드시 1% 감소해야 한다. 이를 활용하면, 이 센서소자의 길이를 변화시킬 수 있는 어떠한 물리량도 측정할 수 있다. 소자의 길이가 Δl만큼 변한다면, 다음과 같은 관계식이 성립된다.

$$\frac{\Delta f}{f} = \frac{\Delta l}{l} \tag{7.61}$$

여기서 f는 소자의 길이가 l인 경우의 공진 주파수이다. 식 (7.61)의 우변은 매질의 변형률이며, 이 변형률은 압력, 힘, 가속도, 또는 질량과 상관관계를 가지고 있다.

우리는 8장의 화학측정에서도 표면탄성파소자의 활용방안에 대해서 살펴볼 예정이다.

예제 7.13 **표면탄성파 압력센서**

$500[MHz]$의 주파수로 공진하는 보요소(그림 7.39 (b))처럼 작동하는 표면탄성파공진기를 사용하여 압력 센서를 제작하려고 한다. 이 보요소가 받을 수 있는 최대변형률은 $1{,}000[\mu\varepsilon]$으로서, 이는 $10^6[Pa]$ $(9.87[atm])$에 해당한다.

(a) 센서의 최대 주파수 변화값을 계산하시오.

(b) 센서의 온도 민감도가 $10^{-4}[1/°C]$인 경우에 $100[kPa]$의 압력에 대해서 환경온도가 $1[°C]$만큼 변하는 경우에 발생하는 오차를 계산하시오.

풀이

(a) 정의에 따르면, 변형률은 단위길이당 변화량으로서, 다음과 같이 계산된다.

$$\frac{\Delta l}{l} = 1{,}000 \times 10^{-6} = 10^{-3}$$

그러므로 주파수 변화값은 다음과 같이 계산된다.

$$\frac{\Delta f}{f} = \frac{\Delta l}{l} \rightarrow \Delta f = 500 \times 10^{6} \times 10^{-3} = 500 \times 10^{3}[Hz]$$

이는 매우 큰 주파수 변화값으로서, 민감도는 $500[Hz/\mu\varepsilon]$에 달한다.

(b) 센서는 선형성을 가지고 있으며, 온도 민감도는 $10^{-4}[1/°C]$이다. 식 (7.62)로부터 다음을 얻을 수 있다.

$$\Delta f = 500 \times 10^{6} \times 10^{-4} = 5 \times 10^{4}[Hz]$$

$100[kPa]$의 압력이 부가되었을 때의 주파수 변화는 $50[kHz]$에 불과하다. 이는 단지 $1[°C]$의 온도 변화에 의해서 유발되는 주파수 변화값과 동일하다. 따라서 이 소자에 대한 온도보상이 이루어지지 않는다면, 이 소자를 센서로 사용할 수 없다. 이런 이유 때문에 그림 7.40에 도시된 것과 같은 보상 구조가 중요하다.

7.10 문제

단위

7.1 **음원으로부터 멀리 떨어진 위치에서의 음압**. 지상에서 작동하는 제트 엔진으로부터 $10[m]$ 떨어진 위치에서 엔진의 음향출력 밀도는 $155[dB]$에 달한다. 음향이 지상 위의 모든 방향으로 균일하게 퍼져나간다고 가정하며, 공기중에서 음파의 감쇄는 무시한다.

(a) 작업자가 귀마개를 사용하지 않은 경우 안전이 확보되는 최단거리는 얼마인가?

(b) 작업자가 $20[dB]$ 수준의 귀마개를 사용하는 경우 안전이 확보되는 최단거리는 얼마인가?

7.2 **초음파 작동기에 의해서 생성되는 응력과 변형률**. 철 소재 내의 결함을 검출하기 위해서 초음파 작동기가 사용된다. 이 작동기는 철 표면에 $1{,}000[Pa]$의 압력을 부가한다. 철 소재

의 탄성계수가 198[GPa]라 할 때에, 접촉표면에서 작동기에 의해서 생성되는 응력과 변형률값을 계산하시오. 이 응력과 변형률이 소재에 어떤 영향을 끼치는지에 대해서 논의하시오.

탄성파의 성질

7.3 **박쥐, 돌고래 그리고 초음파**. 벌레를 잡아먹는 소익수아목 박쥐[22]들은 대부분 사냥과 비행을 위한 주변 환경의 인식에 초음파를 사용한다. 박쥐가 발산하는 초음파의 주파수 대역은 14~100[kHz]의 대역을 가지고 있다. 20[°C] 공기중에서의 음속은 343[m/s]이다. 돌고래도 물고기를 탐색하기 위해서 이와 유사한 방법을 사용한다. 이들은 약 130[kHz]의 주파수를 사용한다. 해수 속에서 음파의 속도는 1,530[m/s]이다.

(a) 만약 박쥐들이 파장길이의 절반보다 큰 물체를 감지할 수 있다면, 76[kHz]의 주파수를 사용하여 박쥐가 검출할 수 있는 가장 작은 벌레의 크기는 얼마인가?

(b) 돌고래가 130[kHz]의 주파수를 사용하여 파장길이의 두 배 크기의 물고기를 검출할 수 있다면, 돌고래가 감지 가능한 물고기의 최소 크기는 얼마이겠는가?

7.4 **음파의 전파속도**. 습관적으로 번개를 보면 (대략 1초 간격으로) 천천히 숫자를 센다. 번개를 보고 나서 천둥소리가 들릴 때까지 센 숫자를 3으로 나누면 번개가 친 곳으로부터의 거리[km]와 같다. 이 방법은 얼마나 정확한가?

7.5 **소재의 초음파시험**. 결함에 대한 초음파시험은 산업계에서 특히 금속 소재의 시험을 통해서 결함, 균열, 부식에 의한 두께감소, 이물질 그리고 여타 구조물의 기능저하를 유발하는 요인들을 검출하기 위해서 일반적으로 사용되는 방법이다. 이 방법에서는 구조물 내의 불연속 특성에 의해서 반사되는 초음파를 활용한다. 분해능, 즉 음파를 사용하여 검출할 수 있는 최소크기는 주파수에 의존한다. 이런 이유 때문에, 비교적 높은 주파수를 사용하여 초음파 시험이 수행된다. 검출 가능한 결함의 크기는 사용하는 음파의 파장길이보다 10배 더 크다. 제트엔진의 티타늄 소재 날개에 존재하는 작은 크랙을 검출하는 경우에 대해서 살펴보기로 하자. 이 작은 결함이 성장하면 파손이 초래될 우려가 있으므로, 0.5[mm] 미만

22) microchiroptera bat

크기의 크랙도 검출할 수 있어야만 한다.

(a) 티타늄 소재 속에서 음파의 전파속도가 $6,172[m/s]$라 할 때, 이 결함을 검출하기 위해서 필요한 초음파의 최저 주파수는 얼마이겠는가?
(b) 매우 작은 결함을 검출하기 위해서 더 높은 주파수의 초음파센서를 사용한다면 어떤 결과가 초래되겠는가?

7.6 **일반 대화의 청취-센서로서의 귀**. 인간의 대화 시 발생하는 음향강도는 $10^{-12}[W/m^2]$(속삭임)에서 $0.1[W/m^2]$(소리 지름)에 이른다. 인간의 귀는 $10^{-12}[W/m^2]$의 속삭임도 감지할 수는 있지만, 대화의 내용을 이해하기 위해서는 최소한 $10^{-10}[W/m^2]$의 음향강도가 필요하다. 일반적인 대화는 $10^{-6}[W/m^2]$ 수준이다. 어떤 사람이 $10^{-6}[W/m^2]$의 음향강도로 하는 말을 $1[m]$ 떨어진 위치에서 듣는다고 하자.

(a) (예를 들어 관을 통해 말을 해서) 음향이 공간중으로 퍼지지 않고 청취자에게만 향하여 전달되며, 공기중에서의 감쇄를 제외하고는 여타의 손실이 없다고 할 때 청취자가 이 대화를 들을 수 있는 가장 먼 거리는 얼마이겠는가? 예제 7.3의 감쇄 데이터를 사용하시오.
(b) 음파가 모든 방향으로 균일하게 전파되며, 감쇄를 무시할 때 청취자가 들을 수 있는 거리는 얼마인가?

7.7 **낚시용 소나**. 수중에서의 감쇄상수는 주파수에 따라서 증가한다. 여기서는 낚시용 소나에 대해서 살펴보기로 하자. 스포츠 낚시나 상업용 어업에서는 고기떼로부터 반사되는 음향을 사용한다. 물고기들은 부레(일종의 공기주머니)를 가지고 있어서, 물고기의 몸통과 공기 사이의 계면에서는 비교적 큰 반사가 일어나는 반면에 몸통과 물 사이의 계면에서 일어나는 반사는 비교적 작다. 초음파 작동기로 신호를 송출하며 초음파 센서로 이를 검출한다. 작동기는 $50[kHz]$(낚시용 소나에서 사용하는 일반적인 주파수이다)의 주파수로 $0.1[W]$의 출력을 송출하며, 비교적 좁은 빔의 형태로 전파된다. 고기떼에 도달한 음향의 약 20%가 반사되며, 반사된 음향은 반구 형태로 균일하게 산란된다고 가정하자. $20[m]$ 깊이에 있는 고기떼를 검출하기 위해서 필요한 초음파 센서의 민감도$[W/m^2]$를 계산하시오. 수중

에서 $50[kHz]$ 주파수를 갖는 음파의 감쇄율은 $15[dB/km]$이다.

7.8 **수중에서 초음파의 감쇄**. 수중 또는 물과 관계된 수많은 초음파 관련 연구들이 수행되었다(소나, 인체진단, 초음파세정, 신장결석 파쇄 등). 초음파 시스템의 성공적인 구현을 위해서는 작동주파수의 선정이 매우 중요하며, 고려해야 할 중요한 인자들 중 하나는 선정된 주파수에서의 감쇄율이다. 일반적으로, 주파수가 높아질수록 감쇄율이 높아지며 분해능은 향상된다. 수중에서 주파수가 $1[MHz]$인 초음파의 감쇄율은 대략적으로 $\alpha = 0.217f^2[dB/m]$이다. 여기서 $f[MHz]$는 주파수이다. 체내심부에 대한 초음파 진단에 필요한 공간분해능이 $1[mm]$라 하자. 초음파를 사용하여 $15[cm]$ 깊이에 위치하는 직경 $1[mm]$ 크기의 이물을 검출해야 하며, 체내에서의 음속은 대략적으로 $1{,}500[m/s]$라 할 때, 사용 가능한 최저 작동주파수를 계산하시오. 그리고 초음파 송수신기의 감지를 위해서는 최소한 $10[\mu W]$의 전력이 반사되어야 하는 경우에, 송신에 필요한 최소출력을 계산하시오. 검출대상 이물질은 파열에 의해 연질인 세포조직 속에 매립되어 있는 작은 뼛조각이다. 송신기에서 송출되는 빔이 센서의 직경과 동일한 직경 $20[mm]$인 실린더 형태의 빔으로 조준되어 송출되며, 반사된 파동은 모든 방향으로 동일하게 산란된다고 가정하자.

7.9 **수위검출**. 초음파의 수면에서의 파동반사를 사용하여 수위를 정확하게 측정할 수 있다. 수면 위의 고정된 위치에 설치되어 있는 초음파 송신기를 사용하여 비행시간을 측정하면 수위를 측정할 수 있다(그림 7.41). 공기중과 수중에서 초음파의 성질은 표 7.1~7.4에 제시되어 있다.

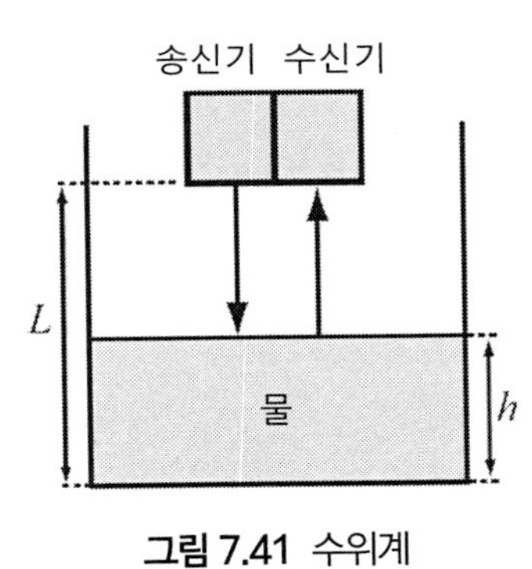

그림 7.41 수위계

(a) 송출되는 펄스의 진폭을 A라 하자. 수신기에서 수신하는 펄스의 진폭은 공기의 특성과 공기중에서 이동한 거리에만 의존하며, 물의 성질에는 영향을 받지 않는다는 것을 증명하시오.

(b) 진폭측정 결과를 기반으로 하여 수위 h를 측정하기 위해서 필요한 관계식을 도출하시오.

(c) 초음파 송신기에서 송출되는 펄스의 시작시간과 수신기에 도착하는 펄스의 도착시간

사이의 차이인 비행시간 t와 수위 h 사이의 상관관계를 도출하시오.

(d) 왜 (c)의 방법이 더 유리한가에 대해서 설명하시오.

7.10 **펄스-에코 초음파시험기**. 펄스-에코 초음파 시험기에서, 펄스가 꺼진 시간 동안 송신기는 수신기로도 사용된다. 송신기는 Δt의 기간 동안 펄스를 송출하며 이후로는 수신모드로 전환된다. 이 시험기를 사용하여 **그림 7.42**에 도시되어 있는 것처럼, 구리판의 반대쪽 표면으로부터 반사되는 음향신호를 검출하여 판재의 두께를 측정하려고 한다. 구리의 특성은 다음과 같다. 전파속도 $4{,}600[m/s]$, 감쇄계수 $0.45[dB/cm]$, 음향임피던스 42.5×10^6 $[kg\cdot s/m^2]$. 송신되는 신호의 지속시간은 $200[ns]$이다.

(a) 여기서 제시한 펄스-에코 시험기를 사용해서 측정할 수 있는 가장 얇은 두께는 얼마인가? 그리고 연속해서 측정을 수행하기 위해서 사용할 수 있는 펄스열의 최대주파수는 얼마인가?

(b) (a)의 조건으로 송출한 진폭 V_0인 음파에 대해서 측정기가 수신한 반사펄스의 진폭을 계산하시오. 초음파 변환기에 펄스신호를 부가하면 변환기는 공진주파수로 진동하면서 일련의 정현파 진동을 생성한다. 하지만 여기서는 문제를 단순화시키기 위해서 펄스가 송출되며, 펄스 형태로 반사된다고 가정한다.

(c) 측정대상 판재의 두께와 반사된 펄스의 진폭 사이의 상관관계를 찾아보시오.

(d) 측정대상 판재의 두께와 반사펄스를 수신할 때까지의 시간 사이의 상관관계를 찾아보시오.

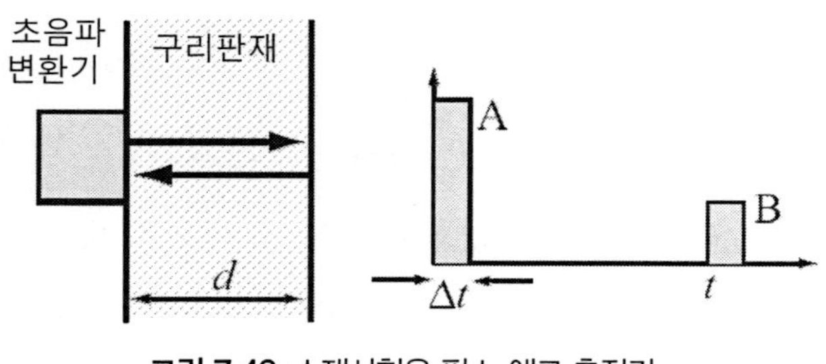

그림 7.42 소재시험용 펄스-에코 측정기

7.11 **스텔스 잠수함**. 잠수함 선체에서 반사되는 음파는 잠수함의 위치를 찾아내는 데에 있어서 가장 중요한 수단이다(또 다른 방법은 잠수함이 국부적으로 왜곡시키는 지구자기장을 감시

하는 것이다). 추적을 피하기 위해서 잠수함의 표면을 고무(또는 고무와 유사한 소재)로 코팅한다. 소나는 최대 $300[m]$ 수심까지의 범위에 위치하는 잠수함을 찾아내기 위해서 $10[kHz]$의 주파수로 작동하며, 신호출력은 $P_0 = 1[kW]$이고, 각도가 $10°$인 원추 형상으로 균일하게 송출된다. 잠수함에서 반사된 신호는 잠수함을 중심으로 하여 반구 형태로 균일하게 산란되어 전파된다고 가정하자. 그리고 고무코팅 속으로 투과된 음파는 코팅에 의해서 소산된다고 가정하자. 잠수함의 상부 투영면적은 $125[m^2]$이다.

(a) 표면이 강철로 마감된 잠수함과 표면이 고무로 마감된 잠수함에 대해서 소나가 수신하는 신호의 (송출된 신호의 전력에 대한) 비율을 계산하시오. 고무 코팅이 잠수함의 탐지 가능성을 줄여주는 효과적인 방법인가?

(b) 이론적으로는 잠수함의 신호 반사율을 0까지 줄일 수 있다. 이를 위해서 필요한 코팅의 요구조건을 논의하시오.

저항식 마이크로폰과 자기식 마이크로폰

7.12 **저항식 마이크로폰.** 그림 7.43에 도시되어 있는 마이크로폰에 대해서 살펴보기로 하자. 경량의 발포재료 속에 도전성 입자들이 분산되어 있는 형태이다. 사용된 입자들은 전기전도도가 낮은 소재로서, 전기전도도는 $\sigma_c = 1[S/m]$ 수준인 반면에, 발포재료는 부도체이다. 압력이 부가되지 않았을 때에, 입자의 점유체적은 총 체적의 50%에 달한다. 발포재의 복원상수(스프링상수)는 $0.1[N/m]$이다. 발포재료와 전도성 입자들이 섞여 있는 구조체의 전기전도도는 입자의 전기전도도에 점유체적비율, 즉 총 체적 v_t에 대한 입자의 체적 v_c를 곱한 값과 같다.

$$\sigma = \sigma_c \frac{v_c}{v_t} \quad [S/m]$$

그림에 도시된 것처럼 전압을 인가한 후에 전류를 측정하는 방식으로 음압을 측정할 수 있다. 일반적인 대화는 $40[dB]$(소곤거림)에서 $70[dB]$(소리 지름) 수준이다. 일반적인 대화의 압력범위에 대해서 회로를 흐르는 전류의 변화범위를 계산하시오.

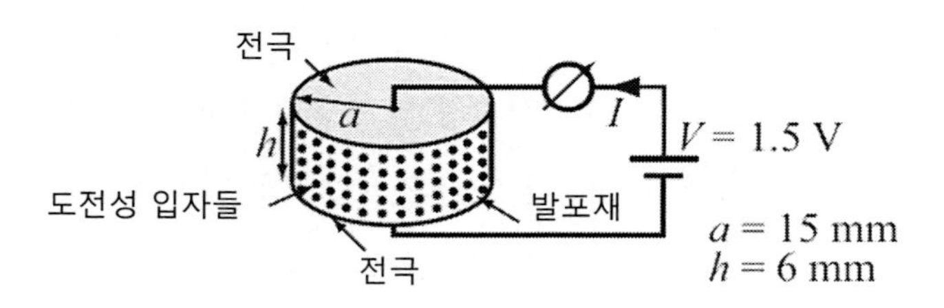

그림 7.43 저항식 마이크로폰의 단순화된 구조

7.13 **다이나믹 마이크로폰에 사용되는 스피커**. 인터콤 시스템에서는 소형의 스피커를 마이크로폰과 스피커의 용도로 사용한다. 이 스피커는 콘의 지름이 $60[mm]$이며, 코일은 반경 $15[mm]$로 80회 권선되어 있다. 공극 내에서 자석이 생성하는 반경방향 자속밀도는 $1[T]$이다(형상과 자기장 형성위치 등은 **그림 7.16 (a)**를 참조). 코일과 콘의 질량은 $8[g]$이다. 마이크로폰으로 사용하면서 콘에 $60[dB]$의 정현파 음압이 $1[kHz]$로 가해질 때에, 이 스피커의 출력을 계산하시오.

정전용량식 마이크로폰

7.14 **일렉트릿 마이크로폰: 성질변화에 대한 민감도**. 일렉트릿 마이크로폰의 출력에 영향을 끼치는 인자들 중 하나가 일렉트릿의 유전율이다.

(a) 일렉트릿의 비유전율에 대한 출력의 민감도를 계산하시오.

(b) 노화나 제조과정에서의 편차에 의해서 일렉트릿의 유전율이 5%만큼 변하는 경우에 출력값에 예상되는 오차는 얼마이겠는가? **예제 7.6**의 데이터를 사용하시오.

7.15 **일렉트릿 압력센서**. 일렉트릿 마이크로폰을 압력센서로도 사용할 수 있다. 특히, 모든 일렉트릿 마이크로폰은 차동압력센서로도 사용할 수 있다. P_0가 대기압력인 경우에 $P-P_0$를 측정하여 센서에 부가된 압력을 측정하는 것이다. **그림 7.44**에서는 이런 유형의 압력센서를 보여주고 있다. 일렉트릿의 두께는 $1[mm]$이며 판재에는 $100[N/m]$의 장력이 부가된다. 거리는 그림에 표시되어 있으며, 일렉트릿의 비유전율은 4.5이다. 공기중에서의 비열 비율은 1.4이며 일렉트릿의 표면전하밀도는 $0.6[\mu C/m^2]$로 가정한다. 센서는 원통형상이며, 내부 직경은 $10[mm]$이다.

(a) 주어진 성질과 치수들을 사용하여 외부압력이 $0.1[atm]$부터 증가할 때의 출력을 계산하여 도표로 나타내시오(금속 다이아프램이 해당 압력을 견딜 수 있다고 가정한다). 이때 대기압력은 $1[atm]$이다. 센서가 응답할 수 있는 최대압력은 얼마인가? 센서의 민감도는 얼마인가?

(b) 일렉트릿과 다이아프램 사이의 공극을 진공으로 배기한 후에 환기구멍을 밀봉해서 외부에 압력이 부가되지 않았을 때에 일렉트릿과 다이아프램 사이의 압력을 $50,000[Pa]$ (약 $0.5[atm]$)로 유지시켰다. 여기에 $10,000[Pa]$($0.1[atm]$)에서 센서가 응답할 수 있는 최대압력까지의 범위에 대해서 외부압력을 부가했을 때에 센서의 출력을 계산하시오. 공극 내의 압력변화로 인해서 민감도가 변하는가?

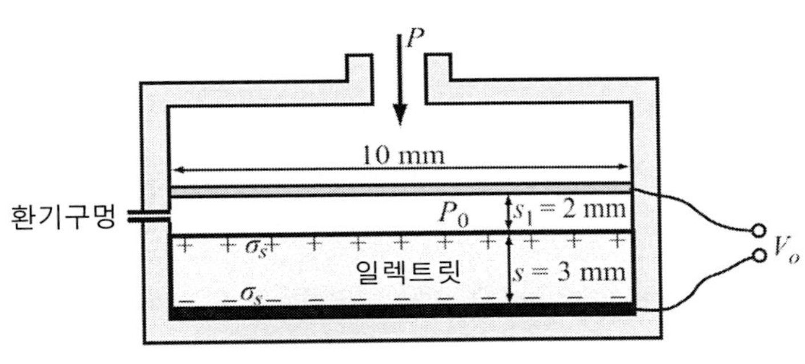

그림 7.44 일렉트릿 압력센서

압전 마이크로폰

7.16 **다이나믹 압력센서**. 압전소자의 양단 전극에 전하가 생성되고 나면, 곧이어 센서의 내부 임피던스와 외부 임피던스를 통해서 방전되어버리기 때문에, 이를 정적인 압력측정에 사용할 수 없다. 하지만 압전소자는 진동, 폭발, 엔진의 점화와 노킹 등과 같은 동압의 측정에 적합하다. 이런 용도는 본질적으로 일종의 변형된 마이크로폰이라고 할 수 있다. 디젤 엔진의 압력을 측정하기 위해서 설계된 압전형 압력센서에 대해서 살펴보기로 하자. 피스톤 행정의 상사점에서 디젤 엔진의 정상 압력은 대략적으로 $4[MPa]$이다. 압전계수가 $120\times10^{-12}[C/N]$이며, 정전용량은 $5,000[pF]$이고, (압력이 작용하는)능동소자의 표면적이 $1[cm^2]$인 지르콘산납 세라믹 센서에서 예상되는 출력전압을 계산하시오.

7.17 **음향강도 측정용 센서**. 직경이 $25[mm]$이며 두께는 $0.8[mm]$이고, 산화아연(ZnO)을

3 − 3축 방향으로 절단하여 제작한 원반형 압전 마이크로폰에 대해서 살펴보기로 하자. 이 원판의 양단에는 전극이 도금되어 있다. 이 마이크로폰은 작업자에게 위해를 가하는 소음수준을 경고하기 위해서 음향강도를 측정하는 데에 사용되고 있다. 인간의 귀가 응답할 수 있는 음압범위는 $2 \times 10^{-5}[Pa](0[dB])$에서 $20[Pa]$(고통한계)까지이다.

(a) 제시된 전체범위에 대해서 마이크로폰의 출력을 계산하시오.

(b) 실용적 관점에서 마이크로폰의 대략적인 사용범위는 어디까지인가? 현실적인 출력전압 범위를 기반으로 설명하시오.

7.18 **자기식 버저**. 휴대용 기기나 고정된 설비에서 음향반응이나 경고신호를 송출하기 위해서 소형 버저들이 일반적으로 사용되고 있다. 많은 경우, 마이크로프로세서로 버저를 직접 구동해야 하기 때문에 소비전력이 작아야만 한다. 그림 7.19에 도시되어 있는 구조의 마이크로프로세서로 구동하는 자기식 버저는 반경 $6[mm]$인 철심과 150회 권선된 코일을 사용하여 자석을 철심으로 대체하였다. 철심과 다이아프램 사이의 공극은 $1[mm]$이며 철심과 다이아프램의 투자율은 매우 크다. 다이아프램의 유효반경은 $12[mm]$이다. 마이크로프로세서로 코일을 직접 구동하기 때문에 최대 구동전류는 $25[mA]$로 제한되며, $5[mA]$ 미만으로는 구동할 수 없다.

(a) 발생시킬 수 있는 음압의 범위를 계산하시오.

(b) 마이크로프로세서가 $3.3[V]$로 작동하는 경우에 버저가 생성할 수 있는 음향출력범위와 효율을 계산하시오.

음향작동기

7.19 **스피커의 힘과 압력**. 그림 7.16 (a)에 도시되어 있는 스피커가 다음의 사양값들을 가지고 있다. $I = 2\sin 2\pi ft$, 코일의 권선수 $N = 100$, 코일반경 $a = 40[mm]$, 자속밀도 $B = 0.8[T]$. 콘의 반경 $b = 15[cm]$이다. 코일 내에서의 자속밀도는 항상 일정하다고 가정한다.

(a) 코일의 최대 작용력을 계산하시오.

(b) 만일 콘의 복원계수 $k = 750[N/m]$(스피커에 콘의 주변부가 부착되어 있기 때문에 외란에 의해서 콘이 움직이면 원래의 위치로 되돌아오려는 성질을 갖게 된다)인 경우

에 콘에서 발생하는 최대변위를 계산하시오.

(c) 콘이 발생시킬 수 있는 최대압력을 계산하시오.

7.20 **스피커 콘의 운동**. 그림 7.16 (a)에 도시되어 있는 스피커가 다음의 사양값들을 가지고 있다. 코일은 직경 $75[mm]$, 권선수 30회이며 영구자석에 의해서 생성되는 자속밀도는 $0.72[T]$이다. 이 스피커에 진폭이 $0.8[A]$이며, 주파수는 $100[Hz]$인 정현파 전류를 공급한다. 코일, 콘 그리고 다이아프램을 포함하는 총질량은 $40[g]$이며, 콘의 직경은 $20[cm]$이다. 다음을 계산하시오.

(a) 콘의 최대변위를 계산할 때에 콘의 마찰은 없으며, 복원력만이 작용한다고 가정한다. 즉, 콘의 운동을 제한하는 요인은 없다.

(b) 위의 조건하에서 콘에 의해서 생성되는 압력을 계산하시오. 최대압력은 몇 $[dB]$인가?

(c) (a)와 (b)의 계산에 있어서 사용된 근사조건에 대해서 설명하시오. (a)와 (b)의 결과에 콘에 의해서 밀려나가는 공기질량이 끼치는 영향을 정량적으로 설명하시오.

7.21 **정전식 스피커**. 그림 7.10에 도시되어 있는 정전용량식 마이크로폰의 이동판과 고정프레임 사이에 전압을 가하면 작동기로도 사용할 수 있다. 이를 통해서 정전용량식 작동기를 만들 수 있으며, 여기에 AC 전압을 부가하면 정전식 스피커가 된다. 그림 7.10에 도시되어 있는 장치에서, 이동판은 직경이 $10[cm]$인 원판이며, 질량은 $10[g]$이고, 입력전압이 $0[V]$일 때에 고정된 하부판으로부터 $6[mm]$만큼 떨어져서 설치되어 있다. 입력신호의 전압은 0~$3,000[V]$이며, 주파수는 $1[kHz]$이다(그림 7.45 참조). 즉, 정현파 신호의 중심전압은 $1,500[V]$이다.

(a) 이동판과 고정판 사이의 거리가 $1[mm]$ 미만으로 줄어들지 않도록 만들기 위해서 필요한 복원 스프링 상수는 얼마인가?

(b) 이 스피커에 의해서 생성되는 최대음압을 $[dB]$ 단위로 계산하시오.

(c) 스피커는 일반적으로 출력을 사용하여 구분한다. 이 스피커의 평균출력값을 계산하시오.

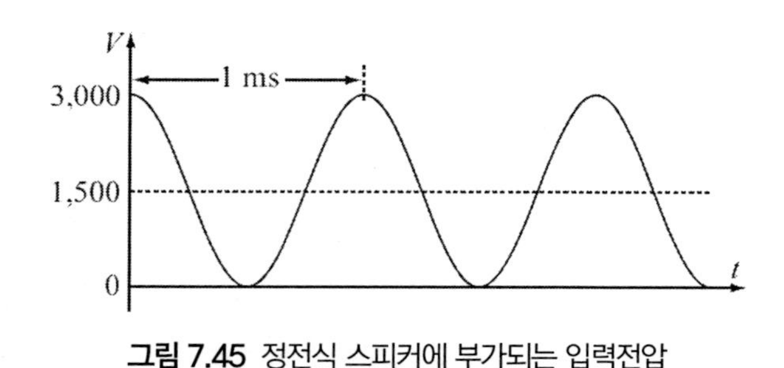

그림 7.45 정전식 스피커에 부가되는 입력전압

7.22 **하이드로폰**. 하이드로폰은 수중에서 작동하도록 설계된 마이크로폰이다. 공기중에서 작동하도록 설계된 자기식 스피커를 (적절히 밀봉한 다음에) 수중에서 하이드로폰처럼 사용하는 경우에 대해서 살펴보기로 하자. (마이크로폰으로 사용하는 경우에) 공기중에서 P_0의 음압이 부가되면 부하 R_0에 의해서 전압 V_0가 생성된다. 여기서 음속은 $343[m/s]$이며, 공기밀도는 $1.225[kg/m^3]$이다. 반면에 수중에서의 음속은 $1,498[m/s]$이며, 밀도는 $1,000[kg/m^3]$이고, 온도조건은 서로 동일하다고 가정한다. 공기중에서와 동일한 전압을 생성하는 수중음압을 계산하시오.

초음파센서

7.23 **구조물에 대한 초음파 검사**. 초음파를 사용한 철판의 박리상태를 검사에서는 펄스를 송출한 다음에 오실로스코프를 사용하여 수신된 신호를 검출한다. 그림 7.46 (a)에서는 송수신 신호의 타이밍을 보여주고 있다. 철판이 박리된 위치에는 공기가 충진되어 있다고 가정한다(그림 7.46 (b)에 도시된 상태로 가정한다). 신호의 공기중 전파속도는 c_a, 철판 속에서의 전파속도는 c_s라 할 때, 그림에 도시된 타이밍을 사용하여 두 철판의 두께와 박리된 공극길

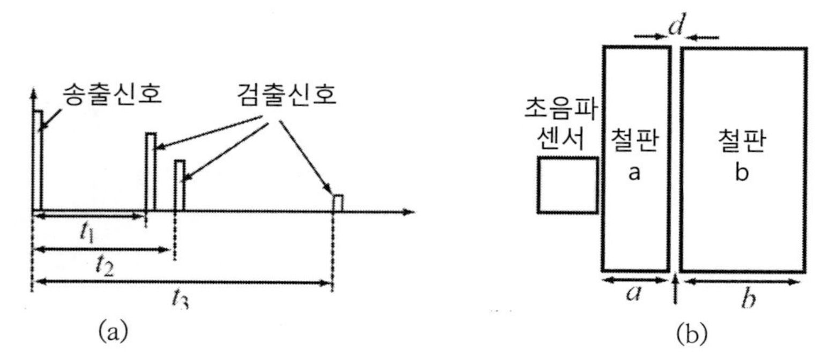

그림 7.46 초음파 시험기. (a) 센서에 수신된 신호. (b) 측정기와 신호 (a)가 생성된 구조

이를 계산하시오.

주의: 실제로 송신 및 수신된 신호는 그림 7.28(b)처럼 보이지만, 여기서는 문제를 단순화시키기 위해서 단순 펄스로 가정하였다.

7.24 **도플러 초음파를 사용한 유속측정**. 관로 내에서 유속을 측정하기 위해서 그림 7.47과 같은 구조가 제안되었다. 두 센서를 모두 관로의 상부에 설치하여 관로 내의 유속을 측정한다. 좌측의 초음파 송신기(작동기)에 의해서 송출된 파동이 관로의 바닥에서 반사되며 우측에 설치된 센서가 이를 수신한다. 초음파의 주파수는 $2.75[MHz]$이며, 수중에서의 전파속도는 $1,498[m/s]$이다.

(a) 주파수 f, 유속 v_f, 각도 θ인 시스템의 민감도를 계산하시오. 주파수, 유속 및 각도가 동일한 경우에 그림 7.29에 도시된 센서와 정확히 동일한 성능을 가지고 있다는 것을 증명하시오.

(b) $f = 3[MHz]$이며 $\theta = 30°$인 음파가 유속이 $3[m/s]$인 수중을 통과할 때에 주파수 시프트 양을 계산하시오.

(c) 송신기와 수신기의 역할을 뒤바꿔서 수신기가 상류측에 위치하는 경우에 대해서 살펴보기로 하자. 이런 경우에 (a)와 (b)의 결과는 어떻게 변하겠는가?

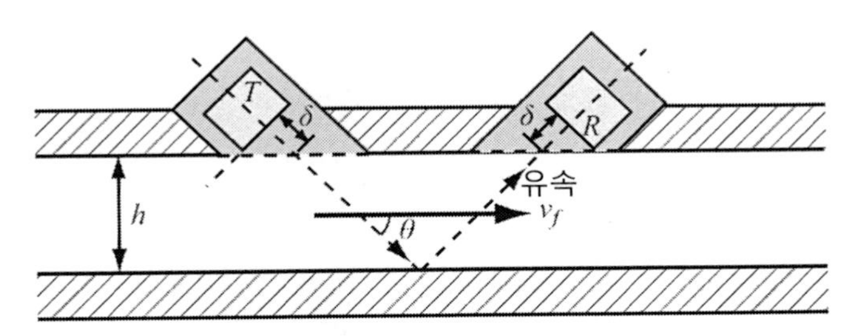

그림 7.47 관로 내에서의 유속을 측정하기 위해서 사용되는 유속측정용 센서

7.25 **비행시간법을 이용한 속도측정**. 관로 내에서 유속을 측정하기 위해서 그림 7.47에 도시된 구조가 제안되었다. 관로의 상부에 두 개의 센서들을 설치하여 관로 내의 유속을 측정한다. 좌측에 설치된 초음파 송신기에 의해서 송출된 파동이 관로의 바닥에서 반사되며, 우측의 센서에 의해서 검출된다. 수중에서 음파의 전파속도는 $c = 1,498[m/s]$이다. 좁은 펄스가

t_0에 송출되며 Δt의 시간이 지난 후에 검출되었다.

(a) 관로의 깊이가 h인 경우에, 비행시간 Δt와 유속 사이의 상관관계를 구하시오. 이때 유속은 v이며 센서의 설치각도는 θ이다.

(b) 센서의 민감도를 구하시오.

(c) 관로의 깊이는 $1[m]$이며 센서는 $30°$의 각도로 설치되어 있다. 비행시간 $\Delta t = 2.58[ms]$로 측정되었다. 관로 내의 유속은 얼마인가?

(d) 송신기와 수신기의 위치가 서로 뒤바뀌어 수신기가 상류측에 위치한 경우에는 (a)와 (b)의 결과가 어떻게 변하는가?

7.26 **단일체 유속센서**. 도플러 속도센서의 비용을 절감하기 위해서, 엔지니어는 단일체 초음파 변환기를 펄스-에코 모드로 작동시키는 방식을 제안하였다. 여기서 송신기가 펄스를 송출한 다음에는 수신모드로 전환되어 반사신호를 검출한다. 즉, 그림 7.29 (a)에서 수신기는 반사판(금속판)으로 대체된다.

(a) 수신기에서 검출되는 정확한 주파수 변화값을 계산하시오. 이 결과가 그림 7.29 (a)에 도시된 구조에서 얻어진 값보다 작다는 것을 규명하시오.

(b) $v = 5[m/s]$로 흐르는 물속에서 센서는 $\theta = 60°$의 각도로 설치되어 있으며, 반사판은 $10[cm]$거리에 설치되어 있는 경우에 센서의 주파수 시프트 양을 계산하시오(그림 7.29 (a) 참조). 센서는 $3.5[MHz]$로 공진하며 음파의 전파속도가 $1{,}500[m/s]$인 수중에서 측정이 수행된다. 이 결과를 그림 7.29 (a)에 도시되어 있는 구조에서 얻어지는 주파수 시프트 양과 비교하시오.

(c) 이 변환기가 송출할 수 있는 최대 펄스폭은 얼마이며, 이를 사용해서도 (b)에 제시된 경우에 대해서 여전히 센서로 작동할 수 있겠는가?

압전식 작동기

7.27 **압전 버저의 음향강도**. 버저에 설치되어 있는 압전원판에서 송출할 수 있는 기계출력을 사용하여 버저의 음향강도를 평가할 수 있다. 주파수 $1[kHz]$, 진폭 $12[V]$, 전류 $1[mA]$, 듀티비 50%인 구형파[23]를 사용하여 압전버저를 구동한다. 이 소자의 전력효율이 30%이며

버저의 기계출력이 음향으로 변환되는 경우에, 이 소자에 의해서 생성되는 최대 음향강도를 $[W/m^2]$ 단위와 $[dB]$ 단위로 계산하시오. 음향강도의 기준값은 $10^{-12}[W/m^2]$(가청한계)를 사용한다. 여기서는 직경이 $30[mm]$인 원판형상의 압전소자가 사용되었다.

7.28 **압전식 작동기**. 압전소자의 양단에 부가된 전압에 의해서 식 (7.40)에서와 같은 힘이 생성된다. 즉, 소자 내에서 변형이 일어나며, 전위차이에 의해서 형성된 전기장에 의해서 길이가 변한다. 작동기는 반경 $a=10[mm]$이며, 두께 $d=1[mm]$인 압전원판을 $N=20$층만큼 쌓아서 제작하였다. 압전원판은 PZT 소재를 $3-3$방향으로 절단하여 제작했으며, 적층의 양단에는 $V=120[V]$의 전압이 부가되었다. 적층의 길이변화량을 계산하시오.

7.29 **수정 표면탄성파 공진기**. 그림 7.36에 도시되어 있는 수정 표면탄성파 공진기가 제작되었다. 이 공진기는 단자의 양쪽에 45개의 반사 그루브가 성형되어 있으며, 설치거리는 서로 $20[mm]$만큼 서로 떨어져 있다. 이 소자의 공진 주파수는 얼마인가? 수정의 음파 전파속도는 $5,900[m/s]$이다.

7.30 **초음파 작동기에 의해 생성된 변형률**. 두꺼운 알루미늄 소재의 결함을 검사하기 위해서 초음파 변환기가 사용된다. 이를 위해서, $10[MHz]$로 작동하며 $6[W]$의 음파를 송출할 수 있는 변환기가 사용되었다. 변환기는 원형으로서 직경은 $30[mm]$이다. 초음파는 $15°$의 원추형으로 송출되며 동력밀도는 원추의 단면적 전체에 걸쳐서 균일하게 분포된다. 알루미늄의 음향특성은 표 7.1~7.4에서 제시되어 있다. 알루미늄의 탄성계수는 $79[GPa]$이다.

(a) 변환기와 접촉하는 소재 표면에서 발생하는 변형률을 계산하시오.

(b) 깊이 $60[mm]$ 위치에서 소재의 변형률을 계산하시오.

(c) 위의 결과를 통해서 소재 내부의 진단을 위한 초음파의 효용성에 대해서 논의하시오.

7.31 **표면탄성파 공진기를 사용한 온도센서**. 온도를 포함하여 공진주파수에 영향을 끼치는 임의의 물리량을 측정하기 위해서 표면탄성파 공진기를 사용할 수 있다. $20[°C]$에서 수정의

23) square wave

음속은 $5,900[m/s]$이다. 음속은 온도의존성을 가지고 있으며 $0.32[mm/s/°C]$의 비율로 증가한다. 그리고 수정의 열팽창계수는 $0.557[\mu m/m/°C]$이다.

(a) 대기압과 같은 여타의 환경인자들에는 영향을 받지 않으면서 온도를 측정할 수 있는 보상된 센서를 스케치하시오. 이를 실제로 만들 수 있겠는가?

(b) $400[MHz]$로 작동하는 표면탄성파 센서의 온도민감도를 계산하시오. 이 센서의 성질에 대해서 고찰하시오.

7.32 **표면탄성파 공진기를 사용한 압력센서.** 압력센서로 그림 7.48에 도시되어 있는 구조가 사용되었다. 센서는 수정소재로 제작되었으며 $10[\mu m]$ 간격으로 다수의 그루브들이 성형되어 있다. 압력이 작용하는 면적은 폭 $w=2[mm]$, 길이 $L=10[mm]$, 그리고 두께 $d=0.5[mm]$이다. 이 수정소재 칩에 압력이 부가되면 소자의 양단에 설치된 $0.5[mm]$ 두께의 지지구조물에 의해서 단순지지 빔처럼 거동한다. 수정의 탄성계수는 $71.7[GPa]$이다.

(a) 압력에 대한 민감도를 계산하고 상부 표면에 대기압보다 $1[atm]$만큼 더 높은 P_1의 압력이 부가되었을 때에, 공진주파수의 시프트 양을 계산하시오($P_2=1[atm]$).

(b) $P_1=120,000[Pa]$이고 $P_2=150,000[Pa]$인 경우에 센서의 공진주파수를 계산하시오.

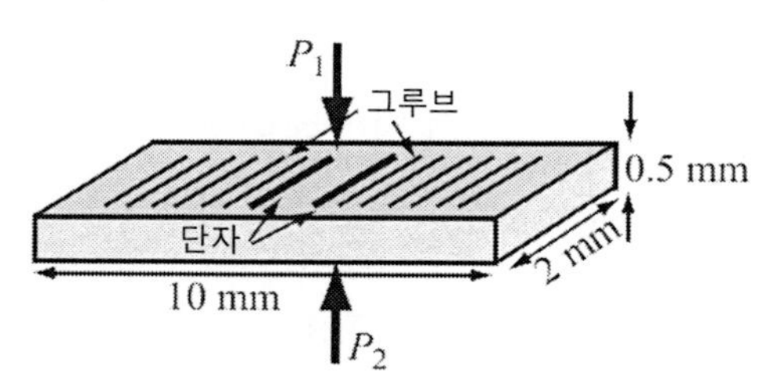

그림 7.48 표면탄성파 공진기를 사용한 압력센서

7.33 **표면탄성파 질량센서.** 그림 7.40에 도시되어 있는 표면탄성파 공진기는 길이 $a=4[mm]$, 폭 $w=2[mm]$, 그리고 두께 $t=0.2[mm]$이다. 이 센서는 용융수정으로 제작되며 외란이 없는 경우에 $120[MHz]$로 진동한다. 수정소재의 탄성계수는 $71.7[GPa]$이다.

(a) 만일 질량을 측정하기 위해서 센서가 사용된다면, 센서의 민감도$[Hz/g]$는 얼마이겠는가? 질량은 센서의 상부 표면에 균일하게 분포된다고 가정한다.

(b) 수정의 최대 허용 변형률은 1.2%이다. 센서의 측정범위와 출력값의 변화폭을 계산하시오.

(c) 만일 주파수 계수기를 사용하여 주파수를 측정하며, 검출 가능한 최저 주파수 변화량은 $10[Hz]$라 할 때에, 이 계측기의 분해능은 얼마인가?

7.34 **압전식 점화장치**. 가스를 점화시키는 불꽃을 만들기 위해서 압전소자로 충분히 높은 전압을 만드는 작동기로 압전소자가 일반적으로 사용되고 있다. 이 장치는 담배 라이터, 주방용 가스스토브, 난로 등의 점화 스위치로 사용되고 있다. 이 장치에서는 소형이며, 전형적으로 원통형상의 결정체와 스프링의 예하중을 받는 해머가 이미 알고 있는 힘으로 결정체를 때린다. 담배 라이터에 사용되는 소자에 대해서 살펴보기로 하자. 결정체의 직경은 $2[mm]$이며 길이는 $10[mm]$이다(그림 7.49 (a)).

(a) 결정체는 $BaTiO_3$를 $3-3$방향으로 절단하여 제작하며, 적절한 크기의 불꽃을 만들기 위해서 필요한 전압은 $3,200[V]$인 경우에, 필요한 충격량을 계산하시오. 여기에 필요한 근사와 이 근사의 타당성에 대해서 논의하시오.

(b) 탄성계수값이 $k=2,000[N/m]$인 스프링을 사용하여 어떻게 이 힘을 생성하는가에 대해서 설명하시오.

(c) 성능을 향상시키기 위해서, 동일한 두 번째 결정체를 추가하며 그림 7.49 (b)에서와 같이 전기적으로 연결하였다. 결정체 양단에서 $3,200[V]$의 전압을 생성하기 위해서 필요한 힘을 계산하시오.

(d) 이 소자에 의해서 공급되는 에너지는 그림 7.49 (a)에 도시된 소자에 의해서 공급되는 에너지에 비해서 두 배가 된다는 것을 증명하시오.

(e) 외부 에너지는 어디서부터 나오는가?

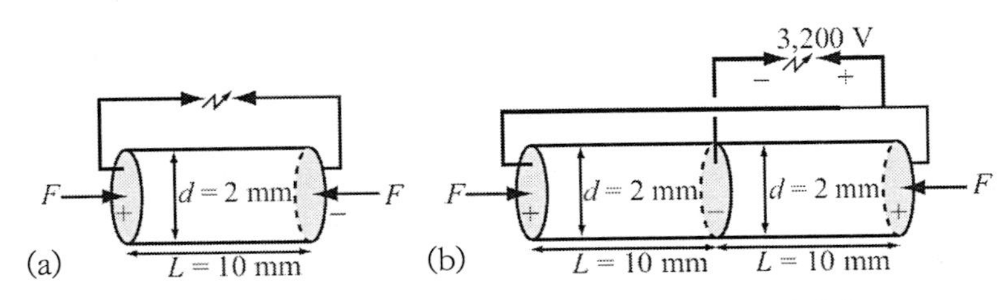

그림 7.49 (a) 압전식 가스 점화장치. (b) 개선된 점화장치

CHAPTER 8

화학 및 생물학적 센서와 작동기

CHAPTER

8 화학 및 생물학적 센서와 작동기

혀와 코

인체의 두 가지 가장 중요한 화학센서들인 혀와 코는 서로 가깝게 위치하며, 공간을 공유하고 있을 뿐만 아니라 맛과 향을 감지하기 위해서 서로 협력한다. 이들 둘은 모두 바이오센서라고 부른다. 혀는 다중기능을 가지고 있는 근육으로서, 아마도 인체 내에서 가장 유연한 장기일 것이다. 미뢰 또는 센서는 혀와 접촉하는 물질의 화학적 분석인 맛을 감지하며 달고 짜고 시고 쓰고 매운 다섯 가지 맛을 구분한다. 비록 대부분의 미뢰는 혀에 위치하지만, 연구개, 상부식도 그리고 후두개(혀와 후두 사이에 위치한 입의 뒤쪽 부분)에서도 일부가 발견된다. 대부분의 미뢰들은 혀의 표면에 돌출되어 있으며, 위를 향해서 열려 있다. 이 열린 구멍(미각감지구멍)을 통해서 음식물질들이 접촉한다. 인간의 혀에는 개인적 편차와 나이에 따라서 최대 8,000개에서 최소 2,000개의 미뢰가 있다. 이 맛 정보는 신경을 통해서 뇌의 맛 영역으로 전달된다.

혀는 또 다른 기능도 가지고 있다. 인간의 경우 혀는 음식을 처리하고 입을 닦으며, 특이하게도 대화에 사용된다. 이를 위해서 혀는 기계적 장기처럼 작용한다. (개와 같은) 일부의 동물들은 혀를 열조절 메커니즘으로 활용한다. (고양이와 같은) 많은 동물들이 혀를 사용하여 피부를 단장하거나 마시는 데에 활용하며 연질장기를 닦기도 한다(일부 파충류는 눈을 닦으며, 소는 코를 닦는다). 특수한 기능을 갖춘 혀도 있다. 카멜레온의 혀는 곤충을 잡을 수 있으며, 뱀의 혀는 둘로 갈라져 있고, 기린의 긴 혀는 먹이를 잡아당기는 고리처럼 사용된다.

두 번째 화학적 장기는 코이다. 코는 외견상으로는 돌출된 부분과 두 개의 콧구멍의 단순한 형상으로 구성되어 있다. 하지만 내부에는 수많은 기능들이 구비되어 있다. 콧구멍 속에는 세 개의 연골들로 이루어진 돌기가 공기의 흐름을 폐 쪽으로 안내한다. 이 과정에서 공기를 데워주며, 점막과 코털은 공기중의 먼지와 이물들을 걸러준다. 측면의 연질조직은 관로를 넓히거나 좁혀서 공기 흡입량과 유속을 조절한다. 비강 상부에는 주 공기흐름에서 벗어난 위치에 냄새를 맡을 수 있는 후각장기가 위치하는 별도의 공간이 있다. 이 공간은 공기흐름 방향을 향해서 열려 있으며, 공기를 포집하지만 공기가 이 공간을 통과하지는 않는다. 분자들이 이 공간 속에 일시적으로 머무는 동안 냄새를 맡는 기능이 이루어진다. 이로 인해서 가끔씩은 냄새의 원인이 없어진 이후에도 오랫동안 냄새가 남아있는 것처럼 보이는 것이다. 후각 세포들은 뇌의 후각영역과 연결되어 있다. 후각은 일반적으로 시각이나 청각만큼 중요하게 여겨지지 않지만, 장기기억과 어떤 방식으로 연결되어 있다. 어떤 사건의 모습이나 소리에 대한 기억이 사라지고 오랜 시간이 지난 후에도 그 장소나 상황의 냄새는 기억 속에 남아서 여전히 생생히 떠오르는 경우가 있다. 코는 또한 특정한 기능을 가지고 있다. 대부분의 포유류들은 보습코기관이라고도 부르는 후각신경구를 활용하여 사회적, 또는 성적인 상태와 관련된 화학적 신호를 감지한다. 이 기관들은 대뇌피질을 우회하여 뇌의 번식과 임신을 관장하며, 수컷의 공격성에 영향을 끼치는 영역으로 연결되어 있다. 일부 파충류는 갈라진 혀로 공기를 채취하여 입속의 상부에 위치하며 환경에 대한 화학적 감지를 수행하는 장기(제이콥슨 장기)로 전달한다.

8.1 서언 - 화학과 생화학

화학센서들은 리빙시스템의 생물감지는 말할 것도 없이 가정, 교통 그리고 작업현장에서도 일반적으로 사용되고 있지만, 대부분의 경우 화학센서들에 대한 이해나 지식은 가장 부족하다. 작동 원리도 여타의 센서들과는 매우 다르며 측정 방법도 역시 다르다. 많은 화학센서들은 대상물질의 시료를 채취하는 방식으로 수행된다. 이 시료와 센서요소 사이에 어떤 방식의 상호작용을 일으킨 후에 이 작용으로부터 전기적인 출력을 얻어낸다. 일부의 센서들은 대상물질에 대한 완벽한 분석을 수행하는 반면에 여타의 센서들은 단순히 대상물질의 존재만으로도 출력값을 송출한다. 화학측정에 사용되는 단위들은 일반인들에게는 매우 생소하며, 화학이나 화학공학에 정통한 사람들만이 알아볼 수 있다.

화학측정과 작동은 화학적 상호작용에 의존한다. 화학은 유기 또는 무기소재, 화합물과 이들의 반응을 다룬다는 점을 상기할 필요가 있다. **무기화학**은 산, 알칼리, 염 및 산화물 등의 소재들과 이들의 화합물들에 대한 성질, 분류 및 반응을 연구하는 학문이다. **유기화학**은 다양한 조합의 C-H 결합을 함유한 탄소 화합물을 연구하는 학문이다. 유기화학과 무기화학 사이에는 유기금속 화합물과 같이 일부 중첩되는 부분이 있지만, 이로 인해서 측정 및 작동이 특별히 영향을 받지는 않는다. 그런데 유기화학의 일반적인 주제들 중에서 생화학은 리빙 시스템에서 특별히 중요하며, 이로 인하여 다양한 바이오센서들이 개발되었다. 이 센서들(과 작동기들)은 의약품과 같은 리빙시스템의 개발뿐만 아니라 우리의 삶에 영향을 끼치는 광범위한 분야에서 사용되고 있다. 예를 들어 혈액 조성 분석은 명확히 바이오센서의 범주에 속한다. 반면에 물속의 용존산소는 이온측정을 통해서 이루어지는데, 이는 생명에 국한되지 않지만 모든 형태의 물이 생명에 매우 중요하기 때문에 용존산소 측정도 똑같이 바이오센서로 간주한다. 이와 마찬가지로, 환경보호를 목적으로 사용되는 무기물 모니터링도 바이오센서로 분류한다.

화학측정도 물리적 센서들과 마찬가지로 **자극**[1]이 필요하며, 적절한 대응작용을 만들어내기 위해서 출력이 필요하다는 점에서는 여타의 센서들과 다를 바 없다. 단지 측정 메커니즘과 변환기가 다를 뿐이다. 유기물질이나 무기물질을 측정할 때에, 앞 장에서 설명한 일반적인 측정방법들뿐만 아니라 이온, 촉매, 특정한 염의 기체 및 유체에 대한 민감도 등을 사용할 수 있다. 바이오센서에서는 많은 경우, 효소, 세균, 항원 또는 반응에 영향을 끼칠 수 있는 식물이나 동물조직 등과

---

1) stimuli: 측정대상 신호원의 물리량 변화현상을 뜻한다. 역자 주.

같이 생물학적으로 활성인 물질들을 사용해야만 한다. 반면에 신호변환은 여타의 센서들과 유사하며, 대부분의 경우 중간센서나 측정요소들을 활용하여 전기적인 출력을 얻는다. 예를 들어, 촉매센서의 경우, 서미스터와 같은 저항요소의 온도변화를 측정한다. 물론, 반응이 완료될 때까지 긴 측정시간이 필요하거나 고온 환경이 필요한 것처럼, 작동을 위해서는 특정 조건이 필요하다.

화학센서와 바이오센서의 중요한 역할은 환경 모니터링, 유해물질의 보호와 추적뿐만 아니라 오염, 수인성 감염, 종의 이동, 그리고 물론 일기예보와 날씨추적 등을 포함하여 자연현상 및 인간이 만든 현상을 추적하는 것이다. 과학과 의학에서는 산소, 혈액 및 알코올과 같은 물질의 샘플링은 잘 알려져 있다. 식품업계에서는 식품처리와 식품안전의 모니터링에 크게 의존하며, 군에서는 최소한 제1차 세계대전 때부터 화학전에 사용되는 화학 작용제를 추적하기 위해서 화학센서를 사용해왔다. 차량의 오염제어는 문자 그대로 수십억 개의 화학센서들을 사용하여 대규모로 수행된다. 그리고 일산화탄소(CO) 검출기, 연기경보, pH 미터 등의 가정용 센서들도 똑같이 중요하다. 시민의 안전과 생물보안을 유지하기 위해서 사용되는 보안 및 국방용 화학 및 생화학센서들은 특정한 영역의 페스트와 각종 병원균의 유무를 확인하기 위해서 사용된다.

화학 작동기도 존재한다. 시스템에서 수행한 모든 작업이 해당 시스템의 출력과 작동으로 간주될 수 있으므로, 우리는 작동기라면 먼저 기계적인 작동을 생각하게 된다. 이런 측면에서, 화학작동기들은 특정한 결과에 영향을 끼치기 위한 화학반응이나 공정을 수행하는 장치와 과정이다. 예를 들어 (일반적으로 오염제어를 위하여) 특정한 물질이나 물질들을 제거하기 위하여 사용되는 화학식 스크러버는 화학 작동기의 중요한 부류이다. 오염관리에 사용되는 촉매변환기는 대표적으로 차량에서 사용된다. 그런데 만일 기계적 작동이 개념잡기가 더 편하다면, 내연엔진이나 충돌사고 시 에어백 팽창이 화학적 작동기의 좋은 사례이다(이들은 기계식 작동기라고도 부른다).

화학식 장치들과 용도가 수없이 많기 때문에 이 화학센서들과 작동기들을 어떻게 분류하고 이들을 어떻게 설명할지도 문제이다. 화학적 자극들을 우선, 직접출력과 간접출력으로 구분하는 것이 좋아 보인다. 직접식 센서의 경우, 화학반응 또는 화학물질의 존재로 인하여 측정 가능한 전기출력이 송출된다. 정전용량식 습도센서가 이에 해당하는 간단한 사례이다. 여기서 정전용량은 판들 사이에 존재하는 수분(또는 여타 유체)의 양에 정비례한다. 간접식 (또는 복합식) 센서는 자극의 검출을 위해서 간접적인 방법을 사용한다. 예를 들어, 광학식 연기 검출기는 광원을 사용하여 광저항기와 같은 광학식 센서에 광선을 조사하며, 기본 측정값을 읽어둔다. 광원과 센서 사이에 연기가 유입되면 광선강도, 광속, 위상 또는 여타의 측정특성이 변하게 된다. 일부 화학식 센서들은 훨씬 더 복잡하며 더 많은 변환단계들을 거쳐야 한다. 사실, 이들 중 일부는 완벽한 계측기 또는 처리기라고 간주할 수 있다.

자극 자체의 유형에 따라서도 분류가 가능하다. 예를 들어, 산도, 전도도 그리고 산화-환원 전위 등을 기반으로 하여 측정대상 자극들을 구분할 수 있다. 과거에 만들어진 화학센서와 생화학 센서들 사이의 구분이 명확하지는 않지만, 이를 사용할 수도 있다. 일부의 경우에는 생체 센서와 생체의학 센서를 구분하기도 한다.

이 장에서는 화학 센서와 생화학 센서들에 사용되는 원리를 모두 다루기 위해서 노력하겠지만, 이들에 대한 엄격한 구분을 피하며 실용적 관점에서 가장 중요한 화학센서들에 대해서 집중적으로 살펴볼 예정이다. 이를 통해서 이 센서들과 관련되어 있는 대부분의 화학반응과 공식들을 명확히 이해하고, 이를 활용하여 변환과정에 대한 물리적인 설명을 대체하며, 한 무더기의 어려운 분석화학을 사용하지 않고서 결과를 설명할 예정이다. 우선, 일련의 전기화학적 센서들에 대해서 살펴보는 것부터 시작한다. 이 부류에는 화학량을 전기신호로 직접 변환시켜주는 센서들이 포함되며, 뒤이어서 직접식 센서들에 대한 정의가 이루어진다. 두 번째 그룹에는 열을 발생시키며, 발생된 열을 측정하는 센서들이 포함된다. 4장에서 살펴보았던 열광학 센서들과 마찬가지로, 광-화학센서를 포함하여 이런 유형의 센서들은 간접식 센서에 포함된다. 다음으로 가장 일반적인 센서들인 pH와 가스 센서들은 유리 맴브레인을 사용한다. 그런 다음, 생체측정의 일반적인 방법으로서 유리 맴브레인과 더불어서 부동화된 이온투과담체 및 효소들을 사용하는 방법에 대해서 살펴본다. 마지막으로 살펴볼 습도와 수분 센서들은 진정한 화학센서가 아니지만 측정 방법이나 사용되는 소재들은 화학센서와 관련되어 있다.

8.2 화학 단위계

화학센서 및 작동기와 관련되어 사용되는 대부분의 단위계들은 다른 분야에서와 동일하지만, 일부 단위들은 화학에서만 사용된다. 이런 단위들을 사용하기 전에 이 절에서 우선 정의에 대해서 살펴보기로 한다.

- **몰**$[mol]$: 유일한 화학기반의 SI 단위인 몰은 해당 물질의 분자 수가 6.02214×10^{23}개(아보가드로의 수)인 물질량으로 정의된다. 일부의 경우에는 $[mmol] = 10^{-3}[mol]$과 $[kmol]$

$= 10^3 [mol]$ 등의 단위들이 사용된다.

- **몰 질량**$[g/mol]$: 물질 $1[mol]$의 그램$[g]$질량
- **그램당량**$[g-eq]$: 1당량의 질량, 즉, 산이나 알칼리 용액 속에서 $1[mol]$의 수소 양이온(H^+)을 공급하거나 수소 양이온과 반응하는 물질의 양, 또는 산화-환원 반응 속에서 $1[mol]$의 전자를 공급하거나 반응하는 물질의 양. 일반적으로 사용되는 그램당량은 몰질량(질량/몰값)을 관심대상 물질의 원자나 분자의 원자가로 나눈 값이다.
- **백만분률**$[ppm]$과 **십억분률**$[ppb]$: 무차원 양으로서, 예를 들어 질량비율($1[mg/kg] = 1[ppm]$ 또는 $10[\mu g/kg] = 10[ppb]$)과 같이 어떤 양의 비율을 나타내기 위해서 가장 일반적으로 사용된다. 그런데 이를 사용해서 다른 모든 비율들을 나타낼 수 있다. 전체에 대하여 어떤 종류가 차지하는 비율을 나타내기 위해서 마치 백분율(%)처럼 이 표기방법을 사용할 수 있다. 엄밀히 말해서는 옳지 않지만, 어떤 변수의 변화율을 나타내기 위해서도 이를 사용할 수 있다. 예를 들어, $1[ppm/°C]$만큼 변한다고 말할 수 있다. 즉, 어떤 물질의 체적이 $100[ppm/°C]$만큼 변했다는 것은 해당 물질의 체적이 $100[\mu m^3/m^3/°C]$만큼 변한다는 것을 의미한다. $[ppm]$과 $[ppb]$ 단위는 SI 단위계가 아니지만, 보편적으로 받아들여지고 있으며, 화학이나 의학 분야에서 일반적으로 사용되고 있다. 하지만 빌리온(billion)이라는 단어에는 두 가지 서로 다른 의미가 있기 때문에 $[ppb]$ 단위를 사용할 때에는 주의가 필요하다. 미국에서는 빌리온이라는 용어를 소위 쇼트스케일로 사용한다. 즉, $1[billion] = 10^9$이다. 반면에 전통적인 빌리온은 롱스케일로 사용되며, $1[billion] = 10^{12}$이다. 여기서 $[ppb]$는 쇼트스케일로 사용된다($1[ppb] = 1/10^9$).
- **몰농도**$[mol/L]$: 몰농도는 용액 1리터 당 녹아있는 용질의 몰수이다. 이를 **몰라**[2]라고 부르며, 일반적으로 M으로 표기한다.

예제 8.1 몰과 질량 사이의 단위변환

몰은 고정된 양이 아니다. 즉, 어떤 물질 1몰의 질량은 다른 물질 1몰의 질량과 서로 다르다. 산소, 수소 및 물의 경우를 살펴보기로 하자. 각각의 물질들이 1몰이라면, 이들의 분자 또는 원자 숫자는 서로 동일하지만 질량은 서로 다르다. 몰값을 질량(또는 그 역)으로 변환시키기 위해서는 물질의 원자단위를 사용한다.

---

2) molar

산소의 원자질량은 16$[amu]$이다. 그러므로 산소 1$[mol]$ = 16$[g]$이다. 수소의 원자질량은 1.008$[amu]$이다. 따라서 수소 1$[mol]$ = 1.008$[g]$이다. 물(H_2O)의 원자질량은 $2 \times 1.008 + 16 = 18.016[amu]$이다. 따라섬 물 1$[mol]$ = 18.016$[g]$이다. 물질을 구성하는 모든 원소들의 원자질량들을 모두 합산하여 1$[mol]$의 질량을 계산한다.

8.3 전기화학식 센서

전기화학식 센서는 물질이나 반응에 의해서 저항값(전기전도도)이나 정전용량(유전율)이 변한다. 이들은 서로 다른 이름을 가지고 있다. 예를 들어, **전위차형 센서**는 전류가 흐르지 않으며 정전용량과 전압만 측정한다. **전류형 센서**는 전류를 측정하는 반면에 **전기전도도 센서**는 전기전도도(저항)를 측정한다. 전압, 전류 및 저항은 옴의 법칙과 관련되어 있으므로, 이들은 동일한 성질에 대해서 서로 다른 방식으로 이름을 붙인 것이다.

전기화학센서에는 다양한 유형의 측정법들이 포함되며, 이들 모두는 광범위한 전기화학적 원리에 기초하고 있다. 연료전지(일종의 작동기), 표면전도도 센서, 효소전극, 산화센서 그리고 습도센서와 같이 수많은 소자들이 이 부류에 속한다. 이들 중에서 가장 단순하며 가장 유용한 센서인 금속 산화물 센서부터 차례로 살펴보기로 하자.

8.3.1 금속산화물 센서

에틸알코올, 메탄 등과 같은 다양한 환원가스 속에서 금속산화물 표면의 온도를 상승시키면, 때로는 선택적으로, 때로는 포괄적으로, 표면전위와 그에 다른 전기전도도가 변한다는 잘 알려진 성질을 이용한다. 이런 목적으로 사용할 수 있는 금속산화물에는 이산화주석(SnO_2), 산화아연(ZnO), 삼산화철(Fe_2O_3), 이산화지르코늄(ZrO_2), 이산화티타늄(TiO_2), 그리고 삼산화텅스텐(WO_3, 볼프람) 등이 포함된다. 이들은 반도체물질로서, p-형이나 n-형으로 만들 수 있지만, n-형이 선호된다. 산화물의 제조는 비교적 단순하며, 실리콘 공정이나 여타의 박막 또는 후막 기술을 사용하여 제조할 수 있다. 기본 작동원리는 산화물들이 가열되면, 주변 기체들이 산화물의 산소와 반응하면서 소재의 저항값이 변한다는 것이다. 이를 위해서는 고온, 산화물 그리고 산화물 반응 등이 필요하다.

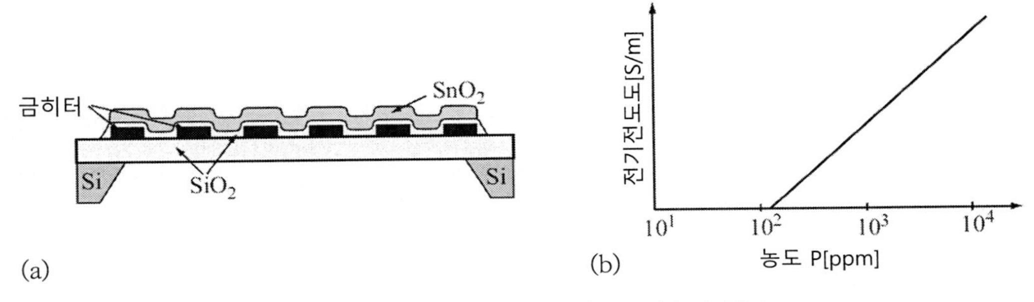

그림 8.1 금속산화물 CO 센서. (a) 구조. (b) 전달함수

가장 대표적인 **금속산화물 센서**는 **그림 8.1** (a)에 도시되어 있는 CO 센서이다. 이 센서는 히터와 그 위에 증착된 이산화주석(SnO_2) 박막으로 이루어진다. 구조의 측면에서, 실리콘 층은 초기에 구조물을 임시로 지지하기 위해서 사용된다. 이 실리콘 위에 이산화규소(SiO_2)층을 열성장시킨다. 이 층은 고온에 견딜 수 있어야만 한다. SiO_2층의 상부에 금을 증착한 후에 이를 식각하여 구절양장 형상의 가늘고 긴 도선 형태로 만든다. 이 도선에 충분한 전류를 흘리면 히터처럼 작용한다. 이 위에 두 번째 SiO_2층을 증착하여 금 소재 히터요소를 위아래에서 덮는다. 그런 다음, 상부 SiO_2층에 홈을 성형하여 활성표면의 면적을 증가시킨다. 표면의 박막층들을 지지하던 원래의 실리콘 소재를 식각하여 제거하면 센서의 열용량이 감소한다. 이 센서의 측정면적은 $1\sim1.5\,[mm^2]$에 불과할 정도로 매우 좁다. 이 소자를 작동시키기 위해서는 300[°C]까지 가열해야만 한다. 하지만 센서의 크기가 매우 작고, 열용량도 매우 작기 때문에, 필요한 전력은 $100\,[mW]$에 불과할 정도로 매우 작다. 산화물의 전기전도도는 다음과 같이 나타낼 수 있다.

$$\sigma = \sigma_0 + kP^m \quad [S/m] \tag{8.1}$$

여기서 σ_0는 CO가 없는 상태에서 300[°C]의 온도에서 SnO_2의 전기전도도 값이다. P는 CO 기체의 농도값$[ppm]$이며 k는 민감도계수(다양한 산화물들에 대해서 실험적으로 구한 값), 그리고 지수값 m은 실험값으로서, SiO_2의 경우에는 대략적으로 0.5이다. 따라서 **그림 8.1** (b)에 도시되어 있는 것처럼, 기체농도 증가에 따라서 전기전도도가 증가한다. 저항값은 전기전도도에 반비례하므로 다음과 같이 나타낼 수 있다.

$$R = aP^{-\alpha} \quad [\Omega] \tag{8.2}$$

여기서 a는 소재와 기체농도에 의해서 결정되는 상수이다. α는 각 종류의 기체들에 대해서 실험적으로 구한 값이며, P는 기체의 농도값$[ppm]$이다. 이 단순한 관계식을 사용해서 다양한 기체들에 대한 센서의 응답을 정의할 수 있지만, 기체농도가 0인 경우에 대해서 정의할 수 없기 때문에 측정범위가 제한된다. 이런 유형의 센서들은 응답이 지수함수의 특성을 가지고 있으며(로그스케일에서 선형), 기체와 사용된 산화물의 종류에 따라서 각각, 그림 8.1 (b)에 제시되어 있는 전달함수를 구해야 한다. 이산화탄소(CO_2), 톨루엔(C_7H_8), 벤젠(C_6H_6), 에테르($(C_2H_5)_2O$), 에탄올(C_2H_5OH, 에틸알코올), 그리고 프로판(C_3H_8)과 같은 물질들을 뛰어난 민감도($1 \sim 50[ppm]$)로 측정하기 위해서 SiO_2 기반의 센서들뿐만 아니라 ZnO 센서들도 사용할 수 있다.

그림 8.2에서는 앞선 사례의 변형된 구조를 보여주고 있다. 여기서는 페라이트 모재 위에 SnO_2 층이 증착되어 있다. 여기에는 비교적 두꺼운 층의 이산화루비듐(RuO_2)이 히터로 사용되었으며, 두 개의 금 접점(C 및 D)을 통해서 전류가 공급된다. 상부에 설치된 두 개의 금 접점(A 와 B)을 통해서 매우 얇은($0.5[\mu m]$ 미만) SnO_2 박막층의 저항을 측정한다. 이 센서는 앞서 설명한 것처럼 작동하며 주로 에탄올과 일산화탄소에 대해서 민감하게 반응한다.

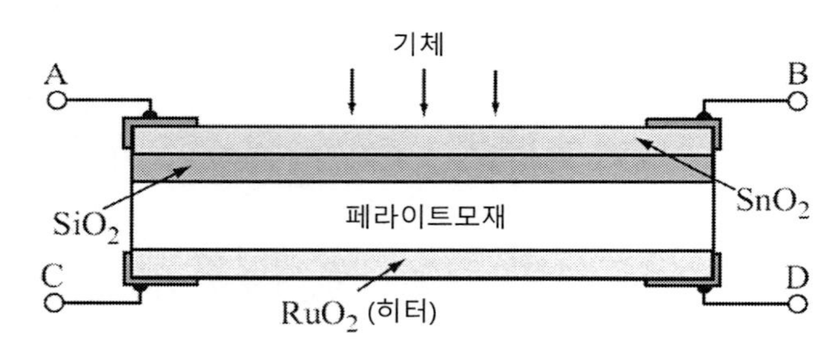

그림 8.2 에탄올과 일산화탄소 검출용 센서

예제 8.2 에탄올 센서

모재 위에 삼산화 텅스텐(WO_3) 나노입자 박막층을 증착하여 에탄올센서를 만든다. 이 센서의 성능을 평가하기 위해서, 두 가지 농도에 대해서 센서의 저항값을 측정한다. 에탄올 기체의 농도가 $100[ppm]$일 때의 저항값은 $161[k\Omega]$인 반면에, $1{,}000[ppm]$에서의 저항값은 $112[k\Omega]$이다. 이 센서의 민감도 $[\Omega/ppm]$을 계산하시오.

풀이

식 (8.2)를 사용해서 상수 a와 α를 구할 수 있다. 그런 다음, 제시된 단위계로 민감도를 구할 수 있다.

$100[ppm]$에서의 저항값 $R_1 = 161{,}000 = a \times 100^{-\alpha}[\Omega]$

$1{,}000[ppm]$에서의 저항값 $R_2 = 112{,}000 = a \times 1{,}000^{-\alpha}[\Omega]$

상수값들을 구하기 위해서 위 식들의 양변에 자연로그를 취한다.

$$\ln(161{,}000) = \ln a - \alpha \ln(100)$$
$$\ln(112{,}000) = \ln \alpha - \alpha \ln(1{,}000)$$

위의 두 식을 차감하면 다음 식을 얻을 수 있다.

$$\ln(161{,}000) - \ln(112{,}000) = \alpha \ln(1{,}000) - \alpha \ln(100)$$

이를 정리하면,

$$\alpha = \frac{\ln(161{,}000) - \ln(112{,}000)}{\ln(1{,}000) - \ln(100)} = 0.1576$$

이를 처음 식에 대입하면,

$$\ln a = \ln(161{,}000) + 0.1576 \ln(100) = 12.7149$$

그러므로

$$a = e^{12.7149} = 332{,}667$$

따라서 저항값에 대한 방정식은 다음과 같다.

$$R = 332{,}667 \times P^{-0.1576}[\Omega]$$

저항값을 P에 대해서 미분하면 민감도를 구할 수 있다.

$$S = \frac{dR}{dP} = -0.1576 \times 332{,}667 \times P^{-0.1576} = -52{,}428 \times P^{-0.1576}[\Omega/ppm]$$

예상했던 대로 민감도는 곡선 형태로 변한다. 예를 들어 $500[ppm]$에서의 민감도는 $39.37[\Omega/ppm]$인 반면에, $200[ppm]$에서의 민감도는 $113.73[\Omega/ppm]$에 달한다.

앞서 설명했던 것처럼, 산소와 반응하는 모든 환원성 기체(산소와 반응하는 기체)들을 검출할 수 있다. 일반적으로 금속 산화물 센서들은 기체 선택도가 떨어진다는 것이 단점으로 꼽힌다. 이를 극복하기 위해서는 검출대상 기체만 반응하며 여타의 기체들은 반응하지 않는 온도를 선택하거나, 또는 특정한 성분의 기체만을 필터링해야 한다. 이 센서들은 일산화탄소와 이산화탄소

검출기에서 자동차용 산소센서에 이르기까지 다양한 용도로 사용되고 있다. 예를 들어 자동차용 산소센서의 경우, 앞서 설명했던 방식으로 제작한 TiO_2 센서를 사용하며, 이 센서는 산소농도에 비례하여 저항값이 증가하는 특성을 갖는다. 이 센서는 (오염감시를 위한) 물속의 산소량(용존산소)의 측정과 같은 경우에도 일반적으로 사용된다. 물속의 가용 유기물질량을 측정하기 위해서도 이 방법을 사용할 수 있다. 우선 물을 증발시킨 다음에 잔류물을 산소와 반응시켜서 산소가 얼마나 소모되었는지를 측정한다. 산화반응에 의해서 소모된 산소의 양을 통해서 시료 속에 함유되어 있는 유기물의 총량을 알아낼 수 있다.

8.3.2 고체전해질 센서

상업적으로 많이 사용되고 있는 또 다른 중요한 유형의 센서가 **고체전해질 센서**이다. 이들은 자동차를 포함하여 산소측정용 센서로 자주 사용되고 있다. 이 센서에서는 고체 갈바니 전지(전지셀)를 구성하며, 일정한 온도와 압력하에서 두 전극 사이의 산소농도에 비례하여 전자기장을 생성한다. 전극과 고체전해질의 종류뿐만 아니라 센서의 작동온도에 의해서 센서의 민감도와 선택도가 결정된다. 산소(O_2), 일산화탄소(CO), 이산화탄소(CO_2), 수소(H_2), 메탄(CH_4), 프로판(C_3H_6) 및 여타 기체들에 대해 선택성을 갖추고 있는 다양한 민감도의 센서들이 다양한 용도로 개발되어 있다. 이산화 지르코늄(ZrO_2) 및 일산화칼슘(CaO)이 대략적으로 90%:10%의 비율로 조합된 고체전해질은 고온(500[°C] 이상)에서 산소이온의 전기전도도가 높기 때문에, 산소센서로 널리 사용되고 있다. 고체전해질은 이산화 지르코늄(ZrO_2)을 분말 소결하여 제조한다. 내부와 외부 전극들은 촉매로 작용하면서 산소를 흡착하는 백금으로 만든다. 그림 8.3에 도시된 구조의 센서는 자동차용 배기 산소센서이다. 전극들 사이의 전위차는 다음과 같이 주어진다.

$$emf = \frac{RT}{4F}\ln\left(\frac{P_{O_2}^1}{P_{O_2}^2}\right)\ [V] \tag{8.3}$$

여기서 R은 보편기체상수($8.314472[J/K/mol]$), $T[K]$는 온도, 그리고 F는 패러데이 상수($96,487[C/mol]$이다. $P_{O_2}^1$는 대기중 산소농도이며, $P_{O_2}^2$는 배기가스중의 산소농도이고, 센서의 양측 모두 동일한 온도로 가열된다. 양측의 농도가 동일한 경우의 전위차를 나타내기 위해서 식(8.3)의 로그 항에는 작은 값이 더해진다. 이상적으로는 이 상수값이 0이어야 하지만 실제로는 아주 작은 값을 사용한다. 하지만 우리는 이 값이 매우 작으며, 센서특성(구조, 소재 등)에 의존하므로, 이를 무시하며, 센서를 교정할 때에만 이에 대해서 주의하면 된다. 연료 혼합비를 가장 효율적으로 조절하여 소위 NOx라고 알려져 있는 NO와 NO_2, 그리고 CO를 대기중의 일반성분으로서 오염물질로 간주되지 않는 N_2, CO_2 그리고 H_2O로 변환시키기 위해서 산소센서가 사용된다. 가열된 산소센서에의 경우, 배기가스의 산소농도가 대기산소농도(20.6%)인 경우, 약 $2[mV]$의 전위차가 발생하며, 산소농도가 약 1%인 경우에는 약 $60[mV]$의 전위차가 발생한다.

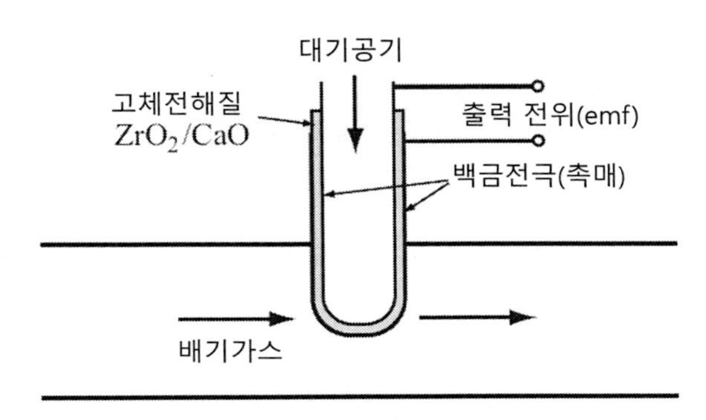

그림 8.3 자동차 엔진용 능동형 센서로 사용되는 고체전해질 산소센서의 사례

식 (8.3)을 살펴보면, 센서 양측의 농도차이가 작은 경우에 센서의 민감도는 낮다. 이는 엔진의 효율을 높이기 위해서 희박연소모드로 작동하는 경우에 해당한다. 이런 경우, **그림 8.4**에 도시된 것처럼, 두 백금전극들 사이에는 고체전해질이 삽입된 기본구조의 센서가 사용되지만, 셀에는 전위차가 부가된다. 이 구조에서 전해질을 가로질러서 산소가 공급(펌핑)되며, 대기측 산소농도를 기준으로 하여 배기가스측 산소농도에 비례하여 전류가 생성된다. 이 센서를 **확산형 산소센서** 또는 확산이 조절된 제한전류센서라고 부른다. 이 센서의 전위차는 다음과 같이 주어진다.

$$emf = IR_i + \frac{RT}{4F}\ln\left(\frac{P_{O_2}^1}{P_{O_2}^2}\right)\ [V] \tag{8.4}$$

여기서 I는 제한전류이며 R_i는 전해질의 이온저항값이다. **그림 8.4**에 도시된 전압 V에 의해서 생성된 제한전류 I는 전해질의 치수(두께와 전극면적), 확산계수 및 기체의 대기농도 등에 의존한다. 센서 전극들 사이(양극과 음극 사이)에 형성된 전자기장에 의한 전위차를 측정한다.

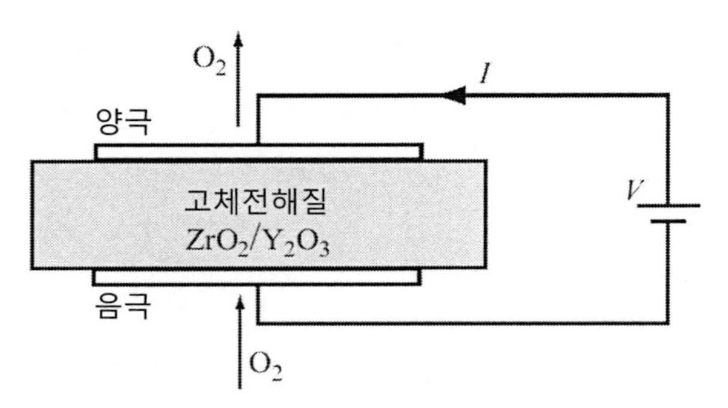

그림 8.4 수동식으로 사용되는 확산이 조절된 제한전류 산소센서의 사례. 고체전해질은 산화 지르코늄과 산화 이트륨으로 제조되었다.

공정중에 유입된 산소량은 생산된 철강제품의 품질에 직접적인 영향을 끼치기 때문에, 고체전해질센서의 또 다른 중요한 용도는 강철이나 여타의 용융금속 생산과정에서 산소를 측정하는 것이다. 이 센서는 **그림 8.5**에 도시된 구조를 가지고 있다. 센서를 용융된 철 속으로 집어넣었을 때에 센서가 녹지 않도록 하기 위해서 몰리브덴 바늘이 사용된다. 고체전해질은 산화지르코늄/산화마그네슘 층과 크롬/삼산화크롬층의 2층 구조로 이루어진다. 이 셀에서는 (몰리브덴층과 외곽층 사이에서) 전위차이가 생성된다. 용융철 속에 함께 삽입되는 철전극을 사용하여 내부전극과 외부층 사이의 전위차를 측정한다. 이때 형성된 전압은 용융된 철 속의 산소농도에 정비례한다. **그림 8.4**와 **그림 8.5**에서 알 수 있듯이, 용도에 따라서 다양한 유형의 전해질들을 사용할 수 있다.

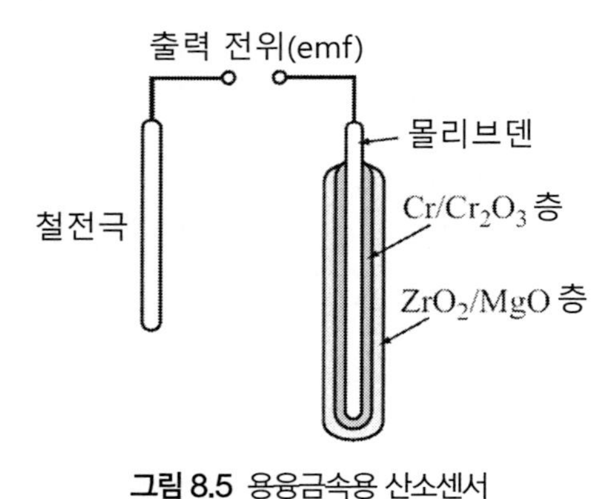

그림 8.5 용융금속용 산소센서

예제 8.3 자동차용 산소센서: 촉매변화기의 효율

촉매변환기의 효율을 모니터링하기 위해서 촉매변환기의 앞과 뒤에 산소센서를 사용할 수 있다. 두 센서들 사이의 전위차를 이용하여 차동형 센서를 만들면, 변환기의 변환효율을 측정할 수 있다. 편차가 클수록 변환기에서 더 많은 산소를 소모한 것이므로, 변환효율이 높다는 것을 의미한다. 변환기로 유입되는 기체의 산소함량은 10%이며, 연소에 필요한 산소의 최소농도는 1%이다. 두 센서들의 작동온도가 750 [°C]인 경우에, 이 센서의 전달함수를 구하시오.

풀이

각 센서의 출력전압은 식 (8.3)을 사용하여 계산할 수 있다. 여기서 P_0는 공기중의 산소농도, P_{in}은 변환기로 들어가기 전의 배기가스 산소농도, 그리고 P_{out}은 변환기를 통과한 이후의 산소농도이다. 두 센서들의 출력전압은 다음과 같이 계산된다. 우선, 변환기 앞쪽 센서의 출력전압은

$$emf_1 = \frac{RT}{4F}\ln\left(\frac{P_0}{P_{in}}\right)\ [V]$$

그리고 변환기 뒤쪽에 설치된 센서의 출력전압은

$$emf_2 = \frac{RT}{4F}\ln\left(\frac{P_0}{P_{out}}\right)\ [V]$$

emf_2가 emf_1보다 더 크기 때문에, 전위차는 다음과 같이 나타난다.

$$emf_2 - emf_1 = \frac{RT}{4F}\ln\left(\frac{P_0}{P_{out}}\right) - \frac{RT}{4F}\ln\left(\frac{P_0}{P_{in}}\right) = \frac{RT}{4F}\ln\left(\frac{P_{in}}{P_{out}}\right)\ [V]$$

여기에 주어진 농도값들을 대입하여 계산해 보면,

$$\Delta emf = emf_2 - emf_1 = \frac{8.314472 \times 1{,}023.15}{4 \times 96{,}487}\ln\left(\frac{0.1}{P_{out}}\right)$$
$$= 0.02204(\ln 0.1 - \ln P_{out}) = -0.02204\ln P_{out} - 0.05075[V]$$

즉,

$$\Delta emf = -0.02204\ln P_{out} - 0.05075[V]$$

그림 8.6에서는 이 전달함수를 0.1(10%)과 0.01(1%) 사이의 범위에 대해서 보여주고 있다. (변환기 뒤에서) 배기가스의 산소함량이 1%인 경우의 출력전압은 대략적으로 50[mV] 수준이다.
산소농도가 증가할수록 출력전압은 감소하며 산소농도가 10%에 이르면 출력전압은 0[V]가 된다(두 센서 위치에서의 산소농도가 동일하므로 출력전압이 동일하다). 출력전압이 증가할수록, 변환기의 효율이 높다는 뜻이다(즉, 배기가스의 산소농도가 낮다는 뜻이다).

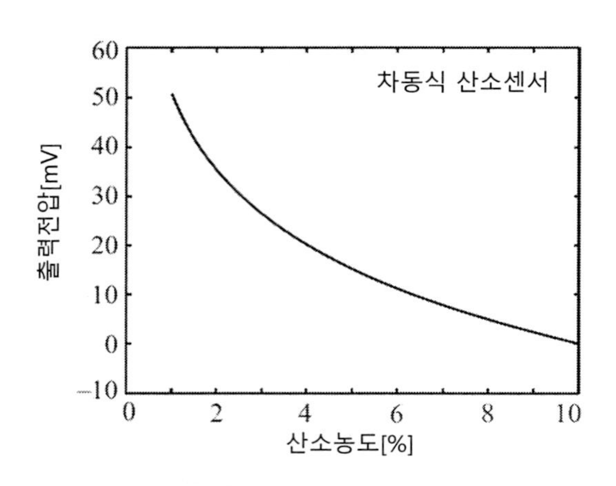

그림 8.6 차동식 산소센서의 전달함수

8.3.3 금속산화물 반도체 화학센서

전자에서 일반적으로 사용되는 금속산화물반도체 전계효과트랜지스터(MOSFET)의 기본구조를 사용하여 독특한 화학센서가 개발되었다. 이 센서의 기본 개념은 고전적인 MOSFET 트랜지스터의 게이트를 측정용 표면으로 사용하는 것이다. 이 방법의 장점은 MOSFET 를 통과하여 흐르는 전류를 통제하는 구조가 매우 단순하며, 민감한 소자를 만들 수 있다는 것이다. 이 소자의 인터페이스는 매우 단순하며, 해결해야 하는 문제들(가열, 온도측정 및 보상 등)도 많지 않다. 따라서 기본적인 금속산화물반도체(MOS) 구조를 사용하여 다양한 용도의 수많은 센서들이 개발되었다.

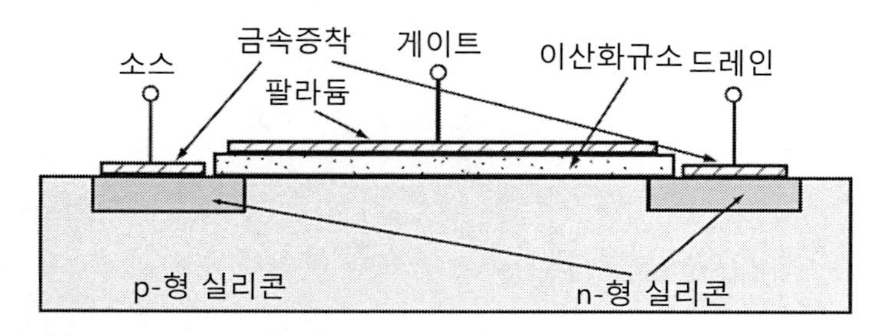

그림 8.7 게이트 전극을 특정 물질에 민감한 소재로 대체하여 화학센서로 만든 MOSFET의 구조

예를 들어 **그림 8.7**에 도시되어 있는 MOSFET 의 금속 게이트를 팔라듐으로 바꾸면 팔라듐 게이트가 수소를 흡착하면서 전위가 변하기 때문에, 수소센서로 사용할 수 있게 된다. 이 센서의 민감도는 대략적으로 $1[ppm]$ 수준이다. 이와 유사한 구조를 사용하여 H_2S 나 NH_3와 같은 기체

를 검출할 수 있다. 물속의 용존산소를 검출하기 위해서도 팔라듐 MOSFET(Pd-게이트 MOSFET)를 사용할 수 있다. 이 센서는 용존산소량에 비례하여 산소의 흡착효율이 감소한다.

MOSFET는 pH 검출에도 매우 성공적으로 사용되기 때문에, 뒤에서 pH에 대해서 살펴보면서도 MOSFET 센서에 대해서 다시 설명할 예정이다.

8.4 전위차방식 센서들

전기화학센서들 중 큰 부류가 소위 **전위차방식 센서**이다. 이들은 표면에서 교환이 가능한 이온들을 함유한 용액 속에 센서를 넣었을 때에 전기전위가 생성된다는 특성에 기반을 두고 있다. 이 전위는 용액 속의 이온 수나 밀도에 비례한다. 고체와 용액표면 사이에서는 전하분리 때문에 전위차이가 발생한다. 이 접촉전위는 갈바니전지(볼타전지라고도 부른다)를 만들 때에 사용되는 것과 동일한 전위로서 직접 측정할 수 없다. 그런데 두 번째 기준전극을 사용하면 전기화학적 전지가 만들어지며, 두 전극들 사이의 전위를 직접 측정할 수 있다. 이 전위를 정확히 측정하며, 이를 통해서 이온 농도를 정확히 나타내기 위해서는 (생성된 전류가 전지에 부하로 작용하여 측정전위를 낮추기 때문에) 계측장비에 의해서 생성된 전류가 가능한 한 작아야만 한다.

이런 센서가 효용성을 갖기 위해서는 생성된 전위가 이온 선택성을 갖추고 있어서 전극이 용액들을 서로 구분할 수 있어야 한다. 이를 이온선택성 전극 또는 맴브레인이라고 부른다. 맴브레인에는 네 가지 유형이 있다.

- **유리 맴브레인**: H^+, Na^+, NH_4^+ 및 이와 유사한 이온들에 대한 선택성
- **폴리머 부동화 맴브레인**: 이런 유형의 맴브레인에서는 폴리머 매트릭스 속에 이온선택성 물질들이 부동화(포획)되어 있다. 전형적인 폴리머 소재로는 염화폴리비닐(PVC)이 사용된다.
- **젤 부동화 효소 맴브레인**: 고체 표면에 이온선택성 효소를 접착하거나 부동화시켜 놓은 반응표면과 용액 사이의 반응에 의존한다.
- **용해성 무기염류 맴브레인**: 결정질이나 분말 염들을 압착한 고체가 사용된다. 전형적으로 황화은(Ag_2S)과 염화은(AgCl) 같은 염 혼합물이나 불화란탄(LaF_3)과 같은 염들이 사용된다. 이 전극들은 불소(F^-), 황(S_2^-), 염소(Cl^-) 및 이와 유사한 이온들에 대해서 선택성을 갖추고 있다.

8.4.1 유리 맴브레인 센서

가장 오래된 이온선택성 전극인 **유리 맴브레인**은 1930년대부터 pH 측정에 사용되어 왔으며, 현재도 일반적으로 사용되고 있다. 전극은 산화나트륨(Na_2O)과 산화알루미늄(Al_2O_3)을 첨가한 유리를 매우 얇은 튜브형 맴브레인으로 만든 것이다. 이 맴브레인의 저항은 매우 높지만, 여하튼 맴브레인을 통과하여 이온이 전달된다. pH 센서는 다음의 관계식에 따라서 용액 내에서 H^+ 이온 농도를 측정한다.

$$pH = -\log_{10}|\gamma_H H^+| \tag{8.5}$$

여기서 $H^+[g-eq/L]$는 수소원자의 농도이며, γ_H는 용액의 활성도지수이다. 희용액(약산성 또는 약알칼리성)의 경우 활성도지수는 1이다. $\gamma_H = 1$인 경우에 농도가 $1[g-eq/L]$이라는 것은 pH = 0이라는 것을 의미한다. 그리고 농도가 $0.1[g-eq/L]$라는 것은 pH=1이라는 것을 의미한다. 일반적으로 pH 스케일은 0~14의 범위를 가지고 있으며 이는 수소원자의 농도가 $10^0[g-eq/L]$에서 $10^{-14}[g-eq/L]$ 범위라는 것을 뜻한다. 하지만 이 범위 밖의 pH 값도 지정할 수 있다. 수소이온의 농도가 $10[g-eq/L]$라면, pH = −1이 되며, 반면에 농도가 $10^{-18}[g-eq/L]$라면, pH = 18이 된다. 수소이온의 농도가 높아질수록, 용액은 더 강한 산성이 되며, 반대로 낮아지면 용액은 알칼리성으로 변한다. 일반적인 물의 pH = 7이므로, 이를 중성으로 간주한다.

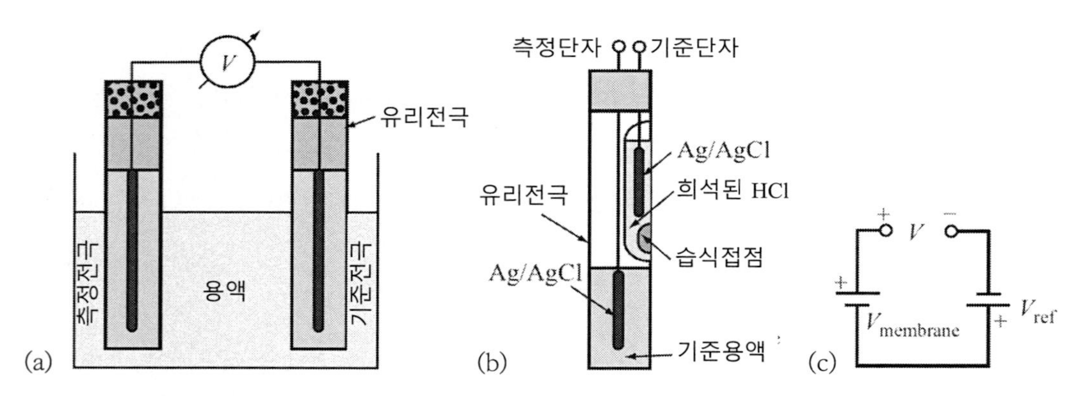

그림 8.8 (a) 유리 맴브레인을 사용하여 pH값을 측정하는 기본적인 방법. (b) 단일체 내에 기준전극을 내장한 유리 맴브레인 pH 프로브의 사례. (c) 등가회로

그림 8.8 (a)에서는 pH를 측정하는 기본적인 방법이 도시되어 있다. 이론상으로는 용액 내의 이온농도만 측정하면 된다. 하지만 두 개의 반전지들을 사용하여 pH를 측정하기 때문에 이를 직접 측정하는 것은 어려운 일이다. 하나의 반전지는 이미 알고 있는 pH 값을 측정하므로 **기준반전지** 또는 **기준전극**이라고 부르며, 다른 하나의 반전지는 측정용 반전지 또는 **측정용 전극**이라고 부른다. 그림 8.8 (a)에서 측정용 유리 맴브레인 전극은 좌측에 도시되어 있으며, 기준전극은 우측에 위치하고 있다. 기준전극에는 전형적으로 포화칼로멜 전극(KCl 용액 내의 Hg/Hg_2Cl_2 전극)이나 염화칼륨(KCl) 용액 속에 은/염화은(Ag/AgCl) 전극이 사용된다. 보통 기준전극은 측정전극 속에 내장되며, 사용자는 그림 8.8 (b)에 도시되어 있는 것처럼, 하나의 프로브만을 사용한다. 실제의 측정은 전극전위와 기준전위 사이의 차이를 측정하므로, 그림 8.8 (c)에 도시되어 있는 등가회로를 통해서 이해하는 것이 편리하다. 이 계측기를 사용하여 측정한 전압은 다음과 같이 주어진다.

$$V = V_{ref} + V_{membrane} \ [V] \tag{8.6}$$

여기서 V_{ref}는 상수값이며, $V_{membrane}$은 용액 내의 이온농도에 의존하는 값이다. $V_{membrane}$은 **네른스트 방정식**의 지배를 받는다(반전지 전위가 형성된다).

$$V_{membrane} = \frac{RT}{nF}\ln(a) = \frac{2.303RT}{nF}\log_{10}(a) = \frac{2.303RT}{nF}pH \ [V] \tag{8.7}$$

여기서 R은 보편기체상수($= 8.314462\,[J/mol/K]$), $T[K]$는 용액의 온도, F는 패러데이 상수($= 96{,}485.309\,[C/mol]$), n은 반응에 의해서 전달되는 음전하의 총 수, 그리고 a는 반응에 관여하는 이온들의 활성도이다. 2.303항은 $\ln(a) = \log_{10}(a)/\log_{10}e$로부터 나온 값이다. 즉, $2.303 = 1/\log_{10}e$이다. H+ 이온의 경우, $n = 1$이며(전자 하나가 전달된다), $\log_{10}(a) = \text{pH}$이다. 식 (8.7)을 식 (8.6)에 대입하면 다음 식을 얻을 수 있다.

$$pH = \frac{(V - V_{ref})F}{2.303RT} \tag{8.8}$$

여기서 활성도 a는 유효농도이다. 즉, 이온들 사이에서 일어나는 모든 상호작용들을 포함하는 등가농도이다. 앞서 설명했던 것처럼, 약산이나 약알칼리 속에서 a는 실제 농도를 나타낸다. 활성도가 1 미만인 경우에는 a가 1보다 작다(예를 들어 0.9).

V는 실제 측정된 양이며, 나머지 양들은 내부적으로 고려되는 값들이다. 이런 이유 때문에, 기준전압은 일정하고 안정되어야만 하며, 온도를 고려하거나 회로 자체에서 보상해야만 한다. 기준전극의 전압은 전형적으로 알고 있거나 식 (8.7)을 사용하여 계산할 수 있다. 예를 들어, 앞서 설명한 포화칼로멜(Hg/Hg_2Cl_2) 전극(그림 8.8과 그림 8.9 참조)의 전위는 $+0.244[V]$이다. Ag/AgCl 전극의 전위는 $+0.197[V]$이다. 구리/황산구리($Cu/CuSO_4$) 전극의 전위는 $+0.314[V]$이다. 물론 다른 종류의 기준전극들도 사용할 수 있다. 그림 8.9에서는 포화칼로멜 전극과 pH 전극을 보여주고 있다.

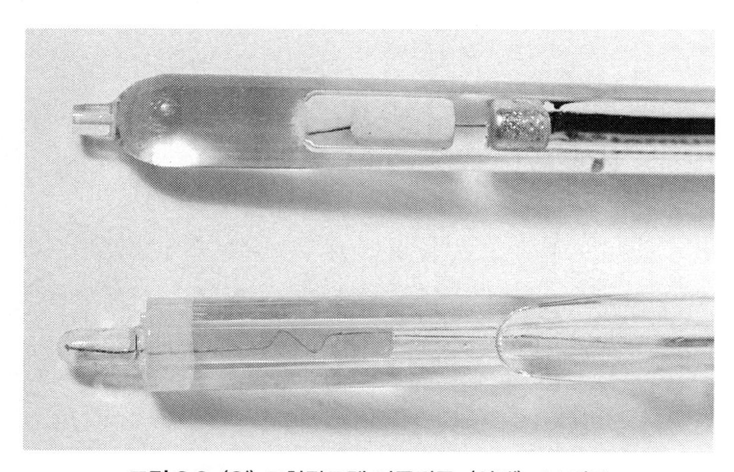

그림 8.9 (위) 포화칼로멜 기준전극. (아래) pH 전극

우선 pH 프로브를 염산(HCl) 컨디셔닝 용액($0.1[mol/L]$) 속에 담근 다음에 시험할 용액에 담근다. 이를 통해서 전기(전압)출력이 직접 pH 값으로 교정된다.

기준전극(충진)과 유리맴브레인 구성 같은 기본구조를 변화시켜서 다른 유형의 이온들에 대한 민감도를 확보할 수 있을 뿐만 아니라 용액 속에 용해된 암모니아(NH_3), 이산화탄소(CO_2), 이산화황(SO_2), 불화수소산(HF), 황화수소(H_2S), 그리고 시안화수소(HCN) 같은 기체의 농도를 검출하는 센서를 만들 수도 있다. 이 센서들은 산업생산, 오염제어, 그리고 환경감시 등의 분야에서 중요한 소자들이다.

예제 8.4 **기본적인 pH 측정**

어류용 수조의 pH값을 검출하기 위해서 보상되지 않은 pH 프로브가 사용된다.

(a) 물이 중성(pH = 7)이며 센서가 20[°C]의 온도에서 교정되었을 때에 포화칼로멜 기준전극을 사용하여 측정전압을 교정하시오.

(b) 온도가 15[°C]만큼 상승했을 때에 센서의 전압출력에서 발생한 오차를 계산하시오. 35[°C]에서 예상되는 pH측정값은 얼마이겠는가?

풀이

(a) 포화칼로멜 전극의 기준전압은 0.244[V]이며 교정용 pH값은 7이기 때문에, 식 (8.8)을 사용하여 직접 측정전압을 계산할 수 있다.

$$7 = \frac{(V - 0.244)F}{2.303RT} \rightarrow V = \frac{7 \times 2.303 \times 8.314462 \times 293.15}{9.64 \times 10^4} + 0.244$$
$$= 0.6516[V]$$

(b) (a)의 결과를 다음과 같이 나타낼 수 있다.

$$V = \frac{7 \times 2.303 \times 8.314462 \times T}{9.64 \times 10^4} + 0.244 = 13.9043 \times 10^{-4} T + 0.244$$
$$= 13.9043 \times 10^{-4} \times 308.15 + 0.244 = 0.6725[V]$$

오차는 $0.6725 - 0.6516 = 0.0209[V]$ 또는,

$$e = \frac{0.6725 - 0.6516}{0.6516} \times 100[\%] = 3.2[\%]$$

주어진 온도에서의 전위를 알고 있으므로, 다시 식 (8.8)을 사용해서 예상되는 pH값을 계산할 수 있다.

$$\text{pH} = \frac{(V - V_{ref})F}{2.303RT} = \frac{(0.6725 - 0.244) \times 9.64 \times 10^4}{2.303 \times 8.314462 \times 308.15} = 7.00064$$

pH 측정은 로그 함수적 특성을 가지고 있기 때문에 오차는 비교적 작다.

8.4.2 용해성 무기염 맴브레인 센서

이 맴브레인에는 **용해성 무기염**을 사용된다. 맴브레인은 수중에서 이온교환 작용을 하며, 계면에서는 이에 따른 전위가 생성된다. 전형적으로 불화란탄(LaF_3)이나 황화은(Ag_2S)과 같은 염들이 사용된다. 단결정 맴브레인, 분말염을 소결하여 제작한 원판, 또는 폴리머 매트릭스 속에 분말

염들을 매립한 구조 등으로 이런 염들을 사용한 맴브레인을 제작할 수 있다. 각 구조들의 측정원리는 비슷하지만, 작동특성과 민감도는 서로 다르다.

그림 8.10에서는 수중 불소농도를 측정하기 위해서 사용되는 센서의 구조를 보여주고 있다. 측정용 맴브레인은 단결정으로 성장시킨 불화란탄(LaF_3)을 절단하여 얇은 원판 형태로 제작하였다. 기준전극은 내부 용액(이 경우 $0.1[mol/L]$ 농도의 불화나트륨/염화나트륨(NaF/NaCl 용액) 속에 담겨 있다. 그림에 도시되어 있는 센서는 물속에 $0.1 \sim 2{,}000[mg/L]$의 비율로 녹아있는 불소의 농도를 측정할 수 있다. 이 센서는 음용수에 함유된 불소농도를 측정하기 위해서 일반적으로 사용된다(일반적인 농도는 약 $1[mg/L]$이다.

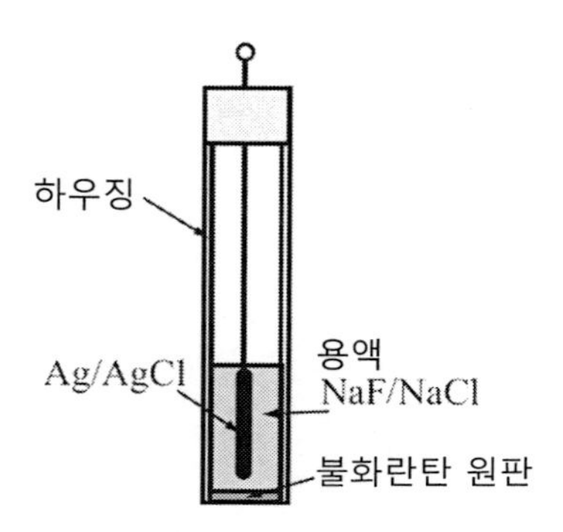

그림 8.10 불소 측정을 위한 용해성 무기염 맴브레인 센서

황화은(Ag_2S)과 같은 여타의 소재를 사용해서도 맴브레인을 만들 수 있다. 황화은은 분말소재를 소결하여 손쉽게 원판으로 만들 수 있으며, 단결정 대신에 사용할 수 있다. 또한, 분말소결방식을 사용하면 맴브레인의 성질에 영향을 끼치는 다른 성분들을 첨가하여 다양한 이온들에 대한 민감도를 조절할 수 있다. 이런 방법을 사용해서 염소, 카드뮴, 납 및 구리 이온들에 대한 민감도를 높일 수 있으며, 물속에 용해된 중금속의 검출에 자주 활용되고 있다.

폴리머 바인더에 분말 염을 1:1로 섞어서 폴리머 맴브레인을 제작한다. 일반적인 바인딩 소재로는 PVC, 폴리에틸렌 그리고 실리콘고무 등이 사용된다. 폴리머 맴브레인의 작동성능은 소결원판과 비슷하다.

8.4.3 폴리머 부동화 이온운반체 맴브레인

무기염 맴브레인의 진보된 형태가 바로 **폴리머 부동화 맴브레인**이다. PVC와 같은 폴리머 제조과정에서 가소제에 이온선택성 유기물질을 첨가하여 맴브레인을 제작한다. 이온운반체[3](또는 이온교환체)라고 부르는 물질을 가소제 속에 약 1%의 농도로 용해시킨다. 이를 사용해서 폴리머 박막을 제조하면 맴브레인 센서에 사용하던 단결정이나 원판을 대체하여 맴브레인으로 사용할 수 있다. 센서의 구조는 그림 8.11에 도시되어 있는 것처럼 단순한 구조를 가지고 있다. 이 센서에는 Ag/AgCl 기준전극이 포함되어 있다. 이렇게 만들어진 센서는 비교적 높은 저항값을 가지고 있다. 그림 8.12에서는 폴리머 부동화 이온운반체 맴브레인을 만드는 또 다른 방법을 보여주고 있다. 이 방법에서는 백금도선의 외부에 폴리머 맴브레인이 코팅되어 있으며, 도선은 파라핀 코팅으로 절연되어 있다. 이를 **코팅된 도선형 전극**이라고 부른다. 이를 사용하기 위해서는 기준맴브레인이 추가되어야만 한다.

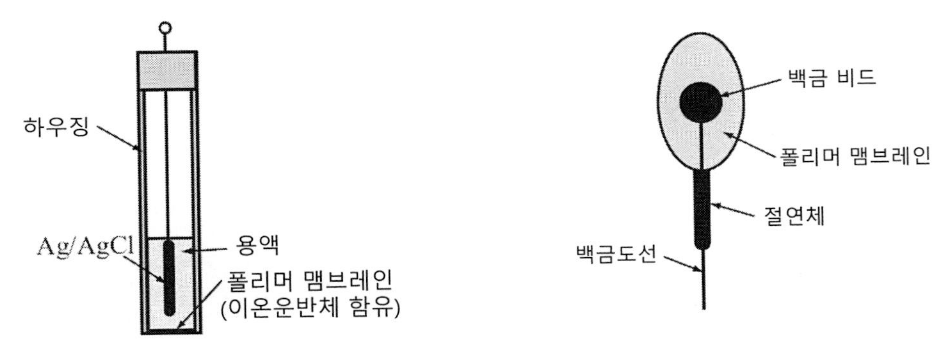

그림 8.11 폴리머 부동화 이온운반체 맴브레인 센서

그림 8.12 코팅된 도선형 전극

다양한 이온운반체들을 사용하여 이런 유형의 폴리머 맴브레인이 다양한 이온들을 검출할 수 있도록 만들 수 있다. 칼슘과 나트륨에 대한 선택성을 갖도록 센서를 설계할 수 있으며, 혈중 칼슘이나 해수 중 나트륨을 검출하기 위해서 이런 유형의 센서들이 일상적으로 사용되고 있다. 농지에 비료를 살포하기 전에 토양 속의 질산염(비료) 함량을 측정하기 위한 질산염 선택성 전극도 공급되고 있다.

8.4.4 젤 부동화 효소 맴브레인

젤 부동화 효소 맴브레인 센서들의 작동원리는 폴리머 부동화 이온운반체 맴브레인과 비슷하

---

3) ionophore

지만 젤이 사용되며, 특정 이온에 대한 선택성을 갖추기 위해서 이온운반체 대신에 효소가 사용된다. 그림 8.13에 도시되어 있는 것처럼, 생체물질인 효소를 유리맴브레인 전극의 표면에 도포된 젤(폴리아크릴아미드) 속에 부동화시켜 놓았다. 사용되는 효소의 종류와 유리전극의 종류에 따라서 센서의 선택성이 결정된다. 이 방식은 요소, 혈당, L-아미노산, 페니실린 등과 같은 중요한 성분분석용 센서에 사용된다. 이 센서의 작동원리는 매우 단순하다. 센서를 분석할 용액 속에 담그면 검출대상 물질이 젤 속으로 확산되어 효소와 반응한다. 이 과정에서 생성된 이온들이 유리전극에 의해서 검출된다. 비록 이 센서들은 확산이 필요하기 때문에 응답이 느리지만, 혈액과 소변의 분석을 포함하여 의료용 분석에서 매우 유용하게 사용되고 있다.

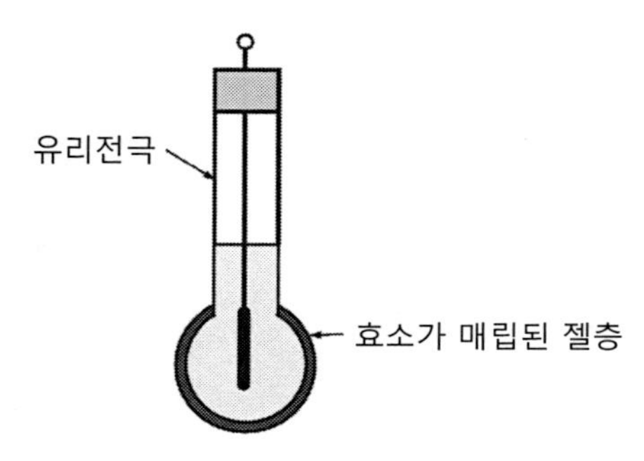

그림 8.13 젤 부동화 효소 맴브레인 센서

예제 8.5 **용존 불소의 검출**

음용수에 불소를 첨가하면 아동의 치건강에 특히 도움이 된다. 음용수와 더불어서, 치약에도 치아의 에나멜을 강화시키기 위해서 불소를 첨가한다. 용존불소의 농도를 측정하기 위해서는 전형적으로 그림 8.10에 도시된 구조가 사용된다. LaF_3원판이 F^-이온에 민감한 맴브레인으로 사용되는 반면에, 기준전극으로는 전위가 $0.199[V]$인 Ag/AgCl 전극이 사용된다. 불소 농도를 측정에 있어서, 불소 농도가 매우 낮다고 가정한다. 만일 불소 농도가 높다면, 실제 농도보다는 활성도를 측정하게 될 것이다. 많은 경우 농도는 $[ppm]$이나 $[ppb]$의 단위로 주어진다. 전극의 전위는 식 (8.7)을 사용해서 계산할 수 있지만, 불소가 음이온이므로, $n=-1$이다. $25[°C]$의 온도에 대해서 계산을 수행한다.

풀이

$$V_{membrane}=\frac{2.303RT}{nF}\log_{10}(a)=-\frac{2.303\times 8.314462\times 298.15}{1\times 9.64\times 10^4}\log_{10}(a)$$

$$=-0.05922\log_{10}(a)[V]$$

앞서 언급했듯이, 농도가 낮은 경우에 a는 작은 값을 가지며, 맴브레인의 전압은 (LaF_3 결정체 양단에서의) 반전지 전압이다. 측정된 전압은 식 (8.6)으로 주어진다.

$$V = V_{ref} + V_{membrane} = 0.199 - 0.05922\log_{10}(a)[V]$$

이 관계식을 사용해서 측정전압 V로부터 즉시 농도를 계산할 수 있다.

$$\log_{10}(a) = -\frac{V - 0.199}{0.05922}$$

만일 pH 센서를 사용해서 이 전압을 측정한다면, pH 측정값을 사용하여 농도 a를 구할 수 있다. 예를 들어, 측정값이 $0.35[V]$라면, 농도는 다음과 같이 계산된다.

$$\log_{10}(a) = -\frac{0.35 - 0.199}{0.05922} = -\frac{0.151}{0.05922} = -2.5498 \rightarrow a = 0.002819$$

하지만 농도가 높아질수록 측정전압은 낮아진다.
물론, 불소농도를 측정하기 위해서 사용된 계측기는 전형적으로 $[ppm]$단위나 백분율[%]과 같은 여타의 단위를 사용하여 계산할 수 있다.

8.4.5 이온 민감성 전계효과트랜지스터

chemFET 라고도 부르는 **이온민감성 전계효과트랜지스터**는 본질적으로는 게이트를 이온선택성 전극으로 대체한 금속산화물반도체 전계효과트랜지스터(MOSFET)이다. 앞서 설명한 맴브레인들 중 어느 것이나 사용할 수 있지만, 유리와 폴리머 맴브레인이 가장 일반적으로 사용된다. 가장 단순화된 형태에서는 별도의 기준전극이 사용되지만, 그림 8.14 (a)에 도시되어 있는 것처럼, 게이트구조 속에 소형화된 기준전극을 일체화시켜 넣을 수 있다. 그런 다음 게이트를 측정대상 시료와 접촉시켜서 드레인 전류를 측정하면, 이온농도를 측정할 수 있다. 이 장치의 가장 중요한 용도는 pH 측정이다. 이 경우 이온민감성 전계효과트랜지스터(ISFET)가 유리 맴브레인을 대체해준다. 또 다른 용도는 부동화 이온운반체 맴브레인을 사용하여 칼슘(Ca^{2+}), 망간(Mn^{2+}), 그리고 칼륨(K^{+}) 등의 이온농도를 측정하는 것이다. 이온민감성 전계효과트랜지스터는 상업적으로 판매되고 있으며, pH 센서가 더 견고하다는 점을 제외하고는 많은 경우에 유리소재 센서에 비해서 더 적합한 것으로 간주되고 있다. 하지만 이 센서는 비교적 비싸다.

그림 8.14 (a)에서는 이온민감성 전계효과트랜지스터(ISFET)의 기본구조를 보여주고 있다. 그림 8.14 (b)에서는 개략적인 전기회로도를 보여주고 있으며, 그림 8.14 (c)에서는 작동원리를 설명

하고 있다. 기준전극은 식 (8.7)에서 제시된 전압을 생성한다. 이 전압은 기준전극에 의존적인 일정한 전압으로서, 전형적으로 포화칼로멜전극이 사용된다. 맴브레인도 식 (8.7)에 따라서 전압을 생성하지만, 이 전압은 용액의 pH 나 이온농도에 따라서 변한다. 맴브레인에 의해서 생성되는 가변전압이 MOSFET 를 통과하여 흐르는 전류와 그에 따른 센서의 출력전압을 결정한다. 게이트의 전형적인 민감도는 30~60 $[mV/pH]$이며, 단위 이온농도(즉, $\log_{10}a$)당 전압을 민감도 단위로 사용할 수도 있다.

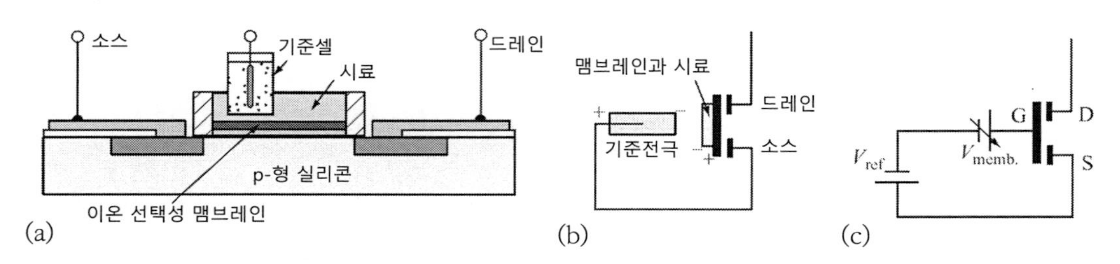

그림 8.14 (a) ISFET의 구조. 센서에 기준전극이 내장되어 있다. (b) 기준전극과 측정용 맴브레인. (c) 등가회로도

8.5 열화학센서

열화학센서 또는 열량계는 투입된 특정한 물질(반응물)의 양을 측정하기 위해서 화학반응 과정에서 생성되는 열에 의존하는 유형의 센서이다. 이런 유형의 센서들에는 세 가지 측정원리가 사용되고 있으며, 이들 각각은 서로 다른 용도의 센서로 만들어진다. 가장 대표적인 방법은 서미스터나 열전대와 같은 온도센서를 사용해서 반응과정에서 발생하는 온도상승량을 측정하는 것이다. 두 번째 방법은 인화성 기체의 측정을 위해서 사용되는 촉매 센서이다. 세 번째 방법은 측정대상 기체의 존재로 인한 공기의 열전도도 변화를 측정하는 것이다.

8.5.1 서미스터 기반 화학센서

이 센서의 기본 작동원리는 화학반응에 의해서 발생하는 미소한 온도변화를 측정하는 것이다. 반응에 의해서 온도가 상승하기 때문에 용액의 온도를 측정하기 위해서 일반적으로 기준온도센서가 사용되며, 두 센서들 사이의 온도차이를 사용하여 대상 물질의 농도를 측정할 수 있다. 효소는 선택성이 매우 높으며(따라서 반응을 확인하기가 용이하며) 다량의 열을 발생시키기 때문에, 가장 일반적인 방법은 효소기반 반응을 사용하는 것이다. 전형적인 센서는 서미스터의 표면에 효소를

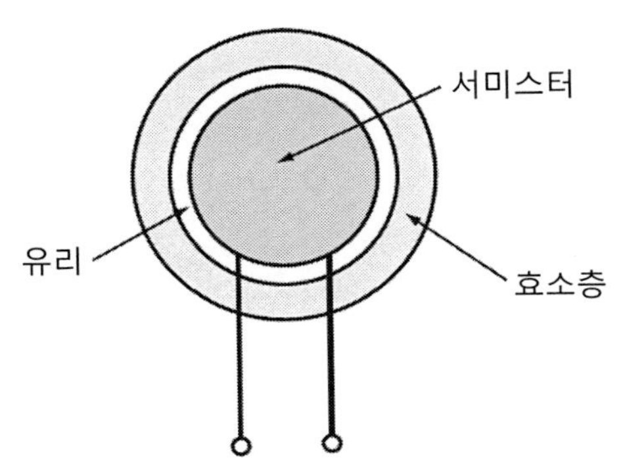

그림 8.15 소형의 비드형 서미스터를 활용하여 (사용되는 효소에 따라서) 요산이나 혈당을 측정하는 열화학센서의 사례

코팅한 형태이다. 여기에는 크기가 작은 비드 형태의 서미스터가 사용되기 때문에 그림 8.15의 구조를 가지고 있으며, 크기가 작고 민감도가 높은 센서가 구현된다. 요산 농도와 혈당측정에는 각각에 알맞은 효소들(우레아제와 효소포도당)이 도포된 센서가 사용되어 왔다. 생성된 열량은 용액 내에 함유된 검출하려는 물질의 양에 비례한다. 측정용 서미스터와 기준용 서미스터 사이의 온도차이와 측정대상 물질의 농도 사이에는 상관관계가 존재한다. 일반적으로, 잃어버리거나 얻은 열은 반응과정에서 엔탈피 변화에 의존한다. 센서 주변의 환경과 이 환경의 열용량에 따라서 이 에너지 중 일부분이 센서의 온도변화에 기여한다. 공기나 여타 기체의 비열용량은 비교적 높으므로 전부는 아니더라도 대부분의 생성열이 센서의 온도변화에 기여한다. 용액 속, 특히 물속에서는 일부의 열이 용액 속으로 흡수되어 온도변화에 기여하지 못하게 된다. 센서의 온도변화는 또한 반응속도에 의존한다. 반응속도가 빠르면 센서가 더 정확해지며 센서 밖으로 빠져나가버리는 열량이 작다. 반응에 의해서 생성되는 열은 서미스터의 자기가열 성질을 통해서 센서의 온도를 높여준다. 주어진 엔탈피 변화량 ΔH에 대해서 비열용량이 C_p인 센서(서미스터와 효소층이 인접하여 붙어있는 구조)의 온도변화는 다음과 같이 주어진다.

$$\Delta T = \frac{\Delta H}{C_p} n \ \ [°C] \tag{8.9}$$

여기서 ΔH의 단위에는 전형적으로 $[J/mol]$이 사용되며, C_p의 단위는 $[J/mol/K]$이다. 그리고 n은 반응에 참여한 물질의 몰량(무차원)이다. 일부의 경우, ΔH에 $[J/g]$이나 $[kJ/kg]$과 같은 단위를 사용할 수도 있다. 이 경우 C_p의 단위로는 각각, $[J/g/K]$와 $[kJ/kg/K]$가 사용된다. 또한 주의할 점은 반응에 참여한 물질의 원자질량을 사용하여 질량을 몰로, 또는 몰을 질량으로 변환할 수 있다는 것이다. 센서, 효소 그리고 용액(또는 공기)를 포함하여 반응에 참여한 물질들은 각자의 열용량을 가지고 있지만, 가장 지배적인(즉, 주변요소들보다 낮은) 센서의 열용량을 대푯값으로 사용하거나, 또는 교정시험을 통해서 구한 평균 열용량값을 사용할 수도 있다. 주어진 온도변화 $\Delta T = T - T_0$에 대해서, 식 (3.12)에 주어진 서미스터의 저항값 변화식을 적용하면,

$$R(T) = R(T_0)e^{\beta(1/T - 1/T_0)} \ [\Omega] \tag{8.10}$$

여기서 저항값은 $R(T_0)$에서 $R(T) = R(T_0 + \Delta T)$로 변한다. 엔탈피의 변화를 감지할 수 있으며, 열용량을 알고 있다면 이 관계식을 유용하게 활용할 수 있다. 그렇지 않다면, 모든 반응과 환경조건(용액)들에 대해서 온도센서(이 사례에서는 서미스터)의 응답을 실험적으로 구해야만 한다. **그림 8.15**에 도시되어 있는 것과 동일하지만 효소층이 없어서 반응에는 참여하지 못하는 여분의 센서를 사용하여 온도 T_0를 측정할 수 있다.

비록 일부 서미스터들은 0.001[°C]에 불과한 미소 온도차를 측정할 수 있지만, 대부분의 센서들은 민감도가 이에 미치지 못하므로, 센서의 전체적인 민감도는 반응에 의해서 생성된 열량에 의존한다. 위의 사례에서 포도당(혈당)이 요산보다 엔탈피가 훨씬 더 높기 때문에, 요산반응보다 포도당반응이 훨씬 더 민감하다.

8.5.2 촉매센서

촉매센서는 분석대상 시료를 태우는(산화) 과정에서 생성된 열을 온도센서로 감지하기 때문에 진정한 의미의 열량측정 센서이다. 이런 유형의 센서들은 메탄, 부탄, 일산화탄소, 수소 등의 인화성 기체와 가솔린이나 휘발성 용제(에테르, 아세톤 등)와 같은 연료증기를 검출하는 핵심 도구로 일반적으로 사용되고 있다. 기본 작동방식은 우선 인화성 기체를 함유한 공기를 채취한 다음에 이를 가열환경 속에서 연소시켜서 열을 발생시킨다. 이 과정을 가속화시키기 위해서 촉매가 사용된다. 이렇게 측정된 온도를 기반으로 공기중에 함유된 인화성 기체의 함량을 백분율로 나타낸다.

이 센서의 가장 단순한 구조는 전류가 흐르는 백금코일이다. 여기서 백금코일은 두 가지 목적으로 사용된다. 백금코일은 자체저항에 의해서 가열되며, 탄화수소에 대해서 촉매로 작용한다(이것 때문에 자동차의 촉매변환기에서 백금이 활성물질로 사용된다). 팔라듐이나 로듐이 더 좋은 촉매

소재이나 작동원리는 동일하다. 인화성 기체가 연소하면서 열을 배출하면 온도가 상승하며, 이로 인하여 백금 코일의 저항값이 증가하게 된다. 이 저항값 변화를 통해서 시료 공기중에 함유된 인화성 기체의 양을 알아낼 수 있다. **그림 8.16**에서는 이런 유형의 센서들 중 하나인 소위 **팰리스터**[4](팰릿과 레지스터의 합성어)를 보여주고 있다. 이 센서에서는 하나의 백금코일로 가열과 온도 측정을 동시에 수행하며, 백금촉매는 세라믹 비드의 외부 표면에 도포하거나 비드 속에 매립한다. 촉매를 비드 속에 매립하는 것이 촉매가 비연소성 기체에 노출되어 오염되는(이를 중독이라고 부르며, 측정 민감도가 저하된다) 가능성이 적기 때문에 더 유리하다. 이 소자의 장점은 작동온도가 낮다는 것이다(백금코일 센서가 약 1,000[°C]에서 작동하는 것에 비해서 이 센서는 약 500[°C]에서 작동한다).

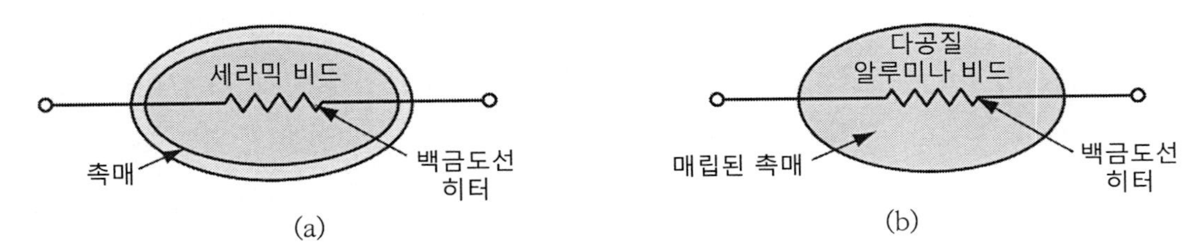

그림 8.16 촉매센서(팰리스터). (a) 세라믹 비드의 표면에 촉매가 코팅되어 있다. (b) 알루미나 속에 촉매가 매립되어 있다.

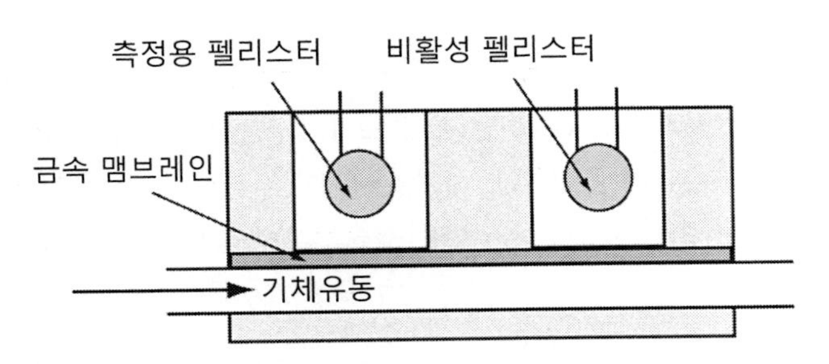

그림 8.17 기준센서를 갖춘 팰리스터형 촉매센서의 구조

이런 유형의 센서에는 **그림 8.17**에 도시되어 있는 것처럼, 두 개의 비드들이 사용된다. 하나는 비활성 센서로서 기준온도를 측정하며, 다른 하나는 측정용 센서로 사용된다. 시험대상 공기가 금속 맴브레인을 통하여 (서서히) 확산되어 센서를 활성화시켜준다. 이로 인해서 반응에는 수초가

4) pellistor

소요된다. 센서의 작동은 식 (8.9)의 지배를 받는다. 즉, 팰리스터의 온도는 엔탈피의 변화에 따라서 ΔT만큼 변한다. 하지만 이 경우에는 반응이 공기중에서 일어나기 때문에 기체보다는 훨씬 작은 센서 자체의 비열용량만이 작용하므로 온도변화는 반응에 지배되며, 반응과정에서 소량의 열만이 공기중으로 손실된다. 이 온도변화로 인하여 변하는 백금코일의 저항값은 식 (3.4)를 사용하여 다음과 같이 나타낼 수 있다.

$$R(T) = R(T_0)(1 + \alpha[T - T_0]) \ [\Omega] \tag{8.11}$$

백금의 저항온도계수(TCR)는 비교적 작으며, 포집된 기체의 양도 작기 때문에 저항값은 조금밖에 변하지 않는다.

이 센서는 광산의 메탄가스검출이나 산업현장에서 공기중의 유기용제 검출 등에 활용되고 있다. 이 센서의 가장 중요한 용도는 인화성 기체가 폭발하는 농도를 감지하는 것이다. 이를 **폭발하한계**(LEL)[5]라고 부르며, 이 농도 미만에서는 인화성 기체가 폭발하지 않는다. 예를 들어 메탄의 경우, 폭발하한 농도는 5%이다(공기중 체적비율). 따라서 메탄 센서는 폭발하한계 체적비율을 기준으로 교정된다. 즉, 100% LEL은 공기중 메탄비율 5%에 해당한다.

예제 8.6 일산화탄소 검출

일산화탄소(CO)를 검출하기 위해서 팰리스터가 사용된다(일산화탄소에 특화된 세라믹 비드가 사용되었다고 가정). 팰리스터에 (질량비율로) 1%의 일산화탄소가 함유된 $1[mg]$의 공기샘플이 투입되었다. 팰리스터의 정상상태 작동온도는 $700[°C]$이다. 히터는 백금으로 제작되었으며 이 온도에서의 저항값은 $1{,}200[\Omega]$이다. 백금 합금의 저항온도계수는 센서의 작동온도에서 $0.00362[1/°C]$이다. 일산화탄소의 비열용량은 $29[J/mol/K]$이며 산소중에서의 연소 엔탈피는 $283[kJ/mol]$이다. 팰리스터 자체의 비열용량은 $0.750[J/g/K]$이다(유리와 유사). 일산화탄소의 연소에 의해서 저항값은 얼마나 변하겠는가?

풀이

이 사례를 통해서 이런 계산이 가지고 있는 몇 가지 문제들에 대해서 살펴볼 수 있다. 우리는 일산화탄소와 센서의 비열을 알고 있다. 하지만 이들 중 어떤 값을 사용해야 하는가? 게다가 공기의 비열도 고려해야만 한다. 또한 팰리스터의 비열용량은 $[J/g/K]$의 단위로 주어지기 때문에 혼합된 단위계들을 다뤄야만 한다. 그럼에도 불구하고, 약간의 근사와 세심한 주의를 기울인다면 의미 있는 결과를 얻을 수 있다.

---

5) lower explosive limit

우선, 사용된 시료의 질량은 $0.01[mg]$ 또는 $10^{-5}[g]$이다. 식 (8.9)에 엔탈피는 $[J/g]$단위로, 그리고 열용량은 $[J/g/K]$단위로 대입하고 $n=10^{-5}$를 사용한다. 일반적으로 기체의 열용량은 다른 대부분의 소재들보다 높기 때문에, 팰리스터의 온도가 상승해도 공기의 온도는 조금밖에 변하지 않으므로, 계산에는 팰리스터의 비열을 사용해야만 한다. 어떤 경우라도 시료기체에서 일산화탄소가 차지하는 비율은 매우 낮다. 하지만 비열용량을 $[J/g/K]$단위로 변환시켜서 사용해야만 한다. 이를 위해서 일산화탄소(CO)는 하나의 탄소원자와 하나의 산소원자로 이루어진다는 것을 상기해야 한다. 일산화탄소의 몰질량(MM)은 다음과 같이 계산된다.

$$MM_{CO}=1\times 12.01+1\times 16=28.01[g]$$

즉, 일산화탄소 $1[mol]$의 질량은 $28.01[g]$이다. 그러므로 엔탈피는 다음과 같이 계산된다.

$$\Delta H=283[kJ/mol]=\frac{283}{28.01}[kJ/g]$$

이제 일산화탄소의 연소에 따른 온도변화를 계산하기 위해서 팰리스터의 비열과 함께 이 값을 식 (8.9)의 계산에 사용할 수 있게 되었다.

$$\Delta T=\frac{\Delta H}{C_p}n=\frac{283\times 10^3/28.01}{0.750}\times 10^{-5}=0.1347[K]$$

소량의 일산화탄소가 연소되었기 때문에 온도변화는 매우 작다. 이로 인한 저항값 변화는 다음과 같이 계산된다.

$$R(T)=R(T_0)(1+\alpha[T-T_0])=1{,}200\times(1+0.00362\times 0.1347)$$
$$=1{,}200.585[\Omega]$$

따라서 저항값은 $0.585[\Omega]$만큼 변한다. 이는 매우 작은 변화량(0.05%)이지만, 어떻게 해서라도 측정이 가능하다.

8.5.3 열전도 센서

열전도 센서는 화학반응을 사용하지 않는 대신에 측정대상 기체의 열특성을 활용한다. 그림 8.18에서는 이런 유형의 센서를 보여주고 있다. 이 센서는 기체 유로상에 특정한 온도(대략적으로 250[°C])로 설정된 히터로 이루어진다. 이 히터는 접촉하는 기체에 의해서 주변영역으로 열을 잃어버린다. 특정한 기체의 농도가 증가하면 공기에 의한 열손실보다 더 많은 열을 잃어버리며 히터의 온도와 그에 따른 히터의 저항값이 감소하게 된다. 특히 열전도도가 큰 기체일수록 열손실이 증가한다. 이로 인한 저항값 변화를 측정하여 기체농도에 대해서 교정한다. 앞서 설명했던

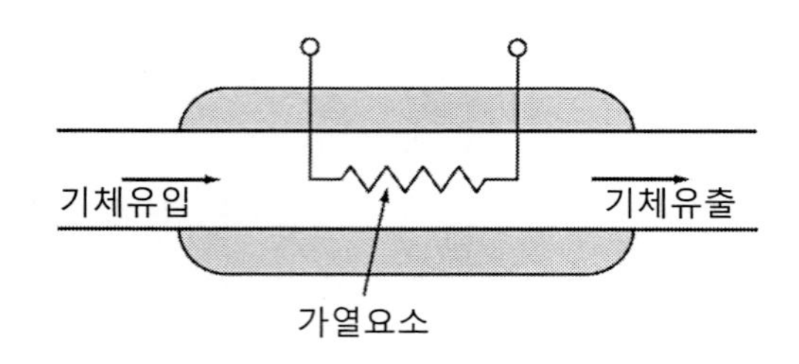

그림 8.18 열전도센서의 구조

두 가지 유형의 센서들에 비해서, 이 센서는 고농도 기체에 대해서 유용하다. 이 센서는 질소, 아르곤, 이산화탄소와 같은 불활성 기체들뿐만 아니라 폭발하한계(LEL) 미만의 휘발성 기체의 농도측정에 사용할 수 있다. 이 센서는 산업계에서 일반적으로 사용되고 있으며, 실험실용 기체 크로마토그래피에서도 유용한 도구로 사용되고 있다. 열전달과 옴의 법칙을 결합시킨 푸리에의 법칙을 활용하여, 가열된 저항의 저항값 변화를 사용하여 센서의 열손실(또는 이득)을 측정할 수 있다. 여타의 많은 센서들처럼, 기체에 노출되지 않은 기준센서에 대한 비교측정을 통해서 분해능을 높일 수 있다.

그런데 온도변화와 열손실 사이의 상관관계는 비교적 복잡하다. 따라서 열전도도 센서들을 교정해야 하지만 센서의 응답에 대한 정확한 계산이 어려우며 센서에 대한 정확한 정보(치수, 열특성 등)가 필요하다. 이런 어려움에도 불구하고, 열전도도 센서들이 상용화되어 판매되고 있으며, 기체농도 측정에 중요한 도구로 사용되고 있다.

8.6 광화학센서

광선의 전파와, 더 넓은 의미에서 임의의 매질 속에서 전자기파 복사는 매질의 특성에 의해서 지배된다. 매질 속에서 광선의 투과, 반사, 흡수(희석), 그리고 광선의 속도와 그에 따른 파장길이는 매질의 특성에 의존한다. 매질의 광학특성과 더불어서 센서의 여타 변환 메커니즘들이 센서의 작동특성을 결정한다. 예를 들어, 광학식 연기감지장치들은 연기의 존재를 검출하기 위해서 광선의 투과를 활용한다. 여타의 매질들도 이런 방식으로 측정할 수 있으며, 시험할 물질에 색소와 같은 물질을 첨가할 수도 있다. 그런데 다양한 물질과 반응을 검출하기 위한 고도로 민감한 센서를 만들기 위해서는 훨씬 더 복잡한 메커니즘을 사용해야 한다.

많은 광학식 센서들이 시험할 물질에 따라서 성질이 변하는 전극을 사용한다. 이런 유형의 전극들을 광학전극이라는 의미의 합성어인 **옵토드**[6]라고 부른다. 이 옵토드는 기준전극이 필요 없다는 중요한 장점을 가지고 있으며, 광섬유와 같은 광도파 시스템을 활용하기에 적합하다.

광화학센서의 또 다른 옵션은 광선 조사 시 일부의 물질들에서 발생하는 형광이나 인광현상을 이용하는 것이다. 특정한 소재나 성질을 나타내기 위해서 이런 화학발광 현상을 감지하여 활용할 수 있다. 발광은 여기복사 주파수(파장)와는 다른 주파수(파장)로 발생하기 때문에 민감도를 매우 높일 수 있는 방법이다. 발광현상은 주로 자외선(UV) 복사에 의해서 일어나지만 적외선이나 가시광선 대역에서도 나타나며, 이 대역에서의 검출에 자주 사용된다.

발광현상을 포함한 대부분의 광학측정 메커니즘들은 빛이 전파되거나 충돌하는 물질 흡수하는 빛에 적어도 부분적으로 의존한다. 이 흡수는 광선의 투과에 의존하는 센서에서 중요하며, 다음에 제시되어 있는 **비어-램버트 법칙**에 지배를 받는다.

$$A = \varepsilon b M \tag{8.12}$$

여기서 ε은 매질의 흡수특성계수($10^3[cm^2/mol]$), $b[cm]$는 광선이 이동한 경로길이, 그리고 $M[mol/L]$은 농도이다. A는 흡광도로서, $A = \log(P_0/P)$이다. 여기서 P_0는 입사광선의 강도, P는 투과된 광선의 강도이다. 이 선형식은 단색광선에 대해서만 적용된다.

아마도 가장 단순환 광화학센서는 소위 반사센서일 것이다. 이 센서는 맴브레인이나 모재가 검출대상 물질과 접촉했을 때의 반사성질 변화에 의존한다. 그림 8.19에서는 이 센서의 기본 구조를 보여주고 있다. 광원(LED, 백색광원, 레이저)이 송출한 빛은 광섬유를 통해서 옵토드로 전파된다. 옵토드의 광학성질은 접촉한 물질에 따라서 변하며, 반사된 광선은 분석대상 물질이나 옵토드

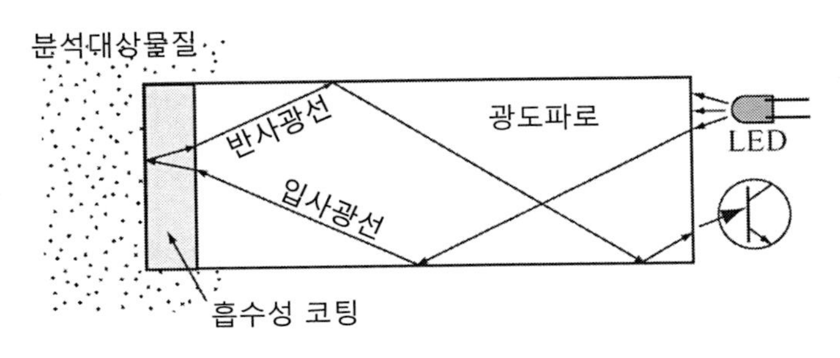

그림 8.19 반사율 센서의 원리와 구조

---

6) optode

내 반응생성물의 농도에 따라서 변한다. 별도의 광도파로를 사용하여 입사광선과 반사광선을 서로 분리할 수 있지만 일반적으로는 필요 없다.

또 다른 감지방법은 광섬유를 감싸고 있는 클래드를 벗겨내서 광섬유 벽면에서 광선 중 일부가 손실되도록 만드는 것이다. 이를 소위 **소멸손실**[7]이라고 부르며, 손실특성이 광섬유 벽면과 접촉하는 물질에 의존한다. 그림 8.20에서는 이 센서의 작동원리를 보여주고 있다. 이런 유형의 센서들에서는 광섬유 끝이 아니라 벽면이 분석대상 물질과 접촉한다. 이 경우, 반사광선 대신에 광섬유를 투과한 파워를 측정한다. 이 파워는 광섬유 벽체를 통과하는 파워손실에 의해서 영향을 받는다. 투과된 파동은 분석대상 물질에 의해서 흡수된 광선의 양에 의존하며, 이는 광섬유의 표면과 접촉하는 분석대상 물질의 광학특성(주로 굴절계수)의 함수이다. 이 방법을 사용한 측정은 마치 유리와 공기 사이와 같이 고유전율 유전체와 저유전율 유전체 사이의 투과특성에 기초한다. 광섬유 속으로 전파된 빛은 그림 8.20 (a)에 도시되어 있는 것처럼, 광섬유와 분석대상물질 사이의 계면과 충돌하여 대부분은 반사되지만 파워 중 일부는 계면을 투과하여 분석대상물질 속으로 소멸되어 버린다. 광선빔(예를 들어 레이저빔)이 1번 매질(광섬유)과 2번 매질(분석대상물질) 사이의 계면에 각도 θ_i로 조사된다. 이 광선은 입사각도와 동일한 각도($\theta_r = \theta_i$)로 반사된다. 2번 매질 속으로 투과(굴절)된 파동은 **스넬의 굴절법칙**을 따른다.

$$\frac{\sin\theta_i}{\sin\theta_t} = \frac{n_2}{n_1} \tag{8.13}$$

여기서 n_1은 1번 매질의 광학굴절계수이며, n_2는 2번 매질의 광학굴절계수이다. 유전체(유리

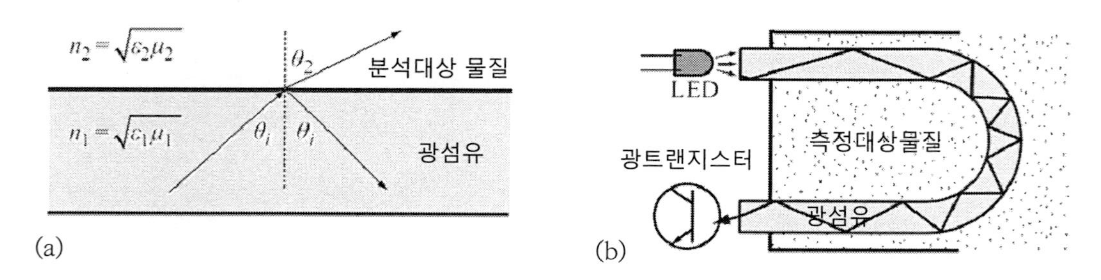

그림 8.20 소멸손실 센서. (a) 작동원리. (b) 센서의 구조

7) evanescent loss

나 공기)의 굴절계수는 다음과 같이 주어진다.

$$n = \sqrt{\varepsilon_r \mu_r} \tag{8.14}$$

여기서 ε_r과 μ_r은 각각 매질의 비유전율과 비투자율이다. 만일 굴절각 θ_t가 90°보다 같거나 더 크다면, 파동은 2번 매질 속으로 투과될 수 없으며 1번 매질 속으로 전반사된다. 입사각도 θ_i와 굴절각도 90°를 사용해서 다음과 같이 **임계각도**를 구할 수 있다.

$$\theta_{ic} = \sin^{-1}\left(\frac{n_1}{n_2}\right) = \sin^{-1}\sqrt{\frac{\varepsilon_{r2}\mu_{r2}}{\varepsilon_{r1}\mu_{r1}}},\ \ \varepsilon_{r2}\mu_{r2} < \varepsilon_{r1}\mu_{r1} \tag{8.15}$$

2번 매질의 굴절계수가 1번 매질의 굴절계수보다 작다면 임계각도가 존재한다. 이것의 중요성은 입사각도가 임계각도보다 크거나 같다면, 입사된 모든 파워는 광섬유 체적 속으로 반사되며, 2번 매질 속으로 전파되어 소실되는 파워가 없다. 그러므로 (광섬유 자체에서 일어날 수 있는 모든 손실을 무시하면) 검출기로 모든 파워가 입사된다. 입사각도가 이 임계각도보다 작다면, 파워 중 일부가 광섬유와 분석대상물질 사이의 계면을 투과하기 때문에 검출기로 안내되는 파워가 감소한다.

두 가지 방법을 사용하여 임계각도를 측정목적으로 사용할 수 있다. 첫 번째는 2번 매질 속으로 전파되는 파워를 줄여서 반사파동의 파워를 증가시키는 것이며, 두 번째 방법은 정확히 이 반대의 방식을 사용하는 것이다. 이를 이해하기 위해서 우선 2번 매질은 공기이며, 1번 매질은 유리인 경우를 살펴보기로 하자. 입사각도는 충분히 작기 때문에 파동이 2번 매질 속으로 투과된다. 즉, 임계각도 미만에서는 파동이 광섬유의 표면을 투과한다. 파동 중 일부는 반사되며 일부는 공기중으로 전파된다. 이제 공기를 $\varepsilon_{r2}\mu_{r2} < \varepsilon_{r1}\mu_{r1}$ 조건을 충족하는 수증기나 여타의 유전율이 높은 유전체로 대체할 수 있다. 굴절률 n_2가 증가할수록 2번 매질 속으로 전파되는 파워가 감소한다. 2번 매질의 유전율이 증가할수록 반사되는 파워의 비율이 증가한다. 그러므로 이 경우, 2번 매질의 굴절률이 커질수록 측정되는 반사파의 강도가 커지며, 예를 들어 측정대상 물질의 상대습도(RH)에 대해서 이를 교정할 수 있다.

두 번째 방법에서는 2번 매질의 유전율이 광섬유의 유전율보다 더 커서 식 (8.15)를 만족시킬 수 없다고 가정한다. 이 경우, 매질의 굴절계수가 커질수록 반사광의 파워가 감소한다. 이 센서를 사용하여 물이나 여타의 유체를 검출할 때에 이 방법이 유용하다. 실제의 경우, 입사각도는 고정된 값이 아니며 각도범위를 가지고 있다. 이로 인하여 일부의 광선은 굴절되고 일부는 반사되므로, 검출되는 파워와 굴절률 사이의 상관관계는 앞의 경우처럼 단순하지 않다. 그럼에도 불구하고 파워측정을 통해서 센서 표면과 접촉하는 측정대상 물질의 굴절률 변화를 측정할 수 있도록 어느 정도는 출력을 교정할 수 있다.

그림 8.21에서는 다양한 종류의 연료(중유에서 휘발유까지)들을 검출 및 구분하기 위해서 사용할 수 있는 소멸손실 센서를 보여주고 있다. 이 센서는 펌핑 시스템의 연료누출이나 누수, 또는 이와 유사한 상태를 감지할 수 있다.

그림 8.21 유체검출을 위한 소멸손실 센서. 그림의 중앙에 U-자형으로 굽은 광 도파로를 볼 수 있다.

pH 값의 변화에 따라서 색상이 변하는 특별한 옵토드를 사용하여 광학적 방법으로 pH 값을 측정할 수 있다. 그런데 이런 시스템에서는 옵토드에 부가되는 pH 값 편차가(분석대상물질과의 상호작용이 일어나기 전보다) $\pm 1[\mathrm{pH}]$ 이내인 경우에만 측정할 수 있다. 비록 측정범위가 매우 좁지만, 특정 용도에서는 이것만으로도 충분하다. 그림 8.22에서는 이런 유형의 센서를 보여주고 있다. 이 센서에서는 폴리아크릴아미드 마이크로구체의 표면에 페놀레드가 부동화된 수소 투과성 맴브레인이 사용되었다. 투과성 관체(초산섬유소) 맴브레인으로 이루어진 옵토드에 광섬유가 부착되어 있다. 이 센서를 분석대상물질 속에 담그면 대상물질이 확산을 통해서 옵토드에 도달하게 된다. 페놀레드는 $560[nm]$(황녹색) 파장의 빛을 흡수하는 것으로 알려져 있다. 흡수하는 광량은 pH 값에 의존하며, 따라서 반사광선의 광량은 pH 값에 의존한다. 그러므로 입사광선과 반사광선의 강도차이는 pH 값과 관련되어 있다.

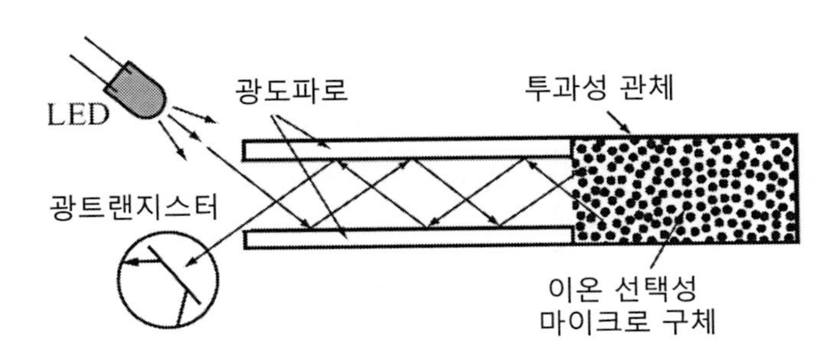

그림 8.22 광학식 pH센서의 구조와 작동원리

형광을 감지하기 위해서 **그림 8.19**나 **그림 8.22**에 도시되어 있는 센서의 구조들 모두를 사용할 수 있다. 형광은 여기광선과는 다른 파장으로 나타나기 때문에, 필터링 기법을 사용해서 입사광선과 반사광선을 서로 분리할 수 있다.

그림 8.22에 도시되어 있는 pH 센서와 유사한 센서를 약산성인 8-하이드록시피렌-1,3,6-트리술폰(HPTS)의 형광특성 검출에 사용할 수 있다. 이 물질은 자외선을 조사했을 때에 $405[nm]$의 형광을 방출하며, 이 형광의 강도는 pH 값과 관련되어 있다. 이 물질의 중성 pH=7.3이므로 특히 생리학적 측정이 수행되는 중성점 근처에서의 측정이 가능하다.

옵토드를 이온측정에도 사용할 수 있다. 금속 이온들은 다양한 시약들을 사용하여 강한 색상의 착화물들을 형성시킬 수 있기 때문에 특히 검출이 용이하다. 이 시약성분들을 옵토드 속에 매립하면 옵토드-분석대상물질 사이의 계면에서 일어나는 반사특성과 금속이온들 사이의 상관관계를 만들어낼 수 있다. 형광은 금속이온에서도 일반적으로 일어나는 현상이므로, 이를 분석화학 분야에서는 광범위하게 활용하고 있으며, 주로 자외선을 조사하였을 때에 나타나는 가시광선 대역의 형광을 이용한다. 이 기법들은 물속의 용존산소와 혈액 속의 포도당 측정을 포함하여 다양한 이온의 검출에 사용되어 왔다.

8.7 질량센서

또 다른 화학검출 방법에서는 분석대상물질의 흡착에 의해서 일어나는 측정요소의 질량변화를 감지한다. 이 개념은 명확하지만, 이 흡착과 관련된 기체나 수증기와 같은 물질의 질량이 매우 작기 때문에, 이 방법을 사용하기 위해서는 이런 미세질량변화를 검출하기에 충분한 민감도를 가져야만 한다. 이런 이유 때문에, 질량센서를 **미세중량분석센서**[8] 또는 **미세저울센서**[9]라고 부른다. 실제의 경우, 이런 질량변화를 직접 측정할 수 없기 때문에 간접적인 방법을 사용해야만 한다. 고유주파수로 진동하는 수정과 같은 압전 결정체(7.7절 참조)를 사용하여 이를 구현할 수 있다. 이 공진주파수는 결정체의 절단방향과 외형치수에 의존하며, 일단 이 값들이 결정되고 나면 결정체의 미소한 질량변화가 공진주파수를 변화시킨다. 이 센서의 민감도는 일반적으로 매우 높아서 $10^{-9}[g/Hz]$ 수준이며, 한계민감도는 $10^{-12}[g/Hz]$에 달한다. 결정체의 공진주파수가 매우 높기 때문에, 질량변화에 따른 공진주파수의 변화가 커서 디지털 방식으로 정확하게 측정할 수 있다. 그 결과, 이 센서는 비교적 단순한 구조를 사용하여 높은 민감도를 구현할 수 있다. 압전 공진기의 일종이지만 압전소재 내부에서 음파가 전달되는 방식으로 작동하는 표면탄성파(SAW) 공진기를 사용해서도 이와 유사한 기능을 구현할 수 있다. 이 소자는 결정체 공진기보다 파장길이가 더 짧으며 더 높은 주파수에서 작동하므로(7.9절 참조) 더 높은 민감도를 구현할 수 있다.

질량변화 Δm에 의한 결정체의 공진주파수 변화량은 다음 식을 이용하여 구할 수 있다.

$$\Delta f = -S_m \Delta m \ [Hz] \tag{8.16}$$

여기서 Δf는 공진주파수 변화량, S_m은 결정체(절단방향, 형상, 고정방법 등)에 의존적인 민감도계수, 그리고 $\Delta m[g/cm^2]$은 단위면적당 질량변화량이다. 민감도계수는 $[Hz\cdot cm^2/\mu g]$의 단위를 가지고 있다. 민감도는 어느 정도의 질량변화(작은 질량변화)에 대해서 일정한 값을 유지하므로, 공진주파수의 변화는 선형적 특성을 갖는다. 반면에 민감도계수는 주파수 의존성을 가지고 있다. 이런 이유 때문에, 특정 주파수로 공진하는 결정체에 대해서 민감도계수가 지정된다. 또한, 질량이 증가하면 공진주파수가 감소하기 때문에, 위 식에서 주파수변화량은 음의 값을 가지고 있다. 전형적으로 민감도계수값은 $40\sim60[Hz\cdot cm^2/\mu g]$의 값을 가지고 있다.

식 (8.16)을 역으로 나타내면,

$$\Delta m = C_m \Delta f \ [g/cm^2] \tag{8.17}$$

---

8) microgravimetric sensor

9) microbalance sensor

위 식에서 C_m은 질량계수 또는 질량 민감도계수라고 부르며 $[ng/cm^2/Hz]$의 단위를 가지고 있다. 그리고 Δm의 단위는 $[g/cm^2]$이다. 전형적인 C_m값은 $4\sim6[ng/cm^2/Hz]$이다. 위 식을 통해서 측정된 공진주파수 Δf의 변화값에 따른 질량변화량 Δm을 구할 수 있다.

분석대상물질이 결정체 표면에 직접 흡착되거나, 또는 결정체(또는 여타의 압전소재) 표면에 코팅된 물질에 흡착되어 질량이 변한다. 대체로 이 센서는 단순하며 효과적이다. 가장 큰 문제는 결정체나 코팅이 하나 이상의 물질을 흡착하며, 이를 구별하는 것이 매우 어렵기 때문에 선택도가 나쁘다는 것이다. 또한 측정과정이 가역적이어서 흡착된 물질이 히스테리시스를 일으키지 않고 (가열 등에 의해서) 제거되어야만 한다는 것이 기본적으로 요구된다. 다양한 기체들에 대해서 어느 정도 선택성을 갖춘 센서들이 개발되었으며, 수증기 검출용 센서가 가장 일반적으로 사용된다.

예제 8.7 질량센서의 민감도

공진주파수가 $10[MHz]$인 수정 결정체에 대해서 살펴보기로 하자. 결정체는 직경이 $20[mm]$인 원판형상으로 제작되었다. 이 센서는 꽃가루 농도가 높아졌을 때에 시민에게 이를 경고하기 위한 목적으로 공기중의 꽃가루 농도를 검출하기 위해서 사용된다. 이를 위해서 결정체의 표면에는 꽃가루입자들을 흡착하기 위해서 접착성 물질로 코팅되어 있다. $100[Hz]$의 주파수 변화를 정확하고 신뢰성 있게 측정할 수 있으며, 결정체의 질량 민감도는 $4.5[ng/cm^2/Hz]$라고 가정한다. 평균적으로 꽃가루 입자의 평균 질량은 $200[ng]$이다. 신뢰성 있게 검출할 수 있는 꽃가루 입자의 최소수량은 몇 개인가?

풀이

검출할 수 있는 단위면적당 질량은 다음과 같이 계산된다.

$$\Delta m = C_m \Delta f = 4.5 \times 10^{-9} \times 100 = 450 \times 10^{-9} [g/cm^2]$$

센서의 표면적은 $\pi \times 1^2 = \pi [cm^2]$이다. 따라서 검출 가능한 총 질량은 다음과 같이 계산된다.

$$\Delta M = \Delta m S = 450 \times 10^{-9} \times \pi = 1{,}413.7 \times 10^{-9} [g]$$

이는 꽃가루 7개에 해당하는 질량이다$(1{,}413.7/200 = 7.07)$

주의 : 비록 여기서 사용한 값들이 현실적인 값들이지만, 이런 유형의 센서를 사용할 때에는 온도에 따른 공진주파수 드리프트와 결정체 발진기의 공진주파수 안정성 같은 여타의 문제들도 고려해야만 한다. 이런 인자들로 인하여 수$[Hz]$ 만큼의 측정값 변화가 초래된다. 전형적으로 $5\sim10[Hz/°C]$ 수준의 온도민감도를 가지고 있다. 즉, 온도만 변화하는 경우에도 측정값은 10%의 오차를 나타낼 수 있다는 것이다. 센서의 민감도가 낮은(주파수 변화가 큰) 경우에는 이를 무시할 수 있다.

만일 예를 들어 측정 가능한 최소 주파수 변화량이 $1[kHz]$라면, 온도변화에 따른 오차는 1%에 불과하지만, 민감도는 꽃가루 70개로 감소하게 된다. 이런 민감도 감소는 포집시간을 증가시켜서 어느 정도 보상할 수 있다. 그리고 온도를 매우 정확하게 관리하며 측정오차를 줄일 수도 있다.

8.7.1 습도와 기체센서

공진 결정체 표면에 수증기를 흡착하는 얇은 흡습성 소재를 코팅하여 **질량습도센서**를 만들 수 있다. 공진기 자체가 수증기를 흡수할 필요 없기 때문에, 표면탄성파(SAW) 공진기를 포함한 공진기에 덧붙여서 흡습성 코팅과 같은 적절한 매질을 사용할 수도 있다. 흡습성 매질로는 폴리머, 젤라틴, 실리카 및 불화물 등과 같은 다양한 소재들을 사용할 수 있다. 측정이 끝나고 나면, 흡습층을 가열하여 수분을 제거한다. 비록 이런 유형의 센서들을 매우 민감하게 만들 수 있지만 응답시간은 느리다. 측정에 오랜 시간이 소요되며(20~30$[s]$), 센서의 재생에는 더 많은 시간이 소요된다(30~50$[s]$).

그럼에도 불구하고, 이 방법은 매우 유용하며 다양한 유형의 기체와 증기의 검출에 사용되어왔다. 이들 중 일부는 상온에서 사용되며, 일부는 고온에서 사용된다. 각 유형별 기체에 대한 선택도를 갖춘 센서들 사이의 가장 큰 차이는 코팅이다. 이들은 주로 수은과 같은 위험물질이나 유독성 기체의 검출에 사용된다. 아민 코팅을 사용하여 (석탄이나 연료의 연소시 주로 발생하는) SO_2의 검출이 실현되었다. 이 센서로 검출 가능한 최소농도는 $10[ppb]$ 수준이다.

아스코르브산이나 염산피리독신 코팅을 사용하여 (폐수나 하수의 환경영향을 평가하기 위해서) 암모니아를 검출할 수 있으며, 민감도는 $[\mu g/kg]$수준에 이른다.

초산염(초산은, 초산구리 및 초산납 등이 사용된다) 코팅을 사용해서 유사한 방식으로 탄화수소 황화물도 검출할 수 있다. 수은과 금이 아말감을 형성하면서 금 코팅의 질량이 증가하기 때문에, 금 코팅을 사용해서 수은증기를 검출할 수 있다. 탄화수소, (폭발물에서 방출되는) 니트로톨루엔 그리고 농약, 살충제 및 여타 독성물질에서 방출되는 기체들을 검출하기 위해서도 이런 유형의 센서들이 사용된다.

8.7.2 표면탄성파(SAW) 질량 센서

결정체 공진기를 사용하는 방법은 높은 공진주파수를 사용하기 때문에, 유용하고 민감한 측정방법인 것으로 판명되었다. 지연선을 사용하는 표면탄성파 공진기(7.9절 참조)는 공진주파수가 결정체보다 훨씬 더 높으며, 공진주파수가 압전소재 내에서 음파의 진행속도에 크게 의존한다. 그러므로 지연선 공진기를 사용하여 **표면탄성파 공진기 질량센서**를 만들 수 있다. 그림 8.23에 도시되어 있는 것처럼, 검출대상 기체에 대해서 반응성이 있는 소재를 사용하여 지연선을 코팅한다. (맴브레인을 사용하여) 공기중에 함유되어 있는 기체를 추출하여 공진주파수를 측정한다. 맴브레인을 점착성 매질로 바꾼다면 꽃가루나 오염물질과 같은 고체입자를 검출하는 데에도 이 방법을 사용할 수 있다. 물론, 이 경우에는 다음 샘플링을 수행하기 전에 표면을 세척하는 재생공정이 필요하다.

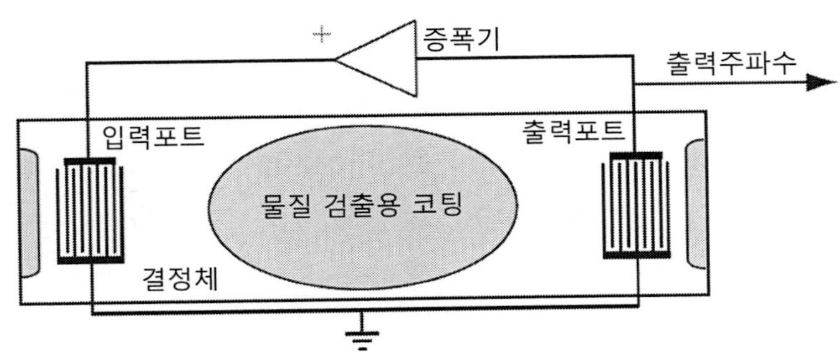

그림 8.23 지연선 발진기를 사용한 표면탄성파 질량센서. 출력주파수는 코팅의 질량에 의존한다.

따라서 이런 유형의 센서들 중 일부는 일회용으로 사용된다. 마이크로저울 센서의 경우와 마찬가지로, 선정된 코팅소재에 따라서 센서의 선택도가 결정된다. 표 8.1에서는 측정대상 물질에 따라 적합한 코팅들이 제시되어 있다.

표 8.1 측정대상 물질들과 검출용 코팅들

화합물	화학코팅	표면탄성파 소재
SO_2	트리에탄올아민(TEA)	니오브산 리튬
H_2	팔라듐(Pd)	니오브산 리튬, 실리콘
NH_3	백금(Pt)	수정
H_2S	삼산화텅스텐(WO_3)	니오브산 리튬
수증기	흡습성 물질	니오브산 리튬
NO_2	프탈로시아닌(PC)	니오브산 리튬, 수정
NO_2, NH_3, SO_2, CH_4	프탈로시아닌(PC)	니오브산 리튬
폭발물 증기, 마약	폴리머	수정
SO_2, CH_4	없음	니오브산 리튬

표면탄성파 공진기의 민감도는 결정체 공진기에 비해서 훨씬 더 높으며 민감도 한계는 대략적으로 $10^{-15}[g]$ 수준이다. 예상되는 민감도는 $50[\mu Hz/Hz]$ 수준이다. 즉, $500[MHz]$ 공진기를 사용하는 경우에, 주파수 시프트 민감도는 $25[kHz]$이다. 이는 정확한 측정에 아주 충분한 값이다.

8.8 습도와 수분검출 센서

앞에서는 질량센서를 사용한 습도측정방법에 대해서 살펴보았으며, 표 8.1에서는 표면탄성파 공진기를 활용한 다양한 센서들을 보여주고 있다. 이외에도 습도를 측정하는 방법들이 있지만, 이들은 모두 수증기를 흡착하기 위해서 흡습성 매질을 사용한다. 습도 측정용 센서는 정전용량, 전기전도도, 그리고 가장 일반적으로 사용되는 방법인 광학식 등 다양한 방법으로 만들 수 있다.

습도[10]와 수분[11]이라는 용어는 서로 호환되지 않는다. **습기**는 공기와 같은 기체 속의 수분함량을 의미한다. **수분**은 고체나 액체 속의 물 함량이다. 이와 관련된 중요한 물리량들에는 이슬점온도(DPT), 절대습도(AH) 그리고 상대습도(RH) 등이다. 이들은 다음과 같이 정의된다.

- **절대습도**는 단위체적의 습윤기체 내에 함유되어 있는 수증기의 질량으로서 $[g/m^3]$ 단위를 갖는다.
- **상대습도**는 동일한 온도에서 어떤 기체(일반적으로 공기)의 최대 포화수증기압력 대비 실제 수증기 압력의 비율이다. 포화수증기압력은 이슬이 생성되는 수증기 압력을 의미한다. 기압은 수증기 압력과 건조공기압력을 합한 값이다. 그런데 물의 끓는점 온도(100[°C])보다 높은 온도에서는 최대 포화압력이 온도에 따라서 변하기 때문에 상대습도는 끓는점 온도 이상의 온도에서는 사용되지 않는다.
- **이슬점온도**는 상대습도가 100%인 온도이다. 이 온도에서 공기는 수분을 최대한 머금고 있을 수 있다. 이보다 더 낮은 온도로 냉각시키면 안개(물방울), 이슬 또는 성에가 생긴다.

---

10) humidity
11) moisture

8.8.1 정전용량식 수분검출 센서

가장 단순한 수분센서는 정전용량식 센서이다. **정전용량식 수분센서**는 수분에 의한 유전율변화를 측정한다. 물의 유전율은 비교적 높다(저주파 대역에서 $80\varepsilon_0$). 습기는 액체상태의 물과는 다른 성질로서, 습윤공기의 유전율은 상대습도에 따라서 표로 주어지며, 다음의 경험식을 사용해서도 계산할 수 있다.

$$\varepsilon = \left(1 + \frac{1.5826}{T}\left(P_{ma} + \frac{0.36P_{ws}}{T}RH\right)\times 10^{-6}\right)\varepsilon \ \ [F/m] \tag{8.18}$$

여기서 ε_0는 진공중에서의 유전율상수값, $T[K]$는 절대온도, $P_{ma}[Pa]$는 습윤공기의 압력, $RH[\%]$는 상대습도, 그리고 $P_{ws}[Pa]$는 온도 T에서의 포화수증기압력이다. 이 값들은 약간 혼동될 수도 있다. 습윤공기의 압력 중 일부는 대기중 수증기에 의해서 만들어진다. 수증기 분압은 온도에 의존하며, 100[°C]에서 대기압에 도달한다(즉, 100[°C]에서 물이 끓는다). 포화된 수증기압력은 습도가 100%인 수증기 압력이며, 이 또한 온도에 의존한다. 이들 두 양들은 계산할 수 있으며, 도표로도 제공되고 있다. 포화수증기압력과 습윤공기의 압력은 다음의 실험식들을 사용해서 계산할 수 있다.

$$P_{ws} = 133.322 \times 10^{0.66077 + 7.5t/(237.3+t)} \ \ [Pa] \tag{8.19}$$

$$P_{ma} = 133.322 \times e^{20.386 - 5,132/(273.15+t)} \ \ [Pa] \tag{8.20}$$

여기서 t는 [°C] 단위의 온도값이다.

평행판 커패시터의 정전용량 $C = \varepsilon A/d$ $[F]$이며, 이를 사용해서 정전용량과 상대습도 사이의 상관관계를 구할 수 있다(A는 커패시터의 면적, d는 도전판 사이의 거리, 그리고 ε은 도전판 사이에 존재하는 매질의 유전율이다).

$$C = C_0 + C_0\frac{1.5826P_{ma}}{T}\times 10^{-6} + C_0\frac{75.966P_{ws}}{T}\times 10^{-6}\times RH \ \ [F] \tag{8.21}$$

여기서 C_0는 진공중에서의 정전용량($C_0 = \varepsilon_0 A/d$)이다. 이 관계식은 모든 온도에 대해서 선형

특성을 가지고 있다. 습윤공기의 압력은 고정값으로 더하는 반면에 습도만에 의한 인자들에는 가변값이 사용된다. 그런데, 실제 커패시터의 정전용량값은 매우 작다(현실적인 이유 때문에 커패시터의 도전판을 크게 만들기 어려우며, 도전판들 사이의 거리를 좁히는 것도 한계가 있다-최소한 공기유동이 가능하도록 수$[\mu m]$ 정도의 간극이 필요하다). 실제 설계에서는 정전용량을 증가시킬 방법들이 사용된다. 한 가지 방법은 수분이 없을 때에 비해서 수증기를 흡착했을 때에 정전용량이 증가하도록 도전판들 사이에 흡습성 물질을 삽입하는 것이다. 이러한 목적으로 흡습성 폴리머 박막이 사용된다. 금속판은 금으로 제작한다. 이런 소자에서 형성되는 정전용량은 다음 식으로 나타낼 수 있다.

$$C = C_0 + C_o \alpha_h RH \ [F] \tag{8.22}$$

여기서 α_h는 수분계수이다. 이 α_h값이 상수일 필요는 없으며, 일반적으로 온도와 상대습도에 의존한다. 이 방법에서는 흡습성 폴리머 내의 수분함량이 상대습도와 습도변화에 정비례한다고 가정한다(즉, 폴리머 박막은 수분을 머금고 있지 않는다). 이런 조건하에서는 연속적인 측정이 가능하다. 하지만 예상하는 것처럼, 변화가 느리기 때문에 특히 습도가 빠르게 변하는 경우에는 센서의 출력에 지연이 발생하게 된다. 이런 유형의 센서는 2~3%의 정확도로 5~90%의 상대습도를 측정할 수 있다.

예제 8.8 정전용량식 상대습도 센서

흡습성 폴리머를 사용하는 정전용량식 상대습도센서가 주어져 있다. 이 센서의 성능을 평가하기 위해서, 상대습도 20%와 상대습도 80%에서 정전용량값을 측정하였다. 측정결과 상대습도 20%에서의 정전용량은 $C = 448.4[pF]$이며, 상대습도 80%에서의 정전용량은 $C = 491.6[pF]$이다. 여기에는 단순한 평행판 커패시터가 사용되었다.

(a) 센서의 수분계수, 출력스팬(OFS), 그리고 민감도를 계산하시오.

(b) (a)의 출력스팬에 대해서 센서의 비유전율 변화범위를 계산하시오.

풀이

식 (8.22)를 사용하면, 건조상태에서의 정전용량(즉, 상대습도가 0%일 때의 정전용량)과 수분계수를 구할 수 있다. 그런 다음, 평행판 커패시터의 지배방정식을 사용해서 유전율값을 직접 구할 수 있다.

(a) 상대습도 20%인 경우,

$$448.4 = C_0 + \alpha C_0 \times 20 \ \ [pF]$$

그리고 상대습도 80%인 경우에는

$$491.6 = C_0 + \alpha C_0 \times 80 \ \ [pF]$$

아래 식에서 위 식을 빼면 다음을 얻을 수 있다.

$$491.6 - 448.4 = \alpha C_0 \times (80-20) \rightarrow 43.2 = \alpha C_0 \times 60 \rightarrow \alpha C_0 = \frac{60}{43.2} = 1.3889$$

이를 다시 첫 번째 식에 대입하면,

$$448.4 = C_0 + 1.3889 \times 20 \rightarrow C_0 = 448.4 - 1.3889 \times 20 = 420.62 [pF]$$

수분계수는 다음과 같이 계산된다.

$$\alpha C_0 = 1.3889 \rightarrow \alpha = \frac{1.3889}{C_0} = \frac{1.3889}{420.62} = 0.003302$$

출력스팬(OFS)은 입력스팬(IFS)에 대한 센서의 정전용량 변화범위이다. 입력스팬은 당연히 상대습도 0~100%이다. 그에 따른 정전용량값은 다음 식을 사용해서 계산할 수 있다.

$$C = 420.62 + 1.3889 \times RH \ \ [pF]$$

상대습도가 0%인 경우에 대해서는 이미 계산했으며, $C = C_0 = 420.62 [pF]$이다. 상대습도 100%인 경우에는,

$$C = 420.62 + 1.3889 \times 100 = 559.51 [pF]$$

따라서 출력스팬은 $420.62 \sim 559.51 [pF]$, 또는 $138.89 [pF]$이다. 출력은 선형성을 가지고 있으므로, 출력스팬을 입력스팬으로 나누어 민감도를 구할 수 있다. 이렇게 구한 민감도는 $1.3889 [pF/RH\%]$이다.

(b) 유전율 값은 다음에 주어진 평행판 커패시터의 정전용량식으로부터 구할 수 있다.

$$C = \varepsilon \frac{A}{d} \ \ [F]$$

하지만 우리는 도전판의 면적이나 이들 사이의 거리를 알지 못하므로, 건조상태 커패시터의 데이터로부터 다음과 같이 A/d를 구한다.

$$\frac{A}{d}=\frac{C_0}{\varepsilon_0}=\frac{429.88\times10^{-12}}{8.854\times10^{-12}}=45.552[m]$$

이 비율값은 모든 상대습도값들에 대해서 변하지 않는다. 상대습도가 100%인 경우의 정전용량은 $522.47[pF]$이므로, 이때의 유전율을 구해보면,

$$\varepsilon=\frac{C}{A/d}=\frac{522.47\times10^{-12}}{45.552}=11.4697\times10^{-12}[F/m]$$

비유전율값은

$$\varepsilon_r=\frac{\varepsilon}{\varepsilon_0}=\frac{11.4697\times10^{-12}}{8.854\times10^{-12}}=1.2954$$

따라서 비유전율값은 1~1.2954만큼 변한다. 따라서 상대습도가 0~100%만큼 변할 때에 비유전율이 비교적 큰 변화량(거의 30%)을 나타낸다는 것을 알 수 있다.

평행판 커패시터를 사용하는 습도센서가 가지고 있는 어려움들 중 하나는 흡습성 박막이 얇아야만 하며, 수분이 측면으로부터 유입되어야만 한다는 것이다. 대기중 수분함량이 변하여도 이 수분이 박막표면 전체에 유입될 때까지의 시간이 필요하기 때문에, 응답이 느리게 변한다. 그림 8.24에서는 이와는 다른 접근방법을 보여주고 있다. 여기서 커패시터는 평판형상이며 정전용량을 증대시키기 위해서 깍지형상으로 제작하였다. 흡습성 유전체는 SiO_2나 인규산 유리로 제작한다. 응답성을 향상시키기 위해서는 이 층을 매우 얇게 만들어야 한다. 센서는 실리콘을 모재로 사용하기 때문에, 발진기와 같은 여타의 소자들과 함께 온도보상을 위한 온도센서를 손쉽게 통합하여 제작할 수 있다. 이 소자의 정전용량이 작기 때문에 발진기의 일부분으로 사용되며, 상대습도를 측정하기 위해서 주파수가 활용된다. 여기서 유전체의 유전율은 주파수 의존성을 가지고 있다(주파수에 따라서 감소한다). 즉, 낮은 습도를 측정할 때에는 높은 주파수를 사용할 수 없다는 뜻이다.

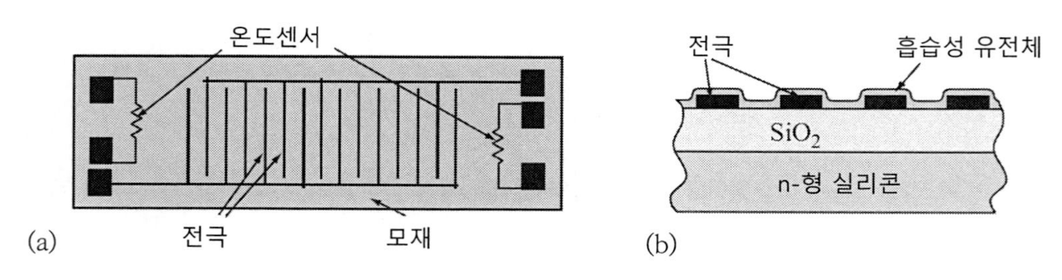

그림 8.24 깍지형 전극을 구비한 정전용량식 센서

8.8.2 저항식 습도센서

습도는 일부 소재의 저항률(전기전도도의 역수)을 변화시키는 것으로 알려져 있다. 이를 활용하여 **저항식 습도센서**를 만들 수 있다. 이를 위해서는 흡습성 전기전도층과 두 개의 전극이 필요하다. 전기전극은 **그림 8.25**에 도시되어 있는 것처럼, 전도면적을 증가시키기 위해서 깍지형으로 만든다. 흡습성 도전층은 저항률이 비교적 크며, 수분을 흡수하면 저항률이 감소하는 특성을 가지고 있다. 황산 처리된 폴리스티렌과 고체 고분자전해질을 포함한 몇 가지 물질들을 이런 목적으로 사용할 수 있지만, 더 좋은 구조가 **그림 8.26**에 도시되어 있다. 이 소자도 앞서 설명한 원리에 의해서 작동하지만, 모재가 실리콘이다. 실리콘 위에 알루미늄 등을 증착한다(고밀도로 도핑되어 저항률이 낮다). 이 알루미늄 층을 산화시켜서 Al_2O_3 층을 생성한다. 이 층은 다공질이어서 흡습성을 가지고 있으며, 전기전도도가 낮지만 상대습도가 증가하면 전기전도도가 증가한다. 이 위에 두 번째 전극으로 작용하면서도 수분이 투과되어 Al_2O_3 층에 흡착될 수 있도록 다공질 금 층을 증착한다. 이 소자를 구성하는 상부의 금 전극과 하부의 모재전극 사이의 저항값을 사용하여 상대습도를 측정할 수 있다.

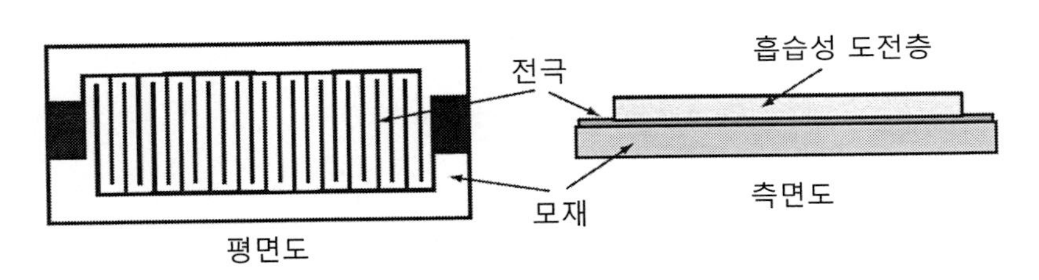

그림 8.25 흡습성 매질의 전기전도도를 이용한 상대습도 센서

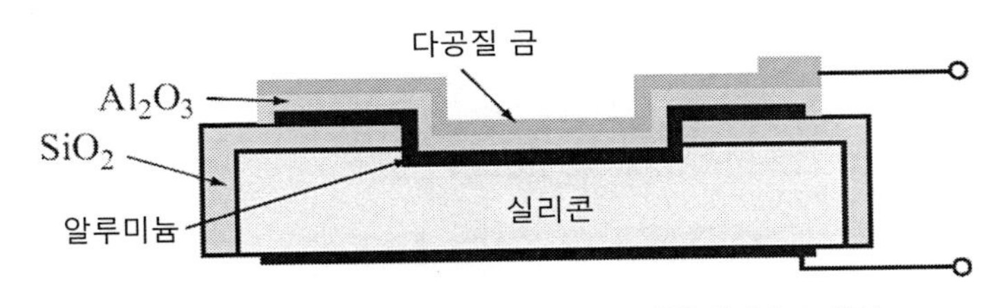

그림 8.26 (흡습성)다공질 저항층을 구비한 상대습도 센서

8.8.3 열전도식 수분검출 센서

습도가 높으면 열전도도가 증가하므로, 열전도를 사용해서 습도를 측정할 수 있다. 이 센서는 상대습도가 아니라 절대습도를 측정한다. **열전도식 수분검출 센서**는 차동방식 또는 브리지 방식

(브리지 연결구조는 **그림 8.27 (a)**를 참조)으로 연결되어 있는 두 개의 서미스터를 사용한다. 서미스터들에 전류를 흘려서 서로 동일한 온도로 가열시켜놓기 때문에 건조공기하에서의 차동출력은 0이다. 서미스터들 중 하나는 밀봉된 챔버 속에 위치시켜서 기준으로 사용하므로, 이 서미스터의 저항값은 일정하게 유지된다. 다른 하나는 공기중에 노출되어 있으므로 습도에 따라서 서미스터의 온도가 변한다. 습도가 증가하면 서미스터의 온도가 감소하며, 이로 인하여 저항값은 증가한다(온도계수가 음인 서미스터). 포화수증기압 상태에서 서미스터 저항값이 최대가 되며, 습도가 이보다 더 높으면 열전도도가 감소하면서 저항값이 다시 감소한다(**그림 8.27 (b)**).

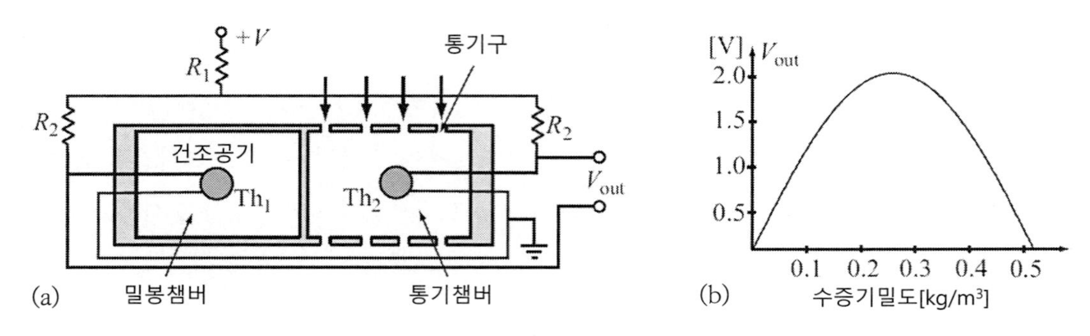

그림 8.27 연전도식 수분센서. (a) 구조. (b) 응답특성

8.8.4 광학식 습도센서

가장 정확한 습도측정 방법은 광학식이며 반사경의 온도를 조절하여 이슬점 온도를 찾아내는 방법을 사용한다. **광학식 습도센서**에서 반사경의 온도가 이슬점 온도에 도달하면, 상대습도가 100%가 된다. 이슬점온도(DPT)와 포화수증기압력 사이의 관계로부터 상대습도를 알아낼 수 있다.

$$DPT = \frac{237.3\left(0.66077 - \log_{10}\left(\frac{P_{ws}\cdot RH/100}{133.322}\right)\right)}{\log_{10}\left(\frac{P_{ws}\cdot RH/100}{133.322}\right) - 8.16077} \quad [°C] \tag{8.23}$$

여기서 $P_{ws}[Pa]$는 식 (8.19)에서 주어진 포화수증기압력이다.

어떤 온도에서 상대습도가 높아지면, 이슬점온도 역시 함께 높아지며, 상대습도가 100%가 되면 공기온도와 이슬점온도가 서로 같아진다(**예제 8.9** 참조). 대기온도 t와 이슬점온도(DPT)를 측정하면, 식 (8.23)을 사용해서 상대습도를 계산할 수 있다. **그림 8.28**에 도시되어 있는 이슬점온

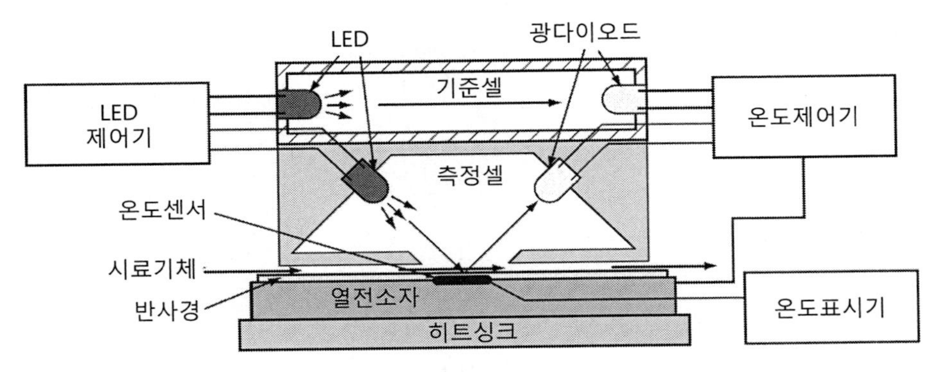

그림 8.28 이슬점온도 측정에 기초한 광학식 이슬점센서

도 센서를 사용하여 이를 구현할 수 있다. 이 센서는 반사경 표면에서의 국부 이슬점온도를 검출한다. 이를 위해서 반사경 표면에서 반사된 광선이 강도를 측정한다. 반사경을 이슬점온도까지 냉각하기 위해서 열전소자[12]가 사용된다. 반사경 표면의 온도가 이슬점온도에 도달하면 제어기는 열전소자에 공급되는 전류를 조절하여 반사경을 이슬점온도로 유지시킨다. 반사경 표면에 수분이 응결되기 때문에 반사경의 반사율은 감소한다. 이때의 온도를 측정하면 식 (8.23)의 이슬점온도가 된다. 이 방식이 비교적 복잡하며, 평형을 맞추기 위해서 (동일한 온도를 유지하는) 기준셀이 필요하지만, 매우 정확하며 0.05[°C] 미만의 정확도로 이슬점온도를 측정할 수 있다.

앞 절에서 설명했던 결정 마이크로저울 센서를 사용해서도 이와 동일한 측정을 수행할 수 있다. 이 경우, 수분 선택성 코팅이 시행된 결정체의 공진주파수가 사용되며, 센서를 냉각하면서 공진주파수를 측정한다. 이슬점온도에 도달하면, 센서 표면의 코팅이 포화되면서 주파수가 최저로 떨어진다. 이와 마찬가지로 표면탄성파(SAW) 질량센서를 사용해서도 훨씬 더 높은 정확도를 구현할 수 있다. 이 경우에도 그림 8.28에서와 마찬가지로 열전소자를 사용해서 가열/냉각을 수행한다.

예제 8.9 **이슬점온도의 계산**

25[°C]에서 상대습도 60%인 공기의 이슬점온도를 계산하시오. 상대습도가 100%인 경우에, 이슬점온도가 상온인 25[°C]와 같아진다는 것을 증명하시오.

풀이

포화수증기압력은 식 (8.19)를 사용해서 다음과 같이 계산할 수 있다.

12) Peltier cell

$$P_{ws}=133.322\times10^{0.66077+7.5\times25/(237.3+25)}=3,165.94[Pa]$$

이슬점온도는 식 (8.23)을 사용해서 계산할 수 있다.

$$DPT=\frac{237.3\left(0.66077-\log_{10}\left(\frac{3,165.94\times60/100}{133.322}\right)\right)}{\log_{10}\left(\frac{3,165.94\times60/100}{133.322}\right)-8.16077}=16.69[°C]$$

즉, 16.69[°C] 이하의 온도에서는 (응축된) 이슬이 맺힌다.
상대습도가 100%인 경우의 이슬점 온도를 계산해보면,

$$DPT=\frac{237.3\left(0.66077-\log_{10}\left(\frac{3,165.94\times100/100}{133.322}\right)\right)}{\log_{10}\left(\frac{3,165.94\times100/100}{133.322}\right)-8.16077}=25.0[°C]$$

이는 예상했던 것과 같은 결과이다.

예제 8.10 절대습도센서

습도는 온도 및 압력과 복잡하게 얽혀 있으므로, 습도를 측정할 때에는 최소한 이들에 대해서 고려해야만 한다. 그런데 주어진 온도와 압력하에서 습도를 측정하는 것은 비교적 쉬운 일이다. 정전용량식 센서를 사용하여 공기중의 절대습도(수분함량)를 측정하는 경우에 대해서 살펴보기로 하자. 30[°C]의 온도와 $1[atm]$의 압력하에서 공기중 수분함량은 $0\sim30[g/m^3]$이다. 도전판의 면적이 $10[cm^2]$이며, 판 사이의 간극은 $0.01[mm]$인 평행판 커패시터를 사용하는 경우에 센서의 정전용량 변화범위를 계산하시오.

풀이

습도가 증가할수록 공기의 비유전율이 증가한다. 30[°C]의 온도에서 물의 비유전율은 대략 80 정도이며, 공기의 비유전율은 1이다. 이들이 혼합된 경우의 비유전율을 산출하는 방법들 중 하나는 다음과 같이 체적평균을 사용하는 것이다.

$$\varepsilon_r=\frac{\varepsilon_{rw}\times v_w+\varepsilon_{ra}\times v_a}{v_w+v_a}=\frac{80\times30+1\times10^6}{30+10^6}=1.0024$$

여기서 물 $30[g]$의 체적은 $30[cL]$에 해당하며, 공기 $1[m^3]$의 체적은 $10^6[cL]$에 해당한다. ε_{rw}는 물의 비유전율, ε_{ra}는 공기의 비유전율, v_w는 물의 체적, 그리고 v_a는 공기의 체적이다.
비유전율값은 건조상태에서 1이며, 공기가 포화수증기압에 도달했을 때 1.0024이다. 이를 정전용량값으로 환산해보면(식 (5.2) 참조).

$$C_{\max} = \frac{\varepsilon_0 \varepsilon_r S}{d} = \frac{8.854 \times 10^{-12} \times 1.0024 \times 10 \times 10^{-4}}{0.01 \times 10^{-3}} = 8.875 \times 10^{-10}[F]$$

이며,

$$C_{\min} = \frac{8.854 \times 10^{-12} \times 1 \times 10 \times 10^{-4}}{0.01 \times 10^{-3}} = 8.854 \times 10^{-10}[F]$$

여기서 S는 도전판들의 면적이며, d는 도전판들 사이의 거리, 그리고 ε_0는 진공중에서의 유전율상수이다. 계산결과 정전용량은 $885.4[pF]$에서 $887.5[pF]$까지 변한다는 것을 알 수 있다. 이는 매우 작은 변화(약 0.34%)이지만, 만일 커패시터가 발진회로의 일부분으로 사용되며, 발진주파수를 측정(11장 참조)한다면 이 변화를 측정할 수 있다. 도전판들 사이에 흡습성 소재를 삽입하면 정전용량의 변화폭을 증가시킬 수 있다. 하지만 단순 커패시터는 응답이 빠르며 측정을 시행하기 전에 흡습성 소재의 건조를 신경쓰지 않아도 된다는 장점이 있다. 이 예제에서 알 수 있듯이 이런 유형의 센서는 정전용량값 변화가 작기 때문에 최선의 선택이 될 수 없다. 그리고 측정결과가 온도와 압력의 영향을 받기 때문에 정확성이 떨어진다.

8.9 화학적 구동

다양한 방식으로 **화학적 구동**[13]을 이용할 수 있다. 가장 대표적인 사례는 결과물에 영향을 끼치기 위해서 사용되는 화학반응이다. 이런 목적으로 다양한 형태의 반응들이 사용된다. 대표적인 유형의 반응은 차량의 촉매변환기에서 일어나는 변환 또는 산화공정이다. 물론, 이 반응의 목적은 배기가스에서 오염성분들을 저감하는 것이다. 또 다른 사례는 에어백의 폭발팽창이다. 비록 이것이 순수한 기계적 작용이라고 주장할 사람도 있겠지만, 장약폭발에 의해서 생성되는 충분한 양의 기체가 에어백 시스템을 매우 빠르게 팽창시켜서 탑승자를 보호하는 것이다. 그리고 연소과정에서 탄화수소가 기체(대부분이 CO_2이며, CO, NOx 및 SO_4 등이 섞여 있다. 이들 중에서 CO_2만 오염물질이 아닌 것으로 간주한다)로 변환되는 내연기관의 작동원리를 화학적 구동이라고 생각할 수도 있다. 화학적 구동의 세 번째 사례는 전기도금과 전해조이다.

이외에도 화학적 세정, 갈바니 전지(습식 및 건식 전지와 연료전지) 그리고 전해조를 포함하여 수많은 화학적 구동의 사례들이 존재하지만, 이 절에서는 촉매변환기, 에어백, 전기도금, 그리고

13) chemical actuation

부식에 대한 음극화보호의 네 가지 주제들에 대해서 국한하여 살펴보기로 한다.

8.9.1 촉매 변환기

자동차에 사용되는 **촉매변환기**는 공해방지를 위한 중요한 도구가 되었으며, 휘발유 자동차에 필수적으로 사용되고 있다. 이를 약간만 수정하면 디젤 차량에도 적용할 수 있다. 촉매변환기는 세 가지 목적으로 사용된다.

1. 일산화탄소의 배출을 저감하기 위해서 일산화탄소를 이산화탄소로 산화시킨다.

$$2CO + O_2 \rightarrow 2CO_2 \tag{8.24}$$

2. 연소되지 않은 탄화수소를 이산화탄소와 물로 산화시킨다.

$$C_xH_{2x+2} + [(3x+1)/2]O_2 \rightarrow xCO_2 + (x+1)H_2O \tag{8.25}$$

3. 질소산화물(NO와 NO_2, 통칭하여 NOx라고 부른다)들을 질소와 산소로 환원시킨다.

$$2NO_x \rightarrow xO_2 + N_2 \tag{8.26}$$

이 오염물질들은 불완전연소(CO)나 고온반응(NOx)에 의해서 만들어진다. 촉매변환기는 황화수소(H_2S) 및 암모니아(NH_3)와 같은 부산물들을 생성한다. 황화수소는 휘발유에 함유된 황성분의 양을 줄여서 저감할 수 있으며, 촉매변환기를 사용해서 이를 제거한다.

촉매변환기의 구조는 매우 단순하다. 배기가스와의 접촉면적을 늘리기 위해서 Al_2O_3로 만들어진 벌집형 구조나 망사구조를 사용하며, 이를 챔버로 밀봉한다. 이 구조물 표면에는 전형적으로 백금(용도에 따라서 팔라듐, 로듐, 세륨, 망간 그리고 니켈 등과 같은 여타의 촉매들을 사용할 수 있다) 촉매로 코팅되어 있다. 전체 구조는 배기가스에 의해서 600~800[°C]의 온도로 가열된다. 촉매는 화학반응을 촉진시킬 뿐이며, 반응에 관여하지 않는다. 이를 구현하기 위해서는 우선적으로 변환기가 최저온도(400~600[°C])에 도달해야만 한다. 이보다 온도가 더 높아지면, 정상작동온도에 이를 때까지 효율이 점차로 증가하며 90% 또는 그 이상에 도달하게 된다. 촉매변환기의 기본구조는 그림 8.29에 도시되어 있으며, 여기에는 온도센서들과 최소한 하나의 산소센서가 설치된다. 변환반응이 일어나기 위해서는 충분한 양의 산소가 필요하기 때문에 반응을 제어하기 위해서는 산소센서가 필요하다. 이 산소는 연소에 투입되는 혼합기체의 산소함량을 줄이거나 늘리는 방식으로 공급한다. 온도센서는 변환기의 작동상태를 감시한다. 예를 들어, 일산화탄소가 산화되면 온도가 상승하므로, 변환기의 배기측 온도가 더 높아진다.

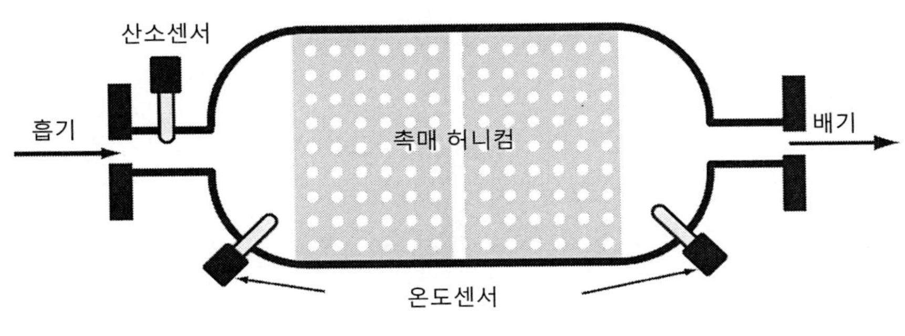

그림 8.29 촉매변환기

예제 8.11 촉매변환기의 과열

차량용 촉매변환기 속에서 일어나는 산화반응에 의해 과도한 열이 발생하면 촉매변환기가 과열되거나, 심지어는 녹아버리기도 한다. 특히 일산화탄소의 처리과정에서 발생하는 추가적인 열이 변환기의 온도를 상승시킨다. 만일 엔진에서 (연료의 불완전연소로 인하여) 다량의 일산화탄소가 배출되면, 촉매변환기에 영구적인 손상이 발생하게 된다. 이에 대해서 더 잘 이해하기 위해, 배기량 $2{,}400[cc]$이며 $2{,}000[rpm]$으로 작동하는 4행정 6기통 내연기관 엔진에 대해서 살펴보기로 하자. 촉매변환기를 통과하기 전에 엔진의 배기가스에 포함되어 있는 전형적인 일산화탄소 농도는 약 $5{,}000[ppm]$인 반면에 촉매변환기를 통과하고 나면, $100[ppm]$ 미만으로 감소하게 된다. 엔진에 연결되어 있는 촉매 변환기에서 일산화탄소를 이산화탄소로 연소시키는 과정에서 발생하는 분당 열량을 계산하시오. 공기의 밀도는 $20[°C]$에서 $1.2[kg/m^3]$이며, 일산화탄소는 비열 $29[J/mol/K]$, 산소 중에서 연소 엔탈피는 $283[kJ/mol]$이다.

풀이

배기가스의 총 질량은 공기질량과 연료질량을 합한 값과 같다. 연료의 질량은 공기의 질량에 비해서 작기 때문에 이 계산에서는 무시하기로 한다. 우선 공기질량을 계산한 다음에 변환시켜야 하는 일산화탄소의 몰질량을 계산하기로 한다.

엔진의 총 배기량은 모든 실린더의 체적을 합한 값과 같으며, 각 실린더의 체적은 $400[cc]$이다. 4행정 엔진이므로, 2회전당 6개의 실린더가 채워진다. 즉, 1회전당 $1.2[L]$의 공기를 흡입하며, 분당 흡기량은 $1.2\times2{,}000=2{,}400[L/\min]$이다. 이를 $[m^3]$으로 환산하면, $2{,}400/1{,}000=2.4[m^3/\min]$이며, 질량으로 환산하면 $2.4\times1.2=2.88[kg/\min]$이다. 일산화탄소의 농도는 $5{,}000[ppm]$이다. 즉, 배기가스에 포함되어 있는 일산화탄소의 질량은

$$Mass_{CO}=2.88\times5{,}000\times10^{-6}=0.01414[kg/\min]$$

또는 14.14[g/min]이다. 일산화탄소의 몰질량(예제 8.6 참조)은

$$MM_{CO} = 1 \times 12.01 + 1 \times 16 = 28.01[g]$$

즉, 일산화탄소 1[mol]의 질량은 28.01[g]이다. 그러므로 분당 발열량은 다음과 같이 계산된다.

$$H = 283 \times \frac{14.14}{28.01} = 142.864[kJ/\text{min}]$$

따라서 촉매변환기에서는 분당 약 143[kJ]의 열이 발생한다.
이 열은 촉매변환기의 온도를 상승시킨다. 계산된 변환기의 열특성과 상온조건을 적용하여 온도변화량을 계산할 수 있다. 하지만 자동차의 경우 차량이 달리는 동안에 공기운동의 조건이 동적으로 변하기 때문에 이를 계산하는 것은 어려운 일이다. 그럼에도 불구하고 위의 계산결과를 살펴보면 다량의 열이 발생하고 있으며, 일산화탄소의 농도가 높은 경우에는 변환기가 과열되어 파손될 우려가 있다는 것을 알 수 있다.

8.9.2 에어백

차량 충돌 시 승객을 보호하기 위한 안전장치로 **차량용 에어백 시스템**이 사용되고 있다. 차량의 충돌발생을 검출하기 위해 다수의 센서들(가속도계, 휠 속도센서, 충돌센서 등)이 사용되며 이를 통해서 에어백을 팽창시킨다. 작은 폭발성 장약을 전기적으로 점화시키면 기체발생 반응이 개시된다. 다양한 폭발물질들이 사용되었으며, 지금도 사용되고 있다. 하지만 이들 중 대부분은 주로 질소를 발생시킨다. 예를 들어 초창기에는 추진제로 아지드화나트륨(NaN_3)이 사용되었다. 이 물질이 점화되면 나트륨과 질소가 생성된다.

$$2NaN_3 \rightarrow 2Na + 3N_2 \quad (8.27)$$

이보다 독성이 약한 추진제들이 개발되었는데, 이들 중 일부는 유기질이며, 일부는 무기질이다. 일부의 에어백 시스템들은 압축질소나 압축아르곤을 에어백 팽창에 사용한다. 그리고 트리아졸($C_2H_3N_3$), 테트라졸(CH_2N_2), 니트로구아니딘($CH_4N_4O_2$), 니트로셀룰로오스($C_6N_7(NO_2)_3O_5$) 등의 물질(이들 중 대부분은 폭발물질이며 불안정하기 때문에 첨가제가 필요하다)에 장기간 보관안정성을 향상시키고 반응속도를 조절하기 위해서 안정화제와 반응개선제를 섞어서 사용하기도 한다. 전형적인 에어백에는 체적에 따라서 50~150[g]의 추진제가 봉입되어 있다. 여기서 다량의 질소가 생성되며, 인체의 충돌을 흡수하기에 충분한 압력으로 에어백을 빠르게 팽창시킨다.

예제 8.12 에어백 팽창

체적이 50[L]인 에어백을 100[g]의 아지드화나트륨(NaN_3)으로 팽창시킬 때의 압력을 계산하시오. 이때에 에어백 내의 기체온도가 50[°C]까지 상승하며, 에어백 밖으로는 기체가 새어나가지 않는다고 가정한다. 실제의 경우에는 이런 모든 조건들이 충족되지는 않지만, 공정을 추정하기에는 충분하다. 예를 들어, 에어백에는 기체를 배출하기 위한 환기구멍이 뚫려 있지만, 팽창속도가 매우 빠르기 때문에 초기에는 여기서 적용한 가정이 충족된다.

풀이

식 (8.27)의 반응에 따르면, NaN_3 2[mol]에서 3[mol]의 질소(N_2)가 생성된다는 것을 알 수 있다. 표준온도와 압력(STP)하에서 (모든) 1[mol] 기체의 체적은 22.4[L]이다. 따라서 생성된 기체의 [mol]수를 계산해야 하며, 이를 위해서는 NaN_3의 몰질량을 알아야 한다. 주기율표에 따르면,

$$MM_{NaN_3} = 22.9897 + 3 \times 14.0067 = 65.0099[g/mol]$$

따라서 100[g]의 NaN_3를 n[mol]로 환산하면,

$$n = \frac{100}{65.0099} = 1.5382[mol]$$

그런데 NaN_3 2[mol]에서 3[mol]의 질소(N_2)가 생성되므로, n값에 3/2를 곱해야 한다. 이제, 다음의 이상기체방정식을 사용할 수 있다.

$$PV = nRT$$

여기서 $P[N/m^2]$는 압력, $V[m^3]$는 체적, $n[mol]$은 몰수, R은 기체상수로서 8.3144621[$J/mol/K$], 그리고 $T[K]$는 온도이다. 그러므로 에어백 내부의 압력은 다음과 같이 계산된다.

$$P = \frac{nRT}{V} = \frac{(1.5382 \times 3/2) \times 8.3144621 \times 323.15}{0.050} = 123{,}988[N/m^2]$$

이 압력은 약간 낮은 값이다. 성인용 에어백의 경우 대략적으로 150~200[kPa]의 압력이 필요하다.

주의: 여기서 사용한 온도는 대략적인 값이며, 압력이 빠르게 증가하기 때문에, 에어백 내의 압력은 균일하지 않으며 약간 더 높을 것이다. 약 2[s] 이내로 기체는 환기구를 통해서 배출되어 버린다. 팽창시간은 전형적으로 40~50[ms]이다.

8.9.3 전기도금

전기도금은 전기증착공정으로서, 표면특성을 변화시키기 위해서 금속의 표면 위에 얇은 층의 이종금속을 코팅하는 방법이다. 많은 경우 장식의 목적으로 도금을 시행하지만, 보호나 보강의 목적으로도 도금이 활용되고 있다. 실제의 경우, 전기분해 공정을 통해서 만들어진 금속 이온들은

용액 속에서 전기장에 의해서 코팅될 매질로 이동한다. 이 과정을 지속시키기 위해서는 지속적인 이온공급이 필요하며, (항상 그런 것은 아니지만) 일반적으로 코팅에 사용되는 금속으로 만들어진 희생전극이 사용된다. 그림 8.30에서는 가장 단순한 형태의 도금공정을 보여주고 있다. 이 경우, 음극에 연결되어 있는 철편에 니켈이 코팅된다. 전해질 용액은 일반적으로 코팅에 사용되는 금속염으로 이루어진다. 이 사례에서는 염화니켈($NiCl_2$) 용액이 사용되며, 양극에 연결되어 있는 니켈이 이온을 공급한다. 염화니켈은 물속에서 이온화되어 니켈 양이온(Ni^{2+})과 염소 음이온(Cl^-)을 형성한다. 양이온들이 음극에 도달하면, 이들은 두 개의 전자를 얻어서 금속 니켈로 환원된다. 이와 동시에, 염소 음이온들은 전자를 방출하고 염소로 환원된다. 이로 인하여 양극에서는 기체가 방출된다. 이 공정을 지속시키기 위해서는 직류전류의 역할이 매우 중요하다. 환원에 필요한 여분의 전자들은 전류를 통해서 공급되기 때문에, 도금되는 금속의 질량은 전류에 정비례한다. 이를 일반적으로는 다음과 같이 패러데이의 법칙을 사용하여 설명할 수 있다.

1. 코팅되는 금속의 질량은 전지를 통과하여 흐르는 전기량에 비례한다.
2. 이온화되는 금속의 질량은 전기화학적 등가량에 비례한다. 이를 다음과 같이 나타낼 수 있다.

$$W = \frac{ITa}{nF} \ [g] \tag{8.28}$$

여기서 $W[g]$는 질량, $I[A]$는 전류, $t[s]$는 시간, a는 금속의 원자량, $n[g-eq/mol]$은 용해된 금속의 원자가, 그리고 $F = 96,485.309[C/g-eq]$는 패러데이 상수이다. 이 사례에서는 $n=2$(환원에 두 개의 전자가 필요)이다. 패러데이 상수가 갖는 의미는 $1[g]$의 금속을 증착시키기 위해서 $nF[C]$ 또는 $[A \cdot s]$의 전하가 필요하다는 뜻이다. 이 전하는 전류에 의해서 공급된다. 패러데이 상수는 또한 전기도금의 또 다른 문제를 보여주고 있다. 즉, 다량의 전류가 필요하거나 또는 공정이 매우 느리게 진행된다. 도금에 사용되는 전압은 전형적으로 수 $[V]$에 불과할 정도로 매우 낮지만, 필요한 에너지는 매우 크다.

기본 도금공정에는 다양한 변화가 존재하며, 다양한 솔루션들이 사용되고 있다. 이들 각각은 자신들만의 특징과 용도를 가지고 있지만 문제들도 있다. 하지만 문제들은 근본적이라기보다는 기술적인 것들이다. 예를 들어 금도금의 경우에는 금소재 희생양극 대신에 탄소나 납을 양극으로 사용한다. 모든 이온들은 용액(일반적으로 시안화금 용액) 상태로 공급하며, 금도금 공정을 지속시키기 위해서는 이 용액을 보충해 주어야 한다. 사용하는 소재에 따라서 공정에서 처리가 필요한 기체가 방출될 수 있으며, 일부의 경우에는 처리가 필요한 유해물질이 생성될 수도 있다.

알레산드로 볼타가 1800년에 전지를 발견한 직후부터 전기도금은 일반적인 공정으로 사용되어 왔다. 볼타의 발명 직후인 1805년에 전기도금에 대한 문헌이 최초로 출간되었지만, 고대부터 도금공정에 대해서 알고 있었다는 흥미로운 추론들이 존재한다. 전기도금에 사용되는 전기분해 공정은 알루미늄, 마그네슘, 나트륨 등의 생산과 구리의 정제뿐만 아니라, 염소(Cl_2)나 수소(H_2) 기체의 생산에도 사용된다. 각각의 용도마다 사용되는 전극과 전해질이 서로 다르다.

예제 8.13 프린트회로기판 배선에 대한 금도금

프린트회로기판은 유리섬유 기판 위에 구리소재를 사용하여 제작하지만, 특정 위치들에 대해서는 접촉 특성의 향상과 부식방지를 위해서 금으로 도금한다. 이런 부위들에는 커넥터와 패드가 포함된다. 이와 관련된 문제들을 이해하기 위해서, 전체 면적인 $8[cm^2]$인 프린트회로기판의 표면에 $25[\mu m]$ 두께의 금을 도금하는 경우에 대해서 살펴보기로 하자. 도금에는 시안화금($AuCn_2$) 용액을 사용하며, 매끄러운 표면을 얻기 위해서 비교적 낮은 전류밀도인 $10^4[A/m^2]$를 사용한다. 시안화금 용액은 음 양이온(Au^+)과 두 개의 음이온($2Cn^-$)들로 분리된다. 도금에 필요한 시간을 계산하시오.

풀이

이 경우 환원에는 하나의 전자가 필요하다. 즉, $n=1$이다. 금의 원자량 $a=196.966543$이다. 도금에 필요한 금의 총질량은 필요한 체적과 원자질량으로부터 계산할 수 있다. 체적은 다음과 같이 계산된다.

$$vol = area \times thickness = 8\times 10^{-4}\times 25\times 10^{-6} = 2\times 10^{-8}[m^3]$$

금의 밀도는 $19{,}320[kg/m^3]$이다. 그러므로 질량은

$$mass = vol \times density = 2\times 10^{-8}\times 19{,}320 = 3.864\times 10^{-4}[kg]$$

식 (8.28)에서는 그램 단위의 질량값이 사용된다. 따라서 필요한 총질량은 $0.3864[g]$이다. 필요한 전류는 주어진 전류밀도에 도금할 면적을 곱해서 구할 수 있다.

$$I = area \times current\ density = 8\times 10^{-4}\times 10^4 = 8[A]$$

필요한 시간은 식 (8.28)을 사용해서 구할 수 있다.

$$t = \frac{nFW}{Ia} = \frac{1\times 96{,}485.309\times 0.3864}{8\times 197} = 23.66[s]$$

도금에 소요되는 시간은 불과 24초에 불과하다는 것을 알 수 있다.

8.9.4 음극화 보호

산소가 존재하는 상황에서 금속이 전자를 전송하면 금속 표면에 부식반응이 개시되며, 다수의 부식생성물이 생성된다. 부식산화물들 중에서 가장 유명한 물질이 산화철(Fe_2O_3)이지만, 다양한 생성물들이 존재하며 매우 일반적으로 발생한다. 이 반응은 물과 산소가 공존하는 경우에 촉진되며, 산물질은 이를 가속시킨다. 그러므로 전해조 속에서는 부식이 일어난다고 말할 수 있다. 산화철(녹)이 생성되는 반응은 다음과 같다:

산소중에서 전자를 산소에 전달하면서 철산화가 일어난다.

$$Fe \rightarrow Fe^{2+} + 2e^- \tag{8.29}$$

만일 물이 존재한다면, 과잉전자, 산소, 그리고 물은 수산화이온을 형성한다.

$$O_2 + 4e^- + 2H_2O \rightarrow 4OH^- \tag{8.30}$$

철이온은 산소와 반응한다.

$$4Fe^{2+} + O_2 \rightarrow 4Fe^{3+} + 2O^{2-} \tag{8.31}$$

Fe_2O_3를 생성하는 반응은 다음과 같이 일어난다.

$$Fe^{3+} + 3H_2O \rightleftharpoons Fe(OH)_3 + 3H^+ \tag{8.32}$$

$Fe(OH)_3$가 탈수되면서 다음과 같이 Fe_2O_3가 생성된다.

$$Fe(OH)_3 \rightleftharpoons FeO(OH) + H_2O \tag{8.33}$$

$$2FeO(OH) \rightleftharpoons Fe_2O_3 + H_2O \tag{8.34}$$

앞서 설명한 것처럼, 산소 및 물과 더불어서 반응에 참여한 염이나 산물질의 종류에 따라서 다양한 철 부식 생성물들이 만들어진다.

부식을 방지하기 위해서는 (페인트, 코팅 또는 도금 등의 수단을 활용하여) 물과 산소의 접촉을 차단하여 철의 산화를 방지해야만 한다. 즉, 철에서 산소로의 전자전달을 막을 수 있다면, 산화반응이 정지되며 부식이 방지된다. 이것이 **음극화보호**의 역할이다. 그림 8.31에서는 이 방법을 개략적으로 보여주고 있다. 일반적으로 두 가지 방법들이 사용되고 있다. 그림 8.31 (a)에 도시되어 있는 갈바니전지의 경우, 양극에는 보호금속의 접촉전위보다 더 음의 접촉전위를 가지고 있는 금속을 사용한다. 이로 인하여 전자들이 위의 산화반응과는 반대방향인 양극에서 음극(철)으로 흐르게 된다. 이로 인하여 양극이 소모(희생)되며, 궁극적으로는 교체하여야 한다. 철의 음극화보호에 가장 일반적으로 사용되는 양극은 아연이다. 아연의 접촉전위는 $-1.1[V]$인 반면에 철의 접촉전위는 조성과 처리조건에 따라서 $-0.2\sim-0.8[V]$ 사이의 값을 갖는다(철은 주철보다 활성도가 낮아서 (음의)접촉전위도 작다. 이런 목적으로 여러 가지 소재들을 사용할 수 있는데, 가장 대표적인 소재는 마그네슘 합금(접촉전위 $-1.5\sim-1.7[V]$)과 알루미늄(접촉전위 $-0.8[V]$)이다. 두 번째 방법은 그림 8.31 (b)에 도시되어 있는 능동적 방법이다. 여기서는 비희생성 양극과 더불어서, 역방향 전류를 흘리기 위한 전원이 사용된다. 양극에는 철합금이 사용되지만, 그라파이트나 일부의 경우에는 백금이 코팅된 도선이 사용된다. 산화를 유발하는 전자의 유동을 가로막기 위하여 일반적으로 접촉전위를 측정하여 $-1.0\sim-1.1[V]$ 이하로 유지시킬 수 있도록 공급전류를 조절한다.

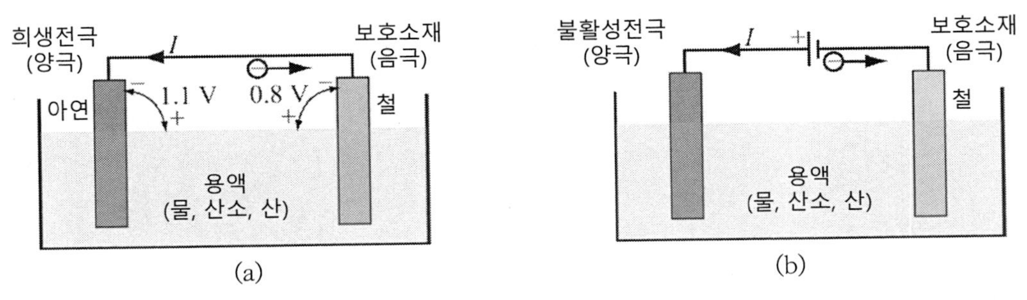

그림 8.31 음극화보호. (a) 수동음극 또는 희생음극을 사용하는 보호방법. (b) 능동보호 또는 억제전류 음극을 사용하는 보호방법

8.10 문제

단위

8.1 **화학반응의 단위사용법**. $100[km]$ 주행에 $8[L]$의 휘발유를 소모하는 엔진이 있다. 이 엔진에서 일어나는 연소반응은 다음과 같다.

$$2(C_8H_{18}) + 25(O_2) \rightarrow 16(CO_2) + 18(H_2O)$$

여기서 휘발유의 화학식은 C_8H_{18}이다. 연소를 통해서 이산화탄소(CO_2)와 물(H_2O)이 부산물로 생성된다. 완전연소가 일어난다고 할 때에 생성되는 이산화탄소의 양을 $[g/km]$의 단위로 계산하시오. 여기서 휘발유의 밀도는 $740[kg/m^3]$이다.

8.2 **공기의 조성**. 건조공기의 대략적인 조성을 20[°C]에서 체적별로 살펴보면, 질소(N_2) 78.09%, 산소(O_2) 20.95%, 아르곤(Ar) 0.93%, 그리고 이산화탄소(CO_2) 0.03%이다.

(a) 이를 질량별로 환산하시오. 공기는 대기압($1[atm] = 101,325[Pa]$)과 상온(20[°C])에서 이상기체라고 가정한다.

(b) 공기의 조성을 $[mol/m^3]$의 단위로 환산하시오. 대기압($1[atm] = 101,325[Pa]$)과 상온(20[°C])에서 공기의 밀도는 $1.2[kg/m^3]$이다.

(c) 공기 $1[m^3]$ 내에 포함되어 있는 각 조성별 원자의 수(CO_2의 경우에는 분자의 수)를 계산하시오.

주의: 공기중에는 앞서 열거한 성분들 이외에도 다른 많은 성분들이 존재한다. 하지만 이들 네 가지 성분들이 공기의 거의 대부분을 차지한다.

8.3 **천연가스의 연소**. 천연가스(메탄: CH_4) 연소과정에서 일어나는 반응은 다음과 같다.

$$CH_4 + 2(O_2) \rightarrow CO_2 + 2(H_2O)$$

이 반응에 의해서 $890[kJ/mol]$의 반응열이 발생한다. 해수면높이에서의 압력과 온도가 각각 $1[atm]$, 20[°C]라고 하자. 그리고 공기중에는 압력과 온도에 무관하게 체적비율로 21%의 산소가 포함되어 있다고 가정한다.

(a) 해수면높이에서 공기와 기체를 완전히 연소시키기 위해서 필요한 이들의 체적비율을 계산하시오.

(b) 해수면높이에서 공기와 기체를 완전히 연소시키기 위해서 필요한 이들의 질량비율을 계산하시오.

(c) 천연가스가 20[°C]의 온도와 대기압보다 4,600[Pa] 더 높은 압력으로 연소로 속으로 공급된다. 천연가스 1[m^3]당 생성되는 열량을 계산하시오.

(d) 고도 3,000[m]에서는 (a)와 (b)의 값들이 어떻게 변하겠는가? 고도에 따른 온도 하강률은 0.0065[K/m]이며, 해발고도에 따른 압력 하강률은 식 (6.18)에 제시되어 있다.

(e) 해발고도 3,000[m] 높이에서의 대기압에 비해서 4,600[Pa] 더 높은 압력으로 천연가스가 연소로에 공급되는 경우에 (c)의 값은 어떻게 변하겠는가?

8.4 **몰질량과 그램당량**.

(a) CO_2의 몰질량을 계산하시오.

(b) 마그네슘의 몰질량을 계산하시오.

(c) 물속에 용해되어 있는 CO_2의 그램당량을 계산하시오. CO_2는 물속에서 다음과 같이 용해된다.

$$CO_2 + H_2O \rightarrow H^+ + HCO_3^-$$

(d) 물속에 용해되어 있는 마그네슘이온(Mg^{2+})의 그램당량을 계산하시오.

8.5 **단위변환**. 총 0.01[mol]의 황산(H_2SO_4)을 1[L]의 증류수(H_2O)와 혼합하였다. 물의 밀도는 1[g/cm^3]이며, 황산의 밀도는 1.84[g/cm^3]이다. 희석된 황산의 농도를 다음의 기준에 따라서 [ppm] 단위로 환산하시오.

(a) 질량비율

(b) 체적비율

전기화학식 센서

8.6 **내연기관용 산소센서**. 공해방지법에서는 내연기관에서 배출되는 유해가스를 저감하기 위해서 산소센서를 사용할 것을 요구하고 있다. 이 센서를 사용해서 공기중의 산소농도와 연소 후의 산소농도 사이의 비율을 측정하며, 이를 기반으로 유해가스 배출량을 줄이기 위해서 흡기산소의 양을 조절한다. 공기중의 산소양은 대략적으로 20.9%이다(체적기준). 배기가스가 연소가 되지 않은 경우(배기가스의 산소함량이 20.9%)에서 산소함량이 4%인

경우까지 변할 때에 산소센서의 측정범위를 계산하시오. 이때 배기가스의 온도는 600[°C]이다.

주의: 배기가스 중에 약간의 산소가 남아있어야 촉매변환기가 작동하면서 일산화탄소와 같은 연소부산물들을 제거할 수 있다. 그런데 산소가 너무 많으면 희박연소가 일어나면서 엔진이 과열될 우려가 있다.

8.7 **일산화탄소 센서**. 가정에서 일산화탄소를 감지하여 농도가 $50[ppm]$(작업장 환경에서 장기간 노출이 허용되는 미국기준 최대농도)을 넘어서는 경우에는 경고를 해주기 위해서 **그림 8.1**에 도시되어 있는 일산화탄소센서가 사용된다. 센서를 교정하기 위해서, 일산화탄소 농도 $10\sim100[ppm]$ 범위에 대해서 저항값을 측정하였으며, 측정결과는 각각, $22[k\Omega]$과 $17[k\Omega]$이었다. 알람이 작동하는 센서의 저항값과 센서의 민감도를 계산하시오.

8.8 **금속산화물센서와 온도변화**. 금속산화물들의 도전성은 온도에 의존하기 때문에, 금속산화물센서의 저항값은 다양한 환경인자들 중에서 특히 온도에 민감하다. 따라서 분석대상물질의 농도변화에 따라서 저항값이 변하도록 만들기 위해서는 센서의 온도가 일정하게 유지되어야만 한다. 일산화탄소를 검출하기 위해서 300[°C]에서 작동하는 주석산화물 박막센서에 대해서 살펴보기로 하자. 교정값은 $75[ppm]$에서 $16.5[\Omega]$이며, $15[ppm]$에서 $492[\Omega]$이다. 주석산화물의 전기전도도는 20[°C]에서 $6.4[S/m]$이며, 저항온도계수(TCR)는 $-0.002055[1/°C]$이다.

주의: 주석산화물은 여타의 많은 금속산화물들과는 달리, 전기전도도가 비교적 높다.

(a) 측정범위 전체와 두 개의 교정점들에 대해서 센서의 민감도를 계산하시오.

(b) 소재의 온도가 300[°C] 근처에서 변할 때에 소재에서 발생하는 전기전도도의 상대오차값을 계산하시오.

(c) (b)의 계산결과가 무엇을 의미하는지 논의하시오.

고체전해질 센서

8.9 **용융강 내의 산소측정**. 강철을 생산하는 과정에서 용융강 내의 산소농도를 측정하기 위해서 **그림 8.5**에 도시되어 있는 것과 유사한 산소센서가 사용된다. 용융강의 유동성을 확보하

기 위해서 용융강의 온도는 철의 용융온도인 1,550[°C]보다 약간 더 높게 유지된다. 이 온도에서 공기중의 산소농도는 (체적비로) 18.5%이다. 제철과정에서 저탄소강을 만들기 위해서는 산소를 탄소와 반응시켜야 하므로 산소가 필요하다. 하지만 공정의 끝에서는 과잉산소를 제거해야만 한다.

(a) 공기중의 산소농도와 용융강 속의 산소농도가 동일한 경우에 센서 출력이 0[V]라고 할 때에, 용융강 속의 산소농도가 100[ppm]인 경우의 센서 출력전압을 계산하시오.

(b) 용융강 속의 산소농도에 대한 센서의 민감도를 계산하시오.

8.10 **목재난로의 공기오염제어**. 목재를 연료로 사용하는 난로와 히터는 겨울 난방의 중요한 도구이다. 하지만 다량의 공해물질이 배출되기 때문에, 배기가 제대로 이루어지지 않는다면 위험해질 수도 있다. 공기오염을 제어하기 위해서 연통에 산소센서를 설치한 다음에 이를 사용하여 목재가 잘 연소되어 공기오염을 유발하지 않는 조건으로 송풍기의 작동을 제어하려고 한다. 연통의 온도는 470[°C]이며, 연통위치에서의 산소농도가 8% 미만으로 내려가지 않아야 한다. 실내의 일반적인 산소농도는 20%이다. 제어 시스템은 산소농도를 8~12% 범위 내로 유지시키도록 설정되어 있다. 연통의 온도가 너무 높아지지 않도록 만들기 위해서 산소농도가 8%까지 내려가면 송풍기를 켜며, 12%에 도달하면 송풍기를 끈다. 송풍기를 켜고 끄는 시점에서의 센서 출력전압을 계산하시오.

8.11 **내연기관의 배기가스 제어방법**. 차량용 배기 시스템의 공기오염 제어에는 세 가지 방법들이 사용된다. (a) 하나의 산소센서로 촉매변환기의 입구측 산소농도만을 측정한다. (b) 하나의 산소센서로 촉매변환기의 출구측 산소농도만을 측정한다. (c) 첫 번째 산소센서는 촉매변환기의 입구측 산소농도를 측정하며, 두 번째 산소센서는 촉매변환기의 출구측 산소농도를 측정한다. (a)와 (b)의 경우에는 해당 포트의 산소농도를 조절하기 위해서 센서의 출력이 사용된다. (c)의 경우에는 배기측 산소농도를 요구수준으로 유지시키기 위해서 두 센서의 차동출력값들이 사용된다. 배기측 산소레벨이 0.1%에서 1%까지 변할 때에 최적의 흡기측 산소레벨은 각각 6%와 8%이다. 세 가지 방법들에 대해서 다음을 답하시오.

(a) 측정범위와 측정스팬.

(b) 각 방법의 촉매변환기 성능 모니터링 방법.

유리 맴브레인 센서

8.12 **pH 측정**. pH 센서는 pH=1~14의 범위에 대해서 교정하여 사용한다. 실제의 측정기는 고임피던스 전압계이며, 측정은 24[°C]의 상온에서 시행된다.

(a) 주어진 Ag/AgCl 기준전극에 대해서 pH값을 1~14까지 표시할 수 있는 전압계의 출력 전압범위를 계산하시오.

(b) pH=1~14의 범위에 대해서 단위온도당 오차[V/°C]를 계산하시오.

8.13 **물에 용해되는 CO_2가 pH값에 끼치는 영향**. 물에는 최대 1.45$[g/L]$의 CO_2가 용해된다. 만일 중성수(pH=7)를 공기중에 장시간 노출시켜 놓으면, 흡수속도가 느리기는 하지만 물은 공기중의 CO_2를 흡수하면서 점점 산성화된다. 물의 산성도 증가와 관련된 반응은 다음과 같다.

$$CO_2 + H_2O \rightarrow H^+ + HCO_3^-$$

초기에 중성이었던 물이 1.45$[g/L]$의 CO_2를 흡수했을 때의 pH값을 계산하시오.

8.14 **pH와 산성비**. 빗물은 약산성(pH=5~6)이며, 빗물의 pH값이 5 미만으로 내려가면, 산성비로 간주하며, 환경에 악영향을 끼친다. 산성비의 원인은 거의 석탄화력발전소, 차량 및 여타 화학적 공해, 화산폭발 등이다. 가장 문제가 되는 원인물질은 이산화황(SO_2)이다.
대기중에서 발생하는 반응은 다음과 같다.

$$2(SO_2) + O_2 \rightarrow 2SO_3$$

뒤이어서

$$SO_3 + H_2O \rightarrow H_2SO_4$$

물속의 황산은 수소 양이온과 SO_4 음이온을 생성한다.

$$H_2SO_4 \rightarrow 2H^+ + SO_4^{2-}$$

산성비의 문제에 대해서 이해하기 위해서 대기중의 SO_2 농도가 2$[ppm]$인 경우에 대해서 살펴보기로 하자(이는 매우 높은 농도로서, 화산이 폭발한 지역이나 대기가 극도로 오염된

지역에 해당한다). SO_2가 없는 대기의 pH= 5.8이라고 한다면, 빗물에 의해서 0.75[ppm]의 SO_2가 흡수되었을 때에 빗물의 pH값은 얼마가 되겠는가?

용해성 무기염 맴브레인 센서

8.15 **염소이온 센서**. Cl^- 이온을 검출하여 물속에 용해되어 있는 저농도 염소를 검출하기 위해서 황화은과 염화은을 혼합($Ag_2S/AgCl$)하여 제작한 맴브레인이 사용된다. Ag/AgCl 기준전극을 사용해서 측정한 센서의 전위는 32[°C]에서 0.275[V]이다. 물속에 용해되어있는 염소의 농도를 계산하시오.

8.16 **질소센서**. 농지토양이 유출되면 물속 질산염(NO_3^-) 농도가 증가하면서 수질이 심각하게 나빠진다. 비록 천연적으로 담수에 질산염이 존재하지만, 정상적인 농도는 매우 낮다. 비료나 여타의 농장폐기물에 의한 오염도는 3[mg/L]를 넘어선다. 질산연 농도가 0.5[mg/L]를 넘어서기만 해도 조류 대번식과 어류 대량사멸이 일어나고, 10[mg/L]를 넘어서면 유아에게 치명적이다. 질산염에 민감하게 반응하는 젤부동화 효소 맴브레인(효소로는 티오스페라 판토트로파[14] 박테리아에서 추출한 세포질 질산염 환원효소인 냅[15]이 사용되었다)에 대해서 살펴보기로 하자. Ag/AgCl 기준전극을 갖춘 유리전극의 표면에 이 효소가 코팅되어 있다. 25[°C]에서 측정한 0.1[mg/L]~20[mg/L]의 질산염 농도범위에 대해서 센서의 출력값을 계산하시오.

8.17 **납 센서와 오차**. 물속에 용해되어 있는 납성분을 검출하기 위해서 황화납(PbS)이 섞여 있는 Ag_2S 맴브레인을 사용할 수 있다. 이 맴브레인은 Pb^{2+} 이온을 검출할 수 있다. (수중의 수소를 검출하기 위해 사용되는) 일반적인 pH 미터의 포화칼로멜 전극을 사용해서 25[°C]의 온도에서 교정한 맴브레인을 사용해서 100[ppm]의 납을 측정하는 경우에 대해서 살펴보기로 하자.

(a) 전극들 양단에서의 예상 전위차를 계산하시오.

---

14) Thiosphaera Pantotropha
15) Nap

(b) 측정 온도가 30[°C]로 높아졌으나 온도보상이 이루어지지 않은 경우에 발생하는 측정 오차는 얼마나 되는가?

열화학센서

8.18 **혈당측정용 센서**. 당뇨환자의 혈중 포도당 농도를 측정하기 위해서 포도당 산화효소가 코팅된 서미스터의 온도변화현상을 활용한다. 일반적인 혈중 포도당 농도는 3.6$[mmol/L]$에서 5.8$[mmol/L]$ 사이의 값을 갖는다. 포도당의 화학식은 $C_6H1_2O_6$이며, 엔탈피는 1,270$[kJ/mol]$이다. 서미스터의 열용량은 24$[mJ/K]$이며(서미스터의 열용량은 전형적으로 $[mJ/K]$ 단위를 사용하여 제시되며, 자체질량이 고려된 값이다), 공칭 저항값은 20[°C]에서 24$[k\Omega]$이다. 이 효소에는 0.1$[mg]$의 혈액 샘플이 투입된다고 가정한다. 또한, 혈액 중 대부분은 물이라고 가정한다. 측정은 일반적인 체온인 36.8[°C]에서 이루어진다.

(a) 혈액 중의 포도당 농도가 일반범위 내에 있는 경우에 서미스터의 온도 상승량을 계산하시오.

(b) 주어진 센서 스팬에 대해서 민감도를 계산하시오.

(c) 30[°C]의 온도에서 측정된 서미스터의 저항값이 18.68$[k\Omega]$인 경우에, 측정된 저항값을 기준으로 하여 서미스터 저항의 변화 범위와 스팬을 계산하시오.

8.19 **설탕생산을 위한 당도센서**. 사탕수수로부터 설탕을 생산하기 위해서는 우선, 사탕수수 줄기를 수확한 후에 압착하여 액즙을 채취한 후에 이를 정제하여야 한다. 사탕수수 즙액에 포함되어 있는 설탕 성분의 농도는 질량비로 13%에 달한다. 설탕의 농도를 측정하기 위해서, 서미스터 기반의 센서 표면에 설탕과 촉매반응을 일으키는 인산생성효소를 도포하여 사용한다. 설탕의 화학식은 $C_{12}H_{22}O_{11}$이며, 엔탈피는 5,644$[kJ/mol]$이다. 서미스터의 열용량은 89$[mJ/K]$이며, 0.05$[°C/mW]$의 자기가열 특성을 가지고 있다.

(a) 센서에 0.2$[mg]$의 즙액이 주입되었을 때에, 센서의 민감도[%/°C]를 계산하시오.

(b) 서미스터 측정회로가 제대로 작동하기 위해서는 최소한 1.8$[mA]$의 전류가 흘러야 한다면, 측정 가능한 최저 설탕농도인 1%에 대해서 자기가열로 인한 오차를 3% 미만으로 제한하기 위해서 필요한 서미스터의 최대 저항값은 얼마이겠는가?

8.20 **광산용 메탄 검출기**. 광산 내의 메탄 농도가 너무 높아지면 광부들에게 이를 경고하기 위해서 메탄을 검출하는 데에 펠리스터 기반의 촉매 센서를 사용할 수 있다. 이 센서는 폭발하한계(LEL)에 대한 백분율로 교정된다. 메탄의 화학식은 CH_4이며 엔탈피는 $882[kJ/mol]$이다. 펠리스터는 알루미나를 기반으로 제작되며, 질량 $0.8[g]$, 열용량 $775[J/kg/K]$이고, 백금히터는 작동온도 540[°C]에서의 저항값이 $1,250[\Omega]$이다. 이 센서가 $0.75[cm^3]$의 공기를 샘플링 하였을 때에, 센서의 민감도를 $[\Omega/ \leq L\%]$ 단위로 계산하시오. 샘플링을 시행하기 전에 공기와 메탄의 온도는 30[°C]이며, 압력은 $101,325[Pa](1[atm])$이다.

광화학센서

8.21 **누수감지센서**. 선체 바닥의 누수를 감지하기 위해서 광섬유를 사용한 소멸손실 센서가 사용된다. 광섬유는 선체 바닥의 내부 표면과 인접하여 설치되지만 바닥과 접촉하지는 않는다. 따라서 이 센서는 바닥에 응축된 수분을 감지하지는 않는다. 이 센서가 물만을 감지할 수 있도록 레이저 광선의 입사각도(그림 8.32 참조)가 조절되므로 물보다 굴절률이 작은 물질에 대해서는 전반사가 일어난다. 광학주파수에 대한 유리의 굴절률은 1.65이며, 물의 굴절률은 1.34이다. 물이 광섬유와 접촉하면 계면을 투과하여 물속으로 광선 중 일부가 손실되기 때문에, 광섬유를 투과하는 광선의 강도가 감소하게 된다.

(a) 물을 검출할 수 있는 광선의 입사각도 θ_i를 계산하시오.

(b) 물 검출에 국한하지 않고 광섬유와 접촉하는 굴절률이 $\varepsilon_r \leq 1.65$인 임의의 매질을 검출하려 할 때에 필요한 입사각도 θ_i는 몇 도인가?

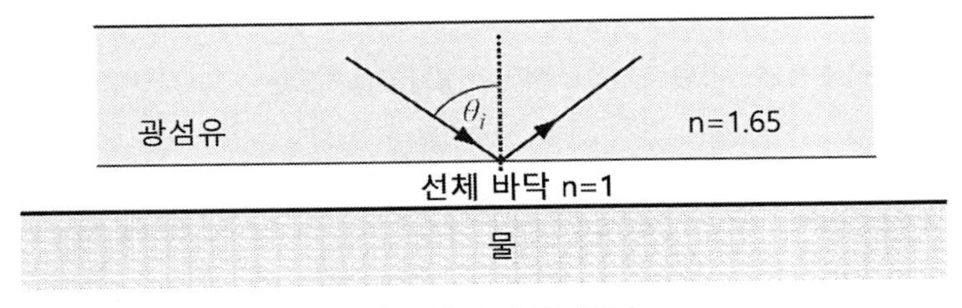

그림 8.32 누수감지센서

8.22 **석유누출 감지센서**. 송유호스에서 석유나 물이 누출되는 것을 감지하기 위해서 그림 8.20에

도시된 센서가 사용된다. 이 호스는 **그림 8.33**에 도시되어 있는 것처럼 이중벽 구조로 이루어지며, 센서는 두 벽들 사이에 설치된다. 이 센서의 사용 목적은 내부 호스로부터 석유가 누출되거나 외부호스로부터 물이 누출되는 것을 감지하는 것이다. 석유와 물을 모두 검출하는 간단한 방법은 두 개의 센서를 사용해서 하나는 석유를, 다른 하나는 물을 검출하는 것이다(적절한 전자회로를 사용하면 하나의 센서만을 사용할 수도 있다). 광학주파수에서 해수의 상대굴절률은 1.333이며, 석유의 상대굴절률은 1.458이다. 그리고 센서에 사용된 폴리카보네이트 섬유의 상대굴절률은 1.585이다(검출에는 적외선이 사용되었다).

(a) 물을 검출하기 위한 1번 센서의 입사각도 범위를 계산하시오.
(b) 석유를 검출하기 위한 2번 센서의 입사각도 범위를 계산하시오.
(c) 1번 센서가 석유도 검출할 수 있겠는가?
(d) 2번 센서가 물도 검출할 수 있겠는가?
(e) 만일 (c)와 (d)의 답이 "그렇다"라면, 다양한 조건(누설 없음, 오일누설, 물누설)들에 대해서 두 센서가 어떤 출력을 송출하겠는가? 그리고 물과 석유를 확실히 검출한다는 것을 보장할 수 있겠는가?

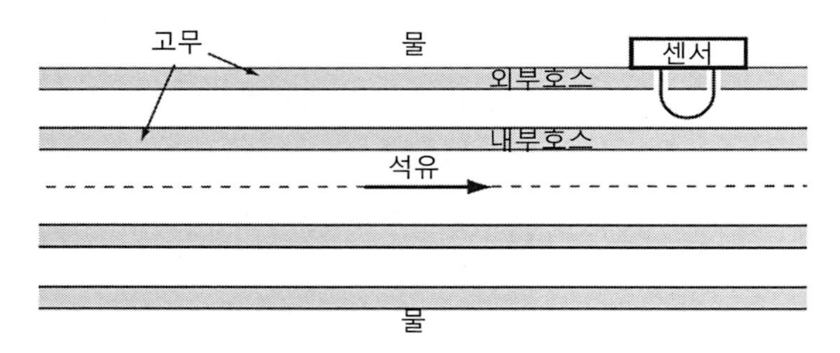

그림 8.33 이중 고무호스 사이의 공간에 설치되는 누출감지센서

질량센서

8.23 **결정체 마이크로저울을 사용한 부식측정**. 결정체 마이크로저울은 민감도가 높기 때문에, 중요한 실험실용 분석도구이다. 일반적으로 양면에 전형적으로 금을 도금하여 전극을 설치한 결정체 원판 형상이며, 6~18$[MHz]$ 사이의 주파수로 공진하도록 설계된다. 이 원판을 발진기에 연결하여 기저주파수로 진동하도록 만든다. 원판의 질량이 조금만 변해도 이 공

진주파수가 변하게 된다. 습윤공기 중에서 철의 부식률을 측정하기 위해서 결정체 마이크로저울의 한쪽 또는 양쪽 표면에 철을 코팅하여 사용한다. **그림 8.34**에서 금 전극은 직경이 $8[mm]$이며 결정체 원판은 $10[MHz]$로 진동하도록 설계되어 있다. 금도금 전극의 표면 전체에는 $0.5[mg]$의 철이 증착되어 있다. 사용된 결정체의 민감도계수는 $54[Hz \cdot cm^2/\mu g]$이다.

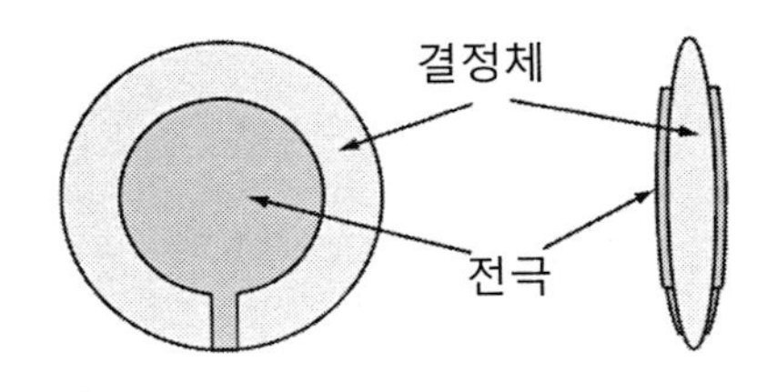

그림 8.34 질량측정을 위해 사용되는 금도금 결정체

(a) 부식이 일어나기 전의 공진주파수를 계산하시오.

(b) 철의 부식률$[mm/year]$을 측정하였다. 사용된 계측기가 $10[kHz]$의 주파수 변화를 신뢰성 있게 측정할 수 있을 때에, 이 마이크로저울의 민감도를 계산하시오. 철의 밀도는 $7.87[g.cm^3]$이다. 철이 부식되면 산화철(Fe_2O_3)로 변환된다.

습도와 수분검출용 센서

8.24 **정전용량식 습도센서**. 공기가 충진된 평행판 커패시터의 정전용량을 측정하면 가장 민감하지는 않지만 매우 단순한 습도센서를 구현할 수 있다. 두 판의 단면적이 $4[cm^2]$이며 판들 사이의 거리는 $0.2[mm]$로 설치되어 있는 평행판 커패시터에 대해서 살펴보기로 하자.

(a) $25[°C]$의 온도에서 상대습도가 10%와 90%인 경우에 예상되는 센서의 정전용량값을 계산하시오.

(b) 이 센서의 민감도를 계산하시오.

8.25 **세탁물 건조기의 습도센서**. 세탁물 건조기의 건조과정을 제어하기 위해서 건조기 내부에는 습도센서가 설치된다. 이런 목적으로 다양한 유형의 센서들을 사용할 수 있다. 건조기의 배기관에 정전용량식 센서를 설치하는 경우에 대해서 살펴보기로 하자. **그림 8.35**에 도시되어 있는 센서는 $12[cm]$ 길이의 동심관들이 조립된 구조를 가지고 있다. 총 13개의 관들이 조립되었으며, 가장 외곽의 관체는 배기관의 직경($100[mm]$)과 동일하다. 그리고 각각의 관체들은 서로 $1[mm]$ 간격을 두고 있어서 그 사이로 공기가 자유롭게 지나갈 수 있다. 가장 안쪽 관체의 직경은 $76[mm]$이다. 관체들은 교대로 연결되어 있다(즉, 밝은 색 관체들

끼리 서로 연결되어 있으며, 짙은 색 관체들끼리 서로 연결되어서 다중도체 동축 커패시터를 형성하고 있다). 이 원통형 커패시터를 등가의 평행판 커패시터로 치환할 수 있다. 이때에 판의 면적은 외경측 도전판의 면적과 내경측 도전판의 면적의 평균값을 사용한다.

(a) 센서의 민감도[$pF/RH\%$]를 구하시오.

(b) 건조과정에서 배기공기의 온도가 50[°C]에서 58[°C]로 올라간다면(이는 건조기의 설정에 의존한다), 민감도는 어떻게 변하겠는가?

(c) 이런 유형의 센서는 배출공기 속에 함유된 섬유질에 의해서 막혀버릴 수 있다. 이를 보완하기 위해서 사용하는 관체의 숫자를 7개로 줄였으며, 이로 인하여 관체 사이의 간격이 2[mm]로 증가하게 되었다. 이 새로운 구조에 대해서 (a)와 (b)를 다시 구하시오. 그리고 그 결과에 대해서 논의하시오.

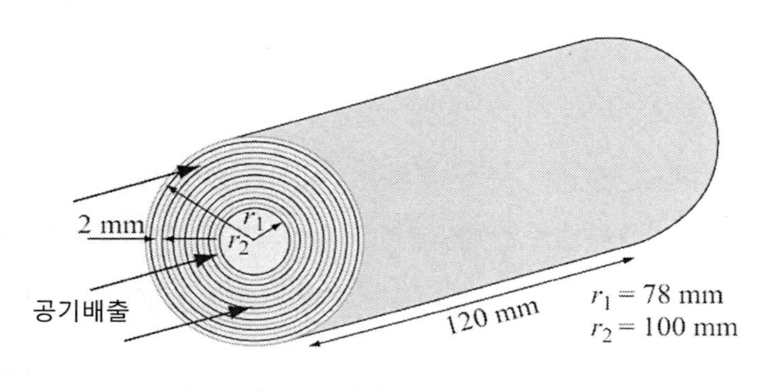

그림 8.35 정전용량식 습도센서

8.26 **상대습도측정**. 그림 8.28에 도시되어 있는 소자를 사용하여 32[°C]의 온도에서 측정한 이슬점 온도가 22.6[°C]이었다. 이 공기의 상대습도를 계산하시오.

8.27 **이슬점온도와 상대습도**. 27[°C]의 온도에서 상대습도가 0%에서 100%까지 변할 때에, 이슬점온도를 계산하여 도표로 그리시오. 도표의 온도변화 간격은 10[°C]를 사용하시오.

8.28 **정전용량식 습도센서**. 알루미나 흡습층이 도포된 정전용량식 습도센서를 사용하여 20[°C]와 60[°C]의 온도에서 다음의 데이터를 얻었다. 상대습도 0%인 경우의 정전용량은 303[pF]이며, (건조상태) 알루미나의 비유전율은 9.8이다. 그리고 평행판 커패시터를 사용

한다고 가정한다.

상대습도[%]	0	10	20	40	60	80	90
20[°C] 정전용량[pF]	303	352	432	608	858	1,216	1,617
60[°C] 정전용량[pF]	303	345	394	508	655	845	963

(a) 알루미나의 체적이 0.8[mm^3]인 경우에, 20[°C]의 온도에서 알루미나에 흡수되는 수분의 양을 계산하시오.

(b) 60[°C]의 온도에서는 물의 비유전율이 72로 감소한다. 이때에 흡수된 물의 질량을 계산하고, 이를 20[°C]에서의 결과와 비교하시오.

(c) (a)와 (b)의 결과에 기초하여 센서의 성능에 대해서 논의하시오. 특히 응답시간(수분제거에 필요한 시간을 포함) 문제와 온도변화에 따른 민감도변화 문제에 대해서 자세히 설명하시오.

8.29 **이슬점 습도센서.** 이슬점 습도센서는 비록 가장 편리하지는 않지만 상대습도를 측정하는 가장 정확한 센서이다. 하지만 정확도가 중요한 용도에서는 불편함은 부차적인 문제일 뿐이다. 대기온도가 90[°C]인 상태에서 측정된 이슬점온도는 37[°C]였다. 이 공기의 상대습도를 계산하시오.

8.30 **이슬점 습도센서.** 이슬점 온도가 대기온도보다 높아질 수 없다는 것을 다음의 두 가지 방법으로 증명하시오.

(a) 이론적으로 증명하시오.

(b) 대기온도가 25[°C]인 경우에 이슬점 온도가 30[°C]인 상황을 사용하여 설명하시오.

8.31 **이슬점 센서의 민감도와 분해능.**

(a) 이슬점 센서를 상대습도 센서로 사용하는 경우의 민감도를 계산하시오.

(b) 대기온도가 T_a인 경우에, **그림 8.28**에 도시되어 있는 온도센서의 민감도가 ΔT_d[°C]이며, 이슬점온도는 T_d라고 한다면, 이슬점온도센서를 기반으로 하는 상대습도센서의 분해능은 얼마인가?

8.32 **이슬점온도를 사용한 상대습도 환산**. 이슬점온도가 -20[°C]에서 T_a까지 변하는 경우의 상대습도를 대기온도 $T_a = 20,\ 25,\ 30$[°C]인 경우에 대해서 계산하여 도표로 나타내시오. 이때 온도증분은 1[°C] 간격으로 계산하시오.

화학적 구동

8.33 **디젤엔진의 매연과 전력손실**. 전력을 생산하기 위해서 소형 디젤엔진이 사용된다. 이 발전기의 효율은 87%이며 정격출력은 10[kW]이다. 엔진의 정격효율은 50%이며 정격 에너지 밀도가 32[MJ/L]인 일반적인 디젤연료를 사용한다. 4기통 4행정 엔진의 배기량은 450[cc]이며, 1,200[rpm]의 정속으로 작동한다. 이 엔진은 6,500[ppm]의 일산화탄소(CO)를 배출한다. 이 엔진의 일산화탄소 배출량을 6,500[ppm]에서 25[ppm]으로 저감하기 위해서 촉매변환기가 추가되었다. 공기의 밀도는 20[°C]에서 1.2[kg/m^3]이다. 일산화탄소의 연소 엔탈피는 283[kJ/mol]이다.

(a) 촉매변환기에서 일산화탄소를 산화시키는 과정에서 생성되는 파워를 계산하시오(파워는 단위시간당 생성되는 에너지[J/s]이다). 흡입되는 공기는 대기온도(20[°C])라고 가정한다.

(b) 전력생산효율을 계산하고, 엔진에서 일산화탄소가 전혀 배출되지 않아서 촉매변환기에서 발생되는 열을 엔진에서 모두 사용하는 경우의 연료 소비량 절감(비율)을 계산하시오. 연료 소모량 절감을 계산할 때, 연료소모량은 출력에 선형적으로 비례한다고 가정하시오. 즉, 전력 생산량이 x%만큼 감소하면 연료소모량도 이와 동일한 비율로 감소한다고 가정하시오.

(c) 이 발전기의 연료 소모량[L/h]은 얼마인가?

주의: 우리는 일반적으로 매연이 환경에 부정적인 영향을 끼치며, 매연저감이 필요하지만 비싼 공정이라고 생각한다. 이 예제에서 알 수 있듯이, 매연을 제거하기 위해서 새로운 연료를 소모해야 하므로 연료를 완전 연소시키는 것이 매우 중요하다.

8.34 **에어백 설계**. 75[L]용량의 에어백을 최대압력 180[kPa]로 팽창시켜야 한다. 설계기준 온도는 20[°C]이다.

(a) 이를 위해서 필요한 NaN_3 장약의 질량을 계산하시오. 반응과정에서의 온도상승은 무시하며, 반응에 의해서 생성된 질소에 의해서만 에어백 팽창이 이루어진다고 가정하시오.

(b) (a)에서 계산된 장약으로 0[°C]의 온도에서 에어백을 팽창시키며, 반응이 일어나는 동안 온도상승이 없다면, 에어백의 최대압력은 얼마일 것으로 예상되는가?

(c) 질소가스를 생성하는 반응이 기체의 온도를 50[°C]만큼 상승시킨다고 가정하자. 이제 (a)와 (b)의 답은 어떻게 변하는가?

주의: 에어백은 초보적인 압력조절기능을 갖추고 있으며, 이는 안전에 있어서 필수적이다. 에어백 압력이 너무 높으면 에어백과의 충돌에 의해서 부상이 발생할 우려가 있다. 반면에 압력이 너무 낮으면 충돌에너지를 흡수하는 에어백의 역할을 수행하지 못하며 이로 인하여 부상이 발생할 수 있다. 이런 이유 때문에, 대부분의 에어백들에는 압력조절 수단이 구비되어 있다.

8.35 **압축질소 에어백 시스템**. 실제의 경우, 에어백을 팽창시키기 위해서 압축질소를 사용하며, 이를 통해서 불안정한 폭발성 장약의 사용을 피할 수 있다. 그런데 에어백을 팽창시키기 위해서는 체적과 압력이 필요하므로, 이는 그리 간단한 문제가 아니다. 2.5[MPa]의 압력을 견딜 수 있는 압력용기를 사용하여 105[L] 용량의 에어백을 175,000[Pa]의 압력으로 팽창시키려 한다.

(a) 대기온도는 30[°C]이며 질소기체를 방출하는 동안 압력용기의 온도 역시 30[°C]로 유지된다고 가정할 때에, 압력용기의 체적은 얼마가 되어야 하는가?

(b) 기체는 팽창하면서 냉각된다. 만일 온도가 30[°C]인 기체가 팽창하는 과정에서 냉각된다면, 동일한 압력으로 에어백을 팽창시키기 위해서 필요한 압력용기의 체적은 얼마인가? 대기온도는 30[°C]이다.

(c) 차량은 고온에서 주차 및 운행할 수 있도록 설계된다. (a)와 (b)에서 설계된 압력용기는 온도변화로 인해 추가되는 압력에 견딜 수 있어야만 한다. (적당한 여유를 확보하기 위해서) 압력용기가 −60[°C]에서 +75[°C] 사이의 온도범위에서 견딜 수 있어야 할 때에, 이 용기 내에서 발생하는 최소 및 최대압력은 얼마가 되겠는가?

(d) 위의 결과로부터 어떤 결론을 얻을 수 있는가?

8.36 **저항식 전기도금용 쿠폰.** 도금두께를 조절하기 위해서 저항식 쿠폰이라고 부르는 전기도금 물품과 동일한 소재로 만든 도선이나 박판을 사용한다. 쿠폰의 저항값은 코팅두께에 따라서 변하므로, 이 저항값을 측정하면 정확한 시점에 코팅을 종료시킬 수 있다. 철 표면에 니켈을 $10[\mu m]$ 두께로 코팅하는 경우에 대해서 살펴보기로 하자. 쿠폰은 길이 $4[cm]$, 폭 $1[cm]$, 두께 $0.5[mm]$이며, 도금할 철과 동일한 성분으로 제작되었다.

(a) 도금이 진행되지 않았을 때와 $10[\mu m]$ 두께로 니켈이 도금되었을 때에 쿠폰의 저항값 변화를 계산하시오. 철과 니켈의 전기전도도는 각각 $1.12 \times 10^7 [S/m]$와 $1.46 \times 10^7 [S/m]$이다.

(b) 니켈의 밀도는 $8,900[kg/m^3]$이다. 만일 목표로 하는 코팅두께를 $8[\min]35[s]$만에 도금하려고 한다면, 필요한 전류밀도는 얼마가 되겠는가?

주의: 저항값 측정은 용액 밖에서 이루어져야만 한다. 그렇지 않다면 용액이 전도성을 가지고 있기 때문에 저항값이 영향을 받는다. 쿠폰은 재사용이 가능하지만, 전기도금을 시작하기 전에 영점(코팅두께가 0인 경우의 저항값) 변화를 교정해야만 한다.

8.37 **알루미늄 생산.** 전기분해법을 사용한 알루미늄 생산공정은 사용되는 전극이 탄소(흑연)라는 것과 액화된 알루미늄을 사용하는 고온공정이라는 점을 제외하고는 전기도금 공정과 동일하다. 이 공정은 용융된 빙정석(Na_3AlF_6) 속의 알루미나(Al_2O_3)에서 시작된다. 빙정석 용융물은 전기전도물질로 사용된다. 이 공정을 홀공정이라고 부르며 다음과 같은 반응이 일어난다.

$$2Al_2O_3 + 3C \rightarrow 4Al + 3CO_2$$

흑연전극에서 방출되는 탄소와 반응하여 생성된 CO_2가 기체상태로 방출된다. 이 반응을 지속시키기 위해서 전형적으로 $4.5[V]$의 전압과 $100[kA]$의 전류가 사용된다.

(a) $1[ton]$의 알루미늄을 생산하는 데에 필요한 시간을 계산하시오.
(b) $1[ton]$의 알루미늄을 생산하는 데에 필요한 에너지를 계산하시오.
(c) $1[ton]$의 알루미늄을 생산하면서 방출되는 이산화탄소의 질량을 계산하시오.
(d) $1[ton]$의 알루미늄을 생산하기 위해서 필요한 탄소의 질량을 계산하시오.

8.38 **수소-산소 연료전지.** 수소-산소 연료전지는 **그림 8.36**에 도시되어 있는 것처럼, 전해질 용액 속에서 산소(O_2)와 수소(H_2) 기체를 연속적으로 소모한다. 기체는 가압되어 다공질 전극을 투과한 후에 전해질 용액 속으로 공급된다. 아래의 반응을 통해서 산소는 음극에서 환원되며, 수소는 양극에서 환원된다.

환원반응: $O_2 + 2H_2O + 4e^- \rightarrow 2OH^-$

산화반응: $2H_2 + 4OH^- + 4e^- \rightarrow 4H_2O + 4e^-$

전체적인 반응은 다음과 같이 정리된다.

$$2H_2 + O_2 \rightarrow 2H_2O$$

수소의 산화과정에서 생성된 전자들이 외부회로를 통해서 흐르면서 전류가 생성된다. 이 반응효율을 높이기 위해서는 전해질(KCl 용액)을 높은 온도로 유지시켜야 한다. 그리고 부산물인 물을 제거해야만 한다. 수소-산소 연료전지는 약 75%의 효율로 $0.7[V]$의 전압을 생성한다. 소형 전기자동차의 전력을 공급하는 연료전지에 대해서 살펴보기로 하자. 이 전지는 18개의 셀들이 직렬로 연결되어 $12.6[V]$의 전압을 송출한다. 각 셀들은 시간당 $220[g]$의 수소를 소모한다. 이 전지의 효율이 75%라 할 때에 다음을 계산하시오.

(a) 이 전지가 생산할 수 있는 (이론적인) 최대전력.

(b) 시간당 산소 소모량.

(c) 시간당 물 배출량.

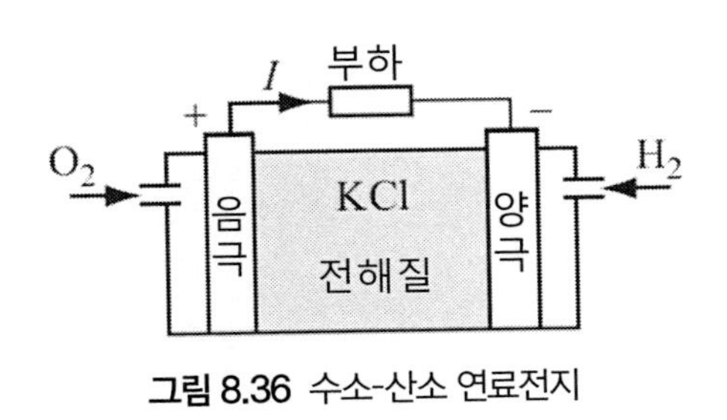

그림 8.36 수소-산소 연료전지

CHAPTER

9

방사선 센서와 작동기

CHAPTER

9 방사선 센서와 작동기

☑ 자연방사선

현대세계는 핵방사선에 대해서 선천적인 두려움을 가지고 있다. 이는 아마도 히로시마와 나가사키의 유산일 것이며, 알지 못하며 보이지 않는 무언가에 대한 두려움이다. 하지만 이는 당연히 두려워할 충분한 이유가 있다. 핵방사선은 세포에 손상을 유발하고, 다량의 방사선이 조사되면 암을 유발하며, 심지어는 사망에 이르게 한다. 그런데 방사선은 다양한 원인에 의해서 발생한다. 모든 전자기 파동들은 동일한 일반범주(일종의 빛)에 속하며, 주파수만 차이가 있을 뿐이다. 주파수를 $0[Hz]$에서부터 무한대까지 송출할 수 있는 가상의 장비를 사용하여 주파수를 높여 간다면, 처음에는 저주파 진동부터 시작하여 음향진동과 초음파진동을 송출하며, $200[kHz]$를 넘어서면 소위 전파가 송출된다. 주파수를 더 높이면 전파는 초단파(VHF)와 극초단파(UHF)를 거쳐서 마이크로파 영역으로 들어간다. 주파수를 더 높이면 밀리미터파를 지나서 적외선(IR) 복사와 가시광선, 자외선(UV)을 거쳐서 X-선, α, β 및 γ선의 대역으로 들어가며, 주파수가 이보다 더 높아지면 우주선[1]이 된다. 주파수가 증가할수록, 파동에너지가 증가하며 방사선효과가 더 뚜렷해진다. 우리가 일반적으로 알고 있는 것처럼, 자외선과 X-선은 유해한 방사선이며, 이런 방사선들은 축적되어 우리의 삶과 건강에 해를 끼친다. X-선을 다루는 사람들은 일반인들보다 더 많은 방사선에 노출된다. 비행기 조종사나 자주 비행기를 타는 사람들은 우주비행사처럼 우주선에 더 많이 노출된다. 이외에도, 자연방사선 준위는 지구 전체에 걸쳐서 어느 정도 일정하게 발생한다. 암석과 토양 속의 방사선 동위원소에 의해서 $20\sim50[Bq/\min]$ 수준의 저준위 방사선이 발생하며, 가이거 계수기를 사용하여 이를 검출할 수 있다. 이 방사선은 준위가 너무 낮기 때문에 건강에는 아무런 해를 끼치지 않는다. 이런 수준의 피폭량은 평균 잡아서 $2.4[mSv/yr]$에 해당한다. 하지만 자연방사선이 더 높으며, 더 위험한 장소와 조건들이 존재한다. 화강암과 온천은 방사선 준위가 더 높으며, 지구상의 특정한 영역은 $250[mSv/yr]$ 이상의 높은 방사선 준위를 나타낸다. 반면에 퇴적암과 석회암의 방사선 준위는 낮다. 채석장, 광산 또는 지하실과 같은 지하공간에서는 주로 라돈(우라늄과 우라늄 동위원소에 의해서 자연 생성되는 부산물)에 의해서 높은 방사선이 방출되며, 라돈은 물이나 대기중에서도 검출된다. 이런 방사선들에 대해서 합리적인 주의가 필요하겠지만, 이런 방사선들은 태곳적부터 자연적으로 발생해왔으며, 앞으로도 영원히 우리와 함께할 것이라는 점을 명심해야 한다.

9.1 서언

4장에서 광선센서에 대해서 살펴보면서 방사광에 대해서 언급했다. 4장에서는 적외선, 가시광

1) cosmic ray

선 및 자외선복사와 같은 일반적인 광선대역에 집중하여 논의하였다. 여기서는 이보다 낮은 대역과 더 높은 대역에 집중하여 살펴볼 예정이다. 특히 자외선 너머의 대역은 이온화 특성을 가지고 있다. 즉, 광선의 주파수가 충분히 높아서 플랑크방정식(식 (9.1) 참조)에 기초하여 분자들이 이온화된다. 주파수가 너무 높아서($750[THz]$ 이상) 대부분의 방사선들이 물질을 투과하므로, 이를 측정하기 위해서는 이보다 낮은 주파수 대역에서 사용했던 것과는 다른 원리들을 사용해야 한다. 반면에, 적외선 이하의 주파수 대역에서는 전자기복사광선이 생성되므로, 단순한 안테나를 사용해서도 이를 검출할 수 있다. 따라서 안테나의 개념과 이를 센서 및 작동기로 활용하는 방안에 대해서도 살펴볼 예정이다.

모든 **방사광**[2]을 전자기방사라고 간주할 수 있다. 따라서 4장에서 논의했던 센서들을 포함하여 대부분의 측정방법들을 방사광 측정기로 간주할 수 있다. 하지만 여기서는 일반적인 용어사용방법에 따라서 저주파 방사광을 **전자기**(전자기파, 전자기에너지 등)라고 부르며, 고주파 방사광을 단순히 **방사선**(X-선; α, β 및 γ선; 우주선)이라고 부르기로 한다.

방사선의 중요한 차이점은 **플랑크방정식**으로서, 광자가 가지고 있는 에너지를 기반으로 방사선의 종류를 구분하고 있다.

$$e = hf \ \ [J] \tag{9.1}$$

여기서 $h = 6.6262 \times 10^{-34}[J \cdot s]$ 또는 $h = 4.135667 \times 10^{-15}\ [eV \cdot s]$는 플랑크상수이며, $f[Hz]$는 주파수, 그리고 $e[J]$ 또는 $e[eV]$는 광자가 가지고 있는 에너지이다. 고주파 대역에서는 광자를 입자나 파동으로 취급할 수 있다.이 파동의 에너지도 플랑크방정식으로 주어진다. 이들의 파장길이는 **드브로이방정식**으로 주어진다.

$$\lambda = \frac{h}{p} \ \ [m] \tag{9.2}$$

여기서 p는 입자의 운동량으로서 $p = mv$(여기서 $m[kg]$은 질량, $v[m/s]$는 속도이다)로 주어진다.

2) 이 장에서는 radiation이라는 용어를 전자기파, 가시광선 및 방사선 등 모든 종류의 전자기파동을 아우르는 넓은 의미로 사용하고 있다. 이 장에서는 방사광 또는 방사선이라고 번역한다. 역자 주.

주파수가 높아질수록 광자의 에너지가 증가한다. 고주파 대역에서는 광자의 에너지가 원자에서 전자를 벗겨내기에 충분할 정도로 커진다. 이를 **이온화**라고 부르며, 이 대역의 방사광을 **이온화 방사선**이라고 부른다. 마이크로파의 가장 높은 대역은 $300[GHz]$로서, 광자에너지는 $0.02[eV]$ 정도이다. 이 대역에서는 이온화가 일어나지 않는다. X-선의 가장 낮은 대역은 대략적으로 $3\times10^{16}[Hz]$이며 광자 에너지는 $2,000[eV]$에 달하므로, 확실히 이온화방사선에 해당한다. 안전의 측면에서는 이온화방사선이 훨씬 더 위험하지만, 측정의 관점에서는 방사선의 이온화 성질을 사용하여 새로운 측정방법을 찾아낼 수 있다.

한 가지 명확히 해야 할 것이 있다. 일부에서는 방사성 방사선을 X-선이나 마이크로파와는 다른 입자성 방사광이라고 생각한다. 마치 광선을 전자기파동과 입자, 즉 광자로 취급할 수 있는 것처럼, 전자기방사의 이중성에 기초하면 이런 개념도 타당하다. 하지만 논의의 일관성을 위해서, 이 장의 논의에서는 대부분의 경우 방사광이 가지고 있는 광자 에너지에 집중하며 입자특성에 대해서는 다루지 않는다. 그럼에도 불구하고, 일부의 경우에는 이를 입자로 취급하는 것이 편리하다. 예를 들어, 가이거-뮬러 계수기와 같은 이온화 센서의 경우에는 관습적으로 입자 또는 이벤트를 계수한다고 부른다. 이런 상황을 파동의 전파라는 개념으로도 설명할 수 있겠지만, 입자로 취급하는 것이 더 편리하다. 따라서 방사광 또는 방사선이라는 용어는 파동이나 입자의 전파현상을 의미한다.

예제 9.1 **방사선과 안전**

이온화 방사선과 비이온화 방사광의 의미와 이온화와 방사선안전 사이의 상관관계를 알아보기 위해서, 청색 가시광 광원과 X-선 광원이라는 두 가지 방사광원에 대해서 살펴보기로 하자. 청색광선의 주파수는 $714[THz](=714\times10^{12}[Hz])$이며, 광자에너지는 다음과 같이 주어진다.

$$e=hf=6.6262\times10^{-34}\times714\times10^{12}=4.731\times10^{-19}[J]$$

광자의 에너지는 관습적으로 $[eV]$ 단위를 사용한다. $1[eV]=1.602\times10^{-19}[J]$이므로,

$$e=\frac{4.731\times10^{-19}}{1.602\times10^{-19}}=2.953[eV]$$

X-선의 주파수 대역은 $30[pHz](=30\times10^{15}[Hz])$에서부터 $30[eHz](=30\times10^{18}[Hz])$에 이른다. 가장 낮은 주파수를 선택하면,

$$e=hf=6.6262\times10^{-34}\times30\times10^{15}=1.988\times10^{-17}[J]$$

또는

$$e = \frac{1.988 \times 10^{-17}}{1.602 \times 10^{-19}} = 124.1[eV]$$

이를 통해서 가시광선은 이온화를 유발하지 못하며 위험하지도 않다는 것을 명확히 알 수 있다. 하지만 X-선의 경우에는, 특히 주파수가 높은 경우 에너지의 단위가 다르며 이로 인하여 이온화가 일어난다. 따라서 X-선을 방사선방사의 범주로 분류하며, 가능한 한 X-선에 노출되지 않도록 주의하여야 한다.

X-선이나 핵종(α, β 및 γ선과 중성자방사)과 같은 광원으로부터 방사되는 선량과 같이, 방사선 자체를 검출하기 위해서 이온화를 기반으로 하는 다양한 방사선 센서들이 사용되고 있다. 하지만 α, β 및 γ선을 사용하여 연기를 검출하거나 소재의 두께를 측정하는 등의 예외도 존재한다. 반면에 저주파 대역에서는 마이크로파 자체를 측정(4장에서는 마이크로파의 파워를 측정하기 위해서 볼로미터를 사용한 사례에 대해서 살펴보았다)하는 대신에 마이크로파를 활용하여 다양한 인자들을 검출하는 것이 가장 실용적인 방법이다.

9.2 방사선의 단위

저주파 전자기방사대역을 제외한 방사선에 사용하는 단위는 세 가지 유형으로 구분되어 있으며, 방사능과 X-선에 관련되어 있다. 이 세 가지 단위들은 방사능,[3] 노출선량,[4] 그리고 흡수선량[5]이다. 이외에도 선량당량[6]과 관련된 단위들이 사용된다.

방사능의 기본단위는 베크렐$[Bq]$로서, 초당 분열횟수로 정의된다. 이는 방사성 핵종의 반감기와 관련되어 있다. 과거에는 방사능의 단위로 큐리$[Ci]$($1[Ci] = 3.7 \times 10^{10}[Bq]$)를 사용하였다. 베크렐은 매우 작은 단위이기 때문에, 메가$[MBq]$, 기가$[GBq]$ 및 테라 베크렐$[TBq]$이 자주 사용된다.

노출선량의 기본단위는 $[C/kg]$로서, 이는 $[A \cdot s/kg]$와 등가이다. 과거에는 뢴트겐$[roentgen]$($1[roentgen] = 2.58 \times 10^{-4}[C/kg]$)을 사용하였다. $[C/kg]$은 매우 큰 단위이므로 밀리$[mC/kg]$, 마이크로$[\mu C/kg]$ 및 피코$[pC/kg]$ 단위가 자주 사용된다.

---

3) activity
4) exposure
5) absorbed dose
6) dose equivalent

흡수선량에는 그레이[Gy] 단위가 사용된다. 그레이는 단위질량당 에너지를 나타내는 단위이다. 즉, $1[Gy] = 1[J/kg]$이다. 과거에는 흡수선량에 $[rad](1[rad] = 100[Gy])$ 단위를 사용했다. 주어진 노출선량에 대해서, 서로 다른 물질, 특히 생체조직의 경우에는 소재의 구조, 밀도 및 여타의 인자들에 따라서 흡수선량이 서로 다르다. 그러므로 흡수선량은 흡수된 방사선의 실제량을 의미한다.

선량당량의 단위는 시버트[Sv]로서, 이는 [J/kg]과 등가이다. 과거에는 선량당량의 단위로 $[rem](1[ram] = 100[Sv])$이 사용되었다. 언뜻 보기에는 [Sv]와 [Gy]가 동일한 것처럼 보인다. 이는 두 단위 모두 공기중에 포함된 동일한 양을 대상으로 하기 때문이다. 그런데 (인체와 같은) 물체의 선량당량은 흡수선량을 품질계수로 나눈 값이다. 인체가 방사성 방사선에 노출되었을 때의 피폭량은 [Sv]를 사용하여 측정한다. 예를 들어 미국 원자력발전소 작업자의 허용 피폭량은 $50[mSv/yr]$이다. 표 9.1에서는 방사선에 사용하는 단위들을 요약하여 보여주고 있다.

표 9.1 방사선에 사용되는 단위계 요약

	현재 사용되는 단위	과거에 사용했던 단위
방사능	베크렐[Bq]	큐리[Ci], 1[Ci]=3.7×10^{10}[Bq]
노출선량	[C/kg]	뢴트겐[roentgen], 1[roentgen]=2.58×10^{-4}[C/kg]
흡수선량	그레이[Gy]	[rad], 1[rad]=100[Gy]
선량당량	시버트[Sv]	[rem], 1[rem]=100[Sv]

비록 SI 단위계를 사용하여 방사선과 방사선 노출선량에 대해서 명확하게 정의하고 있지만, 일부의 산업계와 일부의 장치들에서는 여전히 [Ci], [rad] 및 [rem]과 같은 과거의 단위계를 사용하고 있다. 예를 들어, 연기 검출기에서는 방사성 동위원소 검출량을 나타내는 데에 베크렐 [Bq] 대신에 마이크로큐리[μCi]를 사용하고 있다. 마찬가지로, 미국에서 사용되는 방사선명찰에서도 시버트[Sv] 대신에 밀리램[$mrem$]을 사용하고 있다. 에너지 분야에서 일반적으로 사용되는 칼로리[cal]나 전자전압[$e\,V$]도 SI 단위계가 아니지만, 현장에서 일반적으로 사용되고 있다는 점을 알아야 한다.

방사선과 관련되어 여타의 유도단위 및 관습단위들이 사용되고 있다. 한 가지 사례는 **질량감쇄계수**[7]로서, [cm^2/g] 단위를 사용한다. 이 질량감쇄계수에 매질의 밀도를 곱하면 선형감쇄계수

$[1/m]$를 얻을 수 있다. 그러므로 질량감쇄계수는 다양한 매질을 서로 비교하기가 용이하도록 정규화된 값이다. 자주 사용되는 또 다른 유도단위는 매질의 **저지능**[8]이다. 고에너지 방사선이 매질을 관통하여 전파될 때에 매질 속에서 발생하는 에너지손실을 선형저지능으로 정의한다. 이는 단위길이당 에너지손실로서, 전형적으로 $[MeV/m]$나 $[MeV/cm]$ 단위를 사용하며, 매질의 밀도를 사용하여 정규화하면, $[MeV/cm]/[g/cm^3]=[MeV\cdot cm^2/g]$ 또는 $[MeV/m]/[kg/m^3]=[MeV\cdot m^2/kg]$의 단위를 갖는다. 이 단위를 사용하면 매질 밀도에 무관하게 에너지손실을 상호 비교할 수 있다. 매질의 단위길이당 에너지손실을 얻기 위해서는 매질의 저지능에 매질의 밀도를 곱해야만 한다.

9.3 방사선 센서

이 절에서는 우선 이온화센서(보통 검출기라고 부른다)에 대해서 살펴본 다음에 전자기방사에 기초한 훨씬 더 낮은 주파수대역 센서인 안테나에 대해서 살펴볼 예정이다. 방사선센서에는 이온화센서, 신틸레이션센서 그리고 반도체 방사선센서와 같이 3가지 종류가 있다. 이 센서들 중 일부는 단순 검출기이다. 즉, 방사선의 존재 여부만을 검출할 수 있을 뿐 정량적인 측정이 불가능하다. 여타의 센서들은 어떤 방법을 사용하여 정량적인 측정을 수행할 수 있다.

9.3.1 이온화센서

이온화센서에서는 방사선이 매질(기체나 고체)을 통과하면서 전자-광자 쌍을 생성하는데, 이들의 밀도와 에너지는 이온화방사선의 에너지에 의존한다는 원리를 사용한다. 전극에 의해서 견인된 전하들이 생성하는 전류를 측정하거나, 생성된 전하들을 추가적으로 활용하기 위해서 전기장이나 자기장을 사용하여 이들을 가속시킬 수도 있다.

9.3.1.1 이온화챔버

가장 단순하며, 가장 오래 된 형태의 방사선센서는 **이온화챔버**이다. 이 챔버 속에는 일반적으로 방사선에 대한 응답을 예측할 수 있는 저압의 기체가 충진되어 있다. 대부분의 기체들은 최외곽전

7) mass attenuation factor
8) stopping power

자의 이온화에너지가 10~20[eV]에 불과할 정도로 비교적 작다. 그럼에도 불구하고, 전하쌍을 생성하지 않은 상태(원자 내에서 더 높은 에너지밴드로 전자들이 이동하면서)에서도 일부의 에너지를 흡수하기 때문에 이보다 약간 더 큰 에너지가 필요하다. 측정을 수행하는 경우에 중요한 양은 W값이다. 이는 하나의 이온쌍에 의해서 전달되는 평균에너지값이다. 표 9.2에서는 이온챔버에 사용되는 몇 가지 기체들의 W값들을 보여주고 있다. 당연히 이 이온쌍들은 재결합할 수도 있다. 하지만 이온화챔버 내에서 생성된 전류는 평균 이온생성비율에 비례한다. 그림 9.1에서는 이온화챔버의 작동원리를 보여주고 있다. 이온화가 일어나지 않는 경우에는 기체저항이 무시할 수준이므로 전류가 흐르지 않는다. 셀 양단의 전압은 비교적 높으며 전하를 잡아당기므로 재결합이 감소한다. 이런 조건하에서, 정상상태 전류는 이온화율의 훌륭한 척도이다. 이 챔버는 I-V 곡선의 포화영역에서 작동한다. 이온화와 방사능을 생성하는 방사선의 이온화 에너지로부터 이온챔버의 포화전류를 산출할 수 있다. 에너지가 E이며, 방사능은 A인 광원에 의해서 챔버 내에 생성되는 전류는 다음과 같이 주어진다.

$$I_s = q\left(\frac{E_s}{E_i}\right)A\eta \ [A] \tag{9.3}$$

여기서 E_i는 전자-광자상의 에너지이며 챔버 내에 충진되어 있는 기체의 종류에 의존한다. A는 광원의 방사능(초당 분열횟수)이며, η는 효율 항으로서, 챔버 내에서의 재결합이나 마스킹 효과 등을 고려하여 결정되는 값이다. 입자의 에너지가 높을수록 챔버 양단을 흐르는 전류가 증가한다. 이를 전자기복사로 취급하는 경우, 복사 주파수와 전극 양단의 전압이 높아질수록 챔버 양단을 흐르는 전류가 증가한다.

표 9.2 이온화챔버 내에서 사용되는 다양한 기체들의 $W[eV/ion\ pair]$값

기체의 종류	전자(빠른전자)	알파입자
아르곤(Ar)	27.0	25.9
헬륨(He)	32.5	31.7
질소(N_2)	35.8	36.0
공기	35.0	35.2
메탄(CH_4)	30.2	29.0
제논(Xe)		23.0

주의: 빠른전자는 전형적으로 β방사선을 의미한다.

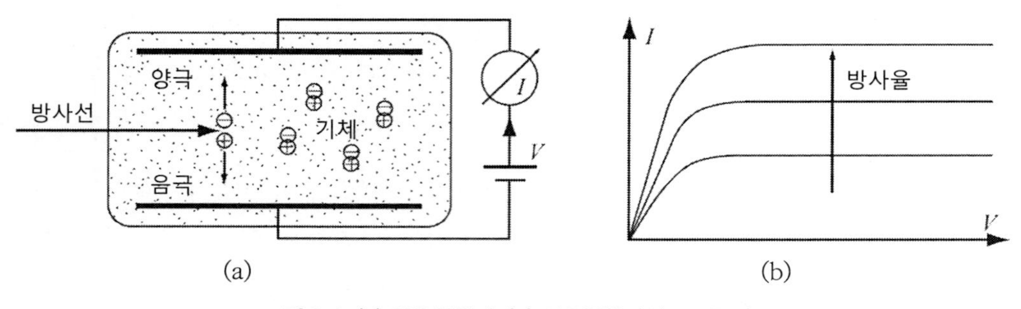

그림 9.1 (a) 이온화챔버. (b) 이온화챔버의 I-V 곡선

실제에서 이온화챔버가 가장 일반적으로 사용되는 용도는 연기검출이다. 이 경우, 챔버는 대기중에 개방되어 있으며, 공기중에서 이온화가 일어난다. 작은 방사선 선원(일반적으로 아메리슘-241)이 공기를 일정한 비율로 이온화시키며, 이로 인해서 미량의 일정한 이온화 전류가 챔버의 양극과 음극 사이를 흐른다. 선원은 거의 α-입자를 방출한다. 이 방사선은 무거운 입자여서 손쉽게 차단된다. 공기중에서 겨우 수$[cm]$를 투과할 수 있을 뿐이지만, 챔버 내에서 이온화 전류(이를 포화전류라고 부른다)를 생성하는 데에는 이 정도만으로도 충분하다. 공기분자보다 훨씬 더 크고 훨씬 더 무거운 연기와 같은 연소생성물이 챔버 내부로 유입되면, 이를 중심으로 양전하와 음전하가 재결합된다(연기입자들이 공기입자들과 충돌하면서 일부는 양으로, 일부는 음으로 하전된다). 이로 인하여 이온화 전류가 감소되면 알람이 송출된다. 대부분의 연기검출기들은 두 개의 챔버들로 구성된다. 챔버들 중 하나는 앞서 설명한 구조를 갖지만, 습도, 먼지 그리고 심지어는 압력차이나 작은 벌레 등에 의해서 오작동할 우려가 있기 때문에 개구부의 구멍이 너무 작아서 크기가 큰 연기입자는 통과할 수 없지만, 수증기는 드나들 수 있는 두 번째 기준챔버가 사용된다. 이들 두 전류의 차이값을 기준으로 경고가 작동한다. 그림 9.2에서는 가정용 연기센서의 이온화챔버를

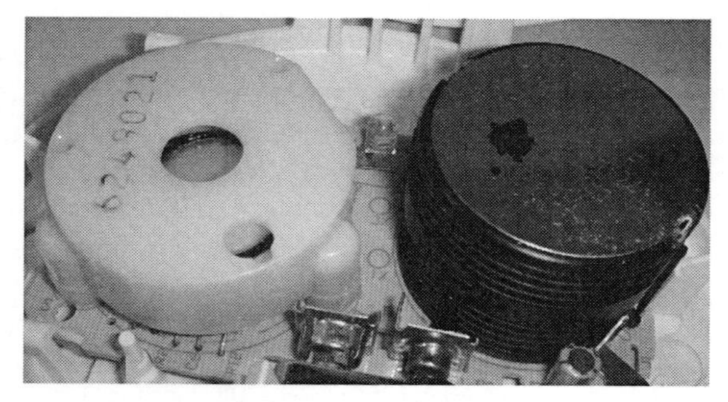

그림 9.2 가정용 연기검출기에 사용되는 이온화챔버의 사례. 좌측이 측정용 챔버이며(개구부를 볼 수 있다. 우측은 기준챔버이다.

보여주고 있다. 그림에서 검은색 챔버가 기준챔버이며, 흰색 챔버는 측정용 챔버이다.

또 다른 사례인 직물밀도 센서가 그림 9.3에 도시되어 있다. 이 센서는 직물을 사이에 두고 두 개의 영역으로 구성되어 있다. 한쪽 영역에는 저에너지 방사선 동위원소(전형적으로 크립톤-85)가 탑재되어 있는 반면에, 반대쪽 영역은 이온화챔버로 이루어진다. 직물에 의해서 챔버 내부에 생성되는 이온화 전류가 감소하는데, 직물의 밀도가 조밀할수록 이온화 전류가 더 많이 감소한다. 밀도(단위면적당 질량)에 대해서 이온화 전류를 교정할 수 있다. 이 장치를 (고무와 같은 소재의) 두께나 수분과 같이 방사선의 투과량에 영향을 끼칠 수 있는 여타의 인자들에 대해서도 교정할 수 있다. 방사선이 직물을 투과해야만 하므로, 가벼운 입자(β-입자)가 사용된다. 크립톤-85와 같은 일부 동위원소는 방사되는 대부분의 입자들이 β-입자이다.

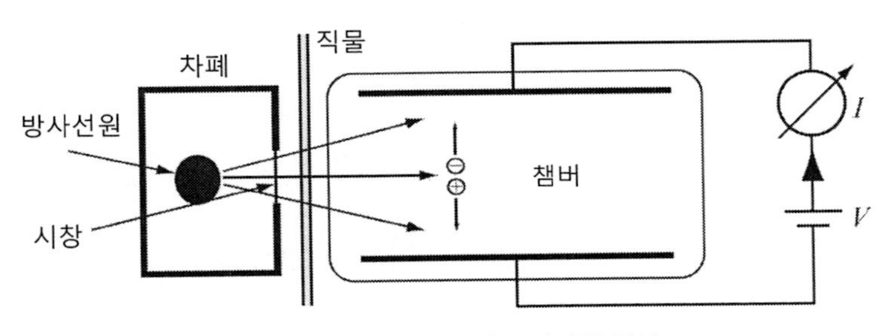

그림 9.3 직물밀도 측정용 방사선 센서

방사선학과 소재의 비파괴검사 분야에서도 이와 유사한 장치가 사용되고 있다. 하지만 이런 용도에서는 두꺼운 영역이나 금속과 같이 강한 흡수성을 가지고 있는 물체를 관통해야 하기 때문에, 전형적으로 이리듐-192나 코발트-60과 같은 동위원소에서 방출되는 고에너지 γ-선이 사용된다.

그림 9.1에 도시되어 있는 챔버만으로도 고에너지 방사선, 저에너지 X-선, 또는 저방사능 선원에 대해서 사용하기에 충분하지만 더 좋은 사용방법이 필요하다. 이에 대한 해답이 비례챔버이다.

9.3.1.2 비례챔버

비례챔버는 본질적으로는 기체 이온화챔버이다. 하지만 전극 양단의 전위차가 충분히 커서 $10^6\,[V/m]$ 이상의 전기장을 생성할 수 있다. 이런 조건하에서 전자들은 가속되며, 이동과정에서 원자들과 충돌하여 **타운센드 눈사태**라고 부르는 추가적인 전자(와 광자)들이 방출된다. 이 전하들이 양극에서 포획되며, 이런 곱셈효과 때문에 저강도 방사선에 이를 활용할 수 있다. 이 장치를 비례 계수기 또는 곱셈기라고 부르기도 한다. 만일 전기장이 더 증가하면, 전자보다 무거워서 전자만큼 빠르게 움직일 수 없는 양성자의 숫자가 증가하여 공간전하가 누적되므로 출력이 비선형성을 나타내게 된다. 따라서 작동 범위는 비례영역으로 제한된다. **그림 9.4**에서는 다양한 형태의 가스 챔버들의 작동영역을 보여주고 있다.

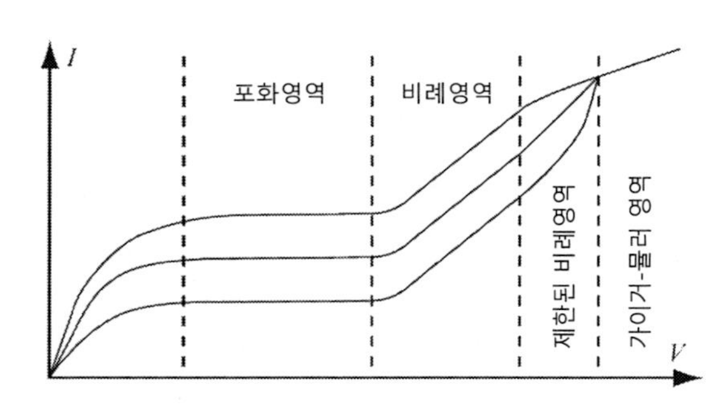

그림 9.4 다양한 형태의 이온화챔버용 센서들의 작동영역

9.3.1.3 가이거-뮬러 계수기

이온화챔버 양단 전압이 충분히 높다면, 출력은 이온화 에너지보다는 챔버 내의 전기장에 의존하게 된다. 이 때문에 챔버는 단일 입자를 셀 수 있지만 비례챔버의 트리거효과를 일으키기에는 충분치 못하다. 이런 장치를 **가이거-뮬러(G-M) 계수기**라고 부른다. 전극 양단에 부가된 전압이 매우 높으면 챔버 내의 이온화된 원자들에 의해서 올바른 계수 직후에 트리거효과에 의하여 잘못된 계수가 일어날 수 있다. 이를 방지하기 위해서 계수용 챔버에 충진하는 불활성 기체에 트리거 억제용 냉각기체를 첨가한다. 가이거-뮬러 계수기는 길이가 $10\sim15[cm]$이며, 직경은 $3[cm]$인 관체로 제작된다. (방사선에 투명한) 시창을 통해서 방사선이 관체 속으로 투과되어 들어온다. 관체 속에는 아르곤이나 헬륨과 트리거링을 억제하기 위하여 약 $5\sim10\%$의 에틸알코올이 충진되어 있다. 작동은 눈사태효과에 크게 의존하며, 측정중에 자외선이 조사되면 눈사태효과가 증가한다. 입력되는 방사선의 이온화 에너지가(이온화를 일으키기에 충분하다면) 얼마가 되든 상관없이, 이 공정에 따른 출력값은 거의 동일하다. 전극전압이 매우 높기 때문에 단일입자에 의해서 $10^9\sim10^{10}$개의 이온쌍들이 생성된다. 즉, 가이거-뮬러 계수기를 통과하는 모든 이온화 방사선을 확실히 검출할 수 있다.

가이거-뮬러 계수기를 포함하여 모든 이온화 챔버들의 작동효율은 방사선의 종류에 의존한다. 음극 또한 효율에 큰 영향을 끼친다. 일반적으로, 고에너지 방사선(γ-선)에는 원자번호가 높은 소재가 음극으로 사용되며, 저에너지 방사선에는 원자번호가 낮은 소재가 음극으로 사용된다.

그림 9.5에서는 가이거-뮬러 계수기의 구조가 도시되어 있다.

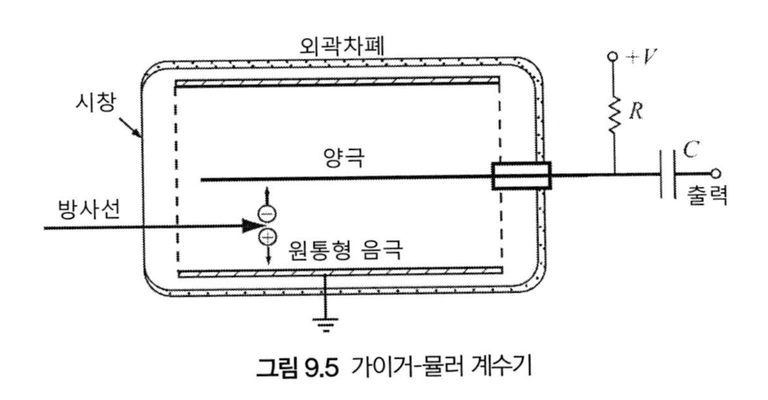

그림 9.5 가이거-뮬러 계수기

예제 9.2 가이거-뮬러 계수기와 자연방사선

가이거-뮬러 계수관의 작동성능을 평가하기 위해서, 채석장 내에 측정기를 설치한 후에 자연방사선의 분당 방출량을 측정하였다. 방사선의 방출량이 일반보다 더 높은 화강암 채석장이 측정 장소로 선정되었다. 계수관 전극전압은 100~1,000[V] 사이를 50[V]씩 증가시켜가면서 측정하였다. 자연방사선은 시간에 따라서 조금씩 변하기 때문에 각 전압별로 12회를 측정하였으며, 그림 9.6에서는 측정평균을 보여주고 있다. 각각의 측정에는 1[min]이 소요되었다.

이 시험을 통하여 가이거-뮬러 계수관의 전형적인 전압특성을 확인할 수 있다. 초기에는 전극전압이 기체를 이온화하기에 충분치 못하여 계수값이 낮게 나타난다. 하지만 300[V] 이상이 되면 계수값이 증가하기 시작한다. 400~850[V] 사이에서는 계수값이 비교적 일정하며, 이 사례에서는 평균 153[$counts$/min]을 보이고 있다. 여기가 계수관의 작동범위이다. 즉, 방사선 방출량을 측정하기 위해서는 계수관에 400~850[V]의 전압을 부가해야 한다. 850[V]를 넘어서면, 계수값이 매우 빠르게 증가하면서 계수관이 연속 방전상태에 이르게 된다. 즉, 눈사태효과가 지배하여 계수값이 입사되는 방사선을 나타내지 못하게 된다. 여기서 제시된 결과는 특정한 계수관에 국한되며, 계수관마다 서로 다른 특성을 가지고 있다. 심지어는 동일한 모델의 계수관 사이에도 곡선이 약간의 차이를 나타낸다.

주의: 지구상의 대부분의 장소에서 방출되는 자연방사선은 20[$counts$/min] 이하이다. 광산과 채석장에서는 암석의 종류에 따라서 약 150[$counts$/min]까지 올라갈 수도 있다. 점토암과 화강암은 사암보다 더 많은 방사선이 방출된다.

피폭량은 시간당 마이크로시버트[$\mu Sv/hr$]나 시간당 밀리시버트[mSv/hr] 단위로 측정한다. 계수값과 시버트 사이에는 근사적인 치환값이 존재하며, 전형적으로 100[$counts$/min]$\approx$1[$\mu Sv/h$]를 사용하지만, 실제로는 아무런 직접적 관계가 없다. 이 상관관계를 적용하면, 예시된 채석장에서 하루 8시간 일하는 작업자는 4,400$[\mu Sv/yr]$ 정도가 피폭된다. 비교를 위해서, 원자력 발전소에서 근무하는 작업자의 최대 허용 피폭량은 50$[mSv/yr]$ 수준이다. 100$[mSv/yr]$ 이상 피폭되면 암이 유발될 수 있다. 자연방사선에 의한 피폭량은 2$[mSv/yr]$ 미만이다.

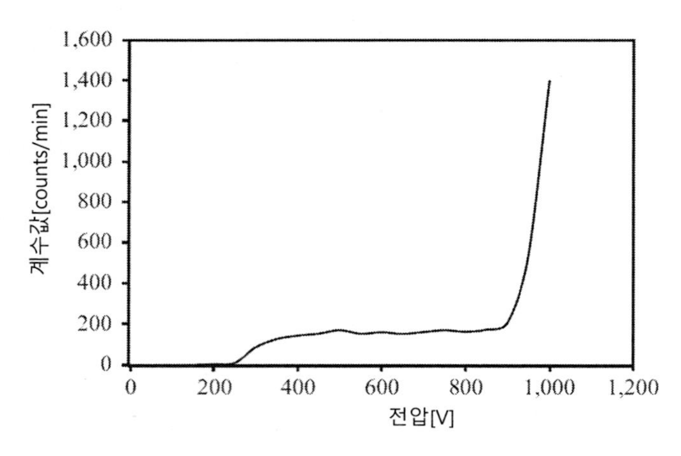

그림 9.6 가이거-뮬러 계수기의 관체에 설치된 전극 양단의 전압에 따른 계수값. 채석장의 자연방사선을 방사선원으로 활용하여 측정하였다.

9.3.2 신틸레이션 센서

방사선을 측정하는 비교적 단순한 방법은 특정한 물질 속에서 발생하는 방사선-광선 변환(신틸레이션) 현상을 이용하는 것이다. 여기서 발생하는 빛의 강도는 방사선의 운동에너지에 비례한다.

일부의 **신틸레이션 센서**들은 방사선과 광강도 사이의 정확한 상관관계가 중요하지 않은 검출기의 용도로 사용된다. 여타의 경우에는 선형관계가 중요하며, 광선변환효율이 높아야 한다. 또한 검출기의 응답속도를 높이기 위해서는 사용되는 물질은 조사(광발광) 후 빠른 광감쇄를 나타내야 한다. 이런 목적으로 사용되는 가장 일반적인 물질은 요오드화나트륨(여타의 할로겐화 알칼리 결정들도 사용할 수 있으며, 탈륨과 같은 활성화 물질이 첨가된다)이지만, 유기물이나 플라스틱도 이런 목적으로 사용할 수 있다. 이들 대부분은 무기결정보다 응답속도가 빠르다.

광선변환 과정에는 비효율적 공정이 포함되어 있기 때문에 빛의 변환률이 매우 낮다. 그러므로 신틸레이팅 물질에서 방출되는 빛의 강도가 낮으며, 이를 검출하기 위해서는 증폭이 필요하다. 민감도를 높이기 위해서는 그림 9.7에 도시되어 있는 것과 같은 광전자증배관 또는 전하결합소자(CCD; 4.6.2절과 4.7절 참조) 검출 메커니즘이 사용된다. 이 장치를 사용하기 위해서는 광전자증배관의 큰 이득이 중요하다. 이 장치의 출력은 많은 인자들의 영향을 받는다. 우선, 입자의 에너지와 변환효율(약 10%)이 생성되는 광자의 숫자를 결정한다. 이들 중 일부, 즉 k가 광전자증배관의 음극에 도달한다. 그리고 광전자증배관의 음극은 양자효율(약 20~25%)을 가지고 있다.

광전자증배관의 이득 G에 효율값 k_1을 곱한 값은 $10^6 \sim 10^8$의 범위를 가지고 있다.

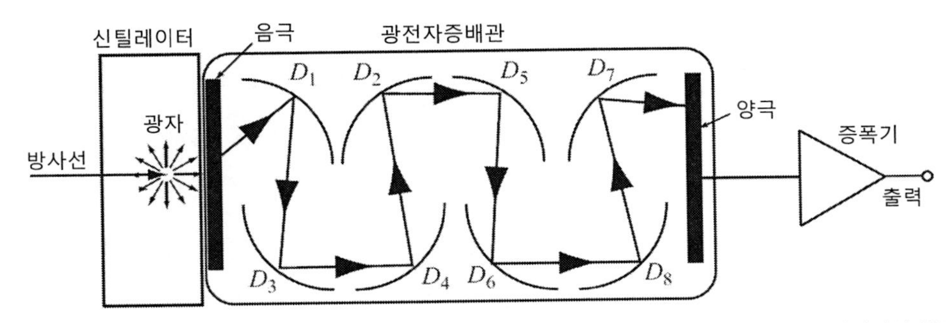

그림 9.7 신틸레이터에서 방출되는 미약한 빛을 검출하기 위한 광전자증배관을 구비한 신틸레이션 센서

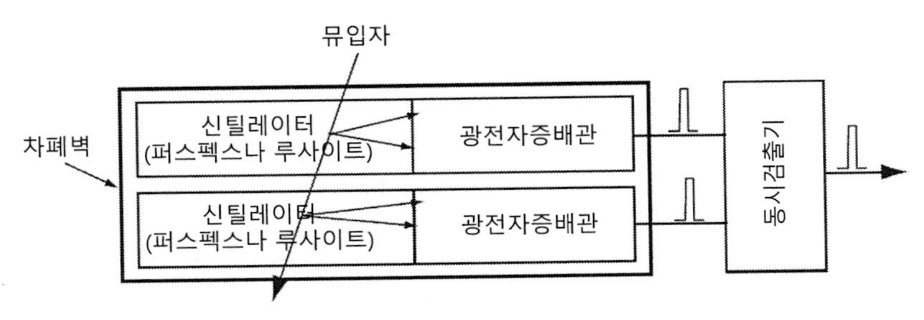

그림 9.8 두 개의 신틸레이터와 광전자증배관들을 사용하여 우주방사선에 의해서 생성되는 뮤입자들을 동시검출하기 위한 검출기의 구조

예제 9.3 우주방사선의 검출

우주방사선을 검출하는 가장 간단한 방법은 **그림 9.8**에 도시되어 있는 것처럼, 두 개의 신틸레이터층과 두 개의 광전자증배관을 사용하는 것이다. 우주방사선에 의해서 생성되는 뮤입자들이 지표면과 어느 정도 직각방향으로의 상대속도 성분(대략적으로 $0.95c$)을 가지고 있기 때문에, 검출기를 지표면과 평행하게 설치하여 측정한다. 신틸레이터와 광전자증배관은 차폐시켜 놓는다. 신틸레이터는 단순히 퍼스펙스나 루사이트 소재로 제작하여 사용한다. 이런 구조를 사용하는 이유는 거의 모든 방사선원들이 신틸레이션을 유발하기 때문이다. 두 개의 신틸레이터를 사용하면, 동시에 두 계수관들이 모두 신틸레이션을 검출하는 경우에만 선원이 뮤온이라는 것을 확신할 수 있기 때문이다. 저에너지 방사선의 경우에는 차폐벽에 의해서 차단되며, 만일 이 방사선이 하나의 신틸레이터에 도달한다고 하여도 다른 하나에 도달하지 못하기 때문이다. 그러므로 두 개의 신호가 동시에 검출되어야만 한다. 두 개의 검출기가 하나의 방사선

원을 검출했다는 것을 확신해야 하므로, 이때에 사용하는 방법을 동시검출이라고 부른다. 두 개의 계수관을 사용하는 경우에는 이를 구현하기가 비교적 용이하지만, 적절한 전자회로를 사용한다면 하나의 계수관으로도 이를 구현할 수 있다.

9.3.3 반도체 방사선 센서

반도체의 경우에는 조사된 광선에 의해서 반도체의 밴드갭을 뛰어넘는 전하가 방출되는 현상을 이용하여 광선을 검출할 수 있는 것처럼, 고에너지 방사선도 동일한 방식으로 검출할 수 있다. 이론상 반도체 광선센서는 고에너지 방사선에 대해서도 민감하지만, 실제로는 해결해야 할 몇 가지 문제들이 있다. 우선, 에너지가 높기 때문에, 밴드갭이 좁으면 너무 많은 전류가 생성되기 때문에 좋지 않다. 두 번째로, 고에너지 방사선은 전하를 방출하지 않고 얇은 반도체층을 쉽게 투과해버린다. 따라서 두껍고 무거운 소자가 필요하다. 또한, 저준위 방사선을 검출할 때에는 암전류(열에 의한 전류)에 의한 잡음신호가 검출기의 신호를 심각하게 교란할 수 있다. 이런 문제들 때문에 일부의 반도체 방사선 센서들은 극저온에서만 사용할 수 있으며, 상온용 센서들은 고순도 소재를 사용해서 제작해야만 한다.

고에너지 입자들이 반도체 속으로 투과되어 들어오면, 결정과의 직접적인 상호작용과 더불어서 일반적으로 훨씬 더 높은 에너지를 가지고 있는 주전자에 의한 2차 방출을 통해서 전자(와 정공)를 방출하는 공정이 촉발된다. 정공-전자쌍을 생성하기 위해서는 $3\sim5[eV]$ 수준의 이온화 에너지가 필요하다. 하지만 이 에너지는 기체 내에서 이온쌍을 생성하는 데에 필요한 에너지의 1/10에 불과하기 때문에, 반도체 센서의 기본 민감도는 기체의 경우에 비해서 수십 배 더 높다. 게다가 반도체의 밀도가 기체보다 더 높기 때문에 전형적으로 효율이 더 높다. 표 9.3에서는 일반적으로 사용되는 반도체들의 특성값들이 제시되어 있다.

표 9.3 일반적으로 사용되는 반도체들의 특성값

소재	작동온도[K]	원자번호	밴드갭[eV]	전자-정공 쌍의 에너지[eV]
실리콘(Si)	300	14	1.12	3.61
게르마늄(Ge)	77	32	0.74	2.98
텔루르화카드뮴(CdTe)	300	48, 52	1.47	4.43
요오드화수은(HgI_2)	300	80, 53	2.13	6.5
갈륨비소(GaAs)	300	31, 33	1.43	4.2

반도체 방사선 센서는 두 가지 유형으로 나뉜다. 첫 번째 유형은 두 개의 전극을 갖춘 진성반도체로 이루어진다. 두 번째 유형은 일반적인 다이오드의 구조를 갖추고 있으며, 적외선에서 γ-선에 이르는 모든 유형의 방사선을 검출할 수 있다.

9.3.3.1 벌크 반도체 방사선 센서

벌크 반도체 방사선 센서는 진성반도체 덩어리의 양측에 두 개의 전극을 설치(그림 9.9 (a))하고 양단에 전압을 부가하는 구조로서, 4.5.1절에서 살펴봤던 광저항기와 동일한 개념이다. 이는 기체를 고체물질인 반도체로 대체하여 크기를 훨씬 작게 만든 이온화챔버로도 간주할 수 있다. 이 반도체에 투사되는 방사선에 의해서 생성되는 전하로 인한 저항값 변화를 측정한다. 이런 이유 때문에, 이 소자를 **벌크 저항식 방사선 센서**라고도 부른다.

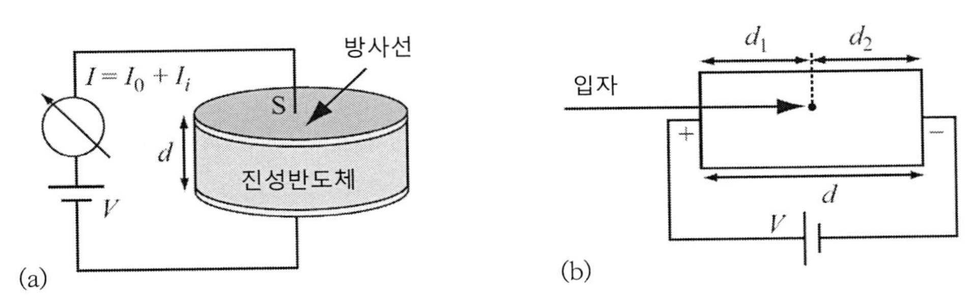

그림 9.9 (a) 벌크 반도체 센서. (b) 이온화 전류 생성의 원리

사용된 모재의 유형에 따라서 추가적인 제한조건이 생길 수 있다. 실리콘과는 달리, 게르마늄은 극저온에서만 사용할 수 있다. 반면에 실리콘은 가벼운 물질(원자번호 14)이므로 γ-선과 같은 고에너지 방사선에는 매우 비효율적이다. 이런 목적으로는, 비교적 밴드갭 에너지가 큰 무거운 물질들(원자번호 48과 52)이 결합되어 있는 텔루르화카드뮴(CdTe)이 가장 자주 사용된다. 사용할 수 있는 여타의 소재들은 요오드화수은(HgI_2)과 갈륨비소(GaAs)이다. 이 소자의 표면적은 용도에 따라서 매우 큰 것(직경 $50[mm]$부터)부터 아주 작은 것(직경 $1[mm]$)까지 다양하게 사용된다. 암흑 상태에서의 전기전도도는 구조와 도핑상태에 따라서 10^{-8}~$10^{-10}[S/cm]$의 범위를 갖는다(진성반도체의 전기전도도는 이보다 더 낮다).

이 소자의 거동을 관찰하는 가장 간단한 방법은 광저항의 경우와 마찬가지로 소자의 전기전도도를 측정하는 것이다. 반도체의 전기전도도는 도핑과 온도에 의존한다(4.5.1절 참조). 방사선은 추가적인 나르개를 생성하여 매질의 전기전도도를 증가시킨다(저항을 감소시킨다). 이로 인하여 전류가 증가하며, 이 전류값 변화를 통해서 방사선을 측정할 수 있다.

그림 9.9에서는 벌크저항 센서를 보여주고 있다. 소자를 통과하여 흐르는 전류는 두 가지 성분들로 이루어진다. 첫 번째 성분은 방사선이 없어도 소자의 전기전도도에 의해서 생성되는 전류이다. 두 번째 성분은 방사선에 의한 이온화 전류다. 방사선이 없는 경우에 흐르는 전류는 소재의 전기전도도(식 (4.4) 참조)로부터 구할 수 있다.

$$\sigma = e(\mu_e n + \mu_p p) \ [S/m] \tag{9.4}$$

여기서 μ_e와 μ_p는 각각 전자와 정공의 이동도, n과 p는 각각 전자와 정공의 농도, 그리고 e는 전자의 전하량이다. 이를 사용하여 저항 R_0를 구할 수 있다.

$$R_0 = \frac{d}{\sigma S} = \frac{d}{e(\mu_e n + \mu_p p)S} \ [\Omega] \tag{9.5}$$

방사선이 없는 경우의 전류는 전적으로 소자의 저항에 의존한다.

$$I_0 = \frac{V}{R_0} = \frac{V}{d} e(\mu_e n + \mu_p p)S \ [A] \tag{9.6}$$

여기서 $E = V/d$는 반도체 양단의 전위차에 의해서 생성되는 전기장 강도이다. 이 소자가 전압원에 연결되면 전류 I_0가 흐른다. 여기에 방사선이 조사되면 소재 내부에서 추가적으로 생성된 전하들이 이온화 전류를 생성하면서 실질적으로 소자의 저항을 감소시켜서 소자를 통과하여 흐르는 전류를 증가시킨다.

반도체를 통과하여 흐르는 이온화 전류는 생성된 전하의 비율과 이 전하들이 전극에 도달하는 데에 소요되는 시간(전이시간)에 의존한다. **그림 9.9 (b)**에 따르면, 상호작용당 생성되는 전하(즉 입자 또는 광자 하나당 생성되는 전하)는 식 (9.3)의 앞쪽 두 항으로 주어진다.

$$Q = e\left(\frac{E_s}{E_i}\right) \ [C] \tag{9.7}$$

음의 나르개와 양의 나르개의 전이시간은 나르개들의 이동도와 그에 따른 속도(드리프트속도라고도 부른다)에 의존한다.

드리프트속도는 다음과 같이 주어진다.

$$v_e = \mu_e E,\ v_p = \mu_p E\ [m/s] \tag{9.8}$$

양의 나르개와 음의 나르개는 서로 반대쪽 전극을 향하여 이동하므로, 이들은 전하량을 이동시간으로 나눈 값과 동일한 양의 전류를 생성한다. 전하가 생성되는 위치와 이 전하의 속도특성(음의 나르개와 전자들이 양의 나르개보다 훨씬 더 빠르게 움직인다) 때문에, 전형적으로 음의 나르개가 생성하는 전류가 더 높다. 양의 전극판으로부터 d_1만큼 떨어지고, 음의 전극판으로부터는 d_2만큼 떨어진 위치에서 나르개가 생산된다고 하자. 전자와 양자들이 소자를 통과하는 전이시간은 다음과 같이 주어진다.

$$t_e = \frac{d_1}{v_e} = \frac{d_1}{\mu_e E} = \frac{d_1 d}{\mu_e V},\ t_p = \frac{d_2 d}{\mu_p V}\ [s] \tag{9.9}$$

총 전이시간, 즉, 반대쪽 전극판들에 전하들이 포획되는 데에 필요한 총 시간은 다음과 같이 계산된다.

$$t = t_e + t_p = \frac{d_1 d}{\mu_e V} + \frac{d_2 d}{\mu_p V} = \frac{d}{V}\left(\frac{d_1\mu_p + d_2\mu_e}{\mu_e\mu_p}\right)\ [s] \tag{9.10}$$

하지만 전하들은 동시에 움직이므로 이동시간이 단순 합산되지 않기 때문에, 위의 값은 근삿값일 뿐이다. 하지만 전자들이 정공보다 빠르게 움직이기 때문에, 이 근삿값의 오차는 그리 크지 않다. 반도체를 통과하는 이온화 전류는 포획된 전하를 시간으로 나누어 구할 수 있다.

$$I_i = \frac{Q}{t} = \frac{e}{t}\left(\frac{E_s}{E_i}\right) = e\left(\frac{E_s}{E_i}\right)\frac{V}{d}\left(\frac{\mu_e\mu_p}{d_1\mu_p + d_2\mu_e}\right)\ [A] \tag{9.11}$$

소자를 통과하여 흐르는 총전류는 $I_0 + I_i$이다.

$$I = I_0 + I_i = \frac{V}{d} e(\mu_e n + \mu_p p)S + e\left(\frac{E_s}{E_i}\right)\frac{V}{d}\left(\frac{\mu_e \mu_p}{d_1 \mu_p + d_2 \mu_e}\right) \ [A] \tag{9.12}$$

여기에 사용되는 반도체는 전형적으로 진성반도체로서, $n = p = n_i$이다. 여기서, n_i는 고유 나르개 농도이다. 그러므로

$$I = I_0 + I_i = e\frac{V}{d}\left[n_i(\mu_e + \mu_p)S + \left(\frac{E_s}{E_i}\right)\left(\frac{\mu_e \mu_p}{d_1 \mu_p + d_2 \mu_e}\right)\right] \ [A] \tag{9.13}$$

평균 잡아서, 전하들은 소자의 중심위치, 즉, $d_1 = d/2$, $d_2 = d/2$에서 생성된다고 가정할 수 있다.

$$I = e\frac{V}{d}\left[n_i(\mu_e + \mu_p)S + \frac{2}{d}\left(\frac{E_s}{E_i}\right)\left(\frac{\mu_e \mu_p}{\mu_e + \mu_p}\right)\right] \ [A] \tag{9.14}$$

필요시 이를 사용하여 저항값을 계산할 수 있다. 하지만 전하의 이동도와 전하밀도가 온도에 의존하기 때문에 전류와 저항은 온도에 의존하므로(4장 참조), 위 식은 엄밀해가 아니다. 또한 위 식은 방사선이 소재의 심부로 투과하여 들어갈수록 에너지는 지수함수적으로 감소한다는 점을 고려하지 않고 있다. α-입자들은 표면에서만 상호작용을 일으키므로(매질 속으로는 거의 투과되지 않는다), 거의 다 소재에 흡수되어 버린다. β, γ 및 X-선의 흡수에 대한 단순모델은 다음과 같다.

$$E_s(x) = E_s(0)e^{-kx} \ [eV] \tag{9.15}$$

여기서 x는 방사선이 물질 속으로 투과되어 들어가는 깊이, $E_s(0)$는 물질 표면에서의 에너지, 그리고 $k[1/m]$는 상호작용이 일어나서 나르개쌍이 방출될 확률에 기초한 선형 감쇄계수이다. 이 계수값은 방사선의 에너지와 검출소자에 사용된 물질의 밀도에 의존한다. γ-선과 X-선은 전하를 띠지 않기 때문에 광자(또는 등가의 파동)라고 간주할 수 있는 반면에, β-선은 하전입자로 이루어진 방사선으로 간주할 수 있다. 대부분의 물질들에 대해서, 다양한 유형과 에너지레벨을 갖는 방사선들이 조사될 때의 감쇄계수값들이 표로 제시되어 있다.

여기서 제시된 계산들에서는 전기장강도가 균일하며, 모든 에너지가 검출기에 흡수된다고 가

정하고 있다. 이는 어떻게 보면 모순적이다. 깊이에 따른 에너지흡수를 무시하기 위해서는 소자의 두께(d)가 얇다고 가정해야 한다. 하지만 소재의 두께가 얇으면 모든 에너지를 흡수할 수 없으므로, 흡수계수값이 작아져서(그에 따라서 생성되는 나르개의 숫자가 작아져서) 민감도가 낮아진다. 게다가 전자와 정공의 이동도가 서로 다르기 때문에, 생성되는 전류는 전하가 생성되는 위치에 의존한다. 각각의 상호작용으로 인한 전류는 전자와 정공들이 전극 방향으로 전파되면서 짧은 기간 동안 발달하는 짧은 펄스처럼 보인다. 이로 인하여 출력은 일련의 펄스들처럼 나타나며, 계수된 숫자로 방사선 준위를 나타낼 수 있다. 여하튼, 여기서 사용된 간단한 모델은 현상을 이해하고 검출기에서 흐르는 전류를 근사화하는 데에 유용하게 사용된다.

전류는 생성된 나르개와 이들이 반도체 소재를 통과하는 전이시간과 관련되어 있으므로, 입자가 관여하는 경우에는 위의 관계식들이 유용하다. 하지만 방사선속[9]이 관여하는 경우에는 반도체 소재를 통과하여 흐르는 전류를 단일입자와 관련지을 수 없으므로, 입사되는 파워(에너지율[J/s]이라고도 부른다)로부터 상관관계를 찾아야 한다. 만일 센서에 흡수되는 단위시간당 에너지(파워) P_s가 주어진다면, 다음 식을 사용하여 이온화 전류를 직접 구할 수 있다.

$$I_t = \frac{Q}{t} = e\left(\frac{P_s}{E_i}\right)\ [A] \tag{9.16}$$

여기서 E_i는 이온쌍이 가지고 있는 에너지이다. 흡수된 파워가 연속적일 필요는 없으며, 오히려 Δt의 지속시간 동안 방사선이 조사되는 것이다. 이 시간 동안 흐르는 전류가 식 (9.16)인 것이다. 그런데 묵시적으로, 이 사건이 지속되는 시간은 센서 내에서 전자의 전이시간보다 길어야 한다. 식 (9.16)은 센서 양단의 전위차이와는 무관하지만, 나르개들이 표면으로 이동할 수 있도록 센서에는 편향전압을 부가해야만 한다. 편향전압이 불충분하면 소자를 통과하여 흐르는 전류와 결과적으로 전극에 도달하는 전하가 감소한다. 식 (9.16)에서는 모든 전하들이 일정한 속도로 전극에 포집되므로 일정한 전류가 흐른다고 가정하고 있다. 전류 I_0는 방사선과는 아무런 관련이 없으므로 변하지 않는다. 이 전류는 센서 양단에 부가된 전압에만 의존한다.

많은 경우, 파워 대신에 파워(전력)의 밀도값이 주어진다. 흡수된 파워를 구하기 위해서는 파워 밀도에 센서의 단면적을 곱해야 한다.

---

9) radiation flux

9.3.3.2 반도체접합 방사선센서

반도체 방사선 센서의 두 번째 유형인 **반도체접합 방사선센서**는 본질적으로 역방향 편향전압이 부가된 다이오드로 이루어진다. 이 센서는 모든 다이오드에서와 마찬가지로 (거의 무시할 수준의) 작은 배경전류(암전류)가 흐른다. 이런 상태에서 방사선에 의해서 생성된 역방향 전류는 방사선의 운동에너지에 비례한다. 실제의 센서소자에서는, 고속입자들이 가지고 있는 에너지를 흡수할 수 있도록 다이오드가 두꺼워야만 한다. 가장 일반적인 구조는 그림 9.10에 도시되어 있는 PIN 다이오드이다. 이 구조는 일반적인 다이오드와 동일하지만, 진성반도체 영역이 훨씬 더 두꺼워서 일반적인 다이오드들보다는 역방향 전류가 훨씬 더 작다. 진성반도체 영역에는 평형불순물을 도핑하여 진성 반도체처럼 거동하도록 만든다. n-형이나 p-형처럼 드리프트 되는 것을 막기 위해서 이온-드리프팅 공정이 사용되며, 이를 통해서 층 전체에 보상소재들이 확산된다. 이런 목적으로는 리튬이 사용된다.

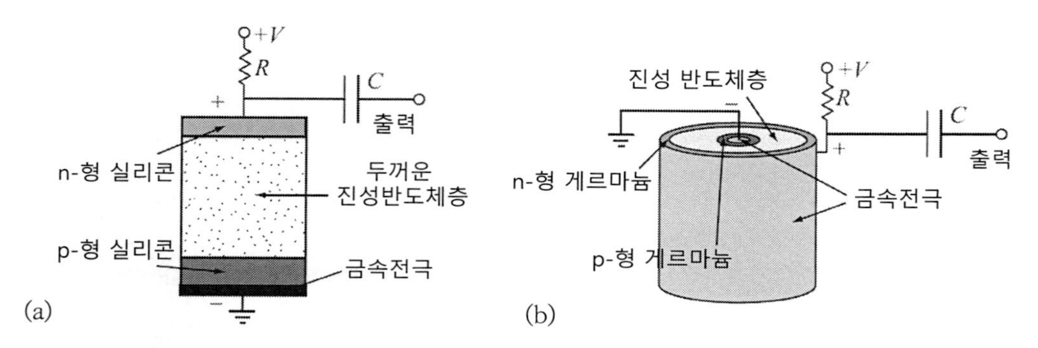

그림 9.10 반도체 방사선 센서. (a) 두꺼운 진성반도체 층을 갖춘 일반적인 형상의 평면형 다이오드를 사용하는 전형적인 실리콘센서. (b) 고에너지 방사선을 측정하기 위한 동축형 게르마늄 다이오드

역방향으로 편향전압이 부가된 다이오드에 방사선이 조사되지 않았을 때에 흐르는 전류는 열효과에 의해서 생성되는 암전류뿐이며, 전류량은 전형적으로 매우 작다. 그러므로 다이오드를 통과하여 흐르는 전류는 모두 방사선에 의한 것이라고 간주할 수 있다. 이런 이유 때문에 게르마늄과 같이 밴드갭이 좁은 소재를 사용하는 경우에는 극저온(전형적으로 액체질소의 기화온도인 $77[K]$)까지 냉각해야만 한다.

그림 9.10을 사용하여 검출과정에 대해서 보다 더 자세히 살펴보기로 하자. PIN 구조의 진성반도체 영역은 그림에서 정성적으로 표시되어 있는 것처럼 면적이 넓으며 n-형과 p-형 반도체 사이에 끼워져 있다. 이온화소스(즉, 방사선원)에 의해서 식 (9.7)에 따라서 매질 내부에서 Q

및 $-Q$ 전하(정공과 전자)가 생성된다고 가정한다. 전기장강도의 영향으로, 이 나르개들은 반대 극성의 전극표면을 향해서 움직이기 시작한다. 전기장의 강도는 일정하며, V/d와 같다고 가정한다. 이때에 흐르는 전류는 식 (9.11)과 같다. 방사선이 조사되지 않는 경우에 다이오드 전류를 0이라고 가정하기 때문에, 만일 식 (9.14)의 평균값을 사용한다면 첫 번째 항은 0이 되어야 한다. 전하의 생성이 전하가 생성되는 다이오드 내부에서의 깊이에 의존한다는 점에 유의하여야 한다. 이것 외에는 진성반도체 벌크를 모재로 사용하는 다이오드형 센서의 유일한 장점은 다이오드에 역방향 편향전압을 부가할 수 있어서 식 (9.6)과 식 (9.12)~(9.14)의 저항전류 I_0를 소거할 수 있다는 점뿐이다. 만일 다이오드가 단일 입자나 광자가 아닌 특정한 값의 파워$[J/s]$를 흡수한다면, 식 (9.16)을 사용하는 것이 더 적합하다. 그런데 그림에 제시된 구조에 대해서 여기서 제시하고 있는 결과들은 단지 대푯값들일 뿐이며, 정확한 계산을 위해서는 재결합과 2차 생성된 나르개, 소자 내부의 전기장 불균일, 깊이에 따른 에너지 감쇄, 그리고 소재의 흡수효율 등을 고려하는 훨씬 더 복잡한 모델이 필요하다. 특히, 실리콘과 같이 원자번호가 작은 소재의 흡수효율은 비교적 낮은 반면에, 게르마늄이나 GaAs와 같은 소재의 흡수효율은 높은 편이다.

다이오드식 광센서와 마찬가지로, 반도체 방사선 검출기에서도 특히 에너지준위가 낮은 경우에 민감도를 증가시키기 위해서 전자사태효과를 사용할 수 있다.

이를 **전자사태 검출기**라고 부르며 앞서 살펴봤던 비례챔버 검출기와 유사한 방식으로 작동한다. 이를 통해서 민감도를 수백 배 증가시킬 수 있지만, 에너지준위가 낮은 경우나 차단층이 쉽게 파괴되어 센서가 손상되는 경우에 국한하여 사용한다.

다이오드에는 순방향이나 역방향 편향전압을 부가할 수 있지만, 매우 낮은 암전류하에서 전류 변화가 크게 발현될 수 있는 역방향 편향전압 상태(그림 9.10)를 선호한다. 4.4절과 4.5절에서 제시하고 있는 암전류와 방사선에 의한 전기전도도 변화에 관련된 식들은 여기서도 똑같이 적용된다. 중요한 차이점은 방사선의 에너지준위가 훨씬 더 높으며, 소자의 효율이 더 낮다는 점이다.

반도체 방사선 센서들은 민감도가 높으며 다양한 방사선들을 검출할 수 있지만, 다양한 제한조건들이 존재한다. 가장 큰 문제는 방사선에 장시간 노출되면 손상을 입는다는 것이다. 반도체 격자구조, 패키지 또는 금속층과 커넥터에 손상이 발생할 수 있다. 장기간 방사선에 노출되면 누설전류(암전류)가 증가하여 센서의 에너지 분해능이 저하된다. 게다가 (센서를 냉각하지 않는다면) 센서의 온도한계도 고려해야만 한다.

예제 9.4 게르마늄 반도체센서의 방사선 민감도

$1.5[MeV]$의 에너지를 가지고 있는 방사선을 검출하기 위해서 게르마늄 다이오드가 사용된다. 이를 검출하기 위해서 조사되는 방사선에 방향으로 양극이나 음극을 노출시킬 수 있다(그림 9.11 참조). 여기서는 모든 에너지가 입사된 방향(즉, 음극이나 양극위치)에서 흡수된다고 가정한다. 정공의 이동도는 $1,200[cm^2/V\cdot s]$이고, 전자의 이동도는 $3,800[cm^2/V\cdot s]$이며, 편향전압 $V=24[V]$, 진성반도체층의 두께 $d=20[mm]$인 경우에, 두 입사방향들에 대해서 다이오드를 통과하여 흐르는 전류를 계산하시오. 둘 사이의 차이점을 설명하고, 방사선이 진성반도체층 속으로 균일하게 흡수되는 경우에 민감도와 예상되는 펄스의 형태에 대해서 논의하시오. 전극과 n-형 및 p-형 층의 영향은 무시하며 방사선이 한 번만(또는 입자 하나가) 조사된다고 가정하시오.

풀이

다이오드를 통과하여 흐르는 전류는 포집된 전하를 두 전극들 사이의 전이시간으로 나눈 값이다. 일반적인 전이시간은 식 (9.10)으로 주어진다. 이 식과 그림 9.9 (b)를 사용하여 그림 9.11 (a)의 경우에 대한 전이시간을 다음과 같이 구할 수 있다.

$$t=t_e+t_p=\frac{d_1 d}{\mu_e V}+\frac{d_2 d}{\mu_p V}=\frac{d}{V}\left(\frac{d_1\mu_p+d_2\mu_e}{\mu_e\mu_p}\right)\ [s]$$

그런데, 이 예제의 경우에는 전자가 양극위치에서 생성되기 때문에 전자의 전이시간은 0이다. 유일한 전류는 양극 방향으로 흐르는 정공에 의해서 생성된다. 따라서 $d_1=0$이며, $d_2=d$이다.

$$t=t_p=\frac{d^2}{\mu_p V}=\frac{0.02^2}{1,200\times10^{-4}\times24}=0.139\times10^{-3}[s]$$

포획된 전하는 흡수된 에너지와 게르마늄의 전자-정공 쌍이 가지고 있는 에너지로부터 계산할 수 있다. 게르마늄의 전자-정공 쌍이 가지고 있는 에너지는 표 9.2에서 찾을 수 있으며, $2.98[eV]$이다. 그러므로 생성된 전하는 다음과 같다.

$$Q=e\frac{E_s}{E_i}=1.61\times10^{-19}\times\frac{1.5\times10^6}{2.98}=8.104\times10^{-14}[C]$$

여기서 e는 전자 하나의 전하량, E_s는 흡수된 에너지, E_i는 전자-정공 쌍 하나를 생성하는 데에 필요한 에너지이다. 전류는 식 (9.11)을 사용하면 다음과 같이 계산된다.

$$I_p=\frac{Q}{t_p}=\frac{8.104\times10^{-14}}{0.139\times10^{-3}}=5.83\times10^{-10}[A]$$

따라서 전류값은 $0.583[nA]$이다. 이는 매우 작은 전류값이므로, 이를 측정하기 위해서는 다이오드 내의 누설전류(암전류)가 매우 작아야만 한다. 하첨자 p는 이 전류가 정공의 이동에 의한 것이라는 점을 표시하고 있다.

그림 9.11 (b)의 경우에는 정공이 음극에서 곧장 포획되기 때문에, 흐르는 전류는 전적으로 전자에 의한 것이다. 그림 9.9 (b)의 경우에 대해서 $d_2=0$과 $d_1=d$를 식 (9.11)에 대입하여 직접 전류를 계산할 수 있다.

$$I_e=e\left(\frac{E_s}{E_i}\right)\frac{V}{d}\left(\frac{\mu_e\mu_p}{d_1\mu_p+d_2\mu_e}\right)=e\left(\frac{E_s}{E_i}\right)\frac{V}{d}\left(\frac{\mu_e}{d}\right)$$

$$=1.61\times10^{-19}\times\frac{1.5\times10^6\times24\times3{,}800\times10^{-4}}{2.98\times0.02^2}=1.848\times10^{-9}[A]$$

이 경우에는 전이시간이 세 배 더 짧기 때문에, 전류가 세 배 더 크다.
전자의 이동도가 더 높기 때문에 방사선이 음극으로 직접 조사되는 소자에서 더 많은 전류가 생성되므로, 방사선에 대한 민감도가 더 높다. 전이시간은 펄스가 조사된 이후의 지연시간이므로, 전자나 정공(또는 둘 다)이 각각의 전극에 도달한 이후에야 방사선이 조사되었다는 것을 알 수 있다. 실제로는 체적 전체에서 전자-정공 쌍들이 생성되며, 전류는 전하가 생성되는 위치에 의존하는 전달시간에 따라서 변한다. 이로 인하여 전하가 도달하는 시간이 다르기 때문에 펄스의 폭이 변하게 된다. 방사선이 센서소자에 도달하는 순간에 펄스가 상승하기 시작하며, 전자가 전극에 가장 많이 도달하는 순간에 펄스가 최대가 되고, 생성된 전하들이 전극에 더 이상 도달하지 않을 때까지 감소하게 된다. 이것이 단일사건에 대한 펄스 형태이다. 만일 방사선이 시간에 대해 변하지 않고 일정하게 조사된다면, 전극에 도달하는 전하들이 정상상태를 유지하므로 전류도 일정할 것이다.

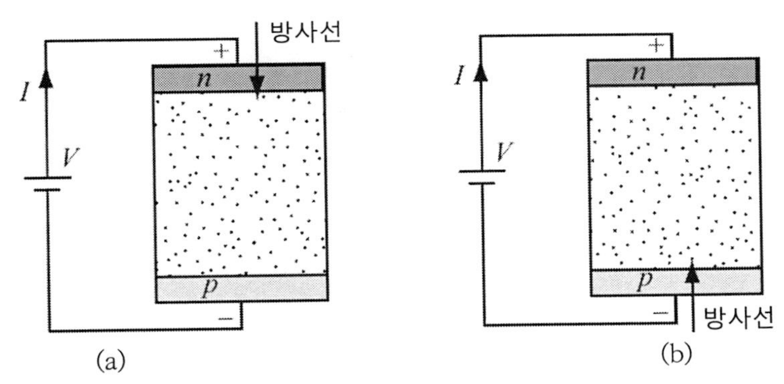

그림 9.11 방사선 센서. (a) 음극 근처에서 방사선이 흡수되는 경우. (b) 양극 근처에서 방사선이 흡수되는 경우

9.4 마이크로파 방사

마이크로파는 생성, 조작 및 검출이 비교적 용이하기 때문에, 다양한 자극들을 감지하는 데에 자주 사용되고 있다. 특히 속도의 측정과 환경의 측정(레이더, 도플러 레이더, 기상 레이더, 지구

와 행성들의 지표지도 제작 등) 등의 분야가 잘 알려져 있다. 이런 용도로 사용되는 센서들은 광학주파수를 포함하는 다양한 전자기파동의 전파특성을 활용하고 있다.

7.3절에서는 음향전파에 대한 논의를 통해서 파동의 성질들 대부분에 대해서 살펴보았으며, 4.1절을 통해서 마이크로파를 포함한 다양한 유형의 방사파들의 주파수 대역에 대해서 논의하였다. 7장에서 살펴보았던 파동의 모든 성질들은 여기서도 마찬가지로 적용되지만, 다음의 세 가지 측면에서 전자기 파동은 음파와 차이를 가지고 있다.

- 전자기파동은 횡파이다.
- 전자기파동은 전기장 강도와 자기장 강도가 시간과 공간에 따라서 변한다.
- 전기장강도 E와 자기장강도 H는 (우리의 관심대상이 되는 대부분의 경우) 파동의 진행방향에 대해서 직각 방향으로 진동하며, 서로에 대해서도 직각 방향으로 진동한다. 이런 파동을 **횡방향전자기파**(TEM)라고 부른다. 전자기 파동과 자기장 파동은 물질 속이나 진공 속에서 모두 존재할 수 있다. 그러므로 음파와는 달리 전자기파동은 진공 중에서도 전파될 수 있다. 사실, 진공상태는 전자기파동의 손실이 없으며, 따라서 파동의 감쇄가 일어나지 않기 때문에, 전자기 파동이 전파되는 이상적인 환경이다. 비록 다양한 유형의 전자기 파동들이 존재하지만, 이 절에서는 무손실 횡방향전자기파, 저손실 매질, 여타 인자들에 의한 손실이 거의 없는 경우로 한정하여 논의를 진행할 예정이다.

그림 9.12에서는 횡방향전자기파의 전파성질을 도식적으로 나타내어 보여주고 있다. 전자기 파동과 음파의 성질은 수치상으로도 큰 차이를 가지고 있다. 가장 중요한 차이점은 파동의 전파속도(위상속도라고도 부른다)이다. 전자기파동의 전파속도는 다음의 식으로 주어진다.

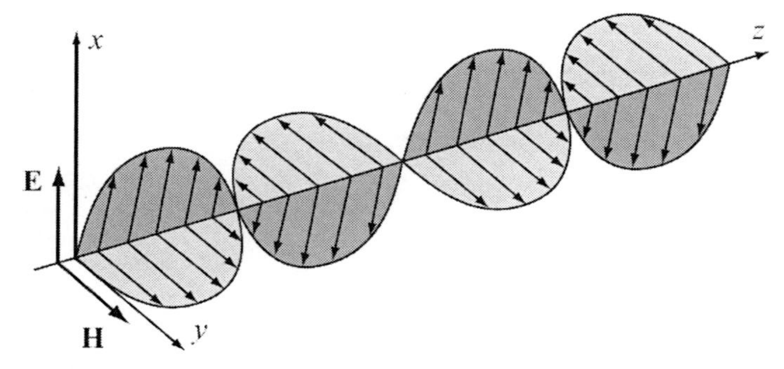

그림 9.12 횡방향전자기파(TEM)의 전파. 전기장과 자기장은 서로 직교하며, 전파방향과도 서로 직교한다.

$$v_p = \frac{1}{\sqrt{\mu\varepsilon}} \ [m/s] \tag{9.17}$$

여기서 ε은 전파가 일어나는 매질의 유전율이며, μ는 매질의 투자율이다. 이에 따라서 파장길이($\lambda = v_p/f$)나 파수($k = \omega/v_p$)와 같이 위상속도에 의존하는 인자들도 함께 변하게 된다. 진공중에서 전자기파동의 위상속도는 $3\times10^8[m/s]$이며, 여타의 모든 매질들 속에서는 속도가 이보다 약간 느려진다. 손실에 의해서도 위상속도가 변하지만, 이는 이 절의 논의주제를 벗어나므로 무시하기로 한다. 파동이 전파되는 과정에서 위상이 변하게 된다. 전자기 파동을 방출하는 (안테나와 같은) 소스의 전기장강도의 진폭이 E_0인 경우에, 소스에서 거리 R만큼 떨어진 위치에서 공간손실을 고려한 전기장강도는 다음과 같이 주어진다.

$$E = E_0 e^{-j\beta R} \ [V/m] \tag{9.18}$$

여기서 E_0는 페이저(즉, $e^{j\omega t}$, $\omega = 2\pi f$, f는 파동의 주파수)이며, 위치(또는 좌표)의 함수로 주어진다. 횡방향전자기파에 이 단순모델이 적용되며, 이를 통해서 파동이 전파되는 과정에서 위상이 변한다는 것을 알 수 있다. 위 식을 시간도메인에 대해서 나타내면 더 알아보기 쉽다.

$$E = E_0 \cos(\omega t - \beta R) \ [V/m] \tag{9.19}$$

여기서 β는 파동이 전파되는 매질의 위상 상수값이다. 무손실 매질이나 저손실 매질의 경우에 위상상수값은 파수와 동일하며, 다음과 같이 정의된다.

$$\beta = \frac{\omega}{v_p} = \omega\sqrt{\mu\varepsilon} \ [rad/m] \tag{9.20}$$

파동이 전파되는 과정에서 매질 속에서 손실이 일어나기 때문에, 위상변화와 더불어서, 파동의 진폭도 감소한다. 전자기파동의 감쇄는 매질의 종류에 의존하며, 지수함수적으로 감소한다. 유전체와 같은 저전도성 매질은 감쇄율이 작은 반면에 전도성 매질은 감쇄율이 크다. 진공이나 완벽한 유전체(전기전도도가 0이거나 매우 낮은 매질 속에서의 손실은 매우 작아서 무시할 수 있다) 속에서는 감쇄율이 0이다. 각 매질들의 특성은 감쇄상수를 사용하여 나타낼 수 있으며, 일반적으로 주파수에 의존한다. 저손실 매질 속에서의 감쇄상수는 다음과 같이 근사화할 수 있다.

$$\alpha = \frac{\sigma}{2}\sqrt{\frac{\mu}{\varepsilon}} \ [Np/m] \tag{9.21}$$

7.3.1절에서 정의되었던 감쇄상수 $\alpha[Np/m]$를 사용하면 전파되는 파동의 전기장강도를 더 일반화하여 나타낼 수 있다.

$$E = E_0 e^{-\alpha R} e^{-j\beta R} \text{ 또는 } E = E_0 e^{-\alpha R}\cos(\omega t - \beta R) \ [V/m] \tag{9.22}$$

횡방향전자기파의 경우, 자기장강도는 전기장강도와 직교하며 진폭은 매질의 파동임피던스와 관련되어 있다.

$$\eta = \frac{|E|}{|H|} = \sqrt{\frac{\mu}{\varepsilon}} \ [\Omega] \tag{9.23}$$

파동임피던스는 매질의 특성이다. 자유공간(공기는 자유공간의 매우 좋은 근사환경이다) 내에서 파동의 임피던스는 $377[\Omega]$이다. 식 (9.23)은 무손실 매질의 경우에 해당하지만, 저손실 매질에 대해서도 근사적으로 사용할 수 있다.

자기장강도는 다음과 같이 나타낼 수 있다.

$$H = \frac{E_0}{\eta} e^{-\alpha R} e^{-j\beta R} \ [A/m] \text{ 또는 } H = \frac{E_0}{\eta} e^{-\alpha R}\cos(\omega t - \beta R) \ [A/m] \tag{9.24}$$

이는 전기장 파동이 다음의 파워(전력)밀도로 파워를 전파한다는 뜻이다.

$$P_{av} = \frac{E_0^2}{2\eta} e^{-2\alpha R} \ [W/m^2] \tag{9.25}$$

전자기파동의 매우 낮은 주파수에서 매우 높은 주파수까지의 전체 대역을 측정에 활용할 수 있겠지만, 이 절에서는 마이크로파에 국한하여 살펴보기로 한다. 매우 낮은 주파수에서 시작하여 테라헤르츠[THz] 대역에 이르는 주파수범위를 포함하는 소위 **라디오파 대역**은 통신을 포함하여 다양한 공학적 용도로 사용되고 있으며, 다양한 방식으로 구분된다. 이 중에서 **마이크로파 대역**은 대략적으로 300[MHz]에서 300[GHz](파장길이 1[m]에서 1[mm])의 범위로 정의된다. 때로는 이보다 더 높은 대역까지 밀리미터파라고 부르지만, 이 대역은 원적외선 대역과 중첩된다. 그림 9.13에서는 전자기파동의 전체 스펙트럼을 지정된 용도에 따라서 대역별로 나누어 구분하여 보여주고 있다. 비록 마이크로파가 300[GHz]까지 확장되어 있지만, 대부분의 경우에는 50[GHz] 미만의 주파수를 사용한다. 그 이유들 중 하나는 주파수할당과 관련된 법규 때문이며, 또 다른 이유로는 고주파 전자회로는 설계 및 제작이 어렵고 성능이 저하되기 때문이다.

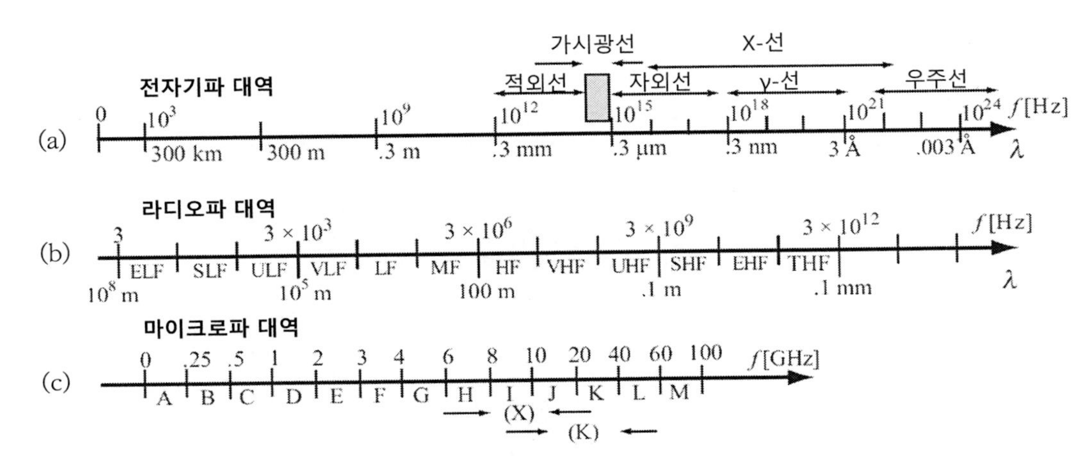

그림 9.13 (a) 전자기파의 전체 대역. 라디오파 대역도 함께 표시되어 있다. (b) 라디오파 대역을 용도에 따라 세분하여 보여주고 있다. (c) 마이크로파 대역을 알파벳으로 구분하여 보여주고 있다.

9.4.1 마이크로파 센서

마이크로파의 측정에는 네 가지 방법이 사용된다. 이들 각각은 장점과 단점을 가지고 있으며, 적용 분야가 서로 다르다.

- 파동의 전파
- 파동의 반사와 산란
- 파동의 투과
- 공진

센서에서 이들을 조합하여 특정 기능을 구현할 수 있다.

9.4.1.1 레이더

마이크로파를 검출하는 가장 잘 알려진 방법이 **레이더**[10]이다. 가장 단순한 레이더는 **그림 9.14**에 도시되어 있는 것처럼 단순히 전등(소스)을 비추고 눈(검출기)으로 이를 감지하는 것과 크게 다르지 않다. 표적이 클수록, 파동의 소스가 강력할수록 표적에서 반사되어 되돌아오는 신호가 커진다. 소스로 사용하는 안테나를 사용해서 이 반사파를 수신하거나(펄스-에코방식 또는 단일상태 레이더) 수신전용 안테나를 사용(연속방식 또는 양상태 레이더)한다. **그림 9.15**에서는 이들 두 가지 방식을 보여주고 있다. 레이더의 작동은 조사된 파동과 만나는 표적물체에 의한 파동의 산란에 기초한다.

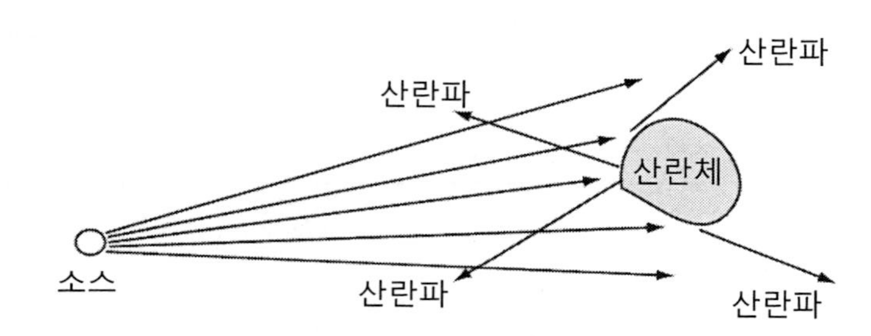

그림 9.14 산란체에 의한 전자기파동의 산란

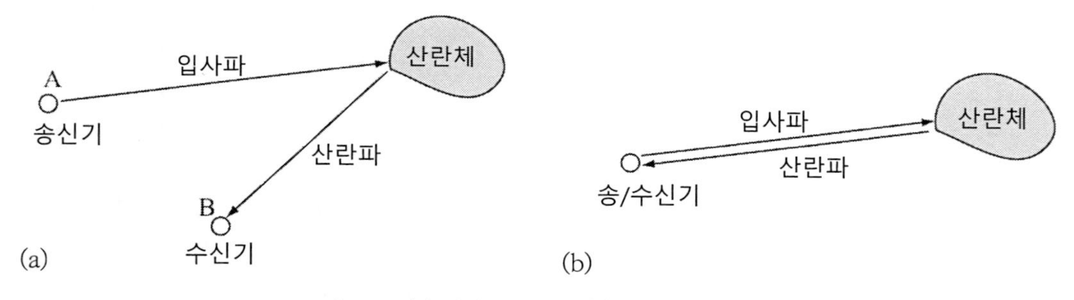

그림 9.15 (a) 양상태 레이더. (b) 단일상태 레이더

전자기 파동이 진행하는 경로상에 위치하는 임의의 물체에 대한 산란계수 σ를 **산란단면적** 또는 **레이더단면적**이라고 부르며, 다음과 같이 계산된다.

---

10) RADAR: Radio Detection and Ranging

$$\sigma = 4\pi R^2 \frac{P_s}{P_i} \ \ [m^2] \tag{9.26}$$

여기서 $P_s[W/m^2]$는 수신안테나 위치에서 측정된 표적에 의한 산란파워밀도, $P_i[W/m^2]$는 표적위치에서 파동의 입사파워밀도, 그리고 $R[m]$은 소스에서 표적까지의 거리이다. 산란단면적은 표적의 물리적 크기가 아니라 유효단면적이다. 이를 사용하면 레이더 방정식으로부터 수신되는 파워를 계산할 수 있다.

$$P_r = P_{rad}\sigma \frac{\lambda^2 D_r D_t}{(4\pi)^3 R^4} \ \ [W] \tag{9.27}$$

여기서 λ는 파장길이, σ는 레이더 단면적, $P_r[W]$는 수신된 총 파워, $P_{rad}[W]$는 송신기로부터 송출된 총파워, 그리고 D_r과 D_t는 각각, 수신 및 송신용 안테나의 지향성(펄스-에코 레이더의 경우에는 $D_r = D_t$이다)이다. 지향성은 송출되는 파동의 방향성을 나타내며, 안테나의 구조와 유형에 의존한다.

비록 레이더 안테나에 수신되는 파워의 수치값이 다양한 인자들에 의해서 변하지만, $1/R^4$에 비례하기 때문에 단거리 검출용도로 사용되어야 한다는 점이 명확하다. 그럼에도 불구하고 물체의 거리와 크기(레이더 단면적)를 검출할 수 있는 가장 유용한 시스템이다. 더 진보된 시스템의 경우에는 표적의 위치(거리와 고도)뿐만 아니라 속도 역시 측정할 수 있지만, 이를 위해서는 레이더와 더불어서 강력한 신호처리 기능이 결합되어야 한다. 레이더를 사용하여 침전, 구조물의 구성형태, 얼음과 눈의 깊이, 그리고 곤충의 군집에서부터 멀리 떨어진 행성들의 물성분 검출에 이르기까지 무수히 많은 종류의 물질의 성질들도 검출할 수 있다.

또 다른 레이더 검출방식에서는 **도플러효과**를 사용한다. 이런 유형의 레이더에서는 (반사파를 검출할 수만 있다면) 신호의 진폭과 파워는 중요하지 않다. 여기서는 도플러효과가 사용된다. 이 효과는 단순히 표적의 속도에 의해서 발생하는 반사파의 주파수변화 현상이다(7.7.1절의 초음파 측정에 사용되는 도플러효과 참조). 그림 9.16에 도시되어 있는 것처럼, 차량이 속도 v로 소스에서 멀어지는 경우에 대해서 살펴보기로 하자. 소스에서는 주파수 f인 신호가 송출된다. Δt의 시간 동안 차량은 Δs 만큼의 거리를 이동한다.

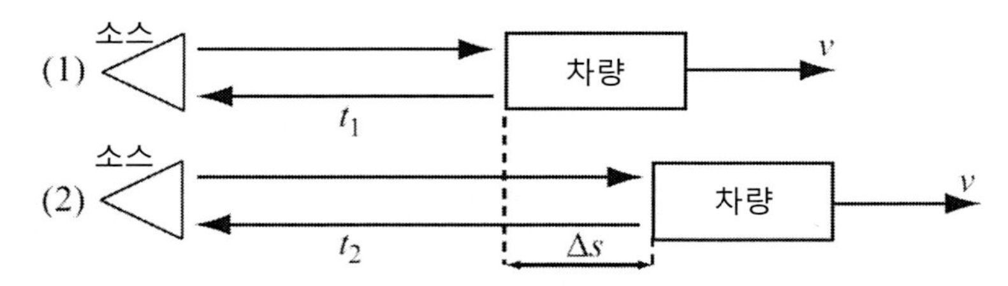

그림 9.16 레이더를 사용한 속도측정. 비행시간측정방법이나 도플러편이를 사용할 수 있다.

차량이 움직이기 때문에 반사된 신호가 $2\Delta t$만큼 더 지연된 다음에 송신기로 되돌아온다. 여기서 $\Delta t = \Delta s / v$이다. 이 지연으로 인하여 수신된 신호의 주파수는 다음과 같이 변하게 된다.

$$f' = \frac{f}{1 + 2v/c} \ [Hz] \tag{9.28}$$

따라서 차량의 속도가 빨라질수록 반사파의 주파수는 낮아진다. 만일 차량이 레이더 쪽으로 움직인다면, 주파수가 높아진다(속도가 음의 값을 갖는다). 수신파의 주파수를 측정하면 차량의 속도를 정확히 알아낼 수 있다. 이것이 경찰이 사용하는 속도측정기의 작동원리이며, 이와 동일한 측정방법을 비행기나 토네이도의 검출에도 활용할 수 있다. 반면에 도플러 레이더는 정지한 물체를 전혀 검출할 수 없다. 충돌방지 시스템, 능동형 크루즈 제어 그리고 차량의 자율운전에도 도플러 레이더가 사용된다.

레이더는 안테나의 성능, 특히 안테나의 높은 지향성에 크게 의존한다. 그러므로 실제로 사용되는 레이더 센서들은 2~30$[GHz]$의 비교적 높은 주파수로 작동하며, 일부의 충돌방지 시스템들은 70$[GHz]$ 이상의 주파수를 사용한다.

이외에도 다양한 유형의 레이더들이 사용된다. 이들 중 하나가 **지중탐사 레이더**(지표투과 레이더[11]라고도 부른다)이다. 이 시스템은 지하물체의 투과와 매핑을 위해서 비교적 낮은 주파수를 사용한다. 우주탐사와 행성매핑뿐만 아니라 여타의 고분해 탐사용도로 **합성개구레이더**[12]가 개발되었다. 여기서는 유효측정범위, 민감도 그리고 레이더의 겉보기파워를 증가시키기 위해서 이동식 안테나와 신호처리 기법들을 사용한다.

---

11) GPR: Ground Penetrating Radar
12) SAR: Synthetic Aperture Radar

예제 9.5 레이더를 사용한 속도측정

속도측정과 과속단속을 위해서 오래 전부터 도플러 레이더가 일반적으로 사용되고 있다. 대부분의 속도 측정용 레이더에는 X-밴드($8\sim12[GHz]$), Ka-밴드($27\sim40[GHz]$), 그리고 K-밴드($18\sim26[GHz]$)가 사용된다. $10[GHz]$로 작동하는 레이더(레이더건 또는 스피드건이라고 부른다)를 사용해서 $100[km/h]$의 속도로 레이더건을 향해서 달려오는 차량을 측정하는 경우에 대해서 살펴보기로 하자.

(a) 차량의 속도에 의해서 반사파의 주파수는 얼마로 변하겠는가?

(b) 이 측정기의 민감도$[Hz/km]$를 구하시오.

풀이

레이더는 주파수 f의 신호를 송출하며, 주파수 f'의 신호를 수신한다. 내부회로에서는 두 주파수를 차감하여 주파수 차이를 검출한다. 이를 속도에 대해서 교정하면, 조작자는 차량의 속도를 알아낼 수 있다.

(a) 식 (9.28)을 사용해서 반사된 신호의 주파수를 교정할 수 있지만, 우선 차량의 속도를 $[m/s]$ 단위로 환산해야 한다.

$$v = \frac{100{,}000}{3{,}600} = 27.78[m/s]$$

반사된 신호의 주파수는 다음과 같다.

$$f' = \frac{f}{1-2v/c} = \frac{10\times10^9}{1-2\times27.78/(3\times10^8)} = 10{,}000{,}001{,}852[Hz]$$

따라서 주파수 변화량은 $1{,}852[Hz]$이다. 여기서는 차량이 관찰자 쪽으로 다가오기 때문에 속도항이 음의 값을 가지고 있다.

(b) 민감도를 계산하기 위해서 단순히, $v = 1[km/h] = 1{,}000/3{,}600 = 0.2778[m/s]$를 대입해본다.

$$f' = \frac{f}{1-2v/c} = \frac{10\times10^9}{1-2\times0.2778/(3\times10^8)} = 10{,}000{,}000{,}018.5[Hz]$$

따라서 주파수 변화량은 $18.5[Hz]$이므로, 민감도는 $18.5[Hz/km]$이다.

주의: 이 주파수가 매우 작은 값인 것처럼 보이지만, 도플러 속도 레이더는 차감 방식으로 작동하므로 주파수 f가 고정된 값이 아니어도 무방하기 때문에, 발진기가 주파수 f를 완벽하게 만들어내지 못하는 경우조차도 도플러 속도 레이더는 매우 정확하다. 측정이 시행되는 동안 발진 주파수가 크게 변하지 않는다면, 차량의 속도를 매우 정확하게 측정할 수 있다.

9.4.1.2 반사와 투과식 센서

그림 9.17에 도시되어 있는 방법은 매우 짧은 거리에 대해서 적용할 수 있는 약간 다른 방법으로서 전자기 파동을 송출하고 반사파를 검출하지만, 레이더와는 달리 측정거리가 매우 짧기 때문에 전파효과를 무시할 수 있다. 전자기 파동의 반사계수는 파동이 전파되는 매질의 파동임피던스에 의존한다. 소스는 공기중에 위치하며, ①이라고 표기되어 있는 감쇄성 매질 속으로 전파되는 경우에, 매질의 파동임피던스는 다음과 같이 계산된다.

$$\eta_0 = \sqrt{\frac{\mu_0}{\varepsilon_0}}\ \ [\Omega],\ \eta_1 = \sqrt{\frac{j\omega\mu_1}{\sigma_1 + j\omega\varepsilon_1}} < \eta_0\ \ [\Omega] \tag{9.29}$$

여기서 σ_1은 ①번 매질의 전기전도도이다. 만일 매질이 부도체(완전 부도체나 무손실 유전체)라면, 두 번째 식은 $\eta_1 = \sqrt{\mu_1/\varepsilon_1}$으로 단순화되며 실수값을 갖는다. 공기는 손실이 작으며 측정거리가 짧기 때문에 반사 및 투과식 센서의 경우에 무손실 유전체로 간주할 수 있다.

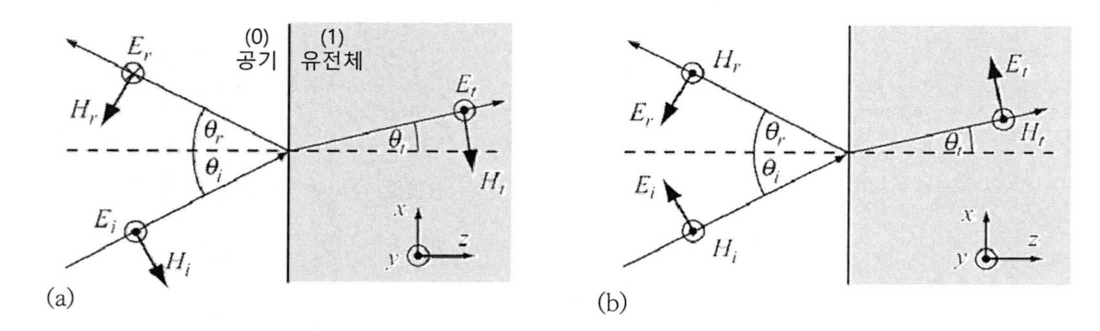

그림 9.17 유전체 표면에서 반사되는 전자기파동. (a) 수직편광. (b) 평행편광.

전자기파동의 반사 및 투과를 정의하기 위해서 우선 다음과 같이 반사계수(Γ)와 투과계수(T)를 정의한다.

$$\Gamma = \frac{E_r}{E_i},\ \ T = \frac{E_t}{E_i} \tag{9.30}$$

여기서 E_i는 입사되는 전기장강도의 진폭이며, E_r은 반사되는 전기장강도의 진폭, 그리고 E_t

는 투과되는 전기장강도의 진폭이다(그림 9.17 참조). 반사계수와 투과계수는 모두 입사각도에 의존한다. 또한, 이들은 전기장의 진동방향, 즉 편광방향에도 의존한다. 편광의 방향을 두 가지로 구분할 수 있다. **평행편광**은 전기장의 진동방향이 입사평면(파동의 진행방향과 입사되는 계면의 법선이 이루는 평면)과 일치하는 편광이다. **수직편광**은 전기장강도가 입사평면과 직교하는 편광이다. 그림 9.17 (a)의 경우에는 입사평면에 대해 수직편광이 입사되는 반면에, 그림 9.17 (b)에서는 입사평면에 대해서 평행편광이 입사된다. 계수값들은 다음과 같이 주어진다.

평행편광(∥로 표시):

$$\Gamma_{\parallel}=\frac{E_r}{E_i}=\frac{\eta_1\cos\theta_t-\eta_0\cos\theta_i}{\eta_1\cos\theta_t+\eta_0\cos\theta_i},\ \ T_{\parallel}=\frac{E_t}{E_i}=\frac{2\eta_1\cos\theta_i}{\eta_1\cos\theta_t+\eta_0\cos\theta_i} \tag{9.31}$$

수직편광(⊥로 표시):

$$\Gamma_{\perp}=\frac{E_r}{E_i}=\frac{\eta_1\cos\theta_i-\eta_0\cos\theta_t}{\eta_1\cos\theta_i+\eta_0\cos\theta_t},\ \ T_{\perp}=\frac{E_t}{E_i}=\frac{2\eta_1\cos\theta_i}{\eta_1\cos\theta_i+\eta_0\cos\theta_t} \tag{9.32}$$

게다가 입사각도와 투과각도는 **스넬의 굴절법칙**을 따른다.

$$\frac{\sin\theta_t}{\sin\theta_i}=\frac{n_0}{n_1} \tag{9.33}$$

여기서 n_0와 n_1은 각각, 공기와 ①번 매질의 굴절계수이다. 이들은 각각 다음과 같이 주어진다.

$$n_0=\sqrt{\varepsilon_{r_0}\mu_{r_0}}=1,\ \ n_1=\sqrt{\varepsilon_{r_1}\mu_{r_1}}>1 \tag{9.34}$$

여기서 ε_r과 μ_r은 각각 해당 매질의 비유전율과 비투자율을 나타낸다. 스넬의 법칙을 사용하면 입사각도와 매질특성에 따른 반사계수와 투과계수를 구할 수 있다.

수직입사($\theta_i=0$)의 경우에는 반사계수과 투과계수가 다음과 같이 주어진다.

$$\Gamma=\frac{\eta_1-\eta_0}{\eta_1+\eta_0},\ \ T=\frac{2\eta_1}{\eta_1+\eta_0} \tag{9.35}$$

매질의 성질에 따라서 반사계수는 -1에서 $+1$까지 변한다(감쇄손실이 발생하는 매질의 유전율은 복소수이므로 반사계수도 복소수 값을 가질 수 있다). 투과계수는 0에서 2사이의 값을 갖는다. 따라서 입사진폭 E_0에 대해서 반사되는 전자기파동의 진폭은 ΓE_0이며, 투과되는 전자기파동의 진폭은 TE_0이다.

반사식 센서의 경우에는 반사파동의 진폭 ΓE_0를 측정하며, 이는 ①번 매질의 유전율과 직접적인 관계를 가지고 있다. 반사계수는 유전율에 의존하는데, 여러 인자들이 유전율에 영향을 끼치지만 주로 수분과 더불어서 조성과 밀도 등에 영향을 받는다. 반사식 센서들은 매우 단순하며 효과적이다. 예제 9.6에서는 광산탐색용으로 사용되는 반사식 센서에 대해서 다루고 있다.

투과식 센서도 손쉽게 구현할 수 있으며, 그림 9.18에는 개략적인 구조가 도시되어 있다. 소스와 검출기 사이의 전달률은 중간물질에 영향을 받는다. 측정을 원하는 매질의 특성에 따라서 전달함수를 교정할 수 있다. 물은 높은 유전율을 가지고 있어서 용이하게 검출할 수 있으며, 다양한 산업 분야(제지, 섬유, 식품 등)에서 중요한 인자이므로 수분함량이 가장 자주 측정되는 특성이다. 알곡을 보관하기 전에 건조상태를 모니터링하거나, 제빵용 도우의 생산, 또는 제지라인의 종이두께 측정 등에 이런 유형의 센서를 사용할 수 있다. 그림 9.18에 도시되어 있는 센서는 (수분함량 등에 영향을 받는) 유전율의 실수부(ε')와 허수부(ε'')를 측정하지만, 이를 질량, 수분함량, 밀도 또는 유전율에 영향을 받는 여타의 인자들에 대해서 교정하여 사용할 수 있다. 하지만 서로 유사한 방식으로 유전율에 영향을 끼치는 서로 다른 인자들을 구분하는 데에 어려움을 겪을 수 있다는 점을 명심해야 한다.

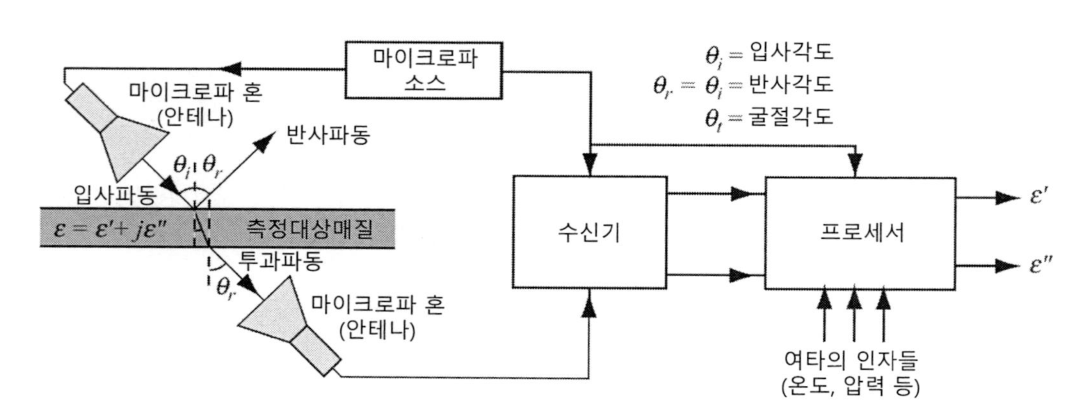

그림 9.18 투과식 센서. 출력은 시험대상 매질의 투과하는 전자기파동의 함수이며, 수분을 포함하여, 다양한 인자들의 영향을 받는다.

예제 9.6 마이크로파를 사용한 매립된 유전체 검출

금속검출기는 특정한 깊이까지의 땅속에 매립되어 있는 금속을 검출하는 데에 매우 유용하다. 그런데 파이프나 지표 바로 아래에 매립되어 있는 비금속 광물과 같은 유전체들은 검출하기가 어렵다. 마이크로파 감지기는 토양 속으로 일정한 깊이만큼 투과하여 들어가며, 바위나 플라스틱 조각과 같은 토양 속의 모든 불연속체에 의해서 반사된다. 민감도와 분해능을 증가시키기 위해서 그림 9.19 (a)에 도시된 것과 같은 차동형 센서가 사용된다. 하나의 송신기가 마이크로파(이 사례에서는 10[GHz])를 송출한다. 두 개의 수신용 안테나들은 송신기의 양측에 대칭으로 설치되어 있으며, 표적으로부터 반사된 신호를 수신한다. 토양이 균일하다면, 두 수신용 안테나에서 감지된 반사신호는 서로 (거의) 동일할 것이다. 두 신호를 다루기 편리한 주파수로 하향변환[13](두 개의 주파수들을 혼합하여 둘 사이의 차이만을 추출하는 방식으로 주파수를 낮추는 변환방법)시킨 후에 이를 증폭한다. 이렇게 증폭된 신호를 계측용 증폭기에 차동입력으로 보낸다(11장 참조). 토양이 균일한 조건에서는 출력이 0이다. 만일 수신기에서 큰 신호가 수신되면 출력이 0에서 벗어나며, 매질 속에 불연속이 있음을 나타낸다. 그림 9.19 (b)에서는 매립된 광물을 모사하기 위해서 사용된 아크릴 박스 위를 안테나가 통과하는 동안 검출된 출력신호를 보여주고 있다.

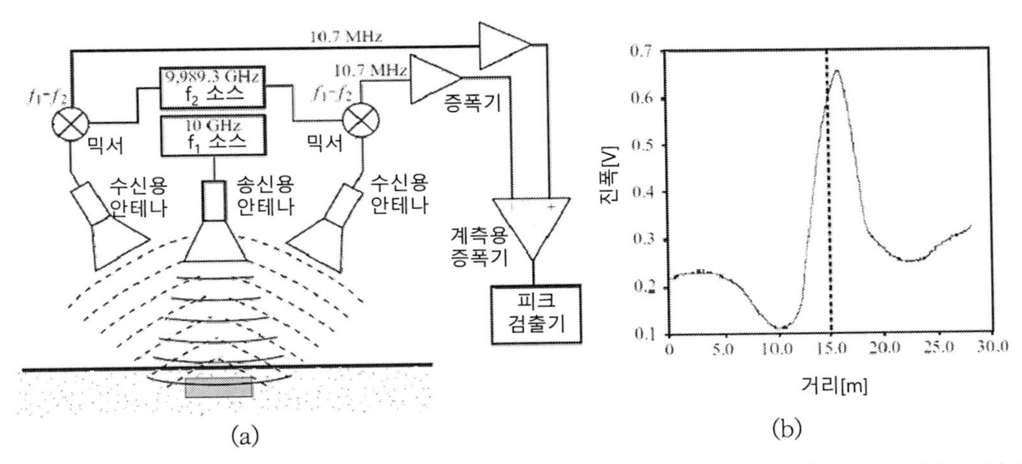

그림 9.19 광물과 같이 땅속에 매립된 물체를 검출하기 위해서 사용되는 차동식 반사센서. (a) 센서의 개략도. (b) 플라스틱 광물을 모사하기 위해서 사용된 아크릴 박스 위를 스캔하면서 지나가는 동안 측정된 신호

9.4.1.3 공진식 마이크로파 센서

마이크로파를 검출하는 세 번째 중요한 방법은 **마이크로파 공진**을 사용하는 것이다. 마이크로파 공진기에서는 파동을 가두는 도전성 벽체를 갖춘 박스나 공동이라고 생각할 수 있다. 이 공동은 정재파를 생성할 수 있도록 치수가 유지된다(에너지가 구조물과 결합되어 있다). 정재파를

13) downconverting

만들어내는 공동의 크기는 특정한 방향 또는 여러 방향이 마이크로파 반파장의 정수배를 유지해야 한다. 정재파가 발생하는 주파수를 공진주파수라고 부른다. 각 변의 치수가 a, b 및 c인 육면체 공동의 공진주파수는 다음과 같이 주어진다.

$$f_{mnp} = \frac{1}{2\pi\sqrt{\mu\varepsilon}}\sqrt{\left(\frac{m}{a}\right)^2 + \left(\frac{n}{b}\right)^2 + \left(\frac{p}{c}\right)^2}\ [Hz] \tag{9.36}$$

여기서 m, n 및 p는 정수값($0,\ 1,\ 2, \ldots$)이며, 서로 다른 정수값을 가져도 무방하다. 이 값들은 공동 내부에서의 공진모드를 결정한다. 예를 들어, 공기가 충진된 공동에서 $m = 1$, $n = 0$, $p = 0$이라면 $< 100 >$모드가 여기되며, $a = b = c = 0.1[m]$ 크기의 공동에서의 공진주파수는 $477.46[MHz]$이다. 임의의 m, n 및 p 값들이 모두 공진모드를 형성하는 것은 아니지만, 단순화하면 여기서 설명하는 것만으로도 충분하다. 또한 공동이 육면체일 필요도 없다. 원통형상이나 여타의 복잡한 형상이어도 무방하겠지만, 해석이 매우 어려워질 것이다.

이 결과가 가지는 중요성은 공진주파수에서 공동 내부의 전기장 준위는 매우 높은 반면에 공진이 일어나지 않으면 매우 낮다는 것이다. 공진주파수에서 공동은 좁은 대역통과필터처럼 작동한다. 측정의 관점에서 공진주파수는 물리적인 치수와 더불어서 공동 내에 충진된 매질의 전기적 성질(유전율과 투자율)에 의존한다는 것을 명심해야 한다. 공기(실제로는 진공)의 유전율이 가장 낮기 때문에 공동 속에 채워진 매질은 공진주파수를 낮추게 된다. 공진대역이 매우 좁기 때문에 공진주파수의 변화를 손쉽게 측정할 수 있으며, 이를 측정되는 물리량과 연관지을 수 있다. 공동 공진을 기반으로 하는 센서들은 구조가 단순하며 매우 민감하다.

식 (9.36)에 제시되어 있는 공진주파수는 공동 내부에 충진된 매질의 투자율(μ)과 유전율(ε)에 의존한다. 실질적으로 거의 모든 경우에 투자율은 진공중에서의 투자율값과 같다. 반면에, 유전율은 전형적으로 매질의 혼합비율에 의해서 결정된다. 예를 들어, 만일 습도를 측정하기 위해서 공동이 사용된다면, 공동 속에는 공기와 수증기가 충진되어 있을 것이다. 다른 경우에는 유전율이 서로 다른 물질이나 매질들이 혼합되어 있을 것이다. 이런 경우에는 ε이 각 구성성분들의 유전율과 체적비율에 따라서 계산된 유효유전율 값으로 대체된다. 다양한 조건에 대해서 수많은 혼합공식들이 있지만, 가장 단순한 형태는 다음과 같다.

$$\varepsilon_{eff} = \frac{\sum_{i=1}^{N} \varepsilon_i v_i}{\sum_{i=1}^{N} v_i} \tag{9.37}$$

여기서는 매질이 N개의 성분들로 구성되어 있으며, 이들 각각은 서로 다른 유전율과 체적을 가지고 있다고 가정한다. 각 성분들의 체적을 합하면 공동의 총체적이 된다. 식 (9.37)은 특히 매질이 균일하게 혼합되어 있는 경우를 포함하여 다양한 경우에 유용하게 사용할 수 있다(습윤공기의 유효 유전율을 계산하기 위해서 **예제 8.11**의 방법을 사용하였다). 하지만 근사적으로는, 공동 속에 분리된 개별 매질들이 들어있거나 다수의 공동 또는 구획 속에 매질이 들어있는 경우와 같이 매질이 서로 분리되어 있는 경우를 활용할 수 있다.

공동 공진식 센서를 구현하기 위해서는 두 가지 조건이 필요하다. 우선, 측정될 성질이 공동 속에 충진된 매질의 유전율이나 공동의 치수를 어느 정도 변화시켜야 한다. 두 번째로, 공동 속의 에너지를 측정할 수 있는 수단이 필요하다. 공진주파수를 측정하고 나면 전달함수를 사용하여 자극을 직접 측정할 수 있다. 다양한 방식으로 공동 속에 에너지를 공급할 수 있지만, 가장 단순한 방법은 **그림 9.20**에 도시되어 있는 것처럼, 프로브(소형 안테나)를 삽입하여 공동 속으로 전기장을 송출하는 것이다. 정확한 주파수의 파동은 정재파를 형성하여 증폭되는 반면에 이외의 주파수는 소산되어버린다. 특정한 물리량을 측정하려면, 이 물리량의 변화에 따라서 유전율이 함께 변해야만 한다. 다양한 방식으로 이를 구현할 수 있다. 기체의 경우, **그림 9.21**에 도시되어 있는 것처럼, 측정대상 기체가 자유롭게 드나들 수 있도록 벽체에 구멍을 성형한다. 이런 형태의 공동을 사용하면 폭발물에서 방출되는 기체, 화학공정에서 생성되는 흄, 연기, 수분 그리고 공기보다 유전율이 더 큰 거의 모든 매질들을 검출할 수 있다. 이 검출기는 매우 민감하지만 연기와 수분을 구분하기 어려우며, 사용한 주파수에서의 공진주파수 측정은 그리 간단한 문제가 아니다. 그럼에도 불구하고, 공진을 사용하는 기법은 기체의 성질을 측정하는 가장 유용한 방법이다. 고체의 경우에도 공동 속에 집어넣을 수만 있다면 유전율 변화를 사용하여 똑같이 측정할 수 있다. 공진주파수의 변화량은 일반적으로 매우 작으며, 수분의 일%에 불과하지만, 사용하는 주파수가 높기 때문에 검출에는 아무런 문제가 없다.

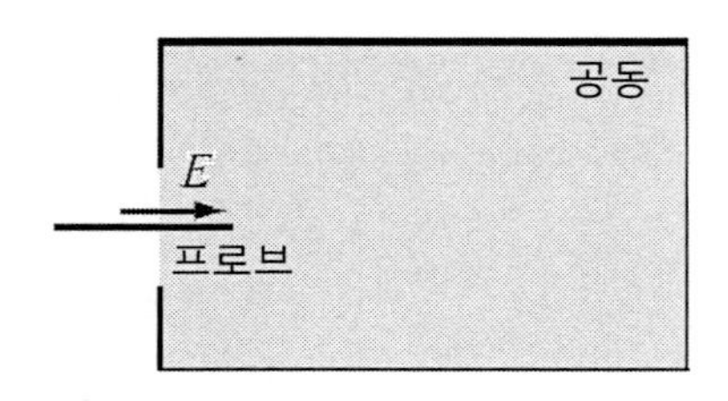

그림 9.20 공동 공진기에 에너지를 송출하는 방법

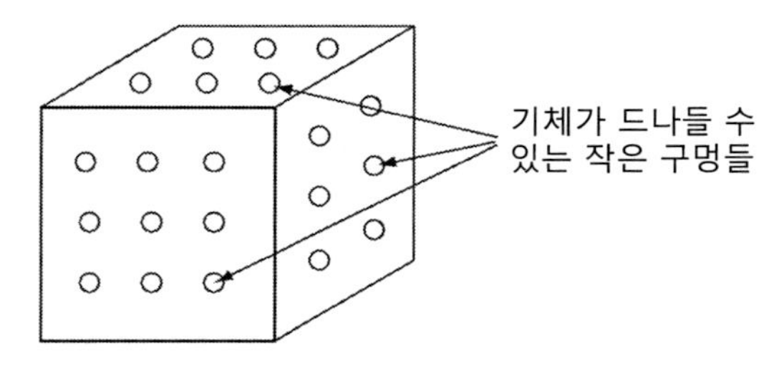

그림 9.21 기체 샘플링을 위한 관통구멍들이 성형되어 있는 공동을 갖춘 공진기. 구멍의 직경은 공진주파수에서의 파장길이보다 훨씬 더 작아야 한다.

예제 9.7 마이크로파를 사용한 수분함량 측정

공동 속에서 마이크로파를 사용한 측정방법은 공동 내부의 비유전율 변화나 체적변화를 활용한다. 산업용 대형 건조기 내부 공기의 수분함량을 측정하여 상대습도로 나타내기 위해서 내부 치수가 $a=20[mm]$, $b=20[mm]$, $c=40[mm]$인 공동이 사용된다. 건조기에는 온도 $70[°C]$인 고온공기가 공급되며, 순환된 공기를 배출하여 수분을 제거한다. 온도 $70[°C]$인 공기의 포화수증기압(상대습도 100%) 상태에서의 비유전율값은 1.00213이며, 상대습도가 0인 경우의 비유전율 값은 1이다. 배출되는 공기의 상대습도가 20% 이하가 되면 건조대상물이 건조된 것으로 간주한다.

(a) 비유전율이 상대습도에 따라서 선형적으로 변한다고 가정하여, 상대습도가 0%, 20% 및 100%인 경우에 공동의 공진주파수를 계산하시오. 공진 모드는 $<100>$모드($m=1$, $n=0$, $p=0$)로 가정하시오.

(b) 유전율이 상대습도에 따라서 선형적으로 변한다고 가정할 때에, $1[kHz]$의 주파수 변화를 정확히 측정할 수 있다면, 상대습도 변화에 대한 센서의 분해능은 얼마이겠는가?

풀이

(a) 선정된 공진 모드를 사용하여 식 (9.36)으로부터 주어진 유전율값에 대한 공진주파수를 구할 수 있다.

$$f_{mnp}=\frac{1}{2\pi\sqrt{\mu\varepsilon}}\sqrt{\left(\frac{1}{a}\right)^2+\left(\frac{0}{b}\right)^2+\left(\frac{0}{c}\right)^2}=\frac{1}{2\pi a\sqrt{\mu\varepsilon}}\quad[Hz]$$

여기서, 공기의 투자율은 자유공간에서의 투자율값과 같다($\mu=\mu_0$). 상대습도 0%에서의 공진주파수를 계산하면,

$$f_{<100>}=\frac{1}{2\pi a\sqrt{\mu_0\varepsilon_0}}=\frac{1}{2\pi\times 0.02\sqrt{4\pi\times 10^{-7}\times 8.854\times 10^{-12}}}$$
$$=2{,}385{,}697{,}883[Hz]$$

상대습도 100%에서의 공진주파수를 계산하면,

$$f_{<100>} = \frac{1}{2\pi a\sqrt{\mu_0 \times 1.00213 \times \varepsilon_0}}$$

$$= \frac{1}{2\pi \times 0.02\sqrt{4\pi \times 10^{-7} \times 1.00213 \times 8.854 \times 10^{-12}}}$$

$$= 2{,}383{,}161{,}166\,[Hz]$$

상대습도 20%에서의 비유전율은 다음과 같이 계산된다.

$$\varepsilon_r = 1 + \frac{0.00213}{100} \times 20 = 1.000426$$

이를 사용하여 공진주파수를 계산하면,

$$f_{<100>} = \frac{1}{2\pi a\sqrt{\mu_0 \times 1.000426 \times \varepsilon_0}}$$

$$= \frac{1}{2\pi \times 0.02\sqrt{4\pi \times 10^{-7} \times 1.000426 \times 8.854 \times 10^{-12}}}$$

$$= 2{,}385{,}189{,}892\,[Hz]$$

여기서 주의할 점은 상대습도 100%에서 상대습도 20%로 변하는 동안 주파수가 2.028$[MHz]$만큼 변했다는 것이다. 이는 손쉽게 측정할 수 있는 값이다.

(b) 주파수 1$[kHz]$ 변화에 따른 유전율 변화량은 다음 식을 사용하여 계산할 수 있다.

$$\frac{1}{2\pi a\sqrt{\mu_0(\varepsilon_0 + \Delta\varepsilon)}} = 1{,}000\,[Hz]$$

위 식을 사용해서 $\Delta\varepsilon$을 구할 수 있다. 실제로는 주파수와 유전율 사이에 약간의 비선형성이 존재하지만, 매우 작기 때문에 주파수 변화는 비교적 작다. 그러므로 상대습도 변화에 따른 주파수 변화는 선형적이라고 가정하는 것이 더 타당하다. 상대습도 0%에서 상대습도 100%까지 변하는 경우에 주파수 변화량은 다음과 같다.

$$\Delta f = f_{RH=0\%} - f_{RH=100\%} = 2{,}385{,}697{,}883 - 2{,}383{,}161{,}166 = 2{,}536{,}717\,[Hz]$$

우리는 1$[kHz]$를 정확히 측정할 수 있으므로, 상대습도 범위를 2,536.7구간으로 구분할 수 있다. 그러므로 상대습도 분해능은 100%/2,536.7 = 0.039%임을 알 수 있다.

주의: 여기서 예시된 시스템은 매우 단순하며 공진주파수의 드리프트나 온도의 변화가 유전율에 끼치는 영향과 같은 오차요인들을 고려하지 않았다. 하지만, 이 방법은 명쾌하며 비용문제가 없는 경우에 손쉽게 활용할 수 있다. 마지막으로, 대부분의 경우에는 상대습도 분해능 1%만으로도 충분하지만, 실제의 분해능을 이보다 훨씬 더 낮출 수 있다.

고체에 대한 측정을 수행하기 위해서는 고체물질이 통과할 수 있도록 공동의 한쪽을 부분적으로 개방하는 방식으로 공동형 센서의 개념을 확장시켜야 한다. 그림 9.22에서는 이런 방식의 센서를 보여주고 있다. 여기서는 두 장의 박판들에 의해서 생성되는 공진이 두 판들 사이의 송전선로처럼 작용한다. 공진은 박판의 길이뿐만 아니라 외곽 구조물을 형성하는 판들의 위치와 크기에도 의존한다. 유전율이 다른 측정대상 물질이 이 박판들 사이를 통과하여 지나간다. 이 방법은 종이, 베니어판과 합판 등의 수분함량 측정과 고무 및 폴리머의 양생공정을 감시하는 데에 성공적으로 사용되고 있다. 성능을 향상시키기 위해서는, 외곽 판들을 절곡하여 공동의 개구부를 좁혀 놓아야 한다. 이를 통해서 민감도가 향상되며 외부의 영향이 감소한다. 그림 9.23에서는 산업용 연속코팅 공정중에 건조된 라텍스의 수분함량을 측정하기 위해서 설계된, 공기중에서 $370[MHz]$로 작동하는 열린 공동 공진기의 사례를 보여주고 있다. 이 센서의 (젖은 상태와 건조상태 사이의) 공진주파수 변화량은 $2[MHz]$에 불과하며, 이는 주파수 변화량이 0.5%에 불과하다는 것을 의미한다. 그런데 상용 회로망 분석기를 사용하면 이보다 훨씬 더 작은 $1[kHz]$ 미만의 주파수 변화도 손쉽게 측정할 수 있으므로, 이 소자는 매우 민감하게 작동한다.

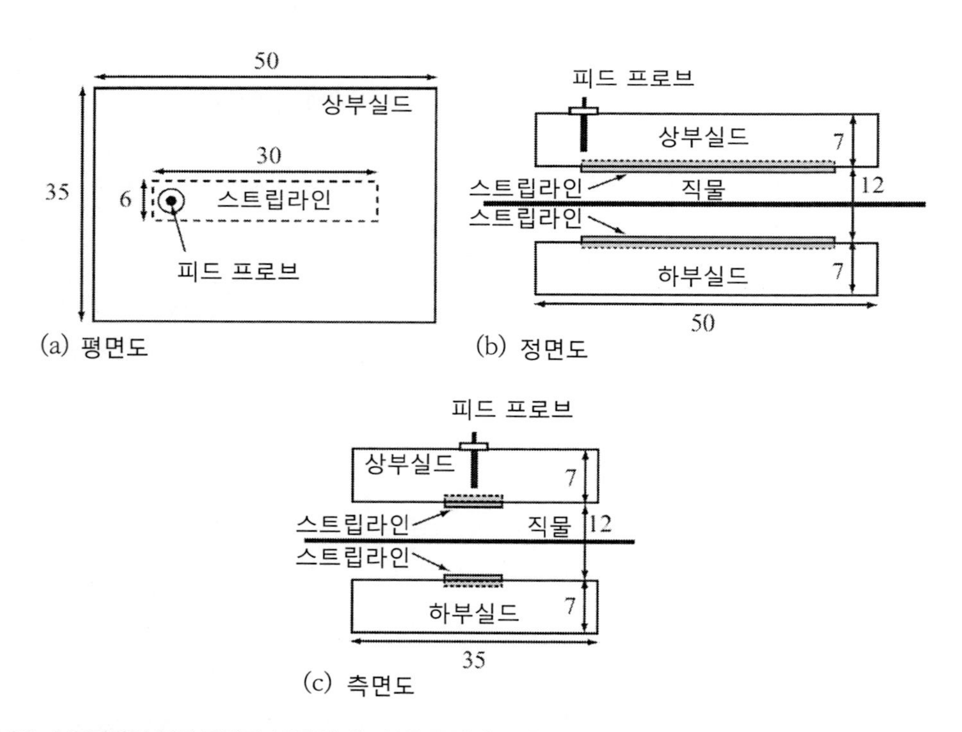

그림 9.22 스트립라인 공동 공진기. 공동의 개구부를 통해서 종이와 같이 연속 생산되는 제품을 검사할 수 있다. 제시된 치수는 $[cm]$ 값이다. (a~c) 공진기의 평면도, 정면도 및 측면도

그림 9.23 라텍스가 코팅된 직물의 수분함량을 측정하기 위해서 사용되는 $370\,[MHz]$로 작동하는 열린 스트립라인 공진기의 사례. 상부 공진기에는 스트립라인과 안테나(스트립라인 좌측 상부에 보이는 황동 막대)가 보인다.

그림 9.22에 도시되어 있는 열린 공동 공진기의 변형된 형태가 그림 9.24에 도시되어 있는 송전선 공진기이다. 이 공진기는 서로 일정한 거리를 사이에 두고 설치되어 있으며, 양단이 서로 연결된 두 장의 박판들로 이루어진다. 각각의 박판에는 단자를 통해서 전원이 공급된다. 공진주파수는 전력을 공급하는 단자의 위치와 치수, 그리고 박판 사이를 채우고 있는 매질의 유전율에 의존한다. 도로의 아스팔트 두께를 측정하기 위해서 이와 유사한 장치가 일반적으로 사용되고 있다. 이 공진기는 도로의 표면에 근접한 위치에서 작동하며, 공진주파수를 모니터링 한다. 아스

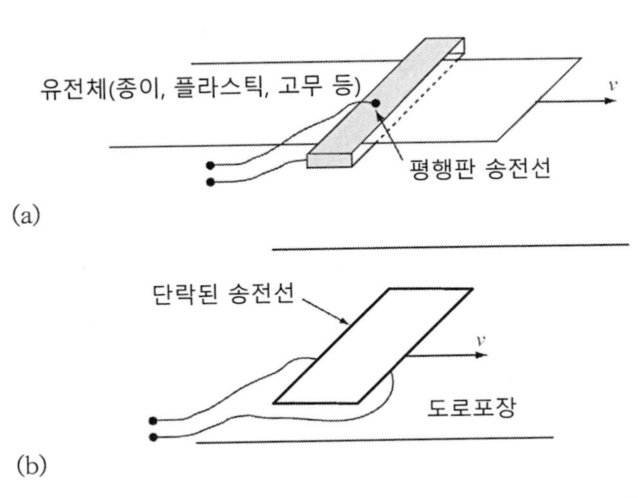

그림 9.24 (a) 평면형 물체의 두께, 밀도 또는 수분함량을 측정하기 위해서 사용되는 열린 공동 송전선 공진기. (b) 도로포장의 두께나 밀도를 측정하기 위해서 사용되는 송전선센서. (차량의 하부에 설치된) 센서가 도로포장 위를 움직이면서 포장조건을 모니터링 한다.

팔트 층의 두께가 감소하면 공진주파수가 높아지는 반면에 두께가 두꺼워지면 공진주파수가 감소한다.

9.4.1.4 전파효과와 측정

마이크로파와, 더 일반적으로는 모든 전자기파동을 감지하는 가장 단순한 방법은 아마도 전자기파동이 공간중을 전파되면서 감쇄되며, 소스의 특성에 따라서 공간중으로 파동장이 퍼져나간다는 성질을 활용하는 것이다. 따라서 소스 위치 또는 특정 위치에서의 진폭을 알고 있다면 단순히 전기장(또는 자기장)의 진폭을 측정한 후에 이를 식 (9.21)과 식 (9.22)에 대입하여 측정위치와 소스 사이의 거리를 알아낼 수 있다. 이와 마찬가지로, 만일 거리를 알고 있다면 진폭이 감쇄계수에 의존하기 때문에 공간 내에 위치한 매질의 성질(주로 유전율)을 알아낼 수 있다. 이 방법은 매우 단순하지만, 다양한 효과들이 진폭을 변화시킬 수 있기 때문에 수분함량, 공기밀도 지표나 여타 도전성 물체의 존재 또는 근접 등을 감지할 수 있다. 만일 전달함수를 알고 있다면 수신기에서 측정된 진폭으로부터 위치를 검출할 수 있으며, 일부의 경우에는 충분한 정확도를 구현할 수 있다. 7장에서 논의했던 음파를 활용한 비행시간 측정의 사례를 적용할 수 있다. 예를 들어 전자기파동이 $1[m]$의 거리를 비행하는 데에 $3[ns]$의 시간이 소요된다. 그러므로 전자기파동을 사용하여 ($300[ns]$의 비행시간이 소요되는) $100[m]$의 거리를 측정할 수 있지만, 현재의 전자소자를 사용해서 이런 측정 장비를 값싸게 만들기는 어렵다. 하지만 측정해야 하는 거리가 더 멀어져서 킬로미터 수준이라면, 이를 정확하고 경제적으로 측정할 수 있다.

9.5 센서와 작동기로 사용되는 안테나

안테나는 일반적으로 신호와 정보를 주고받는 송신기와 수신기로 이루어진 독특한 장치로서, 일반적으로 센서로 취급하지 않는다. 하지만 안테나는 전자기파동의 전기장이나 자기장을 검출하기 때문에 진정한 센서이다. 따라서 송수신 장치는 신호변환기이며, 안테나는 센서(수신기) 또는 작동기(송신기)라고 간주할 수 있다. 마이크로파를 다루는 경우에는 안테나를 센서 및 작동기(송수신 안테나)로 활용하기 때문에 **프로브**라고 부른다.

모든 안테나들은 한두 가지의 기본 안테나들로 이루어진다. 이들을 전기쌍극자와 자기쌍극자 또는 기본 전기쌍극자 및 기본 자기쌍극자라고 부른다.

9.5.1 일반관계

전기쌍극자는 그림 9.25 (a)에 도시되어 있는 것처럼 단순히 길이가 짧은 안테나이다. 전기쌍극자는 송신선에 의해서 공급되는 전류 I_0가 흐르는 두 개의 짧은 전기전도성 소자로 이루어진다. 반면에 그림 9.25 (b)에 도시되어 있는 **자기쌍극자**는 송신선이 직경이 작은 원호형상이다. 이들의 명칭은 이들이 생성하는 장이 각각 전기장과 자기장이기 때문에 붙여진 것이다. 다른 모든 측면에서는 이들 두 안테나의 작동은 서로 매우 유사하며, 전기쌍극자에서 생성되는 자기장과 자기쌍극자에서 생성되는 전기장은 서로 동일한 형태를 갖는다는 점을 제외하고는 둘 다 공간상에서 동일한 장분포를 나타낸다. 그림 9.26에서는 소형 쌍극자 안테나에서 방출되는 장의 분포를 보여주고 있다. 그림에 따르면, 안테나 근처에 형성된 장은 본질적으로 정전식 쌍극자와 동일하다는 것을 알 수 있다. 이런 이유 때문에, 이를 **정전기장** 또는 **주변장**이라고 부른다. 전기상쌍극자 안테나가 소스와 (파장길이 미만의) 매우 가까운 위치에 놓여 있다면, 이 안테나는 거의 커패시터처럼 거동한다. 하지만 둘 사이의 거리가 멀어지면, 안테나는 소위 **원거리장**을 방출(또는 수신)한다. 일반적으로 안테나는 원거리장에서 사용된다.

원거리장에서 쌍극자에 의한 자기장 및 전기장 강도는 다음과 같이 주어진다.

$$H=\frac{I\Delta l}{2\lambda R}e^{-j\beta/R}\sin\theta_{IR}\ [A/m],\ \ E=\eta H\ [V/m] \tag{9.38}$$

여기서 Δl은 쌍극자의 길이, λ는 파장길이, R은 안테나에서 장을 측정하는 위치까지의 거리, 그리고 θ_{IR}은 안테나와 측정위치 사이의 각도(안테나의 방향을 나타내는 경우에 일반적으로 구면좌표계를 사용)이다. η는 파동의 임피던스값이며, β는 위상상수값(식 (9.20) 참조)이다. 식 (9.38)에서, 전기장과 자기장 사이의 비율은 일정하며 파동임피던스값과 같다(식 (9.23) 참조).

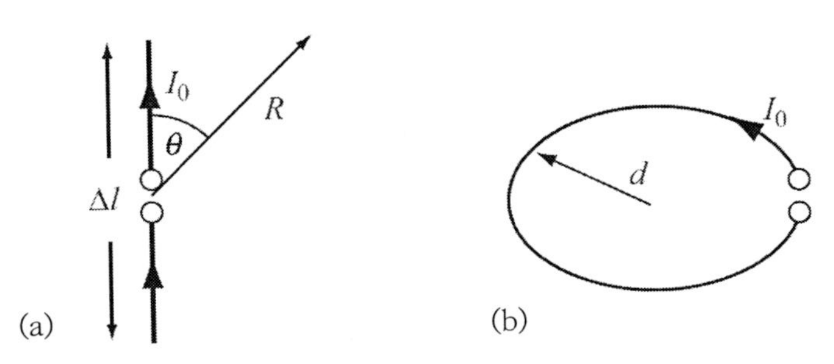

그림 9.25 (a) 기본 전기쌍극자 안테나. (b) 기본 자기쌍극자 안테나.

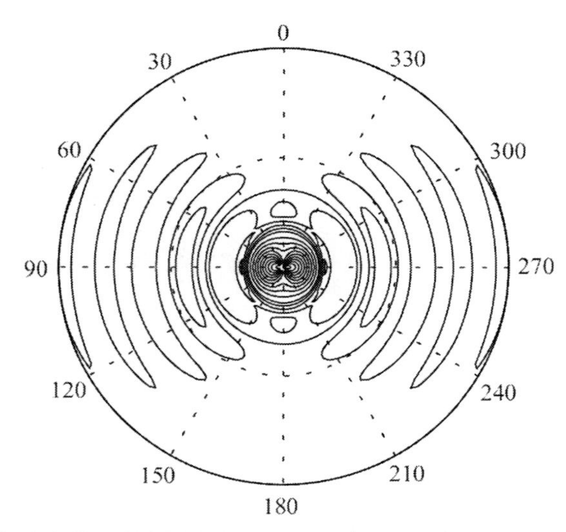

그림 9.26 전기쌍극자에서 방사되는 장의 방사패턴. 수평방향($\theta = 90°$)으로의 방사가 최대인 반면에 수직방향 ($\theta = 0°$와 $180°$)으로의 방사는 0이다.

일반적으로 유전율은 복소수 값이므로 파동임피던스 역시 복소수 값을 갖는다. 전기장과 자기장은 서로 직교하며 파동의 전파방향(반경방향)과도 서로 직교한다. 또한 식 (9.38)에 따르면 $\theta = 90°$일 때, 즉 전류의 흐름방향과 직각방향에서 최대의 장이 얻어진다. 이를 도표로 그려보면, 각도가 작아지거나 커지면 장이 감소하며, $\theta = 0°$에서 장은 0이 된다는 것을 알 수 있다. 이 도표를 안테나의 **지향선도**[14]라고 부르며, 쌍극자를 포함하는 평면에 대한 장의 분포를 나타낸다(다른 평면을 선택하여도 이와 유사한 분포가 얻어진다). 이 지향선도는 안테나의 길이와 형태에 따라서 달라진다. 여타의 중요한 값은 안테나의 방향성으로서, 이 또한 지향선도를 사용하거나 전자기장 강도에 대한 식을 사용하여 구할 수 있다. 이를 사용해서 공간 내의 모든 방향에 대한 상대 파워밀도를 나타낼 수 있다.

만일 안테나의 길이가 짧다면, 이를 기본안테나들의 조합으로 간주할 수 있다. 도선의 길이가 긴 안테나에서 방출되는 장은 식 (9.38)의 Δl을 dl(즉 쌍극자의 미분길이)로, 그리고 전류 I를 안테나의 길이방향으로 흐르는 전류값인 $I(l)$로 치환한 다음에, 도선의 길이에 대해서 적분하여 구할 수 있다. 자기쌍극자 안테나(루프 안테나)의 경우에는 자기쌍극의 자기장 강도가 전기쌍극의 전기장강도로 대체된다는 점을 제외하고는 앞서의 설명이 동일하게 적용된다. 안테나는 송신과

---

14) radiation pattern

수신이 가능한 이중요소이다.

9.5.2 센서요소로 사용되는 안테나

측정의 관점에서, 전기쌍극자는 전기장 센서로 간주할 수 있다. 물론, 자기쌍극자 센서는 자기장을 검출한다. 하지만 임의위치에서 전기장과 자기장 사이의 상관관계를 알고 있기 때문에, 한 가지 장을 측정하면 자동적으로 다른 필드의 강도도 알 수 있다. **그림 9.27**에 도시되어 있는 θ의 각도를 가지고 측정(수신)용 안테나로 전파되는 파동을 통해서 어떻게 측정이 이루어지는지에 대해서 살펴볼 수 있다. 그림에서 파동의 전기장강도는 E이며, 파동의 전파방향과는 직각 방향으로 진동한다. 이 전기장에 의하여 안테나에 유도되는 전압은 (l가 작을 때에) 다음과 같이 주어진다.

$$V_d = El\sin\theta \ \ [V] \tag{9.39}$$

파동의 전기장강도와 안테나에 유도되는 전압 사이의 선형 관계식이 도출되었다. 식 (9.38)은 작동기의 지배방정식인 반면에 식 (9.39)는 센서의 지배방정식이다.

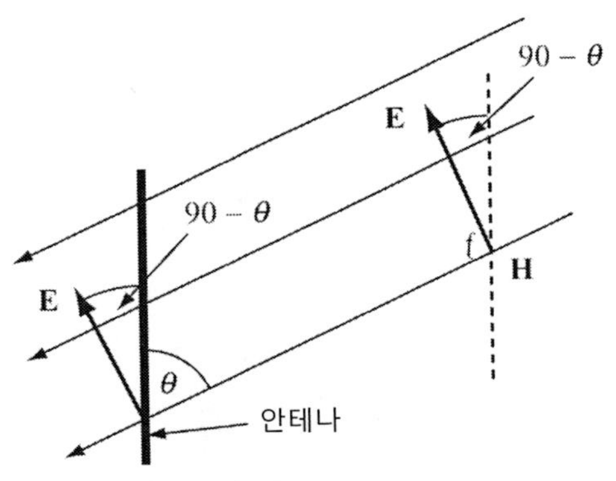

그림 9.27 측정요소로 사용되는 소형 쌍극자

실제의 **수신용 안테나**는 다양한 길이(루프형 안테나의 경우에는 다양한 직경), 다양한 형상, 그리고 실제적으로는 다수의 안테나들로 만들어지지만, 이런 변형이 근본적인 작동원리를 변화시키는 것은 아니다. 일반적으로 안테나가 커질수록 송신 또는 수신할 수 있는 파워가 더 커진다(항상 그런 것도, 그리고 안테나의 크기에 선형적으로 비례하는 것도 아니다). 또한 안테나의 크기에 따라서 안테나의 전자기파동 방출패턴이 변하지만, 이 또한 근본적인 작동원리가 변하는 것은 아니다. 안테나는 매우 효율적인 센서/작동기로서, 95% 이상의 변환효율을 손쉽게 구현할 수 있다.

실제의 경우, 특정한 형태의 안테나가 어떤 면에서 다른 것들보다 더 나은 성능을 갖는다. 대부분의 경우 가능하다면 파장길이의 절반 크기의 안테나($\lambda/2$ 안테나)를 사용하려고 노력한다. 이런 경우, 안테나의 입력 임피던스값이 $73[\Omega]$(유용하며, 실용적인 값이다)이며, 모든 방향으로의 방사패턴이 양호한 반면에, 여타 길이의 안테나들은 임피던스값이 이보다 더 높거나 낮으며 방사패턴이 다른 형태를 갖는다. 일부의 경우에 (임피던스를 절반으로 줄이거나 파워방출을 절반으로 줄이는 등과 같이) 송수신특성을 변화시키기 위해서 쌍극자 안테나를 단극 안테나(쌍극의 절반: 자동차용 안테나나 일부의 라디오 수신기에 사용되는 텔레스코프형 안테나)로 바꾸기도 한다.

일부의 안테나들은 여타의 것들보다 더 높은 지향성을 가지고 있어서, 공간중의 특정한 방향으로 전자기 파동을 방출하거나 수신할 수 있다. 식 (9.38)에 제시되어 있는 쌍극자는 안테나의 축방향에 대해서 90° 방향에 대해서 최대진폭을 나타내는 반면에 반사형 안테나(접시 안테나)는 훨씬 더 지향성이 강하여 매우 좁은 폭의 빔을 송신 또는 수신할 수 있다. 하지만 고지향성 안테나가 항상 반사식일 필요는 없다. **야기안테나**[15]가 더 일반적으로 사용되는 고지향성 안테나이다. 이 안테나는 지붕에 설치되는 TV 수신용 안테나로 더 잘 알려져 있지만, 두 위치 간 통신이나 데이터 전송, 와이파이 증폭기, 원격제어와 같은 특정한 목적으로도 사용할 수 있다. 방송, 원격제어장치 그리고 데이터 전송과 같은 용도에서는 무지향성 안테나는 광대한 공간을 포함해야 하지만, 파워를 집중시키고 방향을 식별해야만 하는 레이더와 같은 경우에는 지향성이 필수적이다.

안테나는 소형에서 초대형에 이르기까지 다양한 크기가 사용된다. 일부의 안테나는 밀리미터 크기인 반면에 어떤 안테나는 수 킬로미터의 길이로 제작된다. 전파망원경이나 심우주통신용 안테나의 경우에는 거대한 크기로 제작된다(이런 목적으로는 전형적으로 반사식 안테나가 사용된다. 안테나 자체는 훨씬 더 작으며, 포물선형 접시의 초점위치에 설치된다). 또 다른 용도인 휴대폰이나 리모컨 등의 경우에는 프린트회로기판과 같은 구조의 일부분에 안테나를 성형하며, 항공기나 미사일에서는 표면구조를 활용하기도 한다.

안테나는 벼락에서부터 먼 우주에서 방출된 복사에 이르는 모든 유형의 전자기파동을 검출 및 측정하는 데에 활용할 수 있다. 작동기로는 원격 도어개폐, 자동차의 열쇠감지, 종양치료, 식품가열 등 수많은 분야에서 사용되고 있다.

15) Yagi antenna

9.5.2.1 삼각측량, 다방향측량, 위성항법시스템

고주파 파동과 안테나의 중요한 활용 분야 중 하나는 위성항법, 즉 지구나 우주공간에서 물체의 위치를 검출하는 것이다. 이를 위해서 다양한 방법들이 사용되고 있지만, 이들은 모두 직·간접적으로 거리를 측정한다.

가장 오래되고 가장 부정확한 방법은 한 장의 지도와 더불어서, 위치를 알고 있는 두 고정위치에 설치된 송신기와 하나의 이동식 안테나를 수신기로 사용하거나(그림 9.28 (a)), 고정된 하나의 송신기와 위치를 알고 있는 두 개의 이동식 안테나를 사용하는 방법(그림 9.28 (b))이다. 첫 번째의 경우, 우선, ①번 송신기로부터 최대의 전파강도가 수신되는 방향으로 안테나를 맞춘다. 지도에 ①번 송신기로부터 최대전파가 감지되는 방향으로 직선을 그린다. 이 직선은 송신기의 방향을 알려주지만 거리는 알 수 없다. 이제, 안테나를 돌려서 ②번 송신기로부터 최대강도가 수신되는 방향을 찾아낸 후에 이를 지도에 표시한다. 두 직선이 서로 교차하는 위치가 바로 수신기의 위치이며, 이를 해양에서 선박의 위치, 조난신호 발신기, 또는 동물의 위치추적 등에 활용할 수 있다. 두 번째 방법은 첫 번째와 유사하지만, 두 개의 수신기들이 고정된 송신기의 방향을 찾아낸다. 두 방법들 모두 고전적인 **삼각측량**의 개념을 활용하고 있다.

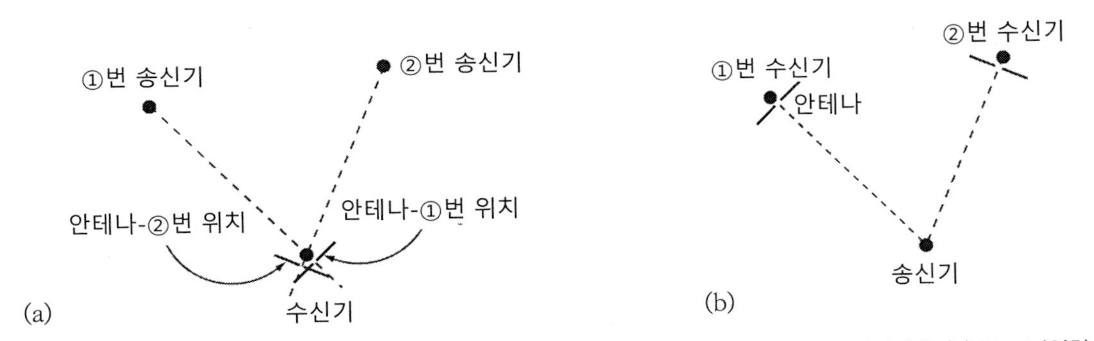

그림 9.28 표면(즉 지도상의) 삼각측량의 개념. (a) 두 고정위치 송신기들을 사용한 수신기 위치탐색. (b) 두 고정위치 수신기들을 사용한 송신기 위치탐색

선박의 항해에 고정위치 기준인 해안레이더를 사용하는 삼각측량법이 광범위하게 사용되었다. 이 시스템을 **로란**[16](장거리전자항법장치)이라고 부르지만, 위성항법장치[17](GPS)가 도입된 이후

16) LORAN: Long Range Navigation
17) Global Positioning System

에는 2010년 말부터 더 이상 사용하지 않게 되었다. 로란은 삼각측량과는 약간 다른 방식으로 작동하며, 조절 가능한 안테나를 사용하여 신호강도를 측정하는 대신에 (이동식 안테나가 필요 없는) 수신기에 도달하는 데에 필요한 시간을 측정한다. 공기중에서 전파시간과 속도로부터, 로란 시스템은 수신기가 위치하는 하나의 점에 대해서 서로 교차하는 두 고정위치들로부터 거리를 측정할 수 있다.

위성항법장치(GPS)도 이와 동일한 개념을 사용한다. 위성항법장치는 24개의 고정된 위성들이 각자가 탑재하고 있는 원자시계를 사용하여 정확한 시간에 각자의 정보를 펄스신호로 송출한다. 이 정보에는 위성의 위치와 클록시간(즉, 정확한 시간)으로 이루어진다. 위성항법장치용 안테나는 수신된 펄스들에 기초하여 두 가지 기본 작업을 수행한다. 우선, 신호가 수신된 GPS 위성과 클록을 동기화시킨다. 이를 위해서 다수의 위성들(최소한 4개)을 찾아낸다. 그런 다음 자체 클록을 위성의 클록과 동일하게 맞춘다(위성의 클록은 지구로부터 수신한 신호를 사용하여 자체적으로 동기화되어 있다). 수신기는 정확한 시간인 t_0에 위성으로부터 수신한 것과 동일한 일련의 펄스들을 생성한다. 위성들은 멀리에 위치하기 때문에, 각각의 위성들로부터 수신된 펄스들은 Δt_n만큼의 신호지연이 발생한다(n은 위성의 인식번호를 나타낸다). 그림 9.29 (a)에서는 이 신호지연을 개략적으로 보여주고 있다. 전자기파동의 전파속도 v를 정확히 알고 있기 때문에, 각 위성과의 거리는 $R_n = v\Delta t_n$을 사용하여 정확히 산출할 수 있다. 이제, 수신기는 공간중에서 이들의 거리값들이 서로 교차하는 수신기의 위치를 찾아낸다. 이것이 어떻게 가능한지를 이해하기 위해서 그림 9.29 (b)에 표시되어 있는 ①번 위성부터 살펴보기로 하다. 수신기는 (지연시간으로부터) 거리값 $R_{①}$를 구했으므로, 반경이 $R_{①}$인 구면의 어딘가에 수신기가 위치한다는 것을 알고 있다(위성이 보내온 신호에는 우주공간상에서 위성의 위치에 대한 정보가 포함되어 있다). 구체의 중심위치를 알고 있다. 이제, ②번 위성의 정보를 사용하면 두 구체가 교차하여 만든 원주(두꺼운 원호로 표시되어 있다)상에 수신기가 위치한다는 것을 알 수 있다. ③번 위성이 만드는 구체(점선으로 표시된 원호)는 이 원과 두 개의 교점을 형성한다. 마지막으로 ④번 위성이 만드는 구체가 점선이 만드는 두 개의 교차점들 중 한 점을 찾아준다. 따라서 위치검출을 위해서는 최소한 4개의 위성들이 필요하다. 하지만 4개의 위성들만으로는 ③번 위성이 만드는 두 점들 사이의 교차점만을 알아낼 수 있으며, 이는 GPS 수신기의 정확한 위치가 아니기 때문에, 여기에 위성들이 추가되면 위치 오차를 줄일 수 있다.

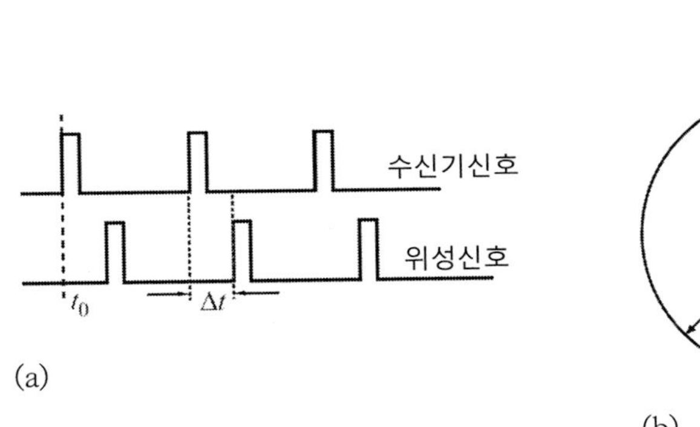

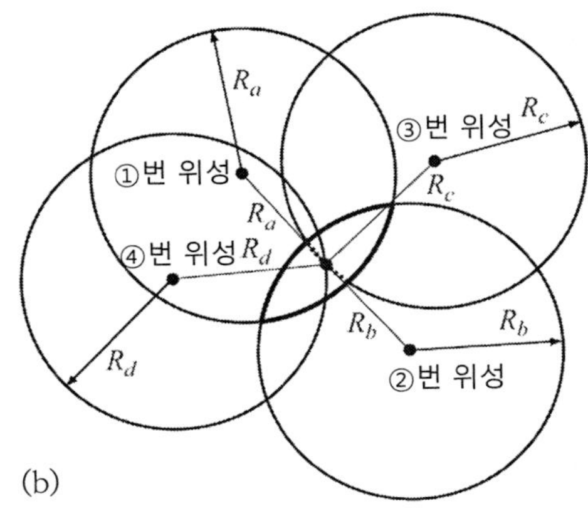

그림 9.29 위성항법장치(GPS)의 작동원리. (a) GPS 위치에서의 펄스 타이밍. 동기화된 송신기와 수신기 사이의 시간 차이 Δt는 송신기에서 수신기까지 전자기파동이 이동하는 데에 소요된 시간 때문이다. (b) 수신기의 위치를 찾아내기 위해서는 최소한 4개의 위성들이 필요하다.

4개의 위성들의 좌표값 $(x_i,\ y_i,\ z_i)$, $i=1,\ 2,\ 3,\ 4$를 알고 있는 경우에, 4개의 위성들로부터 수신된 신호의 지연시간 Δt_i, $i=1,\ 2,\ 3,\ 4$를 사용하여 다음과 같이 수신기의 위치 $(x,\ y,\ z)$를 구할 수 있다.

우선, 임의의 위치$(x_0,\ y_0,\ z_0)$에 기준위성이 존재하며, 이 위성으로부터 수신한 신호는 시간 지연이 없다고 가정한다. 기준위성과의 거리는 다음과 같이 계산된다.

$$R_r^2=(x-x_0)^2+(y-y_0)^2+(z-z_0)^2 \tag{9.40}$$

위성들 중 하나인 m번 위성과 수신기 사이의 거리는 다음과 같이 계산된다.

$$R_m^2=(x-x_m)^2+(y-y_m)^2+(z-z_m)^2 \tag{9.41}$$

R_r을 사용해서 다음과 같이 R_m을 나타낼 수 있다.

$$R_m^2=(R_r+\Delta vt_m)^2=R_r^2+2R_rv\Delta t_m+(v\Delta t_m)^2 \tag{9.42}$$

여기서 Δt_m은 기준위성에 대한 m번 위성으로부터 수신된 신호의 지연시간이며 v는 신호의 전파속도(이 경우에는 광선의 속도)이다. 위 식을 정리하면,

$$R_r^2 - R_m^2 + 2R_r v\Delta t_m + (v\Delta t_m)^2 = 0 \tag{9.43}$$

위 식을 $v\Delta t_m$으로 나누면,

$$\frac{R_r^2 - R_m^2}{v\Delta t_m} + 2R_r + v\Delta t_m = 0 \tag{9.44}$$

이제, 위 식을 ①번 위성에 대해서 정리하면($m=1$),

$$\frac{R_r^2 - R_1^2}{v\Delta t_1} + 2R_r + v\Delta t_1 = 0 \tag{9.45}$$

식 (9.45)에서 식 (9.44)을 빼면 다음 식을 얻을 수 있다.

$$\frac{R_r^2 - R_m^2}{v\Delta t_m} - \frac{R_r^2 - R_1^2}{v\Delta t_1} + v(\Delta t_m - \Delta t_1) = 0 \tag{9.46}$$

기준 위성과 m번 위성의 좌표값들을 대입하면, 다음을 얻을 수 있다.

$$\begin{aligned} R_r^2 - R_m^2 &= [(x-x_0)^2 + (y-y_0)^2 + (z-z_0)^2] \\ &\quad - [(x-x_m)^2 + (y-y_m)^2 + (z-z_m)^2] \\ &= (x_0^2 - x_m^2) + (y_0^2 - y_m^2) + (z_0^2 - z_m^2) \\ &\quad + (2x_m - 2x_0)x + (2y_m - 2y_0)y + (2z_m - 2z_0)z \end{aligned} \tag{9.47}$$

그리고 1번 위성의 경우에는,

$$\begin{aligned} R_r^2 - R_1^2 &= (x_0^2 - x_1^2) + (y_0^2 - y_1^2) + (z_0^2 - z_1^2) \\ &\quad + (2x_1 - 2x_0)x + (2y_1 - 2y_0)y + (2z_1 - 2z_0)z \end{aligned} \tag{9.48}$$

식 (9.47)과 식 (9.48)을 식 (9.46)에 대입하여 정리하면, 다음을 얻을 수 있다.

$$\left(\frac{x_0^2+y_0^2+z_0^2}{v\Delta t_m}-\frac{x_0^2+y_0^2+z_0^2}{v\Delta t_1}\right)-\left(\frac{x_m^2+y_m^2+z_m^2}{v\Delta t_m}-\frac{x_1^2+y_1^2+z_1^2}{v\Delta t_1}\right) \tag{9.49}$$
$$+\frac{2}{v}\left(\frac{x_m-x_0}{\Delta t_m}-\frac{x_1-x_0}{\Delta t_1}\right)x+\frac{2}{v}\left(\frac{y_m-y_0}{\Delta t_m}-\frac{y_1-y_0}{\Delta t_1}\right)y$$
$$+\frac{2}{v}\left(\frac{z_m-z_0}{\Delta t_m}-\frac{z_1-z_0}{\Delta t_1}\right)z+v(\Delta t_m-\Delta t_1)=0$$

이제 위 식에 $m=2$, $m=3$ 및 $m=4$를 대입하여 미지의 x, y 및 z에 대해서 식을 정리하면,

$$\left(\frac{x_0^2+y_0^2+z_0^2}{v\Delta t_2}-\frac{x_0^2+y_0^2+z_0^2}{v\Delta t_1}\right)-\left(\frac{x_2^2+y_2^2+z_2^2}{v\Delta t_2}-\frac{x_1^2+y_1^2+z_1^2}{v\Delta t_1}\right) \tag{9.50}$$
$$+\frac{2}{v}\left(\frac{x_2-x_0}{\Delta t_2}-\frac{x_1-x_0}{\Delta t_1}\right)x+\frac{2}{v}\left(\frac{y_2-y_0}{\Delta t_2}-\frac{y_1-y_0}{\Delta t_1}\right)y$$
$$+\frac{2}{v}\left(\frac{z_2-z_0}{\Delta t_2}-\frac{z_1-z_0}{\Delta t_1}\right)z+v(\Delta t_2-\Delta t_1)=0$$

$$\left(\frac{x_0^2+y_0^2+z_0^2}{v\Delta t_3}-\frac{x_0^2+y_0^2+z_0^2}{v\Delta t_1}\right)-\left(\frac{x_3^2+y_3^2+z_3^2}{v\Delta t_3}-\frac{x_1^2+y_1^2+z_1^2}{v\Delta t_1}\right) \tag{9.51}$$
$$+\frac{2}{v}\left(\frac{x_3-x_0}{\Delta t_3}-\frac{x_1-x_0}{\Delta t_1}\right)x+\frac{2}{v}\left(\frac{y_3-y_0}{\Delta t_3}-\frac{y_1-y_0}{\Delta t_1}\right)y$$
$$+\frac{2}{v}\left(\frac{z_3-z_0}{\Delta t_3}-\frac{z_1-z_0}{\Delta t_1}\right)z+v(\Delta t_3-\Delta t_1)=0$$

$$\left(\frac{x_0^2+y_0^2+z_0^2}{v\Delta t_4}-\frac{x_0^2+y_0^2+z_0^2}{v\Delta t_1}\right)-\left(\frac{x_4^2+y_4^2+z_4^2}{v\Delta t_4}-\frac{x_1^2+y_1^2+z_1^2}{v\Delta t_1}\right) \tag{9.52}$$
$$+\frac{2}{v}\left(\frac{x_4-x_0}{\Delta t_4}-\frac{x_1-x_0}{\Delta t_1}\right)x+\frac{2}{v}\left(\frac{y_4-y_0}{\Delta t_4}-\frac{y_1-y_0}{\Delta t_1}\right)y$$
$$+\frac{2}{v}\left(\frac{z_4-z_0}{\Delta t_4}-\frac{z_1-z_0}{\Delta t_1}\right)z+v(\Delta t_4-\Delta t_1)=0$$

위성항법시스템의 경우, 수신기 클록과의 동기화를 통해서 지연시간 Δt_1을 구하기 때문에, x_0, y_0 및 z_0는 좌표계의 원점(0, 0, 0)이라고 간주한다. 따라서 위 식들은 다음과 같이 정리된다.

$$-\frac{x_2^2+y_2^2+z_2^2}{v\Delta t_2}+\frac{x_1^2+y_1^2+z_1^2}{v\Delta t_1}+v(\Delta t_2-\Delta t_1)+\frac{2}{v}\left(\frac{x_2}{\Delta t_2}-\frac{x_1}{\Delta t_1}\right)x \tag{9.53}$$

$$+\frac{2}{v}\left(\frac{y_2}{\Delta t_2}-\frac{y_1}{\Delta t_1}\right)y+\frac{2}{v}\left(\frac{z_2}{\Delta t_2}-\frac{z_1}{\Delta t_1}\right)z=0$$

$$-\frac{x_3^2+y_3^2+z_3^2}{v\Delta t_3}+\frac{x_1^2+y_1^2+z_1^2}{v\Delta t_1}+v(\Delta t_3-\Delta t_1)+\frac{2}{v}\left(\frac{x_3}{\Delta t_3}-\frac{x_1}{\Delta t_1}\right)x \tag{9.54}$$

$$+\frac{2}{v}\left(\frac{y_3}{\Delta t_3}-\frac{y_1}{\Delta t_1}\right)y+\frac{2}{v}\left(\frac{z_3}{\Delta t_3}-\frac{z_1}{\Delta t_1}\right)z=0$$

$$-\frac{x_4^2+y_4^2+z_4^2}{v\Delta t_4}+\frac{x_1^2+y_1^2+z_1^2}{v\Delta t_1}+v(\Delta t_4-\Delta t_1)+\frac{2}{v}\left(\frac{x_4}{\Delta t_4}-\frac{x_1}{\Delta t_1}\right)x \tag{9.55}$$

$$+\frac{2}{v}\left(\frac{y_4}{\Delta t_4}-\frac{y_1}{\Delta t_1}\right)y+\frac{2}{v}\left(\frac{z_4}{\Delta t_4}-\frac{z_1}{\Delta t_1}\right)z=0$$

위의 세 방정식들을 연립하여 풀면, 수신기의 (x, y, z) 좌표값을 구할 수 있다. 여기서 주의할 점은 기준위성의 위치가 위 식에 포함되어 있지 않으며, 단지 방정식을 유도하는 과정에서만 필요할 뿐이라는 점이다. 기준위성의 위치가 필요 없는 이유는 동기화된 클록에 의해서 기준시간이 제공되기 때문이다. 그런데 여기서 주의할 점은 (x, y, z) 좌표값을 구하기 위해서는 네 개의 인공위성들에 의한 지연시간들이 모두 필요하다는 것이다. 위성항법장치는 적도로부터 북쪽이나 남쪽의 위도와 영국의 그리니치 천문대를 통과하는 **본초자오선**을 기준으로 동쪽과 서쪽을 구분하는 경도를 좌표값(각도)으로 사용하고 있다. 이 좌표값을 사용하여 실제의 거리를 구할 수 있다. $1°$의 위도(또는 경도) 는 대략 $111[km]$에 해당한다(적도로부터의 거리에 따라서 약간 차이가 있다). 좌표값은 예를 들어 $(N36°25'32'', W102°12'44'')$와 같이 도, 분, 초(이를 **DDS 포맷**이라고 부른다)로 나타내거나, 이에 해당하는 십진법 각도(**DD 포맷**이라고 부른다)로 나타낸다 $(36.42555, -100.21222)$. 십진법 각도포맷의 경우, 북위와 동경을 양의 값으로 나타내며, 남위와 서경은 음의 값으로 나타낸다.

동기화를 사용하지 않는 시스템의 경우에는 실제의 기준송신기를 사용하여 Δt_1을 구해야 하며, 식 (9.49)~(9.52)를 모두 사용해야만 한다. 이런 유형의 시스템은 공간상에서 수신기의 위치를 찾아내기 위해서 5대의 송신기가 필요하다(또는 송신기의 위치를 찾아내기 위해서 5대의 수신기가 필요하다). 이에 대해서는 문제 9.30을 참조하시오.

비록 삼각측량이라는 용어를 사용하고 있지만, 이 방법은 훨씬 더 일반적이므로 **다방향측량**(3개의 신호원을 사용하는 경우에는 3방향 측량)이 더 적합한 용어이다. N개의 수신기들을 사용하여 신호원의 위치를 검출할 수 있다. 평면위치의 경우에는 최소 $N=3$이 필요하며, 공간위치의 경우에는 최소 $N=4$가 필요하다. 이 방법은 위성기반의 위치탐색에 국한되지 않으며, 벼락위치탐색, 야생동물추적, 또는 총성과 같은 음원의 위치탐색과 같은 지표상에서의 위치탐색에도 활용할 수 있다.

예제 9.8 무선목걸이를 맨 야생동물 추적 시스템

시스템을 단순화하기 위해서 동기식 클록 시스템을 사용하지 않으면서 국립공원 내에서 무선목걸이를 맨 야생동물을 추적하는 시스템이 제안되었다. 공원 부지를 격자 형태로 구분하고 4대의 수신기들을 공원 전체를 포함하는 사각형의 네 꼭짓점에 설치하였다. ①번 수신기는 (0, 0), ②번 수신기는 (10[km], 0), ③번 수신기는 (10[km], 10[km]), 그리고 ④번 수신기는 (0, 10[km])에 설치되었다. 송신신호를 처음으로 수신하는 수신기가 기준으로 지정된다. 각 수신기들의 타이밍에는 분해능이 10[ns]인 시스템의 실시간시계를 사용한다. 4대의 수신기들이 추적대상 동물로부터 송신된 인식용 코드신호를 통하여 측정된 지연시간은 다음과 같다.

$$t_1 = 13h38m24s342112130[ns],\ t_2 = 13h38m24s342118070[ns]$$

$$t_3 = 13h38m24s342108550[ns],\ t_4 = 13h38m24s342116930[ns]$$

(a) 수신기의 실시간시계가 정확하다는 가정하에 격자 내에서 추적대상 동물의 위치를 계산하시오.

(b) 수신기에 내장된 실시간시계의 분해능한계 때문에 발생할 수 있는 최대 위치오차를 추정하시오.

풀이

(a) 최초의 신호는 ③번 수신기를 통해서 13:38:24:342108550에 수신되었다. 따라서 지연시간은 다음과 같다. $\Delta t_1 = t_1 - t_3 = 3{,}580[ns]$, $\Delta t_2 = t_2 - t_3 = 9{,}520[ns]$, 그리고 $\Delta t_4 = t_4 - t_3 = 8{,}380[ns]$. $(x,\ y)$좌표를 구하기 위해서는 단 두 개의 방정식들만 필요하기 때문에 4대의 수신기들이 모두 필요하지는 않다. 여기서는 다음의 두 식들만 사용하여 좌표를 구한다(기준 수신기는 $(x_3,\ y_3)$에 위치한다). 식 (9.50)~(9.52)를 참조하시오.

$$\left(\frac{x_3^2+y_3^2}{v\Delta t_2}-\frac{x_3^2+y_3^2}{v\Delta t_1}\right)-\left(\frac{x_2^2+y_2^2}{v\Delta t_2}-\frac{x_1^2+y_1^2}{v\Delta t_1}\right)+\frac{2}{v}\left(\frac{x_2-x_3}{\Delta t_2}-\frac{x_1-x_3}{\Delta t_1}\right)x$$
$$+\frac{2}{v}\left(\frac{y_2-y_3}{\Delta t_2}-\frac{y_1-y_3}{\Delta t_1}\right)y+v(\Delta t_2-\Delta t_1)=0$$

$$\left(\frac{x_3^2+y_3^2}{v\Delta t_4}-\frac{x_3^2+y_3^2}{v\Delta t_1}\right)-\left(\frac{x_4^2+y_4^2}{v\Delta t_4}-\frac{x_1^2+y_1^2}{v\Delta t_1}\right)+\frac{2}{v}\left(\frac{x_4-x_3}{\Delta t_4}-\frac{x_1-x_3}{\Delta t_1}\right)x$$
$$+\frac{2}{v}\left(\frac{y_4-y_3}{\Delta t_2}-\frac{y_1-y_3}{\Delta t_1}\right)y+v(\Delta t_2-\Delta t_1)=0$$

$$\left(\frac{10{,}000^2+10{,}000^2}{3\times10^8\times7{,}250\times10^{-9}}-\frac{10{,}000^2+10{,}000^2}{3\times10^8\times16{,}180\times10^{-9}}\right)$$
$$-\left(\frac{10{,}000^2+0^2}{3\times10^8\times7{,}250\times10^{-9}}-\frac{0^2+0^2}{3\times10^8\times16{,}180\times10^{-9}}\right)$$
$$+\frac{2}{3\times10^8}\left(\frac{10{,}000-10{,}000}{7{,}250\times10^{-9}}-\frac{0-10{,}000}{16{,}180\times10^{-9}}\right)x$$
$$+\frac{2}{3\times10^8}\left(\frac{0-10{,}000}{7{,}250\times10^{-9}}-\frac{0-10{,}000}{16{,}180\times10^{-9}}\right)y$$
$$+3\times10^8\times(7{,}250\times10^{-9}-16{,}180\times10^{-9})=0$$

$$\left(\frac{10{,}000^2+10{,}000^2}{3\times10^8\times11{,}460\times10^{-9}}-\frac{10{,}000^2+10{,}000^2}{3\times10^8\times16{,}180\times10^{-9}}\right)$$
$$-\left(\frac{0^2+10{,}000^2}{3\times10^8\times11{,}460\times10^{-9}}-\frac{0^2+0^2}{3\times10^8\times16{,}180\times10^{-9}}\right)$$
$$+\frac{2}{3\times10^8}\left(\frac{0-10{,}000}{11{,}460\times10^{-9}}-\frac{0-10{,}000}{16{,}180\times10^{-9}}\right)x$$
$$+\frac{2}{3\times10^8}\left(\frac{10{,}000-10{,}000}{11{,}460\times10^{-9}}-\frac{0-10{,}000}{16{,}180\times10^{-9}}\right)y$$
$$+3\times10^8\times(11{,}460\times10^{-9}-16{,}180\times10^{-9})=0$$

위의 두 식을 풀어 x와 y를 구하면, $x=7{,}178.8[m]$, $y=6{,}241.0[m]$가 구해진다.

(b) 이 시스템의 시간분해능은 $10[ns]$이다. 전자기파동은 $10[ns]$ 동안 약 $3[m]$를 진행한다. 단순히 생각하면 x와 y방향으로 $\pm 3[m]$의 위치오차가 발생한다고 가정할 수 있다. 하지만 실제는 이보다 더 복잡하다. 지연시간 오차 $\pm 10[ns]$와 더불어서 클록들은 서로에 대해서 오차를 가지고 있다. 이 예제에서는 제안된 방법이 얼마나 정확한지를 보여주고 있다. 하지만 정확도는 정확한 타이밍과 동기화에 의존한다는 것을 알 수 있다.

9.5.3 작동기로 사용되는 안테나

지금까지 측정기로서 안테나의 역할에 대해서 살펴봤다. 안테나는 설치된 위치에서 전기장(과 그에 따른 자기장)을 검출 및 감지하는 수단이다. 이는 수신용 안테나의 역할이다. 그런데 안테나는 소스로부터 입력된 전력을 송출하는 송신기로서의 역할도 똑같이 중요하다. 센서와 작동기에 대한 우리의 정의에 따르면, 송신 모드로 작동하는 안테나는 작동기에 해당한다. 안테나는 매우 효율적인 송신기이며, 안테나에서 발생하는 전력손실은 미미하다(방사효율이 매우 높다). 안테나의 독특한 특징은 수신기(센서)와 송신기(작동기)로 함께 사용할 수 있다는 것이다. 안테나는 이런 두 가지 기능을 할 수 있을 뿐만 아니라 송신용 안테나와 수신용 안테나의 차이가 없다. 수신용 안테나와 송신용 안테나의 성질은 가역정리를 통해서 요약할 수 있다. 즉, ①번 안테나에서 송신한 신호를 ②번 안테나에서 수신하는 것과 이 역할을 서로 뒤바꿔서 수행한 경우에 수신된 신호의 품질은 서로 동일하다. 이런 특성은 송수신기의 심장으로서 통신의 기초가 된다. 송신용 안테나는 다양한 방식의 작동기로 사용된다. 예를 들어, 앞서 살펴봤던 공동공진기의 경우 안테나를 사용하여 공동을 공진시킨다.

송신용 안테나의 송신기능은 전기장(과 자기장)을 생성하는 것이다. 이를 통해서 안테나 주변의 공간으로 전력을 송출한다. 이 전력이 만들어내는 작용이 매우 중요하다. 마이크로파를 사용하여 음식을 데울 수 있다. 이 경우, 마이크로파 발생기(마그네트론)에서 오븐 공간을 통하여 오븐에 들어 있는 음식 속으로 마이크로파 에너지가 전파된다. 이 에너지가 물분자들을 흔들며, 이 과정에서 열이 발생한다. 마이크로파 오븐에서의 가열과정은 물분자의 가열을 통해서 일어나므로, 물분자가 최대 에너지를 흡수하는 주파수가 마이크로파 가열에 사용된다(예를 들어, 음식물의 가열에는 $2.45[GHz]$가 사용되며, 산업용 가열에는 $13.52[MHz]$가 사용된다). 마이크로파 가열 방식은 가정용뿐만 아니라 산업용으로도 중요하다. 마이크로파 가열은 빠르기 때문에 음식물의 동결건조에서 널리 사용된다. 음식물을 동결건조하기 위해서는 오븐 내부의 공간을 진공으로 유지해야 한다. 이런 조건하에서, 물은 승화되어 음식물로부터 제거되기 때문에 남아있는 조직에 최소한의 손상을 입힐 뿐이다.

마이크로파의 가열효과는 의료분야에서도 큰 성공을 거두었다. 종양제거나 수술 분야에서 고온치료법이 사용되고 있다. 두 가지 기본성질들을 사용하여 종양을 치료한다. 첫 번째 방법에서는 체내의 특정 위치를 국부적으로 가열하며, 이 영역으로 흐르는 혈액이 이를 냉각하여 손상을 방지한다. 두 번째로, 종양은 혈관상태가 나쁘기 때문에, 체내의 건강한 조직은 냉각이 잘 일어나지만 종양은 냉각이 어렵다. 따라서 마이크로파 가열은 종양에 영향을 끼치는 반면에 건강한 조직들은 영향을 받지 않거나 훨씬 작은 영향만을 받는다. 종양에 인접한 위치까지 안테나를 삽입하여 국부적으로 마이크로파를 조사하거나, 더 일반적으로는 넓은 체적에 마이크로파를 조사하는 방법이 사용되고 있다.

9.6 문제

방사선 안전

9.1 **방사선 안전과 마이크로파.** 많은 사람들이 마이크로파의 방사선 효과에 대해서 걱정하고 있다. 마이크로파는 방사선효과 이외에도 다른 여러 가지 문제들이 있지만, 광자에너지를 사용하여 방사선의 영향을 정량화할 수 있다. $300[MHz]$에서 $300[GHz]$ 대역의 전자기파를 마이크로파로 분류한다. 이 대역에 대해서 전자기파동의 광자에너지를 계산하고, 이온화와 비이온화 상태를 구분하시오.

9.2 **비행 중 방사선 노출.** 비행사, 우주비행사 그리고 자주 비행기를 타는 사람들은 우주선에 의한 유해한 방사선에 노출된다. 이 고에너지 입자들은 $30\times10^{18}[Hz]$에서 $30\times10^{34}[Hz]$의 주파수 대역을 차지한다. X-선의 대역은 $30\times10^{15}[Hz]$에서 $30\times10^{18}[Hz]$의 주파수 대역을 차지한다. 우주선의 광자에너지와 X-선의 광자에너지를 서로 비교하시오.

9.3 **자외선 조사와 암.** 자외선에 장기간 노출되면 피부암이 발생할 우려가 있는 것으로 알려져 있다. 그럼에도 불구하고, 자외선은 생활의 일부분이며, 건강을 유지하는 데에 중요한 역할을 한다. 단지 과도한 노출이 해로울 뿐이다. 지표면에 도달하는 태양복사 에너지는 대략적으로 $1,200[W/m^2]$에 이른다. 이 중에 대략적으로 0.5%가 자외선 복사이다(자외선 복사 중 대부분인 약 98%는 오존층에 의해서 흡수된다). 해변가에서 선탠을 하고 있는 체중이 $60[kg]$인 사람의 피부 표면적이 $1.5[m^2]$라 하자. 만일 자외선 중 50%가 피부에 흡수된다면 선탠을 하는 동안 시간당 흡수하는 자외선 에너지는 얼마나 되겠는가?

이온화 센서(검출기)

9.4 **가정용 연기 검출기.** 가정용 연기 검출기는 대기중으로 개방되어 있는 단순한 이온화챔버 속에 설치되어 있는 소형의 방사선 팰릿이 챔버 내부의 공기를 일정한 비율로 이온화시키는 구조이다. 방사선원으로 사용되는 아메리슘-241(Am-241)은 무거운 α-입자들을 생성한다(이들은 공기중에 쉽게 흡수되며 약 $3[cm]$ 거리만을 전파될 뿐이다). 연기검출기에는 대략적으로 $0.3[\mu g]$의 Am-241이 탑재되어 있다. Am-241의 방사능은 $3.7\times10^4[Bq]$이며 α-입자들의 이온화 에너지는 $5.486\times10^6[eV]$이다.

(a) 효율이 100%인 경우에, 챔버 양단에 부가되는 전압이 충분히 높아서 재결합 없이 모든 전하들이 견인된다면, 챔버 속을 통과하여 흐르는 이온화 전류를 계산하시오.

(b) 만일 950[mAh]의 출력용량을 가지고 있는 9[V] 전지를 사용하여 연기검출회로에 전력을 공급하며, 전기회로는 챔버를 통과하여 흐르는 전류에 추가하여 평균 50[μA]의 전류를 소모하고 있다면, 전지를 얼마마다 교환해야 하는가?

9.5 **산업용 연기검출기**. 산업용 연기검출기는 가정용 연기검출기와 유사하지만 더 높은 포화전류를 생성하기 위해서 일반적으로 더 많은 양의 방사성 물질을 탑재하고 있다. 방사성 물질의 양은 일반적으로 연기검출기의 외부에 마이크로큐리[μCi] 단위를 사용하여 표기되어 있다. 산업용 검출기는 일반적으로 Am-241을 45[μCi]만큼 탑재한다. Am-241에서 방출되는 α-입자의 에너지는 5.486×10^6[eV]이다. 효율이 100%인 경우에 챔버 속을 통과하여 흐르는 포화전류값을 계산하시오.

9.6 **직물밀도 센서**. 직물밀도를 측정하는 센서는 다양한 형태를 가지고 있으며, 이들 중 하나는 이온화 챔버의 전류 측정방식을 사용한다. 별도의 용기에 들어 있는 크립톤-85 동위원소에 의해서 전극판 사이에는 포화전류가 흐르고 있다. 그림 9.3에 도시되어 있는 것처럼, 챔버를 직물의 한쪽 면에 인접하여 설치하며, 반대쪽에는 β-소스를 설치한다. 측정된 이온화 전류는 직물의 밀도[g/m^3]의 함수이다. 3.7[GBq]의 방사선을 발생시킬 수 있는 양의 동위원소가 사용되며, 입자의 에너지는 687[keV]이다. 챔버의 내부는 밀봉상태에서 진공으로 배기한 후에 제논으로 충진시켜 놓았다. 이를 통해서 하나의 이온쌍당 23[eV]의 에너지가 생성된다. 측정 가능한 최대밀도는 800[g/m^3]에서 이온화 전류가 0이 되도록 이 측정장치를 교정하였다. 밀도와 전류 사이의 상관관계는 (대략적으로) 선형이라고 가정한다. 이 센서의 민감도와 이론적 분해능을 계산하시오. 방사선원의 효율은 100%이며, 직물이 없는 경우에는 방사선원에서 방출된 모든 방사선이 챔버를 통과한다고 가정하시오.

9.7 **가이거-뮬러 계수기와 계수값의 해석**. 가이거-뮬러 계수기는 지직거리는 소리로 즉시 반응하기 때문에 일반적으로 사용된다. 또한 이 계수기의 민감도는 조절이 가능하다. 양극의 전압을 증가 또는 감소시킴으로써 민감도가 조절된다. 그런데 결과의 해석이 부정확하며

주관적이다. 이상적으로는 한 번의 분열에 의해서 한 번의 틱 소리가 나야 한다.

(a) 일반적인 연기검출기는 방사능이 $1.2[\mu Ci]$인 Am−241 동위원소를 사용한다. 검출기의 작동성능을 검증하기 위해, 가이거-뮬러 계수기를 이온화챔버의 개구부에 인접하여 위치시킨 다음에 측정해보니 초당 두 번의 소음이 감지되었다. 챔버 외부의 방사능 준위는 얼마인가?

(b) 만일 연속음이 송출된다면, 즉 개별 소음을 구분할 수 없다면, 이 출력상태를 어떻게 해석해야 하겠는가?

반도체 방사선 센서

9.8 **방사선 센서의 에너지 흡수**. 방사선 센서의 주요 문제들 중 하나는 센서 자체가 흡수하는 에너지의 양이다. X−선을 측정하는 다음과 같은 가상의 방사선 센서에 대해서 살펴보기로 하자.

1. 벌크저항식 실리콘 센서의 두께는 $1[mm]$이며, 전극의 두께는 무시할 정도이다.
2. 1번과 동일한 상태에서 금전극의 두께는 $10[\mu m]$이다.
3. 텔루르화카드뮴 센서의 두께는 $1[mm]$이며, 전극의 두께는 무시할 정도이다.
4. 3번과 동일한 상태에서 금전극의 두께는 $10[\mu m]$이다.

$100[keV]$의 에너지를 가지고 있는 X−선이 전극에 대해서 수직 방향으로 조사된다. $100[keV]$에서의 선형감쇄계수는 실리콘은 $0.4275[1/cm]$, 텔루르화카드뮴은 $10.36[1/cm]$, 그리고 금은 $99.55[1/cm]$이다.

(a) 위에 제시한 네 가지 센서들에 의해서 흡수되는 X−선 에너지, 즉, 나르개를 생성하는 에너지의 비율을 계산하시오.

(b) 위에 제시한 네 가지 센서들에서 광자 하나당 생성되는 전하 쌍의 숫자를 계산하시오.

9.9 **알파입자 방사선 센서**. 연기검출기 내에 탑재된 방사선 소스를 검사하기 위해서 실리콘 다이오드 방사선 센서가 사용된다. 방사선 소스의 선량은 $1[\mu Ci]$라 하자. 소스는 에너지 준위가 $5.486\times10^{6}[eV]$이며, 방사능은 $12.95\times10^{10}[Bq]$인 Am−241이다. 전자-정공 쌍을 생성하기 위해서 필요한 에너지는 $3.61[eV]$이다. 다이오드는 $12[V]$의 역방향 편향전압

이 부가되어 있으며, 두께는 $0.5[mm]$, 정공의 이동도는 $450[cm^2/V\cdot s]$, 그리고 전자의 이동도는 $1,350[cm^2/V\cdot s]$이다. Am-241에서 방사되는 입자들은 대부분 α-입자들로서, 실리콘 속으로 투과되는 깊이가 매우 얕아서 다이오드의 표면에서 모두 흡수된다고 가정한다. 방출된 모든 입자들이 다이오드에 의해서 포획되는 경우에 다이오드를 통과하여 흐르는 전류는 얼마이겠는가?

9.10 **γ-방사선의 검출**. $10^{20}[Hz]$의 γ-선 방사를 검출하기 위해서 게르마늄 벌크저항 센서가 사용된다. 이 센서는 두께 $6[mm]$, 직경 $12[mm]$이며, 양면에 증착된 전극의 두께는 $50[\mu m]$이다. 이 센서에 **그림 9.30**에 도시되어 있는 것처럼 회로가 연결되어 있다. γ-선 입자 하나의 작용에 의한 출력펄스를 계산하시오. 여기서 제시된 γ-선 에너지레벨에 대한 게르마늄과 금의 선형감쇄계수는 각각 $8.873[1/cm]$과 $42.1[1/cm]$이다. 게르마늄 내에서 광자와 전자의 이동도는 정공은 $1,200[cm^2/V\cdot s]$이며, 전자는 $3,800[cm^2/V\cdot s]$이다. 그리고 진성 나르개의 농도는 $2.4\times10^{13}[1/cm^3]$이다.

(a) 방사선이 전극을 통과하여 조사된다고 가정할 때에, 이 회로에서 측정될 것으로 예상되는 펄스(진폭과 부호)를 계산하시오.

(b) 방사선이 조사되지 않는 상태에서 다이오드를 통과하여 흐르는 전류를 계산하시오.

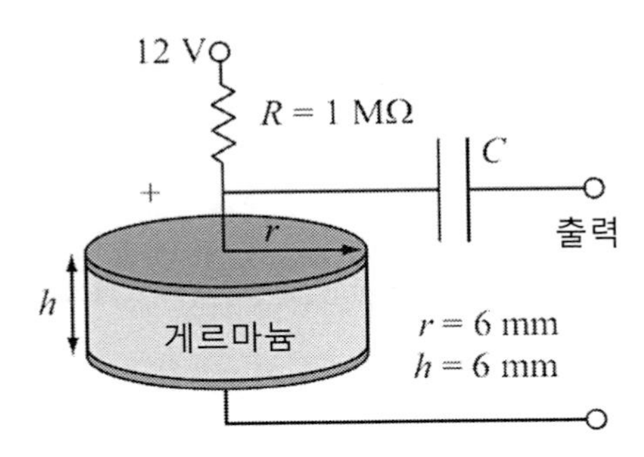

그림 9.30 γ-방사선을 측정하기 위한 벌크저항형 센서

9.11 **고에너지 우주선의 검출**. 두 가지 중요한 이유 때문에 반도체 센서를 사용해서 우주선을 검출하기가 어렵다. 우선, 우주선은 $10^{18}[eV]$ 이상의 높은 에너지를 가지고 있다. 두 번째로, 이들은 연속적인 유동이 아니라 개별적인 이벤트의 형태로 나타난다. 에너지 스펙트럼 중 가장 낮은 범위에 속하는 우주선조차도 나르개를 생성하지 않고 센서를 관통해 버리거

나, 또는 너무 낮은 확률로 검출된다. 사실, 거의 항상, 우주선이 공기나 여타의 물질들과 충돌하여 생성하는 뮤온들을 검출하여 간접적으로 측정한다(뮤온은 높은 에너지가 충전된 입자들로서, 전하량은 전자와 동일하지만 200배나 더 무거우며, 수$[\mu s]$의 짧은 시간 동안만 존재한다). 지표상에서 검출되는 대부분의 뮤온들의 에너지는 대략적으로 $4[GeV]$인 반면에, 상부대기층에서는 대략적으로 $6[GeV]$이지만, 일부의 경우에는 $100[GeV]$ 이상인 경우도 있다. 반도체 센서를 사용해서 $100[GeV]$ 수준의 고에너지 뮤온을 검출하려고 한다고 가정하자. 반도체는 에너지를 거의 흡수하지 못하기 때문에, 뮤온이 센서에 도달하기 전에 과도한 에너지를 흡수할 방법이 필요하다. 지하 깊은 곳에 센서를 설치하거나, 센서의 앞면에 두꺼운 고밀도 소재를 설치하여야 한다. 게르마늄 반도체 센서는 $10[MeV]$ 이하에서 가장 잘 작동하며, 입사되는 뮤온의 에너지는 $4[GeV]$라고 가정하자.

(a) 물의 저지능력이 $7.3[MeV \cdot cm^2/g]$인 경우에, 센서를 설치할 수심이 얼마가 되어야 하는가? 물의 밀도는 $1[g/cm^3]$이다.

(b) 납은 저지능력이 $3.55[MeV \cdot cm^2/g]$이며 밀도는 $11.34[g/cm^3]$이다. 필요한 납의 두께는 얼마이겠는가?

9.12 **반도체 방사선 검출기**. $2.8[MeV]$의 에너지를 가지고 있는 방사선을 검출하기 위해서 실리콘 다이오드가 사용된다. 방사선을 검출하기 위해 다이오드는 $18[V]$ 전원에 의해서 역방향으로 편향전압이 부가되어 있으며, 방사선은 소자의 중앙으로만 들어올 수 있는 구조로 제작되었다(그림 9.31). 다이오드의 두께는 $2[mm]$이며, 입사된 위치에서 모든 에너지가 흡수된다고 가정한다.

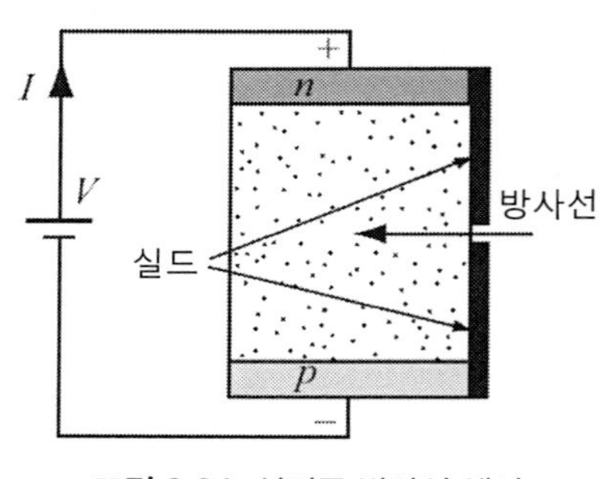

그림 9.31 실리콘 방사선 센서

(a) 정공의 이동도는 $350[cm^2/V \cdot s]$이며, 전자의 이동도는 $1,350[cm^2/V \cdot s]$라 할 때에, 다이오드를 통과하여 흐르는 전류를 계산하시오. 이때에 전극의 두께와 n-형 및 p-형 반도체층의 두께는 무시한다.

(b) 이 다이오드의 민감도는 얼마인가?

(c) 실리콘을 정공의 이동도는 $440[cm^2/V \cdot s]$이며, 전자의 이동도는 $8,500[cm^2/V \cdot s]$인 갈륨비소(GaAs)로 바꾸면 민감도는 얼마로 변하는가?

(d) 시간 t_0에 단일 이벤트의 형태로 방사선이 조사되었을 때에 예상되는 전류펄스를 스케치하시오.

9.13 **게르마늄 다이오드 센서를 사용한 자외선 측정**. 자외선은 저에너지 방사선으로서, 자연적으로 발생하지만, 다양한 산업 및 의료목적으로 인공적으로 생성할 수 있다. 산업적 건조과정에는 출력밀도가 $250[mW/cm^2]$인 자외선 광원이 사용된다. 건조는 연속적으로 시행되며, 수 초가 소요된다. 자외선 강도를 제어하기 위한 조사량 감지를 위해 역방향으로 편향되어 있으며, 노출면적이 $10[mm^2]$인 소형 실리콘 다이오드가 사용된다. 다이오드가 작기 때문에 전이시간을 무시한다.

(a) 실리콘 다이오드를 통과하여 흐르는 전류를 계산하시오.

(b) 센서의 민감도를 계산하시오.

(c) 이 방법을 자외선 측정에 실용적으로 사용할 수 있겠는가? 그렇지 못하다면, 이를 개선할 방법은 무엇인가?

마이크로파 방사선 센서

9.14 **레이더 거리측정**. 레이더를 사용한 물체의 거리측정은 항공관제, 안내, 행성지도 작성 및 고고학탐사와 같은 다양한 분야에서 사용되는 기본적인 물체감지방법이다. 서로 인접하여 설치되어 있는 동일한 형태의 안테나들을 각각 송신기와 수신기로 사용하는 쌍안정 레이더에 대해서 살펴보기로 하자. 송신용 안테나의 정격은 $10[kW]$이며 수신용 안테나가 신호를 처리하기 위해서는 최소한 $10[pW]$의 파워가 필요하다. 레이더는 $10[GHz]$로 작동하며, 두 안테나들 모두 $20[dB]$의 최대지향성을 가지고 있다. 다음을 계산하시오.

(a) 진공중에서 표적의 산란단면적이 $12[m^2]$일 때에 최대측정범위는 얼마인가?

(b) 유전율은 $1.05\varepsilon_0[F/m]$이며, 투자율은 $\mu_0[H/m]$인 습윤공기 중에서 산란단면적이 $12[m^2]$인 표적의 최대측정거리는 얼마인가?

(c) 표적이 진공 중에서 $12[km]$ 떨어져 있을 때에, 검출할 수 있는 표적의 최소 산란단면적

은 얼마인가?

9.15 **적색편이와 우주의 팽창속도**. 간접측정의 흥미로운 활용사례들 중 하나는 소위 적색편이라고 부르는 우주의 팽창속도이다. 이 개념은 원소(주로 일정하며 잘 알려진 파장으로 전자기 파동을 방출하는 수소)의 방출스펙트럼 측정에 기초한다. 먼 거리에 위치한 광원으로부터의 빛이 수소를 통과하면 스펙트럼 선[18]들이 더 긴 파장대역 쪽으로 이동하거나(수소물질들이 관찰자로부터 멀어짐) 더 짧은 파장대역 쪽으로 이동한다(수소물질들이 관찰자 쪽으로 다가옴). 파장길이가 증가하면, 가시광선의 색상이 적색 쪽으로 시프트되는 현상을 적색편이라고 부른다. 우주가 수축한다면 파장이 짧아지면서 청색편이가 발생할 것이다. 적색편이를 측정하는 가장 일반적인 방법은 $486.1[nm]$(청색 스펙트럼)에 위치하고 있는 수소 스펙트럼선의 편이를 측정하는 것이다. 우주의 빛들을 측정한 결과, 이 스펙트럼선이 $537.5[nm]$로 편이되는 것을 확인하였다. 이 편이가 고전적인 도플러효과에 의한 것이라고 가정하여 우주의 팽창속도를 계산하시오.

9.16 **도플러 레이더**. 원격으로 속도를 감지 및 측정하는 방법은 속도제어, 비행제어 및 일기예보와 같은 다양한 응용 분야에서 사용되고 있다. 구름의 운동에 의한 주파수 편이 정보를 사용하여 태풍의 발달상황을 실시간으로 예측할 수 있으며, 토네이도나 뇌우 등과 같은 기상현상을 미리 예보할 수 있다. 태풍이 도플러 레이더를 향하여 $v = 40[km/h]$로 접근하는 경우에 대해서 살펴보기로 하자. 레이더는 $10[GHz]$의 주파수로 $360°$를 스캔하며, 측정범위는 $100[km]$이다. 이보다 먼 거리는 레이더로 측정할 수 없다. 스캔을 통해서 태풍의 가장 가까운 앞면이 $40[km]$ 거리에 위치한다는 것을 발견하였다. 태풍의 앞면은 매우 넓으며, 스캔각도는 태풍 앞면과 직각 방향이라고 가정하여 레이더의 주파수출력과 주파수 편이를 스캔각도의 함수로 계산하고 출력을 그래프로 그리시오. 그림 9.32에서는 이 상황을 개략적으로 보여주고 있다.

---

18) 프라운호퍼선. 역자 주.

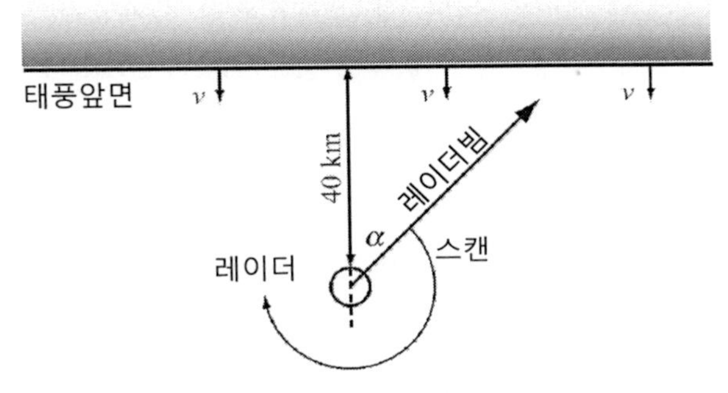

그림 9.32 다가오는 태풍의 앞면을 감지하는 레이더

9.17 **합판 생산공정 중의 수분함량 측정**. 합판 생산공정에서 조절해야만 하는 인자들 중 하나가 제품의 수분함량이다. 이를 위해서, 건조공정 중에 전자기파동의 반사와 투과를 모니터링 하며, 수분함량이 12% 아래로 떨어지면 건조공정을 중단한다. 수분함량은 건조된 제품의 질량대비 수분의 질량비율로 정의된다. 측정에 사용된 주파수에 대해서 건조된 합판(수분함량 0%)의 비유전율은 2.8인 반면에 수분의 비유전율은 56이다. 합판의 밀도는 $600[kg/m^3]$인 반면에 물의 밀도는 $1{,}000[kg/m^3]$이다. 흡수한 수분의 체적만큼 합판의 총 체적이 증가한다고 가정한다. 합판 표면에 대해서 연직 방향으로 조사되는 전자기파동의 전기장 강도는 표면에서의 진폭이 E_0이며, 목질섬유 전체에 수분이 균일하게 분포되어 있다고 가정한다. 감쇄효과를 무시하고 다음을 계산하시오.

(a) 반사 및 투과된 신호의 전기장의 진폭을 수분함량의 함수로 계산하시오.
(b) 수분함량이 12%인 경우에 반사 및 투과된 신호의 전기장 진폭을 계산하시오.
(c) 반사된 신호와 투과된 신호 중에서 어떤 것이 수분함량을 더 잘 나타내는지에 대해서 설명하시오.

주의: 합판 내부에서 일어나는 감쇄효과가 전기장에 끼치는 영향은 다중반사에 의해서 증폭되지만, 여기서는 계산을 단순화시키기 위해서 무시하며, 단지 반사와 투과를 어떻게 측정에 활용할 수 있는지에 대한 개념을 이해하는 데에 집중한다.

9.18 **레이저 속도측정**. 레이더가 거리와 속도를 측정하는 것과 유사한 방식으로 레이저를 사용할 수 있다. 광학식 레이더를 **라이다**[19]라고 부른다. 이 시스템은 레이저 광선이 물체에 맞고

되돌아오는 데에 소요되는 비행시간을 계산한다. 이를 통해서 물체와의 거리를 직접 알아낼 수 있다. 두 시편을 사용하여 두 시편 사이의 비행시간 차이를 측정하면, 두 시편 사이의 거리변화를 측정할 수 있다. 적외선 속도검출기는 $7.5[ms]$ 주기로 일련의 펄스들을 송출한다. 특정한 하나의 펄스에 대해서 이를 수신하는 데에 $2.1[\mu s]$의 지연시간이 발생하였다(즉, 펄스가 송출된 이후로 $2.1[\mu s]$가 지나간 다음에 펄스가 수신되었다). 다음번에 송신된 펄스는 $2.101[\mu s]$가 지나간 다음에 수신되었다.

(a) 레이저 광원과 표적 사이의 거리를 계산하시오.

(b) 표적이 움직이는 속도를 계산하시오.

주의: 전형적인 측정에는 40~80개의 펄스들이 사용되며, 정확도를 높이기 위해서 속도를 평균화시킨다. 전체 과정에는 약 $300[ms]$가 소요된다.

9.19 **레이더 속도검출**. 교통관리에 사용되는 일반적인 레이더 속도검출기에는 다가오는 차량의 주파수 편이를 측정하는 도플러 레이더가 사용된다. 여기에 사용되는 전형적인 주파수는 $10[GHz]$(X-밴드), $20[GHz]$(K-밴드), 그리고 $30[GHz]$(Ka-밴드)이다.

(a) 차량의 진행방향에 레이더를 설치하여 차량의 속도를 측정하기 위해서 Ka-밴드 속도측정기가 사용되었다고 가정한다. 차량이 $130[km/h]$의 속도로 다가오는 경우에 레이더에 측정된 주파수 편이량을 계산하시오.

(b) 실제의 경우에는 레이더 총을 차량의 진행경로 바로 앞에 설치할 수 없다. 레이더 총을 차량의 진행방향에 대해서 $15°$만큼 기울여 설치한 경우에 발생하는 오차값을 계산하시오.

반사 및 투과식 센서

9.20 **마이크로파 수분센서**. 쿠키와 같은 제과용 도우를 생산하는 과정에서 균일한 품질을 유지하기 위해서는 제품의 수분함량을 엄격하게 관리해야만 한다. 그림 9.33에 도시된 센서를 사용하여 연속적으로 생산되어 베이킹 공정에 투입되기 직전에 있는 시트 형태 도우의 수분함량을 측정하려고 한다. 건조 상태 도우의 유전율은 낮으며, 여기서는 비유전율이 2.2라

---

19) LIDAR: LIght Detection And Ranging

고 가정한다. 측정에 사용된 주파수 대역에서 수분의 비유전율은 24이다. 도우와 수분의 투자율은 자유공간 투자율값과 같다. 이상적인 수분함량은 체적비율로 28%이다. 수분함량을 측정하기 위해서, 안테나 A를 사용하여 진폭이 $E_0[V/m]$인 전자기파동을 송출하며, 안테나 B를 사용하여 이를 수신한다. 공기의 비유전율은 1이며, 감쇄는 없다고 가정한다. 도우에 의한 감쇄도 무시한다.

(a) 도우 자체에 의한 내부반사를 무시하고, 안테나 B에서 수신되는 전기장의 진폭을 계산하시오(그림 9.33 (a)).

(b) 도우의 내부에서 한 번의 반사가 일어나는 경우에 수신된 진폭을 계산하시오(그림 9.33 (b)).

(c) (a)의 결과에 기초하여 센서의 민감도(즉, 수분함량이 1%만큼(조금) 변하는 경우의 진폭변화)를 계산하시오. 민감도가 일정한가? 즉, 전달함수가 선형적인가?

(d) 이 문제에서 주어진 조건에서 도우의 두께변화가 진폭이나 민감도에 어떤 영향을 끼치는가?

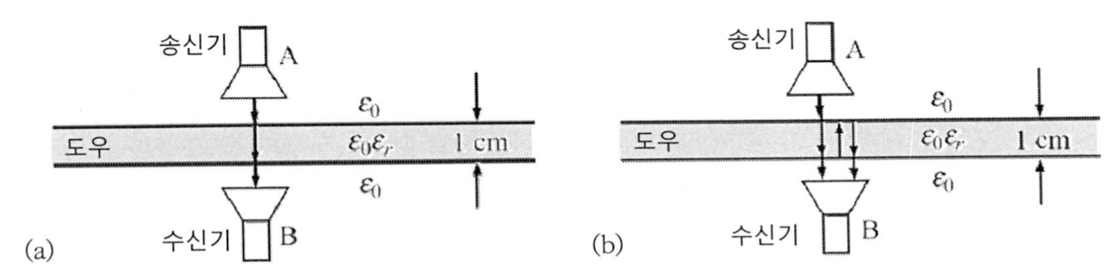

그림 9.33 도우의 수분함량 측정. (a) 도우를 한 번에 투과하는 경우. (b) 도우 내부에서의 반사를 고려하는 경우

9.21 **밀도측정용 센서.** 직물이나 발포재와 같은 소재의 유전율은 밀도에 의존한다. 즉, 발포재가 조밀할수록 유전율이 크다. 이와 마찬가지로, 조밀하게 직조된 직물은 동일한 섬유를 사용해서 성글게 직조된 직물에 비해서 유전율이 더 높다. 두꺼운 단열용 발포재의 밀도를 측정하기 위해서 그림 9.34에서와 같이 송수신 안테나를 설치하였다. 공기중의 유전율은 자유공간에서의 유전율값을 사용한다. 발포재와 공기의 투자율은 자유공간의 투자율과 같으며, 발포재료의 감쇄계수 α는 작은 값을 갖는다. 즉, 발포재료의 파동임피던스는 손실의 영향을 받지 않는다. 발포재료의 유전율은 밀도에 대해서 선형적으로 변하며 $\varepsilon = \varepsilon_0 k\rho[F/m]$의

관계를 가지고 있다. 여기서 ε_0는 자유공간의 유전율상수값, $\rho[kg/m^3]$는 발포재료의 밀도, $k[m^3/kg]$는 상수값이다. 그리고 송신용 안테나는 진폭이 $E_0[V/m]$인 전기장을 송출한다. 다음을 계산하시오.

(a) 발포재 밀도에 따른 수신 신호의 민감도.

(b) 발포재 두께에 따른 수신 신호의 민감도.

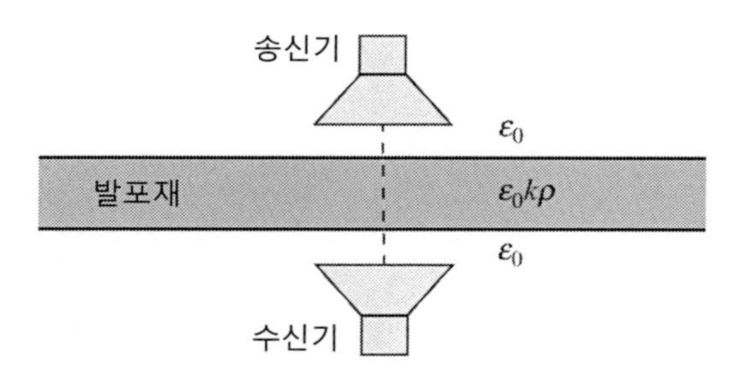

그림 9.34 발포재의 밀도측정

9.22 **곡물 유전율의 반사도 측정**. 곡물더미의 유전율은 곡물의 유형, 수분함량 그리고 밀도에 따라서 변한다. 곡물의 종류와 수분함량을 측정하기 위해서 그림 9.35에 도시되어 있는 것과 같은 구조의 마이크로파 반사 센서를 사용할 수 있다. 송신용 안테나에서는 건조가 시행되는 컨베이어벨트 위의 밀알들에 수직방향으로 편극화된 파동을 조사한다. 장력을 받고 있으며, 얇은 망사구조로 만들어진 벨트와 그 위의 밀알들 사이로 뜨거운 공기가 통과하면서 건조가 이루어진다. 송신기에서 송출되는 전기장의 진폭은 $E_0[V/m]$이며, 수신된 전기장의 진폭을 측정하여 곡물의 수분함량을 추정한다. 곡물더미의 비유전율은 수분함량이 5.1%인 경우에 3.1이며 25%인 경우에 6.4이고, 이들 두 수분함량 사이에서는 선형적으로 변한다. 곡물을 보관하기 위해서는 수분함량을 약 8%로 건조시켜야 한다.

(a) 주어진 수분함량 범위에 대해서 수신용 안테나에서 측정된 전기장의 진폭을 계산하시오. 벨트의 영향이나, 곡물 또는 공기에 의한 손실은 무시하시오.

(b) 수분함량에 따른 출력값의 변화와 센서의 민감도 변화를 도표로 나타내시오. 진폭을 1에 대해서 정규화 하시오(즉, 수신된 전기장강도를 E_0로 나누어 표시하시오).

(c) 수분함량이 8%인 경우의 출력값을 계산하시오.

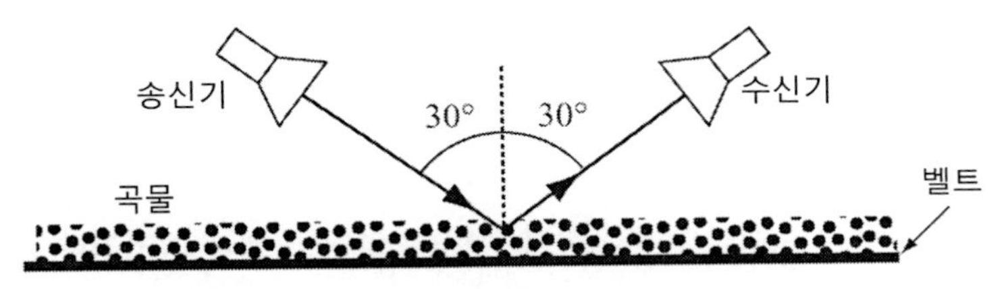

그림 9.35 곡물의 수분함량을 측정하기 위한 반사도 측정

9.23 **극지방 얼음두께 측정**. 지구온난화에 의해서 극지방의 얼음두께가 큰 영향을 받고 있으며, 다시 이로 인해서 날씨와 해양생태계가 영향을 받고 있다. 극지방 얼음의 상태를 평가하기 위해서, 고도 h에서 비행하면서 아래를 바라보는 펄스식 레이더를 사용하여 일정한 주기의 펄스를 송출한다. 펄스식 레이더의 작동원리는 짧은 펄스를 송출한 다음에 다음번 펄스를 송출하기 전까지의 일정한 기간 동안 반사되는 펄스를 청취하는 방식을 사용한다. 각 펄스의 폭은 $10[\mu s]$이며, 펄스가 송출되는 기간 동안 레이더는 $3[GHz]$의 정현파 신호를 송출한다. 펄스의 반복주기는 $50[\mu s]$이다. 레이더는 얼음 표면에서 반사되는 신호와 얼음 하부의 해수 표면에 의해서 반사되는 신호를 수신한다. 레이더 신호처리장치에서 측정된 펄스가 송출된 시간과 첫 번째 반사신호가 검출된 시간 사이의 지연시간 $\Delta t_1 = 3{,}325 \pm 2[ns]$이며, 두 번째 지연시간 $\Delta t_2 = 3{,}384 \pm 2[ns]$였다. 얼음, 공기 및 해수의 투자율, 유전율 및 전기전도도는 각각 다음과 같다. 얼음의 경우, $\mu_0[H/m]$, $3.5\varepsilon_0[F/m]$, $\sigma_{ice} = 2 \times 10^{-6}[S/m]$, 공기는 $\mu_0[H/m]$, $\varepsilon_0[F/m]$, $\sigma_{air} = 10^{-6}[S/m]$, 그리고 해수는 $\mu_0[H/m]$, $24\varepsilon_0[F/m]$, $\sigma_{sea} = 4[S/m]$이다.

(a) 얼음의 두께와 예상되는 최대오차를 계산하시오.

(b) 비행고도가 $h = 1{,}000[m]$인 경우에 레이더가 측정할 수 있는 얼음의 최대 두께는 얼마인가?

(c) 만일 예상되는 얼음의 최대두께가 $8[m]$라면, 이 얼음두께를 측정하기 위해서 비행기가 날 수 있는 최대고도는 얼마이겠는가?

(d) 다양한 매질들에 대해서 주어진 물성값들과 (a)의 결과를 사용해서 송출된 펄스의 전기장강도가 $840[V/m]$일 때, 수신된 전기장의 진폭값을 계산하시오.

(e) 이런 방식의 측정에서 예상되는 문제들과 발생 가능한 오차들에 대해서 논의하시오.

공진식 마이크로파 센서

9.24 **공진식 습도센서의 민감도**. 예제 9.7에 제시된 센서의 민감도를 계산하시오.

9.25 **눈 더미의 수분함량**. 눈 더미의 수분함량은 물 관리의 중요한 인자이다. 눈의 양과 (눈의 밀도에 의존하는) 눈 더미의 수분비율이 눈 녹은 물의 양을 결정하므로, 눈 더미의 수분함량을 측정하면 농업 및 여타 관개용수 관리계획을 세울 수 있다. 수분함량을 측정하기 위해서 다양한 위치에서 공진기를 눈 더미 속으로 박아 넣어 공진기 속에 눈을 채워 넣은 다음에 공진주파수를 측정하였다. 측정결과, 눈이 없는 경우의 공진주파수는 $820[MHz]$인 반면에, 공동 속이 눈으로 가득 채워진 경우의 공진주파수는 $346[MHz]$이었다. 이 주파수 대역에서 눈의 유전율은 눈의 단위체적당 수분함량에 정비례한다고 가정한다. 수분함량이 100%인 경우에 제시된 주파수 대역에서의 유전율 값은 $76\varepsilon_0[F/m]$인 반면에, 수분함량이 0인 경우의 유전율 값은 $\varepsilon_0[F/m]$라 한다. 수분함량을 체적비율과 질량비율($1[l]$의 눈에 함유된 물의 질량$[g]$)로 계산하시오.

9.26 **마이크로파 공진센서를 사용한 두께 측정**. 마이크로파 공동의 공진주파수는 공동 내에 존재하는 유전체의 양에 정비례한다. 이를 활용하여 고무, 종이, 플라스틱 및 직물과 같은 시트형 제품의 두께를 측정할 수 있다. 그림 9.36에 도시되어 있는 것처럼, 둘로 나뉜 금속체 공동의 사이로 고무 시트가 통과하는 형태의 열린 공동에 대해서 살펴보기로 하자(공동의 높이는 $2a \pm t_{\max}$이며, $t_{\max}$는 고무 시트가 통과하는 열린 높이로서, 예상되는 고무시트의 최대두께에 해당한다). 에너지를 공동 속으로 투사하는 연결기구와 공진주파수를 측정할 방법은 그림에 표시되어 있지 않다. 가장 낮은 공진주파수가 측정에 사용된다. 공동의 내부에 고무와 공기가 (체적비율로) 고르게 섞여 있는 경우로 가정하여 공진주파수를 계산한다.

(a) 고무 시트의 두께에 따른 공진주파수를 계산하시오. 고무의 비유전율은 4.5이며, (건조) 공기의 비유전율은 1이다.

(b) 고무시트의 두께변화에 따른 센서의 민감도를 계산하시오.

(c) 만일 센서의 주파수를 $250[Hz]$ 수준에서 신뢰성 있게 측정할 수 있다면, 고무시트의 두께가 $2.5[mm]$인 경우에 두께측정용 센서의 분해능은 얼마가 되겠는가?

(d) 공동 내부에 충진된 공기의 상대습도가 100%인 경우에, $2.5[mm]$ 두께의 고무 시트를 측정하는 공진주파수에서 발생하는 오차는 얼마이겠는가(상대습도가 100%인 공기의 비유전율은 1.00213이다)?

주의: 비록 고무 시트가 통과할 수 있도록 공동이 열려 있지만, 개구부의 높이가 파장길이에 비해서 짧다면, 이 공동은 마치 닫힌 공동처럼 공진한다.

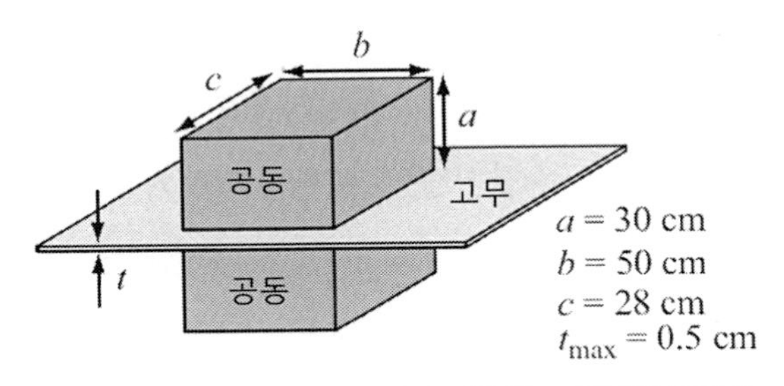

그림 9.36 열린 공동 공진기를 사용한 고무두께 측정기

9.27 **유체공진식 수위계.** 그림 9.37에는 고분해능 마이크로파 공동 공진식 수위계가 도시되어 있다. 공동의 크기는 $a = c = 25[mm]$이며, $b = 60[mm]$이다. 공동에 에너지를 투사하기 위한 수단과 공진주파수를 측정하기 위한 수단은 그림에 도시되어 있지 않다. 유체는 도전체(즉, 해수)라고 가정한다.

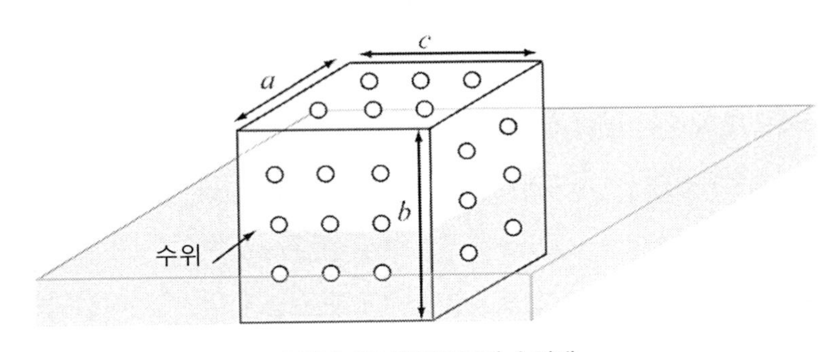

그림 9.37 마이크로파 수위계

(a) 수위가 $h = 0$에서 $h = b/2$까지 높아진 경우에 공진기의 주파수 범위를 계산하시오.

(b) 센서의 민감도를 계산하시오.

(c) 측정대상 유체가 비유전율이 3.5이며, 전기전도도는 0인 기름이라고 하자. 동일한 수위

에 대해서 센서의 주파수 범위와 민감도는 얼마이겠는가? 이 해를 얻기 위해서 필요한 가정을 설명하시오.

센서로 사용되는 안테나

9.28 **벼락 검출과 위치탐지**. 벼락의 검출과 강도의 측정은 일기예보에 중요한 사안이다. 벼락 센서의 국가적 네트워크와 전 지구적 네트워크를 통해서 이를 구현할 수 있다. 벼락이 떨어지는 동안 방출된 전자기복사는 빛의 속도로 전파되며, 비교적 단순한 안테나를 사용하여 이를 검출할 수 있다. 지상기반 시스템의 경우, 삼각측량 기법을 사용하여 벼락이 떨어지는 위치를 찾아낼 수 있다. 가장 단순한 방법은 위치가 고정되어 있는 수신용 안테나의 좌표값들과 벼락신호가 감지된 시간기록을 사용하여 위치를 산출하는 것이다. 다음과 같이 세 개의 안테나들이 신호를 감지한 경우에 대해서 살펴보기로 하자. 1번 안테나의 좌표는 (41.7752, -100.0933), 2번 안테나의 좌표는 (41.2688, -99.5933), 3번 안테나의 좌표는 (40.6045, -99.8142)이다. 벼락에 의한 전자기파동을 검출한 시간은 1번 안테나의 경우, $t_1 = t_0 + 257[\mu s]$, 2번 안테나의 경우, $t_2 = t_0 + 103[\mu s]$, 그리고 3번 안테나의 경우, $t_3 = t_0 + 168[\mu s]$이다. 또 다른 안테나가 인접한 위치인 (40.7638, -100.5933)에 설치되어 있으며, 이 기준 안테나에는 $t_0 = 0$에 신호가 도달했다고 가정한다. 이 데이터를 기준으로 하여 벼락이 떨어진 좌표값을 DD 포맷과 DDS 포맷으로 계산하시오. 계산에는 $1' = 1.85[km]$를 적용하시오.

9.29 **지향성 안테나를 사용한 전자기방사 소스 검출**. 추락한 비행기의 비상용 송신기, 송신기를 휴대한 길 잃은 등산객, 바다 위의 선박 위치, 또는 송신용 목걸이를 장착한 동물 등에서 송신되는 전자기파의 위치는 위치를 알고 있는 두 대의 (공간 중의 특정한 방향에서 최대신호가 수신되는) 지향성 안테나를 사용하여 비교적 손쉽게 탐지할 수 있다. 이런 목적에는 전형적으로 다중요소 야기안테나와 일반적인 접시안테나가 사용된다. 여기서, 두 안테나의 위치는 미리 정확히 알고 있어야만 한다.

(a) 두 개의 수신안테나와 자료가 동일평면상에 있으며, 두 수신기를 서로 잇는 직선에 대해서 신호원의 방향을 측정할 수 있을 때에, 신호원의 좌표를 어떻게 찾아내는지에 대해서 설명하시오. 수신안테나의 위치는 GPS를 사용하여 알 수 있다.

(b) 수신기 A의 GPS 위치가 ($N22°38'25''$, $E54°22'0''$)이며 수신기 B와 연결된 직선에 대한 신호원의 각도가 $\alpha = 68°$이다. 그리고 수신기 B의 좌표값은 ($N21°32'20''$, $E55°44'12''$)이며, 수신기 A와 연결된 직선에 대한 신호원의 각도 $\beta = 75°$인 경우에 신호원의 좌표값을 구하시오. 이 측정이 수행된 위치에서 위도와 경도값 $1' = 1.85[km]$이라 한다. 이 해가 유일해인가? 이에 대해서 설명하시오.

9.30 **음원의 위치**. GPS의 작동원리는 모든 진행파에 적용된다. 시내에서 총성이 발생한 위치를 정확히 찾아내는 방법을 생각해 보자. $1 \times 2[km]$의 직사각형 면적을 4개의 마이크로폰으로 담당하려고 한다. 방향을 결정하기 위해서, 측정대상 면적을 (0, 0, 0), (1,000[m], 0, 0), (1,000[m], 2,000[m], 0), 그리고 (0, 2,000[m], 0)의 네 모서리로 정의하기로 한다. ①번 마이크로폰의 위치는 (0, 750[m], 0), ②번 마이크로폰의 위치는 (300[m], 500[m], 0), ③번 마이크로폰의 위치는 (700[m], 250[m], 0), 그리고 ④번 마이크로폰의 위치는 (1,000[m], 0, 0)이다. ①번 마이크로폰이 시간 t_0에 총성을 감지하였으며, ②번 마이크로폰은 $t_0 + 562[ms]$에, ③번 마이크로폰은 $t_0 + 1,567[ms]$에, 그리고 ④번 마이크로폰은 $t_0 + 2,620[ms]$에 각각 총성을 감지하였다.

(a) 측정대상 면적이 평면이라고 가정할 때, 총성이 발생한 위치를 계산하시오.

(b) 이 영역에 고층빌딩들이 세워져 있어서, 이들 중에서 가장 높은 빌딩의 옥상인 (600[m], 600[m], 120[m]) 위치에 ⑤번 마이크로폰을 설치하였다. 이 마이크로폰에서 시간 t_0에 총성을 감지했을 때에, ①번 마이크로폰은 $t_0 + 464[ms]$에, ②번 마이크로폰은 $t_0 + 279[ms]$에, ③번 마이크로폰은 $t_0 + 1,052[ms]$에, 그리고 ④번 마이크로폰은 $t_0 + 2,097[ms]$에 총성을 감지하였다. 음원의 위치를 계산하시오.

(c) 설명된 시스템의 실제 측정 시 발생 가능한 오차들과 예상되는 어려움과 이를 극복하는 방안에 대해서 논의하시오.

작동기로 사용되는 안테나

9.31 **마이크로파를 사용한 암의 열 치료**. 소형 안테나의 활용방법들 중 하나가 종양을 국부적으로 가열하여 크기를 줄이거나 파괴하는 것이다. 종양의 바로 옆으로 안테나를 삽입한 후에 이 영역을 약 42[°C](때로는 그 이상)의 온도로 가열한다. 종양에는 혈관이 별로 없기 때문

에, 건강한 조직만큼 열을 발산시킬 수 없어서 주변의 조직들보다 더 높은 온도로 가열된다. 악성 조직은 전형적으로 건강한 조직보다 열을 4배 더 많이 흡수한다. 이 때문에 건강한 세포들에 거의 해를 끼치지 않으면서 종양세포들을 파괴할 수 있다. 이때에 필요한 전력은 매우 작다. 다음의 (가상적인) 사례에 대해서 살펴보기로 하자. 짧은 안테나를 종양 속으로 삽입한 후, 직경이 $1[cm]$인 (구형의) 유방종양을 가열하였다. 안테나의 출력은 $P_{rad} = 100[mW]$이며, 안테나에서 송출된 모든 전력이 종양에 의해서 흡수되었을 때 종양을 파괴하는 데에 필요한 시간을 계산하시오. 일반적으로 체온은 38[°C]이며, 종양은 43[°C]로 가열되어야 한다. 인체조직의 열용량은 대략적으로 $3,500[J/kg/K]$이며, 조직밀도는 대략적으로 $1.1[g/cm^3]$이다.

9.32 **마이크로파 조리**. 전자기파 작동기의 가장 대표적인 사례들 중 하나가 마이크로파 오븐이다. 비록 마이크로파 가열이 일어나는 물리적인 공정은 복잡하지만, 대부분의 경우에는 가열될 물질이 흡수하는 에너지의 관점에서 가열효과를 설명하는 것만으로도 충분하다. 평균 크기의 가정용 마이크로파 오븐의 정격출력은 $800[W]$이다. 오븐의 변환효율은 88% 라고 가정한다.

(a) 온도가 20[°C]인 $200[cc]$의 물이 컵에 담겨서 오븐 속에 놓여 있다. 이 물을 (100[°C]로) 끓이는 데에 필요한 시간을 계산하시오. 물의 비열은 $4,185[J/kg/K]$이다.

(b) 질량이 $450[g]$인 냉동 피자를 85[°C]로 데우는 데에 필요한 시간을 계산하시오. 피자는 (질량기준) 75%의 물로 이루어지며, 오븐에 투입할 때의 온도는 $-25[^oC]$이고, 가열과정은 피자의 수분에만 영향을 끼친다고 가정한다. 얼음의 용해과정에 필요한 잠열 ($0[^oC]$의 얼음이 물로 변하기 위해서 필요한 열)은 $334[kJ/kg]$이며 얼음의 비열은 $2,108[J/kg/K]$이다.

9.33 **커피 동결건조**. 음식물의 동결건조는 냉동 없이 식품을 장기간 보관할 수 있으며, 음식물을 보관 또는 운송하는 동안에 곰팡이의 발생을 막을 수 있는 중요한 방법이다. 수분함량이 25%인 커피를 수분함량 11%(수분함량이 10% 미만이 되면 향과 품질이 떨어지며, 12% 이상이 되면 곰팡이가 발생할 우려가 있다)로 건조시키기 위한 산업용 동결건조기에 대해서 살펴보기로 하자. 우선 커피를 −40[°C]로 냉동한 다음에, 이를 마이크로파로 가열한다.

마이크로파는 물을 승화(얼음을 녹이지 않으면서 기체로 변환시키는 공정)시키기에 충분한 열을 공급해 준다. 이 공정은 약진공하에서 이루어진다. 승화에는 $54.153\,[kJ/mol]$의 열이 필요하다. 만일 온도를 변화시키려 한다면 $1\,[°C]$ 온도상승에 추가적으로 $39.9\,[J/mol]$의 열이 필요하다.

(a) 작동효율이 83%인 $20\,[kW]$ 출력의 산업용 마이크로파 오븐을 사용하여, 질량이 $10\,[kg]$인 동결된 커피의 온도를 $-40\,[°C]$로 유지시키면서 수분함량 25%에서 11%로 동결 건조시키기 위해서 필요한 시간을 계산하시오.

(b) 동결된 커피의 온도를 $25\,[°C]$까지 올리는 경우에 대해서 (a)를 다시 계산하시오.

CHAPTER

10

MEMS 및 스마트센서와 작동기

CHAPTER

10 MEMS 및 스마트센서와 작동기

로보틱스와 메카트로닉스

로봇공학에서는 다양한 목적에 사용하기 위한 로봇을 설계, 제작 및 사용하기 위해서 전기공학, 기계공학 및 컴퓨터공학 등을 활용한다. 비록 로봇공학이라는 용어가 극단적으로 단순하거나 지독히 복잡한 자율 시스템을 포함할 수 있어서 약간 모호하지만, 일반적으로는 자동화와 입력에 응답하는 제어를 의미하는 것으로 받아들여지고 있다. 일반인들에게 로봇은 자주 인공지능을 탑재한 시스템으로 인식되지만, 실제의 경우에는 미리 입력된 프로그램에 따라서, 그리고 가장 중요한 점은 입력에 따라서, 주어진 임무 또는 일련의 임무들을 수행하는 장치나 시스템이라는 것이다. 물론, 일부의 로봇들은 단지 오토마타로서 주어진 기능을 무한히 반복할 뿐이다. 다양한 산업용 로봇들이 이 부류에 속한다. 더 정교한 로봇들의 경우에는 다양한 센서와 작동기들을 탑재하여 더 지능적인 방식으로 주변 환경과 상호작용한다. 로봇에 탑재된 센서들을 통해서 주변 환경을 이해하며 프로세서는 데이터를 처리하고 필요시 행동을 명령한다. 따라서 적절한 센서와 작동기들을 구비하고 있으며, 임무를 수행할 수 있도록 프로그래밍되어 있다면, 로봇 팔이 달걀을 깨트리지 않고 집어 올리거나 자동차 생산 공장에서 엔진을 들어 올려 조립위치에 가져다 놓을 수 있다. 놀랍게도 로봇공학과 로봇의 개념은 전혀 새로운 것이 아니다. 오토마타는 최소한 1세기경에 이미 설계 및 제작되었다(서기 10~70년경에 살았던 알렉산드리아의 헤론은 그의 저서인 공압과 오토마타[1]에서 물시계에서 극장의 특수효과 장치에 이르기까지 다양한 자기조절 메커니즘을 탑재한 오토마타들에 대해서 설명하였다). 인간형 오토마타의 경우조차도 최소한 13세기까지 거슬러 올라간다. 레오나르도 다빈치의 기계식 기사는 태엽에 의해서 작동하는 오토마타로 잘 알려져 있다. 로봇은 예술, 문헌 및 전설 속에서 자주 등장한다. 프라하의 골렘은 프라하의 라비가 자신의 백성들을 보호하기 위해서 진흙으로 빚어 만든 후에 기도를 통해서 생명을 불어넣었다. 클래식 발레인 코펠리아에서는 미친 발명가인 코펠리우스 박사가 춤출 수 있는 인체 크기의 아름다운 인형을 만들었으며, 스프링이 다 풀려서 끼긱거리며 멈추기 전까지는 모두가 매력을 느꼈었다. 피노키오조차도 나무인형으로 출발하여 영혼을 얻기 전까지는 로봇의 단계로 발전하였다. 우리가 현재 알고 있는 로봇이라는 용어는 영화(루어로섬의 유니버설 로봇, 1920)에서 출발하였으며, 1940년대에 과학소설에서 등장하였다. 메카트로닉스는 기계와 전자의 합성어이며, 제품의 기능을 개선하고 성능을 최적화하기 위해서 설계단계에서부터 기계, 전자, 제어 및 컴퓨터과학/공학의 통합을 목표로 하고 있다. 비록 대부분의 경우 소설과 영화를 통해서 접하고 있지만, 메카트로닉스는 로봇공학에 국한되지 않는다. 공상과학소설에서는 생체와 기계시스템의 통합까지도 내다보고 있다.

---

1) Pneumatica and Automata

10.1 서언

이전의 장들을 통해서 다양한 유형의 센서와 작동기들에 대해서 살펴보았다. 지금까지는 이들의 원리와 작동, 그리고 이 센서와 작동기들의 활용분야에 대해서 집중적으로 살펴보았다.

이 장에서는 기존 장치들의 작동원리를 사용해서는 논의할 수 없었던 센서와 작동기들의 또 다른 측면에 대해서 살펴보기로 한다. 우선, **마이크로전자기계시스템**(MEMS)이라고 부르는 유형의 소자들에 대해서 살펴보기로 한다. MEMS 라는 용어는 센서와 작동기의 제조방법과 관련되어 있으며, 센서와 작동기 자체는 이미 이 책의 앞에서 살펴보았던 소자들이다. 여기서 MEMS 소자들에 대해서 논의하는 이유는 이들의 제조방법이 독특해서일 뿐만 아니라 이들 중 일부는 MEMS 기법을 사용해서만 만들 수 있기 때문이다. 예를 들어 정전식 작동기는 이론적으로 상상할 수 있을 뿐이었다. 하지만 MEMS 소자의 경우에는 정전기력을 사용하여 실용적인 작동기를 구현할 수 있다. 여기에는 제조할 소자의 크기 문제가 있을 뿐이다. 반도체 생산기법을 차용하여 미세가공기법으로 활용하면, 가속도계나 압력센서와 같은 센서와 마이크로밸브나 펌프와 같은 작동기를 대량생산할 수 있게 된다. 이런 소자들 대부분은 자동차산업용으로 개발되었지만, 의료를 포함하여 다양한 활용분야를 찾게 되었다. 비록 MEMS 소자가 독창적이기는 하지만 이를 소자의 크기가 $1 \sim 100[\mu m]$에 불과할 정도로 소형화된 센서와 작동기 소자로 취급할 수 있다. 이들의 생산에는 기본적으로 마이크로폰으로 전자회로 생산방법들이 사용되고 있으므로, 스마트 센서와 작동기를 구현하기 위해서 필요한 추가적인 회로를 통합하여 제작하기가 용이하다.

크기축소의 다음 단계는 나노센서와 나노작동기의 영역으로 진입하는 것이다. 나노소자로 인정받기 위해서는 크기가 $100[nm]$ 이하로 축소되어야 한다. 나노기술과 관련되어 있는 새로운 소재와 새로운 생산방법을 통해서 소자의 크기가 크면 구현할 수 없는 새로운 특성을 갖춘 센서를 만들 수 있다. 나노센서와 관련된 다양한 기술적 도전이 시도되고 있지만, 특히 바이오센서와 같은 새로운 적용 분야에서 특별한 관심을 받고 있다.

MEMS 와 나노센서에 대한 논의를 마치고 나면, 스마트센서에 대해서 살펴본다. 여기에도 다양한 방법들과 다양한 유형의 센서들이 포함되어 있지만, 일반적으로 스마트센서라고 하면, 센서에 추가적인 전자회로들이 함께 내장되어 있는 센서를 의미한다. 예를 들어, 프로세서, 증폭기 또는 여타의 회로들이 센서와 통합되는 것이다. MEMS 와는 생산방법을 통해서 서로 연결된다. 반도체 제조기법을 활용하여 센서를 스마트하게 만들기 위해서 필요한 전자회로들을 실리콘기판 위에 제작한다. 스마트 센서(또는 작동기)는 이들이 할 수 있는 능력의 관점에서 그리 스마트하지 않지만, 일반적인 능동 또는 수동형 센서들보다는 한 발 앞서 있다. 일부의 스마트 센서들에서는 진정으로 전자회로가 필요하며, 문제해결의 필요성 때문에 발전하게 되었다. 예를 들어 센서들은 프로세서와 물리적으로 인접하여 설치할 필요가 있다. 프로세서를 센서에 인접하여 설치한 후에 이를 하나의 패키지로 만들 수 있다. 특히 실리콘 기반 센서의 경우에는 동일한 기판에 제조하므로, 센서와 작동기들을 일괄 제작하면 특성이 향상되며, 전반적인 제조비용을 낮출 수 있다. 소자의 스마트화는 매우 낮은 단계에서 매우 세련된 단계까지 다양한 수준을 갖는다. 최상의 경우, 센서나 작동기는 무선 송신기, 수신기, 또는 송수신기, 마이크로프로세서, 전원, 전력통제회로, 프로그래밍기능 등을 포함하여 작동에 필요한 거의 모든 시스템을 갖출 수 있다.

세 번째 주제는 무선센서다. 비록 센서나 작동기 자체가 무선일 수는 없지만, 무선링크를 통해서 외부와 통신할 수 있는 소자를 내장한 소자에 일반적으로 무선센서나 무선작동기라는 용어를 사용한다. 이 방법이 점점 더 자주 사용되고 있으므로 센서와 관련된 주제만 다루지 않고, 주파수, 변조방법 그리고 안테나와 통신범위 등을 포함하여 무선과 관련된 문제들에 대해서 함께 살펴볼 예정이다. 마지막 주제는 센서 네트워크이다. 센서 네트워크는 통제공간 내에서 일어나는 자극의 분포를 모니터링하기 위해서 공간적으로 분산되어 있는 개별 센서(또는 작동기)들로 이루어진 분산 시스템이다. 네트워크의 구성요소들은 서로, 또는 중앙노드와 상호통신을 수행한다. 네트워크를 구성하는 요소들과 이를 지원하는 프로토콜에 대해서 살펴본다.

10.2 MEMS 제조

마이크로전자기계 센서와 작동기들은 두 가지 특징적인 성질들을 사용한다. 우선, 이 소자들은 반도체 생산기법에서 차용하여 발전시킨 마이크로가공기술을 사용하여 제조한다. 두 번째로, 이 소자들에는 플랙셔 보요소, 다이아프램, 가공된 유로나 챔버, 그리고 휠이나 톱니바퀴와 같은 진짜 운동부와 같은 기계부가 포함되어 있다. 넓은 의미에서 마이크로머시닝으로 가공된 모든 센서나 작동기들을 MEMS 소자라고 부를 수 있다. 즉, 다양한 방법을 사용하여 실리콘과 같은 모재를 가공하여 구조나 형상을 만들 수 있으며, 여기에 반드시 운동요소가 포함되어 있을 필요는 없다.

6장과 7장 그리고 5장의 일부를 통해서 반도체 기반의 압력센서나 가속도계를 포함하여 일반적으로 마이크로가공기술을 사용하여 제작하는 다양한 센서들에 대해서 이미 다루었기 때문에, 앞서 논의한 주제들과의 중복을 피하기 위해서 여기서는 시야를 훨씬 더 좁힐 예정이다. 이를 위해서 여기서는 마이크로모터, 마이크로포지셔너, 밸브 및 여타의 작동기들, 그리고 측정목적으로 사용되는 보요소, 다이아프램, 진동자 등의 소자들을 포함하여 진정한 의미의 운동요소들을 사용하는 센서와 작동기들에 집중하여 살펴보기로 한다. 그런데 구체적인 논의에 들어가기에 앞서, MEMS의 핵심 가공방법인 마이크로가공과 반도체 공정에 대해서 간략하게 살펴보기로 한다.

MEMS 생산공정은 증착, 패터닝, 산화, 식각, 도핑 등과 같이 실리콘 및 여타의 반도체 소재들을 사용하여 집적회로를 생산하는 일련의 기법들을 기반으로 한다. 이들 중에서 MEMS 구조물의 제작에 사용되는 몇 가지 주요방법들과 이들의 역할에 대해서 살펴보기로 한다.

· **산화**. 필요시 절연층을 만들기 위해서 고온 환경하에서 최대 수[μm] 두께의 층을 반도체 표면에 생성한다. 이 공정은 제조과정에서 여러 차례 시행된다.
· **패터닝**. 생산 공정의 다양한 단계마다 다양한 형상들(도전성 패드, 도핑영역, 외팔보, 로터, 스트레인게이지, 온도센서, 다이오드, 트랜지스터 등과 같은 다양한 구조형상)을 만들어야 한다. 이를 위해서 감광제를 실리콘 모재 표면에 도포한 다음에 적절한 마스크를 사용하여 자외선(UV)에 노출시키는 노광기법이 사용된다. 이후에 현상을 시행하면 패턴이 만들어지며, 베이킹을 통해서 남아있는 감광제를 경화시킨다. 그런 다음 식각을 시행하여 산화물 층에 패턴을 생성한다. 그림 10.1에서는 패터닝의 기본 단계들을 보여주고 있다.

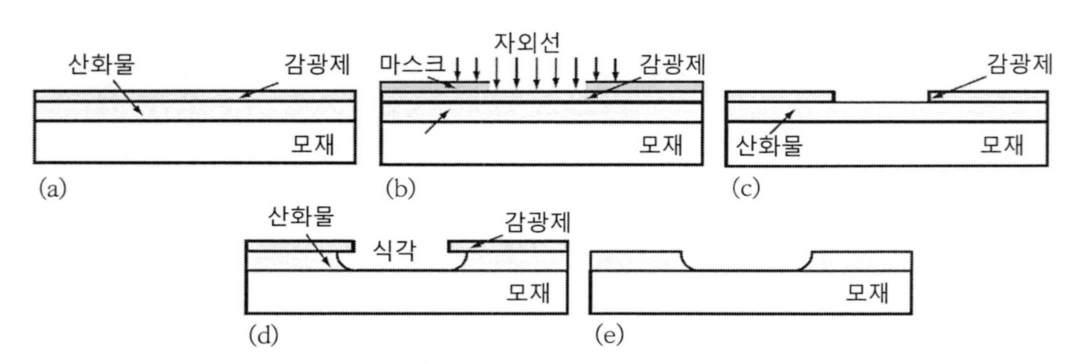

그림 10.1 패터닝의 기본 단계들. (a) 산화물 층을 성장시킨 후에 감광제를 도포한다. (b) 식각용 패턴을 만들기 위해서 마스크가 사용된다. (c) 감광제를 정착시킨다. (d) 선택된 영역의 산화물 층을 제거하기 위해서 식각액이 사용된다. (e) 감광제를 제거한 이후의 최종 가공형상

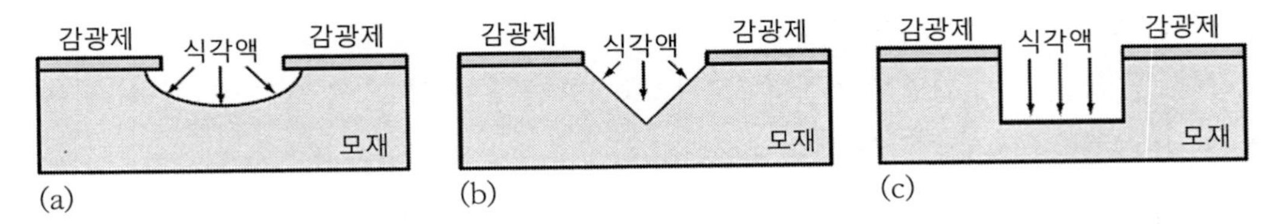

그림 10.2 습식식각방법. (a) 등방성 식각. (b) 결정격자 경계를 따라서 식각률이 다르다는 특성을 활용한 이방성 식각. (c) 식각 차단층을 사용하여 수직 측벽 위치에서 식각을 정지시키는 이방성 식각

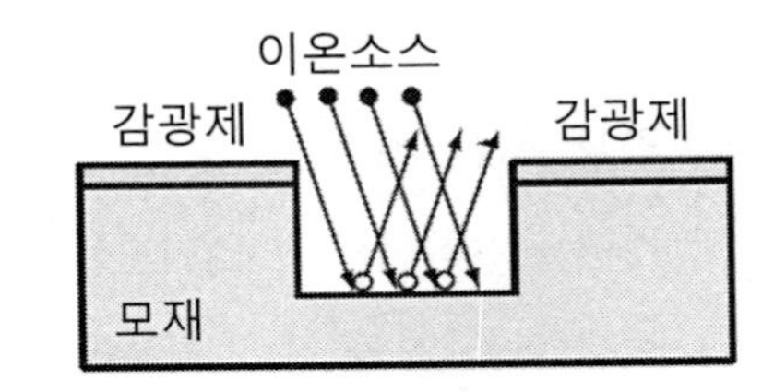

그림 10.3 플라스마(건식) 식각

- **식각**. 패터닝이 끝나고 나면, 다양한 유형의 식각제들을 사용하여 원하는 영역을 제거할 수 있다. 예를 들어, 이 공정을 활용하여 압력센서 내의 압력챔버나 가속도계의 보와 질량 등을 제작한다. 이를 위해서 특정한 목적에 알맞은 다양한 식각 방법들과 식각액들이 사용된다. 그림 10.2에서는 자주 사용되는 습식 식각방법들 중 일부를 보여주고 있다. 식각 방법은 그림 10.2 (a)에 도시되어 있는 균일식각 방법이다. 그림 10.2 (b)에 도시되어 있는 것처럼 우선방향(일반적으로 결정격자 경계선 방향을 따라서 다양한 수준의 식각저항이 존재한다)을 따라서 식각하는 방법을 사용할 수 있다. 또한 그림 10.2 (c)에 도시된 것처럼, 식각차단층을 사용하여 원하는 결과를 얻을 수도 있다. 이외에도, 특정한 용도에서는 그림 10.3에 도시되어 있는 것처럼, 플라스마 식각(건식 식각)을 사용할 수도 있다. 이 방법의 경우, 화학공정을 사용하는 대신에 노출된 영역에 이온을 충돌시켜서 소재를 제거한다. 식각에서는 완전한 물리적 방법에서부터 완전한 화학적 방법, 또는 이들의 조합에 이르기까지 다양한 방법들이 사용된다.
- **도핑**. 패터닝 마스크를 사용하여 다양한 유형(다양한 농도의 도핑을 통해서 n-형, p-형 및 진성과 같이 원하는 전기전도도를 갖는)의 실리콘을 생산할 수 있다. 이 또한 상압조건에서 웨이퍼 주변에 도핑물질을 확산시키거나, 이온주입방법을 사용하는 등 다양한 방법을 사용할 수 있다. 일반적으로 사용되는 물질은 인(n-형)이나 붕소(p-형) 기체이다. 이온주입 방법의 경우, p-형에는 붕소, n-형에는 비소를 사용한다. 이온주입을 시행한 다음에는 소재의 원자구조가 최종 위치로 안정화되도록 풀림 열처리를 시행해야만 한다. 강하게 도핑된 실리콘은 훨씬 더 느리게 식각되기 때문에(사용된 식각제와 도핑농도에 따라서 식각이 전혀 일어나지 않기도 한다), 도핑도 식각공정을 조절하기 위한 메커니즘으로 사용하며, 도핑된 실리콘을

식각 차단층으로 자주 사용한다.

- **증착**. 생산과정에서 다양한 물질의 층들을 증착할 필요가 있다. 필요에 따라서 실리콘이나 금속을 포함하는 여타의 물질들로 이루어진 다정질 박막을 다양한 두께와 다양한 층들로 증착한다. 다양한 방법들을 사용하여 증착을 수행할 수 있지만 가장 일반적으로 사용되는 방법은 화학기상증착으로서, (일반적으로 고온 상태에서) 증착할 물질이 기체상으로 충진되어 있는 상압챔버 속에 웨이퍼를 집어넣는 방식으로 시행된다. 금속증착에는 알루미늄, 금, 니켈 및 여타의 금속물질들이 사용된다.
- **접착**. 생산 공정의 다양한 단계들마다 다양한 접착기법들이 사용된다. 일부의 경우, 접착이라 하면 단순히 실리콘 웨이퍼를 모재나 패키지에 접착하는 것을 의미하지만, (게이지압력센서나 절대압력센서와 같은 경우에는) 챔버를 밀봉하기 위해서도 접착이 시행된다. 상온 및 고온 환경하에서 접착제를 사용한 접착, 실리콘 간의 용착, 유리와의 접착 등의 다양한 접착이 시행된다.
- **시험과 패키징**. 일반적으로 수백에서 수천 개의 개별 소자들이 만들어진 웨이퍼의 상태로 소자의 제조가 끝나고 나면, 이를 시험, 절단, 패키지 내의 모재에 접착, 전기접점 형성 등을 시행한 후에 소자를 패키징한다. 패키지의 형태는 밀봉되거나 (압력센서나 마이크로폰으로 유체유동센서의 경우에는) 개구부를 가지고 있다.

위에서 설명한 공정들은 일반적인 집적회로에서 사용하는 기법들이며, 반도체 제조공정의 기초이다. 그런데 MEMS 제조에서는 추가적인 기법들이 필요하다. 이를 마이크로가공기법이라고 부른다. 이 기법들 중 대부분은 MEMS 소자를 이루는 운동부의 구조나 형상을 가공하기 위해서 사용된다. 가장 일반적으로 사용되는 마이크로가공방법들은 다음과 같다.

- **벌크 마이크로가공**. 특수한 식각제와 식각기법들을 사용하여 서로 다른 구획들과 필요한 층들에 대해서 웨이퍼의 심부식각을 시행할 수 있다. 한 가지 방법은 실리콘의 결정격자 방향에 따라서 식각률이 변하는 식각제를 사용하는 것이다. 또한 원하는 깊이에서 식각을 중지시키는 다양한 방법들을 사용하여 원하는 구조형상을 만들어낸다. 단순히 식각시간 조절에서 필요한 깊이에서 식각공정을 중지시키기 위한 도핑층과 같은 특수한 소재를 삽입하는 방법에 이르기까지 다양한 방법들이 사용된다. 이 방법을 사용해서 깊은 챔버나 다이아프램, 보요소

등과 같은 구조부재를 만들 수 있다. 그림 10.4에서는 (압력센서용) 맴브레인의 심부식각 사례를 보여주고 있다(그림 6.26과 그림 6.27도 참조). 그림에서는 서로 다른 결정격자 방향에 대해서 서로 다른 비율로 식각이 진행되었음을 보여주고 있다. 경사진 식각면은 이 결정격자 방향으로는 식각이 느리게 진행되었음을 의미한다. 6.4.1절에서는 정전용량형 가속도계를 통해서 이 공정의 더 복잡한 사례(그림 6.17)가 제시되어 있다.

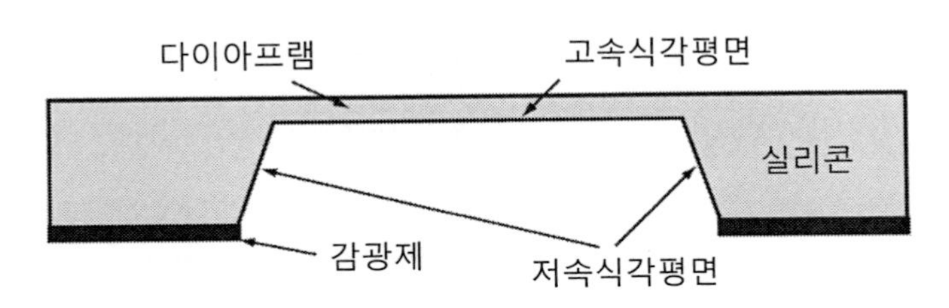

그림 10.4 실리콘 웨이퍼의 심부식각을 통한 맴브레인 제작

- **표면 마이크로가공**. 이 가공방법에서는 웨이퍼의 표면에서 가공이 이루어지므로, 층상가공법 또는 조각가공법이라고도 부른다. 가공대상 구조물이 한 층씩 제작되며 각 단계마다 앞서 설명했던 기법을 한두 가지를 사용한다. 이 기법의 중요한 부분은 희생층을 사용한다는 것이다. 희생층으로는 이산화규소(SiO_2)층이 사용되며, 구조재로는 다정질 실리콘이 사용된다. 물론, 여타의 소재들도 사용할 수 있으며, 전기전도나 접점형성을 위해서 알루미늄이나 금과 같은 금속들도 사용된다. (마이크로코일의 생산과 같이) 필요시에는 철합금과 니켈을 포함한 강자성체들을 사용할 수 있다. 소재를 추가하거나 차감하는 제조방법을 조합한 이 생산방법을 사용하여 가속도계의 외팔보나 매우 복잡한 운동부와 같은 독립요소를 제작할 수 있다. 그림 10.5에서는 마이크로모터의 설계를 보여주고 있다. 이 모터에서는 자유롭게 회전하는 로터가 베어링과 모터를 구동하는 계자에 의해서 지지된다. 이 경우, 로터는 3개의 극편들로 이루어지며, 계자는 9개의 극편들로 이루어진다. 로터를 반시계 방향으로 회전시키기 위해서는 회전자 극편의 좌측에 위치한 계자극편에 전위를 부가하며, 시계방향으로 회전시키기 위해서는 회전자 극편의 우측에 위치한 계자극편에 전위를 부가한다. 계자전압은 인접한 로터 극편에 반대의 전하를 유도하며, 계자와 회전자 사이의 견인력이 회전자를 하나의 위치(1/9 회전)로 이동시킨다. 임의의 극수로 이런 유형의 모터를 만들 수 있으며, 직경은 100~500$[\mu m]$ 수준이다. 이 모터는 높은 출력이나 토크를 송출할 수는 없지만, 극단적으로 빠르게

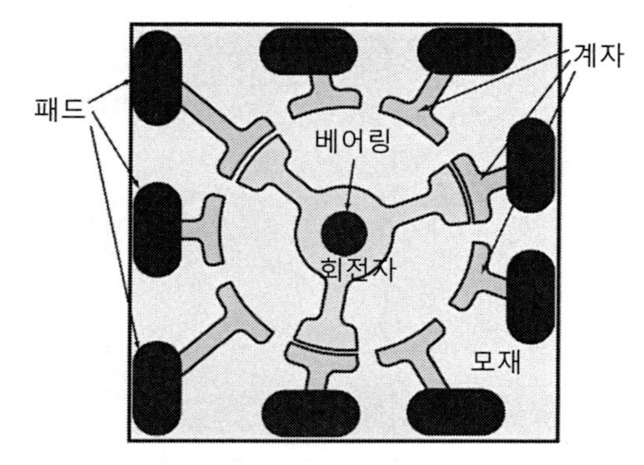

그림 10.5 정전식 마이크로모터

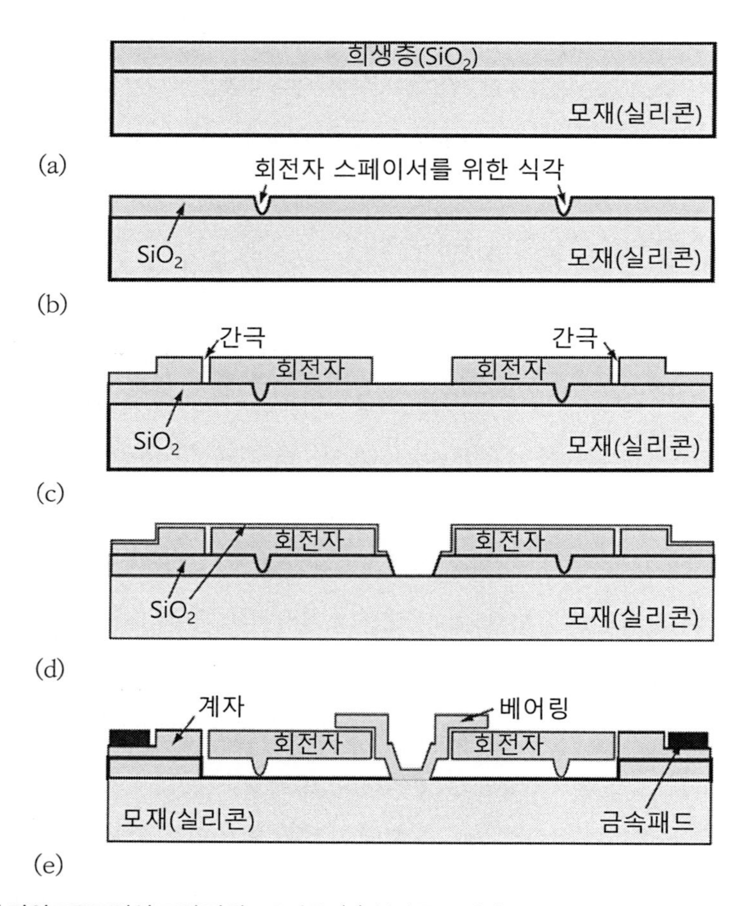

그림 10.6 정전식 마이크로모터의 표면 마이크로가공. (a) 실리콘 표면에 SiO_2 희생층 증식. (b) 회전자의 지지기구 및 스페이서로 사용할 홈을 식각. (c) 다정질 실리콘 층을 증착, 패터닝 및 식각하여 회전자 제작. (d) 두 번째 희생층을 증착한 후에 모재 표면까지 식각하여 베어링 위치를 생성. (e) 베어링(다정질 실리콘)을 증착한 다음에 모든 희생층들을 식각하여 회전자를 떼어낸다. 이후 계자요소 위에 금속 패드를 증착한다(그림 10.5 참조).

회전할 수 있다. 그림 10.6에서는 정전식 마이크로모터를 제조하는 기본 단계들을 보여주고 있다. 우선 실리콘 모재 위에 얇은 SiO_2 희생층을 생성한다(그림 10.6 (a)). 이 층에 패턴을 만든 다음에 이를 식각하여 회전자와 계자 요소를 만든다(그림 10.6 (b)). 회전자 부시를 만들 공간이 가장 먼저 식각된다. 다정질층을 상부에 증착한 다음에 패터닝 및 식각을 통해서 회전자와 계자를 만든다(그림 10.6 (c); 그림 10.5에는 평면도가 도시되어 있다). 크기가 작은 삼각형의 돌기가 로터에서 희생층 쪽으로 돌출되어 있다. 희생층을 제거하고 나면 이것이 부시로 작용하여 최소한의 마찰로 모재 위를 타고 회전하며 계자와 정렬을 유지한다(그림 10.6 (b)). 두 번째로, 상부에 얇은 SiO_2층을 증착한 다음에 패턴을 만들고, 식각하여 베어링을 수용할 공간을 만든다(그림 10.6 (d)). 이 층의 위에 다정질 실리콘을 증착한 다음에 패턴을 만들고, 식각하여 베어링을 만든다(그림 10.6 (e)). 이제, 희생층들을 모두 식각하여 회전자가 자유롭게 움직일 수 있도록 만든다. 외부전원을 사용하여 모터를 구동할 수 있도록 계자의 연결부에 알루미늄을 증착(그림 10.6 (e))한 후, 이를 패키지의 핀에 연결한다.

다양한 센서와 작동기들의 제조에 이 방법을 사용할 수 있으며, 가속도계에 사용되는 외팔보, 광학 작동기에 사용되는 굽힘반사경, 압력센서에 사용되는 다이아프램, 그리고 모터나 이동식 작동기와 같은 자립형 요소들의 생산에 특히 적합하다. 상상할 수 있듯이, 여기서 설명하는 기본 방법들뿐만 아니라 사용하는 소재 및 소재조합에는 많은 변형과 수정이 가능하다.

표면 마이크로가공방법 이외에도 비교적 복잡한 구조형상을 제조할 수 있는 다양한 조각기법들이 존재한다. 다양한 방법들 중에서, **마이크로스테레오노광방법**의 경우에는 두꺼운 자외선 경화형 감광제를 사용한다. 구조체를 제작하기 위해서 초점이 맞춰진 빔을 사용하여 고체화된 감광제 다중층의 형태로 제작할 구조형상을 정의한다. 이를 통해서 전형적으로 외형치수는 수~수백 $[\mu m]$이며, 분해능은 수$[\mu m]$ 수준인 3차원 구조체를 제작할 수 있다.

실리콘 제조공정에서 차용한 제조방법들과 더불어 소위 비-실리콘 기술들도 사용된다. 이들 중 일부는 기어나 바퀴와 같이 일반적인 반도체 스케일보다는 훨씬 더 크며(수$[mm]$), 매우 가늘고 종횡비가 큰 구조체를 만들 수 있다. 앞서 소개한 방법들 중 일부나 전부를 사용하여 제작한 소자를 종종 반도체 회로와 통합하여 스마트 센서/작동기를 생산한다. 이런 사례로는 벌크 마이크로가공을 시행한 다음(또는 전)에 반도체 스트레인게이지와 증폭기 및 여타의 신호처리요소들을 만들어 넣을 수 있다.

예제 10.1 자기센서의 MEMS 제조

일반적으로 자기센서에는 최소한 코일과 자성체 코어가 필요하다. 다음과 같은 특성을 갖추고 있는 MEMS 센서의 제조방법에 대해서 살펴보기로 하자. 코어는 (퍼멀로이와 같은) 자성소재로 제작하며, 코어 주변에 대칭 형상으로 알루미늄 소재의 코일을 5회 권선한 후에 외부 전원에 이를 연결한다. 소자가 요구하는 기능을 수행할 수 있도록 여타의 소재들을 선정한다. 외형치수는 중요하지 않지만, MEMS 제조방법을 사용하여 제작할 수 있는 크기여야 한다. 이 소자를 제조하기 위해서 필요한 단계들을 설명하시오.

풀이

제조공정은 모재, 희생층 그리고 형상요소들을 위한 소재 선정에서부터 시작한다. 코일과 코어는 도전체로 만든다. 따라서 이들이 서로 접촉해서는 안 되기 때문에, SiO_2 절연층을 삽입하거나 공극이 있어야 한다. 코일과 코어는 지지되어야 하며, 이 지지구조물들은 부도체여야 한다. 마지막으로, 다양한 방식으로 공정들이 수행되며, 최종적으로 만들어진 소자는 제조공정에 따라서 달라진다. 구현 가능한 공정은 다음과 같다.

1. 모든 소자들을 제작해 올릴 모재는 생산의 용이성을 고려하여 실리콘으로 선정한다.
2. 모재의 표면에 두꺼운 SiO_2 층을 성장시킨다. 이 층은 코일을 제작할 절연층으로 사용된다(실리콘 자체는 도전체이므로 추가적으로 절연층이 필요한 것이다).
3. SiO_2 층 위에 알루미늄 층을 증착한 다음에 그림 10.7 (a)에 도시된 형상으로 이를 식각하여 코일의 하부층과 연결용 패드를 생성한다.
4. 상부에 두 번째 SiO_2 층을 성장시킨 다음에 이를 식각하여 코어 지지구조와 코일과의 절연층을 생성한다.
5. 상부에 원하는 두께로 자성소재(이런 목적으로 퍼멀로이가 자주 사용된다) 층을 증착한 다음에 필요한 길이와 폭으로 이를 식각한다. 퍼멀로이가 하부의 코일 위에 떠 있도록 하부의 SiO_2 희생층을 식각한다. 퍼멀로이 막대의 양쪽 끝을 지지할 수 있도록 SiO_2 양단에는 멈춤층이 사용된다. 그림 10.7 (b)에서는 이 생산단계에서 구조물의 측면도를 보여주고 있다(치수비율은 과장되어 있다).
6. 코일의 상부형상을 지지하기 위해서 새로운 SiO_2 희생층을 증착한다. 하부층 코일도선의 끝과 패드의 우측단을 노출시키기 위해서 구멍을 식각한다. 이를 통해서 코일의 상부도선과 하부도선을 연결할 수 있다.
7. 위에서 구멍을 관통하여 알루미늄층이 증착된다. 이를 그림 10.7 (c)에서와 같이 증착하여 코일의 상부를 생성한다. 이제, 공기층으로 절연되며 코어를 감싸는 구조의 코일이 완성되었다.

주의: 여기서는 많은 이슈들이 무시되었다. 우선, 코일이 허공에 매달려 있을 정도로 충분히 견고해야만 하므로, 증착된 알루미늄이 충분히 두꺼워야만 한다. 이에 대한 대안은 코일을 알루미늄보다 훨씬 견고한 다정질 실리콘으로 제작하는 것이다. 코일층과 코어 사이의 절연층이 코일을 지지하도록 남겨놓을 수도 있지만, SiO_2의 단열성 때문에 코일이 과열되어버릴 수 있다. 이런 이유와 덜 중요한 다른 몇 가지 이유들 때문에, 소자의 제작을 위해서는 공정에 대한 많은 경험과 지식이 필요하

다. 특히 시제품을 제작하는 과정은 정확한 과학이라기보다는 일종의 경험적 기술이 필요하다. 하지만 일단 공정이 성공적으로 진행되고 나면, 이를 복제하는 것은 시제품을 제작하는 과정에서 얻은 경험을 토대로 하여 비교적 용이하게 수행할 수 있다. 매우 세련된 소프트웨어 도구들을 사용하여 시제품을 제작하기 전에 제품의 설계 및 시뮬레이션, 시제품을 제작한 후의 시험과정, 그리고 다른 모든 생산공정에 대한 설계 및 시뮬레이션을 수행할 수 있다.

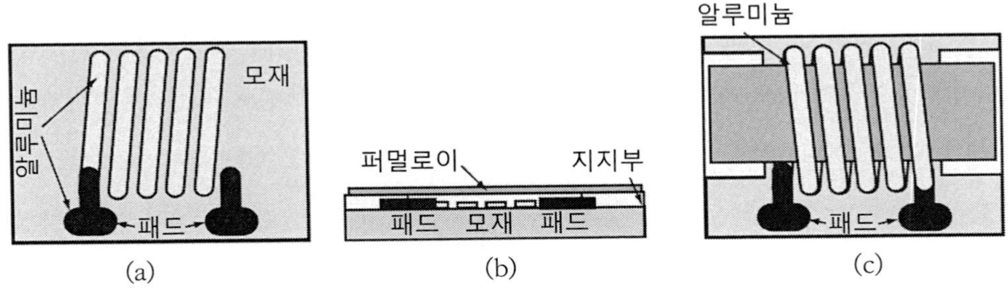

그림 10.7 MEMS 코일 제조단계. (a) 코일의 하부형상 증착. (b) SiO_2 희생층(윤곽만 표시됨) 위에 퍼멀로이 코어를 증착. (c) 새로운 SiO_2 희생층 위에 코일의 상부형상을 증착

10.3 MEMS 센서와 작동기

앞서 설명했던 것처럼, 센서와 작동기들 자체는 MEMS 소자라고 부를 수 없다. 오히려 이들을 생산하기 위해서 MEMS 기법들이 활용되는 것이다. 이런 관점에서는 이런 유형의 소자들을 새로운 부류로 구분할 수 없다. 그런데 마이크로가공기술을 적용해야만 필요한 측정기술을 구현할 수 있는 센서와 작동기들이 존재한다. 예를 들어 상류측과 하류측에 설치되어 있는 두 개의 온도센서들 사이의 온도 차이를 측정하는 방식의 유량센서를 만들 수 있다(3장 참조). 그런데 이를 마이크로채널 속에서 구현하고 싶다면, 이를 구현하는 방법은 MEMS뿐이다. 이와 마찬가지로, 잉크제트 프린터의 잉크제트는 단순히 잉크를 종이 표면에 분사하는 노즐일 뿐이다. 초창기의 노즐로는 정말로 열구동 방식의 소형화된 노즐들이 사용되었다. 일부의 경우에는 레이저로 구멍을 가공한 노즐이 사용되었다. MEMS 기반의 잉크제트 노즐은 원하는 속도로 잉크 분사량을 조절할 수 있는 가장 자연스러운 방법이다. 이렇게 만들어진 잉크제트 소자의 외형 치수와 제조기법은 탁월한 작동특성과 장점들을 갖도록 만들어주었다. 당연히 MEMS는 반도체 소자를 사용하여 진행되며 반도체 제조기법들을 활용하기 때문에, 여타의 소자에서는 구현할 수 없는 스마트 센서와 스마트 작동기를 구현할 수 있도록 생산된 소자에는 전자회로를 통합시키기가 용이하다. 그러므

로 여기서는 앞의 장들에서 논의한 기술들을 하나 이상 사용함에도 불구하고 MEMS 기술의 적용이 큰 이익이 되는 센서와 작동기들에 대해서 살펴보는 것이 도움이 될 것이다.

사실, 앞의 장들에서 살펴보았던 많은 센서와 작동기들 중 상당수를 MEMS 기법을 사용하여 제작할 수 있다. 일부에서는 이런 시도를 통해서 성능을 향상시키거나 상업적 성공을 거두었다. 하지만 명심할 점은 MEMS 기반의 센서와 작동기들을 만들려는 시도가 수없이 시도되었지만 이들 모두가 실용성을 확보한 것은 아니며, 극히 일부만이 양산성을 갖춘 소자의 단계에 도달하게 되었을 뿐이다. 그럼에도 불구하고, MEMS 기술은 미래형 센서 및 작동기로 발전할 수 있는 흥미로운 비전을 보여주고 있으며, 이 기술이 가지고 있는 특성 때문에 진보된 스마트센서의 출현이 기대된다.

10.3.1 MEMS 센서

10.3.1.1 압력센서

MEMS 압력센서는 자동차산업에서의 필요성 때문에 MEMS 소자로 생산되어 시장에 출시되었던 최초의 센서들 중 하나이다. 다이아프램과 독립적으로 서 있는 빔과 질량체의 제조와 여기에 압전형 스트레인게이지를 통합하는 방법의 개발을 통해서 압력센서의 생산이 가능하게 되었으며, 반도체 제조공정의 적용을 통한 소형화와 동일 다이 또는 동일 패키지 내의 분리된 다이에 전자회로를 추가하는 방법을 사용하여 가용성과 유연성을 크게 향상시킨 스마트센서를 만들게 되었다. 6장(예를 들어, **그림 6.17**, **그림 6.27**, **그림 6.28**)에 소개되어 있는 정전용량식 압력센서와 압저항식 압력센서들이 여기에 해당한다. 브리지 회로와 보상 메커니즘뿐만 아니라 고온용 센서들도 이런 방식으로 구현되었다. MEMS 기법을 사용하여 구현한 이런 센서들의 가장 큰 이점은 생산비용의 절감과 공정의 높은 반복도이다.

10.3.1.2 공기질량유량 센서

자동차업계에서 일반적으로 사용되는 **공기질량유량**(MAF) 센서들은 주로 엔진의 연소제어를 위해서 엔진으로 공급되는 공기의 양을 측정한다. 이 센서는 가열된 요소에서 발생하는 열손실은 이 요소를 통과하는 공기의 질량유량에 비례한다는 사실에 기초하고 있다. **그림 10.8** (a)에 도시되어 있는 단순모델에 따르면, 센서는 유동경로를 가로지르는 열선이 사용된다. **그림 10.8** (a)와 같은 소자를 공기의 유속을 측정하는 **열선식 풍속계**라고 부른다. 그런데 이를 적절히 교정하면 공기의 질량유동 측정에도 사용할 수 있다. 전류(또는 전압)를 일정하게 유지하면, 도선의 온도와 그에 따른 저항값이 고정된다. 이 소자 위를 타고 흐르는 공기유동이 온도를 낮추어 (대부분 금속의 경우) 저항값을 감소시킨다. (일정한 전류가 흐르는 경우) 전압을 직접 측정하는 방식으로 저항값 또는 열선으로부터 소산되는 전력을 측정하면, 이를 질량유량으로 환산할 수 있다. 그런데 (열선은 길이가 짧고 전기전도도가 높은 백금이나 텅스텐소재로 만들어서) 열선의 저항값이 매우 작기 때문에, 이를 직접 측정하는 것은 그리 현실적이지 못하다. 대신에 대부분의 열선식 센서들은 직접 또는 간접적인 온도측정에 의존한다. 한 가지 방법은 도선의 전류를 변화시켜서 온도를 일정하게 유지하는 것이다. 공기의 질량유량은 전력에 비례하기 때문에, 온도를 정상상태로(일정한 전압으로) 유지하기 위해서 필요한 전류를 측정한다. 열선식 풍속계에 기초한 공기질량유량센서는 공기압력이나 공기밀도와는 무관하며, 응답특성이 매우 빠르기 때문에 특히 유용하다.

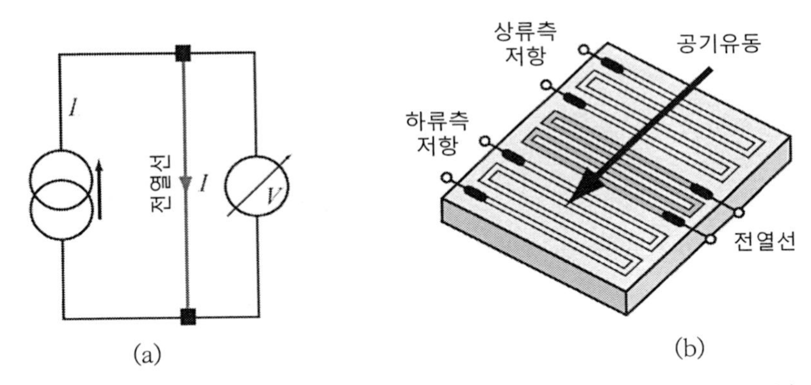

그림 10.8 질량유량센서. (a) 열선식 질량유량 센서의 기본 작동원리. (b) 상류측(저온부)과 하류측(고온부) 저항기 사이의 온도차이를 사용하는 MEMS 센서의 사례. 공기유량이 0인 경우에는 상류측 센서와 하류측 센서의 온도가 서로 동일하다.

MEMS 기반의 공기질량유량센서는 이 원리가 변형된 방식으로 작동한다. 열선은 열선의 상류측과 하류측에 위치한 두 저항요소의 온도를 상승시킨다(그림 10.8 (b)). 센서 위를 통과하는 질량유량은 상류측 저항을 냉각하며 하류측 저항을 가열한다. 두 저항의 온도를 직접 측정할 수 있다. 이 센서의 출력은 두 온도들 사이의 차이값을 나타내며, 질량유량에 비례한다. 이 구조의 장점은 센서가 차동방식을 사용하기 때문에, 유량이 0일 때 출력이 0이며 하우징의 온도와 같은 공통인자는 출력에 영향을 끼치지 않는다는 것이다. 이는 넓은 온도범위에서 사용되는 자동차의 경우에 특히 중요한 특성이다. 센서의 몸체를 통한 열손실을 최소화할 수 있도록 저항들을 잘 단열시켜야만 한다. 하우징 속에 소자를 밀봉하여 넣고, 기체를 단열재로 사용하는 방식으로 이를 구현할 수 있다.

예제 10.2 열선식 질량유량 센서

자동차에 사용되는 질량유량센서는 전압출력이 0~5[V] 사이에 있도록 교정해야 한다. 질량유량이 0인 경우에 출력전압이 0[V]가 되도록 만들기 위해서는 **그림 10.8 (b)**에 도시된 센서가 브리지 구조(11장 참조)에 연결되어야 한다. 별도의 교정된 유량계를 사용하여 작성된 아래의 표에 제시되어 있는 특정 전압을 유지하도록 가변속도 송풍기를 사용하여 유량을 조절한다. 일반적으로 센서는 질량유량이 80[kg/min]인 경우의 출력전압이 5[V]이다. **그림 10.9**에서는 아래의 표를 사용하여 만든 교정곡선을 보여주고 있다.

질량유량 [kg/min]	0	0.4	0.63	1.66	3.31	6.64	9.97	12.4	14.69	17.28
전압[V]	0	0.1	0.3	0.8	1.3	1.9	2.3	2.6	2.8	3.0

질량유량 [kg/min]	20.22	21.85	25.46	29.63	34.48	40.15	43.45	50.59	59.11	69.16	81.01
전압[V]	3.2	3.3	3.5	3.7	3.9	4.1	4.2	4.4	4.6	4.8	5.0

이 비선형 곡선에 따르면 유량이 작은 경우에 훨씬 더 높은 민감도를 가지고 있다는 것을 알 수 있다. 또한, 5[V]에 측정된 질량은 정상보다 약간 더 큰 값을 가지고 있다(전체 스케일에 대해서 1,01 [kg/min] 또는 1.26%). 엔진으로 공급되는 공기의 질량유량을 조절하기 위해서 이 교정곡선을 사용할 수 있다. 우리는 일반적으로 공기의 질량을 느끼지 못하기 때문에 80[kg/min]이라는 질량유량값을 접하면 놀라게 된다. 하지만 (0[°C]와 101.325[kPa] 상태에서) 공기의 밀도가 1.294[kg/m^3]라는 점을 기억해야 한다. 예를 들어, 2,000[cc] 엔진을 4,000[rpm]으로 작동시키기 위해서는 대략적으로 10[m^3/min] 또는 13[kg/min]의 공기를 공급해야만 한다. 트럭과 같은 대형엔진의 경우에는 이보다 훨씬 더 많은 공기를 소모한다.

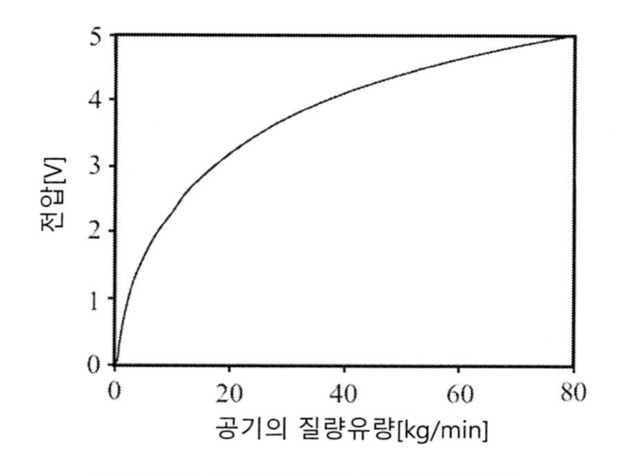

그림 10.9 공기 질량유량 센서의 전달함수

10.3.1.3 관성센서

MEMS가 성공한 또 다른 분야가 **관성센서**, 특히 가속도계와 자이로스코프의 개발과 생산이다. 스마트폰이나 위성항법시스템(GPS)과 같은 휴대용 및 전지 작동식 기기들의 사용증가와 자율주행시스템 또는 보조주행시스템의 필요성 때문에 이 소자들의 개발이 촉진되었다. 자동차업계에서는 에어백, 브레이크 잠김방지장치(ABS), 능동형 서스펜션 등에 사용하기 위해서 이들 중에서 특히 가속도 센서를 필요로 하였다. 6장에서 살펴보았던 이런 유형의 센서들(예를 들어, 그림 6.27)은 사실 MEMS 센서였다. 가속도계에서 필요로 하는 외팔보, 브리지, 이동질량 등의 제작과 더불어서 보요소나 질량체의 운동(변형률)을 검출하기 위해서 필요한 커패시터, 반도체, 또는 압전식 스트레인게이지 등이 통합된 센서를 만들기 위해서는 MEMS 기법을 사용해야 한다. MEMS 가속도계를 개발하던 초기에는 가속도계(질량체), 다이아프램이나 보요소, 그리고 스트레인게이지를 개별적으로 제작했으며, 필요한 전자회로들은 외부에 별도로 마련했었다. 이후에 만들어진 센서들은 전자회로를 동일 패키지 내의 분리된 다이에 제작하거나, 센서와 동일한 모재에 통합하여 놓았다. MEMS 생산방식을 1축형 가속도계나 2축형 가속도계를 비교적 손쉽게 만들 수 있다. 3축형 가속도계도 제작이 가능하며 상용화되어 있다. 가장 단순한 구조의 경우에는 가속도계의 질량체들이 서로 직교하여 설치되어 있는 3개의 1축형 가속도계로 이루어진다. (동일한 패키지 내에서) 하나의 2축형 가속도계와 이에 대해서 직각 방향으로 설치되어 있는 별도의 1축형 가속도계를 사용해서도 하나의 3축형 가속도계를 만들 수 있다. 그런데, 이들을 하나의 소자로 만드는 것은 어려운 일이다. 3축형 가속도계를 만드는 더 일반적인 방법은 2축형 가속도계에서 나오는 신호들을 사용하여 3번째 축방향의 가속도 신호를 추출하는 것이다. 그림 10.10에서는 이를 구현하는 단순화된 센서의 구조를 보여주고 있다. 질량체는 4개의 보요소들에 의해서 지지되어 있으며, 각각의 보요소들에는 설치평면방향뿐만 아니라 수직방향으로도 변형될 수 있는 유연부재들이 부착되어 있다. 이를 통해서 질량체는 상하방향과 좌우방향 및 앞뒤방향으로 움직일 수 있다. 각각의 유연부재에는 전형적으로 두 개씩의 압저항 센서들이 설치되지만, 필요에 따라서 이보다 더 많은 숫자의 압저항 센서들을 사용할 수도 있다. 각 방향별 가속도는 다음과 같은 방식으로 추출할 수 있다. 상하(y-방향)나 좌우방향(x-방향)으로의 운동에 대해서는 각각 수평방향 및 수직방향 유연부재에 설치된 센서의 신호를 사용한다. 지면의 앞뒤방향 운동을 검출하기 위해서는 이들 모두의 신호를 이용하여야 한다. 예를 들어, 질량체가 지면 앞으로 튀어나오는 경우에는 모든 센서들이 동일한 응력을 받게 된다. 이는 x-y 평면방향 운동에서는 일어날 수 없는 것이다.

이를 위해서는 모든 센서들로부터 신호를 추출하여야 한다. 물론, 질량체는 훨씬 더 복잡한 방식으로 유연체를 변형시키므로 방향별 가속도 추출 알고리즘도 훨씬 더 복잡할 것이며, 모든 압저항체들의 출력신호를 사용하여 칩 내에서 자체적으로 이를 수행(스마트 센서)하거나 외부에서 이를 수행할 수도 있다.

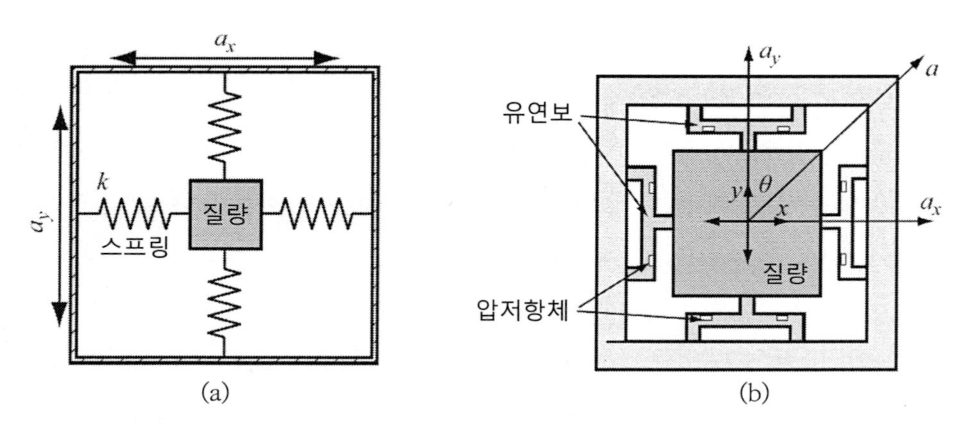

그림 10.10 (a) 2축형 가속도계. (b) 3축형 가속도계. 질량체는 평면방향뿐만 아니라 수직방향으로도 움직일 수 있다. x 및 y축 방향으로 설치되어 있는 압저항 센서들의 출력신호로부터 세 번째 축방향의 운동신호를 추출할 수 있다.

그림 10.11에 도시되어 있는 것처럼, 온도변화를 사용해서도 다중축 가속도를 측정할 수 있다. 실리콘을 사용해서 챔버를 제작한 다음, 중앙에 가열용 저항을 설치해 놓는다. 이 열저항이 챔버 내부의 기체를 대기온도보다 높은 온도로 가열한다. 챔버의 네 귀퉁이에는 4개의 온도센서들이 설치되어 해당 위치의 온도를 측정한다. 만일 센서가 정지해 있다면, 네 개의 센서들(반도체 열전대나 $p-n$ 다이오드)은 동일한 온도를 측정할 것이다. 여기서 기체는 이동질량체로 작용하기 때문에, 이를 기체식 가속도계로 사용할 수 있다(그림 6.21에서는 일반적인 1축형 기체식 가속도계를 보여주고 있다). 4개의 온도센서들을 사용하면 2축형 가속도계를 만들 수 있다. 특정한 축방향으로 센서가 기울어지면 뜨거운 기체가 챔버의 위쪽으로 올라가기 때문에 센서들 사이에 온도편차가 발생하므로, 이런 유형의 센서를 사용해서 정적인 경사도를 검출할 수도 있다. 온도센서들을 추가하여 이를 진정한 3축형 센서로 만들 수도 있다. 비록 이런 유형의 센서를 그림 6.21에 도시되어 있는 것처럼 기존의 방식으로도 만들 수 있겠지만, MEMS 방식으로 제작하면 명확한 장점이 있다. 센서를 소형으로 제작할 수 있기 때문에 응답성이 훨씬 더 좋아지며, 추가적인 전자회로들을 통합시켜서 사용이 편리하게 만들 수 있다. 챔버의 크기가 줄어들면 기체를 가열하는

데에 소요되는 전력이 낮아지며, 추가적인 온도센서들을 사용하여 대기온도를 측정하여 최적의 성능이 구현되도록 챔버 온도를 조절할 수 있다. 이런 유형의 센서들은 다양한 수준의 전자회로 통합이 이루어진 제품들이 출시되어 있다.

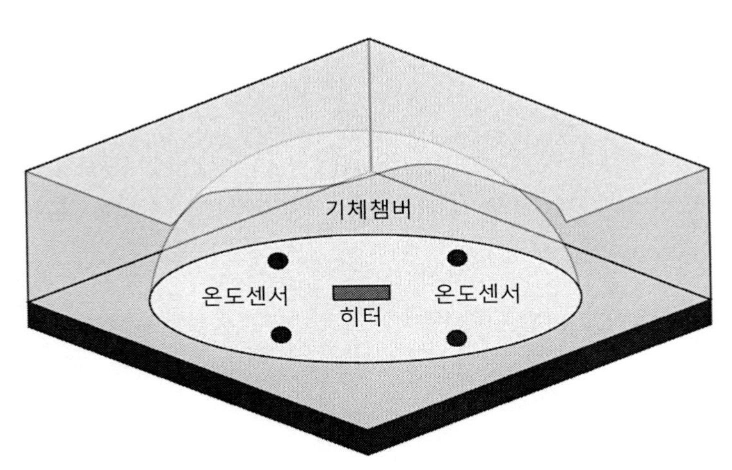

그림 10.11 기체가열식 2축형 가속도계의 작동원리

예제 10.3 변형률을 사용한 가속도 측정

그림 10.10에 도시되어 있는 가속도계에 대해서 살펴보기로 하자. 이동물체의 질량은 $1[g]$이며, 센서의 모든 구성부들은 실리콘으로 제작되어 있다고 가정한다. 네 개의 유연부재들은 길이가 $100[\mu m]$이며, 단면은 $5\times 5[\mu m^2]$ 크기의 사각형으로 제작되었다. 실리콘의 영계수값은 $150[GPa]$이다. 스트레인게이지의 크기가 작으며 유연부재의 중심위치로부터 $40[\mu m]$만큼 떨어진 위치에 설치되어 있는 경우에, 유연부재에 수직방향으로 설치되어 있는 압저항 센서들을 사용하여 측정한 변형률과 가속도 사이의 상관관계를 구하고, $2[g](1[g]=9.81[m/s^2])$의 가속도가 부가되었을 때의 변형률을 계산하시오.

풀이

유연부재에서 발생하는 변형률은 그림 10.12에 도시되어 있는 것처럼 단순지지 되어 있는 유연보에 작용하는 가속도에 의해서 생성된 힘으로부터 구할 수 있다. 우선, 가속도에 의한 힘부터 구해야 한다.

$$F=ma\ [N]$$

이 힘은 유연보의 중앙 위치에 작용한다($k=c=l/2$). 다음과 같이, (압저항 센서들이 설치되어 있는) 보요소의 표면에서 발생하는 변형률을 계산할 수 있다.

$$\varepsilon=\frac{M(x)}{EI}\frac{d}{2}$$

여기서 $M(x)$는 스트레인게이지가 설치되어 있는 위치에 부가되는 굽힘모멘트, E는 탄성계수, I는 보요소의 단면모멘트, 그리고 d는 보요소의 두께이다. E는 이미 주어져 있으며, M과 I는 다음 식을 사용하여 계산할 수 있다.

$$M(x)=\frac{Fk}{l}(l-x)\ \ [N\cdot m]$$

$$I=\frac{bh^3}{12}\ \ [m^4]$$

여기서 l은 보요소의 길이, b는 폭, 그리고 h는 높이다(그림 10.12에 따르면 $h=d$이다). 굽힘모멘트의 상관관계에 따르면, $c<x<l$이다. 즉, 거리 x는 그림에서 가장 먼 쪽의 값을 사용해야 한다. $k=c=l/2$이므로 다음을 얻을 수 있다.

$$M(x)=\frac{F}{2}(l-x)\ \ [N\cdot m]$$

위 식과 $h=d=b$를 사용하면 다음을 얻을 수 있다.

$$\varepsilon=\frac{\frac{ma}{2}}{\frac{EBh^3}{12}}\frac{d}{2}(l-x)=3\frac{ma}{Ed^3}(l-x)$$

위의 식을 살펴보면 무차원 값이라는 것을 알 수 있다. 이를 다음과 같이 정리할 수 있다.

$$\varepsilon=\left[3\frac{ma}{Ed^3}(l-x)\right]a$$

이는 선형식이므로 다음과 같이 가속도에 대한 변형률 민감도를 구할 수 있다.

$$\frac{\varepsilon}{a}=3\frac{m}{Ed^3}(l-x)\ \ \left[\frac{m/m}{m/s^2}\right]$$

따라서 질량체에 $2[g](2\times 9.81=19.62[m/s^2])$의 가속도가 부가되었을 때의 변형률은 다음과 같이 계산된다.

$$\varepsilon=3\times\frac{1\times 10^{-3}\times 2\times 9.81}{150\times 10^9\times(5\times 10^{-6})^3}(100\times 10^{-6}-90\times 10^{-6})$$
$$=0.0314[m/m]$$

사실, 외력은 두 개의 보요소(상부 및 하부)에 동시에 작용하기 때문에 (마치 보의 두께가 두 배처럼 되기 때문에) 각 보요소에서 발생하는 변형률은 이보다 절반에 불과하다. 센서의 게이지율에 따라, 부가되는 가속도가 저항값을 크게 변화시킬 수도 있다. 그리고 스트레인게이지를 보의 중앙으로 이동시킬수록 변형률이 증가한다. 그런데, 보 하나당 두 개의 스트레인게이지를 설치하는 이유는 임의방향으로 작용하는 가속도를 구분하려는 것이기 때문에 스트레인게이지가 중앙으로 몰릴수록 이런 구분능력이 감소하게 된다.

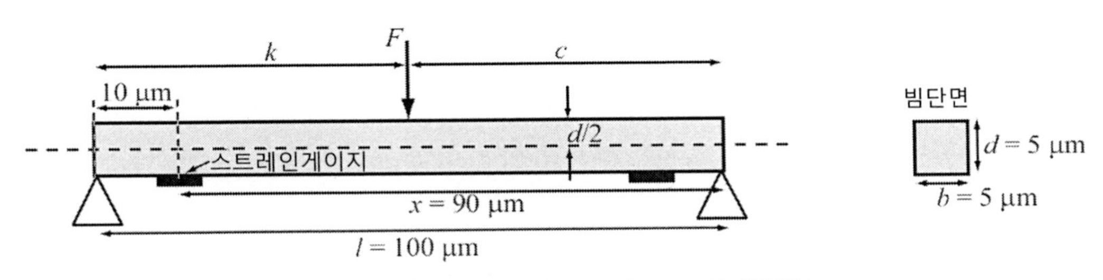

그림 10.12 변형률 계산에 사용된 보요소의 외형치수

10.3.1.4 각속도 센서

만일 기존의 센서에 비해서 MEMS 센서가 큰 차이를 갖는 하나의 사례를 들자면, 단연코 **자이로스코프**를 고를 것이다. 기존의 자이로스코프는 크기가 클 뿐만 아니라 매우 비싼 장치였다. 항공기와 선박에 사용하기 위해서 개발되었던 고전적인 기계식 자이로스코프(그림 6.37)를 제외하고, 코리올리힘 자이로스코프나 광섬유 자이로스코프와 비교해 보아도 이들은 가격뿐만 아니라 정확하고 값비싼 광학요소들을 사용하기 때문에, 대부분의 경우에 이를 활용하기가 매우 어렵다. 네비게이션 장치와 일반 전자제품들에 소형의 관성센서들이 사용되면서, 코리올리힘에 기반을 둔 다양한 MEMS 센서들이 개발되었다. 이런 용도에 사용하기 위해서 6장에서 살펴보았던 광학식 방법과 더불어서 다양한 방법들이 시도되었으며, 이들 중 일부는 상업적 성공을 거두었고, 군용장비, 자동차와 휴대용 전자기기 등을 포함하여 수많은 제품에 사용되기에 이르렀다. 여기서 주의할 점은 회전측정이라는 의미를 가지고 있는 자이로스코프라는 용어는 진동소자에 적절한 명칭이 아니다. 회전부가 없기 때문에 오히려 **각속도 센서**라고 부르는 것이 더 적절하다. 포크 회전식 센서나 링형 각속도 센서를 포함하여 수많은 구조들을 사용할 수 있으며, 그 속에서도 수많은 변종들이 존재한다.

(a) **포크 회전식 각속도 센서**. 그림 10.13에서는 포크 회전식 각속도 센서의 작동원리를 보여주고 있다. 이 센서의 구조는 피아노 조율용 소리굽쇠와 유사한 형상의 구조체를 사용한다. 포크의 가지부에 설치되어 있는 압전체를 사용하여 포크의 가지들을 진동시킨다(그림

10.13 (a)). MEMS에서는 생산과정에서 압전체를 포크 가지에 통합하여 만들어 넣을 수 있다. 여기서 주의할 점은 MEMS 기법을 사용해서 제작한 포크의 가지들은 길이가 비교적 짧고 폭이 넓은 반면에 일반적인 소리굽쇠의 가지는 길이가 길고 얇다는 것이다. 이 굽쇠는 기본모드로 진동한다. 즉, 그림에서와 같이 모멘트가 주어지면 두 가지들이 서로 반대 방향으로 움직인다. 만일 이 굽쇠가 회전운동을 하면, 가지들에는 진동방향과 직각 방향으로 코리올리힘(또는 가속도)이 작용한다. 굽쇠들의 회전운동이 포크에 토크를 가하며, 포크의 자루 부위에 설치되어 있는 압저항 센서가 이 비틀림 운동에 의해서 생성되는 변형률을 측정하여 각속도를 측정한다(그림 10.13 (b)). 정전력을 사용하여 포크 자체도 진동시킬 수 있지만, 포크의 가지부위에 설치되어 있는 압전 작동기에서 더 큰 힘을 발생시켜야만 한다. 그림 10.13 (c)에는 소리굽쇠형 각속도 센서의 실제로 구현 가능한 형상이 도시되어 있다. 포크 가지부위의 종횡비와 가진기 위치 등을 살펴보기 바란다. 센서의 형상과 가진 방법은 이 기본 형태에서 다양한 변형이 가능하다. 각속도는 $[deg/s]$나 $[deg/h]$의 단위로 측정할 수 있으며, 최상급 센서의 경우에는 $0.001[deg/h]$ 수준의 아주 느린 회전도 측정할 수 있다.

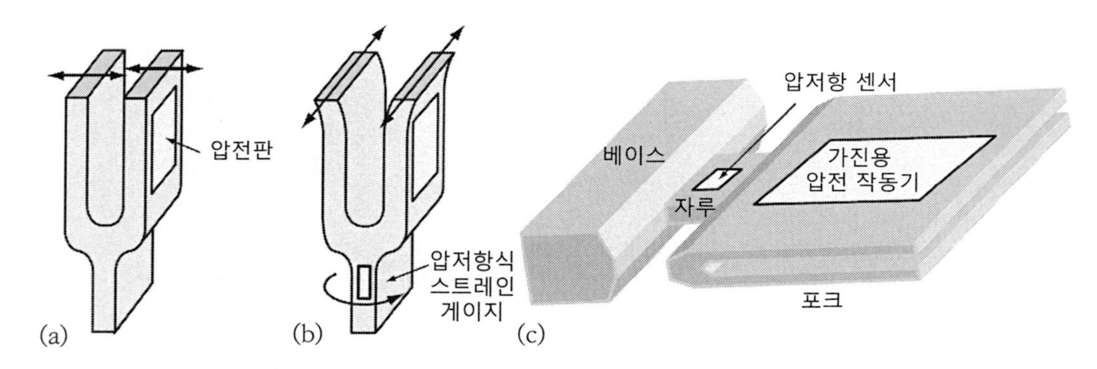

그림 10.13 소리굽쇠형 각속도 센서의 작동원리. (a) 굽쇠의 진동. (b) 포크에 토크가 부가되면, 코리올리힘이 진동축과는 직각 방향으로 변위를 생성하여 포크의 자루부를 변형시킨다. (c) MEMS 방식으로 제작한 소리굽쇠형 각속도센서의 사례. 압전식 진동자가 도시되어 있지만, 정전식으로도 진동을 생성할 수 있다.

(b) **링진동 방식 각속도 센서**. 링형 센서가 공진을 일으키면 정지점 또는 마디를 중심으로 타원 형상으로 변형된다는 특성을 이용한다. 1890년에 브라이언이 유리잔에서 일어나는 진동현상을 발견한 이후에 이 현상을 **와인 잔 진동**이라고 부른다. 그는 (칼로 와인 잔을 가볍게 때린 다음에) 와인 잔을 회전시키면 와인 잔 진동의 음조가 변한다는 것을 발견하였

다. 이에 대한 설명은 매우 간단하다. 와인 잔, 또는 더 정확히 말해서 잔의 테두리(링)는 타원형으로 변형되면서 매우 특별한 형태로 진동한다. 잔 테두리의 링은 원래의 원형에서 타원형으로 변형되었다가 다시 원형으로 되돌아온다. 이 진동이 다시 반복되지만, 타원의 장축이 90°만큼 회전한다. 따라서 링의 원주방향으로 90° 간격마다 공진모드의 마디가 위치한다. 링은 원대칭 형상을 가지고 있으므로, 두 번째 모드는 첫 번째 모드에 비해서 45° 각도만큼 회전한다. 즉, 첫 번째 모드의 최대진폭위치(배)는 두 번째 모드의 최소진폭위치(마디)로 변한다. 그림 10.14 (a)에서는 이 모드들을 보여주고 있다. 그림에서 점선으로 표시된 원은 링의 변형 전 형상이다. 타원들은 진동 모드를 나타내며, 화살표들은 모드의 배(최대진폭위치)를 나타낸다. 만일 링이 정지 상태(즉 회전하지 않는 상태)라면, 첫 번째 모드만 가진된다. 하지만 링이 회전하면 두 번째 모드도 가진되므로 첫 번째 모드와 두 번째 모드가 선형 조합되어 총 진동이 만들어지며, 마디와 배의 위치가 원래의 위치(임펄스를 사용하여 이 위치를 찾아낼 수 있다)에서 이동한다.

(c) **MEMS 플럭스게이트[2] 자기센서.** 앞서 설명했던 것처럼, MEMS용 소재로는 반도체뿐만 아니라 강자성체를 포함하여 다양한 소재들을 사용할 수 있다.

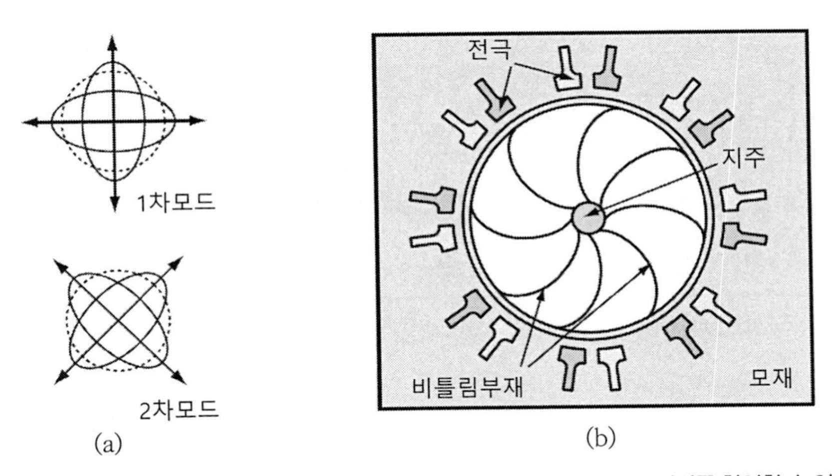

그림 10.14 링진동 방식의 각속도 센서. (a) 링의 진동모드에서 (진폭이 최대인) 배의 위치를 확인할 수 있다. (b) 정전용량 결합된 일부의 전극들을 사용하여 링을 진동시킬 수 있으며, 여타의 전극들을 사용하여 마디와 배의 위치를 검출할 수 있다. 마디위치의 이동량은 각속도에 비례한다.

---

2) fluxgate: 지구 자기장의 방향과 세기를 나타내는 장치. 역자 주.

자기장을 측정하기 위해서 복잡한 구조의 센서를 사용하는 사례가 그림 10.15에 도시되어 있는 플럭스게이트 센서이다. 이 센서의 모재로는 세라믹이나 실리콘이 사용되며, 상부에는 SiO_2 층이 코팅되어 있다. 센서 자체는 퍼멀로이 박판(자세한 설명은 5.8.2절과 그림 5.54 (b) 참조)과 그 주변을 감고 있는 두 개의 코일들로 이루어진다. 그림 5.54 (b)에 따르면, 이 소자는 박판 스트립 방향으로의 자기장에 민감하게 반응한다. MEMS 방식으로 이를 제작하는 경우, 단순한 구조 때문에 코일들을 퍼멀로이 하부와 상부로 나누어 제작해야만 하며, 상부코일층을 증착하는 과정에서 이들을 서로 연결해야 한다(예제 10.1 참조). 코어 소재로는 강자성체가 사용되어야만 하기 때문에 투자율이 높은 이방성 소재인 퍼멀로이가 선정되었으며, 반도체 생산공정에서 사용되는 기법을 활용하여 증착하여 제작한다. 코일 소재로는 알루미늄이 사용되지만, 높은 전기전도도와 더불어서 충분한 강성이 필요한 경우에는 도핑된 실리콘이나 폴리실리콘이 사용된다. MEMS 기법을 사용하면 기존의 센서에서는 구현하기 어려운 옵션들을 활용할 수 있다. 예를 들어, 동일한 모재 위에 두 개 이상의 센서들을 탑재하여, 차동측정, 필드의 공간편차 측정, 측정축이 서로 직교하는 두 개의 센서 설치, 2축(또는 3축)방향의 필드측정 등을 최소한의 노력과 비용을 추가하여 구현할 수 있다.

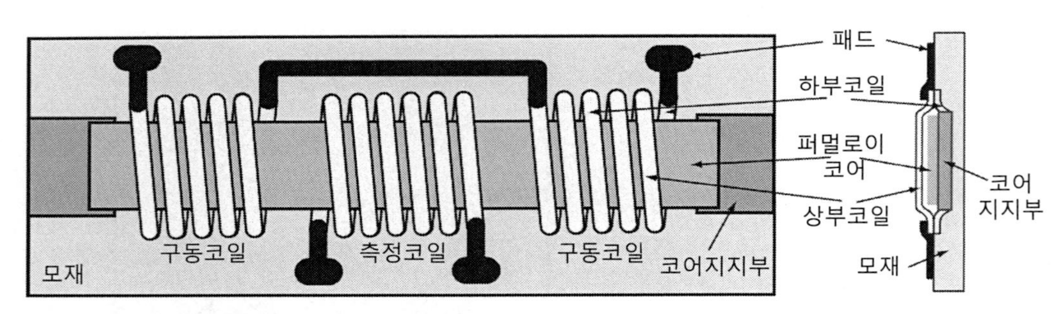

그림 10.15 MEMS 플럭스게이트센서의 개략적인 구조를 통해서 강자성체와 자기코일의 활용사례를 살펴볼 수 있다.

10.3.2 MEMS 작동기

대부분의 MEMS 센서들이 본질적으로는 MEMS의 장점을 활용하여 기존 센서들의 크기를 축소한 것에 불과하지만 **MEMS 작동기**는 전혀 다르다. 작동 방법은 정전기, 자기, 열, 압전 등 기존의 작동기들과 동일하지만 이 소자들이 사용되는 스케일이 큰 영향을 끼치기 때문에, 선정되는 작동 메커니즘은 기존의 작동기들과 완전히 다르며, 가끔은 너무나 기발해서 놀라기도 한다. 예를 들어, 기존 작동기에서 열은 응답시간이 매우 느리고 다량의 전력이 소비되므로 매우 제한적으로 사용된다. 이런 제한들은 대부분 소자의 물리적인 크기 때문이다. MEMS 스케일에서는 가열할 체적이 매우 작기 때문에, 필요한 전력이 작고 응답시간도 짧다. 소자나 별도의 저항에 작은 전류를 흘려서 매우 쉽게 가열할 수 있으며, MEMS 기법으로 이를 구현하기가 용이하다. 마찬가지로, MEMS 작동기는 필요한 힘이 매우 작고, 정전용량 작동기는 제작 및 제어가 용이하기 때문에 MEMS용 정전식 작동기는 매우 중요하다. 반면에, 기존의 작동기에서 주류로 사용되는 자기식 작동기는 큰 힘을 만들어내기에 적합하지만, 코일과 영구자석이 필요하기 때문에 MEMS 분야에서는 자주 사용되지 않는다. 그럼에도 불구하고 MEMS 기법을 활용하여 코일을 제작할 수 있으며, 증착 방식으로 소자에 통합하여 영구자석이나 강자성체를 제작하여 자기식 작동기를 만들 수 있다. 하지만 이런 크기범위에서는 압전작동기를 포함하여 여타의 방법들이 더 효율적이며 제작이 용이하기 때문에, 자기식 작동기는 거의 사용되지 않는다. MEMS 작동기가 낼 수 있는 힘과 토크, 또는 더 일반적인 용어인 파워는 소자의 크기에 비례한다. 따라서 사용되는 작동기 메커니즘은 이런 제한조건들을 수용할 수 있어야 한다. DC 모터를 대체하는 MEMS 작동기를 기대하기는 어렵다. 하지만 기본의 소자들보다 훨씬 더 빠르게 마이크로반사경을 구동하여 광선의 경로를 변화시키거나 잉크제트 프린터의 액적을 분사할 수 있다. 따라서 원하는 기능에 적합한 소자를 찾아서 MEMS 기법을 효율적으로 활용할 수 있도록 만드는 것이 중요하다. 센서와 마찬가지로 수많은 구조들이 적용 가능한 것으로 판명되었지만, 이들 중 소수만이 개발을 통하여 상품화에 성공하였다. 그러나 앞으로는 상황이 변할 것으로 기대된다. 다음에 살펴볼 작동기 사례들은 대표적인 상용제품들과 상업적인 개발 가능성이 불분명한 개념들을 포함하고 있다. 하지만 모든 사례들이 흥미로우며, 대부분이 기묘한 아름다움을 가지고 있다.

10.3.2.1 열구동과 압전구동

그림 10.16에 도시되어 있는 것처럼, 모재 표면에 마이크로가공을 시행하여 잉크제트 노즐을 만들 수 있다. 이 노즐의 작동은 비교적 단순하다. 소형의 잉크저장소는 주 잉크 저장용기와 연결되어 있으며, 박막형 저항기를 사용하여 가열할 수 있다. **열구동** 방식의 경우, 잉크는 (수[μs] 이내로) 200~300[°C]까지 빠르게 가열되며, 소형 잉크 저장소 내의 압력을 1~1.5[MPa]까지 상승시킨다. 이로 인하여 잉크가 제트 형태로 분사되며, 열이 없어지면 프린트할 종이로 날아가는 액적들을 남겨둔 채로 잉크는 다시 저장소 내측으로 빨아들여진다. 이런 소자들의 장점들 중 하나는 동일한 모재에 다수의 노즐들을 직선 형태로 만들어놓을 수 있으며, 소자를 전진시키면서 이

직선 전체를 한꺼번에 프린트하여 필요한 영상을 만들어낼 수 있다는 것이다. 잉크제트 헤드에는 전형적으로 직선 형태로 노즐들이 배치되며, 노즐들 사이의 간격이 분해능을 결정한다. 예를 들어, 분해능이 $2,400[dots/in](95[dots/mm])$라는 것은 어레이 내의 두 노즐들 사이의 중심 간격이 대략적으로 $10[\mu m]$이라는 것을 의미한다. 비록 열 소자들이 느리게 작동하지만, 크기가 작아지면 온도 상승에 작은 에너지가 소요되므로, MEMS 잉크제트의 경우 $50[\mu s]$ 이내에 액적을 생성할 수 있다. MEMS 의 개념은 한 번에 라인 전체를 프린트하거나 노즐을 이동시키지 않고서 페이지 전체를 프린트하여 프린트헤드가 이동하는 경우에 비하여 훨씬 더 빠른 인쇄 속도를 구현하는 데까지 확장시킬 수 있다. 초음파와 같이 열구동과는 다른 방식으로도 잉크 액적을 만들어낼 수 있다. 하지만 단시간 내로 높은 압력을 생성하여 잉크를 분사한다는 개념은 서로 유사하다. 이런 유형의 소자에서는 저항기를 압전소자로 대체한다.

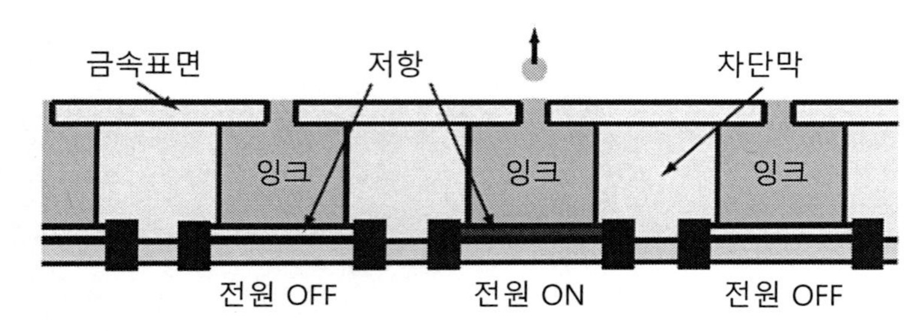

그림 10.16 MEMS 열 잉크제트 소자의 작동원리. 직선배열의 일부분을 보여주고 있다.

예제 10.4 압전식 잉크제트

잉크제트 프린트용 카트리지용 잉크제트 작동기로 사용하기 위해서 압전 소자로 잉크를 분사하는 소형의 원통형 챔버를 제작하였다. 그림 10.17에 도시되어 있는 구조에서 챔버의 바닥은 다이아프램으로 밀봉되어 있으며, 모재와 다이아프램판 사이에는 압전원판이 설치된다. 압전원판에 전압 V가 부가되면, (양의 압전계수를 가지고 있는) 압전원판이 팽창하면서 챔버의 체적이 감소하여 잉크가 분사된다. 압전원판은 압전계수가 $374\times10^{-12}[C/N]$이며, 비유전율 $1,700$, 그리고 두께는 $25[\mu m]$인 PZT로 제작되었다. 이 압전원판을 구동하기 위해서 $3.6[V]$의 전압이 부가된다. 압전원판에 전압을 연결하고 원판 내부에 균일한 전기장을 형성하기 위해서 원판의 상부와 하부표면에는 알루미늄이 코팅된다. 수성잉크를 사용하기 때문에 밀도는 물과 동일$(1[g/cm^3])$하다고 가정한다.

(a) 한 번에 분사되는 잉크의 양(질량)을 계산하시오.

(b) 압전소자에 의해서 생성되는 최대작용력과 잉크 챔버 내에 형성되는 최대압력을 계산하시오.

(c) $10[g]$의 잉크를 보관하고 있는 카트리지를 사용하여 몇 개의 액적을 만들어낼 수 있겠는가?

풀이

(a) 그림 10.17에 도시되어 있는 압전요소의 팽창에 의해서 잉크가 분사된다. 분사량은 다음과 같이 계산된다. 여기서 압전계수는 단위 전기장강도당 변형률값으로 다음과 같이 주어진다.

$$d = 374 \times 10^{-12}\left[\frac{m/m}{V/m}\right]$$

평행판 커패시터의 전기장강도는 다음과 같이 계산된다.

$$E = \frac{V}{t} = \frac{3.6}{10 \times 10^{-6}} = 3.6 \times 10^{5}[V/m]$$

따라서 변형률값은 다음과 같이 계산된다.

$$\varepsilon = Ed = 3.6 \times 10^{5} \times 374 \times 10^{-12} = 134.64 \times 10^{-6}[m/m]$$

그런데 압전원판의 두께가 $25[\mu m]$에 불과하기 때문에, 원판의 수직방향 총변위는 다음과 같이 계산된다.

$$dl_{disk} = \varepsilon \times t = 134.64 \times 10^{-6} \times 25 \times 10^{-6} = 0.003366 \times 10^{-6}[m]$$

이로 인하여 분사되는 잉크의 체적은 다음과 같이 계산된다.

$$dv = \pi a^{2} dl_{disk} = \pi(50 \times 10^{-6})^{2} \times 0.003366 \times 10^{-6} = 26.44 \times 10^{-18}[m^{3}]$$

즉, $26.44 \times 10^{-18}[m^{3}]$ 또는 $26.44[\mu m^{3}]$이다.

(b) 생성된 힘을 계산하기 위해서는 식 (7.40)을 사용해야 한다. 이를 힘으로 다시 나타내면,

$$F = \frac{\varepsilon A V}{td}\ [N]$$

여기서 A는 원판의 표면적, ε은 유전율, t는 두께, d는 압전계수, 그리고 V는 부가된 전압이다. 주어진 값들을 사용하여 계산해보면,

$$F = \frac{1,700 \times 8.854 \times 10^{-12} \times \pi \times (50 \times 10^{-6})^{2} \times 3.6}{25 \times 10^{-6} \times 374 \times 10^{-12}}$$
$$= 0.0455[N]$$

압력은 이 힘을 원판의 면적으로 나누어 구할 수 있다.

$$P = \frac{F}{\pi a^2} = \frac{0.0455}{\pi \times (50 \times 10^{-6})^2} = 5.8 \times 10^6 [Pa]$$

힘이 매우 작은 것처럼 보였지만, 면적이 좁기 때문에 (60[atm] 이상의) 매우 높은 압력이 발생한다는 것을 알 수 있다.

(c) (a)에서 계산한 체적을 사용해서 액적 하나의 질량을 구할 수 있다.

$$w = dv\rho = 26.44 \times 10^{-18} \times 1{,}000 = 26.44 \times 10^{-15} [kg]$$

여기서 ρ는 물의 밀도이다. 따라서 카트리지 하나를 사용하여 만들 수 있는 잉크제트 액적의 숫자는 다음과 같이 계산된다.

$$N = \frac{W}{w} = \frac{10 \times 10^{-3}}{26.44 \times 10^{-15}} = 3.78 \times 10^{11} [droplet]$$

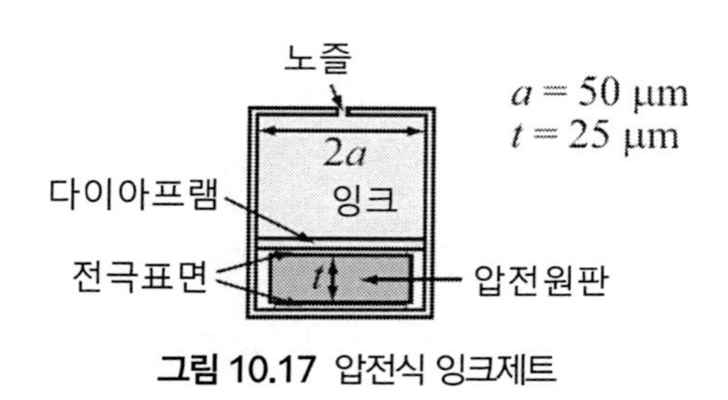

그림 10.17 압전식 잉크제트

10.3.2.2 정전식 작동기

정전식 작동기는 5.3.3절에서 살펴보았던 주제인 커패시터의 두 도전판 사이에서 작용하는 견인력에 기초한다. 이 힘은 커패시터의 단면적, 도전판들 사이의 거리, 그리고 도전판에 부가되는 전위 등에 비례한다. 정전식 작동기는 두 가지 기본 구조를 가지고 있다. 첫 번째는 그림 10.18 (a)에 도시된 것과 같은 고전적인 평행판 작동기이다. 이 판들 사이에 생성되는 전기장 강도에 대한 근사식은 다음과 같다.

$$E = \frac{V}{d} \ [V/m] \tag{10.1}$$

단위체적당 축적된 에너지는

$$w = \varepsilon \frac{E^2}{2} = \frac{\varepsilon V^2}{2d^2} \quad [J/m^3] \tag{10.2}$$

이제, 두 판들 사이의 거리가 dl만큼 가까워진다면, 에너지 변화는 에너지 밀도와 체적변화를 곱한 값과 같다.

$$dW = wdv = \frac{\varepsilon V^2}{2d^2} abdl \quad [J] \tag{10.3}$$

힘은 단위길이당 에너지변화량으로 정의된다.

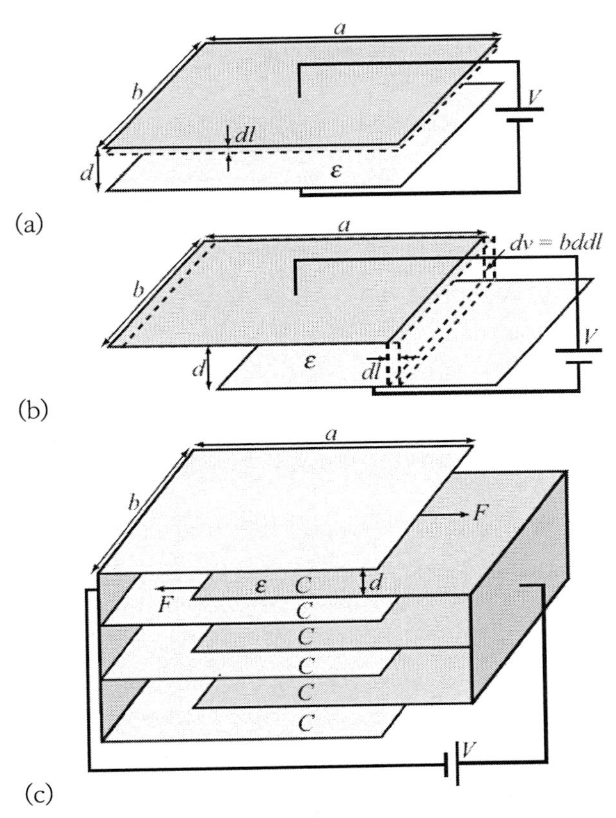

그림 10.18 정전용량식 작동기의 작용력. (a) 전압원에 연결되어 있는 두 도전판 사이에 작용하는 견인력. (b) 상부판이 하부판 위를 평행방향으로 이동하는 과정에서 발생하는 에너지 변화에 따른 작용력. (c) (b) 구조의 작용력을 증배시키기 위해서 사용하는 깍지형 구조

$$F = \frac{dW}{dl} = \frac{\varepsilon V^2}{2d^2} ab \ \ [N] \tag{10.4}$$

이 식에 따르면, 힘은 전압의 제곱과 판의 단면적(ab)에 비례하며, 판들 사이의 거리 d에 반비례한다.

그림 10.18 (b)에는 두 번째 유용한 구조가 도시되어 있다. 이 경우, 두 판들 사이의 거리는 일정하게 유지되지만 판이 평행방향으로 움직일 수 있다(5.3.1절 참조). 측면방향 작용력, 즉 상부판을 좌측으로 이동시키려는 힘은 거리에 따른 에너지 변화율에 비례한다. 상부판이 좌측으로 미소길이 dl만큼 이동한 경우에 판들 사이의 체적변화량은 $bddl$이며, 에너지 변화량 dW는 다음과 같이 주어진다.

$$dW = wdv = \frac{\varepsilon V^2}{2d^2} bddl \ \ [J] \tag{10.5}$$

작용력은 다음과 같이 구할 수 있다.

$$F = \frac{dW}{dl} = \frac{\varepsilon V^2}{2d} b \ \ [N] \tag{10.6}$$

구현 가능한 세 번째 구조는 두 판들이 고정되어 있는 상태에서 판들 사이의 유전체가 자유롭게 흐르는 것이다. 이 경우는 판이 측면 방향으로 움직이는 경우에 대한 식 (10.6)이 동일하게 적용되므로 여기서는 다루지 않는다(5.3.3절 참조).

MEMS 소자는 크기가 매우 작다. 힘을 유용한 수준까지 증가시키기 위해서 그림 10.18 (b)에 도시되어 있는 구조를 그림 10.18 (c)와 같이 깍지형 구조로 변화시킬 수 있다. 이를 통해서 각 판들 사이에 커패시터가 형성된다. 이 사례에서는 한쪽에는 3개의 도전판들이, 그리고 다른 쪽에는 4개의 도전판들이 설치되어 총 6개의 커패시터가 형성되어 있다. 한 쪽에 N개의 도전판이 설치되어 있으며, 반대쪽에 $N+1$개의 도전판이 설치되어 있는 경우에 형성되는 총 커패시터의 숫자는 $2N$개이며, 공기를 공극으로 하고, 양단에 전압 V가 부가된 경우에 이 깍지형 작동기에 생성되는 힘은 다음과 같다.

$$F = 2N\frac{\varepsilon_0 V^2}{2d}b \ [V] \tag{10.7}$$

그런데 주의할 점은 여전히 힘이 매우 작다는 것이다. b와 d의 크기가 여전히 수$[\mu m]$에 불과하고 전압 또한 수$[V]$이며, ε_0는 $10^{-12}[F/m]$ 수준의 값을 가지고 있기 때문에 큰 힘을 기대하기 어렵다. 하지만 이런 크기의 작동기들이 사용되는 적용처에서는 큰 힘이 필요 없다. 여기서 a의 크기가 작동기의 스트로크를 결정하지만, 힘에는 아무런 영향을 끼치지 못한다. 테두리효과를 무시하면, 전체 스트로크 범위에 대해서 일정한 힘을 생성할 수 있다.

그림 10.19에서는 견인-견인 방식으로 작동하는 깍지형 작동기를 보여주고 있다. 평행판 커패시터들 사이의 견인력을 사용하여 깍지형 작동기를 구동할 수 있다. 실제의 경우, 구동신호는 깍지들 중 한 쪽(보통 고정판)에만 작용하는 반면에, 반대편(이동판) 깍지의 전하는 유도에 의해서 생성된다. **그림 10.19**에 도시되어 있는 구조에서 좌측 고정깍지와 우측 고정깍지를 교대로 구동하여 전-후진 운동을 생성할 수 있으며, 이를 라쳇 메커니즘이나 일련의 구조공진과 같은 다양한 용도로 활용할 수 있다. 얇은 수직 보는 소자를 중간위치로 복원시키는 스프링처럼 작용하며, 고정판들 사이의 한 가운데에 이동판이 위치하도록 안내한다. 실제 제품의 경우에는 구조가 그림에 도시된 것보다 훨씬 더 복잡하다. 일부의 경우에는 구조물이 길고 얇으며, 또 다른 경우에는 접혀 있지만, 이들의 용도는 동일하다.

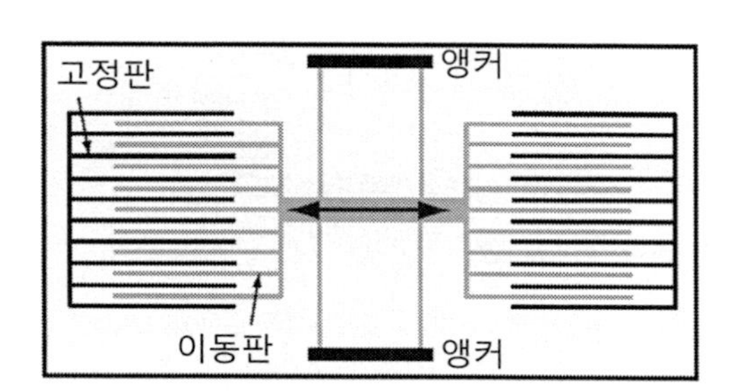

그림 10.19 복원용 스프링에 지지되어 중심맞춤 제어가 수행되는 전형적인 깍지형 작동기. 좌측 영역과 우측 영역에 교대로 전원을 부가하면 깍지는 좌우로 움직인다.

예제 10.5 깍지형 작동기의 힘출력

한 쪽에 40개의 판들이 설치되어 있으며, 각 판들의 길이는 $30[\mu m]$, 깊이는 $10[\mu m]$, 그리고 간격은 $2[\mu m]$인 깍지형 작동기가 제작되었다. 깍지 양측단에 $5[V]$의 전압이 부가되었을 때의 힘출력을 계산하시오.

풀이

한 편에 $N=40$개의 판들이 설치되어 있으므로, 형성된 커패시터의 총 숫자는 $2N-1=79$개다. 생성된 힘은 다음과 같이 계산된다.

$$F=(2N-1)\frac{\varepsilon_0 V^2}{2d}b=79\times\frac{8.854\times10^{-12}\times5^2}{2\times2\times10^{-6}}\times10\times10^{-6}$$
$$=4.372\times10^{-8}[N]$$

생성된 힘은 $43.7[nN]$에 불과하지만, 이는 많은 용도에 대해서 충분한 힘이다. 이 소자의 스트로크는 판의 길이에 근접하므로 $30[\mu m]$에 달한다. 전형적으로는 이 길이의 절반 이하가 사용된다. 힘출력은 스트로크에 영향을 받지 않는다는 점에 주목할 필요가 있다.

예제 10.6 마이크로모터의 토크

마이크로모터가 송출할 수 있는 토크의 크기에 대한 감을 잡기 위해서 그림 10.5에 도시되어 있는 모터에 대해서 살펴보기로 하자. 회전자의 직경은 $50[\mu m]$이며, 회전자와 계자의 높이는 $6[\mu m]$이다. 회전자와 계자 사이의 공극은 $2[\mu m]$이며, 각 계자는 $30°$의 각도를 차지한다. 이 모터에는 $5[V]$의 전압이 부가된다.

풀이

그림 10.5에 도시된 회전자가 약간 움직이는 상태에 대해서 식 (10.6)에서 계산한 힘을 직접 사용할 수 있다. 회전자-계자 판들의 각 쌍들은 판들 사이의 거리 $d=2[\mu m]$이며, 회전자의 높이 $b=6[\mu m]$인 그림 10.18 (b)처럼 보일 것이다. 여기서 다시 설명하지만, 도전판의 폭은 힘 계산에 아무런 역할을 하지 못한다. 각각의 회전자 판들에서 생성된 힘은 원주방향으로 작용하며, 다음과 같은 값을 갖는다.

$$F=\frac{\varepsilon V^2}{2d}b=\frac{8.854\times10^{-12}\times5^2}{2\times2\times10^{-6}}\times6\times10^{-6}=3.32\times10^{-10}[N]$$

토크는 이 힘을 반경과 곱하여 구할 수 있으며, 3개의 회전판들이 동시에 작동하기 때문에 여기에 3을 곱해야 한다.

$$T=3Fr=3\times3.32\times10^{-10}\times50\times10^{-6}=4.98\times10^{-14}[N\cdot m]$$

작동기의 크기에서 예상할 수 있듯이, 이 토크는 매우 작은 값이며 마이크로모터를 토크생성에 활용하기 어렵다.

10.3.3 적용사례

10.3.3.1 광학 스위치

MEMS의 적용사례들 중 하나가 광섬유 통신에 중요한 요소로 사용되는 **광학 스위치**이다. 전자에서는 트랜지스터를 사용해서 스위칭이 수행되지만, 광학에서는 일반적으로 회전식 반사경을 사용하여 스위칭을 수행한다. 광섬유는 매우 얇기 때문에 광선의 직경이 매우 작으므로, 마이크로 반사경을 사용해서 충분히 광선의 경로를 꺾을 수 있다. **그림 10.20**에서는 두 개의 입력 광섬유로부터 두 개의 출력 광섬유로 광선을 스위치 할 수 있는 간단한 소자를 보여주고 있다. 그림에 도시된 구조에서, 정전력을 부가하여 깍지형 작동기를 구동하면 반사경이 잡아당겨진다. 반사경이 잡아당겨지면, ①번 광섬유(입력측)는 ④번 광섬유(출력측)와 연결되며, ②번 광섬유(입력측)는 ③번 광섬유(출력측)와 연결된다. 작동기가 꺼지면, ①번 광섬유는 ③번 광섬유와 연결되며, ②번 광섬유는 ④번 광섬유와 연결된다. 이는 매우 단순한 장치지만 매우 효과적이고 반응성이 뛰어나다. 물론, 다수의 스위치들이 배열되어 있으며 2로식 스위치를 구비한, 이보다 훨씬 더 복잡한 구조를 고안할 수도 있다.

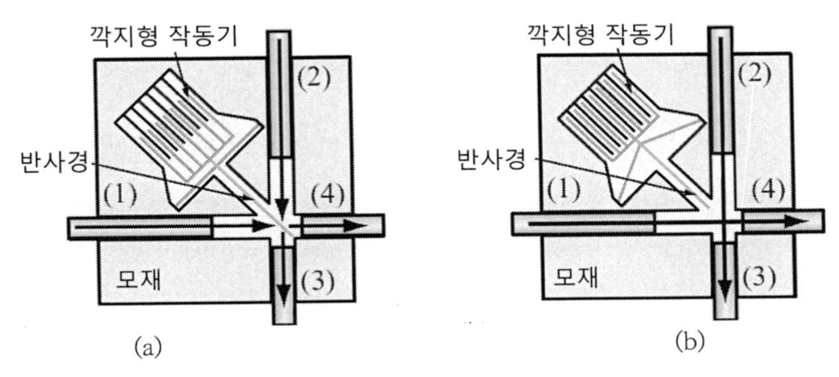

그림 10.20 2×2(2입력, 2출력) 광학식 스위치. (a) 반사경이 비활성 위치에서 대기중인 상태. (b) 깍지형 작동기를 구동한 상태. 반사경이 후퇴하여 광선이 직진함

10.3.3.2 반사경 어레이

디스플레이용 영상투사기를 포함하여 다양한 목적으로 사용되는 **반사경 어레이**는 구조가 단순하며 광선경로의 조작에 필요한 에너지가 작기 때문에, MEMS 개발의 초기목표가 되었다. 앞서 살펴보았던 광학식 스위치나 영상투사 시스템이 속속 시장에 출시되었다. 마이크로반사경의 사용 목적은 크게 두 분야로 나뉜다. 첫 번째는 영상투사나 광선스위치와 같이 광선의 진행방향을 바꾸

는 것이며, 두 번째는 표면반사율을 변화시키거나 변조하는 것으로서 디스플레이에서 유용하게 사용된다. 첫 번째의 경우, 레이저 빔의 진행방향을 바꾸기 위해 하나의 반사경을 사용하거나, 또는 넓은 반사표면을 생성하기 위해서 반사 방향을 조절할 수 있는 반사경 어레이를 사용할 수 있다. 표면 반사특성을 변화시키기 위해서 반사경을 사용하는 경우, 반사경을 어레이 형태로 사용한다. 그림 10.21 (a)에서는 반사 시스템의 사례를 보여주고 있다. 폴리실리콘 표면에 알루미늄을 증착하여 제작한 평면형 반사경과 고정된 모재상에 설치된 전극 사이에 전압을 부가하여 반사경들을 정전기로 구동한다. 힌지는 반사경들이 일정한 최대각도로 기울여져 있도록 만든다. 여기에 전압이 부가되면 반사경들이 고정된 전극 쪽으로 잡아당겨지며, 반사경의 경사각도는 부가된 전압과 힌지의 복원력에 의해서 결정된다.

그림 10.21 (a) 정전력에 의해서 구동되는 경사진 반사경. 영상투사 시스템의 반사경 어레이에 사용된다. (b) 표면 반사율을 변화시키기 위해서 반사경을 구동하는 또 다른 방법

10.3.3.3 펌프

마이크로펌프에 사용되는 정전식 작동기는 두 개의 평행판 커패시터로 이루어진 견인식 작동기의 단순한 사례이다. 그림 10.22 (a)에서는 소형화된 플랩 펌프의 개념이 도시되어 있다(일반적인 플랩 펌프는 소형 장비의 공기펌핑에 사용된다). 여기서 판들 사이에 전위차가 부가되면 다이아프램은 고정판에 견인되는 이동판처럼 작용한다. 다이아프램판이 위로 휘면서 흡입측 플랩을 열고 흡입작용을 하면 챔버가 채워진다. 전위가 제거되면, 다이아프램은 아래로 복원되면서 흡입측 플랩을 닫고 배출측 플랩을 열어서 유체를 토출한다. 비록 한 번에 펌핑하는 유체의 양은 적을 수밖에 없지만, 이런 유형의 장치는 소량의 유체를 주입하거나 정확한 양의 약물을 투입하기 위한 정량펌핑에 사용할 수 있다. 그림 10.22 (b)에 도시된 것처럼 열팽창을 사용해서도 이와 유사한 작동을 구현할 수 있다. 다이아프램의 상부에 설치되어 있는 가열요소는 다이아프램을 팽창시킨다. 다이아프램판은 팽창에 의해서 위로 움직이면서 유체가 흡입측 체크밸브를 통과하도록 견인력을 생성한다. 열이 없어지면, 다이아프램판은 아래로 움직이면서 유체가 배출측 밸브를 통과하여 나가도록 만든다. 다이아프램판을 바이메탈(알루미늄-실리콘 또는 니켈-실리콘 조합을 사용할

수 있다) 구조로 제작할 수도 있으며, 이런 경우에는 SiO_2 박막을 사용하여 이를 절연시켜야 한다.

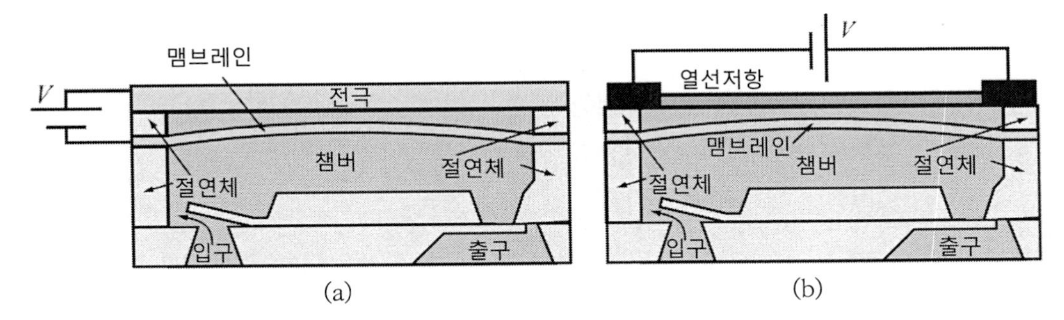

그림 10.22 두 가지 펌프의 구조. (a) 정전력에 의해서 구동되는 플랩펌프. (b) 열선구동식 플랩펌프. 두 펌프 모두 흡입 상태를 보여주고 있다. 전원이 차단되면 다이아프램이 이완되면서 유체를 토출단으로 배출한다.

10.3.3.4 밸브

다양한 형상과 다양한 목적의 **마이크로 밸브**들을 MEMS 기법으로 제작할 수 있으며, 정전기, 열 및 자기력을 사용하여 이를 구동할 수 있다. 그림 10.23 (a)에서는 바이메탈 작동기의 활용사례를 보여주고 있다. 정전력이 부가되지 않는 일반상태에는 밸브가 닫혀 있으며, 열이 부가되면 포핏이 위로 올라가면서 밸브가 열린다. 히터 대신에 고정된 도전판을 포핏 위에 설치하면 그림 10.22 (a)에서와 유사하게 이 밸브를 정전식으로 구동할 수 있다. 깍지형 작동기나 자기식 작동기를 사용해서 상시개방 또는 상시닫힘 밸브를 만들 수도 있다. MEMS 기법으로 제작한 자기식 작동기의 사례로, 그림 10.23 (b)에 도시된 구조를 살펴보기로 하자. 이 장치는 직접구동 방식의 간단한 작동기로서, 고정된 나선형 코일에 전류가 공급되면 이동식 영구자석에 견인력이 부가된다. 이 운동을 사용하여 밸브의 여닫음, 반사경의 구동, 또는 보이스코일 작동기와 동일한 방식으로 다이아프램 구동 등을 구현할 수 있다. 예를 들어, 이 구조를 마이크로폰(또는 동압센서)이나

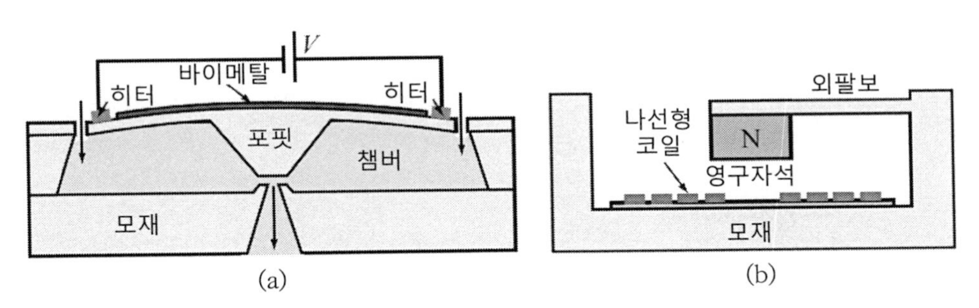

그림 10.23 (a) 열구동 방식 바이메탈 작동기에 의해서 구동되는 상시닫힘 밸브. (b) 보이스코일 작동기와 동일한 방식의 직접구동식 자기구동기

마이크로스피커에 활용할 수 있다. 이 단순한 구조로부터 다양한 변형설계들이 도출될 수 있으며, 자기회로를 여닫을 수 있는 다양한 자성소재들(퍼멀로이, 니켈, 니켈-철합금 등)을 생산에 사용할 수 있다. 코발트-백금 또는 여타의 자성소재들을 사용하여 마이크로영구자석을 생산할 수 있다.

예제 10.7 열구동 방식의 마이크로밸브

그림 10.23 (a)에 도시되어 있는 열구동 방식의 밸브에 대해서 살펴보기로 하자. 이 밸브의 작동원리에 대해서 이해하기 위해서, 바이메탈은 길이 $2[mm]$, 두께 $50[\mu m]$인 박판 형상으로서 구리-니켈로 제작되었으며, $20[°C]$에서 평면형상을 유지한다. 이 바이메탈 박판을 $150[°C]$까지 가열한다. 모재 위로 포핏이 올라가는 거리를 계산하시오. 상승거리가 밸브 개방에 충분한가?

풀이

포핏의 상승량을 계산하기 위해서, 한쪽 끝은 고정되어 있는 바이메탈 박판의 자유단이 아래로 굽어지면 반경이 r인 원형으로 변한다는 점을 기억해야 한다. 이에 대해서는 3.5.2절에서 설명했으며, 식 (3.38)에 따르면,

$$r = \frac{2t}{3(\alpha_u - \alpha_l)(T_2 - T_1)} \ [m]$$

여기서 t는 바이메탈 박판의 두께, T_1은 박판이 평평한 경우의 기준온도, T_2는 박판의 현재온도, 그리고 α_u와 α_l은 각각 상부와 하부 도전체의 열팽창계수이다.

여기서 논의하는 사례에서는, 양단이 구속되어 있으며 중심위치를 상승시켜야 하지만, $T_2 = 150[°C]$에서의 박판 반경은 한쪽이 자유단인 경우의 값과 (거의) 같다. 표 3.10으로부터 구리(상부 도전체)와 니켈(하부 도전체)의 열팽창계수값인 $\alpha_u = 16.6 \times 10^{-6}[1/°C]$와 $\alpha_l = 11.8 \times 10^{-6}[1/°C]$을 얻을 수 있다. 이를 사용하여 굽힘반경을 계산해 보면,

$$r = \frac{2 \times 50 \times 10^{-6}}{3 \times (16.6 - 11.8) \times 10^{-6} \times (150 - 20)} = 5.342 \times 10^{-2}[m]$$

또는 약 $53.42[mm]$이다. 박판 중앙부의 상승높이를 계산하기 위해서 그림 10.24의 스케치를 활용할 수 있다. 여기서 각도 α는 다음과 같이 계산된다.

$$\alpha = \sin^{-1}\left(\frac{c}{r}\right) = \sin^{-1}\left(\frac{1}{53.42}\right) = 1.0726[\text{deg}]$$

따라서 거리 x는 다음과 같이 계산된다.

$$x = r\cos\alpha = 53.42\cos(1.0726) = 53.41064[mm]$$

따라서 상승높이 d는 다음과 같이 계산된다.

$$d = r - x = 53.42 - 53.41064 = 0.00936[mm]$$

따라서 포핏의 상승높이는 $9.36[\mu m]$이다. 이는 긴 거리로 생각되지 않겠지만, 마이크로밸브의 치수들을 고려해 본다면, 이는 밸브를 개방하기에 충분한 값임을 알 수 있다.

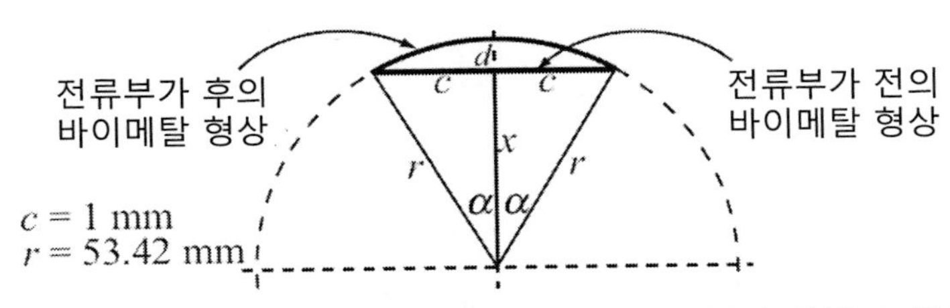

그림 10.24 그림 10.23 (a)에 도시되어 있는 포핏의 상승량 계산용 스케치

10.3.3.5 여타의 MEMS 소자들

앞서 살펴보았던 MEMS 센서와 작동기들은 지금까지 구현되었거나 앞으로 구현 가능한 수많은 소자들 중에서 극히 일부에 불과하다. MEMS 개발 초기에는 이 기술의 가능성을 보여주기 위해 회전형 모터, 그리퍼, 래치, 라쳇 메커니즘과 같은 매우 흥미로운 소자들이 다수 제작되었다. 이들 중에서 일부 관성 센서들이 상업적 성공을 거두면서 더 복잡하고 더 다양한 센서와 작동기들의 개발이 촉진되었다. 이런 초기 개발 단계에서 발굴된 적용사례에는 마이크로채널이나 마이크로모터 등과 더불어, MEMS 소자처럼 보이지 않는 표면탄성파(SAW) 공진기, 지연선 그리고 필터들과 같이 7장과 8장에서 논의되었던 소자들이 포함된다. MEMS가 발전을 이룬 또 다른 분야로는 저압 및 고압용 센서, 빔프로젝터와 디스플레이 장치들, 그리고 생체의학용 센서 등이 포함된다.

10.4 나노센서와 작동기

나노센서는 나노스케일 소자, 즉 최대치수가 $100[nm]$ 미만인 소자에 사용되는 일반적인 용어이다. 비록 모든 센서들이 이 책의 서언에서 설명했던 것처럼 동일한 기본요소들로 이루어지지만, 나노센서들은 체적당 표면적의 비율이 훨씬 더 클 뿐만 아니라 생물학적 반응과정을 포함하는 다양한 자극들이 일어나는 스케일과 유사한 스케일에서 센서가 작동하기 때문에, 나노센서들은 더 큰 규모의 등가 센서들보다 훨씬 더 높은 민감도를 가지고 있다. 게다가 나노소재들은 더 큰 스케일의 소재들에서는 발견할 수 없는 독특한 특성을 가지고 있으며, 조성이나 조합방법을 사용하여 이 성질들을 조절할 수 있다. 이들이 가지고 있는 성질들 때문에, 나노센서들은 훨씬 값싸며 차별성을 가지고 있어서 의료분석을 포함하는 생물학적 측정뿐만 아니라 비생물학적 용도에 사용하는 소자들의 대량 생산에 적용하기 용이하다. 전기, 광학, 자기, 또는 기계적 특성을 활용하여 나노센서와 극소수의 나노 작동기들을 구현할 수 있다. 다양한 화학 및 생체측정 용도에서 특정물질의 분석을 위한 시약과 결합하여 사용할 수 있다.

세 가지 일반적인 방법들을 사용하여 나노소자를 만들 수 있다. 크기가 $100[nm]$ 내외로 비교적 큰 경우에는 분해능과 반복도가 한계에 근접하기는 하지만 여전히 노광기법을 사용하여 제작할 수 있다. 소위 하향식 또는 차감식 제조방법은 MEMS를 포함하여 전형적인 반도체 소자의 제조에 사용되고 있지만, 나노센서나 나노작동기의 생산에는 제한이 있다. 두 번째 방법 그리고 아마도 가장 일반적인 방법은 덧붙임 또는 상향식 방법으로서, 원자나 분자규모 또는 점, 선 및 튜브와 같은 나노구조를 사용하여 소자를 제작한다. 주로 비 생물학적 환경하에서 특정 구조를 만들기 위해서 모재나 액체의 표면에서 일어나는 반응을 활용할 수 있다. 세 번째 방법은 원자나 분자가 유용한 구조로 스스로 정렬되는 특성을 활용하여 생물학적 구조를 모사하는 것이다.

측정용 나노구조를 탐구하는 이유는 매크로나 마이크로 구조를 사용해서는 나노구조들이 가지고 있는 성질을 구현할 수 없거나, 많은 경우에 나노구조를 사용하면 민감도가 향상되기 때문이다. 화학센서나 생물화학센서의 경우에 나노구조가 가지고 있는 큰 체적대비 표면적 비율이 장점으로 작용한다. 센서의 크기가 원자레벨까지 접근하면 센서가 생체세포보다 작아지기 때문에, 전에 없던 높은 민감도로 국부측정이 가능해진다. 나노스케일에 근접하면 전자구조에 의한 분자간 견인력(반데르발스 힘)이나 정전기력에 비해서 중력은 무시할 수준이 되어버린다. 매크로 구조에서는 논의할 필요조차 없었던 광파에 의한 작용력도 나노스케일에서는 큰 힘으로 작용한다. 따라서 흡수와 같은 광학적 성질이나 전기적 성질들(전기전도도, 투자율과 유전율)이 매우 다르게 작용하게 된다. 기계적인 특성도 매우 달라진다. 예를 들어, 가장 일반적인 나노구조물은 C60 탄소분자와 그라파이트, 그리고 특히 그라파이트를 기반으로 하는 탄소나노튜브이다. 탄소 나노튜브는 다이아몬드와 유사하게 탄성계수가 $1[TPa]$에 이르며, 높은 열전도도와 반도체 특성을 가지고 있고, 특정 화합물의 경우에는 초전도 특성을 가지고 있다. 탄소 나노튜브와 더불어 철산화물, 아연산화물, 실리콘 및 여타 소재들을 기반으로 하는 나노구조들이 생산되었으며 특성이 규명되었다.

나노센서와 작동기들은 여전히 활발한 연구와 개발이 수행되는 분야이다. 센서 특성에 대한 많은 연구와 더불어서 다양한 실험장치들이 제시되었으며, 이들 중 일부는 마이크로스케일에 근접하는 큰 크기로 제작되었다. 나노센서와 나노작동기의 구현에 있어서 가장 큰 기술적 장애요인은 외부 세계와의 상호작용을 위한 전기적 연결을 구현하는 것이다.

10.5 스마트센서와 작동기

스마트센서나 **스마트작동기**는 일정 수준의 지능이 탑재된 센서나 작동기를 의미한다. 이는 단순이 소자의 일반기능과 더불어서 통신, 전력관리, 국지적인 신호와 데이터처리, 그리고 때로는 의사결정까지 포함하는 추가적인 기능들을 구현하기 위한 회로들이 추가된다는 것을 의미한다. 이를 구현하기 위해서는 전자회로를 구동하기 위한 추가적인 전력이 필요하다. 예를 들어, 데이터를 분석하기 위해서 센서/작동기에 마이크로프로세서를 추가할 수 있다. 이를 통해서 센서 출력의 이산화, 원치 않는 자극의 보상, 응답의 선형화, 오프셋의 제거, 그리고 당연히도 센서가 최종적으로 연결될 부 프로세서와의 통신 등이 수행된다. 지능화 또는 센서를 얼마나 스마트하게 만들 것인가에 대한 수준은 아주 초보적인 단계에서부터 정말로 복잡한 단계에 이르기까지 다양하다. 가장 낮은 수준인 경우, 여기에는 전류 및 전압제한기, 능동형 필터, 보호 및 보상회로, 또는 온도감지회로 등이 포함될 수 있다. 가장 높은 수준인 경우에는 이산화, 데이터 전송(유, 무선), 데이터 저장, 그리고 센서를 독립적인 측정 시스템으로 만들어줄, 상상할 수 있는 다른 모든 기능들이 포함된 신호처리가 수행된다. 작동기의 경우, 열, 과전압 및 과전류에 대한 보호회로와 더불어 운동이나 기능을 제어하는 장치까지 추가할 수 있다. 여타의 옵션들로는 계수기, 경보장치, 기록장치 등이 포함된다. 특히 실리콘 기반의 센서를 포함하는 센서 전자회로를 통합하는 것은 항상 가능하지만, 항상 상업적 타당성이 선결되어야만 한다. 센서 일체형 작동기가 (예를 들어, 자동차나 장난감 시장과 같은) 대량 판매시장에서 사용된다면 이런 통합이 타당할 것이다. 이외의 경우에는 일반적인 센서를 사용하고, 설계자가 설계상의 필요에 따라서 이를 통합하도록 만드는 것이 더 좋다.

여기서 주의할 점은 스마트라고 부를 수 있는 소자에는 두 가지 유형이 있다는 것이다. 첫 번째는 센서, 작동기 및 전자회로들이 하나의 다이나 통합회로 패키지로 통합된 진정한 통합소자이다. 일반적으로 실리콘 기반의 소자에서 자주 사용되는 형태이다. 이 경우에는 소자의 대량 생산이 가능해지며, 설계자는 표준 크기로 만들어진 소자를 사용할 수 있다. 두 번째는 다수의 시스템들을 하나의 유닛으로 패키징한 시스템이다. 소형의 기판이나 플러그인 패키지, 또는 박스의 형태로 이를 사용할 수 있다. 일반적으로 패키지의 크기가 커지며, 소자는 소량이 생산될 뿐이다. 심지어는 특정 용도나 산업에 적용하기 위해서 커스텀 방식으로 제작하기도 한다.

그림 10.25에서는 스마트 센서의 일반적인 구성을 보여주고 있다. 그림에 표시된 다양한 블록들은 스마트 센서의 구성요소들을 나타낸다. 거의 모든 유형의 센서들이 사용될 수 있으며, 센서의 유형에 따라서 사용할 회로는 달라진다. 이에 대해서는 다음의 두 장들에서 살펴볼 예정이다. 인터페이스회로라고 표기된 블록은 다양한 기능을 갖출 수 있다. 이 블록은 단순히 필터나 전압조절회로만을 의미할 수도 있다. 여기서 임피던스를 매칭하거나 센서의 전원을 마이크로프로세서와 분리시켜주기도 한다. 또한 신호처리유닛이나 디지털-아날로그(D/A) 변환기, 또는 여타의 기능들이 조합된 형태가 포함될 수 있다. 마이크로프로세서는 본질적으로 데이터 기록, 시간, 주파수, 전압 및 전류와 같은 인자들의 측정, 데이터, 인자 및 지력의 저장 등이 가능하다. 전기는 전력망, 전지, 또는 다양한 에너지원으로부터의 수확 등을 통해서 공급할 수 있으며, 마이크로프로세서를 포함한 회로들을 사용하여 전력 사용 스케쥴링, 저전력 모드로 스위칭, 전지 전압부족 경고등을

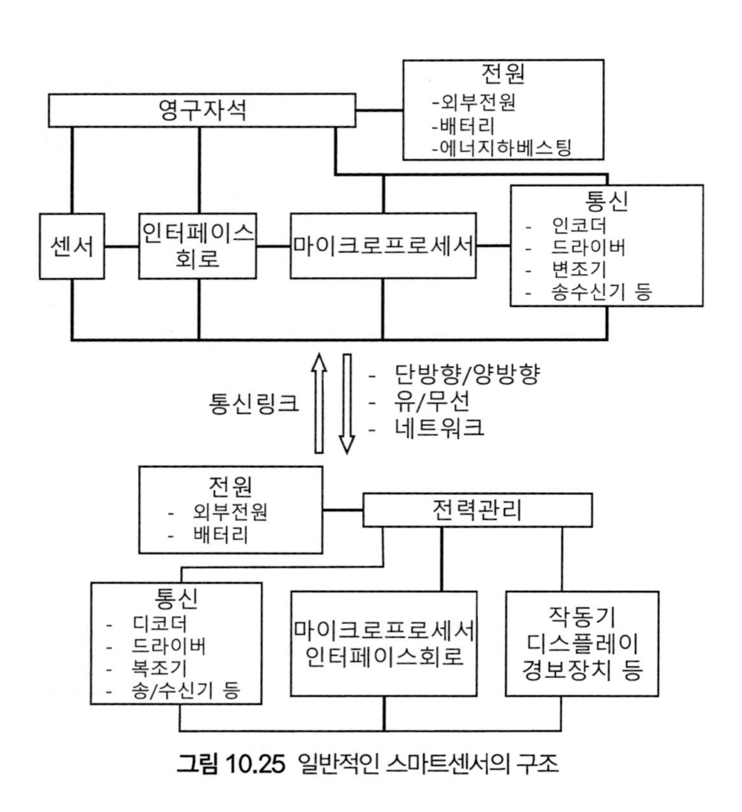

그림 10.25 일반적인 스마트센서의 구조

통해서 전원의 소비를 조절할 수 있다. 통신모듈에도 많은 기능들이 포함될 수 있다. 여기에는 변조기, 인코더, 유/무선 링크를 통한 데이터 송수신 등이 포함된다. 또한, 여기에 드라이버와 통신 프로토콜 등이 포함될 수 있으며, 심지어는 통신회선의 소비전력을 감시하는 센서도 포함시킬 수 있다.

통신방법으로는 유선이나 무선, 또는 둘 다 사용될 수 있다. 접속, 원격제어 및 마이크로세서 프로그래밍 등이 가능한 양방향 통신을 사용할 수 있으며, 더 단순한 경우에는 센서에서 베이스 스테이션으로 데이터 전달만 가능하게 만들 수도 있다.

통신회선의 반대쪽에 위치하고 있는 베이스 스테이션의 역할은 센서유닛과는 다르다. 통신모듈에서 신호를 수신하면 이를 마이크로프로세서로 보내며, 필요에 따라서 추가적인 신호처리, 저장 및 데이터 보관 등을 수행한다. 시스템의 사용 목적에 따라서 센서에서 보내준 데이터를 단순히 표시하거나, 필요에 따라서 다양한 작동기를 구동하는 등의 필요한 작동을 수행한다.

비록 이런 기능들과 관련 회로들 중 대부분에 대해서는 11장에서 논의할 예정이지만, 상상할 수 있는 대부분의 기능들과 거의 모든 수준의 복잡성을 센서유닛의 일부분으로 통합시켜서 구현할 수 있다는 점은 명확하다.

스마트작동기의 구조 설명에도 이와 매우 유사한 도표를 사용할 수 있다. 스마트작동기의 경우에는 베이스 스테이션에서 작동기 유닛으로 명령과 데이터를 송신하면서 공정이 시작되며, 작동기측 마이크로프로세서와 작동기가 서로 인터페이스되어 있어야 한다.

우리는 여기서 암묵적으로 센서와 작동기들, 특히 앞서 설명했던 MEMS 소자들은 전자회로와 통합되어 있다고 간주하고 있다. 이후의 절들과 다음 장에서는 스마트센서와 작동기들에 대해서 집중적으로 다룰 예정이다. 다음 절에서는 무선 센서에 대해서 살펴본 다음에, 센서 네트워크에 대해서 논의할 예정이다. 다음의 두 장들에서는 센서와 작동기들을 마이크로프로세서와 인터페이스하기 위해서 필요한 회로와 시스템들에 대해서 살펴볼 예정이다.

예제 10.8 자동차용 타이어에 내장되는 스마트 원격 압력 및 온도센서

그림 10.26에서는 차량의 타이어 속에 내장되어 운전자에게 압력과 온도 정보를 전송해주도록 설계된 센서를 보여주고 있다. 여기에 포함된 많은 구성요소들에 대해서는 11장에서 설명하고 있지만, 일단 여기서는 스마트센서가 어떻게 구성되는지에 대해서만 살펴보기로 한다. 이 사례에서 센서와 다양한 구성요소들은 개별소자들이지만, 대량 생산을 위해서 하나의 칩으로 통합할 수 있다.

아날로그 압력 및 온도센서로부터 수집된 데이터를 마이크로프로세서 내부에 내장된 아날로그-디지털

(A/D) 변환기를 사용하여 이산화 한다. 이 데이터는 내부에 저장될 뿐만 아니라 인코딩 후에 무선통신을 사용해서 타이어 벽을 거쳐서 데이터의 수신 및 디스플레이가 이루어지는 계기판으로 전송된다. 소비전력이 매우 작은 듀티사이클 스위칭회로가 2분당 2초 동안만 전체 시스템을 켜서 정보를 송신한 다음에 시스템을 끈다. 이런 방식을 사용해서 평균 소비전류를 약 25[μA]까지 낮출 수 있기 때문에, 내장형 전지만으로도 약 5년 동안 전체 유닛을 작동시킬 수 있다. 이는 배터리 교체가 쉽지 않은 시스템에서 매우 중요한 사안이다. 차량 내부에 탑재된 시스템에서는 모든 과정이 역으로 진행된다. 데이터를 수신한 다음에는 이 정보를 디코딩하며, 압력과 온도정보를 계기판에 표시하고, 문제가 생기면 경고를 표시한다(즉, 압력이 위험수준까지 낮아지거나 높아지거나, 또는 온도가 너무 높아지면 타이어가 파손되었다는 경고를 내보낸다). 시스템에서는 이 정보와 경고를 휴대폰이나 위성통신과 같은 무선 링크를 통해서 서비스센터로 보내도록 프로그래밍할 수 있으며, 이는 견인차량이 해당 차량을 추적 및 수리하는 데에 있어서 중요한 정보이다. 따라서 이를 GPS와 연동하여 위치정보를 함께 보낼 수도 있다.
이런 배열에서 센서는 단순히 운전자에게 정보를 전송하는 목적으로만 사용되기 때문에, 통신은 일방향으로만 진행되며, 운전자는 센서를 통제할 수 없다. 만일 양방향 통신이 필요하다고 판단되면, 수신기나 송신기를 쌍방향 통신이 가능한 송수신기로 바꿔야 한다. 이외에도 몇 가지 수정이 필요하지만, 여기서는 블록선도로만 살펴보는 단계이기 때문에 더 자세히는 들어갈 필요가 없다. 전력관리도 중요한 문제이다. 센서는 3.3[V]나 3.6[V] 전지(리튬-이온 전지)를 사용하는 반면에, 차량 내에서는 12[V] 전원으로부터 마이크로프로세서와 여타의 회로들이 사용하는 5[V]로 전압을 낮추어 사용한다. 타이어압력 모니터링 시스템(TPMS)은 승용차에서 일반적으로 사용되고 있으며, 많은 나라에서는 이 센서의 사용이 법제화되어 있다.

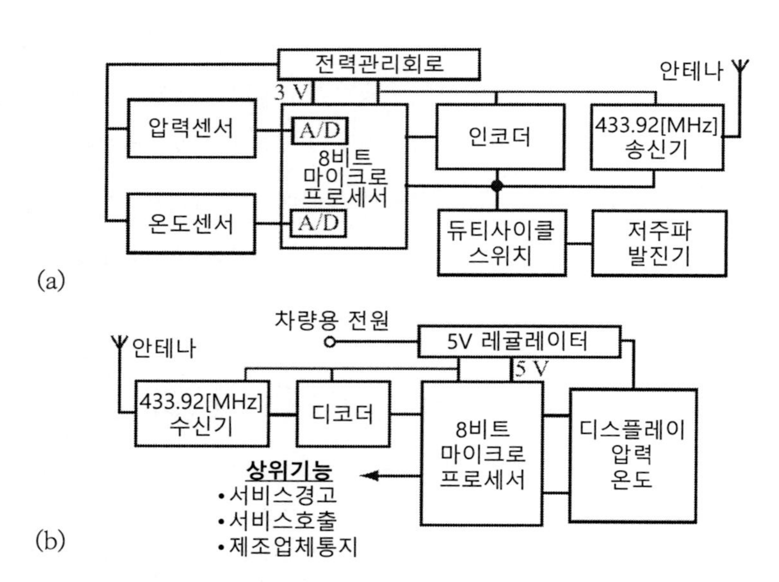

그림 10.26 차량용 타이어 내의 압력과 온도 원격측정. (a) 타이어 내에 탑재된 스마트센서. (b) 차량 내에 설치된 모니터

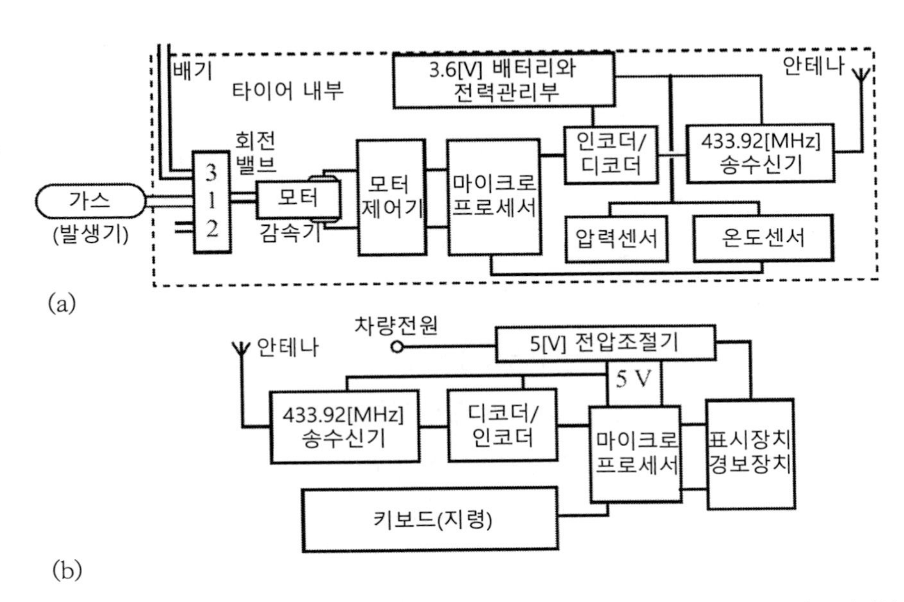

그림 10.27 원격 타이어압력 조절장치의 구성도. (a) 타이어 내장식 작동기. (b) 차체 탑재식 모니터와 제어기

예제 10.9 스마트 원격 타이어압력 제어기

대부분의 차량에서는 운전자가 가끔씩 타이어 압력을 측정하고 압력을 보충해주는 방식으로 타이어 압력이 관리된다. 하지만 올바른 압력은 안전과 효율(연비)의 측면에서 매우 중요하다. 또한 추진력에도 영향을 끼치므로, 다양한 운전조건에 따라서 타이어 압력을 조절할 필요가 있다. 노면이 단단한 경우에는 일반적으로 압력이 높은 것이 좋으며, 노면이 연한 경우(눈이나 모래)에는 압력이 낮아야 한다. 이와 마찬가지로, 온도가 상승하면 타이어압력이 증가하면서 타이어가 파열될 위험이 증가하는 반면에, 온도가 낮아지면 압력이 감소하여 과도한 타이어 마멸과 연비 저하가 초래된다. 그림 10.27에는 미리 설정된 조건이나 운전자의 조작에 따라서 타이어 압력을 자동으로 조절하는 스마트 작동시스템이 도시되어 있다. 이 시스템은 타이어 내부에 내장되어 있는 3로식 밸브와 소형 모터로 이루어진다. 밸브에는 3개의 포트들이 마련되어 있다. ①번 포트는 공압원과 연결된다. 이는 (휠에 내장되며, 외부에서 교체가 가능한) 이산화탄소(CO_2) 압력용기를 사용하거나, 또는 필요시마다 기체를 생성할 수 있는 화학 반응기를 사용하여 구현할 수 있다. ②번 포트는 타이어 내측으로 연결되어 있으며, 밸브를 사용하여 ①번 포트와 ②번 포트를 서로 연결시켜 주면 내부 압력을 높일 수 있다. ③번 포트는 타이어 외부와 연결되어 있어서 밸브를 사용하여 ②번 포트와 ③번 포트를 서로 연결시켜 주면 내부 압력을 낮출 수 있다. 이 밸브는 마이크로압축기를 사용하여 구동되며, 귀환제어 링크가 연결되어 있어서 마이크로프로세서를 사용하여 밸브의 위치를 조절할 수 있다. 가압과 감압명령을 내리기 위한 근거로서 압력센서와 온도센서의 신호가 귀환된다. 압력과 온도신호는 쌍방향 무선링크를 통해서 운전자에게 전달된다. 또한 스마트 작동기에는 소비전력을 최소화시켜서 전지를 오래 사용할 수 있도록 만들어주는 전력관리 시스템이 내장된다.
차량 내에서는 운전자가 타이어의 상태를 감시하며, 노면의 상태에 알맞은 최적의 조건으로 세팅된 타이어 압력을 수동으로 조작할 수 있다. 표시기에는 저압, 고온, 밸브파손, 전지 방전, 가스 발생기의 압력저하 등과 같은 다양한 모드의 경보가 송출된다. 또한 이 작동기가 지능형이라는 것은 압력센서와 온도센서를 활용한다는 것을 의미한다. 여기에 또 다른 센서를 추가할 수도 있다. 예를 들어, 진동센서는 노면조건에 대한 정보를 제공할 수 있다.

10.5.1 무선센서와 작동기, 그리고 이들의 활용과 관련된 문제들

센서나 작동기 자체는 무선방식이 아니다. 무선이라는 용어는 소자 자체가 아니라 여기에 연결된 기능들을 의미한다. 대부분의 경우, 통신은 데이터와 제어신호의 송신과, 때로는 수신도 함께 가능하게 해준다. 즉, 대부분의 센서들은 무선링크를 통해서 직접 전송이 가능한 데이터를 만들어내지 않으므로, 필요에 의해서 일반 센서를 스마트센서로 만드는 것이다. 예를 들어, 열전대는 (전압이 느리게 변하는) DC 신호를 만들어낸다. 이 신호를 (아마도 증폭을 거친 후에) 우선 이산화시키고 나서 캐리어 주파수로 변조하여야 이를 송출할 수 있다. 프로세서가 설치되어 있는 수신측에서는 이와 반대의 순서로 신호처리가 진행된다. 일부의 센서들은 진정한 디지털 방식을 사용한다. 예를 들어, 신호의 주파수가 자극에 비례한다. 이런 유형의 신호들은 일반적으로 무선 시스템과의 인터페이스가 용이하다. 이런 모든 점들을 고려해볼 때 **무선센서**는 본질적으로 물리적 연결을 무선연결로 대체하는 것을 의미한다. 또한, 이를 통해서 진정한 의미의 원격측정이 가능해진다. 다른 대륙, 우주 또는 다른 행성과 같이 프로세서와 멀리 떨어진 위치에 센서(또는 작동기)를 설치할 수 있다. 필요에 따라서 단거리 통신, 마이크로파 통신, 무선통신 시스템, 또는 위성 등을 활용하여 통신망을 구축할 수 있다.

많은 측정 시스템들이 전용망 기반의 단거리 무선통신기법을 사용한다. 비인가 단거리 통신에는 전형적으로 ISM[3](산업, 과학 및 의료) 대역이나 SRD[4](단거리통신) 대역이 할당되어 있다. 이 주파수들은 원격제어(차고 문 개폐기, 자동차와 건물의 무선도어, 자율주행자동차 등), 취미와 오락(모델비행기, 자동차 및 휴대폰), 그리고 데이터 전송 등에 활용된다. ISM 대역은 주파수, 대역, 그리고 송출 출력 등을 엄격하게 규제하고 있다. 특히, 신호 송출범위가 전형적으로 $100[m]$ 미만으로 매우 짧다. 그럼에도 불구하고, 이 정도 거리는 건물 내부, 공장 내부, 차량 내부 및 가정용 원격측정에는 충분한 거리이다. 많은 경우, 필요한 통신거리는 유도결합만으로도 충분할

3) ISM: Industrial, Scientific, and Medical

4) SRD: Short Range Device

정도로 매우 짧지만, 이들도 무선링크의 범주에 속한다.

10.5.1.1 ISM 과 SRD 대역

미국의 연방통신위원회(FCC)는 산업분야와 공공분야에서 일반적으로 사용할 수 있는 주파수를 할당하는 권한을 가지고 있다. 유럽이나 여타 여러 나라들에서는 유럽전기통신표준화기구(ETSI), 유럽무선통신국(ERO), 그리고 국제전기통신기구(ITO) 산하의 국제무선특별위원회(CISPR) 등이 주파수의 사용을 통제하고 있다. 미국(및 캐나다)과 유럽 및 여타 국가들이 할당한 주파수 대역들이 항상 서로 동일하지는 않지만 상당부분이 서로 중첩되어 있다.

ISM 대역은 원래 마이크로파 오븐, 고주파용접 등의 산업적 활용과 마이크로파를 사용한 종양 시술과 같은 의료목적으로 사용하기 위해서 할당되었다. 이 주파수 대역은 다시, 표 10.1과 같이 세분화된다. 저주파 대역은 일반적으로 산업용 마이크로파 가열, 용접 및 조리 등에 활용될 뿐만 아니라, 무선식별시스템(RFID)용 태그와 단거리 무선통신에도 사용된다. $2.45[GHz]$ 대역과 같은 여타의 주파수들은 마이크로파오븐과 같은 가전제품뿐만 아니라 무선전화, 와이파이 등에도 사용되고 있다. $915[MHz]$ 대역은 통신, 제어 및 RFID 등의 분야에서 광범위하게 사용되고 있다. 할당된 주파수들 중 일부는 아직 사용되지 않고 있지만, 향후의 활용을 위해서 미리 할당되어 있다.

SRD 대역은 사용에 아무런 규제가 없도록 할당된 주파수 대역이다. 하지만 실제로는 매우 엄격한 규정들이 적용되고 있기 때문에, 규제가 없다는 것은 잘못된 표현이다. 하지만 무선을 사용하는 제품이 주파수, 대역, 출력 및 작동주기시간 등과 같은 각종 규제항목들을 충족시킨다면, 아무런 허가 없이도 이를 사용할 수 있다. 이 주파수 대역은 다시 표 10.2와 같이 세분화된다. 물론, 국제적으로 허용된 주파수는 $433[MHz]$뿐이다. 이 주파수는 거의 전 세계적으로 단거리 무선제어(무선도어, 차고개폐 등)에 사용되고 있다. 미국의 경우, 과거에는 이런 목적으로 다른 주파수들($290[MHz]$, $310[MHz]$, $315[MHz]$ 및 $418[MHz]$)이 사용되었지만, 점차로 국제적인 표준을 따르는 추세이다. 이보다 높은 대역($860 \sim 928[MHz]$은 여전히 분리되어 있으며, 하나의 공통 대역으로 수렴될 기미가 보이지 않는다.

표 10.1 ISM 할당과 활용범위 및 허용출력

주파수	활용사례	출력
124~135[kHz]	저주파, 유도결합, RFID, 타이어압력센서	72[dBμA/m]
6.765~6.795[MHz]	유도결합, RFID	42[dBμA/m]
7.400~8.800[MHz]	도난방지장치	9[dBμA/m]
13.553~13.567[MHz]	유도결합, 비접촉 스마트카드, 스마트라벨, 물품관리, 고주파용접, 단거리통신, RFID	42[dBμA/m]
26.957~27.283[MHz]	산업용 마이크로파 오븐, 고주파용접	42[dBμA/m]
40.660~40.700[MHz]	산업용 마이크로파 오븐, 고주파용접	42[dBμA/m]
433.050~434.790[MHz]	원격도어, 무선제어	10~100[mW]
2.400~2.483[GHz]	원격제어, 차량식별, 마이크로파 오븐, LAN, 블루투스, WLAN, 지그비, 무선전화	미국, 캐나다: 4[W] 유럽: 500[mW]
5.725~5.875[GHz]	보안용 무선 비디오카메라, 무선통신, 제어, WiMAX, 향후 사용예정 대역	미국, 캐나다: 4[W] 유럽: 500[mW]
24.000~24.250[GHz]	향후 사용예정 대역	미국, 캐나다: 4[W] 유럽: 500[mW]

주의:
마지막 세 가지 대역들은 각각 0.5[MHz] 대역폭을 갖는 채널들로 세분화되어 있다.
출력값들은 통신용에 국한된다. 마이크로파 오븐의 경우에는 시스템이 밀폐되어 있기 때문에 훨씬 더 강력한 출력이 송출된다.

표 10.2 SRD 할당과 활용범위 및 허용출력

주파수[MHz]	활용사례	출력
433.050~434.79	표 10.1 참조	10[mW]
863.0~870.0	무선 오디오, 알람, RFID, 무선전화기 등	대역에 따라서 5~500[mW]
902.5~928	위와 동일	미국/캐나다: 4[W]

각 주파수 대역들은 또다시 세분화되어 용도가 제한된다. 예를 들어, (860$[MHz]$ 이상의) 고주파 대역은 채널로 구분된다. 하나의 채널을 사용하여 통신하거나 채널들 사이를 오갈 수는 있지만, 두 채널을 모두 포함하는 대역을 사용할 수는 없다. 433$[MHz]$의 경우, 대역이 고정되어 있으며 채널이 없다(즉, 단일대역이다). 출력은 10$[mW]$로 제한되어 있으며(특별한 허가를 통해서 100$[mW]$까지 높일 수 있다), 작동주기시간은 10% 미만이어야 한다. 즉, 송신주기 10초당 1초 이상 무선신호를 송출해서는 안 된다.

센서와 작동기들은 앞서 언급된 작동범위 내에서 개별적으로, 또는 여타의 시스템들과 연계하여 사용된다. 예를 들어, RFID는 소비제품에서 장난감에 이르는 다양한 물품의 식별에 광범위하

게 사용된다. 이 기능들은 물품의 식별과 제품의 효율적인 유통 및 추적에 사용된다. 그런데 이들은 측정에도 매우 중요하게 사용된다. 예를 들어, 많은 자동차들이 제대로 프로그램된 열쇠만 사용할 수 있도록 열쇠 식별 시스템을 채용하고 있다. 이 시스템의 경우, 열쇠 내에 탑재된 RFID를 자동차 계기판이나 조향장치 칼럼에 설치된 수신기가 감지하여 열쇠의 정합성을 식별한다. 이런 경우에는 전형적으로 저주파(전형적으로 $13[MHz]$) 초단거리(일반적으로 $1[m]$ 이내) 무선통신이 사용된다. 여타의 RFID 들은 축산동물의 체온이나 건강상태와 같은 기능들을 모니터링하는 진정한 의미의 센서로 활용된다. 지금까지 살펴봤듯이, 일단 무선시스템에 부가된 신호처리와 관련된 특별한 요구를 수용할 수 있다면, 무선시스템에 센서를 통합하는 데에는 아무런 문제가 없다.

10.5.1.2 무선링크와 데이터 처리

센서나 작동기에서 사용되는 **무선링크**는 여타의 일반적인 무선링크와 유사하다. 유일한 차이점은 이 링크를 통해서 전송되는 정보가 다르다는 것뿐이다. 이런 이유 때문에, 오래 전부터 일반적으로 센서에 무선링크가 사용되어 왔다. 그런데 무선링크 자체는 일반적으로 사용되어 왔지만, 데이터를 전송하는 것은 그렇지 못하다. 센서와 작동기들은 매우 다양하기 때문에, 이들이 만들어내거나 필요로 하는 데이터 역시 매우 다양해서 무선작동방식의 센서나 작동기를 개발하고 이를 성공적으로 사용하는 것은 매우 복잡한 사안이다. 일부의 센서들은 비교적 취급이 용이한 출력을 송출한다. 표면탄성파(SAW) 소자의 경우, 외란에 비례하는 주파수를 생성한다. 열전대의 경우, 매우 낮은 주파수의 직류전압을 생성한다. 이를 무선링크로 송출하기 위해서는 추가적인 회로들이 필요하다. 수신측에서는 신호를 필요한 출력의 형태로 복원시켜야 하므로, 여기서도 추가적인 회로들이 필요하다. 작동기의 경우에도 이와 유사한 문제들이 존재하며, 무선 송수신 장치들과 더불어 신호처리, 증폭 등의 회로들이 필요하다. 무선통신의 요구조건에 맞추기 위해서 신호처리를 수행하는 과정에서 노이즈와 간섭을 포함하여 신호의 무결성에 대해서 주의해야 하며, 무선링크에서 유발되는 각종 문제들을 극복하기 위한 각종의 조치들을 수행해야만 한다. 무선링크는 도구에 불과하며, 신호 자체를 변화시켜서는 안 된다. 이런 이유 때문에, 대부분의 센서와 작동기들에서 출력되는 정보들은 디지털 신호를 사용하여 전송한다.

이 모두를 구현하기 위해서 수많은 방법들과 구성요소들에 대해서 살펴봐야 한다. 제일 먼저, 실제로 데이터를 무선으로 전송하는 송신기, 수신기 또는 송수신기에 대해서 살펴봐야 한다. 센서 및 작동기와 더불어 필요한 모든 인터페이싱 회로들은 신호전압, (데이터의) 주파수, 대역폭, 데이터 전송속도 등과 같은 요구조건들과 정합되어야만 한다. 신호를 직접 전송할 수는 없다. 송신기의 무선주파수로 변조시켜야만 하며, 수신측에서는 이를 복조하여 데이터를 복원시켜야 한다. 많은 경우, 송신보안(도청방지), 신호 무결성(무선링크 이외의 신호원에 의한 간섭이나 오염), 또는 (신호가 원하는 센서로부터 수신되거나 원하는 작동기로 송신되도록) 안전을 위해서 신호를 암호화한다. 수많은 소자들이 동일한 신호 주파수를 함께 사용하거나, 또는 좁은 주파수 대역 내의 소수의 채널을 사용하기 때문에 이 문제는 특히 중요하다. 안테나, 무선링크에 영향을 끼치는 환경조건들, 출력 요구조건과 전원, 그리고 시스템 전체에 영향을 끼치는 여타의 수많은 문제들에 대해서도 추가적인 고려가 필요하다.

무선링크는 최소한 송신기와 수신기로 이루어지며, 이들 각각은 안테나를 구비하고 있다. 센서나 작동기들에 전형적으로 사용되는 안테나는 단순한 1/4파장 단극안테나이다. 이외에도 소형 집적형 안테나와 프린트회로기판에 성형된 루프형 안테나가 사용된다. 대부분의 안테나들은 안테나 축과 수직방향 평면에 대해서 최대이득이 송출되는 무지향성 안테나이다. 각각의 안테나들은 이득, 효율, 그리고 매우 중요한 특성인 임피던스와 같은 특성들을 가지고 있다. 일반적으로 안테나의 임피던스는 송신기 또는 수신기와 매칭되어 있다고 가정한다. 그런데 그렇지 못한 경우에는 송신기의 출력이 감소하며, 심각한 경우에는 송신거리가 감소한다. 임피던스가 매칭되지 않은 안테나에서는 데이터의 무결성이 훼손되는 문제가 발생한다.

마지막으로, 통신경로 역시 매우 중요하다. 대부분의 무선 시스템에서, 통신은 직선상(즉 송신기와 수신기가 서로 바라보는 상태)에서 이루어진다고 가정한다. 이 조건하에서는 신호에 두 가지 기본적인 영향이 작용한다. 첫 번째는 송신출력이 넓은 면적으로 퍼지기 때문에 거리가 멀어질수록 전력밀도가 감소한다는 것이다. 이는 전력 P를 송출하는 단순한 등방성 안테나(공간 중의 모든 방향으로 균일하게 신호를 송출하는 안테나)의 경우에 대해서 살펴보면 쉽게 알 수 있다. 안테나로부터 거리가 R인 위치에서의 전력밀도는 $P/(4\pi R^2)$이다. 수신용 안테나에서 수신하는 전력은 해당 위치에서의 전력밀도에 의존하기 때문에, 수신되는 전력은 거리의 제곱에 반비례한다는 것을 알 수 있다. 두 번째 영향은 공기에 의한 감쇄작용이다. 공기는 감쇄특성이 있는 유전체이다. 즉, 유전율 및 투자율과 더불어 약간의 전기전도도를 가지고 있다. 이로 인하여 전력의 손실이 발생하기 때문에 수신기에서 수신할 수 있는 신호의 전력밀도가 감소하게 된다. 신호의 강도는 지수함수적으로 감소한다. 이 감소율을 감쇄계수라고 부르며(9.4절 참조), 신호가 전송되는 경로상의 전기전도도에 의존한다.

그런데, 신호의 전달경로는 많은 경우 이보다 더 복잡하다. 우선, (우주공간이 아니라면) 지구의 존재 때문에 신호는 공간상의 모든 방향으로 균일하게 퍼지지 않는다. 지구는 추가적인 경로손실을 유발한다. 통신경로상에 존재하는 모든 장애물들은 전력을 산란시키며 거의 항상 손실을 초래한다. 이런 문제들 중 일부에 대해서는 9장에서 전자기 파동과 관련하여 살펴보았으며, 여기서도 동일하게 적용된다.

10.5.1.3 송신기, 수신기 및 송수신기

그림 10.28에서는 구현 가능한 센서와 작동기의 무선링크 구조를 보여주고 있다. 송신기와 수신기는 발진기, 증폭기, 변조기 및 복조기들이 포함되어 있는 전자회로이다(그림 10.28에서는 이들을 별도의 요소들로 표시하여 놓았다). 수행할 기능에 따라서 이 요소들은 비교적 단순하거나 매우 복잡할 수 있다. 여기서는 이 요소들의 내부 작동원리에 대해서 살펴보기보다는 하나의 기능요소로 다룬다. 특정한 주파수와 특정한 특성(변조방식, 데이터 전송속도, 출력, 민감도 등)을 갖춘 송신기와 수신기를 상품으로 구매하거나 센서 패키지 내에 통합시킬 수 있다. 송수신기는 송신기와 수신기를 하나의 패키지 안에 내장하여 쌍방향 통신이나 데이터 전송이 가능한 요소이다. 비록 송신기, 수신기 및 송수신기를 구성하는 작동원리는 매우 복잡하지 않지만, 이 소자들은 효율적인 작동, 안정된 주파수 그리고 임피던스 매칭과 같은 성능들을 충족시켜주는 고주파회로 설계가 필요하기 때문에 고도로 전문화된 영역이다. 이런 이유 때문에, 극소수의 사례를 제외하고는 전체 시스템 설계에서 이 소자를 개별 요소로 사용하며, 센서나 작동기에 통합하는 경우는 거의 없다. 게다가 이들 모두는 내장형이거나 외장형으로 설계된 안테나가 필요하다. 안테나는 프린트회로기판 위에 프린트하여 만들거나 도선을 매달아 놓거나, 특수한 커넥터를 사용하여 안

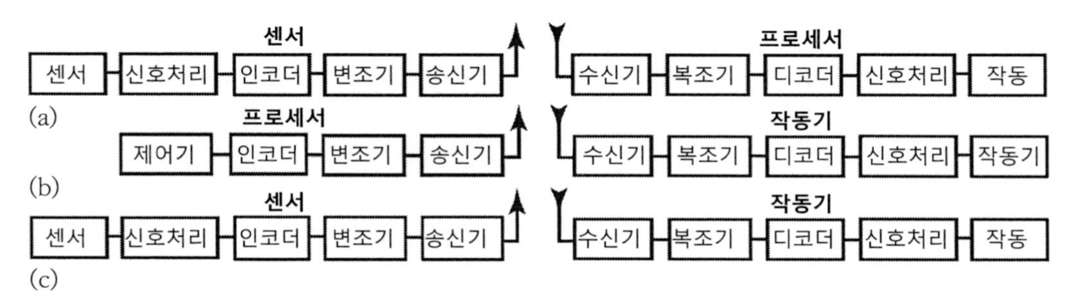

그림 10.28 신링크의 구조. (a) 센서와 베이스 스테이션 사이의 통신링크. (b) 베이스 스테이션과 작동기 사이의 통신링크. (c) 센서와 작동기 사이의 통신링크

테나를 연결하거나, 또는 칩 내부에 집적식으로 제작하여 놓는다. 센서의 경우에는 대부분 1/4 파장길이의 단극성 안테나를 사용하거나 프린트회로기판 위에 프린트된 루프형 안테나를 사용한다. 하지만 집적형 안테나도 크기가 작기 때문에 자주 사용된다.

10.5.2 변조와 복조

캐리어 신호, 즉 송신기에서 송출되는 신호는 용도에 따라 미리 할당되어 있는 주파수를 사용해야만 한다. 예를 들어, $915[MHz]$의 통신링크를 사용한다면, 송신 신호는 주파수 할당 시 지정된 대역폭을 가지고 있는 $915[MHz]$ 전자기 파동이다. 센서로부터 출력된 신호정보가 이 캐리어 파동에 포함되어야 하며, 채널 대역폭을 벗어나지 않아야 한다. 이를 위해서 명확한 방식으로 신호정보를 **변조**하여 캐리어 신호를 만들어서 송신해야 하며, 수신기에서는 이를 **복조**하여 정보를 복원해야 한다. 신호를 변조 및 복조하는 수많은 방법들이 존재하며, 이는 센서와 작동기에서 중요한 사안이다. 만일 센서의 출력이나 작동기에 전송해야 하는 신호가 아날로그라면, 변조에는 **아날로그 변조방식**이 사용된다. 만일 신호가 디지털 또는 송신 전에 디지털로 이산화 되었다면, **디지털 변조방식**이 사용된다. 모든 경우, 캐리어는 아날로그나 디지털 신호에 의해서 변조된 아날로그 신호이다. 즉, 송신기는 아날로그 신호를 전송한다.

10.5.2.1 진폭변조

가장 일반적으로 사용되고 있는 세 가지 아날로그 변조방식은 진폭변조, 주파수변조 그리고 위상변조이다. 그림 10.29 (a)에서는 **진폭변조**(AM)를 블록선도 형태로 보여주고 있으며, 그림 10.29 (b)에서는 이 블록의 입-출력신호를 보여주고 있다. 진폭변조기에서는 정보신호를 사용하여 캐리어신호의 진폭을 변화시킨다. 변조 깊이는 조절할 수 있다. 진폭 A_c, 주파수 f_c인 캐리어 신호를 만들어 입력하며, 진폭 A_m, 주파수 f_m인 (센서나 여타의 신호원으로부터 전송된) 정보신호도 함께 입력한다. 이 센서신호를 **변조할 신호**라고도 부른다. 캐리어신호는 다음과 같이 나타낼 수 있다.

$$A(t) = A_c \sin(2\pi f_c t) \tag{10.8}$$

변조할 신호는 신호원에 의존하지만, 논의를 단순화하기 위해서 여기서는 다음과 같은 정현파 신호라고 간주한다.

$$M(t) = A_m \cos(2\pi f_m t + \phi) \tag{10.9}$$

여기서는 수식의 일반화를 위해서 위상각 ϕ가 추가되었다. 정보신호의 주파수는 캐리어 주파수보다 훨씬 더 낮으며($f_m \ll f_c$), 캐리어신호의 진폭은 정보신호의 진폭보다 크거나 같다($A_c \geq A_m$). 진폭변조의 경우, 다음과 같이 **변조된 신호**가 전송된다.

$$S(t) = [A_c + A_m \cos(2\pi f_m t + \phi)] \sin(2\pi f_c t) \tag{10.10}$$

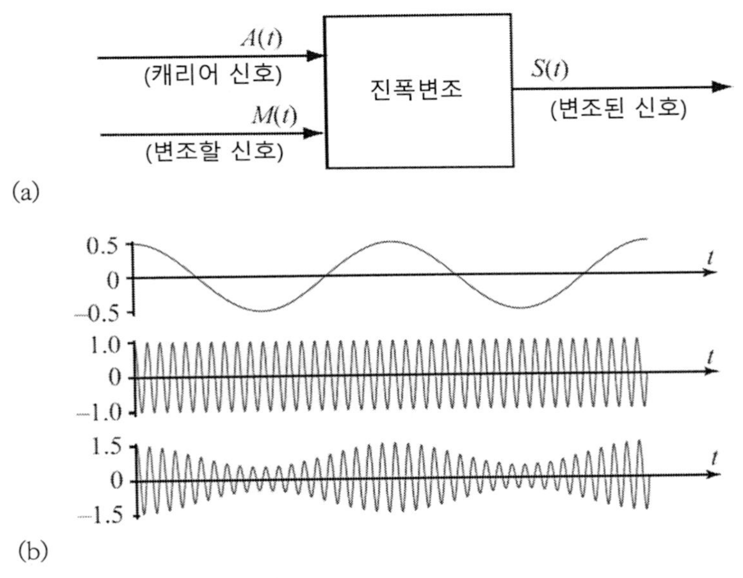

그림 10.29 (a) 진폭변조기의 블록선도. (b) 아날로그 신호의 진폭변조 사례

그림 10.29 (b)에서 알 수 있듯이, 변조된 신호의 진폭에는 센서 신호의 진폭과 주파수와 같은 필요한 정보들이 포함되어 있다. 비율값 $m = A_m / A_c$을 **변조계수** 또는 **변조깊이**라고 부르며, $A_c \geq A_m$인 경우에 0(변조되지 않음)에서 1(100% 변조)까지 변한다. 그림 10.29 (b)에서는 신호가 0.5 또는 50% 변조된 사례를 보여주고 있다. 두 입력신호들을 서로 곱하면 다음과 같이 주파수 $f_c - f_m$, $f_c + f_m$, 그리고 f_c를 포함하는 세 개의 항들이 만들어진다.

$$S(t) = A_c \sin(2\pi f_c t) + A_m \cos(2\pi f_m t + \phi) \sin(2\pi f_c t) \tag{10.11}$$

$$= A_c \sin(2\pi f_c t) + \frac{A_m}{2} \sin[2\pi(f_c + f_m)t + \phi] + \frac{A_m}{2} \sin[2\pi(f_c - f_m)t + \phi]$$

즉, 정보를 전송하기 위해서 필요한 대역폭은 $2f_m$(즉, $f_c - f_m$에서부터 $f_c + f_m$까지)이다. 이 범위가 송신에 할당된 채널의 대역폭을 넘어서는 안 된다.

기본적인 진폭변조에서 다양한 변화가 가능하다. 예를 들어 식 (10.10)이나 (10.11)의 $A_c = 0$으로 놓아도, 즉 (신호를 송출하기 전에 필터링을 통해서) 캐리어 성분을 제거하여도 여전히 **측파대**[5]라고 부르는 두 개의 잔류성분들을 활용할 수 있다. 사실 진폭, 주파수 및 위상과 같은 동일한 정보들을 상위 및 하위쪽 측파대 신호들로부터 추출할 수 있다. 따라서 세 가지 신호들을 모두 송출(일반적인 진폭변조방식)하거나, 캐리어신호는 제거한 채로 양쪽 측파대 신호를 송출(이중측파대(DSB)변조방식)하거나, 또는 한쪽 측파대 신호만을 송출(단일측파대(SSB) 변조방식)하는 방법들을 사용할 수 있다. 비록 센서와 작동기들에서 사용되는 대부분의 아날로그 신호전송에는 진폭변조방식이 사용되고 있지만 여타의 옵션들이 존재하며, 이들 각각이 고유의 가치와 결과들을 가지고 있다는 점을 알아둘 필요가 있다. 예를 들어 단일측파대 신호는 필요한 대역폭이 일반 진폭변조방식에 비해서 절반으로 줄어들며, 식 (10.11)로부터 확인할 수 있듯이 복조기에서 동일한 신호를 처리하는 데에 소요되는 전력이 감소한다. 반면에, 송신기와 수신기에 사용되는 회로가 더 복잡해진다. 이런 이유 때문에 이 방법이 센서에서는 잘 사용되지 않지만, 이런 것들이 장점으로 작용하는 특별한 경우에는 이를 활용할 수 있다.

10.5.2.2 주파수변조

주파수변조(FM) 방식의 경우에는 정보신호의 진폭에 비례하여 캐리어주파수가 선형적으로 변화한다. 앞서 제시된 캐리어 신호와 변조할 신호들에 대해서 주파수변조를 시행하면 다음 신호를 얻을 수 있다.

$$S(t) = A_c \cos\left(2\pi f_c t + 2\pi k_f \int_0^t A_m \cos(2\pi f_m t + \phi) dt\right) \tag{10.12}$$

---

5) sideband

여기서 적분값이 ± 1에 대해서 정규화되었을 때에, $k_f[Hz/V]$는 변조기의 민감도이며 $\Delta f = k_f A_m$은 (캐리어의) 중심주파수로부터의 최대 주파수편차를 나타낸다. 전송할 주파수의 편차값이 통신에 허용된 대역 이내에 위치하도록 k_f값이 선정되어야만 한다. FM 라디오를 예로 들어 보면, 채널당 허용 대역폭은 $200[kHz]$이다. 그러므로 이 최대 주파수편차값이 전송 가능한 정보의 진폭 A_m을 제한한다. 또한 정현파 신호의 경우에는 $2A_m k_f$값이 송신에 사용된 최대 대역폭이지만 다른 형태의 신호를 사용하면 대역폭을 훨씬 더 늘릴 수 있다. 그림 10.30 (a)에서는 주파수변조를 블록선도 형태로 보여주고 있으며, 그림 10.30 (b)에서는 이 변조할 신호가 정현파인 경우에 예상되는 출력신호를 보여주고 있다. 진폭변조의 경우와 마찬가지로 변조계수 $m = \Delta f / f_m$을 정의할 수 있지만, 진폭변조에서와는 달리 m이 1보다 큰 값을 가질 수 있다. 만일 $m \ll 1$인 경우의 변조를 **협대역변조**라고 부르는 반면에, $m \gg 1$인 경우의 변조를 **광대역변조**라고 부른다.

정현파신호의 경우 식 (10.12)의 적분을 수행하면, 다음과 같이 변조된 신호를 구할 수 있다.

$$S(t) = A_c \sin\left(2\pi f_c t + k_f A_m \frac{\sin(2\pi f_m t + \phi)}{f_m}\right) \tag{10.13}$$

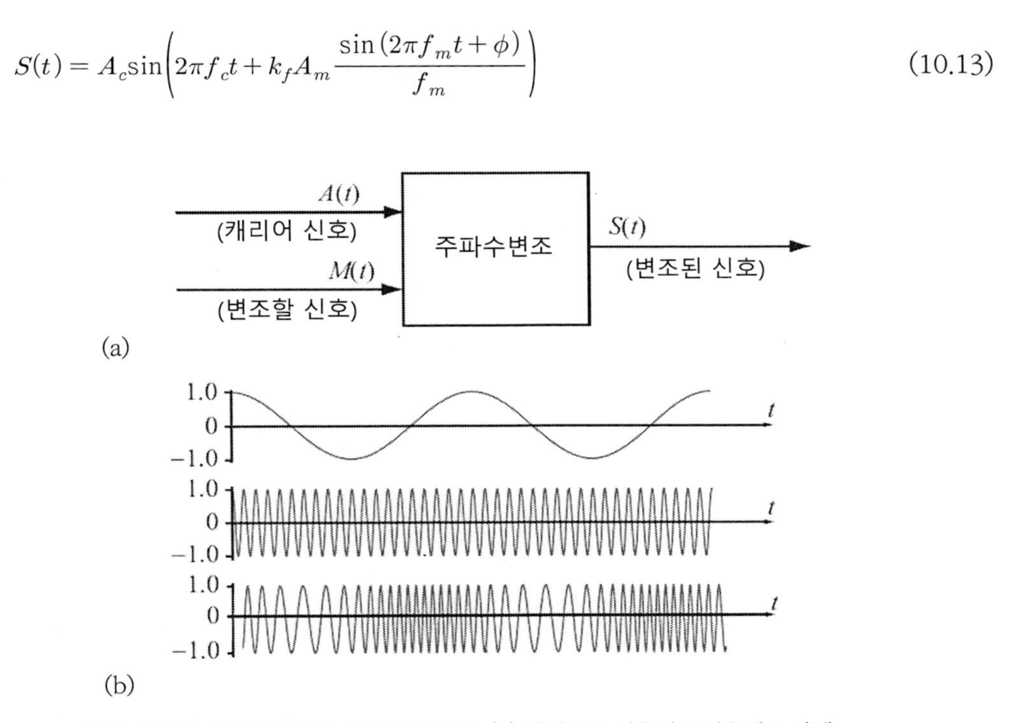

그림 10.30 (a) 주파수변조기의 블록선도. (b) 아날로그 신호의 주파수변조 사례

10.5.2.3 위상변조

위상변조(PM)의 경우, 캐리어의 위상은 정보신호에 따라서 선형적으로 변한다. 변조기의 출력은 다음과 같이 구해진다.

$$S(t) = A_c \cos(2\pi f_c t + k_p A_m \cos(2\pi f_m t + \phi)) \tag{10.14}$$

여기서 $k_p [rad/V]$는 변조기의 위상민감도이며, $\Delta_p = k_p A_m$은 신호에 따른 최대 위상편차값이다. 이 편차값을 사용하여 정보신호의 진폭 A_m을 나타낸다. 주파수나 위상변화는 신호에 동일한 영향을 끼치기 때문에, 주파수변조는 위상변조의 특수한 경우라고도 간주할 수 있다.

이외에도 수많은 변조방식들이 있으며, 여기서 설명한 방식들조차도 다양한 변화가 가능하다. 하지만 일정한 캐리어주파수에 정보신호를 섞는다는 원리는 모든 변조방법들이 동일하게 사용한다.

모든 변조방법들이 가지고 있는 중요한 문제들 중 하나가 바로 대역폭이다. 캐리어 주파수의 대역은 일반적으로 채널로 나누어 허용폭을 할당하고 있다. 변조할 신호의 주파수 스펙트럼은 캐리어 주파수의 허용 대역폭보다 좁거나, 이 대역폭에 맞도록 잘라내야만 한다. 이렇게 신호를 잘라내면 신호가 왜곡되어버린다(디지털 신호는 고차 조화성분이 감소하며, 아날로그 신호는 고주파 성분이 부족해진다). 이는 디지털 신호의 전송에서 특히 중요하다. 예제 10.10에서는 진폭변조의 경우와 결합하여 이 문제에 대해서 살펴보기로 한다.

예제 10.10 디지털 신호의 진폭변조

캐리어 주파수가 $1.2[MHz]$인 AM 라디오를 사용하여 작동주기시간이 50%이며 주파수는 $1{,}000[Hz]$인 (구형파)펄스 트레인을 전송하려고 한다. AM 대역의 채널별 허용 대역폭은 $10[kHz]$로 제한되어 있다. 복조된 신호에 오차가 발생하지 않으며, 대역은 $\pm 5[kHz]$로 제한되는 경우에 수신된 신호의 형태를 계산하여 그래프로 나타내시오.

풀이

구형파신호를 송출하기 때문에, 우선 푸리에변환을 사용하여 펄스에 포함되어 있는 주파수 성분들을 계산해야 한다. 그런 다음, 송출할 신호에 대해서 캐리어 주파수의 양측으로 $5[kHz]$만큼 주파수 성분을 제한해야 한다. 신호성분 중에서 이를 넘어서는 모든 조화성분들이 제거되므로, 수신기에서 복조되는 신호는 대역폭이 $5[kHz]$로 제한된다.

그림 10.31 (a)에 도시된 함수 $f(t)$를 푸리에변환식으로 나타내면 다음과 같다.

$$f(t) = \frac{1}{2}a_0 + \sum_{n=1}^{\infty} a_n \cos\left(\frac{n\pi t}{T}\right) + \sum_{n=1}^{\infty} b_n \sin\left(\frac{n\pi t}{T}\right)$$

여기서

$$a_0 = \frac{1}{T}\int_0^{2T} f(t)dt,$$

$$a_n = \frac{1}{T}\int_0^{2T} f(t)\cos\left(\frac{n\pi t}{T}\right)dt$$

$$b_n = \frac{1}{T}\int_0^{2T} f(t)\sin\left(\frac{n\pi t}{T}\right)dt$$

함수 $f(t)$가 홀수이므로 $a_0 = 1$이며, $a_n = 0$이다. 이를 사용하여 다음과 같이 펄스에 대한 푸리에변환식을 구할 수 있다.

$$F(t) = \frac{1}{2} + \sum_{n=1}^{\infty} b_n \sin\left(\frac{n\pi t}{T}\right)$$

여기서 $a_0/2$는 신호의 DC 전압성분이며, 이 경우에는 $1/2$이다. b_n은 다음과 같이 계산할 수 있다.

$$b_n = \frac{1}{T}\int_{t=0}^{T} f(t)\sin\left(\frac{n\pi t}{T}\right)dt = \frac{1}{T}\int_{t=0}^{T} 1\sin\left(\frac{n\pi t}{T}\right)dt = \begin{cases} 0 & : n\text{이 짝수} \\ \dfrac{2}{n\pi} & : n\text{이 홀수} \end{cases}$$

따라서 푸리에변환식은 다음과 같이 정리된다.

$$F(t) = \frac{1}{2} + \frac{2}{\pi}\sum_{n=1,3,5,\ldots}^{\infty} \frac{1}{n}\sin\left(\frac{n\pi t}{T}\right)$$

신호의 주파수 $f = 1/2T$이므로 $1/T = 2f$이며, 푸리에변환식은 다음과 같이 정리된다.

$$\begin{aligned} F(t) &= \frac{1}{2} + \frac{2}{\pi}\sum_{n=1,3,5,\ldots}^{\infty} \frac{1}{n}\sin(2\pi nft) \\ &= \frac{1}{2} + \frac{2}{\pi}\left(\sin(2\pi ft) + \frac{1}{3}\sin(6\pi ft) + \frac{1}{5}\sin(10\pi ft) + \cdots\right) \end{aligned}$$

이 예제에서 신호의 주파수 $f = 1[kHz]$이며, 허용 대역폭은 $5[kHz]$이다. 그러므로 푸리에 확장식 중에서 앞의 세 항들만 사용할 수 있다(기저주파수가 $1[kHz]$이므로, 3차 조화함수는 $3[kHz]$이며 5차 조화함수는 $5[kHz]$이다). 따라서 무선으로 전송되는 신호는 다음과 같다.

$$F(t) = \frac{1}{2} + \frac{2}{\pi}\left(\sin(2{,}000\pi t) + \frac{1}{3}\sin(6{,}000\pi t) + \frac{1}{5}\sin(10{,}000\pi t)\right)$$

$$0 \le t \le 10^{-3}[s]$$

여기서 신호는 필요에 따라서 증폭할 수 있으므로, 진폭은 단순히 1이라고 가정한다.
그림 10.31 (b)에서는 $F(t)$를 시간함수 그래프로 보여주고 있다. 복조가 시행된 이후에는 그림 10.31 (c)에 도시되어 있는 것처럼, 펄스 중 양의 부분만 재생된다(복조에 대해서는 10.4.3절에서 살펴볼 예정이다). 이 그림에서는 신호의 한 주기만이 표현되어 있다.
신호가 변화된 이유는 송신기의 대역폭이 좁아서 신호성분들 중에서 고차 조화함수가 제거되었기 때문이다. 그럼에도 불구하고, 약간의 신호처리를 거치면 원래의 신호를 완전히 복원할 수 있다.

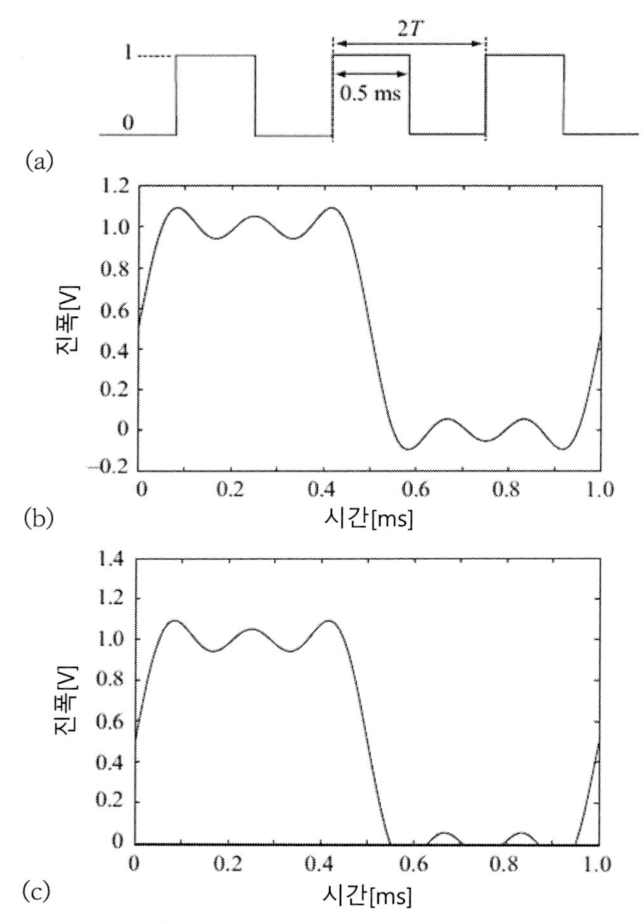

그림 10.31 (a) 변조 및 송신전의 디지털 신호. (b) 푸리에변환을 통해서 재구성된 신호. (c) 복조된 신호

신호가 디지털이라면 변조방식이 약간 달라진다. 캐리어는 여전히 동일하지만, 일정한 주파수와 진폭을 가지고 있는 정현파 신호가 사용된다. 디지털 신호는 단 두 가지의 상태만 존재하기 때문에 변조와 변조된 신호의 표현방법이 단순화된다. 진폭변조, 주파수변조 및 위상변조의 디지

털 등가는 각각 진폭시프트키잉(ASK), 주파수시프트키잉(FSK), 그리고 위상시프트키잉(PSK)이다. 다음에서는 이들에 대해서 살펴보기로 한다.[6)]

10.5.2.4 진폭시프트키잉

진폭시프트키잉(ASK)은 디지털 신호의 변조에 일반적으로 사용되는 방법으로서, 진폭변조와 등가라고 생각할 수 있다. 이 방법에서는 디지털 신호에 따라서 캐리어의 진폭을 시프트시키는 방식으로 캐리어를 변조한다. 캐리어의 진폭을 두 가지 진폭으로 시프트시켜서 하나의 진폭은 "1"을, 다른 하나의 진폭은 "0"을 나타내도록 만든다.

$$A(t) = mA_c \sin(2\pi f_c t),\ \ m = [a, b] \tag{10.15}$$

여기서 m은 a와 b의 두 값을 갖는다(예를 들어, 논리값 "0"에 대해서는 $m = 0.2$를, 그리고 논리값 "1"에 대해서는 $m = 0.8$을 배정할 수 있다). 그림 10.32 (a)에서는 이 두 진폭값들을 사용하여 디지털 신호열 [1, 0, 0, 1, 0, 1, 1, 0, 0, 1]을 변조한 결과를 보여주고 있다.

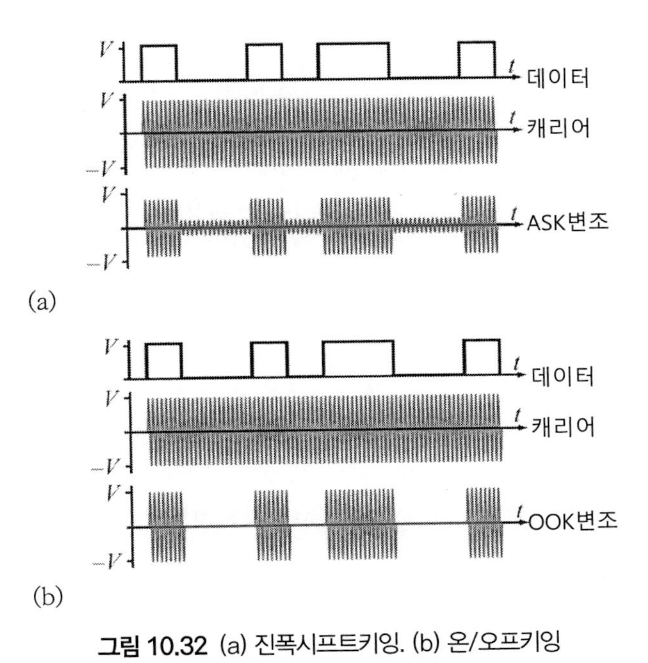

그림 10.32 (a) 진폭시프트키잉. (b) 온/오프키잉

6) keying: 전기통신에서 반송파를 변조하여 코드 문자의 신호를 만드는 방법. 역자 주.

진폭시프트키잉에서는 $m = [0,1]$을 특히 자주 사용하며, 이를 **온/오프키잉**(OOK)이라고 부른다. 이 방법에서는 **그림 10.32 (b)**에 도시되어 있는 것처럼, 논리값이 "1"인 경우에는 캐리어를 켜며, 논리값이 "0"인 경우에는 캐리어를 끈다. 이 방법의 장점들 중 하나는 논리값이 "0"인 기간 동안 전력이 송출되지 않기 때문에, 송신에 소요되는 전력이 최소화된다는 것이다. 이는 저전력 시스템, 특히 전지를 사용하는 장치에서 중요한 문제이다. 온/오프키잉방법은 다음과 같이 나타낼 수 있다.

$$A(t) = mA_c \sin(2\pi f_c t),\ \ m = [0,1] \tag{10.16}$$

10.5.2.5 주파수시프트키잉

주파수시프트키잉(FSK)에서는 **그림 10.33 (a)**에 도시되어 있는 것처럼, 캐리어의 주파수를 두 가지로 스위칭하여 하나의 주파수는 "1"을, 다른 하나의 주파수는 "0"을 나타내도록 만드는 것이다. 주파수시프트키잉 방법은 다음 식으로 나타낼 수 있다.

$$s(t) = A_c \sin(2\pi f_t t),\ \ f_t = [f_1,\ f_2] \tag{10.17}$$

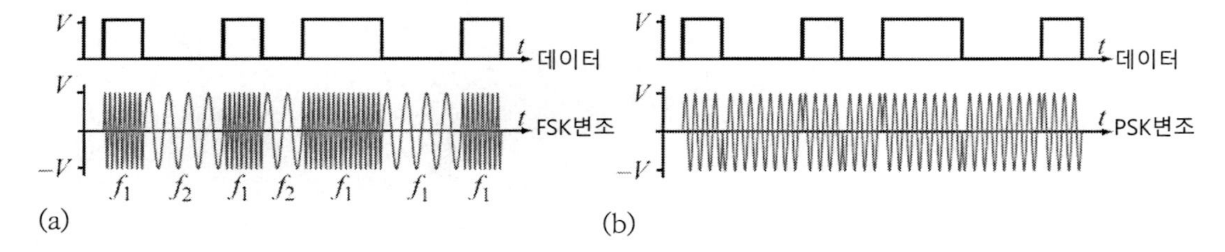

그림 10.33 (a) 주파수시프트키잉. (b) 위상시프트키잉

10.5.2.6 위상시프트키잉

위상시프트키잉(PSK)에서는 디지털 신호를 나타내기 위해서 캐리어의 위상을 시프트시킨다. 다양한 방법들이 사용되고 있지만, 가장 간단한 방법은 논리값 "1"인 경우에 위상을 시프트시키지 않으며, 논리값이 "1"인 경우에는 위상을 π만큼 시프트시키는 것이다(이를 이진위상시프트키잉(BPSK)이라고 부른다).

$$S(t) = A_c \sin(2\pi f t + m),\ \ m = [0,\ \pi] \tag{10.18}$$

이는 일례일 뿐이며, 여타의 위상값들을 사용하여도 무방하다. 그림 10.32 (b)에서는 위상시프트키잉의 변조신호를 보여주고 있다.

이외에도 아날로그 변조(구적식 진폭변조(QAM)), 디지털변조(최소시프트키잉(MSK), 펄스위치변조(PPM), 연속위상변조(CPM) 등)와 같이 다양한 변조방법들이 있다. 또한 대역확산이나 여타의 특수목적에 사용되는 변조방법들도 있다. 앞서도 언급했듯이, 가장 중요한 문제는 수신기에서 검출할 수 있도록 데이터를 명확하게 내보내는 것이다. 물론, 각각의 방법들마다 장점과 단점이 있다. 진폭변조나 온/오프키잉은 매우 단순한 방법이지만 가장 효율적인 방법은 아니다. 이외에도 주파수변조와 위상시프트키잉은 더 넓은 대역을 필요로 하며, 주파수변조와 주파수시프트키잉은 노이즈와 간섭에 취약하다.

10.5.3 복조

변조된 신호를 수신하고 나면, 이를 유용한 형태로 다시 복원하는 **복조** 과정을 거쳐야 한다. 복조 회로는 복잡할 수도 있지만, 복조의 원리는 비교적 단순하다. 복조기에 변조된 신호가 입력되면 원래의 변조할 신호와 동일한 신호를 복원해 낸다. 디지털 신호와 같은 원래의 신호를 주파수와 진폭으로 나타낼 수 있으므로, 복조기는 원래 신호의 주파수를 변화시키지 않으면서 진폭을 재생시킬 수 있어야만 한다. 진폭변조의 경우, 캐리어에 신호의 진폭성분이 유지된다. 그러므로 복조과정에서는 단순히 고주파 캐리어 신호를 제거하고 저주파 진폭성분 또는 윤곽성분을 추출한다. 주파수변조나 위상변조의 경우에도 진폭변조의 경우와 마찬가지로, 변조과정을 역으로 실행하여 원래의 신호정보를 복원해 낸다.

10.5.3.1 진폭복조

진폭복조기에서는 단순한 정류기를 사용하여 변조된 신호(그림 10.32)의 음전압 성분을 제거한 다음에, 캐리어 주파수에 대한 임피던스는 낮지만, 신호 주파수에 대해서는 높은 임피던스를 가지고 있는 충분한 용량의 커패시터로 신호를 평활화시킨다. 그림 10.34에서는 기본적인 진폭복조기와, 정류 및 필터링을 수행하기 전과 후의 신호를 보여주고 있다. 이 회로를 **윤곽선 검출기**[7]라고 부른다. 식 (10.10)의 신호를 이 회로에 입력하면 다음 신호를 얻을 수 있다.

---

7) envelope detector: 포락선 검출기라는 용어도 있지만, 윤곽선 검출기라는 용어가 더 직관적이다. 역자 주.

$$M(t) = A_m \cos(2\pi f_m t + \phi) + A_B \tag{10.19}$$

여기서 A_B는 양으로 바이어스된 전압이다. 이를 제외하고 나면, 원래의 변조할 신호인 (10.9)와 같다는 것을 알 수 있다.[8)]

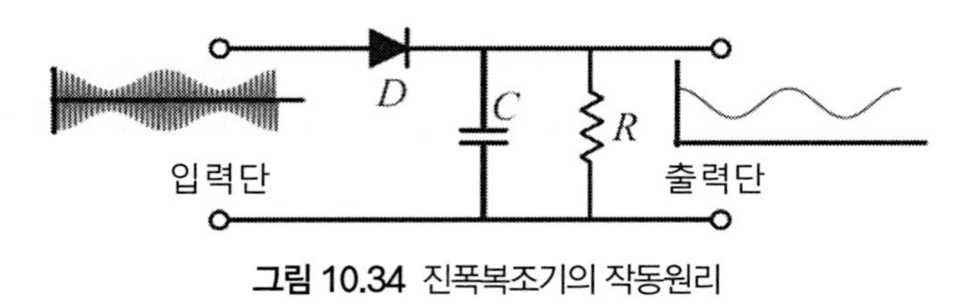

그림 10.34 진폭복조기의 작동원리

10.5.3.2 주파수복조와 위상복조

식 (10.12)와 식 (10.14)를 살펴보면, **주파수복조**와 **위상복조**가 매우 유사하다는 것을 알 수 있다. 개념적으로는, 주파수 복조를 위해서는 식 (10.12)에서 적분을 없애기 위해서 미분기를 사용한 다음에 진폭변조기를 사용하여 고주파 성분을 제거하면 된다. 위상복조기도 본질적으로는 이와 동일하지만 식 (10.14)에는 적분항이 없기 때문에, 그림 10.35에 도시되어 있는 것처럼 복조기에 이를 추가하여야 한다. 하지만 이는 개념적인 설명일 뿐이라는 점에 주의하여야 한다. 실제의 경우에는 다양한 방법들을 사용하여 복조를 수행할 수 있다. 가장 간단한 방법은 11장에서 설명할 주파수-전압 변환기이다. 이외에도 훨씬 더 복잡한 방법이 사용되고 있지만, 여기서는 작동 원리를 이해하는 것만으로도 충분하다.

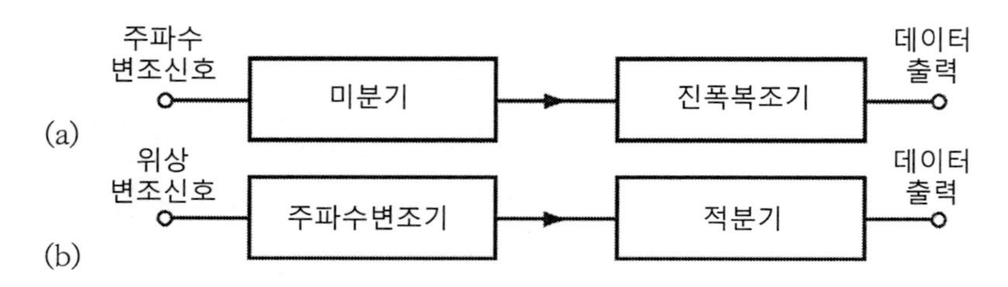

그림 10.35 (a) 주파수 복조기의 구조. (b) 위상복조기의 구조

8) 원저에서는 A_B가 없었지만, 이는 저자의 실수인 것으로 판단되어 역자가 추가하였다.

10.5.4 인코딩과 디코딩

수많은 이유들 때문에 디지털 신호의 **인코딩**이 중요하다. 우선, 인코딩을 통해서 송신기와 수신기 사이의 공통언어를 만들어줌으로써, 즉, 메시지를 디코딩했을 때에 수신기가 무엇을 살펴봐야 하는지를 알고 있기 때문에 데이터 손실과 데이터 오염이 방지된다. 예를 들어, 인코딩된 신호에는 수신기가 클록을 복원하여 펄스의 시작점과 종료점, 그리고 펄스 폭 등을 검출할 수 있도록 클록 동기화 정보가 포함되어 있다. 인코딩 과정에서 업링크와 다운링크 데이터 스트림을 분리할 수 있기 때문에 높은 데이터 전송속도를 구현할 수 있다. 식별번호와 같은 추가적인 정보와 결합하면, 인코딩의 통신보안을 구현하며 하나의 채널을 상호간섭 없이 다수의 링크들이 공유할 수 있다. 오차보정코드와 통신보안코드 역시 센서와 작동기에서 중요한 고려사항이지만, 이 책의 범주를 넘어서는 사안들이다.

매우 단순한 코드에서 매우 복잡한 코드에 이르기까지 수많은 코드들이 인코딩에 사용되고 있으며, 이들은 각자만의 특징과 용도를 가지고 있다. 지금부터 몇 가지 코드들의 구성과 특징 및 활용사례에 대해서 살펴보기로 한다. 일단 사용할 코드가 정의되고 나면 특수한 용도의 인코딩과 디코딩에서는 하드웨어 모듈이 사용되지만, 일반적으로는 소프트웨어를 사용하여 인코딩과 디코딩이 이루어진다. 실제의 경우에는 시스템의 여타 요구조건들과 더불어서, 인코더의 특성과 소요비용에 기초하여 평가를 수행해야만 한다. 실제로 사용되는 인코딩 방법들은 표준으로 정의되어있다는 점도 기억해야만 한다.

10.5.4.1 단극성 및 쌍극성 인코딩

가장 단순하고 가장 명확한 인코딩 방법은 **단극성 코드**를 사용하는 것이다. 이 코드에서는 전압이 양인 경우에 논리 "1", 전압이 0인 경우에 논리 "0"을 나타내므로, 데이터 스트림을 명확하고 직접적으로 나타낼 수 있다. 코딩된 신호는 클록에 맞춰져 있지만, 클록에 대한 정보는 인코딩되지 않기 때문에, 검출기가 클록을 재구성하거나 동기화하는 것이 불가능하다. 이 방법의 또 다른 단점은 신호의 평균전압(DC 준위)이 대략적으로 최대전압(논리 "1"의 전압)의 절반이라는 것이다. 이로 인하여 비트의 중간위치에서 신호가 0으로 드리프트되면서 평균전압이 절반으로 줄어들 수도 있다. 그런데 논리 "1"의 출력이 0으로 드리프트되어도 논리 "0"은 여전히 이전의 전압을 유지하는 문제가 있다. 양의 전압이 논리 "1"의 상태를 나타내며, 음의 전압이 논리 "0"의 상태를 나타내는 **쌍극성 코드**의 경우, 각 펄스의 중간에 전압이 0으로 되돌아오는 시점을 클록동기화에 활용할 수 있으며, 이를 **자가클록**이라고 부른다. 쌍극성 코드는 또한, DC 준위가 0[V]이기 때문에 정보의 전송에 필요한 전력이 저감된다. 그런데, 일반적으로 쌍극성 코드는 0[V]로 되돌아갈 필요가 없다. 이를 **영점비복귀(NRZ)코드**라고 부르며, **그림 10.36**에서는 이 신호의 형태를 보여주고 있다.

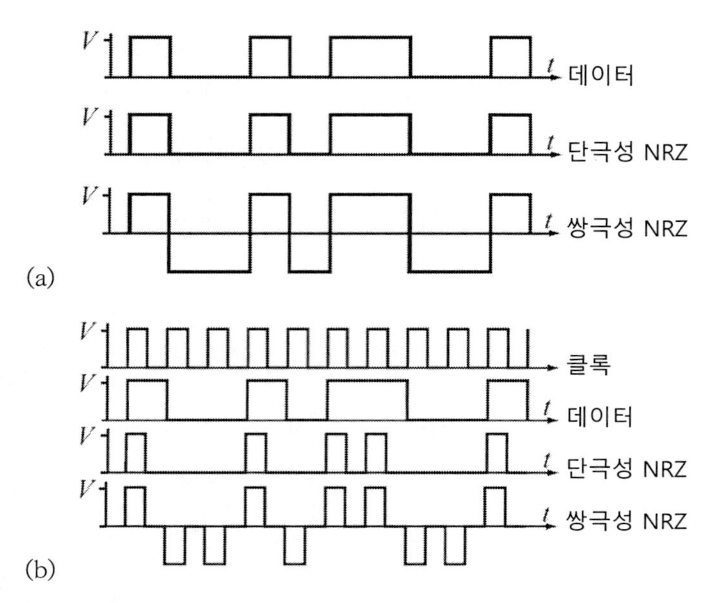

그림 10.36 단극성 코드와 쌍극성 코드. (a) 단극성 영점비복귀(NRZ) 코드와 쌍극성 영점비복귀(NRZ)코드. (b) 단극성 영점복귀(RZ) 코드와 쌍극성 영점복귀(RZ) 코드. 여기에는 클록이 필요하다.

10.5.4.2 2상 인코딩

2상 인코딩(BPC, FM1 코드, 2상 마크코드(BMC) 또는 주파수-두 배 주파수(F2F)라고도 부른다)에서 클록 속도는 데이터 전송속도의 두 배이다(**그림 10.37** 참조). 디지털 신호의 논리상태는 2비트로 표시되며, 클록에 의해서 한계가 정의된다. 이 코드에 의해서 생성된 스트림의 논리레벨은 클록 사이클의 종료시점에 변하며, 논리신호 "1"의 중간위치에서 반전된다(논리신호 "0"의 중간위치에서는 반전되지 않는다). 이 결과, **그림 10.37**에 도시되어 있는 것처럼, 데이터스트림 내의 논리 "1"은 두 가지 서로 다른 비트들(10이나 01)로 표시되는 반면에, 논리 "0"은 서로 동일한 두 개의 연속 비트들(00이나 11)로 표시된다. 이 조합을 검출하기 위해서는 수신기 내에 클록이 재구성되어 있어야만 한다. 그런데 클록 하나 또는 두 클록마다 신호의 출력 스트림이 (0에서 1로, 또는 1에서 0으로) 변한다. 이를 사용하여 수신측 클록을 동기화시킬 수 있다. 이제 남은 유일한 문제는 연이은 두 클록 사이클들로 이루어진 신호의 첫 번째와 두 번째 비트들을 비교하는 것이다. 2상 코드 신호의 평균 DC 전압은 0[V]이므로, 송신전력이 저감되며 노이즈 저감에도 유리하다. 물론, 클록속도가 두 배 더 빨라야 하며, 데이터 전송속도 역시 원래의 데이터에 비해서 두 배 더 빨라야 한다는 문제가 있다.

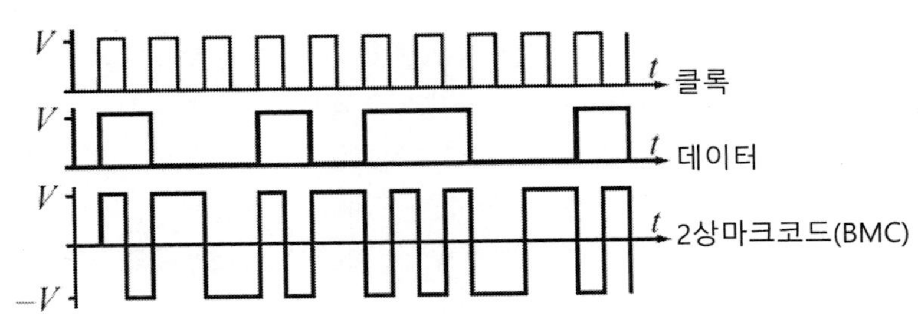

그림 10.37 2상 마크코드 또는 2상 인코딩의 개념

10.5.4.3 맨체스터 코드

맨체스터 코드(위상 인코딩(PE)이라고도 부른다)는 디지털 신호를 인코딩하는 데에 가장 일반적으로 사용되는 방법들 중 하나이다. 각각의 데이터 비트들은 동일한 시간슬롯(하나의 클록 사이클)을 가지고 있다(그림 10.38 참조). 클록의 하강시점에 출력상태가 변한다. 즉, 데이터 비트의 중간에 신호전환이 일어난다. 비트 중간에 일어나는 신호전환의 방향이 비트정보를 나타내며, 여타의 전환은 정보를 포함하지 않는다. 논리 "0"에서 논리 "1"로의 전환은 0의 상태를 나타내며 논리 "1"에서 논리 "0"으로의 전환은 1의 상태를 나타낸다(이와 반대로 전환하는 방식을 역 맨체스터 코드라고 부른다). 수신기가 맨체스터 코드를 수신하면 클록을 복원할 수 있으며, 신호를 클록과 정렬시켜서 정보를 디코팅할 수 있다. 출력신호에서 알 수 있듯이, 인코딩된 데이터의 주파수는 원래의 데이터보다 두 배 더 높다. 그리고 신호의 DC 전압은 0[V]이다.

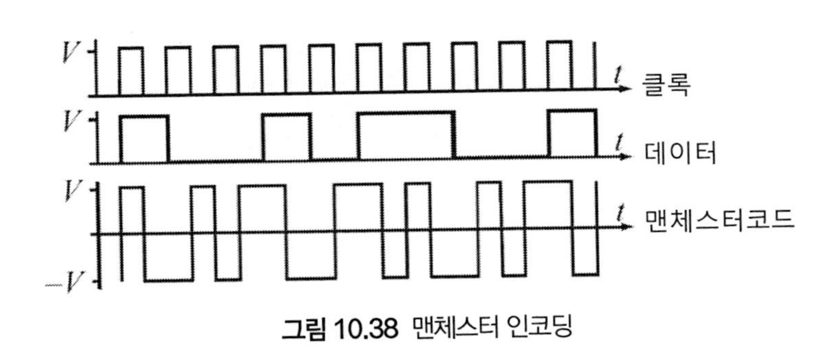

그림 10.38 맨체스터 인코딩

예제 10.11 이중음 다중주파수 인코딩

이중음 다중주파수(DTMF) 인코딩은 원래 가정용 전화기의 숫자판을 음조로 구분하기 위해서 개발되었지만, 통신망 제어와 같은 여타의 용도에도 사용되고 있다. 이 시스템에서는 각 데이터비트를 송신하기 위해서 두 가지 음조(미리 지정된 정현파신호)를 사용한다. 이 음조들을 수신하여 디코딩하면 정보를 복원시킬 수 있다.

그림 10.39에서는 전화기 숫자판의 표준 음조와 6027이라는 번호를 송신하는 과정에서 인코딩 및 디코딩된 신호를 보여주고 있다. 인코더는 각각의 번호들에 해당하는 두 개의 주파수들이 서로 섞여있는 신호를 전송한다. 6번을 누르면 770$[Hz]$와 1,447$[Hz]$가 서로 섞여있는 신호를 70$[ms]$ 동안 송출한다. 그런 다음 40$[ms]$의 시간을 기다린 다음에 두 번째 신호인 0에 해당하는 941$[Hz]$와 1,336$[Hz]$의 신호를 70$[ms]$ 동안 송출한다. 디코더에서는 이 주파수들을 두 개의 스트림들로 분리하여 송신된 번호를 구분한다. 여기에는 서로 조화함수를 형성하지 않는 주파수들이 사용되므로, 이들의 합이나 차가 사용된 여덟 가지 주파수들 중 어느 것도 만들어내지 않는다.

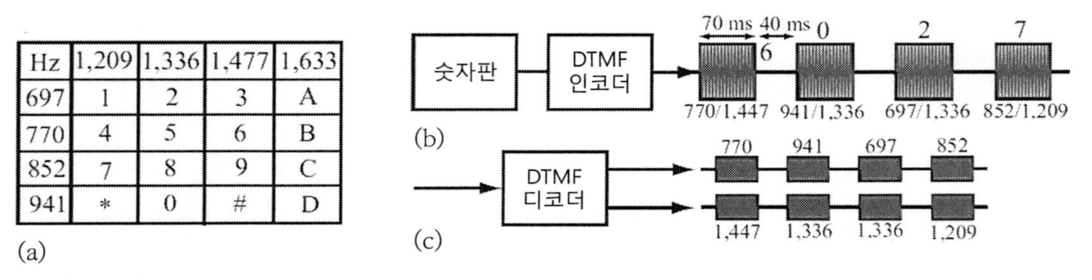

Hz	1,209	1,336	1,477	1,633
697	1	2	3	A
770	4	5	6	B
852	7	8	9	C
941	*	0	#	D

그림 10.39 (a) 미국에서 사용되는 이중음 다중주파수(DTMF). (b) 인코딩된 신호. (c) 디코딩된 신호

10.6 RFID와 매립형 센서

RFID는 **무선주파수식별**[9]이라는 뜻을 가지고 있다. RFID의 원래 기능이며, 주 기능은 식별이지만, 특히 스마트센싱의 경우에는 다양한 방식으로 이 기능을 측정과 연결할 수 있다. RFID는 공급망을 관리하는 과정에서 제품의 식별을 위해서 개발되었으며, 우리는 다양한 제품들에 RFID 태그가 붙어있는 것을 발견할 수 있다. RFID는 또한, 도난방지, 출입시스템 보안, 다양한 신용카드 및 출입카드, 톨게이트 시스템, 농장의 가축과 애완동물 식별 등과 같은 수많은 용도로 사용되고 있다. RFID에 사용된 개념은 매우 단순하다. 태그에 어떤 형태의 신호가 전송되면, 태그는

9) Radio Frequency IDentification

필요한 정보를 반송한다. 이 정보는 제품을 식별하는 코드와 같이 단순한 것에서부터 위치, 이동한 거리, 센서정보, 다양한 암호 등의 추가적인 정보들을 포함할 수 있다. 본질적으로, RFID는 일종의 응답장치로서, 칩 속에 프로그래밍된 순서에 따라서 소자에 내장된 정보를 송출하게 된다.

RFID는 기본적으로 수동식, 능동식 및 반수동식과 같이 세 가지 유형으로 구분된다. 수동식 RFID는 구조가 단순하며, 독립적인 전원을 갖추고 있지 않다. RFID로부터 정보를 얻으려는 판독기로부터 무선으로 전력을 공급받는다. 수동식 RFID는 크기가 가장 작고, 가장 염가이며, 통신거리가 짧아서 물류와 출입카드에 일반적으로 사용된다. 이 칩은 전형적으로 제품의 유형과 가격 같은 기본정보나 출입허용코드를 송출한다. 수동식 RFID는 사용전력의 제한 때문에 센서로서의 능력이 제한되지만, 실제로 이를 센서에 활용하는 사례들이 존재한다.

능동식 RFID 또는 발신장치는 일반적으로 전지와 같은 독립적인 전원을 갖추고 있으므로, 더 많은 데이터를 더 먼 거리까지 송출할 수 있으며, 센서와 같은 추가적인 회로를 내장할 수도 있다. 이들은 수동소자에 비해서 물리적으로 크기가 더 크며 훨씬 더 비싸지만, 톨게이트 통과요금부과나 컨테이너 선적과 같은 고부가가치 시스템에 사용된다. 일반적인 고속도로 톨게이트 요금부과 시스템에서 이런 유형의 발신장치를 사용한다.

이들의 중간쯤 어디에 반수동식 RFID가 위치한다. 이 소자는 내장회로의 전력을 공급하기 위해서 소형의 전지가 사용되지만, 데이터를 송수신하기에는 전력이 충분치 못하다. 그러므로 수동식 소자에서와 동일한 방식으로 판독기를 사용해서 데이터를 읽어야 한다. 이런 유형의 태그들은 컨테이너 모니터링이나 데이터 판독이 필요한 경우에 일반적으로 사용된다.

능동식 RFID는 최소한 전원, 전력관리와 데이터 수집을 위한 마이크로프로세서, 그리고 정보의 송신과 수신을 위한 송수신기로 이루어진다. 만일 RFID에 센서가 탑재된다면, 10.4절이나 그림 10.25에서 설명했던 것처럼, 일반적인 개념의 스마트센서가 구현된다. 아마도 유일한 차이점은 센서가 사용되는 방법일 것이다. 여기에는 전력이 허용되는 한도 내에서 어떤 유형의 센서도 사용될 수 있다. 능동식 RFID는 밀봉된 형태로 제품이나 사용될 시스템에 부착되기 때문에, 여기에 내장된 전지는 일반적으로 7~10년의 기간 동안 전력을 공급할 수 있어야 한다. 사용기간이 끝나고 나면 이들을 폐기하거나 교체하여야 한다. 이에 해당하는 좋은 사례가 예제 10.8에서 살펴보았던 타이어 압력센서이다. 이외에도 고속도로 통행료 과금에 사용되는 태그가 여기에 해당한다.[10)]

10) 미국의 고속도로 통행료 과금용 RFID 태그와 우리나라의 하이패스는 구조나 작동원리가 다르다. 역자 주.

수동식 RFID는 독립적인 소자이므로, 스마트센서로 사용하기 위해서는 더 특별한 조건이 필요하다. 가장 중요한 요구조건은 판독기로부터 에너지를 공급받아야만 한다. 태그에는 판독기 송신용 안테나의 작동 주파수에 맞춰진 안테나(또는 코일)가 설치된다. 수신된 신호를 정류하여 내장된 커패시터에 저장하며, 이를 RFID 회로의 전력으로 활용한다. 이 전압이 회로를 구동하기에 충분히 높다면, RFID에 보관된 데이터를 판독기 측으로 송신한다. 태그가 사용할 수 있는 전력이 매우 작기 때문에 진정한 의미의 무선주파수를 송출할 수 없다. 데이터를 전달하기 위해서 후방산란 변조와 같은 단순한 방법에 의존한다. 그림 10.40에서는 후방산란 방법에 대해서 개략적으로 설명하고 있다. 이 사례에서 코일 L과 커패시터 C_r은 $13.54[MHz]$의 공진주파수를 갖는 공진회로를 형성한다. 이 신호를 정류하여 칩에 내장된 회로에 전력을 공급한다. 커패시터 C_s는 전력을 저장하는 소자로 사용된다. 전력관리회로에서 이를 조절하여 RFID와 통합된 센서를 포함한 다양한 회로들에 전력을 공급한다. 부하측에 연결되어 있는 스위치(MOSFET)는 코일에 부하를 연결시켜주어 공진회로의 특성을 변화시키며, 이를 통해서 판독기와 통신을 연결시켜준다. 그림 10.40 (a)에서, 저장된 센서 데이터가 스위치를 켜고 끄면서 진폭시프트키잉(ASK) 방식으로 변조된 신호를 생성하며, 일반적으로 이 신호의 주파수는 클록 주파수에 비해서 매우 낮다. 그림 10.40 (b)의 경우, 데이터를 인코딩한 다음에 (예를 들어) $f/28 = 484[kHz]$와 $f/32 = 423[kHz]$의 두 가지 주파수들을 사용하여 주파수시프트키잉(FSK) 방식으로 신호를 변조한다. 판독기와 태그 사이가 매우 가깝기 때문에 스위치가 닫힐 때마다 판독기의 부하가 변하며, 이에 따라서 판독기 코일을 통과하여 흐르는 전류가 조금씩 변하게 된다. 판독기는 이 전류변화를 감지하여 데이터를 재구성한다. 비록 이는 비교적 느린 공정이며 전송할 데이터의 양이 제한된다는 점은 명확하지만, 필요한 구성요소가 최소화되어 있으며 이로 인하여 저가의 수동형 RFID 태그를 만들 수 있다는 명확한 장점이 있다. 코일을 안테나로 대체하면 더 높은 주파수 대역에서 약간 다른 방식으로 후방산란기법을 활용할 수 있다. 이 경우 앞서 설명했던 것처럼, 부하 스위칭이 판독기 내에서 태그의 코일 커플링 특성이 변화하는 것과 유사하게 스위칭이 안테나의 반사특성을 변화시킨다. 판독기에서는 진폭시프트키잉이나 주파수시프트키잉기법을 사용하여 정보가 변조된 반사파동을 수신할 수 있다. RFID에 전력을 공급하고 데이터를 판독하는 기본적인 기능들과 더불어서, 판독기는 데이터의 인코딩 및 디코딩, 클록의 동기화, 데이터의 표시와 전송 등의 다양한 기능들을 수행할 수 있으며, 충돌방지 프로토콜을 사용하여 판독범위 내에 다수의 RFID 태그들이 존재하여도 각각의 RFID들을 올바르게 읽어낼 수 있다. 수동식 RFID가 비교적 단순해질 수 있는 이유들 중 하나가 필요한 복잡성을 판독기에서 담당하기 때문이다.

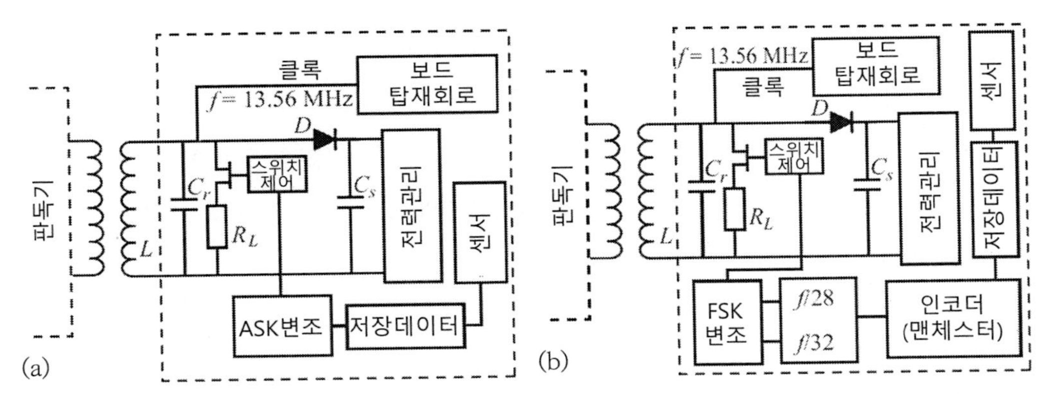

그림 10.40 후방산란 RFID의 개략적인 구조. (a) 진폭시프트키잉(ASK) 변조방식. (b) 주파수시프트키잉(FSK) 변조 방식

그림 10.41 (a)에서는 출입카드, 체내삽입용 태그 그리고 몇 가지 인식용 태그 등과 같은 다양한 수동식 RFID 태그들을 보여주고 있다. 그림 10.41 (b)에서는 저주파(145 $[kHz]$) 수동식 태그에 사용되는 판독기용 안테나(실제로는 유도용 코일)를 보여주고 있다.

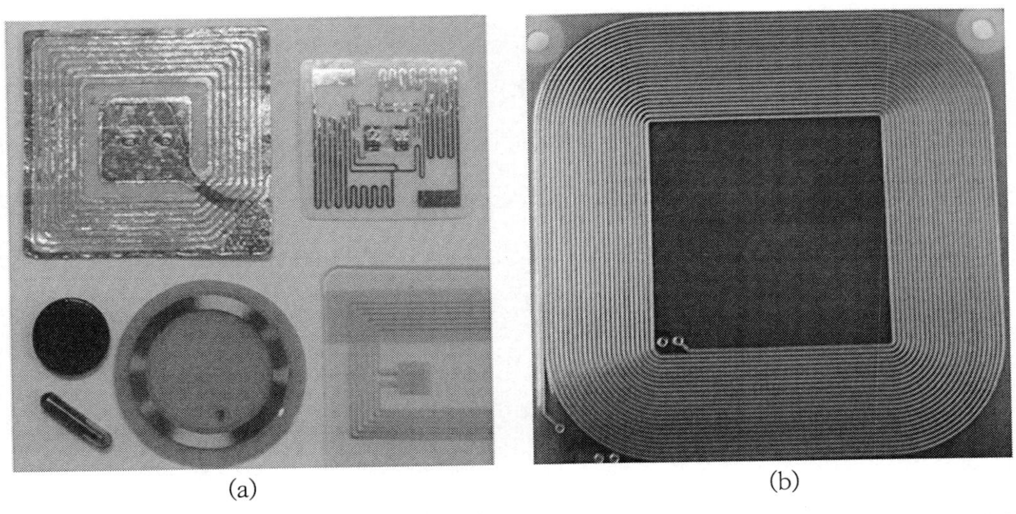

그림 10.41 (a) 수동식 RFID의 사례들. 체내 삽입용 태그는 좌측 하단에 있으며, 출입용 카드는 우측 하단에 있다. (b) $125 \sim 150 [kHz]$로 작동하는 RFID 판독기용 코일

RFID 태그와 센서가 함께 사용되는 가장 일반적인 사례는 아마도 온도센서일 것이다. RFID는 특정한 용도에 맞춰서 생산되며, 필요에 따라서 센서를 포함시킬 수 있다. 특히 능동식 RFID

태그의 경우에는 필요와 전력 요구조건에 맞춰서 생각할 수 있는 모든 종류의 센서들을 탑재할 수 있다.

산업, 과학 및 의료(ISM)용 주파수 대역과 단거리소자(SRD)용 주파수 대역(표 10.1과 표 10.2 참조) 중에서 가장 낮은 주파수(124~150[kHz]와 13.553~13.547[MHz])에서 작동하는 RFID를 위해서 단거리 수동식 RFID가 자주 사용된다. 능동식 RFID는 850~900[MHz]와 433.050~433.79[MHz] 대역을 사용한다. 이들은 또한 2.4~2.843[GHz]나 5.725~5.875[GHz] 대역을 사용하기도 한다.

10.7 센서 네트워크

지금까지의 논의는 독립적으로 작동하는 센서와 작동기, 또는 일부의 경우 다수의 센서들이 서로 연결되어 출력에 영향을 끼치거나(열전대) 영상취득(스캐너용 센서나 디지털 카메라용 전하결합소자(CCD) 센서와 같은 1차원 또는 2차원 광학소자 어레이)들에 대해서 초점이 맞춰졌다. 그런데 이들보다 훨씬 더 복잡한 시스템들이 있으며, 이들은 다수의 센서들이 분산된 구조를 가지고 있다. **센서 네트워크**는 환경 모니터링이나 교통제어와 같이 매우 넓은 영역에 분산된 자극을 감지하기 위해서 사용된다. 이 센서들의 출력은 필요한 기능을 수행하는 데에 필요한 결정이나 적절한 작동기를 구동하는 데에 사용할 수 있다. 예를 들어, 강의 유역을 모니터링하여 자동적으로 수문이나 댐을 여닫아서 홍수에 따른 피해를 방지하거나 수생 생물들의 서식지를 보호하기 위해서, 수량을 조절하기 위해서 일련의 센서들을 사용할 수 있다. 여타의 용도로는 위험물질의 감시, 교통감시 및 관제, 공공구역의 무선네트워크 보안 등이 포함된다.

이런 유형의 시스템에서는 네트워크가 비교적 단순하다. 각각의 센서는 측정의 기능을 수행하며 무선통신을 포함한 적절한 통신링크를 사용하여 프로세서나 중앙 노드에 데이터를 전송한다. 통신 과정에서 중간 기지국을 통과할 수도 있지만, 최종적인 목적은 모든 센서들로부터 신호의 분석, 검증 및 적절한 의사결정이 이루어지는 처리센터로 데이터를 보내는 것이다.

센서 네트워크에 대한 논의에서는 네트워크 내에 작동기를 포함시키거나 또는 작동기로 이루어진 네트워크의 존재를 배제하지 않는다. 사실, 시스템의 입력으로 네트워크가 일반적으로 사용된다는 이론에 따르면, 어떤 형태로든 작동기가 있어야만 한다. 일부의 경우, 네트워크 내에서 수집된 정보들을 활용하여 국지적인 반응을 할 수 있도록 작동기들을 네트워크에 통합시켜야 한다. 예를 들어, 교통관제 시스템에서는 통행량을 검출하기 위해서 교차로에 루프 형태의 도선과 능동형 신호등을 사용할 수 있다. 또한, 센서를 활용하여 구급차를 추적하며 이 차량의 경로상에 위치한 신호등을 능동적으로 통제할 수 있다. 댐의 배수로나 빌딩의 공조 시스템과 같은 또 다른 네트워크들에서는 작동기들이 중앙에 배치된다. 작동기는 전력 사용량이나 인터페이싱 조건 등에서 센서와 차이가 있지만, 네트워크를 사용한 통신의 요구조건에서는 센서와 작동기가 서로 유사하다.

센서의 네트워크는 분산시스템으로서, 지정된 기능을 수행하기 위해서 네트워크 내에서 센서(또는 작동기)들은 물리적인 노드 위치에 배치된다. 데이터는 노드에서 처리기로(단방향 통신), 프로세서에서 노드로, 또는 쌍방향으로 전송되어야 한다. 노드들은 균일하게 또는 불균일하게 배치되며, 각 노드들은 서로 상이한 특성(서로 다른 유형의 센서나 작동기)을 가질 수 있다. 항상 그런 것은 아니지만, 많은 경우 노드들의 위치는 고정된다. 차량의 이동이나 철새의 이동을 감시하기 위해서 센서 네트워크를 사용할 수 있다. 통신에는 사용조건과 시스템 비용에 따라서 유선이나 무선, 또는 이들 둘을 조합하여 사용할 수 있다. 예를 들어, 건물 내의 온도조절용 센서와 작동기는 위치가 고정되어 있으며, 건물의 건설과정에서 배선을 함께 시공할 수 있기 때문에 유선 통신방식이 자주 사용된다. 반면에 예를 들어 도서관 내에서 이동량을 모니터링하기 위해서는 단순한 무선통신 네트워크인 훅네트워크가 더 적합하다. 일부의 경우에는 더 복잡한 통신경로가 필요하다. 예를 들어, 해양생물의 이동을 모니터링하기 위해서는 무선 링크, 해변과 부표에 설치하는 고정식 스테이션, 선박에 설치하는 이동노드, 위성링크 그리고 지상의 유선링크 등이 필요하며, 이를 통합하는 과정에서 많은 어려움이 수반된다. 네트워크는 유선통신 시스템, 셀통신 시스템 그리고 당연히 인터넷 등에도 활용된다. 예를 들어, 가정 자동화와 가정 모니터링시스템은 이런 모든 수단들을 활용하여 각종 가정용 기기들을 원격으로 모니터링 및 제어할 수 있다. 유선이나 무선방식을 모두 사용하여 국지제어가 가능하며, 원격제어에는 전화용 링크나 인터넷 링크를 활용할 수 있다. 이처럼 다양한 수단을 활용하여 상상 가능한 한계까지 센서 네트워크를 다양화시킬 수 있다.

센서 네트워크의 가장 단순한 구조는 **그림 10.42 (a)**에 도시되어 있는 것처럼, 유선이나 무선 링크를 사용하여 국지노드와 중앙노드를 직접 연결하는 것으로서, 이를 **스타네트워크**라고 부른다. 이 구조는 노드의 숫자가 작고 거리가 짧거나 네트워크의 특성 때문에 이 구조가 필요한 경우에 적합하다. 예를 들어 빌딩 온도조절 시스템의 경우, 각 온도센서들은 개별적으로 배선되며 모든 센서들이 프로세서에 연결된다. 또 다른 사례로, 만일 노드들이 좁은 영역을 관제하며 각 노드들이 무선통신 유닛을 갖추고 있다면, 모든 유닛들이 허브의 통신범위 내에 있기 때문에 직접 통신이 가능하다. 이때 통신은 필요에 따라서 단방향 통신이나 쌍방향 통신을 사용할 수 있다. 이 허브를 다른 허브나 이더넷, 보스, 위성 등과 같은 여타의 서비스 수단에 연결하여 네트워크를 확장시킬 수 있다. 특히 무선 네트워크의 경우, 네트워크 내의 노드들은 고정되어 있어야 할 필요가 없으며 이동하는 차량이 될 수도 있다. 또한, 노드들이 지정된 시간이나 임의시간에만 켤 수도 있다.

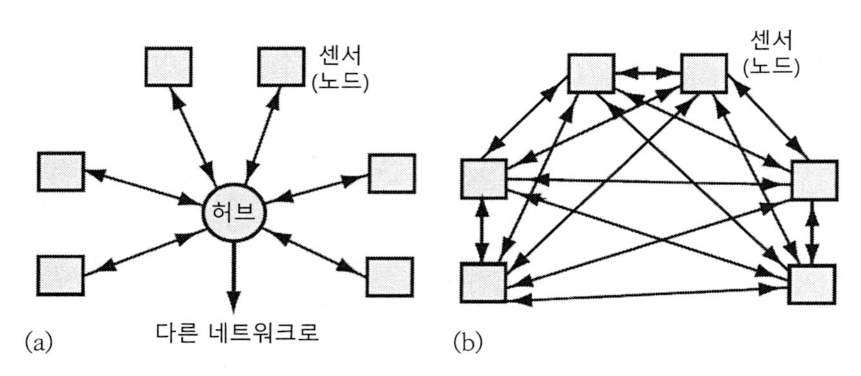

그림 10.42 (a) 스타네트워크. (b) 완전연결 네트워크. 여기에는 허브나 중앙노드가 포함될 수 있다.

구현 가능한 또 다른 네트워크는 **그림 10.42 (b)**에 도시되어 있는 **완전연결 네트워크**이다. 여기서 센서는 네트워크 내의 다른 모든 센서들과 통신할 수 있다. 시스템은 복잡하며, 다양한 통신경로들 사이를 중재하기 위한 프로토콜이 필요하다. 또한, 노드의 숫자가 증가하면 복잡성이 빠르게 증가한다. 이런 유형의 네트워크를 사용해야만 하는 충분한 이유가 없다면, 이를 사용하지 말아야 한다.

그림 10.43에서는 **버스 네트워크**를 보여주고 있다. 여기서는 센서들이 적절한 프로토콜을 갖추고 있는 버스에 연결되어 있다. 이 시스템은 특수한 버스(제어영역네트워크(CAN))나 컴퓨터 시스템(범용직렬통신(USB) 프로토콜)을 사용하며, 주로 차량에서 사용된다. 개별 센서나 작동기들은 버스 인터페이스를 통해서 버스에 연결되며, 버스상에서의 통신은 노드인식정보를 포함하는 통신 프로토콜에 의해서 통제된다. 다른 모든 네트워크들과 마찬가지로, 단방향 및 쌍방향 통신이 가능하며, 서로 다른 노드에 대해서 네트워크 내에서 서로 다른 우선순위를 부여할 수 있다.

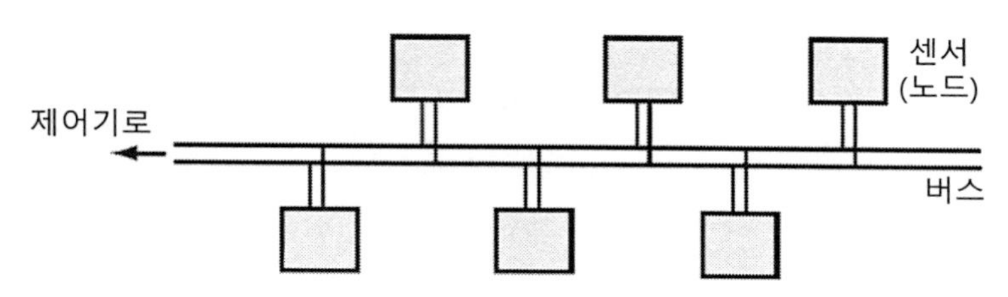

그림 10.43 버스 네트워크의 구조. 버스에 의해서 통신이 통제된다. 노드들 사이에는 직접 통신이 이루어지지 않는다.

많은 경우, 거리(범위), 비용 및 여타의 제약조건들 때문에 직접 링크는 그리 현실적이지 못하다. 이런 경우에는 도약방식의 통신을 사용한다. 이 방식에서 각 노드는 유무선 네트워크를 통해서 가장 인접한 노드나 국부센터와만 통신한다. 그림 10.44에서는 구현 가능한 두 가지 **분산센서 네트워크** 방법을 보여주고 있다. 이런 유형의 통신은 더 복잡하며, 노드인식, 데이터전송 허용, 그리고 데이터 전송의 신뢰성을 통제할 수단 등이 필요하다. 이런 모든 기능들을 구현하기 위해서는 소프트웨어 프로토콜이 제정되어야 한다. 여기에 사용되는 하드웨어는 더 복잡하다. 구동용 전원이 필요하며, 각 노드들은 최소한의 송수신장치와 국부적인 데이터 처리수단이 구비되어야 한다. 네트워크를 구성하는 각 노드들은 마이크로프로세서를 구비하며, 적절한 관제 시스템의 통제를 받는다. 이 네트워크들 모두, 하나 이상의 허브 또는 중앙노드를 갖추고 있으며, 유선링크, 위성통신 또는 셀 통신 시스템을 통해서 원격통신이 가능하다.

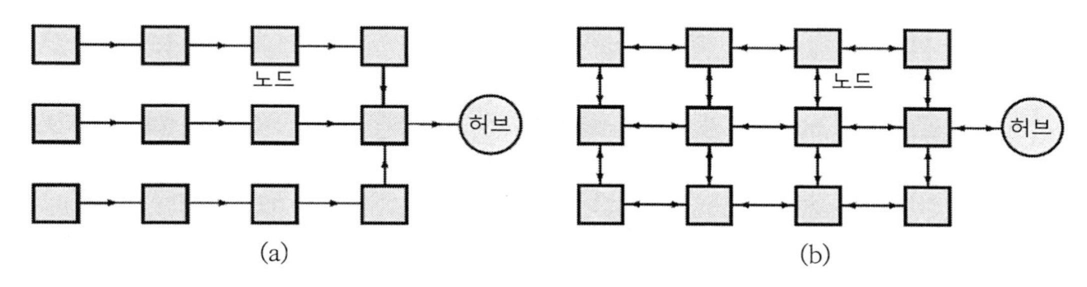

그림 10.44 이웃 간 통신방식을 사용하는 분산센서 네트워크. (a) 센서에서 허브로 단방향 통신. (b) 쌍방향 통신

셀 전화 시스템은 현존하는 가장 큰 무선 네트워크이므로, 센서와 작동기들이 이를 활용하는 것은 자연스러운 일이다. 접속과 데이터 전송에 셀 전화기에서와 유사한 형태의 셀 통신 노드들이 사용된다. 네트워크는 이미 시스템 내의 두 노드들 사이를 연결하고 쌍방향으로 데이터를 전송하는 모든 수단들을 갖추고 있다. 또한 로밍 프로토콜을 통해서 이동노드들을 관리할 수 있으며, 이를 센서와 작동기에 활용할 수 있다. 비록 이 시스템의 구축에는 엄청난 비용이 들지만, 매우

유연하며 이미 지구 전체를 덮고 있다. 이 시스템에서는 분산구조나 가변구조를 구축할 수 있다. 그림 10.45에서는 이런 유형의 네트워크를 보여주고 있다. 당연히 셀 전화 기반의 네트워크를 유선, 무선 및 위성통신 노드들과 결합시킬 수 있다.

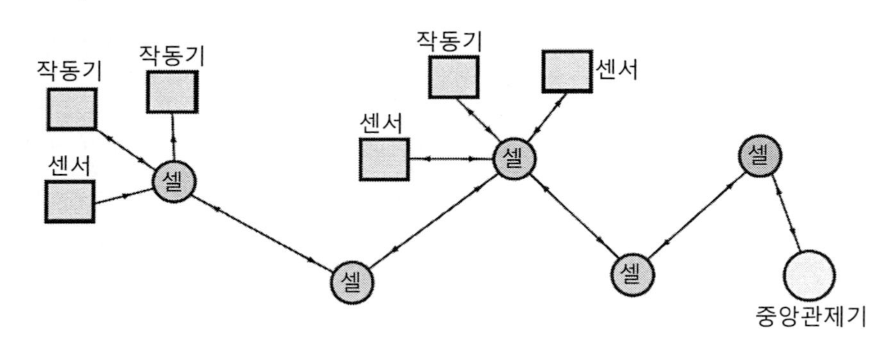

그림 10.45 셀 통신 기반의 네트워크를 사용하는 센서와 작동기. 일부 노드들은 단방향 통신만을 지원하거나 필요로 하는 반면에, 다른 노드들은 쌍방향 통신을 사용한다.

마지막으로, 기억할 점은 **인터넷**이 네트워크에 새로운 능력을 부여해줄 수 있다는 것이다. 인터넷은 이미 프로토콜과 하드웨어가 구축되어 있기 때문에, 센서와 작동기용 네트워크뿐만 아니라 제어와 자동화의 기반으로 인터넷을 활용할 수 있다. 산업체나 가정에서 웹은 네트워킹과 원격 데이터 수집 및 작동을 시행할 수 있는 단순하며, 구조변경이 용이한 수단을 제공해 준다. 네트워크 자체가 웹 기반이 아닌 경우조차도 하나 또는 다수의 접점들을 활용하여 웹과 연결하는 방식이 일반적으로 활용되고 있다.

센서 네트워크를 성공적으로 활용할 수 있게 된 데에는 많은 부분이 이를 지원하는 프로토콜 덕분이다. 프로토콜은 네트워크가 만날 수 있는 다양한 시나리오들에 대해서 시스템이 대응하여 작동과정에서의 충돌을 방지해주는 일련의 규칙들이다. 이 프로토콜은 표준으로 제정되어 있거나 특정한 목적을 위해서 사용자가 정의한 애드혹 프로토콜로서, 마이크로프로세서에 의해서 실행된다.

예제 10.12 단순한 선형 무선 네트워크

대형 유류저장탱크 속으로 기름을 펌핑해 넣거나 빼낼 때에 일반적으로 부유식 이중벽 호스를 사용한다. 이중벽 고무호스의 벽들 중 하나가 파열되면(내부 호스가 파열되면 기름이 누출되며, 외부호스가 파열되어 물이 유입된다) 두 호스들 사이의 공간에 유체가 누적된다. 두 층들 사이에 설치된 센서가 유체의 존재를 감지하면 관리자에게 유체의 존재를 경고하여 두 벽들이 모두 파열되어 오염이 발생하기 전에 해당 구역을 교체하도록 만든다. 이 호스는 약 10~12[m] 길이에 내경은 15~60[cm]이다. 호스의 길이는 1[km]에 이를 정도로 매우 길게 제작할 수도 있다. 호스의 내경과 외경측 사이의 공간에 매립된 센서가 호스의 누설을 감지하며, 무선링크를 통해서 베이스 그림 10.46 (a)에 도시되어 있는 것처럼 노드에 신호를 전송한다. 다음에 설명되어 있는 선형 네트워크는 이런 목적에 적합하다. 각 노드들은 물이나 기름의 존재를 감지하는 센서와 송신기로 이루어진다. 이런 유형의 시스템에서 사용할 수 있는 알고리즘은 다음과 같다.

모든 센서 노드들은 슬립 모드로 대기하며 다음의 경우를 제외하면 (전지 전력소모를 줄이기 위해서) 데이터를 전송하지 않는다.

(a) 센서가 리크를 검출한 경우.
(b) 베이스에서 네트워크의 기능을 검사하기 위해서 송신한 신호에 대한 응답이 불량한 경우.
(c) 센서의 전지가 특정한 전압 이하로 떨어진 경우에 해당 노드를 교체하도록 신호 송출.

센서가 리크를 검출하면 데이터를 송출한다. 송신된 신호는 최소한 인접한 두 개의 노드들에 의해서 수신된다. 수신된 노드들은 해당 정보를 재송출하여 정보 수신을 확인시켜준다.
송출된 신호를 수신한 각 센서 노드들은 수신된 정보에 (인식번호와 같은) 정보를 추가하여 인접한 두 센서들에 재전송한다.
이 정보를 이미 송출한 센서들은 네트워크가 이 데이터를 다시 전송할 수 있도록 지정된 시간 동안 이를 다시 송출하지 않으며 다시 절전모드로 들어간다.
일단 베이스에서 정보를 수신하면, 네트워크에 인식 신호를 반송하여 해당 정보를 수신하였음을 알려준다.
최초로 신호를 송출했던 노드가 지정된 시간 내로 인식 신호를 수신하지 못하면, 해당 정보를 재송출하면서 이 과정을 반복한다.
(센서의 손상이나 전지의 방전 등으로 인하여) 어떤 노드가 제대로 작동하지 않는다면, 정보전달 경로가 단절되어 버린다. 이런 문제가 발생할 가능성을 줄이기 위해서 베이스에서는 주기적으로 네트워크를 점검하여 네트워크의 상태를 감시하며, 작동하지 않는 노드들을 찾아내어 교체를 요구한다.

주의: 수중, 특히 해수 속에서의 무선통신은 매우 어려우며, 10[m]도 매우 먼 거리이다. 만일 이런 기능이 필요하다면, (유전체인) 기름이 채워진 호스 내부를 활용하여야 한다. 최소한 호스의 일부분만이라도 물 위로 올라오기 때문에, 호스의 두 벽들 사이에 안테나를 설치하여야 한다. 또 다른 방법은 소형 부표를 사용하여 안테나를 설치하는 것이다. 노드 간 통신을 사용하는 대신에 셀 통신이나 위성통신을 사용할 수도 있다. 이런 유형의 시스템에서는 여러 해 동안 전지 수명이 보장되어야만 하기 때문에 소비전력을 극단적으로 줄여야만 한다.

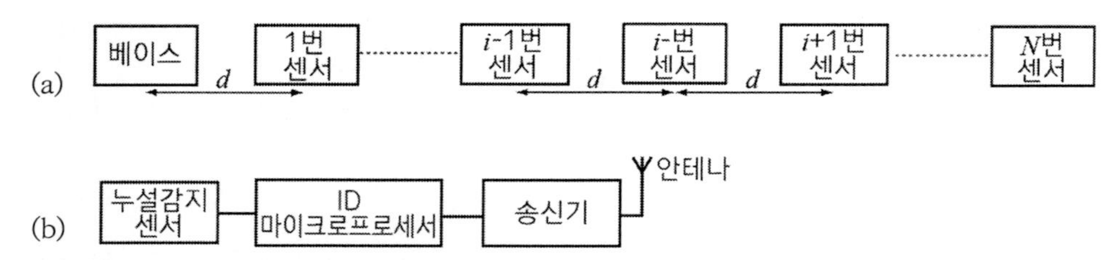

그림 10.46 (a) 누설감지를 위한 직렬센서의 구조. (b) 네트워크를 구성하는 각 노드들의 주요 구성요소들

10.8 문제

MEMS 센서와 작동기

10.1 **MEMS 변압기.** MEMS 플럭스게이트 자력계나 자기식 작동기와 같은 일부 MEMS 소자에서는 인덕터와 변압기를 제작하여야 하며, 자성체 코어의 자로를 닫아야만 한다.

(a) MEMS 소자에서 자기식 변압기를 제작하는 단계를 제시하시오.

(b) 각 단계별 제작방법과 필요한 소재를 제시하시오.

(c) 자기구조를 MEMS 방식으로 제작하는 과정에서 마주치는 기술적 문제들에 대해서 논의하시오.

10.2 **정전용량식 가속도계.** 가속도계를 포함한 정전용량 소자들은 MEMS 기법을 사용하여 비교적 용이하게 제작할 수 있다.

(a) 그림 6.17 (a)에 도시된 것과 같은 정전용량식 가속도계를 제작하는 데에 필요한 단계를 열거하시오.

(b) 그림 6.17 (b)에 도시된 것과 같은 정전용량식 가속도계를 제작하는 데에 필요한 단계를 열거하시오.

10.3 **압전식 가속도계.** 그림 10.10에서는 압전식 가속도계의 기본 구조를 보여주고 있다.

(a) 이 소자를 제작하기 위해서 필요한 단계들을 열거하시오.

(b) 제작에 필요한 소재를 제시하고, 이런 복잡한 소자를 제작하는 과정에서 마주치게 되는 기술적 문제들에 대해서 논의하시오.

10.4 **소리굽쇠형 센서의 구동.** 그림 10.3 (a)와 (b)에서 소리굽쇠를 공진시키기 위해서 압전판이 사용된다. 압전판에 전압펄스를 부가하면, 압전판이 팽창과 수축을 빠르게 반복하면서 굽쇠에 펄스형태의 힘을 부가하여 이를 진동시킨다. 압전판의 크기는 $100 \times 100[\mu m^2]$이며, 두께는 $8[\mu m]$이고, SiO_2로 제작하였다. 압전소재의 특성은 압전계수 $2.31[C/N]$, 비유전율 4.63(그림 10.47 참조), 그리고 탄성계수는 $75[GPa]$이다. 압전판에 전압을 부가하기 위해서 양측 표면에는 알루미늄을 증착하였다. 이 압전판에 $12[V]$의 전압 펄스를 부가하였다.

(a) 이 압전판이 생성할 수 있는 최대변위를 계산하시오.

(b) 이 압전판이 생성할 수 있는 최대 작용력을 계산하시오.

(c) 이 압전판의 힘과 변위, 그리고 소리굽쇠 구동기로서의 적합성에 대해서 논의하시오.

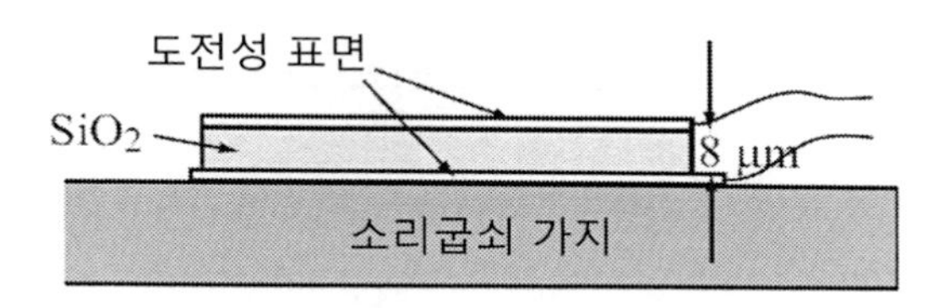

그림 10.47 소리굽쇠형 센서의 한쪽 가지에 설치된 압전판

10.5 **2축 가속도계.** 예제 10.3에서 논의되었던 가속도계에 대해서 다시 살펴보기로 하자. 이동체의 질량은 $1[g]$이며 센서를 구성하는 모든 부분들은 실리콘으로 제작되었다. 4개의 플랙셔 부재들은 길이 $100[\mu m]$, 사각단면의 크기는 $5 \times 5[\mu m^2]$이다. 실리콘의 탄성계수는 150 $[GPa]$이다. 그림 10.10에 도시되어 있는 x-y 평면의 수직축(y-축)에 대해서 각도 θ만큼 기울어진 방향에서 $1[G]$의 가속도가 부가되었다.

(a) 여덟 개의 스트레인 게이지들이 플랙셔 부재의 중앙에서 $40[\mu m]$ 떨어진 위치에 설치되어 있을 때에, 각각의 센서들에서 측정된 변형률을 계산하시오.

(b) 가속이 부가되는 방향이 y-축방향으로 θ와 더불어서 x-y 평면에 대해서 ϕ만큼 기울어서 작용한다고 가정하자. 스트레인게이지가 굽힘 변형만을 측정할 수 있는 경우에, 스트레인 게이지의 측정오차를 ϕ의 함수로 나타내시오.

10.6 **MEMS 가속도계.** 그림 10.48에 도시되어 있는 가속도계는 서로 직교하는 2개의 축방향에

대해서 서로 다른 응답특성을 갖도록 설계되었다. 유연부재의 단면적은 $5\times5[\mu m^2]$이며 중앙부 질량은 $2[g]$이다. 유연부재의 끝에서 $10[\mu m]$ 떨어진 위치에 여덟 개의 스트레인게이지들이 설치된다. x-y 평면에 대해서 45° 방향으로 $1[G]$의 가속도가 부가되는 경우에 여덟 개의 스트레인게이즈들에서 측정되는 변형률을 계산하시오. 여기서 유연부재들은 탄성계수가 $150[GPa]$인 실리콘으로 만든다.

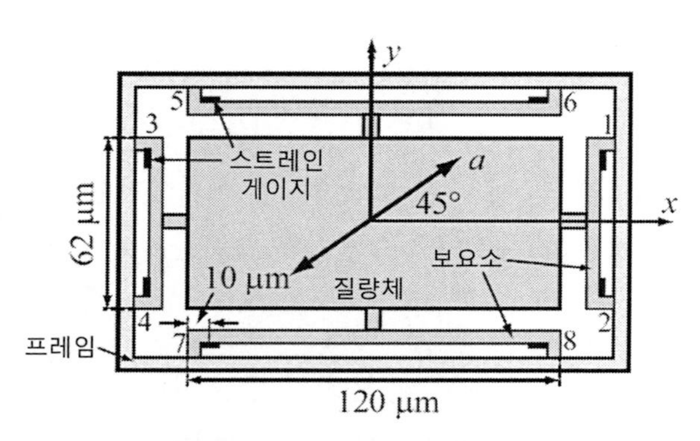

그림 10.48 2개의 축방향에 대해서 서로 다른 응답특성을 가지고 있는 2축 가속도계

10.7 **1축 MEMS 가속도계**. 실리콘카바이드(탄성계수 $600[GPa]$)를 사용하여 그림 10.49에 도시되어 있는 것처럼 1축 가속도계가 제작되었다. 외형치수는 그림에 표시되어 있으며, 이동체의 질량은 $1.8[g]$이다. 가속 시 질량은 강체를 유지하며, 보요소에만 스트레인이 발생한다고 가정한다. 스트레인게이지는 매우 작으며, 현실적인 이유 때문에 보요소가 프레임과 연결되는 위치에 설치된다. 스트레인게이지는 인장과 압축에 대해서 모두 작동한다고 가정한다.

(a) 만일 스트레인게이지가 최대 2.2%의 변형률까지 견딜 수 있다면, 이 가속도계의 측정범위와 측정 스팬은 각각 얼마가 되겠는가?

(b) 이 가속도계의 측정범위를 $\pm100[m/s^2]$이 되도록 재설계하려고 한다. 이 측정범위를 수용하기 위해서 필요한 질량을 계산하시오.

(c) (a)에서 사용된 질량을 $500[mg]$까지 줄여야 한다고 가정하자. (b)의 측정범위를 맞추기 위해서는 보요소의 길이를 얼마로 설계해야 하는가?

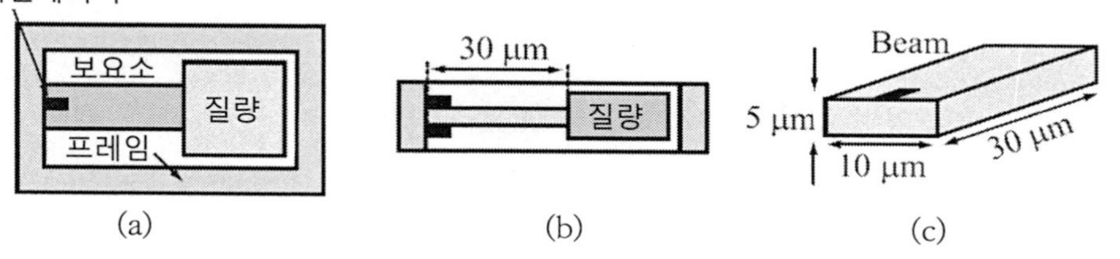

그림 10.49 1축형 MEMS 가속도계. (a) 평면도. (b) 측면도. (c) 보요소의 제원과 스트레인게이지의 설치 위치

10.8 **MEMS 모터의 힘과 토크 증대방안**. 그림 10.5에 도시되어 있는 기본적인 구조의 마이크로 모터에 대해서 살펴보기로 하자. 힘과 토크를 증가시키기 위해 고정자와 이동자를 그림 10.50에 (단면이) 도시되어 있는 것처럼 깍지 형태로 제작하였다. 고정자 깍지는 7개의 치형을 가지고 있으며, 이동자 깍지는 6개의 치형을 가지고 있다. 회전자의 반경은 $r = 120[\mu m]$이며, 고정자와 회전자 핀이 중첩되는 길이는 $e = 6[\mu m]$이다. 고정자와 회전자 핀들 사이의 간극 $d = 2[\mu m]$이다. 임의의 시점에 세 개의 고정자 영역에 $5[V]$의 전압을 부가하여 모터를 구동한다고 하자.

(a) 고정자와 계자 사이의 작용력을 계산하시오.
(b) 모터에서 생성되는 토크를 계산하시오.
(c) 이런 유형의 모터에서 모터의 핀 수를 증가시키는 경우에 모터의 생산과 구동과정에서 어떤 문제와 마주치게 되겠는가?

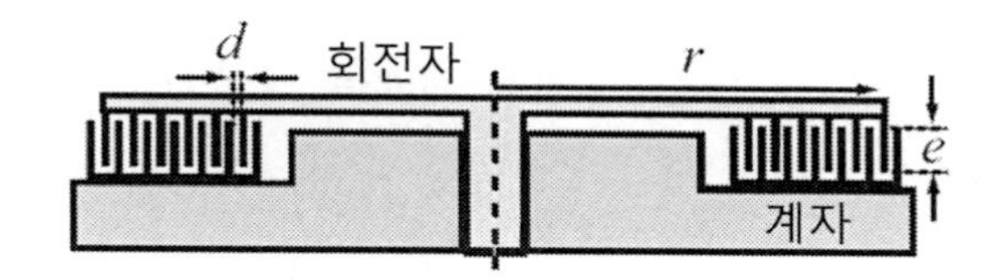

그림 10.50 마이크로모터(단면도)의 힘과 토크 증대방안

MEMS 작동기

10.9 **잉크제트 프린터**. 다음의 사례를 통해서 잉크제트 프린터의 작동원리에 대해서 살펴보기로 하자. 그림 10.16에 도시되어 있는 잉크제트 모듈에서 잉크는 노즐이 구비된 공동 속에

잉크가 저장되어 있다. 공동의 크기는 $100\times100\times100[\mu m^3]$ 크기를 가지고 있으며, 잉크로 충진되어 있다. 액적을 분사하기 위해서 용기의 바닥에는 저항체가 위치하고 있다. 이 저항체에 전압이 부가되면 저항체는 잉크를 가열하며, 이 열에 의해 의해서 체적팽창이 일어나면서 액적이 분사된다. 수성 잉크가 사용되기 때문에, 잉크의 물성은 물과 동일하다고 가정한다. 밀도 $1[g/cm^3]$, 비열 $C=4.185[kJ/kg/K]$, 그리고 체적팽창계수는 214×10^6 $[1/°C]$이다(표 3.10 참조).

(a) $5[V]$ 전원을 사용하여 잉크제트를 구동하는 경우, $40[\mu s]$(액적을 생성하기 위해서 필요한 시간) 이내에 잉크가 채워진 공동의 온도를 상온($20[°C]$)에서 $200[°C]$까지 상승시키기 위해서 필요한 저항값을 계산하시오.

(b) 노즐을 통과하여 분사되는 액적의 체적과 질량을 계산하시오.

10.10 **정전구동식 잉크제트.** 그림 10.51에는 정전구동식 잉크제트가 도시되어 있다. 이 소자는 직경과 높이가 각각 $40[\mu m]$인 실린더형 공동과 잉크가 분사되는 노즐을 갖추고 있다. 잉크공동의 바닥은 하부에 도전층이 코팅된 얇은 원판으로 이루어진다. 모재 위에 두 번째 도전층이 코팅되어 있으며, 상부 원판의 도전층과 함께 커패시터를 형성한다. 잉크제트를 구동하기 위해서 $12[V]$의 전압이 사용된다. 커패시터에 전압이 부가되면 원판이 아래로 오목하게 변형되면서 공동의 체적이 증가하기 때문에 추가적인 양의 잉크가 공동 속으로 유입된다. 전압이 없어지면, 원판은 원래의 평판 형태로 되돌아가면서 여분의 잉크를 분사한다. 원판은 탄성계수(영계수)가 $150[GPa]$이며, 푸아송 비는 0.17인 실리콘으로 제작하였다.

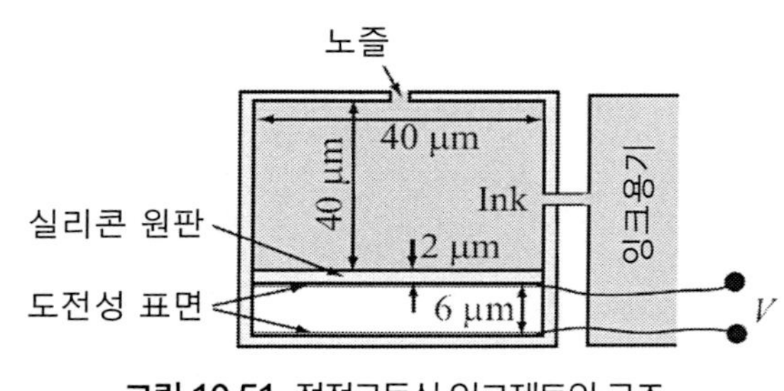

그림 10.51 정전구동식 잉크제트의 구조

(a) 잉크제트에서 분사되는 액적의 체적을 계산하시오.

(b) 잉크제트 공동에서 발생하는 최대압력을 계산하시오.

광학식 작동기

10.11 **파동에 의해서 생성되는 힘**. 파장길이가 $1,200[nm]$이며 직경은 $0.6[mm]$인 적외선 레이저 광선이 $1.2[W]$의 출력으로 송출되어 진공중에서 비유전율이 2.1인 완벽한 유전체에 조사된다. 이 광선을 전자기파동으로 취급하였을 때에 이 광선에 의해서 가해지는 힘과 국부압력을 계산하시오. 광선은 광속으로 전파되며 광선 단면적 내에서 균일하다고 가정한다.

10.12 **마이크로반사경 광학 작동기**. 반경 $r=50[\mu m]$이며 두께 $t=1[\mu m]$인 원판형 마이크로반사경을 SiO_2 소재로 제작된 부도체 기둥을 사용해서 그림 10.52에 도시되어 있는 것처럼, 원판의 중심위치에서 지지한다. 이 원판의 표면에는 알루미늄이 증착되어 반사표면을 이루며, 모재의 표면에도 알루미늄 층이 증착되어 있다. 원판의 바닥도 알루미늄으로 코팅되어 연속적인 도전 표면을 이룬다. 이들 두 알루미늄 표면에 전압 V를 부가하면 정전식 구동이 이루어진다. 두 도전층들 사이의 거리 $d=3[\mu m]$이다. 반사경을 탄성계수 $150[GPa]$, 푸아송비 0.17인 실리콘 소재로 제작된 원판으로 취급하여 부가된 전압에 따라서 반사경 테두리에서 발생하는 변형량을 계산하시오. 이때 증착된 알루미늄의 두께는 무시하시오.

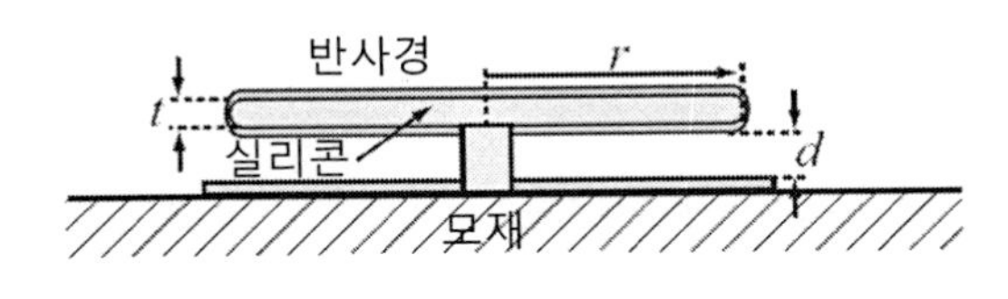

그림 10.52 정전구동식 마이크로반사경의 구조

펌프와 밸브

10.13 **자기식 상시닫힘 밸브**. 그림 10.53에서는 자기식 밸브를 보여주고 있다. 포핏은 스프링상수가 k인 다수의 얇은 팔들에 의해서 지지되며, 밸브를 닫힘 상태로 유지한다. 상부에 설치된 나선형 코일에 전류 I가 공급되면 다음과 같이 선형적으로 자속밀도가 생성된다.

$$B=(a-r)CI\ [T]$$

여기서 r은 중심축으로부터의 반경방향 거리, a는 코일의 최외곽반경, 그리고 C는 측정된 (또는 주어진) 상수값으로서, 코일의 권선수, 권선밀도 그리고 자성소재의 투자율 등에 의존한다. 이 밸브를 완전히 개방, 즉 포핏을 높이 d만큼 들어 올리는 데에 필요한 전류를 계산하시오. 중력은 무시하며, 이동거리가 작기 때문에 포핏이 상승하여도 공극 내의 자속 밀도는 변하지 않는다고 가정하시오.

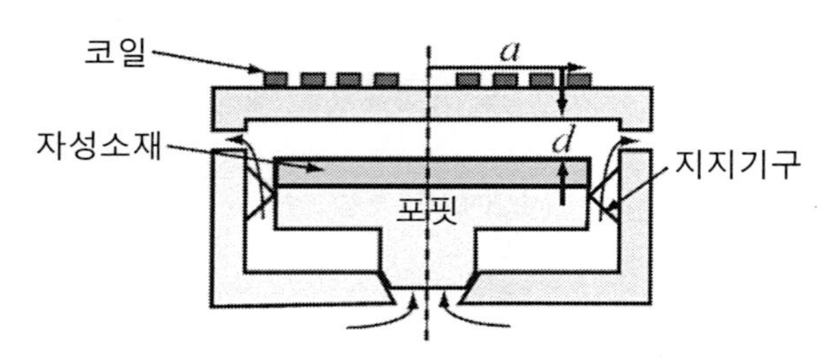

그림 10.53 자기구동식 마이크로밸브의 구조

10.14 **마이크로작동기의 비선형 작용력.** 그림 10.54에 도시되어 있는 깍지형 작동기에 대해서 살펴보기로 하자. 핀들이 좌우방향으로 움직이는 대신에 상하방향으로 움직인다. 그림에서는 전력이 공급되지 않은 상태에서의 작동기 위치를 보여주고 있다. 판들 사이의 공극 $d=4[\mu m]$이며 판들의 길이는 $60[\mu m]$, 폭은 $20[\mu m]$이다. 이 작동기를 아래쪽으로 $3.5[\mu m]$만큼 이동시키려고 한다(그림에 도시되지는 않았지만, 멈춤 기구가 설치되어 판들이 서로 $0.5[\mu m]$ 미만으로 다가갈 수 없다).

(a) 공기의 절연파괴전압이 $3,000[V/mm]$라 할 때에, 작동기에 부가할 수 있는 최대전압을 계산하시오.

(b) 이동체의 위치에 따른 작용력의 변화범위를 계산하시오.

(c) 그림에서 $4d$라고 표시된 부분의 공극을 d로 바꾸면(즉 각각의 이동판들이 고정판과 $4[\mu m]$만큼 떨어져 있다면) 어떤 일이 일어나겠는가?

(d) 제어기를 도입하여 이동판의 위치에 따라서 공급전압을 조절하면 이동부가 초기위치에

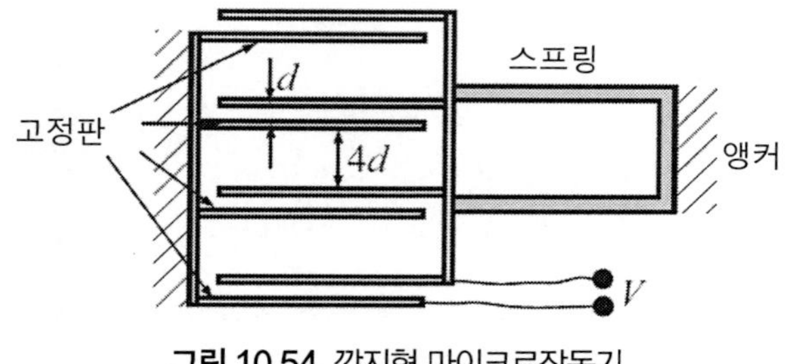

그림 10.54 깍지형 마이크로작동기

있을 때에 더 큰 힘을 얻을 수 있다. 가변 가능한 전압의 범위와 예상되는 작용력은 얼마인가? 위치에 따라서 작용력을 선형화시킬 수 있겠는가?

10.15 **연속형 광학식 작동기.** 그림 10.55에 도시되어 있는 것처럼, 깍지형 정전식 작동기에 의해서 구동되는 반사경에 대해서 살펴보기로 한다. 레이저빔은 그림에 도시된 위치로부터 24°의 범위를 스캔할 수 있어야 한다. 반사경의 길이는 $40[\mu m]$이며 소자의 표면으로부터 12°만큼 기울어져 있다. 깍지형 구동장치를 구성하는 도전판들(이동판은 11개이며, 고정판은 10개이다)은 서로 $2[\mu m]$만큼씩 떨어져 있으며, 깊이방향(이 책의 지면방향)으로는 $35[\mu m]$의 두께를 가지고 있다. 깍지형 구동기의 상부판들은 전원의 양극에 연결되어 있으며, 하부판들은 전원의 음극에 연결되어 있다. 그리고 판들 사이의 공극은 공기이며, 도전판들의 두께는 무시하기로 한다. 반사경은 비틀림 스프링에 지지되어 있으므로, 전압이 제거되면 초기위치로 복원되며, $5[V]$ 전압이 부가되면 깍지가 닫혀버린다(최대변위).

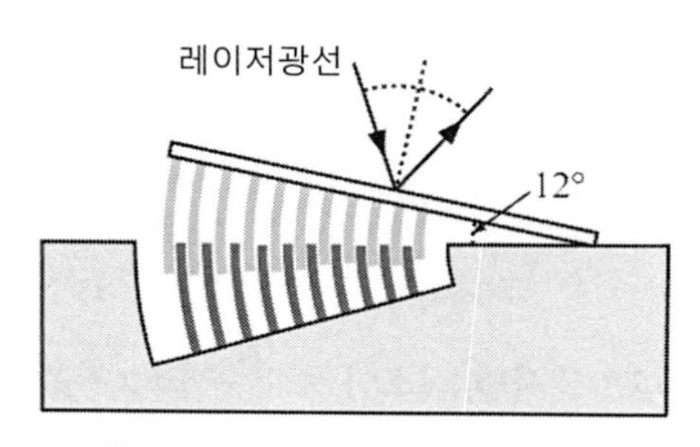

그림 10.55 반사경 구동용 깍지형 작동기

(a) 깍지형 작동기에서 생성되는 최대작용력을 계산하시오.

(b) 공급전압을 $0.5[mV]$ 단위로 제어할 수 있을 때, 이 작동기의 분해능(빔을 선회시키는 최소각도 또는 증분각도)은 얼마인가?

변조와 복조

10.16 **디지털 신호의 진폭변조.** 캐리어 주파수가 $1.6[MHz]$인 진폭변조기를 사용하여 진폭 $5[V]$, 주파수 $10[kHz]$, 그리고 듀티비가 50%인 펄스 트레인을 변조하였다.

(a) 변조비율이 30%인 경우에 변조된 신호를 계산하여 그래프로 그리시오.

(b) 변조된 신호를 완전히 복조하기 위해서 필요한 송신대역폭은 얼마인가? 이에 대해서 논의하시오.

10.17 **디지털 신호의 주파수변조**. 문제 10.16의 신호를 진폭 $12[V]$, 주파수 $100[MHz]$인 캐리어를 사용하여 주파수변조를 시행하였다.

(a) 수신기에서 신호를 완전히 복조하기 위해서 필요한 대역폭은 얼마인가?

(b) FM 라디오에서 허용된 신호 대역폭은 $100[kHz]$이다. 푸리에변환을 사용하여 수신된 신호의 파형을 구하시오.

(c) 식 (10.12)와 식 (10.13)을 사용하여 (b)에서 변조된 캐리어 신호를 구하시오.

10.18 **코사인 신호의 주파수변조**. 진폭 $5[V]$, 주파수 $10[kHz]$인 코사인 신호를 진폭 $12[V]$, 주파수 $1[MHz]$인 캐리어 신호를 사용하여 변조하였다. 허용 최대 주파수편차는 $500[kHz]$이다(광대역변조). 신호의 초기 위상각은 $0°$라고 가정한다.

(a) 변조된 신호를 계산하여 그래프로 나타내시오.

(b) 변조된 신호의 변조지수와 변조기의 민감도는 각각 얼마인가?

10.19 **위상변조와 왜곡**. 방송에서는 음악을 $98[MHz]$의 캐리어주파수로 위상변조하여 송출한다.

(a) 이 채널에서 사용 가능한 대역폭은 $40[kHz]$이며, 송출되는 음향의 주파수는 $20[Hz]$에서 $16[kHz]$까지 변하고, 진폭은 $4[V]$라면, 이 변조기가 구현할 수 있는 최대 위상 민감도는 얼마인가?

(b) (a)에서 구한 결괏값보다 위상민감도를 20%만큼 향상시켜야 한다면, 이로 인하여 신호가 왜곡되는 주파수 범위는 얼마이겠는가?

10.20 **주파수시프트키잉 복조기**. 주파수시프트키잉(FSK) 신호를 복조하는 방법들 중 하나가 그림 10.56에 도시되어 있다. 변조된 입력신호를 우선 일정한 시간 Δt만큼 지연시킨 다음에, 믹서를 사용하여 원래의 신호와 지연신호를 서로 곱한다. 믹서를 거치고 나면, 저역통과필터를 사용하여 신호의 고주파성분들을 제거한다. 주파수시프트키잉 신호에서 $f_1 = 10[kHz]$를 사용하여 논리 "0"을 나타내며, $f_2 = 20[kHz]$를 사용하여 논리 "1"을 나타낸다고 가정하자. 즉, 논리 "0"인 경우의 신호는 $A_c \cos(2\pi f_1 t)$이며, 논리 "1"인 경우의 신호는 $A_c \cos(2\pi f_2 t)$이다. 이를 사용하여 진폭이 $1[V]$이며, 주파수는 $1[kHz]$인 펄스 트레인을

인코딩하려고 한다.

(a) 주파수 f가 일정한 경우에 복조기의 출력신호는 진폭 A, 주파수 f 및 지연시간 Δt에만 의존하는 직류레벨 신호라는 것을 증명하시오.

(b) 앞서 제시된 f_1 및 f_2값에 대해서, 단위진폭($A_c = 1$)이 입력된 경우에 복조기의 출력을 계산하시오.

(c) 변조 및 복조된 신호를 스케치하시오.

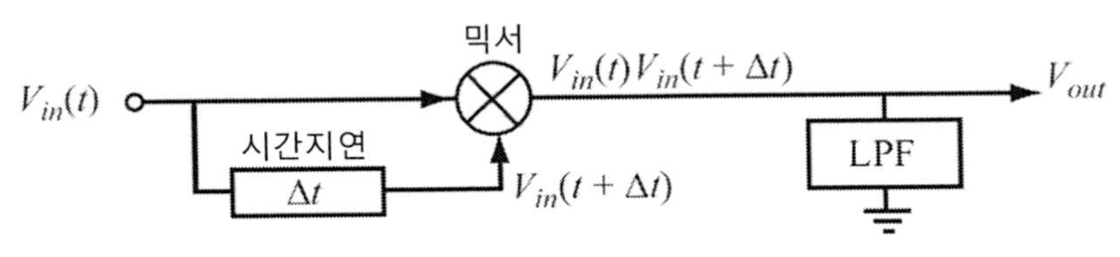

그림 10.56 주파수시프트키잉(FSK) 복조기의 구조

10.21 **디지털 변조기.** 디지털 변조기는 발진기와 전자식 스위치만 필요하기 때문에 구조가 비교적 단순하다. 그림 10.57에서는 주파수시프트키잉 변조기의 원리를 보여주고 있다(전자회로와 전자식 스위치에 대해서는 11장에서 살펴볼 예정이다). 스위치는 이상적이며, 제어회로는 디지털 입력에 따라서 스위치를 여닫는다. 그림에서는 스위치가 "1"의 위치에 놓여 있다.

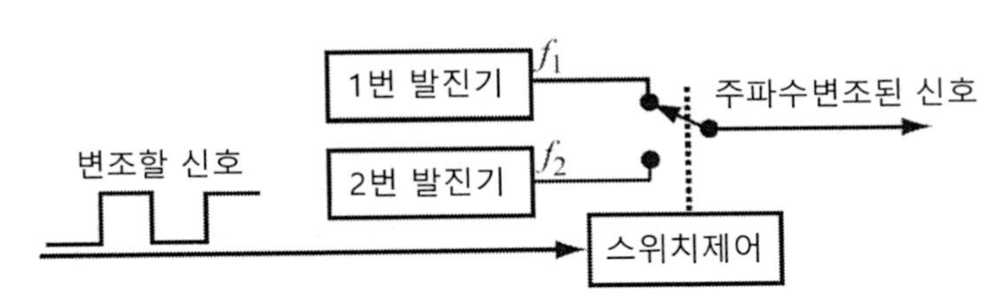

그림 10.57 디지털 주파수시프트키잉(FSK) 변조기의 구조

(a) 회로의 작동에 대해서 설명하고, 디지털 신호 10011011의 출력을 스케치하시오.

(b) 스위칭 방식의 발진기 개념을 사용하여 온오프키잉(OOK) 변조기를 설계하시오. 디지털 신호 11001011의 출력을 스케치하시오.

(c) 발진기와 스위치들을 사용하여 위상시프트키잉(PSK) 변조기를 구현하는 방안에 대해서 설명하시오. 필요한 회로를 그리시오. 디지털신호 01001110의 출력을 스케치하시오.

10.22 **진폭복조**. 식 (10.10)에 주어진 진폭변조 신호에 대해서 살펴보기로 한다.

(a) 저역통과 필터를 사용하여 캐리어 신호를 제거하여 얻은 신호의 진폭은 변조할 신호의 진폭에 비례한다는 것을 증명하시오.

(b) 복조과정에서 신호의 정류를 시행하는 목적은 무엇인가? 정류과정 없이도 복조가 가능한가?

10.23 **주파수복조**. 그림 10.35 (a)에는 주파수복조의 블록선도가 도시되어 있다.

(a) 식 (10.12)를 사용하여, 변조된 신호를 미분한 다음에 캐리어주파수를 필터링하고 나면 신호가 복조된다는 것을 증명하시오. 즉, 이렇게 추출된 신호의 진폭은 변조할 신호의 주파수에 의존한다는 것을 증명하시오.

(b) 복조된 신호의 주파수는 얼마인가?

10.24 **위상복조**. 그림 10.35 (b)에는 위상복조기의 블록선도가 도시되어 있다. 식 (10.14)를 사용하여 우선 그림 10.35 (a)에 도시된 주파수복조를 실행하고 나서, 신호를 적분하면 출력의 진폭이 위상변조를 시행할 신호의 진폭에 비례한다는 것을 증명하시오.

인코딩과 디코딩

10.25 **단극성 인코딩과 쌍극성 인코딩**. 16진수로 표시된 16비트 디지털 정보가 D8FF이다 (Appendix 3의 C.1.3절 참조). 이 정보의 각 비트들은 다음과 같이 표시된다. 각각의 비트들은 3개의 클록 펄스들로 이루어진다. 논리값이 “0”인 경우에는 하나의 클록주기 동안 고전압이 유지되며, 두 개의 클록주기 동안 저전압이 유지된다. 논리값이 “1”인 경우에는 두 개의 클록주기 동안 고전압이 유지되며, 하나의 클록주기 동안 저전압이 유지된다(그림 10.58 참조).

(a) 단극성 영점비복귀(NRZ) 코드를 사용하여 정보를 인코딩한 신호를 스케치하시오.

(b) 쌍극성 영점비복귀(NRZ) 코드를 사용하여 정보를 인코딩한 신호를 스케치하시오.

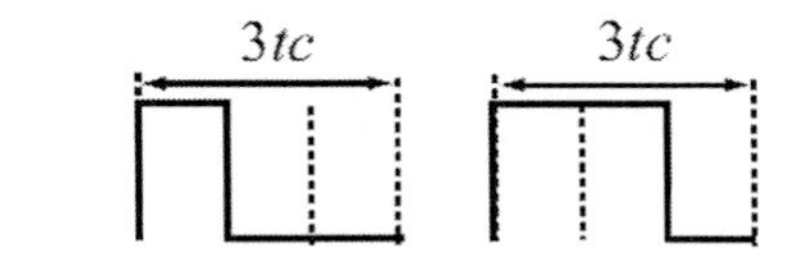

그림 10.58 디지털 신호 "0"과 "1"을 표현하는 방법

10.26 **맨체스터 디코딩**. 그림 10.59에서는 클록신호와 더불어서 맨체스터 인코딩이 시행된 24비트 데이터를 보여주고 있다. 이 신호를 디코딩하여 디지털 값으로 변환시킨 후에 16진수로 나타내시오(Appendix 3, C.1.3절 참조).

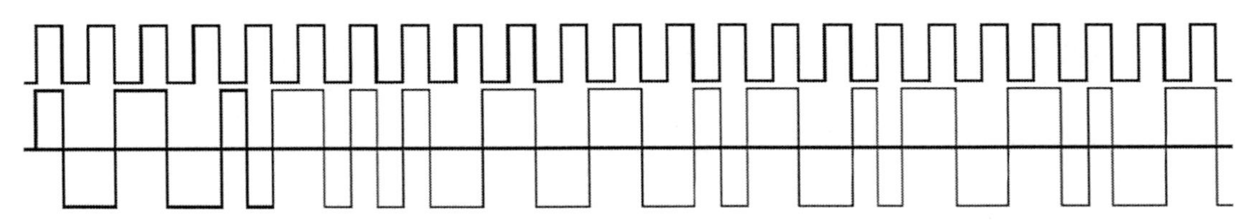

그림 10.59 클록신호(위)와 맨체스터 인코딩된 데이터(아래)

10.27 **펄스폭변조방식 인코딩**. 노이즈가 문제가 될 수 있으며, 논리값 "0"과 논리값 "1"의 구분이 모호해질 우려가 있는 디지털 시스템에서는 펄스폭변조(PWM) 기법을 사용하여 "0"과 "1"의 상태를 펄스폭으로 나타내는 방법을 사용할 수 있다. 그림 10.60의 사례에서는 각각의 비트마다 3개의 클록주기를 배정하고, 2개의 클록주기를 사용하여 논리값 "0"을 나타내며, 하나의 클록주기를 사용하여 논리값 "1"을 나타낸다.

(a) 이 방법을 사용하여 10진수 39,572를 인코딩하고 출력신호를 스케치하시오.
(b) 수신기에 내장된 클록을 사용하여 펄스폭변조방식으로 인코딩된 데이터를 디코딩하는 알고리즘을 설명하시오.

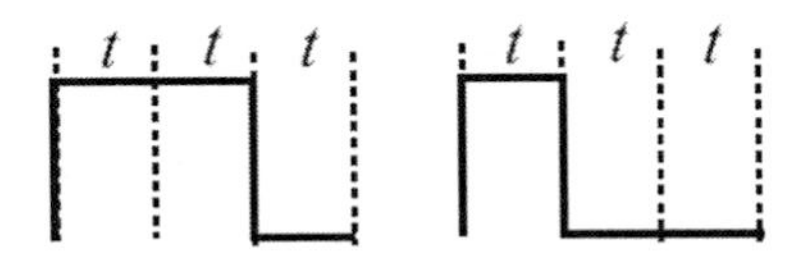

그림 10.60 논리값 "0"과 논리값 "1"을 나타내는 펄스신호

10.28 **CAN 버스 NRZ 인코딩과 디코딩**. 제어영역네트워크(CAN) 버스는 차량 내에서 센서와 작동기들을 연결하기 위해서 일반적으로 사용되며, 이들 사이의 데이터 통신에 영향을 끼친다. 이 버스에서는 영점비복귀(NRZ) 인코딩 기법이 사용된다. 즉, 신호의 상태가 바뀌지 않는다면, 클록펄스의 종료시점까지 신호는 이전의 상태를 유지한다. 이 문제에서는 논리값이 “1”인 경우에는 $+5[V]$이며, 논리값이 “0”인 경우에는 $-1.5[V]$이고 클록 신호의 하강 모서리에서 신호전환이 발생한다고 가정한다(CAN 버스의 사양은 미분전압을 기반으로 하며, 이 문제에서 가정한 것보다 훨씬 더 복잡하다). 클록 신호는 $t/2[\mu s]$ 동안 고전압이며, $t/2[\mu s]$ 동안은 저전압이다(즉, 클록의 주기는 t이다). 센서에서 16비트(2바이트) 디지털 데이터 1011 0011 1001 1011을 송신하며, 각 비트의 길이는 $5t$이다. (데이터가 수신되기 전의) 초기상태는 “0”이다.

(a) 생성되어 버스로 전송되는 신호를 그리시오.

(b) 각 데이터 비트의 길이가 $4.6t$라면, 이제 신호는 어떻게 보이겠는가? 펄스의 상태가 변하는 위치에 주의하여 이 신호를 (a)와 비교하여 그리시오.

10.29 **수동식 RFID**. $13.56[MHz]$에서 주파수시프트키잉(FSK) 모드로 작동하는 수동식 무선식별시스템(RFID)은 그림 10.40 (b)의 포맷을 사용한다. 숫자가 “1” 또는 “0”으로 이루어진 경우에, 판독기에 탑재된 검출 시스템이 이 숫자 한 자리를 읽기 위해서 최소한 주파수 10 사이클이 필요하다. RFID에는 온도센서와 습도센서와 같이 두 개의 센서들이 내장되어 있으며, 식별정보도 함께 기록되어 있다. 전송되는 데이터는 12자리로 이루어진 RFID의 식별번호와 각각 6자리로 이루어진 두 센서의 식별번호, 그리고 6자리의 온도신호와 6자리의 상대습도 신호이다. 전력이 공급되면 RFID는 전력을 감지하고 내부 커패시터를 충전하며, 판독기 측으로 데이터를 송출한다. 저장 및 전송이 이루어지는 정보를 구성하는 각 문자들은 8비트 ASCII(정보교환용 미국 표준코드) 디지털 워드로 이루어진다.

(a) 커패시터를 충전하는 데에 소요되는 초기시간과 송신되는 여분의 문자들(각 정보 사이의 간격문자, 동기화비트 그리고 충돌방지 정보)을 무시하고, 센서 정보를 판독하는 데에 소요되는 최소시간을 계산하시오.

(b) 변조방법이 진폭시프트키잉(ASK)으로 바뀌었을 때에 (a)를 다시 계산하시오.

(c) 변조방법이 145[kHz]의 진폭시프트키잉(ASK)으로 바뀌었을 때에 (a)를 다시 계산하시오.

10.30 **능동식 RFID.** 기차의 운행정보를 기록 및 추적하기 위해서 기차에 설치되는 능동식 RFID가 제작되었으며, 궤도상의 선정된 고정위치에 판독기가 설치된다. 판독기는 객차의 측면방향으로 2[m] 떨어진 위치에 설치되며, 기차가 통과할 때에 정보를 읽어낸다. RFID는 865[MHz]로 작동하며, 정보 스트림을 구성하는 각 문자들은 8비트 워드로 이루어진다. 기본 주파수를 16으로 나눈 주파수(논리값 "0")와 32로 나눈 주파수(논리값 "1")를 사용하는 주파수시프트키잉(FSK) 모드로 데이터가 전송된다. RFID의 신뢰성이 확보되는 최대거리가 10[m]이며 기차가 35[km/h]의 속도로 통과하는 경우에 다음을 계산하시오.

(a) 하나의 비트를 읽어 들이는 데에 최소한 120사이클의 신호가 필요하다면, 전송 가능한 정보 스트림의 최대길이는 얼마인가? 데이터 전송속도에 영향을 끼치는 지연이나 대역폭 문제에 대해서는 무시하며, 기차의 길이는 최소한 12[m]라고 가정한다.

(b) 변조기법이 진폭시프트키잉(ASK)으로 바뀌었을 때에 (a)의 결과는 어떻게 변하는가?

(c) 실제의 경우에는 (a)와 (b)에서 계산한 값보다 정보 스트림의 길이가 훨씬 더 짧아지는 이유에 대해서 논의하시오.

센서 네트워크

10.31 **수질 측정용 센서 네트워크.** 국립공원의 수질을 모니터링하기 위한 네트워크를 설계하시오. 사용할 센서의 유형과 통신 프로토콜을 정의하시오. 실제 설계에서 네트워크 연결에 필요한 옵션들에 대해서 논의하시오. 필요한 노드의 숫자와 유형, 전원공급방법 등에 대해서 설명하시오. 네트워크 구성요소들의 연결도를 스케치하시오.

10.32 **벼락감지 센서 네트워크.** 일기예보 시스템의 일부로서 국토 전체의 벼락 모니터링을 위한 센서 네트워크를 설계하시오. 센서, 네트워크의 유형, 그리고 필요한 통신방법 등을 정의하시오. 벼락을 신뢰성 있게 검출할 수 있는 거리는 최대 150[km]이며 벼락이 떨어지는 위치를 찾아내기 위해서는 이 범위 내에 최소한 3개의 센서들이 필요하다는 것을 감안하여 센서의 밀도를 결정하시오. 미국 내의 모든 벼락을 검출하기 위해서 필요한 센서의 숫자를

계산하시오(미국의 대략적인 면적은 $4,000 \times 3,000[km^2]$이다). 원활한 검출을 위해서 필요한 통신방법, 통신소의 위치 및 중앙관리소로의 보고방법 등을 정의하시오.

10.33 **화재감시/소방 네트워크: 센서와 작동기 네트워크**. 주택, 사무실 및 공용공간 등을 포함한 대규모 복합건물 내에서 사용되는 다음의 요소들에 대해서 설명하시오.

(a) 불꽃/연기검출: 센서의 유형, 센서의 밀도 그리고 측정오차

(b) 국지소화: 소화방법과 안전문제

(c) 경고: 경고 장치와 작동기의 유형

(d) 소방서로의 통신방법

(e) 관리실로의 통신방법

(f) 인접 노드로의 통신방법

10.34 **CAN 버스**. 차량용으로 설계된 제어영역네트워크(CAN) 버스는 선형의 2선식 네트워크로서, 센서와 작동기들을 중앙처리장치로 연결시키기 위해서 설계되었다. 이 버스와 관련된 다음의 문제들에 대해서 논의하시오.

(a) 2선식 버스 하나만으로 센서와 작동기들을 연결하고 있다. 다수의 소자들을 연결한 상태에서 어떻게 신호를 송신 및 수신할 수 있는가?

(b) 정보들 사이에 충돌을 피하기 위한 프로토콜에 대해서 논의하시오.

(c) 차량환경에서 이런 유형의 네트워크를 사용하기 위해서는 어떤 특성이 필요한가?

10.35 전력송전라인의 상태를 모니터링하여 중앙통제소로 이를 보고하는 시스템이 제안되었다. 이 시스템은 송전선 자체를 센서로 활용하여 온도, 전류, 절연상태 및 부식률 등을 측정하며, 각 센서들은 단거리 무선링크를 사용하여 가장 가까운 타워로 데이터를 전송한다. 각각의 타워에는 추가적인 센서들이 설치되어 풍속, 진동, 구조물의 견실성, 부식 등의 상태를 모니터링한다. 타워와 송전선 센서에서 수집된 데이터들은 와이파이 모듈을 사용하여 양쪽으로 송신범위 내에 있는 세 개의 타워로 전송한다. 셀 통신용 링크의 설치가 가능한 위치에서는 10개의 타워들마다 하나씩 설치되어 있는 셀 통신용 링크를 사용하여 인접 타워들로부터 수집된 데이터를 전송하며, 이를 설치하기 어려운 위치에서는 위성통신을 사용한

다. 센서 데이터와 더불어, 시스템에서는 센서와 타워의 인식번호 및 GPS 좌표값을 함께 송출한다.

(a) 가능한 모든 데이터 전송경로들이 표시되도록 센서통신 네트워크와 구획별 송신링크들을 스케치하시오.
(b) 네트워크 내에 존재하는 여분의 링크. 즉, 어떤 링크가 파손되어도 네트워크의 작동에는 영향을 끼치지 않는 우회링크에 대해서 설명하시오.
(c) 링크의 유형별 데이터 부하에 대해서 살펴보고, 어떤 프로토콜을 사용하여야 이들을 통제할 수 있는지에 대해서 설명하시오.

CHAPTER

11

인터페이싱 방법과 회로

CHAPTER 11

인터페이싱 방법과 회로

☑ 신경시스템

인체를 구성하는 신경 시스템은 뉴런 망으로 이루어지며, 다양한 센서들과 두뇌 사이에 신호를 전송하고, 두뇌와 인체의 다양한 기관들 사이에 신호전송을 통하여 근육들을 움직인다. 신경계는 수많은 구성요소들로 이루어지며, 두 가지 중요한 부분으로 구분된다. 첫 번째는 중추신경계로서, 두뇌와 척수로 이루어진다(망막도 중추신경계의 일부로 간주한다). 일반적으로 중추신경계는 감각 및 여타 신호의 처리를 담당한다. 두 번째는 말초신경계로서, 비교적 복잡한 방식으로 뉴런들과 연결되는 감각뉴런과 신경교세포들로 이루어진다. 일부의 뉴런들은 신경절에 모여 있다(인체 내에서 가장 큰 신경절은 척수에 위치하며, 신체의 운동기능을 관장한다). 뉴런은 감지, 신경 전달 또는 신호연결과 같은 특정 기능을 수행하고 다른 뉴런 또는 신체의 특정 부분과 통신할 수 있는 특화된 세포이다. 대부분의 신호들은 전기충격의 형태로, 뉴런 사이를 연결하는 길쭉한 구조인 축색 돌기를 통해서 뉴런들 사이에서 전달된다. 뉴런은 전기 또는 화학적 신호의 전달을 허용하는 시냅스라고 하는 막 접합부를 통해 세포에 연결된다. 일부의 신호들은 호르몬 방출을 통해서 전파된다. 축색돌기들의 다발을 신경이라고 부른다.

말초신경계에서 신경은 세 가지 중요한 기능들을 가지고 있다. 첫 번째는 감각이다. 신체의 다양한 수용체와 피부로부터의 감각신호를 중추신경계로 전달한다(대부분의 수용체들은 피부에 위치하지만, 귀, 코, 혀 및 눈과 같은 기관들도 감각기능을 가지고 있다). 두 번째 기능은 운동기능으로서, 근육과 장기들로 신호를 전송하여 신체의 운동기능을 조절한다. 세 번째 기능은 호흡이나 심장박동과 같은 자율운동과 눈을 깜빡임, 위험회피, 그리고 필요시 신체의 에너지를 보존하는 것과 같은 비자발적 반응들이다.

측정과 작동의 관점에서, 신경계는 신체의 감각과 작동기능을 중추신경계(두뇌)와 연결시켜주는 수단으로서 주변 환경의 감지와 신체의 운동을 제어하기 위한 귀환신호의 전달을 수행한다.

11.1 서언

센서나 작동기는 거의 단독으로 사용되지 않는다. 예외적으로 바이메탈 센서는 온도를 측정함과 동시에 스위치나 다이얼을 구동한다. 하지만 대부분의 경우에는 어떤 형태로든 전기회로가 필요하다. 이때에 사용되는 회로는 전원이나 변압기를 연결하는 정도로 간단한 경우도 있지만, 대부분의 경우에는 증폭기, 임피던스 매칭, 신호조절, 그리고 여타의 기능들이 포함된다. 또한 디지털 출력이 요구되거나 필요한 경우에는 아날로그-디지털(A/D) 변환이 필요하며, 일부의 경우에는 단순한 A/D 변환방법을 사용할 수도 있다. 또한, 마이크로프로세서 회로와 어떤 형태의 프로그램도 사용된다. 작동기의 경우에도 이와 동일한 개념이 적용되지만, 파워가 훨씬 더 큰 증폭기가 사용되며, 대부분의 작동기들이 아날로그 특성을 가지고 있기 때문에 디지털-아날로그(D/A) 변환이 필요하다. 따라서 이런 문제들은 측정과 작동의 측면에서는 부차적인 것처럼 보일 수 있지만, 측정과 작동을 성공적으로 구현하기 위한 전략적인 측면에서는 센서와 작동기는 일부분에 지나지 않으며, 센서와 작동기가 항상 제일 중요한 위치를 차지하지도 않는다. 이들은 소자들 사이의 인터페이스를 통해서 센서나 작동기들을 유용하게 만드는 데에 필요한 회로들이다. 설계과정에서 인터페이싱에 대해서 함께 고려하면 특정한 목적으로 사용할 소자를 선정하는 과정이 크게 단순화된다. 만일 디지털 소자가 존재한다면, 등가의 아날로그 소자를 선정한 다음에 출력을 디지털 포맷으로 변환시키기 위해서 필요한 회로를 추가하는 것은 쓸모없는 일이 되어 버린다. 이로 인하여 제조에 더 많은 시간이 걸릴 수 있는 복잡하고 값비싼 시스템이 도출될 수 있다. 수많은 종류의 센서들이 존재하며, 다양한 센서들이 동일한 기능을 수행한다. 그리고 어떤 방법이 전반적으로 최고의 성능을 발휘하는지를 사전에 명확히 판단하기 어려우므로, 어떤 설계를 확정하기 전에 대안적인 측정전략과 대안 센서들을 항상 살펴봐야만 한다. 이런 고찰과정에서는 설계상의 제약조건들과는 무관하게 인터페이싱 문제를 살펴봐야만 한다. 예를 들어, 만일 비용이 중요한 고려사항이라면, 가장 단순하고 가장 값싼 센서가 전체적으로 가장 값싼 설계를 실현시켜주지는 못한다. 이와 마찬가지로, A/D 변환기의 변환 정확도 한계가 0.01[°C]이거나 시스템의 출력용 디스플레이의 표시값 분해능이 0.1[°C]에 불과하다면 정확도가 0.001[°C]인 값비싼 센서를 사용할 필요가 없다.

매우 다양한 원리로 작동하는 수많은 센서와 작동기들이 존재하지만, 인터페이싱의 관점에서는 살펴봐야만 하는 공통점이 존재한다. 우선, 대부분의 센서들은 저항, 전압 또는 전류와 같은 전기량을 출력한다. 이들에 대해서 증폭과 같은 적절한 신호처리를 거친 다음에 직접 측정할 수 있다. 여타의 경우에는 출력이 정전용량이나 인덕턴스의 형태를 가질 수 있다. 이런 경우에는 일반적으로 발진기와 같은 추가적인 회로가 필요하며, 발진기의 주파수를 측정하여야 한다. 일부의 경우에는 센서의 출력이 주파수인 반면에 작동기의 입력은 가변폭 펄스여야 하는 경우도 있다.

또 다른 중요한 고려사항은 사용되는 신호전위로서, 센서와 작동기들은 다양한 전위의 신호들을 사용한다. 열전대의 출력은 수[μV]의 직류전압을 출력하는 반면에, 선형가변차동변압기(LVDT)는 손쉽게 5[V]의 교류전압을 출력한다. 작동기의 경우, 사용되는 전압과 전류는 매우 높다. 압전 작동기를 구동하기 위해서는 수백[V]의 전압이 필요한 반면에(전류는 매우 작다),

솔레노이드밸브는 대략 12~24[V]의 전압에 수[A]의 전류를 소모한다. 이들을 구동하는 회로들과 마이크로프로세서를 인터페이싱 하기 위해서 필요한 회로들은 매우 다르며, 각별한 주의가 필요하다. 응답성(전기적 응답과 기계적 응답), 작동범위, 소비전력 등과 같은 문제들에 대한 고려뿐만 아니라 전력의 품질과 가용범위에 대한 고려도 필요하다. 전력망에 연결된 시스템과 무선시스템의 설계 시 작동특성이나 안전과 관련된 요구조건이나 고려사항은 매우 다르다.

이 장의 목적은 인터페이싱과 관련된 일반적인 문제들과 더불어 엔지니어들이 알아야만 하는 더 일반적인 인터페이싱 회로들에 대해서 살펴볼 예정이다. 그런데 일반적인 설명이 모든 경우에 대해서 통용되지는 않으며, 여기서 논의되는 방법들은 항상 예외와 방법의 확장이 존재한다는 점을 알고 있어야 한다. 예를 들어, 아날로그-디지털 변환은 마이크로프로세서와의 인터페이싱을 위해서 신호를 변환시켜주는 단순하고 값싼 방법이다. 하지만 일부의 경우에는 이 방법이 필요없을 수도 있으며, 너무 비싼 경우도 존재한다. 회전기어의 치형을 감지하는 데에 홀효과 소자를 사용한다고 가정하자. 홀 소자에서 출력되는 신호는 (정현파)교류전압이며, 기어치를 감지하기 위해서는 신호의 피크값만 필요하다. 이런 경우에는 단순한 피크 검출기에 단순한 신호처리회로를 연결한 회로만으로도 충분하다. 아날로그-디지털 변환기(ADC)를 사용한다고 해서 더 좋아지는 것은 없으며, 오히려 더 복잡하고 값비싼 방법에 불과하다. 반면에 A/D 변환기가 내장된 마이크로프로세서가 사용된다면, 회로를 추가하는 대신에 이를 사용하는 것이 더 좋은 방법이다.

우선, 증폭기, 특히 연산증폭기(또는 OP-앰프)에 대해서 살펴보기로 한다. 이 증폭기는 신호의 증폭성능이 뛰어나며 단순한 해결책으로서, 센서와 작동기를 사용하는 과정에서 마주칠 수 있는 거의 모든 신호와 주파수범위에 대해서 증폭이 가능하다. 연산증폭기는 또한 신호처리와 필터링뿐만 아니라 임피던스 매칭에도 유용하게 사용할 수 있다. 작동기에서는 전력의 증폭이 더 중요하지만, 여기에도 연산증폭기의 공통적인 작동원리가 적용되므로 이에 대해서도 함께 살펴볼 예정이다. 뒤이어 디지털 회로의 절에서는 기본 작동원리와 일부의 유용한 회로들에 대해서 살펴본다. 다음으로 살펴볼 A/D 및 D/A 변환회로는 마이크로프로세서와 같은 디지털 소자와의 인터페이싱을 위해서 필수적인 회로이다. 단순한 문턱법[1]에서부터, 세련된 전압-주파수(V/F) 변환회로와 진정한 A/D 변환기까지 차례로 살펴본다. 다음으로 민감도를 포함하여 브리지회로와 관련된 논의를 수행하며, 앞서 살펴보았던 연산증폭기와 결합된 브리지증폭회로에 대해서도 논의한다. 데

1) threshold method

이터전송과 관련된 논의에서는 저전압 신호의 정확도를 확보하기 위한 방법과, 이를 전송하기 위해 적합한 방법들에 대해서 살펴본다. 모든 회로에서 필요하지만, 특히 센서와 작동기의 경우에는 전원을 포함하여 회로여기[2]의 필요성과 이들이 회로에 끼치는 영향에 대해서 이해하는 것이 중요하다. 회로여기에는 직류전원뿐만 아니라 교류전원도 사용된다. 이 절에서는 정현파 및 구형파 발진기에 대해서도 함께 살펴본다. 이 장의 마지막 절에서는 센서에서 발생하는 노이즈와 간섭, 그리고 이를 다루는 일반적인 방법들에 대해서 살펴본다.

사용할 회로의 선택은 중요한 사안이다. 현대 전자산업에서는 다양한 소자와 회로들을 공급하고 있는데, 이들 중 일부는 범용이며 일부는 특화되어 있다. 주어진 용도에 대해서 특정한 소자를 선정하는 일은 쉬울 수도 매우 어려울 수도 있다. 사용할 수 있는 요소들이 다양하고, 주어진 일을 수행할 수 있는 회로를 찾기가 용이하기 때문에 사용할 소자를 선정하기가 쉽다. 하지만 각각의 소자들은 장점과 단점을 가지고 있기 때문에 사용할 소자를 선정하기가 어렵다. 당연히 사용해야 하는 소자를 다양한 이유 때문에 사용할 수 없는 답답한 경우도 발생한다. 예를 들어, 신호를 증폭해야 하는 경우를 생각해 보자. 적절한 편향전압이 부가된 트랜지스터만으로도 충분하다. 그런데 이보다 훨씬 더 복잡한 연산증폭기는 해당 용도에 대해서 매우 과도한 성능을 가지고 있지만 전반적으로 더 좋은 결과(성능, 설계소요시간, 그리고 때로는 가격)를 얻을 수 있다. 이와 마찬가지로, 예를 들어 센서의 신호를 읽어서 온도가 75[°C]를 넘어서면 (경고를 위해서) 조명을 켜야 하는 경우를 생각해 보자. 전기 엔지니어라면 누구나 이런 단순한 회로를 설계할 수 있다. 이런 목적으로 마이크로프로세서를 사용하는 것은 과도하다는 것이 명백하지만, 오히려 가격을 낮출 수 있다. 비용의 측면에서 보면, 구성요소의 숫자와 점유면적, 그리고 향후의 변경 등을 감안한다면 비록 프로그래밍이 필요하지만, 마이크로프로세서를 사용하는 것이 훨씬 더 매력적인 해결책이다.

11.2 증폭기

증폭기는 저준위 (거의 전압) 신호를 필요한 준위로 증폭시켜주는 장치이다(전류증폭기와 전압증폭기가 있다). 예를 들어, 열전대의 저전압 출력을 제어기나 디스플레이가 필요로 하는 전압으

2) excitation of th circuit: 회로에 에너지를 공급한다는 뜻. 역자 주.

로 증폭할 수 있다. 증폭률은 인터페이싱 회로의 요구에 따라서 저배율에서 10^6배에 이르는 고배율로도 증폭할 수 있다. 증폭은 임피던스 매칭, 신호처리, 신호변환 또는 센서가 연결될 제어기와의 전원분리 등과 같이 증폭이 필요 없는 경우에도 활용할 수 있다. 일반적으로 작동기와 연결되는 전력증폭기는 작동기를 구동하기 위해서 필요한 전력을 공급한다는 점을 제외하고는 일반적인 증폭기와 유사한 기능을 갖추고 있다.

증폭기는 바이어스 네트워크가 구비된 트랜지스터와 같이 매우 단순한 구조에서부터 복잡도가 서로 다른 증폭기들을 다단으로 사용하는 매우 복잡한 회로에 이르기까지 다양한 형태를 가지고 있다. 그런데 여기서 우리의 관심은 세부회로의 설계보다는 기능에 집중되어 있으므로, 연산증폭기를 기본 증폭소자로 사용하기로 한다. 이는 단지 편의를 위한 것이 아니다. 연산증폭기는 기본 증폭소자로 간주할 수 있다. 엔지니어가 센서를 인터페이싱하려고 할 때, 연산증폭기 레벨보다 낮은 수준의 전자회로를 설계하지는 않는다. 예외가 있기는 하지만 거의 항상 연산증폭기를 사용하는 것이 성능과 비용의 측면에서 더 좋은 선택이다.

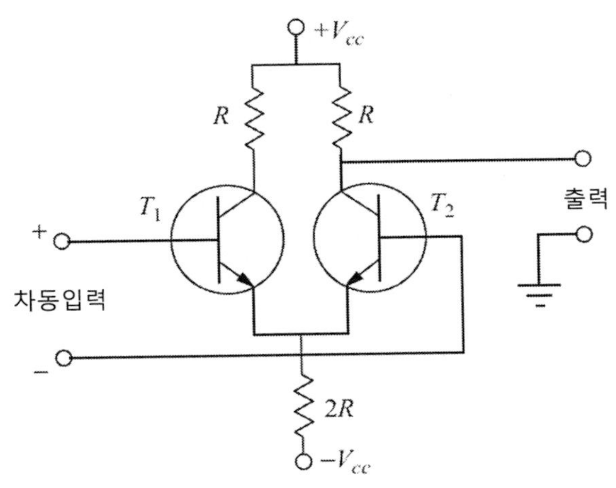

그림 11.1 모든 연산증폭기에 사용되는 차동증폭기는 바이어스를 형성한다.

11.2.1 연산증폭기

연산증폭기는 그림 11.1에 도시되어 있는 것처럼, 차동전압증폭기를 기반으로 하는 비교적 복잡한 전자회로이다. 트랜지스터를 사용하는 이 회로에서, 출력은 두 입력의 편차에 의존한다. 두 입력단의 전압이 0[V]인 경우에 출력단의 전압이 0[V]라면, 이 회로는 다음과 같이 작동한다. 이미터 공통저항 때문에, T_1 트랜지스터의 베이스단 전압이 높아지면 T_1의 바이어스가 높아지는 반면에 T_2 트랜지스터의 바이어스는 낮아진다. 이로 인하여 T_1 트랜지스터가 T_2 트랜지스터보다 더 많은 전류를 흘려보내기 때문에, 출력전압은 접지전압에 비해서 양의 값을 갖는다. 만일 이 과정이 반전되면, 출력전압은 접지전압보다 낮아지게 된다. 그런데 두 입력단의 전압이 똑같이 높아지거나 낮아지면 출력전압은 변하지 않는다(두 입력전압 사이의 차이는 0이다).

차동증폭기는 연산증폭기의 앞단으로 사용되며, 그 뒤에 부가회로들(추가 증폭단, 온도 및 드리프트 보상회로, 출력증폭기 등)이 붙지만 이 부가회로들이 연산증폭기의 사양에 영향을 끼칠 뿐이므로 우리의 관심대상이 아니다. 연산증폭기가 특정한 조건에서 작동하거나 특정한 기능을 수행하도록 만들기 위해서 다양한 수정이 가해진다. 이들 중 일부는 저잡음 특성을 갖추고 있으며, 몇몇은 단전원 작동이 가능하다. 일부는 고주파 대역 작동이 가능하며, 일부는 저준위 신호의 증폭에 특화되어 있다. 만일 입력 트랜지스터를 전계효과트랜지스터(FET)로 대체하면 입력 임피던스가 크게 증가하므로, 여기에 연결된 센서로부터 입력되는 전류량을 낮출 수 있다. 이런 모든 사항들이 중요하지만, 기본 회로를 약간씩 변화시켜서 구현할 수 있다. 증폭기의 특성에 대해서 이해하기 위해 **그림 11.2**에 도시되어 있는 것처럼 연산증폭기를 단순블록으로 나타내며, 이를 사용하여 일반적인 특성에 대해서 살펴보기로 한다. 지금부터 연산증폭기의 주요 기능들에 대해서 살펴보기로 한다.

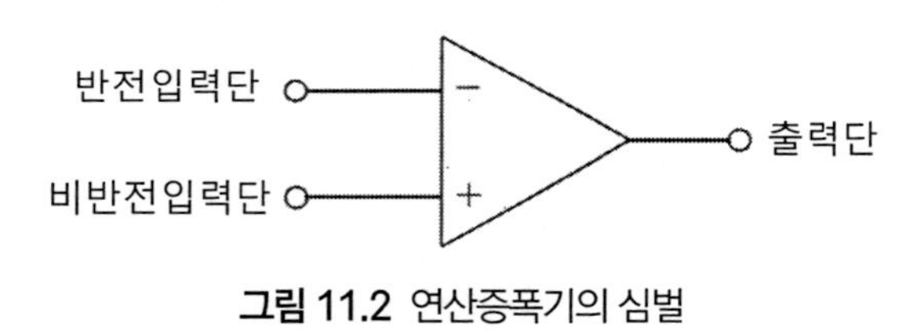

그림 11.2 연산증폭기의 심벌

11.2.1.1 차동전압이득

차동전압이득은 두 입력단 사이의 전압차이에 대한 증폭률을 나타낸다.

$$V_0 = A_d V_i \tag{11.1}$$

여기서 V_i 입력전압의 차동값이며, A_d는 차동 **개루프이득**으로서, DC 개루프이득이라고도 부르며, 좋은 증폭기일수록 더 큰 값을 갖는다. 일반적으로 연산증폭기들은 10^6 이상의 개루프이득을 가지고 있다. 이상적인 증폭기의 개루프이득은 무한대라고 가정한다.

11.2.1.2 공통모드 전압이득

증폭기가 차동특성을 가지고 있기 때문에, 공통모드 이득은 0이 되어야 한다. 하지만 실제 증폭기들은 두 입력단 사이에 부정합이 존재하기 때문에 약간의 공통모드 이득을 가지고 있지만 이 값이 작아야만 한다. 공통모드 전압이득은 A_{cm}으로 나타낸다. **그림 11.3**에서는 이상적인 증폭기의 출력상태를 보여주고 있다. 연산증폭기의 사양에서는 일반적으로 이를 A_d와 A_{cm}의 비율인 **공통모드제거비율**($CMRR$)로 나타낸다.

$$CMRR = \frac{A_d}{A_{cm}} \tag{11.2}$$

이상적인 증폭기의 경우, 이 값은 무한대이다. 좋은 증폭기일수록 공통모드제거비율($CMRR$)이 매우 크다.

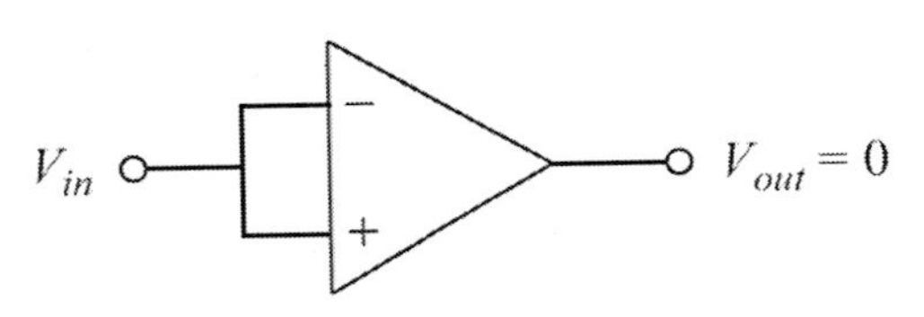

그림 11.3 공통모드 신호의 입력과 출력

11.2.1.3 대역폭

대역폭은 증폭기가 증폭할 수 있는 주파수 범위를 나타낸다. 일반적으로 증폭기의 작동주파수 범위는 아래로는 직류전압에서부터 출력전력이 $3[dB]$만큼 감소하는 최대주파수(소자의 사양값에 해당한다)까지이다. 이상적인 증폭기는 무한의 대역폭을 가지고 있다. 하지만 실제적인 증폭기의 개루프 대역폭은 비교적 좁다. 더 중요한 특성값은 연산증폭기가 작동하는 실제 사용이득에서의 대역폭이다. **그림 11.4**에 도시된 그래프를 통해서 이득이 감소하면 대역폭이 늘어난다는 것을 알 수 있다. 이 그래프를 **이득-대역 곱**이라고 부른다. 이 그래프는 이득이 1이 되는 주파수를 나타내기 때문에, **단위이득주파수**[3](또는 **0[dB] 이득주파수**)라고도 부른다. 예를 들어, **그림 11.4**에서 이득이 1,000인 연산증폭기의 개루프 대역폭은 약 $2.5[kHz]$이므로, 단위이득주파수는 대략적으로 $5[MHz]$임을 알 수 있다.

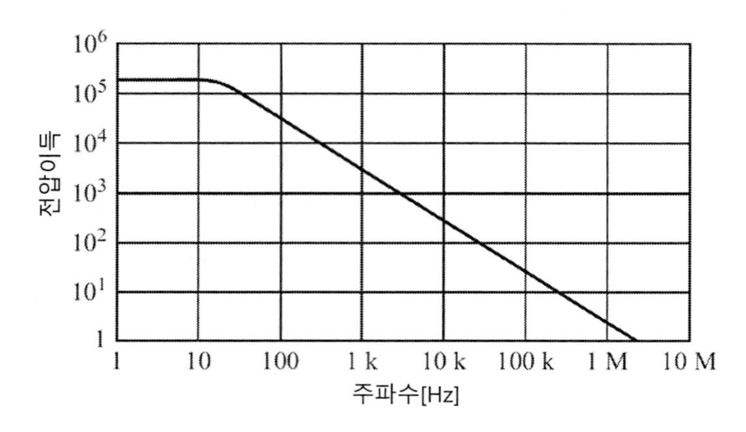

그림 11.4 연산증폭기의 작동 대역폭

11.2.1.4 전압변화율

전압변화율[4]은 입력신호가 스텝 형태로 변화할 때에 출력전압이 변화하는 비율로서, 전형적으로 $[V/\mu s]$의 단위를 사용하여 나타낸다. 만일 입력신호가 이 전압변화율보다 빠르게 변한다면, 출력전압에는 지연이 발생하게 되며 신호의 왜곡이 발생하게 된다. 이로 인하여 증폭기의 작동주파수가 제한되어 버린다. 그림 11.5에 도시되어 있는 것처럼, 전압변화율은 이상적인 구형파 입력전압에 대한 출력전압의 상승 및 하강 기울기로 정의된다. 그림에서는 $2[V/\mu s]$의 전압변화율(매우 낮은 값에 해당한다)을 가지고 있는 증폭기의 출력신호에 전압변화율이 끼치는 영향을 보여주고 있다. 이 증폭기는 출력신호가 $0[V]$에서 $15[V]$까지 증가하는 데에 $7.5[ms]$가 소요되며, 다시 $0[V]$로 떨어지는 데에도 $7.5[ms]$가 소요된다(그림 11.5 (a) 참조). 이 경우에는 입력신호가 $10[ms]$ 동안 고전압을 유지하기 때문에 출력신호가 여전히 구형파처럼 보이지만, 출력 펄스의 폭과 형태가 왜곡되었다는 것을 알 수 있다. 하지만 입력신호의 주파수가 이보다 더 높아지면, 전압변화율 한계로 인하여 더 이상 구형파의 형태를 알아볼 수 없게 되어버린다. 그림 11.5 (b)에서는 펄스의 주기가 $10[ms]$로 감소한 경우를 보여주고 있다. 이 입력펄스는 $5[ms]$ 동안 고전압을 유지하지만, 출력전압은 선형적으로 $10[V]$까지밖에 높아지지 못한다. $5[ms]$의 시간이 지나

3) unity gain frequency
4) slew rate

고 나면 입력신호는 $0[V]$로 떨어지며, 이로 인하여 출력전압은 다시 선형적으로 감소하게 된다. 이 경우의 출력신호는 구형파와는 전혀 다른 형태를 나타내며 진폭도 감소하였다. 증폭기의 단위이득주파수가 $1[MHz]$라고 가정하였는데에도 불과하고, 입력펄스의 주파수가 $1[MHz]$로 상승하면, 출력신호의 진폭은 $1[V]$에 불과하다. 그러므로 전압변화율은 증폭기를 사용할 수 있는 가용주파수범위를 제한한다. 비록 대역폭은 충분히 높다고 하여도 전압변화율이 낮다면 신호의 왜곡이 발생하게 된다.

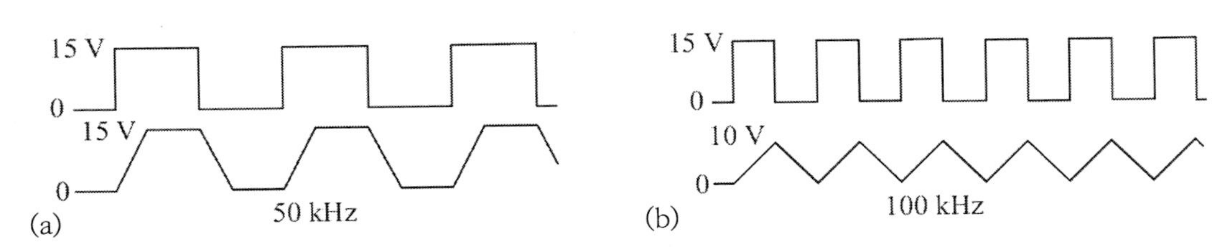

그림 11.5 전압변화율의 영향. (a) 전압변화율은 신호의 증가 및 감소비율을 제한한다. (b) 주파수가 높아질수록 펄스의 형태와 진폭이 왜곡된다.

11.2.1.5 입력 임피던스

입력 임피던스는 개루프 모드로 센서를 연산증폭기에 연결했을 때의 임피던스값을 나타낸다. 전형적으로 입력 임피던스는 높은(이상적으로는 무한대) 것이 좋지만, 주파수와 증폭기의 구조에 따라서 변한다. 상용 증폭기들의 전형적인 입력 임피던스는 $1[M\Omega]$이지만, 입력단 증폭기로 전계효과트랜지스터(FET)를 사용하는 경우에는 입력 임피던스가 수백$[M\Omega]$에 이른다. 폐루프 임피던스는 이보다 훨씬 더 작거나 훨씬 더 커지며, 이에 대해서는 뒤에서 살펴볼 예정이다. 입력 임피던스는 증폭기를 구동하기 위해서 필요한 전류량과 그에 따른 센서의 부하를 결정한다.

11.2.1.6 출력 임피던스

출력 임피던스는 증폭기의 출력단에서 바라본 임피던스 값이다. 이상적으로는 출력 임피던스가 $0[\Omega]$이어야 하며, 이를 통해서 증폭기의 출력전압이 부하에 따라서 변하지 않아야 한다. 하지만 실제로는 유한한 값을 가지고 있으며, 출력이득에 따라서 변한다. 일반적으로 출력 임피던스는 개루프 이득값으로 주어지며, 이득이 낮아질수록 출력임피던스가 감소한다. 고품질 연산증폭기의 개루프 출력 저항값은 수$[\Omega]$에 불과하다.

11.2.1.7 온도 드리프트와 노이즈

온도 드리프트는 온도에 따른 출력전압의 변화특성을 나타낸다. 온도 드리프트와 노이즈 특성은 데이터시트의 형태로 제공되며 일반적으로 매우 작다. 그럼에도 불구하고, 저전압신호를 증폭하는 경우에는 노이즈의 영향이 증가하며, 온도 드리프트가 허용수준을 넘어서면 외부회로를 사용하여 보상해야 한다.

11.2.1.8 소비전력

연산증폭기들은 전통적으로 출력전압이 $\pm V_{cc}$ 또는 레일투레일[5] 특성을 갖도록 설계된다. 양전원을 사용하는 이유는 차동입력을 증폭하기 위해서이다. 대부분의 연산증폭기들은 양전원을 사용하며, 공급전압은 $\pm 3[V]$(이보다 더 낮은 사례도 있다)에서부터 $\pm 35[V]$(이보다 더 높은 사례도 있다)의 범위에 이른다. 다수의 연산증폭기들이 단전원을 사용하며, 이 경우의 공급전압은 $3[V]$에서 $30[V]$에 이른다. 일부의 연산증폭기는 단전원 모드와 양전원 모드를 모두 사용할 수 있다. 연산증폭기의 선정기준에서 증폭기의 **소비전력**, 특히 **무부하전류**는 소자의 작동 시 필요한 전력을 추정하는 중요한 근거자료이기 때문에 중요한 고려사항이다. 이 값은 전지로 구동하는 회로에서 특히 중요하다. 부하상태에서의 소비전류는 적용사례마다 다르지만, 일반적으로 수 $[mA]$에 불과할 정도로 작은 값을 갖는다(일부의 경우에는 훨씬 더 작다). 연산증폭기용 전원을 선정할 때에는 전원에서 증폭기로 유입되는 노이즈에 주의하여야 한다. 전원이 증폭기에 끼치는 영향은 **전원제거비율**(PSRR)로 제시된다.

11.2.2 반전증폭기와 비반전 증폭기

지금까지 살펴본 바에 따르면, 증폭기의 성능은 증폭기의 사용방법, 특히 이득에 의존한다는 것을 알 수 있다. 대부분이 실용회로들에서는 개루프 이득이 그리 유용하지 않으며, 이보다 낮은 이득값을 사용하게 된다. 예를 들어, 센서로부터 (최대) $50[mV]$의 전압이 송출되며, 이를 A/D 변환시키기 위해서는 100배의 증폭을 통해서 (최대) $5[V]$의 전압을 얻어야 한다. 이를 위해서 그림 11.6에 도시된 기본 증폭회로들을 하나 또는 두 개 사용해야 한다. 이 회로들에서는 개루프 이득을 필요한 수준으로 낮추기 위해서 음의 귀환루프를 사용하고 있다.

---

5) rail to rail: 공급전원의 전압범위만큼 출력전압이 구현되는 특성. 역자 주.

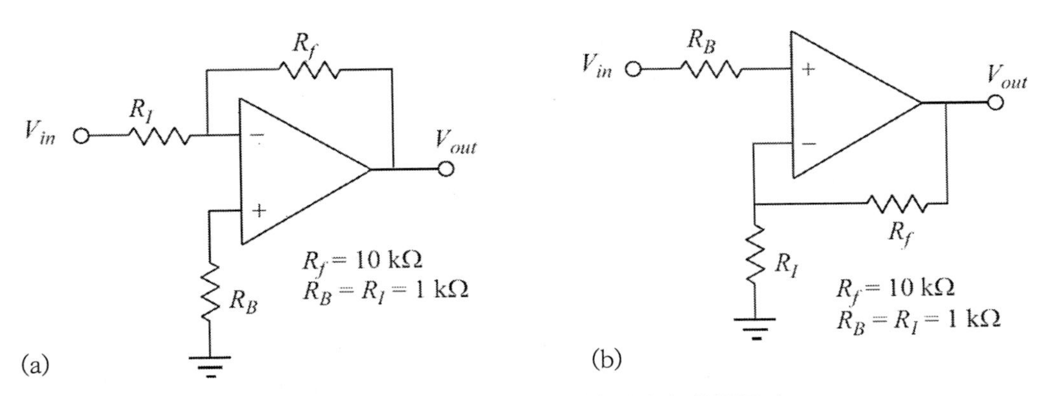

그림 11.6 (a) 반전 연산증폭기. (b) 비반전 연산증폭기

11.2.2.1 반전증폭기

그림 11.6 (a)에 도시된 **반전증폭기**에서는 입력신호가 연산증폭기의 반전입력단에 연결되어 있기 때문에 출력신호가 반전(180° 위상지연)된다. 귀환저항 R_f는 출력신호 중 일부를 반전입력단으로 귀환시키면서 효과적으로 이득을 감소시킨다. 이 증폭기의 이득은 다음과 같이 주어진다.

$$A_v = -\frac{R_f}{R_I} \tag{11.3}$$

이 사례에서는 증폭률이 -10이다.

이 반전증폭기의 입력 임피던스는 다음과 같이 주어진다.

$$R_i = R_I \tag{11.4}$$

그리고 이 값은 $1[k\Omega]$이다. 이보다 더 큰 입력임피던스가 필요하다면, 이보다 더 큰 저항값을 사용하거나, 다른 형태의 증폭기를 사용하거나, 또는 비반전 증폭기를 사용해야만 한다.

반전 증폭기의 출력 임피던스는 약간 복잡하다.

$$R_o = \frac{(R_I + R_f)R_{oI}}{R_I A_{ol}} \quad [\Omega] \tag{11.5}$$

여기서 R_{oI}은 데이터시트에 제시되어 있는 개루프 출력 임피던스이며, A_{ol}은 소자가 작동하는 주파수에서의 개루프 이득(그림 11.4 참조)으로서, 최대 개루프 이득과는 다른 값이다. 예를 들어, 범용 연산증폭기의 개루프 출력 임피던스는 $75[\Omega]$이며, $1[kHz]$에서의 개루프 이득은 대략적으로 1,000이다. 이를 사용하여 예시된 반전증폭기의 출력 임피던스값을 계산해보면,

$$R_o = \frac{(1{,}000+1{,}000)\times 75}{1{,}000\times 1{,}000} = 0.825[\Omega]$$

이 증폭기의 대역폭 역시 귀환저항에 의해서 영향을 받는다.

$$BW = \frac{(\text{단위이득주파수})R_I}{R_I+R_f}\ [Hz] \tag{11.6}$$

이 값은 신호를 증폭하고, 입력 및 출력 임피던스를 센서나 작동기와 매칭하기 위해서 증폭기를 어떻게 사용해야 하는지를 보여주고 있다. 그런데 주의할 점은 입력이나 출력 임피던스가 모두 감소한다는 것이며, 이를 받아들일 수도 받아들이지 못할 수도 있다. 어떤 경우라도 인터페이싱을 수행하는 과정에서 이를 고려해야만 한다.

11.2.2.2 비반전증폭기

그림 11.6 (b)에 도시되어 있는 비반전증폭기의 이득은 다음과 같이 주어진다.

$$A_v = 1 + \frac{R_f}{R_I} \tag{11.7}$$

그림의 사례에서는 증폭률이 11이다.

입력 임피던스는 다음과 같이 주어진다.

$$R_i = R_{oi}A_{ol}\frac{R_I}{R_I+R_f}\ [\Omega] \tag{11.8}$$

여기서 R_{oi}는 연산증폭기의 개루프 입력 임피던스 값으로서 사양서에 제시되어 있으며, A_{ol}은

증폭기의 개루프 이득값이다. 개루프 입력 임피던스는 $1[M\Omega]$이며, 개루프 이득은 10^6이라면, 입력 임피던스는 $10^{11}[\Omega]$에 달한다는 것을 알 수 있다. 이 값은 증폭기가 가질 수 있는 거의 이상적인 임피던스값에 근접한다. 출력 임피던스와 대역폭은 각각 식 (11.5)와 식 (11.6)에 주어진 반전증폭기의 값들과 동일하다. 비반전 증폭기를 사용하는 가장 중요한 이유는 입력 임피던스가 매우 높다는 것이며, 이는 대부분의 센서들에서 이상적인 조건이다.

이외에도 고려해야만 하는 조건들에는 출력전류와 부하저항이 있다. 올바른 증폭기 설계를 위해서는 전압변화율, 노이즈, 온도변화 등과 더불어 이 값들도 함께 고려해야만 한다.

예제 11.1 증폭기의 설계

압전 마이크로폰의 출력 전압은 일상적인 대화에 대해서 $-10[\mu V]$에서 $10[\mu V]$까지 변한다(압전 소자에 부가되는 압력변화에 따른 전압변화 관계식은 식 (7.41) 참조). 일반적으로 가청주파수 범위는 $20[Hz]$~$20[kHz]$라고 가정한다. $-10[\mu V]$에서 $10[\mu V]$까지 변하는 마이크로폰의 출력을 이 주파수 범위에 대해서 $-2[V]$에서 $+2[V]$ 사이의 전압으로 증폭해야만 한다. 이를 위해서 주파수응답이 그림 11.4와 같은 연산증폭기를 사용할 것이 제안되었다. 연산증폭기의 여타 데이터들은 다음과 같다. 단위이득 대역폭 $=5[MHz]$, 개루프 이득$=200,000$, 개루프 입력 임피던스$=500[k\Omega]$, 그리고 개루프 출력 임피던스 $=75[\Omega]$.

(a) 마이크로폰과 연결되어 필요한 출력을 송출하는 증폭기의 회로를 설계하시오.

(b) 이 회로의 입력 임피던스와 출력 임피던스를 계산하시오.

풀이

예제풀이를 진행하기 전에, 필요한 증폭비는 200,000배($=2[V]/10[\mu V]$)라는 점을 기억해야 한다. 비록 연산증폭기의 개루프 이득이 200,000배이지만, 이 이득에서의 대역폭은 단지 $20[Hz]$에 불과하다. 따라서 하나 이상의 증폭기가 필요하며, 그 숫자는 필요한 대역폭에 의해서 결정된다. 게다가 출력은 반전되어야만 하지만 압전식 마이크로폰은 큰 임피던스를 필요로 하기 때문에 비반전증폭기에 연결되어야 한다.

(a) 필요한 대역폭은 $20[kHz]$이다. 그림 11.4에 따르면, 이 대역폭을 구현할 수 있는 최대이득은 약 110이다. 확실한 주파수 응답성능을 확보하기 위해 최대 이득을 100으로 제한한다. 그러므로 우리는 3개의 증폭기들이 필요하다. 필요한 증폭률을 구현하기 위해 1단과 2단의 이득은 각각 100배로 잡고 3단의 이득을 20배로 하거나, 50, 50, 80배를 사용하는 등 대역폭 한계에 의해서 제한되는 최대 이득 내에서 다양한 조합들을 사용할 수 있다. 여기서는 (임의로) 첫 번째의 이득분배방식을 사용하면서 고 임피던스 입력과 반전출력 조건을 충족시킬 수 있도록 그림 11.7에 도시되어 있는 것처럼, 1단은 비반전, 2단은 반전, 그리고 3단은 비반전을 사용하기로 한다. 첫 번째 증폭기의 저항비율은

식 (11.7)을 사용하여 구할 수 있다.

$$A_1 = 1 + \frac{R_{f1}}{R_{I1}} = 100 \rightarrow \frac{R_{f1}}{R_{I1}} = 99$$

이를 구현하기 위해서 $R_{I1} = 1[k\Omega]$, $R_{f1} = 99[k\Omega]$를 선택하는 것이 타당하다(하지만 아래의 주의를 참조해야 한다). R_{B1}은 R_{I1}과 동일한 저항을 사용한다.

2단의 경우, 식 (11.3)을 사용하여야 한다.

$$A_2 = -\frac{R_{f2}}{R_{I2}} = -100 \rightarrow \frac{R_{f2}}{R_{I2}} = 100$$

이를 구현하기 위해서 $R_{I2} = 1[k\Omega]$, $R_{f2} = 100[k\Omega]$, 그리고 $R_{B2} = 1[k\Omega]$를 선정한다.

3단의 경우에는 다시 비반전 증폭기가 사용되었다.

$$A_3 = 1 + \frac{R_{f3}}{R_{I3}} = 20 \rightarrow \frac{R_{f3}}{R_{I3}} = 19$$

이를 구현하기 위해서 $R_{I3} = 1[k\Omega]$, $R_{f3} = 19[k\Omega]$, 그리고 $R_{B2} = 1[k\Omega]$를 선정한다.

주의: $19[k\Omega]$과 $99[k\Omega]$의 저항값들은 표준수가 아니므로 구하기가 어렵다. 대신에 $20[k\Omega]$과 $100[k\Omega]$을 사용할 수 있지만, 이로 인하여 총 증폭비는 $101 \times 100 \times 21 = 212{,}100$으로 변해버린다. 더 좋은 대안은 필요한 총 증폭기를 구현하는 저항값들을 조합하거나 가변저항을 사용하는 것이다.

(b) 비반전 증폭기의 입력 임피던스는 식 (11.8)에 주어져 있다.

$$R_I = R_{oi}A_{ol}\frac{R_{I1}}{R_{I1} + R_{f1}} = 500{,}000 \times 200{,}000 \frac{1{,}000}{1{,}000 + 99{,}000} = 10^9[\Omega]$$

이는 $1[G\Omega]$으로서 압전식 마이크로폰에서 필요로 하는 것보다 훨씬 더 큰 값이다. 출력 임피던스는 식 (11.5)를 사용하여 계산할 수 있다.

$$R_o = \frac{(R_{I3} + R_{f3})R_{ol}}{R_{I3}A_{ol}} = \frac{(1{,}000 + 19{,}000) \times 75}{1{,}000 \times 110} = 13.6[\Omega]$$

주의: 엄격히 말해서, 위 식에서 A_{ol}은 증폭기가 작동하는 주파수에서의 개루프 이득값이기 때문에, 출력 임피던스는 주파수에 따라서 변한다. 여기서는 최고주파수($20[kHz]$)에서의 개루프 이득을 사용하였다. 하지만 최저주파수($20[Hz]$)의 경우, 개루프 이득값은 200,000이며, 이를 사용해서 출력 임피던스를 계산해보면, $0.0075[\Omega]$에 불과하다는 것을 알 수 있다.

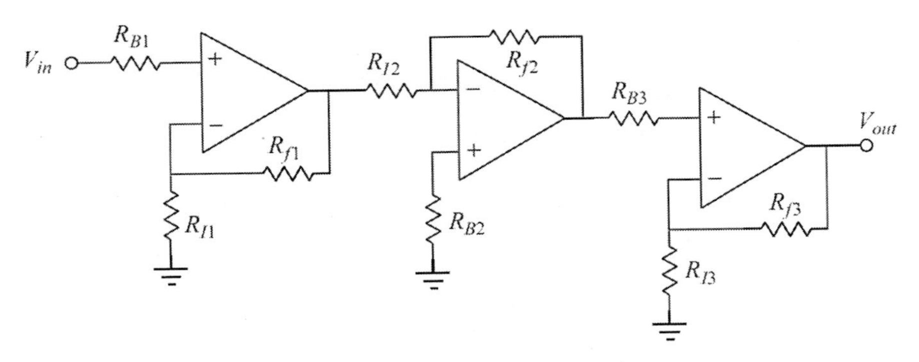

그림 11.7 3단 구조의 반전증폭기

11.2.3 전압추종기

만일 비반전 증폭기의 귀환저항 값을 $0[\Omega]$으로 선정하면, **그림 11.8**에 도시된 소위 **전압추종기** 회로가 얻어진다. 여기서 알아야 할 점은 100%의 음의 귀환이 이루어지기 때문에 이득이 1이라는 것이다. 이 회로에서는 증폭이 이루어지지 않지만 입력 임피던스는 매우 높으며, 다음과 같아진다.

$$R_i = R_{ol} A_{ol} \ [\Omega] \tag{11.9}$$

반면에 출력 임피던스는 매우 낮으며 다음과 같아진다.

$$R_o = \frac{R_{ol}}{A_{ol}} \ [\Omega] \tag{11.10}$$

이렇게 구한 전압추종기의 특성값들을 임피던스 매칭에 활용할 수 있다. 이 회로는 정전용량형 센서나 일렉트릿 마이크로폰과 같은 소자의 연결회로로 사용할 수 있다. 만일 증폭이 필요하다면, 전압추종기 뒤에 반전 또는 비반전 증폭기를 붙이면 된다.

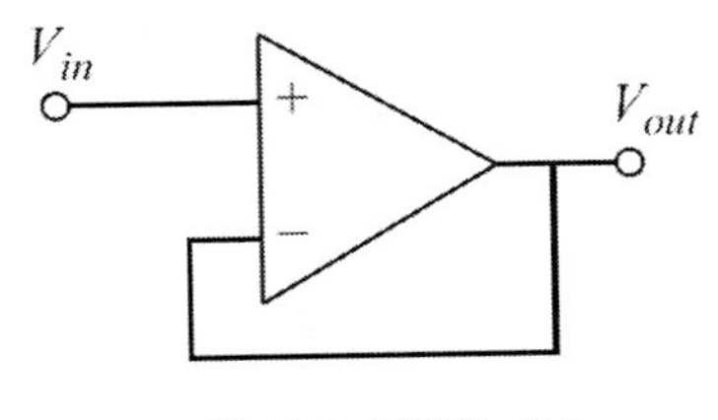

그림 11.8 전압추종기

11.2.4 계측용 증폭기

계측용 증폭기는 이득이 유한하며 두 입력단 모두에 신호를 넣을 수 있다는 점에서 일반 연산증폭기와 다르다. 이 증폭기는 단일소자로 사용할 수 있지만, 이들이 어떻게 작동하는지에 대해서 이해하려면, **그림 11.9**에 도시되어 있는 것처럼 3개의 연산 증폭기들로 구성되어 있는 구조를 살펴봐야만 한다(2개 또는 심지어 1개의 연산증폭기만으로도 동일한 기능을 구현할 수 있지만, 3개의 연산증폭기들로 이루어진 소자를 사용하여 살펴보는 것이 가장 좋다). 이런 유형의 증폭기의 이득은 다음과 같다.

$$A_v = \left(1 + \frac{2R_1}{R_G}\right)\left(\frac{R_3}{R_2}\right) \tag{11.11}$$

상용 계측용 증폭기의 경우, R_G를 제외한 모든 저항들이 내장되어 있으며, 3개의 증폭기들이 만드는 총이득은 일반적으로 100 내외이다. 외장형 저항인 R_G를 사용하여 계측용 증폭기의 이득을 특정한 한도 내에서 사용자가 설정할 수 있다. 대부분의 경우, $R_3 = R_2$이며, 대부분의 계측용 증폭기들에서는 모든 내부저항들이 동일하다($R_0 = R_1 = R_2 = R_3$). 이를 통해서 제조과정에서 저항의 정확도를 조절하기가 용이하며, 전반적인 성능이 향상된다. 이런 경우, 식 (11.11)은 다음과 같이 정리된다.

$$A_v = \left(1 + \frac{2R_0}{R_G}\right) \tag{11.12}$$

그 결과, 이득은 외부저항 R_G에 의해서만 결정된다. 이 계측용 증폭기의 출력은 다음과 같다.

$$V_o = A_v(V^+ - V^-) \ [V] \tag{11.13}$$

따라서 이런 유형의 증폭기들을 사용하는 가장 큰 이유는 두 입력들 사이의 차이에 비례한 출력을 얻기 위해서이다. 이런 유형의 증폭기는 (온도보상이 필요한 경우처럼) 하나의 센서가 자극을 측정하며, 이와 동일한 센서가 기준환경을 측정하는 데에 사용되는 것처럼 차동형 센서를 사용하는 경우에 중요한 사안이다.

앞서 살펴봤던 것처럼, 각각의 입력들은 증폭기의 큰 임피던스를 가지고 있는 입력단에 연결되며, 출력 임피던스는 낮다는 것을 알 수 있다. 이런 유형의 회로가 가지고 있는 가장 큰 문제는 동상제거비율(CMRR)이 회로를 구성하는 각 영역별 저항값들(R_1, R_2 및 R_3)의 매칭에 의존한다는 것이다. 즉, 상부 증폭기에 사용된 저항값들은 하부 증폭기에 사용된 해당 위치의 저항값들과 일치해야만 한다. 이 저항들은 내장되어 있기 때문에, 필요한 동상제거비율을 얻기 위해서는 제조과정에서 이들을 조절해야만 하며, 대부분의 경우 앞서 설명했던 것처럼 동일한 저항들을 사용한다.

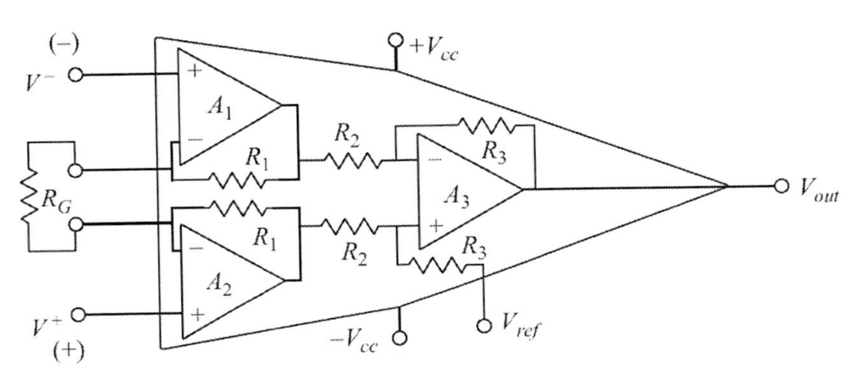

그림 11.9 계측용 증폭기의 구조. 위쪽 입력단자가 반전입력단이다.

11.2.5 전하증폭기

기본 증폭회로들은 앞서 살펴보았던 반전 및 비반전 증폭기이지만, 귀환회로에 따라서 여타의 필요한 기능을 수행하도록 연산증폭기를 만들 수 있다. 이런 유용한 사례가 그림 11.10에 도시되어 있는 **전하증폭기**이다. 물론 전하를 증폭할 수는 없지만, 출력전압이 전하에 비례하도록 만들 수는 있다. 전하증폭기는 반전증폭기의 구조를 가지고 있으므로, 귀환저항이 커패시터의 임피던스로 대체된다는 것을 감안하여 식 (11.3)을 사용하여 이득을 구할 수 있다.

$$A_v = -\frac{R_f}{R_I} = -\frac{1/j\omega C}{1/j\omega C_0} = -\frac{C_o}{C} \tag{11.14}$$

여기서 C_0는 반전입력단에 연결되어 있는 커패시터이다. 이제, 입력단 커패시터에 충전된 전하가 $\Delta Q = C_0 DV$만큼 변하는 경우의 출력전압은 다음과 같이 나타낼 수 있다.

$$V_0 = -\Delta V \frac{C_0}{C} = -\frac{\Delta Q}{C} \ [V] \tag{11.15}$$

이를 통해서 입력단에 생성된 전하가 증폭된다는 것을 알 수 있다. 만일 C가 작다면, 입력단에서 발생하는 미소한 전하량 변화에 의해서 출력단의 전압을 크게 변화시킬 수 있다. 이는 출력전압이 작은 초전기센서나 여타의 정전용량형 센서와 같은 정전용량형 센서의 연결에 유용한 방법이다. 이를 사용하기 위해서는 입력 임피던스가 매우 커야만 하며, 소자 사용에 세심한 주의가 필요하다(최고품질의 커패시터를 사용해야 한다). 상용 전하증폭기에서는 필요로 하는 높은 입력 임피던스를 구현하기 위해서 차동증폭기에 전계효과트랜지스터를 사용한다. 입력 전하가 감소함에 따라서 커패시터 C가 서서히 방전될 수 있도록 **그림 11.10**의 회로에는 r이 추가되었다(r이 없으면 고전압 상태가 너무 오래 지속된다).

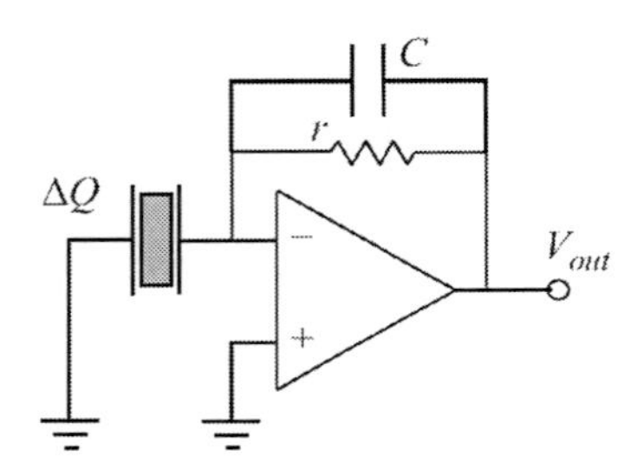

그림 11.10 계측용 증폭기의 구조. 위쪽 입력단자가 반전입력단이다.

예제 11.2 초전기센서의 인터페이싱

예제 4.11에서는 운동감지를 위해서 초전기센서를 사용하는 방안이 논의되었다. 이 센서는 인간의 운동에 의해서 초전기 칩에서 발생하는 $0.01[°C]$의 온도변화에 대해서 $\Delta Q = 3.355 \times 10^{-10}[C]$의 전하를 생성한다. 센서 양단의 전압변화는 $0.0296[V]$인 것으로 계산되었다. 그림 11.10에 도시된 전하증폭기가 레일전압(전원공급전압과 동일한 전압)을 출력하기 위해서 필요한 정전용량과 증폭기의 이득을 계산하시오. 연산증폭기에 공급되는 전압은 $\pm 15[V]$이다.

풀이

식 (11.15)에서는 정전용량을 계산하기 위해서 필요한 관계식을 제공하고 있다. 증폭기의 레일전압은 $+15[V]$ 또는 $-15[V]$이다.

$$C = -\frac{\Delta Q}{V_0} = -\frac{3.355 \times 10^{-10}}{-15} = 22.37 \times 10^{-12}[F]$$

즉, 22.37$[pF]$의 커패시터가 필요하다. 센서 양단에 양전하가 충전(즉, 온도가 상승)되는 경우 출력은 음의 값을 가지며, 음전하가 충전되는 경우에는 출력이 양의 값을 갖는다. 정전용량은 양의 값을 가져야 하기 때문에, 분모에는 음의 값이 사용되는 것이다.

증폭기의 이득은 식 (11.14)에 제시되어 있지만, 센서의 정전용량값인 C_0를 먼저 계산해야만 한다. 일반적으로 이 값은 사양값으로 주어지지만, 전하량 변화에 따른 전압 변화량을 알고 있기 때문에 다음과 같이 계산할 수 있다.

$$C_0 = \frac{\Delta Q}{\Delta V} = \frac{3.355 \times 10^{-10}}{0.0296} = 1.1334 \times 10^{-8}[F]$$

이득은 다음과 같이 계산된다.

$$A_v = -\frac{C_0}{C} = -\frac{1.1334 \times 10^{-8}}{22.37 \times 10^{-12}} = -506.68$$

이는 비교적 큰 이득값이므로 2단 증폭기가 필요할 것이다. 2단 증폭기의 1단은 전하증폭기여야만 하며, 2단은 비반전 전압증폭기를 사용한다. 이론상 모든 증폭기들을 전하증폭기로 사용할 수 있지만, (센서의 방전을 방지하기 위해서는) 매우 큰 입력 임피던스가 필요하기 때문에 입력단에 전계효과트랜지스터를 사용하는 증폭기를 사용해야만 한다. 이는 특수한 형태의 연산증폭기이지만 그리 드물지 않다. 또한 전하증폭기에 사용할 목적으로 제작된 연산증폭기도 존재한다. 하지만 전하증폭기를 사용해야 하는 경우에는 증폭기와 귀환용 커패시터의 선정에만 주의해야 하는 것이 아니라 배선의 연결과 특히 프린트회로기판의 선정에도 세심한 주의가 필요하다. 기생정전용량에 의해서 이득이 변할 수 있으며, 프린트회로기판에서 발생하는 손실이 증폭기의 유효 입력 임피던스를 변화시킬 수도 있다.

11.2.6 적분기와 미분기

연산증폭기를 기반으로 하는 **적분기** 회로는 센서의 인터페이싱에 자주 사용되는 기본회로들 중 하나이다. 이름이 의미하듯, 적분기 회로의 출력은 입력전압을 적분한 전압이며, **미분기**는 입력전압을 미분한 결과를 출력한다. 그림 11.11에서는 이들의 기본 회로를 보여주고 있다. 적분기는 반전 증폭기(그림 11.6 (a) 참조)를 기본회로로 하며 귀환저항 대신에 커패시터를 사용한다. 적분기의 작동을 이해하기 위해서는 입력 임피던스 때문에 증폭기의 개루프 증폭률이 매우 크다는 점에서 출발해야 한다. 즉, 음입력단과 양입력단 사이의 전위차이와 음입력단으로 유입되는 전류는 매우 작으며, 증폭기의 음입력단은 접지전위를 가지고 있어야 한다.

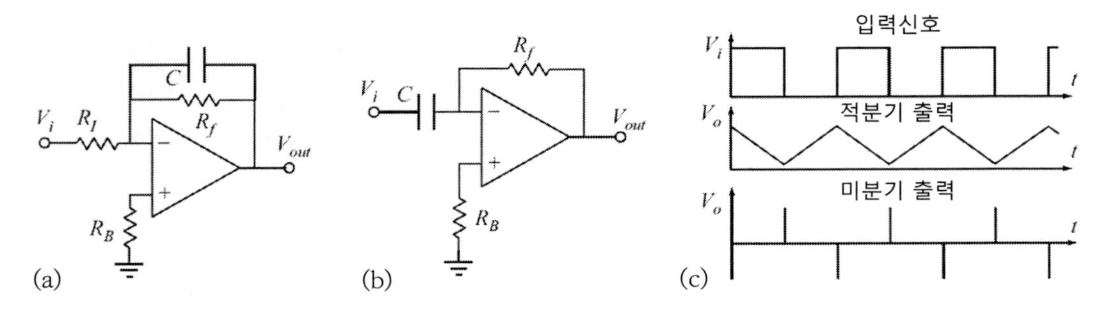

그림 11.11 (a) 연산증폭기를 사용한 적분회로. (b) 연산증폭기를 사용한 미분회로. (c) 펄스열에 대한 적분기와 미분기의 출력전압

지금부터 그림 11.11 (a)에 대해서 살펴보기로 하자. 입력전압 V_i에 대해서, 저항 R_I를 통과하여 흐르는 전류는 $I= V_i/R_I$이다. 이 전류는 증폭기의 입력단 속으로 흘러들어갈 수 없으므로 커패시터로 유입되어야만 한다. 정의에 따르면, 커패시터에 충전되는 전류는 다음과 같다.

$$I_C = C\frac{dV_C}{dt} \ [A] \tag{11.16}$$

이 전류량은 R_I를 통과하여 흐르는 전류량과 같아야만 하기에 다음을 얻을 수 있다.

$$C\frac{dV_C}{dt} = \frac{V_i}{R_I} \ \rightarrow \ dV_C = \frac{V_i}{CR_I}dt \ [V] \tag{11.17}$$

따라서 커패시터 양단의 전압은 다음과 같이 구해진다.

$$V_C = \int_0^t \frac{V_i}{CR_I}dt \ [V] \tag{11.18}$$

출력전압은 커패시터에 형성된 전압의 음의 값을 갖는다.

$$V_o = -V_C = -\int_0^t \frac{V_i}{CR_I}dt \ [V] \tag{11.19}$$

만일 입력전압이 부가되는 순간에 출력전압이 $0[V]$가 아니라면, 즉, 초기전압 $V_{initial}$이 존재한다면, 이를 커패시터에 의해서 생성되는 전압에 더해야만 한다.

$$V_o = - \int_0^t \frac{V_i}{CR_I} dt + V_{\in ial} \ [V] \tag{11.20}$$

이를 통해서 증폭기의 출력은 입력의 적분값이라는 것을 알 수 있다. V_i, R_I, 그리고 C는 상수값이므로, 이 적분기는 V_i가 양이라면 음의 기울기를 갖는 선형함수이며, V_i가 음이라면 양의 기울기를 갖는 선형함수이다. **그림 11.11 (c)**에서는 구형파 입력에 대한 적분기의 출력을 보여주고 있다. 그림에서 입력은 양의 전압특성을 보이고 있지만, 쌍극성 신호여도 무방하다. 입력신호의 주파수가 느려짐에 따라서 적분기 커패시터의 임피던스가 증가하기 때문에, 저주파 대역에서 유한한 이득모드로 증폭기를 작동시키기 위해서 **그림 11.11 (a)**에서와 같이 저항 R_f가 추가되어야 한다.

적분기 회로의 커패시터 C와 입력저항 R_I의 위치를 서로 뒤바꾸면 기능이 반전되어 **그림 11.11 (b)**와 같이 미분기가 만들어진다. 앞서 살펴보았던 것처럼, 귀환저항기를 통과하여 흐르는 전류는 $I_f = V_o / R_f$이다. 음입력단을 통하여 증폭기 속으로 전류가 흘러들어갈 수 없기 때문에, 이 전류값은 커패시터에 충전되는 전류량과 같아야만 한다.

$$I_C = - C \frac{dV_i}{dt} = \frac{V_o}{R_f} \ [A] \tag{11.21}$$

음의 부호는 전류가 출력단에서 입력단 쪽으로 흐른다는 것을 의미한다. 출력전압은 다음과 같이 구해진다.

$$V_o = - R_f C \frac{dV_i}{dt} \ [V] \tag{11.22}$$

여기서 당연히 입력전압은 시간의 함수이다. **그림 11.11 (c)**에서는 구형파에 대한 미분기의 출력신호를 보여주고 있다. 이상적인 미분증폭기는 구형파 신호에 대해서 매우 좁은 양 또는 음의 펄스를 만들어내야 한다. 하지만 실제로는 구형파 입력신호가 결코 이상적이지 못하며, 구형파

신호의 상승 및 하강에 소요되는 시간을 미분기가 반영하기 때문에, 미분된 출력신호는 좁은 삼각 파형의 펄스 형태를 나타낸다.

11.2.7 전류증폭기

그림 11.12에서는 연산증폭기를 특수한 목적에 활용한 또 다른 사례인 **전류증폭기**를 보여주고 있다. 반전입력단에 입력된 전압은 $V_i = ir$이다. 일반적인 반전증폭기의 출력전압은 다음과 같이 주어진다.

$$V_o = -V_i \frac{R}{r} = -iR \; [V] \tag{11.23}$$

임피던스가 매우 작은 센서를 사용하는 경우에, 이런 형태의 증폭기를 매우 유용하게 사용할 수 있다. 예를 들어, 임피던스가 매우 작은 열전대에 이 회로를 직접 연결하여 사용할 수 있다(이런 경우 r은 열전대의 내부저항값이다). 출력전압은 열전대가 생성하는 전류에 정비례하며, 입력전압이 매우 작아도 비교적 큰 출력전압을 생성할 수 있다.

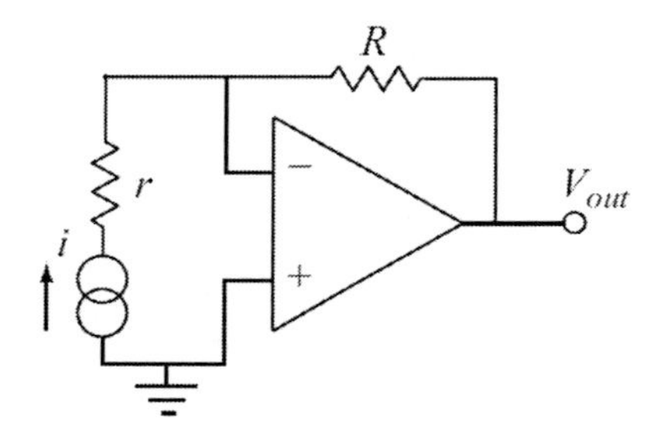

그림 11.12 전류증폭기

11.2.8 전압비교기

연산증폭기를 개루프모드로 사용할 수도 있지만, 이득이 너무 크기 때문에 매우 작은 입력신호만으로도 출력전압이 포화되어버린다. 즉, 입력전압의 극성에 따라서 출력전압은 $+V_{cc}$나 $-V_{cc}$이 전압을 송출한다. 그림 11.13 (a)에 도시되어 있는 **전압비교기**에서는 이 특성을 유용하게 사용할 수 있다. 음입력단 전압은 V^-이며, 양입력단 전압은 $V^+ = 0[V]$이다. 따라서 출력전압은

$-A_{ol}V^- = -V_{cc}$가 된다. 이제, 양입력단의 전압 V^+를 증가시키는 경우에 대해서 살펴보기로 하자. 출력전압은 $A_{ol}(V^+ - V^-)$이다. $V^+ < V^-$인 동안은 출력전압이 $-V_{cc}$를 유지한다. 하지만 $V^+ > V^-$가 되면, 출력전압은 $+V_{cc}$로 변한다. 따라서 이 소자의 작동특성은 두 입력단의 전압을 서로 비교하여 어느 쪽 전압이 더 높은지를 나타낸다.

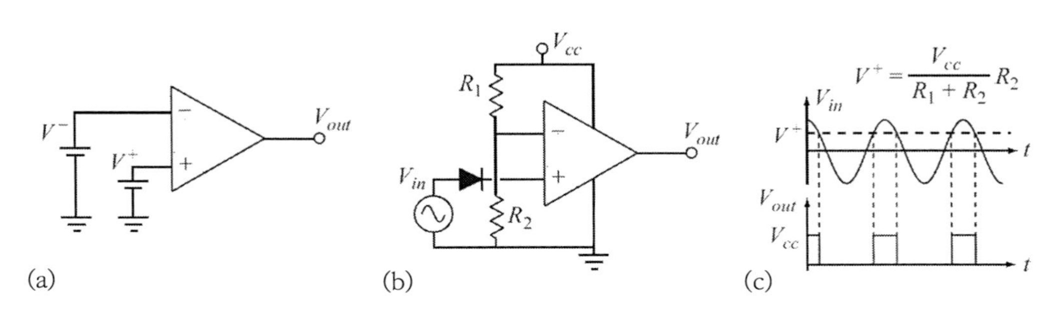

그림 11.13 전압비교기. (a) 작동원리. (b) 단전원을 사용하는 실용회로. 입력단에 설치된 다이오드가 음입력 전압이 증폭기를 손상시키는 것을 막아준다. (c) 입력전압에 따른 출력전압특성

전압비교기는 단순한 비교 이상의 활용도를 가지고 있다. 이 소자는 신호의 A/D 및 D/A 변환과 다양한 측정 및 작동기에 광범위하게 활용되고 있다. 그림 11.13 (b)에서는 단전원을 사용하여 작동하도록 설계된 전압비교기의 실용회로를 보여주고 있다. 여기서 저항 R_1과 R_2는 전압분할기를 형성하며 일정한 음입력 전압을 공급한다.

$$V^- = V_{cc}\frac{R_2}{R_1 + R_2} \quad V] \tag{11.24}$$

이 전압은 비교전압 또는 기준전압으로 사용된다. 입력전압 $V^+ > V^-$인 경우에는 출력 전압이 $+V_{cc}$로 변하며, 입력전압 $V^+ < V^-$인 경우에는 출력전압이 $0[V]$를 유지한다. 물론, 양입력단에 기준전압을 입력하고 음입력단으로 비교할 전압을 입력하여도 무방하다. 단전원을 사용하는 실제 회로에서는 음전압 입력을 수용할 수 없기 때문에 입력단에는 다이오드가 사용된다.

전압비교기에서 발생하는 현실적인 문제들 중 하나가 두 입력단의 전압이 서로 매우 유사한 경우($V^+ - V^-$가 $0[V]$에 근접한 경우)에 발생하는 **채터링**이다. 이런 조건이 지속되는 동안, 출력전압은 빠르게 $-V_{cc}$와 $+V_{cc}$ 사이를 오간다. 이를 피하기 위해서는 입력단에 약간의 히스테리시스 특성을 추가하여 $0[V]$보다 약간 더 높은 전압에서 $+V_{cc}$로 전환되며, $0[V]$보다 약간 더 낮은 전압에서 $-V_{cc}$(또는 $0[V]$)로 전환되도록 만들어야 한다(예제 11.3 참조). 전압비교기의 출력단과 양입력단 사이에 비교적 큰 저항을 추가하면 히스테리시스 특성이 구현된다. 그런데 이를 위해서는 기준전압을 양입력단으로 옮겨야 한다.

예제 11.3 주전원으로부터 클록 신호를 추출하는 방법

전자시계의 기준 주파수는 주전원으로부터 추출한다. 전력공급망의 주파수는 대부분의 시간표시기에 사용하기에 충분한 정확도로 엄격하게 통제되고 있다. 기준주파수를 추출하기 위한 간단한 방법은 전력망으로부터 추출한 정현파 신호를 전압비교기의 음입력단에 연결하고, 양입력단에는 적절한 수준의 기준전압을 부가하는 것이다. 그림 11.14 (a)에서는 이를 위한 회로설계와 입출력 신호상태를 보여주고 있다. 우선, 변압기를 사용하여 $240[V]$, $50[Hz]$의 AC 전압신호(유럽 전력망)를 $\pm 6[V_{RMS}]$ (또는 $\pm 8.4[V_{peak}]$)로 낮춰야 한다. 이렇게 만들어진 입력신호 $V(t) = 8.4\sin(2\pi \times 50t) = 8.4\sin(314t)$이다. 이 전압비교기는 $0[V]$와 $12[V]$의 단전원으로 구동되기 때문에 음전압을 수용할 수 없으므로, 여기에 다이오드를 추가하여 음입력이 $0[V]$ 이하로 내려가는 것을 막는다. 기준전압은 $6[V]$가 되도록 저항 R_1과 R_2을 선정한다. 입력전압이 $6[V]$보다 높아지면 출력이 $0[V]$로 변하며, 입력전압이 $6[V]$보다 낮아지면 출력전압은 $+12[V]$로 변한다. 그림에서는 출력전압의 변화양상도 함께 보여주고 있다.
입력이 정확히 $6[V]$인 경우에는 출력이 어중간한 상태가 되어버리면서 $0[V]$와 $+12[V]$ 사이를 진동하게 된다. 이를 피하기 위해서는 그림 11.14 (b)에서와 같이 출력단과 양입력단 사이에 저항을 추가해야 한다. 이 저항에 의해서 기준전압은 다음과 같이 변하게 된다.
출력전압이 고전압($V_o = 12[V]$)인 경우, R_3는 R_1과 병렬회로를 이루므로 양입력단의 전압은 다음과 같이 변하게 된다.

$$V^+ = V_{cc}\frac{R_2}{R_2 + R_1 \| R_3} = 12 \times \frac{10^4}{10^4 + (10^4 \times 10^5)/(10^4 + 10^5)}$$

$$= 12 \times \frac{10^4}{10^4 + 9.09 \times 10^3} = 6.28[V]$$

출력전압이 $0[V]$인 경우, 출력은 접지와 동일하기 때문에 R_3는 R_2와 병렬회로를 이루므로, 양입력단에 입력되는 기준전압은 다음과 같이 변한다.

$$V^+ = V_{cc}\frac{R_2 \| R_3}{R_1 + R_2 \| R_3} = 12 \times \frac{(10^4 \times 10^5)/(10^4 + 10^5)}{10^4 + (10^4 \times 10^5)/(10^4 + 10^5)}$$

$$= 12 \times \frac{9.09 \times 10^3}{10^4 + 9.09 \times 10^3} = 5.71[V]$$

따라서 입력전압이 6.28[V]보다 높아지면 출력이 0[V]로 변하며, 입력전압이 5.71[V]보다 낮아지면 출력이 12[V]로 변한다. 이를 통해서 출력전압의 채터링이 완벽하게 제거된다.

주의: 1. 히스테리시스저항(R_3)이 작아질수록, 두 전압 사이의 차이가 증가하며 히스테리시스가 커진다.

2. 여기서 제시된 방법을 사용하면 양입력단에만 히스테리시스 특성을 부여할 수 있다. 하지만 히스테리시스를 부여하는 또 다른 방법이 존재한다.

3. 입력신호가 정현파이기 때문에 기준전압을 사용하여 펄스폭을 계산할 수 있다(문제 11.11 참조).

4. R_1과 R_2의 실제값은 중요하지 않다. 하지만 너무 많은 전력을 소비하지 않도록 너무 작은 값을 사용하지 않는다.

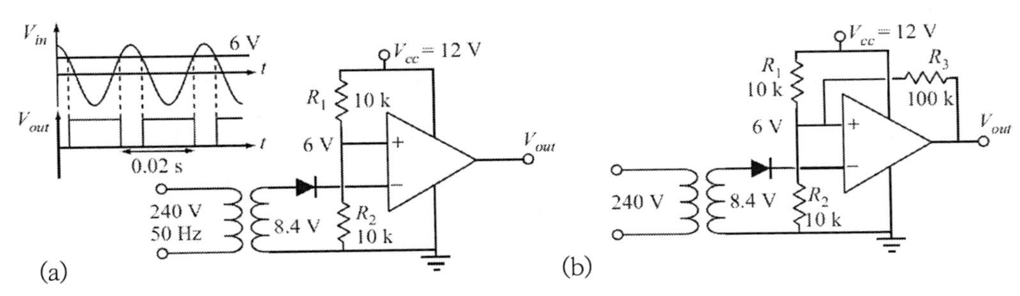

그림 11.14 (a) 20[ms]클록신호를 생성하기 위해서 사용되는 전압비교기. (b) 출력신호의 채터링을 제거하기 위해서 R_3 저항을 추가하여 히스테리시스 특성을 부가한 회로

11.3 전력용 증폭기

전력용 증폭기는 다양한 회로소자들을 통합하여 출력용량이 입력용량에 전력이득을 곱한 값과 같도록 만든 회로이다.

$$P_o = P_i A_p \ [W] \tag{11.25}$$

이 증폭기는 예를 들어 작동기의 소요전력과 같은 전력수요에 매칭되도록 신호의 전력량을 증가시킬 수 있다. 전력용 증폭기의 가장 대표적인 활용사례는 스피커나 보이스코일 작동기를 구동하는 오디오 증폭기와 같이 큰 전력을 필요로 하는 작동기용 구동회로와 솔레노이드 작동기나 모터용 증폭기이다. 이런 증폭기를 전력용 증폭기라고 부르고 있지만, 실제로는 전압증폭기나 전류증폭기(**트랜스컨덕턴스 증폭기**라고도 부른다)이다. 전압증폭기의 경우, 입력신호는 전압이다. 이 전압을 증폭한 다음에 최종단계에서 필요한 전력을 충족시킬 수 있도록 충분히 큰 전류를 송출한다. 대부분의 전력용 증폭기들이 이런 형태를 갖는다. 이를 전류증폭기의 경우에는 이와 반대로 작동한다. 신호전압을 필요한 수준으로 증폭한 다음에 부하단에 필요한 전류를 공급하는 것으로 간주할 수 있다.

전력용 증폭기는 선형 증폭기와 펄스폭변조(PWM) 방식 증폭기로 구분할 수 있다. 선형증폭기의 경우, 출력(전압)은 입력의 선형함수이며, $-V_{cc}$에서 $+V_{cc}$ 사이의 전압을 송출한다. 펄스폭변조방식 작동기의 경우, 출력전압은 $+V_{cc}$나 $0[V]$이며, 송출전력은 출력전압이 켜지는 시간(또는 비율)으로 조절할 수 있다.

11.3.1 선형 전력증폭기

앞서 설명한 대로, 전력증폭의 첫 번째 단계는 입력신호를 필요한 출력수준으로 증폭하는 것이다. 일반적인 증폭기를 사용하여 이를 구현할 수 있지만, 여기서는 연산증폭기를 사용한다고 가정한다. 그런 다음, 이 전압을 출력단으로 보낸다. 이 출력단에서 신호의 증폭은 필요 없지만 전류를 공급할 수 있어야 한다. 그림 11.15 (a)에서는 간단한 **선형 전력증폭기** 회로의 사례를 보여주고 있다.

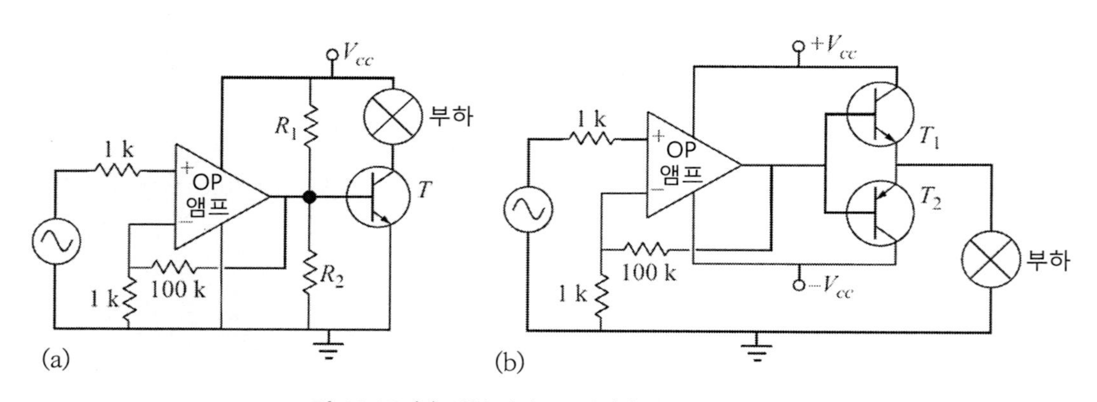

그림 11.15 (a) 선형 전력증폭기. (b) B형 푸시풀 증폭기

이를 소위 **A 형 전력증폭기**라고 부르며, npn 형 쌍극성 트랜지스터(BJT)를 사용한다. 이 증폭기의 이득은 101배(비반전 증폭기)로 설정되어 있다. 비반전 증폭기의 출력은 트랜지스터로 전송된다. 이 트랜지스터 회로의 출력전압은 $0[V]$에서 $+V_{cc}$ 사이를 오가며, V/R_L의 전류를 공급한다. 여기서 R_L은 부하의 저항값이다. 트랜지스터의 컬렉터 전류는 베이스전류에 트랜지스터의

증폭비를 곱한 값과 같으므로(식 (4.18) 참조), 트랜지스터는 일종의 전류증폭기이다. A 형 설계는 출력단이 상시도통 형태인 증폭기이다. 더 많은 전류를 흘려야 하는 경우에는 **그림 11.5 (a)**에 도시된 트랜지스터를 금속산화물반도체 전계효과트랜지스터(MOSFET)로 대체할 수 있다. 여기서 출력이 포화되지 않는다고 가정한다. 포화가 발생하면 출력전압은 일정하게 유지되며, 입력에 따라 변하지 않으므로 증폭기가 선형방식으로 작동하지 않게 된다. 이런 유형의 증폭기는 조명형 표시기, 소형 DC 모터, 릴레이, 그리고 일부 솔레노이드 밸브와 같은 비교적 부하가 작은 작동기의 구동에 사용된다. 일부의 경우, 고배율 증폭기를 사용하여 증폭기가 포화되도록 만든다. 이런 경우에는 증폭기가 온-오프 회로처럼 작동하며, 표시기의 구동이나 솔레노이드의 여닫음 등과 같은 용도에서 유용하게 사용된다.

오디오 증폭기와 같은 용도에서 자주 사용되는 더 좋은 증폭방법은 **그림 11.15 (b)**에 도시되어 있는 **B 형 전력증폭기** 또는 **푸시-풀 증폭기**이다. 이 증폭기는 입력이 없는 경우에 출력이 0이며, 트랜지스터(또는 FET)가 도통되지 않는다는 점을 제외하고는 앞서의 경우와 동일하게 작동한다. 입력전압이 양인 경우에는 상부의 트랜지스터가 도통되며 부하에 전류를 공급하고, 입력전압이 음인 경우에는 하부 트랜지스터가 도통되어 부하에 전류를 공급한다. 이에 따라서 부하에 부가되는 전압은 $+V_{cc}$에서 $-V_{cc}$ 사이를 오가며, 부하를 통과하여 흐르는 전류는 부하저항값과 트랜지스터의 베이스전류(MOSFET 의 경우에는 게이트전압)에 의해서 결정된다. 부하단은 한 상의 전력용 트랜지스터들로 이루어지는데, 하나는 npn 형이며, 다른 하나는 pnp 형으로 이루어진다(또는 p-형과 n-형 MOSFET).

이 기본 형태의 증폭기에는 다양한 변형이 가능하다. 예를 들어, 출력단에서 입력단으로, 또는 중간단으로 귀환이 이루어질 수 있다. 이와 마찬가지로, 유도형이나 용량형 부하에 의한 전력의 스파이크나 단락으로부터 출력단을 보호하는 회로가 일반적으로 사용된다. 그런데, 이런 회로들에 대한 구체적인 설명은 이 책의 범주를 넘어선다.

선형 증폭기의 성능특성은 입력의 유형 및 크기와 출력 사이의 상관관계를 사용하여 나타낸다. 예를 들어 어떤 선형증폭기의 특성을 1[V] 입력에 100[W] 출력이라고 나타낼 수 있다. 다음은 왜곡특성이다. 일반적으로 왜곡은 출력의 백분율로 나타낸다. 가장 일반적인 사양값은 출력에 대한 백분율 값인 **총고조파왜곡**(THD)이다. 고품질 오디오 증폭기의 총고조파왜곡은 0.1% 미만이다. 비록 이 총고조파왜곡(THD)이 음향재생에서 중요하게 사용되지만, 작동기의 성능에도 영향을 끼칠 수 있다. 또 다른 사양트랜지스터의 전력소모와 증폭기의 출력 임피던스에 의한 온도상승이다. 최대출력전달을 통해서 효율을 극대화시키기 위해서는 증폭기의 출력 임피던스와 부하의 임피던스가 매칭되어야 한다.

다양한 전력레벨을 가지고 있는 전력용 증폭기들이 집적회로의 형태나 개별 회로요소들의 형태로 공급되고 있다. 일반적으로 개별회로요소들을 사용하면 더 큰 출력을 구현할 수 있지만 회로가 더 복잡해진다. 대부분의 집적형 전력용 증폭기들은 음향용으로 개발되었지만, LED, 전구, 릴레이, 소형 모터 등과 같은 여타의 부하들을 구동하는 데에 사용할 수 있다. 고주파용으로 설계된 전력용 증폭기도 있지만, 이들은 고도로 전문화된 회로이므로 이 책의 범주를 넘어선다.

11.3.2 펄스폭변조와 펄스폭변조용 증폭기

작동기의 구동에 자주 사용되는 또 다른 방법이 **그림 11.16** (a)에 도시되어 있다. 이 방법은 입력신호의 진폭이 펄스폭으로 변환되기 때문에 **펄스폭변조**(PWM)라고 부른다. 이 방법의 장점은 진폭을 제어하는 대신에 전력이 부하에 연결되는 기간(펄스폭)을 조절하여 부하에 전달되는 전력을 제어할 수 있다는 것이다. 그러므로 앞서 설명했던 증폭기들은 단순한 (전자식) 스위치로 대체되며, 부하에 가해지는 전압은 $0[V]$ 또는 V_{cc}로 단순화된다. 이 회로가 구체적으로 어떻게 작동하는지에 대해서 이해하려면 **그림 11.16** (b)를 살펴봐야 한다. **그림 11.16** (a)에 도시된 발진기는 일정한 주파수와 진폭의 삼각파형을 생성한다. 이 신호는 전압비교기의 음입력단으로 공급된다. PWM 신호로 변환될 제어신호는 전압비교기의 양입력단에 직접 연결된다. 이 사례에서 전압 비교기는 $0[V]$와 V^+ 사이를 오간다고 가정한다. 제어입력 신호가 삼각파형보다 더 큰 경우에는 전압 비교기의 출력이 양(V^+)이 되며, 더 낮은 경우에는 $0[V]$가 된다. 이로 인하여 펄스의 폭이 제어신호의 진폭에 비례하는 펄스신호가 얻어진다. 여기서 만일 정현파 제어신호가 음의 영역까지 내려간다면(즉, 평균전압이 $0[V]$라면), 신호가 양인 영역에서만 펄스폭이 변조된 신호가 출력된다. 이런 경우에는 전압비교기에 음의 전압까지 스윙하며 평균전압이 $0[V]$인 발진 신호를 사용해야만 하며, 제어신호가 양인 범위에 대해서는 양의 펄스만을 사용하고 제어신호가 음인 범위에 대해서는 음의 펄스만을 사용하여야 한다. 여기서 주의할 점은 발진기 삼각파형 신호의 주파수가 제어신호의 주파수에 비해서 훨씬 더 높아야만 하며, 발진 주파수는 용도에 의존한다는 것이다. 예를 들어, $60[Hz]$ 전원을 사용하는 조명용 광도조절기라면, 신호를 제대로 나타내기 위해서는 PWM 발진 주파수가 전원 주파수보다 $10\sim20$배 더 높아야(즉, $600\sim1,200[Hz]$)한다.

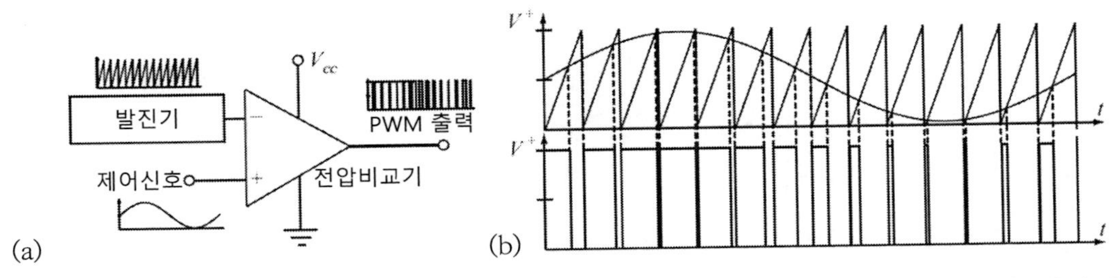

그림 11.16 (a) 펄스폭변조(PWM)기의 개략적인 구조. (b) 펄스폭변조신호의 생성. 정현파 제어신호의 진폭이 펄스폭으로 변화된다.

펄스폭변조는 그림 11.17 (a)에 도시된 것처럼 부하의 전력제어에 사용할 수 있다. 여기서 전력용 트랜지스터는 온-오프 방식으로 구동되므로 부하는 $0[V]$와 V_{cc}만이 부가된다. 총 펄스 길이는 타이밍 신호(클록)에 의해서 결정되며, 일정한 값으로 고정되어 있기 때문에 펄스의 폭이 부하에 공급되는 평균전력을 결정한다. 이 회로는 소형 DC 모터의 구동이나 소형 전구의 밝기조절 등에 사용할 수 있지만, 트랜지스터에서 다량의 열손실이 발생하기 때문에 그리 효율적인 방법은 아니다.

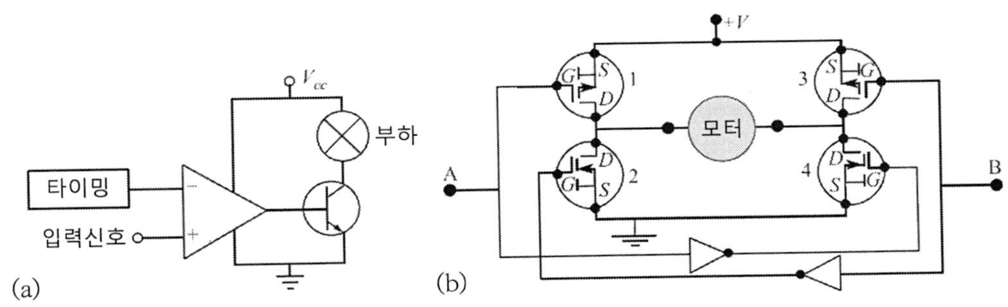

그림 11.17 (a) 펄스폭변조(PWM)회로에 의해서 구동되는 부하. 트랜지스터는 스위치처럼 작동하며 전력은 PWM 신호의 평균값에 의해서 제어된다. (b) 펄스폭변조(PWM)신호를 사용한 H-브리지 구동. 두 입력들(A와 B)은 모터의 속도를 양방향으로 제어하기 위한 PWM 신호이다.

그림 11.17 (b)에서는 DC 모터의 속도와 방향제어에 자주 사용되는 회로를 보여주고 있다. 이 회로는 모양에서 알 수 있듯이, **H-브리지**라고 부른다. 진폭이 일정하며, 듀티비가 변하는 펄스 신호를 A 번 단자에 연결하면 1번과 4번 MOSFET를 구동하여 모터를 한쪽 방향으로 회전시킨다. 이 신호의 듀티비가 모터로 공급되는 평균전류와 그에 따른 회전속도를 결정한다. 펄스 신호를 B 번 단자에 연결하여 2번과 3번 MOSFET를 켜면 모터의 회전방향이 반전된다. A 번과 B 번 단자를 모두 접지나 V_{cc}와 단락시키면 브리지 회로가 모터에 제동력을 가한다. 이를 위해서 각

입력단을 독립적으로 작동시키거나, 또는 추가적인 회로를 설치해야 한다. 이 회로에 설치되어 있는 두 개의 반전논리회로는 한 번에 대각선으로 배치된 두 개의 MOSFET 들만 작동할 수 있도록 만들어 준다. 반전논리회로는 디지털 회로로서, 입력이 고전압일 때에는 출력이 0[V]이며, 입력이 0[V]인 경우에는 고전압이 출력되는 회로이다. 이 반전논리회로에 대해서는 다음 절의 디지털 회로에 대한 논의에서 다시 살펴볼 예정이다.

비록 대각선으로 배치된 MOSFET 들만이 작동할 수 있도록 약간의 회로가 추가되었지만(만일 1번과 2번 MOSFET 가 동시에 작동한다면, 전원단락이 일어나며, 1번과 2번 MOSFET 를 통과하여 흐르는 전류는 이들의 내부저항에 의해서만 제한되기 때문에 곧장 손상이 발생한다), 이 회로는 모터나 여타의 작동기들을 양방향으로 구동하기 위해서 가장 일반적으로 사용되는 회로이다. 적절한 MOSFET(또는 BJT)를 선정한다면 거의 모든 수준의 전력을 통제할 수 있다. H-브리지 회로의 제어에는 소형의 마이크로프로세서나 전용 논리회로를 사용할 수 있다. PWM 회로와 제어기가 통합된 제품을 상업적으로 구할 수 있으며, 일부의 경우에는 마이크로프로세서도 내장되어 있다.

예제 11.4 DC 모터의 속도제어

펄스폭변조(PWM)는 직류나 교류 모두에 대해서 적용할 수 있다. 그림 11.18에서는 직류전동기의 속도를 제어하기 위한 DC 신호변환 회로를 보여주고 있다. 평균전력 제어를 통해서 모터의 속도를 조절할 수 있다. 전압비교기의 제어입력단 전압이 높아지면, 펄스폭이 증가하면서 모터로 공급되는 전력이 증가하게 된다. 그림 11.18 (b)에서는 두 가지 제어입력단 전압에 따른 트랜지스터 입력전압(과 그에 따른 모터 공급전력)의 변화양상을 보여주고 있다. PWM 신호와 겹쳐서 표시된 수평 점선은 모터 양단의 평균전압(과 그에 따른 모터의 상대속도)을 나타낸다.

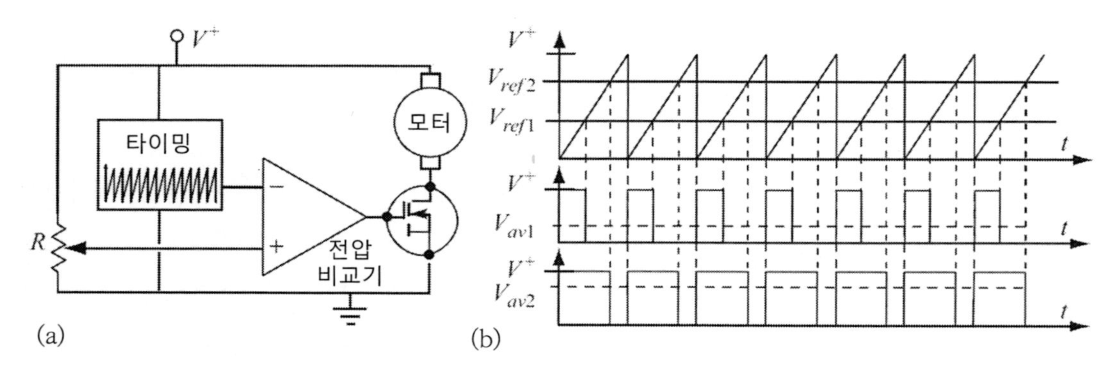

그림 11.18 DC 모터의 속도제어. 모터의 회전속도는 모터에 부가되는 평균전압에 비례한다. (a) 회로도에서는 속도제어용 가변저항과 톱니파 발생기가 도시되어 있다. (b) 두 가지 제어입력 전압에 따라 생성된 PWM 신호

11.4 디지털회로

비록 이 장의 초점은 인터페이싱에 맞춰져 있으며, 마이크로프로세서를 사용하면 대부분의 디지털 기능들을 구현할 수 있지만, 몇 가지 기본적인 디지털 회로들에 대해서 살펴보는 것이 도움이 된다. 이들은 인터페이싱에 유용하게 사용될 뿐만 아니라 이들 자체가 중요한 기능을 수행할 수 있으며, 이에 대해서는 이 장의 후반부에서 살펴볼 예정이다. 이미 앞 절에서 디지털회로들 중 하나에 대해서 설명하였다. 반전기(그림 11.17 (b))는 가장 단순하며, 가장 유용한 디지털회로들 중 하나이다.

첫 번째로 살펴볼 디지털 회로는 **논리게이트**들이다. 이들은 OR, AND, NOR, NAND, XOR 등과 같은 논리기능을 수행하는 회로들이다. 이들은 다양한 집적 논리회로 시리즈로 공급되고 있다.

그림 11.19에서는 가장 일반적인 논리게이트들의 심벌을 보여주고 있으며, 표 11.1에서는 이들의 진리표를 보여주고 있다. 진리표는 모든 조합의 입력들에 대한 논리 게이트의 출력 상태를 나타내는 표이다. 여기서 "0"은 접지전압(0[V])을 나타내며, "1"은 고전압(V_{cc}) 상태를 나타낸다. 고전압 상태는 회로의 유형(논리회로 시리즈)에 의존하며, 1[V](또는 그 이하)에서부터 15[V](또는 그 이상)의 전압을 출력할 수 있다. 모든 전압레벨에 대해서 논리회로를 설계할 수 있지만, 표준 논리회로 시리즈들에서는 1~15[V] 이내의 전압을 사용하며, 대부분이 3.3[V]나 5[V]를 사용한다.

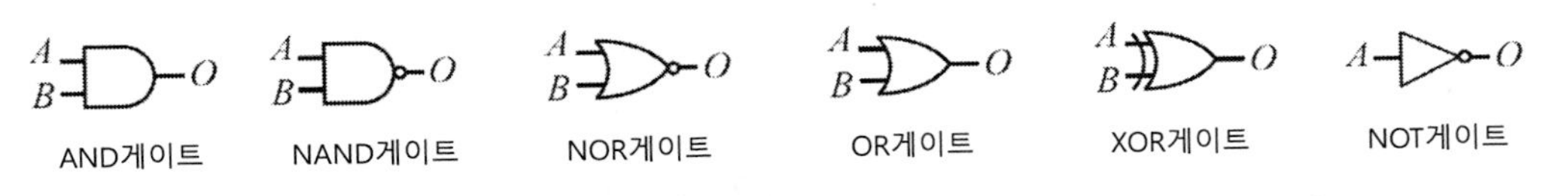

그림 11.19 다양한 논리게이트들. 이들의 진리표는 표 11.1에 제시되어 있다.

표 11.1 일반적인 논리회로들의 진리표

A	B	OR	AND	NOR	NAND	XOR	NOT	
							I/P	O/P
0	0	0	0	1	1	0	0	1
0	1	1	0	0	1	1	1	0
1	0	1	0	0	1	1		
1	1	1	1	0	0	0		

모든 게이트들의 내부에는 NOR나 NAND 게이트들만을 사용한다. 이는 두 가지 이유 때문이다. 가장 중요한 이유는 모든 논리게이트들을 NOR만을 사용하거나 또는 NAND 게이트들만을 사용하여 구현할 수 있기 때문이다. 그러므로 비록 앞서 제시한 모든 게이트들이 컴포넌트로 존재하지만, 내부에서는 NOR나 NAND 게이트들만을 사용하여 해당 기능이 구현된다. 두 번째 이유는 모양이 서로 다른 다수의 구조들을 사용하는 것보다 소수의 구조를 반복하여 사용하는 것이 더 효과적으로 회로를 집적화할 수 있기 때문이다. 따라서 특정한 집적회로를 구현하기 위해, 예를 들어 NAND 게이트만을 사용하면 실질적으로 구성요소의 숫자들이 증가하지만 생산의 효율성 향상과 생산비용 절감에 도움이 된다. NAND 게이트와 NOR 게이트를 범용게이트로 사용하여 여타의 모든 게이트들을 만들기 위해서는 **드모르간의 법칙**을 사용하여야 한다.

$$\overline{A \cdot B} = \overline{A} + \overline{B} \tag{11.26}$$

$$\overline{A + B} = \overline{A} \cdot \overline{B} \tag{11.27}$$

예제 11.5에서 알 수 있듯이, 위의 두 법칙을 사용하면 여타의 회로들을 모두 구현할 수 있다. 이 단순한 수학식을 사용하여 여타의 모든 논리들을 만들어낼 수 있다. A와 B를 입력으로 하는 AND 작동을 $A \cdot B$라고 나타내며, OR 작동을 $A + B$라고 나타낸다. NAND 와 NOR 게이트는 각각 AND 와 OR 게이트의 위에 바를 붙여서 $\overline{A \cdot B}$와 $\overline{A + B}$와 같이 나타낸다. 이와 마찬가지로, 입력 A에 대한 NOT 게이트의 출력은 $\overline{A}$와 같이 나타낸다.

지금까지 살펴본 논리게이트들은 두 개의 입력게이트들을 가지고 있지만, 다수의 입력게이트들을 갖춘 게이트도 집적회로의 형태로 생산되고 있다. 다양한 게이트들을 조합하여 훨씬 더 복잡한 논리동작을 구현할 수 있다. 하지만 주의할 점은 게이트를 통과하는 신호의 전환에는 시간이 필요하다는 것이다. 일부의 논리회로 시리즈들이 다른 시리즈들에 비해서 더 빠를 수는 있지만, 논리게이트를 인터페이싱에 사용할 때에는 이런 신호지연을 고려해야만 한다.

수많은 기능들을 구현하기 위해서 다양한 논리게이트들이 사용된다. 물론, 이들은 논리회로의 구조에 따른 논리동작을 수행하지만 회로 동작도 수행할 수 있으며, 마이크로프로세서와 컴퓨터를 포함하여 훨씬 더 복잡한 디지털 회로의 기초가 된다. 예를 들어, AND 게이트를 단순 스위치나 디지털 신호전송용 게이트로 사용할 수 있다. 일련의 펄스열로 이루어진 신호가 게이트의 A입력단에 연결되어 있다고 가정하자. 만일 B입력단의 상태가 “1”이라면 신호가 출력단으로 송출된다. 하지만 B입력단의 상태가 “0”이라면 신호는 차단된다. 또 다른 간단한 사례는 A입력단과 B입력단 입력신호들을 서로 비교하는 XOR 게이트이다. 두 입력단의 신호들이 서로 동일하면 “0”을 출력하며, 서로 다르면 “1”을 출력한다.[6] 다수의 입력 게이트를 갖춘 논리회로에서 입력신호를 서로 비교하는 기능은 매우 유용하다.

논리게이트는 훨씬 더 복잡한 회로의 기초가 되며, 이런 회로들 중 일부에 대해서는 나중에 살펴볼 예정이다. 우선, NAND 나 NOR 게이트를 사용하여 만드는 **플립-플롭**이라는 특별한 디지털 회로에 대해서 살펴보자. **그림 11.20**에서는 가장 기본적인 플립-플롭 회로가 도시되어 있다. **그림 11.20 (a)**에서는 NOR 게이트를 사용하여 구현한 플립-플롭의 회로도와 진리표가 도시되어 있다. 이 소자를 셋-리셋(또는 SR) 플립-플롭 또는 **SR-래치**라고 부른다. S입력단에 “1”을 입력하면 출력 $Q=1$이 되며, R입력단에 “1”을 입력하면 출력 $Q=0$이 된다. 만일 두 입력 모두가 “0”인 경우에는 출력이 이전의 상태를 유지하며(홀드), 두 입력이 모두 “1”인 경우에는 출력의 상태를 결정할 수 없게 되어버린다(이 상태가 발생하지 않도록 제한해야만 한다). **그림 11.20 (b)**에서는 NAND 게이트를 사용하여 구현한 플립-플롭 회로를 도시하고 있다. 이 경우에는 $R=0$ 및 $S=0$인 상태를 제한하며, 두 입력 모두가 “1”인 경우에는 이전의 상태를 유지한다. 그림에 제시된 진리표는 플립-플롭의 기본 기능들 중 하나인 기억장치의 작동을 보여주고 있다. 출력단으로 송출되는 데이터를 변화시킬 수 있으며, 필요시에는 입력단 상태를 적절히 조절하여 이를 저장할 수 있다. 또 다른 유형의 플립-플롭에서는 제한상태를 없애고, 특정 기능을 수행할 수 있도록 게이트들을 추가할 수 있다. 클록구동방식으로 설계된 플립-플롭에서는 클록이 입력되는 순간, 즉, 클록의 상승 또는 하강시점에만 상태가 변한다. 또 다른 플립-플롭에서는 출력을 사전에 정의된 상태로 셋(프리셋이라고도 부른다) 또는 리셋(클리어라고도 부른다) 시킬 수 있다.

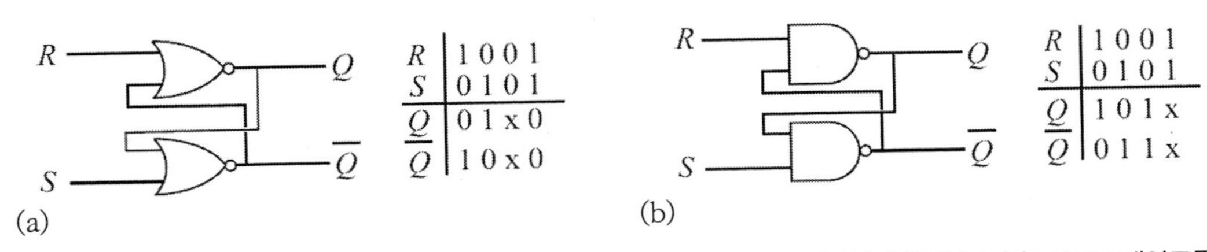

그림 11.20 SR 래치 또는 플립-플롭의 논리회로도. (a) NOR 게이트를 사용하여 구현한 회로. (b) NAND 게이트를 사용하여 구현한 회로. 진리표가 서로 다르다는 데에 주의하여야 하며, x는 논리가 변하지 않는다는 것을 의미한다.

---

6) 원서에서는 출력값을 이와는 반대로 표기하고 있다. 하지만 이는 XNOR에 해당하는 것으로서, 아마도 저자가 착각한 듯하여 수정하였다. 역자 주.

그림 11.21에서는 **D-래치**의 구조를 보여주고 있다. 이 래치는 클록의 상승시점에 입력을 출력으로 넘겨주는 기능을 한다. 사실, D-래치는 SR-래치에서 개발된 것이다. 우선, **그림 11.21 (a)**에서와 같이 SR-래치를 클록으로 구동할 수 있도록 만든다. 이를 통해서 클록이 고전압 상태일 때에만 S 및 R 입력이 (소문자 s 및 r로 표기된) 기본적인 SR-래치의 입력단으로 전달된다. 클록이 저전압 상태인 경우에는 s 및 r 입력이 0이며, 출력은 변하지 않고 이전의 상태를 유지한다. 클록의 가장 큰 역할은 래치가 지정된 출력상태를 유지하도록 만드는 것이다. 하지만 $S=1$과 $R=1$을 입력하는 경우에는 여전히 출력상태를 결정할 수 없다. 이런 문제를 해결하기 위해서는 회로를 **그림 11.21 (b)**에서와 같이 수정해야 한다. 이제, 입력단에 $D=1$을 입력한 상태에서 클록이 0에서 1로 변하면, 출력이 "1"로 변한다. 만일 $D=0$을 입력하고 클록이 1에서 0으로 변하면, 출력은 "0"으로 떨어지게 된다. 즉, 클록 사이클 주기 동안만 입력신호가 출력단에 저장된다. 이를 유용한 소자로 만들기 위해서 **그림 11.21 (c)**에서와 같이 두 개의 D-래치들을 사용한다. 이 회로에서 D-플립-플롭은 다음과 같이 출력을 반전시킨다. 만일 D 입력이 고전압 상태이며 출력이 이전에 저전압 상태였다면, 클록이 저전압 상태로 변할 때에 출력은 고전압 상태로 바뀐다. 하지만 출력이 이전에 고전압 상태였다면 출력은 바뀌지 않는다. 만일 D 입력이 저전압 상태로 변하고 클록이 저전압 상태로 변하면, 출력도 저전압 상태로 변한다. 사실, D-플립-플롭은 입력상태를 변화시켜서 출력을 $Q=0$과 $Q=1$ 사이를 오가도록 만든다. D-형 플립-플롭은 데이터를 저장 및 추출하는 시프트 레지스터로 자주 사용된다(**예제 11.6** 참조).

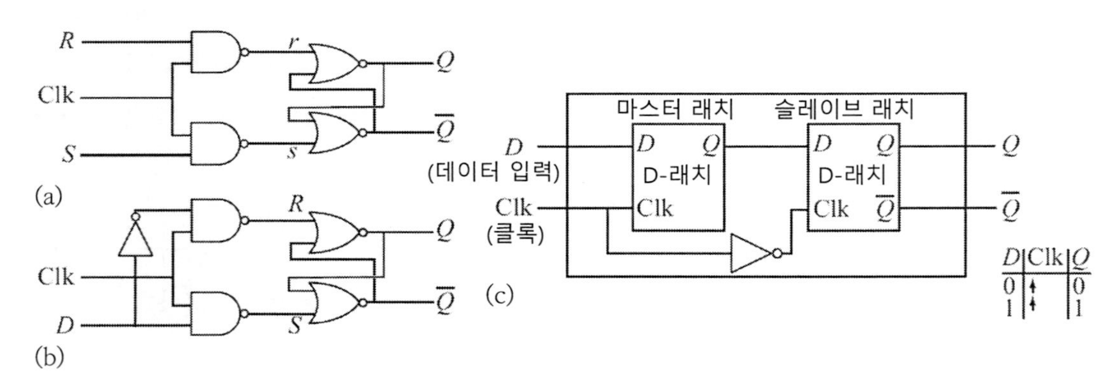

그림 11.21 SR 래치로부터 파생된 D-플립-플롭. (a) 클록 구동방식 SR-래치의 구조. (b) 기본적인 D-래치의 구조. (c) D-플립-플롭은 두 개의 D-래치와 인버터로 구성되며, 진리표에 주어진 형태로 작동한다.

또 다른 유용한 소자가 **그림 11.22**에 도시되어 있는 **J-K 플립-플롭**이다. 이 회로의 진리표에 따르면, $J=1$과 $K=1$일 때 출력이 토글(출력상태가 역전)하며, $J=1$과 $K=0$인 경우에는 출력이 "1", 그리고 $J=0$과 $K=1$인 경우에는 출력이 "0"이라는 것을 알 수 있다. 출력은 클록이 하강하는 시점에 변한다. 만일 두 입력이 모두 "0"인 경우에는 출력이 변하지 않는다. $S=0$인 경우에는 출력이 "1"로 세팅되며(프리셋), $R=0$인 경우에는 출력이 "0"으로 세팅된다(클리어). 플립-플롭의 토글기능은 입력 신호의 주파수를 절반으로 나눌 때 자주 사용되며, 이를 주파수분할기와 카운터에 사용한다(예제 11.7 참조).

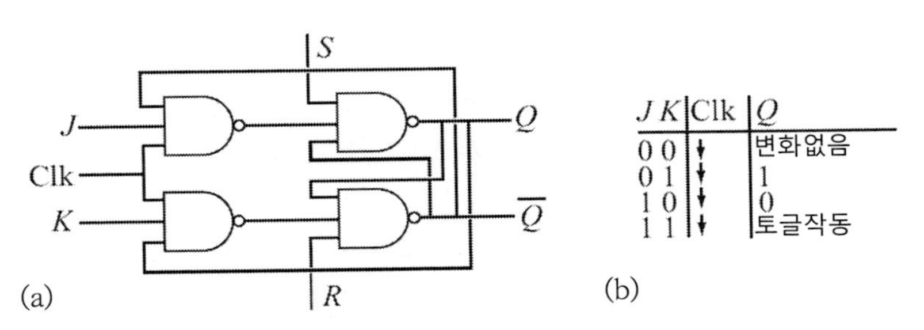

그림 11.22 프리셋(S)과 클리어(R) 기능을 갖춘 J-K 플립-플롭. (a) NAND 게이트들로 구성한 회로. (b) 진리표

예제 11.5 3입력 AND 게이트

입력단이 두 개뿐인 NAND 게이트들이나 NOR 게이트들만을 사용하여 3입력 AND 게이트를 만들 수 있다는 것을 증명하시오.

풀이

필요한 게이트를 구현하기 위해서는 우선 드모르간의 법칙을 사용해야 한다. 입력 A, B 및 C에 대해서 $A \cdot B \cdot C$ 의 출력이 요구된다.

여기서 사용할 NAND 게이트의 경우 2개의 입력단만을 가지고 있으므로, 출력을 $(A \cdot B) \cdot C$와 같이 만들어야 한다. 그림 11.23 (a)에 도시되어 있는 것처럼, $A \cdot B$와 C를 NAND 게이트에 입력하면 출력은 $\overline{A \cdot B \cdot C}$가 되며, 이를 반전시키면 필요한 출력인 $A \cdot B \cdot C$를 얻을 수 있다. $A \cdot B$를 얻기 위해서 그림 11.23 (b)에 진리표와 함께 도시되어 있는 것처럼, 추가적으로 A와 B를 입력받는 NAND 게이트를 사용해야 하며, 이를 통해서 $\overline{A \cdot B}$를 얻을 수 있다.

NOR 게이트를 사용하는 경우에는 두 번째 드모르간의 법칙(식 (11.27))을 사용해야 한다. 하지만 2입력 NOR 게이트들을 사용해야 하기 때문에, 출력은 $(A \cdot B) \cdot C$의 형태로 만들어진다. $\overline{A} + \overline{B} = \overline{A \cdot B}$이므로, 우선 다음을 만들어야 한다.

$$\overline{\overline{A} + \overline{B}} = \overline{\overline{A \cdot B}} = A \cdot B$$

즉, 우선 A와 B를 반전시킨 다음에, 이들의 논리합을 반전시켜서 $A \cdot B$를 만들어낸다. 그리고 동일한 방식으로 $\overline{A \cdot B} + \overline{C} = \overline{A \cdot B \cdot C}$를 만들어낸다. 즉, $A \cdot B$와 C를 반전시킨 다음에 이들의 논리합을 반전시키면 원하는 출력을 얻을 수 있다.

$$\overline{\overline{A\cdot B}+\overline{C}}=\overline{\overline{A\cdot B\cdot C}}=A\cdot B\cdot C$$

그림 11.23 (C)에서는 이렇게 구현된 회로와 그 진리표가 도시되어 있다.

이들 두 방법은 기능적으로 동일하며 구현방법도 서로 유사하지만, 차이점도 존재한다. 특히, NAND 게이트를 사용하는 방식은 NOR 게이트를 사용하는 경우보다 필요한 게이트의 숫자가 더 작다. 두 방법 모두 신호가 통과하는 경로가 대칭적이지 않다. $A\cdot B$ 신호는 4개의 게이트들을 통과하는 반면에, C는 단지 2개의 게이트만을 통과한다. 이로 인하여 A와 B 신호의 총 지연시간은 C 신호에 비해서 두 배나 더 길다. 이런 비대칭성 때문에 다양한 신호들이 서로 다른 시점에 출력단에 도달하게 되면서 일시적으로 출력신호의 오류가 발생할 우려가 있다. 이를 개선하기 위해서, 그림 11.24에 도시되어 있는 것처럼 두 개의 NOT 게이트(논리반전)를 추가할 수 있다. 이를 통해서 모든 입력들이 4개의 게이트들을 통과하면서 동일한 신호지연을 만들어낸다. 또한 NAND를 사용하는 방식에서는 4개의 게이트(대칭형태에서는 6개의 게이트)들이 사용되는 반면에 NOR를 사용하는 방식에서는 6개의 게이트(대칭형태에서는 8개의 게이트)들이 사용된다는 점에도 주목해야 한다. 물론, 이는 구현해야 하는 함수에 따라서 서로 다르며, NAND 게이트를 사용하는 방식이 항상 경제적이라는 것을 의미하지는 않는다.

여기서 제시한 방법이 유일하다거나 게이트 숫자의 측면에서 최적이라는 것을 의미하지는 않는다. 지연시간이나 대칭성이 게이트의 숫자보다 더 중요한 경우도 자주 있다.

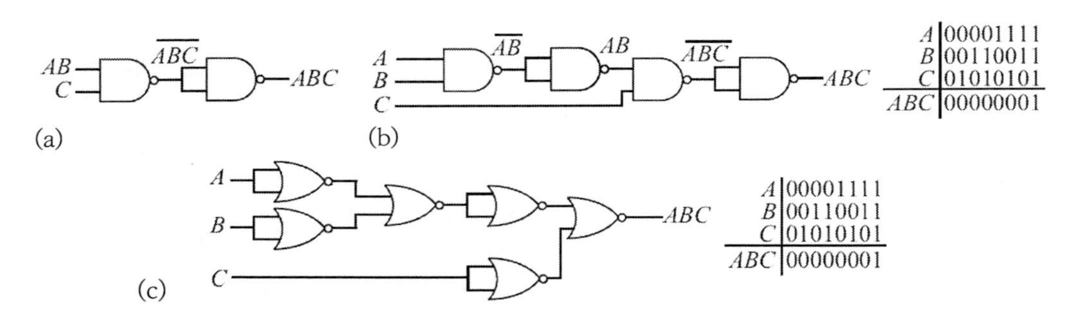

그림 11.23 3입력 AND 게이트. (a) NAND 게이트를 사용하는 방법. (b) 2입력 NAND 게이트들을 사용하여 구현한 3입력 AND 게이트. (c) NOR 게이트들을 사용하여 구현한 3입력 AND 게이트

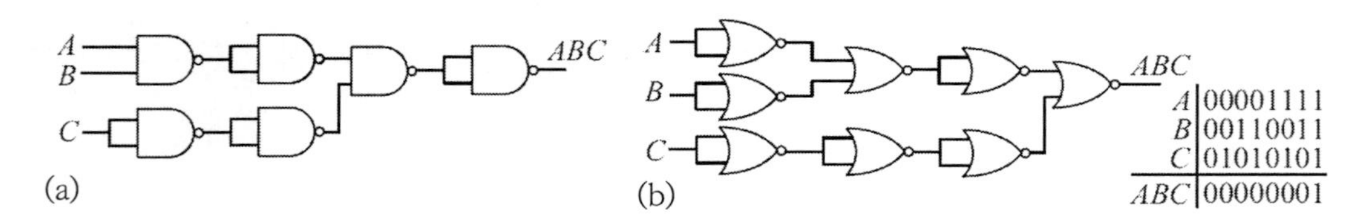

그림 11.24 3개의 입력들이 동일한 지연시간을 갖도록 대칭 형태로 설계된 3입력 AND 게이트. (a) NAND 게이트를 사용하는 방법. (b) NOR 게이트를 사용하는 방법

예제 11.6 시프트 레지스터

시프트 레지스터는 다수의 플립-플롭으로 이루어지며 데이터 저장을 위해서 소자 속으로 데이터를 시프트 시키거나 소자로부터 데이터를 시프트 받을 수 있다. 시프트 레지스터의 설계방법에 따라서 데이터를 직렬방식 또는 병렬방식으로 시프트 받거나 시프트 시킬 수 있다. 지금부터 그림 11.25의 4비트 시프트레지스터에 대해서 살펴보기로 하자. 이 레지스터들은 4개의 D-플립-플롭들이 그림과 같이 연결되어 있다. 4개의 플립-플롭들 모두에 클록 입력이 병렬로 연결되어 시프트 명령을 전달한다. 입력 데이터는 1101(펄스열 형태)이라고 하자.

(a) 데이터가 시프트 레지스터에 순차적으로 입력되는 순서를 설명하시오.

(b) (a)에서 저장된 데이터가 직렬방식으로 출력되는 순서에 대해서 설명하시오.

(c) 데이터를 병렬방식으로 송출하는 방법에 대해서 설명하시오.

풀이

클록 입력을 시프트 명령어로 삼아서 입력 데이터가 도착하는 순서대로 스트리밍 한다.

(a) 우선, 시프트 레지스터를 클리어 한다. 데이터가 시프트 입력되면 기존의 데이터들은 레지스터로부터 밀려나가며 입력된 데이터로 대체되기 때문에, 사실상 이 과정은 필요 없다. (문제를 단순화하기 위해서) 모든 레지스터들이 초기화되어 0000의 상태가 되었다고 가정한다. 첫 번째 단계에서 첫 번째 비트가 시프트되어 들어오면 레지스터들은 1000의 상태가 된다. 두 번째 단계에서 시프트 레지스터들은 우측으로 한 단계씩 이동하며, 두 번째 비트가 첫 번째 플립-플롭으로 들어가므로 레지스터들은 0100 상태로 변한다. 다음의 두 단계를 통해서 레지스터들은 1010을 거쳐서 1101 상태로 변하면서 데이터가 4단계의 시프트를 마치게 된다. 이 데이터를 다른 곳에 저장하지 않는다면, 다음 비트가 시프트되어 들어오면 Q_4 출력이 없어져 버린다.

(b) 데이터가 입력되는 것과 동시에 데이터의 출력이 이루어진다. 초기에 시프트 레지스터에는 1101이 저장되어 있다. 첫 번째 시프트에서 모든 데이터들이 우측으로 한 비트씩 이동한다. Q_4의 데이터는 1이며, 이 비트가 시프트되어 나간다. 다음으로 $Q_4=0$이 시프트되어 나가며, 차례로 $Q_4=1$과 다시 한 번 $Q_4=1$이 시프트되어 나간다. 이렇게 순차적으로 1101이 시프트되어 나가며, 이를 어딘가에서 저장하지 않는다면 데이터는 손실되어 버린다. 이를 통해서 직렬입력-직렬출력(SISO) 시프트 레지스터가 구현된다.

(c) 데이터가 시프트되어 들어오면, 4개의 비트들은 각각 $Q_1=1$, $Q_2=1$, $Q_3=0$, $Q_4=1$의 출력이 각각의 출력단을 통해서 송출된다. 이를 통해서 직렬입력-병렬출력(SIPO) 시프트 레지스터가 구현된다.

주의: 병렬입력-직렬출력방식과 병렬입력-병렬출력방식의 시프트 레지스터도 존재한다.
시프트 레지스터의 길이는 무한히 길게 만들 수 있다.

데이터 시프트에 소요되는 시간은 데이터 자체의 길이, 클록속도, 레지스터의 크기에 의존하며, 직렬입력 레지스터의 경우에는 레지스터를 매우 길게 만들 수 있다.

시프트 레지스터의 유형은 투입되는 데이터의 유형에 의해서 결정된다. 만일 데이터가 본질적으로 직렬 형태라면, SISO나 SIPO 형태의 레지스터를 사용해야만 한다.

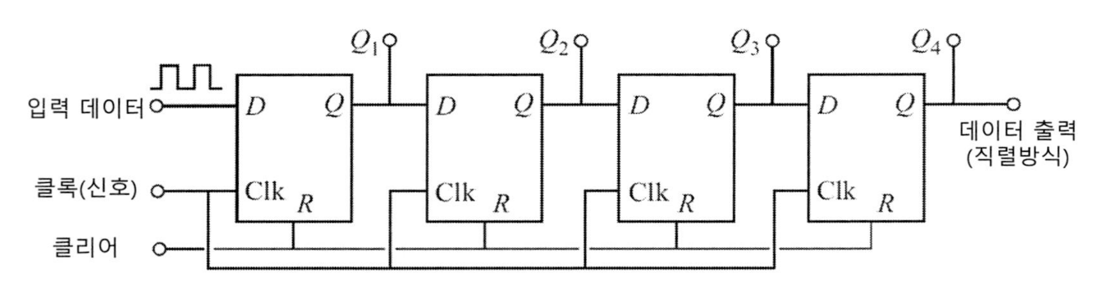

그림 11.25 4비트 직렬입력방식의 시프트 레지스터. 출력은 직렬방식과 병렬방식이 모두 구비되어 있다.

예제 11.7 디지털 카운터 또는 주파수 분할기

카운터는 펄스의 숫자를 세는 계수기이다. 카운터의 중요성은 데이터를 타이밍 목적의 10진수나 16진수와 같이 사용하기에 편리한 숫자로 변환하는 데에 사용할 수 있다는 것이다. 예를 들어, 클록을 생성하기 위해서 전력선 주파수($50[Hz]$나 $60[Hz]$)를 사용한다. 이를 위해서 우선 정현파 입력신호를 이산화하여 구형파를 만든다. 그런 다음, 입력신호를 50이나 60으로 나누어 초당 1펄스를 만든다. 이를 다시 60으로 나누면 1분을 만들 수 있으며, 이를 다시 60으로 나누면 1시간을 얻을 수 있다. 이를 다시 24로 나누면 1일을 얻을 수 있다.

풀이

$J-K$ 플립-플롭은 $J=1$ 및 $K=1$일 때에 토글작동을 하므로, 이를 사용하여 주파수분할이나 계수를 수행할 수 있다. 신호는 클록 입력단으로 공급된다. 플립-플롭은 주파수를 절반으로 나누어준다. 즉, 2개의 플립-플롭을 사용하면 신호를 4로 나눌 수 있으며, 3개의 플립-플롭은 신호를 8로, 4개의 플립-플롭은 신호를 16으로 나누어준다. 신호를 10으로 나누기 위해서는 4개의 플립-플롭을 사용해야만 하며, 계수값이 10이 되면 강제로 계수값을 클리어 시켜야 한다. 추가적인 게이트들을 사용하여 계수값이 "10"이 되면 이를 가로채서 플립-플롭들을 리셋 시킨다. 이를 통해서 카운터는 0000에서 1001까지(0에서 9까지) 숫자를 계수하며, 출력이 1010에 도달하면 이를 0으로 리셋하게 된다. 클리어(R)를 0으로 설정하면 리셋이 구현된다. 그림 11.26 (a)에서는 리셋 기능을 갖춘 10진 카운터를 보여주고 있다. 그림 11.26 (b)에서는 입력들과 $Q_1 \sim Q_4$의 출력들을 보여주고 있다. 이 회로는 11번째 카운트마다 리셋이 발생하며, 이 순서가 반복된다. Q_4 출력의 주파수는 입력신호를 10으로 나눈 값과 동일하다. 즉, 입력 펄스 10개마다 Q_4는 하나의 펄스를 출력한다.

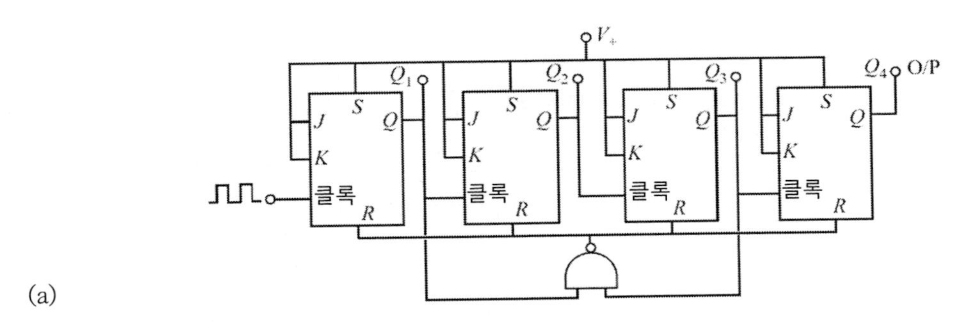

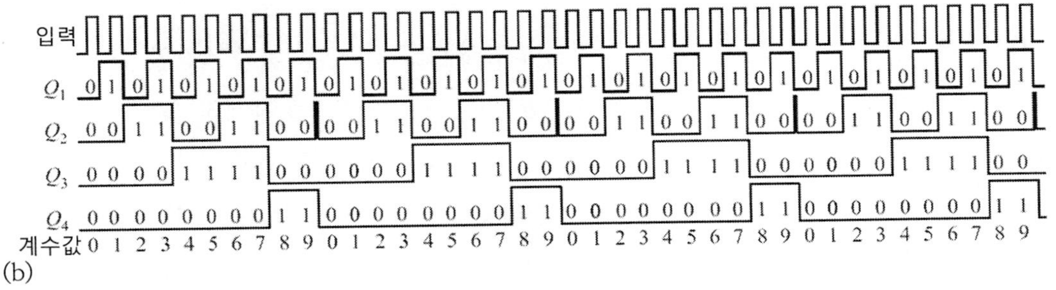

그림 11.26 (a) 10진 카운터의 구조. (b) 플립-플롭들의 Q 출력 신호들. Q_4 출력의 주파수는 입력신호의 주파수를 10으로 나눈 값과 같다.

이외에도 수많은 디지털 회로들이 있으며, 이들 중 다수는 매우 복잡하지만, 이들 모두는 여기서 살펴본 기본 회로들을 기반으로 하고 있다. 그 극한인 디지털 컴퓨터는 실질적으로 게이트와 게이트를 기반으로 하는 회로들을 사용하여 모든 디지털 기능들을 수행한다. 현대적인 디지털 장치들은 여기서 예시한 회로들을 포함하여 다양한 유형의 디지털 회로들을 사용하고 있다. 예를 들어, 비록 플립-플롭이 메모리 셀의 기초로 사용되지만, 디지털 장치에 사용되는 현대적인 메모리들은 이런 기본 형태에서 탈피하여 금속 산화물 반도체 메모리로 진화하였다(4장 참조). 이와 마찬가지로, 집적화의 수준도 앞서 설명했던 것보다 훨씬 더 발전하였다. 개별 게이트 소자나 다수의 게이트들이 패키징된 표준 소자들을 구할 수 있지만, 개별 게이트들이나 플립-플롭들을 사용하여 클록을 만드는 것은 쓸모없는(그리고 값비싼) 일이다. 오히려 클록 소자를 사용하거나 마이크로프로세서를 사용하여 클록 작동을 하도록 프로그래밍 하는 것이 더 실용적이다(12장 참조). 이 절의 목적은 원리를 소개하며, 이를 통해 인터페이싱을 위해서 디지털 회로를 설계하거나 활용할 때 어떤 것들을 고려해야만 하는가에 대한 식견을 얻는 것이다.

11.5 A/D 및 D/A 변환기

A/D 변환기와 D/A 변환기(이를 ADC 및 DAC라고 부르기도 한다)는 각각 신호를 아날로그에서 디지털로, 그리고 디지털에서 아날로그로 변환시키는 장치이다. 이들의 개념은 매우 명확하지만, 이를 구현하는 장치들은 비교적 복잡하다. 그런데 특정한 형태의 A/D 및 D/A 변환기들은 구조가 매우 단순하다. 먼저 이들에 대해서 살펴본 다음에 더 복잡한 방식들에 대해서도 살펴보기로 한다. 물론, 이런 단순한 변환방법만으로도 충분히 활용할 만한 분야가 있다.

대부분의 센서와 작동기들은 아날로그 장치이기 때문에, A/D 변환기와 약간의 D/A 변환기들이 일반적으로 사용되고 있다. 그런데 A/D 변환기에서는 일반적으로 센서의 출력전압보다 훨씬 더 높은 전압을 필요로 한다. 이를 위해서는 우선 센서의 출력전압을 증폭한 다음에 이를 변환하여야 한다. 발진기를 기반으로 하는 직접식 이산화방법을 사용하는 경우에는 이 과정에서 오차와 노이즈가 초래된다(이에 대해서는 다음에 살펴볼 예정이다). A/D 및 D/A 변환기들을 소자의 형태로 사용할 수 있으며, 많은 경우 마이크로프로세서에 통합되어 있다.

11.5.1 A/D 변환기

11.5.1.1 문턱전압 이산화

물체의 유무판별, 생산라인을 통과하는 물품의 계수나 통과차량의 감시와 같이 아날로그 신호가 단순한 데이터를 나타내는 경우가 있다. 예를 들어, 대부분의 차량용 점화 시스템에서는 홀소자로부터 점화신호를 취득한다. 이때에 취득된 신호의 전압은 매우 낮고 정현파신호처럼 보이는데, 이 신호의 정점이 점화타이밍에 해당한다. 이런 경우, 디지털 출력을 얻기 위해서는 그림 11.27 (a)에 도시된 것과 같은 **문턱전압** 검출기만으로도 충분하다. 여기서 홀 소자의 출력전압은 $100 \sim 150[mV]$ 사이를 오간다. 이 신호를 그림 11.27 (c)에 도시되어 있는 전압비교기의 양입력단으로 보내며, 음입력단에는 저항들을 사용하여 $130[mV]$를 입력한다. 출력전압은 양입력단의 전압이 문턱전압인 $130[mV]$보다 높아지면 출력전압은 고전압($5[V]$) 상태가 되며, 문턱전압보다 낮아지면 저전압($0[V]$)으로 떨어진다. 이를 통해서 그림 11.27 (b)의 펄스파형이 얻어지며, 이 펄스들 각각은 스파크 플러그의 점화시점이나 기어 치형의 위치를 나타낸다. 주어진 기간 동안 펄스의 숫자를 계수하면, 기어의 회전속도나 (엔진 내에서 특정 실린더의 점화시점과 같은) 여타의 데이터를 얻을 수 있다. 여기서 주의할 점은 만일 기어 치형 중 하나가 파손되면 해당 펄스도 없어지며, 치형들 사이의 간격이 일정하지 않다면 펄스들 사이의 간격도 변하게 된다. 미리 설정된 전환점이 불규칙하게 변하는 것을 막기 위해서는 전압 비교기에 히스테리시스 특성을 추가하여 저전압에서 고전압으로의 전환이 $V_0 - \Delta V$에서 일어나고 고전압에서 저전압으로의 전환은 $V_0 + \Delta V$에서 일어나도록 만들어야 한다(예제 11.3 참조).

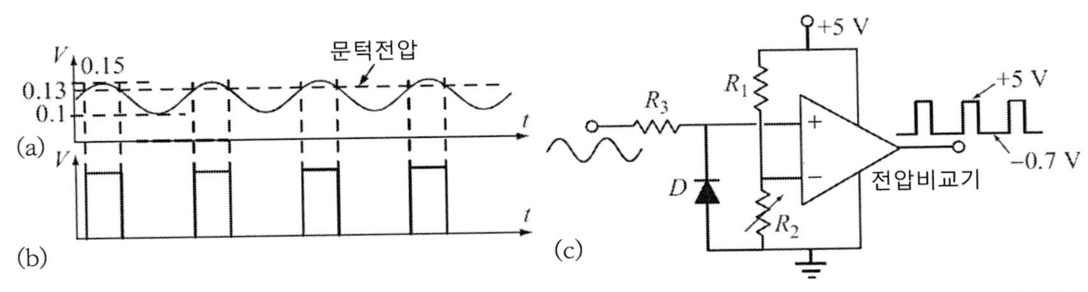

그림 11.27 문턱전압을 사용한 이산화방법. (a) 원래의 입력신호. (b) 이산화된 신호. (c) 문턱전압 이산화를 위해서 전압비교기 사용. 다이오드는 음전압의 발생을 방지해 준다.

신호를 이산화하는 또 다른 방법은 **슈미트트리거**를 사용하는 것이다. 슈미트트리거는 본질적으로 히스테리시스 특성이 내장된 디지털 전압비교기로서, $V_{cc}/2$ 주변에서 출력전환이 일어난다. 이는 매우 간단한 이산화방법으로서 많은 경우에 적용이 가능하다. 슈미트트리거는 예제 11.3과 같은 용도에서 일반적으로 사용될 뿐만 아니라, 회전하는 패들이 홀센서나 여타의 자기식 센서를 작동시키는 유량계 또는 (특정 위치를 통과하는 인원이나 생산라인을 통과하는 물품의 계수와 같이) 광선경로를 차단하는 광학식 센서에도 적용할 수 있다. 하지만 이 방식은 서미스터의 출력전압과 같이 신호의 전압을 측정하는 데에는 적합하지 않다.

11.5.1.2 문턱전압-주파수 변환

많은 센서들의 출력전압은 앞서 설명한 방법들을 사용하거나, 일반 전선을 사용하여 임의의 거리로 신호를 전송하기에는 너무 낮다. 이런 경우에는 센서위치에서 **전압-주파수 변환**을 시행할 수 있으며, 이렇게 만들어진 디지털 신호를 전선을 통해서 제어기로 전송할 수 있다. 이렇게 만들어진 출력은 전압신호가 아니라 전압(또는 전류)에 정비례하는 주파수 신호이다. 전압-주파수 변환기 또는 전압제어 발진기는 비교적 단순하며, 정확한 회로로서 다른 목적으로 사용되어 왔다. 문턱전압법에 비해서 이 방법이 가지고 있는 장점은 더 낮은 전압신호를 사용할 수 있다는 것이며, 비교전압 근처에서 출력상태 전환 시 발생하는 노이즈 문제를 없앨 수 있다. 그림 11.28에서는 서미스터의 출력전압 신호를 주파수로 변환시키는 회로를 보여주고 있다. 이 회로는 연산증폭기를 사용한 적분기의 구조를 가지고 있다. 커패시터 양단의 전압은 연산증폭기의 비반전 입력단으로 입력되는 전압을 적분한 값과 같다. 이 입력전압은 R_2 양단의 전압에 비례한다. 커패시터 양단의 전압이 증가함에 따라 문턱회로는 이 전압을 감시하며, 문턱전압에 도달하면 전자식 스위치가 커패시터를 단락시켜서 충전된 전하를 방전시켜 버린다. 그런 다음, 스위치는 다시 끊어지고 커패시터는 다시 충전을 시작한다. 커패시터의 전압은 톱니파 형태를 나타내며, 이 파형의 폭(적분시간)은 비반전 입력단 입력전압에 의존한다. 온도가 낮으면 서미스터 저항의 전압이 커지며, 그에 따라서 비반전 입력단의 전압이 결정된다. 이때의 증폭기 출력 주파수를 f_1이라고 하자. 만일 온도가 (T_2로) 높아지면, 서미스터 저항이 감소하며, 비반전 입력단으로 입력되는 총저항값도 감소한다. 이로 인하여 입력전압이 감소하며, 연쇄적으로 커패시터의 출력전압이 문턱전압에 도달하는 적분시간이 증가하게 된다(즉, 시상수 RC값이 증가한다). 이로 인하여 증폭기의 상태변화가 느려지며, 출력주파수도 f_2로 감소하게 된다. 주파수의 미소한 변화도 손쉽게 검출할 수 있으므로, 이는 소신호 센서의 이산화를 위한 매우 민감한 방법이다. 이 방법은 슈미트트리거의 히스테리시스 특성과 MOSFET를 사용한 커패시터의 방전을 활용하며, 이를 통해서 그림 11.28 (b)에서와 같이 출력 펄스의 폭과 충/방전 시간을 변화시킨다. 이 방법은 (광저항기와 같은) 광학식 센서에도 적용할 수 있다. 정전용량형 센서에서도 이와 유사한 방법을 사용하며, 여타의 용도에도 이 방법을 활용할 수 있다.

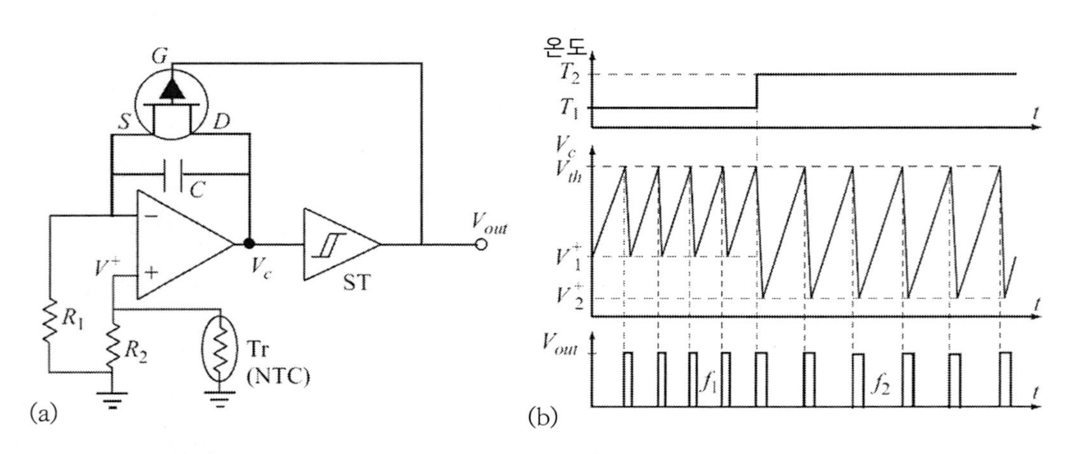

그림 11.28 직접 변환방식 전압-주파수 변환기. (a) 서미스터 출력신호 변환기. (b) 온도에 비례하는 출력신호

그림 11.28에 도시된 방법에서는 센서가 전압-주파수 변환기의 일부분으로 통합되어 있다. 그런데 이와 동일한 기본회로를 센서를 포함한 임의의 직류 또는 느리게 변화하는 모든 신호원에

대한 전압-주파수변환기로 활용할 수 있다. 그림 11.29에서는 이런 목적으로 사용할 수 있는 회로를 보여주고 있다. 신호가 반전입력단으로 입력된다는 점을 제외한 모든 작동특성은 이전의 사례에서와 동일하다. 이 회로는 입력신호의 전압이 비교적 클 때에 특히 효과적이다.

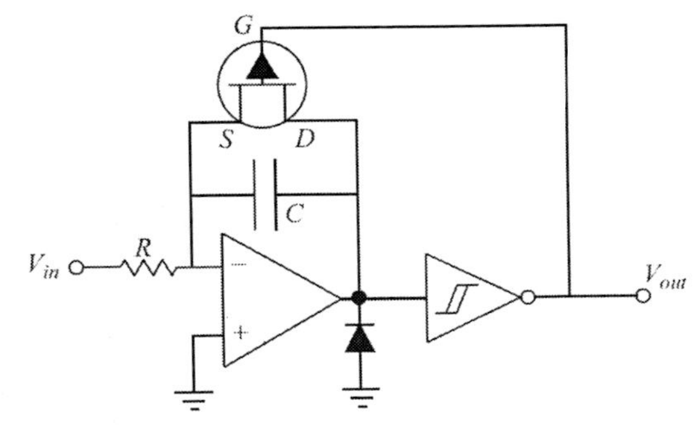

그림 11.29 적분기와 슈미트트리거를 사용하는 간단한 전압-주파수 변환기의 사례

그림 11.30에서는 단순하면서도 매우 효과적인 또 다른 전압-주파수 변환기의 사례를 보여주고 있다. 이 회로는 (멀티바이브레이터라고 부르는) 구형파 발진기와 제어회로로 구성되어 있다. 파형의 온/오프 시간(그에 따른 주파수)은 그림 11.30 (a)에 도시되어 있는 커패시터 C_1과 C_2의 충-방전 시간에 의해서 제어된다. 이 주파수를 제어하기 위해서는, 변환할 전압을 증폭한 이후에 그림 11.30 (b)에 도시되어 있는 것처럼, R_5를 통해서 TR_3와 TR_4의 베이스로 이를 보내서 V_{in}에 비례하는 베이스 전류를 생성해야 한다. 베이스 전류가 증가할수록 컬렉터 전류가 증가하며, 충전/방전이 빨라져서 멀티바이브레이터의 주파수가 높아진다. 그림 11.30 (b)에서는 주파수-전압 변환기의 회로도를 보여주고 있으며, 그림 11.30 (c)에서는 그림 11.30 (b)의 회로를 구성하는 특별한 세트에 대한 전달함수 그래프를 보여주고 있다. 비록 이 회로가 매우 단순하지만, (그림에 제시된 소자들을 사용하는 경우) 2.75~8[V]의 입력전압 범위 내에서는 입력전압과 출력 주파수 사이의 특성이 매우 선형적이라는 것을 알 수 있다. 하지만 2.5[V] 이하와 8[V] 이상의 입력전압

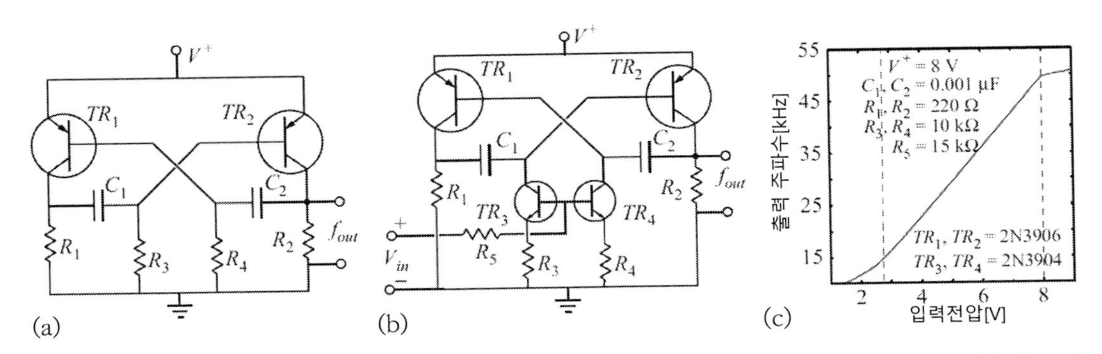

그림 11.30 구형파 멀티바이브레이터 회로를 사용하는 단순한 전압-주파수 변환기. (a) 단순 멀티바이브레이터는 구형파를 생성한다. (b) 멀티바이브레이터가 내장된 전압-주파수 변환기. 이 회로의 충-방전 시간은 입력전압 $V_{\in}$에 의해서 조절된다. (c) 그래프에 표시된 소자들을 사용한 전압-주파수 변환기의 전달함수

에 대해서는 출력이 비선형적 특성을 나타낸다. 이 변환기의 분해능은 대략적으로 $6,600[Hz/V]$이며, $1[mV]$ 미만의 전압까지 분해할 수 있다. 더 복잡한 회로를 사용하면 입력전압의 범위를 $0[V]$ 근처, 또는 음의 전압범위까지 낮출 수 있으며, 분해능의 증대, 그리고 온도변화나 공급전압의 변화에 대한 회로의 안정성 향상 등을 구현할 수 있다.

11.5.1.3 정식 A/D 변환기

지금까지 살펴본 전압-주파수 변환의 문턱법은 효과적이고 유용하며, 단순성이라는 명확한 장점을 가지고 있다. 하지만 이 방법을 일반적으로 사용할 수는 없으며, 성능이 제한되어 있다. 예를 들어, 그림 11.30에 도시된 회로는 저전압 입력에 대한 성능이 제한되어 있으며, 완벽한 선형성이 보장되지 않는다.

그런데 **정식 A/D 변환기**는 이런 문제를 해결할 수 있다. 이들은 상용품으로 공급되고 있으며, 마이크로프로세서에 내장된 제품도 있어서 설계자가 상세회로에 대한 지식 없이도 잘 정의된 전달함수, 선형변환특성, 명확하게 정의되어 있는 변환한계전압 등을 활용할 수 있다. 여기서는 일반적으로 사용되는 대표적인 몇 가지의 A/D 변환기들에 대해서 살펴보기로 한다. 지금부터 문턱전압 이산화와 유사한 방법을 사용하는 복경사형 A/D 변환기, 전압비교방식을 사용하는 점근산법 A/D 변환기, 그리고 비교기를 사용하는 플래시 A/D 변환기에 대해서 차례로 살펴보기로 한다.

11.5.1.4 복경사형 A/D 변환기

그림 11.31 (a)에 도시되어 있는 **복경사형 A/D 변환기**는 아마도 가장 단순한 형태의 정식 A/D 변환기일 것이다. 이 회로는 다음과 같이 작동한다: 커패시터는 미리 정해진 일정한 시간 T 동안 저항을 통해서 부가된 전압에 의해서 충전된다(그림 11.31 (b)). 커패시터 양단의 전압 V_T는 다음과 같이 나타낼 수 있다.

$$V_T = V_{in}\frac{T}{RC}\ [V] \tag{11.28}$$

시간 T가 되면, V_{in}과의 연결이 끊어지며, 전압을 이미 알고 있는 음의 기준전압이 앞서와 동일한 저항을 통해서 커패시터에 연결된다. 이를 통해서 ΔT의 시간 동안 커패시터는 $0[V]$까지

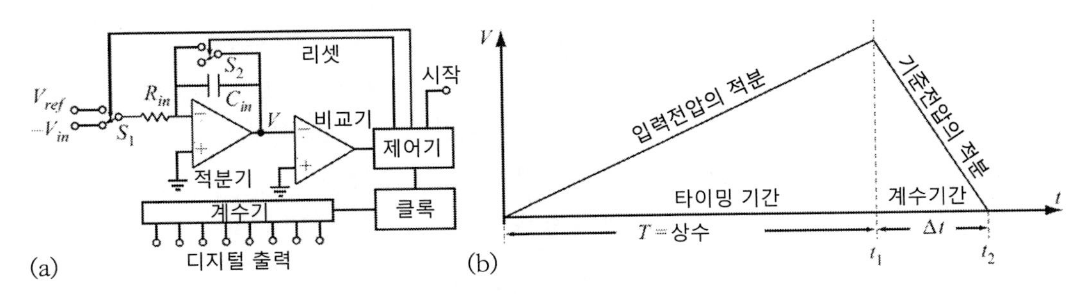

그림 11.31 복경사형 A/D변환기. (a) 회로도. (b) 충전 및 방전시간

방전된다.

$$-V_T = -V_{ref}\frac{\Delta T}{RC}\ [V] \tag{11.29}$$

이 두 전압은 크기가 동일하기 때문에 다음의 관계식이 성립된다.

$$V_{in}\frac{T}{RC} = V_{ref}\frac{\Delta T}{RC} \rightarrow \frac{V_{in}}{V_{ref}} = \frac{\Delta T}{T} \tag{11.30}$$

게다가 일정한 주파수의 클록이 방전 사이클의 시작시점에서 켜지고 방전 사이클의 끝지점에서 꺼지며, 펄스계수기가 펄스의 숫자를 센다. ΔT와 T를 알고 있으며, 계수기가 얼마나 많은 숫자를 세었는지를 정확히 알기 때문에, 이 계수값이 입력전압의 디지털 변환값에 해당한다. 그림 11.30 (a)에서는 이런 작동원리를 사용하는 복경사형 A/D 변환기의 회로가 도시되어 있다. 이 방법은 작동속도가 비교적 느리며, 초당 변환횟수는 대략적으로 $1/2T$ 정도이다. 이 변환기의 정확도는 측정 타이밍의 정확도, 아날로그 소자의 정확도, 노이즈 등에 영향을 받는다. 적분을 사용하기 때문에 고주파 노이즈가 저감되며, 저주파 노이즈는 T에 비례한다(T가 짧을수록 저주파 노이즈가 감소한다). 복경사형 A/D 변환기는 응답속도가 비교적 느리지만, 구조가 단순하고 표준소자들을 사용하여 손쉽게 만들 수 있기 때문에 많은 측정에 사용된다. 대부분의 센서들에 대해서 변환성능과 노이즈 특성이 만족스러우며, 적분기가 사용되기 때문에 신호가 평탄화되는 경향이 있다. 이 방법은 디지털 전압계나 여타의 계측기에서도 사용된다.

예제 11.8 **$200[mV]$, 3.5자리 전압계**

3.5자리 표시가 가능한 전압계는 3개의 자릿값들을 표시할 수 있으며, 최상위 자리는 0 또는 1만 표시할 수 있다. 따라서 표시범위는 0~1,999이다. 이 전압계를 사용하여 최고 $200[mV]$(실제로는 $199.9[mV]$)의 전압을 측정해야 하며, 복경사법을 사용하여 A/D 변환기를 설계하여야 한다. 이를 위해서 $1.2[V]$ 기준 전압과 $32[kHz]$ 발진기를 사용한다고 가정한다.

(a) 적분용 커패시터 C_{in}과 저항 R_{in}을 포함하는 적절한 A/D 변환기를 설계하시오.

(b) 이 A/D 변환기의 내부 분해능과 전압계의 전체적인 분해능은 각각 얼마인가?

풀이

(a) 설계는 방전시간 Δt에서부터 시작한다. 이 시간이 계수기가 계수하여 표시할 펄스의 숫자를 결정한다. 이 예제에서는 편의상 199.9라는 표시값이 2,000펄스에 해당한다고 하자. $32[kHz]$의 주파수에 대해서 다음의 관계식이 성립된다.

$$\frac{1}{\Delta t} = \frac{32,000}{2,000} = 16 \rightarrow \Delta t = \frac{1}{16} = 0.0625[s]$$

즉, $62.5[ms]$의 방전시간이 보장되면, 입력전압 $199.9[mV]$에 대해서 199.9를 출력한다.
이제, 식 (11.30)으로부터 다음을 구할 수 있다.

$$\frac{V_{in}}{V_{ref}} = \frac{\Delta t}{T} \rightarrow \frac{\Delta t}{T} = \frac{0.2}{1.2} \rightarrow T = 6\Delta t = 6 \times 0.0625 = 0.375[s]$$

따라서 대략적으로 초당 2회의 측정이 가능하다. 이는 전형적인 디지털 전압계들의 작동특성에 해당한다.
적분용 커패시터 C_{in}과 충전용 저항 R_{in}값을 선정하기 위해서는 커패시터에 충전되는 최대전압 V_t를 결정해야 한다. 이 전압은 측정된 전압이나 기준전압보다 높아서는 안 되지만, 가능한 한 높아야만 한다. 여기서는 임의로 $150[mV]$를 선정하기로 한다(최대전압인 $200[mV]$보다는 낮아야만 한다). 따라서 식 (11.28)로부터 다음을 얻을 수 있다.

$$V_t = V_{in}\frac{T}{R_{in}C_{in}} \rightarrow R_{in}C_{in} = \frac{V_{in}}{V_t}T = \frac{0.2}{0.15} \times 0.375 = 0.5[s]$$

만일 표준 용량의 커패시터인 $1[\mu F]$를 사용한다면, 필요한 저항값은 $500[k\Omega]$이 된다.

(b) 계수기의 내부 분해능은 1비트이며, 이를 입력전압으로 환산하면 $0.2/2,000 = 0.0001[V] = 0.1[mV]$이다. 이를 시스템의 분해능으로 간주할 수 있다.
만일 여기에 $64[kHz]$의 발진기를 사용한다면, (타이밍은 동일하다는 가정하에서) Δt의 시간 동안 계수값이 4,000이기 때문에 내부 분해능은 $0.05[mV]$까지 낮아진다. 그런데 표시기는 $0.1[mV]$ 미만의 증가를 표시할 수 없기 때문에 전체적인 시스템의 분해능은 여전히 $0.1[mV]$에 머물게 된다.

11.5.1.5 점근산법 A/D 변환기

점근산법 A/D 변환기는 상용 A/D 변환기 칩들과 많은 마이크로프로세서에서 자주 사용되는 방법이다. 다양한 정확도의 칩들이 상품화되어 판매되고 있으며, 비트수에 따라 다르지만 분해능을 수 [μV]까지 낮출 수도 있다. 그림 11.32에서는 8비트 A/D 변환기의 기본 구조를 보여주고 있다. 이 변환기는 정밀 전압비교기, 시프트 레지스터, D/A 변환기(D/A 변환기에 대해서는 다음 절에서 살펴볼 예정이다), 그리고 정밀 기준전압 V_{ref} 등으로 이루어진다. 이 변환기의 작동은 다음과 같다. 우선, 모든 레지스터들을 초기화하여 D/A 변환기의 출력을 0[V]로 만든다(즉 레지스터의 출력이 00000000이 된다). 이로 인하여 전압비교기의 출력은 고전압 상태가 된다. 그런 다음 최상위비트(MSB) 레지스터를 1로 만든다(즉, 레지스터의 출력이 10000000이 된다). D/A 변환기는 $MSB=1$에 해당하는 아날로그 전압 $V_a(=1/2\,V_{ref})$를 송출한다. 이 전압은 D/A 변환기 최대 출력전압의 절반에 해당한다. 전압변환기는 V_a를 V_{in}과 비교한다. 만일 V_{in}이 V_a보다 더 높다면, 출력은 고전압 상태를 유지하며 클록은 레지스터의 다음 비트로 시프트 되고, 레지스터의 출력은 11000000으로 변한다. 반면에, V_{in}이 V_a보다 낮다면 출력은 저전압 상태로 전환되며 레지스터의 출력은 01000000으로 변한다. 레지스터의 출력이 11000000인 상태에서 D/A 변환기는 $V_a=(1/2+1/4)\,V_{ref}$를 출력한다. 만일 이 전압이 입력전압 V_{in}보다 높아진다면 A/D 변환값의 앞 두 자리는 10으로 확정되며 레지스터 출력 10100000에 대한 비교가 수행된다. 반면에, 여전히 V_{in}보다 낮다면 레지스터 출력 11100000에 대한 비교가 수행된다. 이렇게 n비트에 대한 모든 비교가 완료되고 나면, 최종적인 A/D 변환값을 얻을 수 있다. 이렇게 결정된 데이터값을 시프트레지스터가 읽어 들여서 디지털 전압으로 표시한다. 그림 11.32 (a)에서는 병렬출력방식을 보여주고 있다. 하지만 일부의 경우에는 레지스터 데이터를 직렬로 출력하며, 이를 위해서는

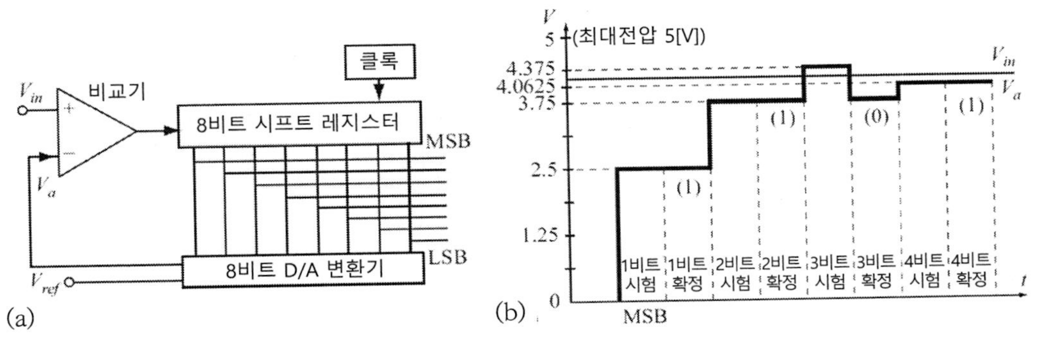

그림 11.32 8비트 점근산법 A/D 변환기의 사례. (a) 회로의 구성. (b) 입력전압 $V_{in}=4.25[V]$에 대한 출력순서

n개의 클록 스텝이 필요하다. 여기서 n은 비트수이다(그림에서는 $n=8$이다).

이런 유형의 A/D 변환기는 더 높은 분해능의 제품들이 존재한다. 분해능은 최대 14비트(예제 11.9)의 제품이 일반적으로 사용되고 있으며, 8비트는 가장 낮은 수준에 해당한다. 8비트 A/D 변환기의 분해능은 $V_{in}/2^8 = 0.00390625\,V_{in}$이다. 전체 스케일이 $5[V]$인 경우의 분해능은 $19.53125[mV]$이다. 저전압 신호에 대해서는 이것으로 충분치 않을 수 있다. 이런 경우에는 10비트, 12비트, 또는 14비트 A/D 변환기를 사용할 수 있다(14비트 A/D 변환기의 분해능은 전체 스케일이 $5[V]$인 경우 $0.305176[mV]$이다). 이보다 분해능이 더 높은 A/D 변환기도 존재하며, 이들은 (음악기록에 사용되는 음향신호의 이산화와 같이) 신호를 높은 정확도로 이산화해야 하는 경우에 사용된다. 최대 24비트의 A/D 변환기가 판매되고 있다. 이론상 이보다 더 높은 분해능도 가능하겠지만, 이를 실현하는 것은 어려운 일이다.

이 방법에서는 최대전압범위에 해당하는 기준전압을 구현하고, 이를 일정하게 유지하는 것이 매우 중요하다. A/D 변환기의 전체 스케일 전압은 전형적으로 공급전원의 전압과 같기 때문에, 서미스터와 같은 소자의 출력신호를 이산화하기 위해서는 거의 항상 신호를 증폭해야만 한다.

점근산법 A/D 변환기의 장점은 변환이 (일정한) n스텝만에 이루어지며, 복경사법에 비해서 빠르다는 것이다. 반면에, 변환기의 정확도는 전압 비교기, D/A 변환기, 기준전압에 심하게 의존한다. 상용 소자들은 비교적 비싸며, 특히 12비트나 14비트는 더 비싸다. 이런 유형의 A/D 변환기들은 마이크로프로세서에 통합되어 있으며, 전체 회로의 일부분으로서 센서로 사용되기도 한다. 일부의 마이크로프로세서들은 다수의 A/D 채널들을 갖추고 있으며, 일부에서는 다른 형태의 A/D 변환기를 사용하기도 한다.

예제 11.9 14비트 점근산법 A/D 변환기

마이크로프로세서에 내장된 14비트 점근산법 A/D 변환기가 $5[V]$로 작동하며, $4.21[V]$의 입력전압을 측정해야 한다. 클록은 $1[MHz]$로 설정되어 있다.

(a) 그림 11.32를 기준으로 하여, 기본 인자들과 필요한 하드웨어들을 정의하시오.

(b) 변환기의 디지털 출력은 얼마인가?

(c) 정확도는 얼마인가?

풀이

(a) 이 변환기에는 14비트 D/A 변환기와 14비트 시프트 레지스터가 필요하다. 클록의 최소 사이클 주

기는 1[μs]이며, 각 시험스텝과 확정스텝에는 최소한 1주기의 시간이 필요하다. 따라서 신호의 변환에는 최소한 28주기 또는 28[μs]의 시간이 소요된다. 사실은 이보다 더 많은 시간이 소요된다. 예를 들어 변환이 끝난 다음에는 출력을 송출해야 하며, 구현되는 알고리즘에 따라서 다르겠지만 각 단계마다 1주기 이상의 시간이 필요하다. 분해능은 $5[V]/2^{14} = 5/16{,}384 = 0.305176[mV]$이다.

(b) **그림 11.32**의 순서에 따르면, 첫 번째 비교는 $5[V]/2^1 = 2.5[V]$에서 이루어진다. 이 전압은 4.21[V]보다 낮기 때문에, 최상위비트는 1이 된다. 다음으로, $5[V]/2^2 = 1.25[V]$이므로, $2.5[V] + 1.25[V] = 3.75[V] < 4.21[V]$이다. 따라서 두 번째 비트도 1임을 알 수 있다. 동일한 방식으로 반복해면 다음과 같은 출력값을 얻을 수 있다.

$$5[V]\left(\frac{[1]}{2^1}+\frac{[1]}{2^2}+\frac{[0]}{2^3}+\frac{[1]}{2^4}+\frac{[0]}{2^5}+\frac{[1]}{2^6}+\frac{[1]}{2^7}+\frac{[1]}{2^8}+\frac{[1]}{2^9}+\frac{[0]}{2^{10}}+\frac{[0]}{2^{11}}+\frac{[0]}{2^{12}}+\frac{[1]}{2^{13}}+\frac{[1]}{2^{14}}\right)$$
$$= 4.2098999[V] \approx 4.21[V]$$

여기서 출력전압을 4.21[V]보다 높게 만드는 모든 비트의 값들은 "0"이 되며, 4.21[V]보다 낮게 유지되는 모든 비트의 값들은 "1"이 된다. 대괄호 속의 숫자들을 한번에 내려써보면 디지털 출력값은 11010111100011이 된다.

(c) A/D 변환기의 분해능은 (a)에서 제시되어 있는 1비트에 해당하는 전압인 0.305176[mV]이다. 그런데 아날로그 입력전압(4.21[V])과 이를 변환시킨 출력전압(4.2098999[V]) 사이의 차이는 단지 0.1[mV]에 불과하다. 이를 오차율로 환산해보면,

$$error = \frac{4.21 - 4.2098999}{4.21} \times 100 = 0.00238\%$$

11.5.1.6 플래시 A/D 변환기

복경사형 A/D 변환기는 오랜 적분시간이 소요되며, 점근산법 A/D 변환기는 비트수에 의존적인 스텝수가 필요하므로 두 소자 모두 비교적 느린 소자이다. 많은 경우, 이것이 문제가 되지는 않지만, 일부의 경우에는 더 빠른 변환이 필요하다. 한 가지 대안은 **플래시 A/D 변환기**(병렬식 A/D 변환기라고도 부른다)를 사용하는 것이다. 여타의 변환기들과는 달리, 변환에 소요되는 시간은 비트수와 무관하며, 회로를 구성하는 요소들의 내부 지연에만 의존한다. **그림 11.33 (a)**에는 3비트 변환기가 도시되어 있다. 2^n개(n은 비트수이며, 이 사례에서 $n = 3$이다)의 동일한 저항기들로 이루어진 사다리형 네트워크가 $2^n - 1$개의 전압비교기들에 사용되는 기준전압을 생성한다. 입력전압이 기준전압보다 더 높은 경우에 전압비교기의 출력은 "1"이 되며, 더 낮은 경우에는 "0"이 된다. 예를 들어, 그림에 제시된 회로의 경우 기준전압이 5[V]라면, 3.2[V]의 아날로그

입력전압에 대해서 00111111을 출력한다. 즉, 앞의 다섯 개의 전압비교기들($C_1 \sim C_5$)은 "1"을 출력하며, 마지막 두 개의 변환기들(C_6, C_7)은 "0"을 출력한다. 여기서 0번째 비트인 C_0는 전압비교기에 연결되어 있지 않으며, 항상 "1"로 설정되어 있다. 그림 11.33 (b)에서는 진리표를 보여주고 있다. 우선순위 인코더라고 표시된 블록은 전압비교기의 출력들을 디지털 값으로 변환시켜 준다. 우선순위 인코더에서는 단순히 제일 앞의 비트가 우선순위를 갖는다. 즉 C_0만 "1"이라면 출력은 (000)이 된다. 만일 C_1이 "1"이면 출력은 (001)이고, C_5가 "1"이라면 출력은 (101)이 되는 것이다.

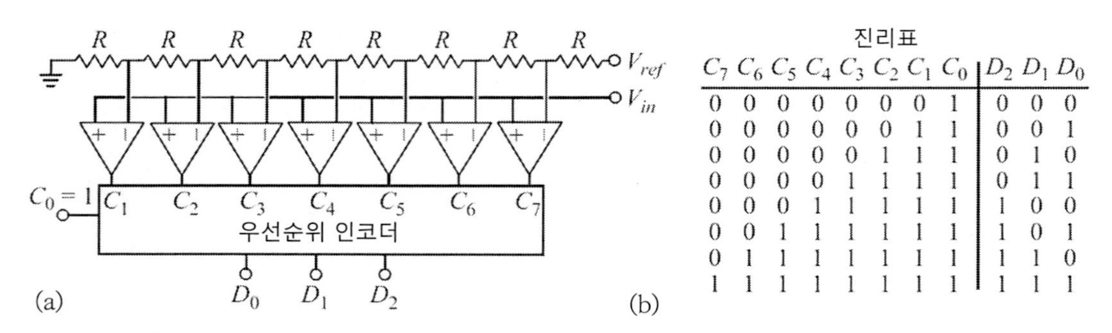

진리표

C_7	C_6	C_5	C_4	C_3	C_2	C_1	C_0	D_2	D_1	D_0
0	0	0	0	0	0	0	1	0	0	0
0	0	0	0	0	0	1	1	0	0	1
0	0	0	0	0	1	1	1	0	1	0
0	0	0	0	1	1	1	1	0	1	1
0	0	0	1	1	1	1	1	1	0	0
0	0	1	1	1	1	1	1	1	0	1
0	1	1	1	1	1	1	1	1	1	0
1	1	1	1	1	1	1	1	1	1	1

그림 11.33 (a) 3비트 플래시 A/D 변환기. (b) 우선순위 인코더의 진리표. 디지털 출력은 $D_2D_1D_0$이다.

우선순위 인코더는 (드모르간의 법칙에 기초한) 단순한 논리게이트 조합을 사용하여 설계할 수 있으므로, 변환소요시간은 전압비교기의 응답시간과 게이트들의 지연시간에만 의존한다. 이들을 최소화하면 매우 빠른 변환기를 만들 수 있다. 이 방법의 장점은 입력신호에 대한 매우 빠른 샘플링이 가능하므로 ([GHz] 대역의) 고주파 신호처리가 구현된다는 것이다. 그러므로 이 변환기는 넓은 대역폭을 가지고 있다.

다른 모든 회로들과 마찬가지로, 플래시 A/D 변환기도 한계가 있다. 가장 큰 단점은 매우 많은 숫자의 소자들이 필요하다는 것이다. 8비트 플래시 A/D 변환기는 $2^8 - 1 = 255$개의 변환기와 256개의 동일한 저항들이 필요하다. 필요한 정확도로 이토록 많은 수의 소자들을 만드는 것은 매우 어려운 일이며, 이보다 더 정확한 A/D 변환기를 만드는 것은 거의 불가능하다. 또 다른 문제들에는 전압비교기의 오프셋 전압이 유발하는 출력오차, 저항으로 이루어진 사다리형 네트워크의 정확도, 그리고 전압비교기가 소모하는 전력 등이 포함된다. 이런 이유 때문에 플래시 A/D 변환기는 4~8비트로 제한된다.

그림 11.33 (a)에 도시되어 있는 3비트 A/D 변환기의 분해능은 (기준전압이 $5[V]$인 경우에) $5/8 = 0.625[V]$이며, 이는 예제로서 사용할 수 있을 뿐이다. 8비트 A/D 변환기의 분해능은 $5/256 = 19.53[mV]$이다.

또 다른 A/D 변환방법인 델타-시그마($\Delta - \Sigma$) 변환방법은 플래시 A/D 변환법의 변종으로서, 변환에 신호처리기법을 활용하여 전압비교기의 숫자를 줄인 매우 효율적인 방법이지만, 이 절의 범주를 넘어선다.

11.5.2 D/A 변환기

D/A 변환기는 센서에 자주 사용되지 않지만, 작동기에는 가끔 사용된다. 이를 위해서는 마이크로프로세서와 같은 디지털 장치들에서 아날로그 출력을 송출해야 한다. 여기에 해당하는 좋은 사례는 음향재생이다. 음향신호는 디지털 방식으로 손쉽게 처리할 수 있지만, 우리의 귀는 아날로그이므로, 음향신호를 아날로그의 형태로 변환시켜야만 한다. 또 다른 사례는, 예를 들어 어떤 소자를 켜기 위해서 아날로그값을 사용해야 하는 경우에 센서로부터 송출된 펄스열을 검출하는 것이다. D/A 변환기는 A/D 변환에 중요하게 사용된다(앞 절의 점근산법 A/D 변환기 참조). 일반적으로, (브러시리스 DC 모터나 스테핑모터와 같은) 디지털 작동기를 사용하는 방식으로 가능한 한 D/A 변환의 사용을 피해야 하지만 반드시 D/A 변환기를 사용해야만 하는 경우가 존재한다. A/D 변환기에서와 마찬가지로, 다양한 방식으로 D/A 변환을 수행할 수 있다.

11.5.2.1 저항 사다리 네트워크방식의 D/A 변환기

D/A 변환기에 사용되는 가장 일반적인 방법은 그림 11.34에 도시되어 있는 **사다리 네트워크**를 사용하는 것이다. 이 회로는 저항 네트워크와 입력단과 출력단 사이를 분리하기 위한 전압추종기로 이루어지므로, 전압추종기의 출력전압은 비반전 입력단의 전압과 동일하다. 비반전 입력단의 전압은 저항 네트워크에 의해서 만들어진다. 저항 네트워크는 직렬 연결된 저항과 병렬 연결된 저항들로 이루어지며, 디지털 입력의 신호전합에 의해서 서로 다른 출력전압이 만들어진다. 그림에 표시된 스위치들은 디지털 제어방식의 아날로그 스위치(MOSFET)들이다. 디지털 입력신호에 따라서, 다양한 스위치들이 저항들을 직렬 또는 병렬로 연결시켜준다. 예를 들어, 디지털값 101을 변환하는 경우에 대해서 살펴보기로 하자. 스위치는 그림 11.34 (a)의 상태가 된다. 최상위비트(MSB)는 “1”이므로 이 비트의 스위치는 기준전압(이 경우에는 $10[V]$)에 연결된다. 다음 비트는

"0"이므로 스위치는 접지(0[V])에 연결된다. 마지막으로 최하위비트(LSB) 스위치는 기준전압(10[V])에 연결된다. 스위치들로 인하여 저항 네트워크는 **그림 11.34 (b)**에서와 같이 재구성되며, 증폭단으로는 정확히 6.25[V]가 입력된다. 이 사다리형 네트워크는 필요한 모든 비트수에 대해서 확장시킬 수 있다.

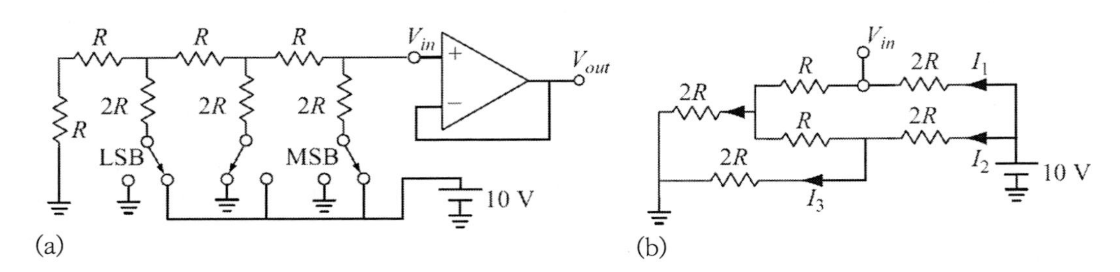

그림 11.34 저항 사다리 네트워크를 사용하는 D/A 변환기의 사례. (a) 3비트 D/A 변환기의 회로도. (b) 디지털 입력 101에 대한 사다리 네트워크의 등가회로

D/A 변환기의 정확도와 유용성은 사다리 네트워크의 품질과 정확도, 그리고 사용된 기준전압뿐만 아니라 저항과 스위치의 품질에 의존한다. 이 회로의 분해능은 1비트이다. 즉, 아날로그 출력전압은 1비트에 해당하는 전압만큼 변할 수 있으며, 여기서 예시된 사례에서는 $10/2^3 = 1.25$[V]이다. 따라서 아날로그 출력전압을 1.25[V]씩 불연속적으로 변화시킬 수 있다.

예제 11.10 사다리 네트워크를 사용하는 8비트 D/A 변환기

저항 사다리 네트워크를 사용하여 8비트 D/A 변환기를 설계하시오. 기준전압으로는 10[V]를 사용한다고 가정하시오.

(a) 디지털 입력 11010010에 대한 아날로그 출력전압을 계산하시오.

(b) 사다리에 사용된 저항값 R이 성능에 영향을 끼치는가?

(c) 이 D/A 변환기의 분해능은 얼마인가?

풀이

그림 11.35 (a)에는 사다리 네트워크가 도시되어 있다(디지털값 11010010의 상태임). 여기서는 $R = 10[k\Omega]$이 사용되었다.

(a) 출력전압을 계산하기 위해서, 그림 11.35 (b)에 도시되어 있는 등가회로를 사용하였으며, 루프전류는 다음 식을 사용하여 계산할 수 있다(저항값들의 단위는 [$k\Omega$]이다).

$$30I_1+10(I_1+I_2)+20(I_1+I_2+I_3)=10$$
$$20I_2+10(I_1+I_2)+20(I_1+I_2+I_3)=10$$
$$20(I_3+I_4)+10I_3+20(I_1+I_2+I_3)=10$$
$$20(I_4+I_5)+10I_4+20(I_3+I_4)=10$$
$$20(I_5+I_6+I_7)+10(I_5+I_6)+10I_5+20(I_4+I_5)=10$$
$$20(I_5+I_6+I_7)+10(I_5+I_6)+20I_6=10$$
$$20(I_5+I_6+I_7)+20I_7=10$$

이를 행렬식으로 정리하면,

$$\begin{bmatrix} 60 & 30 & 20 & 0 & 0 & 0 & 0 \\ 30 & 50 & 20 & 0 & 0 & 0 & 0 \\ 20 & 20 & 50 & 20 & 0 & 0 & 0 \\ 0 & 0 & 20 & 50 & 20 & 0 & 0 \\ 0 & 0 & 0 & 20 & 60 & 30 & 20 \\ 0 & 0 & 0 & 0 & 30 & 50 & 20 \\ 0 & 0 & 0 & 0 & 20 & 20 & 40 \end{bmatrix} \begin{Bmatrix} I_1 \\ I_2 \\ I_3 \\ I_4 \\ I_5 \\ I_6 \\ I_7 \end{Bmatrix} = \begin{Bmatrix} 10 \\ 10 \\ 10 \\ 10 \\ 10 \\ 10 \\ 10 \end{Bmatrix}$$

위 식을 풀면 다음의 전류값들을 얻을 수 있다.

$$I_1=0.08984375[mA]$$
$$I_2=0.135765625[mA]$$
$$I_3=0.0283203125[mA]$$
$$I_4=0.20458984375[mA]$$
$$I_5=-0.039794921875[mA]$$
$$I_6=0.1448974609375[mA]$$
$$I_7=0.19744873046875[mA]$$

이를 사용하여 전압추종기의 입력단 전압(그에 따른 전압 변환기의 출력전압)을 계산해보면 다음과 같다.

$$V_{out}=V_{in}=10-20I_1=10-20\times0.08984375=8.203125[V]$$

(b) 저항값은 전압변환기의 소비전력에만 영향을 끼친다. 따라서 저항값이 너무 작아서 전류소모량이 과도하게 증가하지 않을 정도이면 충분하다. 반면에 저항값이 너무 크면 소자를 통과하여 흐르는 전류에 비해서 노이즈의 비율이 증가한다. 일반적으로 저항값은 $1\sim10[k\Omega]$ 정도를 사용한다.

(c) 디지털 분해능은 1비트이다. 8비트를 사용하는 경우, $2^8=256$이므로, 아날로그 분해능은 $10/256=39.0625\times10^{-3}[V]$ 또는 $39.0625[mV]$이다.

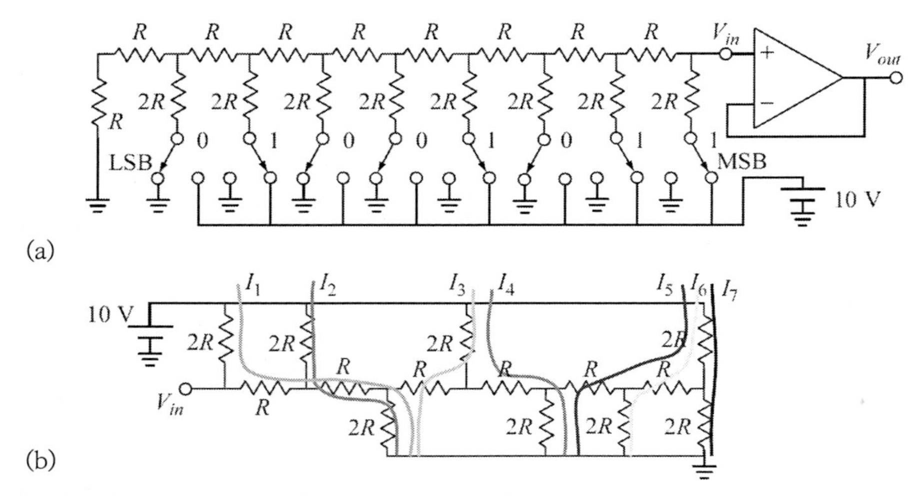

그림 11.35 (a) 디지털 입력 11010010을 받는 8비트 A/D 변환기. (b) 등가 사다리 네트워크를 통과하여 흐르는 전류를 사용해서 아날로그 전압을 구할 수 있다.

11.5.2.2 펄스폭변조방식 D/A 변환기

펄스폭변조(PWM)방식과 저역통과 필터를 조합하여 D/A 변환기를 만들 수 있다. 이는 아마도 가장 단순한 D/A 변환방법일 것이다. **펄스폭변조방식 D/A 변환기**는 정밀하지 않는 용도에 사용할 수 있으며, 디지털 음향신호의 변환에 일반적으로 사용된다. 그림 11.36에서는 이 방식의 개략적인 구성을 보여주고 있다. 펄스폭변조기의 경우, 디지털 값이 커질수록 PWM 발생기에서 만들어지는 펄스열의 펄스폭(고전압영역)이 넓어진다. 비록 이 방법이 복잡해 보일 수는 있지만, PWM 발생기는 마이크로프로세서의 주변회로나 독립적인 요소로 일반적으로 사용된다. 그림 11.36에 도시되어 있는 것처럼, PWM 펄스열을 $R_1 - C_1$으로 구성된 단순한 저역통과필터를 통과시킨다. 커패시터는 펄스의 고전압 기간 동안 충전하며, 저전압 기간 동안 방전하면서 전압을 평활화 시킨다. 펄스폭이 넓어질수록(즉, 고전압 기간이 길어질수록) 커패시터의 평균전압은 높아진다. 이 전압이 D/A 변환기의 아날로그 출력전압이 된다. 이 변환방법은 음향신호 재생에 이상

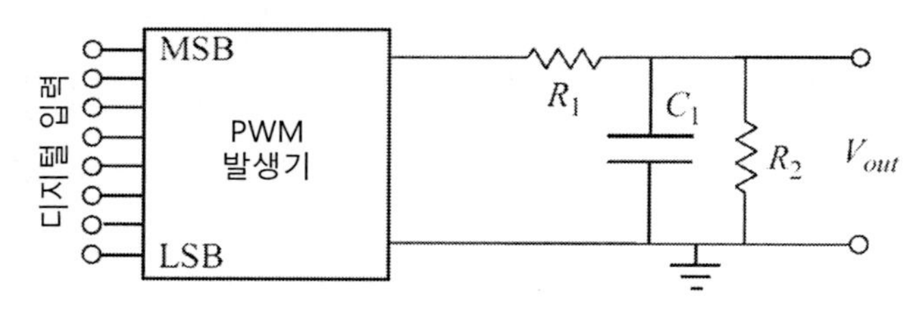

그림 11.36 펄스폭변조방식 D/A 변환기

적으로 적합하지만, 모터도 일종의 필터처럼 작동하기 때문에 모터의 속도제어에도 유용하게 사용된다. 디지털 입력값이 변해도 커패시터가 이전의 전압을 유지하지 않도록 추가적으로 R_2 저항을 설치한다. 커패시터의 용량이 크면 출력신호의 평활화에는 유리하지만, 회로의 응답성능을 저하시키기 때문에 소자의 크기 선정은 중요한 사안이다.

11.5.2.3 주파수-전압(F/V) D/A 변환기

주파수-전압(F/V) 변환기도 D/A 변환기의 일종이다. 펄스폭변조방식의 D/A 변환기와는 달리, 주파수-전압 변환기의 출력은 주파수에 비례한다. 이런 점에서, 주파수-전압 변환기는 엄밀하게 말해서 D/A 변환기가 아니며, 일종의 주파수 검출방법 또는 주파수 변조방법이다(10장 참조). 그런데 이 방법은 펄스폭변조방식의 D/A 변환방법과 밀접한 관계를 가지고 있으며, 동일한 형태의 저역통과 필터를 사용한다. 만일 디지털 신호의 주파수가 센서의 디지털 출력을 나타낸다면, F/V 변환기의 출력은 이 데이터를 아날로그 형태로 나타내는 것이다. 예를 들어, 많은 정전용량형 센서들과 유도형 센서들은 발진회로를 내장하고 있으며, 자극의 크기를 나타내기 위해서 주파수가 사용된다. 그림 11.37 (a)에는 주파수-전압 변환기의 개략도가 도시되어 있다. 입력된 구형파가 단안정 멀티바이브레이터를 통과하면서 입력 펄스신호의 상승 시마다 일정한 폭의 출력 펄스가 생성된다(단안정 멀티바이브레이터는 출력상태가 변할 때마다 하나의 펄스를 만들어내므로 원샷 멀티바이브레이터라고도 부른다). 이렇게 변형된 신호는 원래의 신호와 동일한 주파수를 가지고 있지만 듀티비는 다르다. 주파수가 높아지면 듀티비(펄스의 고전압 유지시간을 펄스의 주기로 나눈 값)는 증가한다. 따라서 그림 11.37 (b)에 도시된 것처럼, 커패시터의 출력은 주파수에 따라서 선형적으로 증가한다. 이 회로는 (이론상) $0[Hz]$의 저주파를 송출할 수 있지만, 고주파 한계는 단안정 멀티바이브레이터의 펄스폭에 의해서 제한된다. 펄스폭(Δt)이 입력신호의 주기시간과 같아지면(즉, $\Delta t = 1/f$), 그림 11.37 (b)에서 알 수 있듯이 출력은 항상 고전압을 유지하게 된다(예제 11.11 참조). 그럼에도 불구하고, 이 회로의 동적 작동범위는 매우 넓다. (R_x, C_x 또는 둘의 값을 모두 줄여서) 펄스폭을 줄이면 작동범위가 증가하며, (R_x, C_x 또는 둘의 값을 모두 증가시켜서) 펄스폭을 증가시키면 작동범위가 줄어든다. 작동범위를 줄이면 민감도가 향상된다. 즉, 주어진 주파수 변화에 대한 출력전압의 변화폭이 커진다. 반면에, 작동범위를 늘리면 측정스팬이 넓어진다. 이런 회로의 특성들은 적용대상의 예상 주파수범위에 따라서 결정된다. 저역통과 필터는 R_1과 C_1에 의해서 만들어지며, 기능과 작동은 그림 11.36에서와 동일하다.

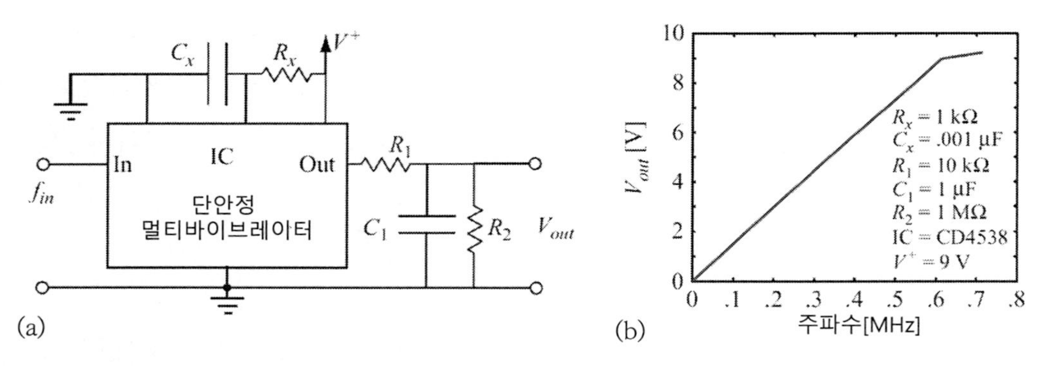

그림 11.37 (a) 주파수-전압 변환기의 개략적인 구조. (b) 그래프에 제시된 요소들을 사용하는 경우, 최대 $613[kHz]$까지 아날로그 출력전압이 선형적으로 증가한다.

예제 11.11 주파수-전압 변환기

그림 11.37에 도시되어 있는 회로에 다음과 같은 소자들이 사용되었다: $R_1 = 10[k\Omega]$, $R_2 = 1[M\Omega]$, $R_x = 1[k\Omega]$, $C_1 = 1[\mu F]$, 그리고 $C_x = 0.001[\mu F]$. 단안정 멀티바이브레이터는 CMOS 소자로 제작되었다. 제시된 R_x와 C_x를 사용하여, 단안정 멀티바이브레이터는 대략적으로 $0.8[\mu s]$의 일정한 펄스폭을 만들어낸다. 입력신호의 주파수가 $1 \sim 613[kHz]$까지 변함에 따라서 커패시터의 출력전압은 그림 11.37 (b)에 도시되어 있는 것처럼 $0.01 \sim 8.92[V]$까지 변한다. 그리고 $613[kHz]$를 넘어서면, 출력은 변하지 않고 일정하게 유지된다. 이는 입력신호의 펄스주기가 단안정 멀티바이브레이터의 펄스폭과 같아졌다는 것을 의미한다(즉, $1/(2 \times 613{,}000) = 0.825[\mu s]$). 이 회로의 민감도는 다음과 같이 계산된다.

$$s_o = \frac{V_{out}}{F_{in}} = \frac{8.92 - 0.01}{(613 - 1) \times 10^3} = 1.456 \times 10^{-5}[V/Hz]$$

또는 $14.56[mV/kHz]$이다.

그림 11.37 (b)에 도시되어 있는 곡선은 제시된 소자들을 사용한 회로에 대해서 실험적으로 구한 값이다.

11.6 브리지회로

브리지회로는 센서를 포함한 다양한 회로에서 오래전부터 사용되어온 회로이다. 이 브리지회로는 **휘트스톤 브리지**라고 알려져 있지만, 다양한 형태의 회로들이 다양한 이름으로 불리고 있다. 그림 11.38에는 기본적인 휘트스톤 브리지가 도시되어 있다. 이 회로에 사용된 소자들은 $Z_i = R_i + jX_i$의 임피던스를 가지고 있다. 이 브리지 회로의 출력전압은 다음과 같이 주어진다.

$$V_o = V_{ref}\left(\frac{Z_1}{Z_1+Z_2} - \frac{Z_3}{Z_3+Z_4}\right)\ [V] \tag{11.31}$$

이 브리지는 다음의 경우에 평형상태라고 말할 수 있다.

$$\frac{Z_1}{Z_2} = \frac{Z_3}{Z_4} \tag{11.32}$$

이 상태에서 브리지의 출력전압은 $0[V]$이다. 이 성질은 브리지 회로를 센서에 사용하는 중요한 이유들 중 하나이다. 만일, 예를 들어 Z_1이 센서의 임피던스를 나타낸다면, 여타의 임피던스들을 적절히 선정하여 임의의 Z_1값(과 그에 따른 측정대상의 물리량)에 대해서 출력전압을 $0[V]$로 맞출 수 있다. Z_1이 변하면, 그에 따라서 출력전압 V_{out}이 변하면서 자극입력이 변했다는 것을 나타낸다. 물론, 브리지회로는 신호의 전달, 온도보상 등을 포함하여 이보다 훨씬 더 많은 일들을 수행한다.

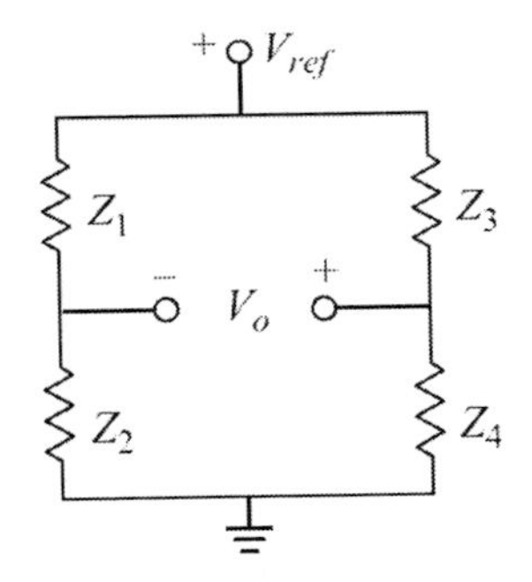

그림 11.38 임피던스 브리지회로. 센서나 고정소자를 임피던스 요소로 사용할 수 있다.

11.6.1 민감도

임피던스의 변화에 따른 출력전압의 변화 민감도는 다음과 같이 미분을 통해서 구할 수 있다.

$$\frac{dV_o}{dZ_1} = V_{ref}\frac{Z_2}{(Z_1+Z_2)^2},\quad \frac{dV_o}{dZ_2} = -V_{ref}\frac{Z_1}{(Z_1+Z_2)^2}\ [V/\Omega] \tag{11.33}$$

그리고

$$\frac{dV_o}{dZ_3} = -V_{ref}\frac{Z_4}{(Z_3+Z_4)^2},\ \frac{dV_o}{dZ_4} = V_{ref}\frac{Z_3}{(Z_3+Z_4)^2}\ [V/\Omega] \tag{11.34}$$

위 식들을 합산하여 정리하면 다음과 같이 브리지 회로의 민감도를 구할 수 있다.

$$\frac{dV_o}{V_{ref}} = \frac{Z_2 dZ_1 - Z_1 dZ_2}{(Z_1+Z_2)^2} - \frac{Z_4 dZ_3 - Z_3 dZ_4}{(Z_3+Z_4)^2}\ [V/V] \tag{11.35}$$

위 식에 따르면 $Z_1 = Z_2$이며 $Z_3 = Z_4$인 경우에는 브리지가 평형상태이고, 변화율값들인 $dZ_1 = dZ_2$이며 $dZ_3 = dZ_4$이면 출력전압의 변화는 0이 된다. 이것이 온도변화나 여타의 공통모드 효과들에 대한 센서 보상의 기본적인 개념이다. 예를 들어, 압력센서의 임피던스가 $Z_1 = 100[\Omega]$이며, 온도민감도 $dZ_1 = 0.5[\Omega/°C]$라고 하자. 두 개의 동일한 센서들을 Z_1과 Z_2로 사용하지만, Z_2는 측정압력에 노출시키지 않는다(Z_1센서와 동일한 온도환경에만 노출시켜 놓는다). Z_3와 Z_4는 동일한 임피던스와 동일한 소재로 제작한다-전형적으로 동일한 저항을 사용한다. 이런 조건하에서는 온도변화에 의해서 출력전압이 변하지 않으므로 온도변화에 대한 센서의 특성이 보상된다. 그런데 만일 압력이 변한다면 임피던스 Z_1이 압력에 의해서 변하기 때문에, 식 (11.31)에 따라서 출력전압이 변한다.

만일 브리지를 구성하는 모든 임피던스들이 일정하며, Z_1(센서)만 변한다면 $dZ_2 = 0$, $dZ_3 = 0$, 그리고 $dZ_4 = 0$이며, 브리지 회로의 민감도는 다음과 같이 정리된다.

$$\frac{dV_o}{V_{ref}} = \frac{Z_2 dZ_1}{(Z_1+Z_2)^2}\ \text{또는}\ \frac{dV_o}{V_{ref}} = \frac{dZ_1}{4Z_1}\ [V/V],\ Z_1 = Z_2 \tag{11.36}$$

이런 유형의 브리지들, 특히 저항형 브리지는 스트레인게이지 압저항 센서, 홀소자, 서미스터, 힘센서, 압력센서 등을 사용하는 경우에 일반적으로 활용된다. 브리지 회로를 사용하면, 부수적으로 기준전압(널전압) 사용의 편이성, 온도보상, 여타의 공통모드 노이즈 제거와 같은 효과를 얻을 수 있다. 브리지 회로는 구조가 매우 단순하며 후속 신호처리를 위한 증폭기와의 연결이 용이하다.

서로 마주보는 두 개의 대각선 소자들을 센서로 사용하면 브리지 회로의 민감도를 높일 수 있다. 예를 들어, 스트레인게이지들을 사용하여 변형률을 측정하는 경우에 대해서 살펴보기로 하자. 스트레인게이지를 하나(예를 들어 **그림 11.38**의 Z_1)만 사용하는 대신에, Z_1 및 Z_4와 같이 브리지의 서로 마주보는 대각선 위치에 두 개의 스트레인게이지를 설치할 수 있다. 이들 두 스트레인게이지들은 동일한 측정환경에 노출될 수 있도록 설치되어서 동일한 변형률을 측정한다. 브리지가 주어진 변형률에 대해서 평형을 유지하는 상태에서 측정이 시작되어 Z_1과 Z_4가 $Z_1 + dZ$ 및 $Z_4 + dZ$로 증가(두 스트레인게이지들은 서로 동일하므로 변화량도 서로 동일할 것이다)하였다고 가정하자. Z_2 및 Z_3는 저항이며, 변형률에 따라서 변하지 않는다. $Z_1 = Z_2 = Z_3 = Z_4 = Z_0$인 경우에는 식 (11.35)로부터 다음을 얻을 수 있다.

$$\frac{dV_o}{V_{ref}} = \frac{dZ}{2Z_0} \quad [V/V] \tag{11.37}$$

이 방법의 센서 민감도는 단일 센서를 사용한 경우의 민감도인 식 (11.36)에 비해서 두 배에 달한다. **그림 11.39**에서는 이런 측정방식의 실제 적용사례를 보여주고 있다. 좌측에 배치되어 있는 두 개의 스트레인게이지들은 강철보에 접착되어 있으며 동일한 변형률을 측정한다. 우측에 배치되어 있는 두 개의 저항들도 강철보에 접착되어 있지만, 당연히 아무것도 측정하지 않는다. 하지만 이 저항들은 센서와 동일한 온도환경에 노출되어 있다.

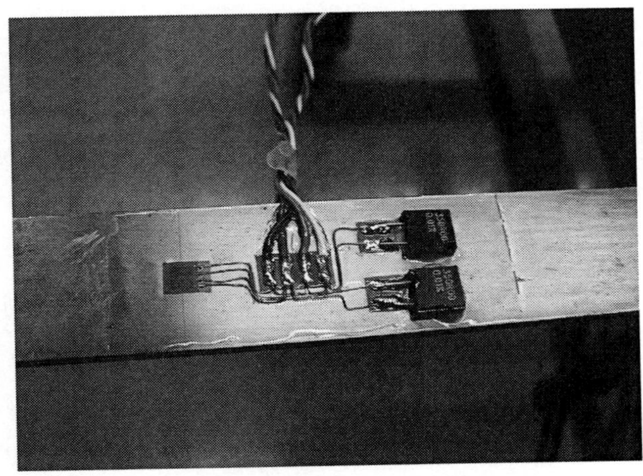

그림 11.39 민감도가 향상된 브리지 회로. Z_1과 Z_4(좌측)는 스트레인게이지로서, 보요소에서 발생하는 변형률을 측정하며, Z_2와 Z_3(우측)는 저항으로서 브리지의 평형상태를 만들어준다.

여기서 주의할 점은 이 구조를 사용하여 민감도를 증가시키는 과정에서 온도변화에 대한 민감도 역시 두 배로 증가한다는 것이다. 더 어려운 점은 온도보상에 일반적으로 사용되는 방법인 두 개의 동일한 센서들 중 하나를 측정에 사용하지 않는 방법을 사용할 수 없다는 것이다. 이 방법을 사용하기 위해서는 브리지를 구성하는 네 개의 요소들을 모두 센서(위의 사례에서는 네 개의 동일한 스트레인게이지들)로 구성해야 한다. 이런 경우에는 Z_1과 Z_4는 변형률을 측정하며, Z_2와 Z_3는 4개의 센서에 모두 동일하게 작용하는 온도만을 측정한다.

로드셀에서 자주 사용되는 더 민감한 방법에서는 4개의 동일한 센서들을 사용하며, 브리지를 구성하는 네 개의 센서들 모두의 저항값이 변화한다. 이 구조는 단일 센서의 경우보다 민감도가 네 배 더 클 뿐만 아니라(문제 11.41 참조) 온도보상이 가능하다. 모든 센서들이 온도에 대해서 동일한 변화가 발생하기 때문에 온도에 의해서 브리지의 출력이 변하지 않는다.

예제 11.12 센서의 온도변화 보상

예제 6.2에서는 온도가 변화하는 환경에 노출된 백금소재 스트레인게이지(20[°C]에서 350[Ω])에서 발생하는 온도영향을 계산하였다. 계산결과는 다음과 같다: 기준온도(20[°C])에서 스트레인게이지의 저항값은 350[Ω]이며, 변형률이 2%인 경우의 저항값은 412.3[Ω]이다. 온도가 −50[°C]에서 800[°C]까지 변함에 따라서, 변형이 부가되지 않은 스트레인게이지의 저항값은 255.675[Ω]에서 1,401.05[Ω]까지 변하는 반면에, 2%의 변형률이 부가된 경우의 저항값은 301.185[Ω]에서 1,650.44[Ω]까지 변한다.

(a) 브리지 회로를 사용하여 온도의 영향을 보상하는 방안에 대해서 설명하시오.

(b) 만일 브리지 회로가 올바르게 설치되었다면, 출력전압이 온도의 영향을 받지 않는다는 것을 증명하시오.

(c) 이 브리지 회로에 기준전압으로 10[V]가 부가되었을 때에, 0~2%의 변형률에 대한 브리지 회로의 출력을 계산하시오.

풀이

(a) 온도의 영향을 보상하기 위해서는 Z_1과 Z_2에 동일한 스트레인게이지(20[°C]에서 350[Ω])를 사용해야 한다. Z_1은 측정용 게이지이며, Z_2는 Z_1과 동일한 위치에 설치되지만 응력이 부가되지는 않는다. 이를 통해서 두 센서들이 동일한 온도변화에 노출된다. Z_3와 Z_4에는 저항값이 350[Ω]인 저항을 사용한다. 때로는 이들에도 Z_1 및 Z_2와 동일한 스트레인게이지를 사용할 수 있다. 이 저항들은 서로 동일한 성질을 가지고 있어서 스스로 온도변화에 의한 오차를 만들어내지 않는다고 가정한다.
주의: Z_1과 Z_2는 동일한 온도(변형률을 측정하는 위치의 온도)여야만 한다. Z_3와 Z_4는 일반적으로 Z_1과 Z_2와 동일한 온도일 필요가 없으므로 상온환경에 놓이지만, 오차를 최소화하기 위해서는 이

들도 동일한 온도에 노출시켜 놓는다. **그림 11.40**에서는 브리지 회로의 구조를 보여주고 있다.

(b) 온도가 아무런 영향을 끼치지 않는다는 것을 규명할 가장 좋은 방법은 식 (6.7)에 주어진 스트레인게이지의 일반식을 식 (11.31)에 대입하는 것이다. 변형률과 온도에 노출된 스트레인게이지의 저항값(식 (6.7))은 다음과 같이 주어진다.

$$R(\varepsilon, T) = R(1+g\varepsilon)(1+\alpha[T-T_0])\ [\Omega]$$

위의 스트레인게이지가 온도변화에만 노출되었다면,

$$R(\varepsilon, T) = R(1+\alpha[T-T_0])\ [\Omega]$$

여기서 ε은 부가된 변형률이며, g는 게이지율, T_0는 기준온도, T는 측정온도, 그리고 R은 온도 T_0에서의 저항값이다. 브리지를 구성하는 네 개의 저항들은 다음과 같다.

$$Z_1 = R(1+g\varepsilon)(1+\alpha[T-T_0])\ [\Omega]$$
$$Z_2 = R(1+\alpha[T-T_0])\ [\Omega]$$
$$Z_3 = R\ [\Omega]$$
$$Z_4 = R\ [\Omega]$$

이를 식 (11.31)에 대입하면 다음을 얻을 수 있다.

$$V_o = V_{ref}\left(\frac{R(1+g\varepsilon)(1+\alpha[T-T_0])}{R(1+g\varepsilon)(1+\alpha[T-T_0])+R(1+\alpha[T-T_0])} - \frac{R}{R+R}\right)$$
$$= V_{ref}\left(\frac{1+g\varepsilon}{2+g\varepsilon} - \frac{1}{2}\right)\ [V]$$

위 식을 통해서 온도의 영향이 제거되었다는 것을 명확히 알 수 있다.

(c) 변형률 변화범위에 대해서 다음과 같이 출력값들을 계산할 수 있다.
변형률이 부가되지 않은 경우(변형률 0):
$-50[°C]$에서는 $Z_1 = 255.675[\Omega]$, $Z_2 = 255.675[\Omega]$, $Z_3 = 350[\Omega]$, $Z_4 = 350[\Omega]$이다. 따라서 브리지 회로는 평형상태를 유지하며 출력전압은 $0[V]$이다.
$800[°C]$에서는 $Z_1 = 1{,}401.05[\Omega]$, $Z_2 = 1{,}401.05[\Omega]$, $Z_3 = 350[\Omega]$, $Z_4 = 350[\Omega]$이다. 따라서 브리지 회로는 평형상태를 유지하며 출력전압은 $0[V]$이다.
변형률이 부가된 경우(변형률 2%):
$-50[°C]$에서는 $Z_1 = 301.185[\Omega]$, $Z_2 = 255.675[\Omega]$, $Z_3 = 350[\Omega]$, $Z_4 = 350[\Omega]$이다. 따라서 브리지는 불평형상태이며, 출력전압은 다음과 같이 계산된다.

$$V_o = 10\times\left(\frac{301.185}{301.185+255.675} - \frac{350}{350+350}\right)$$

$$= 10 \times (0.54086 - 0.5) = 0.4086[V]$$

800[°C]에서는 $Z_1 = 1{,}650.44[\Omega]$, $Z_2 = 1{,}401.05[\Omega]$, $Z_3 = 350[\Omega]$, $Z_4 = 350[\Omega]$이다. 따라서 브리지는 불평형상태이며, 출력전압은 다음과 같이 계산된다.

$$V_o = 10 \times \left(\frac{1{,}650.44}{1{,}650.44 + 1{,}401.05} - \frac{350}{350 + 350}\right)$$
$$= 10 \times (0.54086 - 0.5) = 0.4086[V]$$

예상했던 것처럼, 출력전압은 온도의 영향을 받지 않으며, 변형률에만 의존한다는 것을 알 수 있다. 브리지의 출력전압은 변형률이 0일 때에 0[V]에서부터 변형률이 2%일 때에 0.4086[V]까지 변한다. 이 출력을 사용하기 전에 증폭이 필요할 것이지만, 온도의 영향을 받지 않는다.

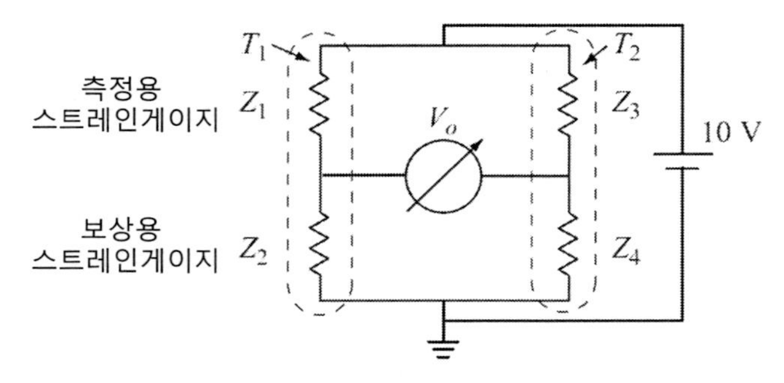

그림 11.40 브리지 회로의 온도보상 방법

여기서 살펴본 방법들은 온도와 같은 공통모드 효과들의 보상에 효과적이다. 그런데 이들은 온도에 따른 V_{ref} 전압의 변화와 같은 센서 이외의 인자들에 의해서 발생하는 오차들을 보상하지 못한다. 식 (11.31)과 이를 사용한 **예제 11.12**에서 알 수 있듯이, 브리지에 부가되는 V_{ref} 전압의 변화는 곧장 출력변화를 초래한다. 브리지 자체의 구조를 사용하여 이를 보상해야만 한다. 이를 보상할 수 있는 다양한 기법들이 존재하지만, 이는 이 책의 범주를 넘어서는 일이다(**예제 11.16** 참조). 일반적으로는 브리지 자체가 제대로 보상되어 있다고 가정한다.

11.6.2 브리지출력

브리지로부터의 출력전압은 비교적 작은 값을 갖는다. 예를 들어, 온도를 측정하기 위해서 5[V] 전압원과 (0[°C]에서) $Z_4 = 500[\Omega]$인 서미스터가 사용되었다고 하자. 나머지 세 개의 저항들을 500[Ω]으로 사용하면, 이 브리지는 0[°C]에서 평형상태를 유지한다. 이 상태에서 출력전압은 0[V]가 된다. 온도가 100[°C]로 상승하면 서미스터의 저항은 400[Ω]으로 감소한다. 이로 인하여 브리지 회로의 출력전압은 다음과 같이 변한다.

$$V_o = 5\left(\frac{500}{500+500} - \frac{400}{500+400}\right) = 0.277[V]$$

대부분의 센서들은 임피던스 변화가 훨씬 더 작으므로 신호의 증폭이 필요하다. 11.2절에서 살펴보았던 연산증폭기들은 이런 목적에 이상적이다. **그림 11.41**에는 브리지 회로에 연결할 수 있는 두 가지 유형의 연산증폭기 회로들이 도시되어 있다. **그림 11.41** (a)에서는 브리지 회로의 두 출력전압이 연산증폭기의 반전입력단과 비반전입력단에 직접 연결되어 있다. 만일 센서의 저항값이 $R_x = R_0(1+\alpha)$만큼 변한다면, 브리지 회로의 출력전압은 다음과 같이 변한다.

$$V_{out} \approx V_{ref}\frac{(1+n)V\alpha}{4} \ [V] \qquad (11.38)$$

이 회로는 $(1+n)$배의 신호증폭을 수행하지만, 브리지 전압의 플로팅이 요구된다(즉, 브리지로 공급되는 전원은 증폭기 전원과 분리되어야만 한다). **그림 11.41** (b)에 도시된 브리지 회로와 증폭기는 증폭을 수행하지 않으며, 귀환루프에 센서가 배치되어 있다. 이를 **능동형 브리지**라고 부르며, 출력전압은 다음과 같이 주어진다.

$$V_{out} = V + \frac{\alpha}{2} \ [V] \qquad (11.39)$$

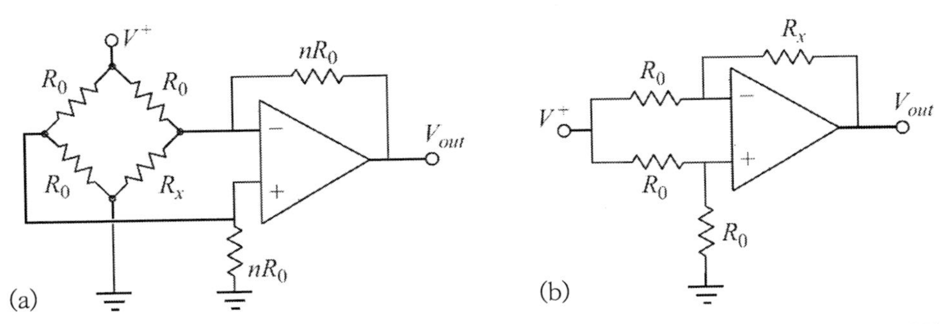

그림 11.41 브리지 회로의 증폭. (a) 연산증폭기를 사용한 브리지 회로의 출력신호 증폭. (b) 능동형 브리지회로. 브리지 구성요소들이 증폭기의 귀환요소로 사용되었다.

예제 11.13 **연결선의 저항과 온도 변화가 연결선과 출력전압에 끼치는 영향을 저감하기 위한 브리지회로의 구조**

저항형 온도검출기(RTD)나 여타의 저항형 센서들을 사용하는 과정에서 접하게 되는 문제들 중 하나가 연결선의 저항값이 온도에 따라서 변한다는 것이다. 일부 센서의 경우에는 이것이 문제가 되지 않지만, 저항값이 비교적 작은 저항형 온도검출기(RTD)의 경우에는 이런 저항값의 변화가 큰 오차를 초래한다. 이런 문제를 해결하기 위해서 그림 3.3 (b)에 도시된 것과 같은 구조의 3선식 구조를 사용한다. 그림 11.42에서는 이 **3선식 센서**를 브리지에 연결한 구조를 보여주고 있다. 브리지를 구성하는 소자들의 저항값은 $R_1 = R_2 = R_3 = R(0)$가 되도록 선정한다. 여기서 $R(0)$는 기준온도(일반적으로 0[°C])에서 저항형 온도검출기(RTD)의 저항값이다. 그리고 3개의 연결선들은 길이가 서로 같아서, 도선저항 R_l도 서로 동일하다고 가정한다.

(a) 브리지 측정을 통해서 연결선의 온도변화 영향을 줄일 수는 있지만 완전히 없앨 수는 없다는 것을 증명하시오.

(b) 3선식 RTD 구조에서는 A–A 점들 사이의 연결선 저항을 별도로 측정할 수 있으면, 연결선 저항과 온도변화가 끼치는 영향을 제거할 수 있다는 것을 증명하시오.

풀이

(a) 브리지 회로의 출력은 다음과 같이 계산된다.

$$V_a = \frac{V_{ref}}{2}[V]$$

$$V_b = \frac{V_{ref}}{R(0) + (R(0) + \Delta R) + 2(R_l + \Delta R_l)}[R(0) + \Delta R + R_l + \Delta R_l]$$

$$= \frac{V_{ref}}{2R(0) + 2R_l + 2\Delta R_l + \Delta R}[(R(0) + R_l + \Delta R_l) + \Delta R] \ [V]$$

이를 다음과 같이 정리하면,

$$V_b = \frac{V_{ref}[R(0) + R_l + \Delta R_l]}{2R(0) + 2R_l + 2\Delta R_l + \Delta R} + \frac{V_{ref}\Delta R}{2R(0) + 2R_l + 2\Delta R_l + \Delta R} \ [V]$$

여기서 R_l은 연결선의 저항(매우 작음), ΔR_l은 대기온도의 변화에 의한 연결선 저항의 변화량, 그리고 ΔR은 저항형 온도검출기(RTD)의 저항값 변화량이다.
위 식의 첫 번째 항은 대략적으로 $V_{ref}/2$와 같다($\Delta R = 0$인 기준온도에서는 정확히 $V_{ref}/2$와 같다). 따라서 V_{ba}는 다음과 같이 계산된다.

$$V_{ba} = V_b - V_a = \frac{V_{ref}\Delta R}{2R(0) + 2R_l + 2\Delta R_l + \Delta R} \ [V]$$

여기에 수치값을 넣어 보기로 하자. RTD의 공칭저항값 $R_0 = 120[\Omega]$이며, $\Delta R = 10[\Omega]$이라고 가정한다. 각 연결선들의 저항은 $1[\Omega]$이며, 온도변화에 의해서 연결선 저항은 $0.1[\Omega]$만큼 변하며, 기준

전압으로는 10[V]를 사용한다면,

$$V_{ba} = \frac{10 \times 10}{240 + 2 + 0.2 + 10} = 0.39651[V]$$

만일 연결선의 저항이 0[Ω]이라면,

$$V_{ba} = \frac{10 \times 10}{240 + 10} = 0.4[V]$$

오차율을 계산해보면, $(0.4 - 0.39651)/0.4 = 0.008725$ 또는 0.8725%이다.
브리지 대신에 2선 연결방식을 사용했다면 측정된 총저항값은 122.2[Ω]이 되었을 것이며, 오차는 $2.2/120 = 0.01833$ 또는 1.833%가 되었을 것이다. 3선식 연결법은 연결선의 저항이 끼치는 영향을 완전히 제거할 수는 없지만, 이를 줄일 수는 있다는 점이 명확하다. 이 사례에서는 오차가 2.1배만큼 감소했다는 것을 알 수 있다.

(b) 만일 A-A라고 표기되어 있는 두 연결점들 사이의 저항을 (브리지 측정이나 여타의 방법을 사용하여) 별도로 측정할 수 있다면, V_{ba}를 나타내는 일반식의 분모에 사용되는 총저항에서 이를 차감할 수 있을 것이다. A-A 사이에서 측정된 저항값에는 연결선의 온도 영향값도 포함되어 있으며, $2R_l + 2\Delta R_l$과 같다. 이 저항값을 차감하고 나면, 브리지 회로의 출력전압은 다음과 같이 정리된다.

$$V_{ba} = V_b - V_a = \frac{V_{ref}\Delta R}{2R(0) + \Delta R} \ [V]$$

의의 식에서는 연결선 저항의 영향이 완전히 제거되었다는 것을 알 수 있다.
주의: 연결선 저항의 영향이 제거된 저항들은 바닥과 상부의 저항들이며, 별도로 연결선 저항을 측정할 때에는 두 개의 상부 저항들에 대한 값이 측정된다. 따라서 세 개의 연결선들이 동일한 길이여야만 하며, 그렇지 않다면 연결선 저항에 의한 영향은 부분적으로 제거될 뿐이다. 이 방법은 저항형 온도검출기(RTD)의 배선의 보상에 가장 일반적으로 사용되는 방법으로서, 길이가 매우 긴 연결선의 경우에도 적용할 수 있다.

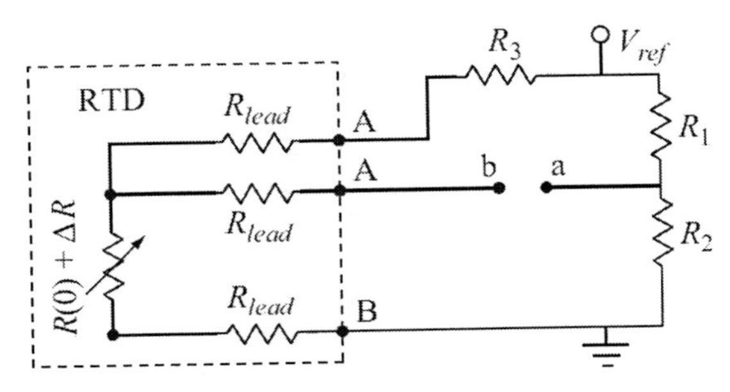

그림 11.42 브리지 구조에 연결되어 있는 3선식 RTD

11.7 데이터전송

센서에서 제어기로, 또는 제어기에서 작동기로 데이터를 전송하기 위해서 다양한 방법을 사용한다. 만일 수동형 센서가 사용된다면 전압이나 전류와 같은 형태가 사용된다. 일반적으로는 이 출력을 직접 측정하여 판독할 수 있다. 정전용량형 센서나 유도형 센서와 같은 여타의 경우에는 전압이나 전류 대신에 자극에 비례하는 주파수를 송출하는 발진기를 센서로 사용하기 때문에 상황이 훨씬 더 복잡하다. 그리고 가장 중요한 점은 많은 경우 센서가 멀리 떨어져 설치된다는 것이다. 전압이나 전류를 직접 측정한다거나 센서가 (발진기 내에서) 회로의 일부분으로 사용되는 경우는 극히 일부분에 불과하다. 이런 경우에는 센서의 출력을 현장에서 처리한 결과를 제어기로 송신할 필요가 있다. 제어기는 수신한 데이터를 해독하여 필요한 형태로 변환시킨다. 이상적인 송신방법은 센서의 출력을 센서 위치에서 디지털 값으로 변환시킨 다음에 이 디지털 데이터를 제어기로 송신하는 것이다. 이 방법은 신호처리에 필요한 전력을 별도로 갖추고 있는 스마트센서에서 자주 사용된다. 대부분의 경우, 이런 유형의 센서들은 별도의 마이크로프로세서를 갖추고 있으며, 전력을 제어기로부터 공급받거나 기판 설치형 전지 또는 별도의 전원을 갖추고 있다. 디지털 데이터를 일반적인 신호선을 통하거나 무선방식으로 전송한다. 디지털 데이터는 신호의 오염 확률이 매우 낮기 때문에 명확하며 매우 유용한 방법이다.

그런데 대부분의 센서들은 아날로그 방식이며, 이들의 출력을 변환 및 활용하기 위해서는 궁극적으로 디지털 형태로 변환해야 하지만 센서단에 별도의 전원을 공급하는 것이 항상 가능하지는 않다. 이는 고온 환경과 같은 작동조건이나 비용 때문이다. 예를 들어, 자동차의 경우, 시스템을 경제적으로 구현하기 위해서 수많은 센서와 작동기들이 하나의 중앙처리장치의 통제를 받도록 만든다. 만일 중앙처리장치가 모든 센서와 작동기들의 신호처리를 수행하지 않는다면, 각 센서들마다 별도의 전원과 데이터를 이산화하기 위한 전자회로를 설치해야 한다(실제의 경우, 안전상의 이유 때문에 일부 센서들이나 센서 그룹들이 독립적인 전원들 갖추고 있다). 또 다른 경우, 자동차에 설치되는 산소센서와 같은 사례에서는 센서가 반도체의 작동온도범위를 넘어서는 고온에 노출되므로 전자회로를 센서에 직접 설치할 수 없다. 이런 경우에는 아날로그 신호를 직접 제어기로 전송해야만 한다. 이런 목적으로 수많은 방법들이 개발되었다. 지금부터 저항형 센서나 수동형 센서에 적용하기에 적합한 세 가지 방법들에 대해서 살펴보기로 한다.

11.7.1 4선식 전송방법

서미스터나 압저항 센서와 같이 저항값이 변하는 센서의 경우에는 외부전원을 공급하여 센서 양단에서 발생하는 전위치를 측정해야 한다. 만일 전원이 원격 위치에서 연결된다면, 연결선의 저항에 의해서 전류값이 변하기 때문에 측정오차가 발생하게 된다. 이를 피하기 위해서 **그림 11.43**에 도시된 **4선식 전송방법**을 사용할 수 있다. 이 사례에서 센서는 한 쌍의 도선을 통해서 전류원으로부터 전류 I를 공급받는다. 전류원의 내부 임피던스는 매우 높기 때문에 이 전류값은 항상 일정하다. 따라서 센서 양단의 전위차는 연결선의 길이와 그에 따른 저항값에는 무관하며, 센서 자체의 저항값에만 의존한다. 연결선의 두 번째 쌍은 임피던스가 매우 커서 (이상적으로는) 전류가 흐르지 않는 전압계에 연결되어 있어서 매우 정확하게 센서 양단의 전압을 측정할 수 있다. 이 방법은 저항형 센서의 데이터 전송에 일반적으로 사용된다. 홀요소 기반의 센서들에서도 이와 매우 유사한 방법이 사용된다. 이 경우에는 전류원에 연결된 한 쌍의 연결선으로 편향전류를 공급하며, 다른 한 쌍의 연결선으로 홀전압을 측정한다.

예제 11.14 저항형 온도검출기(RTD)의 오차소거

도선형 RTD는 전형적으로 저항값이 25~100[Ω]에 불과할 정도로 작은 값을 가지고 있다. 이를 측정용 회로에 연결하기 위해서 연결선이 사용된다. (일반적으로 구리소재로 제작된) 이 연결선은 저항값을 가지고 있으며, 이 저항값은 온도에 따라 변하기 때문에 측정오차가 발생한다. 이런 문제를 해결하기 위해서 일부의 RTD에는 4개의 선들이 연결되어 있다(그림 3.3 (c) 참조). **그림 11.43**과 같은 연결을 통해서 도선들의 길이가 서로 다른 경우를 포함하여 도선에서 발생하는 모든 오차들을 제거할 수 있다. R_x는 측정온도에서 RTD의 저항값인 반면에 R은 연결용 전선의 저항값을 나타낸다. 전압계는 RTD 양단의 전위차이를 읽어내며, 내부 임피던스는 무한대라고 가정한다. 실제로는 내부저항이 수 [$M\Omega$] 정도이지만 RTD의 저항값은 매우 작기 때문에 거의 오차 없이 측정할 수 있다. 전압측정 시 발생하는 오차를 없애기 위해서는 전류원이 가능한 한 일정하게 유지되어야만 한다. 만일 전류 I가 x%만큼 변하면, R_x에 대한 측정결과도 x%만큼 변하기 때문에, 온도측정 결과에도 x%만큼의 오차가 발생하게 된다.

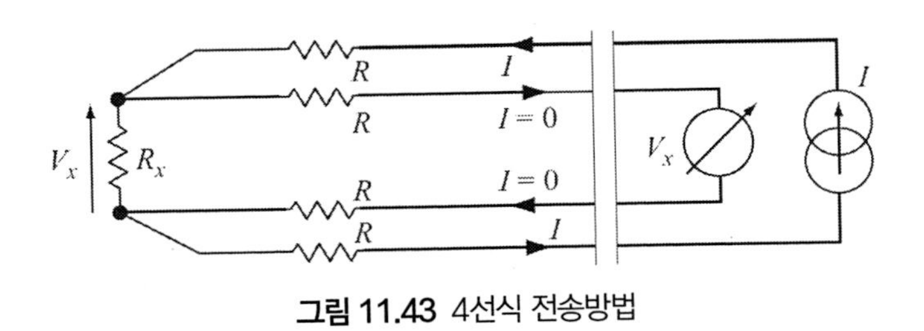

그림 11.43 4선식 전송방법

11.7.2 수동식 센서의 2선식 전송방법

열전대와 같이 출력으로 직류전압을 송출하는 수동식 센서의 경우에는 측정과정에서 전류가 거의 흐르지 않기 때문에, 한 쌍의 도선만을 사용하여 먼 거리에서 전압을 측정할 수 있다. 대부분의 경우, 도선의 노이즈 유입이 작은 한 쌍의 꼬인 도선을 사용한다. 하지만 임피던스가 큰 센서의 경우에는 2선 연결이 가지고 있는 본질적인 노이즈 때문에 2선식 측정방법을 사용하는 것이 위험하다.

11.7.3 능동식 센서의 2선식 전송방법

센서(와 작동기)에서는 $4 \sim 20[mA]$ 전류루프를 사용하는 방식이 표준화되어 있으며, 일반적으로 사용된다. 간단히 설명하면, **그림 11.44**에 도시되어 있는 구조를 사용하여 센서의 출력을 $4[mA]$(최소자극에 해당하는 값)에서 $20[mA]$(최대자극에 해당하는 값)까지 변하는 전류루프로 변환하는 방식이다. 따라서 센서의 출력을 이 산업표준에 맞춰서 변환시켜야 하며, 이를 위해서는 추가적인 회로가 필요하다. 많은 센서들이 이 표준에 따라서 제작되었으며, 이들은 단지 두 도선들만 연결하면 된다. 전원은 부하저항과 송신부 저항에 의존하지만 $12 \sim 48[V]$의 범위를 가지고 있다. 인터페이스 회로에는 최소 및 최대출력에 해당하는 $4[mA]$와 $20[mA]$의 전류를 송출할 수 있는 수단이 포함되며, **그림 11.44**에서는 이들을 두 개의 가변저항으로 표시하고 있다. 연결선을 통하여 전송된 전류는 연결선의 길이나 저항값과는 무관하다. 제어기 내부에 설치되어 있는 부하저항 양단에서 측정된 전압값을 측정하여 필요한 측정값을 검출할 수 있다. 대부분의 센서들에는 $4[mA]$에서 $20[mA]$ 사이의 전류루프를 구성할 수 있는 적절한 회로가 구비되어 있다.

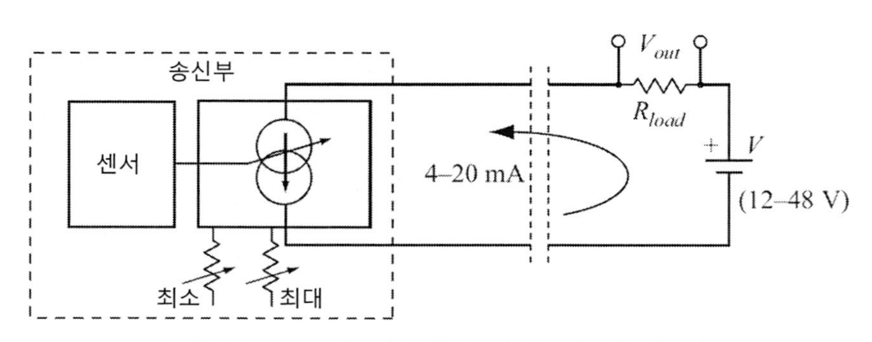

그림 11.44 $4 \sim 20[mA]$의 전류루프를 사용한 데이터 전송

예제 11.15 **4~20$[mA]$의 전류루프**

공기압력을 원격으로 측정하기 위해서 압력센서가 사용된다. 압력 측정범위는 750$[mbar]$(75$[kPa]$)에서 1,200$[mbar]$(120$[kPa]$)이다(지표상에서 측정된 가장 낮은 압력은 미국에서 토네이도가 발생했을 때에 측정된 850$[mbar]$이며, 가장 높은 압력은 몽고에서 측정된 1,086$[mbar]$이다). 압력센서는 4~20$[mA]$ 루프를 구성하도록 설치되었다. 이 루프가 올바르게 교정되었다면, 470$[\Omega]$의 부하저항(그림 11.44) 양단에서 측정된 전압 V_{out}의 범위는 얼마이겠는가?

풀이

교정을 통해서 최소압력에서 4$[mA]$의 전류가 송출되며, 최대압력에서 20$[mA]$의 전류가 송출되도록 조절되었다.

그러므로 출력전압의 범위는 $V_{\min} = 4 \times 10^{-3} \times 470 = 1.88[V]$이며, $V_{\max} = 20 \times 10^{-3} \times 470 = 9.4[V]$이다. 이는 표준 측정 장비를 사용하기에 알맞게 설계된 스케일이다.

주의: 4~20$[mA]$ 루프를 구현하기 위한 실제의 설계는 센서의 전달함수를 고려해야만 하기 때문에 센서에 의존적이며 훨씬 더 복잡하다. 특히 산업용 센서(와 작동기)는 전형적으로 4~20$[mA]$ 루프를 옵션 사양으로 제공하고 있다.

데이터 전송에 사용할 수 있는 또 다른 방법이 있다. 예를 들어, 앞서 4선식 브리지 회로를 6선식으로 대체하는 경우 추가된 두 개의 도선들을 사용하면 브리지 자체에 부가되는 전압을 측정(예제 11.16 참조)하여 브리지에 부가되는 실제의 기준전압에 대한 교정을 시행할 수 있으며, 이를 통해서 연결도선의 저항이 출력에 끼치는 영향을 소거할 수 있다.

예제 11.16 **브리지 회로의 전원전압 변화에 다른 보상오차**

특히 브리지의 임피던스가 낮으며, 이로 인하여 비교적 큰 전류를 브리지에 공급해야 하는 경우 브리지에 기준전압을 공급하는 연결도선의 길이가 길어서 발생하는 오차를 저감하기 위해서는 6선식 연결구조가 필요다. 로드셀을 사용해서 힘을 측정하는 경우에 대해서 살펴보기로 하자. 그림 11.45에 도시되어 있는 것처럼, 로드셀은 4개의 스트레인게이지를 사용하는데, 이들 중 두 개는 압축 변형률을, 그리고 나머지 두 개는 인장변형률을 측정한다(R_1과 R_3는 인장, 그리고 R_2와 R_4는 압축, 6.3.4절과 그림 6.11도 참조). 스트레인게이지는 임피던스가 작은 소자이다. 여기서는 변형이 없는 경우에 저항값이 120$[\Omega]$이며, 게이지율은 2.5인 일반적인 스트레인게이지가 사용되었다고 가정한다.

(a) 기준전압은 6$[V]$이며 도선 길이는 100$[m]$인 경우에 대해서 그림 11.45 (a)에 도시되어 있는 4선식 구조를 사용하였을 때에 발생하는 오차를 계산하시오. 모든 도선들의 저항은 0.25$[\Omega/m]$이며, 길이가 서로 동일하다고 가정한다. 사용된 스트레인게이지는 선형특성을 가지고 있어서 측정된 부하에

대해서 인장력을 받는 게이지는 $+3\%$, 압축력을 받는 게이지는 -3%의 변형률이 발생하였다고 가정한다. 측정의 선형성을 보장받기 위해서, 압축력을 받는 게이지에는 $+3\%$의 (인장)변형률을 미리 부가하였다. 즉, 무부하 상태에서 인장 스트레인게이지의 변형률은 0인 반면에, 압축 스트레인 게이지의 변형률은 $+3\%$이다.

(b) 그림 11.45 (b)에 도시되어 있는 6선식 구조를 사용하여 (a)의 측정을 수행하였을 때에 브리지 출력이 연결용 도선의 길이에 영향을 받지 않는다는 것을 증명하시오.

풀이

우선, 브리지 회로를 구성하는 네 개의 다리들의 저항값들을 계산하여야 한다.
인장 변형된 게이지의 경우, 변형률은 3%이다. 식 (6.5)로부터,

$$R_1 = R_3 = 120 \times (1 + 2.5 \times 0.03) = 129[\Omega]$$

압축 변형된 게이지의 경우에는 변형률이 0이다.

$$R_2 = R_4 = 120[\Omega]$$

(a) 주어진 조건하에서 브리지의 출력전압은 다음과 같이 계산된다.

$$\begin{aligned} V_o &= V_{ref}\left(\frac{R_3}{R_3 + R_4} - \frac{R_2}{R_1 + R_2}\right) = V_{ref}\left(\frac{129}{129 + 120} - \frac{120}{129 - 120}\right) \\ &= V_{ref}(0.518 - 0.482) = 0.036 \times V_{ref}[V] \end{aligned}$$

원격위치에 설치되어 있는 계측기를 사용하여 측정할 수 있는 기준전압은 전원전압($6[V]$)이므로, 예상되는 출력전압은 $0.036 \times 6 = 0.216[V]$이다. 계측기는 이 전압만을 측정할 수 있기 때문에, 이 값은 계측기에서 측정할 것으로 기대되는 전압(즉, 교정출력)이다.
하지만 실제로 브리지에 공급되는 전압은 도선저항 때문에 다음과 같이 변해버린다.

$$\begin{aligned} V_{ref} &= \frac{V_s}{R_b + 2R_{line}} \times R_b \\ &= \frac{6}{\frac{120 + 129}{2} + 2 \times 0.25 \times 100} \times \frac{120 + 129}{2} = 4.2808[V] \end{aligned}$$

여기서 R_b는 두 개의 다리들이 병렬로 연결되어 있는 브리지의 저항값이다. 그러므로 원격위치에 설치되어 있는 전압계를 사용하여 측정된 실제 전압은 다음과 같이 변해버린다.

$$V_o = V_{ref}\left(\frac{R_3}{R_3 + R_4} - \frac{R_2}{R_1 + R_2}\right)$$

$$= 4.2808 \times \left(\frac{129}{129+120} - \frac{120}{129+120} \right) = 0.03614 \times 4.2808 = 0.1541[V]$$

측정된 전압은 기댓값보다 더 낮으며, 오차는

$$\frac{0.1541 - 0.216}{0.216} = -0.286$$

또는 −28.6%에 달한다.

(b) 6서식 브리지의 경우에는 측정용 계측기에서 측정된 기준전압이 4.28[V]이다. 따라서 교정출력은 0.154[V]이며, 이는 전압계에서 측정하는 전압과 정확히 일치한다. 따라서 전원연결용 도선의 저항에 의한 오차가 소거되어버린다.

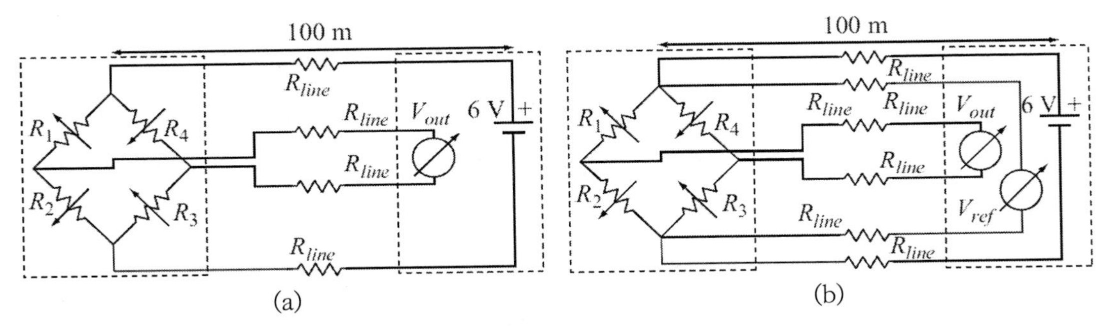

그림 11.45 (a) 4선식 방법. (b) 6선식 방법. 저항에 표시되어 있는 상향 화살표는 인장, 하향 화살표는 압축을 나타낸다.

작동기를 사용하는 경우에는 작동기로 전력을 공급하는 방법이 단 두 가지뿐이다. 첫 번째는 작동기를 전력을 공급하는 전원과 가깝게 설치하는 것이다. 즉, 연결용 전선이 매우 짧아야만 한다. 이는 일부의 경우에만 가능하다(오디오용 스피커, 제어용 모터 및 프린터 등). 여타의 경우에는 이를 구현하기가 불가능하며, 작동기가 원격위치에 설치된다(공장에 설치된 로봇 등). 이런 경우에는 앞서 데이터를 전송하기 위해서 사용했던 방법들 중에 하나를 사용해야 하며, 작동기 위치에서는 전력을 생성하거나 스위칭 하여야 한다. 즉, 제어기는 전력레벨이나 타이밍과 같은 작동명령을 보내며, 작동기가 설치된 원격 위치에서는 이를 실행하여 필요한 전력을 공급한다. 이런 명령들은 대부분 양측에 설치되어 있는 마이크로프로세서를 사용하여 디지털 방식으로 수행된다.

11.7.4 디지털 데이터 전송용 규약과 버스

센서와 프로세서 사이, 또는 프로세서와 작동기 사이에서 디지털 데이터를 전송하기 위해서는 수많은 데이터 규약들 중에서 하나를 사용하여야 한다. 이 규약들은 인터페이스를 정의하는 표준을 기반으로 하기 때문에, 서로 다른 전원을 사용하는 장치들 사이의 상호통신이 가능하다. 이런 목적으로 사용할 수 있는 **통신규약**에는 일반적인 직렬 인터페이스(RS232), 범용 직렬 버스(USB) 인터페이스, 병렬 인터페이스(IEEE 1284 인터페이스), 제어기 영역 네트워크(CAN) 인터페이스, 직렬 주변 인터페이스(SPI), 범용 비동기 송수신(UART) 인터페이스, 2선식 인터페이스(I^2C) 등이 있다. 이 규약들은 다수의 장치들을 하나의 버스, 즉 한 세트의 연결도선에 연결하여 통신할 수 있도록 설계되었다. 버스에 사용되는 도선의 숫자는 다양하며 통신규약에 의존한다. 예를 들어, USB 는 4개의 도선을 사용하는데, 이들 중 두 개는 전원용이며, 나머지 두 개는 데이터용이다. 병렬식 버스는 훨씬 더 많은 수의 도선을 사용하며, 전형적으로 최소 10개의 도선을 사용한다. 일부의 버스들은 특화되어 있으며, 대부분은 일반화되어 있다. 예를 들어, CAN 인터페이스는 노이즈 둔감성의 강화가 필요한 차량 내 상태를 고려하여 특수하게 설계된 인터페이스이다. 이 인터페이스의 장점들 중 하나는 어떤 통신규약에 맞춰 데이터를 만들어내기 위해서 설계된 전자장치와, 이를 다른 통신규약으로 변환하는 전자장치를 자유롭게 사용할 수 있다는 것이다. 인터페이스를 구비한 센서 및 작동기들을 구매할 수 있으며, 제어기와의 인터페이스를 구성할 수 있는 가장 빠르고 가장 견실한 방법이다.

I^2C 와 **단선식 규약**은 센서에서 특히 관심을 받는다. I^2C 규약은 다수의 장치들을 2개의 도선에 연결할 수 있다. 단선식 통신규약은 센서를 포함한 많은 장치들에서 매우 일반적으로 사용되고 있다. 이 규약의 경우, 장치에 공급되는 전력과 입출력되는 데이터들이 한 쌍의 도선을 통과하며, 길이가 긴 도선을 사용하여 측정이 시행되는 경우에 효과적이며 경제적인 방법이다. 이 방식에서 실제로는 2개의 연결용 도선이 사용되기 때문에, 단선식이라는 용어는 오해의 소지가 있다. 단선식이라는 뜻은 하나의 도선과 접지선 또는 두 개의 도선이 두 가지 기능(전력공급과 데이터 송수신)을 수행한다는 것을 의미한다.

11.8 가진방법과 회로

센서와 작동기들에는 AC 나 DC 전원이 연결되어 전력이 공급된다. 첫 번째이며, 가장 중요한 **가진방법**은 전원공급회로를 사용하는 것이다. 많은 센서들이 전지에 의해서 전력을 공급받지만, 여타의 경우에는 전압조절식 또는 전압 비조절식 전원을 통해서 유선방식으로 전력을 공급받는다. 이외에도 이전의 장들에서는 전류원을 사용하는 경우(홀소자)나 AC 전원을 사용하는 경우(LVDT)를 살펴보았다. 이 회로들은 센서의 출력과 성능(정확도, 민감도, 노이즈 등)에 영향을 끼치므로, 센서와 작동기의 전반적인 성능에 통합되어야 한다.

센서와 작동기의 전력공급에 자주 사용되는 전지를 제외하면, 사용 가능한 전원은 일반적으로 두 가지 유형으로 구분된다. 첫 번째는 선형 전원이며, 두 번째는 스위칭 전원이다. 이외에도 하나의 전압을 다른 전압으로 변환시키기 위해서 전원을 사용하는 회로의 일부분으로 DC-DC 변환기가 사용된다. 인버터는 DC 전원으로부터 AC 전력을 만들어내며, 일부 작동기의 전원장치로 사용된다.

11.8.1 선형전력공급장치

그림 11.46에는 **선형전력공급장치**가 도시되어 있다. 이 장치는 송전망으로부터 공급되는 AC 전원을 사용하며, 이 전압을 필요한 수준으로 낮추는 수단(변압기)이 포함된다. 변압기 뒤에는 AC 전원으로부터 DC 전압을 생성하는 정류기가 연결된다. 이 (맥동)전압을 필터링한 다음에 조절하여 최종적으로 필요한 직류전압을 만들어낸다. 최종필터가 일반적으로 추가된다. 이런 유형의 전압조절식 전원은 중간 정도의 전력수요를 가지고 있는 회로에서 매우 일반적으로 사용된다. 용도에 따라서는 전원회로를 구성하는 블록들 중 일부를 생략할 수 있다. 만일 (차량의 경우처럼) 전원으로 전지가 사용된다면, 변압기와 정류기를 사용할 필요가 없으며 필터 역시 중요도가 떨어진다.

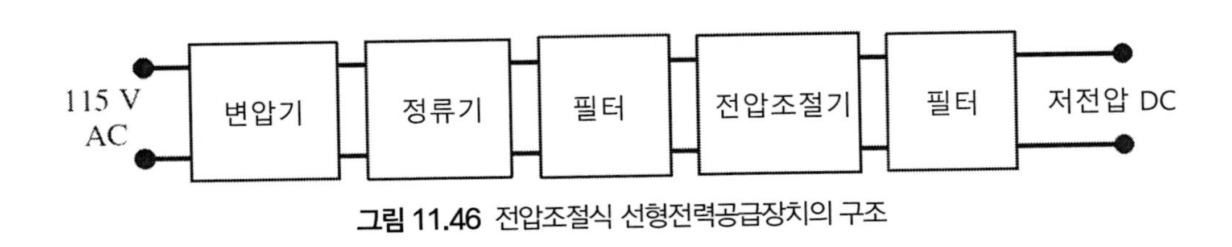

그림 11.46 전압조절식 선형전력공급장치의 구조

그림 11.47을 통해서 이를 보다 더 자세히 살펴보기로 하자. 그림에 제시된 회로는 $5[V]$의 전압과 최대 $1[A]$의 전류를 공급할 수 있는 전압조절식 전력공급장치이다. 변압기는 입력전압을 실효값(RMS) $9[V]$로 낮춘다. 브리지 정류기를 사용하여 이를 정류하면 C_1과 C_2 양단의 전압은 $12.6[V](9[V]\times\sqrt{2})$가 된다. 이들 두 커패시터는 필터로 작용한다. 대용량 커패시터는 전압의 저주파 변동을 평활화 시켜주며, 소용량 커패시터는 고주파 노이즈를 저감시킨다. 그림에 도시되어 있는 전압조절기는 $5[V]$ 조절기로서, 자체적으로 $7.6[V]$의 전압을 강하시켜서 출력전압을 $5[V]$로 일정하게 유지시켜 준다(정류기에서는 약간의 전압강하가 발생하므로, 전압조절기에서 조절된 전압은 여기서 제시한 전압보다 약간 더 낮다). 전압조절기는 $8[V]$ 이상의 전압에 대해서는 동일한 전압을 송출한다. 출력단에 연결되어 있는 커패시터도 역시 필터의 역할을 수행한다. 전압조절기를 통과하는 전류와 전압차이로 인해서 발생하는 발열이 이 전압조절기의 출력전류를 제한하는 인자로 작용한다. 발열용량 차이에 따라서 다양한 용량의 전압조절기들을 사용할 수 있다. 전압조절기들은 양 또는 음의 출력전압에 따라서 표준화되어 있으며, 출력전압 조절이 가능한 가변식 전압조절기도 상용화되어 있다. 다수의 전압조절기 소자들을 조합하여 임의의 전압과 전류조건을 맞출 수 있다.

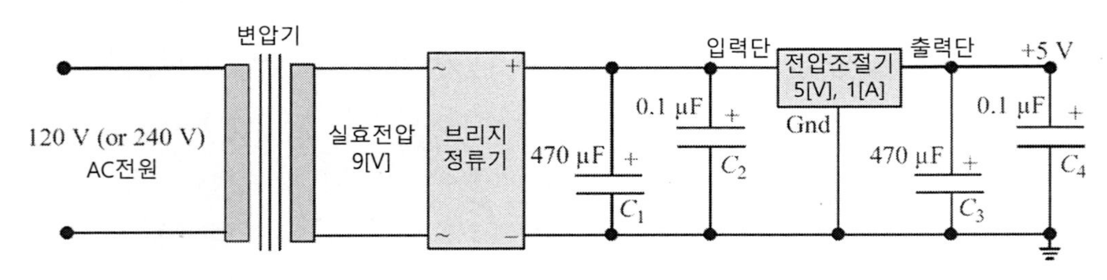

그림 11.47 고정식 전압조절기를 사용한 전압조절식 전력공급장치

이 회로나, 이와 유사한 다수의 회로들을 사용하는 것은 많은 센서와 작동기 회로들을 구동하기 위한 전압조절식 DC 전원을 만드는 일반적인 방법이다. 이 방식은 단순하며 염가라는 장점을 가지고 있지만 심각한 단점도 함께 가지고 있다. 가장 큰 단점은 크고 무겁다는 것이다. 이는 주로 송출 전력을 결정하는 변압기 때문이다. 게다가 전압조절기에서 발생하는 발열에 의해서 전력이 소모될 뿐만 아니라 열교환기를 사용해서 이 열을 배출해야만 하므로, 선형 전력공급장치는 비용과 부피의 증가를 감수해야만 한다.

예제 11.17 선형 전력공급장치의 효율

그림 11.47에 도시되어 있는 선형 전력공급장치에 대해서 살펴보기로 하자. 전압조절기의 입력단으로 공급되는 전압은 출력단에 비해서 최소한 $3[V]$만큼 더 높아야만 한다. 즉, $8[V]$ 이상이어야 하며, (사용하는 전압조절기에 따라서) 최고 $35[V]$까지 사용할 수 있다. 여기서 사용된 소자는 정격 $1[A]$로 $5[V]$의 전압을 송출하며, 최대 $3[W]$의 발열을 수용할 수 있다.

(a) 그림에 도시된 조건(즉, 변압기를 통해서 실효값 $9[V]$가 공급되는 조건)하에서, 부하에 공급할 수 있는 최대전류를 계산하시오. 계산된 전류값에 대해서 이 전원의 효율을 계산하시오.

(b) 변압기를 실효값 $24[V]$를 송출하는 변압기로 대체하는 경우에 대해서 살펴보기로 하자. 최대전류는 얼마이며, 최대전류하에서 전원의 효율은 얼마이겠는가?

주의: 효율은 유효 송출 전력을 변압기가 공급하는 입력 전력으로 나눈 값이다.
브리지형 정류기에서는 두 개의 다이오드들이 전압조절기에 직렬로 연결되며 각각의 다이오드들에서는 약 $0.7[V]$의 전압강하가 발생한다.

풀이

전압조절기에 입력되는 전압은 변압기에서 송출되는 최대전압에서 브리지 정류기의 두 다이오드에 의해서 강하되는 전압을 뺀 값과 같다. 효율은 주로 전압조절기의 양단에서 발생하는 전위차이에 의해서 발생하지만, 다이오드들도 효율을 저하시키는 요인으로 작용한다.

(a) 실효전압이 $9[V]$인 경우에 전압조절기 입력단 전압은 다음과 같이 계산된다.

$$V_{DC} = V_{RMS}\sqrt{2} - 2V_D = 9 \times \sqrt{2} - 1.4 = 11.33[V]$$

따라서 전압조절기 양단에서 발생하는 전압강하량은 $11.33 - 5 = 6.33[V]$이다. 전압조절기는 $3[W]$ 이상의 열을 방출할 수 없기 때문에 최대전류는 다음과 같이 제한된다.

$$I_{\max} = \frac{P_{\max}}{V_{drop}} = \frac{3}{6.33} = 0.474[A]$$

따라서 부하로 공급되는 전력은 $0.474 \times 5 = 2.37[W]$이다. 변압기에 의해서 공급되는 입력전력은 $0.474 \times 9 = 4.266[W]$이다. 그러므로 효율은 55.5%이다.

(b) 실효전압 $24[V]$가 입력되는 경우, 피크전압은 다음과 같이 계산된다.

$$V_{DC} = V_{RMS}\sqrt{2} - 2V_D = 24 \times \sqrt{2} - 1.4 = 32.54[V]$$

이제 전압조절기 양단에서 발생하는 전압강하량은 $32.5 - 5 = 27.54[V]$가 된다. 따라서 최대전류는 다음과 같이 계산된다.

$$I_{\max} = \frac{P_{\max}}{V_{drop}} = \frac{3}{27.5} = 0.11[A]$$

이 경우에는 전압조절기가 $110[mA]$ 이상을 공급하면 과열되어버린다(이런 유형의 전압조절기는 과열되면 손상을 방지하기 위해서 스스로 부하측으로 공급되는 전력을 차단한다).
효율은 다음과 같이 계산된다.

$$eff = \frac{I_{\max} V_{out}}{V_{in} I_{in}} \times 100 = \frac{0.11 \times 5}{0.11 \times 24} = 20.83\%$$

주의: 전압조절기의 입력전류와 출력전류에는 동일한 값을 사용한다. 하지만 실제의 경우에는 약간의 전류가 전압조절기의 (내부회로를 구동하기 위해서 필요한) 접지측으로 흘러나가면서 효율을 약간 더 저하시킨다.
효율은 전압조절기 양단에서 발생하는 전압강하에 크게 의존한다. 이 전압강하량이 최소화된 경우에 최고의 효율이 얻어진다.
이토록 낮은 효율 때문에 회로가 훨씬 더 복잡한 스위칭 전력공급장치와 같은 다른 형태의 전원을 사용하는 것이다.
고정식 또는 가변식의 저전압강하(LDO) 전압조절기는 전압조절을 위해서 $1[V]$ 미만의 낮은 전압강하가 발생하기 때문에 효율이 향상된다.

11.8.2 스위칭 전력공급장치

스위칭 전력공급장치는 직류전원을 공급하기 위한 또 다른 방법이다. 이 스위칭 전력공급장치는 그림 11.48에 도시되어 있는 것처럼, 선형 전력공급장치의 단점들 중 일부를 보완하기 위해서 두 가지 원리를 사용한다. 우선, 변압기가 생략되며 송전된 전압을 직접 정류한다. 그리고는 앞서와 동일한 방식으로 고전압의 맥류를 평활화한다. 스위칭용 트랜지스터는 구형파에 의해서 구동되며, t_{on}의 기간 동안에는 켜지고, t_{off}의 기간 동안에는 꺼진다. 스위치가 켜진 기간 동안은 인덕터를 통과하여 전류가 흐르며, 커패시터에 충전되는 전압은 t_{on}에 의존한다. t_{on}이 길어질수록 출력전압이 높아진다. 스위치가 꺼지면, 인덕터 L 내부에 저장된 전류가 부하를 통해서 방전되면서 꺼짐기간 동안의 전력이 유지된다. 출력전압을 샘플링하여 출력전압을 필요한 수준으로 유지시키기 위해서 듀티비(t_{on}과 $(t_{on} + t_{off})$ 사이의 비율)를 증가 또는 감소시킨다. 이런 듀티비 조절은 펄스폭변조기(PWM)에서와 동일한 방식으로 이루어진다.

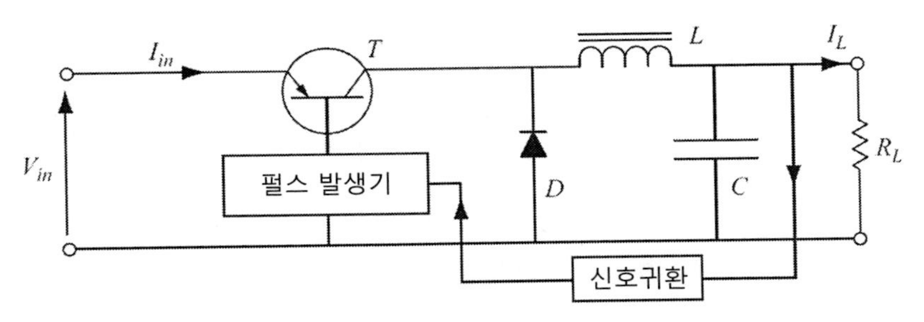

그림 11.48 스위칭 전력공급장치의 구조

실제의 전력공급장치에서는 추가적인 고려사항들이 적용되어야만 한다. 우선, (송전선에 연결되어 있는) 입력단과 출력단을 분리 또는 차단해야만 한다. 선형 전력공급장치에서는 변압기를 통해서 전원 간의 차단이 이루어진다. 스위칭 전력공급장치에서도 변압기를 사용하여 이를 구현할 수 있지만, 변압기는 크기가 훨씬 더 작으며 고주파로 작동한다. 두 번째로, 비교적 높은 주파수로 스위칭이 수행되어야 하기 때문에 시스템으로 노이즈가 유입된다. 전력공급장치를 사용하기 위해서는 이 노이즈를 필터링해야만 한다. 송전선을 통해서 공급되는 스위칭 전력공급장치에는 라인별로 하나씩 설치되는 인덕터와 두 개의 커패시터들로 이루어진 입력필터가 포함된다. 커패시터들 중 하나는 인덕터의 송전선측에 설치되며, 다른 하나는 인덕터의 전원공급단 측에 설치되어 송전선 측에서 유입되거나 송전선에 연결된 여타의 장치들에 의하여 유입되는 고주파 노이즈를 막아준다. 대부분의 회로들과 마찬가지로, **그림 11.48**에 도시되어 있는 기본회로는 다양한 변형이 가능하다. 하지만 이런 변형들은 작동원리를 이해하는 데에는 별다른 소용이 없다. 스위칭 전력공급장치의 중요한 특성 중 하나는 입력전압이 크게 변해도 출력전압이나 효율에는 아무런 영향이 없다는 것이다. 많은 장치들에서 일반적으로 사용되는 경량의 양전원 전력공급장치는 이런 특성을 사용하고 있다.

DC-DC 변환기는 스위칭 전력공급장치의 또 다른 형태이다. 이 변환기는 DC 전원을 공급받아서 AC 전압으로 변환한 다음에, 변압기나 인덕터의 과도전압, 또는 커패시터의 충-방전 등을 통해서 필요한 전압으로 변환시키고 나서 DC 맥류로 정류한 다음에 전압을 조절한다. 대부분의 경우 전원으로는 전지가 사용되지만, AC 전원을 정류하여 사용할 수도 있다. 많은 경우, DC-DC 변환기의 사용 목적은 공급되는 전압이 필요한 전압보다 높거나 낮은 경우에 필요한 전압으로 전력을 공급하는 것이다. 예를 들어, 어떤 휴대용 전자제품의 작동을 위해서 1.5[V] 전지 하나가 필요하다고 가정하자. 대부분의 전자기기들은 3[V]와 같이 이보다 더 높은 전압을 필요로 하기 때문에 DC-DC 변환기를 사용해야 한다. 대부분의 경우, 전원 차폐는 큰 문제가 아니지만, 차폐가 필요하다면 고주파 변압기가 이를 해결할 수 있다. DC-DC 변환는 측정회로를 포함하여 전자장비에서 일반적으로 사용되는 소자이다. 이들은 다양한 크기와 전압수준을 가지고 있으며, 전압을 바꿔야만 하는 경우에 자주 사용된다.

그림 11.48에서는 **유도형 DC-DC 변환기**의 기본구조를 보여주고 있다. 그림에 도시되어 있는 형태의 DC-DC 변환기와 다른 방식으로는 **전하펌프방식 DC-DC 변환기**가 있다. 전하펌프방식의 경우 (하나 이상의) 커패시터에 전하를 충전한 다음에 스위칭을 통해서 기존의 전압원에 직렬로 연결하면 전원과 커패시터로 구성된 회로의 총전압이 (대략 두 배로) 상승한다. 이 과정을 반복하면 더 높은 전압을 얻을 수 있다. 이런 이유 때문에, 이 소자를 전압증배기라고도 부른다. 전하펌프라는 이름은 커패시터에 충전된 전하가 전압변환을 일으킨다는 의미를 가지고 있다. 그림 11.49 (a)에서는 전하펌프의 작동원리를 보여주고 있다. 반전구동기로는 구형파가 입력되므로, 입력이 $0[V]$일 때마다 출력전압은 V_{in}까지 상승하며, 입력이 V_{in}이 되면 출력은 $0[V]$로 떨어진다. 구동기의 출력이 $0[V]$이면, C_1은 $V_{in}-V_D$까지 충전된다. 여기서 V_D는 다이오드 양단에서 발생하는 전압강하량이다(대략적으로 실리콘 다이오드는 $0.7[V]$이며, 쇼트키 다이오드는 $0.3[V]$이다). 커패시터는 반주기 동안 충전을 수행한다. 이후의 반주기 동안 구동기의 출력전압은 고전압상태를 유지하며, C_1의 전위는 구동기 출력과 직렬로 연결된다. 이로 인하여 V_1의 전압은 $2V_{in}-V_D$로 상승한다. 이로 인하여 다이오드 D_1은 역방향으로 바이어스 되는 반면에, D_2는 도전 상태가 되어 커패시터 C_2의 전위는 $2V_{in}-2V_D$로 상승한다. 결과적으로, 전하전달을 통해서 전압 V_{in}은 이보다 더 높은 전압인 $V_{out}=2V_{in}-2V_D$로 변환된다. 이와 동일한 구동기와 커패시터 및 다이오드들로 이루어진 다단구조를 만들면 출력전압을 원하는 수준으로 높일 수 있다. 그런데 이 방법은 한계를 가지고 있다. 우선, 출력 전류는 출력 커패시터(이 경우에는 C_2)의 방전을 통해서 만들어지므로, 이 방법으로는 전력을 송출할 수 없다. 다음으로, 전압을 이보다 더 높은 수준으로 만드는 것은 구동기의 작동전압에 의해서 제한된다. 게다가 그림 11.47에 도시되어 있는 고정전압식 전압조절기의 경우와 유사하게 전압조절기를 사용하여 (대략적으로) V_{in}의 정수배가 아닌 전압을 생성해야만 한다. 전압조절기는 또한 부하전류에 의한 출력전압의 변화를 조절하는 장치로서도 사용된다. 몇 가지 심각한 단점들에도 불구하고, 이 방법의 단순성과 소자의 경제성으로 인하여 저전력 소자에 사용하기에 유용한 방법이다. 효율은 선형 전력공급장치에 비해서 높지 않으며, 일반적으로 스위칭 전력공급장치에 비해서 낮은 편이다. 이 방법은

회로 내에서 고전압이 필요한 경우에 매력적인 방법이며, 저전력 센서와 작동기에도 유용하게 사용할 수 있다.

예제 11.18 저전력 전지에 의해서 작동하는 센서용 전하펌프방식 스위칭 전력공급장치

6[*V*] 전원이 필요하지만, 3[*V*] 전지를 사용해야만 하는 센서가 있다. 그림 11.49 (b)에는 이런 목적에 적합한 전압이 조절된 전하펌프방식 스위칭 전력공급장치가 도시되어 있다. 초기상태에 세 개의 커패시터들 모두 방전되어 있으며, 첫 번째 구동기의 입력이 고전압이라고 가정한다. D_1을 통해서 C_1은 $V_{in}-V_D$까지 충전되는 반면에 D_2는 아직 작동하지 않는다(2번 구동기의 출력은 반대전위인 고전압 상태이다). 첫 번째 구동기의 입력이 저전압으로 변하면, 출력은 고전압으로 변하며 $V_1=2V_{in}-V_D$가 C_2에 부가되면서 충전이 이루어진다. D_3도 도전상태가 되면서 C_2는 $2V_{in}-2V_D$까지 충전된다. 다음으로, 입력은 다시 고전압 상태로 전환되며, 2번 구동기의 출력도 고전압 상태가 되어서 직렬 연결된 C_2에 V_{in}을 부가한다. 이로 인하여 V_2 전압은 $3V_{in}-2V_D$로 상승하게 된다. 이로 인하여 C_3에는 $3V_{in}-3V_D$의 전압이 충전된다. 이 커패시터가 방전되지 않는다면 더 이상의 전하가 전달되지 않지만, 만일 C_3로부터 부하측으로 전류가 흐른다면 시스템은 이 전하를 다시 채워 넣는다. 이 예제의 출력전압은 $3\times3-3\times0.7=6.9$[*V*]이다. 저전압강하(LDO) 방식 전압조절기를 사용해야만 입력단과 출력단 사이의 전압차이가 작은 경우에도 원활하게 작동할 수 있다. 0.1[*V*] 미만의 전압차이에 대해서도 원활한 작동이 가능한 저전력용 저전압강하(LDO) 전압조절기들이 상용화되어 있으며, 이를 사용하면 전지가 방전과정에서 출력전압이 감소하여도 필요한 전압을 공급할 수 있다. 부하전류는 부하저항과, 이 부하를 통하여 방전되는 C_3의 정전용량에 의해서 결정된다. 만일 전류가 너무 크다면 C_3가 필요한 전류를 충분히 공급하지 못하기 때문에 출력단의 전압조절능력을 잃어버릴 수는 있지만, 여전히 전압을 6[*V*] 이상으로 유지하기에는 충분할 정도의 전하량을 유지한다. 쇼트키 다이오드를 사용하면 출력전압을 $3\times3-3\times0.3=8.1$[*V*]로 높일 수 있어서 더 넓은 입력마진을 확보할 수 있다. 예를 들어, 쇼트키 다이오드를 사용한다면, 전지전압이 2.33[*V*]까지 감소하여도 전압조절능력이 상실되지 않는다.

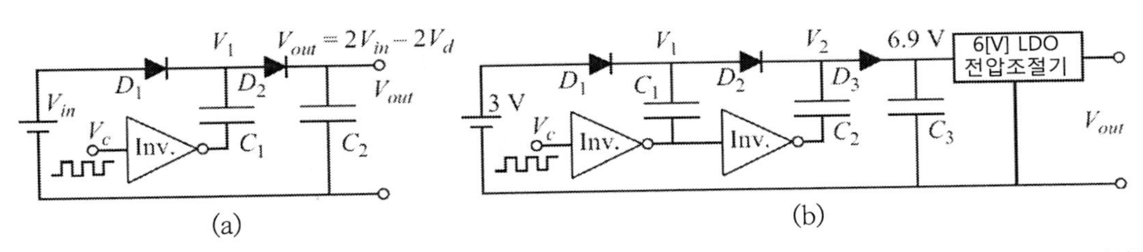

그림 11.49 (a) 2단식 전하펌프가 구비된 스위칭 전력공급장치. (b) 3단식 전하펌프가 구비된 스위칭 전력공급장치를 사용하여 3[*V*] 전지로부터 전압이 조절된 6[*V*] 전압을 출력할 수 있다.

11.8.3 전류원

정전류의 공급은 많은 센서들에서 중요한 사안이다. 예를 들어, 홀 소자를 사용하는 경우 출력은 자속밀도와 전류에 비례한다. 대부분의 경우, 출력이 자속밀도만의 함수가 되도록 만들기 위해서는 일정한 전류를 공급해야만 한다. 다양한 수준의 난이도로 정전류 생성기를 만들 수 있다. 비교적 저항값이 작은 홀소자의 경우에는 저항값이 큰 저항을 직렬로 연결하는 단순한 방법으로 정전류를 공급할 수 있다. 이런 경우에는 공급전류가 일정하지 않지만, 센서의 저항값이 작기 때문에 총저항에 끼치는 영향이 작아서 공급전류의 변동을 무시할 수 있다. 전류를 생성하는 더 정확한 방법의 경우에는 더 엄격한 조건이 요구된다. 그림 11.50 (a)에 도시되어 있는 것처럼, FET 의 특성을 활용하여 간단한 정전류원을 만들 수 있다. 이 회로에서 FET 양단에 부가된 전압이 **핀치오프 전압**(V_p: FET 의 기본특성)보다 높다면, 전류는 $(V_{cc} - V_p)/R$로 일정하게 유지된다. 물론, 이 핀치오프 전압은 온도의존성을 가지고 있으며, 이는 모든 반도체가 가지고 있는 문제이다.

그림 11.50 (b)에서는 부하에 일정한 전류를 공급하는 또 다른 간단한 방법을 보여주고 있다. 베이스-이미터 접점 양단의 전압은 $0.7[V]$로 고정되어 있으며, 제너 전압은 V_z로 고정되기 때문에 이 회로에서 제너 다이오드 전압 V_z가 생성하는 부하전류는 $(V_z - 0.7)/R_2$와 같다. 제너 다이오드와 베이스-이미터 접점이 서로 반대방향으로 연결되어 있으며, 이로 인하여 온도변화에 따른 제너 다이오드의 전압변화가 베이스-이미터 접점에 의해서 보상되므로, 이 회로는 온도변화에 대해서 훨씬 더 안정적이다(다음 절의 기준전압에 대한 논의 참조).

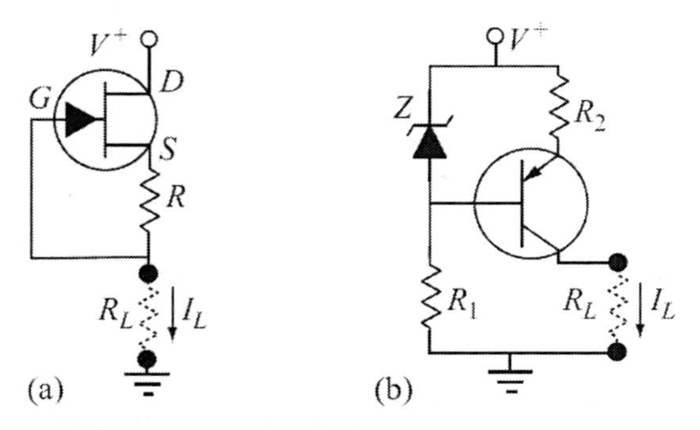

그림 11.50 (a) FET를 사용한 정전류 발생기. (b) 제너-조절식 정전류 발생기

그림 11.51 (a)에서는 소위 **전류거울회로**라고 부르는 훨씬 더 안정된 회로가 도시되어 있다. 이 회로에서는 V_1/R_1이 일정하게 유지된 상태에서 전류 I_{in}이 생성된다. T_1의 베이스전류가 매우 작기 때문에 트랜지스터 T_3의 컬렉터전류는 항상 I_{in}과 같은 값을 유지한다. T_1의 베이스에 부가되는 전압이 부하 I_L을 통과하여 흐르는 전류를 I_{in}과 동일하도록 유지시키기 때문에 전류거울이라는 명칭을 얻게 되었다. I_{in}이 일정하게 유지되면, 부하를 통과하여 흐르는 전류는 항상 일정하게 유지된다.

그림 11.51 (b)에서는 연산증폭기를 사용하여 구현한 전압추종기의 특성을 정전류 공급장치에 활용한 사례를 보여주고 있다. 전압추종기의 출력전압은 V_i이며 부하전류는 V_i/R_1과 같다. 연산증폭기로는 송출할 수 없는 전류를 송출하기 위해서 트랜지스터가 사용된다. 원하는 특성에 따라서 다양한 회로들을 사용할 수 있지만, 기본적인 작동원리는 앞서 설명한 방식들을 사용한다.

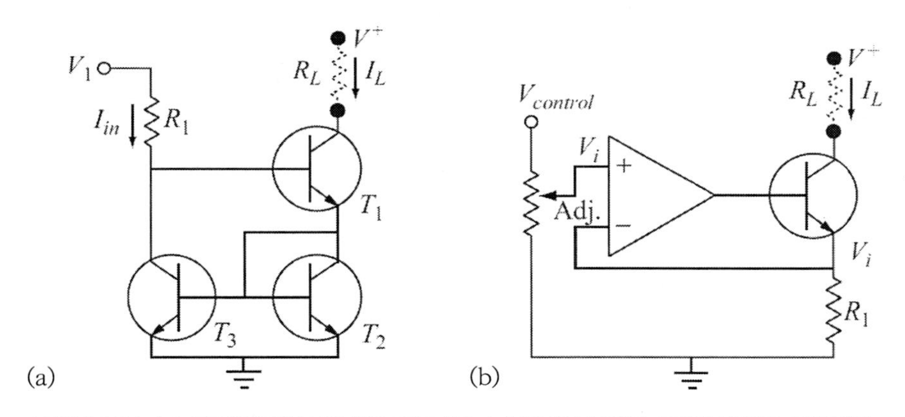

그림 11.51 (a) 전류거울방식 정전류 공급장치. (b) 전압추종기를 사용한 정전류 공급장치

11.8.4 기준전압

일부의 센서회로들과 인터페이싱용 회로들에서는 일정한 **기준전압**이 요구된다. 물론, 전압조절방식의 전원도 기준전압의 일종이지만 여기서는 일반적으로 $0.5\sim2[V]$의 일정한 전압으로, 특히 전원의 공급전압 편차, 온도변화, 외부의 영향 등에 둔감하여 여타 회로의 기준으로 사용할 수 있는 매우 작은 전류를 공급하는 전압원을 의미한다. 이 기준전압은 예상되는 전력공급장치의 변동이나 환경온도의 변화 등에 대해서 일정한 값을 유지해야만 한다. 기준전압의 활용에 대해서는 A/D 변환기, D/A 변환기 및 브리지 회로 등에서 살펴본 바 있다.

그림 11.52에서는 가장 단순한 기준전압 발생기인 **제너 다이오드**를 보여주고 있다. 이 다이오드는 역방향 편향전압을 부가하는 다이오드로서, $p-n$ 접합이 역방향 항복전압을 발생시킨다. 이 과정에서 다이오드가 과열되지 않도록 저항을 사용하여 전류를 제한한다. 제너 다이오드의 허용 최대전류를 넘어서지 않는 한도 내에서 다이오드 양단의 전압은 항복 전압값을 유지하며, 온도가 변화하기 않는 한도 내에서 이 항복 전압값은 변하지 않는다. **그림 11.50 (b)**에 도시된 정전류 발생기나 전압조절기를 포함한 다양한 용도로 이 다이오드를 사용한다. 그런데 기준전압에 사용하기 위해서 특수하게 설계된 (**기준전압용 제너 다이오드**라고 부르는) 제너 다이오드의 경우 항복전압이 항상 일정하게 유지되며, 각각 순방향과 역방향으로 편향전압이 부가되어 있는 두 개의 다이오드들을 사용하여 **그림 11.53**에서와 같이 온도보상을 수행한다. 순방향으로 편향된 다이오드의 경우, 온도가 높아지면 전향전압이 감소(ΔV는 대략적으로 $2[mV/°C]$)하는 반면에, 역방향으로 편향된 다이오드의 전향전압은 거의 동일한 크기만큼 증가한다. 그러므로 총 전압은 (거의) 일정하게 유지된다. 이 다이오드들은 최저 약 $3[V]$까지 사용할 수 있다.

기준전압으로 사용할 수 있는 또 다른 소자는 **밴드갭 기준전압**이다. 이 소자의 성능은 제너 다이오드보다 월등하며 최저 약 $0.6[V]$까지 사용할 수 있다. 이 소자는 개별 소자로도 판매되지만, 일반적으로는 안정된 기준전압이 필요한 마이크로프로세서나 여타의 회로 내에 통합하여 설계된다.

기준전압 다이오드들은 $1.2[V]$ 정도에서부터 $100[V]$ 이상의 범위까지 표준화되어 판매되고 있다.

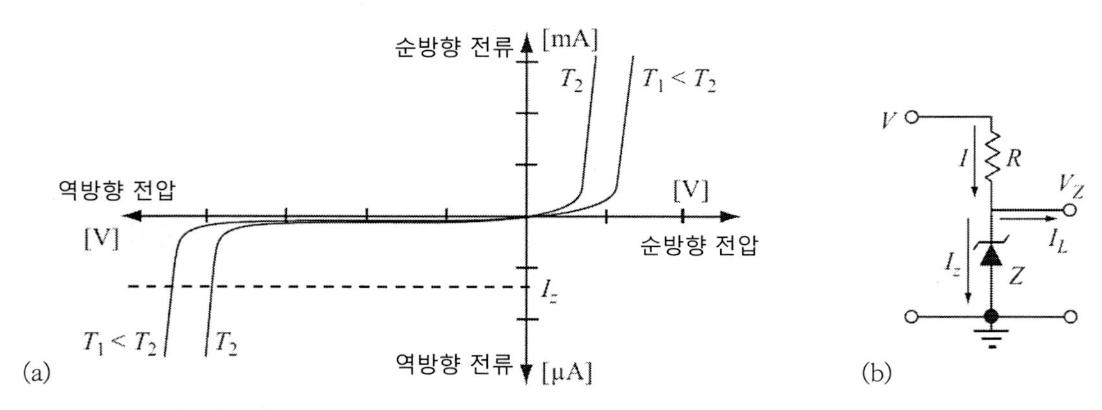

그림 11.52 제너 다이오드 기반의 기준전압 발생기. (a) 제너 다이오드의 온도의존성 특성곡선. (b) 제너 다이오드 회로 구성 방법

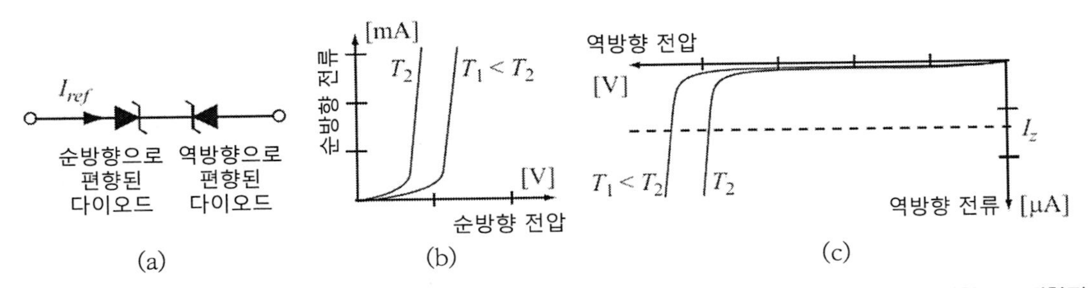

그림 11.53 온도보상이 이루어진 제너 기준전압 발생기. (a) 직렬 연결된 두 개의 제너 다이오드. (b) 순방향으로 편향된 다이오드의 I-V 특성. (c) 역방향으로 편향된 다이오드의 I-V 특성

11.8.5 발진기

수많은 센서와 작동기들이 시간에 따라 변하는 전압과 전류를 필요로 한다. 예를 들어, 선형가변차동변압기(LVDT)는 수 $[kHz]$ 주파수의 정현파 전원을 필요로 한다. 자기식 및 와전류 방식의 근접센서들은 일정한 진폭과 주파수의 AC 전원을 공급하며, 출력전압의 진폭은 위치에 비례한다. 사실, 모든 변압기 기반의 센서들은 AC 전원을 사용해야만 한다. 이외에도 구형파나 삼각파와 같은 특수한 파형을 사용하는 센서들도 있다. 전력선을 통해서 공급되는 $60[Hz]$(또는 $50[Hz]$) 정현파 전압을 사용하여 작동하는 장치들을 제외하면, 정확한 주파수와 필요한 파형으로 전원을 만들어내야만 한다. 대부분의 경우, 이를 위해서는 주파수 안정화와 진폭 조절이 수행되어야만 한다. 다양한 방법들을 사용하여 임의의 주파수와 파형으로 AC 신호를 생성할 수 있지만, 여기에 사용되는 기본 원리는 몇 가지에 불과하다. 가장 기본적인 원리는 불안정한 증폭기를 사용하는 **발진기**이다. 즉, 어떤 형태의 증폭기에 양의 귀환을 설치하여 불안정하게 만들면 발진을 만들 수 있다. 두 번째로, LC 탱크회로를 사용하거나 귀환신호를 지연시키는 방법 중 하나를 사용하여 이 불안정한 회로를 특정한 주파수로 발진시켜야만 한다. 여기에 회로 구성요소들을 추가하여 필요한 파형의 발진을 만들어야 한다.

구형파를 만드는 것이 훨씬 더 쉽지만 정현파도 만들어낼 수 있다. LC 발진기는 일반적으로 정현파를 발생시키는 반면에, (RC 타이밍과 같은) 지연방식은 일반적으로 구형파를 발생시킨다. 용도에 따라서 지금까지 살펴본 발진원리의 다양한 파생형들이 사용되고 있다. 이런 발진회로들을 모두 살펴보는 것이 어려운 일은 아니지만, 여기서는 소수의 대표적인 회로들에 대해서만 소개하였다. 그렇다고 해서 여기서 소개한 방법들이 가장 중요하다거나 가장 단순하다는 것을 의미하는 것은 아니다.

11.8.5.1 수정발진기

공진주파수를 기반으로 하는 **수정발진기**는 그림 11.54 (a)에 도시되어 있는 것처럼, 두 개의 전극들 사이에 수정 결정체나 여타의 압전체를 삽입한 구조를 가지고 있다(실제의 소자는 그림 11.54 (b)에 도시되어 있다. 이들은 다양한 크기, 형상 등으로 제작된다). 그림 11.55 (a)에서는 이 소자의 등가회로가 도시되어 있으며, 이 소자는 직렬모드와 병렬모드의 두 모드들 중에서 하나의 모드로 진동한다(7.7절의 논의 참조). 이 소자에 연결된 회로가 적절한 양의 귀환신호를 제공해 준다면 이 소자는 수정의 공진주파수로 발진하는데, 이 공진 주파수는 전적으로 결정체의 치수, 결정소재 그리고 진동모드에 의존한다. 직렬모드의 공진주파수는 다음과 같이 주어진다.

$$f_s = \frac{1}{2\pi\sqrt{LC}} \ [Hz] \tag{11.40}$$

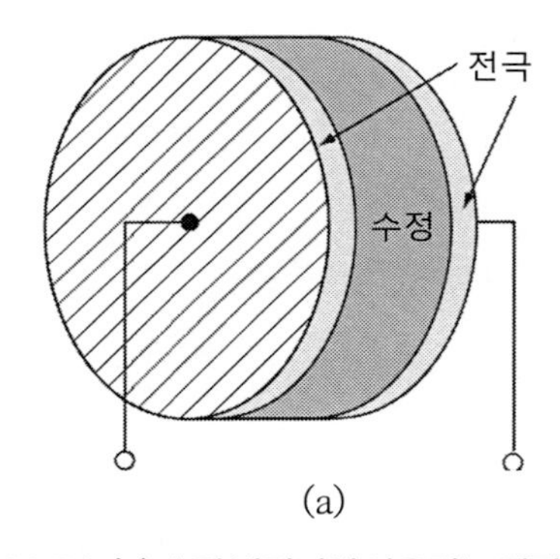

(a)

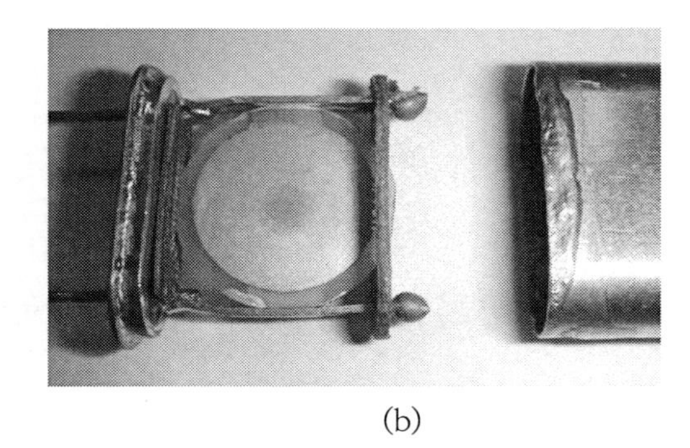
(b)

그림 11.54 (a) 수정 발진기에 사용되는 결정체의 기본구조. (b) $1[MHz]$ 수정 발진기의 사례. 한쪽 전극이 보인다. 반대쪽 전극은 반투명한 반도체 수정의 뒤쪽으로 약간 보인다. 수분의 침투와 기계적인 충격으로부터 소자를 보호하기 위해서 금속 용기로 밀봉한다(구형 발진기의 사례를 통해서 구조를 확인할 수 있다).

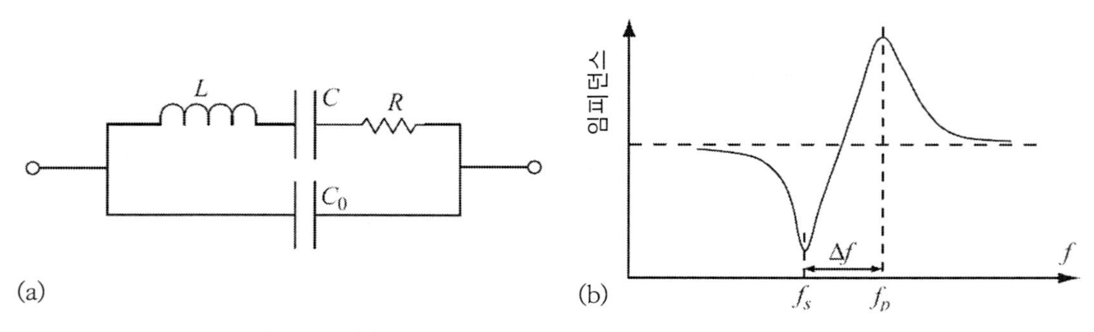

그림 11.55 (a) 결정체의 등가회로. (b) 두 개의 기본 공진 주파수들

병렬모드의 경우, 공진 주파수는 다음과 같이 주어진다.

$$f_p = \frac{1}{2\pi\sqrt{LC\left(\frac{C_0}{C+C_0}\right)}} \ [Hz] \tag{11.41}$$

그림 11.56 (a)에서는 단순한 **정현파 발진기**를 보여주고 있다. 회로의 세부적인 내용은 여기서 중요하지 않지만, 수정이 출력을 입력 측으로(컬렉터에서 베이스로) 연결해 준다는 것이다. 수정에 의해서 출력 주파수가 조절되며, 정현파 신호는 컬렉터에서 출력된다.

구형파의 경우에는 **그림 11.56** (b)에서와 같이 두 개의 반전 게이트들을 사용하여 구현한다. 논리 게이트는 두 개의 상태만을 가질 수 있으므로, 출력은 V_{cc}와 GND 사이를 오간다. 논리 게이트의 지연 때문에 양의 귀환에 지연이 발생하며, 수정에 의해서 발진 주파수가 조절된다. 예를 들어, 이 발진기는 습도에 따라서 (수정의 질량이 변하기 때문에) 발진 주파수가 변하는 방식의 습도센서에 사용할 수 있다. 하지만 이런 발진기는 마이크로프로세서나 적외선 리모컨의 기본 클록 주파수의 생성에도 유용하게 사용된다. 수정발진기는 직렬공진이나 병렬공진 모드로 사용할 수 있으며, $32[kHz]$(클록용)에서 $100[MHz]$까지의 주파수범위로 제작할 수 있다. 이보다 더 높은 주파수로도 제작할 수 있으며, 일부는 상용화되어 있지만, 주파수가 높아지면 표면탄성파(SAW) 소자가 더 효과적이며 더 일반적으로 사용된다(7.9절 참조). 표면탄성파(SAW) 소자를 사용하는 경우에도 연결방법은 수정 발진기의 경우와 매우 유사하다.

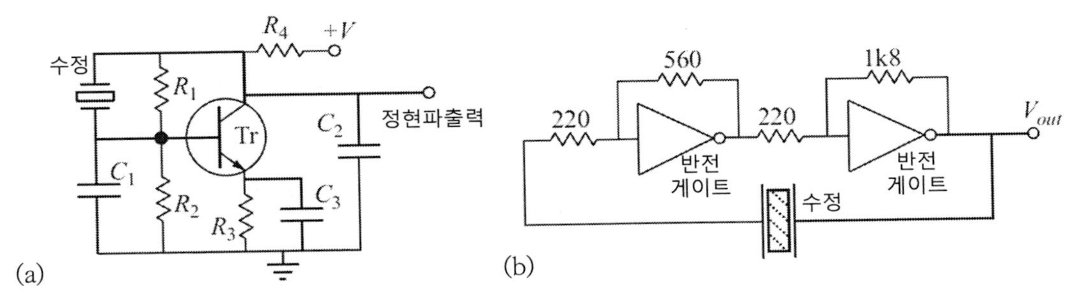

그림 11.56 (a) 귀환회로에 수정이 설치되어 있는 정현파 수정 발진기. (b) 귀환루프에 수정이 설치되어 있는 반전 게이트를 사용하는 구형파 발진기. 발진을 일으키기 위해서 양의 귀환이 필요하다.

11.8.5.2 LC 발진기와 RC 발진기

주파수 안정성이 중요하지 않다면, 수정을 사용하지 않고도 별도의 회로나 집적회로의 일부분으로 손쉽게 발진기를 만들 수 있다. 귀환신호의 지연을 기반으로 하는 네 가지 단순한 **구형파 발진기**들이 **그림 11.57**과 **그림 11.58**에 도시되어 있다. **그림 11.57 (a)**에서는 홀수의 반전게이트들을 사용한 링 구조를 보여주고 있다. 정상적으로는 홀수의 반전 게이트들을 사용했기 때문에, 마지막 반전 게이트의 출력은 첫 번째 반전 게이트의 입력과 서로 반대의 전위를 갖는다. 그런데 반전 게이트의 입력단과 출력단 사이에는 시간지연이 존재하기 때문에, 링 구조는 구형파 발진기로 작동한다. 각각의 반전 게이트들의 내부 시간지연이 $\Delta t[s]$이며, 이 시간이 지나고 나면 첫 번째 반전 게이트의 입력전압이 $0[V]$에서 V_0로 변한다고 가정하자. 시간 Δt가 지나고 나면 출력은 V_0에서 $0[V]$로 변한다. 여기서 또 시간 Δt가 지나고 나면 두 번째 반전 게이트의 출력은 $0[V]$에서 V_0로 변한다. 그리고 마지막으로, $3\Delta t$의 시간이 경과하면 세 번째 반전 게이트의 출력이 V_0에서 $0[V]$로 변한다. 이로 인하여 첫 번째 반전 게이트의 입력상태를 변화시키기 때문에, $3\Delta t$의 시간이 경과할 때마다 출력상태가 변하게 된다. 각각의 지연시간이 Δt인 N개의 반전 게이트들을 사용하면 $N\Delta t$의 절반주기를 얻을 수 있다. 그러므로 발진 주파수는 다음과 같이 계산된다.

$$f = \frac{1}{2N\Delta t} \ [Hz] \tag{11.42}$$

전형적인 반전 게이트의 지연시간은 대략적으로 $10[ns]$이다. 세 개의 반전 게이트들을 사용하여 링을 구성하면 $16.67[MHz]$의 발진 주파수를 얻을 수 있다. 이보다 더 느린 반전 게이트들을 사용하거나 링 구조의 반전 게이트들의 숫자를 증가시키면 이보다 더 낮은 주파수를 얻을 수 있다.

이 발진회로는 매우 단순하지만, 반전 게이트의 숫자를 변화시키는 것 이외에는 주파수 조절이 불가능하다. **그림 11.57 (b)**에서는 이보다 더 범용화된 더 나은 설계를 보여주고 있다. 이제 지연시간은 저항 R_1을 통하여 흐르는 전류가 커패시터 C를 충전 및 방전하는 주기에 의해서 결정된다. 이 회로는 다음의 주기로 구형파를 생성한다(**예제 11.19** 참조).

$$f = \frac{1}{2.1972 R_1 C} \ [Hz] \tag{11.43}$$

이 회로에서 입력전압이 $V_{cc}/2$를 넘어서면, 반전 게이트의 상태가 반전된다. 저항 R_1과 커패시터 C가 충전회로를 구성한다. 우선 첫 번째 게이트의 출력이 켜짐(입력은 $0[V]$, 출력은 V_{cc}) 상태라고 가정하자. 두 번째 게이트는 꺼짐($0[V]$) 상태가 되며, 발진기의 출력전압(V_{out})은 V_{cc}이다. 이로 인하여 커패시터가 시상수 R_1C에 따라서 충전되며, 시간 t_0가 지나고 나면 첫 번째 게이트의 상태가 반전된다. 이제 발진기의 출력전압은 $0[V]$가 되므로, 커패시터에 충전된 전하는 R_1을 통해서 방전된다. 이 회로는 충전과 방전에 소요되는 총 시상수에 의해서 발진 주파수가 결정된다.

그림 11.57 (c)에 도시되어 있는 세 번째 유형의 구형파 발진기는 더 단순하다. 이 회로는 반전 슈미트트리거로서, 입력전압이 V_h보다 높아지면 출력이 고전압에서 저전압으로 전환되며, 반대로 입력전압이 V_h보다 낮아지면 출력전압이 저전압에서 고전압으로 전환된다. 초기상태로, 반전 게이트의 입력전압이 $0[V]$이며 출력전압은 V_{cc}인 상태를 가정하자. 저항을 통해서 충전되는 커패시터의 전압이 V_h를 넘어서면 출력전압은 $0[V]$로 전환된다. 이를 위해서는 t_c만큼의 시간이 필요하다. 이제 저항은 (출력단 전압인)접지에 연결되므로, 커패시터에 충전된 전하는 R_2를 통해서 방전되며, 시간 t_2가 지나고 나면 전압은 V_l에 도달하게 된다. 이 시점이 되면 출력전압은 다시 V_{cc}로 전환되며 이 과정이 반복된다. 이 구형파의 발진 주파수는 다음과 같이 계산된다.

$$f = \frac{1}{RC\left[\ln\left(\frac{V_l}{V_0}\right) + \ln\left(1 - \frac{V_h}{V_0}\right)\right]} \ [Hz] \tag{11.44}$$

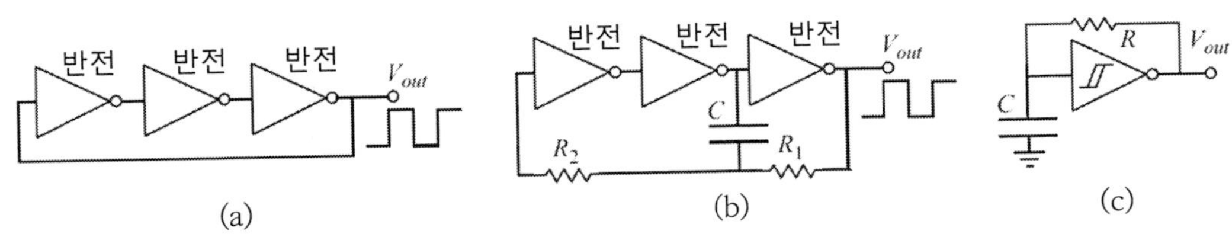

그림 11.57 구형파 발진회로. (a) 발진 주파수는 논리 게이트의 지연에 의해서만 결정된다. (b) 발진 주파수는 R_1을 통하여 C의 충전 및 방전에 의해서 결정된다. (c) 슈미트트리거 구형파 발진기

그림 11.58에 도시되어 있는 회로도 작동방식은 이와 유사하다. R_3를 통한 양의 귀환이 증폭기의 출력상태를 변화시키는 전압레벨을 결정한다. R_4와 C_1이 충/방전 회로를 구성한다. V_{out}이 고전압인 상태를 초기상태로 가정하자. 양입력단의 전압값은 R_3, R_2 및 R_1에 의해서 결정된다. C_1은 R_4를 통과하여 유입되는 전류를 충전한다. 음입력단의 전압이 양입력단 전압을 넘어서는 순간, 출력전음은 음(또는 $0[V]$)으로 전환되며 C_1에 충전된 전하는 R_4를 통해서 방전된다. 이런 과정의 반복을 통해서 신호의 발진이 이루어진다(문제 11.52 참조).

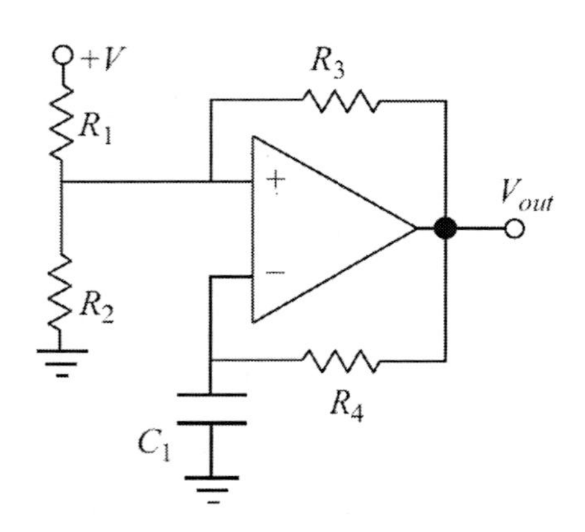

그림 11.58 커패시터의 충/방전을 활용한 구형파 발진기

예제 11.19 구형파 반전 발진기

그림 11.57 (b)에 도시되어 있는 발진기에 대해서 살펴보기로 하자. 반전 게이트가 대략적으로 $V_{cc}/2$에서 출력상태를 변화시킨다고 가정한다. 여기서 V_{cc}는 반전 게이트에 공급되는 전원전압이다.

(a) 커패시터의 충/방전에 따른 발진 주파수를 계산하시오.

(b) 반전 증폭기가 다음의 조건에 따라서 출력상태가 변한다고 가정하시오.
입력전압이 $V_{cc}/2$일 때에 저전압에서 고전압으로 전환된다.
입력전압이 $2V_{cc}/3$일 때에 고전압에서 저전압으로 전환된다.

(c) (a)와 (b)의 결과에 대해서 논의하시오.

풀이

(a) 커패시터가 완전히 충전된 상태에서부터 시작한다. 세 번째 반전 게이트의 출력전압은 V_{cc}이며 입력은 $0[V]$이다. 즉, 첫 번째 반전 게이트의 입력전압은 $0[V]$이다. 그림 11.59 (a)에서는 이 상태를 등가회로로 보여주고 있다. 커패시터는 $V_{cc}/2$에 도달할 때까지 충전이 이루어진다. 가장 좌측에 위

치한 반전 게이트 속으로 유입되는 전류는 거의 없기 때문에, 저항 R_2는 충/방전과정에 거의 영향을 끼치지 못한다. 이 저항은 첫 번째 반전 게이트의 상태를 변화시키는 역할만을 수행한다. 커패시터의 전압이 $V_{cc}/2$에 도달하면, 반전 게이트의 출력상태가 변하며 **그림 11.59 (b)**의 등가회로와 같은 상태가 된다. 이제 R_1의 전위가 $V_{cc}/2$ 이하로 내려갈 때까지, 또는 커패시터의 전위가 $-V_{cc}/2$에서 $+V_{cc}/2$가 될 때까지 커패시터는 방전된다.

$$\left(V_{cc}+\frac{V_{cc}}{2}\right)e^{-t_1/R_1C}=\frac{V_{cc}}{2} \rightarrow e^{-t_1/R_1C}=\frac{1}{3}$$

양변에 자연로그를 취하면,

$$-t=R_1C\ln\left(\frac{1}{3}\right) \rightarrow t_1=1.0986R_1C$$

이와 같이 출력전압이 저전압 상태를 유지하는 시간을 구할 수 있다.

이제 가장 좌측의 반전 게이트 입력전압이 $V_{cc}/2$ 아래로 내려가면, 세 개의 반전 게이트들 모두의 상태가 변하며 가장 우측 게이트의 출력전압은 **그림 11.59 (a)**에서와 같이 다시 고전압 상태로 변한다. 하지만 이제는 커패시터가 $V_{cc}/2$까지 충전된다. 이 상태에 대한 등가회로는 **그림 11.59 (c)**와 같다. 회로는 이전과 동일하기 때문에 소요시간 역시 동일하다.

$$t_2=1.0986R_1C$$

여기서 t_2는 회로의 출력전압이 고전압 상태를 유지하는 시간을 나타낸다. 이와 같은 과정들이 무한히 반복되며 t_1과 t_2 사이를 오간다. 커패시터의 초기 전압 상태인 $V_{cc}/2$는 커패시터가 완전히 방전되었을 때에만 가능하므로, 회로의 전원을 켰을 때에만 나타난다. 총 주기시간은 이들 두 시간을 합한 시간과 같으므로 발진 주파수는 다음과 같이 계산된다.

$$f=\frac{1}{t_1+t_2}=\frac{1}{2.1972R_1C}\quad [Hz]$$

(b) (a)의 과정을 동일하게 반복하면, 우선 커패시터는 완전히 방전되어 있으며 출력이 고전압인 상태에서부터 시작하여야 한다. 출력이 저전압으로 전환되면 커패시터는 $2V_{cc}/3$까지 충전한다. 커패시터가 $-2V_{cc}/3$에서부터 $+V_{cc}/2$까지 충전(반대방향에서 바라보면 방전)하는 동안 출력은 저전압 상태를 유지한다(**그림 11.59 (d)**).

$$\left(V_{cc}+\frac{2V_{cc}}{3}\right)e^{-t_1/R_1C}=\frac{V_{cc}}{2} \rightarrow e^{-t_1/R_1C}=\frac{3}{10}$$

또는

$$-t_1 = R_1 C \ln\left(\frac{3}{10}\right) \rightarrow t_1 = 1.204 R_1 C$$

이제 출력전압은 고전압으로 전환되며, 커패시터가 $-V_{cc}/2$에서 $+V_{cc}/3$까지 변할 때까지 커패시터의 충전이 이루어진다(그림 11.59 (e)).

$$\left(V_{cc} + \frac{V_{cc}}{2}\right) e^{-t_2/R_1 C} = \frac{V_{cc}}{3} \rightarrow e^{-t_2/R_1 C} = \frac{1}{4.5}$$

또는

$$-t_2 = R_1 C \ln\left(\frac{1}{4.5}\right) \rightarrow t_2 = 1.504 R_1 C$$

이를 사용하여 발진 주파수를 계산하면,

$$f = \frac{1}{t_1 + t_2} = \frac{1}{(1.204 + 1.504) R_1 C} = \frac{1}{2.708 R_1 C} \quad [Hz]$$

듀티비는 (a)의 경우 50%인 데 반해서, 이 경우에는 $(1.504/2.708) \times 100 = 55.54\%$로 변했음을 알 수 있다.

(c) 반전 게이트가 출력상태를 전환하는 트립전압을 변화시키면 주파수와 듀티비가 모두 변하게 된다. 커패시터의 충전/방전시간이 길어지면, 상태가 변화하는 고전압과 저전압 사이의 차이가 증가하면서 주파수가 낮아진다. 고전압 유지시간과 주기시간 사이의 비율인 듀티비는 반전 게이트를 켜고 끄는 문턱전압에 의존한다. 이 전압들을 조절하면 듀티비를 변화시킬 수 있다. 그림 11.58에 도시된 것과 같은 여타의 회로들은 문턱 전압을 완벽하게 조절할 수 있기 때문에 이런 관점에서 더 유용하다. 그런데 반전 게이트의 작동 특성은 전형적으로 내부회로에 의해서 결정되므로 인버터의 종류별로 작동특성이 서로 다르다.

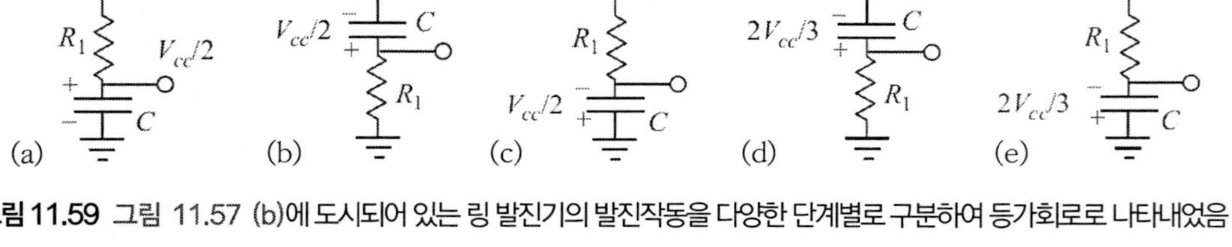

그림 11.59 그림 11.57 (b)에 도시되어 있는 링 발진기의 발진작동을 다양한 단계별로 구분하여 등가회로로 나타내었음

그림 11.60 (a)와 (b)에는 정현파 발진기의 사례들이 도시되어 있다. 이 회로들이 앞서의 회로들보다 조금 더 복잡해 보이겠지만, 여기서 중요한 점은 필요한 주파수를 구현하기 위해서 LC회

로가 사용되었으며, 출력단과 입력단 사이의 귀환이 이루어진다는 것이다. 그림 11.60 (a)에서는 인덕터 L의 하부측을 통해서 귀환이 이루어지는 반면에, 그림 11.60 (b)에서는 LVDT 코일의 하부 절반을 통해서 귀환이 이루어진다. 이 회로들은 다음의 주파수로 발진한다.

$$f = \frac{1}{2\pi\sqrt{LC}} \ [Hz] \tag{11.45}$$

여기서 그림 11.60 (a)의 경우 $C = C_1$이며, 그림 11.60 (b)의 경우에는 $C = C_1C_2/(C_1 + C_2)$이다. 두 그림 모두에서 L은 코일의 총 유도용량이다.

이를 통해서 거의 모든 주파수의 발진기를 설계할 수 있다. 하지만 고주파 발진기의 경우에는 정전용량과 유도용량이 작은 값을 갖기 때문에, 기생 정전용량과 기생 유도용량들이 발진 주파수와 회로의 성능에 큰 영향을 끼칠 수 있으므로 이에 대한 고려가 필요하다.

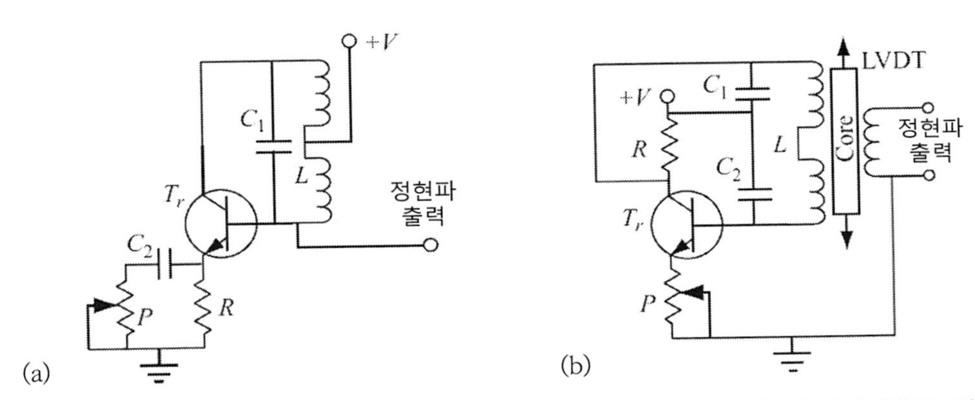

그림 11.60 정현파 LC 발진기. (a) 코일의 아래 부분을 사용하여 신호의 귀환이 이루어진다. 발진 주파수는 발진회로의 유도용량 L과 정전용량 C_1에 의해서 결정된다. (b) LVDT를 구동하는 정현파 LC 발진기의 사례. LVDT 주코일의 하부 인덕터를 통해서 귀환이 이루어진다. 발진 주파수를 결정하는 정전용량은 직렬 연결된 C_1과 C_2이다.

예제 11.20 **테두리 검출과 위치조절**

산업적으로 강판을 생산하는 과정에서 강판의 테두리를 검출하여야 압연된 강판을 고속으로 감을 수 있다. 이를 위해서 그림 11.61에 도시되어 있는 것처럼 코일과 커패시터로 이루어진 발진기용 공진회로를 사용하여 강판 양측의 테두리를 모니터링 한다. 강판이 중앙에 위치하여 있을 때에 양측 발진기들이 동일한 주파수를 생성한다. 만일 강판이 우측으로 이동하면, 2번 발진기의 주파수가 감소하는 반면에 1번 발진기의 주파수는 증가한다. 이들 두 주파수를 사용하여 두 주파수의 차이$(f_2 - f_1)$를 만들어낸다. 강판이 중앙에 위치해 있으면 출력은

0이 된다. 만일 강판이 좌측이나 우측으로 이동하면, 출력신호의 주파수는 강판이 중앙 위치로부터 벗어난 거리에 비례하여 변한다. 이 신호를 제어기 측으로 전송하면 제어기가 작동기를 구동하여 주파수 차이가 다시 0이 될 때까지 강판을 중앙 위치로 이동시킨다. 강판이 중앙 위치로부터 $k[mm]$만큼 벗어난 경우에 각 코일의 유도용량은 $k\Delta L[H]$만큼 변한다고 가정한다. 여기서 L은 강판이 없는 경우에 각 코일의 유도용량이다.

(a) 센서의 민감도(편차$[mm]$당 출력주파수의 변화량)를 일반화하여 계산하시오.

(b) $L = 500[nH]$, $C = 0.001[\mu F]$, 그리고 $\Delta L = 0.001L[H/mm]$일 때, 민감도를 계산하여 도표로 나타내시오.

풀이

(a) 각 발진기의 공진주파수는 다음 식의 지배를 받는다.

$$f = \frac{1}{2\pi\sqrt{LC}} \ [Hz]$$

만일 박판이 좌측으로 $k[mm]$만큼 이동한다면, 두 발진기의 주파수는 다음과 같이 계산된다.

$$f_1 = \frac{1}{2\pi\sqrt{(L + k\Delta L)C}}, \ f_2 = \frac{1}{2\pi\sqrt{(L - k\Delta L)C}} \ [Hz]$$

따라서 믹서의 출력 주파수는 다음과 같이 계산된다.

$$\Delta f = f_2 - f_1 = \frac{1}{2\pi\sqrt{(L - k\Delta L)C}} - \frac{1}{2\pi\sqrt{(L + k\Delta L)C}}$$
$$= \frac{1}{2\pi\sqrt{LC}}\left(\frac{1}{\sqrt{1 - 0.001k}} - \frac{1}{\sqrt{1 + 0.001k}}\right) \ [Hz]$$

민감도는 다음과 같이 구해진다.

$$s = \frac{d(\Delta f)}{dk} = \frac{0.001}{4\pi\sqrt{LC}}\left(\frac{1}{(1 - 0.001k)^{3/2}} - \frac{1}{(1 + 0.001k)^{3/2}}\right) \ [Hz/mm]$$

(b) 주어진 값들을 대입하여 계산해 보면,

$$s = \frac{0.001}{4\pi\sqrt{0.001 \times 10^{-12} \times 500 \times 10^{-9}}}\left(\frac{1}{(1 - 0.001k)^{3/2}} - \frac{1}{(1 + 0.001k)^{3/2}}\right)$$
$$= 3{,}558{,}882\left(\frac{1}{(1 - 0.001k)^{3/2}} - \frac{1}{(1 + 0.001k)^{3/2}}\right) \ [Hz/mm]$$

이 결괏값은 그림 11.62에 도표로 표시되어 있다. 그래프를 살펴보면 민감도는 거의 선형적이며, 대략적으로 $10.7[kHz/mm]$의 민감도를 가지고 있다는 것을 알 수 있다.

주의: 좌측이나 우측으로의 편차는 서로 동일한 주파수 편차를 만들어낸다.

주파수 차이를 모니터링하여 이를 줄이는 방향으로 강판을 이동시키는 방식으로 강판의 위치 보정을 수행하여야 한다.

작동기에 의해서 약간의 히스테리시스가 추가될 수 있으며, 이런 부차적인 편차는 보정할 수 없다.

LC 발진기는 매우 안정적인 발진기가 아니지만, 동일한 소자들을 사용한다면 양측의 편차가 서로 동일하게 발생할 것이며, 이런 공통모드 변화는 상쇄된다.

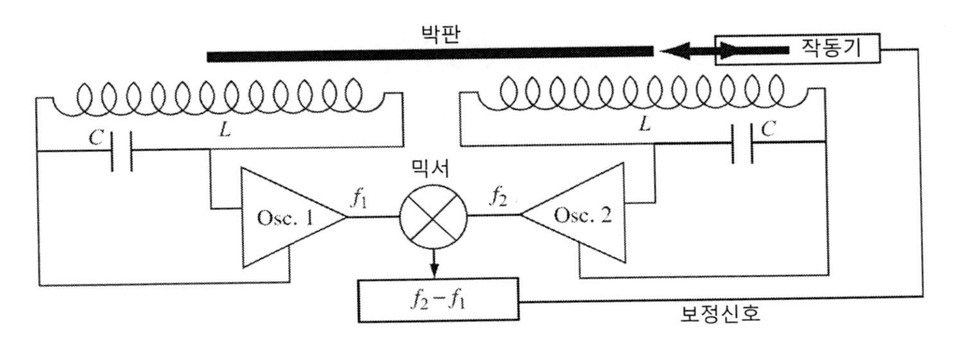

그림 11.61 금속 박판의 테두리 검출기

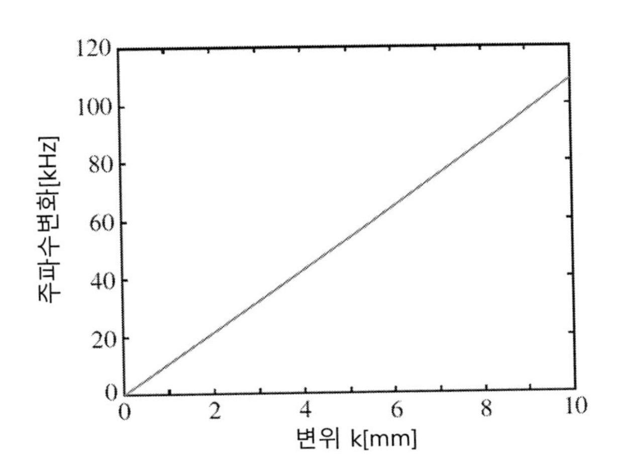

그림 11.62 그림 11.61에 도시된 센서의 전달함수

11.9 에너지 수확

현대적인 센서들은 거의 필요에 의해서, 그리고 사용하는 소자와 재료들로 인해서(CMOS 소자 및 이들의 제조공정과 심한 연관관계를 가지고 있다) 저전력 소자들로 진화하게 되었다. 특히 스마트 센서는 저전력 소자로 설계된다. 반면에 어떤 시스템에 연결되는 센서의 숫자는 점차로 증가하고 있으며, 많은 경우 넓은 공간에 분산하여 배치한다. 이런 센서들에 전력을 공급하는 일은 측정의 가장 기본적인 문제가 되지는 못하지만, 시스템 설계 시 고려해야만 하는 중요한 문제이다. 또한, 전력이 부족하거나 공급하기 어렵거나, 또는 고전적인 전원과는 분리하는 것이 바람직한 위치에서 센서를 사용하기 위해서 대체전원 문제가 관심을 받게 되었다. 일부의 경우, 센서에 대체전원을 사용하도록 지정되는 경우가 있다. 예를 들어, 무선식별시스템(RFID)용 태그는 RFID 자체에 의해서 전력을 공급받는 것이 가장 용이하며, 이 전력은 RFID 판독기로부터 수확한다. 이와 마찬가지로, 무선 점등 스위치 내의 무선 송신기는 압전소재를 사용하여 스위치를 작동시키는 데에 필요한 기계적 작용으로부터 전력을 공급받는다. 계산기나 원격 데이터 수집 장치와 같은 원격 시스템의 전력을 공급하기 위하여 태양 전지판이 일반적으로 사용된다. 이외에도 수많은 소자들이 센서나 작동기를 작동시키기 위한 행위나 주변 환경으로부터 전력을 수확한다. 전력수확은 전원장치의 대안으로만 생각할 수 없다. 많은 경우, 전력공급이 불가능한 위치까지 장치의 작동범위를 확장시켜주며, 교체형 전지에 대한 의존성과 전지 사용에 따른 환경문제가 없고, 에너지 효율이 증가하는 등의 장점이 있다. 반면에, 태양전지판과 일부 열전발전기(TEG), 그리고 기계적인 동력을 즉시 사용할 수 있는 경우를 제외하면 극소량의 전력만을 사용 가능하며, 이를 수확하는 시스템의 설계에 큰 어려움이 있다. 그럼에도 불구하고 측정시스템의 설계 시 대체전원의 사용에 대해서 고려해야만 하며, 가능하다면 적극적으로 활용해야 한다.

다양한 방식으로 전력을 수확할 수 있다. 고전력 수확의 경우에는 태양, 열, 자기유도 그리고 일부의 기계적 힘 등을 활용하여 비교적 다량의 전력을 수확할 수 있다. 저전력의 경우에는 전자기복사, 진동, 음향에너지 그리고 일부의 운동장치 등을 사용할 수 있다. 하지만 사용 가능한 방법들 사이에 명확한 구분은 없다. 비록 진동과 운동 장치들은 대부분이 저전력원에 사용되지만, 운동에 기반을 둔 전기자동차의 회생제동의 경우 다량의 전력을 수확할 수 있다. 이와 마찬가지로 태양전지가 다량의 전력을 수확할 수 있지만, 계산기와 같이 실내용으로 사용하는 태양전지의 경우에는 매우 작은 전력만을 생산한다.

11.9.1 태양에너지 수확

아마도 가장 잘 알려진 전력수확 대상은 태양에너지로서, 광전지 소자(태양전지)의 용량을 사용하여 다량의 DC 전력을 수확할 수 있다(광전지 다이오드에 대해서는 4.5.3절 참조). 태양으로부터 전달되는 전력량은 매우 크며(위치와 날씨에 따라서 다르지만 최대 $1.4[kW/m^2]$이다), 필요한 거의 모든 양의 전력을 생산할 수 있다. 사실 태양광 발전소가 바로 이 일을 수행하고 있다. 센서에 전력을 공급하는 경우, 전력수요는 크지 않으므로 소형의 태양전지로도 충분하다. 작동기들은 훨씬 더 큰 전력이 필요하므로 태양전지판의 면적은 그에 따라서 넓어진다. **태양에너지 수확**을 활용할 수 있는 상상 가능한 거의 모든 용도들에서는 센서나 작동기들이 필요로 하는 전력을 조절하고 에너지를 저장하기 위해서 전지와 제어기가 필요하다. 전지는 태양광이 없거나 불충분한 경우에도 필요한 전력을 공급할 수 있도록 적절한 용량을 가지고 있어야 하며, 제어기는 전지를 충전하고 센서나 작동기로 보내는 전력을 조절해야 한다. 센서와 작동기에 전력을 공급하기 위해서 태양전지를 사용하는 것은 설치 위치가 고정되어 있고, 작동 방식을 미리 알고 있으며, 예측이 가능한 경우에 적합하다. 하지만 이는 결코 필요조건은 아니다.

11.9.2 온도차에너지 수확

열구배를 활용하여 전력을 수확한다는 개념은 과거 100여 년 전부터 이용되어 왔다. 최초의 **열 발전기**(TEG)는 1880년대로 거슬러 올라가며, 일부의 시도들은 이보다 오래 되었다. 이는 열전대가 1830년부터 이미 사용되었기 때문이다(3.3절 참조). 그런데 펠티에효과에 기초한 열 발전기가 개발된 이후로 이 방법이 실용성을 얻게 되었다. 초기에는 우주공간에서 냉각 및 가열을 위해서 펠티에효과가 사용되었지만, 곧 이어서 발전에도 활용되기 시작하였다. 현재는 이식형이나 착용형 소자들에 대한 체열을 이용한 에너지수확이나 파이프라인의 음극보호 장치의 원격설치 시에 소량의 전력을 공급하기 위해서 자주 사용되고 있다. 열 발전기는 전형적으로 다수의 반도체 접점들을 직렬로 연결하여 필요한 전압을 얻는 방식으로 제작된다(3.3.3절 참조). 이들은 전형적으로 40~60[°C]의 온도 차이를 필요로 한다. 열 발전기는 모든 온도 차이에 대해서 출력을 생성할 수 있지만, 온도구배가 줄어들수록 에너지 변환효율이 감소한다. 표준화된 패널들이 판매되고 있으며 수 $[mW]$에서 수백 $[W]$에 이르는 전력을 수확할 수 있다. 대부분의 소자들은 실리콘의 작동온도범위(150[°C] 이하)에서 작동할 수 있지만, 800[°C]에서 작동하는 소자도 존재한다. 고온 열 발전기 소자들은 열전대를 기반으로 하는데, 이들은 가스로 내에서 점화용 불씨를 감지하기 위해서 사용된다. 이들은 주로 센서에 전력을 공급하는 용도로 사용되지만, 표시등이나 소형 밸브의 구동에도 활용된다. 비스무스-텔룰라이드(Bi-Te)나 칼슘-망간(Ca-Mg) 소재로 제작된 열 발전기들은 350[°C]의 온도에서 작동할 수 있으며, 이는 차량의 배기 시스템에서 고전력 에너지를 수확하는 후보기술이다. 고온에서 작동할 수 있도록 열 발전기들을 직렬로 연결할 수 있으며, 적절한 온도구배가 유지되고, 최대 작동온도를 넘어서지 않는다면 거의 모든 열원에 적용할 수 있다. 비록 열 발전기의 효율이 낮지만(대략적으로 10% 내외), 폐열을 사용한다면 전력을 생산하는 매력적인 방법이 될 것이다. 예를 들어, 차량의 내연기관은 연료로부터 생산되는 에너지의 약 50% 정도를 배기와 방열로 버리고 있다. 만일 이 중 일부만이라도 회수할 수 있다면, 이를 활용하여 전기 시스템에 전력을 공급할 수 있으며, 전체적인 변환효율을 높일 수 있다.

11.9.3 자기유도와 무선주파수 에너지 수확

이 절에서는 두 가지 방법들에 대해서 살펴볼 예정이다. 첫 번째는 수동적인 방법이다. 라디오와 TV 스테이션, 통신 중계기 등과 같은 다양한 전파원들로부터 생성되는 고주파 전자기복사나 전력선의 저주파 전자기파로부터 전자기유도를 통해서 전력을 수확할 수 있다. 수동적인 유도방식의 전력수확은 송전선에 인접한 위치에 설치되는 센서나 작동기와 같이 특수한 경우에는 매우 효과적이다. 이외의 대부분의 경우, 특히 고주파 소스를 활용하는 경우에는 비교적 큰 안테나(또는 코일)를 사용하여도 수확할 수 있는 전력량은 제한적이다. 비록 이 방법을 일반화하여 폄훼할 수는 없겠지만, 신뢰성 있는 전원을 필요로 하는 경우나 전력을 마음대로 사용할 수 있어야 하는 경우에는 이 방법이 적합하거나 믿을 만하지 못하다. 이런 이유 때문에, 능동방식이라고 부르는 두 번째 방법이 더 현실적이다. 능동방식은 두 가지 기본적인 전자기 원리들을 사용하는데, 각각의 원리들은 각자만의 장점들을 가지고 있다. 첫 번째 방법은 유도식이다. 변압기처럼 생긴 구조의 일차측은 전력원과 연결되며, 이차측은 유도된 전력을 부하측으로 공급한다(5.4.1절 참조). 필요한 코일의 크기를 줄이기 위해서 변압기의 작동 주파수는 비교적 높게 설정된다. 이런 유형의 방법은 작동범위가 비교적 짧지만(최대 수 $[cm]$) 상당한 수준의 전력공급이 가능하다. 이 방법은 체내에 이식된 소자에 피부를 통해서 전력을 공급하는 경우나, 패드를 사용한 스마트폰이나 노트북 충전과 같이 다양한 용도에서 활용되고 있다. 이 방법은 또한 전형적으로 $124[kHz]$와 $150[kHz]$를 사용하는 RFID 에서도 일반적으로 사용되고 있다(10.5.1절 참조). 일부의 경우 변압기는 단순한 유도소자로 작동하지만, 작동효율을 더 높이기 위해서는 공진모드로 작동하여야 한다. **공진모드 변압방법**은 비교적 단순하며, 다양한 방식으로 활용범위를 확장시킬 수 있다. 미소 전력 공급용 코일의 크기는 매우 작아서 비전고성 구조체 내에 매립, 함침 및 밀봉할 수 있으며, 평면이 아닌 표면을 포함하여 여러 위치에 분산 배치할 수도 있다.

두 번째 방법은 **복사방식**으로서, 안테나를 사용하여 복사전력을 수신하는 방식으로 에너지 수확이 이루어진다. 이 방법은 작동 범위가 $10[m]$를 넘어서는 능동식 RFID에서 많이 사용되고 있다(10.6절 참조). 그런데 1960년대 초반에 마이크로파 빔을 사용하여 전기구동방식의 소형 비행체에 전력을 공급하는 흥미로운 실험이 수행되었다. 이런 용도에는 전형적으로 미국의 연방 통신위원회(FCC)에서 산업, 과학 및 의료용으로 할당된 주파수 대역이 사용된다. 예를 들어, RFID에는 전형적으로 $13.56[MHz]$가 사용된다. 하지만 여타의 주파수들(예를 들어, $433.92[MHz]$, $915[MHz]$와 $2,450[MHz]$)도 이런 목적으로 사용할 수 있다(10.5.1.1절 참조).

이들 두 가지 방법들은 각자만의 용도를 가지고 있으며 장점과 단점이 존재한다. 유도식 방법은 규제의 측면에서는 제약이 덜하며, 더 많은 전력을 전달할 수 있지만 작동범위가 짧다. 특히 다량의 전력을 공급할 수 있고, 저주파에서 작동하며, 개념이 비교적 단순하다.

11.9.4 진동에너지 수확

측정용으로 적합한 또 다른 전력원은 진동으로서, 이를 수확하기 위해서 압전체가 사용된다. 하지만 이 방식으로 수확할 수 있는 전력량은 매우 작으며 단속적이다. 활용이 가능한 분야에는 엔진, 교량, 풍력부하가 작용하는 비행기나 여타의 구조물들, 파도, 심지어는 보행 중 발생하는 진동 등이 포함된다. 이 운동에너지는 압전효과나 전자기 커플링과 같은 적절한 전기-기계적 커플링을 통해서 사용 가능한 전기 에너지로 변환된다. 낮은 수준의 동력원으로부터 필요한 전력을 수확하기 위해서는 환경조건과 주변 에너지의 주파수 특성뿐만 아니라 전기기계식 커플링에 연결된 전기적 부하에 대해서 수확장치의 특성이 조절되어야 한다. 진동 기반의 에너지 수확 시스템을 설계하기 위해서는 전형적으로 주 진동구조물에 2차 질량체를 부착하여야 한다. 주 진동원으로부터 2차 진동소자로 에너지가 전달되는 과정에서 둘 사이에 상대변위가 발생하며, 전기기계식 커플링은 이를 이용하여 전기 에너지를 생산한다. 예를 들어, 압전판은 교량과 같은 구조물의 변형으로 인하여 발생한 진동을 직접 전력으로 변환시켜준다. 또 다른 사례로는 코일 내부에 설치된 영구자석이 보행이나 파도에 의해서 주기적으로 운동하는 것이다. 효율적인 수확 시스템은 상대변위를 극대화시켜서 전력을 최대한 뽑아내기 위해서 공진모드에서 작동한다.

샤워기 수온 표시장치와 같은 특정한 용도를 위해서 설계된 인라인 수력터빈 발전기나 소형 풍력발전기와 같은 이미 상용화 되어 있는 여타의 다양한 전력수확 방법들이 존재한다. 이외에도 바이오매스의 분해과정에서 생성된 가스나 보행운동을 활용하는 방법들도 있다. 다양한 방식으로 모든 유형의 동력들을 수확할 수 있으며, 전력수요가 비교적 작은 모든 종류의 센서나 작동기에 이들을 활용할 수 있다. 전력수확 방법들을 센서 및 작동기와 연결하는 방법들에 대해서는 현재도 연구가 진행되고 있으며, 가장 큰 장점은 전원이나 전지와의 연결이 필요 없다는 것이다. 이외에도 운전비용, 단순성 및 신뢰성 등이 부수적인 이점으로 꼽힌다. 일부의 스마트 센서나 스마트 작동기의 경우에는 소자 내부에 전력수확 장치가 통합되어 있다. 어떤 방법도 범용으로 사용할 수는 없지만, 설계 시에 센서와 작동기가 사용되는 시간과 장소를 고려하여 가장 적합한 전력수확 방법을 고려해야만 한다. 전력수확 장치에도 매우 낮은 전압에서 작동할 수 있는 스위칭 전원이나 저전압-저전력 작동이 가능하도록 설계된 여타의 전자소자들을 적용할 수 있다.

11.10 노이즈와 인터페이스

이미 **센서 노이즈**에 대해서는 여러 번 논의하였으며, 넓은 의미에서 노이즈는 필요한 신호, 즉 자극을 나타내는 신호 이외의 모든 신호성분이라고 이해할 수 있다. 일반적으로 노이즈는 가능한 한 최소화시켜야만 한다(노이즈는 완벽하게 제거할 수 없으므로 제거는 올바른 개념이 아니다). 그런데 센서와 작동기의 사양 정의와 설계과정에서 노이즈 제거보다 더 중요한 것은 노이즈에 대한 올바른 인식이다. 예를 들어, 온도센서가 10[$\mu V/°C$]의 전압을 생성하며, 고품질 전압계가 1[μV]를 신뢰성 있게 측정할 수 있다고 하자. 이를 통해서 분해능이 0.1[°C]일 것이라고 생각할 수 있다. 하지만 만일 (모든 원인들로부터 유입된) 노이즈가 2[μV]라면, 노이즈 전위보다 높은 전압만을 사용할 수 있으며, 2[μV]보다 낮은 전압은 쓸모없어진다. 따라서 이 측정 시스템의 분해능은 0.2[°C]에 불과하다. 많은 경우 노이즈를 추정할 수밖에 없기 때문에, 현실은 이보다 더 열악하다. 증폭을 시행하면 노이즈도 함께 증폭되며, 증폭기 자체의 노이즈가 여기에 더 추가되어버린다. 따라서 노이즈는 그 크기가 매우 작더라도 절대로 무시해서는 안 된다.

노이즈는 발생 원인과 유형이 매우 다양하다. 노이즈를 센서의 외부적 요인과 내부적 요인으로 크게 양분하여 살펴보려고 한다. 이를 **간섭노이즈**[7]와 **내재노이즈**[8]로 구분하여 부를 예정이다.

11.10.1 내재노이즈

내재노이즈는 센서 내부에 존재하는 많은 원인들에 의해서 발생하는데, 일부는 제거 가능하지만 일부는 본질적인 성질이다. 센서 내에서 발생하는 노이즈의 주요 원인들 중 하나는 저항성 소자에서 발생하는 **열노이즈** 또는 **존슨 노이즈**이다. 이 노이즈의 전력밀도는 다음과 같이 나타낼 수 있다.

$$e_n^2 = 4kTR\Delta f \quad [V^2] \tag{11.46}$$

여기서 k는 볼츠만 상수($k = 1.38 \times 10^{-23} [J/K]$), $T[K]$는 온도, $R[\Omega]$은 저항, 그리고 $\Delta f [Hz]$는 대역폭이다. 이 노이즈는 예를 들어 단순 저항기 속에도 존재하며, 만일 저항값이 크다면 노이즈도 매우 커진다. 존슨 노이즈는 비교적 넓은 주파수 범위에 대해서 일정한 값을 가지므로, 이를 **백색노이즈**라고도 부른다. 사실 e_n의 양은 전압값이다. 일부의 경우, 식 (11.46)을 Δf로 나누어 $[V^2/Hz]$단위를 갖는 노이즈전력밀도로 나타내기도 한다. 식 (11.46)으로부터 이 노이즈를 제어하는 일반적인 수단은 낮은 온도, 낮은 저항, 좁은 대역폭이라는 것을 알 수 있다.

두 번째 유형의 노이즈는 소위 **산탄노이즈**[9]라고 부르며, 직류전류 I가 반도체 속을 통과하여 흐르는 과정에서 발생한다. 이 노이즈는 전자와 원자 사이의 임의충돌 과정에서 생성된다.

$$i_{sn} = 5.7 \times 10^{-4} \sqrt{I\Delta f} \quad [A] \tag{11.47}$$

비록 전류 I가 직류이기는 하지만 노이즈는 고려대상 주파수 대역폭인 Δf에 의존한다. 위 식에서 알 수 있듯이 직류전류 I가 작을수록 노이즈가 감소한다.

내재노이즈의 세 번째 원인은 소위 **분홍색노이즈**[10]라고 부른다. 이 노이즈는 백색노이즈와는 달리 저주파 대역의 에너지 밀도가 더 높다. 이는 특히 저주파 대역에서 작동하는(신호가 느리게 변하는) 센서의 경우에 문제가 된다. 노이즈의 스펙트럼 밀도는 $1/f$이며 저주파에서는 여타의 노이즈 원인들보다 더 크게 나타난다.

---

7) interference noise
8) inherent noise
9) shot noise
10) pink noise

노이즈가 일정하게 발생한다고 하여도 이를 측정하는 것은 매우 어려운 일이다. 노이즈는 일반적으로 조화함수적 특성을 가지고 있으므로, 실효값(RMS)이나 최댓값을 알아내는 것은 어려운 일이다. 노이즈 분포는 일정하지 않으며(일반적으로 가우스 분포) 세련된 측정방법이 부족하므로, 최선의 방안은 노이즈 수준을 추정하는 것뿐이다.

11.10.2 간섭노이즈

센서나 작동기에서 발생하는 가장 큰 노이즈는 외부에서 유입되어 센서나 작동기와 커플링되면서 나타난다. 이런 유형의 노이즈를 **간섭노이즈**라고 한다. 이 간섭의 원인은 매우 다양하다. 가장 잘 알려진 원인들은 아마도 전원의 과도상태, 정전기 방전, 그리고 모든 전자기파를 방출하는 시스템(송신기, 전력선, 교류를 흘리는 거의 모든 소자들과 장비들, 번개, 심지어는 우주에서 유입되는 전자기파 등)들로부터 전달된 무선주파수 등과 같은 전기적인 원인일 것이다. 이외에도 기계적인 물리량을 측정하는 센서들의 경우에는 진동이나 중력의 변화, 가속 등과 같은 기계적인 간섭이 노이즈로 작용한다. 여타의 원인들로는 열(온도변화나 도전체에서 발생하는 제벡효과 등), 이온화 요인들, 습도변화에 의한 오차, 심지어는 화학적 원인들도 포함된다. 일부의 오차들은 센서 소자나 회로들의 잘못된 배치, 올바르게 설계되지 않거나 적합하지 않은 소재를 사용하여 연결한 회로 등에 의해서도 발생한다. 일반적으로, 전기적인 노이즈 원인들을 전자기 소스(정전기 방전과 번개도 포함)라고 부르며, 전자기 간섭이나 전자기 적합성 문제와 연결된다.

일부의 경우에는 노이즈를 손쉽게 구분할 수 있다. 예를 들어, 길이가 긴 도선을 사용하여 $60[Hz]$ 전원을 연결한 경우에는 전원선에 의해서 $120[Hz]$의 노이즈($50[Hz]$ 시스템의 경우에는 $100[Hz]$)가 발생한다. 이런 유형의 노이즈는 시간주기성을 가지고 있는 노이즈의 대표적인 사례이다. 여타의 원인들, 특히 과도적이거나 임의적인 원인들에 의한 노이즈들은 구분하기 어려우며 이를 보정하기는 더욱 더 어렵다.

노이즈, 특히 간섭노이즈들은 센서마다 서로 다른 영향을 끼친다. 가장 단순한 경우는 합산적 성질(2.2.5절 참조)로서, 노이즈가 단순히 신호에 추가된다. 가장 큰 문제는 노이즈가 신호와 무관하며 단순히 신호에 더해진다는 것이다. **합산성 노이즈**는 진폭이 일정한 특성을 가지고 있으므로, 신호전위가 낮을 때에 특히 중요하다. 예를 들어, 온도변화에 따른 드리프트 현상은 온도에 의존적이며 신호전위와는 무관하다. 이런 유형의 노이즈는 차동형 센서를 사용하여 하나의 센서만 자극에 노출시키며, 두 센서 모두 동일한 외부 노이즈 환경에 노출시키는 방법을 사용하여 최소화시킬 수 있다. 두 센서들의 출력신호를 서로 차감하면 노이즈를 제거하거나 최소한 최소화시킬 수 있다.

또 다른 유형의 노이즈는 **곱셈성 노이즈**이다. 즉, 신호의 전위증가에 따라서 노이즈가 커지며, 이는 신호에 대한 노이즈의 변조효과에 의해서 일어난다. 이 노이즈는 일반적으로 신호의 출력전위가 클 경우에 뚜렷해진다. 이 노이즈는 앞에서와 마찬가지로 두 개의 센서들을 사용하여 최소화할 수 있지만, 기준용 센서의 출력을 차감하는 대신에 측정용 센서의 출력을 기준용 센서의 출력으로 나눈다(2.2.5절 참조). (압력과 같은) 자극을 측정하는 과정에서 온도변화 ΔT로 인한 노이즈가 존재하며, 이 노이즈는 곱셈성이라고 가정하자. 이 센서의 전달함수는 $V=(1+N)V_s$라고 가정하며, 여기서 N은 노이즈함수이다. 센서들 중 하나는 자극과 노이즈를 동시에 측정하며, 자극에 대해서 다음과 같이 출력 V_1을 생성한다.

$$V_1=(1+\alpha\Delta T)V_s \ [V] \tag{11.48}$$

두 번째 센서는 온도만을 측정하며, 다음과 같이 출력 V_2를 생성한다.

$$V_2=(1+\alpha\Delta T)V_0 \ [V] \tag{11.49}$$

여기서 V_0는 상수라고 가정한다(즉, 온도변화에만 의존한다). 따라서

$$\frac{V_1}{V_2}=\frac{V_s}{V_0} \tag{11.50}$$

그리고 V_0는 측정된 자극과는 무관한 값이기 때문에, 이 비율도 역시 노이즈에는 무관하다. 이를 **방사선분광법**[11]이라고 부르며, 이런 유형의 노이즈에 가장 적합하다.

센서의 노이즈를 저감하는 것보다도 노이즈가 센서에 도달하기 전에 미리 이를 제거하는 것이 가장 효과적이다. 이를 위해서는 노이즈가 센서에 도달하기 위해서 사용되는 수단들에 대해서 이해할 필요가 있다. 전기적 노이즈의 경우, 다음의 네 가지 방법을 통해서 노이즈가 센서에 도달

11) radiometric method

하게 된다.

저항결합을 통해서, 즉 노이즈원과 센서가 공유하는 저항성 경로를 통해서 직접 노이즈가 센서에 도달할 수 있다. 여기에는 센서 연결선들 사이의 저항이나 센서 몸체와의 저항이 포함된다. 즉, 센서는 노이즈원들로부터 전기적으로 절연되어 있지 않은 상태이다. 이에 대한 해결책은 센서를 노이즈원(일반적으로 전원선과 같이 전류를 흘리는 도체)들로부터 차폐하여야 한다. 이를 구현하기 위해서 때로는 센서를 전기적으로 부유시킬 필요가 있다.

두 번째 유형은 **용량결합**이다. 두 도체 사이에는 항상 정전용량이 존재하기 때문에 용량결합은 매우 일반적인 현상이다. 두 도선, 두 연결부, 두 박판이나 패드들 사이에서는 항상 기생정전용량이 생성되며 커플링을 초래한다. 일반적으로 정전용량값이 매우 작기 때문에 AC 임피던스가 크다. 따라서 용량결합은 고주파에서만 문제가 된다. 그런데, 특히 정전용량형 센서의 경우에는 매우 작은 정전용량을 사용한다. 이런 경우에는 어떠한 용량결합도 정확한 계측을 방해하기에 충분히 큰 값으로 작용한다. 이런 경우, 용량결합 노이즈를 생성할 수 있는 모든 원인들로부터 센서를 정전기적으로 차폐하여야 한다. 정전차폐를 위해서는 일반적으로 도전성 박판이나 도전성 망사구조를 사용하여 보호영역을 감싸며 이를 접지시킨다(기준전위와 연결한다). 이를 통해서 노이즈원을 접지와 연결하는 것이다. 그림 11.63에서는 이런 사례를 보여주고 있다. 커플링된 정전용량이 접지로 연결되지만, 이 과정에서 보호되는 소자와 차폐 사이에 새로운 정전용량이 형성된다. 그럼에도 불구하고 노이즈신호는 0이 된다(또는 크게 저감된다). 센서와 연결된 도선도 차폐가 필요하다. 하지만 가장 중요한 점은 차폐구조 전체가 모두 동일한 전위를 가져야 한다는 것이다. 예를 들어, 도선을 차폐한 다음에 이 차폐의 양단을 접지와 연결하면, 차폐의 한쪽은 센서의 정전차폐기구로 작용하며, 다른 한쪽은 제어기의 본체와 연결될 것이다. 또는 동일한 차폐의 양단이 서로 다른 위치에 연결될 것이다. 이로 인하여 닫힌 전류루프가 형성되며, 스스로 노이즈를 생성하게 된다.

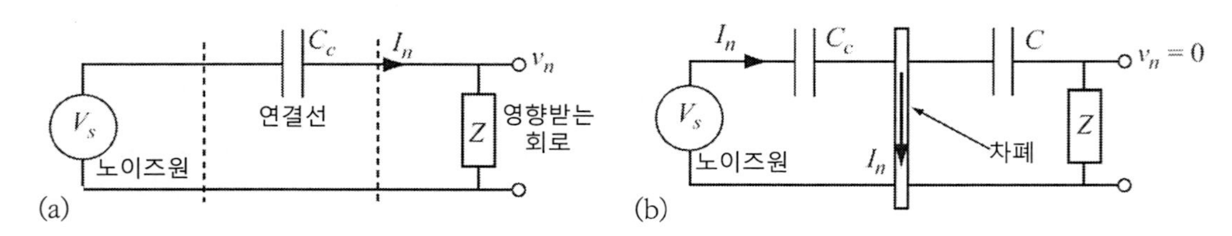

그림 11.63 정전차폐. (a) 차폐가 없는 회로. (b) 차폐가 노이즈 전류를 접지로 흘려보낸다.

세 번째 유형은 **유도결합**이다. 유도결합은 전력선과 센서에 연결된 도체, 특히 센서 연결선과 같이 전류가 흐르는 도체들 사이에서 특히 심각한 문제를 일으킨다. 예를 들어, 전력선에서 발생하는 $100[Hz]$ 또는 $120[Hz]$ 노이즈가 용량결합을 통해서 센서로 유입된다. 고주파 노이즈원의 경우, 센서와 연결된 도선을 정전차폐와 같은 도전성 차폐기구로 감싸야 한다. 동축 케이블이 대표적인 사례이다. 이는 희석(9.4절 참조)개념을 도입한 것이며, 도체 내에서 고주파 전자기장의 감쇄특성을 활용한다. 만일 노이즈가 매우 저주파라면 자기차폐가 필요하다. 자기차폐는 일반적으로 비교적 두꺼운 자성체 상자로 대상 소자를 감싸서 저주파(또는 DC) 전자기장을 센서로부터 분리시킨다. 5.4.1.1절에서 살펴보았던 근접센서의 경우에 일반적으로 이런 유형의 차폐를 사용한다.

전기적 노이즈가 센서를 교란하는 네 번째 방법은 전자기 방사나 **방사간섭**이다. 이는 교류를 전송하는 모든 도체는 수신용 안테나처럼 작동한다는 사실에 기초한다. 만일 어떤 도체가 회로의 일부분으로 사용된다면 이 회로 내에서 전자기파 수신에 따른 전류가 생성된다. 라디오나 텔레비전 신호를 송신하는 전자기파에 의해서 이런 유형의 노이즈가 특히 크게 생성되지만, 모든 AC 신호들에 의해서도 만들어진다. 이런 유형의 노이즈를 저감하기 위해서는 도선의 길이와 회로를 구성하는 루프의 크기(면적)를 줄여야만 한다. 대부분의 간섭원들이 고주파로 작동하기 때문에, 차폐는 방사간섭의 저감에 매우 효과적이다. 관찰해야만 하는 여타의 일반적인 주의사항들을 살펴보면, 회로와 전원에 비동조화 커패시터를 설치하여야 하며(전원의 AC 임피던스를 저감시켜준다), 두 도선을 서로 꼬아서 이들이 형성하는 루프의 면적을 최소화시켜야 한다. 동축 케이블을 적절히 사용한다면, 대부분의 방사간섭을 저감하거나 제거할 수 있다. 대부분의 노이즈 문제들에 대한 일반적인 해결책은 회로 하부에 금속판을 깔아 놓는 것과 같이 (프린트 회로기판 하부에 도전성 박판을 깔아놓거나 다중층 프린트회로기판 내에 도전층을 삽입하는 방식으로) 접지평면을 마련하는 것이다. 이를 통해서 회로의 유도결합을 저감시킬 수 있으며, 용량결합과 방사결합 모두에 효과적이다.

진동차폐를 통해서 기계적인 노이즈, 특히 진동에 의한 노이즈를 제거하거나 저감할 수 있지만, 압전형 센서와 같은 일부 센서의 경우 (가속도를 활용한) 힘 측정에 오차를 발생시킬 수 있다. 이런 오차들은 앞서 설명했던 차동식 기법이나 방사선분광법 등을 사용하여 보상할 수 있다.

이런 노이즈 원인들 이외에도 다양한 노이즈들이 존재한다. 예를 들어, 이종금속 접점은 열전대처럼 작동하므로 연결도선 속에서 노이즈를 유발한다. 이로 인하여 센서의 측정오차가 유발되며,

이를 **제벡노이즈**라고 부른다. 대부분의 경우에는 이것이 큰 문제가 되지 않지만, 온도를 측정하거나 이 신호가 자극신호에 더해지는 경우에는 문제가 된다. 지금까지 살펴본 바와 같이 노이즈는 매우 어려운 주제이며, 제대로 정의되어 있지도 않다. 많은 경우, 노이즈 원인의 발견을 위해서는 세밀한 조사와 실험이 필요하다.

11.11 문제

증폭기

11.1 **증폭기 설계**. 열전대에서 생성된 전압은 측정온도범위에 따라서 0~100$[\mu V]$ 사이의 전압을 출력한다. 표시기를 사용하기 위해서는 0~5$[V]$ 사이의 출력전압이 필요하다. 개루프 입력 임피던스가 $10[M\Omega]$이며, 개루프 이득은 10^6인 연산증폭기가 신호의 증폭에 사용되었다. 저항값들을 포함하여, 필요한 출력을 만들어내기 위한 증폭회로를 설계하시오.

11.2 **차동증폭기**. 그림 11.64에 도시되어 있는 것처럼, 반전 및 비반전 증폭기를 하나의 유닛으로 조합하여 차동증폭기를 만들 수 있다. 즉, 차동증폭기는 V_a와 V_b의 전압차이를 출력한다.

(a) $R_1 = R_2 = R_3 = R_4$라면, $V_{out} = V_a - V_b$임을 증명하시오. 이를 위해서, 우선 $V_a = 0[V]$으로 놓은 후에 V_b에 의한 출력전압을 계산하시오. 다음으로 $V_b = 0[V]$로 놓은 후에 V_a로 인한 출력전압을 계산하시오. 두 출력을 서로 중첩하면 필요한 결과를 얻을 수 있다. 연산증폭기 속으로 유입되는 전류는 0이라고 가정한다.

(b) $V_{out} = 5(V_a - V_b)$를 얻기 위해서는 이 회로를 어떻게 수정해야 하는가?

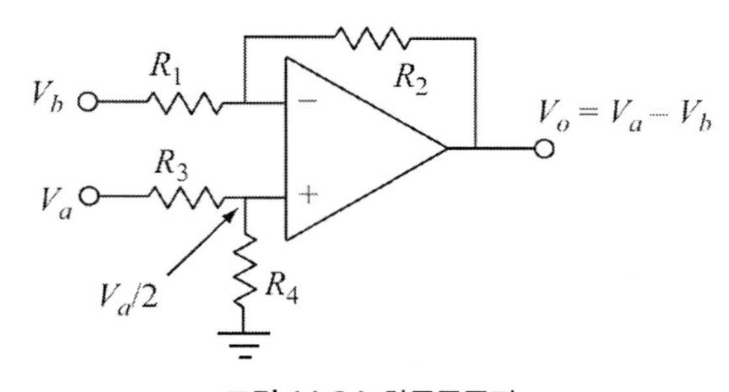

그림 11.64 차동증폭기

11.3 **연산증폭기 입력저항의 영향**. 차량의 온도를 측정하기 위해서 25[°C]에서 $1[k\Omega]$의 저항값과 $\beta = 3{,}200[K]$의 소재상수를 가지고 있는 서미스터가 사용되었다. 자기가열의 영향을 저감하기 위해서 $0.2[mA]$의 전류원이 사용되었다(전류원은 부하에 무관하게 항상 일정한 전류를 공급하며, 입력 임피던스가 매우 크다). 측정대상 온도의 범위는 0~50[°C]인 것으로 예상된다. 출력전압이 반전되어야만 하기 때문에, **그림 11.65**에 도시되어 있는 것처럼 서미스터의 출력신호를 증폭하기 위해서 반전 연산증폭기가 사용되었다.

(a) 50[°C]에서 증폭기의 입력저항에 의해서 유발되는 온도오차를 계산하시오.

(b) 온도측정범위 중에서 어느 온도에서 오차가 가장 크게 발생할 것으로 예상되며, 그 이유는 무엇인가?

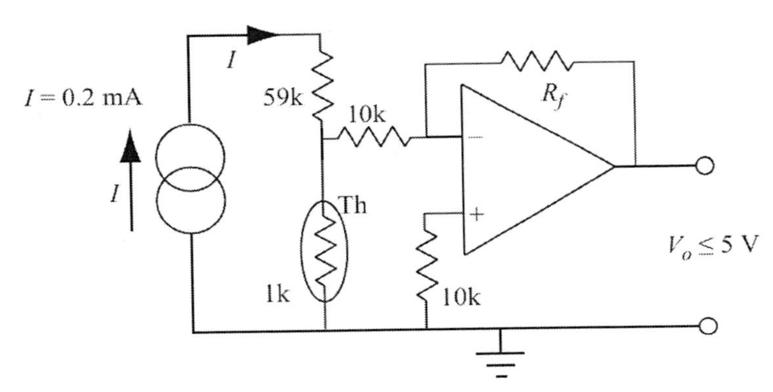

그림 11.65 서미스터의 출력전압을 증폭하기 위해서 사용된 연산증폭기

전압추종기

11.4 **전압추종기의 활용**. **예제 11.1**을 다시 살펴보기로 하자.

(a) 입력단에 전압추종기가 추가된 경우(즉, 전압추종기의 입력단에 마이크로폰이 연결되며, 전압추종기의 출력단은 **그림 11.7**의 첫 번째 증폭기에 연결되는 경우)에 대해서 **그림 11.7**에 도시되어 있는 회로의 입력 임피던스와 출력 임피던스를 계산하시오.

(b) 회로의 출력단에 전압추종기가 연결된 경우(즉, 전압추종기의 입력단에 **그림 11.7**의 출력단이 연결되며, 전압추종기의 출력단이 새로운 회로의 출력단이 되는 경우)에 대해서 **그림 11.7**에 도시되어 있는 회로의 입력 임피던스와 출력 임피던스를 계산하시오.

(c) (a)나 (b)의 구조를 추가하거나 또는 둘을 모두 추가하는 경우에 충분히 큰 변화가 이루어지는가?

11.5 **반전 전압추종기**. 전압추종기는 비반전 증폭기이다. 두 개의 증폭기들을 사용하여 반전 전압추종기를 구현할 수 있음을 증명하시오. 구성요소들을 적절히 선정하면, 새로운 회로의 입력 및 출력 임피던스가 비반전 전압추종기의 수준과 동일하다는 것을 증명하시오.

11.6 **차동회로**. 두 전압 V_a 및 V_b를 서로 차감하여 전압차 $V_a - V_b$를 얻기 위해서 계측용 증폭기를 사용할 수 있음을 증명하시오. **그림 11.9**의 기본회로에 $R_G = 1[k\Omega]$과 $R_1 = R_2 = R_3 = 10[k\Omega]$을 사용하시오. 출력전압이 정확히 $V_a - V_b$가 되도록 만들기 위해서는 계측용 증폭기에 입력전압을 어떻게 연결해야 하는가?

11.7 **하나의 연산증폭기를 사용한 차동회로**. **그림 11.64**의 회로에 $R_1 = R_2 = R_3 = R_4 = 10[k\Omega]$이 사용되었다. 입력전압 V_a와 V_b의 내부저항은 무시할 정도이다.

(a) 출력전압이 $V_a - V_b$임을 증명하시오.

(b) 전압원 V_a 및 V_b에서 바라본 입력 임피던스와 이 회로의 출력에 대해서 논의하시오.

(c) 두 입력 임피던스를 증가시키기 위해서 회로를 어떻게 변경해야 하는가?

11.8 **합산 증폭기**. 연산증폭기를 사용하여 합산 증폭기를 만들 수 있다. **그림 11.66**에 도시된 3입력 합산 증폭기에 대해서 살펴보기로 하자.

(a) 이 회로가 합산 연산을 수행한다는 것을 증명하시오.

(b) 주어진 회로에서, R_1과 R_2의 저항값을 적절히 선정하면, 출력전압이 정확히 $V_{out} = V_1 + V_2 + V_3 = 3.8[V]$임을 증명하시오.

11.9 **반전 합산 증폭기**. **그림 1.66**에서는 비반전 출력방식의 합산 증폭기를 보여주고 있다. 이 회로의 출력전압이 $V_{out} = -(V_1 + V_2 + V_3)$임을 증명하시오.

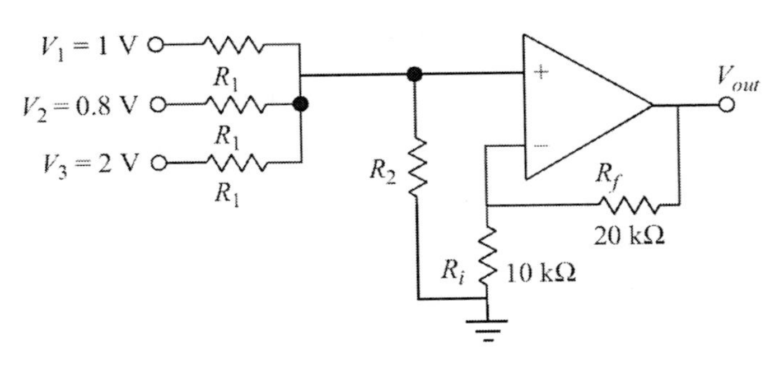

그림 11.66 합산 증폭기

11.10 **다단 전압증폭기**. 고배율 증폭이 필요한 경우에, 다양한 이유 때문에 일반적으로 1단 증폭만으로는 이를 구현할 수 없다. 예를 들어, 단순 트랜지스터 증폭기의 증폭비는 전형적으로 100배 이하로 제한된다. 연산증폭기와 같이 더 복잡한 증폭기도 대역폭 요구조건 때문에 적당히 낮은 배율로 증폭비가 제한된다. 그러므로 첫 번째 증폭기의 출력을 다음 증폭기의 입력으로 연결한 형태의 다단 증폭기를 활용해야 한다. 예를 들어 $120[dB]$의 증폭비(이득)를 가지고 있는 고주파 증폭기가 필요하다. 개별 증폭기들의 증폭비는 1~50배라고 할 때에, 필요한 증폭기의 최소 수량은 몇 개이며 필요한 증폭비는 몇 배인가? 이는 유일한 방법인가?

비교기

11.11 **AC 신호의 이산화: 듀티비의 조절**. 예제 11.3의 사례에 대해서 $R_1 = 10[k\Omega]$, $R_2 = 20[k\Omega]$, 그리고 $R_3 = 40[k\Omega]$을 사용하는 경우의 펄스폭과 듀티비를 계산하시오. 펄스폭과 듀티비를 변경하는 방법에 대해서 설명하시오.

11.12 **증가 표시기**. 그림 11.67에 도시되어 있는 증가 표시기를 만들기 위해서 N개의 전압 비교기가 연결되어 있는 전압비교회로를 구성할 수 있다. 모든 연산증폭기들의 양입력단들은 서로 연결되어 전압이 V_{in}인 단일입력을 구성한다. 음입력단에 연결되어 있는 저항값이 R인 저항들($N+1$개)은 서로 직렬로 연결되어 있다. 각 전압비교기들의 출력단에는 전류제한 저항을 통해서 LED가 연결된다. 전원으로는 $12[V]$가 사용된다.

(a) V_{in}이 $0[V]$에서 $V^+ = 12[V]$까지 변할 때에 LED에는 어떤 일이 일어나는가?

(b) 각각의 LED들이 켜지고 꺼지는 입력전압(V_{in})을 계산하시오.

(c) 모든 전압비교기들의 입력단 극성이 뒤바뀌었다면 어떤 일이 일어나겠는가?

(d) 하류측 P개의 전압비교기들은 입력단이 그림처럼 연결되었지만 이외의 전압비교기들($N-P$개)의 입력단은 반전되어 있다면 어떤 일이 일어나겠는가?

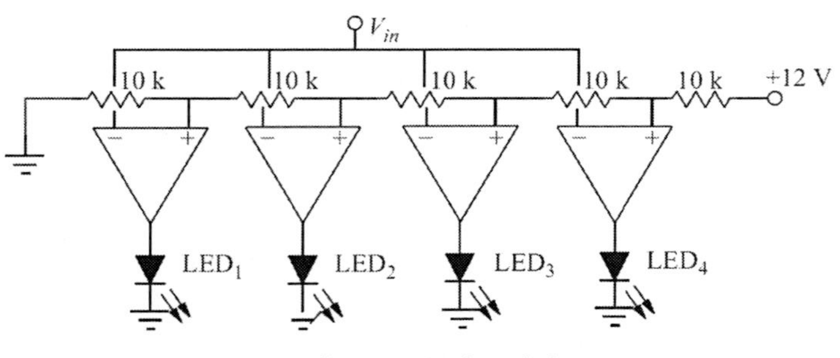

그림 11.67 증가 표시기

11.13 **전기식 서모스탯.** 소형 용기 내부의 온도를 80 ± 0.5[°C]의 온도로 일정하게 유지해야 한다. 이를 위해서 그림 11.68의 회로가 사용되었다. 온도측정용 센서로 사용되는 서미스터와 전압비교기가 합쳐져서 서모스탯이 구성된다. 가열소자에 다량의 전류를 공급하기 위해서 트랜지스터가 추가되었다. 음의 온도계수(NTC)를 가지고 있는 서미스터의 소재상수 $\beta = 3,500[K]$이며, 20[°C]에서의 저항값은 $10[k\Omega]$이다. 이 서미스터의 단순 모델이 충분히 정확하며, 즉 소재상수가 온도와 무관하며 $6[V]$로 설정된 기준전압에서 히터를 켜고 끄는 스위칭이 이루어진다고 가정한다.

(a) 이 서모스탯의 요구조건을 충족시키는 저항 R_1, R_2, R_3 및 R_4를 선정하시오.

(b) 이 서모스탯을 구현하기 위해서 표준 저항들만을 사용해야 한다고 가정하자. 사용 가능한 저항들은 $10x$, $12x$, $15x$, $18x$, $22x$, $27x$, $33x$, $39x$, $47x$, $56x$, $68x$ 및 $82x$이며, $x = 10^n$이다. 그리고 $n = -1, 0, 1, 2, 3, 4, 5$ 및 6이다. 저항들을 가장 인접한 표준값들로 선정한 경우에 켜짐 및 꺼짐 온도를 계산하여, 회로가 여전히 요구된 기능을 수행한다는 것을 규명하시오.

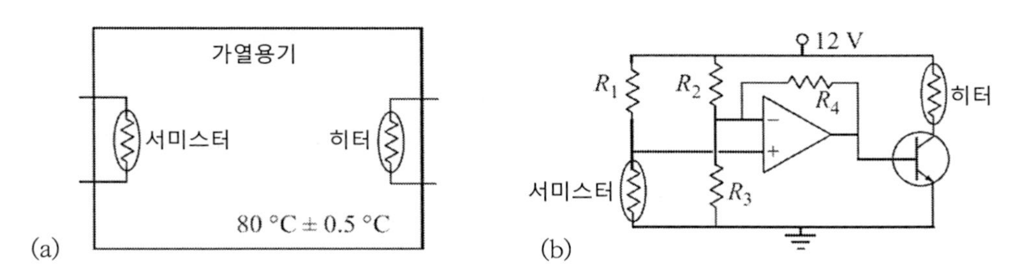

그림 11.68 용기 내의 온도제어. (a) 히터와 서미스터가 내장된 가열용기. (b) 제어회로

11.14 **전압비교기의 히스테리시스 활용**. 자동차의 전기점화장치는 점화펄스를 만들어내기 위해서 홀소자와 회전 캠을 사용한다(**그림 5.37** 참조). 홀소자의 출력은 0~0.8[V] 사이를 정현적으로 변한다. 4기통 4행정 엔진이 3,000[rpm]으로 회전한다고 하자. 신호는 우선 최대전압이 12[V]가 되도록 증폭한 다음에 **그림 11.14 (b)**에 도시된 히스테리시스가 있는 전압비교기를 사용하여 이산화 한다(**예제 11.3**도 참조).

(a) $R_1 = R_2 = 10[k\Omega]$이며, $R_3 = 100[k\Omega]$인 저항들을 사용하여 얻은 신호를 계산하여 그래프의 형태로 스케치하시오.

(b) $R_1 = R_2 = R_3 = 10[k\Omega]$을 사용하여 얻은 신호를 계산하여 그래프의 형태로 스케치하시오.

(c) (a)와 (b)로부터 얻은 결론은 무엇인가?

전력용 증폭기

11.15 **DC 모터용 제어기**. 소형 DC 모터의 속도제어를 위해서 **그림 11.69**에 도시되어 있는 단순한 A등급 증폭기가 사용되었다. 모터의 회전속도는 전류에 선형적으로 비례하며 모터에 공급되는 전류가 450[mA]일 때에 최고속도 6,000[rpm]으로 회전한다. 트랜지스터의 이득은 50배이며, 베이스전류가 10[mA]일 때에 포화전류는 500[mA]가 흐른다. 베이스와 이미터 간의 전압강하는 0.7[V]이다. 모터의 회전속도는 선형 가변저항기를 사용하여 조절한다. 트랜지스터의 이득은 여기서 사용되는 전체 전류범위에 대해서 선형적이라고 가정

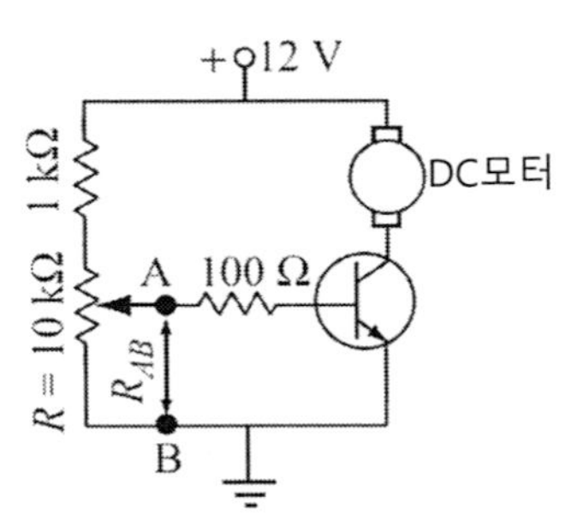

그림 11.69 DC 모터 속도제어기

한다. 전체 저항변화 범위에 대해서 선형 가변저항기 노브의 회전 각도가 0°에서 300°까지 회전할 수 있는 경우에, 노브 회전각도에 대한 모터 회전속도의 관계를 계산하여 그래프로 그리시오. 모터의 회전속도가 $0[rpm]$에서 $6,000[rpm]$까지 변할 때에, 가변저항기 저항의 변화범위는 어떻게 되겠는가?

11.16 **전력용 증폭기-LED 조광기**. 그림 11.70에 도시되어 있는 것처럼, 세 개의 LED들이 서로 직렬로 연결되어 LED 조명이 구성되었다. 각 LED들을 켜기 위해서는 $3.3[V]$의 전압이 필요하다. 저항값 R을 바꿔서 LED들을 통과하여 흐르는 전류를 조절할 수 있으며, 이 저항은 $0\sim1[k\Omega]$ 사이의 값을 갖는다. 베이스와 이미터 사이의 전압이 $0.7[V]$에 도달하면 트랜지스터가 켜지며, $0.7[V]$ 아래로 내려가면 꺼진다. 트랜지스터는 완벽한 스위치라고 가정한다(트랜지스터가 켜지고 꺼질 때의 저항은 각각 0과 무한대이며, 베이스로 흘러들어 가는 전류는 무시할 수준이다). 다음의 조건에 따라서 LED에 공급되는 평균전력을 R의 함수로 계산하시오.

(a) 전원으로 진폭 $3[V]$, 주파수 $50[Hz]$인 정현파를 사용하는 경우(그림 11.70 (a) 참조).
주의: 평균전력은 전원 한 주기의 총 전력과 동일하다.

(b) 전원으로 $1.5[V]$ 전지를 사용하는 경우(그림 11.70 (b) 참조).

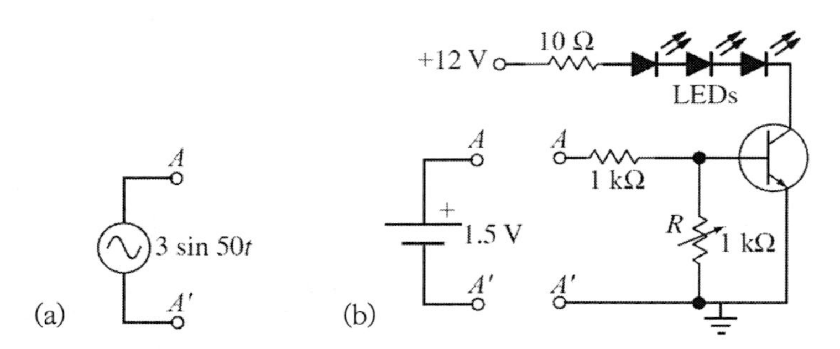

그림 11.70 LED 조광기. (a) 입력단 $A-A'$에 정현파 전원이 연결된 경우. (b) 입력단 $A-A'$에 DC 전원이 연결된 경우

PWM과 PWM 증폭기

11.17 **PWM 양방향 모터 제어기**. 그림 11.16 (b)에 도시되어 있는 PWM 작동원리와 그림 11.17 (b)에 도시되어 있는 H-브리지를 사용하여 양방향으로 DC 모터의 속도를 조절할 수 있다.

(a) 펄스의 개략적인 형태를 그리고, 하나의 PWM 발생기를 사용하여 어떻게 회전방향과 회전속도를 조절할 수 있는지에 대해서 설명하시오. PWM 발생기는 독립형 소자의 형태로 사용할 수 있다고 가정한다.

(b) 모터의 제동력을 구현하기 위해서는 브리지 회로를 어떻게 변형해야 하는가? 모터의 제동력을 구현하기 위해서는 모터를 접지나 $+V$ 전원측과 연결하면 된다. 이 연결이 제동에 어떻게 영향을 끼치는지에 대해서 설명하시오.

11.18 **PWM 모터 제어기.** **그림 11.18**에 도시되어 있는 구조에 대해서 살펴보기로 하자. DC 모터에 $12[V]$를 연결하면 $10{,}000[rpm]$으로 회전한다(무부하속도). 전원전압은 $V^{+}=12[V]$이고 타이밍 회로는 진폭이 $8[V]$이며 주파수는 $240[Hz]$인 삼각파형을 생성한다. $10[k\Omega]$짜리 선형 가변저항기가 전압 비교기의 양입력단에 연결된다.

(a) 가변저항기의 위치에 따른 모터 속도를 계산하여 그래프로 그리시오. 모터 속도는 공급전압에 선형적으로 비례하며 MOSFET의 켜짐 저항은 무시할 수준이다.

(b) 타이밍 신호의 주파수가 끼치는 영향을 논의하시오. 시스템의 성능에 어떤 영향을 끼치는가?

11.19 **PWM LED 조광기.** 조광기는 LED 램프의 밝기를 조절하기 위해서 PWM을 사용한다. LED 램프는 $12[V]$부터 작동하며, **그림 11.71**에 도시되어 있는 것처럼, 직렬로 연결된 3개의 LED들 3세트를 병렬로 연결하여 놓았다. 각각의 LED들을 켜기 위해서는 $3.3[V]$가 필요하며, $1[W]$의 전력을 소비한다. LED들에 정격 이상의 전압이 부가되지 않도록 직렬 연결된 각각의 LED 행마다 저항 R이 직렬로 설치된다. PWM 제어기는 10~90% 사이의 듀티비에서 작동한다. MOSFET의 전력손실을 무시하고 다음을 계산하시오.

(a) MOSFET 구동에 필요한 최소전류.

(b) 램프의 최소 및 최대 평균출력.

(c) 저항 R의 값과 저항의 평균 소비전력.

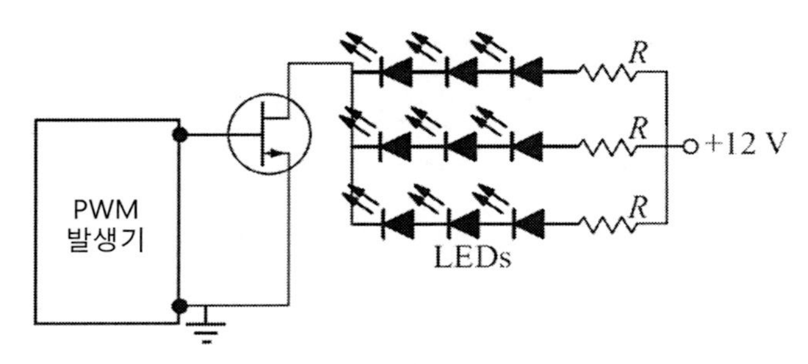

그림 11.71 PWM LED 조광기

디지털 회로

11.20 **다중입력 OR 게이트**. 다음을 사용하여 4입력 OR 게이트를 만드는 방법에 대해서 설명하시오.

(a) 2입력 NAND 게이트만 사용.

(b) 2입력 NOR 게이트만 사용.

11.21 **다중입력 XOR 게이트**. 3입력 XOR 게이트를 만들어야 한다. A, B 입력을 가지고 있는 2입력 XOR 게이트의 기능은 $A \oplus B = A\overline{B} + B\overline{A}$와 같다.

(a) 논리식 $A \oplus B = A\overline{B} + B\overline{A}$가 2입력 XOR 게이트의 진리표를 충족시킨다는 것을 증명하시오.

(b) 3입력 XOR 게이트의 진리표를 완성하시오.

(c) NAND 게이트들을 사용하여 3입력 XOR 게이트를 구성할 수 있다는 것을 증명하시오.

11.22 **게이트들의 지연에 따른 영향**. **그림 11.23 (c)**와 **그림 11.24(b)**에 도시되어 있는 3입력 AND 게이트들에 각각 세 개의 동일한 신호들이 입력된다. 입력신호는 주기가 $100[ns]$이며, 듀티비는 50%인 반복펄스이다. 각 게이트들에서는 $20[ns]$의 지연이 발생한다.

(a) 출력신호를 계산하여 **그림 11.23 (b)**와 **그림 11.24(a)**에 도시되어 있는 3입력 게이트들의 경우와 비교하여 스케치하시오.

(b) (a)의 결과로부터 어떤 결론을 내릴 수 있는가?

(c) 세 개의 입력신호들 모두가 동일한 지연을 가지도록 게이트를 추가하면 출력신호가 어떻게 개선되는지 설명하시오.

11.23 **논리게이트를 사용한 디지털 스위치**. 신호 스위칭을 위해서 논리게이트를 사용할 수 있다. NAND 게이트를 사용하여 다음을 설계하시오.

(a) 지령신호 C를 사용하여 두 출력단 중 하나로 입력신호를 연결할 수 있는 스위치를 설계하시오. 만일 $C=0$이라면, 입력 신호는 A로 송출되며 B는 차단된다. 만일 $C=1$이라면, 입력신호는 B로 송출되며 A는 차단된다.

(b) A와 B 두 개의 입력과 하나의 출력 O, 그리고 지령 C를 가지고 있는 스위치를 설계하시오. 만일 $C=0$이라면 A입력이 출력 O로 송출되는 반면에, $C=1$이면 B입력이 출력 O로 송출된다.

11.24 **4비트 직렬입력-병렬출력(SIPO) 시프트 레지스터**. 그림 11.25에 도시되어 있는 시프트레지스터는 직렬입력-직렬출력(SISO) 시프트 레지스터이다. 이를 사용하여 모든 데이터가 레지스터에 입력된 이후에만 출력이 송출되는 직렬입력-병렬출력(SIPO) 시프트 레지스터를 만드는 방법에 대해서 논의하시오. 즉, 어떻게 하면 모든 데이터가 시프트된 다음에 병렬로 출력을 송출할 수 있겠는가?

11.25 **전자식 타이머/계수기**. 시간, 분 및 초를 24시간 포맷으로 표시하는 전자식 시계/타이머를 설계하려고 한다. 전력선으로부터 $60[Hz]$의 신호가 입력된다. 설계에는 $2^4=16$의 계수가 가능한 4비트 계수기가 사용되었다(이 소자는 집적회로 칩의 형태로 판매되고 있다). 회로는 $1[s](1[pulse/s])$, $1[\mathrm{min}](1[pulse/\mathrm{min}])$, $1[h](1[pulse/h])$, 그리고 $24[h](1[pulse/24h])$의 주기로 펄스 신호를 송출할 수 있어야 한다.

(a) 최소한 몇 개의 4비트 계수기가 필요하겠는가?

(b) 필요한 신호를 만들어내기 위해서는 4비트 계수기를 어떻게 개조해야 하는가?

A/D 및 D/A 변환기

11.26 **V/F 변환기**. 그림 11.29에는 V/F 변환기가 도시되어 있다. 이 변환기는 $5[V]$의 단전원 증폭기를 사용한다. 그 뒤에 연결되어 있는 반전 슈미트트리거 역시 $5[V]$로 작동하며, $2.5[V]$ 근처에서 출력상태가 변한다. 즉, 입력전압이 $2.6[V]$를 넘어서면 출력이 $0[V]$로

전환되며, 입력전압이 2.4[V] 아래로 내려가면 출력은 5[V]로 상승한다(이 히스테리시스는 이 회로의 작동에 매우 중요하며, 반전게이트의 중앙에 히스테리시스 심벌이 표시되어 있다). 다음의 소자들이 사용되었다: 저항 $R = 100[k\Omega]$, 커패시터 $C = 0.001[\mu F]$, 게이트전압이 5[V]이면 내부저항이 250[Ω]이며, 게이트전압이 0[V]이면 내부저항이 무한대인 MOSFET 스위치. 여타의 모든 소자들은 이상적이라고 가정한다.

(a) 입력전압 V_{in}과 출력전압 주파수 사이의 상관관계를 구하시오.

(b) 입력전압이 2[V]인 경우에 출력전압을 구하시오. 즉, 파형을 구하시오(진폭, 주파수 및 듀티비).

(c) 출력파형의 켜짐 시간과 꺼짐 시간을 결정하는 인자는 무엇인가?

(d) 주파수 범위를 변화시킬 방법과 이 변화의 한계에 대해서 논의하시오.

11.27 **V/F 변환기**. 그림 11.72에는 V/F 변환기가 도시되어 있다. 작동상태는 다음과 같다: 저항 R_1과 R_2를 통해서 커패시터 C가 충전된다. CP_2로 기준전압이 공급된다. 초기에는 커패시터가 방전되어 있기 때문에 출력은 고전압 상태이다. 커패시터가 V_{ref} 이상으로 충전되면 출력이 저전압으로 바뀐다. 커패시터의 전압이 V_{in}보다 높아지면 CP_1이 고전압 상태가 되며, V_{in}보다 낮아지면 저전압 상태가 된다. 따라서 초기에는 CP_3의 출력이 저전압이며, 트랜지스터는 도통되지 않는다. 커패시터의 전압이 V_{in}보다 높아지면, CP_1의 출력이 고전압 상태로 바뀌며 CP_3의 출력도 고전압이 된다. 이제 트랜지스터는 도통되며 커패시터는 R_2를 통해서 방전된다. 커패시터의 전압이 V_{ref}보다 낮아질 때까지 이 상태가 지속된다. CP_3의 출력이 0[V]로 리셋되고 나면 충전과정이 반복된다. 여기서는 전압 비교기의 내부 히스테리시스가 작아서 $V_{in} = V_{ref} + \Delta V$가 되면, CP_1의 상태는 고전압으로 변하며 CP_2의 상태는 저전압으로 변하고, $V_{in} = V_{ref} - \Delta V$이면 CP_1의 상태는 저전압으로 변하며 CP_2의 상태는 고전압으로 변한다고 가정한다. CP_3에도 이와 동일한 히스테리시스가 적용된다. 이상적인 트랜지스터(즉, 완벽한 스위치처럼 작동)와 이상적인 전압비교기를 가정하며, 그림에 도시되어 있는 소자들을 사용하여 다음을 구하시오.

(a) 입력전압 V_{in}에 따른 커패시터 양단의 파형.

(b) 입력전압 V_{in}에 따른 출력주파수와 듀티비의 변화.

(c) 다음을 사용하여 출력 주파수와 듀티비 변화범위를 계산하시오: $V^+ = 12[V]$, $2.5[V] < V_{in} < 7.5[V]$, $V_{ref} = 0.75[V]$, $\Delta V = 0.1[V]$, $R_1 = R_2 = 1[k\Omega]$, $C = 0.01[\mu F]$

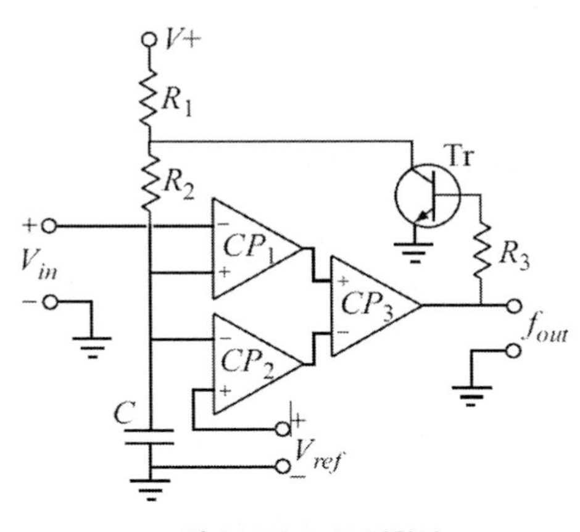

그림 11.72 V/F 변환기

11.28 **V/F 변환기에 대한 실험평가.** 입력전압을 변화시켜 가면서 출력주파수를 측정하는 방식으로 그림 11.30 (b)와 유사한 V/F 변환기에 대한 실험평가가 수행되었으며, 아래의 표에는 그 결과가 제시되어 있다.

(a) 데이터를 도표로 그리고 변환기의 민감도[Hz/V]를 구하시오.

(b) 데이터에 대해서 구한 선형 최적합 직선을 기준으로 하여 최대 비선형값을 구하시오. 이 결과를 (a)에서 구한 선형화된 전달함수의 민감도와 비교하시오.

$V_{in}[V]$	2.75	3.0	3.25	3.5	3.75	4.0	4.25	4.5	4.75	5.0	5.25
$f_{out}[Hz]$	14,760	16,210	17,804	19,374	21,005	22,628	24,252	25,937	27,570	29,220	30,941
$V_{in}[V]$	5.5	5.75	6.0	6.25	6.5	6.75	7.0	7.25	7.5	7.75	8.0
$f_{out}[Hz]$	32,602	34,278	35,993	37,680	39,357	41,007	42,788	44,458	46,131	47,858	49,466

11.29 **10비트 A/D 변환기.** 마이크로프로세서에 내장되어 있는 10-비트 점근산법 A/D 변환기는 마이크로프로세서에서 제공되는 $2.5[MHz]$ 클록과 $5[V]$ 전압에 의해서 구동된다. 각각의 작동(각 비트를 시험하고 확정하는 과정)은 한 사이클 이내에 이루어진다고 가정한다. 그림 11.32를 기반으로 하여 주어진 데이터에 대한 10-비트 A/D 변환을 수행하여 본다.

(a) 아날로그 입력 4.35[V]에 대한 출력 순서를 그리고 디지털 출력값을 구하시오.

(b) 변환에는 얼마의 시간이 소요되는가?

(c) 기준전압이 안정적이지 못하여 4.95[V]로 감소하였다. 동일한 입력전압(4.35[V])에 대해서 이 기준전압의 변화로 인하여 유발된 오차는 얼마이며, 출력값은 얼마로 변하는가?

11.30 **12비트 D/A 변환기를 사용하는 14비트 A/D 변환기**. 14비트 점근산법 A/D 변환기를 만들고 싶지만 12비트 D/A 변환기밖에 사용할 수 없는 경우에 대해서 살펴보기로 하자. D/A 변환기는 워드 중에서 마지막 두 비트를 무시하고 12비트만 변환한다. 기준전압은 5[V]라고 가정하자.

(a) 결과적으로 12비트 A/D 변환기가 만들어지는 이유에 대해서 설명하시오.

(b) 아날로그 입력 4.92[V]에 대한 디지털 출력값을 구하시오.

(c) 여기서 설계한 14비트 변환기에서 유발되는 추가적인 오차는 무엇인가?

11.31 **3비트 플래시 A/D 변환기. 그림 11.33**에 도시되어 있는 3비트 플래시 A/D 변환기의 우선순위 인코더를 설계하기 위해서 드모르간의 법칙을 사용한다.

(a) NAND 게이트를 사용하여 설계하시오.

(b) NOR 게이트를 사용하시오.

11.32 기준전압 발생용 사다리 네트워크는 전압 비교기의 양입력단에 연결되어 있으며, 음입력단은 변환할 입력신호와 병렬로 연결되어 있는 3비트 플래시 A/D 변환기를 설계하시오. 기준전압은 3.2[V]이다.

(a) 몇 개의 전압비교기와 저항이 필요한가? 회로를 그리시오.

(b) 변환기의 진리표를 작성하시오.

(c) 드모르간의 법칙에 기초하여, 2입력 NAND 게이트를 사용하여 필요한 우선순위 인코더를 설계하시오.

(d) 드모르간의 법칙에 기초하여, 2입력 NOR 게이트를 사용하여 필요한 우선순위 인코더를 설계하시오.

11.33 기준전압 발생용 사다리 네트워크는 전압 비교기의 음입력단에 연결되어 있으며, 양입력단은 변환할 입력신호와 병렬로 연결되어 있는 4비트 플래시 A/D 변환기를 설계하시오. 기준전압은 3.2[V]이다.

(a) 몇 개의 전압비교기와 저항이 필요한가? 회로를 그리시오.

(b) 변환기의 진리표를 작성하시오.

(c) 드모르간의 법칙에 기초하여, 2입력 NAND 게이트를 사용하여 필요한 우선순위 인코더를 설계하시오.

(d) 드모르간의 법칙에 기초하여, 2입력 NOR 게이트를 사용하여 필요한 우선순위 인코더를 설계하시오.

11.34 **4비트 D/A 변환기**. 저항 네트워크를 사용하여 4비트 D/A 변환기의 구조를 설계하시오.

(a) 적절한 저항값을 선정하고, 10[V]를 작동전압으로 사용하는 경우에 디지털값 1101에 의한 출력전압을 구하시오.

(b) 만일 변환기가 5[V]로 작동하는 경우에 아날로그 출력전압의 최소 변화량은 얼마인가?

11.35 **14비트 D/A 변환기**. 많은 용도에서 D/A 변환기는 높은 분해능으로 아날로그 신호에 근접하는 출력을 만들어낸다. 디지털 음향이나 합성신호를 재생하는 경우에 아날로그 왜곡을 낮은 수준으로 유지하는 것이 매우 중요하다. 디지털 음향신호를 재생하기 위해서 14비트 D/A 변환기를 사용하는 경우에 대해서 살펴보기로 하자. 저항 네트워크를 사용하는 D/A 변환기의 구조를 설계하시오.

(a) 적절한 저항값들을 선정하시오. 그리고 디지털값 11010100110110에 대한 출력전압을 구하시오.

(b) 만일 이 변환기가 5[V]로 구동된다면 아날로그 전압의 최소 변화량은 얼마인가?

(c) (b)에서 계산한 전압은 신호의 진폭왜곡 또는 노이즈로 간주된다. 전체 스케일에 대해서 변환과정에서 유발되는 노이즈의 비율을 백분율로 구하시오.

(d) 디지털 신호의 동적범위와 아날로그 신호의 동적범위를 구하시오.

11.36 **D/A 변환기의 오차**. 저항 네트워크 방식의 D/A 변환기는 변환을 위해서 저항 네트워크를 사용한다. 저항값과 저항오차에 의해서 변환과정에서 오차가 발생한다. $R = 10[k\Omega]$인 4비트 D/A 변환기에 대해서 살펴보기로 하자(그림 11.34, 그림 11.35 및 예제 11.10 참조).

(a) 변환기의 구조를 설계하고 디지털 입력값 1001에 대한 아날로그 출력전압을 구하시오.
(b) 제작과정에서의 문제 때문에, R로 표기된 모든 저항값들은 $8[k\Omega]$, $2R$로 표기된 모든 저항값들은 $16[k\Omega]$으로 감소되었다. 아날로그 출력전압과 오차를 계산하시오.
(c) 연산증폭기의 반전입력단과 연결된 저항이 $20[k\Omega]$ 대신에 $19.9[k\Omega]$(0.5% 감소)으로 변했으며, 여타의 모든 R들은 $10[k\Omega]$, $2R$들은 $20[k\Omega]$이 사용되었다. 출력전압과 오차를 계산하시오.
(d) R로 표기되어 있는 모든 저항들은 $9{,}950[\Omega]$(0.5% 감소)인 반면에, $2R$로 표기되어 있는 모든 저항들은 $20[k\Omega]$이다. 출력전압과 오차를 계산하시오.
(e) (a)에서 (d)까지의 결과들에 대해서 논의하시오.

11.37 **10비트 PWM D/A 변환기**. D/A 변환기로 그림 11.36에 도시된 것과 같은 10-비트 D/A 변환기가 사용되었다. 모든 입력이 "0"인 경우에 출력펄스의 폭이 0이 되도록 PWM이 설정되어 있다. 모든 입력들이 "1"인 경우(구현 가능한 최대 입력값)에는 출력펄스가 100%(즉, DC전압 출력)이다. 여타의 값들에 대해서는, 출력펄스의 폭이 입력값에 비례한다. PWM 신호의 주파수는 $1[kHz]$이다.

(a) 디지털 입력값 1001101111에 대한 PWM 출력을 스케치하시오. 듀티비는 얼마인가?
(b) 펄스 진폭이 $5[V]$인 경우에 디지털 입력 1100010011에 대한 아날로그 출력전압 V_{out}을 계산하시오.
(c) PWM 펄스의 진폭이 $5[V]$인 경우에 아날로그 신호의 오차는 얼마인가?

브리지 회로

11.38 **브리지 회로의 민감도**. $Z_1 = Z_2 = Z_3 = Z_4 = Z$이며, Z_2와 Z_3는 센서로서 자극의 변화에 따라서 저항값이 dZ만큼 변하는 경우에, 그림 11.38에 도시되어 있는 브리지 회로의 민감도를 구하시오. 여타의 두 임피던스들은 저항으로서, 자극에 대해서 저항값이 변하지 않는다.

11.39 **불평형 브리지의 민감도**. 그림 11.73에 도시되어 있는 브리지 회로에 대해서 살펴보기로 하자. 이 브리지는 온도를 측정하기 위해서 두 개의 RTD들을 센서로 사용하지만 브리지 회로의 평형이 맞춰지지 않았다. 온도변화에 의해서 두 센서들의 저항값이 2%만큼 변화(증가)했다고 가정하자. 이 브리지 회로의 민감도를 계산하시오.

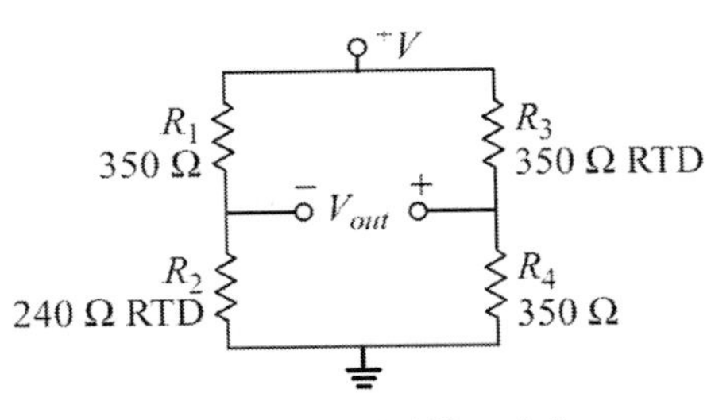

그림 11.73 불평형 브리지

11.40 **수정된 브리지**. 그림 11.74에는 수정된 브리지 회로가 도시되어 있다.

(a) 출력전압을 계산하시오.

(b) $V_{01} \neq V_{02}$이며, R_2가 작은 값인 ΔR 만큼 증가한 것을 제외하면 모든 저항들이 동일한 값을 가지고 있는 경우에 출력전압 V_{out}을 계산하시오.

(c) $V_{01} = V_{02} = V_0$이며, R_2가 작은 값인 ΔR 만큼 증가한 것을 제외하면 모든 저항들이 동일한 값을 가지고 있는 경우에 출력전압 V_{out}을 계산하시오.

(d) $V_{01} = V_{02} = V_0$이며, R_2와 R_3가 작은 값인 ΔR만큼 증가한 것을 제외하면 모든 저항들이 동일한 값을 가지고 있는 경우에 출력전압 V_{out}을 계산하시오.

(e) $V_{01} \neq V_{02}$인 경우에 (d)에서 발생하는 오차를 계산하시오.

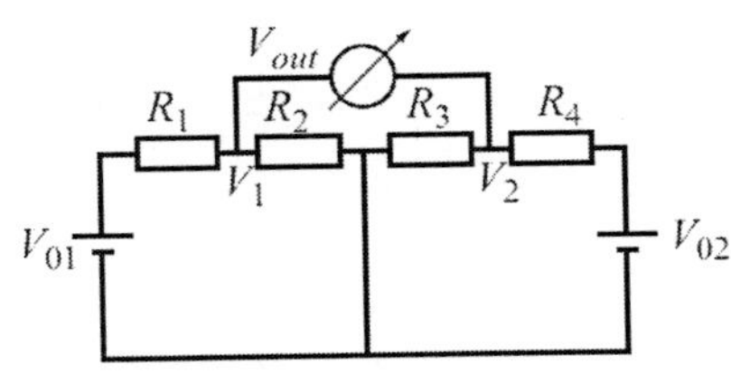

그림 11.74 수정된 브리지 회로

11.41 **4개의 센서들로 이루어진 브리지**. 출력전압의 차이를 증가시켜 민감도를 높이기 위해서 브리지를 구성하는 4개의 가지들이 모두 센서들로 구성하여 그림 11.75에 도시된 것처럼 힘센서를 제작하였다. 4개의 스트레인게이지들을 사용하여 보의 굽힘 변형률을 측정하여 힘을 측정한다. 상부에 위치한 두 개의 스트레인게이지들은 인장력을 받으며, 하부에 설치된 두 개의 스트레인게이지들은 압축력을 받는다. 하부에 설치된 스트레인게이지들이 압축 변형을 감지하기 위해서는 사전변형이 부가되어야 하며, 4개의 센서들 모두 동일한 소자를 사용했다면 사전변형으로 인해서 브리지의 평형이 깨지게 된다. 브리지 회로에 편향전압을 부가하거나 사전변형을 부가할 센서에 공칭 저항값이 다른 소자를 사용하여 무부하 상태에서 네 개의 센서들이 동일한 저항값을 갖도록 만들어야 한다. 이런 과정을 통해서 무부하 상태에서 브리지가 평형을 이루고 있다고 가정하자. 이런 조건하에 4개의 센서들이 동일하다면, 브리지의 민감도는 하나의 센서를 사용하는 경우보다 네 배 더 크다는 것을 증명하시오.

주의: 이 구조는 네 개의 센서들이 모두 동일한 온도에 노출되기 때문에 온도보상도 이루어진다.

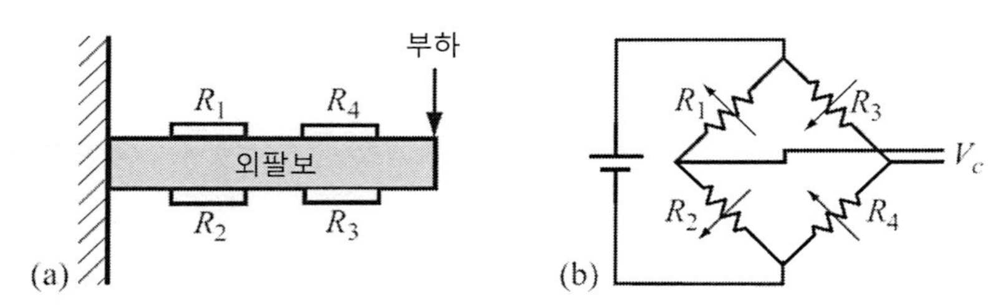

그림 11.75 (a) 4개의 스트레인게이지들로 이루어진 힘센서. (b) 스트레인게이지들의 브리지 연결상태

11.42 브리지 회로의 온도보상과 연결선 보상. 문제 11.41에서 사용된 브리지 회로에 대해서 살펴보기로 하자.

(a) 4개의 센서들이 모두 동일한 온도에 노출되어 있는 한도 내에서는 출력전압이 온도에 영향을 받지 않는다는 것을 증명하시오.

(b) 센서에 연결된 도선의 저항값이 끼치는 영향을 계산하시오. 센서들에 연결되어 있는 모든 도선들의 길이는 동일하며, 네 개의 센서들의 저항값만 서로 다르다고 가정한다.

(c) 모든 센서들의 저항값이 서로 동일하고 연결도선의 길이도 서로 동일하다면, 도선 저항이 출력에 아무런 영향을 끼치지 않는다는 것을 증명하시오.

(d) R_1과 R_2가 동일한 온도와 동일한 도선 저항값을 가지고 있고, R_3와 R_4도 동일한 온도(하지만 R_1 및 R_2와는 다른 온도)이며, 동일한 도선 저항값(하지만 R_1 및 R_2와는 다른 저항값)을 가지고 있는 경우, 출력은 온도나 도선저항에 영향을 받지 않는다는 것을 증명하시오.

선형전원

11.43 **선형 전압조절기의 최대효율**. 그림 11.47에 도시되어 있는 전압조절기에 대해서 살펴보기로 하자.

(a) 공급전압이 $\pm 10\%$만큼 변할 때에, 최대전류 $1[A]$를 흘리는 전압조절기가 구현 가능한 최대효율은 몇 %인가? 브리지 정류기의 영향은 무시한다. 어떻게 하면 최대효율을 구현할 수 있는가?

(b) 효율을 증가시키기 위해서는, 전압조절기를 (a)와 동일한 조건에서 전압강하가 250 $[mV]$에 불과한 차세대 LDO 전압조절기로 교체하여야 한다. 이 전압조절기의 정격특성은 전압강하를 제외하고는 기존의 것과 동일하다고 가정한다. 이제 최대효율은 얼마로 변하며, 이를 위해서 회로를 어떻게 수정해야 하는가?

11.44 **선형 전압조절기의 효율**. 그림 11.47의 회로에 대해서 부하전류에 따른 효율을 구하시오. 다이오드와 직렬 전압조절기를 제외한 모든 손실을 무시하시오. 효율은 전류와 무관하다는 것을 증명하시오.

스위칭전원

11.45 **전하펌프 전원공급장치**. $1.5[V]$ 전지를 사용하여 작동시킬 수 있는 반전 게이트들을 사용하여 5단 전하펌프 전원공급장치(그림 11.49 참조)가 구성되었다. 출력을 극대화시키고 효율을 증가시키기 위해, 이 회로에서는 전압강하가 $0.2[V]$인 쇼트키 다이오드가 사용되었다. 반전게이트의 스위칭 주파수는 $100[Hz]$이며 커패시터들은 모두 $0.1[\mu F]$이다.

(a) $1.5[V]$ 전지들로부터 이 회로가 만들어낼 수 있는 출력전압을 계산하시오.

(b) 전압조절을 위해서 $3.3[V]$ 저전압강하(LDO) 전압조절기가 출력단에 연결되었으며,

이 저전압강하 전압조절기의 전압강하가 $100[mV]$인 경우에 부하단 전압을 $3.3[V]$로 유지하면서 이 전압조절기가 송출할 수 있는 최대전류를 계산하시오. 반전게이트의 스위칭 타이밍($10[ms]$)은 커패시터를 완전히 충전시킬 수 있을 정도로 충분히 느리다고 가정한다.

(c) 스위칭 주파수가 $1[kHz]$로 높아지면 (b)의 답은 얼마가 되겠는가?

11.46 **스위칭 전원의 전압조절**. 그림 11.76에 도시되어 있는 것처럼 스위칭 전원이 구성되었다. PWM 발생기는 $10[kHz]$의 주파수로 펄스를 생성하며, 이 펄스의 폭은 다음과 같이 결정된다.

$$t_{on} = 10 + 16V_0 \ [\mu s], \ t_{off} = 90 - 16V_0 \ [\mu s]$$

(a) 가변저항을 $0 \sim 10[k\Omega]$까지 변화시켜서 얻을 수 있는 출력전압의 변화범위를 계산하시오.

(b) 회로의 작동방식과 출력 조절방법에 대해서 설명하시오.

(c) 출력이 $5[V]$로 조절되며, 부하 측으로 $1[A]$가 송출되는 경우에 MOSFET에서 소산되는 전력을 계산하시오.

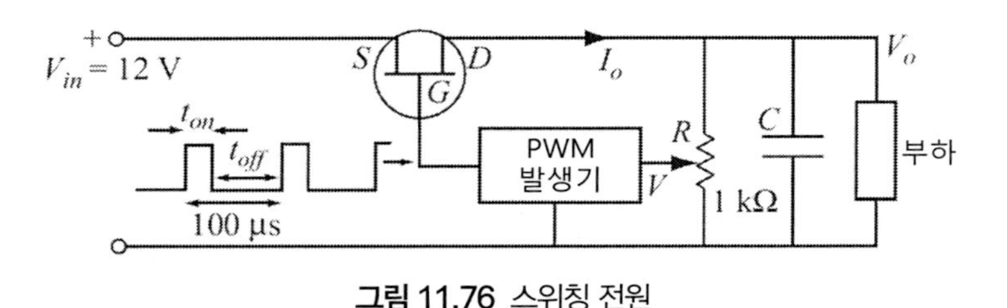

그림 11.76 스위칭 전원

11.47 **태양전지용 선형전원**. 작동을 위해서 전압이 조절된 $3.3[V]$ 전원이 필요한 회로에 태양전지판을 사용해서 전력을 공급하기 위해서 선형전원이 설계되었다. 전압조절기의 원활한 작동을 위해서는 출력전압보다 입력전압이 $3[V]$만큼 더 높아야 한다. 태양전지판의 전력밀도는 $1,100[W/m^2]$이다. 태양전지판은 20개의 셀들을 서로 직렬로 연결한 구조로서, 각 셀의 단면적은 $10[cm^2]$이며, 암전류는 $10[nA]$, 양자흡수효율 30%, 작동온도는 25[°C]이다. 태양전지판으로 입사되는 광선의 평균 파장길이는 $550[nm]$라고 가정한다(태양전지판에 대한 논의는 4.5.2절 참조). 태양전지판의 $I-V$특성은 선형이라고 가정한다.

(a) 이 전원이 조절된 전압으로 공급 가능한 최대전류를 구하시오.

(b) 전압조절기의 최대효율을 태양전지판에 입사된 전력 대비 부하 측으로 송출된 전력의 비율로 나타내시오.

(c) 전압강하가 $50[mV]$에 불과한 저전압강하(LDO) 전압조절기를 사용하는 경우에 (a)와 (b)의 답은 어떻게 변하는가?

LC 발진기와 RC 발진기

11.48 **LVDT용 발진기.** 그림 11.60 (b)에 도시되어 있는 LVDT용 발진기에 다음의 소자들이 사용되었다: $C_1 = C_2 = 0.1[\mu F]$, $R = 10[k\Omega]$, $V^+ = 6[V]$, 그리고 변압비율은 1:1이다(즉, 1차측 코일의 권선수와 2차측 코일의 권선수는 서로 동일하다). 이동코어의 위치가 코일의 중앙에 위치했을 때에 LVDT 코일의 인덕턴스는 $150[mH]$이며, 트랜지스터에서 송출되는 전류는 $10[mA]$이다. 변위에 따른 출력주파수의 변화를 측정한다.

(a) 발진기의 공진주파수를 계산하시오.

(b) 이 LVDT의 최대 선형 작동범위는 $\pm 20[mm]$이다. 만일 최대변위에 따른 코일의 최대 인덕턴스 변화가 12%인 경우에, 발진기의 주파수 변화범위와 LVDT의 민감도를 계산하시오.

11.49 **링 반전 발진기.** CMOS 반전게이트의 입력–출력 지연시간은 작동전압에 반비례한다. $V_{cc} = 15[V]$인 경우의 지연시간은 $8[ns]$인 반면에 $V_{cc} = 3[V]$인 경우의 지연시간은 $17[ns]$이다. 7개의 반전 게이트들을 사용하여 링 발진기를 제작하였다.

(a) V_{cc}의 함수로 발진기 주파수를 계산하시오. 그리고 주어진 V_{cc}에 대한 최소 및 최대 주파수를 계산하시오.

(b) 전압조절기의 성능한계로 인하여 V_{cc}가 $\pm 5\%$만큼 변한다고 가정하자. 이로 인하여 두 전압($15[V]$와 $3[V]$)에서 예상되는 최대 주파수 오차는 얼마인가?

11.50 **슈미트트리거 발진기.** 그림 11.57 (c)에 도시되어 있는 슈미트트리거 발진기에 대해서 살펴보기로 하자. 사용된 슈미트트리거는 입력전압이 $V_{cc}/3$과 $2V_{cc}/3$에서 상태가 바뀐다. 저항 $R = 10[k\Omega]$과 커패시터 $C = 0.001[\mu F]$에 대해서 다음에 답하시오.

(a) 발진 주파수를 계산하시오.

(b) 듀티비를 계산하시오(즉 펄스 주기에 대한 출력전압이 고전압 상태인 시간의 비율).

11.51 **슈미트트리거 발진기**. 그림 11.57 (c)에 도시되어 있는 슈미트트리거 발진기에 대해서 살펴보기로 하자. 사용된 슈미트트리거는 작동전압이 $5[V]$인 경우에 입력전압이 $0.8[V]$와 $1.6[V]$에서 상태가 바뀐다. 저항 $R=33[k\Omega]$과 커패시터 $C=47[nF]$에 대해서 다음에 답하시오.

(a) 발진 주파수를 계산하시오.

(b) 듀티비를 계산하시오(즉, 펄스 주기에 대한 출력전압이 고전압 상태인 시간의 비율).

11.52 **연산증폭기 기반의 구형파 발진기**. 그림 11.58에 주어진 회로에 대해서 다음에 답하시오.

(a) 발진 주파수와 듀티비를 계산하시오.

(b) 발진기가 $10[kHz]$로 작동할 수 있도록 구성요소들을 선정하시오.

노이즈와 인터페이스

11.53 **연산증폭기와 백색 노이즈**. 음향 시스템에서 대역폭이 $20[kHz]$인 음향신호를 처리하기 위해서 연산증폭기가 사용되었다. 이 증폭기의 개루프 입력저항은 $800[k\Omega]$이며, 개루프 이득은 200,000이다. 증폭기는 두 가지 모드로 사용된다. 첫 번째 모드는 반전증폭기, 두 번째 모드는 비반전증폭기로, 두 가지 모두 이득은 200이다. 증폭기의 입력은 저항처럼 작동한다고 가정한다.

(a) 입력단에 아무것도 연결되어 있지 않은 경우에 상온($30[°C]$)에서 반전증폭기의 출력단에서 송출되는 백색노이즈 전위를 계산하시오. 귀환저항(그림 11.6 (a)의 R_f)은 $200[k\Omega]$이며 R_i는 $1[k\Omega]$이다.

(b) 입력단에 아무것도 연결되어 있지 않은 경우에 상온($30[°C]$)에서 비반전증폭기의 출력단에서 송출되는 백색노이즈 전위를 계산하시오. 귀환저항(그림 11.6 (b)의 R_f)은 $199[k\Omega]$이며 R_i는 $1[k\Omega]$이다.

11.54 **홀센서에 노이즈가 끼치는 영향**. 저강도 AC 자기장을 감지하기 위해서 홀센서가 사용되었다. 이를 위해서 홀계수는 0.02이며, 칩 두께는 $0.1[mm]$인 반도체식 홀소자를 **그림 5.36**에서와 같이 연결하였다. 측정을 수행하기 위해 소자에는 $5[mA]$의 전류가 흐르며, 센서 양단의 홀전압을 측정한다.

(a) $60[Hz]$의 주파수로 정현파 자속밀도가 부가되는 경우에 노이즈를 감안하여 자기장에 대한 센서의 민감도와 신뢰성 있게 감지할 수 있는 최저 자속밀도를 계산하시오.

(b) 민감도를 향상시키기 위해서 센서 전류를 $20[mA]$로 증가시켰다. 노이즈를 감안하여 이로 인하여 변하는 센서의 민감도와 신뢰성 있게 감지할 수 있는 최저 자속밀도를 계산하시오.

CHAPTER

12

마이크로프로세서와 인터페이스

CHAPTER

12 마이크로프로세서와 인터페이스

☑ 감각과 뇌

두뇌는 신경계의 중심이며 신체를 관장하는 처리기이다. 두뇌는 약 10^{11}개의 뉴런들로 이루어지며, 추론과 생각에서 기억과 자기인식에 이르기까지 다양한 기능을 가지고 있다. 두뇌는 또한 수많은 감각 데이터가 처리되며, 운동 명령이 시작되는 중심이다(일부 센서 데이터들은 척추를 포함한 신경절에서 처리된다). 두뇌의 많은 기능들 중 많은 부분은 외부신호를 통해서만 이해되고, 일부는 단지 가정에 불과하다. 자기인식, 정신이라는 개념, 심지어 감정은 뉴런을 기반으로 해서는 설명할 수 없다. 감각과 운동을 포함한 여타의 기능들에 대해서는 잘 이해되고 있으며, 두뇌의 특정 구조와 관련되어 있다.

대부분의 뉴런들은 두뇌를 덮고 있는 특징적인 주름들로 이루어진 두꺼운 층인 대뇌피질에서 발견된다. 대뇌피질은 층상조직으로 이루어지며, 전두엽(머리의 앞쪽 상부), 두정엽(전두엽 뒤에서 후두부까지의 영역), 측두엽(머리의 양측면), 그리고 후두엽(두정엽 뒤쪽 후두부)의 4엽 구조를 가지고 있다. 세포의 구조와 기능을 기반으로 하여 이를 다수의 피질 영역으로 더 세분할 수 있으며, 각각의 피질 영역들은 신체의 특정한 기능들과 관련되어 있다. 두뇌는 길이방향으로 절반으로 나뉘며 모양과 기능이 거의 동일한 복제구조를 가지고 있다. 전체적으로 좌뇌는 우측 신체를 관장하며, 우뇌는 좌측 신체를 관장한다. 두뇌피질의 하부에는 시상, 시상하부, 해마, 소뇌(머리의 뒤쪽하부), 뇌간, 뇌량(두뇌의 다양한 부분들과 연결되는 신경다발)을 포함한 다른 구조들이 존재한다.

기능적으로는, 두뇌를 세 가지 주요 영역들로 나눌 수 있다. 첫 번째는 감각기능을 관장하는 부분들로서 시상과 엽의 일부가 포함된다. 시각 영역은 후두엽, 청각 영역은 측두엽, 체성감각 영역은 두정엽에 위치한다. 미각과 후각은 뇌간과 그 위에 위치한 영역이 관장한다. 두 번째 영역은 주로 운동성과 관련되는데, 뇌간 및 척수와 함께 전두엽의 뒤쪽 부분이 포함된다. 두뇌 피질의 나머지 부분은 생각, 지각 및 의사결정과 같이 보다 복잡한 기능에 관여하는 것으로 생각된다.

인간의 일부 감각기능은 두뇌발달에 상응하는 다른 감각기능들보다 더 발달해 있다. 다른 감각기능들은 더 원시적인 것처럼 보인다. 두뇌의 시각 영역은 아마도 순수한 감각 영역들 중에서 가장 발달된 영역일 것이다. 반면에 후각을 담당하는 영역은 뇌간과의 연관성에서 알 수 있듯이 더 원시적인 상태인 것처럼 보인다. 운동기능도 동일한 양상을 가지고 있어서 일부 기능은 더 발달한 반면에, 일부의 운동 기능은 자율적이며 척수에 의해서 제어된다.

12.1 서언

1장에서는 제어기에 대해서 센서를 입력장치로, 작동기를 출력장치로 정의하였다. 이제 센서와 작동기가 연결되는 제어기에 대해서 살펴볼 차례가 되었다. 이 장에서는 제어기의 입출력에 초점을 맞추어 논의를 진행한다.

용도에 따라서 제어기의 구조가 달라진다. 일부의 경우, 제어기는 단지 스위치, 논리회로, 또는 증폭기의 역할을 수행한다. 여타의 경우에는 데이터 수집 장치와 신호처리 장치와 같은 다양한 처리장치들과 컴퓨터를 포함하는 복잡한 시스템이 사용된다. 그런데 대부분의 경우에는 마이크로프로세서가 사용된다. 그러므로 여기서는 범용의 유연하고 재구성이 가능한 제어기로서, 마이크로프로세서와, 여기에 센서 및 작동기를 연결하는 방식에 대해서 초점을 맞출 예정이다. 많은 경우 마이크로프로세서를 마이크로제어기라고 부르지만, 센서나 작동기들처럼 단순한 방식으로 분류하기에는 약간 어려움이 있다. 마이크로프로세서란 무엇이며, 마이크로프로세서와 컴퓨터, 또는 마이크로컴퓨터와의 차이점은 무엇이고, 이들의 특징을 어떻게 구별하는지 등은 모두 주관적인 문제이다. 누군가에게는 마이크로프로세서가 다른 누군가에게는 본격적인 컴퓨터일 수 있다.

이 장에서는 마이크로프로세서를 자급식[1] 독립형 단일칩 마이크로컴퓨터라고 정의한다. 이를 구현하기 위해서는 중앙처리장치(CPU), 비휘발성 메모리와 프로그램 메모리, 입력 및 출력장치 등이 포함되어야만 한다. 이런 구조를 갖추고 있는 마이크로프로세서에는 임의의 언어를 사용하여 프로그래밍이 가능하며, 입출력 포트를 사용하여 외부와의 연결이 가능하다. 이외에도 필수적이지는 않지만 다양한 요구조건들이 존재한다. 자급식 시스템의 경우, 마이크로프로세서는 비교적 단순하고 소형이어야 하므로, 메모리, 처리속도와 출력, 주소배정한도, 그리고 물론 외부와 연결 가능한 입출력 포트의 숫자 등과 같은 대부분의 특성들이 제한된다. 컴퓨터와는 달리 설계자는 버스, 메모리, 레지스터, 그리고 모든 입출력 포트 등과 같은 마이크로프로세서의 모든 특성들에 접근해야 한다. 간단히 말해서, 마이크로프로세서는 엔지니어가 일련의 임무를 수행할 수 있도록 시스템을 구성하며 프로그램할 수 있도록 유연한 특성을 갖춘 소자이다. 여기에는 마이크로프로세서가 가지고 있는 객관적인 한계와 설계자의 상상력(능력) 한계라는 단 두 가지 제약이 존재할 뿐이다.

그럼에도 불구하고 마이크로프로세서를 구성하는 것이 무엇인지에 대한 기본적인 질문에 대한 답은 부분적일 뿐이며, 아마도 완전하고 적절한 해답은 없을 것이다. 이 절의 논의는 가장 대표적인 마이크로프로세서로서, 센서/작동기 시스템에서 일반적으로 사용되며 가장 단순한 구조를 가지고 있는 8-비트 마이크로프로세서로 국한할 예정이다(16비트와 32비트 마이크로프로세서도 일반적으로 사용되지만 여기에 사용되는 인터페이스들은 본질적으로 동일하다). 마이크로프로세

1) self-contained

서에 사용되는 구조도 매우 다양하지만 이 장의 논의 주제에서는 벗어나므로, 가장 단순하며 유연하고 널리 사용되는 하버드 구조를 중심으로 하여 살펴볼 예정이다. 비록 이 구조가 일반적으로 사용되고는 있지만 일례로 간주하여야 한다.

12.2 범용 제어기로 사용되는 마이크로프로세서

다음 절에서는 인터페이스에 중점을 두고 범용 제어기인 **마이크로프로세서**의 구성요소에 대해서 살펴보기로 한다. 마이크로프로세서와 인터페이스라는 이 장의 주제를 구조, 어드레스, 클록과 속도, 프로그래밍, 내부장치들, 메모리, 입/출력, 주변장치들, 그리고 통신 등으로 나누어서 살펴볼 예정이다. 특정한 제품이나 업체에 국한되지 않도록 되도록 일반화하여 논의를 수행한다. 그럼에도 불구하고, 사례에 대해서 설명하는 경우에는 특정한 제조업체의 특정한 마이크로프로세서 제품군들과 관련된 보다 구체적인 논의가 필요하다. 그런 경우조차도 가능한 한 논의를 일반화하여 특정한 제조업체나 특정한 제품번호를 명시하지 않도록 노력할 예정이다. 독자는 이런 사례들이 여타의 마이크로프로세서들을 대표하는 것으로 간주해야 하며, 여타의 마이크로프로세서들도 다른 수단들을 사용하여 이와 동일하거나 유사한 기능을 수행할 수 있다고 이해해야 한다. 비록 제조업체나 모델마다 사양들이 서로 다르지만, 여기서는 모든 마이크로프로세서들에 공통적으로 적용되는 일반적인 기능들에 대해서 살펴볼 예정이다.

12.2.1 구조

소수의 마이크로프로세서 구조를 사용하여 수십 개의 제조업체들이 마이크로프로세서를 생산하고 있다. 이들 중에서 수많은 마이크로프로세서들이 사용하고 있는 일반적인 구조인 **하버드구조**에 대해서만 간단히 살펴보기로 한다. 이 구조의 가장 큰 특징은 작은 명령어 집합을 사용하며 피연산자 메모리용 버스와 프로그램 메모리용 버스가 분리되어 있다는 것이다. 이런 파이프라인 구조는 다른 작업을 수행하는 동안 데이터 검색이 가능하다. 즉, 각각의 주기는 n번째 명령을 수행하는 동안 $(n+1)$번째 명령을 검색하는 작업으로 이루어진다. 버스의 넓이는 제조업체나 마이크로프로세서의 크기에 따라서 변한다. 그림 12.1에서는 특정한 마이크로프로세서의 구조를 예시하여 보여주고 있다. 여기서는 8비트의 데이터 버스를 사용하고 있으므로, 8-비트 마이크로프로세서로 분류된다. 이 프로세서는 16비트 명령어 버스를 사용하여 64킬로바이트 용량의 프로그램을 프로그램 메모리에 저장할 수 있으며, 15비트 프로그램 어드레스에 $2^{15} = 32k$개의 명령어를 보낼 수 있다. 일반적으로는 피연산자 메모리들 중에서 일부만이 프로세서에 저장되며, 사용자는 여기에 접근하지 않지만 12비트 피연산자 어드레스 버스를 통해서 $2^{12} = 4{,}096$ 바이트의 피연산자 메모리에 접근할 수 있다. 일반적으로 버스의 한계는 실제 장치가 활용할 수 있는 것보다 더 높다. 예를 들어, 여기서 예시된 장치는 4,096바이트의 피연산자 메모리에 접근할 수 있지만, 이 장치가 이만큼의 메모리를 가지고 있다는 것을 의미하지는 않으며, 단지 이 장치가 구현할 수 있는 상한값을 나타낼 뿐이다.

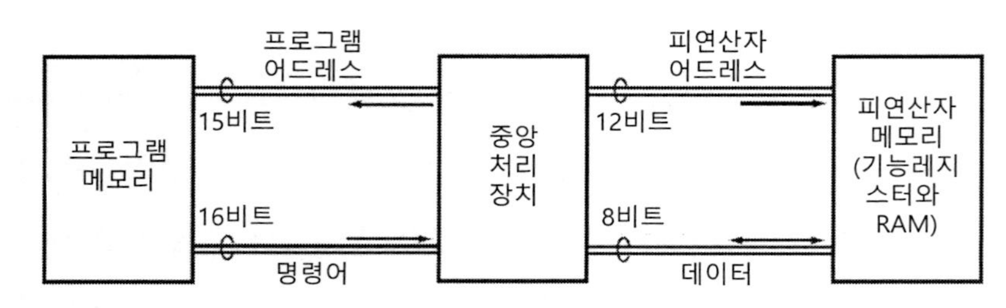

그림 12.1 8비트 하버드 구조를 가지고 있는 마이크로프로세서의 버스구조 사례

버스의 폭은 마이크로프로세서의 크기나 특성에 따라서 서로 다르다. 512바이트의 메모리를 가지고 있는 소형의 마이크로프로세서는 단지 9비트의 프로그램 어드레스 버스($2^9 = 512$)를 필요로 하는 반면에, 128킬로바이트의 메모리를 가지고 있는 대형의 마이크로프로세서는 17비트의 프로그램 어드레스($2^{17} = 128[kb] = 131{,}072$바이트)를 필요로 한다. 명령어 버스는 프로그램 어드레스 버스와 같거나 더 넓어야 한다. 8비트 마이크로프로세서의 경우, 데이터 버스의 폭은 8비트를 그대로 유지한다.

8비트 마이크로프로세서용 구조는 어드레스 공간의 첫 번째 8비트의 주소를 직접 지정할 수 있으며, 모든 메모리공간에 대해서는 간접적으로 주소를 지정(가변 포인터 주소지정 방식)할 수 있다. 이 구조에는 중앙처리장치(CPU)와 관련 상태비트들, 그리고 일련의 특수기능 레지스터들이 포함된다. 특수기능 레지스터에는 입출력 포트 제어용 레지스터, 다른 모든 주변장치(전압비교기, A/D 변환기, 펄스폭변조기 모듈 등) 구동용 레지스터들뿐만 아니라 타이머, 상태표시 등 사용자가 활용 가능한 모든 기능들이 포함된다. 사용자가 직접기록이 가능한 레지스터도 여기에 포함된다. 레지스터는 특정 요구에 응답하도록 설계되었기 때문에, 요구가 마이크로프로세서의 기본 구조와는 다를지라도 이를 수용하기 위해서 구조를 변경하는 것이 그리 드문 일이 아니다. 이런 이유 때문에, 동일한 제품군 내의 다양한 프로세서들이 요구사항들을 충족시키기 위해서 더 많거나 더 작은 명령어 세트들을 수용할 수 있다. 대부분의 마이크로프로세서들의 명령어 세트들은 30에서 150개의 명령어들을 수용한다. 대부분의 마이크로프로세서들은 소수의 명령어 세트들만을 사용하여 연산을 수행한다.

마이크로프로세서의 **메모리**도 사용자의 요구조건에 따라서 용량이 결정된다. 저등급 제품의 경우에는 메모리 용량이 256바이트에 불과한 반면에 고등급 제품의 경우에는 장치 내의 물리적인 공간상의 제약이 허용하는 한도 내에서 특정한 상한선이 없으며, 제조업체는 이를 상업적인 장점으로 내세운다. 대부분의 경우, 마이크로프로세서는 휘발성 메모리와 비휘발성 메모리를 갖추고 있다. 주변장치의 숫자도 소자들마다 서로 다르다. 소형장치의 경우 주변장치가 전혀 없는 경우도 있으며, 대형장치의 경우에는 전압비교기, 타이머, A/D 변환기, 포착/비교기, 펄스폭변조기, 통신포트, 여타의 유용한 기능들, 그리고 동일한 기능을 갖춘 다수의 유닛들이 포함된다.

마이크로프로세서는 작게는 4개에서 많게는 100개 이상의 **입출력 포트**들을 통해서 외부세계와 상호작용한다. 패키지는 작게는 6핀에서 많게는 100핀 이상의 접점을 갖추고 있으며, 다양한 형태로 제작된다(이중 인라인 패키지, 다양한 표면실장형 패키지, 다이 등).

12.2.2 주소지정

8비트 마이크로프로세서에서 **워드** 하나의 길이는 8비트이다. 즉, 하나의 워드로 0에서 255까지의 숫자를 직접 나타낼 수 있다. 이보다 더 큰 숫자를 나타내기 위해서는 가변 포인트 주소지정 방식을 사용하여 간접적으로 주소를 지정하여야 한다. 메모리의 주소를 지정하기 위해서는 길이가 긴 워드가 필요하다. 대부분의 마이크로프로세서들은 10비트($1k$), 12비트($4k$), 14비트($16k$), 또는 16비트($64k$)의 메모리 주소를 가지고 있으며, 이보다 더 큰 메모리에서는 더 큰 주소지정용 워드가 사용된다. 마이크로프로세서에서 **주소지정**이라고 하면, 프로그램 주소지정을 의미한다. 즉, 프로그램 메모리에는 실행해야 하는 프로그램이 저장되어 있으며, 각 주소들마다 프로그램의 명령어들이 저장되어 있다. 물론, 데이터 주소도 지정되지만, 일반적으로 데이터 메모리는 프로그램 메모리에 비해서 매우 작다. 프로그램 메모리의 크기는 얼마나 긴 프로그램을 저장할 수 있느냐를 결정하며, 대부분은 마이크로프로세서가 구현할 수 있는 능력을 결정한다. 본질적으로, 프로그램 메모리는 수행할 수 있는 작업을 정의하며, 인터페이싱 프로그램의 복잡성을 결정한다. 마이크로프로세서는 본질적으로 주소공간을 포함한 모든 측면에서 작기 때문에, 마이크로프로세서를 사용하기 위해서는 효율적인 프로그래밍과 내부 자원의 효율적인 사용이 필요하다.

12.2.3 실행속도

또 다른 중요한 주제는 프로세서의 **실행속도**이다. 대부분의 마이크로프로세서들은 $1[MHz]$에서 $100[MHz]$ 사이의 발진주파수를 사용하여 작동한다. (전부는 아니지만) 많은 마이크로프로세서 제품군들에서는 발진기가 내부적으로 분할되어 명령어 주기인 클록 신호를 생성한다. 따라서 명령어를 실행하는 데에 소요되는 시간은 $1[MHz]$에서 $20[MHz]$(명령어당 $1[\mu s]$에서 $50[ns]$) 사이의 값을 가지고 있는 발진주파수(속도)보다 느리다. 하지만 작업속도는 클록이나 발진기의 주파수에만 의존하지 않으며, 작업이 수행되는 방식이 실행속도에 큰 영향을 끼친다. 예를 들어, 아날로그 전압이 언제 기준전압보다 커지거나 작아지는지를 검출하기 위해서 아날로그 전압을 기준전압과 비교하는 경우에 대해서 살펴보기로 하자. 아마도 A/D 변환기를 사용하여 두 전압 모두를 디지털 값으로 변환시킨 후에 프로그램을 사용하여 이들의 비교를 수행할 수 있을 것이다. 그런데 A/D 변환에는 상당한 숫자의 명령들이 필요하다. 만일 전압비교기를 사용할 수 있다면 변환과정 없이도 (하나 또는 두 개의 클록 주기 이내에) 두 전압을 직접 비교할 수 있으므로 작업의 실행 속도를 크게 높일 수 있다.

마이크로프로세서의 기본 시간단위는 **클록주기**이다. 이 클록주기는 인터페이싱에 큰 영향을 끼친다. 명령이 아무리 단순하다고 하여도 한 주기보다 짧은 시간 내로 수행될 수는 없다. 인터페이싱에는 이를 작동시킬 프로그램이 필요하므로 아무리 단순한 작업이라도 몇 개의 명령어들이 필요하며, 따라서 이의 실행에는 몇 주기의 클록이 필요하다. 실행시간의 한계도 오차를 유발할 수 있으므로, 센서와 작동기들을 인터페이싱 하는 경우에는 이를 고려해야만 한다. 예를 들어 $1[MHz]$로 작동하는 마이크로프로세서에서 어떤 장치를 끄는 스위치를 구동하기 위해서 30개의 명령어들이 필요하다면, 이 장치를 끄는 데에 최소한 $30[\mu s]$의 시간이 필요하다. 작동기가 시스템을 구성하는 하나의 요소인 경우에 이런 지연시간이 문제가 될 수 있으므로, 시스템 설계 시 이를 고려해야만 한다.

12.2.4 명령어와 프로그래밍

마이크로프로세서는 소수의 명령어 세트들을 가지고 있으며, 일부의 경우에는 20~40개의 단순한 명령어들만을 사용한다. 이 명령들은 장치의 **프로그래밍**에 필요한 일반적인 요구조건들을 충족시킬 수 있도록 선정되며, 이들을 조합하면 특정한 장치의 기본적인 제약조건들 내에서 모든 임부들을 물리적으로 수행할 수 있다. 이 명령어 세트에는 논리명령(AND, OR, XOR 등), 이동 및 분기명령(레지스터로 데이터를 넣거나 빼는 명령과 조건분기 및 무조건 분기명령), 비트명령(특정 비트를 0으로 만드는 것과 같은 단일비트에 대한 조작), 합산이나 감산과 같은 산술명령, 서브루틴 호출, 그리고 리셋, 슬립 및 가로채기 명령과 같이 마이크로프로세서의 성능에 영향을 끼치는 여타의 명령들로 이루어진다. 일부의 명령들은 비트 단위, 일부는 바이트(레지스터) 단위, 일부는 문자열 단위와 제어연산으로 이루어진다. 표 12.1에서는 다양한 유형의 명령어들을 사례와 함께 보여주고 있다. 명령어 세트가 제한되어 있다는 것은 사용자가 지루한 프로그래밍 작업을 수행해야 한다는 것을 의미한다. 예를 들어, 어떤 디지털 숫자에 2를 곱하는 작업은 이 값을 저장하고 있는 레지스터를 한 칸씩 좌측으로 이동시키면 쉽게 해결되며, 2로 나누는 경우에는 한 칸씩 우측으로 이동시키면 된다. 반면에 예를 들어 6을 곱하는 경우에는 2를 곱하여 한 칸씩 좌측으로 이동시킨 결괏값들을 세 번 더해야만 한다.

표 12.1 마이크로프로세서의 명령어들

명령	사례	비고
논리명령	AND, OR, XOR 1차 및 2차 보수	일부에서는 이후의 사용을 위한 캐리와 여타의 플래그를 생성한다.
정수연산명령	합산, 감산	캐리와 여타의 플래그 생성
계수와 조건분기	증가, 감소, 감소/건너뜀, 비트시험/건너뜀	루프 생성과 루프분기의 주요 수단. 검출가능한 일부의 조건에 따라서 건너뜀 실행
클리어, 세트명령	CLEAR 레지스터, CLEAR 워치독 타이머, CLEAR비트, SET비트	레지스터와 레지스터 내의 개별비트 조작기능
무조건분기명령	GOTO, 리턴, 인터럽트로부터의 리턴	GOTO는 일반적인 분기명령이다. 리턴은 서브루틴 실행 후의 복귀명령이다.
이동명령	레지스터의 입출력 명령	처리가 필요한 데이터의 입출력 명령.
여타명령	대기명령	
시프트명령	좌/우로의 이동명령	한 칸 좌측 또는 우측으로 이동

주의: 마이크로프로세서에 따라서는 이보다 훨씬 더 많은 명령이나 특수명령들이 사용된다.
명령이 완료되면 일련의 플래그들이 셋/리셋 된다. 이를 통해서 연산 결과가 0이나 음수, 또는 8비트 레지스터에 오버플로(캐리)가 발생하는지를 알 수 있다. 이들은 프로세서 내부에서만 사용되거나, 프로그래머가 이를 활용할 수 있다.
대부분의 작업들(논리연산이나 대수연산)은 실행에 한 주기의 시간이 필요하다. (분기명령과 같은) 일부의 명령에는 2 또는 3주기가 필요하다.
클리어 워치독 타이머는 워치독 타이머가 일정한 시간이 경과되면 프로그램을 리셋하는 것을 방지하기 위해서 사용된다. 이 타이머도 완전히 무력화될 수는 있겠지만, 일반적인 작동 시에는 의도하지 않은 명령이나 루프에 의해서 프로그램이 멈춰버리지 않도록 막아준다.

8비트 마이크로프로세서에서는 기본 단위가 8이므로, 데이터는 8비트 레지스터에 저장되며, 바이트 기반의 명령어들은 8비트 워드에 의해서 작동한다. 예를 들어 두 개의 8비트 변수들을 더하여 결괏값을 8비트 레지스터에 저장시킬 수 있다. 그런데 두 개의 8비트 변수들을 서로 더하거나, 두 개의 8비트 변수들을 서로 곱하는 경우에 결괏값이 8비트보다 더 커진다는 것이 명확하다. 중앙처리장치에서는 이를 검출하면 **캐리플래그**를 송출하여 사용자에게 이를 알려준다. 만일 마이크로프로세서가 8비트를 넘어서는 변수를 사용할 것으로 예상되면, 프로그래머는 두 개의 8비트 레지스터들을 하나는 하위바이트로(1에서 8비트), 그리고 다른 하나는 상위 바이트(9에서 16비트)로 지정한다. 이를 통하여 마이크로프로세서가 더 큰 데이터를 다룰 수 있게 되지만, 자원(레지스터) 사용량과 실행시간을 증가시킬 뿐만 아니라 프로그램의 복잡성과 길이를 증가시키는 결과를 초래한다. 따라서 필요하다면, 8비트 마이크로프로세서 대신에 16비트, 32비트 또는 64비트의 프로세서를 사용하여야 한다. 16비트가 필요한 경우에 캐리나 오버플로의 발생을 고려하면서 8비트 변수들을 개별적으로 취급할 수도 있다(문제 12.2 참조). 중앙처리장치는 특정 조건을 나타내기 위해서 플래그를 송출하며, 프로그래머는 이를 프로그램에 활용할 수 있다. 여기에는 음수나 0의 발생, 오버플로 발생 등이 포함되며, 플래그 송출특성은 마이크로프로세서 제품군에 따라서 서로 다르다.

마이크로프로세서가 기능을 수행하기 위해서는 반드시 프로그램이 필요하다. 즉, 임무를 지령하는 일련의 명령어들이 제공되어야만 한다. 마이크로프로세서는 기계어, 즉, 중앙처리장치가 실행할 수 있는 일련의 디지털 작동코드(연산명령)를 기반으로 하여 작업을 수행한다. 실제의 경우, 기계어 명령을 사용하는 것은 실용적이지 않으며, 프로그래밍 언어를 사용하여 프로그래밍이 수행된다. 여기에는 어셈블리어나 이보다 상위레벨의 언어인 C-언어가 사용된다. 어셈블리어는 명령어 체계나 흐름상 기계어에 가장 근접하며, 각각의 명령어들이 순차적으로 실행되어 사용자는 모든 단계들을 세밀하고 완벽하게 통제할 수 있다. 어셈블리어는 특정한 마이크로프로세서에 알맞은 일련의 연산(명령)들로 이루어지며 중앙처리장치에서 필요로 하는 연산명령들을 생성한다. 연련의 연산명령들이 순차적으로 마이크로프로세서에 로딩되면서 프로그램 작동이 완성된다. 프로그래머는 프로그램에 상위레벨 언어를 사용할 수 있다. 대부분의 경우, 변형된 형태의 C-언어와 특정한 마이크로프로세서에 알맞은 연산명령들을 생성할 수 있는 컴파일러가 사용된다. 이 방법의 장점은 효율성이다. 프로그래머는 내부에서 명령들이 어떻게 수행되는지에 대해서 고려할 필요가 없다. 예를 들어, $c=a+b$와 같은 대수연산을 위해서는 메모리에서 데이터 추출, 합산수행, 그리고 결과를 메모리로 전송하는 일련의 연산명령들이 필요하다. 연산을 수행하는 방법, 연산명령의 생성, 그리고 데이터가 저장되는 메모리 내의 위치 등은 컴파일러가 결정하며, 프로그래머는 이를 자세히 알 필요가 없다.

예제 12.1 프로그래밍과 마이크로프로세서의 실행

프로그램의 일부분으로, 다음과 같은 작업을 수행하여야 한다: $a=6b+c$, 여기서 b와 c는 정수이다. 숫자들은 충분히 작은 값이어서 8비트를 사용하여도 결괏값이 레지스터의 오버플로를 유발하지 않는다고 가정한다. 이 연산을 수행할 방법과 $1[MHz]$ 클록을 사용하는 경우에 연산에 소요되는 시간을 계산하시오. 여기서 각각의 명령들은 하나의 클록시간을 필요로 한다고 가정한다. 수치값으로 $b=17$, $c=59$를 사용하시오.

풀이

결과는 매우 단순하며, 결괏값은 $a=161$이다. 하지만 마이크로프로세서는 이를 직접 구할 수 없다. 이를 구하기 위해서는 다음의 순서를 따라야 한다. 프로그램의 시작부분에서 세 개의 변수들을 각각 세 개의 레지스터에 할당해야 하며, 중앙처리장치는 이 레지스터들에 데이터를 읽고 쓸 수 있다.

1. b값을 작업레지스터 w로 이동시킨다: $w=00010001(17)$.
2. w 내의 숫자들을 한 칸씩 좌측으로 이동시킨다: $w=00100010(34)$
3. w값을 b에 저장한다: $b=00100010(34)$
4. b값과 w값을 더하여 결과를 w에 저장한다: $w=010001000(68)$
5. 다시 한 번 b값과 w값을 더하여 결과를 w에 저장한다: $w=01100110(102)$
6. w값을 b에 저장한다: $b=01100110(102)$
7. c값과 w값을 더하여 결과를 w에 저장한다: $w=10100001(161)$
8. 결괏값을 a 레지스터에 저장한다: $a=10100001(161)$

8주기가 지나고 나면, 연산결과가 a에 저장되며, 이를 스크린에 표시하거나 추가적인 연산을 실행하는 등과 같이 다른 목적으로 사용할 수 있다. (여타의 추가적인 연산이 필요 없는 경우에는) 이 연산과정에 $8[\mu s]$가 소요된다.

C-언어와 같은 상위레벨의 언어를 사용한다면, 다음과 같은 단 한 줄의 명령만이 필요하다:

$$c=6\times b+c$$

물론, 변수 a, b 및 c에 대해서는 프로그램의 앞부분에서 미리 정수로 지정해야 한다.

그림 12.2에서는 이 연산과정을 플로차트로 보여주고 있다. 여기서 예시한 단순 프로그램의 경우에는 플로차트가 필요 없을 수 있지만, 대부분의 경우에는 플로차트가 프로그래밍의 유용한 수단으로 사용된다. 플로차트는 일종의 로드맵으로 사용되며, 프로그래밍은 이런 안내도구가 없다면 쫓아가기가 어려운

코딩과정이기 때문에 특히 프로그램의 오류를 찾아내는 데에 도움이 된다. 플로차트를 매우 상세하게 만들 수도 있지만, 사용할 논리들만을 나열하거나 다수의 상호연결관계들로 이루어진 도표의 형태로도 만들 수 있다.

주의: 이 사례는 매우 단순하며 어셈블리어로 구현되지 않았다. 하지만 각각의 단계들은 하나의 명령에 해당한다. 실제의 경우, 일부의 명령들을 실행하기 위해서는 하나 이상의 주기가 필요하며, 결괏값에 오버플로가 발생했는지를 점검하기 위해서는 분기명령이 추가되어야 한다.

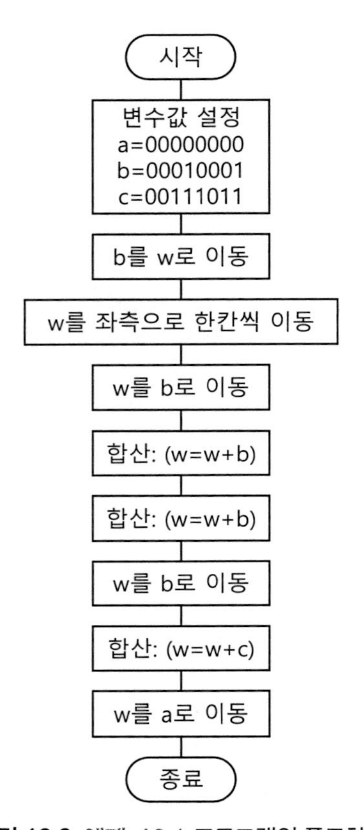

그림 12.2 예제 12.1 프로그램의 플로차트

12.2.5 입출력

입력과 **출력**은 패키지에 설치되는 활용 가능한 핀들의 숫자에 의해서 결정된다. 마이크로프로세서에 설치 가능한 핀들의 숫자는 최대 약 100개로 제한된다(6, 8, 14, 18, 20, 28, 32, 40, 44, 64 및 100핀이 일반적으로 사용된다). 전원공급을 위해서 2개의 핀들이 사용되므로, 예를 들어 18핀 소자의 경우에는 입출력 단자의 숫자는 16핀을 넘어설 수 없다. 물론, 일부의 핀들을

발진이나 통신과 같은 여타의 용도로 사용할 수 있으므로, 일반적으로 이보다 더 작은 숫자의 핀들이 입출력에 사용된다. 그럼에도 불구하고, 중간등급의 마이크로프로세서의 경우에 상당히 많은 숫자의 핀들을 입출력에 활용할 수 있다. 예를 들어 6핀 마이크로프로세서의 경우에는 최대 4개의 핀들을 입출력에 사용할 수 있겠지만, 64핀 프로세서의 경우에는 48개 이상의 핀들이 입출력에 사용된다. 입출력 핀들은 포트 단위로 그룹되며, 최대 8개의 핀들로 이루어지는 각각의 포트들은 8비트워드로 주소가 지정된다. 서로 다른 포트들은 서로 다른 특성들을 가지고 있으며, 서로 다른 기능들을 수행할 수 있다. 거의 예외 없이, 입출력 포트들은 입력, 출력 또는 하이임피던스와 같이 3개의 상태를 갖는다. 대부분의 입출력 핀들은 디지털 방식이지만, (소프트웨어에 의해서) 일부는 아날로그 방식으로 지정된다. 입출력 핀들은 일반적으로 20~25[mA]에 이르는 상당한 양의 전류를 송출하거나 받아들일 수 있다. 이 전류값은 대부분의 작동기 구동에는 충분치 못한 값이지만, 저전력 소자들을 직접 구동하거나 스위치, 릴레이, 및 증폭기를 사용하여 간접적으로 구동할 수 있다. 입출력 포트들은 전형적으로 레지스터로 할당되며, 여타의 변수들처럼 주소지정, 변경 및 조작이 가능하다. 하지만 포트들은 추가적인 성질들을 가지고 있다. 가장 중요한 성질은 프로세서가 절전모드인 경우에도 이들의 상태가 유지된다는 것이다. 이를 통해서 마이크로프로세서가 포트에 출력명령을 내린 후에 절전모드로 들어가도 출력상태는 변하지 않으며, 최소한의 전력을 소모할 뿐이다. 물론, 포트의 상태를 변화시키기 위해서는 프로세서가 절전상태에서 깨어나야 한다. 입출력 포트들 중 일부(포트들 중 일부나 하나의 포트 내에 일부 핀들)의 상태가 변하면 인터럽트 명령을 만들어낼 수 있다. 즉, 입력핀으로 설정되어 있는 입출력 포트의 전압이 변하면 프로세서에 인터럽트 명령이 입력되며, 프로세서는 절전모드에서 깨어나 이 입력변화에 대해서 반응하거나, 또는 이 인터럽트 전류에 의해서 더 상위의 작업이 수행된다. 이런 능력은 전력소모나 여타의 기능적 측면에서 중요하다. 입력 핀들을 내부적으로(소프트웨어) 풀업 상태로 만들 수 있다. 즉, 입력핀이 큰 저항을 통해서 전원(전형적으로 V_{dd}라고 표기되는 3.3[V]나 5[V] DC 전원)에 연결된다. 이로 인해서 핀은 V_{dd}의 상태로 설정되며, 스위치가 닫혀서 핀이 접지에 연결되는 것과 같은 입력상태를 검출할 수 있다. 비록 이것이 일반인 특성이기는 하지만 스위치, 키패드 및 키보드와 같은 장치들과의 인터페이싱뿐만 아니라 저항형 센서와의 연결에도 이를 활용할 수 있다.

예제 12.2 **자동점등**

대부분의 공공장소들에서는 사람이 있을 때에만 전등을 켜며, 안전상의 이유 때문에 사람이 전등을 켜는 것을 원하지 않더라도 전등을 켜야만 한다. 이런 경우에 수동식 적외선 센서를 사용하여 움직임을 감지하는 방식의 자동 시스템을 사용하여 전등을 켜며, 미리 정해진 시간 동안 켜짐 상태를 유지한다. 이 시간이 경과하고 나서 움직임이 감지되지 않는다면 전등을 끈다. 수동식 적외선 센서는 사람이 들어오는 과정에서 생성되는 열변화를 감지한다(4.8.1절과 예제 4.11 참조). 사람이 들어오면 수동식 적외선 센서가 감지구역으로 들어오는 사람에 의해서 방출되는 적외선 복사를 검출하여 미소전압 ΔV를 생성한다. 이를 사용가능한 전압으로 만들기 위해서는 증폭이 필요하다. **그림 12.3** (a)에서는 개략적인 회로도를 보여주고 있다. 증폭기는 동작이 검출되었을 때에 출력이 포화되도록, 즉 개루프 모드로 작동하도록 회로가 구성되어 있으므로 출력은 $0[V]$와 V_{dd}의 두 가지 상태만 존재한다. 또한 수동식 적외선 센서는 하이임피던스 상태이므로, 증폭기의 입력 임피던스가 높다는 것도 중요하다. 따라서 증폭기의 입력단에 드리프트가 작은 전계효과트랜지스터를 사용해야 한다. 이를 통해서 "1"이라고 표기된 입력단으로 디지털 신호를 입력할 수 있다. 전력사용량을 최소화하기 위해서 프로세서는 절전모드로 대기하며, "1"번 핀의 상태가 변하면 인터럽트를 발생시키도록 설정된다. 사람이 감지영역 내로 들어오면, "1"번 핀은 $0[V]$에서 $5[V]$(또는 V_{dd}와 같은 고전압상태)로 전환된다. 이로 인하여 인터럽트가 발생하면, 이에 따라서 프로세서가 켜지고 프로그램이 작동한다. 프로세서는 전등을 켜기 위해서 프로세서의 "2"번 핀을 고전압 상태로 전환시킨다. 이로 인하여 트랜지스터가 도통되어 릴레이 접점이 붙으면 전등이 켜진다. 마이크로프로세서는 릴레이를 구동할 만큼의 전류를 송출할 수 없기 때문에 트랜지스터가 필요하다. 타이머가 작동하면 시간 $T_0(5[\min])$을 계수한다.

만일 $5[\min]$의 기간 동안 더 이상의 운동이 감지되지 않는다면 전등이 꺼진다("2"번 핀의 출력을 $0[V]$로 만든다). 그런 다음 프로세서는 다시 에너지 소모를 줄이기 위해서 절전모드로 들어간다.

릴레이 코일의 양단에 다이오드가 사용된다는 점에 주의해야 한다. 이 다이오드는 릴레이가 켜지는 순간에 다량의 과도전류가 흐르면서 트랜지스터를 손상시키지 않도록 보호해준다. 대부분의 금속산화물 전계효과트랜지스터(MOSFET)들과 일부의 전력용 트랜지스터의 경우에는 이런 다이오드가 소자 내에 내장되어 있다. 릴레이는 마이크로프로세서의 저전압부와 전구를 작동시키기 위한 고전압부를 서로 차단시켜준다.

다음에서는 프로세서가 센서의 출력에 반응하여 전등을 작동시키는 프로그램의 단순화된 명령순서를 보여주고 있다. 그리고 **그림 12.3** (b)에서는 이를 플로차트의 형태로 보여주고 있다.

1. 정의
   (a) 1번 핀은 디지털 입력단으로, 2번 핀은 디지털 출력단으로 설정
   (b) 발진기를 가능한 최저주파수로 설정. 여기서는 $32[kHz]$ 발진기를 사용한다고 가정. 내부적으로 이를 4로 나누어 $8[kHz]$ 클록을 사용.
   (c) 사용 가능한 최대의 프리스케일링을 적용하여 클록을 256으로 나눈다(주의 2번 참조).

2. 시작
3. 프로세서를 절전모드로 세팅. 1번 핀에서 인터럽트가 검출될 때까지 대기
4. 인터럽트가 감지되면, 절전모드에서 빠져 나와서 다음의 루프를 실행한다.
   (a) 타이머 리셋(주의 3번 참조)
   (b) 출력핀을 켜짐($5[V]$)상태로 세팅(전등 켜짐)
   (c) 타이머 레지스터 저장값 읽음(클록이 작동하므로 레지스터에 저장된 타이머 계수값은 계속 증가한다)
   (d) 인터럽트가 감지되는가?
      (i) 예: 4(a)로 되돌아가서 계수 재시작
      (ii) 아니요: 프로그램 계속 진행
   (e) 계수값이 $5[\mathrm{min}]$($300[s]$, 아래 참조)에 도달했는가?
      (i) 예: 타이머 재시작, 2번 핀 꺼짐(전등 꺼짐), 3번으로 되돌아가서 다음 인터럽트가 발생할 때까지 대기.
      (ii) 아니요: 4(c)번으로 되돌아감.

일부의 데이터: $32[kHz]$ 발진(일부 마이크로프로세서의 표준 주파수이다) 신호를 내부적으로 4로 나누면 클록 주파수는 $8[kHz]$가 된다. 이 신호의 주기는 $125[\mu s]$이다. 프리스케일러를 거치고 나면, 카운터/타이머의 시간스텝은 다음과 같아진다.

$$\Delta t = 125 \times 256 = 32{,}000[\mu s]$$

따라서 이 타이머는 $32[ms]$마다 계수값이 증가한다. 따라서 $5[\mathrm{min}]$에 대한 카운터/ 타이머의 계수값은 다음과 같다.

$$N = \frac{5 \times 60}{0.032} = 9{,}375$$

이를 디지털 값으로 나타내면, 10 0100 1001 1111이며, 이를 나타내기 위해서는 14자리가 필요하다. 그러므로 이를 계수하기 위해서는 16비트 카운터/타이머가 필요하다(마이크로프로세서나 내장형 소프트웨어를 사용하여 이를 수행할 수 있다). 계수가 끝나고 나면, 16비트 레지스터에 저장된 값은 0010 0100 1001 1111이 된다. 이 값에 도달하게 되면(소프트웨어로 검출) 전등이 꺼지며 프로세서는 절전모드로 들어간다.

주의:
1. 이런 유형의 용도에서는 저주파 발진기를 사용할 수 있으므로 계수값이 비교적 작다.
2. 대부분의 마이크로프로세서들은 클록 주파수를 소프트웨어에 의해서 정의된 비율로 나눌 수 있는 프리스케일러를 가지고 있다. 전형적인 프리스케일러는 2에서 256(8비트) 사이의 값을 사용할 수 있다. 다음 절에서는 프리스케일러에 대해서 보다 자세히 살펴볼 예정이다.

3. 8비트 프로세서에서도 16비트 카운터/타이머를 사용할 수는 있지만, 작동은 8비트로 이루어진다. 그러므로 미리 정해진 계수값에 도달한 상태를 두 단계로 검출할 수 있다. 우선, 상위 바이트(상위 8비트)에 대한 시험이 수행된다. 만일 이 값이 일치한다면 하위 바이트에 대한 시험이 이루어지며, 둘 다 일치한다면 전등이 꺼진다. 이외에도 상위 바이트가 일치하거나 9,344라면, 하위 바이트를 무시하고 전등을 끈다. 이로 인하여 299[s]가 경과되면 전등이 꺼지며, 이는 5[min]에서 단지 1[s]가 모자란 시간이다. 타이머에 대해서는 다음 절에서 살펴볼 예정이다.

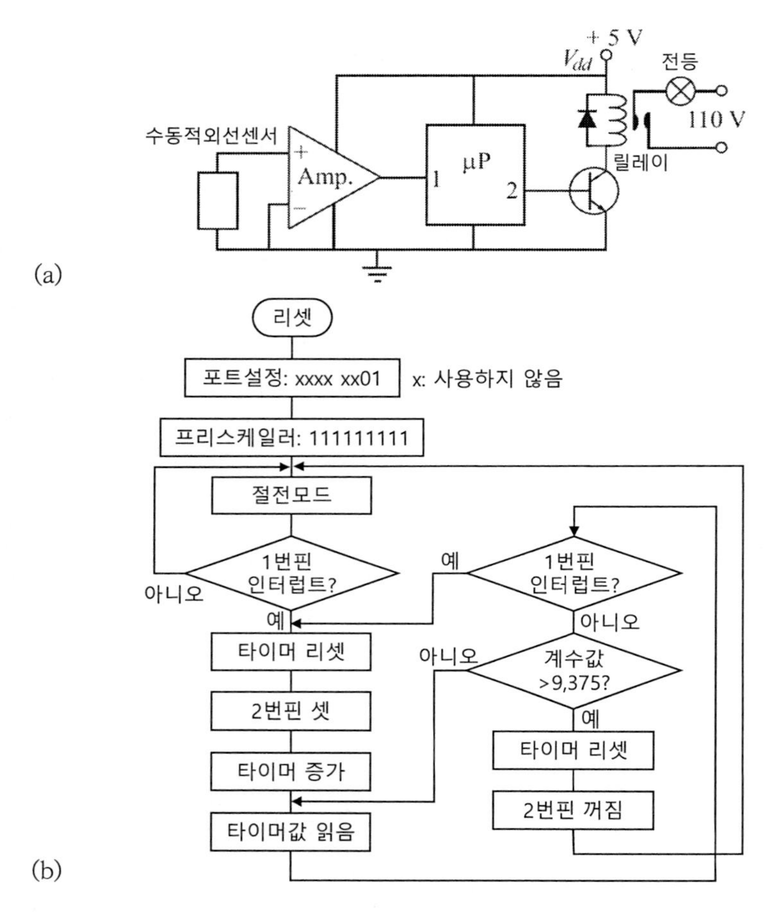

그림 12.3 (a) 자동점등 시스템의 개략도. (b) 마이크로프로세서 구동용 프로그램을 개발하기 위해서 사용되는 작동순서 플로차트

12.2.6 클록과 시간

마이크로프로세서는 명령어 실행주기를 결정하는 타이밍 메커니즘을 갖추고 있어야만 한다. 이를 위해서 내장 또는 외장형 발진기를 사용한다. 일반적으로 내장형 발진기에는 RC 발진기가

사용되는 반면에 외부에서 주파수를 세팅하는 가장 일반적인 방법은 크리스털을 사용하는 것이다(이를 위해서는 전용 핀이나 두 개의 입출력 핀을 사용해야 한다). 이 주파수를 내부에서 나누어 기본 주기시간을 만들어낸다. 마이크로프로세서는 또한 사용자가 조절할 수 있는 **내부 타이머**를 가지고 있으며, 계수나 타이밍과 같은 다양한 기능에 이를 사용할 수 있다. 최소한 하나의 계수기를 사용할 수 있으며, 대형의 마이크로프로세서에서는 4개 이상의 타이머를 갖추고 있는데, 이들 중 일부는 8비트 타이머(8비트 마이크로프로세서)이며, 일부는 16비트 타이머이다. 또한, 프로세서가 비작동모드에서 걸려버리는 경우에 이를 리셋하기 위해서 **워치독 타이머**가 사용된다. 이 타이머는 일정한 값을 계수하여 설정된 값에 도달하면 프로그램을 재시작 시킨다. 마이크로프로세서에 내장된 타이머는 **프리스케일러**(사용자가 소프트웨어를 사용하여 설정할 수 있는 분할기)를 통해서 클록에 연결할 수 있는 특수목적의 레지스터이다. 이 레지스터는 읽기와 리셋이 가능하며 레지스터가 설정값에 도달하면 오버플로 신호를 송출한다. 프리스케일러는 소프트웨어를 사용하여 분할값을 조절할 수 있다(즉 2에서 256 사이의 값으로 프리스케일 값을 설정할 수 있으며, 증분값은 마이크로프로세서에 따라서 서로 다르다). 일부의 마이크로프로세서들은 **포스트스케일**이 가능하며, 일부의 경우에는 사용자가 프리스케일이나 포스트스케일 값을 설정할 수 있다. 하드웨어 타이머를 사용할 수 없는 경우나 추가적인 타이머가 필요한 경우, 또는 더 긴 시간의 타이머가 필요한 경우에는 당연 소프트웨어 방식으로 타이머를 만들어낼 수 있다.

예제 12.3 발전기 주파수 제어

휴대용 120[V] 교류발전기는 60[Hz]의 일정한 주파수로 작동해야만 한다. 이 주파수는 발전기의 회전속도에 의해서 조절된다. 속도제어에 필요한 귀환신호를 만들어내기 위해서 소형의 마이크로프로세서가 주파수를 측정하며, 주파수 변동에 비례하는 신호를 송출한다. 가능한 한 프로세서에 내장된 구성요소들을 사용하여 어떻게 이를 구현할 수 있는지에 대해서 살펴보기로 하자. 주어진 마이크로프로세서는 10[MHz]의 주파수로 작동하며, 이를 내장형 분할기로 4로 나누어 내부 클록을 생성한다. 마이크로프로세서는 내장형 전압비교기와 전원전압을 16등분할 수 있는 기준전압 발생기를 갖추고 있다. 마이크로프로세서는 또한 12비트 A/D 변환기와 8비트 타이머를 갖추고 있다. 하나의 8비트 입출력 포트는 전압비교기나 A/D 변환기를 사용하는 경우에는 아날로그 입출력 단자로 설정할 수 있으며, 디지털 입출력단자로도 설정할 수 있다. 각각의 핀들을 개별적으로도 설정할 수 있다. 프리스케일러는 2에서 256 사이의 값으로 설정하거나 이를 사용하지 않을 수도 있다.

그림 12.4 (a)에 도시되어 있는 것처럼, 변압기와 단순한 5[V] 전압조절기를 사용하여 발전기의 출력으로부터 마이크로프로세서의 전원을 만들어낸다. 제너 다이오드(저항이 다이오드로 유입되는 전류를 실

효값 $5[mA]$ 미만으로 제한한다)가 교류전압을 샘플링하여 적절한 진폭($5[V]$)과 극성을 갖는 구형파로 변환시킨다. 샘플링된 교류전압의 실효값은 $9[V]$이다(최댓값은 $12.7[V]$이다). 비록 펄스 자체는 절반주기보다 좁지만, 연이은 두 펄스들 사이의 거리는 정확히 한 주기와 일치한다(그림 12.4 (b) 참조). 그러므로 여기서 사용된 기본 작동원리는 연이은 두 펄스들의 상승시점 사이의 시간을 측정하는 것이다. 그림 12.4 (c)에 도시되어 있는 플로차트에서는 주파수 변화를 감지하여 발전기의 작동속도를 조절하는 방안을 제시하고 있다. 이 프로그램에서는 펄스의 상승모서리를 검출하여 다음 번 모서리가 검출될 때까지의 클록 숫자를 계수한다. 다음 번 상승모서리가 검출되는 순간에 클록값을 읽으며, 이 레지스터에 저장된 값을 $60[Hz]$ 주기시간에 해당하는 시간값과 비교한다. 만일 계수값이 기준값보다 더 작으면 주파수가 너무 높은 것이므로 O/P-2를 통해서 엔진 속도를 늦추는 명령을 송출한다. 만일 계수값이 기준값보다 더 크다면 주파수가 낮은 것이므로, O/P-2를 통해서 엔진속도를 높이라는 명령을 송출한다. 연속적으로 주파수를 조절하기 위해서 이 과정이 무한히 반복된다.

프로세서의 내부에서는 클록이 $10/4=2.5[MHz]$로 작동한다. 그러므로 클록 주기는 $1/2.5\times10^6=0.4[\mu s]$이다. 프리스케일러는 클록을 256으로 나누어 타이머 주파수를 $9{,}765[Hz]$, 또는 펄스폭을 $102.4[\mu s]$로 만든다. 즉, $102.4[\mu s]$마다 타이머의 계수값이 1씩 증가한다.

$60[Hz]$ 신호의 주기는 $16.67[ms]$이다. 즉, 한 주기가 지난 후에 계수기에 저장된 계수값은 $16.67/0.1024=163$또는 이를 디지털 값으로 나타내면 10100011이다. 이 값이 비교기준이 되는 값이다. 만일 타이머의 계수값이 이보다 더 크다면 엔진속도를 올려야 하며, 이보다 더 작다면 엔진속도를 낮춰야 한다.

주의: 변압기는 교류전압을 취급하기 용이한 수준으로 낮출 뿐만 아니라 안전의 이유에서도 사용되어야 한다. 플로차트는 주파수 변화를 검출하기 위해서 필요한 기본 단계들만을 보여주고 있으며, 실제의 프로그램은 플로차트에서 제시된 것보다 훨씬 더 복잡하다.

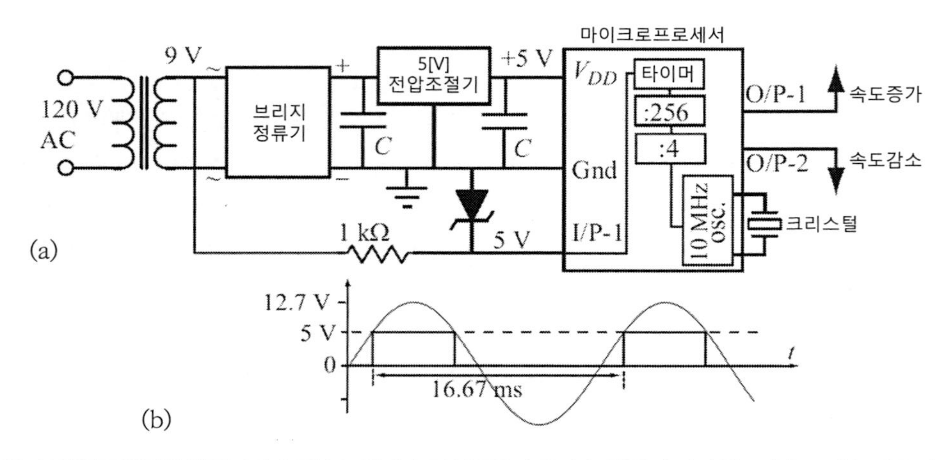

그림 12.4 엔진구동방식 발전기의 주파수조절. (a) 전원공급과 주파수 샘플링 관련회로. (b) 주파수 샘플링 방법

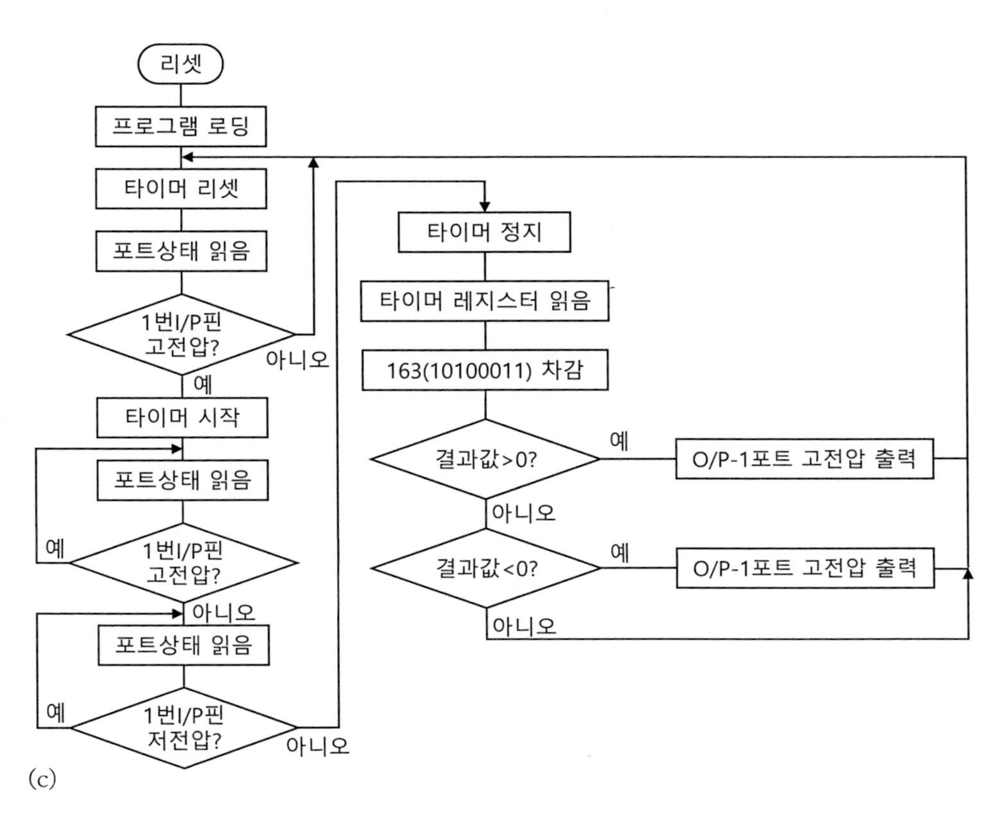

그림 12.4 엔진구동방식 발전기의 주파수조절(계속). (c) 프로그램 플로차트

12.2.7 레지스터

레지스터를 통해서 명령의 실행과 주소지정을 포함하여 다양한 마이크로프로세서의 기능들에 대한 통제가 이루어진다. 마이크로프로세서 내에는 두 가지 유형의 레지스터가 사용된다. 첫 번째 유형은 **특수목적 레지스터**, 특수기능 레지스터 또는 예약 레지스터라고 부르며 프로세서 전용으로 사용된다. 이들은 포트, 발진기, 플래그, 상태표시, 모든 주변장치, 그리고 일부의 내부 기능 등과 같은 다양한 기능들을 설정 및 통제하기 위해서 사용되며 사용자가 접근할 수 없다. 대부분의 레지스터들은 사용자가 활용할 수 있으며, 매개변수들을 수정하여 레지스터의 작동을 통제할 수 있다. 예를 들어, 입출력 포트들 중 하나를 출력포트로 지정하거나 입출력 핀의 특정한 비트를 $0[V]$로 설정할 수 있다. 이와 마찬가지로, 입출력 핀의 상태를 읽어 들이는 경우에 해당 포트의 레지스터는 마치 데이터레지스터처럼 사용된다. 두 번째 유형의 레지스터는 **범용 레지스터**라고 부르며 (휘발성) 메모리처럼 작동한다. 레지스터를 사용할 때에 주소지정을 통해서 특정한 레지스터에 변수들이

할당된다는 것을 제외하면 컴퓨터 프로그램에서 변수들이 지정되는 것과 유사한 방식으로 프로그래밍에 사용되는 변수들이 레지스터에 할당된다. 이런 레지스터들은 저장 공간이 매우 제한되어 있다. 일부 소형의 마이크로프로세서에서는 범용 레지스터들이 불과 몇 개에 불과한 반면에 대형의 장치에서는 수백 개에 이른다. 하지만 어떤 경우라도 레지스터의 숫자는 비교적 작은 편이다. 그러므로 프로그램에서는 충돌이 발생하지 않는 한도 내에서(동시에 사용하지 않도록), 특정한 레지스터에 하나 이상의 변수들을 할당하는 방식으로 레지스터 저장 공간을 재활용한다.

12.2.8 메모리

대부분의 현대적인 마이크로프로세서들은 데이터가 로딩되는 **프로그램 메모리**, **데이터 메모리**(RAM, 임의접근 메모리), 그리고 초소형 마이크로프로세서를 제외한 대부분의 프로세서들에는 전기적으로 지울 수 있는 영구적인 **읽기전용 메모리**(EEPROM)와 같이 세 가지 유형의 메모리들을 갖추고 있다. 제어기로 사용되는 마이크로프로세서의 기능 때문에 프로그램 메모리가 일반적으로 가장 크며, 256바이트 미만에서부터 특정 소자의 경우에는 256킬로바이트를 넘는 경우도 있다. 대부분의 경우 메모리에는 **플래시 메모리**가 사용된다. 이 메모리는 마음대로 덮어쓸 수 있으며, (덮어쓰거나 지우기 전까지는 프로그램이 저장되는) 비휘발성이므로 전원을 꺼도 프로그램이 손실되지 않는다. 데이터 메모리는 일반적으로 매우 작으며 프로그램 메모리의 일부분(1/8 미만)으로서, 전원을 끄면 데이터가 저장되지 않는다. 이 메모리는 프로그램 실행 과정에서 만들어지는 중간 데이터를 임시로 저장하는 용도로 사용된다. EEPROM은 덮어쓰기가 가능한 비휘발성 메모리로서 주로 프로그램 실행과정에서 만들어지는 데이터를 저장하는 데에 사용되지만, 전원을 꺼도 데이터가 유지된다. 읽기전용 메모리(ROM)에는 외부에서 기록이 불가능하며, 프로그램을 통해서 마이크로프로세서만이 데이터를 바꿀 수 있다. EEPROM 은 다양한 상황에서 중요한 역할을 한다. 이 메모리는 프로그램 실행에 필요한 조견표와 같은 데이터를 저장하는 데에 사용할 수 있지만, 프로그램 실행과정에서 동적으로 덮어쓸 수도 있으며, 이후에 이를 사용하기 위해서 저장할 수 있다. 여기에는 계수값이나 코드와 같은 단순 데이터에서부터 특정한 사건이 발생한 시간과 날짜와 같은 기록들이 저장된다. 예를 들어, EEPROM 에 문이 열린 시간과 날짜가 기록되거나, 차량 충돌이 발생한 경우에 과거 20초 동안의 각종 차량 작동인자들을 기록하는 블랙박스로서도 사용된다(예제 12.4 참조).

예제 12.4 EEPROM의 활용-자동차의 속도감지와 주행거리계

차량의 속도는 구동 휠의 회전수를 계수하여 측정할 수 있다. 대부분의 경우, 변속기축에 설치된 치형이 성형된 플라이휠의 잇수를 계수하여 휠 직경과의 상관관계로부터 속도를 산출한다. $1[km]$ 주행을 위한 바퀴의 회전수를 이미 알고 있으므로, 이를 활용하여 주행거리도 알 수 있다. 이 예제를 위해서 주행바퀴 1회전당 20펄스가 송출된다 - 즉, 20개의 치형이 성형된 휠이 바퀴 구동축에 설치되어 있으며, 바퀴의 직경은 $75[cm]$라고 가정하자.

그림 12.5에서는 이 시스템의 개략적인 구성을 보여주고 있다. 뒷면에 영구자석이 설치되어 있는 홀소자는 소자 앞으로 지나가는 치형의 잇수를 계수한다. 홀 소자의 출력은 아날로그 신호로서, 정현파 신호와 닮은 형태를 나타낸다. 이 신호를 내장형 전압비교기의 양입력단으로 입력하며, 내장형 전압비교기의 음입력단에는 내장형 기준전압을 입력한다. 이를 통해서 홀소자의 출력전압이 기준전압보다 높아질 때마다 전압비교기의 출력은 고전압으로 전환되며, 양입력단의 전압이 기준전압보다 낮아지면 전압비교기의 출력전압은 저전압 상태로 전환되어 홀소자의 출력전압이 이산화 된다. 내장형 타이머는 일정한 주기 동안 발생한 펄스의 숫자를 계수하여 속도로 변환시켜준다. 계수값의 환산 방법은 다음과 같다. 바퀴의 직경은 $0.75[m]$이므로 바퀴의 원주길이(WC)는 다음과 같이 계산된다.

$$WC = 2\pi\frac{d}{2} = \pi \times 0.75 = 2.3562[m]$$

1회전당 20개의 펄스가 송출되므로, 단위 길이당 펄스의 숫자는 다음과 같이 계산된다.

$$\frac{20}{2.3562} = 8.48825[pulse/m]$$

속도 표시에는 일반적으로 $[km/h]$의 단위를 사용한다. 만일 기준시간이 $1[s]$라면, 계수기는 $1[s]$ 동안 펄스열을 샘플링한다. 만일 계수값이 $8.48825[pulse/s]$라면, 이 자동차는 $1[s]$ 동안 $1[m]$를 이동한 것이며, 속도는 $1[m/s]$가 된다. 만일 $1[pulse/s]$라면, $1/8.48825 = 0.1178[m/s]$ 또는 $0.424[km/h]$이다. 마이크로프로세서는 이 계산을 수행할 수 있으며 필요에 따라서 단위변환도 가능하다. 그리고 매 초 필요한 갱신률에 따라서 샘플링 주기도 선택할 수 있다. 속도가 갱신되고 나면, 타이머를 리셋하고 새로운 계수가 다시 시작된다.

주행거리계는 전형적으로 $0.1[km]$마다 갱신된다. 이를 위해서 두 번째 계수기(갱신용 타이머)는 펄스들을 계수하며, 갱신값(UV)에 도달할 때마다 EEPROM의 주행거리값을 읽어들인 후에 이를 0.1만큼 증가시켜서 다시 EEPROM에 저장하며 이를 표시한다. 갱신을 위한 계수값은 다음과 같이 계산된다.

$$UV = \frac{100}{2.3562} \times 20 = 849[pulses]$$

갱신이 끝나고 나면 갱신용 타이머는 리셋되며, 계수가 다시 시작된다. 그림 12.5에 도시되어 있는 표시기들은 필요와 마이크로프로세서에서 사용 가능한 핀들의 숫자에 따라서 직렬포트나 병렬포트를 사용하여 연결한다. 자체적으로 마이크로프로세서가 내장되어 직렬통신이 가능한 표시기들과는 전형적으로 직렬통신이 사용된다.

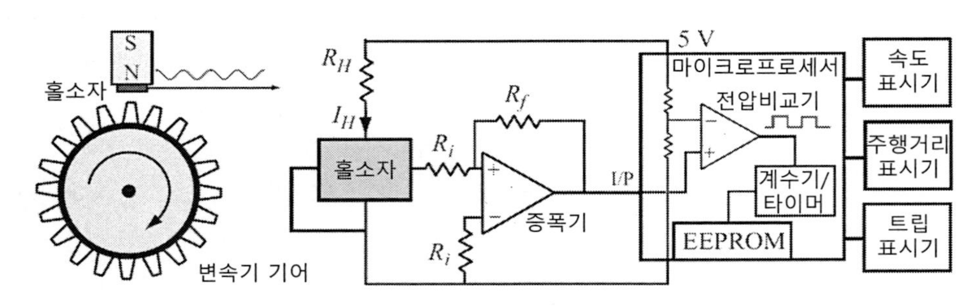

그림 12.5 차량용 디지털 속도표시기/주행거리표시기의 구성

12.2.9 전력

대부분의 마이크로프로세서들은 1.8~6[V]의 전압을 사용하여 작동한다. 일부의 모델들은 작동전압범위가 더 좁으며(2.7~5.5[V]), 일부는 이보다 더 높은 전압에서 작동할 수도 있다. 대부분의 마이크로프로세서들은 상보성 금속 산화물 반도체(CMOS) 기술을 사용하여 제작된다. 이런 프로세서들은 **소비전력**이 주파수와 구동전압에 의존하지만 많지는 않다. 클록 주파수가 높아질수록 소비전력이 증가한다. 소비전력은 또한 프로세서가 수행하는 작업의 유형과 특정 시점에 어떤 모듈이 작동하는가에도 의존한다. 사용자는 인터럽트, 절전모드와 재기동 같은 특수 기능과 주파수, 작동모드 등의 선정을 통해서 소비전력을 조절할 수 있다. 이 과정에서 회로의 요구조건들에 따른 조절이 수행되며 때로는 타협이 필요하다. 때로는 회로를 연속적으로 작동시켜야만 하는데, 이런 경우에는 인터럽트를 사용하지 않으며 프로세서는 절전모드로 들어가지 않는다. 또 다른 경우에는 프로세서가 최대 주파수로 작동해야만 한다. 하지만 대부분의 경우, 프로세서에 적용되는 인자들은 설계자가 결정한다. 만일 전지로 작동하기 때문에 소비전력이 문제가 된다면, 작동주파수를 낮추는 것이 가장 먼저 선택해야 하는 대책이다. 사용 가능한 가장 낮은 주파수로 작동하면 소비전력을 줄일 수 있을 뿐만 아니라 고주파 전자기파 방출량도 감소하기 때문에 인접 장치들과의 간섭문제도 없어진다. 비록 허용 변화폭이 좁기는 하지만 작동전압도 고려해야만 한다. 그럼에도 불구하고 5[V] 대신에 3[V] 전원을 사용하면 소비전력을 현저히 줄일 수 있으며, 특히 전지를 사용하기가 용이한 전압이다. 거의 모든 마이크로프로세서들은 다중 절전모드를 갖추고 있으며, 대부분의 경우 이들 중 하나를 활용할 수 있다. 절전모드에서는 마이크로프로세서의 나노

암페어 수준의 전류를 소모할 뿐이며, 일부의 경우에는 연결된 전지의 자체 방전량 이하의 전류를 소모할 뿐이다.

이런 유연한 옵션들 덕분에 수년에 이를 정도로 긴 기간 동안 전지를 사용하여 작동할 수 있는 마이크로프로세서 인터페이싱 회로들을 설계할 수 있다. 그런데 기억할 점은 소비전력은 회로설계 시 고려해야 하는 수많은 인자들 중 하나일 뿐이며, 회로설계에 제약조건으로 작용한다는 것이다. 예를 들어, 저전압 작동을 위해서는 저주파 작동이나 덜 정확한 발진기의 사용이 요구된다. 또한 D/A 변환기의 기준전압이 변하며, 입출력 전압과 전류도 변하게 된다. 회로설계 시에는 이런 모든 사항들을 함께 고려해야만 한다.

예제 12.5 전지 작동방식의 번호열쇠: 소비전력

번호열쇠는 건물이나 금고와 같은 제한된 공간으로의 접근을 통제하기 위해서 일반적으로 사용된다. 여기서 살펴볼 시스템에는 $0 \sim 9$까지의 숫자와 * 및 # 부호로 이루어진 전화기 문자판 형태의 키패드가 사용된다. 그림 12.6에서는 이 열쇠의 열림/잠금을 통제하기 위한 회로의 개략도를 보여주고 있다. 숫자판은 4행 3열로 구성되어 있으며, 각 행과 열의 교차점마다 스위치가 설치되어 있다. 이 스위치들을 누르면 해당 행과 열이 연결된다. 마이크로프로세서는 스위치 눌림을 감지하여 연결된 숫자 또는 심벌을 구분하며, 이를 저장된 암호와 비교한다. * 심벌을 누른 다음에 지정된 개수의 번호들로 이루어진 암호를 입력하도록 프로그래밍 된다. 암호를 모두 입력한 다음에 # 심벌을 입력하면 열쇠가 열려 있는 경우에는 잠기고, 잠겨 있는 경우에는 열린다. 마이크로프로세서는 소형의 감속기붙이 직류전동기를 회전시켜서 열쇠를 잠그거나 열어주며, 또는 두 개의 리미트 스위치들을 사용하여 열쇠의 열림 또는 잠금 위치에 도달하였을 때에 (8번으로 표기된 출력핀을 사용하여) 모터의 작동을 정지시킨다. 그림에 도시된 회로는 절전상태로 대기하며, 저항 R을 통과하여 흐르는 전류를 포함하여 전지로부터 대략적으로 $8[\mu A]$의 전류를 소모한다. 번호를 입력하면 소비전류가 증가하지만, 이 증가량은 전지 전압과 마이크로프로세서의 클록 주파수에 의존한다. 암호를 입력한 후에 모터가 작동하여 열쇠를 열거나 잠그는 데에 소요되는 평균 주기시간은 $6[s]$이다.

(a) 다양한 전원전압과 클록주파수에 대해서 그림 12.6에 도시되어 있는 번호열쇠의 소비전력을 시험하였으며, 아래의 표에서는 시험결과가 제시되어 있다. 마이크로프로세서를 $16[MHz]$로 구동하는 경우에 $2 \sim 5[V]$ 사이의 전원전압에 의한 (모터가 작동하지 않는 경우에) 회로의 소비전력을 산출하시오.

(b) 이 회로가 $2{,}800[mA \cdot h]$ 용량의 AA 전지 2개를 직렬($3[V]$)로 연결된 전원을 사용하며, $20[MHz]$ 클록을 사용한다. 열림과 잠금에 모터는 각각 $2.4[s]$ 동안 $100[mA]$의 전류를 사용하며 하루($24[h]$) 평균 12회 작동하는 경우 전지의 작동수명을 계산하시오.

(c) 클록 주파수가 $20[MHz]$인 경우와 $80[kHz]$인 경우에 마이크로프로세서가 절전상태를 사용하지 않는다면 (b)의 조건에 대해서 회로의 작동수명은 얼마가 되겠는가?

	10[MHz]	2[MHz]	300[kHz]	80[kHz]
5[V]	2.7[mA]	0.84[mA]	237[μA]	108[μA]
4[V]	2.1[mA]	0.65[mA]	186[μA]	76[μA]
3[V]	1.3[mA]	365[μA]	140[μA]	56[μA]
2.5[V]	1.01[mA]	312[μA]	122[μA]	46[μA]
2[V]	0.66[mA]	205[μA]	102[μA]	37[μA]

풀이

(a) 전류소모량 데이터는 최대 $10[MHz]$까지만 제시되어 있으므로, 제시된 데이터에 대한 외삽 계산이 필요하다. 데이터를 그래프로 그려보면 $2[MHz]$ 이상의 주파수에 대해서는 전류가 선형적으로 증가한다는 것이 명확하므로(그림 12.7 참조), 외삽계산을 사용하여 $16[MHz]$에서의 전류값을 산출할 수 있다. $10[MHz]$와 $2[MHz]$에서의 데이터를 사용하여 다음과 같이 그림 12.7에 제시된 그래프의 기울기를 계산할 수 있다.

$$\Delta = \frac{I_{10} - I_2}{10 - 2}$$

여기서 I_{10}은 $10[MHz]$에서의 소비전력이며, I_2는 $2[MHz]$에서의 소비전력이다. 기울기가 일정하다고 가정하였으므로 다음과 같이 계산할 수 있다.

$$\Delta = \frac{I_{16} - I_{10}}{16 - 10} \rightarrow I_{16} = I_{10} + \Delta(16 - 10) = I_{10} + \frac{I_{10} - I_2}{10 - 2}(16 - 10)\ [mA]$$

여기에 표에 제시된 값들을 대입하여 계산하면,

$$2[V]:\ I_{16} = 0.66 + \frac{0.66 - 0.205}{8} \times 6 = 1.001[mA]$$

$$2.5[V]:\ I_{16} = 1.01 + \frac{1.01 - 0.312}{8} \times 6 = 1.533[mA]$$

$$3[V]:\ I_{16} = 1.3 + \frac{1.3 - 0.365}{8} \times 6 = 2.0[mA]$$

$$4[V]:\ I_{16} = 2.1 + \frac{2.1 - 0.65}{8} \times 6 = 3.187[mA]$$

$$5[V]:\ I_{16} = 2.7 + \frac{2.7 - 0.84}{8} \times 6 = 4.905[mA]$$

(b) $20[MHz]$와 $3[V]$에서의 소비전류는 (a)의 식을 사용하여 다음과 같이 계산할 수 있다.

$$I_{20} = 1.3 + \frac{1.3 - 0.365}{8} \times 10 = 2.469[mA]$$

전류 소비량을 구하기 위해서는 일간 평균 전력을 $[mA \cdot h]$ 단위로 계산해야 한다. 전지의 총 전력용량을 일간 평균 소비전력량으로 나누면 전지의 수명을 구할 수 있다.

절전상태에서의 전류 소비량은 $8[\mu A]$이다. 이를 하루 소비전력으로 환산해 보면 $8\times 24 = 192$ $[\mu A\cdot h]$ 또는 $0.192[mA\cdot h/day]$이다. 이 회로는 $6\times 12/3{,}600 = 0.0467[h]$ 동안 켜지며 $(6\times 12/3{,}600)\times 2.469 = 0.04938[mA\cdot h/day]$만큼의 전력을 소비한다.

모터는 $100\times 12\times 2.4/3{,}600 = 0.8[mA\cdot h/day]$의 전력을 소비한다. 따라서 일간 총 전력소비량은 이들을 합한 값인 $1.04138[mA\cdot h/day]$이다. 따라서 전지가 이 회로에 전력을 공급할 수 있는 수명은 다음과 같이 계산된다.

$$N = \frac{2{,}800}{1.04138} = 2{,}688.74[days]$$

이는 7년 4개월 12일에 해당한다. 대부분의 전지들은 자체수명이 $6\sim 10[yr]$이다. 이 계산에 따르면 마이크로프로세서 자체는 일반적으로 저전력 회로설계의 장애요인으로 작용하지 않으며, 비교적 소용량의 전지를 사용해서도 여러 해 동안 작동할 수 있다는 것을 알 수 있다. 사실 이 회로의 제한요인은 모터이다.

(c) 지금부터 마이크로프로세서가 항상 켜져 있는 경우에 대해서 살펴보기로 하자.

$20[MHz]$에서는 $24\times 2.469 + 0.8 = 60.056[mA\cdot h/day]$의 전력이 소비된다. 따라서 이 회로의 수명은 다음과 같이 계산된다.

$$N = \frac{2{,}800}{60.56} = 46.6[days]$$

$80[kHz]$에서는 마이크로프로세서가 $24\times 0.056 + 0.8 = 2.144[mA\cdot h/day]$의 전력을 소비한다. 따라서 이 회로의 수명은 다음과 같이 계산된다.

$$N = \frac{2{,}800}{2.144} = 1{,}306[days]$$

이는 3년 6개월 28일에 해당하는 값이다.

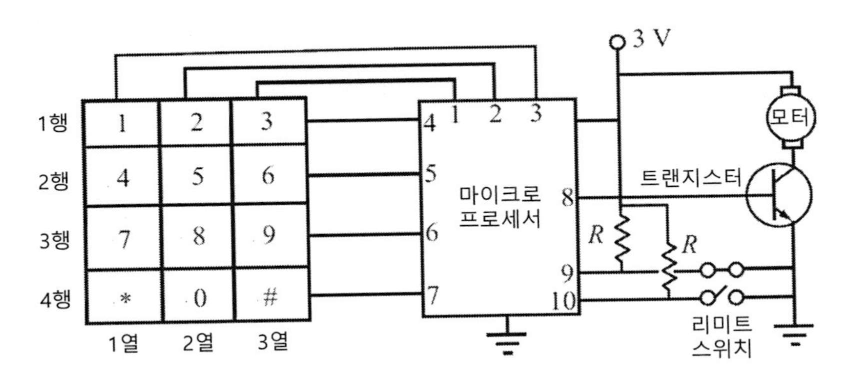

그림 12.6 번호열쇠의 구조

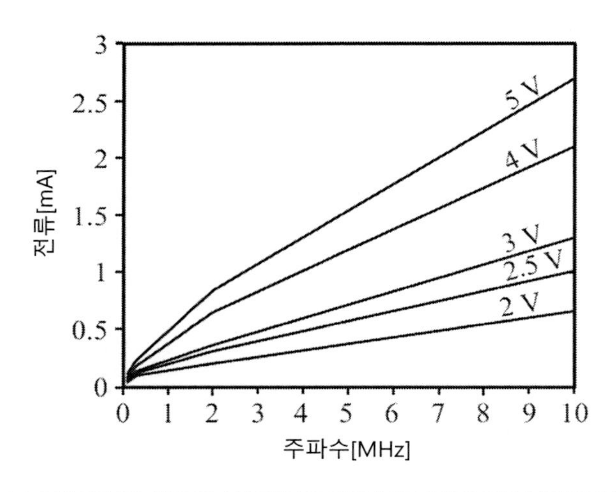

그림 12.7 그림 12.6에 도시된 회로의 소비전류를 주파수와 다양한 작동전압에 따라 나타낸 그래프

12.2.10 여타의 주변장치와 기능들

앞서 살펴봤듯이, 마이크로프로세서는 특정한 모듈들(중앙처리장치, 발진기, 메모리 및 입출력 장치)을 반드시 갖춰야 하지만 이외에도 매우 다양한 **주변장치**들이 사용된다. 마이크로프로세서의 개발과정에서 용도에 따라 특정한 기능들이 추가되어야 한다. 이를 외부에 설치할 수도 있지만, 이런 기능들 중 일부를 내장하는 경우에 더 유연한 장치를 만들 수 있다는 것이 명확하다. 따라서 많은 마이크로프로세서들이 (이산화용) 전압비교기, A/D 변환기, 포착 및 비교기(CCP), 펄스폭변조기(PWM), 그리고 통신 인터페이스 등을 내장하고 있다. 대부분의 마이크로프로세서들은 한두 개 정도의 전압비교기를 내장하고 있지만, 일부의 모델들은 훨씬 더 많은 숫자의 전압비교기를 갖추고 있다. 마이크로프로세서의 유형에 따라서 8비트나 10비트(일부는 12비트)의 A/D 변환기를 갖추고 있으며, 일반적으로 다수의 채널(4~16 또는 그 이상)들을 제공한다. 일부의 프로세서들에서는 펄스폭변조기 채널(전형적으로 1~8개)이 일반적으로 제공된다. 많은 마이크로프로세서들이 범용 비동기 송수신(UART), 범용 동기/비동기 송수신(USART), 직렬 주변장치 인터페이스(SPI), 2선식 인터페이스(I^2C), 권장표준 직렬통신(RS-232), 그리고 범용직렬버스(USB) 포트와 같은 직렬 인터페이스들을 제공하고 있으며, 일부는 사용자가 선택할 수 있도록 다중 인터페이스를 제공하기도 한다. 특수한 장치의 경우에는 아날로그 증폭기나 심지어는 무선주파수 송신기와 같은 여타의 기능들도 탑재된다. 이런 기능들을 지원하기 위해서 사용하는 입출력 단자들은 디지털 입출력(통신용)과 아날로그 입출력(A/D 변환과 전압비교용)의 기능을 갖추고 있다. 이런 모든 주변장치들을 데이터버스로도 활용할 수 있다.

사용자는 마이크로프로세서에 내장된 여타의 모든 기능들과 마찬가지로, 이런 주변장치들과 **통신규약**들을 사용할 수 있다. 이들 중에서 통신규약은 입출력핀을 사용하여 외부세계와 통신할 수 있는 중요한 수단이다. 마이크로프로세서는 다양한 이유 때문에 외부세계와의 통신이 필요하다. 첫 번째는 프로그램을 로딩하는 것이다. 고급 언어로 프로그래밍된 프로그램의 경우에는 마이크로프로세서에 직접 로딩하여 실행시킬 수 없기 때문에 컴파일러가 필요하다. 이와 마찬가지로, 수집되거나 마이크로프로세서에 의해서 만들어진 데이터들을 마이크로프로세서 내에 저장하는 경우는 거의 없으므로 이를 저장장치나 컴퓨터에 다운로드해야만 한다. 통신이 필요한 세 번째 이유는 마이크로프로세서는 여타의 장치들(컴퓨터, 다른 마이크로프로세서, 제어장치, 수신기 등)과 연결되어야만 하기 때문이다. 표준 인터페이스를 사용하면 소프트웨어 없이도 비교적 간단한 인터페이싱 장치만으로 이를 구현할 수 있다. 외부로 연결된 핀의 숫자가 최소인 소형 마이크로프로세서의 경우에는 통신용 인터페이스가 전혀 없다. 이런 경우에는 특정한 핀을 프로그램 업로딩에 사용하며, 로딩이 끝난 다음에는 이 핀이 프로그램된 기능을 수행한다. 만일 통신전용 핀을 사용할 수 있을 정도로 핀들의 숫자가 충분하다면, 사용자는 표준 통신규약을 사용하여 프로그래밍하거나 기존의 프로그램을 업로딩할 수 있을 것이다. 대형 마이크로프로세서에서는 둘 이상의 전용 통신 인터페이스 핀들이 이런 목적으로 할당된다. 용도에 따라서 마이크로프로세서를 선택하는 과정에는 필요한 모듈들뿐만 아니라 통신 인터페이스, 메모리 공간, 입출력핀의 속도 등 다양한 인자들이 고려되어야 한다.

12.2.11 프로그래밍

마이크로프로세서는 프로그램이 탑재되어야 비로소 작동한다. 이런 목적을 위해서 **프로그래밍** 언어와 컴파일러가 설계되었다. 마이크로프로세서의 프로그래밍에 사용되는 기본 방법은 **어셈블리어**를 사용하는 것이지만, 대부분의 경우에는 C-언어와 같은 고급의 프로그래밍 언어들이 사용된다. 이를 기계어로 변환하기 위해서는 마이크로프로세서의 유형에 따라서 전용의 **컴파일러**가 필요하다. 이런 컴파일러들은 (ANSI-C 와 같은)표준 C-컴파일러를 기반으로 하며 마이크로프로세서에 로딩할 수 있는 실행모듈을 생성할 수 있도록 변형되어 있다. 소수의 예외를 제외하면, 마이크로프로세서들은 회로에 프로그램을 로딩할 수 있기 때문에 회로가 구축된 이후에 프로그램을 변경하거나 프로그래밍 및 재 프로그래밍을 수행할 수 있다. 마이크로프로세서는 정수작동을 수행할 수 있도록 설계되었다. 그러므로 순차제어와 같은 제어작동이 용이하며 논리적으로 이루어진다. 하지만 부동소수점 작동과 연산은 구현이 불가능하거나 어렵고 성가실 수 있다. 이를 구현하기 위해서는 긴 시간과 다량의 메모리가 소요되므로 절대적으로 필요한 경우를 제외하고는 이를 사용하지 말아야 한다. 왜냐하면, 대형의 컴퓨터에서는 부동소수점 연산을 위해 최적화되어 하드웨어에 내장된 수많은 알고리즘들을 마이크로프로세서에서는 처음부터 다시 프로그래밍 해야만 하기 때문이다. 게다가 8비트 구조는 이런 형태의 연산에 매우 부적합하다. 부동소수점 연산은 이런 기능이 중앙처리장치에 내장되어 있는 전용 컴퓨터에서 가능하다. 그런데 마이크로프로세서 전용으로 무료로 제공되는 정수와 부동소수점 라이브러리들을 사용할 수 있다. 이들은 이미 최적화되어 있기 때문에, 필요시에는 이를 사용하여야 한다. 부동소수점 연산에는 다량의 메모리가 소요되기 때문에, 대형의 마이크로프로세서에서만 효용성을 갖는다.

12.3 접속되는 센서와 작동기의 일반 요구조건

센서와 작동기들을 접속하는 일반적인 방법과 이에 필요한 회로들에 대해서는 11장에서 논의하였다. 이 절에서는 마이크로프로세서와의 접속에 국한하여 사용되는 방법들에 대해서 살펴볼 예정이다. 11장에서 살펴봤던 방법들 중 대다수를 직접 활용할 수 있지만, 마이크로프로세서와의 접속을 위해서 일부의 경우에는 추가적인 조건이 요구되거나 특정 조건이 완화되기도 한다. 센서와 마이크로프로세서 사이의 상호작용도 매우 독특하다. 특정한 방식으로 센서를 모니터링하고 연속적으로 데이터를 기록/처리하는 데에 마이크로프로세서를 사용할 수 있다. 이와 동시에 마이크로프로세서가 백그라운드 기능을 수행할 수도 있다. 마이크로프로세서도 측정 알고리즘의 일부로 사용될 수 있다. 마이크로프로세서는 센서의 작동에 필요한 교정 데이터, 전달함수, 조견표, 그리고 여타의 정보들을 저장할 수 있다. 마이크로프로세서는 측정범위 변화, 교정, 셧다운, 기동, 예열, 온도제어 및 보상 등과 같은 다양한 측정모드를 실행할 수 있다. 마이크로프로세서는 또한 센서 데이터가 안정화될 때까지 출력으로 내보내지 않을 수도 있다. 마이크로프로세서를 또한 폴링모드로 작동시킬 수 있다. 즉, 센서의 출력을 필요에 따라서 연속적, 일정한 주기 또는 부정기적 주기로 읽어들일 수 있다. 마이크로프로세서가 센서의 출력을 읽어들이지 않는 기간 동안 여타의 기능을 수행할 수 있다. 필요에 따라서 이 기간을 매우 짧거나(수 $[\mu s]$) 매우 길게 설정할 수 있다. 마이크로프로세서는 **폴링모드** 작동에 이상적으로 적합하기 때문에 일반적으로 폴링모드로 작동한다. 대부분의 마이크로프로세서들은 작동속도가 빠르기 때문에, 거의 모든 센서들의 출력을 매우 잘 추종할 수 있을 정도로 충분히 짧은 주기로 폴링할 수 있다.

또 다른 유용한 작동 모드는 **인터럽트모드**이다. 센서나 여타의 이벤트들이 인터럽트 신호를 촉발하면 마이크로프로세서의 작동이 시작된다. 가장 일반적인 인터럽트의 경우, 절전모드로 대기중이거나 다른 작동을 수행중인 마이크로프로세서가 센서나 작동기의 모니터링을 무시하는 상태에서 촉발된다. 일단, 인터럽트 신호가 촉발되면, 마이크로프로세서는 센서의 출력을 읽어들인다. 인터럽트는 정기적으로 시행되거나 센서의 출력에 의해서 촉발된다. 예를 들어 센서의 출력이 주어진 값보다 높아지면(또는 특정 값보다 낮아지면), 인터럽트가 촉발된다. 이를 위해서는 센서나 마이크로프로세서에 따라서 직접 작동하거나 추가적인 전자회로가 필요할 수도 있다. 수동조작이나 (광센서나 온도센서와 같은) 별도의 센서, 또는 작동기로부터의 피드백 등과 같은 외부입력에 의해서도 인터럽트를 촉발시킬 수 있다. 물론, 이와 동일한 개념이 작동기에도 적용된다.

작동모드들 이외에도, 인터페이싱을 위해서는 여타의 수많은 문제들에 대해서 고려해야 한다. 지금부터는 가장 일반적인 문제들에 대해서 살펴보기로 하자.

12.3.1 신호전압

마이크로프로세서를 사용하여 센서로부터 데이터를 얻고 작동기를 제어하는 것의 가장 큰 장점은 마이크로프로세서가 제공하는 유연성이다. 센서의 출력에 따라서, 마이크로프로세서는 데이터를 읽어들인 다음에 직접 이를 처리하거나, 또는 보드상에 탑재된 아날로그 모듈(전압비교기, A/D 변환기 등)을 사용해야 한다. 만일 이런 유닛을 사용할 수 없다면 이런 목적의 외장회로를 사용해야만 한다. 센서나 작동기들이 마이크로프로세서에 요구하는 조건들에는 생성되는 신호의 유형이나 **신호전압**뿐만 아니라 주파수 등이 포함된다. 대부분의 경우 신호는 전압과 전력이 낮지만, 항상 그런 것은 아니다. 예를 들어, 압전소자는 마이크로프로세서가 받아들일 수 없는 수준의 고전압을 생성하며, 전기모터와 자기식 작동기들은 거의 항상 마이크로프로세서가 공급할 수 없는 수준의 전력을 필요로 한다. CMOS 소자의 입력단 임피던스는 본질적으로 매우 높기 때문에, 마이크로프로세서는 전압원과의 연결이 용이한 반면에 전류원과의 연결은 곤란하다. 따라서 전압이 출력되는 센서는 가끔씩 전압분할기가 필요한 경우가 있기는 하지만 출력을 직접 읽을 수 있다. 이와 마찬가지로, 출력이 주파수 형태(구형파 또는 정현파)인 대부분의 센서들도 출력을 직접 읽을 수 있다. 이 경우에도 전압분할기나 증폭기가 필요할 수 있다. 그런데 주파수의 경우에는 샘플링 가능한 주파수의 한계가 존재하며, 이에 대해서는 뒤에서 다시 살펴볼 예정이다. 입력

신호의 극성에 대해서도 각별한 주의가 필요하다. 마이크로프로세서는 음전압을 수용할 수 없다. 그러므로 모든 입력전압은 $0[V]$에서 공급전압(V_{dd}) 사이를 오가야만 한다. 만일 필요하다면, 신호의 변화범위를 조절하기 위해서 추가적인 회로가 도입되어야 한다.

12.3.2 임피던스

전압레벨의 측면에서 센서나 작동기를 마이크로프로세서에 직접 연결할 수 있는 경우조차도 여전히 입출력 포트의 **임피던스**에 대한 고려가 필요하다. 어떤 핀을 입력으로 지정하면, 해당 핀은 수 $[M\Omega]$ 수준의 하이임피던스 입력상태로 전환된다. 입출력 핀이 입력상태로 설정된 경우에 유입되는 전류량은 전형적으로 $1[\mu A]$ 미만이다. 이는 출력임피던스가 작은 센서를 연결하는 경우에 이상적이다. 따라서 전압레벨이 적당하다면, 저항형 센서, 홀센서, 자기식 센서 등과 같은 다양한 센서들을 직접 연결할 수 있다. 하지만 마이크로프로세서의 입력핀에 직접 연결할 수 없는 센서들도 존재한다. 예를 들어, 전류출력 방식의 모든 센서들이 여기에 해당한다. 우선, 이런 전류출력을 전압으로 변환시켜야만 한다(예제 12.6 참조). 더 어려운 점은 정전용량형 센서나 초전기 센서와 같은 하이임피던스 센서를 연결하는 것이다. 이런 센서들 중 일부는 임피던스 값이 10~$50[M\Omega]$에 이르며, 마이크로프로세서가 받아들일 수 없는 수준의 고전압이 부가될 우려가 있다. 이런 경우에는 (전압추종기와 같이) 앞 장에서 논의했던 회로들 중 하나를 마이크로프로세서 외부에 설치해야 한다. 특히 전계효과트랜지스터를 입력단에 내장한 연산증폭기가 이런 목적으로 사용하기에 이상적이다.

예제 12.6 **전류센서의 접속**

마이크로프로세서가 어떤 장치의 전력관리 시스템 중 일부로서, 공급전류를 측정하여 전원용 전지의 상태를 계산 및 표시할 필요가 있다. 전력공급장치는 차량용 전지에 의해서 구동되며, 부하측에 최대 $500[mA]$의 전류를 $5[V]$의 일정한 전압으로 공급해야 한다. 마이크로프로세서를 사용하여 공급전류를 모니터링 해야 하며, 디지털 방식으로 표시해야 한다. 마이크로프로세서는 $5[V]$ 전원을 사용하며 12비트 A/D 변환기를 갖추고 있으며, 두 가지 영역에 대한 감지능력을 갖추어야 한다. A-영역의 경우에는 $10[mA]$ 단위로 측정할 수 있어야 하며, B-영역의 경우에는 $0.5[mA]$ 단위로 측정해야 한다.

풀이

앞서 설명한 대로, 마이크로프로세서는 전류를 직접 측정할 수 없다. 그러므로 그림 12.8에 도시되어 있는 것처럼, 부하에 직렬로 크기가 작은 저항 R을 직렬로 연결해야 하며, 마이크로프로세서에 내장된 A/D

변환기를 사용하여 이 저항의 전압을 측정한다(5.10.2절 참조). 변환기의 분해능은 $5/2^{12}=1.22[mV]$이다. 따라서 최대 $500[mA]$의 전류를 $10[mA]$ 단위로 측정하기 위해서는 $1.22[mV]$씩 50회 증가시켜야 한다. 이로 인하여 센서저항 양단에서 발생하는 전압 강하량은 $50\times1.22=61[mV]$이다. 이를 사용하여 저항값을 계산해보면, $R=0.061/0.5=0.122[\Omega]$이다. B-영역의 경우, $1.22[mV]$씩 $500/0.5=1{,}000$회 증가시켜야 한다. 따라서 센서 양단에서 발생하는 전압 강하량은 $1.22[V]$가 되어야 하며, 저항값은 $R=2.44[\Omega]$이 되어야 한다.

이는 비교적 단순해 보인다. 그런데 A-영역의 결과는 받아들일 수 있지만, B-영역의 결과는 그렇지 못하다. 첫 번째의 경우, 직렬저항에 의한 전압강하는 $0.061[V]$에 불과하므로 전력이 공급되는 소자에 거의 영향을 끼치지 못한다. 반면에 두 번째의 경우에는 전압강하가 $1.22[V]$에 달하며, 이는 출력전압의 상당한 비율에 해당한다. 측정용 저항에서 발생하는 전력손실의 관점에서도 저항에 의해서 $0.61[W]$의 전력이 손실되는데, 이는 받아들일 수 없다. 그러므로 이 저항값을 허용할 수 있는 수준으로 줄여서 전압 강하량을 줄인 다음에, 추가로 증폭기를 붙여서 전압을 증폭함으로써 필요한 분해능을 얻어야만 한다. 저항값을 $R=0.122[\Omega]$으로 선정하며, **그림 12.8** (b)에 도시되어 있는 것처럼, 이득이 20인 비반전 증폭기를 추가하였다. 이를 통해서 마이크로프로세서의 입력단으로 공급되는 최대전압을 $0.061\times20=1.22[V]$로 증가시켰다. **그림 12.8** (b)의 구조를 사용하는 경우의 이득은 다음과 같이 계산된다(식 (11.7) 참조).

$$A_v=1+\frac{38}{2}=20$$

물론, 이득을 60으로 증가시켜서 최대입력전압을 $3.66[V]$로 높여도 된다. 사실, 이를 통해서 A/D 변환기의 작동 전압 범위를 높이면 정확도가 향상된다. 또한 이득을 높이면 더 작은 저항을 사용할 수 있어서 부하에 끼치는 영향이 저감된다. A-영역과 B-영역의 선정은 적절한 프로그래밍을 통해서 내부적으로 이루어지도록 만든다. 마이크로프로세서는 전력소모량을 계산하고 전지를 직접 모니터링하기 위해서 전원공급 전압도 감지할 수 있다. 이를 통해서 전지 전압이 낮아져서 부하측을 보호할 필요가 발생하면 사용자에게 이를 경고하며, 필요시에는 장치를 꺼버릴 수 있다.

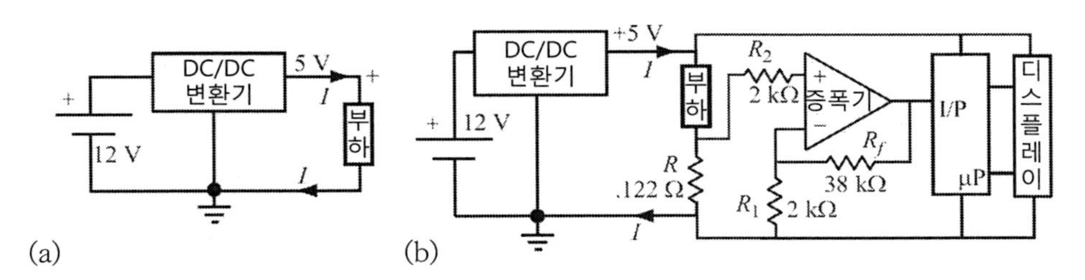

그림 12.8 전류센서의 접속. (a) 접속 전의 회로구조. (b) 접속 후의 회로구조. 전류센서의 역할을 하는 저항 R이 추가되었으며, R에 의한 전압강하를 보상하기 위해서 증폭기가 추가되었다.

예제 12.7 대기전하센서의 접속

대기전하의 모니터링, 또는 이 전하를 유발하는 대기 전기장강도를 모니터링하는 것은 일기예보와 더불어 생명과 재산을 보호하는 중요한 방법이다. 날씨변화에 따라서 이 전기장도 변하기 때문에 이를 통해서 번개가 발생할 가능성을 추정할 수 있다. 화창한 날의 전기장 강도는 $100[V/m]$까지 낮아지는 반면에, 뇌우가 몰아치는 동안에는 $10^6[V/m]$까지 높아진다. 그림 12.9에는 이 전기장강도를 감지 및 측정하기 위한 센서가 도시되어 있다. 이 센서에서는 접지에 연결된 도전성 판이 약한 커패시터를 형성한다. 이 커패시터 양단의 전압은 전기장강도의 함수이며 도전성 판에 충전된 전하는 전압과 정전용량의 함수이다(식 (5.1) 참조). 비록 정전용량과 전하를 모두 산출할 수 있지만, 여기서는 주로 인터페이싱 문제에 대해서 살펴보기로 하자.

예를 들어, 우리가 마주치는 첫 번째 문제는 지상 $2[m]$의 높이에 설치되어 있는 도전판에 의해서 생성되는 (화창한 날씨의) 최저전압은 $200[V]$이며, 폭풍우가 몰아치면 이 전압은 수천$[V]$까지 상승한다. 따라서 마이크로프로세서를 사용하는 것은 그리 좋은 방법이 아니다. 이 도전판을 마이크로프로세서의 입력으로 연결하기 위해서 커패시터 양단에 저항을 연결하여 커패시터를 단락시키면 전압이 $0[V]$ 근처까지 떨어져 버린다. 이 문제를 해결하기 위해서 마이크로프로세서 앞에 입력단에 FET가 내장되어 있는 연산증폭기를 설치한다. 이 연산증폭기를 사용하면 두 가지 효과를 얻을 수 있다. 우선, $100[M\Omega]$ 수준의 입력저항은 (접지에 대한) 커패시터 판의 전압을 마이크로프로세서에 연결할 수 있을 정도로 낮추기에 충분할 정도로 작은 저항값이다. 만일 이 전압이 너무 높다면, 접지와 도전판 사이에 저항(R)을 연결하여 도전판의 전압을 낮춘다. 두 번째로, 마이크로프로세서의 입력전압범위($0\sim5[V]$)에 맞춰서 증폭률을 조절할 수 있다. 폭풍우가 몰아치는 날씨에서의 최대 전압조건에 따라서 귀환저항값을 조절하여야 한다. 입력단에 설치되어 있는 제너 다이오드로 인하여 입력전압은 $5[V]$ 이상으로 상승할 수 없으며, 이를 통해서 회로가 보호된다.

다음의 데이터에 대해서 살펴보기로 하자: 전기장은 지면에 대해서 수직으로 작용한다. $10\times10[cm^2]$ 크기의 도전판은 지면과 평행하게 설치되어 있으며, 정전용량은 $330[pF]$이다. 도전판의 전하밀도는 다음과 같이 주어진다.

$$\rho_s=\varepsilon_0 E[C/m^2]$$

여기서 ε_0는 공기의 유전율상수값($8.854\times10^{-12}[F/m]$)이며 $E[V/m]$는 전기장강도이다. 회로소자인 $R_2=10[k\Omega]$이며 $R_f=15[k\Omega]$이다.

(a) 화창한 날씨($E=200[V]$)에서 마이크로프로세서의 입력단 전압을 계산하시오.

(b) 전기장강도가 $5[kV/m]$까지 증가한 경우의 입력단 전압은 얼마가 되겠는가?

(c) 센서의 응답이 포화되어버리는 최대 전기장강도를 계산하시오.

주의: 마이크로프로세서는 내장형 A/D 변환기를 사용하여 전압을 읽어 들이며, "맑음", "흐림", "폭풍"과

같이 상태를 표시하거나 전기장강도나 전하와 같은 정량적인 값으로 변환하여 표시한다.

그림에 도시된 구조에서는 도전판에는 양전하가 충전된다고 가정하고 있다(즉, 전기장이 도전판에서 바깥쪽을 향한다). 문제 12.3에서는 이와 동일한 구조에서 도전판에 음전하가 충전되는 경우를 살펴본다. 어떤 경우라도, 마이크로프로세서로 입력되는 전압은 접지에 대해서 양전압을 가져야만 한다. 인터페이싱 과정에서 가장 어려운 문제가 바로 이 조건을 충족시키는 것이다.

풀이

(a) 도전판에 충전된 전하는 (전하밀도가 도전판에 균일하게 작용한다는 가정하에서) 전하밀도에 도전판의 면적을 곱한 값과 같다.

$$Q = \rho_s S = \varepsilon_0 ES \ [C]$$

도전판의 정전용량값을 식 (5.1)에 대입하면 전압을 구할 수 있다.

$$V = \frac{Q}{C} = \frac{\varepsilon_0 ES}{C} \ [V]$$

위 식에 제시된 수치값들을 대입하면,

$$V = \frac{\varepsilon_0 ES}{C} = \frac{8.854 \times 10^{-12} \times 200 \times 0.1 \times 0.1}{330 \times 10^{-12}} = 0.0537 [V]$$

비반전증폭기를 사용하여 이 전압을 증폭한다. 증폭기의 이득은 다음과 같다(식 (11.7) 참조).

$$A_v = 1 + \frac{R_f}{R_2} = 1 + \frac{15}{10} = 2.5$$

따라서 마이크로프로세서의 입력핀 전압은 다음과 같다.

$$V_{in} = 0.0537 \times 2.5 = 0.134 [V]$$

(b) 전기장 강도가 $5 [kV/m]$까지 상승하면,

$$V = \frac{\varepsilon_0 ES}{C} = \frac{8.85 \times 10^{-12} \times 5{,}000 \times 0.1 \times 0.1}{330 \times 10^{-12}} = 1.341 [V]$$

그리고 증폭률은 앞서와 동일하므로, 입력전압은 다음과 같이 증폭된다.

$$V_{in} = 1.341 \times 2.5 = 3.354 [V]$$

(c) 전기장 강도가 증가하면 마이크로프로세서의 전압도 함께 증가한다. 하지만 제너 다이오드 덕분에 $5 [V]$ 이상으로는 입력전압이 상승하지 않는다. 위 식에 최대 입력전압을 대입하면 회로가 검출할 수 있는 최대 전기장강도를 계산할 수 있다.

$$V_{max} = A_v \frac{\varepsilon_0 E_{max} S}{C} = 5[V]$$

$$\rightarrow \; E_{max} = \frac{V_{max} C}{A_v \varepsilon_0 S} = \frac{5 \times 330 \times 10^{-12}}{2.5 \times 8.854 \times 10^{-12} \times 0.1 \times 0.1} = 7{,}454[V/m]$$

이보다 전기장강도가 높아져도 입력전압은 5[V]로 일정하게 유지된다. 대기의 전기장강도가 0[V/m]에서 7,454[V/m]까지 증가하는 동안 마이크로프로세서의 입력단 전압은 0[V]에서 5[V]까지 선형적으로 증가한다. 이는 폭풍이 접근한다는 것을 감지하기에 충분한 값이다.

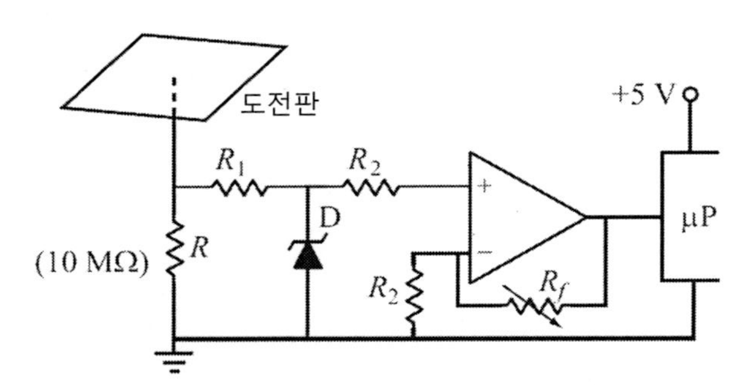

그림 12.9 대기전하센서의 접속. 측정용 도전판의 전하는 양이라고 가정한다(음전하가 충전되는 경우에 대해서는 문제 12.3 참조).

12.3.3 주파수와 주파수응답

대부분의 센서와 작동기들은 비교적 느린 응답특성을 가지고 있으므로 속도나 응답의 측면에서 마이크로프로세서가 문제를 일으킬 우려는 거의 없다. 센서 자신의 응답특성은 충분히 느리지만, 마이크로프로세서가 만들어낼 수 있는 것보다 더 높은 주파수를 생성하는 발진기의 일부분으로 이 센서가 사용되는 경우가 있다. 예를 들어, 표면탄성파(SAW)센서는 10[MHz]로 진동하면서 압력을 측정한다. 이는 결코 높은 주파수가 아니며, 주파수가 이보다 더 높아질수록 센서의 민감도와 분해능이 향상된다. 하지만 만일 사이클 시간이 0.1[μs]인 마이크로프로세서를 사용하며 입력핀에서 전압을 읽어들여 이를 처리하는 데에 최소한 10개의 명령어들이 필요하다면, 이 마이크로프로세서를 사용하여 센서의 주파수를 측정하는 것은 불가능하다는 것을 알 수 있다. 이 경우, 실질적으로 0.5[MHz] 이상의 주파수를 읽기 어렵다. 물론, (외부회로를 사용하여) 입력신호의 주파수를 예를 들어 100배만큼 낮추면 되겠지만, 이로 인하여 센서의 민감도가 낮아져 버린다. 그 대신에 F/V 변환기를 사용하여 신호를 전압으로 변환시킨 다음에 A/D 변환기로 이를 측정할 수 있다. 이런 처리방식은 변환과정에서 오차가 유입되며, 측정과정에서 가장 큰 오차요인으로 작용한다. 때로는 관심 대상이 주파수 자체가 아니라 주파수 변화값인 경우가 있다. 이런 경우에는 마이크로프로세서가 주파수 편차를 측정하기 전에 둘 사이의 주파수를 차감하기 위해서 추가적인 회로가 필요하다. 주파수가 높은 경우에 만족스러운 유일한 해결책은 고주파 측정기 가능한 외장형 주파수 계수기를 사용하여 이를 측정한 다음에, 계수된 디지털 출력값을 마이크로프로세서에 입력하는 것이다. 이런 경우에는 보조회로가 마이크로프로세서보다 훨씬 더 복잡하며 훨씬 더 비싸진다. 그럼에도 불구하고, 일부 마이크로프로세서 유닛들은 앞서의 사례에 직접 적용할 수 있을 정도로 충분히 빠르다. 예를 들어, 포착 및 비교(CCP)모듈은 $10[ns]$ 미만의 신호도 구분할 수 있지만, 이 모듈은 내부 타이머의 출력을 포착하는 것이므로 (디스플레이와 같은) 출력작동에 가장 적합하다. 대부분의 마이크로프로세서들은 매우 빠르지는 않지만(일반적으로 클록속도는 최고 $40[MHz]$ 수준이다), 고가의 프로세서들은 이보다 훨씬 더 빠르다. 하지만 이 절에서는 논의대상을 낮은 수준의 마이크로프로세서로 국한하고 있다. 이보다 훨씬 더 빠른 프로세서들뿐만 아니라 단일보드 컴퓨터, 또는 컴퓨터나 컴퓨터 시스템을 사용할 수도 있다.

예제 12.8 수정 마이크로저울

마이크로저울은 표면이 금으로 도금되어 있는 수정 결정체가 비교적 높은 주파수로 공진하는 소자이다. 외부질량에 의해서 전극의 질량이 조금이라도 증가하면 공진주파수가 변한다(8.7절과 예제 8.7 참조). 마이크로저울은 공진기의 주파수 변화에 기초하여 단위면적당 질량을 측정한다. 식 (8.17)에 따르면 주파수 변화량 Δf는 다음과 같이 주어진다.

$$\Delta f = \frac{\Delta m}{C_m} \ [Hz]$$

여기서 $\Delta m[g/cm^2]$은 단위면적당 결정체의 질량변화이며, $C_m[(ng/cm^2)/Hz]$는 질량민감도계수이다. 민감도는 $5[(ng/cm^2)/Hz]$이며 $18[MHz]$로 공진하는 마이크로저울에 대해서 살펴보기로 하자. 이 센서는 전극 표면에 코팅되는 물질의 질량을 측정한다. 전극의 면적은 $1.5[cm^2]$이며 센서는 최대 $100[\mu g]$의 질량을 측정하는 데에 사용된다. 측정에는 두 가지 방법을 사용할 수 있다. 첫 번째는 절대주파수를 측정하는 것이며, 두 번째는 주파수 변화를 측정하는 것이다.

첫 번째 방법을 마이크로프로세서에 적용하는 것은 현실적이지 않다. $18[MHz]$의 기본주파수를 주기시간으로 환산하면 $1/(18\times10^6)=55.55\times10^{-9}[s]$ 또는 $55.55[ns]$이다. 이 주파수를 직접 측정하기 위해서는 클록주기가 이보다 훨씬 더 짧아야만 하며, 이런 마이크로프로세서는 존재하지 않는다. 또한, 최대 질량이 부가되었을 때의 주파수변화량은 다음과 같이 계산된다.

$$\Delta f = \frac{100 \times 10^{-6}/1.5}{5 \times 10^{-9}} = 13{,}333[Hz]$$

이 주파수변화량은 꽤 큰 값이기는 하지만 기본주파수에 비해서는 매우 작은 값이므로, 매우 정확한 주파수측정이 필요하다는 것을 알 수 있다. 반면에 주파수 변화량은 손쉽게 측정할 수 있으므로, 여기서는 실제의 공진 주파수를 측정하는 대신에 주파수 변화량만을 측정하기로 한다.

그림 12.10에서는 주파수 변화량 측정시스템을 보여주고 있다. 두 개의 동일한 결정체들을 진동시키며, 두 주파수를 서로 차감하면 결괏값은 $0[Hz]$가 된다. 그런 다음, 두 결정체들 중에서 하나를 질량측정용 센서로 사용한다. 질량이 $0 \sim 100[\mu g]$까지 변하는 동안 출력값(주파수변화량)은 $0 \sim 13{,}333[Hz]$까지 변한다. 이 출력값의 한 주기를 측정하는 데에 필요한 가장 짧은 시간은 $75[\mu s](1/13{,}333 = 75 \times 10^{-6})$이다. $10[MHz](0.1[\mu s/cycle])$의 클록 주파수를 사용해서도 충분히 정확한 입력주파수 주기시간을 측정할 수 있다. 예제 12.3에서 사용되었던 프로세서를 사용하여 이 주기시간을 측정한다. 이 센서의 민감도는 $133.33[Hz/\mu g]$이며 선형특성을 가지고 있다. 마이크로프로세서는 예를 들어 EEPROM에 저장되어 있는 조견표를 사용하여 주기시간을 질량값으로 변환시켜 출력할 수 있다.

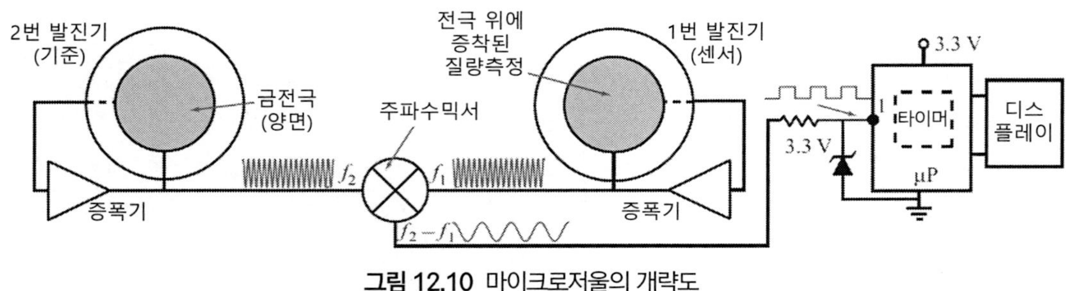

그림 12.10 마이크로저울의 개략도

12.3.4 입력신호조절

마이크로프로세서의 전원과 신호 요구조건에 따라서 센서와 작동기의 접속과정에서 일부의 제약이 발생한다. 마이크로프로세서는 약 $1.8[V]$에서 $6[V]$ 사이의 전압에서 작동하므로(대부분의 경우 $3.3[V]$와 $5[V]$를 사용한다), 센서 신호도 이 범위 내에서 변하도록 조절해야만 한다. 이를 위해서 증폭, 전압분할, 크기조절, 신호의 오프셋조절, 그리고 신호변환 등이 자주 사용된다.

12.3.4.1 오프셋

오프셋은 출력신호의 변동성분에 더해지는 직류신호성분이다. 이는 센서에서 일반적으로 나타나며, 그림 12.11 (a)를 통해서 이해할 수 있다. 여기서 서미스터에는 $12[V]$ 전원으로부터 전류가 공급되며, 서미스터 양단의 전압을 측정한다. 서미스터의 저항값은 20[°C]에서 500[Ω]이며 5 [Ω/°C]의 민감도를 가지고 있다. 측정온도가 0~100[°C]까지 변하는 동안 이 센서의 저항값은 400~900[Ω]까지 변한다. 이로 인한 측정전압은 20[°C]에서 $12 \times 500/1,500 = 4[V]$이며, 0[°C]에서 $12 \times 400/1,400 = 3.428[V]$부터 100[°C]에서 $12 \times 900/1,900 = 5.684[V]$까지 변한다. 비록 전압변화범위는 비교적 작으므로(2.256[V]에 불과하다) 마이크로프로세서의 입력전압으로 적합하지만, 여기에 3.428[V]의 직류신호성분이 추가되어 있기 때문에, 전압레벨이 5[V]로 구동되는 마이크로프로세서보다 더 높이 올라간다는 것을 알 수 있다. 다양한 방법을 사용하여 이 문제를 해결할 수 있다. 첫 번째 방법은 이 직류신호성분을 제거하는 것이다. 예를 들어, 계측용 증폭기의 반전입력단에 3.428[V]를 공급하며, 비반전입력단에 센서 신호성분을 입력하며, 증폭률을 1배로 설정한다. 이를 통해서 출력신호의 변화범위는 0~2.256[V]로 변하게 된다. 두 번째 방법은 예를 들어 고정저항을 1,500[Ω]과 같이 더 큰 값을 사용하여 신호의 변화범위를 줄이는 것이다. 이를 통해서 전압의 변화범위는 2.526~4.5[V]로 변한다. 또한, 공급전압을 12[V]에서 10[V]로 변화시킬 수도 있다. 두 가지 경우 모두 전압의 변화범위가 감소하지만(서미스터를 통과하는 전류도 감소한다), 마이크로프로세서의 전압 요구조건을 충족시켜준다. 만일 센서의 출력이 음향 마이크로폰나 표면탄성파 공진기와 같이 비교적 높은 주파수의 교류(AC)신호라면, 센서의 출력단에 단순히 마이크로프로세서의 입력단과 직렬로 커패시터를 연결함으로써 신호의 직류 오프셋을 제거할 수 있다. 이를 통해서 직류성분을 모두 제거할 수 있지만, 그림 12.11 (b)에 도시되어 있는 것처럼 보다 더 심각한 문제가 유발된다. 이제 교류신호는 $-V_p$에서 $+V_p$까지를 오가지만, 마이크로프로세서는 음전압을 수용할 수 없다. 나타내야 하는 신호의 종류와 측정할 신호에 따라서 다르겠지만, 다이오드를 사용하면 신호 중에서 음의 성분을 제거할 수 있다. 이는 신호의 주파수 성분만을 측정해야 하는 경우에 적합한 방법이다. 때로는 이와 반대의 경우가 사용

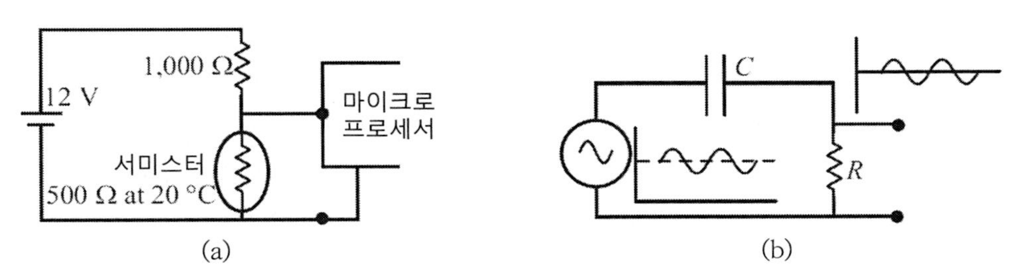

그림 12.11 (a) 마이크로프로세서에 연결되어 있는 단순한 온도측정용 회로의 사례. (b) AC 신호로부터 DC 오프셋을 제거한 사례.

된다. 즉, 신호가 음전압과 양전압 사이를 오가는 경우에, 신호의 진폭에 해당하는 직류전압성분을 더해주면 음전압 상황이 없어져 버린다.

직류 편향전압을 없애기 위해서 적절한 레벨로 평형이 맞춰져 있는 브리지회로를 사용할 수 있다. **그림 12.11** (a)에 도시되어 있는 서미스터의 경우에 **그림 12.12**에서와 같이 브리지 회로를 구성할 수 있다. 그림에 제시되어 있는 저항들을 사용하면, 동일한 전원전압에 대해서 출력전압은 0[°C]에서 0[V]이며, 100[°C]에서 2.3[V]가 된다.(서미스터의 저항값은 400~900[Ω]까지 변한다. 이 회로에서는 좌측 하단의 저항값을 변화시켜서 예를 들어 1[V]와 같이 필요한 오프셋 전압을 설정할 수 있다(이 저항값을 285.7[Ω]으로 바꾸면 정확히 1[V]의 오프셋을 만들어낼 수 있다). 여기서 주의할 점은 12[V] 전원이 플로팅해야만 한다는 것이다. 즉, 이 브리지의 출력단에 연결되는 회로들과 동일한 전원을 공유해서는 안 된다. 일반적으로는 앞서 소개한 것처럼 저항을 사용하여 단순히 전압변화폭을 줄이는 것보다 브리지 구조의 사용을 선호하는 편이다.

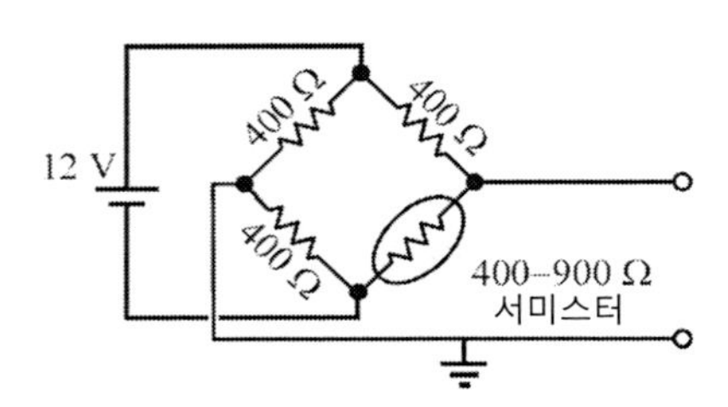

그림 12.12 그림 12.11 (a)의 구조를 브리지에 연결한 사례

예제 12.9 **센서 신호에 직류 오프셋을 추가**

백금 저항형 온도검출기(RTD)를 사용하여 마이크로프로세서의 주변에 프로그램이 가능한 고온용 서모스탯이 설치되었다. 이 저항형 온도검출기의 저항값은 20[°C]에서 240[Ω]이며 0[°C]에서의 저항온도계수는 0.003926[1/°C]이다. 서모스탯은 350[°C]에서 스위치가 꺼져야 하며 꺼짐온도보다 낮은 온도가 되면 다시 켜져야 한다(설정온도에 대해서 스위치가 빠르게 켜지고 꺼지지 않도록 전압비교기에 약간의 히스테리시스가 존재한다). 마이크로프로세서는 $V_{dd}=5$[V]로 구동되며, 필요한 기능을 수행하기 위해서 내장된 전압비교기와 기준전압을 사용할 예정이다. 다수의 마이크로프로세서들이 고정된 기준전압이나 전원전압에 기초한 기준전압을 가지고 있다. 대부분의 경우, 0~ V_{dd} 사이를 16등분한 기준전압을 제공하거나 V_0와 V_{dd} 같이 임의의 일정한 전압을 제공한다. 기준전압은 소프트웨어를 사용하여 선택할 수 있다. 문제를 단순화시키기 위해서 여기서는 첫 번째 옵션을 사용하기로 한다.

그림 12.13 (a)에서는 이를 구현한 사례를 보여주고 있다. 브리지 구조를 사용하여 전압비교기의 양입력단으로 입력되는 전압을 조절할 수 있다. 이 브리지에는 마이크로프로세서에 전원으로 공급되는 5[V]와

는 분리된 5[V] 전압이 공급된다. 전압비교기의 음입력단은 내부에서 기준전압과 연결된다. 전압비교기가 350[°C]의 온도에서 스위치를 켤 수 있도록 전압비교기의 기준전압을 설정해야 한다. 이를 위해서 우선 350[°C]에서 저항형 온도검출기의 저항값을 계산해야 한다. 식 (3.4)에 따르면,

$$R(T) = R_0(1+\alpha[T-T_0]) \ [\Omega]$$

여기서 $R_0 = 240[\Omega]$는 20[°C]에서의 저항값이며, α는 백금 저항체의 온도계수로서 0.003926[1/°C]이다. 이 계수값은 0[°C]에 대해서 주어진 값이므로, 이를 사용하여 0[°C]에서의 저항값을 계산해야만 한다.

$$R(0[°C]) = 240\times(1+0.003926\times[0-20]) = 221.1552[\Omega]$$

그러므로 350[°C]에서의 저항값은 다음과 같이 계산된다.

$$R(350[°C]) = 221.1552\times(1+0.003926\times[350-0]) = 525.045[\Omega]$$

만일 20[°C]에서 평형상태가 만들어지는 브리지(모든 저항들의 저항값은 240[Ω])를 사용했다면, 350[°C]에서 브리지 A-점의 전압은 다음과 같이 계산된다.

$$V_{in} = \frac{5}{525.045+240}\times 525.045 = 3.4315[V]$$

R_1과 R_2의 저항값은 240[Ω]으로 서로 동일하기 때문에, B-점의 전압은 2.5[V]이다. 따라서 전압비교기의 양입력단으로 입력되는 전압값은 $3.4315-2.5=0.9315[V]$가 된다. 내부 기준전압은 이 값으로 설정되어야만 한다. 그런데 전압비교기의 음입력단에 기준전압으로 공급할 수 있는 전압의 증분값은 $5/16=0.3125[V]$이다. 따라서 0.9315[V]에 가장 근접한 전압값은 $3\times0.3125=0.9375[V]$이다. 이는 매우 근접한 값이기는 하지만 충분치는 못하다. 이로 인하여 서모스탯은 필요한 온도에서 작동하지 못한다. 이 문제를 해결하기 위해서 우리는 R_1과 R_2의 저항값을 조절하여 오프셋 전압을 만들어내야 한다. 마이크로프로세서의 입력전압은 항상 양의 값을 가져야만 하므로, B-점의 전압을 2.5[V]보다 약간 낮춰야 한다. 그렇지 않다면, 예를 들어 20[°C]에서 입력전압이 음이 되어버린다. 우리는 기준전압을 $3\times0.3125=0.9375[V]$로 설정해야 하므로 오프셋 전압은 $0.9375-0.9315=0.006[V]$이다. B-점의 전압을 $2.5-0.006=2.494[V]$로 낮추어 이를 구현할 수 있다.

$$\frac{5}{R_1+R_2}\times R_2 = 2.494[V] \rightarrow R_2 = 0.9952R_1$$

예를 들어 $R_1=300[\Omega]$을 선정한다면 $R_2=298.56[\Omega]$이 된다. 더 실용적인 해결방안은 가변저항기(포텐시오미터)를 사용하는 것이다. 예를 들어 500[Ω] 포텐시오미터를 사용하여 B-점의 전압이 2.494[V]가 되도록 조절한다.

만일 온도가 낮아지면, 서모스탯이 다시 켜지기를 원한다. 이는 (소프트웨어를 사용하여) 기준전압을 한 단계 낮춰서 $0.9375-0.3125=0.625[V]$가 되면 전압비교기가 스위치를 다시 켜도록 만들 수 있다. 그런

데 B-점의 전압은 2.494[V]이며, 스위칭은 0.625[V]에서 일어나기 때문에, A-점의 전압은 2.494+0.625=3.119[V]가 된다. 그러므로 저항형 온도검출기의 저항값은 다음과 같이 계산된다.

$$3.119 = \frac{5}{R+240} \times R \rightarrow R = \frac{240 \times 3.119}{5-3.119} = 397.96[\Omega]$$

이제 식 (3.4)를 사용해서 스위칭 온도를 구할 수 있다.

$$397.96 = 221.1552 \times (1 + 0.003926 \times [T-0])$$
$$\rightarrow T = \left(\frac{397.96}{221.1552} - 1\right) \times \frac{1}{0.003926} = 203.63[^{\circ}C]$$

즉, 전기식 서모스탯은 350[°C]에서 꺼지며, 203.63[°C]에서 켜진다. **그림 12.13** (b)에 도시되어 있는 플로차트를 통해서 소프트웨어를 사용하여 어떻게 이를 구현할 수 있는지를 보여주고 있다.
실제의 경우, 켜짐온도와 꺼짐온도 사이의 이토록 큰 편차는 수용할 수 없으며, 이를 해결하기 위해서는 외부핀을 사용하여 두 번째 기준온도를 설정하는 것과 같은 새로운 방법이 필요하다. 스위치가 켜지고 꺼지는 기준전압을 변화시키는 방법으로 서모스탯을 재 프로그래밍 할 수도 있다.

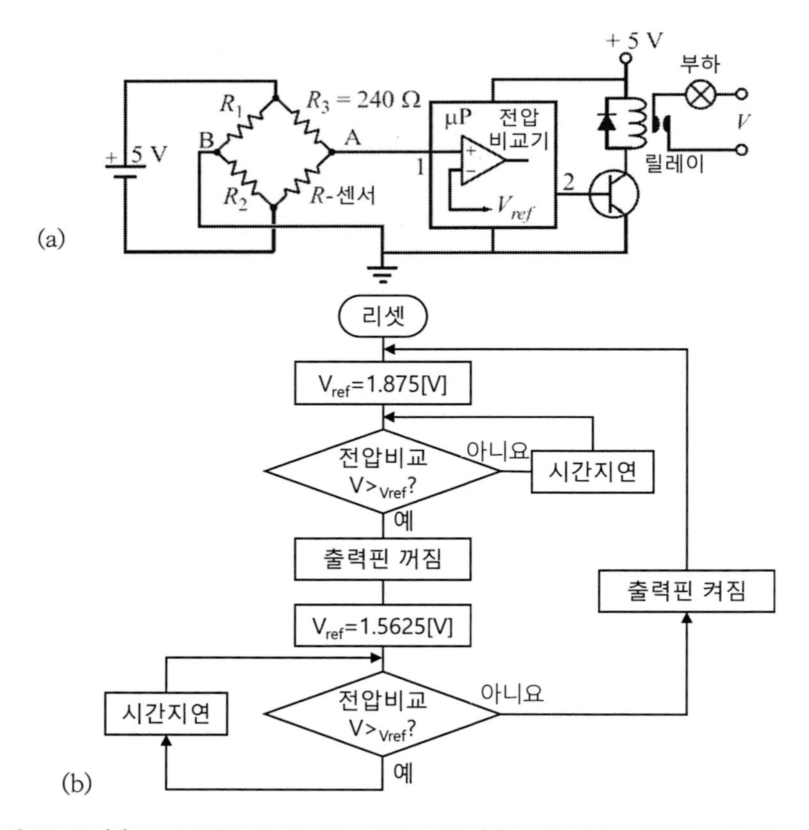

그림 12.13 (a) 프로그램이 가능한 서모스탯의 사례. (b) 마이크로프로세서 프로그램의 플로차트

12.3.4.2 스케일링

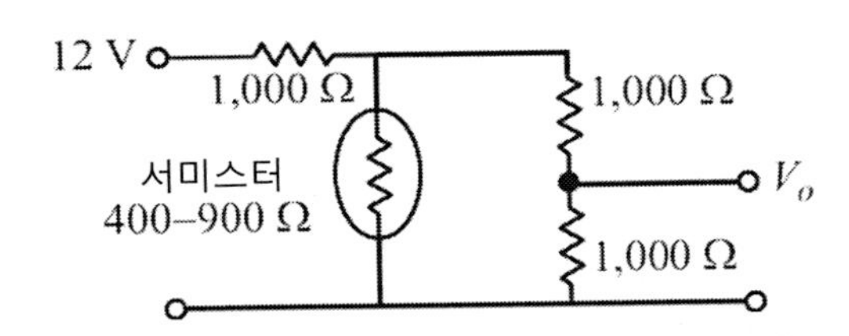

그림 12.14 전압분할기를 사용하여 센서의 출력전압 변화 범위를 마이크로프로세서의 허용 입력전압 이내로 감소시키는 방법

신호를 증폭(축척계수가 1보다 큼)하거나 적절한 저항 네트워크(전압분할기)를 사용하여 신호를 감소시키는 방식으로 마이크로프로세서의 입력전압 크기를 **스케일링**할 수 있다. 신호의 증폭에 대해서는 11장에서 살펴본 바 있다. 비록 신호를 감소시키는 것은 간단한 일이지만, 증폭기를 사용하지 않는다면 다양한 문제가 일어날 수 있다. 센서의 내부저항이 작지 않다면, 이 저항 네트워크가 센서에 부하를 주게 된다. 앞서 살펴보았던 서미스터의 경우, 전압변화범위를 $5[V]$ 미만으로 줄일 필요가 있다. 이를 위해서 **그림 12.14**에 도시되어 있는 것처럼 전압분할기를 추가할 수 있다. 서미스터의 출력이 연결되는 마이크로프로세서로는 저항회로로부터 전류가 흘러들어가지 않는다면, **그림 12.14**의 전압분할기는 동일한 온도범위에 대해서 $1.5\sim2.298[V]$의 전압을 출력한다. 적절한 교정을 거치면, 이 방법을 사용하여 마이크로프로세서에 적합한 입력전압 범위를 갖도록 출력전압의 변화범위를 감소시킬 수 있다. **그림 12.14**에 사용한 직렬저항들의 저항값을 증가시킬 수 있다(12.3.4.1절에 따르면 $1{,}500[\Omega]$이면 충분하다). 이것은 간단하면서도 더 좋은 방법이다. 만일 센서의 내부저항이 크다면, 전압분할기가 센서에 부하를 주지 않도록 단위이득증폭기(전압추종기)를 사용하여 센서와 전압분할기 사이를 차폐하여야 한다(예제 12.10 참조).

만일 신호가 교류형태라면, 신호를 필요한 수준으로 감소(또는 증폭)시키기 위해서 권선비를 변화시킬 수 있는 변압기를 사용할 수도 있다. 하지만 변압기는 비교적 크기가 크며, 비교적 큰 전류를 필요로 하고, 비선형성이 있으며, 주파수응답특성 때문에 왜곡이 발생할 우려가 있어서 일반적으로는 자주 사용하지 않는다. 매우 소수의 예외를 제외한다면, 변압기를 사용하는 방법은 센서에 적용하기에 부적합하다.

예제 12.10 주차용 초음파 레이더

차량의 후방 범퍼에 설치되어 있는 주차용 초음파 센서는 후진 시 차량 손상을 방지하기 위해서 빔을 송출하는 송신기와 차량 후방에 위치한 물체에서 반사되는 파동을 검출하는 수신기로 구성되어 있다. 대부분의 경우, 하나의 초음파 변환기를 사용하여 펄스-에코 모드로 송신 모드와 수신모드를 오가는 방식을 사용한다(7.7절 참조). 반사파동의 강도를 사용하여 가장 가까운 물체와의 거리를 탐지한다(따라서 레이더라고 부른다). 이 장치는 $10[cm] \sim 2[m]$ 사이의 거리를 측정하며, 물체와의 거리가 가까워질수록 더 큰 소리로 경고음을 발생시켜서 운전자에게 이를 경고해준다. 초음파 수신기의 출력 주파수는 $40[kHz]$이며 진폭은 물체와의 거리가 $2[m]$일 때에 (피크–피크 전압이) $0.1[V]$에서 시작하여 $10[cm]$가 되면 $12[V]$로 증가한다. 여기서는 이 전압이 초음파 변환기로부터 직접 출력된다고 가정한다(일반적으로 초음파 변환기의 출력은 매우 낮지만, 송신기의 신호와 거리에 의존한다). 이 센서를 $3.3[V]$로 구동되는 마이크로프로세서와 접속하는 방안에 대해서 고찰하시오.

풀이

한 가지 방법은 신호의 피크값을 검출하여 거리와의 상관관계를 교정하는 것이다. 게다가 센서의 신호전압과 마이크로프로세서의 허용입력 전압범위가 서로 맞아야 한다. 센서의 출력 임피던스가 크기 때문에 부하가 연결되면 출력이 감소하게 된다. **그림 12.15**에서는 이에 적합한 회로의 구성을 보여주고 있다. 우선적으로 센서의 출력단에 전압추종기를 설치하여 회로의 부하가 전달되지 않도록 하여야 한다 (11.2.3절 참조). 그런 다음, 다이오드와 커패시터를 사용하여 피크전압을 검출한다(이 다이오드는 또한 출력이 마이크로프로세서가 요구하는 양전압을 유지하도록 도와준다). 이 커패시터에는 비교적 큰 값의 저항 $R = R_1 + R_2$가 연결되어서 커패시터가 특정한 비율로 방전되면서 입력신호의 피크값을 유지한다. 초음파 신호의 주파수에 맞춰서 시상수 RC값이 발진신호의 한 주기($25[\mu s]$)보다 더 길도록 선정한다. 이 경우에 시상수는 $250[\mu s]$ 정도가 적절하다. $1[nF]$의 커패시터를 사용하는 경우에 저항 R의 값을 계산해 보면 다음과 같다.

$$R = \frac{RC}{C} = \frac{250 \times 10^{-6}}{1 \times 10^{-9}} = 250,000[\Omega]$$

저항 R을 R_1과 R_2로 나누면 저항 R이 $0 \sim 12[V]$까지 변할 때에 저항 R_2의 전압이 $0 \sim 3.3[V]$까지 변하도록 만들 수 있다.
이를 구현하기 위한 저항비를 다음과 같이 계산할 수 있다.

$$\frac{12}{R_1 + R_2} \times R_2 = 3.3[V] \rightarrow R_1 = \frac{3.3}{8.8} \times R_2 \ [\Omega]$$

그리고

$$R_1 + R_2 = 250[k\Omega]$$

이를 풀면 다음을 얻을 수 있다.

$$R_1 = 68.75[k\Omega], \ R_2 = 181.25[k\Omega]$$

이를 통해서 마이크로프로세서에 부가되는 입력전압은 물체와의 거리가 $2[m]$인 경우에 $0.0275[V]$에서부터, 물체와의 거리가 10[cm]인 경우에 3.3[V]까지 증가하게 된다. 내장된 A/D 변환기를 사용하여 이 아날로그 전압을 이산화하며, 내장된 변환값을 사용하여 이를 디지털 값으로 송출한다. 운전자가 더 정확한 결정을 내릴 수 있도록, 마이크로프로세서는 삑삑 소리와 더불어서 스크린에 실제 거리값을 표시할 수도 있다.

주의: 여기서 계산된 R_1과 R_2의 저항값은 표준저항을 사용하여 구현하기 어렵다. 이런 경우, 이를 250[$k\Omega$] 포텐시오미터로 대체한 다음에 이를 조절하여 필요한 출력을 얻을 수 있으며, 때로는 임의의 시상수값을 선정할 수도 있다. 여기서는 논의를 단순화하기 위해서 다이오드의 전압강하를 고려하지 않았다(실리콘 다이오드의 경우에는 0.7[V], 쇼트키 다이오드의 경우에는 0.3[V]). 또한 이와는 다른 방법들도 적용할 수 있다는 점에 주의하여야 한다.

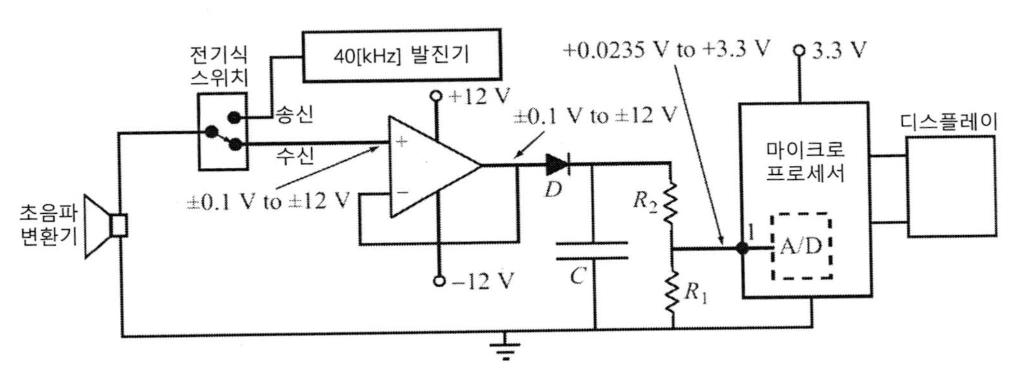

그림 12.15 펄스-에코방식의 주차용 레이더

12.3.4.3 차폐

센서로부터의 신호를 **차폐**하거나 작동기로의 신호를 차폐하는 수단이 필요한 경우가 있다. 특히 센서가 고전압과 직접 접촉하고 있거나 센서의 출력을 부유시켜야 하는 경우(접지와 연결해서는 안 되는 경우)가 여기에 해당한다. 작동기들은 마이크로프로세서의 구동전압보다 훨씬 더 높은 전압을 필요로 하므로 여기서도 차폐가 필요하다. 선형가변차동변압기(LVDT)와 같이 교류를 사용하는 시스템의 경우에는 차폐를 위해서 변압기를 사용할 수도 있다. 신호가 디지털이거나 이산화되어 있다면 광학식 커플러를 사용할 수도 있다. 광학식 커플러의 경우, 센서 출력이 LED의 광강도를 변화시키며 LED는 광다이오드나 광트랜지스터를 구동하여 광강도에 비례하는 신호를 송출한다(그림 12.16 참조). LED는 센서가 송출할 수 있는 전류보다 더 많은 전력을 필요로 하므로, 연산증폭기나 전압추종기와 같은 일종의 부스터가 필요하다. 이 커플러의 출력을 마이크로프로세서에 연결하는 방식으로 전압레벨과 임피던스를 맞출 수 있다. 마이크로프로세서의 출력단자를 사용하여 LED를 직접 구동할 수 있기 때문에, 광학식 커플러는 작동기의 구동에도 똑같이 유용하다. 이 경우, 광트랜지스터는 작동기의 전원에 의해서 구동된다. 이 신호를 사용하여 작동기를 구동/제어할 수 있다. 광커플러는 표준소자로서, 수천[V]에 이를 정도로 뛰어난 차폐성능을 갖추고 있다. 그럼에도 불구하고 추가적인 소자들이 사용된다면, (정확도, 노이즈 및 민감도와 같은) 추가적인 성능에 대해서 고려해야만 한다.

일부의 경우, 여타의 수단을 사용해서 차폐를 구현할 수 있다. 예를 들어, (건물의 전등이나 용광로 블로워용 모터와 같은) 고전압 장치를 켜고 끄기 위해서 만일 마이크로프로세서가 필요하다면 (기계식 또는 전기식) 릴레이를 사용하여야 한다. 이런 경우, 실제의 고전압 스위치는 릴레이의 저전압 구동기와 기계적으로 차폐되어 있다. 물론, 릴레이의 전기적 요구조건에 따라서 마이크로프로세서로는 릴레이를 직접 구동할 전류가 부족한 경우에는 트랜지스터나 MOSFET를 사용하여 이를 구동할 수도 있다. 또 다른 경우에는 데이터 전송수단이 근원적으로 차폐되어 있을 수도 있다. 광섬유를 사용하여 데이터를 송신하는 경우에는 LED와 광트랜지스터 사이를 광섬유가 연결해주기 때문에 광학식 차폐와 유사한 차폐가 이루어진다. 그리고 마이크로프로세서와 차폐가 필요한 센서/작동기 사이를 적외선이나 무선 방식으로 연결하는 것도 항상 선택사항들 중 하나이다.

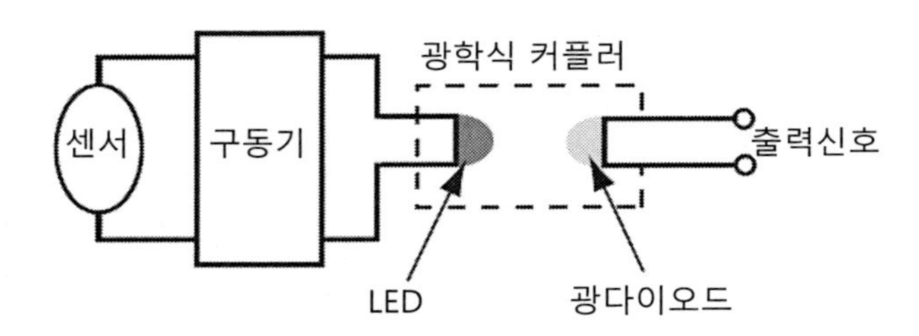

그림 12.16 광학식 커플러를 사용한 커플링 사례. 센서가 필요한 전류를 송출할 수 없는 경우에는 구동기를 사용하여 LED에 필요한 전력을 증폭해야 한다.

12.3.4.4 부하

센서에 연결된 모든 소자는 **부하**로 작용한다. 마이크로프로세서도 예외는 아니다. 하지만 마이크로프로세서는 입력 임피던스가 크기 때문에 대부분의 센서들은 마이크로프로세서의 부하를 염려하지 않고서 직접 연결할 수 있다. 물론, FET 입력단을 갖춘 전압추종기나 전하증폭기와 같은 추가적인 접속회로가 필요한 고임피던스 정전용량 센서처럼, 여기에도 예외가 있다.

12.3.5 출력신호

마이크로프로세서의 입출력 포트에서는 프로세서의 구동전압(전형적으로 $1.8\sim6[V]$)과 동일한 전압이 출력된다. 입출력 핀에서 송출되어 부하를 구동할 수 있는 최대전류는 부하가 연결되는 방식에 따라서 다르지만, 일반적으로 입출력 핀 하나당 $20\sim25[mA]$의 전류가 송출된다. 이를 사용하여 작은 부하는 직접 구동할 수 있지만, 많은 경우 적절한 회로를 사용하여 전력을 증배시켜야 한다. 전압을 높일 필요가 없는 경우에는 전류만 증배하면 되겠지만, 그렇지 못한 경우에는 전압과 전류 모두를 변화시켜야만 한다. 예를 들어 마이크로프로세서의 **출력신호**를 사용하여 $1[A]$의 전류를 소모하는 $12[V]$ 직류전동기를 구동하는 경우가 있다. 이를 구현하는 방법에 대해서 살펴보기 전에, 우선 입출력 핀을 사용하여 전력을 직접 구동하는 경우의 문제들에 대해서 살펴보기로 한다.

그림 12.17 (a)에서는 가장 일반적인 입출력 핀을 구성하는 내부회로를 보여주고 있다. 여기에는 구동회로와 더불어 보호용 다이오드들이 추가되어 있다. 부하구동의 관점에서는 두 가지 옵션들이 존재한다. 첫 번째는 **싱크모드**라고 부르며, 그림 12.17 (b)에서와 같이 V_{dd}와 입출력 핀 사이에 부하가 연결된다. 두 번째는 **소스모드**라고 부르며 입출력 핀과 접지 사이에 부하가 연결된다. 이들 두 모드는 기능상으로는 서로 동일하지만, 서로 다른 작동특성을 가지고 있다. 그림 12.17 (b)에 도시된 회로의 내부 임피던스가 더 낮기 때문에(전형적으로 약 $70[\Omega]$), 그림 12.17 (c)의 회로보다 더 큰 부하를 구동할 수 있다. 후자의 경우, 내부 임피던스는 대략적으로 $230[\Omega]$ 정도이므로 출력전류가 더 작다. 전형적으로 싱크모드의 경우에는 $25[mA]$, 소스모드의 경우에는 $20[mA]$의 전류를 송출할 수 있다. 이런 차이는 두 가지 유형의 MOSFET 들이 가지고 있는 내부

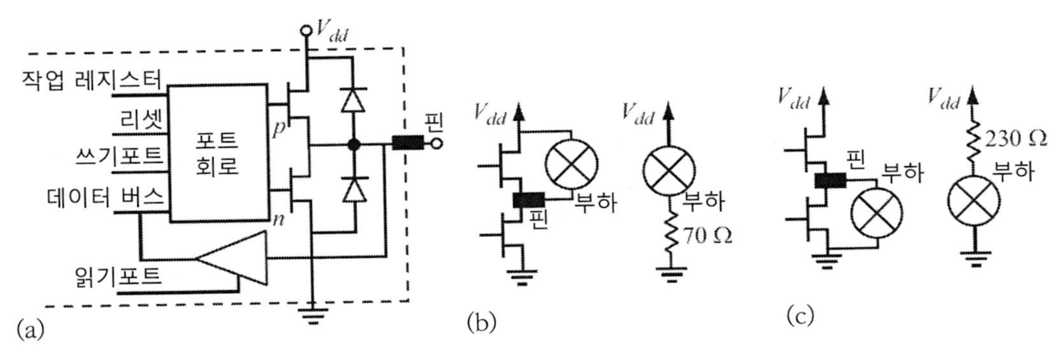

그림 12.17 (a) 일반적인 마이크로프로세서 핀의 단순화된 입출력 회로. (b) 싱크전류와 등가회로. (c) 소스전류와 등가회로

저항값들 차이 때문이다(p-형 MOSFET 의 내부저항값이 더 크다). 이런 차이가 고려의 대상이 아닌 경우조차도, 내부저항이 부하와 직렬로 연결되어 있기 때문에 부하를 통과하여 흐르는 전류값이나 부하 양단에 부가되는 전류를 계산할 때에는 이를 고려해야만 한다. 이 입출력 포트들은 다양한 소자들을 직접 구동할 수 있다. 이런 모드들을 사용하여 일반적으로 소형의 스피커와 버저, LED, 소형 릴레이 등을 직접 구동한다.

일반적으로 출력 핀들을 사용하여 소형 릴레이를 제외한 유도형 부하들을 직접 구동하는 것은 바람직하지 않다. 유도형 부하들은 스위치를 끌 때에 비교적 큰 전류 스파이크를 생성한다. 직접 구동할 수 있는 작은 부하의 경우, 핀을 통과하여 연결되어 있는 다이오드들이 이런 목적으로 설치되었기 때문에 이런 스파이크에 대한 추가적인 보호가 필요 없다(그림 12.18 참조).

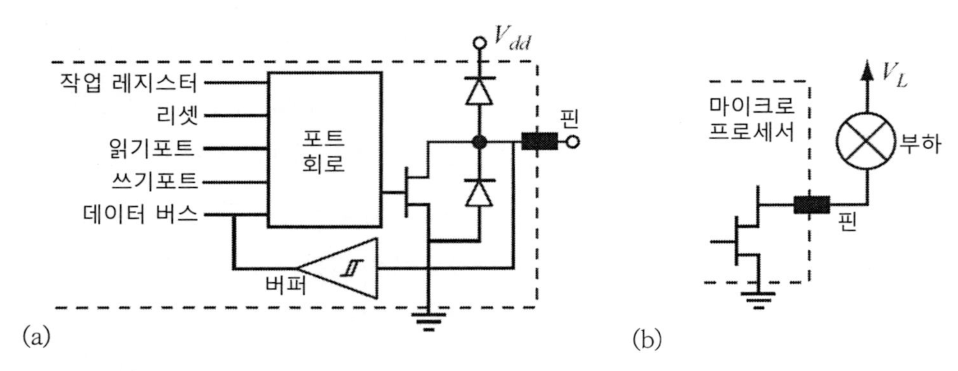

그림 12.18 오픈-드레인 출력핀. (a) 내부 연결구조. (b) 오픈-드레인 출력핀과 연결되어 있는 부하. V_L은 V_{dd}보다 높아도 된다.

앞에서는 부하가 마이크로프로세서와 동일한 전압을 사용하는 경우를 가정하고 있다. 항상 이런 경우만 있는 것이 아니며, 더 높은 전압을 사용하는 장치를 구동하기 위해서는 그림 12.18 (a)에 도시되어 있는 것처럼 마이크로프로세서에 최소한 오픈-드레인 출력이 구비되어야 한다. 부하는 그림 12.18 (b)에서와 같이 연결된다. 이 경우에는 전압 V_L이 마이크로프로세서의 최대전압 (V_{dd})보다 더 높아도 무방하다. 대부분의 경우, V_L은 마이크로프로세서의 프로그래밍에 사용되는 전형적인 최대전압인 $14[V]$($V_{dd} < 6.5[V]$)에 이른다. 하지만 전류는 $25[mA]$를 넘을 수 없다.

만일 더 많은 전력이 필요하다면 외부회로를 설치해야만 한다. 이들 중 일부에 대해서는 11장(전력용 증폭기)에서 살펴본 바 있다. 이외에도 입출력 핀이나 내장형 PWM 소스를 사용하여 외부에 설치된 단순한 전력용 트랜지스터나 MOSFET 를 구동할 수 있다. 여기서도 앞서 논의했던 원칙들에 대해서 살펴보는 것이 중요하다. 핀의 출력은 한계값을 넘어설 수 없으며, 차폐가 필요한 경우에는 적절한 차폐회로를 사용해야만 한다. 출력단 차폐의 경우에는 출력핀으로 커플러의 LED를 구동할 수 있기 때문에, 광학식 커플러를 사용하는 것이 특히 유용하다. 일부의 입출력 핀들은 PWM 출력으로 지정되어 있다. 이런 단자들의 경우에도 앞서의 제한조건들이 똑같이 적용된다.

마이크로프로세서의 핀에서는 다양한 형태의 출력이 송출된다. 가장 대표적이며 단순한 방법은 스위칭 방식의 직류출력으로, 출력이 고전압이나 $0[V]$의 두 가지 상태만을 갖는다. 예를 들어, 5초 동안 LED를 켜거나 회로를 구동하기 위해서 입출력 핀이 5초 동안 고전압 상태를 유지한 다음에 $0[V]$로 떨어지는 것으로, 가장 일반적인 모드이다. 가끔씩 사용되는 두 번째 방법은 소프트웨어를 사용하여 일정한 주파수나 가변주파수의 파형을 생성하며, 이 파형을 사용하여 출력단을 구동하는 것이다. 적절한 설계를 통해서 간단한 음향을 만들기 위해서 알람패턴이나 데이터 스트링을 생성하는 경우가 이 사례에 해당한다(음악이나 음성은 이보다 훨씬 더 복잡한 신호처리기를 사용하여 만들어낸다). 세 번째 방법은 PWM 모드이다. PWM 모드의 경우에는 내부 모듈을 사용하여 출력신호가 만들어진다. 이 모듈은 소프트웨어로 주파수를 조절할 수 있는 일정한 주파수의 구형파를 만들어낸다. 이런 범용의 PWM 모듈은 다양한 용도에 사용되는데, 스위칭 전원, 모터의 속도조절 등을 포함하여 부하의 출력조절에 자주 사용된다. 이들은 또는 단순한 D/A 모듈로도 사용된다.

많은 경우, PWM은 포착/비교/PWM 모듈이라고 부르는 더 일반적인 모듈의 일부분이다. 포착/비교 모드에서는 이벤트를 포착하여 내부 타이밍이나 외부 이벤트와 비교를 수행한다. PWM 모드에서는 사용자가 PWM 주기(즉, 주파수)를 정의할 수 있다. 그런 다음, 필요에 따라서 듀티비를 0에서 PWM 주기까지 변화시킬 수 있다. 분해능은 최대 14비트까지 가능하지만, 프로세서의 유형과 PWM 주파수에 따라서 달라진다.

예제 12.11 전력소비 문제

마이크로프로세서 출력핀의 출력전류가 $25[mA]$로 제한되는 이유는 출력단 구동회로의 전력소비로 인한 마이크로프로세서의 과열을 방지하기 위해서이다. 각각 8개의 핀들로 이루어진 5개의 출력포트들을 가지고 있는 마이크로프로세서의 경우에 대해서 살펴보기로 하자. 4개의 출력포트를 구성하고 있는 핀들은 출력상태로 설정되어 있으며, 이들 각각은 $20[mA]$의 전류로 LED를 구동하고 있다. 마이크로프로세서에서 소모되는 전력을 계산하시오.

(a) 모든 핀들이 소스모드로 연결되어 있으며, 모두 켜져 있는 경우.

(b) 모든 핀들이 싱크모드로 연결되어 있으며, 모두 켜져 있는 경우.

풀이

구동용 MOSFET의 내부저항에 의해서 전력이 소모된다. 소스모드의 경우, 내부저항은 230[Ω]인 반면에 싱크모드의 내부저항은 70[Ω]이다(그림 12.17 참조).

(a) 각각의 포트들은 8개의 핀들로 구성되어 있으므로 총 32개의 핀들이 작동하고 있다. 따라서 총전류는 다음과 같이 계산된다.

$$I = 32 \times 20 = 640[mA]$$

소스모드의 경우에 소모되는 전력은 다음과 같다.

$$P = 32 \times I^2 \times R = 32 \times (0.02^2) \times 230 = 2.944[W]$$

(b) 싱크모드의 경우, 내부저항은 70[Ω]에 불과하다. (a)와 동일한 상황에서 흐르는 전류는 다음과 같다.

$$I = 32 \times 20 = 640[mA]$$

싱크모드에서 소모되는 전력은 다음과 같다.

$$P = 32 \times I^2 \times R = 32 \times (0.02)^2 \times 70 = 0.896[W]$$

이는 소스모드에 비해서 훨씬 더 작은 값이다. 그런데 마이크로프로세서는 이토록 많은 열을 발산시킬 수 없다. 그러므로 각 핀들이 최대 25[mA]까지 흘릴 수 있다고 하더라도 모든 핀들이 동시에 이를 수행할 수 있다는 것을 의미하지는 않는다. 이런 이유 때문에, 마이크로프로세서가 흘릴 수 있는 총 전류는 대략적으로 200[mA] 미만으로 제한된다. 만일 이보다 더 많은 전류를 흘리거나 더 많은 핀들을 구동해야만 한다면, 외부회로를 사용해야만 한다.

12.4 오차

오차문제에 대해서는 특히 센서와 작동기에서 발생하는 오차를 중심으로 하여 이 책의 전체에 걸쳐서 논의되어 있다. 11장의 논의에 따르면, 인터페이싱에 사용된 모든 회로들이 가지고 있는 자체적인 오차들이 시스템 전체의 오차에 추가된다. 이는 마이크로프로세서의 경우에도 예외가 아니다. 그런데 마이크로프로세서는 디지털 장치이기 때문에(전압비교기와 A/D 모듈은 예외), 디지털 시스템에 의하여 유발되는 분해능오차와 같은 다양한 오차들이 발생한다. 여타의 오차들에는 입출력 핀의 샘플링 과정에서 발생하는 오차가 포함된다. 지금부터는 이런 오차들에 대해서 살펴보기로 한다.

12.4.1 분해능오차

분해능은 마이크로프로세서에서 일어나는 다양한 문제들을 뜻한다. A/D 변환기와 같은 유닛에서, 분해능은 이산화된 수치값으로 읽을 수 있는 입력의 최소증분을 타나낸다. 예를 들어, 기준전압으로 $5[V]$를 사용하는 10-비트 A/D 변환기의 분해능은 다음과 같이 계산된다.

$$\frac{5}{1,024} = 4.88[mV]$$

일반적인 센서 출력에 대해서 A/D 변환값은 $4.88[mV]$의 증가만을 구분할 수 있다. 이는 $(4.88 \times 10^{-3}/5) \times 100 = 0.1\%$의 오차에 해당한다. 이를 수용할 수 있는 경우도 있겠지만, 대부분의 센서들에서 발생하는 오차보다 큰 값이다. 14-비트 A/D 변환기의 분해능은 $0.3[mV]$까지 줄어들지만, 일반적인 마이크로프로세서에서 14-비트 A/D 변환기를 사용하는 것은 결코 일반적이지 않다.

기준전압 자체도 문제가 있다. 마이크로프로세서에서 A/D 변환기에 사용하는 기준전압은 전형적으로 전원에서 추출한다. 따라서 기준전압에 존재하는 어떠한 오차 성분도 총 오차에 더해진다.

디지털에서 분해능은 최하위비트(LSB)를 의미한다. 디지털 시스템은 최하위비트보다 작은 값을 구분할 수 없다. 예를 들어, 외장형 A/D 변환기의 출력이 10-비트라고 하자. 이 변환기의 분해능은 1-비트이다. 만일 이 출력을 8-비트 레지스터로 읽어들인다면, 마지막 2-비트는 손실되어버리므로 분해능이 2-비트만큼 줄어들어버린다. 물론, 합당한 이유 없이 의도적으로 분해능을 낮출 일은 없을 것이다.

PWM 모듈에서 분해능은 다음과 같이 정의된다.

$$PWM_{res} = \frac{\log(f_{osc}/f_{PWM})}{\log(2)} \tag{12.1}$$

따라서 분해능은 PWM 주파수에 의존한다는 것을 알 수 있다(여기서 f_{osc}는 마이크로프로세서의 클록 주파수로서 일정한 값을 가지고 있다). PWM 주파수가 낮아질수록 분해능이 향상된다.

분해능을 결정하는 또 다른 중요한 이슈는 마이크로프로세서의 연산과 관련되어 있다. 기본적으로는 고정소수점 연산(정수연산) 모드가 사용된다. 레지스터에 오버플로가 발생할 때마다 캐리 신호가 발생되지만, 기본 정수가 8-비트인 마이크로프로세서의 경우, 단지 0에서 255까지의 숫자만을 직접 표현할 수 있을 뿐이다. 많은 경우 서브루틴에서 16, 24, 심지어는 32-비트를 사용하는 경우, 여타 목적으로 활용할 수 있는 메모리가 심각하게 제한되어 버린다. 16-비트를 사용하는 경우조차도 나타낼 수 있는 가장 큰 정수는 65,535에 불과하다. 이보다 더 큰 숫자는 절사되어 버린다. 큰 숫자에 대한 계산이 필요한 경우에는 이런 오차들(반올림오차나 절사오차)이 문제가 된다. 소수점 이하의 숫자를 취급해야 하는 경우에는 전형적으로 고정소수점연산을 사용하며, 이로 인하여 나타낼 수 없는 숫자에 대한 절사가 발생하게 된다. 이를 극복하기 위해서 정수연산과 부동소수점연산 모두에 대해서 특수한 수학루틴이 개발되었으며, 이를 무료로 사용할 수 있다. 보다 더 정확한 알고리즘과 특수한 프로그래밍 기법을 사용함으로써 반올림오차를 줄일 수는 있지만 오차를 완전히 없앨 수는 없다.

예제 12.12 A/D 변환기의 유한한 분해능으로 인한 오차

$0.1 \sim 1[T]$ 사이를 변하는 자기장을 측정하기 위해서 $50[mV/T]$의 홀전압을 생성(5.4.2절 참조)하는 홀 소자가 설치되었다. 그림 12.19 (a)에 도시되어 있는 것처럼, 마이크로프로세서에 내장되어 있는 10-비트 A/D 변환기를 사용하여 홀 소자의 출력전압을 이산화하였다. 마이크로프로세서는 $3.3[V]$로 구동되며, A/D 변환기도 $3.3[V]$를 기준전압으로 사용한다.

(a) 마이크로프로세서의 읽기 과정에서 발생하는 오차를 자기장의 함수로 나타내시오.

(b) 오차를 줄이기 위해서, 그림 12.19 (b)에 도시되어 있는 것처럼, 우선, 전압을 60배 증폭한 다음에 이 신호를 이산화 하였다. 마이크로프로세서에서 읽은 값에 포함되어 있는 오차를 자기장의 함수로 나타내시오.

풀이

(a) A/D 변환기의 분해능 ΔV는 다음과 같이 계산된다.

$$\Delta V = \frac{3.3}{1,023} = 0.0032258[V]$$

A/D 변환기는 ΔV의 증분값만을 읽어들일 수 있으므로, 각 경우마다 오차가 변하게 된다. 오차를 계산하기 위해서는 입력전압 변화범위 전체에 대해서 A/D 변환기의 변환 결괏값을 계산해야 한다.

$$error = \frac{V_{in} - V_{A/D}}{V_{in}} \times 100$$

여기서 V_{in}은 A/D 변환기의 입력전압이며 $V_{A/D}$는 A/D 변환기의 이산화된 출력값과 등가인 전압이다. 그림 12.20 (b)에서는 오차값을 표시하여 보여주고 있다. ΔV만큼 정수값이 증가하는 순간에는 항상 입력전압에 대한 오차가 0이다. 오차는 점차로 증가하여 다음번 정수값에 의하여 전압이 ΔV만큼 증가하기 직전에 오차가 최대가 된다. 입력전압이 작은 경우에 최대오차가 발생하며, 입력전압이 증가함에 따라서 오차는 점차로 감소하는 경향을 나타낸다. 이 사례에서는 입력전압이 $2\Delta V$ (6.45[$m V$])가 되기 직전의 오차비율은 50%에 달하는 반면에, 입력전압이 $15\Delta V$(48.38[$m V$]인 경우의 오차율은 대략적으로 6.5%이다. 이 오차는 매우 큰 값으로서, 일반적으로는 수용할 수 없다.

(b) 입력핀을 양전압으로 유지시키기 위해서는 비반전 증폭기를 사용해야만 한다. 마이크로프로세서로 입력되는 최고전압을 3[V]로 만들기 위해서는 60배 증폭이 필요하다.

$$A = 1 + \frac{R_f}{R} = 60$$

또는,

$$R_f = 59R$$

가능한 저항조합은 $R = 10[k\Omega]$, $R_f = 590[k\Omega]$이다. 이를 사용하면 마이크로프로세서로 입력되는 전압은 자기장이 $0.1[T]$인 경우에 $0.005 \times 60 = 0.3[V]$이며, 자기장이 $1[T]$인 경우에 $0.05 \times 60 = 3[V]$이다.

그림 12.20 (c)에서는 (a)에서 사용한 오차식을 사용해서 구한 오차를 보여주고 있다. 이 그래프도 앞서와 동일한 경향을 보이고 있지만, 오차의 변화범위가 최대 0.75~0.1%에 불과하여 훨씬 더 개선되었음을 알 수 있다.

11.5절에서 설명했듯이, 고전압 범위에서는 A/D 변환기가 훨씬 더 정확하다는 것을 알 수 있다(그림 12.23 참조).

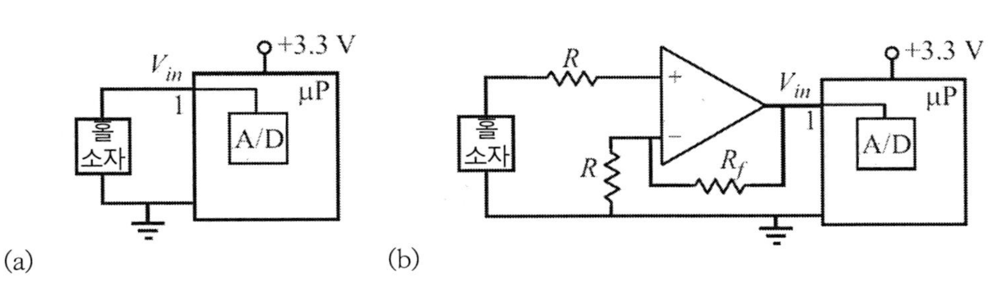

그림 12.19 (a) 마이크로프로세서와 직접 연결되어 있는 자기장 측정용 센서. (b) 마이크로프로세서가 전압을 읽어 들이기 전에 자기장 센서의 출력을 증폭한다.

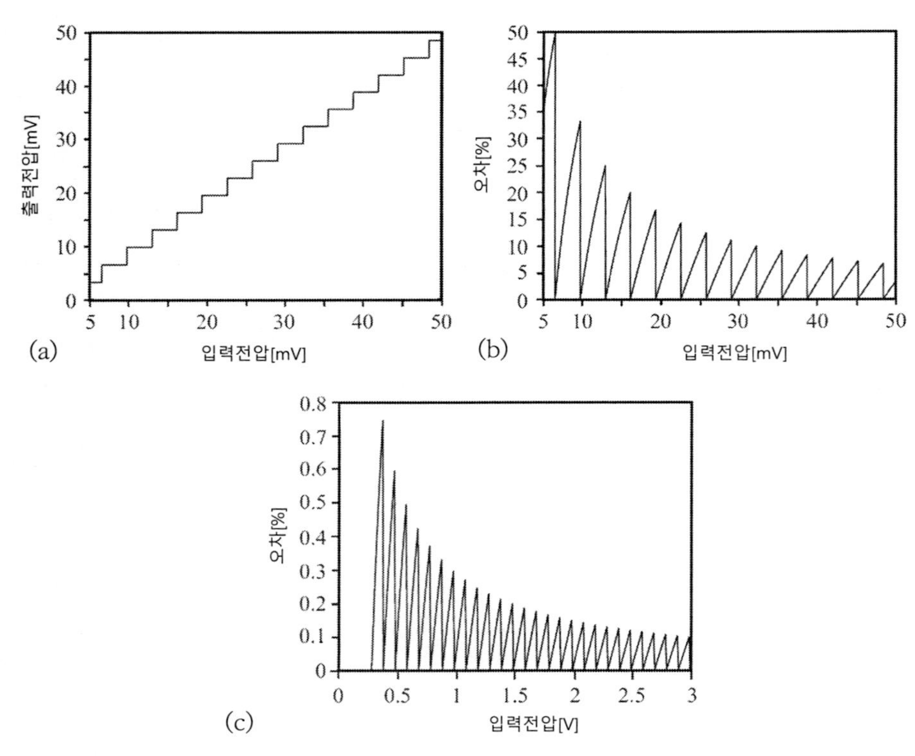

그림 12.20 (a) 입력전압에 따른 10-비트 A/D 변환기의 출력 그래프를 통해서 디지털 출력의 양자화 특성을 확인할 수 있다(이 그래프에서는 디지털 숫자값을 전압으로 표시하고 있다). (b) 그림 12.19 (a)에 도시된 회로에서 발생하는 입력전압오차. (c) 그림 12.19 (b)에 도시된 회로에서 발생하는 입력전압오차

12.4.2 연산오차

마이크로프로세서는 컴퓨터와는 달리 범용 제어기로 설계되었다. 즉, 연산은 마이크로프로세서 작동의 주요 고려사항이 아니다. 그럼에도 불구하고, 마이크로프로세서에서도 수치연산이 필요하며, 효율적이지는 않지만 기초적인 연산이 가능하다. 단순한 이진 합산이나 감산 이외의 연산은 사용자가 직접 프로그래밍하거나, 제조업체에서 제공하는 서브루틴들을 포함하는 소프트웨어에 의해서 이루어진다. 다양한 소스들에서 제공하는 유용하며, 효율적인 다수의 서브루틴들을 활용할 수 있다. 여기에는 정수연산, 고정소수점 연산, 그리고 부동소수점 연산 등이 포함된다. 그럼에도 불구하고 비정수연산에 대해서는 사용자의 주의가 필요하다. 정수연산은 빠르고 정확한 반면에 부동소수점 연산은 정수연산에 비해서 더 많은 자원이 필요하며, 숫자의 근사와 절사가 수반되므로 오차가 발생하게 된다. 따라서 사용자는 피치 못할 경우에만 고정소수점 연산이나 부동소수점 연산을 사용해야 한다.

마이크로프로세서가 사용 가능한 워드길이 내에서 변수와 결괏값을 나타낼 수 있는 경우에 정수연산은 정확하다. 8-비트 마이크로프로세서의 경우, 필요에 따라서 다수의 8-비트 워드들을 사용할 수 있으므로 상당한 크기의 숫자들을 비교적 쉽게 계산할 수 있다(이에 대해서는 Appendix C 참조). 실제의 경우에는 비정수연산이 자주 요구된다. 두 정수를 서로 나누거나 특정한 비율로 나누는 경우를 생각해 볼 수 있다. 또 다른 사례로는 마이크로프로세서의 내부연산 과정에서 π값을 사용하는 경우가 해당된다. 컴퓨터, 전자계산기, 수기계산 과정에서는 가수와 지수로 이루어진 부동소수(예를 들어, $\pi = 3.14E00$)를 사용한다. 하지만 마이크로프로세서는 부동소수점 연산을 수행하기에 충분한 자원을 가지고 있지 않으므로 첫 번째 정수는 정수부를 나타내며, 두 번째 정수는 소수부를 나타내는 방식으로 두 개의 정수들을 사용하는 고정소수점연산방법을 사용하여 소수를 나타내어야 한다. 이진수와 이진 고정소수의 취급방법에 대한 보다 자세한 설명은 Appendix C를 참조하기 바란다.

사용 가능한 자원상의 제약과는 별개로, 고정소수점 연산은 정수연산에 비해서 느리기 때문에 이로 인하여 유발되는 오차에 대해서도 고려해야만 한다. 이 문제에 대해서 이해하기 위해서 10/9의 연산을 수행하는 경우를 살펴보기로 하자. 정수연산의 경우에는 결괏값이 1이다(오차는 10%). 만일 소수점 이하까지 연산을 수행한다면, 오차는 소수점 몇 번째 자리까지 계산하느냐에 의존한다. 10/9의 연산결과는 1.1 또는 1.11 또는 1.11111111이 될 수도 있다. 이들 모두 정확한 값이 아니며, 연산과정에서 오차가 유발된다. 물론, 마이크로프로세서 내에서는 이진수를 사용하여 연산이 수행되지만, 이와 동일한 원리가 적용된다. 예를 들어 소수점 이하 숫자의 표시에 8-비트를 사용한다면, 나타낼 수 있는 가장 작은 값은 $1/256 = 0.039$이다. 이 값은 0.1111111에 비해서 3.5% 더 큰 값이다. 숫자 표시과정에서 매우 큰 오차가 발생한다. 소수점 이하의 숫자를 나타내는 데에 더 많은 비트수를 사용하면 오차를 줄일 수 있지만, 마이크로프로세서가 사용할 수 있는 자원의 제한과 연산에 소요되는 시간의 제약을 고려해야만 한다.

예제 12.13 연산오차

그림 12.21에 도시되어 있는 것처럼, 저항형 온도검출기(RTD)가 마이크로프로세서에 연결되어 있다. 마이크로프로세서로(1번 핀) 입력되는 전압은 0[°C]일 때에 0.21[V]이며, 100[°C]일 때에 1.35[V]이다(즉, 브리지 회로가 0[°C]에서 0.21[V]의 오프셋을 가지고 있다). 5[V] 전원이 공급되는 브리지 회로의 출력전압을 10-비트 A/D 변환기를 사용하여 디지털 값으로 변환한다. 마이크로프로세서의 출력은 직렬

포트를 사용하여 디스플레이로 전송하며, 디스플레이에서는 이를 다시 십진수로 변환하여 표시한다.

(a) 최소한의 자원만을 사용하여 입력전압을 정확한 값으로 디스플레이에 표시하는 과정을 계산하시오.

(b) 디스플레이에서 단 두 자리의 소수만을 표시할 수 있는 경우에 발생하는 오차를 (a)에서 전체 스케일에 대해서 계산한 온도값을 기준으로 하여 계산하시오.

풀이

올바른 표시를 위해서는 A/D 변환기에서 입력전압을 읽은 후에 곧장 오프셋 값을 소거해야 한다. 그런 다음, 출력값이 적절한 범위(0~100[°C])에 놓이도록 읽어들인 전압의 스케일을 변환시켜야 한다.

(a) 10-비트 A/D 변환기가 사용된다. 즉, 변환기의 분해능은 다음과 같다.

$$\Delta V = \frac{5}{1,023} = 0.004887585[V]$$

따라서 0[°C]에서의 입력전압을 A/D 변환기로 읽어들인 수치값은 $r_0 = 1,023 \times 0.21/5 = 43$이다. 이를 디지털 값으로 나타내면, 00000000 00101011이 된다. 여기에는 두 개의 8-비트 워드들이 사용되었으며, 다음에서 그 이유를 살펴볼 예정이다. 이 값에 ΔV를 곱하면 디지털 형태로 나타낸 전압값을 구할 수 있다.

$$r = 43 \times \Delta V = 43 \times 0.004887585 = 0.21[V]$$

고정소수점 연산을 통해서 마이크로프로세서가 이 연산을 수행해야만 한다. 마이크로프로세서에 입력되는 전압이 2[V] 미만이므로, 표시되는 숫자의 정수부는 1비트로 충분하다. 우리가 다뤄야 하는 소수점 이하의 숫자가 작기 때문에, 두 개의 8-비트 정수를 사용한다. 이 사례에서는 ΔV를 되도록 정확하게 나타낼 수 있어야 하므로, 정수부에 1비트를 할당하고 나머지 15비트를 소수부에 할당하였다. $r_0 = 43$은 이진정수로, 그리고 ΔV는 이진 소수로 나타내면 다음과 같다.

r: 0 0 0 0 0 0 0 0 0 0 1 0 1 0 1 1   ΔV: 0 0 0 0 0 0 0 0 1 0 1 0 0 0 0 0

각각의 숫자들은 2바이트의 데이터를 사용하고 있다. 다음과 같이 숫자를 시프트하여 합산하는 방법으로 곱셈연산을 수행한다(Appendix C 참조).

```
           0000000010100000 ×
           0000000000101011
           ----------------
           0000000010100000 +
          0000000010100000
          -----------------
          00000000111100000 +
        0000000010100000
        -------------------
        0000000011011100000 +
      0000000010100000
      ---------------------
      000000001101011100000
           └┘└──────────────┘
      1비트 정수    15비트 소수
```

이를 다시 십진수로 변환해보면 (정확한 값인 0.21 대신에) 0.2099609375가 얻어진다.

100[°C]에서 $r_0 = 1{,}023 \times 1.35/5 = 276$이다. 이를 디지털 값으로 나타내면, 00000001 00010100이 된다(최소 9비트가 필요하기 때문에, 두 개의 8-비트 워드가 사용된다). 여기에 ΔV를 곱하면 디지털 값으로 나타내어야 하는 전압을 구할 수 있다.

$$r = 276 \times \Delta V = 276 \times 0.004887585 = 1.34897346[V]$$

r값을 디지털 포맷으로 계산하기 위해서는 ΔV에 r을 곱해야 한다.

```
        0000000010100000×
        0000000100010100
        ----------------
        0000000000000000+
      0000000010100000
      ------------------
      000000001010000000+
    0000000010100000
    --------------------
    00000000110010000000+
0000000010100000
------------------------
00000000 1 010110010100000
         |  |_____________|
  1비트 정수    15비트 소수
```

이를 십진수로 변환하면 1.34765625로서, 1.35에 매우 근접한 값을 가지고 있다.

이제, 1.35[V]에 해당하는 이진수로부터 0.21[V]에 해당하는 이진수를 빼야 한다. 뺄셈 연산은 2의 보수를 사용하여 수행된다. 차감연산을 위해서는 우선 뺄 숫자의 보수값(모든 0들은 1이 되며, 모든 1들은 0이 되는 수)을 구해야 한다. 그런 다음, 1을 더한 값을 구하여 이를 뺄셈연산의 대상이 되는 양수와 더한다(Appendix C 참조). 0.21[V]의 보수값은 다음과 같다.

1	1	1	0	0	1	0	1		0	0	0	1	1	1	1	1

여기에 1을 더한 후에 캐리를 무시하면 −0.21에 해당하는 수를 얻을 수 있다.

```
1110010100011111+
0000000000000001
----------------
1110010100100000
```

이제 오프셋을 제거하기 위해서 위의 결괏값을 1.35[V]에 해당하는 이진수와 더한다.

```
1110010100100000+
1010110010000000
----------------
1001000110100000
```

이 결괏값을 십진수로 변환해보면 1.1376953을 얻을 수 있다. 실제의 전압은 0~1.14[V] 사이를 변하지만, 숫자표시 정확도의 한계 때문에, 표시값은 0~1.1376953 사이를 변하게 된다.

입력전압을 온도로 표시하기 위해서는 입력전압의 변화범위인 1.14[V]를 출력값의 변화범위인 100[°C]로 변환시켜야 한다. 그러므로 입력전압에 $s = 100/1.14 = 87.7192982456$을 곱해야 한다. 고정소수점 포맷을 사용해서 이 값을 나타내야만 한다. 숫자 87을 나타내기 위해서는 최소한 7-비트의 이진수가 필요하므로, 정수부에 8-비트와 소수부에 8-비트를 사용하기로 한다.

0	1	0	1	0	1	1	1	•	1	0	1	1	1	0	0	0

디스플레이에 표시할 값을 구하기 위해서는 오프셋 전압을 소거한 입력전압 값에 스케일링 계수 s를 이진수로 나타낸 위의 값을 곱해야 한다.

```
                   1001000110100000×
                   0101011110111000
                   ----------------
                   0000000000000000+
                1001000110100000
                -------------------
                1001000110100000000+
               1001000110100000
               --------------------
               11011010011100000000+
              1001000110100000
              ---------------------
              111111101101100000000 +
            1001000110100000
            -----------------------
            11010001010101100000000+
           1001000110100000
           ------------------------
           111110100100101100000000+
          1001000110100000
          -------------------------
          1000011101100010110000000+
         1001000110100000
         --------------------------
         10001100100000001011000000000+
       1001000110100000
       ----------------------------
       11010111111000001011000000000+
     1001000110100000
     ------------------------------
     0110001111001100000101100000000
     [      ][      ]
     8비트 정수 8비트 소수
```

연산이 이루어지는 두 숫자의 소수부는 각각 15-비트와 8-비트이므로, 곱셈연산을 수행하고 나면, 총 23-비트의 소수부가 발생하게 된다. 이 소수부들 중에서 앞의 8-비트만을 취하며, 나머지 15-비트는 절사해 버린다. 그러므로 100[°C]는 0110001111001100으로 표시된다. 이를 십진수로 나타내 보면 99.796875이다.

그러므로 마이크로프로세서의 온도측정 범위는 0~99.796875[°C]가 된다.

(b) 디스플레이는 소수점 둘째 자리까지만 표시할 수 있으므로 100[°C]는 99.79[°C]로 표시되어 버린다. 하지만 0[°C]의 경우에는 오프셋 전압을 자체적으로 차감하기 때문에, 정확하지 않더라도 디스플레이에는 0.00[°C]로 표시된다. 디스플레이에서는 인접한 숫자로 반올림하지 않고 단순히 절사해 버린다. 물론, 반올림이 중요하다면 소프트웨어를 사용하여 이를 개선할 수 있다.

여기서 발생하는 오차는 그리 크지 않다. (a)를 살펴보면, 0[°C]에서의 오차는 0이며, 100[°C]에서 발생하는 오차는 $[(99.79-100)/100]\times 100 = -0.21\%$에 불과하다. 이 오차는 매우 작은 값으로서, 일반적인 센서에서 발생하는 오차보다 충분히 작다. 그런데 시스템 내에서 이 오차가 다른 오차들과 합쳐질 가능성에 대해서는 고려해야만 한다.

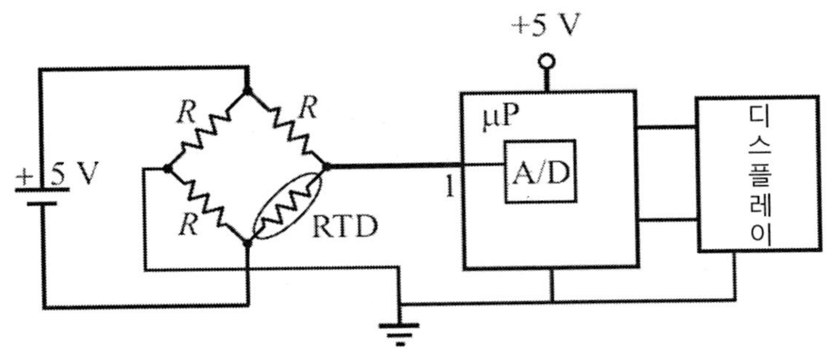

그림 12.21 온도측정용 브리지회로

12.4.3 샘플링과 양자화 오차

샘플링오차는 또 다른 오차원으로서, 분해능 오차만큼 잘 정의되어 있지 않다. 모든 입력을 읽어들여(또는 샘플링해)야만 하는데, 이 샘플링이 연속적이거나 일정한 주기마다 시행되지 않기 때문에 오차가 발생한다. 샘플링 주기는 프로그램에 의해서 정의되며, 사용되는 (프로그램이 의도하는) 논리와 실행시간에 모두 의존한다. 샘플링 이론에 따르면, 신호 한 주기당 두 번 샘플링을 수행하면 신호를 정확하게 재생할 수 있다.[2] 하지만 이는 이론적인 한계일 뿐이며, 실제로는 이보다 더 많은 숫자의 샘플링이 필요하다. 또한, 이 조건은 (조화함수가 섞여있지 않은) 단일파장 신호를 가정하고 있다. 디지털 소자에서는 샘플링 과정에서 이산화 또는 양자화가 이루어진다. 즉, 우리는 결코 정확한 신호값을 샘플링할 수 없으며 분해능은 사용된 A/D 변환기의 증분값에 의존한다. 두 샘플링주기 사이에는 신호가 일정한 값을 유지하므로 아날로그 신호가 계단형상의 파형으로 변환되어 버린다. 일반적으로 아날로그 신호에는 샘플링과 양자화 과정에서 오차가 유입되어버린다. 디지털 신호들은 진폭이 일정하기 때문에 양자화오차가 발생하지 않지만, 다양한 조화함수들이 포함되어 있기 때문에 특히 샘플링오차에 취약하다. 예를 들어, $100[\mu s]$마다 샘플링을 수행하도록 센서 시스템이 설계되어 있으며, 입력포트로부터 읽기 명령을 수행하기 위해서는 100개의 명령어들을 수행해야 한다고 가정해 보자(읽기명령 자체는 하나 또는 두 사이클만으로도 충분하지만, 프로그램에서는 읽기 명령이 실제로 시행되기 전에 비교, 검사, 계산 등과 같은 다양한 단계들이 필요할 것이다). $0.1[\mu s]$ 프로세서를 사용($40[MHz]$를 내부에서 4로 분할하거나, 분할 없이 $10[MHz]$를 사용)하는 경우, 총 소요시간은 $110[\mu s]$이다($100 \times 0.1 + 100$). 명령

2) 이를 나이퀴스트 샘플링 조건이라고 부르지만, 위신호 발생을 무시한 허황된 조건일 뿐이다. 역자 주.

을 수행하는 데에 소요되는 $10[\mu s]$의 시간 동안, 센서의 출력값은 이리 저리 움직이더라도 프로세서는 이 변화를 감지할 수 없다. 하지만 대부분의 센서들은 느리게 움직이며, 이런 문제를 해결할 수 있는 다양한 방법들이 있기 때문에 이는 그리 큰 문제가 되지 않는다(예제 12.14 참조). 여기서 중요한 점은 마이크로프로세서의 클록 때문에 아주 짧은 시간간격으로 샘플링을 수행할 수 없다는 것이며, 두 번째로는 프로그램이 이 오차에 영향을 끼친다는 것이다. 앞서 살펴봤던 사례의 경우, 프로그램 개선을 통해서 소용 사이클의 수를 20으로 줄인다면, 총 지연시간과 그에 따른 오차를 줄일 수 있을 것이다. 아날로그 신호의 양자화에 대해서는 A/D 변환과 연계하여 조금 더 살펴볼 예정이다.

예제 12.14 샘플링오차

디지털 정전용량형 센서로부터 입력되는 디지털 신호를 읽어들이기 위해서 마이크로프로세서가 사용되었다. 신호주파수는 측정대상에 따라서 변하며, 최대 주파수는 $1[kHz]$, 듀티비는 50%이다. 마이크로프로세서는 측정시간을 사용하여 신호의 주파수를 결정한다. 입력신호에 대한 샘플링 주파수는 $10[kHz]$이다. 한 사이클의 소요시간은 $1[ms]$이며, 이를 $100[\mu s]$마다 샘플링 한다. 주파수 측정과정에서 발생하는 오차를 계산하시오.

(a) 펄스가 고전압인 절반 주기 동안만 측정이 수행되는 경우(이를 통해서 다음의 절반 기간 동안 프로세서는 다른 작업을 수행할 수 있다).

(b) 사이클 전체를 샘플링 하는 경우.

풀이

기억해야 하는 가장 중요한 문제는 다음 샘플링이 이루어지기 전까지는 마이크로프로세서가 샘플링된 입력값을 유지하며, 샘플링 시점에 신호가 변하는 경우에만 샘플링값이 변한다는 것이다. 최고주파수에서 최대오차가 발생할 것으로 예상된다.

(a) 그림 12.22에 대해서 살펴보기로 하자. ("1"이라고 표기된) 첫 번째 샘플값은 "1"이다. 다음 샘플링 순간까지 이 신호가 유지된다. 6번째 샘플링까지의 샘플값은 "1"로 유지된다. 7번째 샘플링의 경우 샘플값은 "0"으로 바뀐다. 그러므로 펄스폭은 $6\times100[\mu s]$이며, 신호의 듀티비는 50%라고 가정했기 때문에, 마이크로프로세서는 이 신호의 주기시간을 $1{,}200[\mu s]$라고 인정하고 다음과 같이 주파수를 계산하게 된다.

$$f=\frac{1}{1{,}200\times10^{-6}}=833.33[Hz]$$

따라서 매우 큰 오차가 발생하게 된다.

$$error = \frac{833.33 - 1{,}000}{1{,}000} \times 100\% = 16.67\%$$

그림 12.22에 따르면, 11번째 샘플링에서 신호는 다시 "1"로 상승한다 따라서 한 주기 전체의 소요시간은 1,000[μs]이다. 따라서 마이크로프로세서는 주파수를 1[kHz]라고 정확히 측정할 것이다. 이는 샘플링 순간에 샘플링된 신호가 "1"이라고 가정하였기 때문이다. 만일 "0"으로 읽혔다면, 한 주기 더 샘플링이 수행되어야 하므로 총 소요시간은 1,100[μs]이 필요하다. 이로 인한 오차는 10%이다.

이 단순계산에서는 프로그램 스텝에 소요되는 시간과, 샘플링이 미리 정의된 시간에 정확히 수행되지 않는 경우를 고려하지 않았다. 하지만 이를 통해서 신호의 샘플링은 구현 가능한 가장 빠른 속도로 수행되어야 한다는 것을 알 수 있다. 게다가 한 주기 전체에 대한 샘플링이 유리하다는 것도 알 수 있다. 때로는 다수의 주기들을 연속적으로 또는 단속적으로 샘플링하여 주파수를 계산하면 긴 주기시간에 대해서 오차가 평균화된다.

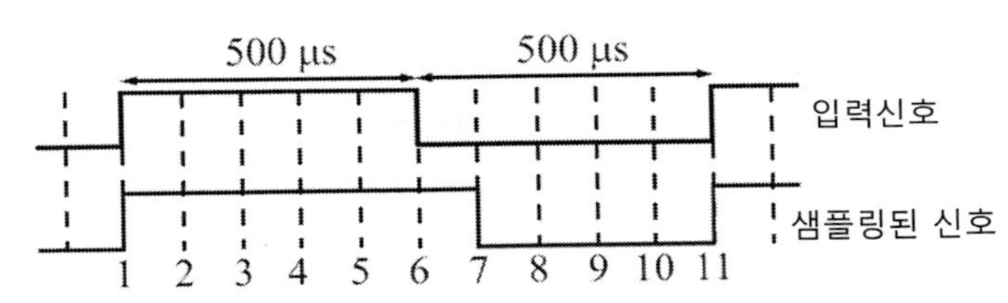

그림 12.22 입력핀으로 입력된 신호의 샘플링. 그림 하단에는 샘플 번호가 적혀 있다.

12.4.4 변환오차

마이크로프로세서의 구성요소들은 완벽하지 않으며, 모두 다 온도 편차, 드리프트, 그리고 가공편차 등에 노출된다. 특히 변환을 포함한 모든 작업과정에서 오차가 초래된다. 만일 내장형 전압비교기와 내장형 기준전압을 사용한다면 기준전압의 실제값에 의해서 출력이 영향을 받는다. 예를 들어, 만일 공칭 기준전압이 0.6[V]이지만, 0.595[V]에서 0.605[V] 사이를 오간다면, 전압비교는 공칭전압인 0.6[V]가 아니라 실제 전압을 기준으로 시행된다. 이와 마찬가지로 A/D 변환기의 경우에도 앞서 살펴보았던 분해능 문제를 제외하더라도, 내부회로, 온도변화, 그리고 기준전압의 변화 등으로 인하여 자체적인 오차가 발생하게 된다. 앞서 살펴보았던 10-비트 A/D 변환기에 5[V]를 기준전압으로 사용하는 경우에 입력전압 2.5[V]에 대한 디지털 출력값은 1000000000 또는 10진수 512가 된다. 하지만 만일 출력값이 1000000011 또는 10진수 515가 출력되는 경우에 대해서 생각해 보기로 하자. 이는 오차율 0.29%((3/1,024)×100)에 해당한다. 이 오차율은 일정하지 않다. 오차율은 변환할 전압에 의존하며, 전압값이 낮을수록 오차율이 더 커진다(예제

12.15 참조). 마이크로프로세서의 각 내부 구성요소들의 성능은 데이터시트로 지정되어 있으며, 예상되는 오차는 백분율, 최소 및 최댓값 등으로 제시되어 있으며, A/D 변환기의 경우에는 비트값으로 제시되어 있다. 예를 들어, A/D 변환기의 오차는 $\pm 1[bit]$와 같은 방식으로 지정된다.

예제 12.15 변환오차

마이크로프로세서에 내장되어 있는 12-비트 A/D 변환기에 0~5[V]의 전압을 공급하면서 정확한 전압계를 사용하여 입력전압을 측정하여, 변환기의 실제 디지털 출력값을 예상되는 디지털 출력값과 비교하였다. 오차는 다음과 같이 계산되었다.

변환기의 디지털 전체 스케일은 $2^{12} = 4{,}096$이며 입력 전체 스케일은 5[V], 그리고 기준전압은 5[V]이다. 주어진 아날로그 입력(AI)에 의해서 생성되는 디지털 출력값을 읽어 들여서 디지털 등가(DE)로 변환시키는 경우, 오차는 다음과 같이 계산된다.

$$error = \left| \frac{(DE/4{,}096)\times 5 - AI}{AI} \right| \times 100\%$$

이를 통해서 오차의 절댓값을 임의의 입력전압에 대한 백분율로 나타낼 수 있다. 그림 12.23에 도시되어 있는 12-비트 A/D 변환기에서 발생하는 오차를 살펴보면, 입력전압이 증가할수록 오차가 감소한다는 것을 알 수 있다.

이 실험결과에 따르면, A/D 변환이 필요한 경우에는 센서출력이 클수록 더 좋다는 것을 알 수 있다. 만일 센서의 출력전압이 낮다면, 디지털 변환을 수행하기 전에 이를 증폭하는 것이 더 좋다. 또한 입력전압이 큰 경우조차도 오차가 그리 작지 않으며, 일부의 경우에는 센서 자체에서 발생하는 것보다 더 큰 오차가 발생한다. 이는 마이크로프로세서의 범용 변환기에서 예상되는 결과이다. 물론, 온도보상과 안정된 기준전압을 갖춘 더 좋은 외장형 A/D 변환기를 마이크로프로세서의 외부에 설치하여 사용할 수도 있다.

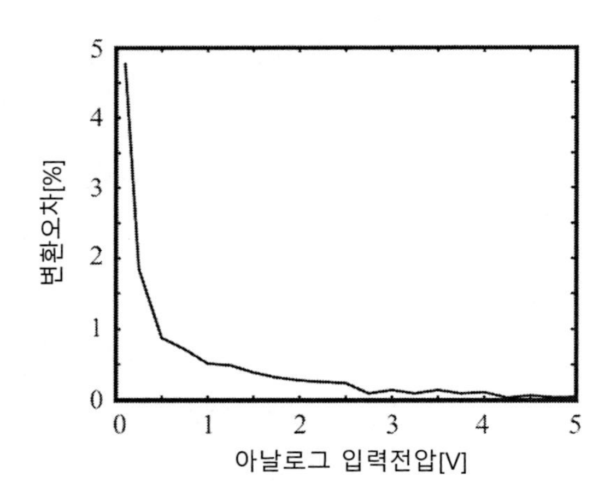

그림 12.23 아날로그 전압의 변화에 따른 A/D 변환오차

12.5 문제

명령

12.1 **마이크로프로세서의 명령**. $a = 2$, $b = 4$, $c = 12$ 및 $d = 8$을 사용하여 $e = (a \times b + c \times d)/2$를 계산하기 위해서 프로세서가 수행해야 하는 작업의 순서를 나열하시오.

12.2 **8-비트 마이크로프로세서의 16-비트 연산**. 8-비트 마이크로프로세서를 사용하여 두 개의 16-비트 변수인 $a = 7{,}542$와 $b = 28{,}791$에 대한 연산을 수행하려고 한다.

(a) 합산연산인 $c = a + b$를 수행하는 방법과 이를 저장하는 방법을 제시하시오.

(b) 곱셈연산인 $8 \times a$를 수행하는 방법과 이를 저장하는 방법을 제시하시오.

(c) (a) XOR (b)를 계산하시오.

(d) (a) AND (b)를 계산하시오.

12.3 **마이크로프로세서의 논리연산**. 공조시스템은 설정 온도를 유지하기 위해서 온도센서를 사용하여 측정을 수행하며, 뜨거운 공기와 차가운 공기를 혼합한다. 온도조절을 수행하기 위해서 마이크로프로세서는 8-비트 A/D 변환기를 사용하여 온도 T에 대한 A/D 변환을 수행한 다음에 t라고 부르는 레지스터에 이를 저장한다. 사용자는 원하는 온도를 입력하며, 이 8-비트 데이터를 s라고 부른다. 개별 출력에 의해서 뜨거운 공기(H)와 차가운 공기(C)에 연결된 두 개의 밸브들이 제어된다. 기본 상태에서는 두 밸브들이 닫혀 있다.

(a) 두 밸브들을 제어하여 온도를 제어하기 위해서 필요한 플로차트를 제시하시오.

(b) s 레지스터에 저장된 온도보다 1[°C] 더 높은 경우에 C 밸브가 열리며, 온도가 s 값과 같은 경우에는 H 밸브가 열리는 방식으로 온도를 제어하기 위해서 필요한 플로차트를 제시하시오.

(c) 예상되는 온도제어범위가 0~100[°C]인 경우에, 설정할 수 있는 온도스텝은 얼마이겠는가?

입력과 출력

12.4 **모터제어**. 스위치가 최소한 3초 동안 눌리면 10초 동안 소형 DC 모터를 작동시킨 다음에

껴야 한다. 마이크로프로세서가 필요한 시간을 계수할 수 있다고 가정하고 회로도와 플로차트를 작성하시오. 모터가 작동하는 동안 스위치를 누르고 있어도 아무런 영향을 끼치지 않는다.

12.5 **조명기구 제어**. 방 안에 하나의 스위치로 작동되는 두 개의 조명기구가 설치되어 있다. 스위치를 누르면, 1번 조명이 켜진다. 스위치를 한 번 더 누르면, 1번 조명은 꺼지고 2번 조명은 켜진다. 스위치를 한 번 더 누르면 두 조명 모두가 켜진다. 스위치는 이 작동을 무한히 반복한다. 조명을 모두 끄려면 스위치를 5초 이상 누르고 있어야 한다. 입/출력 핀이 구분된 회로도와 이런 제어를 수행하기 위한 플로차트를 그리시오. 내부적으로 5초를 계수할 수 있는 수단이 있다고 가정한다.

클록과 타이머

12.6 **디지털 초음파 거리측정**. 거리를 측정하는 단순하고 정확한 방법은 초음파 송신기(작동기)를 사용하여 초음파 펄스를 송출하고 초음파 수신기(센서)를 사용하여 표적으로부터 반사되는 펄스를 검출하는 것이다. 공기중에서 음속은 비교적 느리기 때문에($v = 331\,[m/s]$), 표적까지 갔다가 되돌아오는 데에 소요되는 비행시간 t는 거리측정의 훌륭한 지표이다. $d = vt/2$를 사용하여 거리 d를 측정하여 이를 표시한다.

(a) 마이크로프로세서를 사용하여 이를 구현할 수 있는 회로도를 그리고 작동방법을 설명하시오. 필요한 구성요소들도 함께 표시하시오.

(b) 측정수행에 필요한 기본 작동순서를 설명하시오.

(c) 측정순서에 대한 플로차트를 그리시오. $40\,[kHz]$ 송수신기와 내부 주파수 분할 없이 $16\,[MHz]$ 프로세서를 사용한다.

(d) 측정과정에서 발생할 수 있는 오차의 원인들과 이를 최소화시킬 수 있는 방법에 대해서 논의하시오.

12.7 **마이크로프로세서의 타이밍 한계**. 마이크로프로세서는 전형적으로 $50\,[MHz]$ 미만의 비교적 낮은 주파수로 작동한다. 따라서 기본 사이클 시간의 한계 때문에 적용할 수 있는 용도가 제한되거나 또는 측정 정확도가 제한된다. $0.5 \sim 10\,[m]$의 거리범위에 대해서 렌즈의 초점을

자동으로 조절하기 위해서 적외선 빔을 사용하는 자동초점조절 카메라에 대해서 살펴보기로 하자.

(a) 카메라에서 조사된 광선이 물체에 맞고 되돌아오는 비행시간을 측정하려고 시도하려면 내부 클록 속도가 얼마가 되어야 하겠는가? 비행시간을 측정하기 위해서는 프로세서가 최소한 10 사이클을 필요로 한다고 가정하시오. 공기중에서 광속은 $3 \times 10^8 [m/s]$이다.
(b) (a)의 결과를 기준으로 이 방법이 타당성이 있겠는가?

12.8 **고주파 측정**. $20[MHz]$로 작동하는 마이크로프로세서에서 기본 클록 주파수를 생성하기 위해서 4배의 내부분할을 사용하였다. 최대 작동 주파수는 $1[GHz]$이며, 최소 작동 주파수는 $200[MHz]$인 신호발생기의 주파수를 측정하기 위해서 이 마이크로프로세서가 사용되었다. 펄스 입력신호의 상승에지를 검출하여 8개의 펄스들을 계수하며, 8번째 펄스 상승에지를 검출하는 방식으로 측정이 수행된다. 마이크로프로세서는 클록 펄스폭보다 짧은 펄스를 검출할 수 없으므로, 계수기를 사용하여 일단 입력신호를 2^8로 나눈다.

(a) 최소와 최대 주파수에 대해서 마이크로프로세서에서 측정된 공칭 주파수는 각각 얼마인가?
(b) 최소와 최대 주파수에 대해서 측정 가능한 주파수 발생기의 최소 주파수 증분값은 각각 얼마인가?
(c) 주파수 발생기에서 발생할 것으로 예상되는 주파수 오차범위는 얼마이겠는가?

전력소모와 전력용량

12.9 **타이어 압력측정: 전력문제**. 압력센서를 사용하여 타이어 내부의 압력을 측정하며, 이 압력 정보를 타이어 내부에서 차량에 설치되어 있는 수신기로 전송한다. 센서, 송신기, 마이크로프로세서, 그리고 여타의 추가회로들은 전력용량이 $2{,}800[mA \cdot h]$인 $3[V]$ 전지(직렬로 연결된 두 개의 AA 전지)에 의해서 전력이 공급된다. 마이크로프로세서는 작동 시 $5[mA]$를 소비하며, 대기중에는 $5[\mu A]$를 소비한다. 압력센서와 부가회로들은 작동 시 $3.5[mA]$를 소비하며 꺼져 있을 때에는 전류를 소비하지 않는다. 송신기는 작동 시에 $20[mA]$를 소비하며, 꺼져 있을 때에는 전류를 소비하지 않는다. 전지 교체가 용이하지 않으므로, 이 시스

템은 타이어 수명기간 동안(전형적으로 7년) 전지 교체 없이 작동할 수 있어야 한다. 이런 문제를 해결하기 위해서, **그림 12.24**에 도시되어 있는 것처럼 저전력 발진기를 추가하는 방안이 제안되었다. 이 발진기는 2분 간격으로 0.5초 동안 마이크로프로세서를 켜서 데이터를 수집 및 송신하도록 만들어준다. 켜짐 기간 동안, 압력센서로부터 데이터를 수집하는 데에는 $200[ms]$가 소요되며, 송신에 $300[ms]$가 소요된다. 발진기는 연속적으로 작동하며, $12[\mu A]$를 소비한다.

(a) 어떠한 전력절감기법도 사용하지 않는 경우(시스템의 모든 구성요소들이 항상 켜져 있는 경우)에 시스템의 수명을 계산하시오.
(b) 시스템의 전체적인 소비전력을 절감하기 위한 저전력 발진기의 활용방안에 대해서 설명하시오.
(c) 마이크로프로세서가 절전모드로 들어가기 전에 센서와 송신기를 끄고, 마이크로프로세서가 깨어난 다음에 이들을 켤 수 있도록 압력센서와 송신기를 연결하는 방법에 대해서 설명하시오.
(d) 위에서 제안한 방법을 사용하면 전지를 얼마나 오래 사용할 수 있는가?
(e) 추가적으로 소비전력을 절감할 수 있는 방법을 제안할 수 있겠는가?

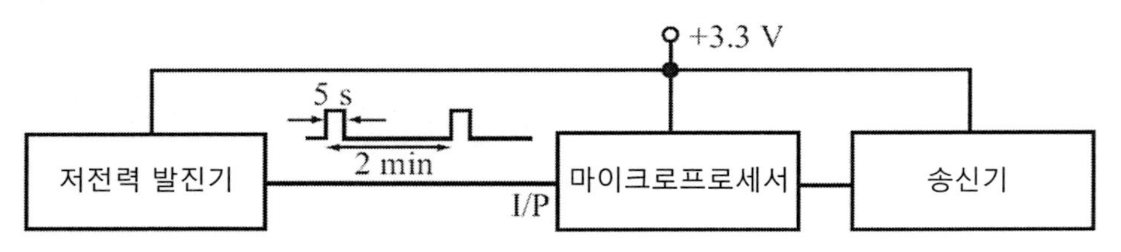

그림 12.24 마이크로프로세서의 소비전력 절감방법

12.10 **전력용량 계산**. 출입문 개폐용 무선 송신기에 탑재된 마이크로프로세서는 대기모드에서 $6[\mu A]$를 소비하며 정상 작동모드에서는 평균 $5.4[mA]$를 소비한다. 송신기 자체는 켜져 있을 때에는 $28[mA]$를 소비하며 사용하지 않을 때에는 전류를 소비하지 않는다. 이 장치에는 $500[mA\cdot h]$ 용량의 단추형 수은전지가 사용된다. 송신 스위치가 눌리면, 마이크로프로세서와 송신기는 다음의 순서에 따라서 작동한다.

마이크로프로세서가 깨어나며, 데이터를 송신하기 전에 $540[\mu s]$가 소요된다. 이 시간이

지나고 나면, 송신기가 켜지며 $24[ms]$ 동안 데이터가 송신된다. 송신이 끝나면 송신기는 꺼진다.

송신 스위치가 눌리지 않으면, 송신이 끝나고 $300[\mu s]$가 지난 다음에 마이크로프로세서는 대기모드로 들어간다. 시스템은 항상 시작된 송신을 끝까지 진행한다.

스위치가 계속 눌려있으면, 스위치가 꺼질 때까지 (1)번을 계속 반복한다.

(a) 평균 스위치 누름 시간이 0.5초이며, 이 무선개폐장치를 일평균 12회 사용하는 경우에 전지의 수명을 계산하시오. 스위치에서 더 빨리 손을 뗀다고 해도 (1)번과 (2)번 과정이 예정대로 진행된다고 가정하시오.

(b) 스위치를 오래 누르고 있다고 하여도 정확히 두 번만 신호를 송신하도록 마이크로프로세서가 프로그램되어 있는 경우에 전지의 수명은 얼마가 되겠는가? $540[\mu s]$의 기동시간과 두 번째 송신이 완료된 이후에 $300[\mu s]$의 대기시간은 여전히 필요하다.

12.11 **전지로 구동되는 작동기의 전력소비**. 모터 없이 문을 열 수 있도록 그림 12.6에 도시되어 있는 번호열쇠의 작동 메커니즘이 수정되었다. 소형의 솔레노이드를 사용하여 스프링의 부하를 받는 레버를 당기는 방식이 사용되었다. 일단 레버가 열리고 나면, 손으로 문을 열 수 있다. 문이 닫히고 나면, 레버가 다시 걸리며 문이 잠겨버린다.

(a) 공급전압이 2, 3, 4 및 $5[V]$이며, 주파수는 $1[MHz]$와 $16[MHz]$를 사용하는 경우에 (솔레노이드를 제외한) 회로의 전류소비량을 추정하시오. 최소제곱 근사를 사용하고, 내삽 및 외삽을 사용하여 결과를 비교하시오(예제 12.5 참조). 예제 12.5에 제시되어 있는 데이터를 활용하시오.

(b) 솔레노이드의 작동에는 $350[mA]$의 전류가 필요하며, 레버를 열기 위해서는 $450[ms]$의 시간이 필요하다. 전력용량이 $1{,}900[mA \cdot h]$인 $3[V]$ 전지를 사용하여 마이크로프로세서와 솔레노이드를 구동하는 경우에 전지의 수명을 계산하시오. 마이크로프로세서는 $1[MHz]$로 작동하며, 솔레노이드를 구동하기 위해서는 스위치 암호입력에 8초가 소요된다. 하루에 20회 문을 여닫는다고 가정하시오.

12.12 **전력절감기법**. 마이크로프로세서는 출력핀들에 최대 $25[mA]$의 전류를 송출할 수 있지만 총 전류는 $200[mA]$를 넘어설 수 없다. 각각 8개의 핀들로 이루어진 포트들이 4세트가

구비되어 있으며, 이들 중에서 24개의 핀들이 LED 구동에 사용된다. 모든 LED들을 동시에 볼 수 있어야 한다. 허용 최대 전류값을 초과하지 않도록 만들기 위해서, LED들을 매우 빠르게 켜고 꺼서 우리의 눈에는 항상 켜져 있는 것처럼 보이도록 만들면, 평균 전류는 $200[mA]$를 넘어서지 않는다. 평균전류는 최대전류값에 듀티비를 곱한 값이다. LED를 초당 16회 이상 켜고 끄면, 우리의 눈에는 항상 켜져 있는 것처럼 보인다.

(a) 전류한계를 넘어서지 않으면서 24개의 LED들을 어떻게 동시에 모두 켜져 있는 것처럼 보이게 만들 수 있는지 설명하시오. LED들을 어떤 방법으로 켜고 끌 것이며, 하나의 포트를 이루는 모든 핀들을 함께 스위칭 해야만 하는 경우에 스위칭 속도는 얼마가 되어야 하겠는가?

(b) LED에 직렬로 저항을 연결하여 각 핀의 최대전류를 $15[mA]$로 제한하는 경우에 각 LED의 평균전류를 계산하시오. 각 포트 내의 모든 LED들은 함께 스위칭되며, 한 번에 하나의 포트만이 켜진다.

(c) 스위칭으로 인한 광강도 저하를 보상하기 위해서, LED에 공급하는 전류를 핀이 허용하는 최댓값으로 증가시키는 방안이 제안되었다. 이 조건하에서 각각의 LED에 공급되는 평균전류를 계산하시오. 각 포트를 구성하는 모든 LED들은 동시에 켜지고 꺼지며, 한 번에 하나의 포트만이 켜진다.

임피던스와 인터페이싱

12.13 **음전하가 충전되는 전하센서의 접속**. 예제 12.7에서는 그림 12.9에 도시되어 있는 도전판에 양전하가 충전되는 경우를 가정하였다. 도전판에 음전하가 충전되는 경우에 회로의 어떤 부분을 수정해야 하는가? 이 수정이 센서 시스템의 성능에 끼치는 영향에 대해서 논의하시오.

12.14 **에너지 측정기**. 자동차의 라디오에 의해서 소비되는 에너지를 측정하여 표시하기 위해서 에너지 측정기를 설계하려고 한다. 라디오에서 재생되는 음향의 종류와 볼륨에 따라서 에너지 소비량은 시간에 따라서 변한다. 측정을 위해서 라디오에 연결된 전력선에만 접근이 가능하다. 마이크로프로세서는 1초 간격으로 순간 소비전력$[W{\cdot}h]$과 자동차 수명기간 동안 소비한 누적 에너지를 측정하여 표시하시오. 마이크로프로세서는 $5[V]$로 구동하며,

라디오는 12[V]로 구동한다. 최대전류는 2.5[A]로 예상된다.

(a) 필요한 센서와 인터페이스 회로를 제시하시오.
(b) 클록 주파수와 필요한 내부 구성요소들을 선정하고 그 이유를 논의하시오.
(c) 측정 및 표시를 위한 상세한 플로차트를 제시하시오.

12.15 **pH 미터의 접속**. pH 미터는 임피던스 매칭의 관점에서 절대적으로 임피던스가 매우 높은 접속회로를 필요로 한다. 마이크로프로세서 기반의 pH 미터에서는 pH 센서측에서 바라본 접속회로의 임피던스가 최소한 100[$M\Omega$] 이상이 되어야만 하며, 이산화를 위해서 마이크로프로세서에 입력되는 전압은 pH값이 1에서 14까지 변하는 동안 0~5[V]까지 변해야 한다. pH 맴브레인은 기준전압이 0.197[V]인 은/염화은(Ag/AgCl) 기준 맴브레인을 사용한다. 이 장치는 25[°C]에서 작동할 것으로 예상된다. 내부적으로는 10-비트 A/D 변환기가 사용된다.

(a) 필요한 회로와 접속요소들을 설계하시오. 어떻게 하면 pH 값을 직접 표시할 수 있는지 설명하시오.
(b) 계측기의 분해능을 계산하시오.
(c) 이 설계와 관련된 문제들과, 각각의 결과에 대해서 논의하시오.

주파수와 응답

12.16 **주파수 측정**. 예제 12.8에서 마이크로폰으로 저울의 주파수 시프트를 정확히 측정해야만 한다. 마이크로프로세서는 10[MHz](클록주파수)로 작동하며, 타이머를 포함하여 필요한 모든 블록들을 갖추고 있다.

(a) 마이크로프로세서를 사용하여 주파수를 측정하는 방법에 대해서 설명하시오. 측정을 수행하는 구체적인 방법들과 이들이 가지고 있는 장점에 대해서 논의하시오.
(b) 필요한 회로와 측정과정에 대한 플로차트를 그리시오.
(c) 측정과정에서 발생할 가능성이 있는 오차의 원인들을 나열하고 제시한 설계안에서 이 오차들의 영향을 평가하시오.

12.17 **아날로그식 금속 검출기.** 그림 12.25에서는 금속 검출기가 제시되어 있다. 두 개의 동일한 LC 발진기가 설치되어 있으며, 단순한 아날로그 믹서를 사용해서 이들을 서로 차감한다. 믹서에서는 $f_1 \geq f_2$인 경우에는 $f_1 - f_2$, 그리고 $f_2 \geq f_1$인 경우에는 $f_2 - f_1$과 같이 주파수 차이가 출력된다. 이와 동시에 f_1과 f_2도 각각 출력된다. 두 발진회로의 평형을 맞춰서 금속이 없는 경우에는 두 발진기의 주파수가 $400[kHz]$의 동일한 주파수를 갖도록 만들기 위해서 가변 커패시터가 사용되었다. 자성체 금속물질이 검출되면 측정용 (상부)코일의 인덕턴스가 증가하는 반면에, 금속이 비자성체라면 인덕턴스가 감소하므로, 검출기는 두 가지 유형의 금속을 구분할 수 있다. 주파수 차이를 측정하고 다음의 세 가지 상태들을 표시하기 위해서 마이크로프로세서가 사용된다: (1) 금속을 검출하기 전의 발진기 평형상태, (2) 검출된 금속이 자성체인 상황, (3) 검출된 금속이 비자성체인 상황.

(a) 이를 구현하기 위해서 필요한 마이크로프로세서와 각종 회로소자들을 포함한 회로도를 그리시오.

(b) 필요한 클록 주파수와 주파수 측정과정을 정의하시오.

(c) 다양한 상태를 표시하는 방법과 어떤 주파수(f_1 또는 f_2)가 더 높은지를 검출하는 방법을 포함하여 플로차트를 그리시오.

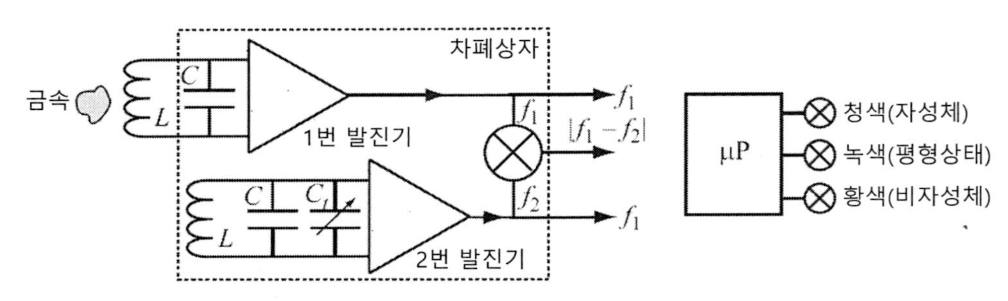

그림 12.25 아날로그 금속 검출기. 마이크로프로세서와의 연결 관계는 매우 개략적으로 표시되어 있다. 즉, 추가적인 회로들이 필요할 수도 있다.

12.18 **디지털 금속 검출기.** 문제 12.17에 제시되어 있는 금속 검출기를 수정하여 디지털 금속 검출기를 만들 수 있다. 비록 발진기는 여전히 아날로그 방식이지만, 11장에서 설명한 방법들 중 하나를 사용하여 출력값을 이산화시킬 수 있다. 그림 12.26에서는 개략적인 회로도를 보여주고 있다. 그림 12.25에서와 동일한 발진기가 사용되었다.

(a) 마이크로프로세서에서 필요로 하는 적절한 신호를 만들어내기 위한 신호의 이산화 방법을 선정하시오.

(b) 마이크로프로세서가 주파수를 측정하는 방법과 마이크로프로세서의 클록 주기가 이 주파수의 측정에 끼치는 영향에 대해서 논의하시오.

(c) 이 설계의 민감도와 한계에 대해서 논의하시오.

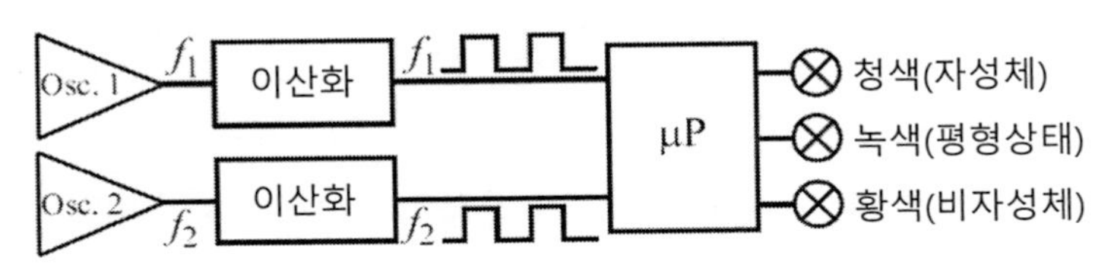

그림 12.26 디지털 금속 검출기

스케일링, 오프셋, 오차

12.19 **전력공급전압 변화에 따른 오차.** 예제 12.9에서는 전력공급전압(V_{dd})을 16단계로 나누어 기준전압을 추출하였다. 여기서도 예제 12.9의 데이터를 사용한다.

(a) 마이크로프로세서로 공급되는 전력의 전압이 ±5%만큼 변한다고 가정하자. 이 전력공급전압의 편차에 의해서 유발되는 켜짐-꺼짐 온도의 오차는 얼마나 되겠는가? 브리지 회로는 분리된 전원을 사용하며, 이 전압변화의 영향을 받지 않는다.

(b) V_{dd}는 5[V]로 일정하게 유지되지만, 브리지 전원전압이 ±5%만큼 변한다고 가정하자. 이 브리지 공급전압의 편차에 의해서 유발되는 켜짐-꺼짐 온도의 오차는 얼마나 되겠는가?

12.20 **1[kHz] 정현파 신호의 합성.** 알람 시스템의 일부로서 스피커를 구동하기 위한 1[kHz] 정현파 신호를 합성하기 위해서 마이크로프로세서가 사용되었다. 파형을 만들어내기 위해서 저항사다리 형태의 외장형 8-비트 D/A 변환기가 사용되었다. 마이크로프로세서는 5[V]로 구동되지만, 정현파 신호의 진폭은 15[V](피크-피크 전압은 ±15[V])가 되어야만 한다. D/A 변환기는 8개의 디지털 입력을 받으면 출력단에서 등가의 아날로그 전압이 출력된다. 변환에는 20[μs]가 소요된다.

(a) 인터페이싱에 필요한 구성요소들을 포함하여 필요한 회로도를 그리시오.

(b) 변환에 필요한 주요 단계들을 포함하는 플로차트를 그리시오. 정현파 신호를 만들어내기 위해서 필요한 디지털 값들의 순서와 이를 얻어낼 방법에 대해서 설명하시오.

(c) 필터링이 사용되지 않은 경우에 D/A 변환기의 출력파형을 그리시오.

(d) 기본적인 $1[kHz]$ 정현파신호에서 발생하는 최대 리플은 얼마이겠는가?

12.21 **데이터 스케일링과 오프셋**. $3.3[V]$로 구동되는 마이크로프로세서를 사용하여 진폭(피크전압)이 $5[V]$이며 주파수는 $50[Hz]$인 정현파 신호를 이산화해야 한다. 이 정현파 신호가 $0[V]$를 통과하는 순간부터 시작하여 $2[ms]$ 간격으로 신호를 모니터링하기 위해서 이산화된 수치값을 스크린에 표시한다. 표시장치는 한 사이클 전체에 대한 진폭값들을 모두 표시한다. 신호의 변화양상을 구분할 수 있도록 각 주기마다 이 표시값을 갱신한다.

(a) 필요한 접속회로를 포함하여 이 기능을 수행하기 위하여 필요한 회로를 설계하시오.

(b) 중요한 단계와 고려사항들을 포함하여 플로차트를 그리시오.

(c) A/D 변환기가 10-비트이며 단순히 디지털 데이터에 해당하는 (10진)수치값을 표시한다고 가정하여 스크린에 표시되는 디지털 전압값들을 나열하시오.

정현파 신호는 $0[V]$에 대해서 대칭형상을 가지고 있으며, 사용 가능한 전원은 마이크로프로세서에 공급되는 $3.3[V]$뿐이라고 가정하시오. 인터페이싱에 필요한 모든 회로들은 이 전압으로 구동되어야만 한다.

12.22 **하드웨어 방식 스케일링과 소프트웨어 방식 스케일링**. $12[V]$를 사용하여 작동할 수 있도록 적외선 센서가 설계되었으며, 적외선 광강도를 측정하기 위해서 $3.3[V]$에서 작동하는 마이크로프로세서와의 접속이 필요하다. 센서에 내장된 증폭기의 출력전압은 예상되는 적외선 변화범위에 대해서 $0\sim8[V]$를 출력한다. 증폭기는 측정성능에 영향을 끼치지 않으면서 최대 $2[mA]$의 전류를 송출할 수 있다. 디지털 방식으로 광강도의 변화를 표시하기 위해서 10-비트 A/D 변환기를 사용하여 증폭기의 출력을 이산화하여야 한다. 적외선 광강도를 0~100 사이의 숫자를 사용하여 상대적으로 나타내며, 증분값은 5%이다.

(a) 마이크로프로세서와 센서 사이를 연결하며 입력단의 과전압으로부터 마이크로프로세

서를 보호하는 회로를 포함하는 회로를 그리시오.

(b) 디스플레이의 요구조건, 즉, 요구되는 표시범위에 대해서 적절한 디지털 값들을 출력핀으로 송출하도록 플로차트를 그리시오.

12.23 **신호 스케일링을 위한 브리지 회로.** 브리지 회로의 기능들 중 하나가 신호의 스케일링이다. 연산증폭기의 출력전압의 변화범위가 $\pm 15[V]$인 경우에 $\pm 2.5[V]$의 전압을 출력할 수 있는 브리지 회로를 설계하시오.

출력신호와 레벨

12.24 **고전압 소자의 제어.** 마이크로프로세서는 $3.3[V]$로 구동되고 있다. 그런데 이 마이크로프로세서를 사용하여 $12[V]$로 구동되는 저전력 버저를 작동시켜야만 한다.

(a) 마이크로프로세서에 내장된 장치들만을 사용하여 이를 수행할 수 있다는 것을 규명하시오.

(b) 외부장치를 사용하여 이를 구현할 수 있는 방법을 설명하시오.

(c) 위의 두 방법과 관련된 문제들에 대해서 논의하시오.

12.25 **사무실 전등 제어.** 에너지를 절약하기 위해서, 소형 마이크로프로세서를 사용하여 조명을 제어하는 방안이 제안되었다. 사무실은 내부적으로 두 개의 방으로 구분되어 있으며, 방들 사이에는 두 개의 문이 있다. 이 문들 열면 두 방이 서로 연결된다.

(a) 다음의 기능을 구현하는 방안에 대해서 고찰하시오.

1. 사람이 방에 들어가면 해당 공간의 조명을 켠다.
2. 마지막 사람이 방에서 나가고 나면 30초 후에 조명을 끈다.
3. 채광에 의해서 방이 충분히 밝으면 조명을 켜지 않는다.

(b) 마이크로프로세서에 접속해야 하는 다양한 구성요소들에 대해서 열거하시오.

12.26 **출력 핀의 싱크모드와 소스모드.** 마이크로프로세서의 출력핀이 $100[\Omega]$ 부하에 연결되어 있다. 이 핀을 통해서 $1[kHz]$의 주파수로 구형파가 송출된다. 마이크로프로세서는 $5[V]$

로 구동된다. 싱크모드로 작동하는 경우의 내부저항은 75[Ω]이며 소스모드로 작동하는 경우의 내부저항은 230[Ω]이다.

(a) 출력핀이 소스모드로 작동하는 경우의 출력전압을 계산하시오. 이를 무부하 출력전압과 비교하시오.
(b) 출력핀이 싱크모드로 작동하는 경우의 출력전압을 계산하시오. 이를 무부하 출력전압과 비교하시오.

오차와 분해능

12.27 **A/D 변환**. 마이크로프로세서를 사용하여 4.6[V]의 아날로그 전압을 이산화한 다음에 여기에 2.7을 곱하려고 한다. A/D 변환기의 기준전압은 5[V]이다.

(a) 내장형 12-비트 A/D 변환기를 사용하여 이를 이산화하는 방법에 대해서 설명하시오.
(b) 정수부 8-비트 및 소수부 8-비트를 사용하는 고정소수점 연산으로 곱셈을 수행하는 순서를 설명하시오.
(c) 변환과 연산 과정에서 발생할 것으로 예상되는 최대 오차를 추정하시오.

12.28 **디지털 시스템의 분해능**. 마이크로폰의 출력이 0~100[μV] 사이로 변한다. 이 신호를 디지털 방식으로 기록하려고 한다. 이를 위해서 (1) A/D 변환기를 사용하여 신호를 직접 기록하는 방법과 (2) 신호를 증폭한 다음에 이를 이산화하는 방법이 제안되었다.

(a) 이산화 과정에서 발생하는 오차가 1%를 넘어서면 안 되는 경우에 5[V] 범위에서 작동하는 A/D 변환기에 (1)번 방법을 적용하는 경우에 A/D 변환기의 분해능은 얼마가 되어야 하는가?
(b) (2)번 방법을 사용하는 경우에, 앞서와 동일한 오차수준을 확보하려면 적절한 증폭비와 A/D 변환기의 분해능은 각각 얼마가 되어야 하는가? 노이즈도 신호와 함께 증폭되지만, 증폭 과정에서 추가적인 노이즈가 유입되지 않는다고 가정하시오.

12.29 **오차를 고려한 설계**. 모든 유형의 오차들이 발생하지 못하도록 만들거나 가능한 한 최소화시켜야 하며, 설계자는 이들의 영향을 제거하거나 최소화시킬 수 있도록 설계해야 한다.

20[°C]에서 공칭 저항값이 350[Ω]이며, 게이지율은 5.1인 백금 스트레인게이지를 사용하여 힘을 측정하려고 한다. 측정방법을 단순화하기 위해서 그림 12.27에 도시되어 있는 것처럼, 간단한 회로를 사용하여 센서의 출력전압을 측정하였다. 저항 R은 350[Ω]이다. 센서의 측정스팬은 20,000[N](0~20,000[N]의 힘을 측정)이며 0~3%의 변형률을 생성한다. 변형률이 최대일 때에 마이크로프로세서로 입력되는 전압이 5[V]가 되도록 증폭기가 사용되었다. 증폭이 수행된 다음에는 마이크로프로세서에 내장되어 있는 10-비트 A/D 변환기를 사용하여 입력전압을 이산화 한다.

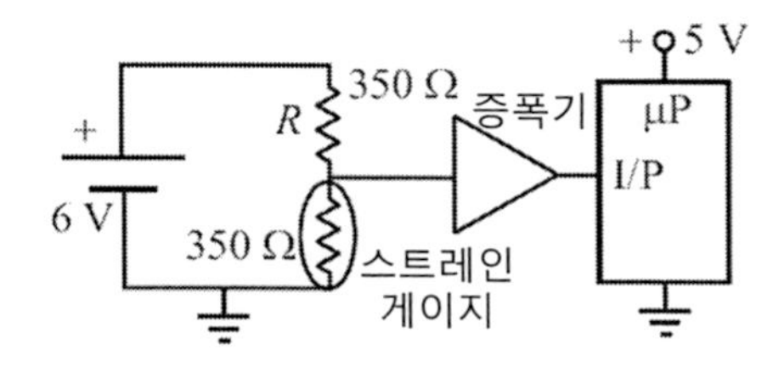

그림 12.27 스트레인게이지와 마이크로프로세서의 연결

(a) 센서의 분해능을 계산하시오.

(b) 백금 센서의 저항온도계수는 0.00395이다. 출력에 영향을 끼치지 않는 최대 허용 온도 변화를 계산하시오.

12.30 **고정소수점 연산과 마이크로프로세서에서 발생하는 오차**. 8-비트 마이크로프로세서를 사용하여, a와 b가 0~1 사이의 값일 때에 $c = a + b$의 합산을 수행하려고 한다. $a = 0.2$이고 $b = 0.9$일 때에 8-비트 마이크로프로세서를 사용한 연산과정에서 발생하는 오차를 계산하시오. 각 변수에는 하나의 8-비트 워드가 할당된다.

12.31 **연산과정에서 발생하는 오차**. 마이크로프로세서에서 수행되는 연산과정의 일부로서, $a = 5.23$이며, $b = 17.96$일 때에 $c = a \times b$를 계산해야 한다. 연산과정에 대해서 설명하고, 실제로 구해진 수치값과 연산과정에서 발생한 오차를 구하시오. 데이터 표시에는 하나의 8-비트 워드나 또는 다수의 8-비트 워드를 사용할 수 있다.

12.32 **전압센서/모니터: 연산오차**. 자동차 내에서 전지의 상태를 모니터링 하여 계기판에 디지털 방식으로 표시하기 위해서 마이크로프로세서가 사용된다. 회로 설계과정에서 전지 전압을 측정해 보았더니 무부하 상태에서의 (공칭)전압이 12[V]였다. 충전이 수행되는 동안에는

전압이 14.7[V]까지 상승하며 최대부하(전등이 켜져 있으며 엔진은 꺼져 있는 상태) 상태에서의 전압은 11.4[V]이다. 전지전압을 측정하여 소수점 둘째 자리까지 표시하는 회로를 설계하시오. 앞에 열거된 3개의 측정전압에 대해서 발생할 것으로 예상되는 오차를 계산하시오. 마이크로프로세서에 내장되어 있는 8-비트 A/D 변환기가 사용되며, 전압이 조절된 5[V] 전원을 사용한다.

12.33 **연산오차.** **그림 12.21**에 도시되어 있는 것처럼, 저항형 온도검출기가 마이크로프로세서에 연결되어 있다. 이 온도검출기는 -50~150[°C]의 온도를 측정한다. 마이크로프로세서(1번 핀)의 입력전압은 -50[°C]일 때에 0[V]이며 150[°C]일 때에 1.85[V]이다. 기준전압이 3.3[V]인 내장된 10-비트 A/D 변환기를 사용하여 브리지 전압을 디지털 값으로 변환시킨다. 마이크로프로세서의 직렬포트를 통해서 디스플레이로 데이터를 송출하며, 디스플레이에서는 이를 십진수로 변환시켜서 표시한다. 온도는 켈빈 단위를 사용하여 표시한다. 마이크로프로세서의 자원이 제한되어 있기 때문에, 16-비트보다 더 큰 숫자를 수용할 수 없다.

(a) 입력전압이 -50[°C], 0[°C], 그리고 150[°C]인 경우에 대해서, 최소한의 자원만을 사용하여 입력전압을 절대온도 단위로 변환하시오.

(b) 디스플레이에서 두 개의 십진 숫자만을 표시할 수 있는 경우에, 온도측정과정에서 발생하는 오차를 (a)의 전체스케일에 대한 백분율로 계산하시오.

12.34 **샘플링오차의 저감.** 공칭주파수 100[MHz]로 진동하는 질량측정용 표면탄성파 공진기의 작동 주파수를 측정하기 위해서 마이크로프로세서가 사용된다. 센서의 민감도는 1,800[$Hz/\mu g$]이다. 마이크로프로세서는 40[MHz] 클록에 의해서 작동한다. 주파수를 측정하기 위해서 센서의 진동 주파수를 100으로 나눈 다음에 마이크로프로세서에서 신호를 입력받는다. 입력신호가 고전압에서 저전압으로, 또는 저전압에서 고전압으로 전이되는 순간을 검출하는 방식으로 신호의 주기를 측정한다. 타이머가 작동을 시작하기 위해서는 해당 전이신호를 검출한 다음에 8개의 클록주기가 필요하며 타이머의 작동을 중지시키기 위해서는 4개의 클록주기가 필요하다. 그리고 신호의 전이를 검출하는 데에도 2개의 클록주기가 필요하다.

(a) 마이크로프로세서에서 단 하나의 신호주기에 대해서만 시간을 측정할 수 있는 경우에 주파수 측정에서 발생하는 오차를 계산하시오.

(b) (a)에서 발생하는 오차를 줄이기 위해서, 마이크로프로세서에서 256주기에 대한 시간을 측정하는 방안이 제안되었다. 이 경우에 주파수 측정에서 발생하는 오차를 계산하시오.

(c) (a)와 (b)의 조건하에서 시스템의 유효민감도는 각각 얼마인가?

12.35 **A/D 변환기의 변환오차**. 마이크로프로세서에 5[V]로 구동되는 10-비트 A/D 변환기가 내장되어 있다. A/D 변환기의 사양에 따르면, 전체 변환범위에 대해서 변환정확도는 ±1 비트이다. 입력전압이 0~5[V]까지 변하는 동안 발생하는 오차의 백분율을 계산하여 그래프로 그리시오.

12.36 **노이즈가 제한된 변환**. 디지털 오디오와 같은 용도에서는 양자화오차를 줄여서 고품질 음향신호를 재생하기 위해서 고분해능 A/D 변환기를 사용할 필요가 있다. 입력저항이 1[$M\Omega$]인 CMOS A/D 변환기에 대해서 살펴보기로 하자. 여기에 연결되는 음원의 내부저항도 역시 1[$M\Omega$]이다. 이 시스템은 30[°C]의 온도에서 작동한다. 음원의 상태가 완벽하다는 가정(내부 노이즈가 없는 상태)하에서 실질적으로 구현할 수 있는 A/D 변환기의 최고 분해능은 얼마이겠는가? 음향신호의 대역폭은 20[kHz]이며, A/D 변환기는 3.3[V]로 구동된다.

12.37 **영상신호 기록과정에서 발생하는 양자화 오차**. 전하결합소자(CCD)에서 송출되는 영상신호는 0~3.3[V] 사이로 변하며, 18-비트 A/D 변환기를 사용하여 이를 이산화한다. 아날로그 신호를 이산화하는 과정에서는 노이즈나 변환오차가 발생하지 않는다고 가정하여 다음에 답하시오.

(a) 신호의 양자화오차를 계산하시오.

(b) CCD의 영상대비(가장 밝은 값과 가장 어두운 값 사이의 비율)가 4,000 : 1인 경우에, 이를 스크린에 투사했을 때에 이산화된 신호의 등가 대비값은 얼마가 되겠는가? 영상대비는 CCD에 의해서 제한되는가? 아니면 A/D 변환기에 의해서 제한되는가?

Appendix

Appendix A 최소제곱 다항식과 데이터 피팅

최소제곱 다항식 또는 다항회귀는 일련의 데이터에 대한 다항식 피팅방법들 중 하나이다. 만일 n개의 점들(x_i, y_i)로 이루어진 한 세트의 데이터를 다음의 다항식으로 피팅하는 경우에 대해서 살펴보기로 하자.

$$y(x) = a_0 + a_1 x + a_2 x^2 + \cdots + a_m x^m \tag{A.1}$$

어떤 데이터세트를 통과하는 다항식을 구한다는 것은 함수 $y(x)$와 $y(x_i)$ 점들 사이의 거리가 최소가 되도록 계수값들을 선정한다는 것을 의미한다. 이를 위해서는 최소제곱법을 사용하여 다음과 같은 거리함수를 구해야 한다.

$$S = \sum_{i=1}^{n} (y_i - a_0 - a_1 x_i - a_2 x_i^2 - \cdots - a_m x_i^m)^2 \tag{A.2}$$

이 함수값을 최소화하기 위해서는 미지의 각 변수값들에 대한 편미분이 0이 되는 값을 구해야 한다. k번째 계수($k = 0,\ 1,\ 2, \cdots,\ m$)에 대한 편미분 방정식은 다음과 같이 주어진다.

$$\frac{\partial S}{\partial a^k} = -2 \sum_{i=1}^{n} x_i^k (y_i - a_0 - a_1 x_i - a_2 x_i^2 - \cdots - a_m x_i^m) = 0 \tag{A.3}$$

또는

$$\sum_{i=1}^{n} x_i^k (y_i - a_0 - a_1 x_i - a_2 x_i^2 - \cdots - a_m x_i^m) = 0 \tag{A.4}$$

이를 m개의 계수들 모두에 대해서 풀어내면, a_0에서 a_m까지의 계수들을 모두 구할 수 있다. 여기서는 이들 중에서 가장 자주 사용되는 형태인, 최소제곱 적합 조건을 충족시키는 1차(선형) 및 2차 다항식의 계수값들을 구하는 방법에 대해서 살펴보기로 한다. 여기서는 앞서 설명한 대로 n개의 데이터 점들(x_i, y_i)을 가정한다.

A.1 선형 최소제곱 데이터 피팅

1차 다항식은 다음과 같이 주어진다.

$$y(x) = a_0 + a_1 x \tag{A.5}$$

최소제곱 식은 다음과 같이 주어진다.

$$S = \sum_{i=1}^{n} (y_i - a_0 - a_1 x_i)^2 \tag{A.6}$$

이를 a_0와 a_1에 대해서 편미분하면 다음의 두 식을 얻을 수 있다.

$$\sum_{i=1}^{n} x_i^0 (y_i - a_0 - a_1 x_i) = 0 \tag{A.7}$$

$$\sum_{i=1}^{n} x_i^1 (y_i - a_0 - a_1 x_i) = 0 \tag{A.8}$$

이를 풀어서 정리하면 다음과 같이 나타낼 수 있다.

$$n a_0 + a_1 \sum_{i=1}^{n} x_i = \sum_{i=1}^{n} y_i \tag{A.9}$$

$$a_0 \sum_{i=1}^{n} x_i + a_1 \sum_{i=1}^{n} x_i^2 = \sum_{i=1}^{n} x_i y_i \tag{A.10}$$

식 (A.9)와 (A.10)을 행렬식 형태로 나타내면 다음과 같다.

$$\begin{bmatrix} n & \sum_{i=1}^{n} x_i \\ \sum_{i=1}^{n} x_i & \sum_{i=1}^{n} x_i^2 \end{bmatrix} \begin{Bmatrix} a_0 \\ a_1 \end{Bmatrix} = \begin{Bmatrix} \sum_{i=1}^{n} y_i \\ \sum_{i=1}^{n} x_i y_i \end{Bmatrix} \tag{A.11}$$

이를 a_0와 a_1에 대해서 풀면 다음을 얻을 수 있다.

$$a_0 = \frac{\left\{\sum_{i=1}^{n} y_i\right\}\left\{\sum_{i=1}^{n} x_i^2\right\} - \left\{\sum_{i=1}^{n} x_i\right\}\left\{\sum_{i=1}^{n} x_i y_i\right\}}{\left\{n\sum_{i=1}^{n} x_i^2\right\} - \left\{\sum_{i=1}^{n} x_i\right\}^2} \tag{A.12}$$

$$a_1 = \frac{\left\{n\sum_{i=1}^{n} x_i y_i\right\} - \left\{\sum_{i=1}^{n} x_i\right\}\left\{\sum_{i=1}^{n} y_i\right\}}{\left\{n\sum_{i=1}^{n} x_i^2\right\} - \left\{\sum_{i=1}^{n} x_i\right\}^2}$$

이 계수값들을 사용하여 구한 식 (A.5)는 데이터 x_i에 대한 선형적합 직선으로서, **선형 최적합 직선** 또는 **최소제곱직선**이라고도 부른다.

A.2 포물선형 최소제곱 피팅

2차 다항식에서부터 시작한다.

$$y(x) = a_0 + a_1 x + a_2 x^2 \tag{A.13}$$

최소제곱식은 다음과 같이 주어진다.

$$S = \sum_{i=1}^{n} (y_i - a_0 - a_1 x_i - a_2 x_i^2)^2 \tag{A.14}$$

a_0, a_1 및 a_2에 대해서 편미분을 취하면,

$$\sum_{i=1}^{n} x_i^0 (y_i - a_0 - a_1 x_i - a_2 x_i^2) = 0 \tag{A.15}$$

$$\sum_{i=1}^{n} x_i^1 (y_i - a_0 - a_1 x_i - a_2 x_i^2) = 0 \tag{A.16}$$

$$\sum_{i=1}^{n} x_i^2 (y_i - a_0 - a_1 x_i - a_2 x_i^2) = 0 \tag{A.17}$$

이 식들을 정리하면,

$$na_0 + a_1 \sum_{i=1}^{n} x_i + a_2 \sum_{i=1}^{n} x_i^2 = \sum_{i=1}^{n} y_i \tag{A.18}$$

$$a_0 \sum_{i=1}^{n} x_i + a_1 \sum_{i=1}^{n} x_i^2 + a_2 \sum_{i=1}^{n} x_i^3 = \sum_{i=1}^{n} x_i y_i \tag{A.19}$$

$$a_0 \sum_{i=1}^{n} x_i^2 + a_1 \sum_{i=1}^{n} x_i^3 + a_2 \sum_{i=1}^{n} x_i^4 = \sum_{i=1}^{n} x_i^2 y_i \tag{A.20}$$

앞에서와 마찬가지로 이를 직접 계산하여 a_0, a_1 및 a_2를 구할 수도 있지만, 지면에서 이를 다루기에는 식이 너무 복잡하다. 따라서 행렬식의 형태로 이를 정리하여 놓았다.

$$\begin{bmatrix} n & \sum_{i=1}^{n} x_i & \sum_{i=1}^{n} x_i^2 \\ \sum_{i=1}^{n} x_i & \sum_{i=1}^{n} x_i^2 & \sum_{i=1}^{n} x_i^3 \\ \sum_{i=1}^{n} x_i^2 & \sum_{i=1}^{n} x_i^3 & \sum_{i=1}^{n} x_i^4 \end{bmatrix} \begin{Bmatrix} a_0 \\ a_1 \\ a_2 \end{Bmatrix} = \begin{Bmatrix} \sum_{i=1}^{n} y_i \\ \sum_{i=1}^{n} x_i y_i \\ \sum_{i=1}^{n} x_i^2 y_i \end{Bmatrix} \tag{A.21}$$

계수값들을 구하기 위해서는 먼저 행렬식 내의 합산연산들을 수행한 다음에, 이의 역행렬을 구해야 한다. 일단 (A.21)의 계수값들을 구한 다음에는 이를 (A.13)에 대입하여 x_i 데이터에 대한 최소제곱근사식을 구할 수 있다.

식 (A.21)의 세 번째 행과 세 번째 열을 없애면, 식 (A.12)가 되므로, 계수값들을 계산하여 식 (A.5)의 선형최적합 직선을 구할 수 있다.

이를 더 확장하여 식 (A.21)에 새로운 행과 열들을 추가하면 고차 다항식으로 확장되며, 임의의 k차 다항식은 다음과 같은 형태를 갖게 된다.

$$
\begin{bmatrix}
n & \sum_{i=1}^{n} x_i & \sum_{i=1}^{n} x_i^2 & \cdots & \sum_{i=1}^{n} x_i^k \\
\sum_{i=1}^{n} x_i & \sum_{i=1}^{n} x_i^2 & \sum_{i=1}^{n} x_i^3 & \cdots & \sum_{i=1}^{n} x_i^{k+1} \\
\sum_{i=1}^{n} x_i^2 & \sum_{i=1}^{n} x_i^3 & \sum_{i=1}^{n} x_i^4 & \cdots & \sum_{i=1}^{n} x_i^{k+2} \\
\vdots & \vdots & \vdots & \ddots & \vdots \\
\sum_{i=1}^{n} x_i^k & \sum_{i=1}^{n} x_i^{k+1} & \sum_{i=1}^{n} x_i^{k+2} & \cdots & \sum_{i=1}^{n} x_i^{2k}
\end{bmatrix}
\begin{Bmatrix} a_0 \\ a_1 \\ a_2 \\ \vdots \\ a_{k+1} \end{Bmatrix}
=
\begin{Bmatrix} \sum_{i=1}^{n} y_i \\ \sum_{i=1}^{n} x_i y_i \\ \sum_{i=1}^{n} x_i^2 y_i \\ \vdots \\ \sum_{i=1}^{n} x_i^k y_i \end{Bmatrix}
\tag{A.22}
$$

점들의 숫자인 n이 작은 경우에만 손 계산으로 계수값들을 구할 수 있다. 대부분의 경우에는 MATLAB®과 같은 연산용 툴들을 사용하여야 한다.

Appendix B 열전대 기준표

일반적으로 사용되는 대부분의 열전대들에 대한 **열전대 기준표**들이 다음에 제시되어 있다. 각 유형별 열전대들에 대해서, 일반 다항식, 계수표, 그리고 직접계산과 역계산을 위한 다항식의 순서로 제시되어 있다. 직접다항식의 출력값에는 $[\mu V]$ 단위가 사용된다. 역다항식에는 [°C]의 단위가 사용된다. 하첨자 90은 사용된 표준을 나타낸다(1990년에 제정된 국제 표준 온도스케일 [ITS-90]을 의미한다).

B.1 J형 열전대(철/콘스탄탄)

다항식:

$$E=\sum_{i=0}^{n} c_i (t_{90})^t \quad [\mu V]$$

계수표

온도범위[°C]	$-210\sim760$	$760\sim1,200$
C_0	0.0	2.9645625681×10^{5}
C_1	5.0381187815×10^{1}	$-1.4976127786\times10^{3}$
C_2	$3.0475836930\times10^{-2}$	3.1787103924
C_3	$-8.5681065720\times10^{-5}$	$-3.1847686701\times10^{-3}$
C_4	$1.3228195295\times10^{-7}$	$1.5720819004\times10^{-6}$
C_5	$-1.7052958337\times10^{-10}$	$-3.0691369056\times10^{-10}$
C_6	$2.0948090697\times10^{-13}$	
C_7	$-1.2538395336\times10^{-16}$	
C_8	$1.5631725697\times10^{-20}$	

위의 계수값들을 사용해서 $-210\sim760$[°C]의 온도범위에 대한 다항식을 구성해 보면 다음과 같다.

$$E= 5.0381187815\times10^{1}T^{1}+3.0475836930\times10^{-2}T^{2}-8.5681065720\times10^{-5}T^{3}$$
$$+1.3228195295\times10^{-7}T^{4}-1.7052958337\times10^{-10}T^{5}+2.0948090697\times10^{-13}T^{6}$$

$$-1.2538395336\times10^{-16}T^7+1.5631725697\times10^{-20}T^8\ \ [\mu V]$$

위의 계수값들을 사용해서 760~1,200[°C]의 온도범위에 대한 다항식을 구성해 보면 다음과 같다.

$$E=2.9645625681\times10^5-1.4976127786\times10^3T+3.1787103924T^2$$
$$-3.1847686701\times10^{-3}T^3+1.5720819004\times10^{-6}T^4$$
$$-3.0691369056\times10^{-10}T^5\ \ [\mu V]$$

역다항식:

$$T_{90}=\sum_{i=0}^{n}c_iE^i\ \ [^oC]$$

계수표

온도범위[°C]	−210~0	0~760	760~1,200
전압범위[μV]	−8,095~0	0~42,919	42,919~69,533
C_0	0.0	0.0	-3.11358187×10^{3}
C_1	1.9528268×10^{-2}	1.9528268×10^{-2}	3.00543684×10^{-1}
C_2	-1.2286185×10^{-6}	-2.001204×10^{-7}	-9.94773230×10^{-6}
C_3	-1.0752178×10^{-9}	1.036969×10^{-11}	1.70276630×10^{-10}
C_4	-5.9086933×10^{-13}	-2.549687×10^{-16}	$-1.43033468\times10^{-15}$
C_5	-1.7256713×10^{-16}	3.585153×10^{-21}	4.73886084×10^{-21}
C_6	-2.8131513×10^{-20}	-5.344285×10^{-26}	
C_7	-2.3963370×10^{-24}	5.099890×10^{-31}	
C_8	-8.3823321×10^{-29}		
오차범위	−0.05~0.03[°C]	−0.04~0.04[°C]	−0.04~0.03[°C]

위의 계수값들을 사용해서 −210~0[°C]의 온도범위에 대한 다항식을 구성해 보면 다음과 같다.

$$T_{90}=1.9528268\times10^{-2}E^1-1.2286185\times10^{-6}E^2-1.0752178\times10^{-9}E^3$$
$$-5.9086933\times10^{-13}E^4-1.7256713\times10^{-16}E^5-2.8131513\times10^{-20}E^6$$
$$-2.3963370\times10^{-24}E^7-8.3823321\times10^{-29}E^8\ \ [^oC]$$

위의 계수값들을 사용해서 0~760[°C]의 온도범위에 대한 다항식을 구성해 보면 다음과 같다.

$$T_{90} = 1.9528268\times10^{-2}E^1 - 2.001204\times10^{-7}E^2 + 1.036969\times10^{-11}E^3$$
$$- 2.549687\times10^{-16}E^4 + 3.585153\times10^{-21}E^5 - 5.344285\times10^{-26}E^6$$
$$+ 5.099890\times10^{-31}E^7 \quad [^oC]$$

위의 계수값들을 사용해서 760~1,200[°C]의 온도범위에 대한 다항식을 구성해 보면 다음과 같다.

$$T_{90} = -3.11358187\times10^3 + 3.00543684\times10^{-1}E^1 - 9.94773230\times10^{-6}E^2$$
$$+ 1.70276630\times10^{-10}E^3 - 1.43033468\times10^{-15}E^4 + 4.73886084\times10^{-21}E^5 \quad [^oC]$$

B.2 K형 열전대(크로멜/알루멜)

다항식:

$$E = \sum_{i=0}^{n} c_i (t_{90})^t \quad [\mu V]$$

0[°C] 이상의 온도에 대해서는 다항식이 $E = \sum_{i=0}^{n} c_i (t_{90})^t + \alpha_0 e^{\alpha_1 (t_{90} - 126.9686)^2}$ $[\mu V]$로 바뀐다.

계수표

온도범위[°C]	−270～0	0～1,372
C_0	0.0	-1.7600413686×10^1
C_1	3.9450128025×10^1	3.8921204975×10^1
C_2	$2.3622373598\times10^{-2}$	$1.8558770032\times10^{-2}$
C_3	$-3.2858906784\times10^{-4}$	$-9.9457592874\times10^{-5}$
C_4	$-4.9904828777\times10^{-6}$	$3.1840945719\times10^{-7}$
C_5	$-6.7509059173\times10^{-8}$	$-5.6072844889\times10^{-10}$
C_6	$-5.7410327428\times10^{-10}$	$5.6075059059\times10^{-13}$
C_7	$-3.1088872894\times10^{-12}$	$-3.2020720003\times10^{-16}$
C_8	$-1.0451609365\times10^{-14}$	$9.7151147152\times10^{-20}$
C_9	$-1.9889266878\times10^{-17}$	$-1.2104721275\times10^{-23}$
C_{10}	$-1.6322697486\times10^{-20}$	
α_0		1.185976×10^2
α_1		-1.183432×10^{-4}

위의 계수값들을 사용해서 $-270 \sim 0$[°C]의 온도범위에 대한 다항식을 구성해 보면 다음과 같다.

$$
\begin{aligned}
E = &\ 3.9450128025 \times 10^{1} T^{1} + 2.3622373598 \times 10^{-2} T^{2} - 3.2858906784 \times 10^{-4} T^{3} \\
& - 4.9904828777 \times 10^{-6} T^{4} - 6.7509059173 \times 10^{-8} T^{5} - 5.7410327428 \times 10^{-10} T^{6} \\
& - 3.1088872894 \times 10^{-12} T^{7} - 1.0451609365 \times 10^{-14} T^{8} - 1.9889266878 \times 10^{-17} T^{9} \\
& - 1.6322697486 \times 10^{-20} T^{10} \ [\mu V]
\end{aligned}
$$

위의 계수값들을 사용해서 $0 \sim 1,372$[°C]의 온도범위에 대한 다항식을 구성해 보면 다음과 같다.

$$
\begin{aligned}
E = & -1.7600413686 \times 10^{1} + 3.8921204975 \times 10^{1} T^{1} + 1.8558770032 \times 10^{-2} T^{2} \\
& - 9.9457592874 \times 10^{-5} T^{3} + 3.1840945719 \times 10^{-7} T^{4} - 5.6072844889 \times 10^{-10} T^{5} \\
& + 5.6075059059 \times 10^{-13} T^{6} - 3.2020720003 \times 10^{-16} T^{7} + 9.7151147152 \times 10^{-20} T^{8} \\
& - 1.2104721275 \times 10^{-23} T^{9} + 1.185976 \times 10^{2} \times e^{-1.183432 \times 10^{-4} (T - 126.9686)^{2}} \ [\mu V]
\end{aligned}
$$

역다항식:

$$T_{90} = \sum_{i=0}^{n} c_i E^i \ [^{o}C]$$

계수표

온도범위[°C]	$-200 \sim 0$	$0 \sim 500$	$500 \sim 1,372$
전압범위[μV]	$-5,891 \sim 0$	$0 \sim 20,644$	$20,644 \sim 54,886$
C_0	0.0	0.0	-1.318058×10^{2}
C_1	2.5173462×10^{-2}	2.508355×10^{-2}	4.830222×10^{-2}
C_2	$-1.1662878 \times 10^{-6}$	7.860106×10^{-8}	-1.646031×10^{-6}
C_3	$-1.0833638 \times 10^{-9}$	$-2.503131 \times 10^{-10}$	5.464731×10^{-11}
C_4	$-8.9773540 \times 10^{-13}$	8.315270×10^{-14}	$-9.650715 \times 10^{-16}$
C_5	$-3.7342377 \times 10^{-16}$	$-1.228034 \times 10^{-17}$	8.802193×10^{-21}
C_6	$-8.6632643 \times 10^{-20}$	9.804036×10^{-22}	$-3.110810 \times 10^{-26}$
C_7	$-1.0450598 \times 10^{-23}$	$-4.413030 \times 10^{-26}$	
C_8	$-5.1920577 \times 10^{-28}$	1.057734×10^{-30}	
C_9		$-1.052755 \times 10^{-35}$	
오차범위	$-0.02 \sim 0.04$[°C]	$-0.05 \sim 0.04$[°C]	$-0.05 \sim 0.06$[°C]

위의 계수값들을 사용해서 -200~0[°C]의 온도범위에 대한 다항식을 구성해 보면 다음과 같다.

$$T_{90} = 2.5173462\times10^{-2}E^1 - 1.1662878\times10^{-6}E^2 - 1.0833638\times10^{-9}E^3 - 8.9773540\times10^{-13}E^4 - 3.7342377\times10^{-16}E^5 - 8.6632643\times10^{-20}E^6 - 1.0450598\times10^{-23}E^7 - 5.1920577\times10^{-28}E^8 \ [^oC]$$

위의 계수값들을 사용해서 0~500[°C]의 온도범위에 대한 다항식을 구성해 보면 다음과 같다.

$$T_{90} = 2.508355\times10^{-2}E^1 + 7.860106\times10^{-8}E^2 - 2.503131\times10^{-10}E^3 + 8.315270\times10^{-14}E^4 - 1.228034\times10^{-17}E^5 + 9.804036\times10^{-22}E^6 - 4.413030\times10^{-26}E^7 + 1.057734\times10^{-30}E^8 - 1.052755\times10^{-35}E^9 \ [^oC]$$

위의 계수값들을 사용해서 500~1,372[°C]의 온도범위에 대한 다항식을 구성해 보면 다음과 같다.

$$T_{90} = -1.318058\times10^{2} + 4.830222\times10^{-2}E^1 - 1.646031\times10^{-6}E^2 + 5.464731\times10^{-11}E^3 - 9.650715\times10^{-16}E^4 + 8.802193\times10^{-21}E^5 - 3.110810\times10^{-26}E^6 \ [^oC]$$

B.3 T형 열전대(구리/콘스탄탄)

다항식:

$$E = \sum_{i=0}^{n} c_i (t_{90})^t \ [\mu V]$$

계수표

온도범위[°C]	$-270\sim0$	$0\sim400$
C_0	0.0	0.0
C_1	3.8748106364×10^{1}	3.8748106364×10^{1}
C_2	$4.4194434347\times10^{-2}$	$3.3292227880\times10^{-2}$
C_3	$1.1844323105\times10^{-4}$	$2.0618243404\times10^{-4}$
C_4	$2.0032973554\times10^{-5}$	$-2.1882256846\times10^{-6}$

온도범위[°C]	$-270\sim0$	$0\sim400$
C_5	$9.0138019559\times10^{-7}$	$1.0996880928\times10^{-8}$
C_6	$2.2651156593\times10^{-8}$	$-3.0815758772\times10^{-11}$
C_7	$3.607115420\times10^{-10}$	$4.5479135290\times10^{-14}$
C_8	$3.8493939883\times10^{-12}$	$-2.7512901673\times10^{-17}$
C_9	$2.8213521925\times10^{-14}$	
C_{10}	$1.4251594779\times10^{-16}$	
C_{11}	$4.876866228\times10^{-19}$	
C_{12}	$1.0795539270\times10^{-21}$	
C_{13}	$1.3945027062\times10^{-24}$	
C_{14}	$7.9795153927\times10^{-28}$	

위의 계수값들을 사용해서 $-270\sim0$[°C]의 온도범위에 대한 다항식을 구성해 보면 다음과 같다.

$$\begin{aligned}E= &\ 3.8748106364\times10^{1}T^{1}+4.4194434347\times10^{-2}T^{2}+1.1844323105\times10^{-4}T^{3}\\&+2.0032973554\times10^{-5}T^{4}+9.0138019559\times10^{-7}T^{5}+2.2651156593\times10^{-8}T^{6}\\&+3.6071154205\times10^{-10}T^{7}+3.8493939883\times10^{-12}T^{8}+2.8213521925\times10^{-14}T^{9}\\&+1.4251594779\times10^{-16}T^{10}+4.8768662286\times10^{-19}T^{11}+1.0795539270\times10^{-21}T^{12}\\&+1.3945027062\times10^{-24}T^{13}+7.9795153927\times10^{-28}T^{14}\ \ [\mu V]\end{aligned}$$

위의 계수값들을 사용해서 $0\sim400$[°C]의 온도범위에 대한 다항식을 구성해 보면 다음과 같다.

$$\begin{aligned}E= &\ 3.8748106364\times10^{1}T^{1}+3.3292227880\times10^{-2}T^{2}+2.0618243404\times10^{-4}T^{3}\\&-2.1882256846\times10^{-6}T^{4}+1.0996880928\times10^{-8}T^{5}-3.0815758772\times10^{-11}T^{6}\\&+4.5479135290\times10^{-14}T^{7}-2.7512901673\times10^{-17}T^{8}\ \ [\mu V]\end{aligned}$$

역다항식:

$$T_{90} = \sum_{i=0}^{n} c_i E^i \ \ [°C]$$

계수표

온도범위[°C]	$-200 \sim 0$	$0 \sim 400$
전압범위[μV]	$-5,603 \sim 0$	$0 \sim 20,872$
C_0	0.0	0.0
C_1	2.5949192×10^{-2}	2.592800×10^{-2}
C_2	$-2.1316967 \times 10^{-7}$	-7.602961×10^{-7}
C_3	$7.9018692 \times 10^{-10}$	4.637791×10^{-11}
C_4	$4.2527777 \times 10^{-13}$	$-2.165394 \times 10^{-15}$
C_5	$1.3304473 \times 10^{-16}$	6.048144×10^{-20}
C_6	$2.0241446 \times 10^{-20}$	$-7.293422 \times 10^{-25}$
C_7	$1.2668171 \times 10^{-24}$	
오차범위	$-0.02 \sim 0.04$[°C]	$-0.03 \sim 0.03$[°C]

위의 계수값들을 사용해서 $-200 \sim 0$[°C]의 온도범위에 대한 다항식을 구성해 보면 다음과 같다.

$$T_{90} = 2.5949192 \times 10^{-2} E^1 - 2.1316967 \times 10^{-7} E^2 + 7.9018692 \times 10^{-10} E^3 + 4.2527777 \times 10^{-13} E^4 + 1.3304473 \times 10^{-16} E^5 + 2.0241446 \times 10^{-20} E^6 + 1.2668171 \times 10^{-24} E^7 \ \ [^o C]$$

위의 계수값들을 사용해서 $0 \sim 400$[°C]의 온도범위에 대한 다항식을 구성해 보면 다음과 같다.

$$T_{90} = 2.592800 \times 10^{-2} E^1 - 7.602961 \times 10^{-7} E^2 + 4.637791 \times 10^{-11} E^3 - 2.165394 \times 10^{-15} E^4 + 6.048144 \times 10^{-20} E^5 - 7.293422 \times 10^{-25} E^6 \ \ [^o C]$$

B.4 E형 열전대(크로멜/콘스탄탄)

다항식:

$$E = \sum_{i=0}^{n} c_i (t_{90})^t \quad [\mu V]$$

계수표

온도범위[°C]	$-270 \sim 0$	$0 \sim 1{,}000$
C_0	0.0	0.0
C_1	$5.8665508708 \times 10^{1}$	$5.8665508710 \times 10^{1}$
C_2	$4.5410977124 \times 10^{-2}$	$4.5032275582 \times 10^{-2}$
C_3	$-7.7998048686 \times 10^{-4}$	$2.8908407212 \times 10^{-5}$
C_4	$-2.5800160843 \times 10^{-5}$	$-3.3056896652 \times 10^{-7}$
C_5	$-5.9452583057 \times 10^{-7}$	$6.5024403270 \times 10^{-10}$
C_6	$-9.3214058667 \times 10^{-9}$	$-1.9197495504 \times 10^{-13}$
C_7	$-1.0287605534 \times 10^{-10}$	$-1.2536600497 \times 10^{-15}$
C_8	$-8.0370123621 \times 10^{-13}$	$2.1489217569 \times 10^{-18}$
C_9	$-4.3979497391 \times 10^{-15}$	$-1.4388041782 \times 10^{-21}$
C_{10}	$-1.6414776355 \times 10^{-17}$	$3.5960899481 \times 10^{-25}$
C_{11}	$-3.9673619516 \times 10^{-20}$	
C_{12}	$-5.5827328721 \times 10^{-23}$	
C_{13}	$-3.4657842013 \times 10^{-26}$	

위의 계수값들을 사용해서 $-270 \sim 0$[°C]의 온도범위에 대한 다항식을 구성해 보면 다음과 같다.

$$\begin{aligned} E = \ & 5.8665508708 \times 10^{1} T^{1} + 4.5410977124 \times 10^{-2} T^{2} - 7.7998048686 \times 10^{-4} T^{3} \\ & - 2.5800160843 \times 10^{-5} T^{4} - 5.9452583057 \times 10^{-7} T^{5} - 9.3214058667 \times 10^{-9} T^{6} \\ & - 1.0287605534 \times 10^{-10} T^{7} - 8.0370123621 \times 10^{-13} T^{8} - 4.3979497391 \times 10^{-15} T^{9} \\ & - 1.6414776355 \times 10^{-17} T^{10} - 3.9673619516 \times 10^{-20} T^{11} - 5.5827328721 \times 10^{-23} T^{12} \\ & - 3.4657842013 \times 10^{-26} T^{13} \quad [\mu V] \end{aligned}$$

위의 계수값들을 사용해서 $0 \sim 1{,}000$[°C]의 온도범위에 대한 다항식을 구성해 보면 다음과 같다.

$$E = 5.8665508710\times10^{1}T^{1} + 4.5032275582\times10^{-2}T^{2} + 2.8908407212\times10^{-5}T^{3}$$
$$- 3.3056896652\times10^{-7}T^{4} + 6.5024403270\times10^{-10}T^{5} - 1.9197495504\times10^{-13}T^{6}$$
$$- 1.2536600497\times10^{-15}T^{7} + 2.1489217569\times10^{-18}T^{8} - 1.4388041782\times10^{-21}T^{9}$$
$$+ 3.5960899481\times10^{-25}T^{10}\ \ [\mu V]$$

역다항식:

$$T_{90} = \sum_{i=0}^{n} c_i E^i\ \ [°\mathrm{C}]$$

계수표

온도범위[°C]	−200~0	0~1,000
전압범위[μV]	−8,825~0	0~76,373
C_0	0.0	0.0
C_1	1.6977288×10^{-2}	1.7057035×10^{-2}
C_2	-4.3514970×10^{-7}	2.3301759×10^{-7}
C_3	-1.5859697×10^{-10}	6.5435585×10^{-12}
C_4	-9.2502871×10^{-14}	-7.3562749×10^{-17}
C_5	-2.6084314×10^{-17}	-1.7896001×10^{-21}
C_6	-4.1360199×10^{-21}	8.4036165×10^{-26}
C_7	-3.4034030×10^{-25}	-1.3735879×10^{-30}
C_8	-1.1564890×10^{-29}	1.0629823×10^{-35}
C_9		-3.2447087×10^{-41}
오차범위	−0.01~0.03[° C]	−0.02~0.02[° C]

위의 계수값들을 사용해서 −200~0[°C]의 온도범위에 대한 다항식을 구성해 보면 다음과 같다.

$$T_{90} = 1.6977288\times10^{-2}E^{1} - 4.3514970\times10^{-7}E^{2} - 1.5859697\times10^{-10}E^{3}$$
$$- 9.2502871\times10^{-14}E^{4} - 2.6084314\times10^{-17}E^{5} - 4.1360199\times10^{-21}E^{6}$$
$$- 3.4034030\times10^{-25}E^{7} - 1.1564890\times10^{-29}E^{8}\ \ [^{o}C]$$

위의 계수값들을 사용해서 0~1,000[°C]의 온도범위에 대한 다항식을 구성해 보면 다음과 같다.

$$T_{90} = 1.7057035\times10^{-2}E^1 + 2.3301759\times10^{-7}E^2 + 6.5435585\times10^{-12}E^3$$
$$-7.3562749\times10^{-17}E^4 - 1.7896001\times10^{-21}E^5 + 8.4036165\times10^{-26}E^6$$
$$-1.3735879\times10^{-30}E^7 + 1.0629823\times10^{-35}E^8 - 3.2447087\times10^{-41}E^9 \quad [^oC]$$

B.5 N형 열전대(니켈/크롬-실리콘)

다항식:

$$E = \sum_{i=0}^{n} c_i (t_{90})^t \quad [\mu V]$$

계수표

온도범위[°C]	−270∼0	0∼1,300
C_0	0.0	0.0
C_1	2.6159105962×10^1	2.5929394601×10^1
C_2	$1.0957484228\times10^{-2}$	$1.5710141880\times10^{-2}$
C_3	$-9.3841111554\times10^{-5}$	$4.3825627237\times10^{-5}$
C_4	$-4.6412039759\times10^{-8}$	$-2.5261169794\times10^{-7}$
C_5	$-2.6303357716\times10^{-9}$	$6.4311819339\times10^{-10}$
C_6	$-2.2653438003\times10^{-11}$	$-1.0063471519\times10^{-12}$
C_7	$-7.6089300791\times10^{-14}$	$9.9745338992\times10^{-16}$
C_8	$-9.3419667835\times10^{-17}$	$-6.0563245607\times10^{-19}$
C_9		$2.0849229339\times10^{-22}$
C_{10}		$-3.0682196151\times10^{-26}$

위의 계수값들을 사용해서 −270~0[°C]의 온도범위에 대한 다항식을 구성해 보면 다음과 같다.

$$E = 2.6159105962\times10^1 T^1 + 1.0957484228\times10^{-2}T^2 - 9.3841111554\times10^{-5}T^3$$
$$-4.6412039759\times10^{-8}T^4 - 2.6303357716\times10^{-9}T^5 - 2.2653438003\times10^{-11}T^6$$
$$-7.6089300791\times10^{-14}T^7 - 9.3419667835\times10^{-17}T^8 \quad [\mu V]$$

위의 계수값들을 사용해서 0~400[°C]의 온도범위에 대한 다항식을 구성해 보면 다음과 같다.

$$E = 2.5929394601\times10^{1}T^{1} + 1.5710141880\times10^{-2}T^{2} + 4.3825627237\times10^{-5}T^{3}$$
$$-2.5261169794\times10^{-7}T^{4} + 6.4311819339\times10^{-10}T^{5} - 1.0063471519\times10^{-12}T^{6}$$
$$+9.9745338992\times10^{-16}T^{7} - 6.0563245607\times10^{-19}T^{8} + 2.0849229339\times10^{-22}T^{9}$$
$$-3.0682196151\times10^{-26}T^{10}\ \ [\mu V]$$

역다항식:

$$T_{90} = \sum_{i=0}^{n} c_i E^i\ \ [°C]$$

계수표

온도범위[°C]	$-200\sim0$	$0\sim600$	$600\sim1,300$	$0\sim1,300$
전압범위[μV]	$-3,990\sim0$	$0\sim20,613$	$20,613\sim47,513$	$0\sim47,513$
C_0	0.0	0.0	1.972485×10^{1}	0.0
C_1	3.8436847×10^{-2}	3.86896×10^{-2}	3.300943×10^{-2}	3.8783277×10^{-2}
C_2	1.1010485×10^{-6}	-1.08267×10^{-6}	-3.915159×10^{-7}	-1.1612344×10^{-6}
C_3	5.2229312×10^{-9}	4.70205×10^{-11}	9.855391×10^{-12}	6.9525655×10^{-11}
C_4	7.2060525×10^{-12}	-2.12169×10^{-18}	-1.274371×10^{-16}	-3.0090077×10^{-15}
C_5	5.8488586×10^{-15}	-1.17272×10^{-19}	7.767022×10^{-22}	8.8311584×10^{-20}
C_6	2.7754916×10^{-18}	5.39280×10^{-24}		-1.6213839×10^{-24}
C_7	7.7075166×10^{-22}	-7.98156×10^{-29}		1.6693362×10^{-29}
C_8	1.1582665×10^{-25}			-7.3117540×10^{-35}
C_9	7.3138868×10^{-30}			
오차범위	$-0.02\sim0.03$[°C]	$-0.01\sim0.03$[°C]	$-0.04\sim0.02$[°C]	$-0.06\sim0.06$[°C]

위의 계수값들을 사용해서 $-200\sim0$[°C]의 온도범위에 대한 다항식을 구성해 보면 다음과 같다.

$$T_{90} = 3.8436847\times10^{-2}E^{1} + 1.1010485\times10^{-6}E^{2} + 5.2229312\times10^{-9}E^{3}$$
$$+7.2060525\times10^{-12}E^{4} + 5.8488586\times10^{-15}E^{5} + 2.7754916\times10^{-18}E^{6}$$
$$+7.7075166\times10^{-22}E^{7} + 1.1582665\times10^{-25}E^{8} + 7.3138868\times10^{-30}E^{9}\ \ [^{o}C]$$

위의 계수값들을 사용해서 $0\sim600$[°C]의 온도범위에 대한 다항식을 구성해 보면 다음과 같다.

$$T_{90} = 3.86896\times10^{-2}E^1 - 1.08267\times10^{-6}E^2 + 4.70205\times10^{-11}E^3$$
$$-2.12169\times10^{-18}E^4 - 1.17272\times10^{-19}E^5 + 5.39280\times10^{-24}E^6$$
$$-7.98156\times10^{-29}E^7 \ \ [^oC]$$

위의 계수값들을 사용해서 600~1,300[°C]의 온도범위에 대한 다항식을 구성해 보면 다음과 같다.

$$T_{90} = 1.972485\times10^1 + 3.300943\times10^{-2}E^1 - 3.915159\times10^{-7}E^2$$
$$+9.855391\times10^{-12}E^3 - 1.274371\times10^{-16}E^4 + 7.767022\times10^{-22}E^5 \ \ [^oC]$$

위의 계수값들을 사용해서 0~1,300[°C]의 온도범위에 대한 다항식을 구성해 보면 다음과 같다.

$$T_{90} = 3.8783277\times10^{-2}E^1 - 1.1612344\times10^{-6}E^2 + 6.9525655\times10^{-11}E^3$$
$$-3.0090077\times10^{-15}E^4 + 8.8311584\times10^{-20}E^5 - 1.6213839\times10^{-24}E^6$$
$$+1.6693362\times10^{-29}E^7 - 7.3117540\times10^{-35}E^8 \ \ [^oC]$$

B.6 B형 열전대(백금[30%]/로듐-백금)

다항식:

$$E = \sum_{i=0}^{n} c_i (t_{90})^t \ \ [\mu V]$$

계수표

온도범위[°C]	0~630.615	630.615~1,820
C_0	0.0	-3.8938168621×10^3
C_1	$-2.4650818346\times10^{-1}$	2.8571747470×10^1
C_2	$5.9040421171\times10^{-3}$	$-8.4885104785\times10^{-2}$
C_3	$-1.3257931636\times10^{-6}$	$1.5785280164\times10^{-4}$
C_4	$1.5668291901\times10^{-9}$	$-1.6835344864\times10^{-7}$
C_5	$-1.6944529240\times10^{-12}$	$1.1109794013\times10^{-10}$

온도범위[°C]	0~630.615	630.615~1,820
C_6	$6.2290347094\times10^{-16}$	$-4.4515431033\times10^{-14}$
C_7		$9.8975640821\times10^{-18}$
C_8		$-9.3791330289\times10^{-22}$

위의 계수값들을 사용해서 0~630.615[°C]의 온도범위에 대한 다항식을 구성해 보면 다음과 같다.

$$\begin{aligned} E = & -2.4650818346\times10^{-1}T^1 + 5.9040421171\times10^{-3}T^2 - 1.3257931636\times10^{-6}T^3 \\ & + 1.5668291901\times10^{-9}T^4 - 1.6944529240\times10^{-12}T^5 \\ & + 6.2290347094\times10^{-16}T^6 \ \ [\mu V] \end{aligned}$$

위의 계수값들을 사용해서 630.615~1,820[°C]의 온도범위에 대한 다항식을 구성해 보면 다음과 같다.

$$\begin{aligned} E = & -3.8938168621\times10^{3} + 2.8571747470\times10^{1}T^1 - 8.4885104785\times10^{-2}T^2 \\ & + 1.5785280164\times10^{-4}T^3 - 1.6835344864\times10^{-7}T^4 + 1.1109794013\times10^{-10}T^5 \\ & + 4.4515431033\times10^{-14}T^6 + 9.8975640821\times10^{-18}T^7 \\ & - 9.3791330289\times10^{-22}T^8 \ \ [\mu V] \end{aligned}$$

역다항식:

$$T_{90} = \sum_{i=0}^{n} c_i E^i \ \ [°C]$$

계수표

온도범위[°C]	250~700	700~1,820
전압범위[μV]	291~2,431	2,431~13,820
C_0	9.4823321×10^{1}	2.1315071×10^{2}
C_1	6.9971500×10^{-1}	2.8510504×10^{-1}
C_2	-8.4765304×10^{-4}	-5.2742887×10^{-5}

온도범위[°C]	250~700	700~1,820
전압범위[μV]	291~2,431	2,431~13,820
C_3	1.0052644×10^{-6}	9.9160804×10^{-9}
C_4	-8.3345952×10^{-10}	-1.2965303×10^{-12}
C_5	4.5508542×10^{-13}	1.1195870×10^{-16}
C_6	-1.5523037×10^{-16}	-6.0625199×10^{-21}
C_7	2.9886750×10^{-20}	1.8661696×10^{-25}
C_8	-2.4742860×10^{-24}	-2.4878585×10^{-30}
오차범위	−0.02~0.03[°C]	−0.01~0.02[°C]

위의 계수값들을 사용해서 250~700[°C]의 온도범위에 대한 다항식을 구성해 보면 다음과 같다.

$$\begin{aligned}T_{90} =\ & 9.4823321\times10^{1}+6.9971500\times10^{-1}E^{1}-8.4765304\times10^{-4}E^{2}\\ &+1.0052644\times10^{-6}E^{3}-8.3345952\times10^{-10}E^{4}+4.5508542\times10^{-13}E^{5}\\ &-1.5523037\times10^{-16}E^{6}+2.9886750\times10^{-20}E^{7}-2.4742860\times10^{-24}E^{8}\ \ [^{o}C]\end{aligned}$$

위의 계수값들을 사용해서 700~1,820[°C]의 온도범위에 대한 다항식을 구성해 보면 다음과 같다.

$$\begin{aligned}T_{90} =\ & 2.1315071\times10^{2}+2.8510504\times10^{-1}E^{1}-5.2742887\times10^{-5}E^{2}\\ &+9.9160804\times10^{-9}E^{3}-1.2965303\times10^{-12}E^{4}+1.1195870\times10^{-16}E^{5}\\ &-6.0625199\times10^{-21}E^{6}+1.8661696\times10^{-25}E^{7}-2.4878585\times10^{-30}E^{8}\ \ [^{o}C]\end{aligned}$$

B.7 R형 열전대(백금[13%]/로듐-백금)

다항식:

$$E=\sum_{i=0}^{n}c_i(t_{90})^t\ \ [\mu V]$$

계수표

온도범위[°C]	$-50\sim1,064.18$	$1,064.18\sim1,664.5$	$1,664.5\sim1,768.1$
C_0	0.0	$2.95157925316\times10^{3}$	$1.52232118209\times10^{5}$
C_1	5.28961729765	-2.52061251332	$-2.68819888545\times10^{2}$
C_2	$1.39166589782\times10^{-2}$	$1.59564501865\times10^{-2}$	$1.71280280471\times10^{-1}$
C_3	$-2.38855693017\times10^{-5}$	$-7.64085947576\times10^{-6}$	$-3.45895706453\times10^{-5}$
C_4	$3.56916001063\times10^{-8}$	$2.05305291024\times10^{-9}$	$-9.34633971046\times10^{-12}$
C_5	$-4.62347666298\times10^{-11}$	$-2.93359668173\times10^{-13}$	
C_6	$5.00777441034\times10^{-14}$		
C_7	$-3.73105886191\times10^{-17}$		
C_8	$1.57716482367\times10^{-20}$		
C_9	$-2.81038625251\times10^{-24}$		

위의 계수값들을 사용해서 $-50\sim1,064.18$[°C]의 온도범위에 대한 다항식을 구성해 보면 다음과 같다.

$$\begin{aligned}E=\ &5.28961729765T^{1}+1.39166589782\times10^{-2}T^{2}-2.38855693017\times10^{-5}T^{3}\\&+3.56916001063\times10^{-8}T^{4}-4.62347666298\times10^{-11}T^{5}+5.00777441034\times10^{-14}T^{6}\\&-3.73105886191\times10^{-17}T^{7}+1.57716482367\times10^{-20}T^{8}\\&-2.81038625251\times10^{-24}T^{9}\ \ [\mu V]\end{aligned}$$

위의 계수값들을 사용해서 $1,064.18\sim1,664.5$[°C]의 온도범위에 대한 다항식을 구성해 보면 다음과 같다.

$$\begin{aligned}E=\ &2.95157925316\times10^{3}-2.52061251332T^{1}+1.59564501865\times10^{-2}T^{2}\\&-7.64085947576\times10^{-6}T^{3}+2.05305291024\times10^{-9}T^{4}\\&-2.93359668173\times10^{-13}T^{5}\ \ [\mu V]\end{aligned}$$

위의 계수값들을 사용해서 $1,664.5\sim1,768.1$[°C]의 온도범위에 대한 다항식을 구성해 보면 다음과 같다.

$$E = 1.52232118209 \times 10^{5} - 2.68819888545 \times 10^{2} T^{1} + 1.71280280471 \times 10^{-1} T^{2}$$
$$- 3.45895706453 \times 10^{-5} T^{3} - 9.34633971046 \times 10^{-12} T^{4} \ [\mu V]$$

역다항식:

$$T_{90} = \sum_{i=0}^{n} c_i E^i \ [°C]$$

계수표

온도범위 [°C]	$-50 \sim 250$	$250 \sim 1,200$	$1,064 \sim 1,664.5$	$1,664.5 \sim 1,788.1$
전압범위 [μV]	$-226 \sim 1,923$	$1,923 \sim 13,228$	$11,361 \sim 19,769$	$19,769 \sim 21,103$
C_0	0.0	$1.334584505 \times 10^{1}$	$-8.199599416 \times 10^{1}$	$3.406177836 \times 10^{4}$
C_1	1.8891380×10^{-1}	$1.472644573 \times 10^{-1}$	$1.553962042 \times 10^{-1}$	-7.023729171
C_2	$-9.3835290 \times 10^{-5}$	$-1.844024844 \times 10^{-5}$	$-8.342197663 \times 10^{-6}$	$5.582903813 \times 10^{-4}$
C_3	1.3068619×10^{-7}	$4.031129726 \times 10^{-9}$	$4.279433549 \times 10^{-10}$	$-1.952394635 \times 10^{-8}$
C_4	$-2.2703580 \times 10^{-10}$	$-6.249428360 \times 10^{-13}$	$-1.191577910 \times 10^{-14}$	$2.560740231 \times 10^{-13}$
C_5	$3.5145659 \times 10^{-13}$	$6.468412046 \times 10^{-17}$	$1.492290091 \times 10^{-19}$	
C_6	$-3.8953900 \times 10^{-16}$	$-4.458750426 \times 10^{-21}$		
C_7	$2.8239471 \times 10^{-19}$	$1.994710146 \times 10^{-25}$		
C_8	$-1.2607281 \times 10^{-22}$	$-5.313401790 \times 10^{-30}$		
C_9	$3.1353611 \times 10^{-26}$	$6.481976217 \times 10^{-35}$		
C_{10}	$-3.3187769 \times 10^{-30}$			
오차범위	$-0.02 \sim 0.02$[°C]	$-0.005 \sim 0.005$[°C]	$-0.0005 \sim 0.001$[°C]	$-0.001 \sim 0.002$[°C]

위의 계수값들을 사용해서 $-50 \sim 250$[°C]의 온도범위에 대한 다항식을 구성해 보면 다음과 같다.

$$T_{90} = 1.8891380 \times 10^{-1} E^{1} - 9.3835290 \times 10^{-5} E^{2} + 1.3068619 \times 10^{-7} E^{3}$$
$$- 2.2703580 \times 10^{-10} E^{4} + 3.5145659 \times 10^{-13} E^{5} - 3.8953900 \times 10^{-16} E^{6}$$
$$+ 2.8239471 \times 10^{-19} E^{7} - 1.2607281 \times 10^{-22} E^{8} + 3.1353611 \times 10^{-26} E^{9}$$
$$- 3.3187769 \times 10^{-30} E^{10} \ [^{o}C]$$

위의 계수값들을 사용해서 250~1,200[°C]의 온도범위에 대한 다항식을 구성해 보면 다음과 같다.

$$T_{90} = 1.334584505\times10^{1} + 1.472644573\times10^{-1}E^{1} - 1.844024844\times10^{-5}E^{2} + 4.031129726\times10^{-9}E^{3} - 6.249428360\times10^{-13}E^{4} + 6.468412046\times10^{-17}E^{5} - 4.458750426\times10^{-21}E^{6} + 1.994710146\times10^{-25}E^{7} - 5.313401790\times10^{-30}E^{8} + 6.481976217\times10^{-35}E^{9}\ [^{o}C]$$

위의 계수값들을 사용해서 1,064~1,664.5[°C]의 온도범위에 대한 다항식을 구성해 보면 다음과 같다.

$$T_{90} = -8.199599416\times10^{1} + 1.553962042\times10^{-1}E^{1} - 8.342197663\times10^{-6}E^{2} + 4.279433549\times10^{-10}E^{3} - 1.191577910\times10^{-14}E^{4} + 1.492290091\times10^{-19}E^{5}\ [^{o}C]$$

위의 계수값들을 사용해서 1,664.5~1,788.1[°C]의 온도범위에 대한 다항식을 구성해 보면 다음과 같다.

$$T_{90} = 3.406177836\times10^{4} - 7.023729171E^{1} + 5.582903813\times10^{-4}E^{2} - 1.952394635\times10^{-8}E^{3} + 2.560740231\times10^{-13}E^{4}\ [^{o}C]$$

B.8 S형 열전대(백금[10%]/로듐-백금)

다항식:

$$E = \sum_{i=0}^{n} c_i (t_{90})^{t}\ [\mu V]$$

계수표

온도범위[°C]	$-50 \sim 1{,}064.18$	$1{,}064.18 \sim 1{,}664.5$	$1{,}664.5 \sim 1{,}768.1$
C_0	0.0	$1.32900445085 \times 10^3$	$1.46628232636 \times 10^5$
C_1	5.40313308631	3.34509311344	$-2.58430516752 \times 10^2$
C_2	$1.25934289740 \times 10^{-2}$	$6.54805192818 \times 10^{-3}$	$1.63693574641 \times 10^{-1}$
C_3	$-2.32477968689 \times 10^{-5}$	$-1.64856259209 \times 10^{-6}$	$-3.30439046987 \times 10^{-5}$
C_4	$3.22028823036 \times 10^{-8}$	$1.29989605174 \times 10^{-11}$	$-9.43223690612 \times 10^{-12}$
C_5	$-3.31465196389 \times 10^{-11}$		
C_6	$2.55744251786 \times 10^{-14}$		
C_7	$-1.25068871393 \times 10^{-17}$		
C_8	$2.71443176145 \times 10^{-21}$		

위의 계수값들을 사용해서 $-50 \sim 1{,}064.18$[°C]의 온도범위에 대한 다항식을 구성해 보면 다음과 같다.

$$
\begin{aligned}
E = {} & 5.40313308631\,T^1 + 1.25934289740 \times 10^{-2}\,T^2 - 2.32477968689 \times 10^{-5}\,T^3 \\
& + 3.22028823036 \times 10^{-8}\,T^4 - 3.31465196389 \times 10^{-11}\,T^5 \\
& + 2.55744251786 \times 10^{-14}\,T^6 - 1.25068871393 \times 10^{-17}\,T^7 \\
& + 2.71443176145 \times 10^{-21}\,T^8 \quad [\mu V]
\end{aligned}
$$

위의 계수값들을 사용해서 $1{,}064.18 \sim 1{,}664.5$[°C]의 온도범위에 대한 다항식을 구성해 보면 다음과 같다.

$$
\begin{aligned}
E = {} & 1.32900445085 \times 10^3 + 3.34509311344\,T^1 + 6.54805192818 \times 10^{-3}\,T^2 \\
& - 1.64856259209 \times 10^{-6}\,T^3 + 1.29989605174 \times 10^{-11}\,T^4 \quad [\mu V]
\end{aligned}
$$

위의 계수값들을 사용해서 $1{,}664.5 \sim 1{,}768.1$[°C]의 온도범위에 대한 다항식을 구성해 보면 다음과 같다.

$$E = 1.46628232636\times10^{5} - 2.58430516752\times10^{2}T^{1} + 1.63693574641\times10^{-1}T^{2} - 3.30439046987\times10^{-5}T^{3} - 9.43223690612\times10^{-12}T^{4}\ [\mu V]$$

역다항식:

$$T_{90} = \sum_{i=0}^{n} c_i E^i\ [°C]$$

계수표

온도범위 [°C]	−50∼250	250∼1,200	1,064∼1,664.5	1,664.5∼1,768.1
전압범위 [μV]	−235∼1,874	1,874∼11,950	10,332∼17,536	17,536∼18,693
C_0	0.0	1.291507177×10^{1}	-8.087801117×10^{1}	5.333875126×10^{4}
C_1	1.84949460×10^{-1}	1.466298863×10^{-1}	1.621573104×10^{-1}	-1.235892298×10^{1}
C_2	-8.00504062×10^{-5}	$-1.534713402\times10^{-5}$	$-8.536869453\times10^{-6}$	1.092657613×10^{-3}
C_3	1.02237430×10^{-7}	3.145945973×10^{-9}	$4.719686976\times10^{-10}$	$-4.265693686\times10^{-8}$
C_4	$-1.52248592\times10^{-10}$	$-4.163257839\times10^{-13}$	$-1.441693666\times10^{-14}$	$6.247205420\times10^{-13}$
C_5	1.88821343×10^{-13}	$3.187963771\times10^{-17}$	$2.081618890\times10^{-19}$	
C_6	$-1.59085941\times10^{-16}$	$-1.291637500\times10^{-21}$		
C_7	8.23027880×10^{-20}	$2.183475087\times10^{-26}$		
C_8	$-2.34181944\times10^{-23}$	$-1.447379511\times10^{-31}$		
C_9	2.79786260×10^{-27}	$8.211272125\times10^{-36}$		
오차범위	−0.02∼0.02[°C]	−0.01∼0.01[°C]	−0.0002∼0.0002[°C]	−0.002∼0.002[°C]

위의 계수값들을 사용해서 −50∼250[°C]의 온도범위에 대한 다항식을 구성해 보면 다음과 같다.

$$T_{90} = 1.84949460\times10^{-1}E^{1} - 8.00504062\times10^{-5}E^{2} + 1.02237430\times10^{-7}E^{3} - 1.52248592\times10^{-10}E^{4} + 1.88821343\times10^{-13}E^{5} - 1.59085941\times10^{-16}E^{6} + 8.23027880\times10^{-20}E^{7} - 2.34181944\times10^{-23}E^{8} + 2.79786260\times10^{-27}E^{9}\ [°C]$$

위의 계수값들을 사용해서 250∼1,200[°C]의 온도범위에 대한 다항식을 구성해 보면 다음과 같다.

$$T_{90} = 1.291507177\times10^{1} + 1.466298863\times10^{-1}E^{1} - 1.534713402\times10^{-5}E^{2} + 3.145945973\times10^{-9}E^{3} - 4.163257839\times10^{-13}E^{4} + 3.187963771\times10^{-17}E^{5} - 1.291637500\times10^{-21}E^{6} + 2.183475087\times10^{-26}E^{7} - 1.447379511\times10^{-31}E^{8} + 8.211272125\times10^{-36}E^{9}\ [^{o}C]$$

위의 계수값들을 사용해서 1,064~1,664.5[°C]의 온도범위에 대한 다항식을 구성해 보면 다음과 같다.

$$T_{90} = -8.087801117\times10^{1} + 1.621573104\times10^{-1}E^{1} - 8.536869453\times10^{-6}E^{2} + 4.719686976\times10^{-10}E^{3} - 1.441693666\times10^{-14}E^{4} + 2.081618890\times10^{-19}E^{5}\ [^{o}C]$$

위의 계수값들을 사용해서 1,664.5~1,768.1[°C]의 온도범위에 대한 다항식을 구성해 보면 다음과 같다.

$$T_{90} = 5.333875126\times10^{4} - 1.235892298\times10^{1}E^{1} + 1.092657613\times10^{-3}E^{2} - 4.265693686\times10^{-8}E^{3} + 6.247205420\times10^{-13}E^{4}\ [^{o}C]$$

Appendix C 마이크로프로세서를 사용한 연산

여기서는 마이크로프로세서의 정수연산과 고정소수점 연산에 대해서 살펴보기로 한다. 부동소수점 연산은 8비트 마이크로프로세서의 인터페이스에 거의 사용되지 않기 때문에, 여기서는 다루지 않는다.

C.1 마이크로프로세서에서 사용되는 숫자표현방법

C.1.1 2진수: 무부호정수

마이크로프로세서의 내부에서는 모든 변수들에 2를 밑으로 하는 정수인 이진수를 사용한다. 정수는 **무부호정수**(즉, 양의 정수)나 **부호정수**(즉, 양 또는 음의 정수)의 형태를 가지고 있다. 4자리로 이루어진 양의 십진수는 0~9의 숫자들로 이루어지며, 다음과 같이 표시된다.

$$3{,}792 = 3\times 10^3 + 7\times 10^2 + 9\times 10^1 + 2\times 10^0 \tag{C.1}$$

십진수와 더불어 이진수 또는 2를 밑으로 하는 정수는 0과 1만을 사용한다. 10011011과 같은 8비트 무부호정수는 다음과 같이 나타낼 수 있다.

$$\begin{aligned} 10011011 = {} & 1\times 2^7 + 0\times 2^6 + 0\times 2^5 + 1\times 2^4 + 1\times 2^3 + 0\times 2^2 \\ & + 1\times 2^1 + 1\times 2^0 \\ = {} & 128+0+0+16+8+0+2+1 = 155 \end{aligned} \tag{C.2}$$

식 (C.2)를 통해서 숫자 체계를 하나의 시스템에서 다른 시스템으로 어떻게 변환시킬 수 있는지 확인할 수 있다. 여기서 예시된 사례의 경우, 등가 십진수는 155이다.

이진수를 십진수로 변환시키기 위해서는 식 (C.2)에서와 같이 곱셈과 덧셈만으로도 충분하다. 십진수를 이진수로 변환시키기 위해서는 두 가지 방법을 사용할 수 있다. 가장 일반적인 방법은 십진수를 2로 나누는 것이다. 만일 숫자가 정확히 2로 나뉜다면, 최하위비트(LSB)가 0이 될 것이다. 그렇지 않다면 1인 것이다. 몫이 0이 될 때까지 이 과정을 반복한다. 예를 들어, 십진수 3,792

를 이진수로 변환시키는 과정은 다음과 같다.

$$
\begin{aligned}
&3,792/2 = 1,896 \rightarrow 0 \\
&1,892/2 = 948 \rightarrow 0 \\
&948/2 = 474 \rightarrow 0 \\
&474/2 = 237 \rightarrow 0 \\
&237/2 = 118 \rightarrow 1 \\
&118/2 = 59 \rightarrow 0 \\
&59/2 = 29 \rightarrow 1 \\
&29/2 = 14 \rightarrow 1 \\
&14/2 = 7 \rightarrow 0 \\
&7/2 = 3 \rightarrow 1 \\
&3/2 = 1 \rightarrow 1 \\
&1/2 = 0 \rightarrow 0
\end{aligned}
\tag{C.3}
$$

따라서 십진수 3,792를 이진수로 변환하면 111011010000이 되며, 12-비트가 필요하다.

식 (C.3)을 통해서 더 간단한 방법을 생각할 수 있다. 변환할 십진수보다는 작고 가장 큰 2의 승수를 찾아서 이를 십진수에서 뺀다. 그리고 이승수에 해당하는 최상위비트(MSB)에 1을 채워 넣는다. 다음으로 가장 큰 2의 승수를 찾아서 이를 십진수에서 뺀다. 해당하는 비트 자리에 1을 채워 넣는다. 나머지가 0이 될 때까지 이 과정을 반복한다. 이외의 모든 자리들은 0으로 채워 넣는다. 위의 경우, 가장 큰 2의 승수는 $2^{11} = 2,048$이다. 따라서 12번째 자리는 1이 되며, 나머지는 1,744이다. 1,744에 대해서 가장 큰 2의 승수는 $2^{10} = 1,024$이다. 따라서 11번째 자리도 1이 되며, 나머지는 720이다. 720에 대해서 가장 큰 2의 승수는 $2^{9} = 512$이다. 따라서 10번째 자리도 1이 되며, 나머지는 208이다. 다음으로 큰 2의 승수는 $2^{7} = 128$이며, 나머지는 80이다. 8번째 자리는 1이지만, $2^{8} = 256$이므로 9번째 자리는 0이 된다. 이 과정을 반복하면, 앞서와 마찬가지로 111011010000을 구하게 된다.

C.1.2 부호정수

십진 시스템에서는 음의 숫자(정수 또는 소수)를 나타내기 위해서 음의 부호를 사용하지만, 디지털 시스템의 경우에는 음의 부호가 없다. 일반적으로는 최상위비트를 부호표시용으로 사용하며, 음의 정수도 양의 정수와 동일하게 취급한다. 만일 최상위비트가 0이라면 숫자는 양이며, 1이라면 숫자는 음이다. 예를 들어, 부호가 있는 정수값이 01000101이라면 십진수 $+69$이다. 그리고 부호가 있는 정수값이 11000101이라면 십진수 -59이다. 이 표기방법을 이해하기 위해서는 다음과 같이 두 개의 정수 표기들을 사용해서 살펴봐야 한다.

0	1	0	0	0	1	0	1
-2^7	-2^6	-2^5	2^4	2^3	2^2	2^1	2^0

1	1	0	0	0	1	0	1
-2^7	-2^6	-2^5	2^4	2^3	2^2	2^1	2^0

(C.4)

좌측의 정수는

$$
\begin{aligned}
01000101 &= 0\times(-2^7)+1\times2^6+0\times2^5+0\times2^4+0\times2^3 \\
&\quad +1\times2^2+0\times2^1+1\times2^0 \\
&= 0+64+0+0+0+4+0+1=69
\end{aligned}
\qquad (C.5)
$$

우측의 정수는

$$
\begin{aligned}
11000101 &= 1\times(-2^7)+1\times2^6+0\times2^5+0\times2^4+0\times2^3 \\
&\quad +1\times2^2+0\times2^1+1\times2^0 \\
&= -128+64+0+0+0+4+0+1=-59
\end{aligned}
\qquad (C.6)
$$

부호 비트는 부호정수를 나타내기 위해서 사용할 수 없기 때문에, 나타낼 수 있는 숫자의 범위는 -128에서 $+127$ 또는 -2^{n-1}에서 $2^{n-1}-1$ 사이의 값으로 제한된다. 반면에 무부호정수는 0에서 255 또는 0에서 2^n-1 사이의 값으로 제한된다. 여기서 n는 숫자표시에 사용되는 비트 수이다.

음의 정수는 2의 보수를 사용하여 다음과 같은 방식으로 나타낸다.

우선, 나타낼 음수의 양의 값을 취한다. 즉, $-A$를 나타내야 하는 경우에는 일단 A를 2진수의 형태로 나타낸다.

A에 대한 1의 보수를 구한다. 이진정수의 경우 1의 보수는 부호 비트를 포함해서 모든 0들은 1로, 그리고 모든 1들은 0으로 바꾼 값이다.

이렇게 구한 1의 보수에 1을 더하면 2의 보수를 얻을 수 있다.

예를 들어, 정수 -59를 이진수로 나타내야 한다면, 일단 59를 이진수인 00111011로 변환시켜야 한다. 이를 다시 1의 보수로 바꾸면, 11000100이 된다. 여기에 1을 더하면 11000101을 얻을 수 있다. 이는 명확히 음의 숫자이다. 그리고 앞의 사례를 통하여 이 값이 -59라는 것을 알 수 있다.

부호정수를 사용하는 경우에는 부호표시용 자리를 확보해야 하므로, 표시할 수 있는 숫자의 범위가 절반으로 줄어들어 버린다. 이는 8-비트 정수의 경우에 심각한 문제이다. 이런 문제를 해결하기 위해서 마이크로프로세서에서는 약간 다른 전략을 사용한다. 부호정수나 무부호정수 모두 8-비트(16-비트 마이크로프로세서의 경우에는 16-비트)를 사용하므로, 정수 표시범위가 줄어들지 않는다. 별도의 2비트 레지스터를 사용하여 올림[1]과 빌림[2]을 나타낸다. 올림 비트가 1이 되면, 덧셈연산에 의해서 레지스터에 오버플로가 발생했다는 것을 의미하며, 빌림이 1이 되면, 언더플로에 의해서 음수가 발생했다는 것을 의미한다. 음수표시의 관점에서는 8-비트 부호표시 정수를 나타내기 위해서 9-번째 비트를 사용하는 것과 동일하다.

C.1.3 16진수

마이크로프로세서(와 컴퓨터)에서 사용하는 하드웨어는 두 개의 상태를 매우 손쉽게 나타낼 수 있기 때문에 연산에 이진수를 사용하는 것이 특히 유용하다. 하지만 디지털 숫자는 길이가 길기 때문에 컴퓨터 밖에서 이진수를 사용하는 것은 거추장스럽다. 프로그래밍과 숫자표시에는 이진수를 기반으로 하는 보다 더 큰 숫자표시 체계를 사용하는 것이 더 편리하다. 이런 요구조건을 충족시켜주는 두 가지 방법은 8진수와 **16진수**를 사용하는 것이다. 마이크로프로세서의 경우에는 대부분 16진수를 사용하고 있다. 이 표기방법에서는 0~9까지의 숫자와 더불어서 $A(=10)$,

1) carry
2) borrow

$B(=11)$, $C(=12)$, $D(=13)$, $E(=14)$ 및 $F(=16)$을 사용한다. 이 숫자표시 시스템에서 최하위비트(LSB)는 16^0이며, 차례로 16^1, 16^2 등이 사용된다. 이를 사용하여 십진수 3,792를 16진수로 나타내보면,

$$3,792 = 14 \times 16^2 + 13 \times 16^1 + 0 \times 16^0$$

과 같이 변환할 수 있다. 따라서 3,792의 16진수값은 $ED0$이다. 앞서 이진수의 사례를 사용하여 설명한 차감법이 여기서도 동일하게 적용된다.

C.2 정수연산

마이크로프로세서는 디지털 제어를 위해서 설계되었기 때문에, 이진정수값들만을 취급할 수 있다. 따라서 마이크로프로세서에서는 정수를 사용한 연산이 가장 자연스러우며, 여타 포맷의 연산도 이진정수 환경에 맞춰서 이루어져야만 한다는 것을 의미한다.

할당된 비트수 내에서 연산이 이루어진다면, **정수연산**은 정확하며 반올림에 따른 정확도 손실이 없다. 8비트 무부호 정수연산을 수행하는 경우에 사용할 수 있는 최댓값은 255이다. 연산에 사용되는 모든 숫자들과 연산 결과가 255보다 작다면 연산결과는 정확하다. 예를 들어, 16-비트를 사용하는 경우에 나타낼 수 있는 숫자의 범위는 0에서 $2^{16}-1=65,535$이다.

만일 빨셈연산의 경우와 같이 음의 숫자를 사용해야 하는 경우에는 부호정수를 사용해야만 한다. 전형적으로 최상위비트를 부호에 할당하기 때문에, 16-비트 부호정수 표현에서는 15-비트가 숫자에 할당된다. 따라서 -2^{15}에서 $+2^{15}-1$ 또는 $-32,768$에서 $+32,767$까지의 숫자를 사용할 수 있다(C.1.2절에서는 마이크로프로세서가 음의 정수를 취급하는 방법을 설명하고 있다). 이를 통해서 정수연산의 한계를 확인할 수 있다. 즉, 나타낼 수 있는 숫자의 범위가 매우 작다. 이런 이유 때문에, 컴퓨터에서는 가수와 지수를 사용하는 부동소수점 연상방식을 사용하고 있다. 길이가 짧은 가수와 지수를 사용하면, 숫자의 일부가 반올림되므로 부동소수점 연산이 부정확하지만, 거의 모든 수를 나타낼 수 있다.

C.2.1 2진 정수의 덧셈과 뺄셈

마이크로프로세서의 기본 대수연산은 두 이진정수를 합산하는 것이다. 여타의 거의 모든 수학연산들은 이 합산과 약간의 논리연산을 기반으로 하고 있다. 하지만 2의 승수로 곱하거나 나누는 경우에는 좌측(2를 곱하면 모든 비트가 좌측으로 한 칸 이동한다) 또는 우측(2로 나누면 모든 비트가 우측으로 한 칸 이동한다)으로 논리 시프트가 일어나기 때문에 가장 큰 차이가 발생한다.

이진합산의 경우에는 십진연산에서와 동일한 방식으로 이루어진다. $1+1$ 연산을 수행하면 올림이 발생한다. 즉, $1+1=10$이며, $1+1+1=11$이다(즉, $1+1+$ 올림 $=11$인 반면에 $1+$ 올림 $=10$이다). 두 개의 8-비트 부호정수를 사용하는 경우 $A=00110101$이며, $B=00111011$이라면 다음과 같은 결과를 얻을 수 있다.

$$00110101+00111011=01110000\ (53+59=112)$$

이 경우, 세 개의 값들 모두 255보다 작기 때문에 올림이 발생하지 않는다. 하지만 $B=01111011(123)$이라면,

$$00110101+01111011=10110000\ (53+123=176)$$

두 정수들 모두 양의 값임에도 불구하고 연산 결괏값의 부호비트가 1이 되어버렸다. 하지만 결괏값이 음수일 수는 없기 때문에, 이를 양의 숫자인 176으로 해석해야만 한다.

다음으로, $A=00110101(53)$으로부터 $B=01111011(123)$을 빼는 경우에 대해서 살펴보기로 하자. 우선 $-B$를 구해야만 한다. 그런 다음 $A+(-B)$의 연산을 수행하면 된다.

B의 1의 보수는 10000100이다. 여기에 1을 더하면, B의 2의 보수를 구할 수 있다.

$$10000100+1=10000101$$

이 값은 -123에 해당하는 값이다(즉, $-128+4+1=-123$).

이제, A에 B의 2의 보수값을 더한다.

$$0110101+10000101=10111010\ (53-123=-70)$$

이는 명확히 음의 값이며, 십진수를 사용해서도 이를 검증할 수 있다($-128+32+16+89+2=-70$). 여기서는 뺄셈을 수행했기 때문에 부호비트를 캐리로 해석할 수 없으므로 부호로만 인식하게 된다.

C.2.2 곱셈과 나눗셈

이진수의 곱셈에는 십진수에서의 곱셈과 동일한 연산원리를 사용한다. 손계산으로 긴 숫자들에 대한 곱셈 또는 나눗셈 연산을 수행하는 방식을 이진수에 동일하게 적용할 수 있으며, 이는 십진수 연산의 경우보다 훨씬 더 단순하다. 그런데 이진수 곱셈과 나눗셈의 경우에 길이가 길다는 것이 의미하는 뜻은 매우 분명하다. 이진수는 (등가의 십진수에 비해서) 길이가 매우 길기 때문에, 이에 대한 곱셈 또는 나눗셈을 수행하는 데에는 매우 많은 단계들이 필요하다. 이런 이유 때문에, 마이크로프로세서와 컴퓨터는 이런 연산에 특화된 특수한 하드웨어를 사용하거나 최적화된 알고리즘을 사용한다. 그런데 여기에 사용된 연산원리를 살펴보기 위해서 지금부터 손계산으로 곱셈/나눗셈을 수행하는 과정을 따라가 보기로 한다.

C.2.2.1 이진정수 곱셈

이진정수 곱셈연산은 일련의 시프트와 합산으로 이루어지며, 특수한 하드웨어는 필요 없다. 두 개의 8-비트 무부호정수 $A=10110011(179)$와 $B=11010001(209)$를 곱하는 경우에 대해서 살펴보기로 한다. 연산 결과는 37,411 또는 1001001000100011이다.

```
        10110011 ×
        11010001
        ────────
        10110011 +
    10110011
    ────────────
    101111100011 +
  10110011
  ──────────────
  11100010100011 +
 10110011
 ───────────────  .
1001001000100011
```

0을 곱하는 대신에 피승수가 왼쪽으로 한 칸씩 이동한 다음에 중간 합을 계산한다는 점에서 이 계산은 일반적인 긴 곱셈과는 다르다. 곱셈 과정을 수행하기 위해서는 피승수에 자기보다 두 배 더 긴 변수가 배정되어야 한다(이 사례에서는 이동을 수용하기 위해서 16-비트가 필요하다).

중간연산결과에도 역시 16-비트 정수가 사용된다. 하지만 승수에는 여전히 8-비트가 사용되고 있다. 이진수 곱셈연산은 단순히 피승수를 좌측으로 이동시킨 다음에 이전에 계산된 중간 결과와 합산하는 과정만으로 이루어진다.

연산 알고리즘은 다음과 같다:

1. 피승수를 16-비트 레지스터(M-레지스터)에 저장한다.
2. 중간결과를 저장하는 레지스터(I-레지스터)를 초기화한다.
3. 최하위비트가 1이면, M-레지스터의 값과 I-레지스터의 값을 더한다. 결괏값을 I-레지스터에 저장한다.
4. 최하위비트가 0이면, M 레지스터의 값들을 좌측으로 한 비트씩 이동시킨다.
5. $STEP = 2$로 설정하며 $STEP$ 비트에서 시작하는 승수 레지스터의 상태를 스캔한다.
6. 해당 $STEP$ 비트의 값이 0이면, M-레지스터를 한 비트씩 좌측으로 이동시킨다.
7. 해당 $STEP$ 비트의 값이 1이면, M-레지스터를 한 비트씩 좌측으로 이동시킨 후에 이를 I-레지스터의 값과 더한다.
8. $STEP$ 비트의 값을 증가시킨다.
9. $STEP = 9$가 되면, $STOP$으로 간다. 그렇지 않다면 6번으로 되돌아간다.
10. $STOP$. 연산 결괏값이 I-레지스터에 저장되어 있다.

여기서 주의할 점은 연산의 결과가 원래의 정수값보다 두 배 더 길어진다는 것이다. 알고리즘 자체는 8번의 시프트와 8번의 합산을 필요로 하며 워드의 길이가 더 길어야 하지만 합산 이외의 연산은 필요 없다. 하지만 덧셈이나 뺄셈에 비해서 훨씬 더 느린 알고리즘임에는 분명하다. 앞서 설명했듯이, 이는 최악의 경우에 해당하는 알고리즘으로서 연산과정을 설명할 목적으로 사용된 것일 뿐이다. 실제의 곱셈 알고리즘은 훨씬 더 세련되며, 연산과정도 훨씬 더 짧다.

여기서는 무부호정수 연산을 가정하였다. 부호정수 연산의 경우에는 곱셈을 수행하기 전에 먼저, 음의 정수값을 등가의 양의 정수로 변환시켜야만 하며, 부호비트를 제외한 정수비트들에 대해서 곱셈을 수행한다. 그런 다음 두 피승수들의 부호를 곱하여 최종 부호를 결정한다. 만일 곱셈의 결과가 음수라면, C.1.2절에서 설명한 방식으로 음의 숫자로 나타내어야 한다.

```
11010|11101110          11010|11101110
      1001                   10010000
      1011                   01011000
       1001                  01001000
        1011                 00010110
         1001                00010010
          100                00000100
                             00001001
   (a)              (b)      00000100
```

그림 C.1 (a) 긴 나눗셈의 손계산 방법. (b) 8-비트 정수를 사용하는 마이크로프로세서의 등가 나눗셈

C.2.2.2 이진정수의 나눗셈

길이가 긴 무부호 **이진정수의 나눗셈**은 길이가 긴 십진수의 나눗셈과 유사하며 결과는 몫과 나머지로 이루어진다. 곱셈에서와 마찬가지로, 나눗셈은 우측으로의 이동과 뺄셈으로 이루어진다(각각의 뺄셈은 합산을 통해서 이루어진다). 피제수 $A = 11101110\,(238)$를 제수 $B = 00001001$ (9)로 나누는 경우에 대해서 살펴보기로 하자. 여기서는 정수연산에 대해서 살펴보기 때문에, 연산 결과 몫은 26이며, 나머지는 4일 것이다($26 \times 9 + 4 = 238$). 그림 C.1 (a)에 도시되어 있는 손계산 과정을 살펴보는 것이 도움이 될 것이다. 우선, 제수를 피제수의 좌측 끝에 맞춰서 배치한다. 만일 제수가 위의 피제수보다 작다면 위의 (4)자리 숫자로부터 제수를 빼서 나머지를 얻는다. 이 사례에서는 101이다. 따라서 최상위비트의 몫은 1이다. 만일 제수가 위의 피제수보다 크다면, 뺄셈을 수행할 수 없으므로 최상위비트의 몫은 0이 된다. 다음으로, 피제수의 우측에 위치한 다음 자리(이 경우에는 5번째 자리)의 값을 아래로 내려주며, 이를 통해서 1011이 만들어진다. 이를 제수로 빼면 나머지는 10이 되며, 두 번째 자리의 몫도 1이 된다(이제 몫은 11이다). 여섯 번째 자리의 값을 아래로 내려주면 나머지는 101이 된다. 이 값은 제수보다 작기 때문에 이 자리의 몫은 0이며, 뺄셈은 수행되지 않는다. 일곱 번째 자리의 값을 아래로 내려주면 나머지는 1011이 된다. 여기서 제수를 빼면 나머지는 10이 되며, 몫은 1101이 된다. 마지막 자리의 값을 아래로 내려주면 나머지는 100이 된다. 이 값은 제수보다 작기 때문에, 이미 예상했던 것처럼 몫은 11010(26)으로 확정되며, 나머지는 100(4)가 된다. 이제 그림 C.1 (b)에 도시되어 있는 8비트 정수를 사용한 나눗셈 과정을 살펴보기로 하자. 나눗셈 연산에 다음의 알고리즘을 사용할 수 있다.

1. 피제수(DD-레지스터)와 제수(DR-레지스터)는 각각 8-비트 레지스터로 이루어진다. 연산을 위해서는 몫(Q-레지스터)과 나머지(R-레지스터)를 위한 두 개의 레지스터들이 더 필요

하다.

2. Q-레지스터와 R-레지스터의 값들을 초기화한다.
3. 맨 앞의 0이 없어지고 최상위비트가 1이 될 때까지 DR-레지스터를 좌측으로 시프트 시킨다. 필요한 시프트 횟수 n을 저장한다.
4. DD-레지스터의 앞쪽 n개의 비트들에 대해서 DR-레지스터의 앞쪽 n개의 비트들의 값을 뺀다. 결괏값이 음이라면, Q-레지스터의 n번째 자리 몫은 0이며 뺄셈과정이 무시되어 버린다.
5. 만일 4번의 결과가 양이라면, R-레지스터에 결괏값을 저장한 다음에 Q-레지스터의 n번째 자리 몫을 1로 놓는다.
6. DR-레지스터의 자리를 한 칸 우측으로 이동시키며 n값을 증가시킨다($n = n + 1$).
7. R-레지스터의 n번째 값을 DD-레지스터의 n번째 값과 같게 놓는다.
8. R-레지스터의 값으로부터 DR-레지스터의 값을 뺀다. 만일 이 결과가 음이라면, Q-레지스터의 n번째 값을 0으로 놓으며 뺄셈을 무시한다. 만일 $n = 8$이면 10번으로 가며, 그렇지 않다면 6번으로 간다.
9. $R - DR > 0$이면 Q-레지스터의 n번째 비트를 1로 놓는다. 만일 $n = 8$이면 10번으로 가며, 그렇지 않다면 6번으로 간다.
10. 몫은 Q-레지스터에 저장된 값이며, 나머지는 R-레지스터에 저장된 값이다.

이는 소프트웨어로 구현할 수 있는 긴 알고리즘이지만, 나눗셈을 수행하기에는 그리 효과적인 방법이 아니다. 하지만 앞서 설명했던 것처럼, 시프트와 합산만을 사용하여 나눗셈을 수행할 수 있다는 점이 중요하다.

C.3 고정소수점 연산

일부의 경우 소수를 사용해야만 한다. 예를 들어, 두 정수의 비율을 구하거나 정수가 아닌 값을 사용하여 마이크로프로세서로 입력되는 전압의 크기를 변화시키거나, 또는 결괏값에 일정한 오프셋 값을 더하는 등의 조작이 필요할 수 있다. **고정소수점 연산**은 다양한 소스를 통해서 구한 잘 만들어진 연산방법들을 활용할 수 있으며, 부동소수점 연산보다 더 작은 자원을 사용하기 때문에 마이크로프로세서에서는 일반적으로 고정소수점 연산을 사용한다.

고정소수점 연산의 기본 개념은 정수 내의 특정 위치에 배정된 소수점을 사용하여 하나의 정수를 사용하여 정수부와 소수부를 나타낸다. 이를 통해서, 하나의 정수만을 사용하여 소수를 나타낼 수 있게 된다. 다음에 예시되어 있는 8-비트 무부호정수에 대해서 살펴보기로 하자.

1	1	0	0	1	1	0	1
2^7	2^6	2^5	2^4	2^3	2^2	2^1	2^0

이를 십진수로 환산해보면 205가 된다. 이를 간단히 205.0이라고 말할 수 있다. 하지만 이를 나타내기 위해서는 숫자의 마지막에 소수점을 배치해야 한다. 이제 소수점의 위치를 한 자리 좌측으로 이동시켜 보자. 이를 통해서 20.5가 만들어진다. 십진수 표기의 경우, 이는 $2\times10^1+0\times10^0+5\times10^{-1}$이 된다. 이는 205를 10으로 나눈 값과 같다. 이를 10^{-1}배로 변환시켰다고 말할 수도 있다. 이와 마찬가지로, 만일 이진수 11001101의 네 번째와 다섯 번째 자리의 사이에 소수점을 위치시키면 1100.1101이 된다. 십진수의 사례와 동일한 방법으로 이를 변환시켜 보면,

1	1	0	0		1	1	0	1
2^3	2^2	2^1	2^0	•	2^{-1}	2^{-2}	2^{-3}	2^{-4}

이를 환산해보면 12.8125임을 알 수 있다. 그리고 $205/2^4=205\times2^{-4}=12.8125$이다. 이런 이유 때문에, 고정소수점 방식의 숫자를 **스케일링된 정수**라고 부른다. 여기서 디지털 숫자 자체는 변하지 않지만, 각 자릿수의 가중치는 2^{-4}만큼 스케일링 되었다.

이 표현방식이 가지고 있는 문제점은 정수부는 0000에서 1111까지(0에서 15)만 변할 수 있으며 소수부도 0000에서 1111까지(0에서 0.9375 사이, 분해능은 1/16)만 변할 수 있다는 것이다. 만일 부호가 있는 고정소수점을 나타내려고 한다면 앞서의 정수부가 1비트만큼 줄어들어버리기 때문에, 000에서 111까지(0에서 7)까지의 숫자만 나타낼 수 있게 된다. 이 방법의 유용성을 확보하기 위해서는 더 비트수가 큰 숫자를 사용해야 한다. 8-비트 마이크로프로세서의 경우 일반적으로 정수부 8-비트, 소수부 8-비트를 사용하며, 이를 통해서 무부호의 경우 0에서 255.99609575, 그리고 부호를 사용하는 경우 -127.99609575에서 $+127.99609575$까지의 숫자를 나타낼 수 있다. 물론, 용도에 따라서 소수부 12-비트, 정수부 4-비트나 여타의 조합을 사용할 수도 있다. 그런데 마이크로프로세서 제조업체에서는 일반적으로 각각에 8-비트 또는 16-비트를 할당하여

사용하고 있다. 사용자가 여타의 조합을 필요로 하는 경우에는 서브루틴을 사용하여 이를 구현할 수 있다.

모든 고정소수점 연산들에서 소수점의 위치는 임의로 설정할 수 있다. 부호를 사용하는 경우와 부호를 사용하지 않는 경우 모두에 대해서 덧셈과 뺄셈은 동일하게 적용된다. 예를 들어, 두 개의 무부호 고정소수점 숫자 $A = 11010010.11010101$ (210.83203125)와 $B = 01000101.00111101$ (69.23828125)에 대한 합산은 다음과 같이 이루어진다.

$$\begin{array}{r} 1101001011010101+ \\ \underline{0100010100111101} \\ (1)\overline{0001100000010010} \end{array}$$

연산의 결과는 00011000.00010010이며, 올림수는 1이다. 십진수로 나타내면, 연산의 결과는 24.0703125이며 자리올림값은 256이다. 이를 십진수로 나타내 보면,

$$280.0703125 = 24.0703125 + 256$$

연산 결괏값은 정수부에 8-비트가 아니라 9-비트를 필요로 하지만 합산의 결과는 올바르다. 여기서 주의할 점은 두 숫자들을 임의의 두 정수값들로 취급하며, 소수점의 위치는 결괏값을 얻는 과정에서 수행된 연산에 아무런 영향을 끼치지 않는다는 것이다. 부호를 사용하는 고정소수점 숫자들 역시 무부호의 경우와 동일한 방식으로 취급한다.

고정소수점 숫자들에 대한 곱셈이나 나눗셈의 경우도 역시 정수연산에서와 동일한 방식으로 수행되지만, 소수점의 위치가 변한다. 예를 들어, 정수부 8-비트와 소수부 8-비트로 이루어진 두 개의 16-비트 고정소수점 숫자들을 곱하는 경우, 연산결과는 정수부 16비트, 소수부 16-비트로 이루어지기 때문에 총 16-비트를 잘라내야만 한다. 8-비트만을 사용하여 정수부를 나타낼 수 있다면 정확도 손실이 없으며, 그렇지 않은 경우에는 더 많은 비트들을 연산에 사용해야만 한다. 예를 들어, $A = 00000100.11101110$ (4.9296875)와 $B = 00010010.00111010$ (18.2265625)를 곱하는 경우에 대해서 살펴보기로 하자. 이 곱셈은 십진수 곱셈과 동일한 방식으로 이루어진다.

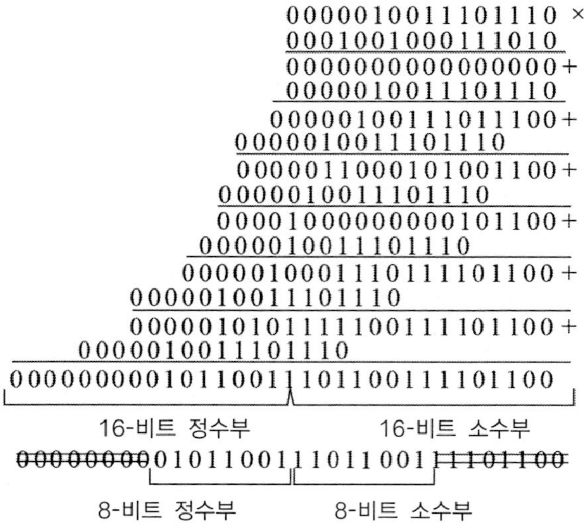

```
                 0000010011101110 ×
                 0001001000111010
                 0000000000000000+
                 0000010011101110
                00000100111011100+
               0000010011101110
               000001100010100 1100+
              0000010011101110
              00001000000000101100+
            0000010011101110
            00000100011101111101100+
        0000010011101110
        00000101011111001111101100+
     0000010011101110
000000000101100111011001111101100
```

16-비트 정수부 16-비트 소수부

~~00000000~~0101100111011001~~11101100~~

8-비트 정수부 8-비트 소수부

연산의 결과는

$$c = 0000000001011001.1101100111101100$$

곱셈연산의 결과는 16-비트 정수부와 16-비트 소수부로 이루어짐을 알 수 있다. 비록 내부의 연산과정에서는 정수부와 소수부 모두 16-비트를 사용할 수 있다고 하더라도, 출력값의 정수부와 소수부 모두 8비트만 사용할 수 있기 때문에 소수부의 최하위 8-비트와 정수부의 최상위 8-비트를 삭제해야만 한다.

그러므로 결괏값은 다음과 같이 표시된다.

$$c = 01011001.11011001 = 89.84765625$$

소수부의 일부를 삭제하였기 때문에 연산의 결과는 정확하지 않으며, 정확한 연산결괏값은 89.8512573242이다(오차는 대략적으로 0.8%이다). 소수부의 최하위비트 삭제로 인하여 정확도가 저하되지만, 8-비트를 사용하여 정수부를 나타낼 수 있는 한도 내에서 정수부의 절사는 수행되지 않는다. 만약 정수부의 일부가 삭제된다면 최상위비트 값이 삭제되는 것이기 때문에 완전히 틀린 결과를 얻게 된다.

문제 정답

CHAPTER 1

1.18 $\text{kg}\cdot\text{m}^2/\text{s}^2$.

1.20 0.73756 lbf·ft.

1.21 1.9428 mol.

1.22 9.9725×10^{23} g.

1.23 (a) 1,364 MB. (b) 1,599.5 GB.

1.24 $2{,}048 \times 10^6$ bits (2 Gigabits).

1.25 39.81 $\mu\text{W/m}^2$.

1.26 (a) 120 dB. (b) 47.96 dB.

1.27 (a) 25. (b) 125.

CHAPTER 2

2.1 −23.73%.

2.2 (a) $F = 6.3221d + 0.089$. (b) $F = 7.3272d - 1.5401d^2$.

2.3 (a) $A = 0.00415969$, $B = 8.030935 \times 10^7$, $C = 1.0281 \times 10^{11}$.
(b) −5.08%, 2.8×10^{-5}%, 5.04%.

2.4 (a) 3.18%. (b) 3.77% at 100 °C.

2.5 (b) 339 kHz.

2.6 (b) 16 Ω each.

2.7 (a) 60 V, 60% error. (b) 1.485 GΩ.

2.8 0.99 V to 4.95 V.

2.9 $P(\omega) = -\frac{0.05}{200\pi}\omega^2 + 0.05\omega \left[\frac{\text{N}\cdot\text{m}}{\text{s}}\right]$, $\omega =$ angular velocity [rad/s].

2.10 (a) $P_L = \frac{1}{2}\text{Re}\left\{\left(\frac{48}{8 + j2 + R_L}\right)^2 R_L\right\}$ [W].

(b) $P_L = \frac{1}{2}\text{Re}\left\{\left(\frac{48}{8 + j2 + Z_L}\right)^2 Z_L\right\}$ [W]. (d) 13.1 W, 15.27 W, 13.93 W.

2.11 (a) $P_1(f) = \mathrm{Re}\left\{\dfrac{72}{16 - j2\pi f \times 10^{-3}}\right\}$ [W],

$P_2(f) = \mathrm{Re}\left\{\dfrac{72}{16 - j0.006f - j2\pi f \times 10^{-3}}\right\}$ [W],

$P_3(f) = \mathrm{Re}\left\{\dfrac{72}{16 + j0.006f - j2\pi f \times 10^{-3}}\right\}$ [W].

2.12 120 dB, 130 dB.

2.13 120 dB.

2.14 30 dB.

2.15 160 dB.

2.16 34.77 dB.

2.17 15 bits.

2.18 (a) $\beta = 3{,}578.82$ K. (b) 66.42%. (c) 66.48%.

2.19 (a) $s = 5R_{01} + 2R_{02}$ [Ω/strain].

(b) $s = \dfrac{R_{01}R_{02}(7+20\varepsilon)}{R_{01}(1+5\varepsilon)+R_{02}(1+2\varepsilon)} - \dfrac{R_{01}R_{02}(1+7\varepsilon+10\varepsilon^2)(5R_{01}+2R_{02})}{[R_{01}(1+5\varepsilon)+R_{02}(1+2\varepsilon)]^2}\left[\dfrac{\Omega}{\text{strain}}\right]$.

2.20 (a) 0.5997 V at 21.849 kg/min. (b) 0.3903 V at 9.977 kg/min. (c) 0.0577 V/(kg/min). (d) 0.1384–0.0022M V/(kg/min).

2.21 (a) 14.1 mV at 4.5% oxygen. (b) Minimum: -1.7 mV/% at 12% oxygen, maximum: -19.9 mV/% at 12% oxygen. (c) 0. (d) 2.7% at 12% oxygen.

2.22 (b) 7.74%.

2.24 (b) $\pm 1.96\%$. (c) $\pm 2\%$.

2.25 (c) on at 17.1 °C, off at 18.9 °C. (d) on at 18.9 °C, off at 17.1 °C.

2.26 1.61%.

2.27 At 20 °C: $FR = 2.222 \times 10^{-9}$ failures/h, $FIT = 2.22$. At 80 °C: $FR = 1.613 \times 10^{-5}$ failures/h, $FIT = 16{,}129$.

2.28 $FR = 7.0588 \times 10^{-6}$ failures/h, MTBF = 141,677 h.

CHAPTER 3

3.3 (a) 54.664 m. (b) 290 mm. (c) 89.58 Ω at 45 °C to 166.8 Ω at 120 °C.

3.4 0.0063 °C at 0 °C, 0.006136 °C at 100 °C.

3.5 (a) 1,010 °C.

3.6 (a) $a = 3.00808 \times 10^{-4}$, $b = 1.91919 \times 10^{-7}$, $c = -1.88039 \times 10^{-11}$.
(b) $a = 3.57863 \times 10^{-4}$, $b = 5.59392 \times 10^{-8}$, $c = -1.01539 \times 10^{-11}$.
(c) $R(-150\ °C) = 47.167\ \Omega$ (with coeff. in (a)), $46.591\ \Omega$ (with coeff. in (b)), $47.376\ \Omega$ with (3.5). $R(800\ °C) = 68.174\ \Omega$ (with coeff. in (a)), $66.1\ \Omega$ (with coeff. in (b)), $66.528\ \Omega$ with (3.5).

3.7 (a) 79.5 °C. (b) 79.3334 °C.

3.8 (a) $T = (1/\alpha)((V/R_0I) - 1) + T_0$ [°C]. (b) 1,264.88 °C.

3.9 (a) $\alpha_{50} = 0.00323$. (b) $\alpha_1 = (\alpha_0/(1 + \alpha_0(T_1 - T_0)))$.

3.10 (a) 15.721 MΩ. (b) 314.42 Ω. (c) 943.3 Ω.

3.11 $a = 8.34188 \times 10^{-3}$, $b = 1.36752 \times 10^{-5}$.

3.12 (a) $R = 18.244 + 0.164T + 5.163 \times 10^{-4}T^2$ [Ω].
(b) $s = 0.164 + 10.326 \times 10^{-4}T$ [Ω/°C].
(c) 22.67 Ω, 39.82 Ω, 54.48 Ω, 0.1898 Ω/°C, 0.2673 Ω/°C, 0.3189 Ω/°C.

3.13 (a) $R(T) = e^{[(y-x/2)^{1/3} - (y+x/2)^{1/3}]}$ [Ω], $x = \dfrac{1.44263 \times 10^{-3} - 1/T}{1.64086 \times 10^{-7}}$,
$y = \sqrt{551.804 + (x^2/4)}$. (b) $R(T) = 938e^{3,352.34(1/T - 1/298.15)}$ [Ω].

3.14 (a) $R = 133{,}333.33 - 1{,}800T + 6.667T^2$ [Ω]. (b) 133,333.33 Ω.

3.15 (a) $R(T) = 10e^{-\beta/293.15}e^{\beta/T}$ [kΩ]. At 0 °C, $\beta = 3{,}505.11$ K. At 60 °C, $\beta = 3{,}696.85$ K. At 120 °C, $\beta = 3{,}653.58$ K.

(b)

	Resistance [kΩ] at 0 °C	Resistance [kΩ] at 60 °C	Resistance [kΩ] at 120 °C
β calculated at 0 °C	23.999 (0%)	2.3798 (8.17%)	0.478 (18.57%)
β calculated at 60 °C	25.177 (4.9%)	2.2 (0%)	0.4045 (−3.7%)
β calculated at 120 °C	24.906 (3.77%)	2.239 (1.77%)	0.42 (0%)

3.16 $e = 0.0827$ °C/mW.

3.17 (a) 4.096 mV. (b) 3.899 mV.

3.18 (a) 4.096 mV. (b) 4.096 mV. (c) 3.8941 mV, −4.93%.

3.19 (a) 35.365 mV. (b) 36.987 mV (5% difference with respect to (a)).

3.20 (a) 7,749.62 μV, 9,081.31 μV, 10,730.77 μV, 7,229.60 μV, 10,748.61 μV, 8,776.40 μV, 9,358.53 μV, 9,288.1 μV. (b) −16.56%, −2.23%, 15.53%, −22.16%, 15.72%, −5.51%, 0.76%. (c) 241.02 °C (20.51%), 175.43 °C (−12.28%), 212.59 °C (6.29%), 196.47 °C (−1.76%), 200.65 °C (0.325%), 200.18 °C (0.09%).

3.21 (a) 7,324.95 μV. (b) 6,677.55 μV.

3.21 (a) 7,324.95 μV. (b) 6,677.55 μV.

3.22 (a) 39,111.8 Ω. (b) 0.1425%. (c) 2.803%.

3.23 (a) 658 junction pairs. (b) 13.439 V at 80 °C to 12.0085 V at 120 °C.

3.24 5,296 junctions (2,648 pairs).

3.25 (a) $s = -1.365 \times 10^{-3} T$ [V/°C]. (b) $s = -9.698 \times 10^{-4} T$ [V/°C].
(c) $s = 0.0511/I$ [V/A]

3.26 (a) 1.073 mV/°C, 0.323 V. (b) +1.516% for +10% change in current, −1.676% for −10% change in current. (c) 2.48%.

3.27 (a) $s = -\dfrac{b + cT + dT^2}{(a + bT + cT^2 + dT^3)^2} \left[\dfrac{s}{K}\right]$.

(b) Time of flight changes from 0.757 μs at 0 °C to 0.526 μs at 26 °C.

3.28 (a) $error = 100\left(\dfrac{343.4218}{331.5\sqrt{T/273.15}} - 1\right)[\%]$.

(b) 3.23 m at −20 °C and 2.88 m at 45 °C.

3.29 345.23 mm^3.

3.30 0.483 mm/°C.

3.31 (a) 0.9346 mm/°C. (b) 0.107 °C.

3.32 (a) 0.7723 °C/mm. (b) 1,900% at high pressure, −2,000% at low pressure.

3.33 (a) 0.1364 mm/°C. (b) $s = \dfrac{1.0858 \times 10^{-3}}{787.805 + F}\left[\dfrac{mm}{°C}\right]$. (c) 81.39 [N]

3.34 (a) 2.096 cm. (b) 253 °C.

3.35 52.57 cm.

3.36 (a) 2,718.69 mm^3, 15.6 mm long. (b) 1.85 mm.

3.37 108.75 mm^3. (b) 1.85 mm.

CHAPTER 4

4.1 1,579.14 W.

4.2 0.01 W/m^2.

4.4 3.102 eV to 1.24 MeV.

4.5 (a) 1.0784×10^{15} Hz. (b) 278.2 nm.

4.6 5.79285×10^{17} electrons/s.

4.7 (a) 1.079 eV. (b) 1.5058 eV. (c) 0.116 mA.

4.8 Below 0.8862 eV.

4.9 Ge: 44.84 kΩ; Si: 220.8 MΩ; GaAs: 3.92×10^{11} Ω.

4.10 (a) 8.345 kΩ. (b) 3.73 kΩ.

4.11 (a) 1,669 Ω. (b) 746 Ω.

4.12 (a) $s = -\dfrac{Lch\eta T\lambda\tau}{ew\left(\mu_e - \mu_p\right)(n_i hcd + \eta PT\lambda\tau)^2}\left[\dfrac{\Omega}{\mathrm{W/m^2}}\right]$.

(b) −4,255 Ω/(W/m^2). (c) 1,200 nm.

4.13 4 mV (dark), 1.61 V (under illumination).

4.14 (a) 0.474 V. (b) 26.35 μW.

4.15 (a) 429.74 kΩ. (b) 180 W/m^2. (c) 407.5 kΩ, 200.77 W/m^2.

4.16 16.3 W.

4.17 (a) 12.89%. (b) 34.66 W.

4.18 (a) 0.384 V. (b) 25.7/P [mV/(W/m^2)].

4.19 (a) 2.242(T + 273.15) [V]. (b) s = 2.242 mV/°C. (c) −55 °C to 150 °C.

4.20 V_o = 5 V (laser off) to 0.342 V (laser on).

4.21 Range: 0 mW/cm^2 and 7.933 mW/cm^2; span: 7.933 mW/cm^2.

4.22 8.078 V.

4.23 (a) 0.142 A. (b) 5.96 × 10^6 m/s.

4.24 9.612 pW/m^2.

4.25 10.54 MHz.

4.26 (a) 49.776 MHz. (b) 24.

4.27 0.331 mW/cm^2.

4.28 s = 54.6 mV/(W/m^2).

4.29 (a) 0.33 °C. (b) 35. (c) 0.4 mW/cm^2.

4.30 (a) s = 2.965 V/K.

4.31 (a) 3.542 s. (b) 2.456 s. (c) 90.64 MΩ.

4.32 (a) 2.98 mW. (b) 7.51 mW in both cases.

4.33 (a) 949.93 Megabits/s (118.74 Megabytes/s).

4.34 (a) 24.95 W, 6.24 mJ.

CHAPTER 5

5.1 (a) C_{min} = 9.45 pF, C_{max} = 47.23 pF. (b) 944.64 pF/m.

5.2 (a) s = 1.1236 pF/°C. (b) 0.178 °C.

5.3 (a) $F = 1.683 \times 10^{-9}V^2$ [N].

5.4 (a) 2.74 N. (b) 68.5 mm.

5.5 (a) $c_f = \frac{2\pi\varepsilon_0}{\ln(b/a)}\left[(\varepsilon_r - 1)h + \left(\varepsilon_f - \frac{\varepsilon_r}{2} - \frac{1}{2}\right)t + d\right]$ [F].

(b) $C_{\min} = \frac{2\pi\varepsilon_0}{\ln(b/a)}\left[(\varepsilon_f - 1)t + d\right]$ [F]

$C_{\max} = \frac{2\pi\varepsilon_0}{\ln(b/a)}\left(\varepsilon_r(d - t) + \varepsilon_f t\right)$ [F]

(c) min: 20 L, max: 380 L. (d) 3.56 L.

5.6 (a) 2.355 m.

5.7 (a) $\rho = \rho_0 + (k/Vg)I^2$ [kg/m³]. (b) $s = 2(k/Vg)I$ [(kg/m³)/A].

5.8 (a) $|V_{out}| = 0.3182|x|$ [V]. (b) 0.3182 V/mm.

5.9 (a) $|emf| = (0.0533/(1.818 + 1.59\tau))$ [V].
(b) $|s| = 84.75/(1.818 + 1.59\tau)^2$ [mV/mm].

5.10 $K_H = 1.058 \times 10^{-10}$ m³/(A·s), $s = 1.587$ nV/T.

5.11 (a) $K_H = -0.00416$ m³/(A·s). (b) $s = 0.2082$ V/T. (c) 11.56 MΩ.

5.12 (a) $p/n = 9$. (b) $p/n = 484$.

5.13 (a) $V_{\text{out}} = (K_H\mu_0 N/Rl_g d)P_L$ [V]. (b) 66.85 W. (c) 0.315 V.
(d) $s = K_H\mu_0 N/Rl_g d$ [V/W].

5.14 (b) 8.38×10^{26} carriers/m³.

5.15 6.246×10^{24} carriers/m³.

5.16 (a) 10^5 N. (b) 6,250 V.

5.17 (a) 32 V. (b) 2,560 W. (c) 95%. (d) 12.8 kW.

5.18 (a) $V = avB_0$ [V]. (b) $s = B_0/a$ [V·s/m³].

5.19 (a) 8,788.9 N. (b) $a = 97{,}888.9$ m/s², $v_t = 988.68$ m/s. (c) 640.55 m.
(d) 1.455×10^8 J.

5.20 (a) 63.74 μT. (b) 0.159/d [mT].

5.21 (a) 5.43 N. (b) 21.7 mm. (c) 108.6 m/s².

5.22 (a) $v = \sqrt{4000Ix}$ [m]. (b) 14.1 ms. (c) 200 m/s².

5.23 (b) 0.00604 N·m.

5.25 (a) 30 N.

5.26 (b) 1,250 RPM.

5.27 (c) 1,500 RPM in either case.

5.29 (a) 2.8°, $N = 128.571$.

5.30 (a) 5.143°, $N = 69.998$. (b) 3.571°, $N = 100.812$. (c) 13.576°, $N = 26.517$.

5.31 (a) $\Delta l = [1/N - 1/M]$. (b) 0.25 mm.

5.32 0.266 N.

5.33 (a) 6.98 N. (b) 62.83 N.

5.34 (a) $R_1 = 5{,}748.49\ \Omega$, $R_2 = 5.754\ \Omega$. (b) $R_3 = 1\ \text{m}\Omega$, 10 W. (c) 0.42%. (d) 3.33%.

5.35 (a) 17,195 turns. (b) 16 turns.

5.36 (a) $emf = \left(N\frac{\mu_0\mu_r}{\sqrt{2}\pi(a+b)}(b-a)c\omega\right)I_1$ [V]. (b) 0.12 V.

5.37 100,000 turns.

5.38 (a) $R_{\text{empty}} = 85{,}519\ \Omega$, $R_{1/4} = 58{,}609\ \Omega$, $R_{1/2} = 37{,}309\ \Omega$, $R_{3/4} = 18{,}219\ \Omega$. (b) $R = -85{,}571t + 82{,}216$ [Ω] (t is the fraction of tank fill). Maximum nonlinearity 3.07%.

5.39 (a) $R = \dfrac{4L}{\sigma\pi(d-2tc_r)}$ [MΩ].

5.40 (a) $I_{\max} = 1.4932$ A, $I_{\min} = 1.4862$ A. (b) $s \approx 3.27/\text{h}$ [A/m]. (c) 0.571 m.

5.41 (a) $R = 58.3333d + 2.4167$ [Ω]. (b) 3.0 Ω and 10 Ω. (c) $s = 0.583$ Ω/cm. (d) 10 Ω and 96 Ω, $s = 5.833$ Ω/cm.

CHAPTER 6

6.1 0.275 Ω/0.001 strain.

6.2 (a) $R(\varepsilon) = 1{,}000(1 - 88.833\varepsilon + 11{,}055.5\varepsilon^2)$ [Ω]. (b) 922.22 Ω and 1,221.89 Ω.

6.3 (a) $R(\varepsilon) = 1{,}000(1 + 88.833\varepsilon + 11{,}055.5\varepsilon^2)$ [Ω]. (b) 1,221.89 Ω and 922.22 Ω.

6.4 (a) R_2 and R_4 do not change, $R_1 = R_{01}\left(1 + g\frac{F}{acE} + h\left(\frac{F}{acE}\right)^2\right)$ [Ω],

$R_3 = R_{03}\left(1 + g\frac{F}{acE} + h\left(\frac{F}{acE}\right)^2\right)$ [Ω].

(b) $\dfrac{dR_1}{dF} = R_{01}\left(\dfrac{g}{acE} + \dfrac{2hF}{a^2c^2E^2}\right)\left[\dfrac{\Omega}{\text{N}}\right]$, $\dfrac{dR_3}{dF} = R_{03}\left(\dfrac{g}{acE} + \dfrac{2hF}{a^2c^2E^2}\right)\left[\dfrac{\Omega}{\text{N}}\right]$.

6.5 (a) $R_s = R_{01} + R_{02} + (R_{01}g_1 + R_{02}g_2)\varepsilon$ [Ω].
(c) $R_p = (R_{01}(1+g_1\varepsilon)R_{02}(1+g_2\varepsilon))/(R_{01}(1+g_1\varepsilon) + R_{02}(1+g_2\varepsilon))$ [Ω].

6.6 (a)
$V_{out} = \left(\dfrac{R_{03}(1+g_3\varepsilon)}{R_{03}(1+g_3\varepsilon)+R_{04}(1-g_4\varepsilon)} - \dfrac{R_{02}(1-g_2\varepsilon)}{R_{01}(1+g_1\varepsilon)+R_{02}(1-g_2\varepsilon)}\right)V_{ref}$ [V]

(b) $V_{out} = \dfrac{(R_{01}-R_{02})+(g_1R_{01}+g_2R_{02})\varepsilon}{(R_{01}+R_{02})+(g_1R_{01}-g_2R_{02})\varepsilon}V_{ref}$ [V]

(c) $V_{out} = g\varepsilon V_{ref}$ [V].

6.7 (a) $M = 29.51 \times 10^6$ kg. (b) 6.336 Ω and 241.584 Ω. (c) 0.02% at 0 °C to −0.03% at 50 °C.

6.8 (a) 296.45 Ω for no force to 350 Ω at maximum load, 0 to 2.4×10^6 N. (b) −22.3 μΩ/N.

6.9 (a) $V_o = \dfrac{720 + 0.013824F}{526.08 - 0.000885F}$ [V]. (b) 10,000 N.

6.10 (a) $C(F) = 283.328 - 70.832F$ [pF], $s = -70.832$ pF/N. (b) 4 N.

6.11 350.4635 Ω.

6.12 247.667 Ω.

6.13 (a) 8.85 pF. (b) 9.84 pF.

6.14 (a) 0.2125 pF. (b) 0.075 pF.

6.15 (a) $F = kx = ((C_F - C_0)/C_F)kd$ [N]. C_0 is the capacitance without applied force, C_F the capacitance with applied force.
(c) $P = ((C_F - C_0)/C_F)(kd/S)$ [N/m²].
(d) $a = ((C_F - C_0)/C_F)(kd/m)$ [m/s²].

6.16 (a) 4,281.25 m/s² (from 2,500 m/s² upward to 1,781.25 m/s² downward).
(b) 0.19 pF to 8.854 pF (span of 8.664 pF).
(c) $s = -\dfrac{4\varepsilon_0 h^2 mc^3}{(0.002Ebe^3 + 4mc^3 a)^2} \left[\dfrac{\text{F}}{\text{m/s}^2}\right]$.

6.17 (a)−7,500 to +7,500 m/s² (span of 15,000 m/s²). (b) $s = 0.1$ Ω/(m/s²).
(c) −3,750 m/s² and 0.2 Ω/(m/s²).

6.18 (a) 1,319.47 m/s² (or 134.55 g). (b) 21.84 m/s² (or 2.225 g).

6.19 (a) ±7,812.5 m/s² (about ±796 g). (b) 1,000 Ω to 3,400 Ω. (c) 0.1536 Ω/(m/s²).

6.20 (a) 4,905 N/m. (b) $s = K_H \dfrac{I\mu_0 NI_c}{d} \dfrac{m/k}{(0.0025 - ma/k)^2} \left[\dfrac{\text{V}}{\text{m/s}^2}\right]$.
(c) 1.117 mV (from −1.2566 mV to −0.1396 mV),
$s = \dfrac{5.124 \times 10^{-13}}{(0.0025 - 0.01a/4{,}905)^2} \left[\dfrac{\text{V}}{\text{m/s}^2}\right]$.

6.21 (a) 8 N/m. (b) $s = 2.5$ V/(m/s²). (c) 0.004 m/s².

6.22 (c) $s = -1.185583 \times 10^{-4} \times 101{,}325e^{-1.185583\times10^{-4}h}$ [(N/m²)/m].
(d) 70,363 Pa (from 101,325 to 30,962 Pa).

6.23 (a) $R = 240 + 1.275 \times 10^{-6}P$ [Ω]. (b) −3.41%. (c) 3%.

6.24 (a) −159.97 mm to 65.08 mm. (b) Systolic: 16 kPa, diastolic: 10.66 kPa.
(c) −2,174.47 mm to 884.63 mm.

6.25 (a) 1 MPa. (b) 2,512 Pa. (c) 2.44%.

6.26 (a) $R = \dfrac{t_0}{4\pi a^2\sigma} \dfrac{(P_0)^2}{(P)^2}$ [Ω].
(b) $s = -\dfrac{t_0}{2\pi a^2\sigma} \dfrac{(P_0)^2}{(P)^3} \left[\dfrac{\Omega}{\text{Pa}}\right]$

6.27 (a) $v = \sqrt{2hg}$ [m/s]. (b) 0.313 m/s. (c) $\sqrt{2hg}S$ [m^3/s].

6.28 (a) 1.4 m/s. (b) 70 m/s (252 km/h).

6.29 (a) Dynamic pressure 11,454 Pa, static pressure 27,500.16 Pa, total pressure 38,954.16 Pa. (b) −14.93%.

6.30 (a) 10.238 MPa.

6.31 (a) $s = 23.873$ s/(kg·m^2·rad). (b) 4.19×10^{-4} N·m.

6.32 (a) 473.53 Hz/degree/s. (b) 0.76°/h.

6.33 31 loops.

6.34 −684.44 Hz, −684.44 Hz/degree/s.

6.27 (a) $v = \sqrt{2hg}$ [m/s]. (b) 0.313 m/s. (c) $\sqrt{2hg}S$ [m^3/s].

6.28 (a) 1.4 m/s. (b) 70 m/s (252 km/h).

6.29 (a) Dynamic pressure 11,454 Pa, static pressure 27,500.16 Pa, total pressure 38,954.16 Pa. (b) −14.93%.

6.30 (a) 10.238 MPa.

6.31 (a) $s = 23.873$ s/(kg·m^2·rad). (b) 4.19×10^{-4} N·m.

6.32 (a) 473.53 Hz/degree/s. (b) 0.76°/h.

6.33 31 loops.

6.34 −684.44 Hz, −684.44 Hz/degree/s.

CHAPTER 7

7.1 (a) 177.82 m. (b) 18.08 m.

7.2 $\sigma = 1{,}000$ N/m^2, $\varepsilon = 5.05$ nm/m.

7.3 (a) 4.6 mm. (b) 2.36 cm.

7.4 Within 0.9%.

7.5 (a) 12.344 MHz.

7.6 (a) 8.334 km. (b) 100 m.

7.7 6.93 μW/m^2.

7.8 1.5 MHz, 5.5 W.

7.9 (b) $A_3 = Ae^{-2\alpha(L-h)}$. (c) $h = L(c_a t/2)$ [m] (c_a is the speed of sound in air).

7.10 (a) 0.46 mm. (b) $0.95V_0$. (c) $V = V_0 e^{-2\alpha d}$, where α is the attenuation constant. (d) $t = (2d/v_c)$ [s].

7.11 (a) 134.5.

7.12 88.7 mA to 103.2 mA.

7.13 $emf = 0.0344\cos 6{,}283t$ [V].

7.14 (a) $s = -7.06$ V/(pF/m). (b) -3.66%.

7.15 (a) $P_{max} = 307{,}170$ Pa, $s = 0.2195$ μV/Pa. (b) $\Delta V = 1.36 \times 10^{-7}\,\Delta P$ [V], $P_{max} = 210{,}813$ Pa, $s = 0.136$ μV/Pa.

7.16 9.6 V.

7.17 (a) 2.357 nV to 2.36 mV. (b) 8.48×10^{-4} Pa or 32.55 dB (assuming lowest practical output at 0.1 μV).

7.18 (a) 0.0884 Pa to 2.21 Pa (72.9 dB to 100.9 dB). (b) 2.128 nW to 1.331 μW, $1.29 \times 10^{-5}\%$ to $1.61 \times 10^{-3}\%$.

7.19 (a) ±40.212 N. (b) ±0.0536 m. (c) 568.88 Pa (150 dB).

7.20 (a) ±0.257 mm. (b) $129.55\sin(628.32t)$ [N/m^2], 136.23 dB.

7.21 (a) 62.58 N/m. (b) 126 dB. (c) 611.9 μW.

7.22 $59.71P_a$ [Pa] (P_a is the sound pressure in air).

7.23 $a = (c_s t_1/2)$ [m], $b = (c_s(t_3 - t_2)/2)$ [m], $d = (c_a(t_2 - t_1)/2)$ [m].

7.24 (a) $s = \dfrac{f_0\cos\theta}{(c - v_f\cos\theta)^2}\left[\dfrac{\text{Hz}}{(\text{m/s})}\right]$. (b) 5,205 Hz.

(c) −5,187 Hz.

7.25 (a) $\Delta t = \dfrac{2h}{c\sin\theta + v\sin\theta\cos\theta}$ [s].

(b) $s = \dfrac{2h\sin\theta\cos\theta}{(v\sin\theta\cos\theta + c\sin\theta)^2}\left[\dfrac{\text{s}}{\text{m/s}}\right]$. (c) 60.49 m/s.

(d) $\Delta t = \dfrac{2h}{v\sin\theta\cos\theta - c\sin\theta}$ [s], $s = \dfrac{2h\sin\theta\cos\theta}{(v\sin\theta\cos\theta - c\sin\theta)^2}\left[\dfrac{\text{s}}{\text{m/s}}\right]$.

7.26 (a) $\Delta f = f_0\left(1 - \dfrac{1}{(1 - v_f\cos\,\theta/c)}\right)$ [Hz].

(b) −9.722 Hz (compared to −5,843.07 Hz). (c) 13.33 ms.

7.27 2.546 W/m^2 (124 dB).

7.28 44.88 nm.

7.29 147.5 MHz.

7.30 (a) 19.46×10^{-12} m/m. (b) 5.75×10^{-12} m/m.

7.31 (b) $s = -201.1$ Hz/°C.

7.32 (a) 42,254 Hz, $s = 0.417$ Hz/Pa. (b) 149.4975 MHz.

7.33 (a) −410.46 Hz/g. (b) Range: 0 kg to 2.339 kg; span: 2.339 kg. (c) 24.4 mg.

7.34 (a) 16 N. (b) 32 N.

CHAPTER 8

8.1 182.462 g/km.

8.2 182.4 g/km.

8.2 (a) O_2: 23.145%; N_2: 75.53%; Ar: 1.283%; CO_2: 0.0455%. (b) O_2: 8.6797 mol/m^3; N_2: 32.3545 mol/m^3; Ar: 0.3854 mol/m^3; CO_2: 0.0124 mol/m^3. (c) O_2: 5.227×10^{24} atoms/m^3; N_2: 1.948×10^{25} atoms/m^3; Ar: 2.32×10^{23} atoms/m^3; CO_2: 7.467×10^{21} atoms/m^3.

8.3 (a) 9.523 (m^3 air)/(m^3 methane). (b) 17.3 (g air)/(g methane). (c) 38,677 kJ/m^3. (d) Same as in (a) and (b). (e) 29,230 kJ/m^3.

8.4 (a) 44.0079 g/mol. (b) 24.312 g/mol. (c) 44.0079 g/eq. (d) 12.156 g/eq.

8.5 (a) 980 ppm. (b) 533 ppm.

8.6 0 V (20.9% oxygen) to 31.1 mV (4% oxygen).

8.7 18.372 kΩ, $s = -3{,}187.96P^{-1.11197376}$ [Ω/ppm].

8.8 (a) s(15 ppm) = −69.16 Ω/ppm, s(75 ppm) = −0.46 Ω/ppm. (b) $d\sigma = 12.66 \times 10^{-3}$ (S/m)/°C.

8.9 (a) 0.2295 V. (b) $s = -3.9276/P_{\text{steel}}$ [V/%].

8.10 14.67 mV (on), 8.18 mV (off).

8.12 (a) 0.256 V to 1.023 V. (b) 0.077% to 0.27%.

8.13 4.65.

8.14 4.773.

8.15 $C = 5.1522 \times 10^{-2}$ g-eq/L.

8.16 −0.214 V.

8.17 (a) −0.124 V. (b) −1.63%.

8.18 (a) From 19.05 °C to 30.69 °C. (b) 5.2833 °C/(mmol/L) to 5.291 °C/(mmol/L). (c) Range: 10.456 kΩ to 8.322 kΩ; span: 2.134 kΩ, $s = -26.834e^{2{,}227/T}/T^2$ [kΩ/K].

8.19 (a) 3.7 °C/(% sugar). (b) 1,233 Ω.

8.20 s = 0.0344 Ω/(% LEL).

8.21 (a) Between 51.12° and 64.31°. (b) 51.12°.

8.22 (a) 66.5°, 52.59°. (b) 73.56°.

8.23 (a) 9,892,570 Hz. (b) 547.5 μm/year.

8.24 (a) $C = 17.7003 + 0.01428RH$ [pF]. (b) 0.01428 pF/%RH.

8.25 (a) $s = 35.699 \times \dfrac{10^{0.66077+7.5t/(237.3+t)}}{273.15+t} \left[\dfrac{\text{pF}}{\%\text{RH}}\right].$

(b) 10.21 pF/%RH at 50 °C to 14.67 pF/%RH at 58 °C.

(c) $s = 8.925 \times \dfrac{10^{0.66077+7.5t/(237.3+t)}}{273.15+t} \left[\dfrac{\text{pF}}{\%\text{RH}}\right]$, 2.55 pF/%RH at 50 °C to 3.67 pF/%RH at 58 °C.

8.26 56.5%.

8.27 $DPT = \dfrac{237.3(0.66077 - \log_{10}(10^{1.427815}RH/100))}{\log_{10}(10^{1.427815}RH/100) - 8.16077}$ [°C].

8.28 (a)

Relative humidity [%]	0	10	20	40	60	80	90
Mass absorbed, 20 °C [μg]	0	15.85	41.72	98.64	179.5	295.29	424.99

(b)

Relative humidity [%]	0	10	20	40	60	80	90
Mass absorbed, 60 °C [μg]	0	15.09	32.7	73.67	126.5	194.78	237.18

8.29 8.88%.

8.31 (a) $s = \dfrac{30,628.52}{P_{ws}}$

$$\times 10^{\frac{156.8+8.16077DPT}{237.3+DPT}} \left(\frac{156.8+8.16077DPT}{(237.3+DPT)^2} + \frac{8.16077}{237.3+DPT}\right) \left[\frac{\%\text{RH}}{°\text{C}}\right].$$

(b) $\Delta RH = \dfrac{100}{10^{0.66077+7.5T_a/(237.3+T_a)}}$

$$\times \left(10^{(156.8+8.16077(T_d+\Delta T_d))/(237.3+T_d+\Delta T_d)} - 10^{(156.8+8.16077T_d)/(237.3+T_d)}\right) [\%].$$

8.32 $RH = 100\dfrac{10^{(156.8+8.16077T_d)/(237.3+T_d)}}{10^{0.66077+7.5T_a/(237.3+T_a)}}$ [%].

8.33 (a) 1.418 kW. (b) 57.1%, 10.6%. (c) 2.25 L/h.

8.34 (a) 240 g. (b) 111,818 Pa. (c) 217.76 g, 120,011 Pa.

8.35 (a) 7.35 L. (b) 8.16 L. (c) 1.76 MPa and 2.87 MPa.

8.36 (a) 1.66 μΩ. (b) 227 mA.

8.37 (a) 107,279 s (29 h, 48 min). (b) 13.4 MW h. (c) 778.589 kg. (d) 333.872 kg.

8.38 (a) 4,094.36 W. (b) 1.746 kg. (c) 0.983 kg.

CHAPTER 9

9.1 1.24×10^{-6} eV at 300 MHz, 1.24×10^{-3} eV at 300 GHz.

9.2 124.071 eV at 30×10^{15} Hz, 124.071 keV at 30×10^{18} Hz, 124.071×10^{16} keV at 30×10^{34} Hz.

9.3 270 J/kg.

9.4 (a) 0.924 nA, 2 years, 2 months.

9.5 41.57 nA.

9.6 26.79 mg/m^2.

9.7 (a) 54 pCi.

9.8 (a) 1: 4.185 keV; 2: 3.788 keV; 3: 64.513 keV; 4: 58.403 keV.
(b) 1: 1,159 pairs; 2: 1,049 pairs; 3: 14,562 pairs; 4: 13,183 pairs.

9.9 787.3 nA.

9.10 (a) 2.485 μV. (b) 34.765 μA.

9.11 (a) 5.466 m. (b) 99.113 cm.

9.12 (a) 31.08 nA. (b) 11.1 nA/MeV. (c) 14.36 nA/MeV.

9.13 (a) 1.1×10^{-24} A. (b) $s = 4.44 \times 10^{-28}$ A/(W/m^2).

9.14 (a) 8.589 km. (b) 8.485 km. (c) 47.52 m^2.

9.15 31,722 km/s.

9.16 $f' = \dfrac{10 \times 10^9}{1 - 7.4074 \times 10^{-8} \cos \alpha}$ [Hz],

$$\Delta f = 10 \times 10^9 \left| 1 - \frac{1}{7.4074 \times 10^{-8} \cos \alpha} \right| \text{ [Hz]}.$$

9.17 (a) $E_r = \dfrac{1-X}{1+X} E_0 \left[\dfrac{\text{V}}{\text{m}}\right]$, $E_t = \dfrac{2}{1+X} E_0 \left[\dfrac{\text{V}}{\text{m}}\right]$, $X = \sqrt{\dfrac{2.8 + 0.336m}{1 + 0.006m}}$, m is the moisture content in %. (b) $E_r(12\%) = -0.4325E_0$ [V/m], $E_t(12\%) = 0.5675E_0$ [V/m].

9.18 (a) 315 m. (b) 72 km/h.

9.19 (a) 7,222 Hz. (b) −4.43 km/h (−3.4%).

9.20 (a) $E_r = 0.765E_0$. (b) $E_r = 0.945E_0$.
(c) $s = -\dfrac{0.872E_0}{(1+X)^3} + \dfrac{0.436E_0}{(1+X)^2 X} \left[\dfrac{\text{V/m}}{\%\text{moisture}}\right]$, $X = \sqrt{0.218m + 2.2}$, m is the moisture content in %.

9.21 (a) $s = 4E_0 e^{-\alpha d} k \left[\frac{1}{2(1+\sqrt{k\rho})^2 \sqrt{k\rho}} - \frac{1}{(1+\sqrt{k\rho})^3} \right] \left[\frac{\text{V}\cdot\text{m}^2}{\text{kg}} \right]$.

(b) $s = -4\alpha E_0 \frac{\sqrt{k\rho}}{(1+\sqrt{k\rho})^2} e^{-\alpha d} \left[\frac{\text{V}}{\text{m}^2} \right]$.

9.22 (a) $E_{rec} = \frac{\sqrt{X}\cos 30° - \sqrt{1-\sin^2 30° X}}{\sqrt{X}\cos 30° + \sqrt{1-\sin^2 30° X}} E_0 \left[\frac{\text{V}}{\text{m}} \right]$.

(c) $-0.3573E_0$ [V/m].

9.23 (a) (4.73±0.32) (±6.77%). (b) 2.672 km. (c) 5.985 km. (d) 285 V/m.

9.24 $s = -\frac{2.13\times 10^{-5}\mu_0\varepsilon_0}{4\pi a[\mu_0\varepsilon_0(1+2.13\times 10^{-5}m)]^{3/2}} \left[\frac{\text{Hz}}{\%\text{RH}} \right]$, m is the moisture content in %.

9.25 41 cc/L, 41 g/L.

9.26 (a) $f_{mnp}(t) = \left((5.9182\times 10^7)/\sqrt{3.5t+0.65} \right)$ [Hz].

(b) $s = -\frac{1.06\times 10^8}{[3.5t+0.65]^{3/2}} \left[\frac{\text{Hz}}{\text{m}} \right]$. (c) 1.26 μm. (d) 0.1%.

9.27 (a) 795.23 MHz to 1.5905 GHz. (b) $s = \frac{1}{2\pi(b-h)^2\sqrt{\mu_0\varepsilon_0}} \left[\frac{\text{Hz}}{\text{m}} \right]$.

(c) 530.155 MHz–795.23 MHz, $s = -\frac{2.5}{4\pi\sqrt{b\mu_0\varepsilon_0}(2.5h+b)^{3/2}} \left[\frac{\text{Hz}}{\text{m}} \right]$.

9.28. DD format: (40.9674, −100.4748). DDS format: (N40°58′3″, W100°28′29″).

9.29 (b) N22°12′20″, E54°54′59″ or N24°0′32″, E55°14′26″.

9.30 (a) (252 m, 1,253 m). (b) (450.4 m, 872.9 m, 80.2 m).

9.31 101 s.

9.32 (a) 1 min, 35 s. (b) 5 min, 56 s.

9.33 (a) 4 min, 13.5 s. (b) 4 min, 18.2 s.

CHAPTER 10

10.4 (a) 2.84×10^{-3} μm. (b) 0.266 N.

10.5 (a) $\varepsilon_x = 0.00785\cos\theta$; $\varepsilon_y = 0{:}00785\sin\theta$ [m/m].
(b) $err. = (1-\cos\phi) \times 100$ [%].

10.6 2.22%.

10.7 (a) Range: ±10.185 m/s^2; span: 20.37 m/s^2. (b) 0.183 g. (c) 11 μm.

10.8 (a) $F = 1.195 \times 10^8$ N. (b) $T = 1.434 \times 10^{-12}$ N·m.

10.9 (a) 1.328 Ω. (b) 3.852×10^{-11} kg.

10.10 (a) 1.722×10^{-6} μm^3. (b) 17.708 Pa.

10.11 133.3 pN, 118 μPa.

10.12 $y_{max} = 1.188 \times 10^{-18} V^2$ [m].

10.13 $I = \dfrac{1}{a(a-r)C}\sqrt{\dfrac{2\mu_0 kd}{\pi}}$ [A].

10.14 (a) 1.5 V. (b) 9.71×10^{-15} to 9.38×10^{-14} N.
(d) 1.5 and 12 V, 6.21×10^{-13} and 9.38×10^{-14} N.

10.15 (a) 7.47×10^{-8} N. (b) 2.4×10^{-3} degrees.

10.16 (b) 100 kHz (first five harmonics).

10.17 (a) 4–5 harmonics (80 kHz–100 kHz).
(b) $F(t) = 2.5 + (10/\pi)(\sin 2\pi \times 10^4 t + (1/3)\sin 6\pi \times 10^4 t + (1/5)$
$\sin 10\pi \times 10^4 t + (1/7)\sin 14\pi \times 10^4 t$
$+(1/9)\sin 18\pi \times 10^4 t)$.
(c) $S(t) = 12\cos[2\pi \times 10^8 t + 2.5t - (10/\pi)(\cos 2\pi \times 10^4 t$
$+(1/3)\cos 6\pi \times 10^4 t + (1/5)\cos 6\pi \times 10^4 t$
$+(1/7)\cos 14\pi \times 10^4 t + (1/9)\cos 14\pi \times 10^4 t)]$.

10.18 (a) $S(t) = 12\cos(6.283 \times 10^6 t + 50\sin(6.283 \times 10^4 t))$.
(b) $m = 50$, $k_f = 100$ kHz/V.

10.19 (a) $k_p = 0.625$ rad/(V·s). (b) Any signal above 13.333 kHz.

10.20 (b) 0.499 V for f_1, 0.994 V for f_2.

10.26 Digital: 1010 0111 0101 0010 0101 1011, Hexadecimal: A7525B.

10.29 (a) 6.8 ms. (b) 21.24 μs. (c) 19.9 ms.

10.30 (a) 56.77 kB. (b) 1.816 MB.

CHAPTER 11

11.3 (a) 4.24%.

11.4 (a) 10^{11} Ω, 13.6 Ω. (b) 10^9 Ω, 0.375 mΩ.

11.10 50, 50, 50, and 8 or 40, 40, 25, and 25, etc.

11.11 5.195 ms, 25.97%.

11.12 (b) 2.4, 4.8, 7.2, and 9.6 V.

11.13 $R_1 = R_2 = R_3 = 1{,}315$ Ω, $R_4 = 63.8$ kΩ. (b) turn-on: 82.97 °C,
turn-off: 83.94 °C.

11.15 5.892 kΩ to 99.846 kΩ.

11.16 (a) $P_{av} = 1.0395 - \dfrac{2.079}{\pi}\sin^{-1}\left(\dfrac{0.7}{3} + \dfrac{700}{3R}\right)$ [W].

(b) $P = \begin{cases} 2.079W, R > 875\ \Omega \\ 0, R \le 875\ \Omega \end{cases}$

11.18 (a) $v = 1.5R$ [RPM], $0<R<6{,}667\ \Omega$.

11.19 (a) 1.01 A. (b) 0.899 W, 8.99 W. (c) 6.24 Ω, 0.57 W.

11.21 (b) $A \oplus B \oplus C = (A\overline{B} + B\overline{A})\overline{C} + C\overline{(A\overline{B} + B\overline{A})}$

11.25 (a) 8.

11.26 (a) $f = \dfrac{1}{-R_m C \ln(2.4/2.6) + 0.2(RC/V_{in})}$ [Hz]. (b) Amplitude: 5 V; frequency: 99,800 Hz; pulse width: 20 ns on, 10 μs off.

11.27 (b)

$$f = \frac{1}{-(R_1+R_2)C\ln\left(1-\left(\left(V_{in}-V_{ref}+2\Delta V\right)/V^+\right)\right)-R_2C\ln\left(\left(V_{ref}-\Delta V\right)/\left(V_{in}+\Delta V\right)\right)}\ [\text{Hz}]$$

$$C = \frac{-R_2C\ln\left(\left(V_{ref}-\Delta V\right)/\left(V_{in}+\Delta V\right)\right)}{-(R_1+R_2)C\ln\left(1-\left(\left(V_{in}-V_{ref}+2\Delta V\right)/V^+\right)\right)-R_2C\ln\left(\left(V_{ref}-\Delta V\right)/\left(V_{in}+\Delta V\right)\right)} \times 100\ \%$$

(c) $f = 54.439$ kHz, $DC = 79.63$ % at $V_{in} = 2.5$ V, $f = 26.401$ kHz, $DC = 63.25$ % at $V_{in} = 7.5$ V.

11.28 (a) 6,665.55 Hz/V. (b) 2.55%.

11.29 (a) Digital output: 1101111010 (4.345703125 V). (b) 16.4 μs (for serial output). (c) 1110000011 (4.34575195313 V), 1.01%.

11.30 (b) 11111011110000 (analog value 4.9194335937 V). (c) 0.0062%.

11.32 (a) 7 comparators, 8 resistors.

11.33 (a) 15 comparators, 16 resistors.

11.34 (b) 0.3125 V.

11.35 (b) 3.0518×10^{-4} V. (c) 0.0061%. (d) 84.3 dB.

11.36 (b) 2.81251 V, 0%. (c) 2.81798 V, 0.19%. (d) 2.8098 V, 0.096%.

11.37 (a) 60.899%. (b) 3.84277 V. (c) 0.1%.

11.38 $(dV_o/V_i) = (dZ/4Z)$.

11.39 $(dV_o/V_i) = -0.0098262$.

11.40 (a) $V_{out} = \dfrac{V_{01}}{R_1 + R_2}R_2 - \dfrac{V_{02}}{R_3 + R_4}R_3$ [V].

(b) $V_{out} = \dfrac{1}{2}\left(\dfrac{V_{01}(R_0 + \Delta R)}{R_0 + \Delta R/2} - V_{02}\right)$ [V].

(c) $V_{out} = \dfrac{V_0\Delta R}{4R_0 + 2\Delta R} \approx \dfrac{V_0\Delta R}{4R_0}$ [V].

(d) $V_{out} = \frac{2V_0\Delta R}{4R_0 + 2\Delta R} \approx \frac{V_0\Delta R}{2R_0}$ [V].

(e) $err = \frac{2R_0(V_{01} - V_{02}) + \Delta R(V_{01} + V_{02}) - 2V_0\Delta R}{4R_0 + 2\Delta R}$ [V].

11.43 (a) 43.6%. (b) 95.24%.

11.44 39.3%.

11.45 (a) 6.5 V. (b) 0.062 mA. (c) 0.62 mA.

11.46 (a) 0 V and 5.625 V. (c) 6.3 W.

11.47 (a) 37.8 mA. (b) 0.567%. (c) 88.92 mA, 1.34%.

11.48 (a) 1,837.76 Hz. (b) 1,837 Hz to 1,959 Hz, $s = 6.1$ Hz/mm.

11.49 (a) $f = \frac{10^9}{269.5 - 10.5V_{cc}}$ [Hz], 8.9 MHz to 4.2 MHz. (b) 0.219% to 0.222% at 3 V, 0.438% to 0.504% at 15 V.

11.50 (a) 721.344 kHz. (b) 50%.

11.51 (a) 7,128.5 Hz. (b) 23.36%.

11.52 (a) $f = \frac{1}{(-\ln((V^+ - V_{th})/(V^+ - V_{tl})) - \ln(V_{tl}/V_{th}))R_4C_1}$ [Hz],

$$DC = \frac{\ln((V^+ - V_{th})/(V^+ - V_{tl}))}{\ln(V_{tl}/V_{th}) + \ln((V^+ - V_{th})/(V^+ - V_{tl}))} \times 100\%.$$

(b) $C_1 = 0.01$ μF, $R_4 = 4{,}551$ Ω (other combinations are possible).

11.53 (a) 115.7 μV. (b) 0.103 V.

11.54 (a) $s = 1$ V/T, $V_{sn} = 0.06244B$ [V]. (b) 0.03122 T.

CHAPTER 12

12.2 (c) (a)XOR(b) = 1001 0010 1111 1110. (d) (a)AND(b) = 0001 0000 0111 0010.

12.3 (c) 0.392 °C.

12.8 (a) 200,783,872 Hz, 1.024 GHz. (b) 196,078 Hz, 1 MHz. 2.4% at 1 GHz, 0.392% at 200 MHz.

12.9 (a) 4.1 days. (d) 3 years, 4 months, 29 days.

12.10 (a) 6 years, 10 months, 4 days. (b) 7 years, 11 months.

12.8 (a) 200,783,872 Hz, 1.024 GHz. (b) 196,078 Hz, 1 MHz. 2.4% at 1 GHz, 0.392% at 200 MHz.

12.9 (a) 4.1 days. (d) 3 years, 4 months, 29 days.

12.10 (a) 6 years, 10 months, 4 days. (b) 7 years, 11 months.

12.11 (a)

	16 MHz		1 MHz	
	Extrapolation	**Least sq.**	**Interpolation**	**Least sq.**
5 V	4.095	4.2542	0.4853	0.4378
4 V	3.187	3.311	0.377	0.338
3 V	2.0	2.04	0.2326	0.21
2 V	1.001	1.02	0.144	0.126

(b) 4 years, 10 months, 10 days.

12.12 (b) 5 mA. (c) 8.33 mA.

12.15 (b) 0.0128 pH.

12.19 (a) Nominal high 350 °C, varies from 324.57 °C to 377.16 °C (−7.26% to 7.76%), nominal low 203.63 °C, varies from 191.62 °C to 216.05 °C (−5.9% to 6.1%). (b) Nominal high 350 °C, varies from 252.64 °C to 325.62 °C (−27.8% to −6.96%), nominal low 203.63 °C, varies from 192.18 °C to 216.7 °C (−6.11% to 6.4%).

12.20 (d) 19.6 mV.

12.26 (a) 1.515 V. (b) 2.143 V.

12.27 (c) 0.044%.

12.28 (a) 23 bits (minimum). (b) 50,000, 7 bits (minimum).

12.29 (a) 294.1 N. (b) 0.53 °C.

12.30 1.09375 (5.68% error).

12.31 93.8515625, 0.084% error.

12.32 5.6% at 14.7 V, 6.6% at 12 V, 7% at 10.4 V.

12.33 (a) 223.14, 273.30, 420.12. (b) −0.005%, 0.075%, −1.52%.

12.34 (a) 11.1%. (b) 0.039%. (c) 250 ns.

12.35 $error = (1/n) \times 100\%$, $n = 1, 2, \ldots, 1{,}023$.

12.36 18 bits (262,144 steps).

12.37 (a) 12.588 μV. (b) 262,144:1.

찾아보기

ㅇ

ㅈ

ㅊ

ㅋ

ㅌ

ㅍ

ㅎ

영문

숫자

저자 및 역자 소개

저자

네이슨 아이다

미국 애크런대학교 전기전산공학과의 석좌교수로, 전자기학, 안테나이론, 전자기 적합성, 측정과 작동 그리고 전산해석방법과 알고리즘 등을 가르치고 있다. 그는 전자기장의 수치모델링을 포함하여 다양한 분야에 관심을 가지고 있다. 그는 Sensing and Imaging의 수석 편집자이며 IET International Book Series on Sensors의 이사이다.

역자

장인배

강원대학교 메카트로닉스공학전공의 교수로, 학부에서 전기전자회로실험, 적응형 요소, 반도체장비의 이해, 고성능 메카트로닉스설계 등을 강의하며, 대학원에서는 정밀기계설계와 스마트 메카트로닉스를 가르치고 있다. 그는 『전기전자 회로실험』, 『표준 기계설계학』, 『정밀기계설계』를 저술하였으며, 『고성능 메카트로닉스의 설계』, 『광학기구 설계』, 『CMP 웨이퍼 연마』 등 다수의 서적들을 번역하였다.

Sensors, Actuators, and Their Interfaces
센서와 작동기

초판 발행 | 2023년 8월 10일

저 자 | Nathan Ida
역 자 | 장인배
펴낸이 | 김성배
펴낸곳 | (주)에이퍼브프레스

책임편집 | 신은미
디자인 | 엄혜림 엄해정
제작 | 김문갑

출판등록 | 제25100-2021-000115호(2021년 9월 3일)
주소 | (04626) 서울특별시 중구 필동로8길 43(예장동 1-151)
전화 | 02-2274-3666(대표) 팩스 | 02-2274-4666
홈페이지 | www.apub.kr

ISBN 979-11-981030-8-6 93560